모아교육그룹이 함께 만들어갑니다!”

소방기술사 / 소방시설관리사 / 소방설비기사 / 소방설비산업기사 / 소방실무 / 소방안전관리자 / 화재감식평가(산업)기사

전기안전기술사 / 건축전기설비기술사 / 발송배전기술사 / 전기응용기술사 / 정보통신기술사 / 전기기능장 / 전기기사 / 전기산업기사 / 전기기능사

화공안전기술사 / 산업안전기사 / 에너지관리기사 / 에너지관리산업기사 / 에너지관리기능사 / 공조냉동기계기사 / 공조냉동기계산업기사 / 공조냉동기계기능사

건축기계설비기술사 / 건축설비기사 / 건축설비산업기사 / 가스기사 / 가스산업기사 / 가스기능사 / 위험물기능장 / 위험물산업기사 / 위험물기능사

건설안전기사 / 대기환경기사 / 식품안전기사 / 산업위생관리기사 / 승강기기능사 / 설비보전기능사

그 영광의 주인공은 바로 당신입니다!

업계 최대 규모 합격자 모임 실제 현장
(서울 마곡 코엑스)

기록적인 성장

1648%

*2017년 vs 2024년 매출 기준

경이로운 수강생 증가

760%

*2018년 vs 2025년 1, 2월 수강인원 기준

강의 만족도

99%

*2024년, 2025년 모아바 합격수기 평가 점수 변환 기준

압도적인 합격률

79%

*2024년 소방시설관리사 2차 합격률

모아

공조냉동기계 기사 필기

핵심이론 + 과년도 7개년

모아합격전략연구소

2026 공조냉동기계기사 시험 한눈에 보기

[왜 공조냉동기계기사인가?]

산업 전반에서 에너지효율성과 친환경성이 점점 더 중요해지면서 공기조하 및 냉동설비 분야의 전문 인력 수요가 크게 늘고 있습니다. 공조냉동기계기사는 이러한 흐름 속에서 시공, 운전, 유지관리 등 실무 전반을 책임질 기술 인력을 양성하기 위해 마련된 국가기술자격입니다. 자격을 취득하면 설비 시공업체와 시설 유지관리 분야는 물론, 플랜트와 건설 산업 등 다양한 영역에서 전문성을 인정받을 수 있습니다.

[시험과목 및 합격 기준]

공조냉동기계기사

구분	필기	실기
시험과목	• 에너지관리 • 공조냉동설계 • 시운전 및 안전관리 • 유지보수 공사관리	냉동 및 냉난방설계
검정방법	객관식 4지 택일형, 과목당 20문항(과목당 30분)	필답형(3시간)
합격 기준	100점을 만점으로 하여 과목당 40점 이상, 전과목 평균 60점 이상	100점을 만점으로 하여 60점 이상

[2026년 시험 예상 일정]

필기시험

회별	원서접수 (휴일 제외)	시험시행
제1회	1.12(월) ~ 1.15(목)	2.6(금) ~ 3.3(화)
제2회	4.13(월) ~ 4.16(목)	5.9(토) ~ 5.29(금)
제3회	7.20(월) ~ 7.23(목)	8.8(토) ~ 8.31(월)

실기시험

회별	원서접수 (휴일 제외)	시험시행
제1회	3.23(월) ~ 3.26(목)	4.18(토) ~ 5.8(금)
제2회	6.22(월) ~ 6.25(목)	7.18(토) ~ 8.5(수)
제3회	9.21(월) ~ 9.24(목)	10.31(토) ~ 11.20(금)

※ 정확한 시험일정과 관련된 정보는 한국산업인력공단(Q – Net)에서 확인하시길 바랍니다.

과목별 학습전략

에너지관리

에너지관리 과목의 핵심은 '습공기선도'를 완벽하게 이해하는 것입니다. 습공기선도 위에서 공기의 혼합, 가열, 냉각, 가습 등 상태변화과정을 자유자재로 작도하고 해석할 수 있어야 합니다. 이를 바탕으로 난방부하와 냉방부하를 계산하는 문제 유형을 집중적으로 풀어보는 것이 중요합니다. 공기조화기, 열원기기, 송풍기 등 각종 설비는 종류별 특징과 용도를 표로 정리하여 암기하면 효율을 높일 수 있습니다.

공조냉동설계

공조냉동설계 과목은 열역학과 냉동공학으로 이루어져 있습니다. 열역학보다 냉동공학의 비중이 더 높으므로 냉동공학을 집중 공략해야 합니다. 열역학에서는 6 ~ 10문제 정도 출제됩니다. 필수 공식은 꼭 암기해주시고, 카르노사이클, 역카르노사이클 등 자주 출제되는 내용 위주로 학습해주세요! 2021년 이하의 기출문제에서 고난도문제는 제외하고 학습한다면 빠르게 점수 향상이 가능합니다. 냉동공학에서는 10 ~ 14문제 정도 출제됩니다. 이 파트는 '냉동사이클'과 '몰리에르선도(P – h선도)' 분석이 전부라 해도 과언이 아닙니다. 몰리에르선도를 이용한 계산문제(응축열량, 증발열량, 냉매순환량, 냉동능력, 성적계수 등)가 자주 출제되고 실기시험과도 연관되기 때문에 잘 학습해주셔야 합니다. 냉동공학은 계산문제뿐만 아니라 말문제도 많이 출제됩니다. 냉동장치의 흐름 및 부속기기의 기능과 역할 등에 대한 내용은 꼭 체크해주세요! 냉동사이클에 대한 이해와 더불어 공식 암기를 철저히 해야 하는 파트입니다.

시운전 및 안전관리

시운전 및 안전관리 과목은 전기제어공학 파트와 냉동 관련 법규 파트로 나눌 수 있습니다. 전기제어공학에서 필수 공식은 꼭 암기해주세요. 2022년부터 출제기준이 축소되었기 때문에 2021년 이하의 기출문제에서 라플라스 변환 등과 관련된 문제는 제외하고 학습한다면 더욱 빠르게 점수 향상이 가능합니다. 전기제어공학 파트는 과락을 피하기 위한 전략이 필요합니다. 출제비중이 높은 교류회로 챕터와 시퀀스제어 챕터를 집중 공략하세요. 냉동관련 법규 파트는 고압가스 안전관리법, 기계설비법, 산업안전보건법에서 냉동관련 내용이 출제됩니다. 법규 파트는 출제범위가 넓기 때문에 기출문제 중심으로 학습하시길 권장합니다.

유지보수 공사관리

유지보수 공사관리 과목은 배관과 관련된 과목입니다. 배관재료 및 공작, 배관 관련 설비와 더불어 유지보수와 냉동냉장설비 도면 관련 내용이 출제됩니다. 자주 출제되는 내용을 기준으로 암기해 주시기 바랍니다. 관의 실제 소요길이 구하는 문제를 제외하고 대다수가 암기형 말문제입니다. 따라서 어떤 내용이 오답선지가 되는지 알아두면 답을 고르기 훨씬 수월해지실 거예요!

※ 수험자 유의사항 관련 정보는 원서접수 후 수험표 안내 내용을 반드시 확인하시길 바랍니다.

이 책의 활용방법

Step 01. 학습 준비

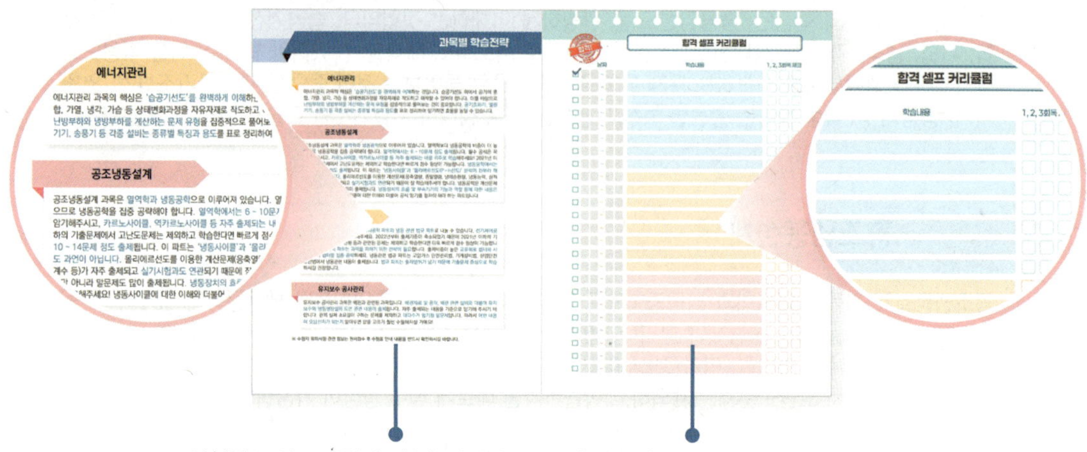

시험정보와 과목별 학습전략을 통해 수험 방향을 빠르게 설정할 수 있습니다.

학습계획을 스스로 설정하고, 정해진 분량을 체크하며 학습 루틴을 형성할 수 있도록 도와주는 맞춤형 진도표입니다.

Step 02. 효율적인 이론 학습

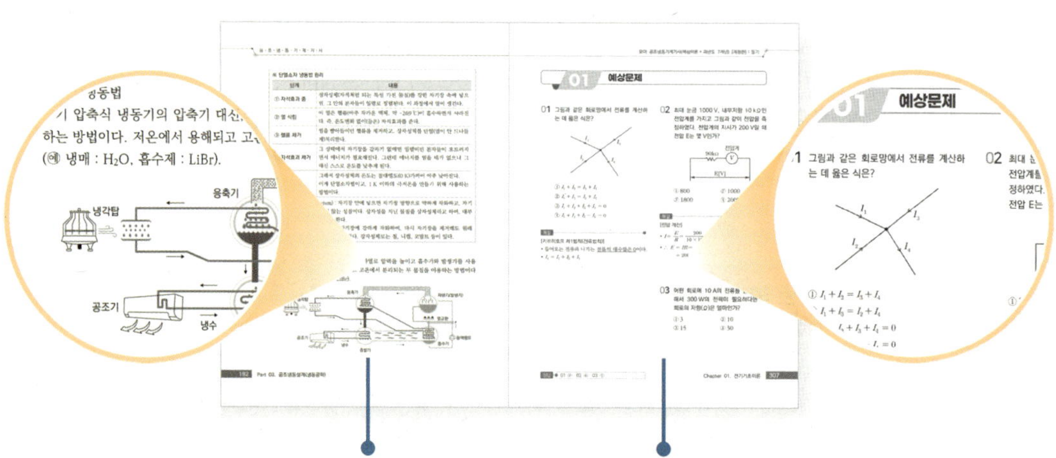

다양한 시각자료를 통해 단순한 암기가 아닌 이해 중심 학습을 하며 실전감각을 기를 수 있습니다.

예상문제를 통해 학습한 내용을 다지고 중요한 부분을 짚으며 시험에 대비할 수 있습니다.

Step 03. 과년도 기출문제 풀이

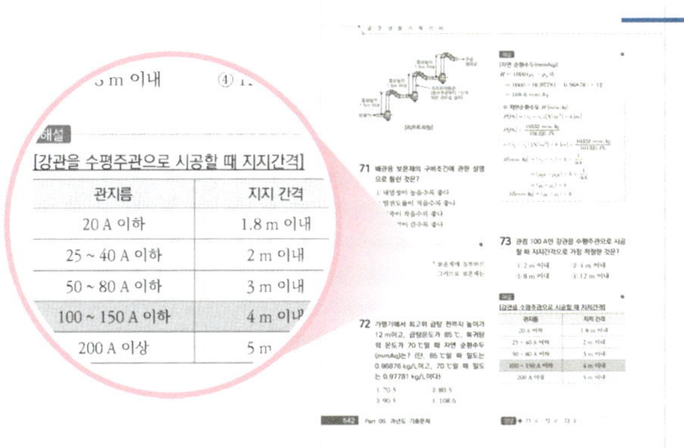

해설

[강관을 수평주관으로 시공할 때 지지간격]

관지름	지지 간격
20 A 이하	1.8 m 이내
25 ~ 40 A 이하	2 m 이내
50 ~ 80 A 이하	3 m 이내
100 ~ 150 A 이하	4 m 이내
200 A 이상	5 m

그림과 도표를 풍부하게 넣은 해설로 복잡한 개념도 쉽게 이해할 수 있도록 구성하였습니다.
출제 패턴을 연도별로 익히며 상세 해설을 통해 오답도 학습 자원으로 활용할 수 있습니다.

[추천! 8주 초단기 로드맵 - 하루 3시간 기준]

공조냉동기계기사

주차	학습목표	주요 내용
1 ~ 3주차	전과목 구조 파악 + 기초 개념 정리	• 과목별 핵심 파악 : 공기조화(습공기선도), 냉동(냉동사이클)의 원리를 완벽히 이해하기 • 용어 및 단위 정리 : 전과목의 기본 용어와 단위, 공식 등을 정리하기 • 전기 기초 다지기 : 설치운영 과목의 과락 방지를 위해 직류회로, 교류회로 기초 학습하기
4 ~ 5주차	과목별 기출 연계 개념 학습	• 핵심 계산 문제 공략 및 주요 설비 암기 : 냉난방부하 계산, 냉동사이클 성적계수(COP) 계산 문제 집중 풀이. 압축기, 응축기, 공조기 등 주요 기기의 종류와 특징 암기하기 • 기출문제 1회독 시작 : 자주 출제되는 개념을 파악하고 정리하기
6 ~ 7주차	기출 반복 + 약점 집중 보완	• 기출문제 회독 : 최소 5개년 이상 기출문제 3회독 이상 반복하여 풀기 • 오답 확인 : 틀린 문제는 반드시 원인을 분석하고 다시 풀어보기 • 취약 파트 집중 공략 : 유독 많이 틀리는 파트(예 열역학, 교류회로)는 기본서로 돌아가 재학습하기
8주차	마무리 요약 + 총정리	• 과목별 시간 배분 연습 : 실제 시험처럼 1시간 30분 시간을 재고 문제풀이 진행하기 • 취약 유형 최종 복습 : 오답의 원인과 핵심 개념을 반복해서 복습하기 • 공식 암기 : 헷갈리는 공식을 최종 점검하고 암기하기

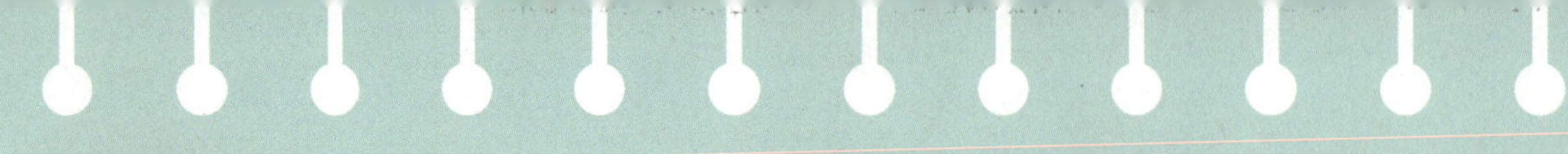

2026 자격증시험
합격!
모아북스

합격 셀프 커리큘럼

	날짜	학습내용	1, 2, 3회독 체크
☑	~		☐ ☐ ☐
☐	~		☐ ☐ ☐
☐	~		☐ ☐ ☐
☐	~		☐ ☐ ☐
☐	~		☐ ☐ ☐
☐	~		☐ ☐ ☐
☐	~		☐ ☐ ☐
☐	~		☐ ☐ ☐
☐	~		☐ ☐ ☐
☐	~		☐ ☐ ☐
☐	~		☐ ☐ ☐
☐	~		☐ ☐ ☐
☐	~		☐ ☐ ☐
☐	~		☐ ☐ ☐
☐	~		☐ ☐ ☐
☐	~		☐ ☐ ☐
☐	~		☐ ☐ ☐
☐	~		☐ ☐ ☐
☐	~		☐ ☐ ☐
☐	~		☐ ☐ ☐
☐	~		☐ ☐ ☐
☐	~		☐ ☐ ☐
☐	~		☐ ☐ ☐
☐	~		☐ ☐ ☐

합격자가 인정한 이 책의 가치

미래를 향한 여러분의 열정이 곧 합격의 열쇠입니다.
여러분의 든든한 동반자가 되어 합격의 길까지 함께하겠습니다.
포기하지 않고 나아가는 모든 순간을 진심으로 응원합니다.

구조적으로 이해하며 접근하면 합격할 수 있습니다!

이○○ (첫 도전자)

"처음엔 공조냉동기계기사라는 이름만으로도 부담이 컸습니다. 그런데 이 책은 과목별 학습 전략이 잘 정리되어 있어 효율적으로 공부할 수 있었습니다. 단순히 이론을 나열하지 않고 개념을 구조적으로 이해할 수 있도록 설명해줘서 도움이 많이 됐습니다. 특히 습공기선도와 냉동사이클 설명이 정말 알기 쉬웠어요. 덕분에 합격할 수 있었습니다!"

진도표와 요약 정리로 시간을 아끼며 공부하세요.

박○○ (직장 병행)

"퇴근 후 하루 3시간씩 투자해서 8주 플랜대로 따라갔습니다. 처음엔 체계적으로 공부할 시간이 없었는데, 진도표와 요약 정리가 너무 잘 되어 있어서 시간을 아끼며 공부할 수 있었어요. 기출문제를 반복하며 출제 경향을 파악하고 실전 문제를 풀어보며 자신감을 얻을 수 있었어요. 과목별 핵심만 콕 집어주는 구성도 만족스러웠습니다. 계산문제도 잘 정리되어 있어 큰 도움이 되었습니다."

늦었다 생각 말고 될 때까지 도전하세요!

최○○ (재도전자)

"공부를 다시 시작하기까지 고민이 많았지만 시각 자료와 도표 등 교재 구성이 직관적이라 마음의 장벽을 낮추는 데 도움이 되었습니다. 복잡한 계산도 단계별 해설 덕분에 차근차근 공부하며 이해했어요. 반복해서 풀 수 있는 챕터별 예상문제도 있고 기출문제가 많아 실전 준비에 큰 도움이 됐습니다. 늦었다 생각 말고 도전하세요!"

계획적인 학습을 원하는 분들께 이 책을 추천합니다.

김○○ (대학생)

"잘 정리된 학습 전략과 8주 초단기 로드맵이 큰 방향을 잡아주었습니다. 하루 3시간이라는 구체적인 목표가 있었기에 꾸준히 공부하는 습관을 들일 수 있었어요. 냉동공학과 습공기선도 위주로 학습하며 취약 과목인 전기제어는 교류회로와 시퀀스제어를 집중 공략한 덕분에 무사히 합격할 수 있었습니다. 계획적인 학습을 원하는 분들께 이 책을 추천합니다."

목차

PART 01

에너지관리

PART 02

공조냉동 설계 (열역학)

PART 03

공조냉동 설계 (냉동공학)

PART 04

시운전 및 안전관리

PART 05

유지보수 공사관리

PART 06

과년도 기출문제

01

P·a·r·t

에너지관리

Chapter 01 공기조화이론

01 공기조화의 기초

1 공기조화의 개요

1) 공기조화의 정의

실내의 온도·습도·세균·냄새·기류 등의 조건을 그 장소의 사용 목적에 적합한 상태로 유지하는 일

2) 공기조화 4대 요소

온도, 습도, 기류(기류 속도), 청정도

2 보건공조 및 산업공조

1) 보건용 공기조화

(1) 쾌적한 환경을 유지하여 보건, 위생 및 근무환경을 향상시키기 위한 공기조화(쾌감용 공기조화라고도 하며, 재실자들이 생산활동을 능률적으로 할 수 있는 환경을 만들어 주기 위한 공조로서 인간의 쾌감이나 보건위생을 목적으로 함)

(2) 적용 장소 : 사무실, 주택, 오피스텔, 극장, 백화점 등

2) 산업용 공기조화

(1) 생산과정에 있는 물질을 대상으로 하여 최적의 열환경 및 공기 청정도를 유지하여 생산성 향상이 목적

(2) 적용 장소 : 실험실, 공장, 창고, 전산실, 제약공장, 반도체 공장 등

3 공기조화설비의 구성

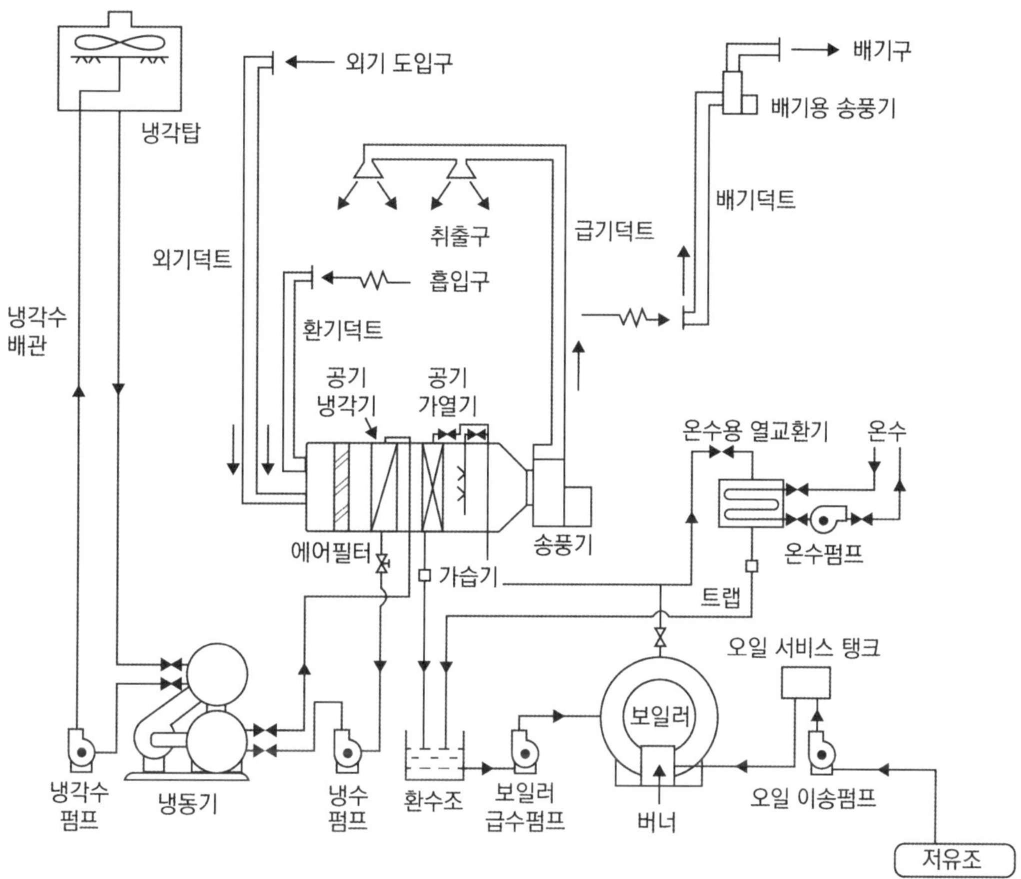

1) 열원설비 : 보일러, 냉동기, 히트펌프

2) 공기조화기(AHU) : 에어필터, 공기냉각기(냉각코일), 공기가열기(가열코일), 에어와셔 등

3) 열운반 및 분배장치 : 팬, 덕트, 배관, 펌프, 취출구 등

4) 자동제어장치 : 실내 환경 조건을 유지하기 위해 설비를 자동으로 제어하는 장치

4 온도

1) 온도의 개념

온도는 물체의 열 정도를 나타내는 물리적 척도로 분자의 운동속도(또는 떨림)를 말한다.

2) 온도의 단위

(1) 섭씨온도(℃) : 물의 어는 점(빙점 = 융점 = 녹는점)을 0 ℃로 물의 끓는점(비점)을 100 ℃로 100등분하여 사용한 것

(2) 화씨온도(℉) : 물의 어는점을 32 ℉로, 물의 끓는점을 212 ℉로 180등분하여 사용한 것

(3) 캘빈온도(K) : 자연계 최저온도를 0 K(약 −273 ℃)로 설정하고 물의 어는점을 약 273 K로, 물의 끓는점을 373 K로 100등분하여 사용한 것

(4) 랭킨온도(R) : 자연계 최저온도를 0 R로 설정하고 물의 어는점을 492 R로, 물의 끓는점을 672 R로 180등분하여 사용한 것

구분	계산식
섭씨온도	$℃ = \frac{5}{9}\times(℉ - 32)$
화씨온도	$℉ = \frac{9}{5}\times℃ + 32$
켈빈온도	K = ℃ + 273
랭킨온도	R = ℉ + 460

3) 측정 구분에 따른 온도

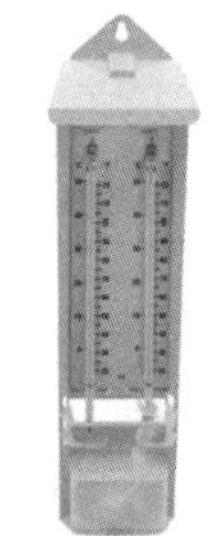
[건구·습구 온도계]

(1) 건구온도(DB : Dry Bulb Temperature, t ℃)

온도계로 측정 가능한 온도, 습도와 관계없이 측정되는 온도

(2) 습구온도(WB : Wet Bulb, t' ℃)

봉상온도계(유리온도계)의 수은 부분에 명주를 물에 적셔 수분이 대기 중에 증발될 때 측정된 온도를 말한다. 이는 증발원이 있는 물체, 대표적으로 인체 등 실제적으로 느낄 수 있는 온도로 해석될 수 있다.

(3) 노점온도(DT : Dew Point Temperature, t'' ℃)

수증기로 포화되지 않은 공기를 냉각시키면 100 %의 상대습도가 되어 포화상태에 도달하는데, 이때의 온도를 노점온도(이슬점)이라 한다. 공기가 노점온도 이하로 냉각되면 여분의 수증기는 응결하여 물방울이 된다.

[결로]

(4) 흑구온도(GT : Globe Bulb, t ℃)

태양 복사열로부터 받는 온도를 측정한다. 이는 주변의 열을 모두 흡수하되 반사가 거의 되지 않는 검은 구(球) 모양의 온도계를 사용하여 측정된다. 실내의 벽면 등으로부터 복사열이 체감에 미치는 영향을 평가하기 위하여 사용한다.

[흑구온도계]

4) 실내환경 지표

(1) 유효온도(ET : Effective Temperature, 감각온도 또는 실효온도)

온도, 습도, 기류를 조합한 온도로서 인체가 느끼는 감각의 지표이다.

(2) 수정유효온도(CET : Corrected Effective Temperature)

유효온도에 복사열을 더 조합하여 복사의 영향을 고려하기 위해 고안된 온도이다(건구온도 대신 글로브온도계의 온도로 대치시켜서 읽은 온도).

(3) 신유효온도(NET, ET*)

유효온도의 상대습도 100 % 기준 대신에 50 % 선과 건구온도의 교차로 표시한 쾌적지표를 기준으로 한다. 활동량과 착의량을 고려한 온도이다.

(4) 표준유효온도(SET : Standard Effective Temperature)

신유표온도를 발전시킨, 상대습도 50 %, 풍속 0.125 m/s, 활동량 1 met, 착의량 0.6 clo(clo : 의복의 열저항 단위)의 동일한 표준환경에서 환경변수들을 조합한 쾌적지표로 활동량, 착의량 및 환경조건에 따라 달라지는 온열감, 불쾌적 및 생리적 영향을 비교 평가할 때 유용하다.

(5) 작용온도 또는 효과온도(OT : Operative Temperature)

대류 및 복사에 의한 열전달률에 의해 기온과 평균복사온도를 가중평균한 값으로 복사난방 공간의 열환경을 평가하기 위한 지표이다.

(6) 평균복사온도(MRT : Mean Radiant Temperature)

실내표면의 평균온도로 인체가 주위 환경과 복사 열교환할 때와 같은 열량의 주위 온도이다.

(7) 불쾌지수(DI : Discomfort Index)

공기의 온도와 습도만으로 쾌감의 정도를 나타내는 지표이다. 기온이 높고 습할수록 높아진다.

$$DI = 0.72(t + t') + 40.6$$

t : 건구온도 ℃
t' : 습구온도 ℃

5) clo와 met

(1) clo(Clothing Insulation) : 의복의 단열성을 나타내는 값

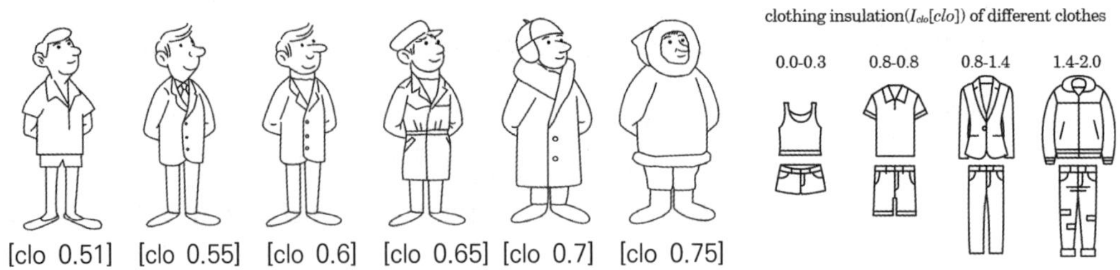

(2) met(Metabolic Equivalent of Task) : 신체 활동 수준을 측정할 때 사용하는 단위

활동 상태	met
의자에 앉아 휴식을 취하고 있는 상태	1
서 있는 상태	1.4
걷고 있는 상태	2.0
운동 중인 상태	3.0 ~ 8.0

보충 1 met : 인간이 열적으로 쾌적한 상태에서 의자에 앉아 휴식을 취하고 있는 상태에서의 신진대사량[방열량]

02 공기조화 성질

1 공기의 성질

1) 건조공기(Dry Air)

(1) 수증기를 전혀 포함하지 않은 공기(실제적으로는 존재하지 않음)

(2) 20 ℃ 기준 건공기의 밀도 ρ = 1.2 kg/m^3, 건공기의 비체적 v = 0.83 m^3/kg

2) 습공기

(1) 수증기가 포함되어 있는 공기

(2) 습공기의 상태

습공기는 건공기와 수증기의 혼합기체로서, 공기의 압력을 P라고 하면 건공기 분압 P_a와 수증기 분압 P_w의 합으로 볼 수 있다.

$$P = P_a + P_w$$

[건공기]

체적 : $V[m^3]$

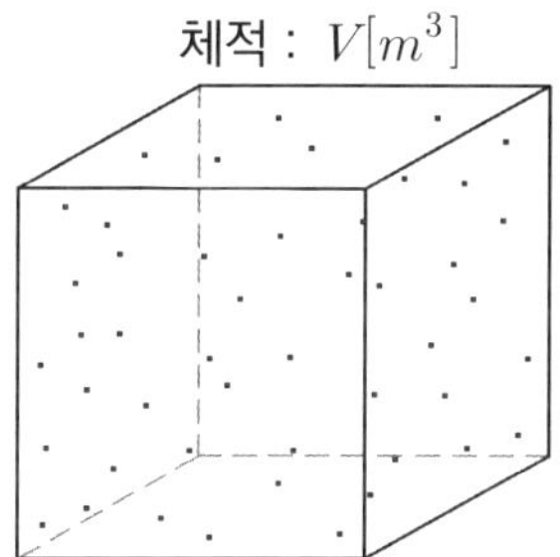

건공기 압력 : $P_a[Pa]$

건공기 질량 : $1[kg']$

[수증기]

체적 : $V[m^3]$

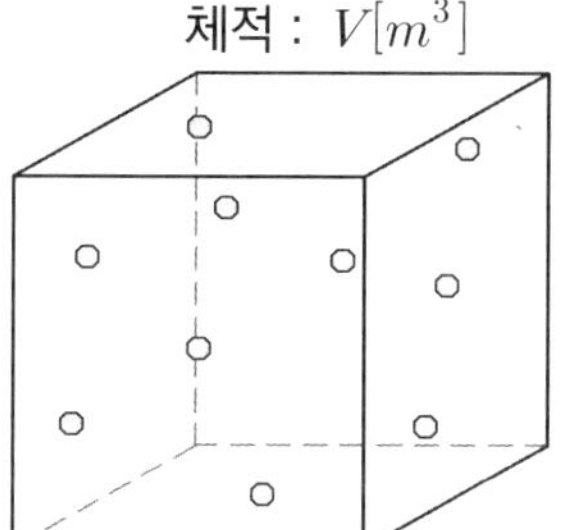

수증기 압력 : $P_w[Pa]$

수증기 질량 : $x[kg]$

[습공기]

체적 : $V[m^3]$

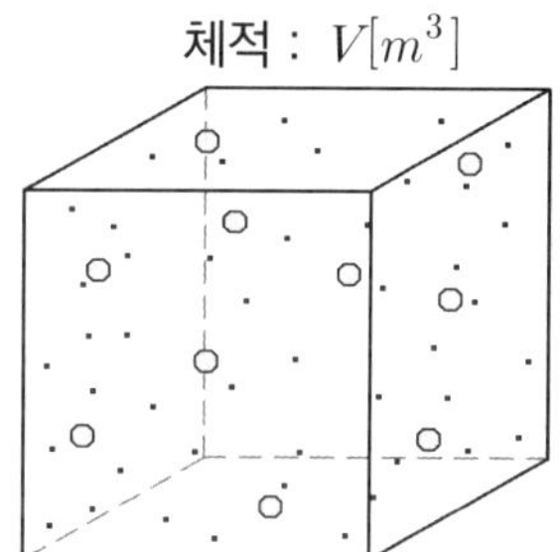

전압 $P[Pa]$: $P_a + P_w$

전체 질량 : $1 + x[kg]$

따라서 건공기 분압은 습공기 전압에서 수증기 분압을 제외한 값이다.

$$P_a = P - P_w$$

건공기와 수증기의 특정기체 상태방정식을 적용하면

습공기 내 수증기 상태방정식 : $P_w V = GRT$

습공기 내 건공기의 이상기체 상태방정식 : $P_a V = G'R'T$

건공기와 수증기의 체적과 온도는 같으므로 $\frac{G}{G'} = \frac{R' P_w}{R P_a} = 0.622 \frac{P_w}{P - P_w}$ 으로 수증기 분압과 습도 사이 관계를 유도할 수 있다.

[절대습도 x]

$$x = \frac{\text{수증기 질량}}{\text{건공기 질량}} = \frac{G}{G'} = \frac{\frac{P_w V}{RT}}{\frac{P_a V}{R'T}} = \frac{R' P_w}{R P_a} = \frac{R'}{R} \times \frac{P_w}{P_a} = \frac{287.2}{461.6} \times \frac{P_w}{P_a}$$

$$= 0.622 \times \frac{P_w}{P_a} = 0.622 \frac{P_w}{P - P_w}$$

보충 수증기 특정 기체상수 $R = 0.462\ kJ/(kg \cdot K) = 461.6\ J/(kg \cdot K)$

건공기 특정 기체상수 $R' = 0.287\ kJ/(kg \cdot K) = 287.2\ J/(kg \cdot K)$

3) 절대습도

(1) 습공기 중에 포함되어 있는 건공기 1 kg′에 대한 수증기의 질량

(2) 절대습도는 가습·감습 없이 냉각, 가열만으로는 변화가 없다(단, 이슬점에 도달하지 않은 것으로 전제할 때).

$$\text{절대습도 } x[kg/kg'] = \frac{\text{수증기 질량}(kg)}{\text{건공기 질량}(kg')} = 0.622\frac{P_w}{P-P_w}$$

P_w : 습공기 중의 수증기 분압

P : 대기압

4) 상대습도와 포화도

(1) 상대습도

① '습공기 중 수분의 질량'과 동일온도에 있어서 '포화공기 중 수분의 질량'의 비

② '습공기의 수증기 분압'과 동일온도에 있어서 '포화공기의 수증기 분압'의 비

$$\text{상대습도 } \phi = \frac{m_w}{m_s} \times 100\ \% = \frac{P_w}{P_s} \times 100\ \%$$

m_w : 습공기 1 m^3 중에 함유된 수분의 질량(밀도)

m_s : 포화공기 1 m^3 중에 함유된 수분의 질량(밀도)

P_w : 습공기의 수증기 분압

P_s : 포화공기의 수증기 분압(습공기와 동일온도일 때)

(2) 비교습도(비습도) 또는 포화도(%)

'습공기의 절대습도'와 동일온도에 있어서 '포화공기의 절대습도'의 비

$$\text{포화도 } \psi = \frac{x}{x_s} \times 100\ \%$$

x : 습공기의 절대습도(kg/kg')

x_s : 포화공기의 절대습도(kg/kg')(습공기와 동일온도일 때)

5) 공기의 엔탈피

(1) 건공기의 엔탈피(h_a)

$$h_a = C_{pa}t = 1.01\ t$$

h_a : 건공기 1 kg에 대한 엔탈피(kJ/kg)

C_{pa} : 건공기 정압비열 ≒ 1.01 $kJ/kg \cdot K$

t : 공기온도(℃)(건구온도)

※ 비엔탈피로 표기되는 경우 단위질량당 엔탈피를 말한다(kJ/kg). 용어에 구분 없이 엔탈피로 표기되나 단위 표현이 kJ/kg이라면 비엔탈피이다.

※ 건구온도 0 ℃의 건공기 엔탈피 = 0 kJ/kg

(2) 수증기의 엔탈피(h_{wa})

수증기는 0℃의 물을 기준으로 하므로 물에서 증기로 변화하는 데에 필요한 증발 잠열을 온도만큼의 수증기 정압비열을 계산한 열에 더해야 한다.

$$h_{wa} = \gamma_0 + C_{pw}t$$
$$= 2501 + 1.85\,t$$

h_{wa} : 수증기의 엔탈피(kJ/kg)
γ_0 : 0℃ 물의 증발잠열 = 2501 kJ/kg
(0℃물 1 kg → 0℃ 수증기 1 kg)
C_{pw} : 수증기 정압비열 = 1.85 kJ/(kg·K)

[증발된 경로에 따라 100 ℃ 수증기의 엔탈피가 다르다]
① 0℃ 물 → 0℃ 수증기 → 100℃ 수증기(자연적인)
2501 kJ/kg + 1.85 kJ/(kg·K) × 100 K = 2686 kJ/kg
② 0℃ 물 → 100℃ 물 → 100℃ 수증기(기계적인)
4.19 kJ/(kg·K) × 100 K + 2257 kJ/kg = 2676 kJ/kg

(3) 습공기의 엔탈피(h)

건공기 엔탈피와 수증기 엔탈피의 합

$$h = h_a + x \times h_{wa}$$
$$= C_{pa}\,t \; + \; x(\gamma_0 + C_{pw}\,t)$$
$$= 1.01t \; + \; x(2501 + 1.85t)$$

h : 습공기의 엔탈피(kJ/kg)
h_a : 건공기 1 kg의 엔탈피(kJ/kg)
x : 습공기의 절대습도(kg/kg')
h_{wa} : 수증기 1 kg의 엔탈피(kJ/kg)
t : 공기온도(℃, 건구온도)

2 습공기선도 및 상태변화

1) 습공기선도(i - x선도 또는 h - x선도)

엔탈피와 절대습도를 기준으로 하며 이론적인 계산에 주로 사용된다. 표준대기압 상태에서 습공기의 성질을 나타낸다. 건구온도, 습구온도, 노점온도, 상대습도, 절대습도, 수증기분압, 엔탈피, 비체적, 열수분비, 현열비 등으로 구성되어 있다.

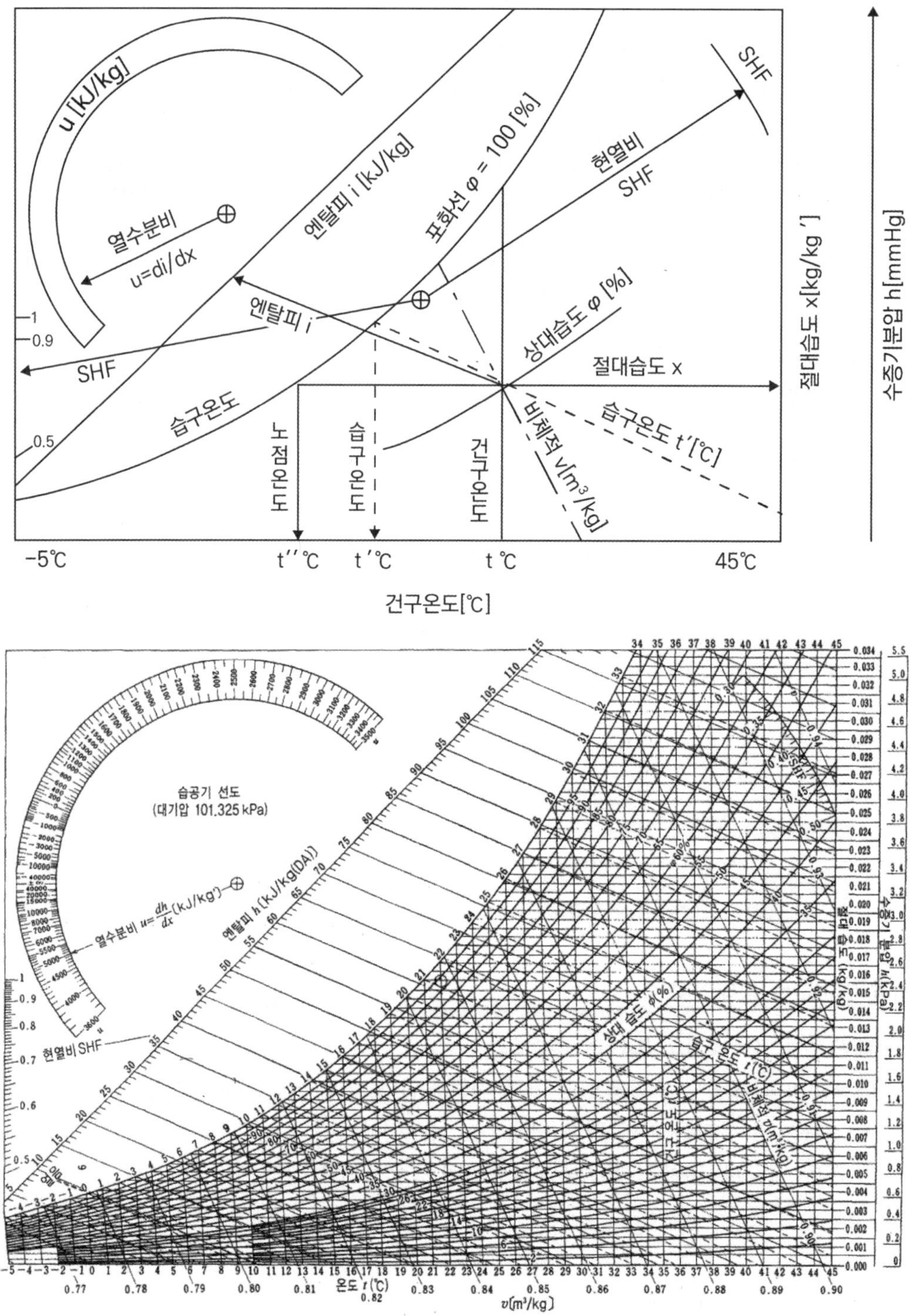
u [kJ/kg]
열수분비
u=di/dx
엔탈피 i [kJ/kg]
포화선 φ = 100 [%]
현열비
SHF
SHF
엔탈피 i
SHF
상대습도 φ [%]
절대습도 x
습구온도
노점온도
습구온도
건구온도
비체적 v[m³/kg]
습구온도 t′[℃]
절대습도 x[kg/kg′]
수증기분압 h[mmHg]
-5℃
t′′℃
t′℃
t℃
45℃
건구온도[℃]
습공기 선도
(대기압 101.325 kPa)
엔탈피 h (kJ/kg(DA))
열수분비 u = dh/dx (kJ/kg')
현열비 SHF
상대 습도 φ(%)
온도 t(℃)
v(m³/kg)

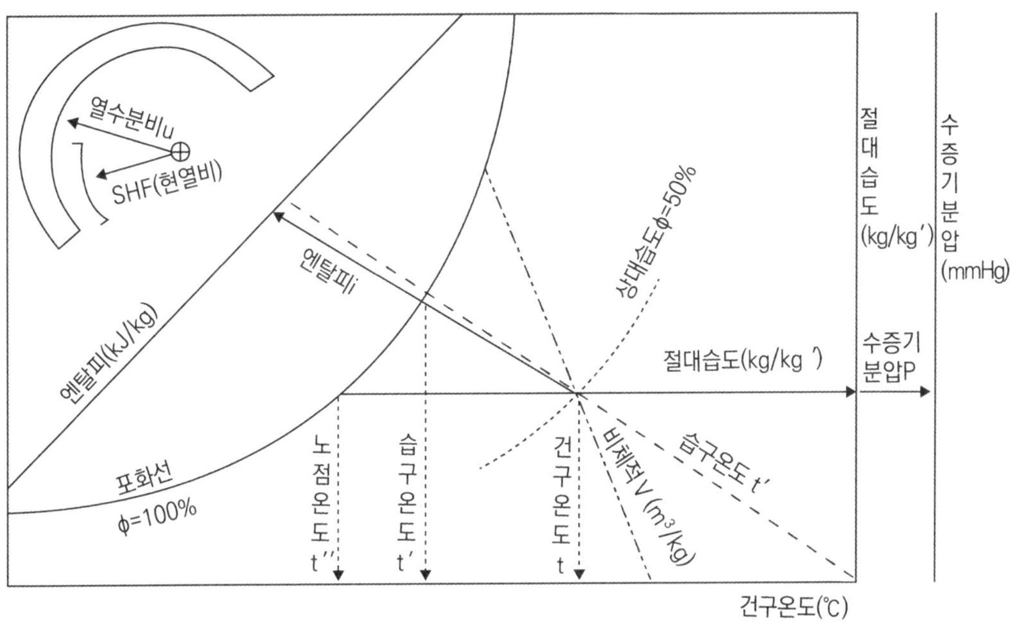
열수분비u
SHF(현열비)
엔탈피i
엔탈피(kJ/kg)
상대습도ϕ=50%
절대습도(kg/kg')
수증기 분압(mmHg)
절대습도(kg/kg ')
수증기 분압P
포화선
ϕ=100%
노점온도 t''
습구온도 t'
건구온도 t
비체적V (m³/kg)
습구온도 t'
건구온도(℃)

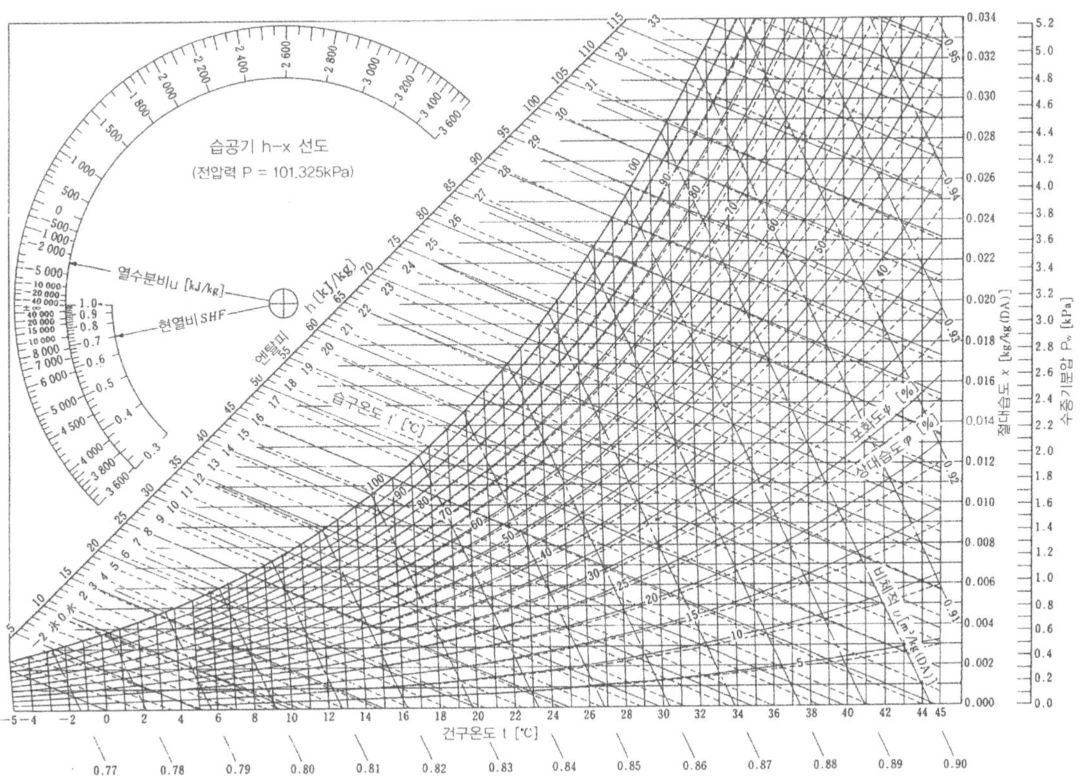
습공기 h–x 선도
(전압력 P = 101.325kPa)
열수분비u [kJ/kg]
현열비SHF
엔탈피
h [kJ/kg]
습구온도 t' [℃]
포화도ψ [%]
상대습도φ [%]
비체적 υ [m³/kg(DA)]
절대습도 x [kg/kg(DA)]
수증기분압 Pw [kPa]
건구온도 t [℃]

2) 현열비(SHF : Sensible Heat Factor)

전열량에 대한 현열량의 비로 실내로 송출되는 공기 상태를 나타낸다.

$$SHF = \frac{\text{현열}(q_S)}{\text{전열}(q_T)} = \frac{\text{현열}(q_S)}{\text{현열}(q_S) + \text{잠열}(q_L)}$$

TIP 현열(감열) : 물질의 상태변화 없이 온도변화에만 필요한 열
잠열 : 물질의 온도변화 없이 상태변화에만 필요한 열

3) 열수분비(Moisture Ratio, U)

'공기 중 수분의 양(절대습도)의 변화량'에 대한 '전열량(엔탈피)의 변화량'

$$\text{열수분비 } U[kJ/kg] = \frac{\text{전열량의 변화량}(kJ)}{\text{수분의 변화량}(kg)} = \frac{q_S + q_L}{L} = \frac{q_S + L \cdot h_L}{L} = \frac{q_S}{L} + h_L = \frac{\text{엔탈피의 변화량}}{\text{절대습도의 변화량}} = \frac{i_2 - i_1}{x_2 - x_1} = \frac{\Delta i}{\Delta x}$$

q_S : 현열(kJ)
q_L : 잠열(kJ)
L : 수분의 변화량(kg)
h_L : 수분의 엔탈피(kJ/kg)
i_1 : 1지점 공기의 엔탈피(kJ/kg)
i_2 : 2지점 공기의 엔탈피(kJ/kg)
x_1 : 1지점 공기의 절대습도(kg/kg')
x_2 : 2지점 공기의 절대습도(kg/kg')

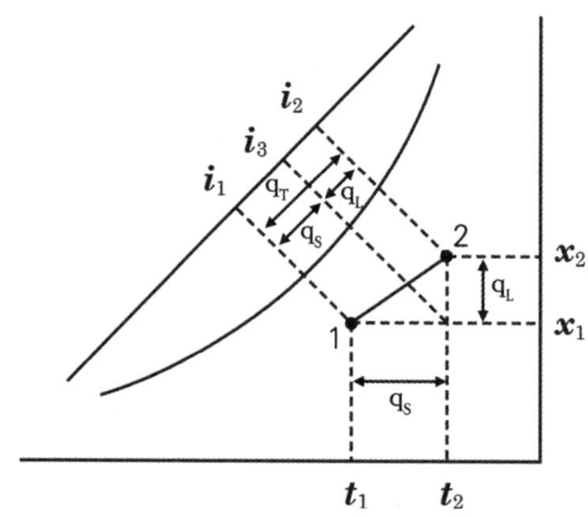

4) 습공기의 상태변화

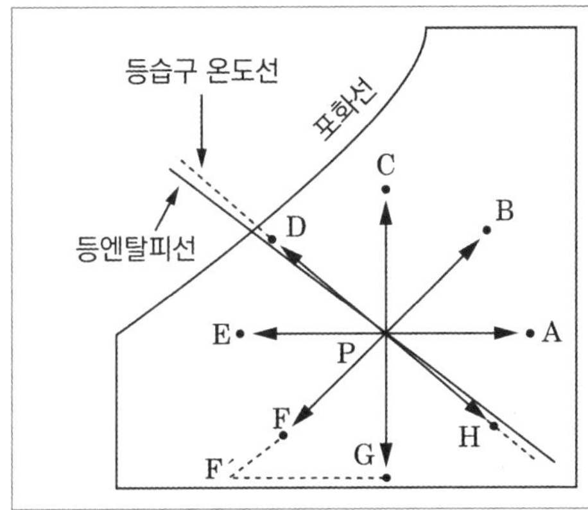

$\overrightarrow{PA}$: 가열변화
$\overrightarrow{PB}$: 가열 · 가습변화
$\overrightarrow{PC}$: 등온 · 가습변화
$\overrightarrow{PD}$: 가습 · 냉각변화(단열가습)
$\overrightarrow{PE}$: 냉각변화
$\overrightarrow{PF}$: 감습 · 냉각변화
$\overrightarrow{PG}$: 등온 · 감습변화
$\overrightarrow{PH}$: 가열 · 감습변화

(1) 가열과 냉각

① 잠열량 없이 현열량만의 공급과 방출로 공기 중의 수증기량은 변하지 않고 온도만 올라가거나 내려가는 상태변화

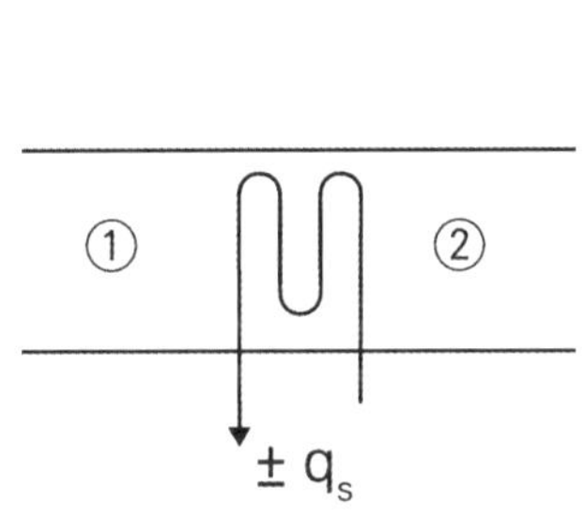

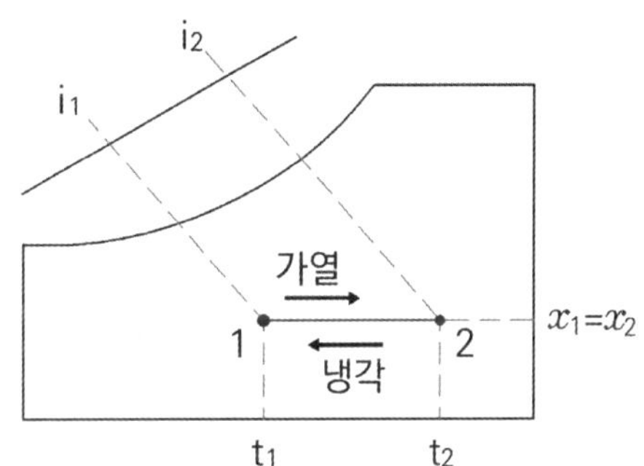

② 현열량(q_s)

$$q_S[kW] = G(i_2 - i_1) = \rho Q(i_2 - i_1) = GC_p(t_2 - t_1) = \rho QC_p(t_2 - t_1)$$

G : 공기량(kg/s)
(= $\rho(kg/m^3) \times Q(m^3/s)$)
C_p : 공기의 정압비열(1.01 kJ/kg · K)
Q : 풍량(공기량, m^3/s)
ρ : 공기밀도(1.2 kg/m^3)

(2) 등온가습

공기의 온도는 변하지 않고, 공기 중 수증기 양이 증가한 상태변화

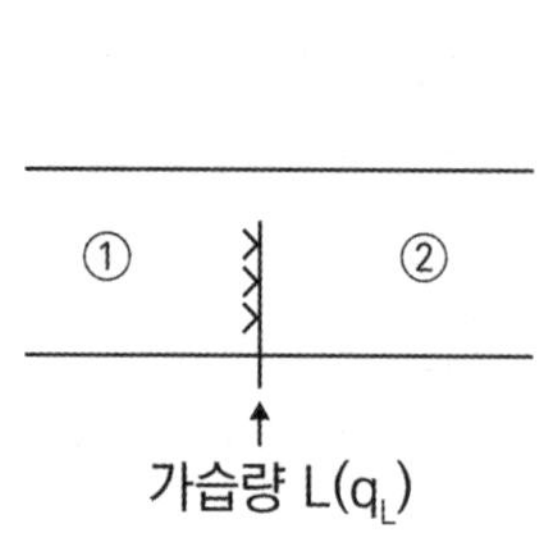

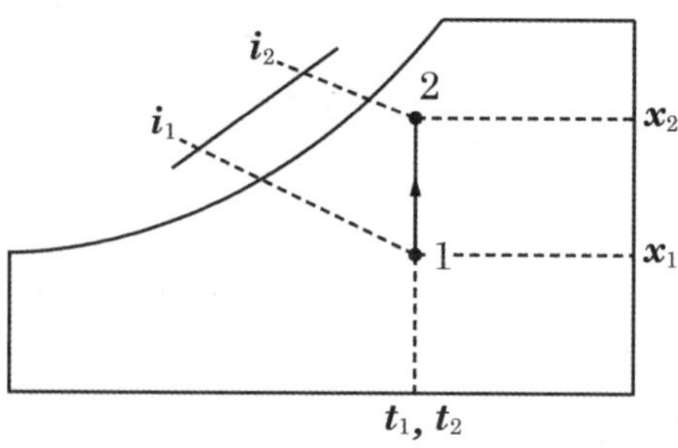

① 잠열량(가열량)

$$
\begin{aligned}
q_L[kW] &= G(i_2 - i_1) = \rho Q(i_2 - i_1) \\
&= \gamma L = G\gamma(x_2 - x_1) \\
&= \rho Q\gamma(x_2 - x_1) \\
&= 1.2 \times Q \times 2501(x_2 - x_1)
\end{aligned}
$$

q_L : 잠열량(kW)
L : 가습량(kg/s)
G : 공기량(kg/s)
Q : 풍량(공기량, m^3/s)
x : 절대습도(kg/kg′)
ρ : 공기밀도(1.2 kg/m^3)
γ : 0 ℃ 물의 증발잠열(2501 kJ/kg)

② 수분량(가습량) L

$$
\begin{aligned}
L[kg/s] &= G(x_2 - x_1) \\
&= \rho Q(x_2 - x_1)
\end{aligned}
$$

L : 수분량(가습량, kg/s)
G : 공기량(kg/s)
x : 절대습도(kg/kg′)
Q : 풍량(공기량, m^3/s)
ρ : 공기밀도(1.2 kg/m^3)

③ 수공기비와 가습효율

㉠ 수공기비 : 수량과 공기량의 비

$$\text{수공기비} = \frac{\text{수량}}{\text{공기량}} = \frac{L(kg/s)}{\rho(kg/m^3) \times Q(m^3/s)}$$

㉡ 가습효율 : 분무된 물 중 수증기가 된 수량의 비

$$\text{가습효율 } \eta_s = \frac{\text{증발수량}}{\text{분무수량}}$$

(3) 가열 · 가습

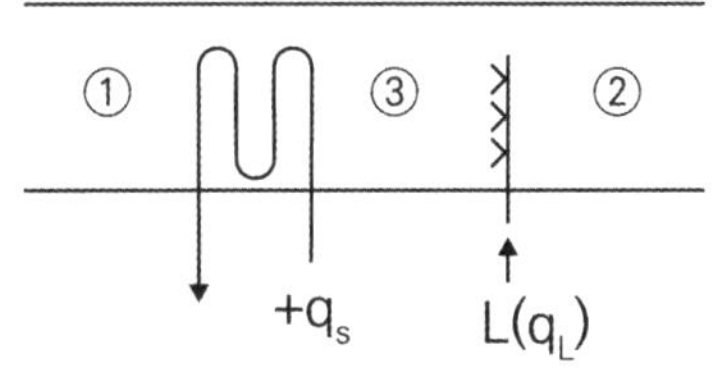

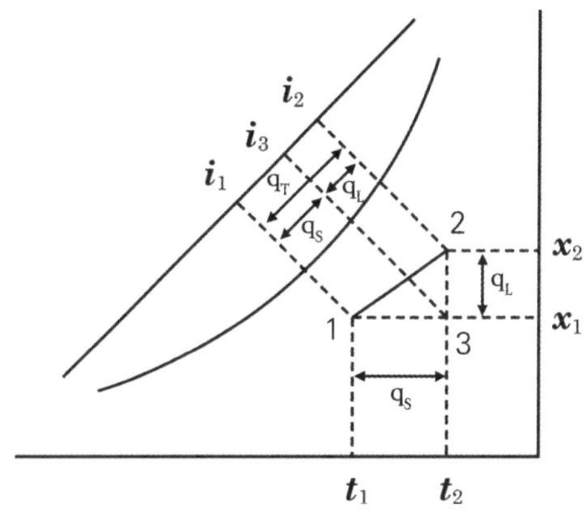

① 현열량

$$q_S[kW] = GC_p(t_3 - t_1) = G(i_3 - i_1)$$

※ 여기서, $t_3 = t_2$

q_S : 현열량(kW)

G : 공기량(kg/s)

(= 공기밀도ρ(1.2 kg/m^3) × 풍량 Q(m^3/s))

C_p : 공기의 정압비열(1.01 kJ/(kg · K))

② 잠열량

$$q_L[kW] = \gamma L = G\gamma(x_2 - x_3) = G(i_2 - i_3)$$

q_L : 잠열량(kW)

L : 가습량(kg/s)

G : 공기량(kg/s)

(= 공기밀도ρ(1.2 kg/m^3) × 풍량 Q(m^3/s))

x : 절대습도(kg/kg′)

γ : 0 ℃ 물의 증발잠열(2501 kJ/kg)

③ 전열량(총 열량)

$$q_T = q_S + q_L = G(i_3 - i_1) + G(i_2 - i_3) = G(i_2 - i_1)$$

(4) 냉각·감습

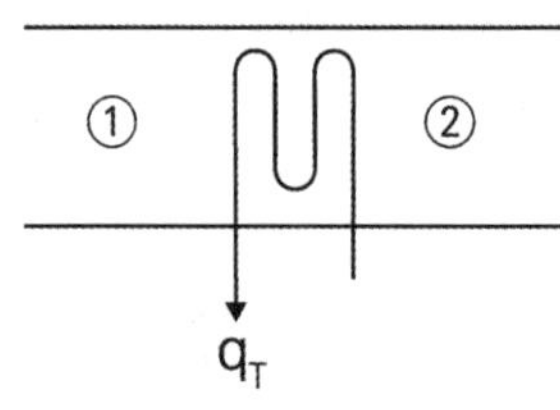

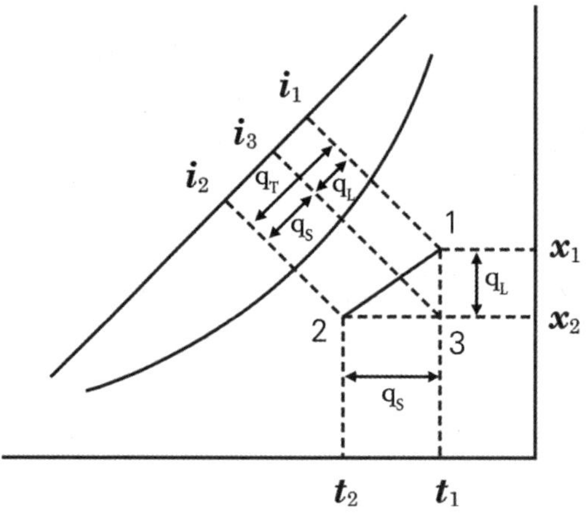

① 감습량(결로에 의한 감습)

$$L[kg/s] = G(x_1 - x_2) = \rho Q(x_1 - x_2)$$

G : 공기량(kg/s)
(= 공기밀도ρ(1.2 kg/m^3) × 풍량 Q(m^3/s))
x : 절대습도(kg/kg′)

② 전열량(총 열량)

$$q_T[kW] = q_S + q_L = G(i_3 - i_2) + G(i_1 - i_3) = G(i_1 - i_2)$$

(5) 혼합

실내 환기(리턴량)를 ① = Q_1, 외기풍량을 ② = Q_2라고 한다면 혼합공기 ③의 건구온도 t, 절대습도 x 및 엔탈피 i는 다음과 같다.

$$t_3 = \frac{t_1 Q_1 + t_2 Q_2}{Q_1 + Q_2} \qquad x_3 = \frac{x_1 Q_1 + x_2 Q_2}{Q_1 + Q_2} \qquad i_3 = \frac{i_1 Q_1 + i_2 Q_2}{Q_1 + Q_2}$$

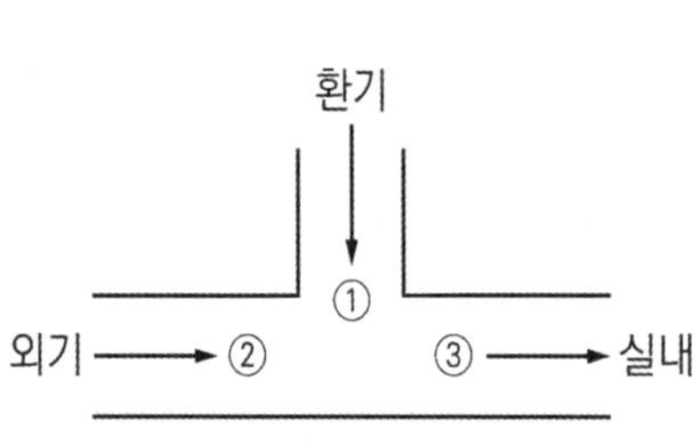

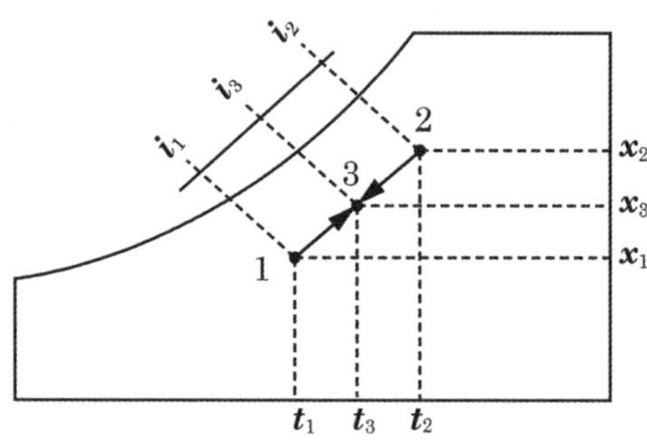

5) 냉각 · 감습과 바이패스 팩터(BF) 및 콘택트 팩터(CF)

①→③의 상태로 냉각하는 경우 냉각코일의 장치노점온도는 선분 ① ~ ③의 연장선에서 포화곡선과 만나는 점 ②가 된다.

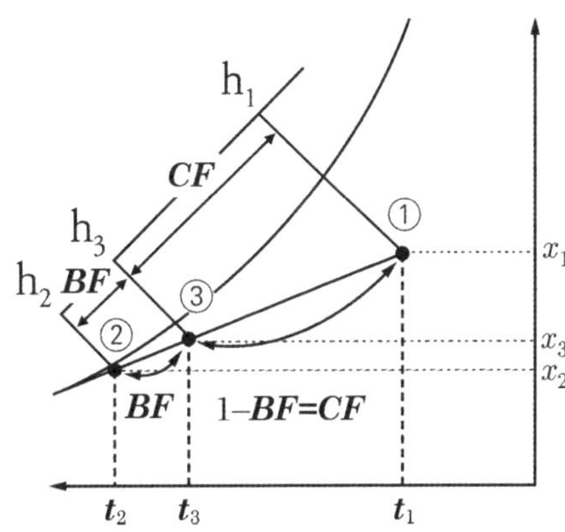

(1) BF(바이패스 팩터) : 열전달 없이 코일을 접촉하지 않고 통과하는 공기의 비율
BF가 작을수록 열전달 우수

$$BF = \frac{t_3 - t_2}{t_1 - t_2} = \frac{h_3 - h_2}{h_1 - h_2} = \frac{x_3 - x_2}{x_1 - x_2}$$

(2) CF(콘택트 팩터) : 코일 표면에 접촉하면서 통과한 공기의 비율

$$CF = \frac{t_1 - t_3}{t_1 - t_2} = \frac{h_1 - h_3}{h_1 - h_2} = \frac{x_1 - x_3}{x_1 - x_2}$$

(3) BF = 1 - CF

TIP 장치노점온도(Apparatus Dewpoint Temperature) :
공기조화기의 냉각코일을 통과하는 공기의 수증기가 응축하여 물방울이 되는 온도

6) 가습방법

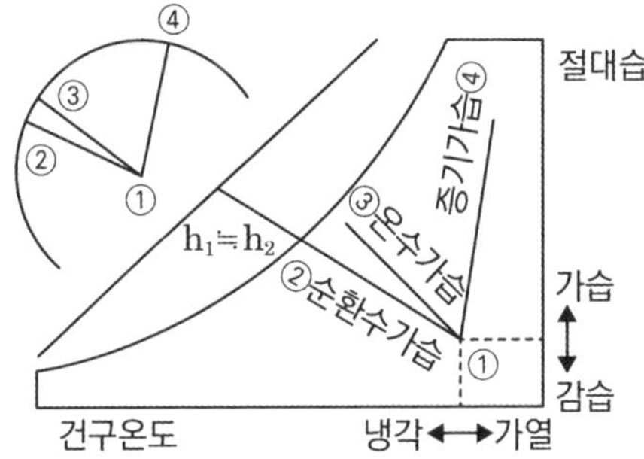

(1) 순환수 가습(①→②) : 가습(단열가습) · 냉각
(2) 온수 가습(①→③) : 가습 · 냉각
(3) 증기 가습(①→④) : 가습 · 가열

7) 감습방법

(1) 냉각감습장치 : 냉각코일 또는 공기세정기를 사용하는 방법으로 가장 많이 사용

(2) 압축감습장치 : 공기를 압축하여 여분의 수분을 응축시키는 방법으로 설비비와 소요 동력이 커서 일반적으로 사용하지 않음

(3) 흡수식 감습장치 : 염화리튬, 트리에틸렌글리콜 등 액체 흡수제를 사용하는 방법

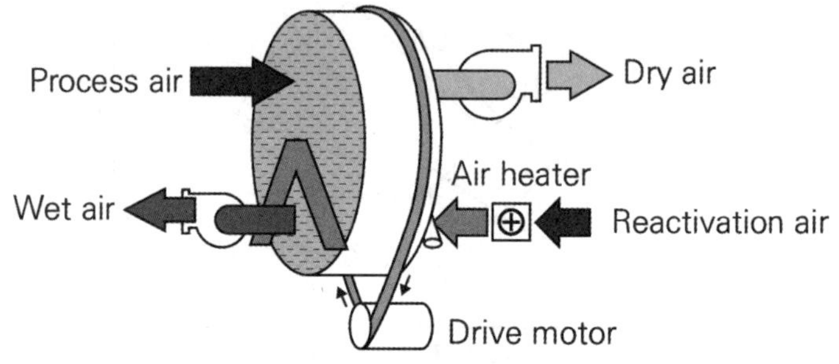

[흡수식 감습장치(회전식)]

(4) 흡착식 감습장치 : 실리카겔, 활성알루미나 등 고체 흡수제를 사용하는 방법

[실리카겔]

8) 공조장치 내의 상태변화와 선도 작도

(1) 혼합·냉각감습

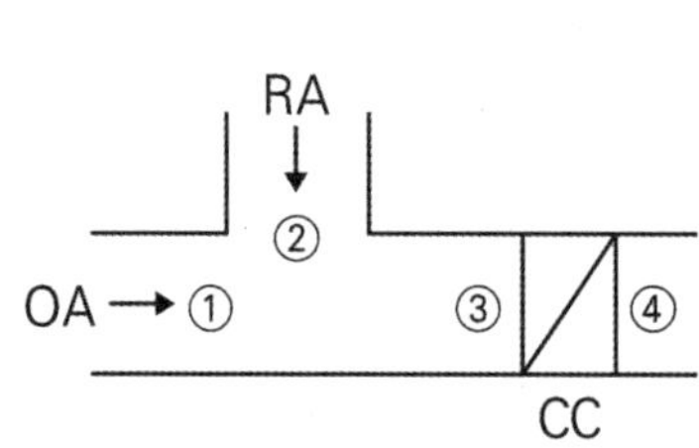

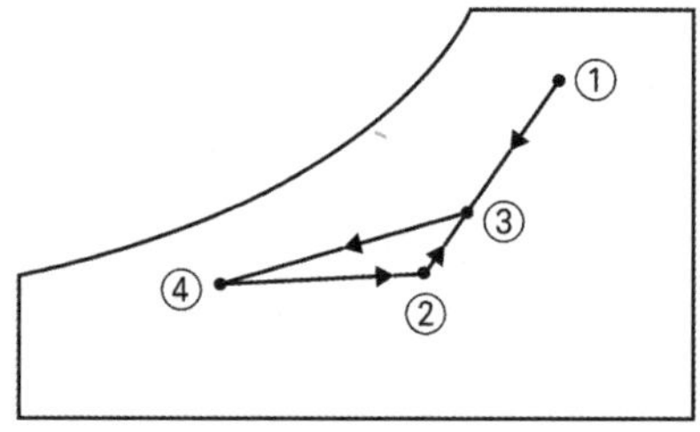

보충 RA : Return Air(환기)
OA : Out Air(외기)
CC : Cooling Coil(냉각코일)

(2) 혼합 · 가열

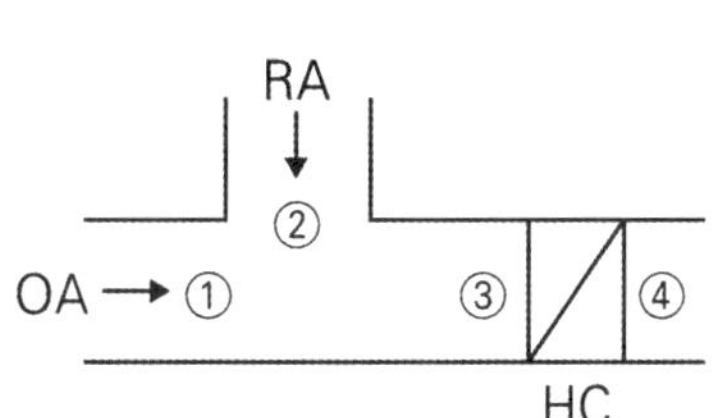

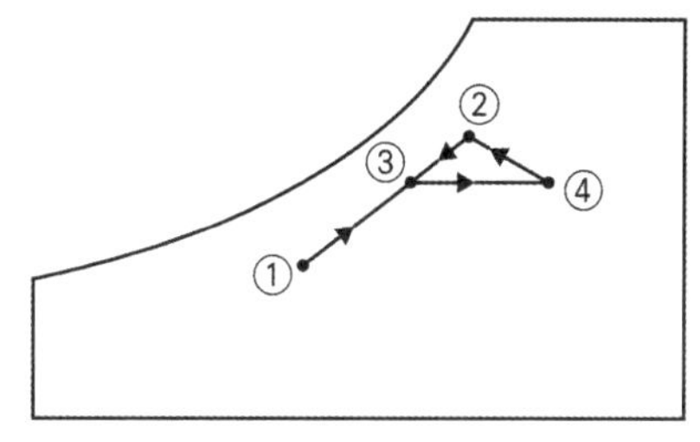

보충 HC : Heating Coil(가열코일)

(3) 혼합 · 온수가습 · 가열

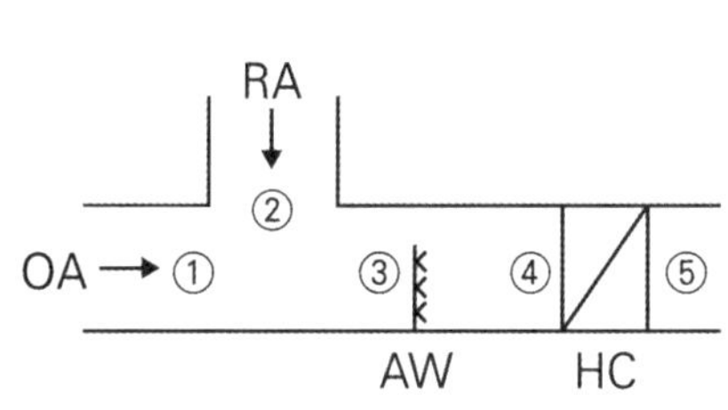

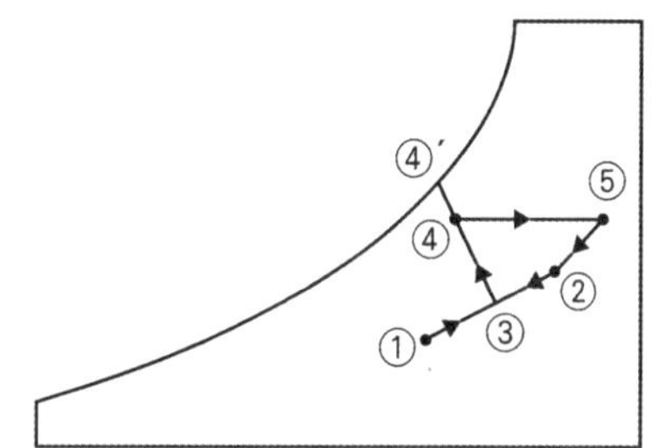

보충 AW : Air Washer(에어와셔)

(4) 혼합 · 예열 · 온수가습 · 재열

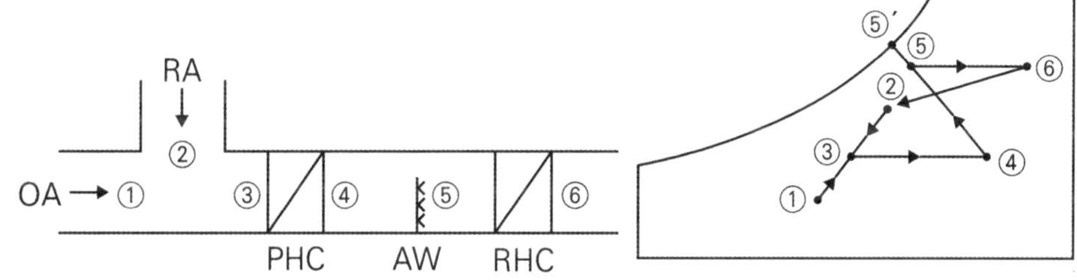

보충 PHC : Pre－Heating Coil(예열코일)
RHC : Re－Heating Coil(재열코일)

(5) 혼합 · 증기가습 · 가열

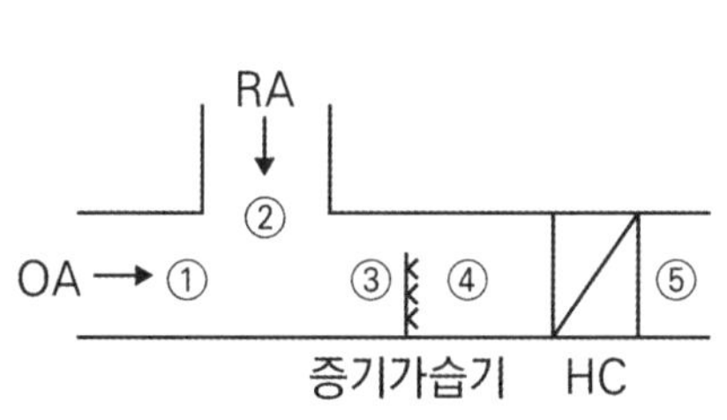

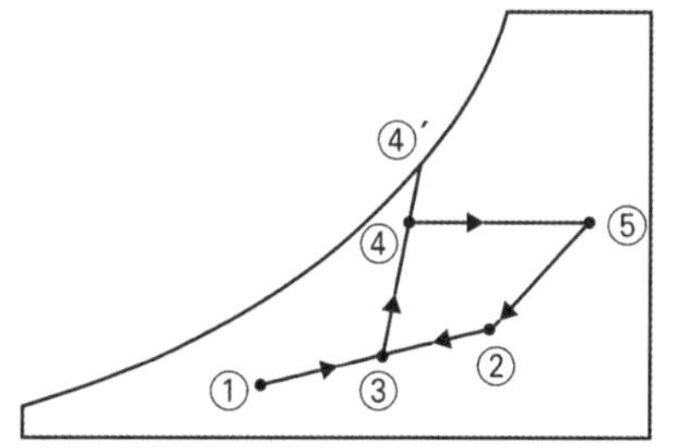

(6) 외기예열 · 혼합 · 온수가습 · 재열

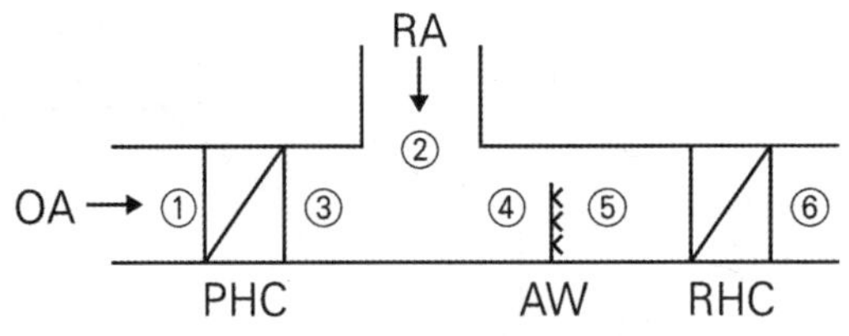

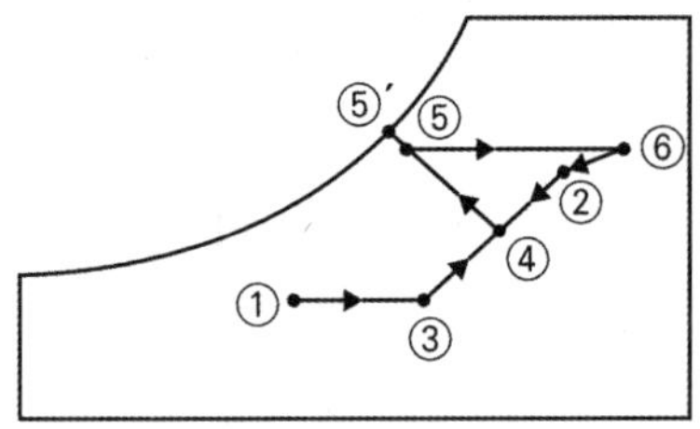

(7) 외기예냉 · 혼합 · 냉각감습

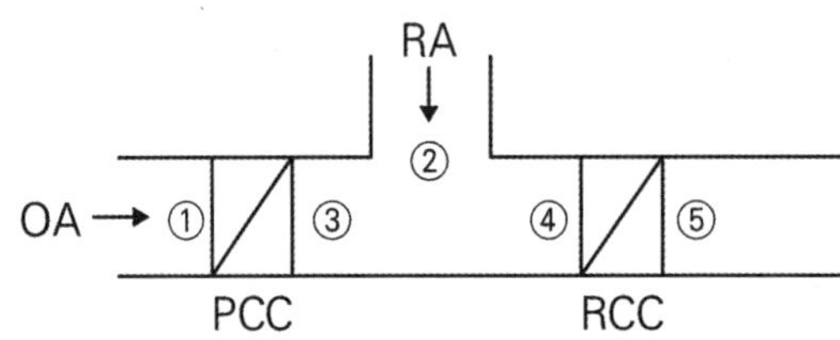

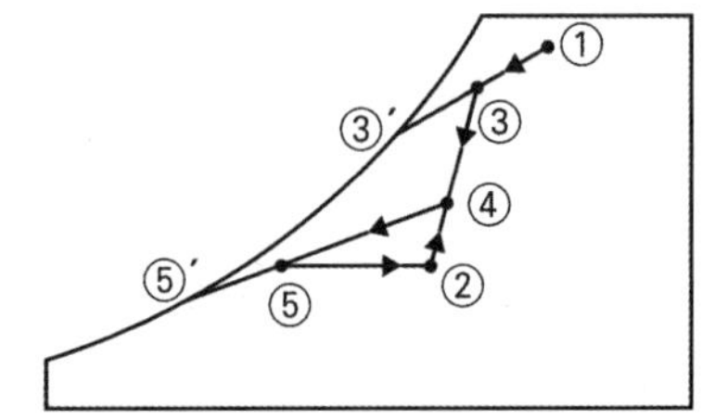

보충 PCC : Pre – Cooling Coil(예냉코일)
RCC : Re – Cooling Coil(재냉각코일)

(8) 혼합 · 감습 · 냉각

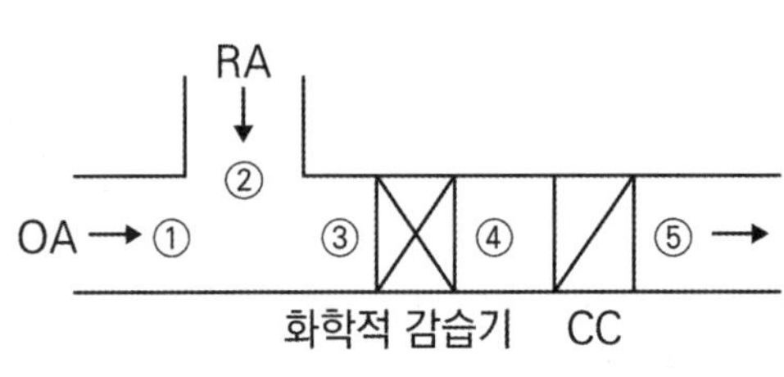

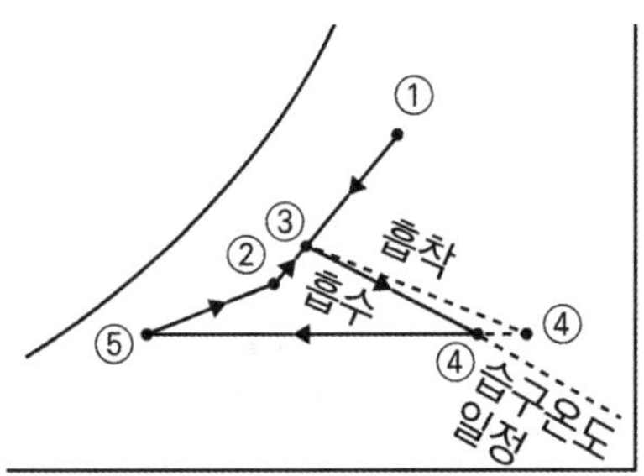

보충 흡착제 : 실리카겔($SiO_2 \cdot nH_2O$)
흡수제 : 염화리튬(LiCl)

(9) 혼합 · 바이패스 · 냉각

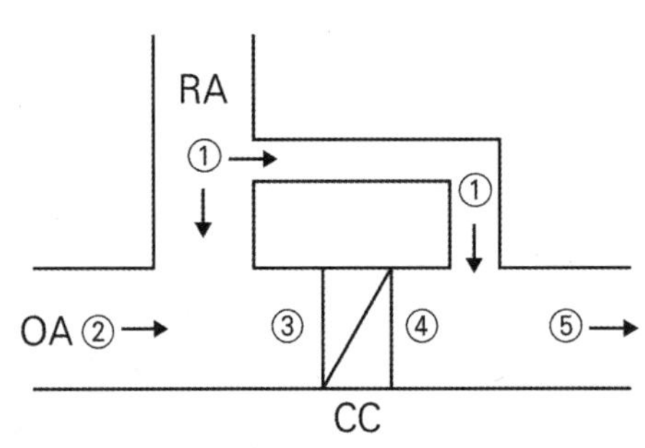

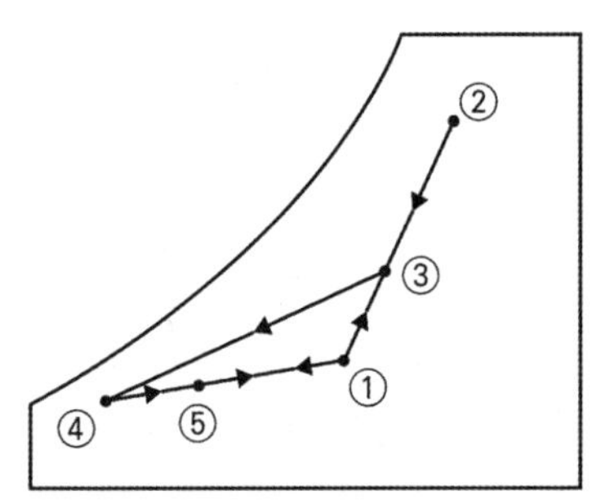

01 예상문제

01 공기조화의 분류에서 산업용 공기조화의 적용범위에 해당하지 않는 것은?

① 실험실의 실험조건을 위한 공조
② 양조장에서 술의 숙성온도를 위한 공조
③ 반도체 공장에서 제품의 품질 향상을 위한 공조
④ 호텔에서 근무하는 근로자의 근무환경 개선을 위한 공조

해설

[공기조화의 분류]

1) 보건용 공기조화
쾌적한 주거환경을 유지하여 보건, 위생 및 근무환경을 향상시키기 위한 공기조화(인간의 쾌감이나 보건위생을 목적으로 함)
예) 사무실, 주택 등

2) 산업용 공기조화
생산과정에 있는 물질을 대상으로 하여 물질의 온도, 습도 변화 및 유지와 환경의 청정화로 생산성 향상을 목적으로 하는 공기조화
예) 실험실, 공장, 창고, 전산실 등

02 기류 및 주위 벽면에서의 복사열은 무시하고 온도와 습도만으로 쾌적도를 나타내는 지표를 무엇이라 하는가?

① 쾌적 건강지표 ② 불쾌지수
③ 유효온도지수 ④ 청정지표

해설

[불쾌지수]

- 날씨에 따라 사람이 느끼는 불쾌감의 정도를 기온과 습도를 조합하여 나타내는 수치
- 불쾌지수
= (건구온도 + 습구온도) × 0.72 + 40.6
- 80 이상인 경우 대부분 사람이 불쾌감을 느낌

03 건구온도 30 ℃, 상대습도 60 %인 습공기에서 건공기의 분압(mmHg)는? (단, 대기압은 760 mmHg, 포화 수증기압은 27.65 mmHg이다)

① 27.65 ② 376.21
③ 743.41 ④ 700.97

해설

[건공기 분압]

$$상대습도(\phi) = \frac{P_w}{P_s} \times 100\ \% = \frac{m_w}{m_s} \times 100\ \%$$

P_w : 습공기의 수증기 분압
P_s : 동일한 온도에서 포화공기의 수증기 분압
m_w : 습공기 중의 수증기 질량
m_s : 동일한 온도에서 포화공기 중의 수증기 질량

1) 습공기의 수증기 분압 P_w
$P_w = \phi \times P_s = 0.6 \times 27.65$

2) 건공기의 분압 P_a
$P_a = P - P_w = P - \phi P_s$
$= 760 - (0.6 \times 27.65)$
$= 743.41$ mmHg

정답 01 ④ 02 ② 03 ③

04 온도 30 ℃, 절대습도 0.0271 kg/kg인 습공기의 엔탈피는?

① 89.58 kJ/kg ② 47.88 kJ/kg
③ 99.58 kJ/kg ④ 11.98 kJ/kg

해설

[습공기 엔탈피]

습공기의 비엔탈피 $= C_{pa}t + (\gamma_0 + C_{pw}t)x = 1.01\,t + (2501 + 1.85\,t)x$

$$h = C_{pa}t + (\gamma_0 + C_{pw}t)x$$
$$= 1.01\,t + (2501 + 1.85\,t)x$$
$$= 1.01 \times 30 + (2501 + 1.85 \times 30) \times 0.0271$$
$$= 99.58\ \text{kJ/kg}$$

C_{pa} : 건공기 정압비열(1.01 $kJ/kg \cdot K$)
t : 공기온도[℃](건구온도)
γ_0 : 0 ℃ 물의 증발잠열(2501 kJ/kg)
C_{pw} : 수증기 정압비열(1.85 $kJ/kg \cdot K$)
x : 습공기의 절대습도[kg/kg]

05 실내 냉방부하 중에서 현열부하 2500 kJ/h, 잠열부하 500 kJ/h일 때 현열비는?

① 0.2 ② 0.83
③ 1 ④ 1.2

해설

[현열비(SHF : Sensible Heat Factor, 감열비)]

현열비(SHF) $= \dfrac{현열량}{전열량} = \dfrac{현열량}{현열량 + 잠열량}$

$$SHF = \frac{현열량}{현열량 + 잠열량}$$
$$= \frac{2500\ kJ/h}{2500\ kJ/h + 500\ kJ/h} = 0.83$$

06 습공기선도에서 상태점 A의 노점온도를 읽는 방법으로 옳은 것은?

①
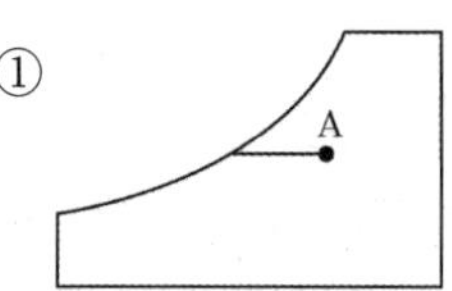

②
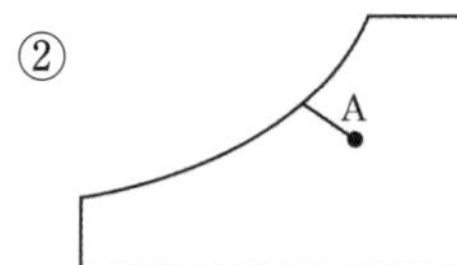

③
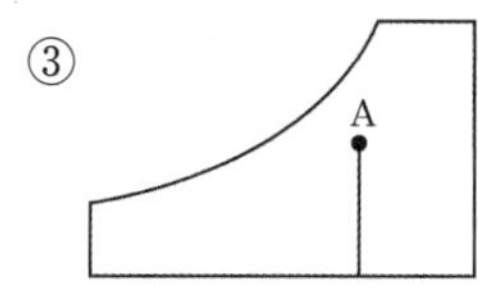

④
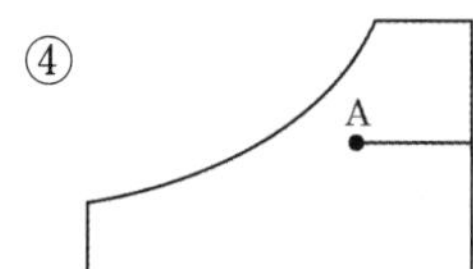

해설

[습공기선도]

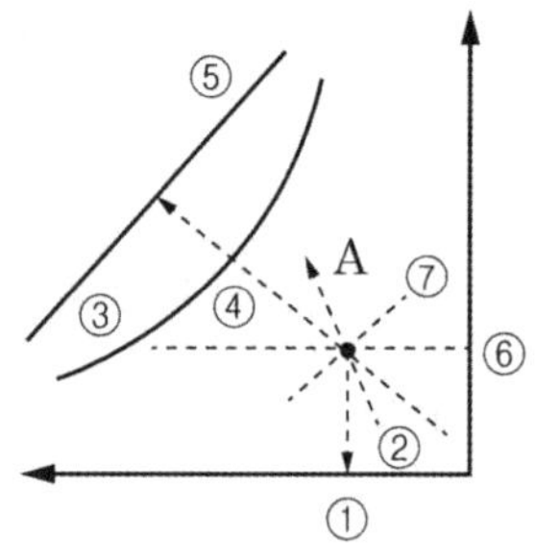

① 건구온도, ② 비체적, ③ 노점온도,
④ 습구온도, ⑤ 엔탈피선,
⑥ 절대습도, ⑦ 상대습도

정답 04 ③ 05 ② 06 ①

07 염화리튬, 트리에틸렌 글리콜 등의 액체를 사용하여 감습하는 장치는?

① 냉각감습장치
② 압축감습장치
③ 흡수식감습장치
④ 세정식감습장치

해설

[흡수식 감습장치(액체 흡수식 제습장치)]

습공기로부터 수분을 제거하는 제습 로터와 수분을 흡수한 로터의 재사용을 위한 재생기 등으로 구성되어 있다. 제습 로터 표면의 시트는 벌집 형상(Honeycomb)이며, 시트에 흡수제(염화리튬수용액, 트리에틸렌글리콜 등)를 함침시켜 로터를 지나는 공기 중의 수분을 흡수하게 한다. 수분을 흡수한 다습한 로터 표면을 온풍으로 가열하여 다시 건조한 로터로 재생시킨다. 흡수제는 재생되어 연속 운전이 가능하다.

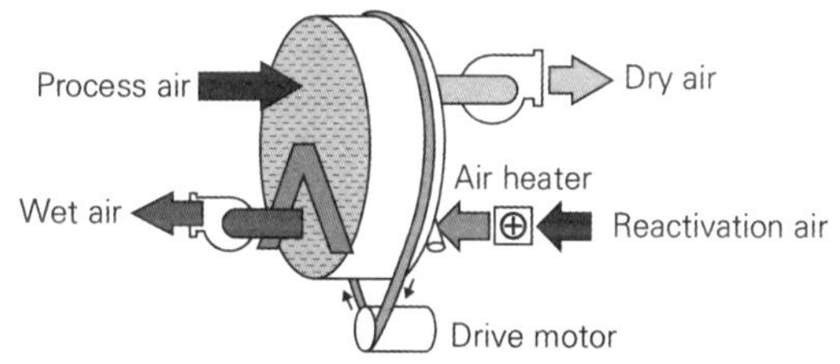

보충 액체 흡수제 :
염화리튬수용액, 트리에틸렌글리콜

08 다음과 같은 공기선도상의 상태에서 CF(Contact Factor)를 나타내고 있는 것은?

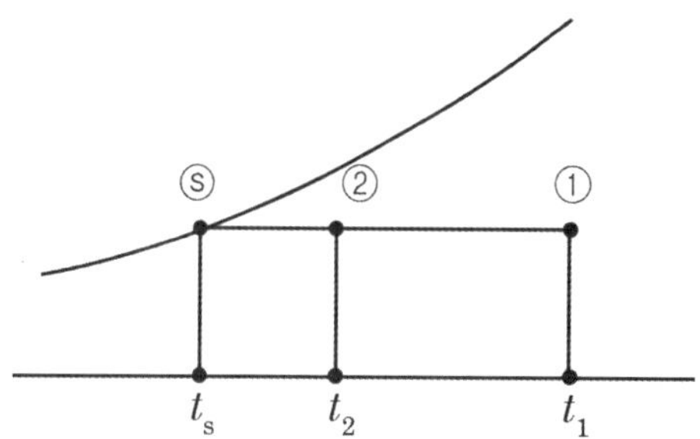

① $\dfrac{t_1-t_2}{t_1-t_s}$　② $\dfrac{t_1-t_2}{t_2-t_s}$

③ $\dfrac{t_2-t_s}{t_1-t_s}$　④ $\dfrac{t_2-t_s}{t_1-t_2}$

해설

[CF]

CF(콘택트 팩터) : 코일 표면에 접촉하면서 통과한 공기의 비율

$$CF=\frac{t_1-t_2}{t_1-t_s}$$

정답 07 ③ 08 ①

Chapter 02 공기조화계획

01 공기조화방식

1 공기조화방식의 개요

1) 공기조화방식의 분류

공기조화방식의 분류는 목적 공간의 열부하를 제거하는 데 어떤 열매를 공급하는가를 기준으로 함

공조기의 설치방법 (열분배방식)	열매 (열을 운반하는 매개체의 종류)	공기조화방식	
중앙식	(1) 전공기방식 (All Air System)	① 단일덕트방식	정풍량
			변풍량
		② 이중덕트방식	정풍량
			변풍량
		③ 멀티존유닛방식	
		④ 각층유닛방식(각층공조기설치방식)	
	(2) 수·공기방식 (Water - Air System)	① 덕트병용 팬코일유닛	
		② 덕트병용 복사냉난방방식	
		③ 유인유닛방식	
	(3) 전수방식 (All Water System)	① 팬코일유닛방식	
		② 복사냉난방방식	
개별식	냉매방식	① 패키지방식	
		② 룸쿨러방식	분리형
			멀티유닛형
			창문설치형

보충 각층유닛방식 : 과거에는 수·공기방식으로 분류했으나,
현재는 공조 공간에 공급하는 열매가 공기이기 때문에
전공기방식으로 분류하는 것이 일반적이다.

(1) 중앙식(Central System)

① 공조방식의 종류

㉠ 전공기방식 : 온·습도가 조절된 공기(냉풍, 온풍)으로만 냉·난방하는 방식

㉡ 수·공기방식 : 전공기방식과 전수방식의 단점을 보완하고 장점만을 취한 방식

㉢ 전수방식 : 중앙기계실로부터 냉·온수를 실내에 설치된 유닛에 순환시켜 공조하는 방식

② 특성

㉠ 중앙기계실에서 조화된 공기 또는 냉수, 온수를 각 실로 공급하는 방식

㉡ 규모가 큰 건물에 적합

㉢ 중앙기계실에 장치가 모두 집중되어 있어 운전 및 유지보수가 용이함

㉣ 덕트샤프트·파이프샤프트가 필요(건물 내 공간이 필요)

(2) 개별식(냉매방식)

① 암모니아, 프레온 등과 같은 냉매를 열매개체로 사용하는 방식

② 특성

㉠ 각 실에 공조유닛을 분산 설치하여 개별제어함. 따라서 중앙기계실이 필요 없고 설치 및 철거가 용이함

㉡ 국소적으로 운전이 가능하므로 에너지절약 공조방식

2 공기조화방식

1) 중앙 공조방식(Central System)

(1) 전공기방식

① 단일덕트방식(Single Duct)

중앙기계실에 설치한 공기조화기에서 조화한 공기를 단일덕트를 통해 각 실내로 분배하는 방식. 단일덕트 정풍량방식에서는 재열을 필요로 할 때도 있음(습도를 낮추기 위해 과냉각하여 공기의 응축수를 배출하고, 매우 낮아진 온도를 재열기로 다시 올리는 방식)

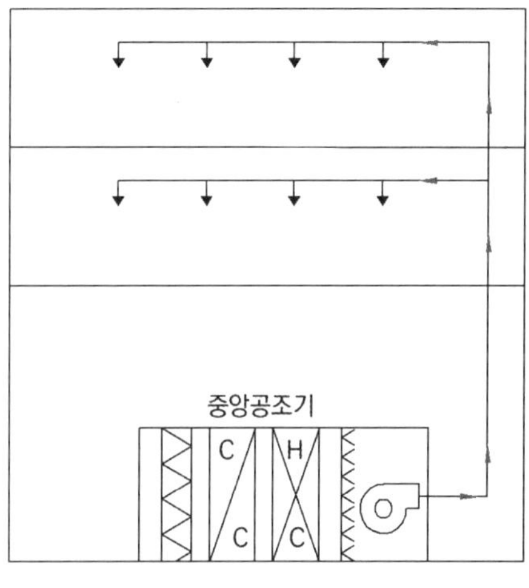

[단일덕트방식]

장점	① 공조기가 중앙식이므로 공기 조절이 용이(장치가 중앙 기계실에 집중되어 있어 운전 및 유지보수가 쉬움) ② 공조기실을 별도로 설치하므로 유지관리가 용이 ③ 중간기에 외기냉방이 가능함 ④ 전공기방식으로 공기여과기(필터) 설치 시 청정도가 높은 공조 가능 ⑤ 실내에 설치하는 장치가 없어 유효면적이 큼 ⑥ 공조기실과 공조하는 실을 분리할 수 있어서 방음·방진이 용이
단점	① 큰 덕트 스페이스를 필요로 함. 전공기방식으로 덕트 크기가 커서 샤프트 및 천장공간이 많이 필요하며, 공조기 또한 큰 공간을 차지함 (단, 이중덕트방식에 비해 덕트샤프트 필요공간은 적음) ② 실내부하 감소 시 송풍량을 줄이게 되면, 환기량이 적어져 실내공기의 오염도가 증가함 ③ 부하특성을 개별적으로 제어 불가함 TIP 부하특성이 다르다. = 온도, 습도가 다르다. ④ 수방식, 수공기방식에 비해 반송동력이 큼 * 단, 변풍량방식(VAV)은 부하변동에 따라 토출구의 풍량을 조절하기 용이하므로 반송동력을 줄일 수 있음. 즉, 운전비의 절약이 가능함. 각 실의 동시부하율을 고려하여 기기 용량을 결정하므로 설비용량을 적게 할 수 있음 ⑤ 부하변동에 대한 적응 속도가 느림 * 단, 변풍량방식(VAV)은 부하변동에 대하여 제어응답이 빠르기 때문에 거주성이 향상됨

보충 반송동력 : 물체를 이동(운반)시키는 데 사용되는 동력
(같은 양의 열을 전달하려면 물은 적은 양으로 충분하지만 공기는 훨씬 많은 양이 필요함)

[정풍량방식과 변풍량방식]

(1) 정풍량방식(CAV : Constant Air Volume)
송풍량을 일정하게 유지하고, 부하변동에 따라서 송풍온도를 변화시킴으로써 실온을 제어하는 방식

(2) 가변풍량방식(VAV : Variable Air Volume)
송풍온도를 일정하게 유지하고, 부하변동에 따라서 송풍량을 변화시킴으로써 실온을 제어하는 방식

② 이중(2중) 덕트방식(Double Duct)

공조기에 가열코일과 냉각코일을 병렬로 설치하여 온풍과 냉풍을 각각의 덕트를 통해 실의 **혼합상자**로 보내어 냉방 및 난방부하에 따라 혼합하여 각 실에 공급하는 방식

장점	① 실내부하에 따라 개별실 제어가 가능(혼합상자를 사용하므로) ② 실내의 용도 변경에 대해 유연성이 있음 ③ 냉풍 및 온풍이 열매체이므로 부하변동에 대한 응답이 빠름 ④ 냉·온풍을 혼합하여 토출하므로 계절에 따라 냉·난방을 변화시킬 필요가 없음(실내부하 감소 시에도 취출 공기량이 작아지지 않는다) ⑤ 중간기에 외기냉방이 가능
단점	① 2계통의 덕트가 설치되므로 설비비가 많이 듦 ② 혼합 상자에서 소음과 진동이 발생 ③ 냉풍과 온풍의 혼합으로 혼합손실로 인한 에너지손실이 많음 ④ 실온 유지를 위해 하절기에도 난방의 필요성이 있음 ⑤ 실내습도의 완전한 제어가 어려움

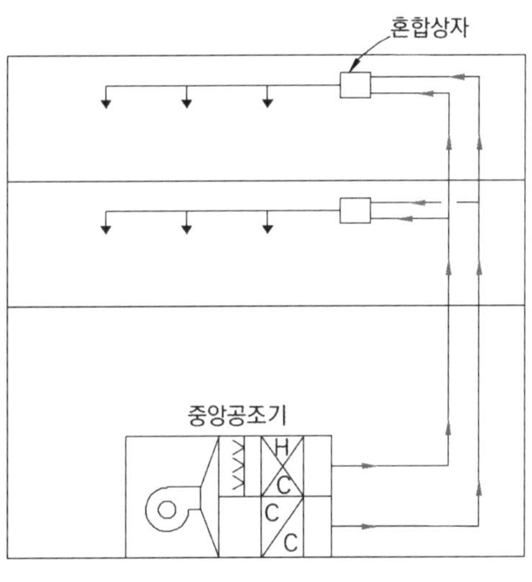

[이중덕트방식]

③ 멀티존유닛방식

부하특성이 다른 여러 개의 존을 공조할 때 한 대의 공조기에 가열코일과 냉각코일을 병렬로 설치하고 출구에 **혼합댐퍼**로 냉풍과 온풍을 혼합하여 덕트를 통해 각 실로 보내는 공조방식. 소규모의 공조면적을 여러 개의 작은 존으로 나누어 사용할 때 적용함

장점	① 존별 제어가 가능하므로 건물의 내부 존에 이용 ② 이중덕트방식의 덕트 공간을 천장 속에 확보할 수 없는 경우에 적합 ③ 소규모 건물에 여러 개의 작은 존으로 나누어 사용할 때 적합
단점	① 이중덕트방식과 같은 혼합 손실이 있어서 에너지소비량이 많음 ② 존별로 덕트 수가 증가하기 때문에 큰 용량으로 증설하기 어려움 ③ 동일 존에 있어서 내주부 부하변동과 외주부 부하변동이 거의 균일해야 함

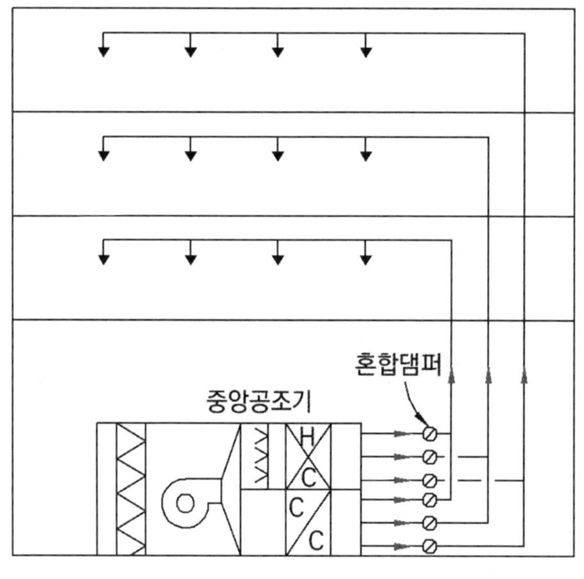

[멀티존유닛방식]

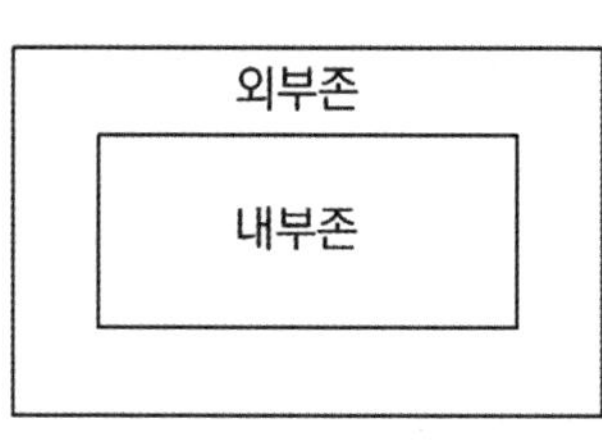

[외부존과 내부존]

④ 각층유닛방식

각 층마다 공조기를 설치하여 공기조화하는 방식

장점	① 송풍덕트의 길이가 짧고 설치가 용이함 ② 층별 존제어가 가능(사무실과 병원 등의 각 층에 대하여 시간차 운전에 유리함) ③ 환기덕트가 필요 없거나 작게 설치 가능
단점	① 각 층에 공조기가 분산되어 있어 관리 및 유지보수가 복잡함 ② 공조실이 가깝기 때문에 진동, 소음이 큼 ③ 공조기 수가 많으므로 설비비가 많이 듦 ④ 각 층 공조기로 가는 수배관을 설치하므로 누수의 우려가 있음

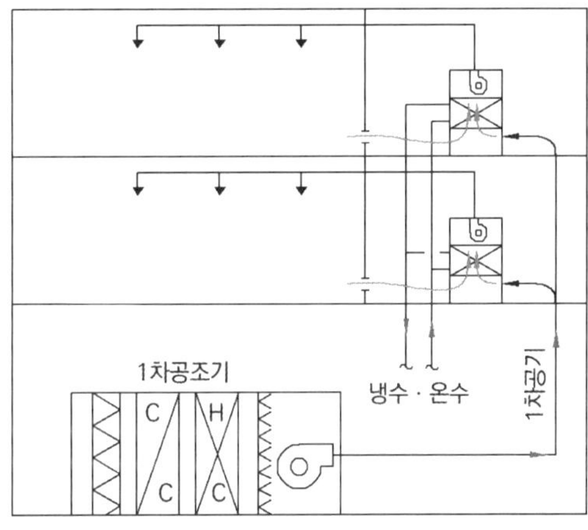

[각층유닛방식]

(2) 수·공기방식

① 덕트병용 팬코일유닛방식

물·공기방식의 공조방식으로서 중앙기계실의 열원설비로부터 냉수 또는 온수를 각 실에 있는 유닛에 공급하여 냉난방하는 공조방식. 외부존은 수배관에 의한 팬코일유닛으로 냉난방하고 내부존은 공조덕트로 냉난방하는 방식

장점	① 전공기방식에 비해 덕트 공간, 공조기의 크기가 작음 ② 각 유닛마다 조절할 수 있으므로 각 실 조절에 적합 ③ 부하변동에 대한 적응 속도가 빠름 ④ 각 실별로 개별제어 가능(FCU 설치되기 때문) ⑤ 팬코일유닛을 창문 근처에 설치 시 콜드 드래프트(냉기류)를 줄일 수 있음
단점	① 팬코일유닛이 실내에 설치되므로 실내 바닥의 유효면적이 작아짐 (건축계획상 지장을 받는 경우가 있음) ② 팬코일유닛이 각 실에 분산 설치되므로 관리 및 유지보수가 어려움 ③ 수배관에서 누수 및 동파 우려 있음 ④ 송풍량이 전공기방식에 비해 적기 때문에 실내 청정도가 떨어짐

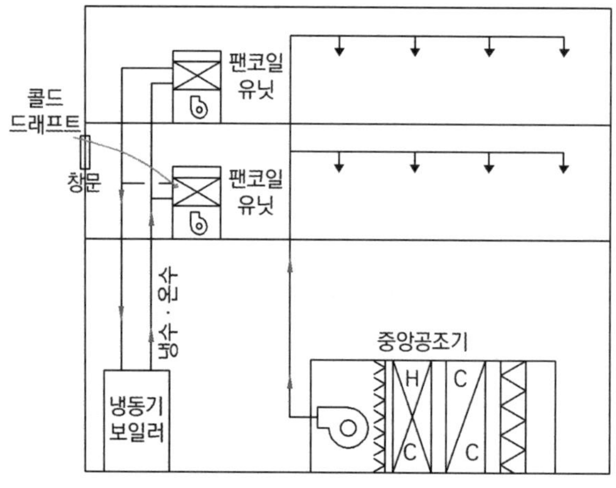

[덕트병용 팬코일유닛방식]

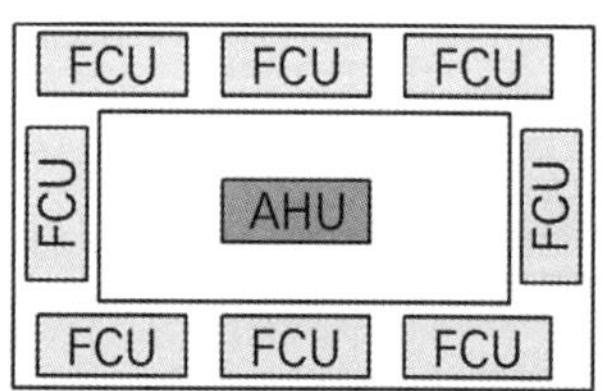

[덕트병용 팬코일유닛방식 – 평면도]

② 덕트병용 복사냉난방방식

냉수, 온수의 복사패널과 외기처리용 공조기를 함께 설치하여 냉·난방하는 방식

장점	① 복사패널은 현열을 감당, 공조기에서 잠열을 감당하여 덕트공간이 전공기방식에 비해 작고, 복사패널을 이용하므로 반송동력이 작음 ② 일반적으로 냉방복사패널을 천장에 설치하므로 조명부하나 일사에 의한 부하처리가 쉬움 ③ 복사열을 이용하므로 쾌감도가 좋음 ④ 실내에 유닛을 설치하지 않아 실내 유효면적이 넓음
단점	① 실내 수배관이 필요하고 설비비가 많이 듦 ② 많은 환기량을 요하는 장소는 부적당함 ③ 냉각 패널에 결로 우려가 있고, 잠열이 많은 부하 처리에 부적당함(현열부하가 큰 경우 효과적임. 현열부하의 70 %를 패널이 감당하고, 현열부하의 30 %와 잠열부하를 공조기가 감당) ④ 실 건축구조 변경이 어려움 ⑤ 고장 시 관리 및 보수가 어려움

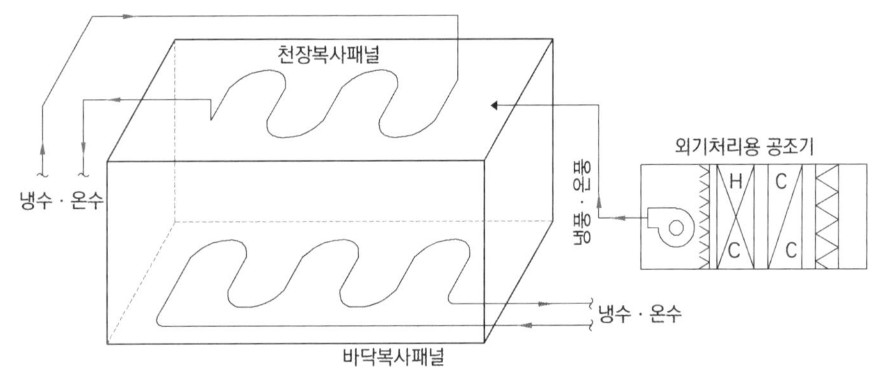

[덕트병용 복사냉난방방식]

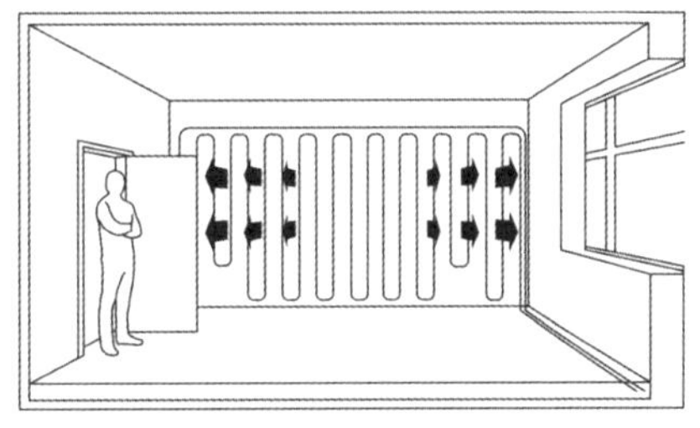

[복사패널]

TIP 복사난방 : 바닥패널, 벽패널, 천장패널을 설치하여 복사열을 이용하는 난방

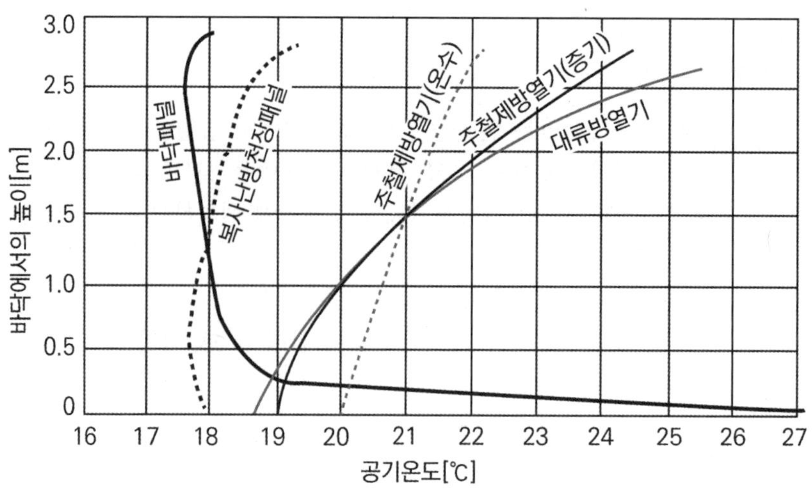

[복사난방의 수직온도분포]

③ 유인유닛방식

공조기에서 조화된 1차 공기를 노즐을 통해 고속으로 분출하면 주변의 실내공기(2차 공기)가 유인됨. 이때 이 실내공기는 유인되면서 냉수, 온수코일을 통과하게 되고, 1차 공기와 실내공기(2차 공기)가 혼합되어 분출됨

장점	① 1차 공기와 2차 냉·온수를 별도로 공급함으로써 재실자의 기호에 알맞은 실온을 선정할 수 있음(실내부하변동에 따른 적응성이 좋음) ② 2차 공기를 유인하는 데 별도의 동력이 필요 없음. 따라서 비교적 낮은 운전비로 개별실 제어 가능함 ③ 중앙공조기는 1차 공기만 처리하므로 풍량이 작아 소형으로 운전이 가능 ④ 고속덕트를 사용하므로 덕트단면적이 작아져 필요한 덕트스페이스가 줄어듦
단점	① 1차 공기의 고속 분출로 소음이 팬코일유닛보다 큼 ② 각 유닛에 수배관이 설치되므로 누수의 우려 있음 ③ 송풍량이 적어서 외기냉방효과가 적음

[고속덕트와 저속덕트]

(1) 고속덕트 : 덕트 내 풍속이 15 m/s 초과

(2) 저속덕트 : 덕트 내 풍속이 15 m/s 이하

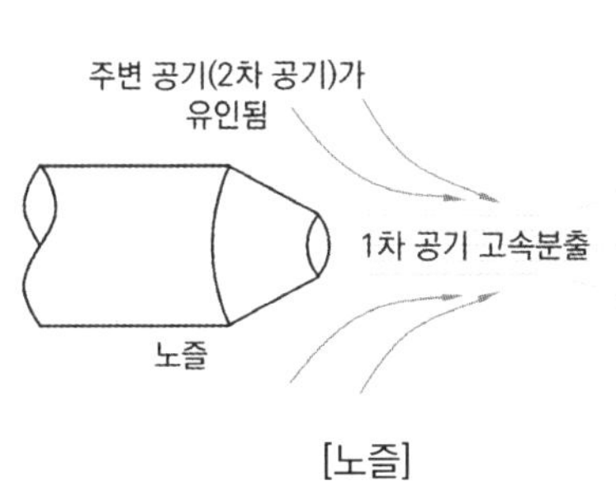

[노즐]

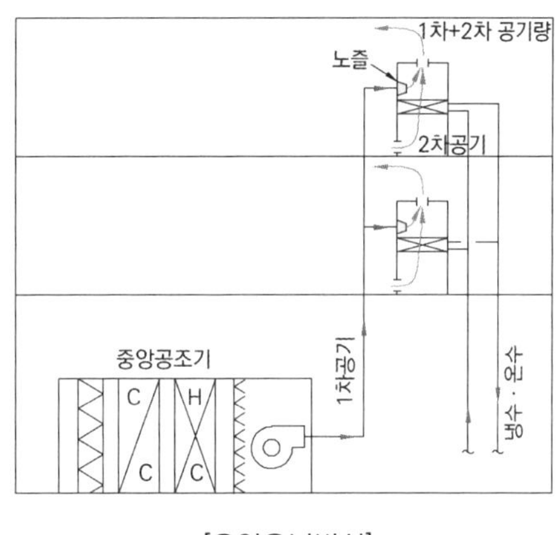

[유인유닛방식]

(3) 전수방식

① 팬코일유닛방식

중앙기계실로부터 냉수 및 온수코일을 각 실의 팬코일유닛에 설치하는 방식

장점	① 각 실별로 개별제어 가능(FCU 설치되기 때문) ② 덕트샤프트 및 덕트를 위한 천장공간이 필요 없음(파이프샤프트만 필요) ③ 전공기방식에 비해 물(열의 매개체)을 이송하는 데 동력이 적게 듦 ④ 팬코일유닛을 창문 근처에 설치 시 콜드 드래프트(냉기류)를 줄일 수 있음
단점	① 팬코일유닛이 실내에 설치되므로 실내 바닥의 유효면적이 작아짐 ② 팬코일유닛이 각 실에 분산 설치되므로 관리 및 유지보수가 어려움 ③ 수배관에서 누수 및 동파 우려 있음 ④ 외기 도입량이 없어 실내 공기 오염 우려가 있고, 외기 냉방이 불가능함 ⑤ 습도 조절이 불가(가습기는 공조기에 설치하므로)

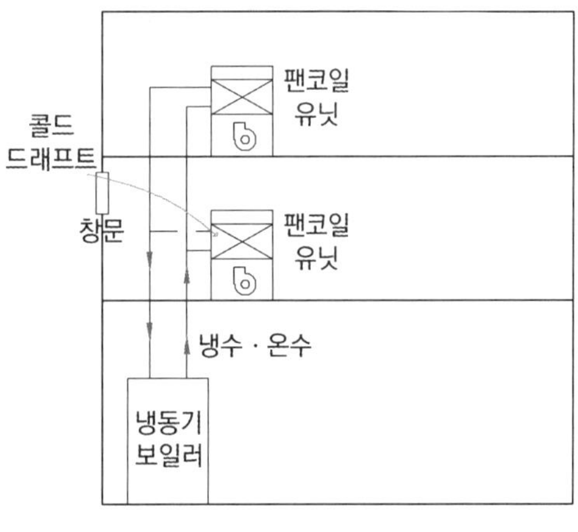

[팬코일유닛방식]

② 복사냉난방방식

건물의 바닥, 벽, 천장에 냉·온수관을 설치하는 방식

장점	① 현열부하가 큰 경우 효과적임(잠열부하 처리 불가) ② 천장이 높은 경우 실의 천장과 바닥 사이 온도 구배(온도변화의 기울기)를 줄일 수 있음 ③ 복사열을 이용하므로 쾌감도가 좋음 ④ 실내에 유닛을 설치하지 않아 실내 유효면적이 넓음
단점	① 실내 수배관이 필요하므로 누수의 우려가 있음 ② 냉각 패널에 결로 우려가 있음 ③ 습도 조절 불가능(잠열부하 처리 불가) ④ 외기 냉방 불가능 ⑤ 고장 시 관리 및 보수가 어려움

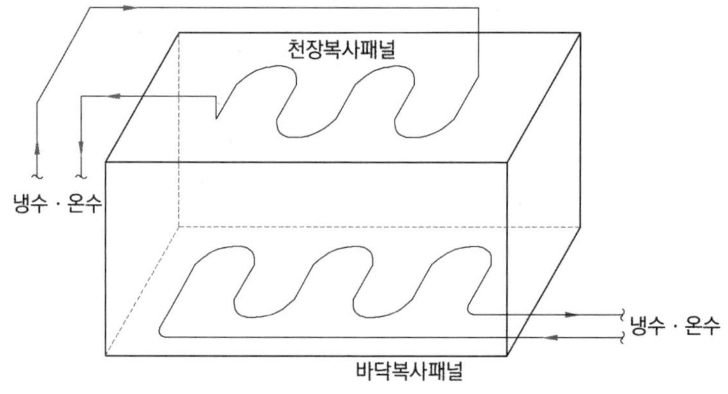

[복사냉난방방식]

2) 개별식(냉매방식)

(1) 패키지방식(냉수배관, 복잡한 덕트 등이 없음)

송풍기, 필터, 가습기, 자동제어기기, 압축기, 응축기, 증발기, 가열코일(또는 전기코일) 등을 하나의 패키지로 설치한 방식

장점	① 개별제어가 자유롭게 됨 ② 각 유닛에 냉동기를 내장하고 있기 때문에 국소적인 운전이 가능하여 에너지가 절약됨 ③ 취급이 간단하고 대형의 것도 누구든지 운전할 수 있음
단점	① 압축기를 내장하고 있으므로 일반적으로 소음, 진동이 큼 ② 외기냉방을 할 수 없음

(2) 룸쿨러방식

장점	① 중앙기계실이 필요 없음 ② 취급이 간단하고 대형의 것도 누구든지 운전할 수 있음
단점	① 창문형은 압축기가 실내기에 내장되어 일반적으로 소음, 진동이 큼 ② 외기냉방을 할 수 없음

① 분리형

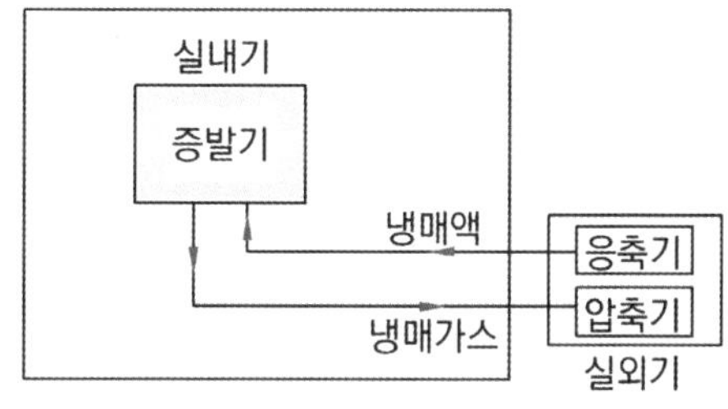

[룸쿨러방식 - 분리형]

② 멀티유닛형

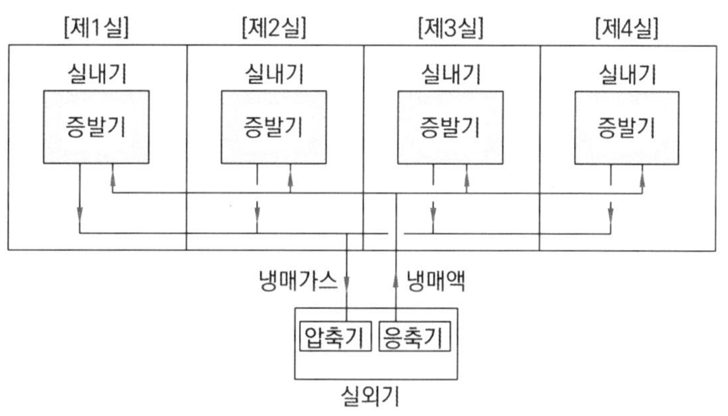

[룸쿨러방식 - 멀티유닛형]

③ 창문형

출처 : 위닉스

02 난방방식

1 난방방식의 분류 및 비교

1) 난방방식의 분류

구분		설명	종류
중앙난방	직접난방	실내에 방열기 등을 설치하여 온수 또는 증기를 통해 실내공기를 직접 난방하는 방식	온수난방, 증기난방, 복사난방
	간접난방	중앙기계실의 공조기에서 가열된 공기를 덕트를 통해 실내로 보내어 난방하는 방식	온풍난방, 공기조화에 의한 난방
개별난방		열원기기를 각각의 부하 발생장소(실내)에 설치하여 난방하는 방식으로 주택 등 소규모 건물의 난방에 적합함	난로, 온풍기
지역난방		지역의 대규모 열원설비 및 발전설비에서 열원을 각 단지로 공급하여 난방하는 방식 열원 생산방식이 열병합 형태로 이루어지므로 에너지절약적임	증기난방, 고온수난방

2) 난방방식의 비교

(1) 부하변동에 따른 대응

① 온수난방은 방열량 조절이 가능하나 증기난방은 불가능

② 부하변동이 심한 곳은 온수난방이 적합

(2) 설비비

복사난방 > 온수난방 > 증기난방 > 온풍난방

(3) 쾌감도

복사난방 > 온수난방 > 증기난방 > 온풍난방

2 증기난방

기계실에 설치한 증기보일러에서 증기를 발생시켜 배관을 통해 각 실에 설치된 방열기에 공급한다. 이때 증기가 응축수로 되면서 발생하는 응축잠열을 이용하여 난방하는 방식이다. 방열기는 차가운 외기의 영향(콜드 드래프트)을 많이 받는 창가에 주로 설치한다.

1) 증기난방의 분류

분류	종류	특징
응축수 환수방법	중력환수식 (소규모 난방에 사용)	응축수를 중력에 의해 환수하는 방식
	기계환수식 (대규모 난방에 사용)	응축수를 탱크에 모아 펌프로 보일러에 급수하는 방식
	진공환수식 (대규모 난방에 사용)	환수주관 말단부분에 진공펌프를 연결하여 응축수를 환수하는 방식
환수관의 배관방법	습식 환수관	환수주관이 보일러 수면보다 낮은 곳에 위치함
	건식 환수관	환수주관이 보일러 수면보다 높은 곳에 위치함
증기공급의 배관방법	상향식 공급	증기주관(공급관)을 방열기보다 아래에 설치하여 상향으로 공급하는 방식
	하향식 공급	증기주관(공급관)을 방열기보다 위에 설치하고 하향으로 공급하는 방식
증기압력에 의한 분류	고압증기난방	증기압력 : 0.1 MPa(1 kg/cm^2) 이상
	저압증기난방	증기압력 : 0.1 MPa(1 kg/cm^2) 미만
배관방식	단관식 배관	급기와 환수를 동일관(1개의 관)에 겸하게 하는 방식
	복관식 배관	급기관과 환수관을 별개로 각각 설치하는 방식

2) 증기난방의 특징

(1) 장점

① 열의 운반능력이 크다.

② 온도가 높아 방열면적을 온수난방보다 작게 할 수 있으며 관지름이 가늘어도 되기 때문에 설비비가 저렴하다.

③ 증기의 자체압력으로 이동하기 때문에 동력(펌프)이 없어도 된다.

④ 예열시간이 온수난방에 비해 짧고, 증기 순환이 빠르다.

(2) 단점

① 스팀햄머가 발생할 수 있다(소음이 발생할 수 있다).

② 환수관 내부에서 부식 발생이 우려된다.

③ 방열기의 표면온도가 높아 화상의 우려가 있다.

④ 증기의 온도가 높아 실내의 상하 온도차가 크므로 쾌감도가 좋지 않다.

⑤ 방열량(온도 및 유량)제어가 용이하지 않아 부하변동에 대응이 어렵다.
⑥ 배관 수두손실이 커져 배관 저항이 증가한다.

3 온수난방

보일러에서 발생한 온수를 배관을 통해 각 실에 설치된 방열기로 순환시켜 온수의 온도가 낮아지면서 발생하는 현열을 이용하여 난방한다.

1) 온수난방의 분류

분류	종류	특징
온수의 순환방식	중력순환식	온수를 온도차에 의한 밀도차에 의해 자연순환시키는 방식
	강제순환식	온수순환펌프를 시용하여 강제로 온수를 순환시키는 방식
온수 공급방식	상향식 공급	온수공급관을 방열기보다 아래에 설치하여 온수를 상향으로 공급하는 방식
	하향식 공급	온수공급관을 방열기보다 위에 설치하여 온수를 하향으로 공급하는 방식
배관방식	단관식 배관	급기와 환수를 동일관에 겸하게 하는 방식
	복관식 배관	급기관과 환수관을 별개로 배관하는 방식
환수방식	직접환수	배관설비가 간단하고 각각의 방열기 용량이 다를 때 사용하는 방식으로 온수가 균등하게 분배되지 못함
	역환수식 (리버스리턴)	각 방열기로 공급되는 공급배관과 환수배관의 총 길이를 같게 하여 온수가 균등하게 공급되도록 하는 방식
사용하는 온수의 온도	저온수난방	물의 온도 55 ~ 90 ℃(개방식 팽창탱크 사용)
	고온수난방	물의 온도 100 ℃ 이상(밀폐식 팽창탱크 사용)

[팽창탱크]

(1) 설치목적 : 물의 온도변화에 따른 체적팽창을 흡수하여 장치 내의 압력을 흡수하여 장치의 파열을 방지

(2) 설치위치

- 개방형 팽창탱크 : 최고 높은 곳의 온수관, 방열기보다 1 m 이상 높은 곳에 설치함
- 밀폐형 팽창탱크 : 설치위치에 제한 없음

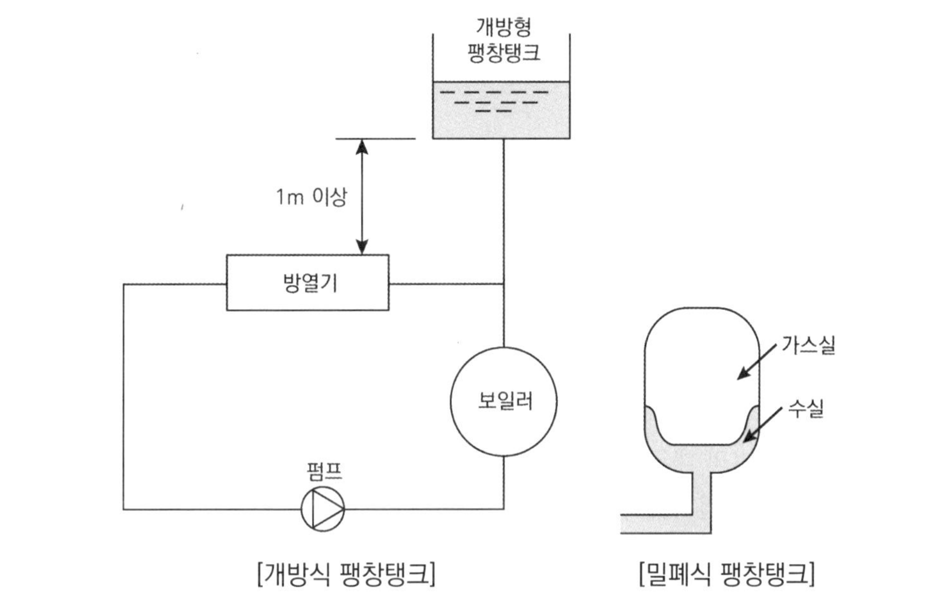

[개방식 팽창탱크] [밀폐식 팽창탱크]

2) 온수난방의 특징

(1) 장점

① 난방부하의 변동에 따른 온도 조절(방열량 조절)이 용이하다.

② 방열기 표면온도가 낮으므로 표면에 부착한 먼지가 타서 냄새나는 일이 적다.

③ 현열을 이용한 난방이므로 쾌감도가 높다.

④ 예열시간은 길지만 잘 식지 않으므로 환수관의 동결 우려가 적다.

⑤ 관 내의 온도차가 증기보다 적고, 증기의 경우와 같이 응축손실도 없으므로 배관 열손실이 적다.

⑥ 장치 내 보유수량이 많아 열용량이 증기난방보다 크고 실온 변동이 적다.

⑦ 보일러 취급이 용이하고 안전하다.

⑧ 증기트랩과 같은 부속기기가 적어서 유지보수가 용이하다.

(2) 단점

① 열용량이 크기 때문에 예열시간이 길고 온수 순환시간이 길다.

② 증기난방에 비해 방열면적과 배관의 관지름이 커야 하므로 설비비가 비싸다.

③ 수두에 제한이 있으므로 고층건물에는 부적합하다.

4 복사난방

건물의 바닥, 벽, 천장 등에 온수코일을 매설하여 열원으로 패널에 직접 열을 가하여 실내를 난방하는 방식이다. 전기 전열선을 매립하거나 적외선 히터를 이용하여 난방하는 방식도 있다.

1) 설치위치에 따른 패널의 종류

(1) 바닥 패널

(2) 벽 패널

(3) 천장 패널

2) 복사난방 특징

(1) 장점

① 실내온도 분포가 균일하고 복사열을 이용하므로 쾌감도가 높다.

② 상·하 온도차가 적어 실의 천장이 높은 실에 적합하다.

③ 실내공기의 대류가 적어 공기의 오염도(바닥 먼지의 상승)가 적다.

④ 바닥에 방열기 설치가 불필요하므로 바닥의 이용도가 높다.

⑤ 실내온도가 낮아도 난방효과가 있으며, 손실열량이 적다.

(2) 단점

① 일시적인 난방에는 비경제적이다.

② 온수코일을 매설한 경우 방열체의 열용량이 크기 때문에 온도변화에 따른 방열량의 조절이 어렵다.

③ 방열벽 배면으로부터 열이 손실되는 것을 방지하기 위해 단열시공이 필요하다.

TIP 배면 : 벽체나 바닥 등 구조물의 뒷면

④ 시공, 수리 및 설비비가 비싸다.

⑤ 벽에 균열이 생기기 쉽고 매설배관이므로 고장의 발견이 어렵다.

5 온풍난방

열원장치에서 가열한 공기를 직접 실내에 공급하여 난방한다.

1) 장점

(1) 설치가 간단하고, 설비비가 저렴하다.
(2) 설치면적이 작고, 설치장소도 자유로이 택할 수 있다.
(3) 예열시간이 짧아 열효율이 높고, 연소비가 절약된다.
(4) 신선한 외기 도입으로 환기가 가능하다.
(5) 예열부하가 적고, 송풍온도가 높아 덕트를 소형으로 할 수 있다.
(6) 실내 온습도의 조절이 비교적 용이하다.

2) 단점

(1) 온풍기가 실내에 설치될 때 소음이 크다.
(2) 실내온도 분포가 좋지 않기 때문에 쾌감도가 좋지 않다.
(3) 실내 상하의 온도차가 크므로 에너지손실이 발생한다.

6 지역난방과 개별난방

1) 지역난방

지역의 대규모 플랜트에서 열원(증기 또는 고온수)을 배관을 통해 각 단지로 공급하여 난방하는 방식

(1) 장점

① 대규모 열원기기를 이용하므로 에너지의 이용 효율이 상승한다(열효율 상승).
② 연료비, 유지관리 측면에서 인건비, 유지관리비가 절감된다.
③ 고도의 설비에 의한 대기 공해가 없어 도시환경 개선효과가 있다.
④ 개별 건물의 보일러실 및 굴뚝이 불필요하므로 건물 이용의 효용이 높다.

(2) 단점

① 초기 투자설비비가 많이 든다.
② 순환펌프 용량이 크며 열 수송배관의 배관이 길어지기 때문에 열손실이 크다.
③ 고도의 숙련된 기술자가 필요하다.

2) 개별난방

(1) 열원기기를 실내에 설치하여 복사 및 대류에 의해 난방하는 방식
(2) 난방시설의 초기 투자비용이 적게 든다.
(3) 주택 등 소규모 건물의 난방에 적합하다.

03 공기조화부하

1 공조부하

1) 냉방부하와 난방부하

(1) 냉방부하 : 냉방을 위해 제거해야 하는 열량 ⇨ 실을 덥게 만드는 것들의 열량

(2) 난방부하 : 난방을 위해 공급해야 하는 열량 ⇨ 실을 차갑게 만드는 것들의 열량

[냉난방도일]
날씨의 덥고 추운 정도를 표시하는 지수로 매일의 일평균 기온과 기준 온도와의 차이를 일 년 동안 누적 합산하여 일평균 기온이 기준 온도보다 높은 경우(26℃ 이상)는 냉방도일로, 낮은 경우(18℃ 이하)는 난방도일로 계산한다.
① 냉방도일이 크다 : 기후가 덥고 냉방을 위해 전력이 많이 소모된다.
② 난방도일이 크다 : 기후가 춥고 난방을 위해 연료비가 많이 든다.

2) 현열부하와 잠열부하

(1) 현열부하 : 실내 "온도"에 변화를 주는 열량

(2) 잠열부하 : 실내 "습도"를 변화시키는 수분의 양을 열량으로 환산한 것

3) 냉방부하

(1) 냉방부하의 종류

구분	부하 발생원인	현열	잠열
① 실내부하	㉠ 벽체로부터의 취득열량	○	-
	㉡ 유리창으로부터의 취득열량(일사 및 열관류)	○	-
	㉢ 극간풍에 의한 취득열량	○	○
	㉣ 인체의 발생열량	○	○
	㉤ 실내 기구의 발생열량*	○	○
② 장치(기기)부하	㉠ 송풍기에 의한 발생열량	○	-
	㉡ 덕트에서의 취득열량	○	-
③ 재열부하	재열기의 가열량	○	-
④ 외기부하	외기도입에 의한 취득열량	○	○

* 단, 실내 기구 중 조명기구(백열등, 형광등), 전동기 및 기계 등에 의한 취득열량 : 현열만 해당

(2) 냉방부하의 계산

① 실내부하

㉠ 벽체로부터의 취득열량(현열)

$$q_w[W] = K \cdot A \cdot \Delta t_e$$

K : 벽체의 열관류율(W/m^2·K)
A : 벽체의 면적(m^2)
Δt_e : 상당외기온도차(℃)

[상당외기온도차(ETD : Equivalent Temperature Difference)]
벽체 또는 지붕은 태양의 일사가 표면에 닿아 표면온도가 상승하는데, 이를 상당외기온도라 하며, 실내온도와의 차를 상당외기온도차라고 한다.
상당외기온도차 $\Delta t_e(K) = t_e - t_i$

t_e : 상당외기온도(K)
t_i : 실내온도(K)

㉡ 유리창으로부터의 취득열량 - 일사 및 열관류(현열)

• 복사열량(일사량)

$$q_{GR}[W] = I_{GR} \cdot A_G \cdot k_S$$

I_{GR} : 유리창의 일사취득열량(W/m^2)
A_G : 유리창의 면적(m^2), k_S : 차폐계수

보충 밝은 색 블라인드 차폐계수 : 0.53(열통과율 53 %, 차폐율 47 %)

• 전도·대류열량

$$q_{GC}[W] = I_{GC} \cdot A_G$$

I_{GC} : 유리창의 단위면적당 전도·대류열량(W/m^2)
A_G : 유리창의 면적(m^2)

• 관류열량

$$q_{GT}[W] = K \cdot A_G \cdot \Delta t$$

K : 유리창의 열관류율(W/m^2·K)
A_G : 유리창의 면적(m^2),
Δt : 실내·외 온도차(℃)

㉢ 극간풍(틈새바람)에 의한 취득열량(현열 q_{IS} + 잠열 q_{IL})

- 현열(감열) q_{IS}

$$q_{IS}[kW] = G_I \cdot C_P \cdot \Delta t = \rho Q_I \cdot C_P \cdot \Delta t = 1.2 \times Q_I \times 1.01 \times \Delta t$$

G_I : 틈새 바람의 양(kg/s)
Δt : 실내·외 온도차(℃)
Q_I : 틈새 바람의 양(m^3/s)
ρ : 공기의 밀도(1.2 kg/m^3)
C_P : 건공기의 정압비열(1.01 kJ/kg·K)

- 잠열 q_{IL}

$$q_{IL}[kW] = \gamma_0 \cdot G_I \cdot \Delta x = 2501 \cdot G_I \cdot \Delta x = 2501 \times \rho Q_I \times \Delta x = 2501 \times 1.2 \times Q_I \times \Delta x$$

γ_0 : 0 ℃ 물의 증발잠열(2501 kJ/kg)
G_I : 틈새 바람의 양(kg/s)
Δx : 실내·외 절대습도 차(kg/kg′)
ρ : 공기의 밀도(1.2 kg/m^3)
Q_I : 틈새 바람의 양(m^3/s)

[극간풍 방지법]
(1) 회전문 설치
(2) 에어커튼(Air Curtain) 사용
(3) 충분한 간격을 두고 이중문 설치
(4) 실내를 가압하여 외부압력보다 높게 유지
(5) 이중문의 중간에 강제대류 컨벡터(Convector) 또는 FCU 설치
(6) 건축의 건물 기밀성 유지와 현관의 방풍실 설치, 층간의 구획 등

㉣ 인체의 발생열량(현열 + 잠열)
인체에서 발생하는 열량 = $q_S + q_L$
- 현열 q_S = 재실인원수 × 1인당 발생 현열량(kJ/h)
- 잠열 q_L = 재실인원수 × 1인당 발생 잠열량(kJ/h)

㉤ 실내 기구의 발생열량
- 조명부하(현열)

백열등 발열량 : $q_E[W] = W \times f$	W : 조명기구의 전체 출력(W) f : 조명기구의 점등 비율
형광등 발열량 : $q_E[W] = W \times f \times 1.2$	1.2 : 형광등의 안정기 발열량(20 % 가산)

- 전동기부하(현열)

$$q_E[kW] = P \times f_e \times f_0 \times f_k$$

P : 전동기 정격출력(kW)
f_e : 부하율(0.8 ~ 0.9)
f_0 : 전동기 가동율
f_k : 전동기와 기계의 사용상태계수
η : 전동기 효율

여기서 f_k는

- 전동기와 기계가 실내에 있는 경우 : $f_k = \dfrac{1}{\eta}$
- 전동기는 실외, 기계는 실내에 있는 경우 : $f_k = 1$
- 전동기는 실내, 기계는 실외에 있는 경우 : $f_k = \dfrac{1-\eta}{\eta}$

② 장치(기기)부하

㉠ 송풍기에 의한 발생열량

일반적으로 실내에서 취득한 현열량의 5 ~ 13 % 정도로 함
송풍기에 입력된 전기에너지의 일부가 공기온도 상승에 쓰임

㉡ 덕트에서의 취득열량

일반적으로 실내에서 취득한 현열량의 2 ~ 7 % 정도로 함
덕트가 비공조 공간을 통과할 때 주위로부터 현열을 취득함

③ 재열부하(현열)

습도가 높은 경우 공기 중 수분제거를 위해 취출온도 이하 냉각된 공기를 취출온도로 가열할 때의 부하. 재열기의 가열량만큼을 더 냉각해야 함

④ 외기부하(현열 + 잠열)

공기조화 시 신선한 외기를 도입하게 되는데 이 외기를 실내공기의 온·습도 조건과 동일한 공기로 만드는 데 필요한 열량

외기부하 = $q_S + q_L$
① 현열 $q_S[kW] = GC_P(t_o - t_i)$
② 잠열 $q_L[kW] = G\gamma_0(x_o - x_i)$
(여기서 $G = \rho Q_o$)

Q_o : 외기도입량(m^3/s)
G : 외기도입 공기 질량(kg/s)
C_p : 공기 비열(1.01 kJ/kg·K)
t_i, t_o : 실내외 공기의 건구온도(℃)
γ_0 : 0 ℃ 물의 증발잠열(2501 kJ/kg)
x_i, x_o : 실내외 공기의 절대습도(kg/kg′)
ρ : 공기 밀도(1.2 kg/m^3)

(3) 냉방부하와 기기용량 산정

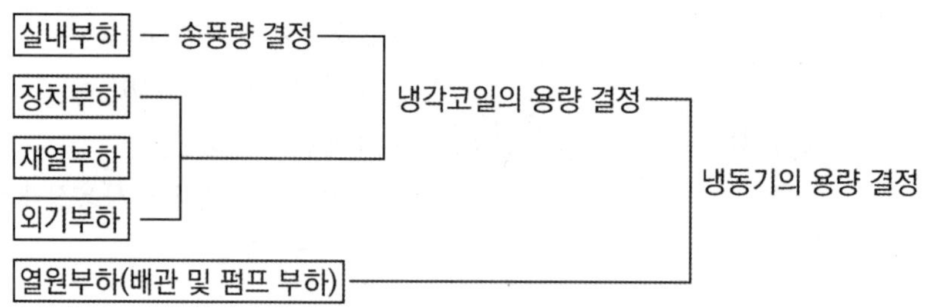

보충 열원부하 : 배관에서 흡수되는 열량, 펌프 모터에서 발생한 열량

4) 난방부하

(1) 난방부하의 종류

구분	부하 발생원인	현열	잠열
① 실내부하	㉠ 외벽체, 지붕, 유리창에서의 손실열량(방위계수를 고려한다)	○	-
	㉡ 실내 벽체, 실내 창문, 실내 천장, 실내 바닥에서의 손실열량(내벽 등과 같이 실외 측과 면하지 않으면 방위계수를 적용하지 않는다)	○	-
	㉢ 극간풍에 의한 손실열량	○	○
② 외기부하	외기도입에 의한 손실열량	○	○
③ 장치(기기)부하	덕트에서의 손실열량	○	-

(2) 난방부하의 계산

① 실내부하

㉠ 외벽체, 지붕, 유리창 등에서의 손실열량

실외와 면한 구조체에 의한 열손실. 즉, 외벽, 지붕, 유리창, 문 등에 의한 손실열량

$$q_w[W] = K \cdot A \cdot \Delta t \cdot k$$

K : 구조체의 열관류율(W/m^{2}K)
A : 구조체의 면적(m^2)
Δt : 실내·외 온도차(℃)
k : 방위계수(단, 내벽은 방위계수 고려하지 않음)
(N, W, NW : 1.1, SE, E, NE, SW : 1.05, S : 1)

보충 동쪽(E : East), 서쪽(W : West), 남쪽(S : South), 북쪽(N : North)
북서(NW), 남동(SE), 북동(NE), 남서(SW)

㉡ 실내 벽체, 실내 창문, 실내 천장, 실내 바닥에서의 손실열량

$$q_w[W] = K \cdot A \cdot \Delta t$$

K : 구조체의 열관류율(W/m^{2}K)
A : 구조체의 면적(m^2)
Δt : 실내·외 온도차(℃)
※ 내벽은 방위계수 고려하지 않음

보충 비난방실 온도$= \dfrac{\text{실내온도} + \text{외기온도}}{2}$

㉢ 극간풍(틈새바람)에 의한 손실열량(침입공기에 의한 열손실 = $q_{IS} + q_{IL}$)

- 현열(감열) q_{IS}

$$\begin{aligned} q_{IS}[kW] &= G_I \cdot C_P \cdot \Delta t \\ &= \rho Q_I \cdot C_P \cdot \Delta t \\ &= 1.2 \times Q_I \times 1.01 \times \Delta t \end{aligned}$$

G_I : 틈새 바람의 양(kg/s)
C_P : 건공기의 정압비열(1.01 kJ/kg·K)
Δt : 실내·외 온도차(℃)
ρ : 공기 밀도(1.2 kg/m^3)
Q_I : 틈새 바람의 양(m^3/s)

- 잠열 q_{IL}

$$\begin{aligned} q_{IL}[kW] &= \gamma_0 \cdot G_I \cdot \Delta x \\ &= 2501 \cdot G_I \cdot \Delta x \\ &= 2501 \times \rho Q_I \times \Delta x \\ &= 2501 \times 1.2 \times Q_I \times \Delta x \end{aligned}$$

γ_0 : 0℃ 물의 증발잠열(2501 kJ/kg)
G_I : 틈새 바람의 양(kg/s)
Δx : 실내·외 절대습도 차(kg/kg′)
ρ : 공기 밀도(1.2 kg/m^3)
Q_I : 틈새 바람의 양(m^3/s)

② 외기부하(외기에 의한 손실열량)

외기부하 = $q_S + q_L$
㉠ 현열 $q_S[kW] = GC_P(t_o - t_i)$
㉡ 잠열 $q_L[kW] = G\gamma_0(x_o - x_i)$
(여기서 $G = \rho Q_o$)

Q_o : 외기도입량(m^3/s)
G : 외기도입 공기 질량(kg/s)
C_P : 건공기의 정압비열(1.01 kJ/kg·K)
t_i, t_o : 실내외 공기의 건구온도(℃)
γ_0 : 0℃ 물의 증발잠열(2501 kJ/kg)
x_i, x_o : 실내외 공기의 절대습도(kg/kg′)
ρ : 공기 밀도(1.2 kg/m^3)

③ 장치부하(기기에 의한 손실열량)
일반적으로 덕트에서의 손실과 여유 등을 합산하여, 실내 취득 현열부하의 5 % 정도로 함

(3) 난방부하와 기기용량 산정

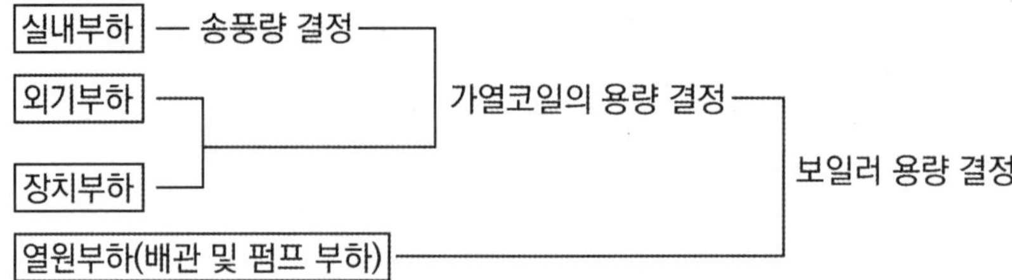

보충 열원부하 : 난방장치 및 배관, 펌프 등의 열 손실량

04 클린룸

1 클린룸방식

1) 클린룸

공기 중의 미립자, 유해가스, 미생물, 온·습도, 압력 등이 일정하게 유지되도록 제어해야 하는 공간. 분진 입자의 크기에 따라 분진 수를 측정하여 청정도를 등급별로 체계화함

(1) 산업용 클린룸(ICR : Industrial Clean Room)
청정 대상이 주로 분진인 경우로 공기 중의 부유분진, 유해가스 등의 오염물질을 제어하는 공간
※ 적용 : 전자·정밀 기기의 제조(정밀 측정실, 전자산업, 필름공장 등)

(2) 바이오 클린룸(BCR : Bio Clean Room)
공기 중에 분진의 미립자 제거뿐만 아니라 세균, 곰팡이, 바이러스 등의 미생물제어를 실행하는 공간
※ 적용 : 병원의 수술실, 식품가공, 제약공장 등의 특별한 공정, 유전자 관련 산업 등

2) 공기 청정도 등급

(1) ISO 규격 : 1 m^3 공기 중에 존재하는 입경 0.1 μm 이상의 분진 수

(2) 미국 연방 규격 : 1 ft^3 공기 중에 존재하는 입경 0.5 μm 이상의 분진 수
(미국 연방 규격 예시 : Class 1, Class 10, Class 100, Class 1000, Class 10000으로 표기)

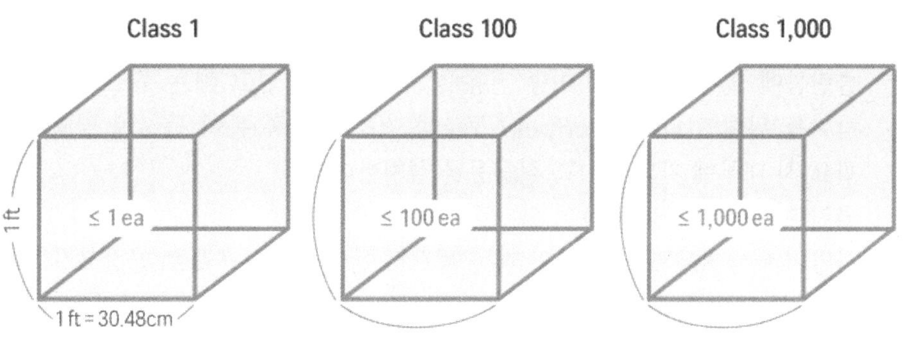

[클래스(미국 연방 규격)]

2 클린룸 구성 및 장치

1) 클린룸을 구성하는 장치

팬필터유닛, 에어샤워, 패스박스, 클린부스, 클린벤치, 릴리프댐퍼, 급기유닛

2) 클린룸 구성

(1) 고성능 필터

① HEPA FILTER(High Efficiency Particulate Air Filter)

㉠ 고성능 미립자 필터로서 0.3 μm 입자의 포집효율이 99.97 % 이상(DOP법 기준)인 고성능 필터

㉡ CLASS 100 ~ 10000 정도의 청정도를 얻을 수 있으며 세균, SO_2, NO_3, 방사성 입자 제거에도 효과가 좋다.

② ULPA FILTER(Ultra Low Penetration Air Filter)

㉠ HEPA 필터보다 포집률이 높으며, 0.1 μm 입자의 포집효율이 99.9997 % 이상(DOP법 기준)인 고성능 필터

㉡ CLASS 10 이하의 청정도를 얻을 수 있으며, 슈퍼 클린룸(Super Clean Room)의 최종단 필터로 사용됨

보충 ULPA 필터는 HEPA의 상위 개념으로
반도체 · 정밀광학 · 우주항공 분야 등 초고청정 환경에 필수임

(2) 에어샤워(Air Shower)

사람이 클린룸에 입실할 때 외부로부터의 오염물질이 유입되는 것을 방지하기 위하여 인체에 부착된 분진이나 미생물류를 고속의 청정공기로 제거하는 장치이다. 인체 표면에 풍속 10 m/s 이상의 청정 에어제트(Air Jet)를 분사한다.

(3) 패스박스(Pass Box)

클린룸에 설치하는 물품 이송 전용 장치로 물품을 넣고 빼는 구조로 되어 있다. 오염 방지를 위해 인터락(Interlock) 구조를 적용해 양쪽 문이 동시에 열리지 않게 한다. 필요 시 내부에 자외선(UV) 살균등을 설치한다.

(4) 클린부스(Clean Booth)

사방이 비닐커튼 또는 아크릴 패널 등으로 둘러싸인 구조물로 천장고정형과 이동형이 있다. 부스 내부에 약간의 양압이 유지되어 외부의 공기가 유입되지 않으므로 항상 고청정도를 유지할 수 있다. 국소 청정작업 혹은 부분 개조 시 유용하다.

(5) 클린벤치(Clean Bench)

클린룸 내에서 국부적으로 더 높은 청정도를 제공하는 작업대이다. HEPA(또는 ULPA) 필터로 여과한 공기를 수평 또는 수직으로 송풍하여 작업 공간의 먼지와 미립자를 제거·차단한다. 제품 보호용으로 사용되며 병원성 미생물 실험에는 적합하지 않다.

02 예상문제

01 물·공기방식의 공조방식으로서 중앙기계실의 열원설비로부터 냉수 또는 온수를 각 실에 있는 유닛에 공급하여 냉난방하는 공조방식은?

① 바닥취출 공조방식
② 재열방식
③ 팬코일유닛방식
④ 패키지유닛방식

해설

[팬코일유닛(FCU)방식]
중앙기계실의 열원설비에서 생산한 냉수 또는 온수를 각 실의 유닛으로 공급하여 냉난방을 수행하는 대표적인 방식은 팬코일유닛방식이다.

※ 팬코일유닛방식과 덕트병용 팬코일유닛방식
학문적으로는 '팬코일유닛방식'을 전수방식(All-Water System), 환기용 덕트를 함께 사용하는 '덕트병용 팬코일유닛방식'을 수·공기방식(Water-Air System)으로 엄밀히 구분한다. 하지만 국가기술자격 시험에서는 덕트병용 여부를 구분하지 않고 '팬코일유닛방식'이라는 상위 개념으로 출제 및 정답 처리하는 경우가 많다. 따라서 본 문제의 경우도 물·공기방식의 대표 예로서 팬코일유닛방식을 정답으로 한다.

※ 공기조화방식

열분배방식	열매	공기조화방식	
중앙식	전공기 방식	단일덕트 방식	정풍량
			변풍량
		이중덕트 방식	정풍량
			변풍량
		멀티존유닛방식	
		각층유닛방식	
	수·공기 방식	덕트병용 팬코일유닛	
		덕트병용 복사냉난방방식	
		유인유닛방식	
	전수 방식	팬코일유닛방식	
		복사냉난방방식	
개별식	냉매 방식	패키지방식	
		룸쿨러 방식	분리형
			멀티유닛형
			창문설치형

보충 각층유닛방식 : 과거에는 수·공기방식으로 분류했으나, 현재는 공조 공간에 공급하는 열매가 공기이기 때문에 전공기방식으로 분류하는 것이 일반적이다.

정답 01 ③

02 전공기방식에 의한 공기조화의 특징에 관한 설명으로 틀린 것은?

① 실내공기의 오염이 적다.
② 계절에 따라 외기냉방이 가능하다.
③ 수배관이 없기 때문에 물에 의한 장치부식 및 누수의 염려가 없다.
④ 덕트가 소형이라 설치공간이 줄어든다.

해설

[중앙방식 - 전공기방식]
④ 덕트가 대형이라 설치공간이 많이 필요하다.

03 실내 온도분포가 균일하여 쾌감도가 좋으며 화상의 염려가 없고 방을 개방하여도 난방효과가 있는 난방방식은?

① 증기난방
② 온풍난방
③ 복사난방
④ 대류난방

해설

[복사난방(Radiation Heating)]
복사난방은 바닥·벽·천장을 가열해 복사열을 방출하므로 실내 온도분포가 균일하고 쾌적하다. 난방 부위 매립으로 화상 위험이 없으며, 공기보다 물체에 직접 열을 전달해 방을 개방해도 난방효과가 유지된다.

04 지역난방의 특징에 관한 설명으로 틀린 것은?

① 연료비는 절감되나 열효율이 낮고 인건비가 증가한다.
② 개별건물의 보일러실 및 굴뚝이 불필요하므로 건물 이용의 효용이 높다.
③ 설비의 합리화로 대기오염이 적다.
④ 대규모 열원기기를 이용하므로 에너지를 효율적으로 이용할 수 있다.

해설

[지역난방의 특징]
① 연료비는 절감되고 열효율이 높으며, 인건비가 감소한다.

※ 지역난방
중앙난방방식의 일종으로 지역의 대규모 플랜트에서 열원(증기 또는 고온수)을 배관을 통해 각 단지로 공급하여 난방한다.

장점	① 대규모 열원기기를 이용하므로 에너지의 이용 효율이 상승한다(열효율 상승). ② 연료비, 유지관리 측면에서 인건비, 유지관리비가 절감된다. ③ 고도의 설비에 의한 대기 공해가 없어 도시환경 개선효과가 있다. ④ 개별건물의 보일러실 및 굴뚝이 불필요하므로 건물 이용의 효용이 높다.
단점	① 초기 투자설비비가 많이 든다. ② 순환펌프 용량이 크며, 열 수송배관의 배관이 길어지기 때문에 열손실이 크다. ③ 고도의 숙련된 기술자가 필요하다.

정답 02 ④ 03 ③ 04 ①

05 냉·난방 설계 시 열부하에 관한 설명으로 옳은 것은?

① 인체에 대한 냉방부하는 현열만이다.
② 인체에 대한 난방부하는 현열과 잠열이다.
③ 조명에 대한 냉방부하는 현열만이다.
④ 조명에 대한 난방부하는 현열과 잠열이다.

해설

[실내부하]
① 인체에 대한 냉방부하는 현열과 잠열이다.
② 인체에 대한 냉방부하는 현열과 잠열이다.
(난방부하에 인체의 발생열량은 해당하지 않음)
④ 조명에 대한 냉방부하는 현열이다.
(난방부하에 조명에 대한 부하는 해당하지 않음)

※ 냉방부하의 구분

구분	부하 발생원인	현열	잠열
실내부하	벽체로부터의 취득열량	○	-
	유리창으로부터의 취득열량 ① 일사에 의한 열량 ② 열관류에 의한 열량	○	-
	극간풍에 의한 취득열량	○	○
	인체의 발생열량	○	○
	실내 기구의 발생열량*	○	○
장치(기기) 부하	송풍기에 의한 발생열량	○	-
	덕트로부터의 취득열량	○	-
재열부하	재열기의 가열량	○	-
외기부하	외기도입에 의한 취득열량	○	○

* 단, 실내 기구 중 조명기구(백열등, 형광등), 전동기 및 기계 등에 의한 취득열량 : 현열만 해당

06 공기 중에 분진의 미립자 제거뿐만 아니라 세균, 곰팡이, 바이러스 등까지 극소로 제한시킨 시설로서 병원의 수술실, 식품가공, 제약 공장 등의 특정한 공정이나 유전자 관련 산업 등에 응용되는 설비는?

① 세정실
② 산업용 클린룸(ICR)
③ 바이오 클린룸(BCR)
④ 칼로리미터

해설

[바이오 클린룸]
1) 산업용 클린룸(ICR : Industrial Clean Room)
반도체 소자나 LCD 등 정밀 전자 제품과 같은 극미산업(極微産業)에서 미세먼지를 제거한 작업실을 말한다. 극미산업에서는 미세한 먼지나 세균도 커다란 영향을 미치기 때문에 공기 중의 미세먼지를 제거하고 청정상태를 유지해야 한다.
2) 바이오 클린룸(BCR : Biological Clean Room)
미세먼지 제거뿐만 아니라 세균이나 미생물의 제어를 실행하는 방을 말하며, 수술실이나 무균실(無菌室) 또는 제약 공장이나 식품 공장 등에도 이용된다.

정답 05 ③ 06 ③

Chapter 03 공기조화설비

01 공조기기

1 공기조화기(AHU : Air Handling Unit)

공기조화의 목적을 달성하기 위하여 공기여과기(Air Filter), 공기예열기(Pre Heater), 공기예냉기(Pre Cooler), 냉각코일(Cooling Coil), 난방코일(Heating Coil), 공기가습기(Air Humidifier), 공기재열기(Re Heater), 송풍기(리턴팬, 급기팬) 등을 케이싱 내에 설치하고 각각의 배관과 덕트를 연결한 것

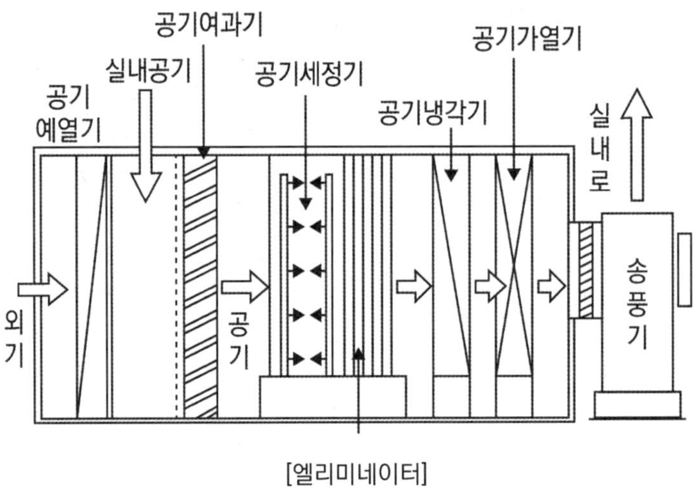

2 송풍기 및 공기정화장치

1) 송풍기

(1) 사용압력에 따른 구분

① 압축기(컴프레서) : 0.1 MPa 이상

② 송풍기

㉠ 블로워(Blower) : 0.01 MPa 이상 0.1 MPa 미만

㉡ 팬(Fan) : 0.01 MPa 미만

(2) 날개형상에 따른 분류

① 원심형(Centrifugal Fan)

㉠ 다익형(Sirocco Fan)

- 회전날개가 회전방향으로 굽어 있어 전곡형이다.
- 날개수가 많아 다익형이라 한다.
- 회전수가 낮고 대풍량, 저정압에 적당하며 저속덕트에 사용된다.

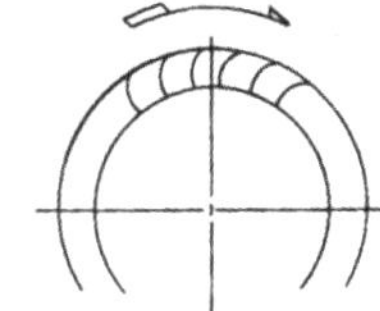

[다익형]

㉡ 터보형(Turbo Fan)

- 날개 끝부분이 회전방향의 뒤로 굽어 있어 후곡형이라 한다.
- 고속에도 비교적 정숙한 운전이 가능하다.
- 대풍량, 고정압인 경우에 이용된다.

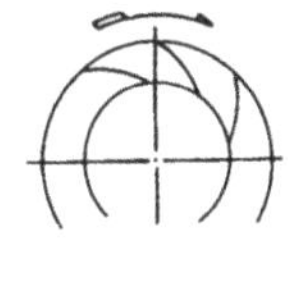

[터보형]

㉢ 익형(에어포일팬, 에어로휠팬, Air Foil Fan)

- 다익형과 터보형을 개량한 것이다.
- 얇은 판을 접어서 유선형의 날개를 갖는다.
- 고속회전이 가능하고, 소음이 적다.
- 고정압에 이용된다.
- 고속덕트용으로 이용된다.

[익형]

㉣ 리밋로드형(Limit Load Fan)

- 날개가 S자 형태이다.
- 풍량이 설계값 이상으로 증가하여도 축동력이 증가하지 않는다.
- 저속덕트용으로 이용된다.

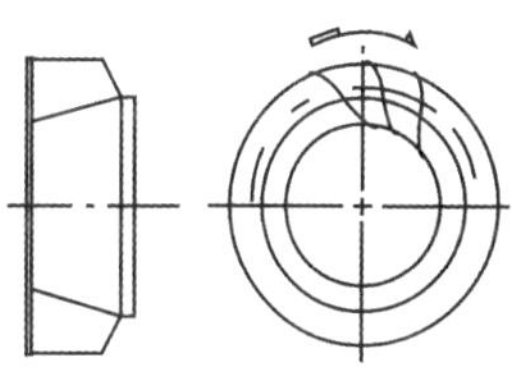

[리밋로드형]

㉤ 방사형(放射形, Radial Fan)

- 날개형상이 평판으로 된 것과 전곡형으로 된 것이 있다.
- 자기청소(Self Cleaning) 특성이 있어 분진누적이 심한 공장 등에 적합하다.
- 공기가 중심에서 들어가 외곽으로 방사형으로 배출된다.
- 효율이나 소음 면에서는 타 송풍기에 비해 좋지 않다.

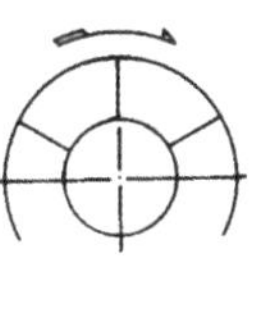

[방사형 중 평판형]

ⓗ 관류형(管流形, Tubular Fan)
- 회전날개는 후곡형이다.
- 원심력으로 빠져나간 기류가 관벽을 타고 축방향으로 나간다.
- 저풍량, 저정압에 쓰인다(옥상에 환기팬으로 많이 설치함).

② 사류형(Diagonal Fan, Mixed - Flow Fan)

㉠ 국소통풍용으로 사용된다.

㉡ 원심력과 양력을 동시에 활용하여 공기를 이동시키는 팬이다.

보충 원심력 : 회정하는 물체가 바깥쪽으로 밀려나려는 힘
양력 : 공기의 흐름과 블레이드(날개)의 형상에 의해 발생하는 힘

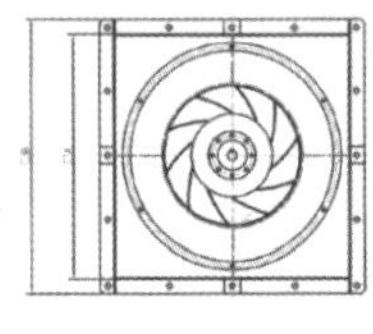
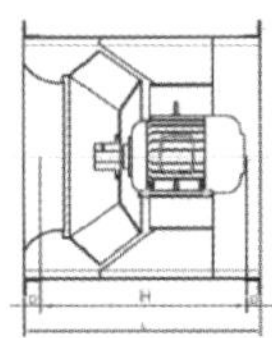
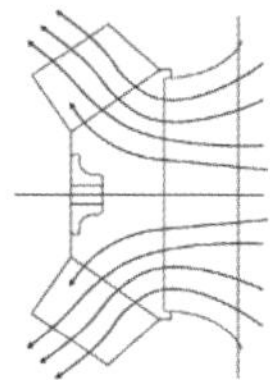

③ 축류형(Axial Fan)

㉠ 공기를 축방향으로 송풍한다.

㉡ 저정압, 대풍량에 쓰인다.

㉢ 프로펠러형, 튜브형, 베인형 등이 있다.

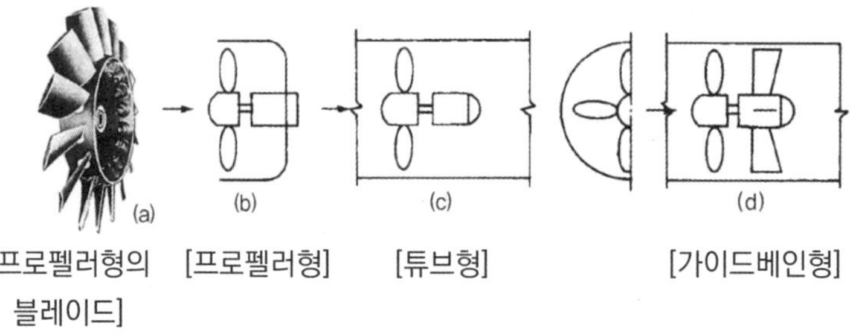

[프로펠러형의 블레이드] [프로펠러형] [튜브형] [가이드베인형]

④ 횡류형(Cross - Flow Fan)

㉠ 팬코일유닛, 에어커튼에 이용된다.

㉡ 날개의 폭이 넓어 폭이 넓은 기류를 얻을 수 있지만 풍량과 정압이 적다.

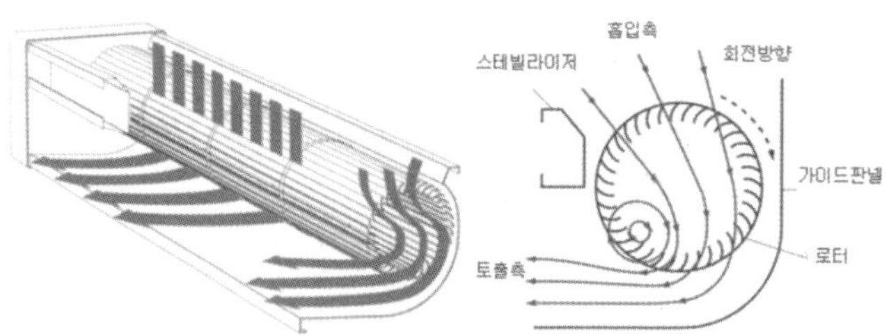

(3) 송풍기 번호

① 원심형(다익형) 송풍기 번호 $No. = \frac{임펠러\ 지름(mm)}{150}$

② 축류형 송풍기 번호 $No. = \frac{임펠러\ 지름(mm)}{100}$

TIP 송풍기 번호는 송풍기의 크기를 나타냄

(4) 송풍기 전압, 정압, 동압

① 송풍기의 전압 = 덕트 마찰저항(직관, 곡관) + 기기 마찰저항 + 취출구의 손실
= 토출 측 전압 - 흡입 측 전압($P_T = P_{T2} - P_{T1}$)

② 송풍기의 정압 = 전압 - 토출 측 동압($P_S = P_T - P_{V2}$)

③ 송풍기 동압

$$동압[Pa] = \frac{V^2}{2g} \times \gamma = \frac{V^2}{2g} \times \rho g = \frac{V^2}{2}\rho$$

ρ : 밀도(kg/m^3)
V : 토출 측 유속(m/s)

(5) 송풍기 풍량제어방법

① 토출댐퍼에 의한 제어
② 흡입댐퍼에 의한 제어
③ 흡입베인에 의한 제어
④ 가변피치에 의한 제어
⑤ 회전수에 의한 제어

TIP 풍량제어방법 중 축동력의 감소 :
회전수제어(가장 큼) > 가변피치 > 흡입베인 > 흡입댐퍼 > 토출댐퍼(가장 작음)

(6) 송풍기 소요동력

① 공기동력

$$L[kW] = \frac{P_t \times Q}{102}$$

P_t : 송풍기 전압($mmAq$)
Q : 풍량(m^3/s)

② 축동력

$$L[kW] = \frac{P_t \times Q}{102\eta}$$

P_t : 송풍기 전압($mmAq$)
Q : 풍량(m^3/s)
η : 송풍기 효율

③ 소요동력

$$L[kW] = \frac{P_t \times Q}{102\eta} \times K$$

P_t : 송풍기 전압($mmAq$)
Q : 풍량(m^3/s)
η : 송풍기 효율
K : 전달계수

※ 여유율이 주어질 경우 공기동력, 축동력, 소요동력은 모두 여유율을 고려함

암 1 HP = 0.746 kW, 1 PS = 0.735 kW

(7) 송풍기 상사법칙

송풍기 크기나 회전수의 변화에 따라 송풍기 상사법칙은 아래와 같이 성립됨

유량(풍량)	압력(양정)	동력
$Q_2 = Q_1\left(\frac{N_2}{N_1}\right)\left(\frac{D_2}{D_1}\right)^3$	$P_2 = P_1\left(\frac{N_2}{N_1}\right)^2\left(\frac{D_2}{D_1}\right)^2\left(\frac{\gamma_2}{\gamma_1}\right)$	$L_2 = L_1\left(\frac{N_2}{N_1}\right)^3\left(\frac{D_2}{D_1}\right)^5\left(\frac{\gamma_2}{\gamma_1}\right)$

여기서 N : 송풍기 회전수, D : 임펠러 지름, γ : 공기의 비중량

TIP 상사법칙에서 공기 비중량(γ)의 변화량이 매우 미소하므로 무시하는 경우가 많다.

2) 공기여과기(Air Filter)

(1) 공기여과기의 분류

목적	종류
먼지 제거	• 충돌점착식 • 건성여과식 • 정전식(전기집진기)
가스 제거	• 흡착식 및 흡수식

① 충돌점착식

여과재에 점착물질(기름 또는 그리스 등)이 입혀져 있어 오염공기가 통과할 때 여과재에 충돌 및 점착되어 제거되는 방식

② 건성여과식

㉠ 여과재의 작은 구멍이나 층을 통과시켜 먼지·입자를 여과하는 형식
㉡ 여과재의 종류는 셀룰로스, 석면, 유리섬유, 특수처리지, 목면, 모펠트 등이 있음
㉢ 헤파(HEPA), 울파(ULPA) 및 대부분 공조용 필터가 건성여과식임

③ 정전식(전기집진기)

㉠ 먼지에 양(+)전기를 띠게 하고 집진부에 극판을 설치하여 음(-)전기를 띠게 하여 먼지가 음극판에 달라붙게 하는 방식

㉡ 먼지제거 효율이 높고, 미세먼지 및 세균도 제거됨

④ 흡착식

활성탄 사이로 공기를 통과시켜 유해가스 및 냄새를 제거함

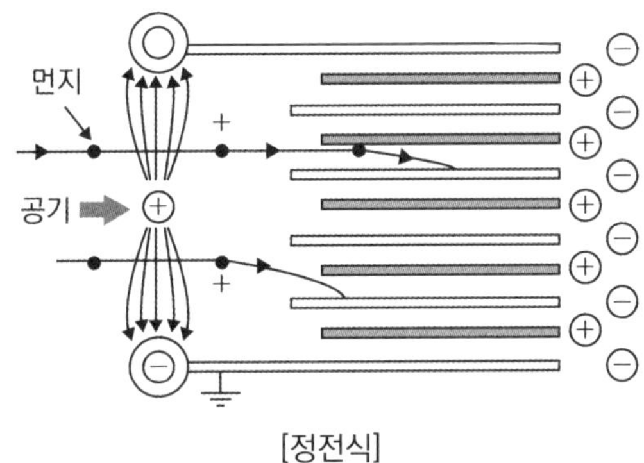

[정전식]

(2) 필터의 여과효율(%)

$$\eta_f = \frac{C_1 - C_2}{C_1} \times 100\,\%$$

C_1 : 필터 입구 측 공기 중의 오염농도(mg/m^3)

C_2 : 필터 출구 측 공기 중의 오염농도(mg/m^3)

(3) 효율측정법

① 중량법 : 비교적 큰 입자를 대상으로 측정하는 방법으로, 필터에서 제거되는 먼지의 중량으로 효율을 결정함

② 비색법(변색도법) : 비교적 작은 입자를 대상으로 하며, 필터의 상류와 하류에서 포집한 공기를 각각 여과지에 통과시켜 색의 농도 변화를 광전관으로 측정함

③ 계수법(DOP법) : 고성능 필터(HEPA, ULPA 등) 효율을 측정하는 방법임. 일정한 크기의 시험입자를 인공적으로 발생시킨 후 필터 전·후의 입자 개수를 계측하여 효율을 산출함

3 공기냉각코일 및 가열코일

1) 코일설계 시 유의사항

(1) 물과 공기의 흐름 방향은 대향류로 해야 전열효과가 좋음

(2) 대수평균온도차(LMTD)를 크게 할 것

(3) 공기의 압력손실을 고려하여 공기냉각용으로 코일의 열수는 4 ~ 8열이 많이 사용됨 (최대 10열)

(4) 냉수코일의 통과 풍속 : 2 ~ 3 m/s(온수코일의 통과 풍속 : 2.0 ~ 3.5 m/s)
(5) 코일 내의 물의 유속 : 1 m/s 전후
(6) 코일의 입·출구 수온차 : 5 ℃ 전후
(7) 공기의 출구온도와 물의 입구온도차 : 5 ℃ 이상
(8) 유속이 커지면 마찰저항이 증가하므로 더블서킷으로 설계 요망
(9) 냉온수 겸용의 경우 냉수코일을 기준으로 선정

2) 코일의 배열방식에 따른 분류

풀서킷코일 (Full Circuit Coil)	더블서킷코일 (Double Circuit Coil)	하프서킷코일 (Half Circuit Coil)
공기 물 6열 3단	공기 물 8열 4단	공기 물 물 2열 6단
표준 유속일 때	유량이 많아 코일 내 유속이 빠를 때	유량이 적어 코일 내 유속이 느릴 때

3) 핀의 종류에 따른 분류

(1) 나선형 핀코일 : 관 외부에 나선형 핀을 부착한 코일
(2) 에어로 핀코일 : 직선의 얇은 핀이 부착된 코일(개별 핀이 튜브에 부착되어 있음)
(3) 플레이트 핀코일 : 얇은 판형 핀이 관 외부에 층층이 배치된 코일(핀과 튜브가 일체형으로 결합되어 있음)
(4) 슬릿 핀코일 : 핀에 슬릿(틈)이 있는 구조로 공기가 슬릿을 통과하면서 난류를 형성하는 코일

4) 대수평균온도차(Logarithmic Mean Temperature Difference)

$$LMTD = \frac{\Delta_1 - \Delta_2}{2.3\log\frac{\Delta_1}{\Delta_2}} = \frac{\Delta_1 - \Delta_2}{\ln\frac{\Delta_1}{\Delta_2}}$$

Δ_1 : 공기 입구 측에서의 온도차(℃ 또는 K)
Δ_2 : 공기 출구 측에서 온도차(℃ 또는 K)

(1) 평행류(병류) : $\triangle_1 = t_1 - t_{w1}$, $\triangle_2 = t_2 - t_{w2}$

(2) 대향류(향류) : $\triangle_1 = t_1 - t_{w2}$, $\triangle_2 = t_2 - t_{w1}$

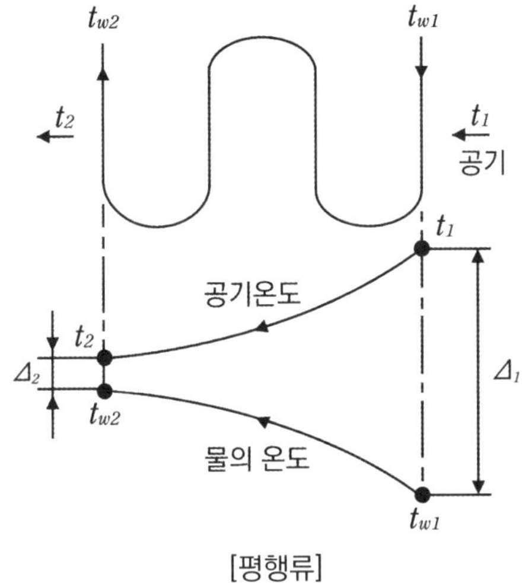

[평행류]

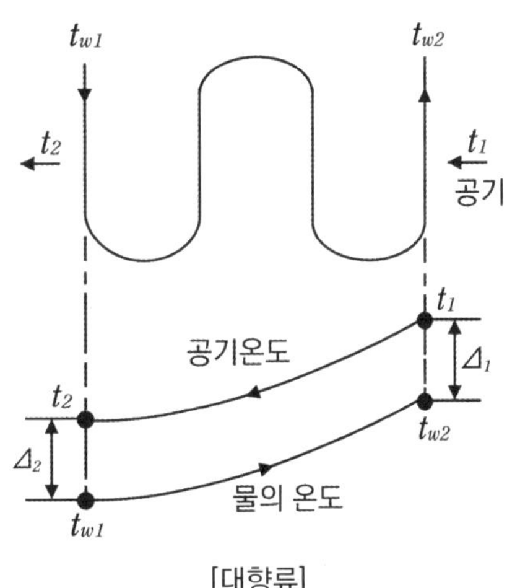

[대향류]

5) 냉수코일의 전열량

$$\begin{aligned} q &= G(i_1 - i_2) \\ &= G_w C_w \Delta t \\ &= K \times F \times \Delta t_m \times N \times C_m \end{aligned}$$

q : 전열량(kW)

G : 송풍량(kg/s)

$i_{1,} i_2$: 공기 엔탈피(kJ/kg)

G_w : 냉수량 (kg/s)

C_w : 냉각수 비열(kJ/(kg · K))

Δt : 냉수 입구와 출구온도차(℃ 또는 K)

K : 코일의 열관류율(kW/m^2 · K · 열)

F : 코일의 정면면적(m^2)

Δt_m : 대수평균온도차 LMTD(℃ 또는 K) 또는 산술평균온도차(℃ 또는 K)

N : 코일의 열수

C_m : 습면계수(1 이상)

4 가습장치

구분	설명	분류
수분무식 가습방식	공기 중에 물을 미립자화하여 분무시켜 가습한다.	원심식, 초음파식, 분무식
증기발생식 가습방식	전열기, 전극판, 적외선 램프로 증기를 발생시켜 가습한다.	전열식, 전극식, 적외선식
증기공급식 가습방식	중앙기계실에서 공급된 증기를 분출시켜 가습한다(수분무식에 비해 가습효율이 높다).	과열증기식, 분무식
기화식(증발식) 가습방식	물이 증발(기화)하여 가습된다.	회전식, 모세관식, 적하식, 에어와셔

5 에어와셔(Air Washer, 공기세정기)

통과 공기 중에 온수, 냉수를 분무하여 1차적 목적으로 가습을 하고 2차적 목적으로 공기를 세정하는 역할을 한다.

1) 구성

(1) 루버(Louver) : 유입되는 공기의 흐름을 일정하게 하고 분무수가 분무실 밖으로 튀어 나가는 것을 방지하는 장치

(2) 분무 노즐(Spray Nozzle) : 물을 미세하게 분무함

(3) 플러딩 노즐(Flooding Nozzle) : 엘리미네이터에 부착된 이물질을 제거하는 장치

(4) 엘리미네이터(Eliminator) : 출구 공기에 섞여 나가는 비산수(물방울)를 제거하는 장치

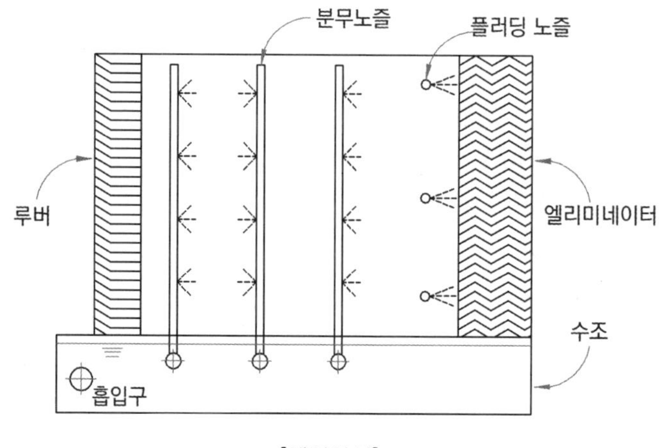

[에어와셔]

2) 수공기비

$$\text{수공기비} = \frac{\text{수량}\ L[kg/s]}{\text{공기량}\ G[kg/s]} = \frac{L[kg/s]}{\rho[kg/m^3] \times Q[m^3/s]}$$

L : 분무 수량(kg/s)
G : 통과 공기량(kg/s)
ρ : 공기 밀도(kg/m^3)
Q : 풍량(m^3/s)

3) 공기세정기의 포화효율(η_s)

순환수 가습의 경우 단열가습이 되며, 그때의 CF(컨택트 팩터)를 포화효율이라 함

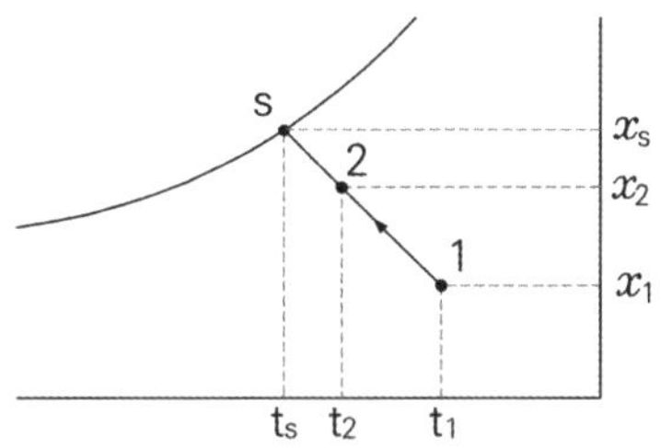

$$\eta_s = \frac{t_1 - t_2}{t_1 - t_s} \times 100 = \frac{x_1 - x_2}{x_1 - x_s} \times 100 = \frac{h_1 - h_2}{h_1 - h_s} \times 100$$

t_1, x_1, h_1 : 에어와셔 입구공기의 건구온도, 절대습도, 엔탈피
t_2, x_2, h_2 : 에어와셔 출구공기의 건구온도, 절대습도, 엔탈피
t_s, x_s, h_s : 장치 노점온도, 절대습도, 엔탈피

TIP 장치노점온도(Apparatus Dewpoint Temperature) :
공기조화기의 냉각코일을 통과하는 공기의 수증기가 응축하여 물방울이 되는 온도
냉각과 감습을 하는 공기조화에서 총 현열선이 공기선도의 포화선과 교차하는 점

6 열교환기

1) 전열교환기(Total Heat Exchanger)

(1) 목적 : 공조기의 환기과정에서 발생하는 열손실을 최소화하기 위함

(2) 특징

① 공기 중의 현열과 수분(잠열)을 동시에 교환함

② 공기 대 공기의 열교환방식

③ 열회수를 통해 보일러·냉동기 등의 용량을 축소 가능

④ 냉방기·난방기에는 실내외 온도차가 클수록 열회수량이 증가

⑤ 중간기(봄·가을)에는 온도차가 작아 열회수효과가 낮음

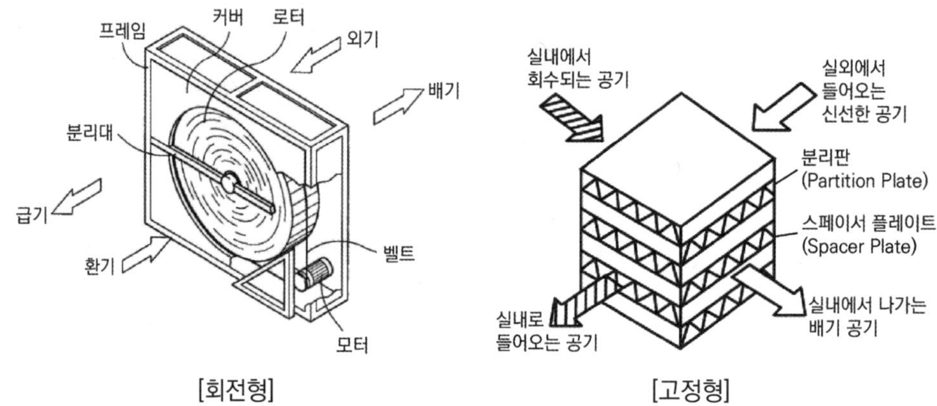

[회전형] [고정형]

2) 현열교환기(Sensible Heat Exchanger)

(1) 정의 : 공기 중의 현열만 교환하는 열교환기로 수분(잠열)의 교환은 이루어지지 않음

(2) 특징 및 사용처

- 수분회수가 필요 없는 장소에 적합함
- 주방, 화장실 등과 같이 배기 공기 속에 오염물질이 포함되어 있어 수분 전달이 바람직하지 않은 곳에 사용함

02 열원기기 및 반송장치

1 열원기기 및 분류

1) 열원기기

냉수 또는 온수를 만드는 장치로 냉동기, 냉각탑, 보일러, 히트펌프 등을 말한다.

2) 열원방식에 의한 분류

일반열원방식	특수열원방식
① 전동냉동기 + 보일러방식 ② 흡수식 냉동기 + 보일러방식 ③ 흡수식 냉온수기방식 ④ 히트펌프방식	① 열회수방식(전열교환방식) ② 지역냉·난방방식 ③ 열병합발전방식 ④ 태양열 이용방식 ⑤ 축열방식(수축열 및 빙축열방식) ⑥ 토탈에너지방식

[히트펌프]
- 열을 온도가 낮은 곳에서 높은 곳으로 이동시킬 수 있는 장치
- 냉동기의 역순환 원리를 활용하여 냉방·난방 모두 가능

[축열시스템]
- 열원설비와 공기조화기 사이에 축열조를 둔 열원방식
- 전력 수요가 적은 심야전력 등을 이용해 축열조에 에너지를 저장
- 저장된 열에너지를 최대부하 시간대에 활용하여 설비 용량을 줄이고 에너지절약에 기여

3) 열매공급에 의한 열원방식 분류

단열원방식	복열원방식
공기조화기기에 열매체를 보낼 때 여름철에는 냉열매만을 보내고, 겨울철에는 온열매만을 보내는 열원방식	공기조화기기에 계절과 관계없이 냉열매와 온열매를 모두 보내어 필요에 따라 사용할 수 있는 열원방식

2 냉각탑

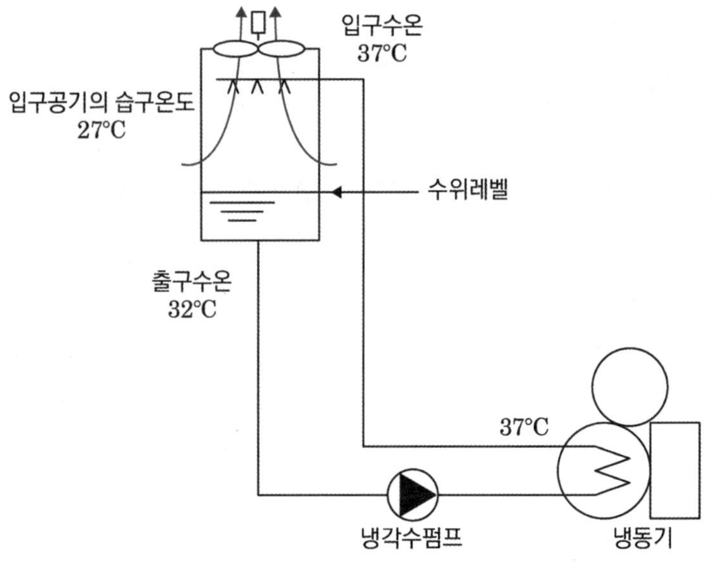

물을 공기와 접촉시켜 냉각하는 장치이다. 냉동기의 응축기를 냉각시키기 위해 사용되는 물을 냉각수라 하고, 이 냉각수를 재활용하기 위한 장치로 사용된다.

1) 표준설계 조건과 냉각톤

(1) 냉각탑 표준설계 조건

① 냉각탑의 입구수온 : 37 ℃

② 냉각탑의 출구수온 : 32 ℃

③ 입구공기의 습구온도 : 27 ℃

④ 순환수량 : 13 L/min

(2) 1 CRT(냉각톤)

$$1\,CRT(\text{냉각톤}) = G \cdot C \cdot \triangle T = \left(\frac{13}{60}\right) \times 4.19 \times (37-32)$$
$$= 4.54\,kW = 3900\,kcal/h$$

2) 냉각탑의 용량

$$\text{냉각탑 용량} = \frac{\text{냉동기 응축열량}}{1\,CRT} = \frac{\text{냉동기 응축열량}(kW)}{4.54\,kW}$$

3) 쿨링 레인지(Cooling Range)

냉각탑에서 입구수온과 출구수온의 차

냉각탑 입구수온 - 냉각탑 출구수온 = 37 - 32 = 5 ℃

※ 냉각수 순환량과 냉각부하가 동일하다면 <u>쿨링 레인지가 클수록 냉각능력이 크다</u>.

4) 쿨링 어프로치(Cooling Approach)

냉각수가 최저 온도에 얼마나 가까워졌는지에 대한 수치

냉각수 출구온도 - 대기 습구온도 = 32 - 27 = 5 ℃

※ 냉각탑 입구공기의 습구온도(대기 습구온도)가 일정하다면 <u>쿨링어프로치가 작을수록 냉각탑 출구수온이 낮아지므로 냉각능력이 크다</u>.

5) 냉각탑 설치 시 주의사항

(1) 냉각탑 설치위치는 통풍이 잘 되는 곳에 설치해야 한다. 또한 토출공기가 다시 유입되지 않는 곳이어야 한다.

(2) 겨울철 사용 시 동파방지용 히터(전기식)를 설치해야 한다.

(3) 냉각탑에서 비산되는 물방울에 의해 피해가 없는 장소에 설치해야 한다.

(4) 냉각탑의 진동, 소음으로 인한 피해가 없는 곳에 설치해야 한다.

(5) 옥상 등에 설치할 때에는 운전 중량이 건축구조계산에 반영되어 있어야 한다.

3 펌프

1) 펌프 소요동력

(1) 수동력

$$L[kW] = \gamma \times Q \times H$$

γ : 비중량(kN/m^3)
Q : 유량(m^3/s)
H : 전양정[m]

(2) 축동력

$$L[kW] = \frac{\gamma \times Q \times H}{\eta}$$

γ : 비중량(kN/m^3)
Q : 유량(m^3/s)
H : 전양정(m)
η : 효율

(3) 소요동력

$$L[kW] = \frac{\gamma \times Q \times H}{\eta} \times K$$

γ : 비중량(kN/m^3)
Q : 유량(m^3/s)
H : 전양정(m)
η : 효율
K : 여유율 혹은 전달계수

※ 여유율이 주어질 경우 수동력, 축동력, 소요동력은 모두 여유율을 고려함

암 1 HP = 0.746 kW, 1 PS = 0.735 kW

2) 펌프 상사법칙

펌프 크기나 회전수의 변화에 따라 펌프의 상사법칙은 아래와 같이 성립된다.

유량(풍량)	$Q_2 = Q_1\left(\frac{N_2}{N_1}\right)\left(\frac{D_2}{D_1}\right)^3$
양정(압력)	$H_2 = H_1\left(\frac{N_2}{N_1}\right)^2\left(\frac{D_2}{D_1}\right)^2$
동력	$L_2 = L_1\left(\frac{N_2}{N_1}\right)^3\left(\frac{D_2}{D_1}\right)^5$

여기서 N : 회전수, D : 임펠러 지름

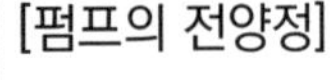

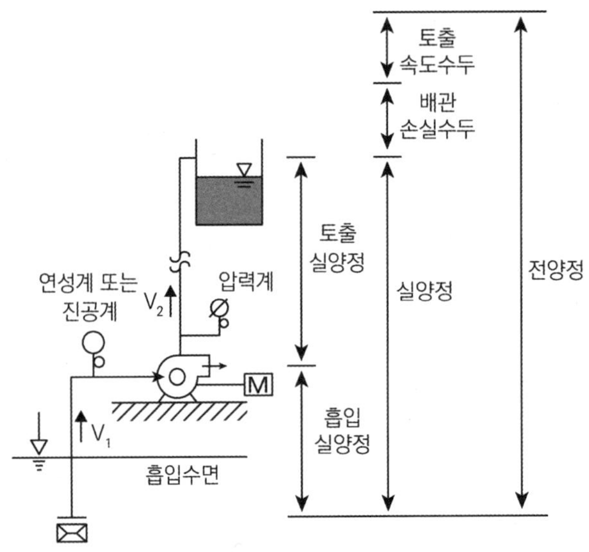

- 전양정 = 실양정(낙차) + 배관마찰손실 + 토출 측 속도수두$\left(\frac{{v_2}^2}{2g}\right)$

보충 시험에서는 위 공식과 같이 흡입 측 속도수두는 무시하는 경우가 많다. 그 이유는 실제 설계·계산에서 그 값이 매우 작고 영향이 미미하기 때문이다.

3) 펌프의 이상현상

(1) 공동현상(캐비테이션, Cavitation)

① 정의

흡입양정이 높거나 유속이 급변 또는 와류의 발생 등으로 인하여 유체의 압력이 국부적으로 포화증기압 이하로 내려가면 기포가 발생하는 현상이다. 공동현상으로 인해 펌프의 성능이 저하되고 임펠러의 침식, 진동·소음이 발생하며, 심하면 양수 불능상태가 된다.

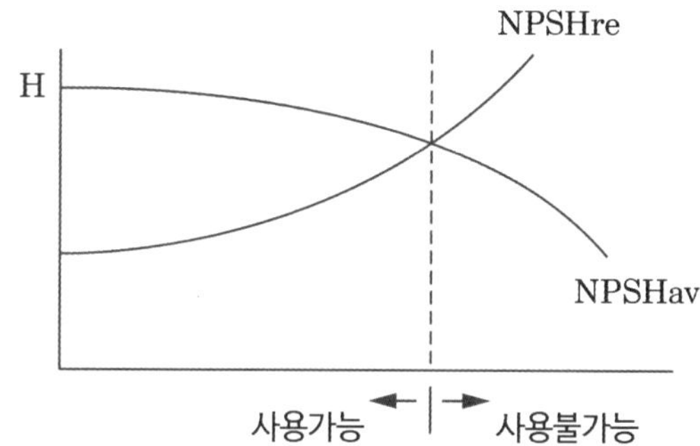

② 방지책

㉠ 펌프의 설치 높이를 될 수 있는 대로 낮추어 흡입양정을 짧게 한다.

㉡ 흡입배관의 관경을 크게 하여 유속을 낮춘다.

㉢ 회전 속도를 낮추어 흡입 속도를 줄인다.

㉣ 양흡입펌프를 사용한다.

㉤ 2대 이상의 펌프를 사용한다.

㉥ 흡입손실수두를 줄인다(흡입관의 관경을 크게 하고 흡입관을 단순 직관화하여 마찰 손실을 줄인다).

㉦ 회전차를 수중에 완전히 잠기게 한다(수직펌프를 사용한다).

(2) 수격작용(Water Hammering)

① 정의

관로 내의 유체의 유속이 급변하는 경우 발생하는 이상압력으로 배관 내의 유체의 운동에너지가 압력에너지로 변하여 고압이 발생한다. 이때 급격한 압력 변화가 관속에 바로 전달되어 진동과 충격음을 일으킨다.

② 방지책

㉠ 관경을 크게 하여 유속을 낮춘다.

㉡ 급격한 밸브 폐쇄를 하지 않는다.

㉢ 플라이휠(Fly Wheel)을 부착하여 관성 모멘트(Moment)를 증가시켜 회전수와 관로 내 유속을 천천히 변화시킨다.
㉣ 토출 측에 서지탱크(Surge Tank) 또는 수격방지기를 설치한다.
㉤ 밸브를 가능한 펌프 송출구 가까이 달고 밸브 조작을 적절히 한다.

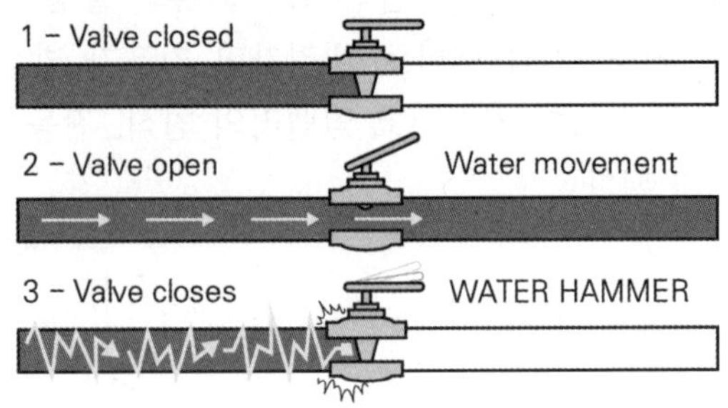

(3) 맥동현상(서징현상, Surging)

① 정의

펌프 운전 중에 한숨을 쉬는 것과 같은 상태가 되어, 펌프의 흡입 측 진공계와 토출 측 압력계의 눈금이 흔들리고 동시에 송출유량이 변하는 현상이다.

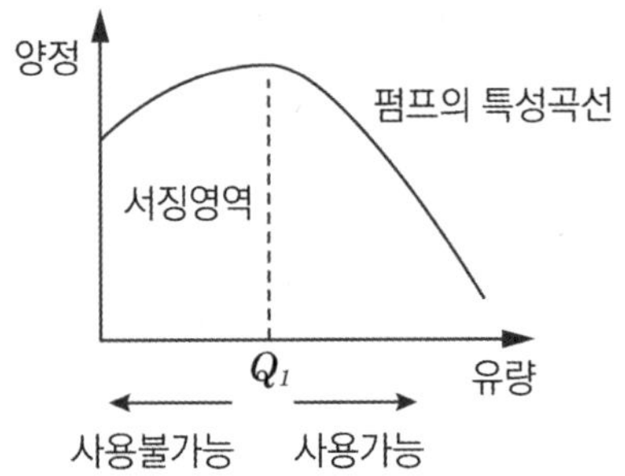

② 방지책

㉠ 펌프의 유량 - 양정곡선이 우하향 특성인 것을 사용한다.
㉡ 바이패스(Bypass)관을 사용하여 서징범위를 벗어난 범위에서 운전한다.
㉢ 펌프의 유량을 제어할 때 펌프에 근접해서 행한다.
㉣ 토출배관은 공기가 고이지 않도록 한다.
㉤ 관로에 있어서 불필요한 공기탱크 등을 제거한다.
㉥ 펌프의 양수량을 증가시키거나 임펠러 회전수 등을 변화시킨다.

03 덕트 및 부속설비

1 덕트

1) 동압과 정압

덕트 내에서 공기가 흐를 때 공기의 에너지는 정압(Static Pressure), 동압(Velocity Pressure), 전압(Total Pressure)의 형태로 존재한다.

에너지보존법칙에 따라 베르누이의 정리가 성립하며, 다음 관계가 성립한다.

$$\frac{P}{\rho g}+\frac{v^2}{2g}+z=H\ (\text{전수두})$$

여기서, $\frac{P}{\rho g}$: 정압수두(m), $\frac{v^2}{2g}$: 동압수두(m), z : 위치수두(m)

공조·덕트 분야에서는 공기의 위치수두 영향이 작아서 위치수두를 무시한다($z=0$).

$$\frac{P}{\rho g}+\frac{v^2}{2g}=H$$

위 식에서 각 항에 ρg를 곱하여 압력단위로 맞추면

$$P_t=P_s+P_v$$

(전압 = 정압 + 동압)

P_s : 정압(Pa)

P_v : 동압($=\frac{v^2}{2}\rho$)(Pa)

P_t : 전압(Pa)

2) 애스펙트비와 원형 덕트로 환산 시 직경

(1) 애스펙트비

애스펙트비$\left(\frac{a[\text{장변}]}{b[\text{단변}]}\right)$는 가능한 4 : 1 이하로 제한하며 최대 8 : 1 이상이 되지 않을 것

(2) 장방형 덕트를 원형 덕트로 환산(Huebscher 실험식)

$$D=1.3\left[\frac{(a\cdot b)^5}{(a+b)^2}\right]^{\frac{1}{8}}$$

D : 장방형 덕트의 상당지름(원형 덕트로 환산 시 직경)

a : 장방형 덕트의 장변

b : 장방형 덕트의 단변

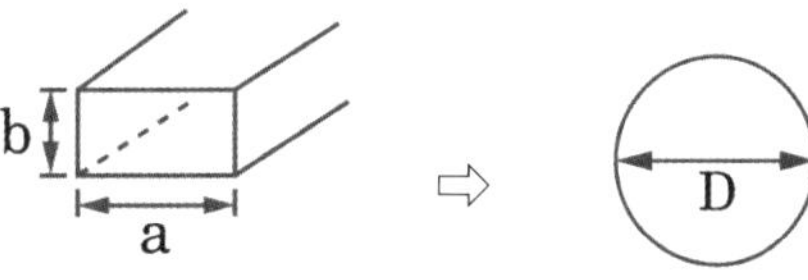

[장방형 덕트] [원형 덕트]

⑶ 원형 이외의 덕트를 원형 덕트로 환산(수력직경 이론식)

$$D_e = \frac{4A}{P}$$

D_e : 덕트의 상당지름(원형 덕트로 환산 시 직경)(m)
A : 덕트의 유동단면적(m^2)
P : 덕트의 둘레 길이(m)

3) 마찰저항과 국부저항

⑴ 덕트직관부 마찰저항

$$\text{마찰손실 } \Delta P(Pa) = \lambda \frac{L}{d} \frac{v^2}{2} \rho$$

λ : 마찰계수, L : 덕트의 길이(m)
d : 덕트의 직경(m), ρ : 공기의 밀도(kg/m^3)
v : 풍속(m/s), g : 중력가속도(m/s^2)

⑵ 덕트국부 마찰저항

$$\text{마찰손실 } \Delta P(Pa) = K \frac{v^2}{2} \rho$$

K : 국부저항계수
v : 풍속(m/s), ρ : 공기의 밀도(kg/m^3)

4) 덕트설계 시 주의사항

⑴ 저속덕트의 풍속 : 15 m/s 이하, 고속덕트의 풍속 : 15 m/s 초과
⑵ 장방형 덕트의 종횡비는 가능한 4 : 1 이하가 되게 한다(최대 8 : 1 이하로 하고 2 : 1 을 표준으로 할 것).
⑶ 덕트를 확대할 때 확대 각도는 15° 이하로 되게 한다.
⑷ 덕트를 축소할 때 축소 각도는 30° 이하로 되게 한다.

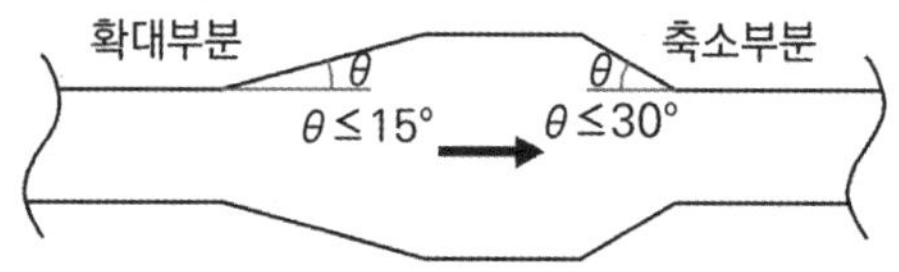

5) 덕트의 치수설계법

⑴ 등마찰손실법(등압법, 정압법)
① 덕트 1 m당 마찰손실과 동일 값을 사용하여 덕트치수를 결정한 것으로, 선도 또는 덕트설계용으로 개발한 계산으로 결정할 수 있음
② 가장 널리 이용되고 있는 방법

⑵ 등속법
덕트 내의 풍속이 일정하게 유지되도록 치수를 정하는 방법으로, 주로 소음이나 풍속 제어가 중요한 경우에 적용됨

(3) 정압 재취득법
주덕트에서 말단으로 갈수록 풍속이 감소하면서 동압이 줄고 그만큼 정압이 상승하는 현상을 이용하여, 이 정압의 상승분을 다음 구간의 덕트 압력손실 보상에 재이용해 덕트 치수를 정하는 방법

(4) 전압법
급기덕트 각 취출구의 전압을 동일하게 해 설계 풍량이 정확히 분배되도록 하는 방법으로, 균일 송풍과 정밀 제어에 쓰임(※ 참고 : 실무에서는 이 원리를 구현하는 설계법으로 정압 재취득법이 가장 효과적임)

6) 덕트 시공법

(1) 아연도금강판이 가장 많이 사용됨
(2) 표준 판두께 : 0.5 mm, 0.6 mm, 0.8 mm, 1.0 mm, 1.2 mm 등이 사용됨

2 급기 · 환기설비 및 부속설비

1) 댐퍼

(1) 방화댐퍼(FD : Fire Damper)
① 목적 : 화재 시 덕트를 통한 화염 확산 방지
② 작동원리 : 댐퍼에 부착된 퓨즈가 일정 온도(일반적으로 70 ~ 74 ℃) 이상 상승 시 녹아 댐퍼를 폐쇄시킴

(2) 방연댐퍼(SD : Smoke Damper)
① 목적 : 화재 시 덕트를 통한 연기 확산 방지
② 작동원리 : 실내에 설치한 연기감지기와 연동하여 화재 초기에 댐퍼를 폐쇄시킴(온도보다 감지기의 신호에 의해 작동함)

(3) 풍량조절용 댐퍼(VD : Volume Damper)
① 단익댐퍼(버터플라이댐퍼) : 소형덕트 개폐용 또는 풍량조절용으로 가장 구조가 간단한 댐퍼
② 다익댐퍼(루버댐퍼) : 2매 이상의 날개를 가진 댐퍼

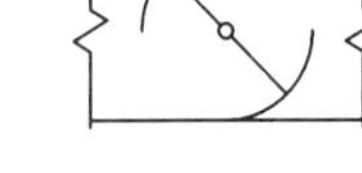
[버터플라이댐퍼]

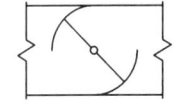

㉠ 평행 익형 :
모든 날개가
같은 방향으로 움직임

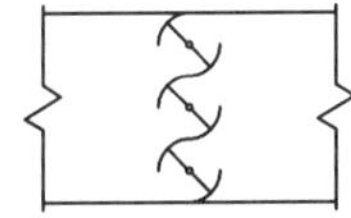

㉡ 대향 익형 :
서로 마주 보는 날개가
반대 방향으로 움직임

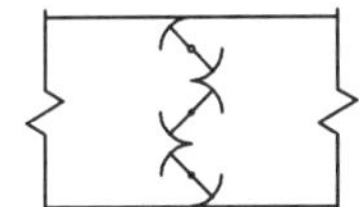

(4) 풍량분배용 댐퍼(스플릿댐퍼)

덕트 분기부에 설치하여 풍량을 조절함. 힌지(Hinge)에 달린 하나의 판을 움직여, 양쪽으로 갈라지는 공기의 비율을 조절하는 역할을 함

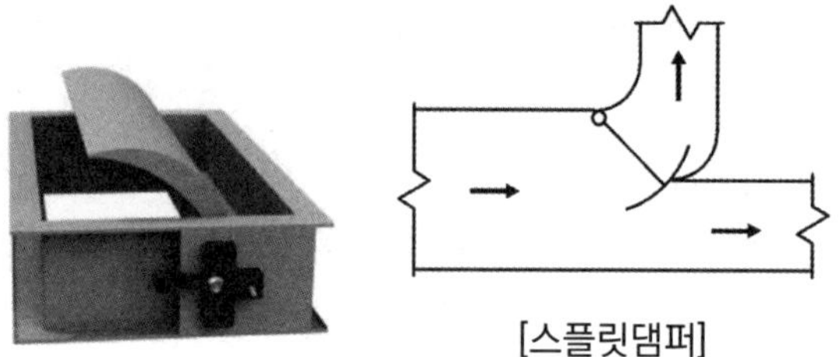

[스플릿댐퍼]

2) 취출구

(1) 취출구 관련 주요 용어

① 공기취출구 : 공조기에서 조화된 공기를 덕트에서 실내에 반출하기 위한 개구부를 말함. 취출방식에 따라 축류형 취출구와 복류형 취출구로 구분함

② 최대 도달거리 : 취출구로부터 기류의 중심 풍속이 0.25 m/s로 되는 위치까지의 거리

㉠ 강하도 : 냉풍을 취출할 때 취출구에서 최대 도달거리 지점까지 기류가 내려간 거리

㉡ 상승도 : 온풍을 취출할 때 취출구에서 최대 도달거리 지점까지 기류가 올라간 거리

③ 유인비 : 취출구에서 나온 공기를 '1차 공기'라 하며, 실내에 있던 공기 중에서 취출공기와 혼합되는 공기를 '2차 공기'라 하고, 1차 공기와 2차 공기의 합을 전공기라 함. 여기서 취출구에서 나온 공기(1차 공기)량에 대한 전공기(1차 공기 + 2차 공기)량의 비를 유인비라고 함

$$\text{유인비} = \frac{\text{1차 공기량(취출공기량)} + \text{2차 공기량(유인공기량)}}{\text{1차 공기량(취출공기량)}} = \frac{\text{전공기량}}{\text{1차 공기량}}$$

④ 실내기류와 쾌적감 : 공기조화를 행하고 있는 실내에서 거주자의 쾌적감은 실내공기의 온도, 습도 및 기류에 의해 좌우됨

⑤ 공기확산 성능계수 : 쾌적감을 주는 범위 내에 있는 측정점수를 전 측정점수에 대한 비로 나타낸 것

⑥ 드래프트 : 습도와 복사가 일정한 경우에 실내기류와 온도에 따라서 인체의 어떤 부위에 차가움이나 과도한 뜨거움을 느끼는 것

⑦ 콜드 드래프트 : 겨울철 외기 또는 외벽면을 따라서 존재하는 냉기가 토출기류에 의해 밀려 내려와서 바닥면을 따라 거주구역으로 흘러들어오는 것 또는 여름철 과 냉방에 따라 냉기가 확산되지 않고 일정 흐름으로 이동되는 것으로 이를 방지하기 위해 재열을 하기도 함

※ 콜드 드래프트 원인

㉠ 인체 주위의 기류속도가 클 때

㉡ 주위 공기의 습도가 낮을 때

㉢ 인체 주위의 공기온도가 너무 낮을 때

㉣ 주위 벽면의 온도가 낮을 때

㉤ 겨울철 창문의 틈새를 통한 극간풍이 많을 때

(2) 축류형 취출구

한 방향으로 취출되는 방식으로 실내의 대류를 유발시킴

① 노즐형 취출구

㉠ 분기덕트에 접속하여 급기하는 것

㉡ 도달거리가 길고, 구조가 간단하며, 소음이 적음

㉢ 토출풍속 5 m/s 이상으로도 사용

㉣ 실내공간이 넓은 경우 벽에 부착하여 횡방향으로 토출

㉤ 천장이 높은 경우 천장에 부착하여 하향 토출 가능

[노즐형]

② 펑커루버형

㉠ 선박 환기용으로 제작된 것

㉡ 목을 움직여서 토출기류의 방향을 바꿀 수 있음

㉢ 토출구에 닫혀 있는 댐퍼로 풍량 조절이 쉽게 가능

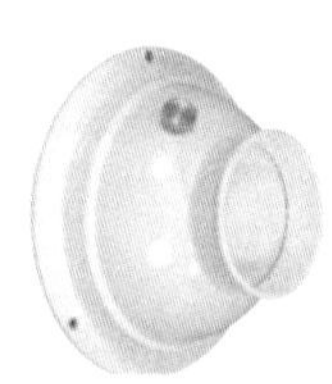

[펑커루버형]

③ 베인격자형

사각형 프레임 안에 얇은 날개(베인, Vane)를 격자 모양으로 배열한 가장 일반적인 형태의 취출구. 이 날개의 주된 역할은 풍향을 조절하는 것임

㉠ 날개(Vane)의 형태에 따른 분류

- 고정베인형 : 날개의 각도가 고정되어 풍향을 바꿀 수 없음
- 가동베인형(유니버셜형) : 날개의 각도를 조절하여 풍향을 바꿀 수 있음

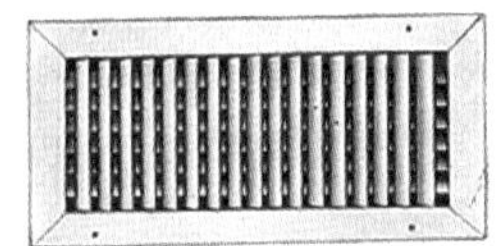

[베인격자형]

㉡ 풍량 조절 기능에 따른 분류

- 그릴 : 풍량조절용 댐퍼(셔터)가 없어 풍량 조절 불가능
- 레지스터 : 그릴과 풍량조절용 댐퍼(셔터)가 결합된 형태로 풍량 조정 가능

④ 라인형 토출구

㉠ 캄 라인형 : 종횡비가 큰 토출구로, 토출구 내에 디플렉터가 있어서 정류작용을 하며 흡입용으로 이용 시 디플렉터는 제거

㉡ 브리즈 라인형 : 토출구 부분에 있는 홈의 종횡비가 커서 선의 개념을 통한 실내 디자인에 조화시키기 쉽고 외주부의 천장 또는 창틀 위에 설치하여 출입구의 에어커튼 및 외주부 존의 냉·난방부하를 처리하도록 하며, 토출구 내에 있는 블레이드의 조절로 토출기류의 방향을 바꿀 수 있음

㉢ 슬롯형 : 종횡비가 크고 폭이 좁으며, 길이가 1 m 이상 되는 것으로 평면 분류형의 기류를 토출

㉣ T - 라인형 : 천장이나 구조체에 T - bar를 고정시키고 홈 사이에 토출구를 설치한 것으로, 내실부 또는 외주부의 어디서나 사용이 가능하며, 흡입구로 사용할 때는 토출구 속의 베인을 제거할 것

[라인형 토출구]

⑤ 다공판형 토출구

천장에 설치하여 작은 구멍을 개공률 10 % 정도 뚫어서 토출구로 만든 것

⑥ 라이트 트로퍼형(Light Troffer Type)

㉠ 중앙에 조명등이 있고 양쪽 측면에 취출구가 있는 형태

㉡ 인테리어 디자인용으로 사용됨

㉢ 취출구 내에 있는 풍량조절댐퍼로 풍량을 조절할 수 있음

[라이트 트로퍼형]

(3) 복류형(방사형) 취출구

여러 방향으로 취출되는 방식으로 확산 반경이 큼

① 아네모스탯형

㉠ 확산 반경이 크고, 도달거리가 짧음

㉡ 천장 취출구로 가장 많이 사용됨

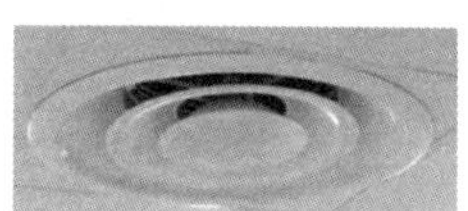

[아네모스탯형]

② 팬형

㉠ 천장의 덕트 개구단의 아래쪽에 원형 또는 원추형 판을 달아서 토출 풍량을 부딪히게 하여 천장면을 따라 수평하게 공기를 내보내는 취출구

㉡ 팬의 위치를 상하로 이동시켜 조정이 가능

㉢ 유인비 및 발생 소음이 적음

[팬형]

3) 흡입구

(1) 흡입구의 정의

오염된 실내 공기를 배기하기 위해 설치하는 장치

(2) 공기흡입구의 종류

① 머시룸형 : 버섯모양의 흡입구로서 바닥에 설치하여 바닥의 먼지와 오염된 공기를 함께 흡입함

② 도어그릴형 : 문의 하부에 부착되는 고정식 베인 격자형 구조로 되어 있음

③ 루버형 : 날개가 경사지게 붙어서 고정되어 있으며, 눈과 비의 침입을 방지함. 외기 도입구나 각층유닛방식에서 공조기실로의 환기구 등에 사용함

(3) 흡입기류 성질

① 머시룸형과 같이 바닥에 설치된 흡입구는 바닥의 먼지를 함께 흡입하므로, 흡입된 공기를 환기로 재이용하는 경우에는 적합하지 않다.

② 실내 흡입구를 거주구역 가까이에 설치할 경우 흡입구에서 발생하는 소음과 지나치게 빠른 풍속으로 인한 드래프트 현상이 발생할 수 있으므로 흡입풍속은 과도하게 크지 않도록 해야 한다.

4) 환기

특정한 공간의 공기를 청정하게 유지 또는 개선하기 위해서 신선한 외기를 도입하여 내부의 오염된 공기를 외부로 배출하는 것

(1) 환기의 목적

① 신선한 공기를 실내에 공급하고, 이를 통해 실내 공기를 정화함

② 실내의 열량을 제거하여 온도 환경을 개선함

③ 실내의 수증기를 제거하여 습도 환경을 조절함

(2) 환기방법

① 제1종 환기 : 송풍기와 배풍기를 모두 설치하여 강제로 급기와 배기를 동시에 수행하는 방식(강제급기 + 강제배기)

② 제2종 환기 : 송풍기만 설치하여 강제로 급기하고, 배기는 자연적으로 이루어지는 방식(강제급기 + 자연배기)

③ 제3종 환기 : 배풍기만 설치하여 강제로 배기하고, 급기는 자연적으로 이루어지는 방식(자연급기 + 강제배기)

④ 제4종 환기 : 자연환기법으로, 급기와 배기가 모두 자연풍에 의해 이루어지는 방식(자연급기 + 자연배기)

(3) 환기방식의 종류

① 치환환기

공기의 온도에 따른 밀도 차이를 이용하는 방식으로, 실내보다 낮은 온도의 신선 공기를 해당 구역 하부에 공급하여 대류효과를 유도한다. 이를 통해 오염물질이 실내 상부로 이동하고, 상부에 설치된 배기구를 통해 배출되어 환기 목적을 달성한다.

② 전반환기(전체환기, 희석환기)

실내 전체를 환기하는 방식으로, 신선한 외기를 공급하여 실내 공기 전체를 희석시키고 배출하는 방법이다.

③ 국소환기

냄새, 열, 분진 등과 같이 환기 대상 물질이 한정된 장소에서 발생할 때 그 물질이 주변으로 확산되기 전에 해당 지점에서 국소적으로 배출하는 방식이다. 대표적인 예로 주방후드, 실험실 국소배기장치가 있다.

④ 집중환기

유해물질이 한 구역에 집중되어 있을 경우 해당 구역만을 집중적으로 환기하는 방식이다.

(4) 환기량 산출

① 실내 발열량 제거 환기량

$$Q[m^3/s] = \frac{q}{\rho C_P(t_i - t_o)}$$

q : 실내 발열량(kW)
t_i, : 실내 허용온도(℃)
t_o : 외기온도(℃)
ρ : 공기의 밀도(1.2 kg/m³)
C_P : 공기의 정압비열(1.01 kJ/kg·K)

② 유해가스 및 먼지 제거 환기량

$$Q[m^3/h] = \frac{M}{C_i - C_o}$$

M : 오염물질의 발생량(m^3/h)
C_i : 실내 허용 오염농도(m^3/m^3)
C_o : 외기의 오염농도(m^3/m^3)

③ 환기 횟수에 의한 필요 환기량

$$Q[m^3/h] = n \cdot V$$

n : 환기횟수(회/h)
V : 실의 체적(m^3)

03 예상문제

01 다음 중 원심식 송풍기가 아닌 것은?

① 다익 송풍기
② 프로펠러 송풍기
③ 터보 송풍기
④ 익형 송풍기

해설

[원심식 송풍기와 축류식 송풍기]

1) 원심식 송풍기
다익형(시로코형), 익형, 터보형, 방사형, 관류형, 리밋로드형(= 리버스형) 등

2) 축류형 송풍기
프로펠러형, 베인형, 튜브형 등

02 시로코 팬의 회전속도가 N_1에서 N_2로 변화하였을 때 송풍기의 송풍량, 전압, 소요동력의 변화값은?

구분	451 rpm(N_1)	632 rpm(N_2)
송풍량 (m^3/min)	199	㉠
전압(Pa)	320	㉡
소요동력 (kW)	1.5	㉢

① ㉠ 278.9, ㉡ 628.4, ㉢ 4.1
② ㉠ 278.9, ㉡ 357.8, ㉢ 3.8
③ ㉠ 628.9, ㉡ 402.8, ㉢ 3.8
④ ㉠ 357.8, ㉡ 628.4, ㉢ 4.1

해설

[송풍기의 상사법칙]

1) 유량 $Q_2 = \left(\frac{N_2}{N_1}\right)^1 \times \left(\frac{D_2}{D_1}\right)^3 \times Q_1$

2) 압력(양정) $P_2 = \left(\frac{N_2}{N_1}\right)^2 \times \left(\frac{D_2}{D_1}\right)^2 \times P_1$

3) 동력 $L_2 = \left(\frac{N_2}{N_1}\right)^3 \times \left(\frac{D_2}{D_1}\right)^5 \times L_1$

Q_1, Q_2 : 유량
P_1, P_2 : 압력(양정)
L_1, L_2 : 동력
N_1, N_2 : 임펠러(팬)의 회전수
D_1, D_2 : 임펠러(팬)의 직경

㉠ 송풍량$(Q_2) = Q_1 \times \left(\frac{N_2}{N_1}\right) = 199 \times \left(\frac{632}{451}\right)$
$= 278.9\ m^3/\text{min}$

㉡ 전압$(P_2) = P_1 \times \left(\frac{N_2}{N_1}\right)^2 = 320 \times \left(\frac{632}{451}\right)^2$
$= 628.4\ Pa$

㉢ 소요동력$(L_2) = L_1 \times \left(\frac{N_2}{N_1}\right)^3 = 1.5 \times \left(\frac{632}{451}\right)^3$
$= 4.1\ kW$

정답 01 ② 02 ①

03 공기조화기에 설치된 공기 냉각코일 내에 흐르는 냉수의 적정 유속은?

① 약 1 m/s ② 약 3 m/s
③ 약 5 m/s ④ 약 7 m/s

해설

[냉수코일의 설계 시 조건]

1) 냉수의 입·출구온도차를 5 ~ 10 ℃로 한다.
2) 코일(관) 내 유속은 약 1 m/s로 한다.
3) 냉수 온도는 5 ~ 15 ℃로 한다.
4) 코일 통과 풍속은 대략 2 ~ 3 m/s로 한다.
5) 공기와 물의 흐름은 대항류로 하고, 대수평균온도차(LMTD)를 크게 한다.
6) 코일의 열수는 일반 공기 냉각용에는 4 ~ 8열(列)이 많이 사용된다(공기의 압력손실을 고려).
7) 코일은 수평으로 설치한다.

04 응축기의 냉매 응축온도가 30 ℃, 냉각수의 입구수온이 25 ℃, 출구수온이 28 ℃일 때 대수평균온도차(LMTD)는?

① 2.27 ℃ ② 3.27 ℃
③ 4.27 ℃ ④ 5.27 ℃

해설

[대수평균온도차(LMTD)]

$$LMTD = \frac{\Delta_1 - \Delta_2}{\ln\frac{\Delta_1}{\Delta_2}}$$

$$= \frac{(30-25)-(30-28)}{\ln\frac{30-25}{30-28}}$$

$$= 3.27\ ℃$$

05 냉각탑에 대한 설명으로 틀린 것은?

① 밀폐식은 개방식 냉각탑에 비해 냉각수가 외기에 의해 오염될 염려가 적다.
② 냉각탑의 성능은 입구공기의 습구온도에 영향을 받는다.
③ 쿨링레인지는 냉각탑의 냉각수 입·출구온도의 차이다.
④ 어프로치는 냉각탑의 냉각수 입구온도에서 냉각탑 입구공기의 습구온도의 차이다.

해설

[쿨링레인지와 쿨링어프로치]

어프로치 = 냉각탑 출구온도 - 입구공기 습구온도

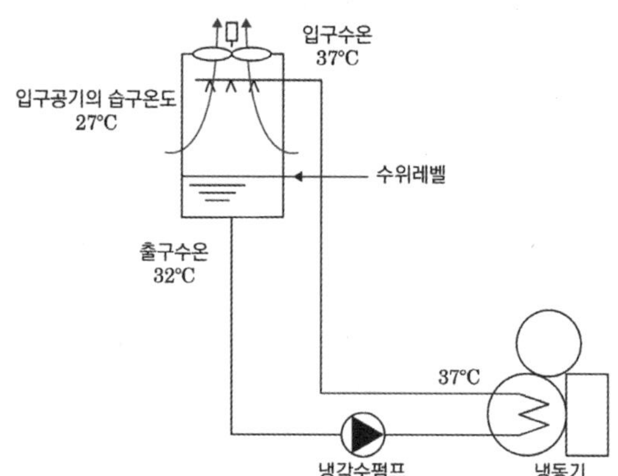

정답 03 ① 04 ② 05 ④

06 덕트설계 시 주의사항으로 틀린 것은?

① 덕트의 분기지점에 댐퍼를 설치하여 압력평형을 유지시킨다.
② 압력손실이 적은 덕트를 이용하고 확대 시와 축소 시에는 일정 각도 이내가 되도록 한다.
③ 종횡비(Aspect Ratio)는 가능한 크게 하여 덕트 내 저항을 최소화한다.
④ 덕트 굴곡부의 곡률반경은 가능한 크게 하며, 곡률이 매우 작을 경우 가이드베인을 설치한다.

해설

[덕트설계 시 주의사항]
③ 종횡비는 가능한 작게 하여 덕트 내 저항을 최소화한다.

※ 가이드베인
곡률이 작아 급격한 방향 전환이 일어나는 덕트 직각부나 곡관부 내측에 설치하여, 속도 변화로 인한 난류를 방지하고 저항 손실을 줄인다.

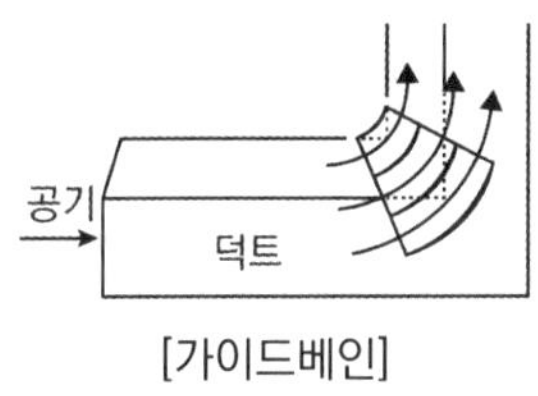

[가이드베인]

07 다음 중 천장이나 벽면에 설치하고, 기류방향을 자유롭게 조정할 수 있는 취출구는?

① 펑커루버형 취출구
② 베인형 취출구
③ 팬형 취출구
④ 아네모스탯형 취출구

해설

[축류형 취출구]
펑커루버형(천장이나 벽 쪽의 덕트에 접속)은 기류의 방향을 자유자재로 변경시킬 수 있는 노즐형 취출구

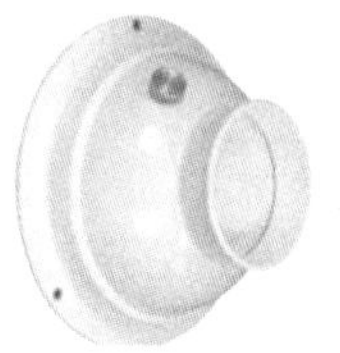
[펑커루버형]

08 실내의 거의 모든 부분에서 오염가스가 발생되는 경우 실 전체의 기류분포를 계획하여 실내에서 발생하는 오염 물질을 완전히 희석하고 확산시킨 다음에 배기를 행하는 환기방식은?

① 자연환기 ② 제3종 환기
③ 국부환기 ④ 전반환기

해설

[환기]
1) 전반환기(= 전체환기, 희석환기)
실내의 거의 모든 부분이 오염 시 오염물질을 희석하고 확산시킨 후 배기를 하는 방식
2) 국부환기
실내의 오염물질 발생원이 어느 한 부분에 집중되어 고정된 경우(주방, 화장실 등) 그 구역을 집중적으로 환기하는 방식

정답 06 ③ 07 ① 08 ④

Chapter 04 T.A.B

01 TAB 계획

1 TAB의 개념

공기조화설비의 시험, 조정 및 평가(Testing, Adjusting and Balancing)는 해당 설비가 설계 목적에 부합하고, 시스템의 성능 확보와 합리적인 에너지 사용을 위하여 관련 계통을 시험, 조정 및 평가하는 것이다.

2 TAB의 수행항목

1) 시스템(계통) 검토
2) 현장점검
3) 공기 분배계통의 성능 측정 및 조정
4) 물분배계통의 성능 측정 및 조정
5) 자동제어계통의 작동 성능 확인
6) 소음 측정
7) 최종 점검 및 조정
8) 최종 보고서 작성

02 TAB 수행

1 예비점검

1) 공기 및 물 분배 계통에 관한 각종 도면과 사양 등 자료를 수집하여, 그 내용을 검토하고 적절한 계측기를 선정·확보한다.
2) 설비가 안전하고 정상적인 운전이 가능한지 여부를 점검한다.

3) 공조기의 필터(Filter) 청결상태를 점검한다.

4) 덕트계통 청소상태를 점검한다.

5) 팬(Fan)의 회전방향 적정 여부를 점검 및 확인한다.

6) 방화댐퍼(Damper) 및 풍량조절댐퍼(Damper)의 개폐상태를 점검한다.

7) 코일(Coil)의 청소상태 및 변경 여부를 점검한다.

8) 각종 배관의 청소상태 및 물채움 및 공기빼기 상태를 점검한다.

9) 각종 펌프의 회전방향을 점검 및 확인한다.

10) 스트레이너(Strainer) 상태를 점검한다.

11) 냉동기, 공조기, 냉각탑, 보일러, 송풍기, 열교환기 등 주요 설비의 가동 상태를 점검한다.

12) 주변 청소 정리 및 기타 TAB 시행에 앞서 점검해야 할 사항을 확인한다.

13) 시공 상태가 도면과 일치하는지의 여부를 확인한다.

2 TAB 측정 절차 중 측정 요건

1) 시스템의 검토 공정이 완료되고 시스템 검토보고서가 완료되어야 한다.

2) 설계도면 및 관련 자료를 검토한 내용을 토대로 하여 보고서 양식에 장비규격 등의 기준이 완료되어야 한다.

3) 제작사의 공기조화 시 시운전이 완료되어야 한다.

4) 공기계통의 풍량댐퍼와 방화댐퍼가 완전 개방 위치에 놓여 있는지 확인한다.

5) 모든 공기터미널이 설치되고 개방 위치에 있는지 점검한다.

6) 터미널을 조정하지 않은 상태에서 시스템 내의 각 터미널 공기 흐름을 측정하고, 이를 비교 검토하여 분기 밸런싱 순서를 계획한다.

7) 분기로부터 가장 먼 터미널에서 시작하여 분기 메인 쪽으로 진행하면서 풍량을 조정한다.

8) 팬 회전수는 제작사 설정 최대 허용회전수를 초과하지 않으며, 어떠한 운전방식에서도 구동모터에 과부하가 걸리지 않도록 조정한다.

9) 최대 축동력일 때 팬 구동모터의 전류를 측정한다.

03 보일러설비 시운전

1 보일러 설비 구성

1) 보일러의 구성 및 출력

밀폐되어 있는 용기 내에 열매체(물)를 넣고 고온의 화염이나 연소가스와 접촉시켜 고온의 증기나 온수를 발생시키는 장치

※ 보일러의 3대 구성요소 : 본체, 연소장치, 부속장치

[보일러의 부속장치]
자동제어장치, 통풍장치, 송기장치, 급수장치, 급유장치, 안전장치, 분출장치, 계측장치, 폐열회수장치 등

[폐열회수장치]
배기가스의 여열을 이용하여 열효율을 높이기 위한 장치
과열기 ⇨ 재열기 ⇨ 절탄기 ⇨ 공기예열기

(1) 과열기 : 포화증기를 가열하여 증기온도를 더 높이는 장치
(2) 재열기 : 고압의 증기터빈을 돌리고 난 증기를 재가열하여 과열증기로 만든 후 저압증기터빈을 돌리는 장치
(3) 절탄기(급수예열기) : 폐열을 이용해 보일러에 급수되는 물을 예열하는 장치
(4) 공기예열기 : 절탄기를 통과한 연소가스의 여열로 연소 공기를 예열하는 장치

2) 보일러의 종류

(1) 원통형 보일러 : 수직형(입형) 보일러, 연관보일러, 노통보일러, 노통연관보일러
(2) 수관식 보일러 : 자연순환식, 강제순환식, 관류식 보일러
(3) 주철제보일러 : 증기보일러, 온수보일러
(4) 특수보일러 : 간접가열보일러, 특수연료보일러, 특수열매체보일러, 폐열보일러

3) 보일러의 특성

(1) 노통연관식 보일러

노통보일러와 연관보일러의 장점을 취한 것이다. 노통(연소실)과 연관(연기통로)으로 이루어져 연관 밖에 있는 물을 가열 또는 증발시킨다.

장점	단점
• 부하변동에 적응이 좋고 열효율이 좋다. • 수관식에 비해 경제적이며 설치면적이 작다. • 운반 및 설치가 간단하다.	• 예열 시간이 길고 수명이 짧다. • 스케일 부착이 쉬워 급수 처리가 필요하다. • 구조상 대용량 제작이 불가능하다.

(2) 수관식 보일러

하부의 물 드럼과 상부의 기수 드럼(증기 + 물) 간에 여러 개의 수관을 연결한 보일러이다. 관(파이프) 내로 물이 흐르고 관 바깥으로 뜨거운 열가스가 접촉하는 형식이다.

장점	단점
• 고압, 대용량에 적합하다. • 부하변동에 대한 적응이 쉽다. • 전열 면적이 커서 증기발생이 빠르며, 효율이 좋다(90 % 이상). • 예열시간이 짧다. • 보유수량이 적어 파열 시 피해가 적다.	• 노통연관식보다 설치면적이 넓다. • 구조가 복잡하고 가격이 비싸다. • 스케일 부착이 쉬워 급수 처리가 까다롭다. • 청소, 검사, 수리가 복잡하다.

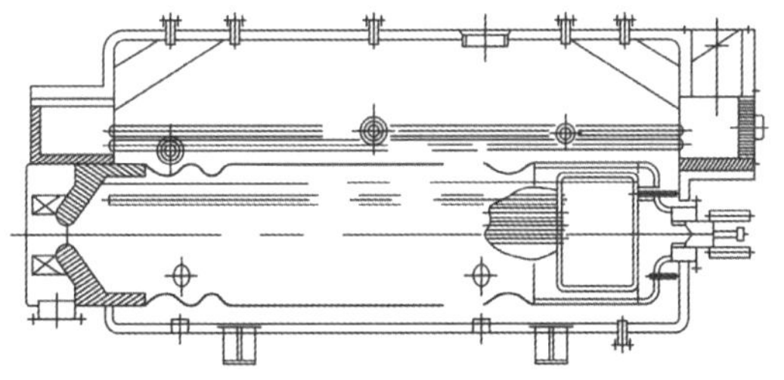

[노통연관식 보일러]

[노통연관식 보일러]

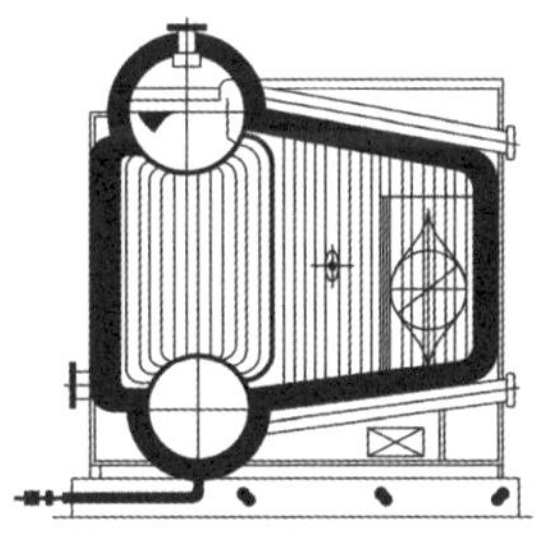

[수관식 보일러]

출처 : KJ보일러

(3) 관류형 보일러

수관보일러와 같이 수관으로 되어 있으나 드럼이 없는 구조이다. 보일러 하부로 들어간 물이 관을 통해 상부로 올라가는 동안 가열되어 증기가 발생된다.

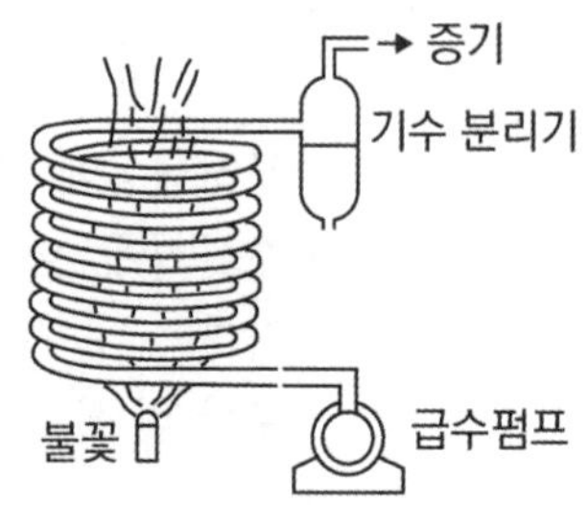

[관류식 보일러]

장점	단점
• 보유수량이 적어 가열시간이 짧고 대용량에 적합하지 않다. • 경량이고 설치면적이 작다. • 보일러 효율이 매우 좋다. • 부하변동에 적응이 쉽다. • 관 배치를 자유롭게 할 수 있다.	• 소음이 크다. • 구조가 복잡하고 가격이 비싸다. • 급수 처리가 까다롭고 수명이 짧다. • 청소, 검사, 수리가 복잡하다.

(4) 주철제보일러

주물로 이루어진 여러 섹션을 부하 크기에 따라 조립하여 설치하는 보일러이다.

장점	단점
• 전열면적이 크며 효율이 좋다. • 주철로 내식성 및 내열성이 좋다. • 조립식이므로 섹션의 증감을 통해 용량조절의 용이하며, 조립 해체가 쉽다.	• 내압에 대한 강도가 약하여 굽힘, 충격, 열충격 등에 약하고, 고압으로 사용이 불가하다. • 열에 의한 부동팽창으로 균열이 생기기 쉽다. • 청소, 검사, 수리가 복잡하다.

4) 보일러의 상당증발량(G_e)

<u>보일러의 능력</u>을 나타내는 것의 하나로, 실제 증발량을 기준상태의 증발량으로 환산한 것이다. 환산증발량(기준증발량)이라고도 하며, 실제 보일러의 시간당 발생열량을 표준대기압에서의 100 ℃ 포화수가 100 ℃ 건조포화증기로 증발하는 능력이다.

$$G_e = \frac{G(h_2 - h_1)}{2256}$$

G : 실제증발량(kg/h)
h_1 : 급수의 엔탈피(kJ/kg)
h_2 : 발생증기의 엔탈피(kJ/kg)
2256 : 100℃ 물의 증발잠열(kJ/kg)

5) 보일러의 효율

(1) 증기보일러의 효율

$$\text{효율 } \eta = \frac{\text{발생증기의 열량}}{\text{공급열량}} = \frac{Q}{G_f \times H_L} = \frac{G(h_2 - h_1)}{G_f \times H_L}$$

Q : 발생증기의 열량(kW)
G_f : 연료 사용량(kg/s)
H_L : 연료의 저위발열량(kJ/kg)
G : 실제 증발량(kg/s)
h_1 : 급수의 엔탈피(kJ/kg)
h_2 : 발생증기의 엔탈피(kJ/kg)

(2) 온수보일러의 효율

$$\text{효율 } \eta = \frac{\text{발생온수의 열량}}{\text{공급열량}} = \frac{Q}{G_f \times H_L} = \frac{G \times C \times (t_2 - t_1)}{G_f \times H_L}$$

Q : 발생온수의 열량(kW)
G_f : 연료 사용량(kg/s)
H_L : 연료의 저위발열량(kJ/kg)
G : 발생 온수량(kg/s)
C : 물의 비열(kJ/kg·K)
t_1 : 급수의 온도(K)
t_2 : 온수의 온도(K)

6) 보일러의 출력

(1) 정미출력(kW) : 난방부하 + 급탕부하
(2) 상용출력(kW) : 난방부하 + 급탕부하 + 배관부하
(3) 정격출력(kW) : 난방부하 + 급탕부하 + 배관부하 + 예열부하
(4) 과부하출력(kW) : 과부하가 발생하거나 운전초기에 정격출력의 10 ~ 20 %가량 증가하여 운전할 때의 출력

7) 방열기

증기 또는 온수의 공급을 받아 열을 발산시키는 난방장치이다.

(1) 방열기의 표준방열량

표준상태에서 방열면적 1 m^2당 방출되는 열량

① 온수 : 523 W/m^2(표준상태 : 방열기 내 온수온도 80 ℃, 실내온도 18.5 ℃ 기준)
② 증기 : 756 W/m^2(표준상태 : 방열기 내 증기온도 102 ℃, 실내온도 18.5 ℃ 기준)

(2) 상당방열면적(EDR) 계산

$$EDR[m^2] = \frac{\text{방열기의 발열량 또는 난방부하}(Q[kW])}{\text{표준발열량}(q[kW/m^2])}$$

EDR : 상당방열면적(m^2)
Q : 방열기의 방열량(W)
q : 표준방열량(W/m^2)

(3) 방열기의 표시

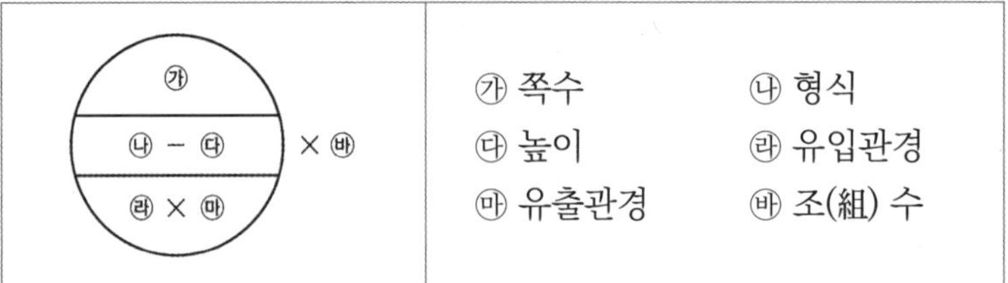

(4) 방열기 도시기호

종별	2주형	3주형	3세주형	5세주형	벽걸이형 (수직형, 종형)	벽걸이형 (수평형, 횡형)
기호	Ⅱ	Ⅲ	3	5	W - V	W - H

주형 : 로마숫자, 세주형 : 아라비아숫자

(5) 방열기 쪽수(절수, N) 공식

$$\text{방열기 절수} = \frac{\text{총 손실열량(난방부하)}[kW]}{\text{표준방열량}[kW/m^2] \times \text{방열기 1절당 면적}[m^2]}$$

$$= \frac{\text{총 손실열량(난방부하)}[kW]}{\text{방열계수}[kW/m^2 \cdot ℃] \times \text{온도차}[℃] \times \text{방열기 1절당 면적}[m^2]}$$

04 예상문제

01 보일러의 종류에 따른 특징을 설명한 것으로 틀린 것은?

① 주철제보일러는 분해, 조립이 용이하다.
② 노통연관보일러는 수질관리가 용이하다.
③ 수관보일러는 예열시간이 짧고, 효율이 좋다.
④ 관류보일러는 보유수량이 많고, 설치면적이 크다.

해설

[관류보일러]
④ 관류보일러는 보유수량이 적고(증기발생시간이 짧음) 설치 면적이 작다.

보충 횡형 원통형 보일러 : 보유수량이 많고 설치 면적이 큼

※ 관류보일러
수관보일러와 같이 수관으로 되어 있으나 드럼이 없다. 보일러 하부로 들어간 물이 관을 통해 상부로 올라가는 동안 가열되어 증기가 된다.
㉠ 장점 : 보유수량이 적어 가열시간이 짧다. 부하변동에 적응이 쉽다. 설치 면적이 적다. 소형에 적합하다.
㉡ 단점 : 수명이 짧고 비싸며, 소음이 크다.

02 보일러의 능력을 나타내는 표시방법 중 가장 적은 값을 나타내는 출력은?

① 정격출력
② 과부하출력
③ 정미출력
④ 상용출력

해설

[보일러의 출력]
- 정미출력 : 난방부하 + 급탕부하
- 상용출력 : 난방부하 + 급탕부하 + 배관손실부하
- 정격출력 : 난방부하 + 급탕부하 + 배관손실부하 + 예열부하
- 과부하출력 : 정격출력의 10 ~ 20 % 정도 증가한 상태에서 운전할 때의 출력

보충 예열부하 : 적정한 온수 또는 증기를 공급하기 위해 보일러 운전 초기에 예열하는 데 쓰이는 열량

정답 01 ④ 02 ③

03 다음 난방방식의 표준방열량에 대한 것으로 옳은 것은?

① 증기난방 : 0.523 kW
② 온수난방 : 0.756 kW
③ 복사난방 : 1.003 kW
④ 온풍난방 : 표준방열량이 없다.

해설

[표준방열량]
표준상태에서 방열면적 1 m^2당 방출되는 열량

열매	표준상태		표준방열량
	열매온도	실내온도	
온수	80 ℃	18.5 ℃	523 W/m^2
증기	102 ℃	18.5 ℃	756 W/m^2

① 증기난방 : 0.756 kW
② 온수난방 : 0.523 kW
③ 복사난방 : 표준방열량이 없다.

보충 복사, 온풍난방 : 표준방열량이 없다.

04 상당방열면적을 계산하는 식에서 q_o는 무엇을 뜻하는가?

$$EDR = \frac{H_r}{q_o}$$

① 상당 증발량
② 보일러 효율
③ 방열기의 표준방열량
④ 방열기의 전방열량

해설

[EDR(Equivalent Direct Radiation)]
1) 상당방열면적(Equivalent Direct Radiation)
보일러의 능력을 방열기의 방열면적으로 표시한 값

$$\text{상당방열면적 EDR}[m^2] = \frac{\text{방열기의 방열량}[W]}{\text{표준방열량}[W/m^2]}$$

2) 방열기의 표준방열량
표준상태에서 방열면적 1 m^2당 방출되는 열의 양

열매	표준상태		표준방열량
	열매온도	실내온도	
온수	80 ℃	18.5 ℃	523 W/m^2
증기	102 ℃	18.5 ℃	756 W/m^2

정답 03 ④ 04 ③

02

P·a·r·t

공조냉동설계 (열역학)

Chapter 01 열역학의 기본사항

01 기본개념

1 계, 동작물질 및 상태변화

1) 계(System)

열역학적인 연구대상이 되는 어떤 양의 물질이나 공간의 어떤 구역을 말한다. 계의 외부 둘레의 모든 것을 주위(Surrounding)라 하며, 계는 계의 경계(Boundary)에 의해 주위와 구분된다.

(1) 밀폐계(Closed System)

계의 경계를 통하여 열과 일은 이동이 있으나 질량의 유동이 없는 계이다. 일명 비유동계(Nonflow System)라 한다.

예 내연기관(자동차)

(2) 개방계(Open System)

계의 경계를 통하여 열과 일, 질량의 유동이 있는 계이다. 일명 유동계(Flow System)라 한다.

예 펌프, 터빈 수차, 압축기, 프로펠러, 풍차, 화력 발전 등

(3) 고립계(Isolated System)

계의 경계를 통하여 열과 일, 질량의 유동이 없는 계이다. 일명 절연계라고 한다.

예 로켓

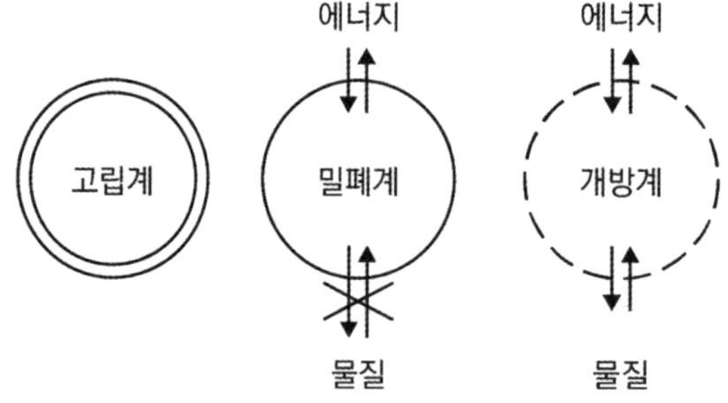

2) 상태변화

(1) 가역변화(Reversible Change)

어떤 계(System)가 임의의 과정을 거쳐서 한 상태에서 다른 상태로 변할 경우 그 변화를 반대 방향으로 해도 아무런 변화를 남기지 않고 원래 상태로 되돌아갈 수 있는 변화를 말하며, 이때 어떤 마찰도 수반하지 않으며 계의 주위에 어떠한 영향도 남기지 않는 변화이다(실제로는 존재하지 않음).

(2) 비가역변화(Irreversible Change)

마찰이 수반되며 계의 주위에 영향을 남기는 변화이다. 자연계에서 일어나는 모든 실제 과정을 말한다.

2 물질의 상태와 상태량

1) 상태량(상태계수, Quality of State)

어떤 상태가 변화할 때 그 변화가 오로지 최종 상태에 대응하는 양과 최초 상태에 대응하는 양과의 차이만으로 구해질 때 이 양을 상태량이라 한다.

(1) 기본 상태량 : 압력(p), 체적(V), 온도(T)

(2) 열적 상태량 : 내부에너지(U), 엔탈피(H), 엔트로피(S)

2) 상태량의 종류

(1) 강도성 상태량(Intensive Property)

물질의 질량에 관계없이 그 크기가 결정되는 상태량으로 n등분해도 그 크기가 일정한 것을 말한다.

예 온도, 습도, 압력, 밀도, 비체적, 비엔탈피, 비엔트로피 등

(2) 종량성 상태량(Extensive Property)

물질의 질량에 따라 그 크기가 결정되는 상태량으로 어떤 계를 n등분하면 그 크기도 n등분만큼 줄어드는 것을 말한다.

예 체적(V), 내부에너지(U), 엔탈피(H), 엔트로피(S), 질량(m) 등

(3) 비상태량(Specific Property)

비상태량은 강도성 상태량으로 취급하며 소문자로 표기한다.

① 비체적 : $v\,[m^3/kg] = \dfrac{V\,[m^3]}{m\,[kg]}$

② 비내부에너지 : $u\,[kJ/kg] = \dfrac{U\,[kJ]}{m\,[kg]}$

③ 비엔트로피 : $s\,[kJ/K \cdot kg] = \dfrac{S\,[kJ/K]}{m\,[kg]}$

02 용어와 단위계

1 용어 및 단위

1) 국제단위계(SI단위 : International System of Units)

국제적으로 통일시킨 단위체계

(1) SI 기본단위 7개

길이	질량	시간	온도	광도	전류	물질량
m	kg	sec	K	cd	A	mol

(2) SI 유도단위

속도	가속도	힘	일	일률(동력)	압력
m/sec	m/sec^2	N	J	W	Pa

2) 단위 접두어

10^{12}	10^{9}	10^{6}	10^{3}	10
T(Tera)	G(Giga)	M(Mega)	k(kilo)	D(Deca)
10^{-2}	10^{-3}	10^{-6}	10^{-9}	10^{-12}
c(centi)	m(milli)	μ(micro)	n(nano)	p(pico)

[단위 접두어 예시]

$1\,Pa = 1\,N/m^2$

$10\,kPa = 10 \times 10^3\,Pa = 10^4\,Pa$

$10\,MPa = 10 \times 10^6\,Pa = 10^7\,Pa = 10^4\,kPa$

2 물질의 성질

1) 밀도(ρ)

(1) 단위체적당 질량

(2) 계산식

$$밀도\ \rho[kg/m^3] = \frac{m}{V}$$

ρ : 밀도(kg/m^3)
m : 질량(kg), V : 체적(m^3)

$$기체의\ 밀도\ \rho[kg/m^3] = \frac{PM}{RT}$$

P : 절대압력(atm)
M : 분자량(kg/kmol), T : 절대온도(K)
R : 기체상수($atm \cdot m^3/kmol \cdot K$)

(3) 물의 밀도 : 1000 kg/m^3 = 1000 $N \cdot s^2/m^4$

2) 비체적(V_s, Specific Volume)

(1) 밀도의 역수로 단위질량당 체적

(2) 계산식

$$비체적\ V_s[m^3/kg] = \frac{V}{m} = \frac{1}{\rho}$$

V_s : 비체적(m^3/kg), ρ : 밀도(kg/m^3)
m : 질량(kg), V : 체적(m^3)

※ 액체와 고체의 경우 압력에 따라 밀도와 비체적은 거의 변하지 않는 비압축성 유체임에 비하여 기체의 경우 밀도와 비체적은 압력에 따라 큰 폭의 변화가 크다. 이에 따라 기체를 압축성 유체로 분류한다.

3) 비중량(γ)

(1) 단위체적당 중량(= 무게 = 힘)

(2) 계산식

$$비중량\ \gamma = \frac{W}{V} = \frac{mg}{V} = \rho g$$

γ : 비중량(N/m^3), W : 중량(N)
V : 체적(m^3), m : 질량(kg)
ρ : 밀도(kg/m^3), g : 중력가속도(m/s^2)

(3) 물의 비중량 : 1000 kg_f/m^3 = 9800 N/m^3

4) 비중(S)

(1) (액체) 비중

① $S = \dfrac{\text{어떤 물질의 비중량}(\gamma)}{4℃\text{에서 물의 비중량}(\gamma_w)} = \dfrac{\text{어떤 물질의 밀도}(\rho)}{4℃\text{에서 물의 밀도}(\rho_w)}$

일반적으로 비중이라고 하면 기준(4 ℃, 1 atm 물)과 비교한 비를 말한다. 액체, 고체에 한한다. 단위는 분모와 분자의 단위가 소거되어 없다. 무차원(무단위)이다.

② 계산식

$$\text{비중 } S = \frac{\gamma}{\gamma_w} = \frac{\rho}{\rho_w}$$

S : 비중(무차원수)
ρ : 어떤 물질의 밀도(kg/m^3)
ρ_w : 물의 밀도(kg/m^3)
γ : 어떤 물질의 비중량(N/m^3)
γ_w : 물의 비중량(N/m^3)

③ 물의 비중 : 1

[비중(S)이 주어졌을 때 비중량(γ)과 밀도(ρ)]
비중량 $\gamma = S \cdot \gamma_w$
밀도 $\rho = S \cdot \rho_w$

(2) (가스) 비중

① $S = \dfrac{\text{어떤 가스의 분자량}}{\text{공기의 평균 분자량}}$

가스 비중은 공기의 평균분자량과 비교한 어떠한 가스의 분자량의 비를 말한다. 기체만 해당된다.

② 계산식

$$\text{비중 } S = \frac{M}{M_{\text{공기}}}$$

S : 비중(무차원수)
$M_{\text{공기}}$: 공기의 평균분자량(kg/kmol)
M : 어떤 물질의 분자량(kg/kmol)

3 일량과 동력

1) 일량(W)

(1) 물체에 힘을 가했을 때 힘과 힘이 가해진 방향으로 움직인 거리를 곱한 물리량

W = 힘 × 거리 = $F \cdot S\,(N \cdot m = J)$

(2) 단위 : J(줄)

일(일량) : $N \cdot m = J$

$1\,cal \fallingdotseq 4.19\,J$ 이며 $1\,kcal \fallingdotseq 4.19\,kJ$
$J/s = W$ 이므로 $J = W \cdot s$ 이다.
따라서 일량의 단위는 $kJ = kW \cdot s$ 또는 kWh 등으로 나타낼 수 있다.

2) 동력(P, 일률)

(1) 단위시간당 행한 일량

$$P = \frac{일량}{시간} = \frac{F \cdot S}{t}\ (J/s = W)$$

(2) 단위 : W(와트)

① $1\ kW = 102\ kg_f \cdot m/s = 860\ kcal/h = 3600\ kJ/h$

② $1\ HP$(영국마력) $= 76\ kg_f \cdot m/s = 641\ kcal/h = 2685\ kJ/h$

③ $1\ PS$(국제마력) $= 75\ kg_f \cdot m/s = 632\ kcal/h = 2646\ kJ/h$

암 1 HP = 0.746 kW
1 PS = 0.735 kW

[예제 1] 1 HP는 몇 kW인가?

$1\ kW = 102\,kg_f \cdot m/s = 3600\ kJ/h$

$1\ HP = 76\ kg_f \cdot m/s = 2685\ kJ/h$

$$1\ HP = 1\ HP \times \frac{2685\ kJ/h}{1\ HP} \times \frac{1\ kW}{3600\ kJ/h} \fallingdotseq 0.746\ kW$$

[예제 2] 1 PS는 몇 kW인가?

$1\ kW = 102\ kg_f \cdot m/s = 3600\ kJ/h$

$1\ PS = 75\ kg_f \cdot m/s = 2646\ kJ/h$

$$1\ PS = 1\ PS \times \frac{2646\ kJ/h}{1\ PS} \times \frac{1\ kW}{3600\ kJ/h} \fallingdotseq 0.735\ kW$$

3) 질량과 중량

(1) 질량

① 장소나 상태에 따라 달라지지 않는 물질의 고유한 양

② 단위 : kg 또는 kg_m

(2) 중량

① 중력이 물체를 끌어당기는 힘의 크기

② 단위 : kg_f(kg중) 또는 N

③ 1 kg_f = 질량 1 kg인 물체에 중력가속도 9.8 m/s^2이 작용할 때의 무게

1 N = 질량 1 kg인 물체를 1 m/s^2의 가속시키는 데 필요한 힘

④ 뉴턴의 운동 제2법칙에 의해 질량이 m인 물체에 외력이 작용하면 작용하는 힘 F에 비례하는 가속도 a가 생김

f = ma 또는 W = mg에서

- $1\,kg_f = 1\,kg \times 9.8\,m/s^2 = 9.8\,kg \cdot m/s^2$
- $1\,N = 1\,kg \times 1\,m/s^2 = 1\,kg \cdot m/s^2$

따라서 $1\,kg_f = 9.8\,N (= kg \cdot m/s^2)$

4 압력

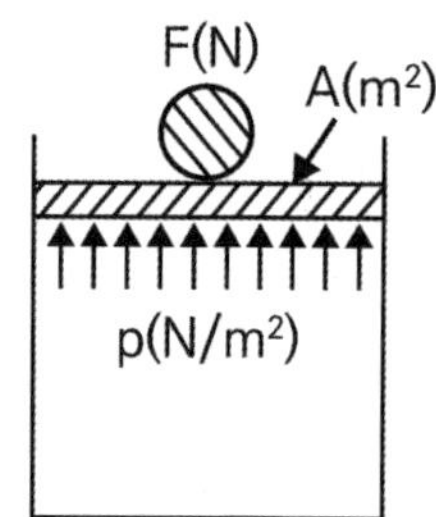

1) 압력의 정의

단위면적당 수직으로 작용하는 힘

$$P = \frac{F}{A}$$

F : 힘(N)

A : 단위면적(m^2)

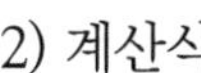

2) 계산식

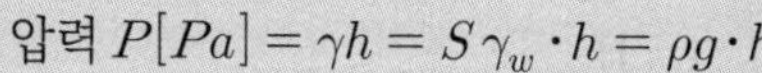

$$\text{압력 } P[Pa] = \gamma h = S\gamma_w \cdot h = \rho g \cdot h$$

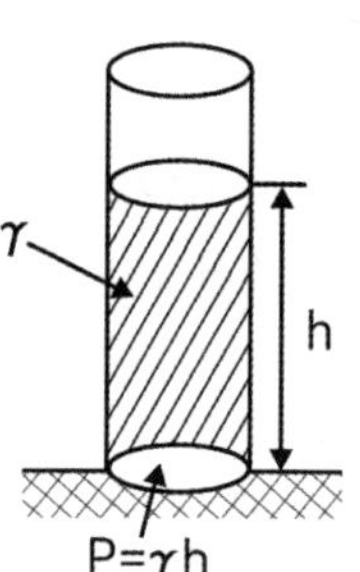

P : 게이지압력(Pa)

γ : 비중량(N/m^3)

h : 높이(m)

S : 비중

γ_w : 물의 비중량(N/m^3)

ρ : 밀도(kg/m^3)

g : 중력가속도(9.8 m/s^2)

3) 대기압의 구분

대기압이란 지구를 둘러싼 공기(대기)에 의하여 누르는 압력으로 기압계로 측정한 압력

(1) 표준대기압 : 해발고도가 0인 해면에서 국소대기압의 평균치

(2) 국소대기압 : 표준대기압을 제외한 모든 임의의 대기압(지구의 위도에 따라 변함)

4) 표준대기압

1 atm = 760 mmHg = 76 cmHg(수은주의 높이)
= 10.332 mAq = 10332 mmAq(수두 또는 수주의 높이)
= 101325 Pa = 101.325 kPa = 0.101325 MPa(Pa = N/m^2)
= 1.01325 bar = 1013.25 mbar(1 bar = 105 Pa)
= 1.0332 kg_f/cm^2 = 10332 kg_f/m^2
= 14.7 psi

5) 게이지압력, 진공압, 절대압력

(1) 게이지압력(= 계기압력) : 압력계로 측정한 압력으로 대기압을 기준으로 그 이상의 압력

TIP 게이지압은 대기압에서 올라간 정도라고 이해하면 쉽다.

(2) 진공압(= 진공게이지압) : 진공계로 측정한 압력으로 대기압을 기준으로 그 이하의 압력

TIP 진공압은 대기압에서 내려간 정도라고 이해하면 쉽다.

(3) 절대압력 : 완전진공을 기준으로 측정한 압력

① 절대압력 = 대기압 + 게이지압력

② 절대압력 = 대기압 - 진공압

TIP 절대압력은 완전진공에서 올라간 정도라고 이해하면 쉽다.

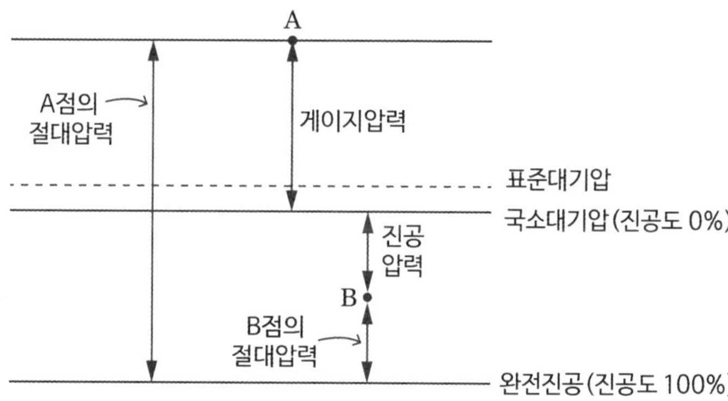

[절대압력과 게이지압력]

6) 진공도(Degree of Vacuum)

대기압의 기준을 0으로 하여 완전진공 사이를 측정한 % 값, 진공도를 절대압력으로 환산하면 완전진공으로부터 대기압 사이를 100 %로 하여 진공도로 뺀 값과 같다.

$$\frac{\text{대기압} - \text{절대압력}}{\text{대기압}} \times 100 = \text{진공도 \%}$$

7) 압력 단위의 환산

(1) 표준대기압을 이용한 단위환산

$$x\ (mmHg) \times \frac{10.332\ (mAq)}{760\ (mmHg)} = y\ (mAq)$$

(2) $P = \gamma h$를 이용한 단위환산

$$P(kPa) = \gamma(kN/m^3) \times h(m),\ h\ (m) = \frac{P(kPa)}{\gamma(kN/m^3)}$$

01 예상문제

01 진공계의 지시가 45 cmHg일 때 절대 압력은?

① 0.0421 kPa abs
② 41.33 kPa abs
③ 4.21 kPa abs
④ 0.41 kPa abs

해설

[절대압력]

절대압력 = 대기압 − 진공압력

$$= (76 - 45)\,cmHg \times \frac{101.325\,kPa}{76\,cmHg}$$

= 41.33 kPa abs

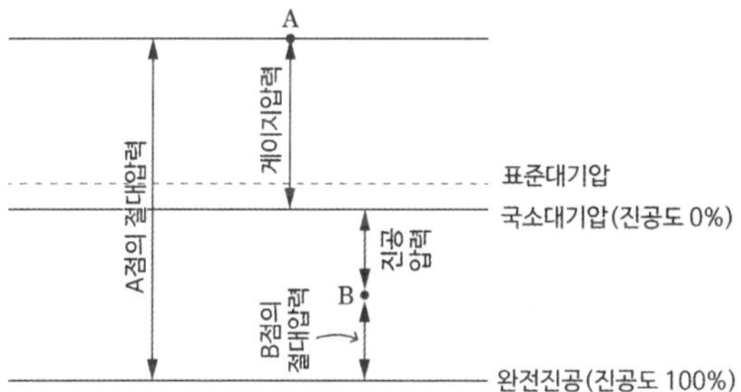

[절대압력과 게이지압력]

암 절대게, 절대마진

암 표준대기압 1 atm = 760 mmHg
= 10.332 mAq = 10332 mmAq
= 1.0332 kg_f/cm^2 = 10332 kg_f/m^2
= 101325 Pa = 101.325 kPa

02 열역학적 상태량은 일반적으로 강도성 상태량과 종량성 상태량으로 분류할 수 있다. 강도성 상태량에 속하지 않는 것은?

① 압력 ② 온도
③ 밀도 ④ 체적

해설

[강도성 상태량]

1) 종량성 상태량 : 물질의 양과 비례하여 값이 바뀌는 상태량으로, 예로는 체적, 내부에너지, 엔트로피, 엔탈피 등이 있다.
2) 강도성 상태량 : 물질의 양과 관계없이 일정한 값을 가지는 상태량으로, 예로는 압력, 온도, 밀도, 비체적 등이 있다.

정답 01 ② 02 ④

Chapter 02 순수물질의 성질

01 물질의 성질과 상태

1 순수물질

순수물질은 다른 물질이 섞여 있지 않고 한 종류만으로 이루어진 물질로, 고유한 성질이 있고, 녹는점, 어는점, 끓는점, 밀도 등이 일정하다.

※ 물질의 분류

1) 홑원소물질 : 한 종류의 원소로만 이루어진 것
2) 화합물 : 여러 원소가 화학적 결합을 통해 하나의 새로운 물질이 된 것(유기화합물, 무기화합물)

보충 순수물질이 아닌 것을 혼합물이라 한다.

2 순수물질의 상평형

상평형도는 열역학적으로 안정한 상 또는 평형 상태로 공존하는 상이 존재하는 조건(온도, 압력, 밀도 등)을 표시하는 도표이다. 순수한 물질의 경우 일반적으로 온도와 압력을 변수로 하여 물질의 상태를 평면에 표시한다. 순수한 물질의 상평형도에는 일반적으로 안정한 고체, 액체, 기체 영역, 안정한 두 상이 공존하는 상공존 곡선, 안정한 세 가지 상이 공존하는 3중점, 상공존 곡선이 끝나는 임계점, 초임계 유체 영역 등이 표시된다.

1) 승화곡선 : 고체상과 증기상이 평형상태

2) 융해곡선 : 고체상과 액체상이 평형상태

3) 증발곡선 : 액체상과 기체상이 평형상태

4) 삼중점 : 3상 모두가 평형상태로 있는 지점

[이산화탄소의 상평형도]

이산화탄소의 삼중점은 고체, 액체, 기체가 공존하는 지점으로 압력 0.53 MPa, 온도 -56.7 ℃에 해당한다.

분자량	44 g/mol	임계온도	31.35 ℃
증기비중	1.529	임계압력	7.38 MPa
증발열	137 cal/g	융해열	45.2 cal/g
삼중점	-56.7 ℃	비점	-78 ℃

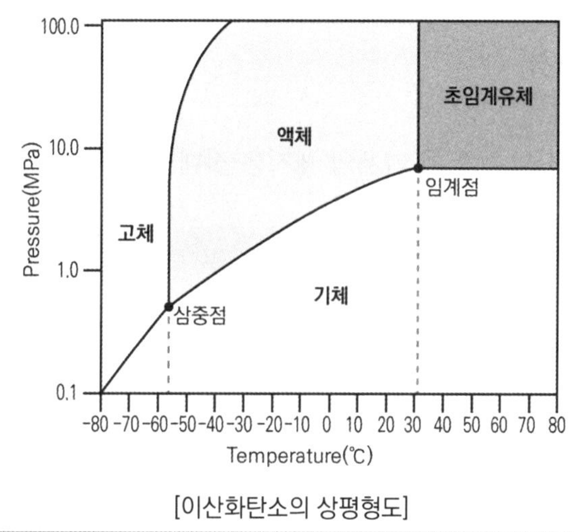

[이산화탄소의 상평형도]

02 이상기체

1 이상기체와 실제기체

1) 완전가스 성립 조건

(1) 분자의 크기나 용적이 없을 것(분자가 차지하는 부피는 무시)

(2) 완전 탄성체일 것(완전 탄성충돌)

(3) 분자의 평균 운동에너지는 절대온도에 비례할 것

(4) 기체를 구성하는 분자 상호 간에 인력이 없을 것

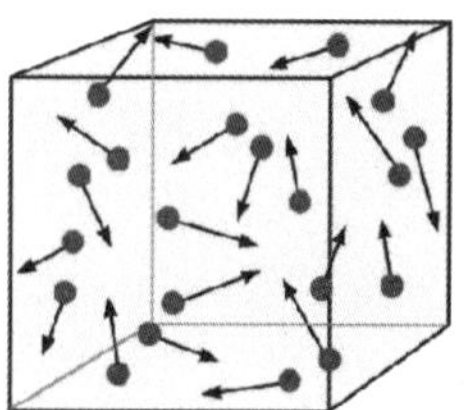

2) 아보가드로의 법칙

(1) 기체는 온도(T)와 압력(P)이 같을 때 같은 부피 속에 같은 수의 분자 수를 포함하며, 기체의 종류와 무관함. 즉, 이상 기체의 부피(V)는 기체 몰 수(n)에 비례함($V \propto n$)

(2) 0℃, 1 atm에서 이상 기체 22.4 L 속에는 6.02×10^{23}개(아보가드로의 수)의 분자 수(1 mol)가 존재함

TIP 몰(mol)은 물질의 양을 나타내는 단위로 연필 1다스와 같은 개념의 양 단위로 생각하면 쉽다.

2 이상기체의 상태방정식

1) 보일 - 샤를의 법칙

(1) 보일의 법칙

기체의 온도가 일정할 때 기체의 체적은 절대압력에 반비례

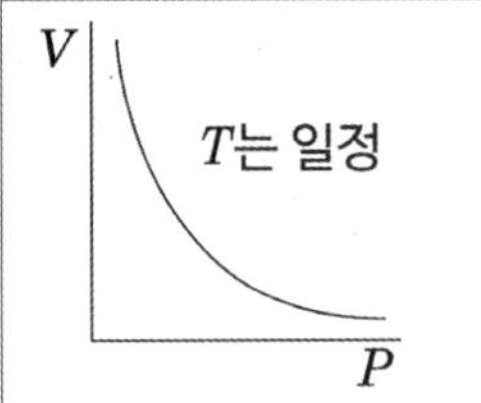

$$P_1 V_1 = P_2 V_2$$

P_1 : 변하기 전 절대압력
P_2 : 변한 후의 절대압력
V_1 : 변하기 전 부피
V_2 : 변한 후의 부피

암 보온(보일의 법칙은 온도 일정)

(2) 샤를의 법칙

기체의 압력이 일정할 때 기체의 체적은 절대온도에 비례

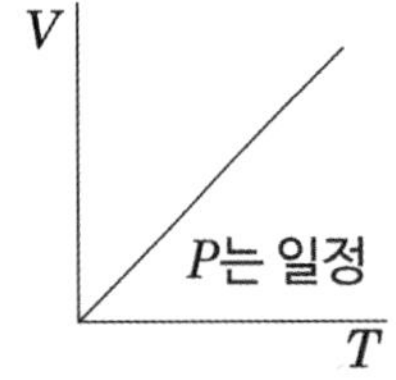

$$\frac{V_1}{T_1} = \frac{V_2}{T_2}$$

T_1 : 변하기 전 절대온도
T_2 : 변한 후의 절대온도
V_1 : 변하기 전 부피
V_2 : 변한 후의 부피

암 샤압(샤를의 법칙은 압력 일정)

(3) 보일 - 샤를의 법칙

기체의 체적은 절대압력에 반비례하고 절대온도에 비례

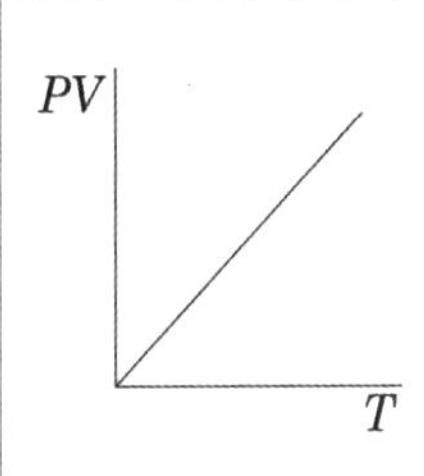

$$\frac{P_1 V_1}{T_1} = \frac{P_2 V_2}{T_2}$$

P_1 : 변하기 전 절대압력
P_2 : 변한 후의 절대압력
T_1 : 변하기 전 절대온도
T_2 : 변한 후의 절대온도
V_1 : 변하기 전 부피
V_2 : 변한 후의 부피

2) 이상기체상태방정식

$$PV = n\overline{R}T = \frac{G}{M}\overline{R}T$$

P : 절대압력(kPa)　　V : 부피(m^3)
n : 몰수(kmol)　　$\overline{R}$: 일반기체상수(kPa · m^3/kmol · K)(= kJ/kmol · K)
T : 절대온도(K)　　G : 질량(kg)
M : 분자량(kg/kmol)

암 일반기체상수 R = 8.314 kPa · m^3/kmol · K(= 0.082 atm · m^3/kmol · K)

3) 특정기체 상태방정식 및 실제기체 상태방정식

(1) 특정기체 상태방정식

$PV = n\overline{R}T$

$PV = \frac{G(\text{질량})}{M(\text{분자량})}\overline{R}T$ 에서 $\frac{\overline{R}}{M} = R[kJ/(kg \cdot K)]$를 특정기체상수 R로 규정한다.

따라서 $PV = GRT$

$$PV = GRT$$
$$PV = \frac{G}{M}\overline{R}T = G\left(\frac{\overline{R}}{M}\right)T = GRT$$

P : 절대압력(kPa)　　V : 부피(m^3)
G : 질량(kg)　　M : 분자량(kg/kmol)
$\overline{R}$: 일반기체상수(kPa · m^3/kmol · K)(= kJ/kmol · K)
R : 특정기체상수(kPa · m^3/kg · K)(= kJ/kg · K)
T : 절대온도(K)

(2) 실제기체 상태방정식 : 실제기체 중 온도가 높고 낮은 압력에서 이상기체에 가까우며 분자 간 인력까지 계산된 실제기체 상태방정식

02 예상문제

01 수소(H_2)가 이상기체라면 절대압력 1 MPa, 온도 100 ℃에서의 비체적은 약 몇 m^3/kg인가? (단, 일반기체상수는 8.3145 kJ/(kmol·K)이다)

① 0.781 ② 1.26
③ 1.55 ④ 3.46

해설

[수소의 비체적(이상기체 상태방정식)]

이상기체상태방정식 $PV = \frac{G}{M}\overline{R}T$ 여기서, G : 질량 [kg] M : 분자량 [kg/kmol] $\overline{R}$: 일반기체상수 [kJ/(kmol·K)]

$PV = \frac{G}{M}\overline{R}T$에서

비체적 $v = \frac{V}{G}[m^3/kg]$이므로

$$v = \frac{V}{G} = \frac{\overline{R}T}{PM}$$

$$= \frac{8.3145\ kJ/kmol \cdot K \times (100 + 273)\ K}{1000\ kPa \times 2\ kg/kmol}$$

$\therefore v \fallingdotseq 1.55\ m^3/kg$

보충 수소(H_2)의 분자량 : 2 kg/kmol

02 압력 100 kPa, 온도 20 ℃인 일정량의 이상기체가 있다. 압력을 일정하게 유지하면서 부피가 처음 부피의 2배가 되었을 때 기체의 온도는 약 몇 ℃가 되는가?

① 148 ② 256
③ 313 ④ 586

해설

[정압과정에서 부피 변화 시 기체의 온도]

정압과정에서

$$\frac{T_1}{T_2} = \frac{V_1}{V_2}$$

$$\frac{(20 + 273)}{T_2} = \frac{1}{2}$$

$$T_2 = 2 \times (20 + 273)$$

$$= 586\ K = (576 - 273)\ ℃ = 313\ ℃$$

정답 01 ③ 02 ③

Chapter 03 일과 열

01 일과 열의 비교

1 열량과 비열

1) 열, 열량과 비열의 개념

(1) 열(Heat) : 열은 온도 차이에 의하여 물체 간 이동하는 에너지의 일종

① 현열 : 온도변화만 일으키는 열(상태변화 없음)

② 잠열 : 상태변화만 일으키는 열(온도변화 없음)

㉠ 얼음의 융해(응고) 잠열 : 334 kJ/kg(≒ 80 kcal/kg)

㉡ 물의 증발(응축) 잠열 : 2257 kJ/kg(≒ 539 kcal/kg)

TIP 현열은 온도변화가 있어 단위에 온도가 있음
잠열은 온도변화가 없어 단위에 온도가 없음

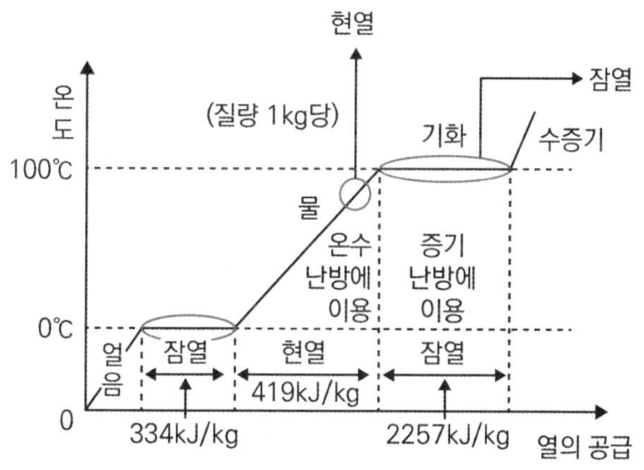

[물의 상태변화]

(2) 열량(Heat Capacity) : 열량은 열의 이동량을 말함

① 단위 : kcal 또는 kJ

② 1 kcal : 1 kg의 물을 1 ℃ 올릴 때 필요한 열량

암 1 kcal ≒ 4.19 kJ

(3) 비열(Specific Heat) : 어떤 물질 1 kg의 온도를 1 K(또는 1 ℃) 올리는 데 필요한 열량을 말함

① 단위 : kcal/(kg · ℃), kJ/(kg · K)

TIP 비열은 단위에 온도가 있음

② 물질의 비열

㉠ 물의 비열 : 4.19 kJ/(kg · K)

㉡ 얼음의 비열 : 2.09 kJ/(kg · K)

㉢ 수증기의 (정압)비열 : 1.85 kJ/(kg · K)

㉣ 공기의 (정압)비열 : 1.01 kJ/(kg · K)

(4) 열용량 : 어떤 물질의 지금 현상 그대로 전부를 1 ℃ 올릴 때 필요한 열량을 말함

2) 정압비열과 정적비열

(1) 정압비열(C_P) : 압력을 일정하게 하여 가열하였을 때의 비열

① 공기의 정압비열 = 1.01 kJ/(kg · K)(= 0.24 kcal/(kg · ℃))

② 수증기의 정압비열 = 1.85 kJ/(kg · K)

(2) 정적비열(C_V) : 부피를 일정하게 하여 가열하였을 때의 비열

(3) 비열비(k) : 정적비열에 대한 정압비열의 비를 말함

① 정압비열(C_P) > 정적비열(C_V) : 정압비열이 항상 크고 정적비열이 항상 작음

② 비열비(k)는 항상 1보다 큼(정압비열 C_P > 정적비열 C_V)

$$\text{비열비}\,k = \frac{C_P}{C_V} > 1$$

3) 열량의 계산

(1) 현열 구간일 때

$$Q = GC\Delta T$$

※ 열평형식

Q : 열량(현열)(kJ/s, kW)

G : 물체의 질량유량(kg/s)

C : 비열(kJ/(kg · K))

ΔT : 온도차(℃, K)

※ 온도차(ΔT)에 대한 두 단위(℃, K)의 절댓값은 같음

(2) 잠열 구간일 때(온도의 변화가 없다 = 온도 변수가 없다)

$$Q = G \times r$$

Q : 열량(잠열, kJ/s, kW)
G : 물체의 질량유량(kg/s)
r : 잠열(kJ/kg)

→ 물의 증발잠열 2257 kJ/kg(539 kcal/kg), 얼음의 융해잠열 334 kJ/kg(80 kcal/kg)으로 계산한다.

4) 일과 열의 비교

줄(Joule)의 실험장치로 물을 넣은 수조 안에 교반장치를 설치하여 추가 높이 S만큼 내려올 때의 물의 온도 상승을 측정하여 발생한 열량을 알고 일량(추의 무게 × 높이 S)과 비교한 실험으로 아래와 같은 결과를 얻을 수 있다(열역학 제1법칙).

(1) 일의 열당량 A(일을 열로 전환할 때 발생되는 열량) → 일을 할 때 발생되는 열의 양

$$1/427\ kcal/(kg_f \cdot m) = 1/4.19 kcal/kJ$$

(2) 열의 일당량 J(열량으로 할 수 있는 일의 양)

$$427\ kg_f \cdot m/kcal = 4.19\ kN \cdot m/kcal = 4.19\ kJ/kcal$$

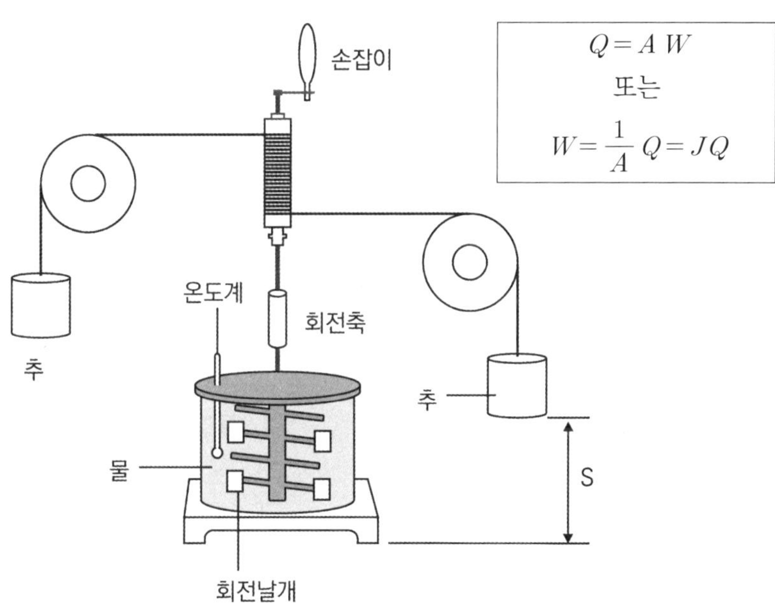

02 열전달

1 전도, 대류, 복사의 기초

1) 열전달 개념

열의 이동은 두 물체 사이 온도가 높은 곳에서 낮은 곳으로 이동하여 결국 평형을 이룬다. 두 물체 사이 온도차가 클수록 빠르게 이동된다. 이것의 기울기 정도를 온도 구배라고도 한다(열역학 제0법칙).

(1) 열전달 : 온도차에 의한 에너지전달로 전도, 대류, 복사 3가지 형태로 구분한다.

(2) 전달되는 단위면적(m^2)당 열전달률(W)을 열유속 $\dot{Q}''(W/m^2)$이라고 한다.

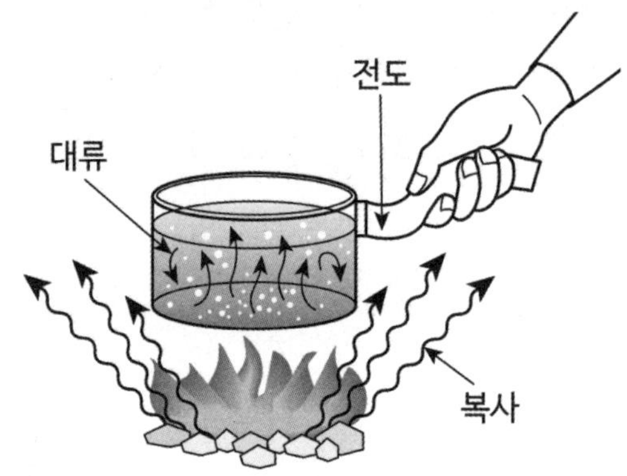

2) 열전달 메커니즘

(1) 전도(Conduction)

① 물질이 직접 이동하지 않고, 인접한 분자들이 연속적인 충돌을 통해 열을 전달하는 현상이다. 고체, 액체, 기체 모두에서 발생할 수 있으나 주로 고체에서 지배적이다.

② 푸리에의 열전도법칙

$$q[W] = \frac{\lambda}{l} \times A \times (T_1 - T_2)$$

λ : 열전도율(W/m · K)
l : 물질의 두께(m)
A : 물질의 표면적(m^2)
T_1, T_2 : 물질의 표면온도(K)

㉠ 열전도율(Heat Conduction Coefficient, λ[람다]) : 물질마다 열이 이동하는 정도가 다르며, 이를 나타내는 값을 열전도율 또는 열전도도라 한다. 단열재는 내부에 공기층이 많아 비중이 작고, 이로 인해 열전도율이 낮아져 단열 성능이 향상된다.

㉡ 열전도율의 단위 : 열전도율은 [W/(m · K)] 또는 [J/(m · h · K)]을 사용한다.

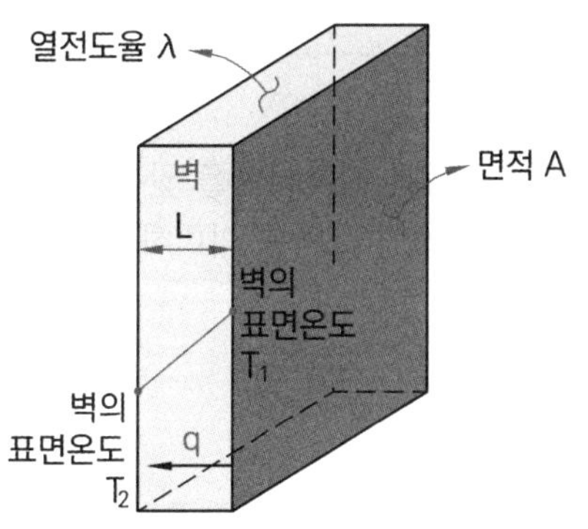

(2) 대류(Convection)

① 유체의 유동에 의해 액체나 기체 상태의 분자가 직접 이동하면서 열이 전달되는 현상이다. 액체나 기체 상태에서 분자가 직접 이동하면서 열을 전달한다.

② 뉴턴의 냉각법칙

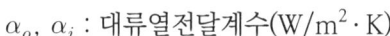

$$q[W] = \alpha_i \times A \times (T_{실내} - T_{내벽\ 표면})$$

또는

$$q[W] = \alpha_o \times A \times (T_{외벽\ 표면} - T_{실외})$$

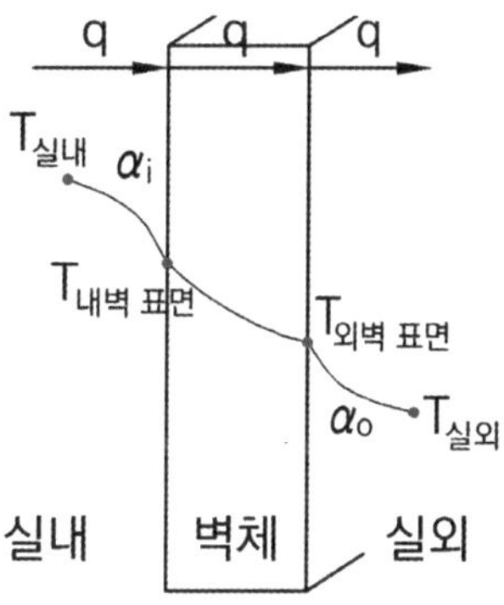

α_o, α_i : 대류열전달계수($W/m^2 \cdot K$)

A : 표면적(m^2)

$T_{실내}$, $T_{실외}$: 실내 · 외 온도(K)

$T_{외벽\ 표면}$, $T_{내벽\ 표면}$: 실내 · 외 벽체 표면 온도(K)

(3) 복사(Radiation)

① 매개체 없이(물질의 도움 없이) 전자파 형태로 열이 전달되는 현상이다. 진공 상태에서도 열전달 가능하다.

② 스테판 볼츠만의 법칙

$$q[W] = \varnothing \times \varepsilon \times \sigma \times A \times T^4$$

∅ : 형태계수

ε : 방사율(흑체일 때 $\varepsilon = 1$)

σ : 스테판 볼츠만계수 ($5.67 \times 10^{-8}\ W/m^2 \cdot K^4$)

A : 복사 면적(m^2)

T : 절대온도(K)

[흑체(Black Body)]
흑체는 표면에 입사하는 전자기파를 완전히 흡수하였다가 재방출하는 물체로 완전 흑체라고도 한다. 이상적인 물체를 의미하며, 실제로 존재하지 않는다.

3) 열통과율(열관류율) K

(1) 열통과율(열관류율) K 산출

$$\text{열통과율 } K(W/m^2 \cdot K) = \frac{1}{\Sigma \text{열저항} R(m^2 \cdot K/W)}$$

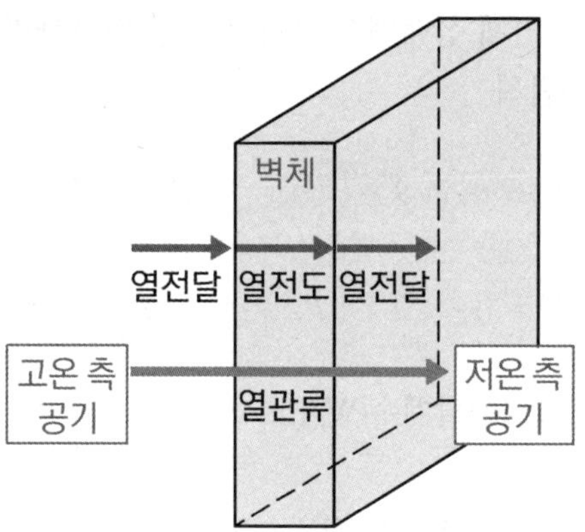

(2) 열저항 R

열저항은 열통과율의 역수(열저항 R = $\frac{1}{\text{열통과율 } K}$)

$$\text{열저항 } R = \frac{1}{K} = \frac{1}{\alpha_i} + \frac{L_1}{\lambda_1} + \frac{L_2}{\lambda_2} + \frac{L_3}{\lambda_3} + \frac{1}{\alpha_o} = \frac{1}{\alpha_i} + \sum\frac{L}{\lambda} + \frac{1}{\alpha_o}$$

$$K = \frac{1}{\frac{1}{\alpha_i} + \frac{L_1}{\lambda_1} + \frac{L_2}{\lambda_2} + \frac{L_3}{\lambda_3} + \frac{1}{\alpha_o}}$$

α_i : 내측 열전달계수(W/m^2 · K)

α_o : 외측 열전달계수(W/m^2 · K)

$\lambda_1, \lambda_2, \lambda_3$: 물질의 열전도계수(W/(m · K))

L_1, L_2, L_3 : 물질의 두께(m)

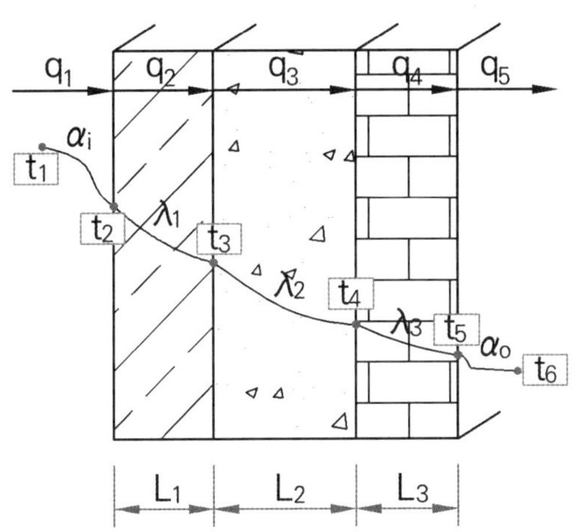

4) 열량 계산방식

(1) 현열 구간일 때

$$Q = GC\Delta T$$

※ 열평형식

Q : 열량(현열) [kJ/h], [kW]
G : 물체의 질량유량 [kg/h]
C : 비열 [kJ/(kg · K)]
ΔT : 온도차 [℃], [K]
※ 온도차(ΔT)는 두 단위의 절댓값이 같다.

(2) 잠열 구간일 때(온도의 변화가 없다 = 온도 변수가 없다)

$$Q = G \times r$$

Q : 열량(잠열) [kJ/h], [kW]
G : 물체의 질량유량 [kg/h]
r : 잠열 [kJ/kg]

→ 물의 증발잠열 2257 kJ/kg(539 kcal/kg),
얼음의 융해잠열 334 kJ/kg(80 kcal/kg)으로 계산한다.

03 예상문제

01 열전달에 대한 설명으로 틀린 것은?

① 열전도는 물체 내에서 온도가 높은 쪽에서 낮은 쪽으로 열이 이동하는 현상이다.
② 대류는 유체의 열이 유체와 함께 이동하는 현상이다.
③ 복사는 떨어져 있는 두 물체 사이의 전열현상이다.
④ 전열에서는 전도, 대류, 복사가 각각 단독으로 일어나는 경우가 많다.

해설

[열전달]
전열에서는 전도, 대류, 복사가 복합으로 일어나는 경우가 많음

02 두께 20 cm의 콘크리트벽 내면에 두께 5 cm의 스티로폼 단열 시공하고, 그 내면에 두께 2 cm의 나무판자로 내장한 건물 벽면의 열관류율은? (단, 재료별 열전도율[kJ/mhK]은 콘크리트 0.7, 스티로폼 0.03, 나무판자 0.15이고, 벽면의 표면 열전달률[kJ/m²hK]은 외벽 20, 내벽 8이다)

① 0.31 kJ/m²hK
② 0.39 kJ/m²hK
③ 0.41 kJ/m²hK
④ 0.44 kJ/m²hK

해설

[열관류율(K)]

$$K = \frac{1}{\frac{1}{a_1}+\frac{L_1}{\lambda_1}+\frac{L_2}{\lambda_2}+\frac{L_3}{\lambda_3}+\frac{1}{a_2}}$$

$$= \frac{1}{\frac{1}{8}+\frac{0.2}{0.7}+\frac{0.05}{0.03}+\frac{0.02}{0.15}+\frac{1}{20}}$$

$$= 0.44 \text{ kJ/m}^2\text{hK}$$

정답 01 ④ 02 ④

열역학의 법칙

01 열역학 제0법칙

열역학 제0법칙은 열적 평형 상태를 설명한 법칙이다. 온도가 서로 다른 물체를 접촉시키면 높은 온도를 지닌 물체는 온도가 낮아지고(열 방출) 낮은 온도를 지닌 물체는 온도가 올라간다(열 흡입). 즉, 물체의 온도차가 없어지고 열적 평형상태가 된다. 이는 온도계로 대상물의 온도를 측정할 수 있는 근거가 된다(온도계의 원리).

02 열역학 제1법칙

열과 일은 서로 전환이 가능할 뿐만 아니라 열과 일 사이에는 일정한 비례관계가 성립된다. 즉, 열량은 일량으로 일량은 열량으로 환산 가능하다. 이는 열과 일 사이의 에너지보존의 법칙을 적용한 것이다(에너지보존의 법칙).

보충 일의 열당량, 열의 일당량

[점함수와 과정함수]
점함수는 완전미분(=전미분 : d) 또는 편미분(∂ 또는 δ) 모두 가능
과정함수(경로함수)는 편미분(∂ 또는 δ)만 가능(일량과 열량은 과정함수)
따라서
1) 일량(W) 미분 시, dW 불가
∂W, δW 가능
2) 열량(Q) 미분 시, dQ 불가
∂Q, δQ 가능

1 밀폐계

1) 밀폐계의 일량(절대일)

미소일량 $\delta W=$ 힘 $\times$ 미소거리 $= F \times dx = pA \times dx = pdV$

$\therefore \delta W = pdV$

과정 1에서 2까지 적분하면 $\int_1^2 \delta W = \int_1^2 PdV$

$$W_{12} = {}_1W_2 = \int_1^2 PdV$$

따라서 ${}_1W_2 = \int_1^2 pdV = p(V_2 - V_1)$

이것을 '밀폐계의 일량' 또는 '절대일'이라 한다.

2) 밀폐계에서의 에너지방정식(비유동과정)

외부에서 열량 Q를 받고 외부에 W만큼 일을 행하였다.

결국 에너지보존의 법칙으로 인해 "유입에너지 = 유출에너지"이다.

즉, $U_1 + {}_1Q_2 = U_2 + {}_1W_2$

${}_1Q_2 = U_2 - U_1 + {}_1W_2$

$${}_1Q_2 = \Delta U + {}_1W_2 \text{(SI 단위)}$$

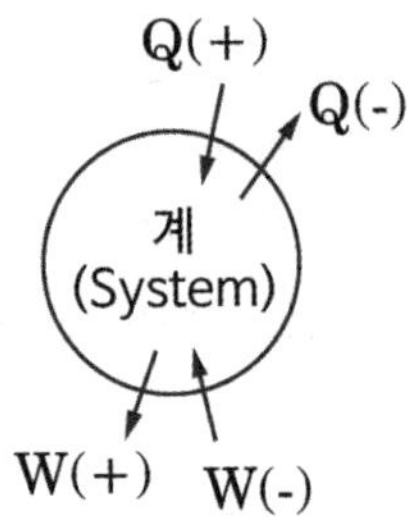

미분형은

$\delta Q[kJ] = dU + \delta W$

[열역학 제1법칙의 미분형 제1식]

$$\delta Q[kJ] = dU + pdV \text{(SI 단위)}$$

$$\delta q[kJ/kg] = du + pdv$$

[내부에너지(U)]

물체가 가지고 있는 총에너지에서 역학적 에너지와 전기적 에너지를 뺀 나머지의 에너지로 분자 간 운동의 활발성을 나타내는 값

※ 내부에너지의 변화량(ΔU)

- 가역사이클 : $\Delta U > 0$
- 비가역사이클 : $\Delta U = 0$

2 개방계

1) 개방계에서의 에너지방정식(정상유동)

$$ {}_1Q_2 = W_t + \frac{\dot{G}(v_2^2 - v_1^2)}{2} + \dot{G}(h_2 - h_1) + \dot{G}g(Z_2 - Z_1) \text{ [kW]} $$

${}_1Q_2$: 열량, W_t : 공업일, $\dot{G}$: 질량 유량, g : 중력가속도

v_2, v_1 : 속도, h_2, h_1 : 엔탈피, Z_2, Z_1 : 위치에너지

(1) 엔탈피(H : kcal 또는 kJ)

열량을 공급받는 동작유체에 있어서 내부에너지(U)와 유동에너지(pV)의 합을 말한다.

$$ H[kJ] = U + pV $$

H : 엔탈피 [kJ]
U : 내부에너지 [kJ]
p : 압력 [kN/m²]
V : 체적 [m³]

비엔탈피는 소문자 h로 표기한다.

$$ h[kJ/kg] = u + pv $$

h : 비엔탈피 [kJ/kg]
u : 비내부에너지 [kJ/kg]
p : 압력 [kN/m²]
v : 비체적 [m³/kg]

$h[kJ/kg] = u + pv$에서 양변을 미분하면

$$ \begin{aligned} dh &= du + dpv \\ &= du + (pdv + vdp) \\ &= du + pdv + vdp \\ &= \delta q + vdp \end{aligned} $$

$\therefore\ dh = \delta q + vdp$

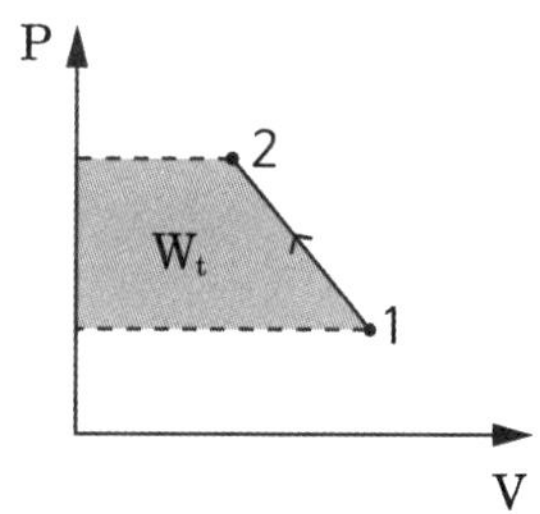

[열역학 제1법칙의 미분형 제2식]

$\therefore\ \delta q[kJ/kg] = dh - vdp$(SI 단위)

$\delta Q[kJ] = dH - Vdp$

2) 개방계의 일량(공업일)

$\delta q[kJ/kg] = dh - vdp$를 다시 양변을 적분하면,

$$\int_1^2 \delta q = \int_1^2 dh - \int_1^2 vdp$$

$$_1q_2 = (h_2 - h_1) - \int_1^2 vdp$$

여기서

공업일 $w_t = -\int_1^2 vdp$ 또는 $W_t = -\int_1^2 Vdp$

1) P - V선도의 면적 : "일량"을 의미
2) T - s선도의 면적 : "열량"을 의미

3) 정적비열(C_v), 정압비열(C_p) 및 비열비(k)

(1) 정적비열(C_v) : 기체의 체적이 일정한 상태에서 1 kg의 가스의 온도를 1 ℃ 상승시키는 데 필요한 열량

즉, $C_v = \left(\frac{\partial q}{\partial T}\right)_v = \left(\frac{du}{dT}\right)_v = T\left(\frac{\partial s}{\partial T}\right)_v$

여기서 내부에너지변화량은

$$du[kJ/kg] = C_v dT$$
$$dU[kJ] = GC_v dT$$

$$\triangle U[kJ] = GC_v \triangle T$$

$\triangle U$: 내부에너지변화량 [kJ]
G : 질량 [kg]
C_v : 정적비열 [kJ/kg · K]
$\triangle T$: 온도차 [K]

(2) 정압비열(C_p) : 기체의 압력이 일정한 상태에서 1 kg의 가스의 온도를 1 ℃ 상승시키는 데 필요한 열량

즉, $C_p = \left(\frac{\partial q}{\partial T}\right)_p = \left(\frac{dh}{dT}\right)_p = T\left(\frac{\partial s}{\partial T}\right)_p$

여기서 엔탈피변화량은

$$dh[kJ/kg] = C_p dT$$
$$dH[kJ] = GC_p dT$$

$$\Delta H[kJ] = GC_p \Delta T$$

ΔH : 엔탈피변화량 [kJ]
G : 질량 [kg]
C_p : 정압비열 [kJ/kg · K]
ΔT : 온도차 [K]

4) 줄의 법칙(Joule's Law)

이상기체에서 내부에너지와 엔탈피는 온도만의 함수이다.

$$du[kJ/kg] = C_v dT = f(T)$$

$$dh[kJ/kg] = C_p dT = f(T)$$

5) 비열비(k)

(1) 비열비(k) : 정압비열(C_p)과 정적비열(C_v) 의 비

즉, $k = \frac{C_p}{C_v}$

여기서 C_p가 C_v보다 항상 크다($C_p > C_v$).

따라서 비열비(k)는 항상 1보다 크다($k > 1$).

(2) 기체상수(R) : 정압비열(C_p)과 정적비열(C_v) 의 차

정적비열(C_v)	정압비열(C_p)	비열비(k)	기체상수(R)
$C_v = \frac{R}{k-1}$	$C_p = \frac{kR}{k-1}$	$k = \frac{C_p}{C_v} (k > 1)$	$R = C_p - C_v = \frac{\overline{R}}{M}$

C_v : 정적비열 [kJ/kg · K], C_p : 정압비열 [kJ/kg · K]
R : 특정기체상수, $\overline{R}$: 일반기체상수
k : 비열비(공기의 경우 k = 1.4)

3 완전가스의 상태변화

1) 완전가스 상태변화의 종류

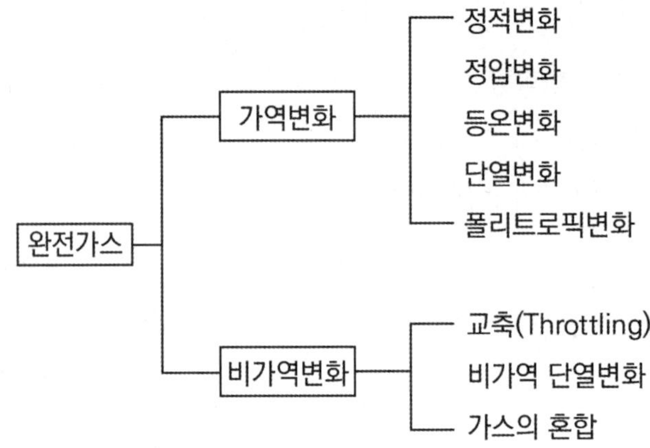

2) 완전가스 상태변화

(1) 정적변화(Isochoric Change, 등적변화)

① p, v, T 관계

우선 $v = C$ 즉, $dv = 0$

또한 $\frac{p}{T} = C$ 즉, $\frac{p_1}{T_1} = \frac{p_2}{T_2}$

② 절대일($_1w_2$) : $_1w_2 = \int_1^2 pdv = 0$($\because$ $v = C$ 즉, $dv = 0$이므로)

③ 공업일(w_t) : $w_t = -\int_1^2 vdp = -v(p_2 - p_1) = v(p_1 - p_2) = R(T_1 - T_2)$

④ 내부에너지변화(Δu) : $du = C_v dT$에서

$\therefore \Delta u = u_2 - u_1 = C_v(T_2 - T_1)$

⑤ 엔탈피변화(Δh) : $dh = C_p dT$에서

$\therefore \Delta h = h_2 - h_1 = C_p(T_2 - T_1) = kC_v(T_2 - T_1) = k\Delta u$

⑥ 열량($_1q_2$) : $\delta q = du + pdv$에서 $v = C$(여기서 $dv = 0$이므로)

$\therefore \delta q = du$ 즉, $_1q_2 = \Delta u = u_2 - u_1$

가열량은 내부에너지의 변화와 같다.

(2) 정압변화(Isobaric Change, 등압변화)

① p, v, T 관계

우선 $p=C$ 즉, $dp=0$

또한 $\frac{v}{T}=C$ 즉, $\frac{v_1}{T_1}=\frac{v_2}{T_2}$

② 절대일($_1w_2$) : $_1w_2=\int_1^2 pdv=p(v_2-v_1)=R(T_2-T_1)$

③ 공업일(w_t) : $w_t=-\int_1^2 vdp=0$ ($\because$ $p=C$ 즉, $dp=0$이므로)

④ 내부에너지변화(Δu) : $du=C_v dT$에서

$\therefore$ $\Delta u=u_2-u_1=C_v(T_2-T_1)$

⑤ 엔탈피변화(Δh) : $dh=C_p dT$에서

$\therefore$ $\Delta h=h_2-h_1=C_p(T_2-T_1)=kC_v(T_2-T_1)=k\Delta u$

⑥ 열량($_1q_2$) : $\delta q=dh-vdp$에서 $p=C$ (여기서 $dp=0$이므로)

$\therefore$ $\delta q=dh$ 즉, $_1q_2=\Delta h=h_2-h_1$

가열량은 엔탈피변화와 같다.

(3) 등온변화(Isothermal Change)

① p, v, T 관계

우선 $T=C$ 즉, $dT=0$

또한 $pv=C$ 즉, $p_1v_1=p_2v_2$

② 절대일($_1w_2$) : $_1w_2=\int_1^2 pdv$에서 $p=\frac{RT}{v}$이므로

$$_1w_2=\int_1^2\frac{RT}{v}dv=RT\int_1^2\frac{1}{v}dv=RT\ell n\frac{v_2}{v_1}=RT\ell n\frac{p_1}{p_2}$$

$$=p_1v_1\ell n\frac{v_2}{v_1}=p_1v_1\ell n\frac{p_1}{p_2}$$ ($p_1v_1=p_2v_2$에서 $\frac{v_2}{v_1}=\frac{p_1}{p_2}$이므로)

③ 공업일(w_t) : $w_t=-\int_1^2 vdp$에서 $v=\frac{RT}{p}$이므로

$$w_t=-\int_1^2\frac{RT}{p}dp=-RT\int_1^2\frac{1}{p}dp=-RT\ell n\frac{p_2}{p_1}=RT\ell n\frac{p_1}{p_2}$$

결국 절대일($_1w_2$) = 공업일(w_t)

④ 내부에너지변화($\triangle u$) : $du = C_v dT$에서 $T = C$(여기서 $dT = 0$이므로)

$\triangle u = u_2 - u_1 = 0$ $\therefore u_1 = u_2$

즉, 내부에너지의 변화가 없다.

⑤ 엔탈피변화($\triangle h$) : $dh = C_p dT$에서 $T = C$(여기서 $dT = 0$이므로)

$\triangle h = h_2 - h_1 = 0$ $\therefore h_1 = h_2$

즉, 엔탈피의 변화가 없다.

⑥ 열량($_1q_2$) : $\delta q = du + pdv = dh - vdp$에서

$\delta q = C_v dT + \delta w = C_p dT + \delta w_t$ 여기서 $T = C$ 즉, $dT = 0$이므로

$\delta q = \delta w = \delta w_t$ 즉, $_1q_2 = {}_1w_2 = w_t$

$$_1q_2 = {}_1w_2 = w_t = RT\ell n\frac{v_2}{v_1} = RT\ell n\frac{p_1}{p_2} = p_1v_1\ell n\frac{v_2}{v_1} = p_1v_1\ell n\frac{p_1}{p_2}$$

결국 가열량($_1q_2$) = 절대일($_1w_2$) = 공업일(w_t)임을 알 수 있다.

(4) 단열변화(Adiabatic Change)

① p, v, T 관계

$\delta q = du + pdv$에서 단열이므로 $q = C$, 즉 $\delta q = 0$이다.

$0 = du + pdv$ ······ ③식

완전가스 상태방정식 $pv = RT$에서 양변을 미분하면

$pdu + vdp = RdT$ ······ ④식

③식에서 $du = -pdv = C_v dT$이므로

$dT = -\frac{pdv}{C_v}$ ······ ⑤식

⑤식을 ④식에 대입하면

$$pdv + vdp = -\frac{R}{C_v}pdv$$

$$\left(1 + \frac{R}{C_v}\right)pdv + vdp = 0$$

$$\left(\frac{C_v + R}{C_v}\right)pdv + vdp = 0$$

여기서 $C_p - C_v = R$이므로

$$\left(\frac{C_v + C_p - C_v}{C_v}\right)pdv + vdp = 0$$

$\left(\frac{C_p}{C_v}\right)pdv + vdp = 0$

$kpdv + vdp = 0$ 양변을 pv로 나누면

$k\frac{dv}{v} + \frac{dp}{p} = 0$ 양변을 적분하면

$k\ell nv + \ell np = \ell nC$

$\ell nv^k + \ell np = \ell nC$

$\ell npv^k = \ell nC$

$\therefore pv^k = C$ 즉, $p_1v_1^k = p_2v_2^k$ ………… ⑥식

또한 $pv = RT$에서 $p = \frac{RT}{v}$, $v = \frac{RT}{p}$를 ⑥식에 대입하여 정리하면

$Tv^{k-1} = C$ 즉, $T_1v_1^{k-1} = T_2v_2^{k-1}$ ………… ⑦식

결국 ⑥, ⑦식을 연립하여 정리하면
단열지수관계는 다음과 같다.

$$\frac{T_2}{T_1} = \left(\frac{v_1}{v_2}\right)^{k-1} = \left(\frac{p_2}{p_1}\right)^{\frac{k-1}{k}}$$ k : 비열비

② 절대일(${}_1w_2$) : ${}_1w_2 = \int_1^2 pdv$

$\delta q = du + pdv = C_vdT + \delta w$에서 단열이므로 $q = C$, 즉 $\delta q = 0$이다.

$\delta w = -C_vdT$

${}_1w_2 = -C_v(T_2 - T_1) = C_v(T_1 - T_2) = \frac{R}{k-1}(T_1 - T_2)$

$${}_1w_2 = \frac{R}{k-1}(T_1 - T_2)$$

③ 공업일(w_t) : $w_t = -\int_1^2 vdp$

$\delta q = dh - vdp = C_pdT + \delta w_t$에서 단열이므로 $q = C$, 즉 $\delta q = 0$이다.

$\delta w_t = -C_pdT$

$w_t = -C_p(T_2 - T_1) = C_p(T_1 - T_2) = \frac{kR}{k-1}(T_1 - T_2)$

$$w_t = \frac{kR}{k-1}(T_1 - T_2) = k_1 w_2$$

④ 내부에너지변화(Δu) : $du = C_v dT$에서

$\Delta u = u_2 - u_1 = C_v(T_2 - T_1) = -{}_1w_2$

즉, 내부에너지의 변화량은 절대일량의 절댓값과 같다.

⑤ 엔탈피변화(Δh) : $dh = C_p dT$에서

$\Delta h = h_2 - h_1 = C_p(T_2 - T_1) = -Aw_t$

즉, 엔탈피의 변화량은 공업일량의 절댓값과 같다.

⑥ 열량(${}_1q_2$) : $q = C$ 즉, $\delta q = 0$이므로 열의 이동은 없다.

(5) 폴리트로픽변화(Polytropic Change)

실제로 내연기관이나 공기압축기 등에서 작동하는 가스는 이상기체도 아니며 앞에서 설명한 4개의 기본 변화만으로는 이들을 해석하기는 곤란하다. 따라서 실제가스의 변화를 고려하여 위의 4개 변화를 포함하는 일반적인 변화를 폴리트로픽변화라고 한다.

① p, v, T 관계

단열변화에서 비열비 k 대신에 폴리트로픽변화에서는 폴리트로픽지수 n을 대입한다.

따라서 $pv^n = C$, 즉 $p_1v_1^n = p_2v_2^n$ ⋯⋯⋯ ⑧식

$Tv^{n-1} = C$, 즉 $T_1v_1^{n-1} = T_2v_2^{n-1}$ ⋯⋯⋯ ⑨식

결국 ⑧, ⑨식을 연립하여 정리하면

폴리트로픽지수관계는 다음과 같다.

$$\frac{T_2}{T_1} = \left(\frac{v_1}{v_2}\right)^{n-1} = \left(\frac{p_2}{p_1}\right)^{\frac{n-1}{n}}$$

단, n : 폴리트로픽지수

② 절대일(${}_1w_2$) : ${}_1w_2 = \int_1^2 pdv$ 그런데 $p_1v_1^n = pv^n$에서 $p = \frac{p_1v_1^n}{v^n}$이다.

$${}_1w_2 = \int_1^2 \frac{p_1v_1^n}{v^n}dv = p_1v_1^n\int_1^2 v^{-n}dv = p_1v_1^n\left[\frac{v^{1-n}}{1-n}\right]_1^2$$

$$= p_1v_1^n\left(\frac{v_2^{1-n} - v_1^{1-n}}{1-n}\right) = \frac{p_1v_1 - p_2v_2}{n-1} = \frac{R}{n-1}(T_1 - T_2)$$

$${}_1w_2 = \frac{R}{n-1}(T_1 - T_2)$$

③ 공업일(w_t) : $w_t = -\int_1^2 vdp$

그런데 $pv^n = p_1 v_1^n$에서 $p^{\frac{1}{n}} v = p_1^{\frac{1}{n}} v_1$, 즉 $v = \dfrac{p_1^{\frac{1}{n}} v_1}{p^{\frac{1}{n}}}$이다.

$$w_t = -\int_1^2 \frac{p_1^{\frac{1}{n}} v_1}{p^{\frac{1}{n}}} dp = -p_n^{\frac{1}{n}} v_1 \int_1^2 p^{-\frac{1}{n}} dp = -p_1^{\frac{1}{n}} v_1 \left[\frac{p^{1-\frac{1}{n}}}{1-\frac{1}{n}} \right]_1^2$$

$$= -p_1^{\frac{1}{n}} v_1 \left[\frac{p_2^{1-\frac{1}{n}} - p_1^{1-\frac{1}{n}}}{\left(\frac{n-1}{n}\right)} \right] = \frac{n(p_1 v_1 - p_2 v_2)}{n-1} = \frac{nR}{n-1}(T_1 - T_2)$$

$$w_t = \frac{nR}{n-1}(T_1 - T_2) = n_1 w_2$$

④ 내부에너지변화(Δu) : $du = C_v dT$에서

$$\Delta u = u_2 - u_1 = C_v(T_2 - T_1) = \frac{R}{k-1}(T_2 - T_1) = -\left(\frac{n-1}{k-1}\right){}_1w_2$$

⑤ 엔탈피변화(Δh) : $dh = C_p dT$

$$\Delta h = h_2 - h_1 = C_p(T_2 - T_1) = kC_v(T_2 - T_1) = k\Delta u$$

⑥ 열량(${}_1q_2$) : $\delta q = du + pdv = du + \delta w$에서

$${}_1q_2 = \Delta u + {}_1w_2 = -\left(\frac{n-1}{k-1}\right){}_1w_2 + {}_1w_2 = \left(1 - \frac{n-1}{k-1}\right){}_1w_2$$

$$= \left(\frac{k-n}{k-1}\right)\frac{R}{n-1}(T_1 - T_2) = \left(\frac{n-k}{n-1}\right)\left(\frac{R}{k-1}\right)(T_2 - T_1)$$

$$= \left(\frac{n-k}{n-1}\right)C_v(T_2 - T_1) = C_n(T_2 - T_1)$$

$${}_1q_2 = C_n(T_2 - T_1) \quad \text{단, } C_n = \left(\frac{n-k}{n-1}\right)C_v \text{ : 폴리트로픽비열}$$

또한 폴리트로픽지수 n과 폴리트로픽비열 C_n은 다음과 같다.

i) $n = 0$이면 $C_n = \left(\frac{n-k}{n-1}\right)C_v = kC_v = C_p$: 정압변화

ii) $n = 1$이면 $C_n = \left(\frac{n-k}{n-1}\right)C_v = \left(\frac{1-k}{0}\right)C_v = \infty$: 등온변화

iii) $n=k$이면 $C_n = \left(\frac{n-k}{n-1}\right)C_v = \left(\frac{0}{k-1}\right)C_v = 0$: 단열변화

iv) $n=\infty$이면 $C_n = \left(\frac{n-k}{n-1}\right)C_v = \frac{\left(1-\frac{k}{n}\right)}{\left(1-\frac{1}{n}\right)}C_v = C_v$: 정적변화

상태변화	폴리트로픽 지수(n)	폴리트로픽 비열(C_n)
정압변화	0	C_p
등온변화	1	∞
단열변화	k	0
정적변화	∞	C_v

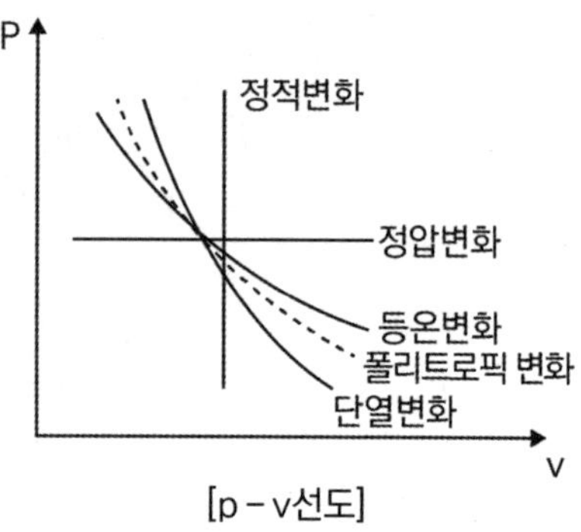

[p-v선도]

4 완전가스의 비가역변화

1) 비가역 단열변화

노즐 속 또는 일반 관로(Pipe) 속을 고속으로 가스가 흐를 때 외부와 열의 차단이 있어도, 즉 단열적이어도 내부 마찰열이 있기 때문에 비가역 단열변화가 된다.

2) 교축(Throttling)

가스가 밸브나 오리피스 등 좁은 통로를 흐를 때 마찰이나 난류 등으로 인해서 압력이 급격히 강하되는 현상을 말한다.

${}_1Q_2 = 0,\ W_t = 0,\ h_1 = h_2,\ \Delta s > 0,\ p_1 > p_2$

즉, 교축과정에서는 엔탈피는 일정하고 엔트로피는 증가, 압력은 감소된다.

03 열역학 제2법칙과 제3법칙

1 열역학 제2법칙의 표현

열역학 제2법칙은 에너지전환의 방향성을 밝혀주는 자연법칙이다. 그 대표적인 표현방법은 다음과 같다.

1) Clausius의 표현 : 열은 그 자신만으로는 저온체에서 고온체로 이동할 수 없다(에너지의 방향성을 제시). 또한 성적(성능)계수가 무한대인 냉동기의 제작은 불가능하다.

2) Kelvin - Plank의 표현 : 단열 열저장소로부터 열을 공급받아 자연계에 아무런 변화도 남기지 않고 계속적으로 열을 일로 변환시키는 열기관은 있을 수 없다(열효율이 100 %인 기관은 존재하지 않는다).

3) Ostwald의 표현 : 자연계에 아무런 변화도 남기지 않고 어느 열원의 열을 계속해서 일로 바꾸는 제2종 영구기관은 존재하지 않는다.

> ※ 참고
> - 제1종 영구기관 : 에너지를 공급받지 않고도 영구적으로 일을 하는 기계. 즉, 입력 없이 출력이 있는 시스템(입력 < 출력, 열효율이 100 %보다 큰 기관) → 열역학 1법칙에 위배
> - 제2종 영구기관 : 에너지는 생성되거나 소멸되지 않음. 즉, 열을 100 % 일로 바꾸는 장치(입력 = 출력, 열효율이 100 %인 기관) → 열역학 2법칙에 위배

4) 기타

(1) 마찰에 의하여 열을 발생하는 변화를 완전한 가역변화로 할 수 있는 방법은 없다.

(2) 엔트로피를 정의한 법칙이다.

(3) 제2종 영구기관은 존재할 수 없다.

보충 비가역과정의 예 : 마찰, 혼합, 교축, 압축과 팽창, 확산, 화학반응, 삼투압

2 열효율과 성적(성능)계수

1) 열기관

(1) 고열원으로부터 열을 공급받아 기계적인 일로 전환시키는 것이 목적이다.

(2) 열효율

$$\text{열효율 } \eta = \frac{W}{Q_H} = \frac{Q_H - Q_L}{Q_H} = 1 - \frac{Q_L}{Q_H}$$

Q_H : 공급열량(가열량)

Q_L : 방출열량

W : 유효열량($W = Q_H - Q_L = \eta \times Q_H$)

T_L : 저온, T_H : 고온

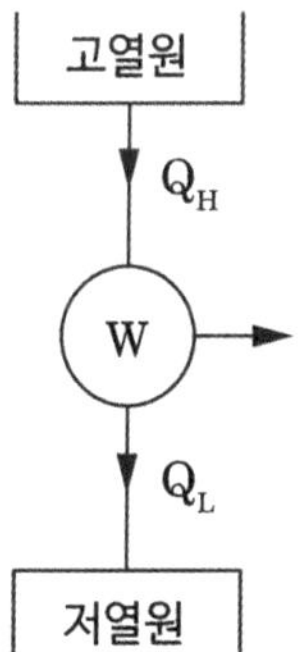

고열원으로부터 Q_H를 공급받아 저열원에 Q_L을 방출하므로 방출열량 Q_L은 되도록 작고, 유효열량 W는 클수록 효율이 높은 열기관이다.

2) 냉동기

(1) 저열원으로부터 열을 빼앗는 것이 목적이다.

(2) 냉동기의 성적계수(ε_r 또는 COP_R)

$$냉동기의\ 성적계수\ \varepsilon_r = \frac{Q_L}{W_C} = \frac{Q_L}{Q_H - Q_L}$$

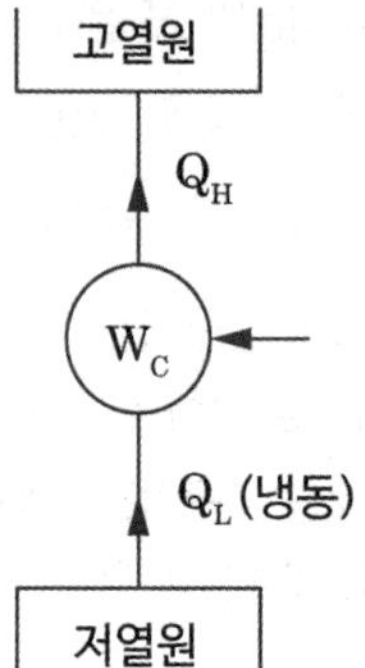

ε_r : 냉동기의 성적계수(성능계수)

Q_H : 고열원으로 방출한 열량

Q_L : 저열원으로부터 흡수하는 열량

W_C : 압축기의 소요일량($W_C = Q_H - Q_L$)

T_L : 저온, T_H : 고온

압축기는 외부에서 공급되는 일(W_C)을 소요해서 저열원으로부터 Q_L만큼의 열을 흡수하고 고열원으로 Q_H만큼의 열을 방출한다. 따라서 압축기의 소요일량(W_C)이 작을수록, 저열원으로부터 빼앗을 열량 Q_L이 클수록 성적계수가 커져 성능이 우수해진다.

3) 열펌프

(1) 고열원에 열을 공급해주는 것이 목적이다.

(2) 열펌프의 성적계수(ε_h 또는 COP_H)

$$\varepsilon_h = \frac{Q_H}{W_C} = \frac{Q_H}{Q_H - Q_L}$$

ε_h : 열펌프의 성적계수(성능계수)

Q_H : 고열원으로 방출한 열량

Q_L : 저열원으로부터 흡수하는 열량

W_C : 압축기의 소요일량($W_C = Q_H - Q_L$)

T_L : 저온, T_H : 고온

※ 냉동기와 열펌프의 성적계수관계(같은 장치를 냉방 또는 난방으로 사용할 때)

열펌프의 성능계수(성적계수)가 냉동기의 성능계수보다 항상 1만큼 크다.

$\varepsilon_h = \dfrac{Q_H}{W_C} = \dfrac{W_C + Q_L}{W_C} = 1 + \dfrac{Q_L}{W_C} = 1 + \varepsilon_r$, 즉 $\varepsilon_h = 1 + \varepsilon_r$

3 카르노사이클 및 역카르노사이클

1) 카르노사이클

열기관의 이상사이클이고, 현실적으로 실현 불가능하며, 완전가스를 작업물질로 하는 두 개의 가역등온과정과 두 개의 가역단열과정으로 구성이다.

(1) 카르노사이클 원리

① 동작물질의 온도를 열원의 온도와 같게 한다.

② 같은 두 열원에 작동하는 모든 가역사이클은 효율이 같다.

③ 열기관의 이상사이클로서 최대의 효율을 가진다.

(2) 카르노사이클의 P - v, T - s선도

① 1 → 2 : 등온팽창(열량 Q_1을 받아 등온 T_1을 유지하면서 팽창하는 과정)

② 2 → 3 : 단열팽창과정(외부에 일을 하는 과정)

③ 3 → 4 : 등온압축과정(열량 Q_2를 방출하고, 등온 T_2를 유지하면서 압축하는 과정)

④ 4 → 1 : 단열압축과정

$$\text{열효율 } \eta_c = \frac{\text{유효일}(W)}{\text{공급열량}(Q_1)} = \frac{Q_1 - Q_2}{Q_1} = 1 - \frac{Q_2}{Q_1} = 1 - \frac{T_2}{T_1}$$

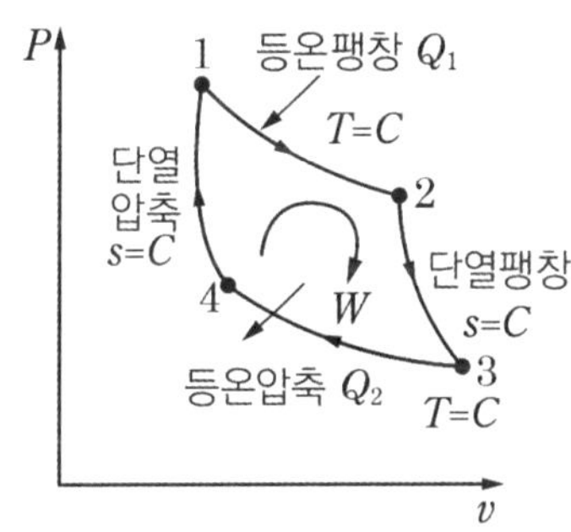

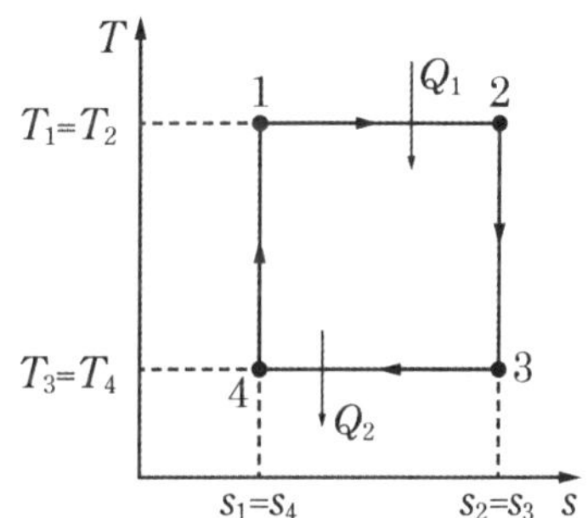

2) 역카르노사이클(= 냉동기의 이상사이클)

열기관의 이상사이클인 카르노사이클을 역방향으로 하면 냉동기의 이상사이클인 역카르노사이클이 된다.

(1) 역카르노사이클의 P - v선도

① 1 → 2 : 단열팽창(고온고압의 냉매가 팽창밸브를 지나며 열교환 없이 저온·저압으로 팽창하는 과정)

② 2 → 3 : 등온팽창(열량 Q_2를 받아 등온 T_2를 유지하면서 팽창하는 증발과정)

③ 3 → 4 : 단열압축
(외부에서 일을 받아 저온저압의 기체를 고온고압으로 압축하는 압축과정)

④ 4 → 1 : 등온압축(열량 Q_1을 방출하고, 등온 T_1을 유지하면서 압축하는 응축과정)

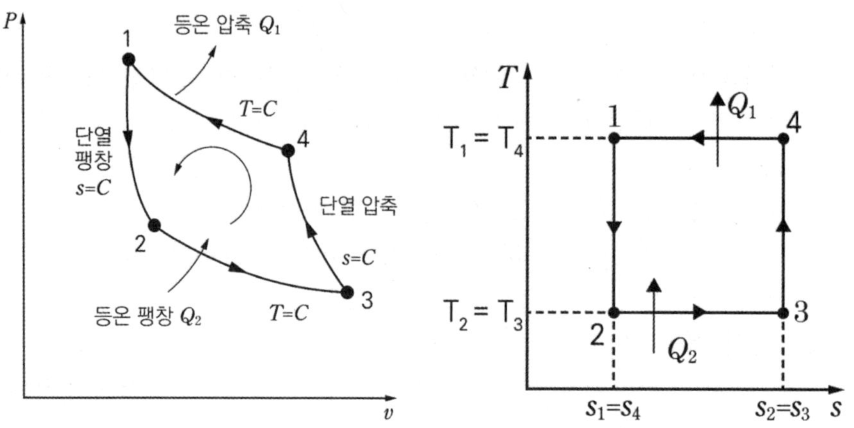

$$\text{냉동기의 성적계수 } \varepsilon = \frac{\text{저열원으로부터 흡수하는 열량}(Q_2)}{\text{압축기의 소요열량}(W)} = \frac{Q_2}{Q_1 - Q_2} = \frac{T_2}{T_1 - T_2}$$

4 엔트로피(Entropy)

엔트로피(Entropy) 는 열량의 효용가치를 나타내는 열적 상태량이다. 즉, 계(System)의 내부에너지 중 유용하지 않은 에너지의 흐름을 설명하는 상태함수이며, 열이 일로 전환될 수 있는 가능성을 나타낸다. 엔트로피 증가는 곧 무용한(쓸모없는) 에너지가 증가하는 것을 의미하며, 자연계에서는 항상 엔트로피가 증가하는 방향으로 변화가 진행된다.

$$dS = \frac{\delta Q}{T}(kJ/K)$$

$$ds = \frac{\delta q}{T}(kJ/kg \cdot K)$$

S : 엔트로피 [kJ/K]
s : 비엔트로피 [kJ/(kg·K)]

※ 엔트로피변화 계산

1) 비특정과정의 엔트로피변화(일반식)

온도변화만 고려하는 단순 가열·냉각과정에서 적용한다.

$$dS = \frac{\delta Q}{T} = \frac{mCdT}{T} \text{ 양변을 적분하면 } \therefore \Delta S = mC\ell n\frac{T_2}{T_1}(\text{kJ/K})$$

$$ds = \frac{\delta q}{T} = \frac{CdT}{T} \text{ 양변을 적분하면 } \therefore \Delta s = C\ell n\frac{T_2}{T_1}(\text{kJ/kg} \cdot \text{K})$$

2) 이상기체의 엔트로피변화(함수관계식)

상태변화과정이 주어지고, 그 과정에서 초기 상태와 최종 상태의 두 개 이상의 상태량(T, p, v 중 2개 이상)이 주어질 때 적용한다.

$$\begin{aligned}\Delta s = s_2 - s_1 &= C_v \ln\frac{T_2}{T_1} + R\ln\frac{v_2}{v_1} \\ &= C_p \ln\frac{T_2}{T_1} - R\ln\frac{p_2}{p_1} \\ &= C_p \ln\frac{v_2}{v_1} + C_v \ln\frac{p_2}{p_1}\end{aligned}$$

1) 클라우지우스(Clausius)의 적분

(1) 가역사이클

우선 일반식을 유도하면

카르노사이클 $\eta_C = 1 - \frac{Q_2}{Q_1} = 1 - \frac{T_{\text{II}}}{T_{\text{I}}}$ 에서

$$\frac{Q_2}{Q_1} = \frac{T_{\text{II}}}{T_{\text{I}}}$$

$$\frac{Q_1}{T_1} = \frac{Q_2}{T_{\text{II}}} \quad \text{즉,} \quad \frac{Q_2}{T_{\text{I}}} - \frac{Q_2}{T_{\text{II}}} = 0$$

그러나 가열량은 (+), 발열량은 (-)이므로

$$\frac{+Q_1}{T_{\text{I}}} - \left(\frac{-Q_2}{T_{\text{II}}}\right) = 0, \quad \frac{Q_1}{T_{\text{I}}} + \frac{Q_2}{T_{\text{II}}} = 0$$

$$\therefore \sum \frac{Q}{T} = 0$$

일반적인 가역사이클을 수많은 미소카르노사이클로 나누어 생각하면

$$\left[\frac{\delta Q_1}{T_{\text{I}}} + \frac{\delta Q_2}{T_{\text{II}}}\right] + \left[\frac{\delta Q_1{}'}{T_{\text{I}}{}'} + \frac{\delta Q_2{}'}{T_{\text{II}}{}'}\right] + \left[\frac{\delta Q_1{}''}{T_{\text{I}}{}''} + \frac{\delta Q_2{}''}{T_{\text{II}}{}''}\right] + \cdots = 0$$

즉, $\sum \frac{\delta Q}{T} = 0$

전 사이클에 대한 적분을 폐적분(= 사이클적분 : $\oint$)으로 표시하면

가역사이클인 경우 : $\oint \frac{\delta Q}{T} = 0$

<u>가역사이클인 경우 클라우지우스의 적분값은 항상 0임</u>을 알 수 있다.

(2) 비가역사이클

가역사이클의 열효율을 η_R, 비가역사이클의 열효율을 η라 하면

$\eta_R = 1 - \dfrac{Q_2}{Q_1} = 1 - \dfrac{T_{II}}{T_I}$, $\eta = 1 - \dfrac{Q_2}{Q_1}$이다.

여기서 $\eta_R > \eta$이므로

$$1 - \frac{T_{II}}{T_I} > 1 - \frac{Q_2}{Q_1}$$

$$\therefore \frac{Q_1}{T_I} < \frac{Q_2}{T_{II}} \quad \text{즉,} \quad \frac{Q_1}{T_I} - \frac{Q_2}{T_{II}} < 0$$

미소사이클에 대해 생각하면

$$\sum \frac{\delta Q_1}{T_1} - \sum \frac{\delta Q_2}{T_{II}} < 0$$

그러나 가열량은 (+), 방열량은 (-)이므로

$$\sum \frac{\delta Q_1}{T_1} + \sum \frac{\delta Q_2}{T_{II}} < 0$$

$$\sum \frac{\delta Q}{T} < 0$$

전 사이클에 대한 적분을 폐적분(= 사이클 적분 : $\oint$)으로 표시하면

비가역사이클인 경우 : $\oint \dfrac{\delta Q}{T} < 0$

비가역사이클인 경우 클라우지우스의 적분값은 0보다 작다.

결국 클라우지우스의 적분값은 다음과 같다.

$$\oint \frac{\delta Q}{T} \le 0$$

2) 엔트로피 증가의 원리

(1) 가역사이클

가역사이클인 경우 클라우지우스의 적분값은

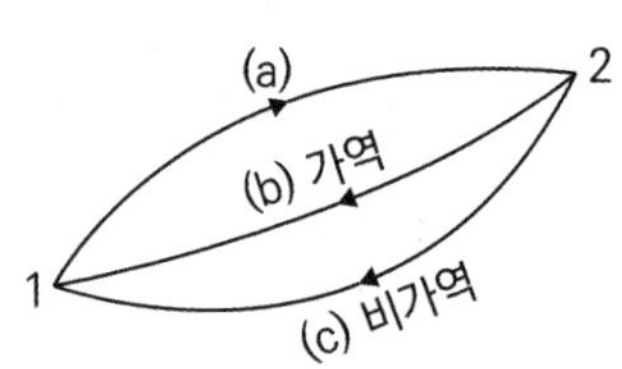

$\oint \dfrac{\delta Q}{T} = 0$이므로

$$\oint \frac{\delta Q}{T} = \int_{1(a)}^{2} \frac{\delta Q}{T} + \int_{2(b)}^{1} \frac{\delta Q}{T} = 0$$

$$\int_{1(a)}^{2} \frac{\delta Q}{T} = -\int_{2(b)}^{1} \frac{\delta Q}{T} = \int_{1(b)}^{2} \frac{\delta Q}{T}$$

이 식은 가역변화에서 상태 1, 2는 적분의 경로에 관계없이 항상 일정하므로 하나의 상태량이 된다.

즉, $\int_1^2 \frac{\delta Q}{T} = \text{일정}$

이 새로운 상태량을 클라우지우스는 S라 놓고, 이를 **엔트로피(Entropy)**라 하였다. 소문자 s는 단위질량당 엔트로피로 이를 **비엔트로피(Specific Entropy)**라 하였다.

즉,

$$dS = \frac{\delta Q}{T} (\text{kcal/K 또는 KJ/K})$$

$$ds = \frac{\delta q}{T} (\text{kcal/kg}\cdot\text{K 또는 kJ/kg}\cdot\text{K})$$

가역변화를 하는 상태 1에서 상태 2까지 적분하면

$\therefore \Delta S = S_2 - S_1 = \int_1^2 \frac{\delta Q}{T}$

$dS = \frac{\delta Q}{T} = \frac{mCdT}{T}$ 양변을 적분하면 $\therefore \Delta S = mC\ell n \frac{T_2}{T_1} (\text{kJ/K})$

$ds = \frac{\delta q}{T} = \frac{CdT}{T}$ 양변을 적분하면 $\therefore \Delta s = C\ell n \frac{T_2}{T_1} (\text{kJ/kg}\cdot\text{K})$

(2) 비가역사이클

비가역사이클인 경우 클라우지우스의 적분값은 $\oint \frac{\delta Q}{T} < 0$이므로

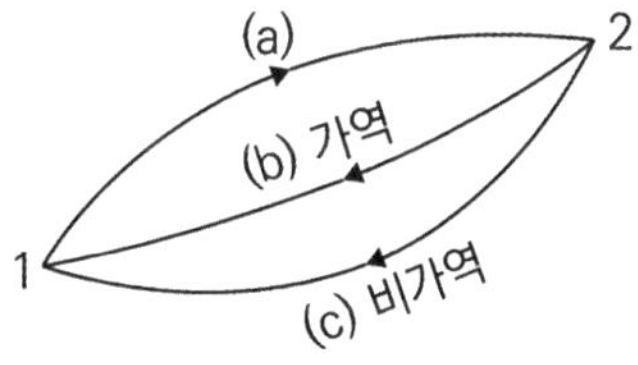

$\oint \frac{\delta Q}{T} = \int_{1(a)}^2 \frac{\delta Q}{T} + \int_{2(c)}^1 \frac{\delta Q}{T} < 0$

$-\int_{2(b)}^1 \frac{\delta Q}{T} + \int_{2(c)}^1 \frac{\delta Q}{T} < 0$

$-\int_{2(b)}^1 dS + \int_{2(c)}^1 dS < 0$

$-[S]_{2(b)}^1 + [S]_{2(c)}^1 < 0$

$-(S_1 - S_{2(b)}) + (S_1 - S_{2(c)}) < 0$

$S_{2(b)} - S_{2(c)} < 0$

$\therefore S_{2(b)} < S_{2(c)}$ 즉, $S_{2(c)} - S_{2(b)} > 0$

일반적인 경우는 다음과 같이 쓸 수 있다.

$\Delta S = S_{2(c)} - S_{2(b)} \geq 0$

이 식에서 등호는 가역과정이고, 부등호는 비가역과정이다.

$Q = C$ 즉, $\delta Q = 0$인 단열변화의 경우 가역단열변화이면 $dS = 0$이므로 $S = C$가 되어 엔트로피가 변하지 않는다. 즉, 불변이다.

하지만 비가역단열변화에서는 $dS > 0$이므로 엔트로피가 증가한다.

따라서 엔트로피는 가역이면 불변이고, 비가역이면 증가함을 알 수 있다.

실제로 자연계에서 일어나는 모든 상태는 비가역을 동반하므로 엔트로피는 항상 증가한다.

5 열역학 제3법칙

어떠한 이상적인 방법으로도 어떤 계를 절대온도 0 K(= -273 ℃)에는 이르게 할 수 없다.
즉, 온도가 절대 0 K에 근접하면 엔트로피는 0에 근접한다.

04 예상문제

01 자연계에 어떠한 변화도 남기지 않고 일정온도의 열을 계속해서 일로 변환시킬 수 있는 기관은 존재하지 않는다를 의미하는 열역학 법칙은?

① 열역학 제0법칙 ② 열역학 제1법칙
③ 열역학 제2법칙 ④ 열역학 제3법칙

해설

[열역학 제2법칙]

- 비가역성의 법칙, 엔트로피 증가의 법칙, 방향성의 법칙
- 외부에 어떠한 영향을 남기지 않고 계가 열원으로부터 받은 열을 모두 일로 바꾸는 것은 불가능하다.

열역학 법칙	내용
제0법칙	• 열평형의 법칙 • 온도는 높은 곳에서 낮은 곳으로 흐름 • 온도계의 원리
제1법칙	• 에너지보존의 법칙(엔탈피의 법칙) • 가역법칙 • 열량은 일량으로, 일량은 열량으로 변환 가능
제2법칙	• 손실의 법칙(엔트로피의 법칙) • 에너지의 방향성과 비가역설을 설명 • 열은 저온에서 고온으로 흐르지 않음 • 열을 완전히 일로 바꿀 수 있는 열기관은 만들 수 없음
제3법칙	• 물체의 온도를 절대영도까지 내릴 수 없음

02 밀폐계에서 10 kg의 공기가 팽창 중 400 kJ의 열을 받아서 150 kJ의 내부에너지가 증가하였다. 이 과정에서 계가 한 일(kJ)은?

① 550 ② 250
③ 40 ④ 15

해설

[계가 한 일]

열량 $Q = \Delta U + W$

$400 = 150 + W$

$\therefore W = 250\ kJ$

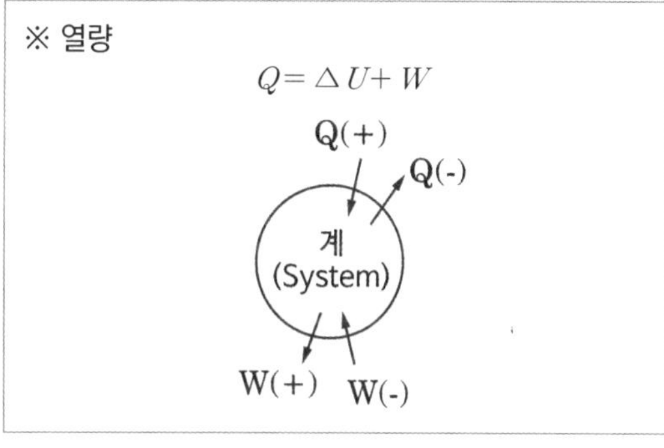

정답 01 ③ 02 ②

03 압력이 0.2 MPa이고, 초기온도가 120 ℃, 1 kg의 공기를 압축비 18로 가역단열압축하는 경우 최종온도는 약 몇 ℃인가? (단, 공기는 비열비가 1.4인 이상기체이다)

① 676 ℃ ② 776 ℃
③ 876 ℃ ④ 976 ℃

해설

[가역단열과정]

단열지수관계 $\dfrac{T_2}{T_1}=\left(\dfrac{v_1}{v_2}\right)^{k-1}=\left(\dfrac{p_2}{p_1}\right)^{\frac{k-1}{k}}$

$\dfrac{T_2}{T_1}=\left(\dfrac{v_1}{v_2}\right)^{k-1}$ 에서

$\dfrac{T_2}{(120+273)}=(18)^{1.4-1}$

$T_2=1248.82\ K=975.82\ ℃$

04 다음 상태변화에 대한 설명으로 옳은 것은?

① 단열 변화에서 엔트로피는 증가한다.
② 등적 변화에서 가해진 열량은 엔탈피 증가에 사용된다.
③ 등압 변화에서 가해진 열량은 엔탈피 증가에 사용된다.
④ 등온변화에서 절대일은 0이다.

해설

[상태변화]

열역학 미분형 제1식 : $\delta q=du+Pdv$
열역학 미분형 제2식 : $\delta q=dh-vdP$

① 단열 변화에서 엔트로피는 일정하다.

$ds=\dfrac{\delta q}{T}$에서 $\delta q=0$이므로 $ds=0$

$\therefore\ ds=0$ 또는

$\triangle s=s_2-s_1=0 \Rightarrow s_1=s_2$

② 등적 변화에서 가해진 열량은 내부에너지변화량과 같다.

$\delta q = du+Pdv = du = C_v dT$($dv=0$이므로)

→ 가열량은 내부에너지변화량과 같다.

③ 등압 변화에서 가해진 열량은 엔탈피 증가에 사용된다.

$\delta q = dh = vdP = dh = C_p dT$($dP=0$이므로)

→ 가열량은 엔탈피변화량과 같다.

④ 등온변화에서 내부에너지변화량과 엔탈피변화량은 0이다.

$du=C_v dT=0$ → 내부에너지변화가 없다.

$dh=C_p dT=0$ → 엔탈피의 변화가 없다.

절대일 = 공업일 = 열량

정답 03 ④ 04 ③

05 카르노사이클의 순환과정을 고르시오.

① 등온팽창 → 단열팽창 → 등온압축 → 단열압축
② 등온팽창 → 등온압축 → 단열팽창 → 단열압축
③ 단열팽창 → 등온팽창 → 등온압축 → 단열압축
④ 단열압축 → 등온압축 → 등온팽창 → 단열팽창

해설

[카르노사이클 순환과정]

등온팽창 → 단열팽창 → 등온압축 → 단열압축

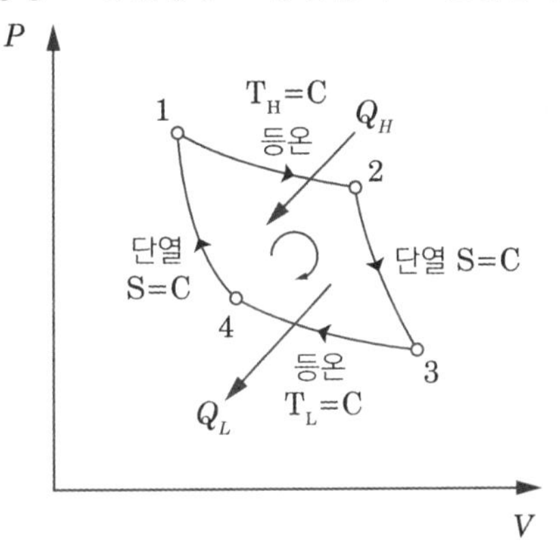

06 역카르노사이클에서 고열원을 T_H, 저열원을 T_L이라 할 때 성능계수를 나타내는 식으로 옳은 것은?

① $\frac{T_H}{T_H - T_L}$　② $\frac{T_L}{T_H - T_L}$

③ $\frac{T_H - T_L}{T_H}$　④ $\frac{T_H - T_L}{T_L}$

해설

[역카르노사이클 성적계수]

$$COP = \frac{저열원(T_L)}{고열원(T_H) - 저열원(T_L)}$$

※ 냉동기
에너지(전기 혹은 고온의 열)를 일의 형태로 받아 저열원으로부터 열을 빼앗는 것이 목적

※ 냉동기의 성적계수(성능계수)

$$COP = \frac{Q_2}{W} = \frac{Q_2}{Q_1 - Q_2} = \frac{T_2}{T_1 - T_2}$$

고열원
열펌프
Q_1
W_C
냉동기
Q_2(냉동)
저열원

07 물 10 kg을 0 ℃에서 70 ℃까지 가열하면 물의 엔트로피 증가는? (단, 물의 비열은 4.18 kJ/kg · K이다)

① 4.14 kJ/K
② 9.54 kJ/K
③ 12.74 kJ/K
④ 52.52 kJ/K

해설

[물의 엔트로피 증가]

※ 엔트로피 증가량

$dS = \frac{\delta Q}{T} = \frac{mCdT}{T}$ 양변을 적분하면

$\therefore \Delta S = mC\ell n\frac{T_2}{T_1}$ (kJ/K)

$ds = \frac{\delta q}{T} = \frac{CdT}{T}$ 양변을 적분하면

$\therefore \Delta s = C\ell n\frac{T_2}{T_1}$ (kJ/kg · K)

$$\Delta S = S_2 - S_1 = \int \frac{\delta Q}{T} = mC\ln\frac{T_2}{T_1}$$

$$= 10 \times 4.18 \times \ln\left(\frac{273+70}{273}\right)$$

$$= 9.54 \text{ kJ/K}$$

08 1 kg의 공기가 온도 20 ℃의 상태에서 등온변화를 하여, 비체적의 증가는 0.5 m³/kg, 엔트로피의 증가량은 0.21 kJ/(kg · K)였다. 초기의 비체적은 얼마인가? (단, 공기의 기체상수는 0.287 kJ/kg · K이다)

① 0.293 m³/kg
② 0.465 m³/kg
③ 0.508 m³/kg
④ 0.614 m³/kg

해설

[초기 비체적 계산]

$$\Delta s = s_2 - s_1 = C_v\ln\frac{T_2}{T_1} + R\ln\frac{v_2}{v_1}$$

$$= C_p\ln\frac{T_2}{T_1} - R\ln\frac{p_2}{p_1}$$

$$= C_p\ln\frac{v_2}{v_1} + C_v\ln\frac{p_2}{p_1}$$

등온 변화로 $T_1 = T_2$이므로

$$\therefore \Delta s = s_2 - s_1 = R\ln\frac{v_2}{v_1} = R\ln\frac{p_1}{p_2}$$

$$\Delta s = R\ln\frac{v_2}{v_1}$$

$$0.21 = 0.287\ln\left(\frac{v_1 + 0.5}{v_1}\right)$$

$v_1 = 0.464$ m³/kg

정답 07 ② 08 ②

Chapter 05 증기

01 증기

1 정압하에서의 증발

순수물질인 물을 밀폐된 실린더 속에 넣고 일정한 압력 상태에서 가열하면 온도가 상승하면서 물이 수증기로 증발하여 아래와 같은 과정으로 변화한다(모든 순수물질은 동일한 일반적 거동을 나타냄).

구분			x / $1-x$		
명칭	압축수 (과냉액체)	포화수 (포화액)	습증기 (= 습포화증기)	건포화증기 (= 포화증기)	과열증기
건도(x)	$x = 0$	$x = 0$	$0 < x < 1(100\,\%)$	$x = 1(100\,\%)$	$x = 1(100\,\%)$
기호 예시		h'	h_x	h''	

2 명칭

1) 압축수[100 ℃ 이하의 물]

포화온도 이하의 액체이며, 물이 아닌 액체일 때는 '압축액' 또는 '과냉액체'라 한다.

2) 포화수[100 ℃의 물]

포화온도에 도달한 물로서 증발 직전의 상태. 물이 아닌 액체일 때는 '포화액'이라 하며, 이때 포화수의 압력과 온도를 포화압력, 포화온도라 한다.

3) 습증기(= 습포화증기)[100 ℃의 물 + 증기]

액체의 일부가 증발하여 액체와 증기가 공존하는 상태. 습증기구역에서는 온도와 압력이 항상 일정하다.

4) 건포화증기(= 포화증기)[100 ℃의 증기]

액체가 모두 증기가 된 상태이며, 이때의 온도는 포화온도이고 증기만 존재한다.

5) 과열증기[100 ℃ 이상의 증기]

건포화증기를 다시 가열하면 포화온도 이상의 증기가 되는데 이 상태의 증기를 '과열증기'라 한다.

3 건도와 습도

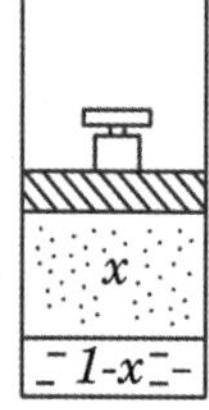

1) 건도(= 건조도) : x

습증기 구역하에서 건포화증기의 함유량을 백분율로 나타낸 값이다.

2) 습도(= 습기도) : $1-x$

습증기 구역하에서 포화수의 함유량을 백분율로 나타낸 값이다.

[반데르 발스(van der Waals)식]

증기의 성질은 복잡하기 때문에 간단히 상태식으로 표시할 수 없다. 따라서 분자의 운동학적 고찰을 통하여 증기의 성질에 적용할 수 있는 완전가스 상태방정식 pv = RT를 수정한 식을 반데르 발스식이라 하며, 다음과 같이 표현된다.

$$\left(p+\frac{a}{v^2}\right)(v-b)=RT$$

여기서 a, b : 기체의 종류에 따라 정해지는 상수

$\frac{a}{v^2}$: 분자자신의 인력이 압력에 미치는 영향을 수정한 항

b : 증기분자 자신이 차지하는 부피

$v-b$: 분자자신의 크기를 배제한 부피

p : 실제 기체의 압력

v : 실제 기체의 부피

02 증기의 상태변화

1 정적변화($v = C$ 이므로 $dv = 0$)

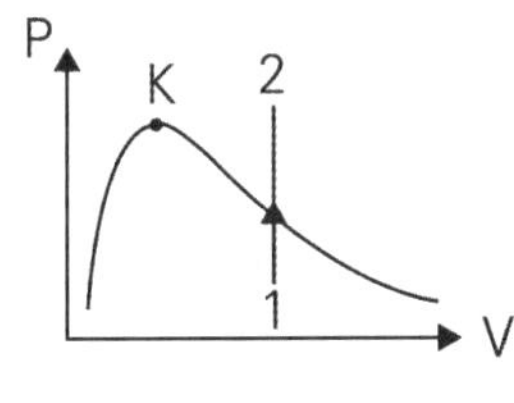

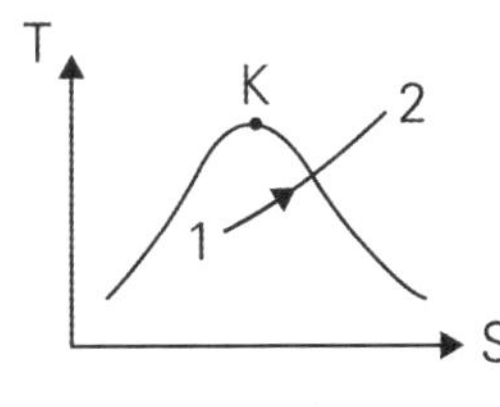

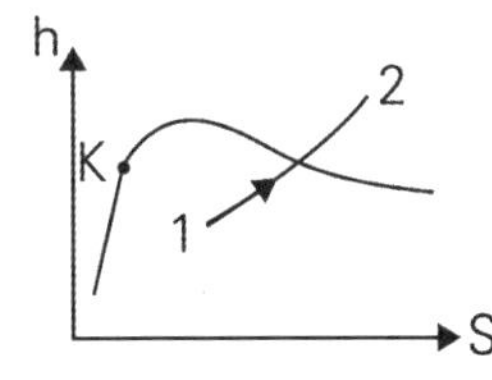

[정적변화]

1) 절대일 : $_1w_2 = \int_1^2 pdv = 0$

2) 공업일 : $w_t = -\int_1^2 vdp = -v(p_2 - p_1) = v(p_1 - p_2) = R(T_1 - T_2)$

3) 열량 : 일반 에너지식 $\delta q = du + Pdv$에서 $dv = 0$이므로 $\delta q = du$

즉, $_1q_2 = u_2 - u_1 = (h_2 - h_1) - v(p_2 - p_1)$

만일 변화 전후의 상태가 습증기이면

$v_1 = v_1{'} + x_1(v_1{''} - v_1{'})$

$v_2 = v_2{'} + x_2(v_2{''} - v_2{'})$이므로

변화 후의 건도 x_2는

$$x_2 \fallingdotseq \frac{v_1{'} - v_2{'}}{v_2{''} - v_2{'}} + x_1\left(\frac{v_1{''} - v_1{'}}{v_2{''} - v_2{'}}\right)$$

일반적으로 포화액의 비체적은 큰 변화가 없으므로 $v_1{'} \fallingdotseq v_2{'}$로 보면

$$x_2 \fallingdotseq x_1\left(\frac{v_1{''} - v_1{'}}{v_2{''} - v_2{'}}\right)$$

2 정압변화($p=C$ 이므로 $dp=0$)

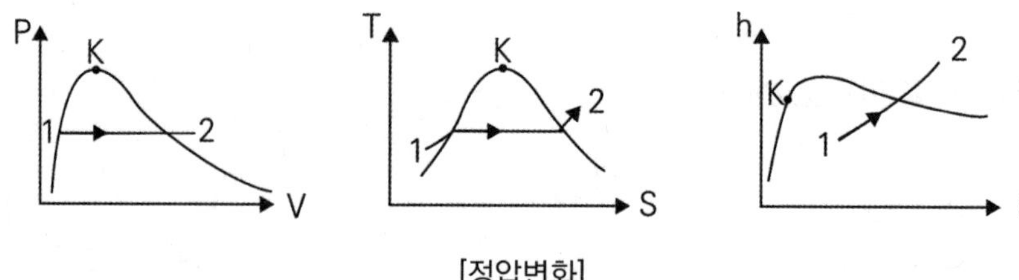

[정압변화]

1) 절대일 : ${}_1w_2=\int_1^2 pdv=q(v_2-v_1)$

   여기서 $v_1=v_1{}'+x_1(v_1{}''-v_1{}'),\ v_2=v_2{}'+x_2(v_2{}''-v_2{}')$

2) 공업일 : $w_t=-\int_1^2 vdp=0$

3) 열량 : 일반 에너지식 $\delta q=du+pdv$를 상태 1에서 2까지 적분하면

   ${}_1q_2=\int_1^2 du+p\int_1^2 dv=(u_2-u_1)+p(v_2-v_1)=h_2-h_1$

   만일 변화 전후의 상태가 습증기이면

   $h_1=h'+x_1(h''-h')=h'+x_1r$

   $h_2=h'+x_2(h''-h')=h'+x_2r$이므로

   결국 ${}_1q_2=h_2-h_1=(h'+x_1r)-(h'+x_2r)$

$${}_1q_2=(x_2-x_1)r$$

3 등온변화($T=C$ 이므로 $dT=0$)

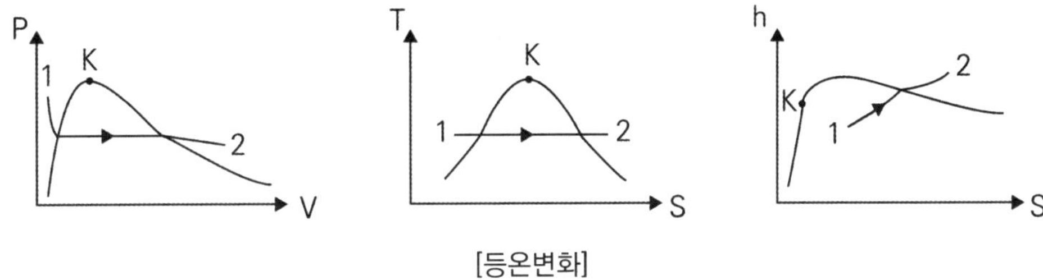

[등온변화]

과냉액 구간과 과열증기 구간에서는 등온선과 등압선이 일치하지 않으나 습증기 구간에서는 온도와 압력이 항상 일치한다.

$$\text{가열량 } {}_1q_2=(x_2-x_1)r$$

4 단열변화($q=C$이므로 $\delta q=0$)

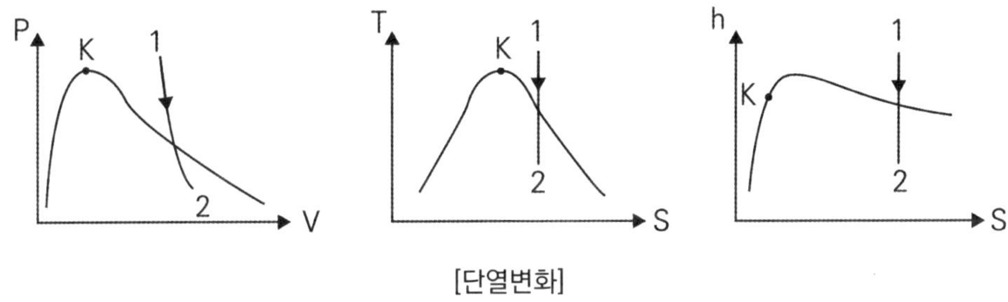

[단열변화]

단열변화는 $q=C$이므로 $\delta q=0$이다.

그러므로 $ds=\dfrac{\delta q}{T}$에서

$\Delta s=s_2-s_1=0$ 결국, $s_1=s_2$(등엔트로피)

5 교축과정(Throttling Process)

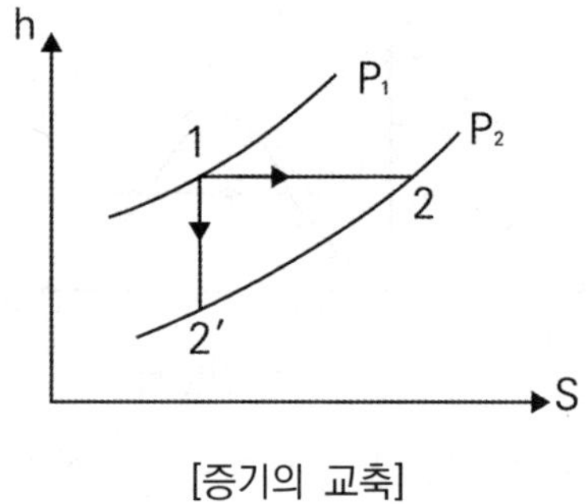

[증기의 교축]

유체가 밸브, 콕, 작은 구멍 등 좁은 통로를 흐를 때 마찰이나 난류 등으로 인하여 압력이 급격히 낮아지는 현상을 교축(Throttling)이라 한다. 즉, 압력을 크게 저하시켜 동작유체의 팽창을 목적으로 하는 과정이다. 유체가 교축되면 마찰과 와류(Eddy Current) 등의 난류현상이 일어나 압력과 속도가 감소한다. 이때 속도에너지의 감소는 열에너지로 바뀌어 유체에 회수되므로 엔탈피는 일정하게 유지된다. 교축 전후의 엔탈피는 일정하므로 이 변화는 h-s선도에서는 수평선(1 → 2)으로 표시된다.

교축과정은 비가역변화이므로 압력이 감소되는 방향으로 일어나는데, 엔트로피는 항상 증가한다.

$$\text{교축과정 } h_1 = h_2 (\text{등엔탈피과정})$$
$$P_1 > P_2$$

또한 증기는 교축되면 압력이 떨어질 뿐만 아니라 온도 역시 떨어진다. 이 현상을 Joule-Thomson효과라 한다. 교축열량계는 이 원리를 이용하여 증기의 건도를 측정한다.

05 예상문제

01 과열증기를 냉각시켰더니 포화영역 안으로 들어와서 비체적이 0.2327 m^3/kg이 되었다. 이때 포화액과 포화증기의 비체적이 각각 1.079×10^{-3} m^3/kg, 0.5243 m^3/kg이라면 건도는 얼마인가?

① 0.964　② 0.772
③ 0.653　④ 0.443

해설

[습증기의 건도]

$v = v_f + x(v_g - v_f)$

$$x = \frac{v - v_f}{v_g - v_f} = \frac{0.2327 - 1.079 \times 10^{-3}}{0.5243 - 1.079 \times 10^{-3}}$$

$= 0.4429 \fallingdotseq 0.443$

v : 습증기의 비체적
v_f : 포화액의 비체적
v_g : 포화증기의 비체적

02 다음 중 이상적인 스로틀과정에서 일정하게 유지되는 양은?

① 압력
② 엔탈피
③ 엔트로피
④ 온도

해설

[이상적인 교축과정(Throttle Process)]

이상적인 교축과정을 통하여 물질의 상이 액체에서 기체상태로 높은 압력에서 낮은 압력으로, 온도가 높은 것에서 낮은 것으로 변하고 확산하여 무질서 정도가 증가하는 엔트로피가 증가하지만 등엔탈피과정으로 엔탈피는 일정하게 유지된다.

$p \downarrow, T \downarrow, s \uparrow, h = c$

정답 01 ④ 02 ②

Chapter 06 각종 사이클

01 동력사이클

1 동력시스템 개요

1) 증기원동소사이클(Vapor Power Cycle)

(1) 물을 보일러에서 가열하여 증기로 만들고, 터빈을 돌려 일을 한 후 다시 응축시켜 물로 만든다.

(2) 사이클 : 랭킨사이클, 재열사이클, 재생사이클, 재열 - 재생사이클

2) 가스동력사이클(Gas Power Cycle)

공기나 연소가스를 압축하고 연료를 연소시켜 직접 동력을 얻는다.

(1) 내연기관사이클(Internal Combustion Engine Cycle)

① 실린더 내부에서 연료를 연소시켜 동력을 얻는 왕복동기관에 적용되는 사이클이다.

② 사이클 : 오토사이클, 디젤사이클, 사바테사이클, 아트킨슨사이클

(2) 가스터빈사이클(Gas Turbine Cycle)

① 압축기, 연소기, 터빈 등 회전 기계로 구성된 기관의 이상적인 사이클이다.

② 브레이튼사이클(가스터빈의 가장 기본적인 이상사이클)

(3) 외연기관사이클(External Combustion Engine Cycle)

① 엔진 외부의 열원을 이용하여 실린더 내의 작동가스를 가열하여 동력을 얻는 방식이다.

② 사이클 : 스털링사이클, 에릭슨사이클

2 증기원동소사이클

※ 구성

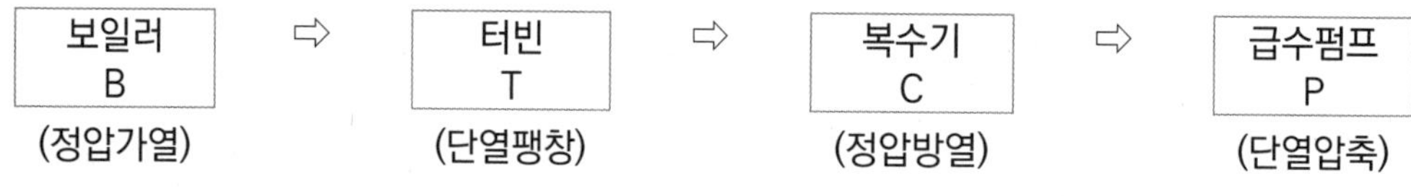

1) 랭킨사이클

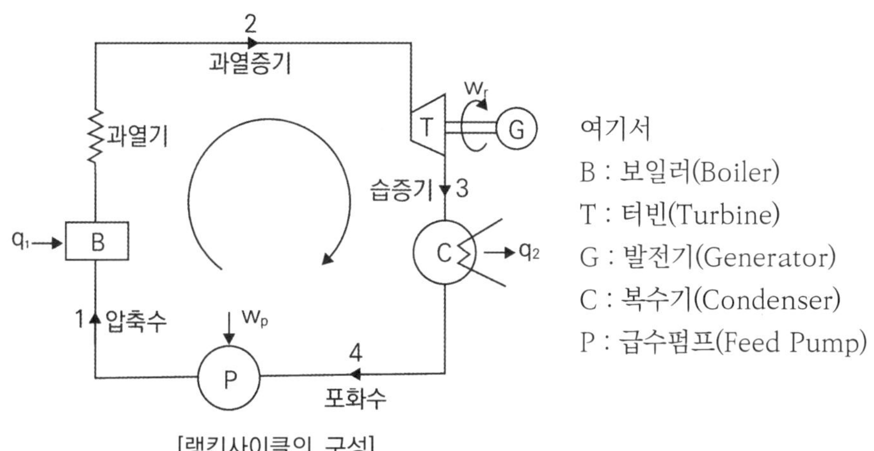

여기서
B : 보일러(Boiler)
T : 터빈(Turbine)
G : 발전기(Generator)
C : 복수기(Condenser)
P : 급수펌프(Feed Pump)

[랭킨사이클의 구성]

랭킨에 의해 고안·제창된 사이클로 증기원동소의 이상사이클이다. 2개의 정압변화와 2개의 단열변화로 구성되어 있다.

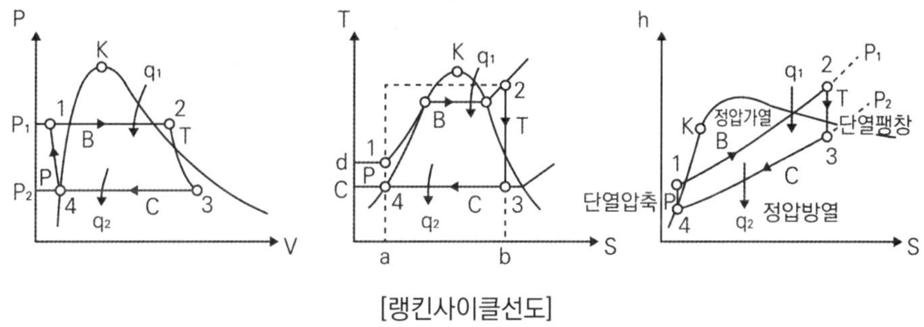

[랭킨사이클선도]

각 과정의 변화는 다음과 같다.

과정	변화해설
급수펌프 (4 → 1)	복수기에서 응축된 포화수를 급수펌프를 이용하여 보일러에 급수하는 과정이다. 이때 물은 급수펌프에 의해서 가역단열압축되지만 물은 비압축성 유체로 볼 수 있으므로 정적압축과정으로 생각해도 된다.
보일러 (1 → 2)	이 과정은 보일러에서 열을 공급하는 과정으로 정압가열과정이다. 급수펌프에서 공급된 압축수는 포화수를 거쳐 건포화증기가 된다.
터빈 (2 → 3)	과열기에서 나온 과열증기가 터빈 내에서 단열팽창하는 과정으로 팽창 후 증기는 습증기 상태로 되어 복수기로 유입된다. 터빈은 증기의 에너지를 기계적 에너지로 전환시키며, 이를 이용하여 발전기를 구동한다. 즉, 외부로 일을 하게 되는 과정이다.
복수기 (3 → 4)	터빈을 빠져 나온 습증기를 정압하에서 냉각하여 포화수로 응축시킨다(정압방열).

(1) 가열량(q_1) : “정압가열”이므로

$\delta q = du + pdv = dh - vdp$에서

$\therefore\ q_1 = \Delta h = h_2 - h_1$

(2) 방열량(q_2) : “정압방열”이므로

$\therefore\ q_2 = \Delta h = h_3 - h_4$

(3) 터빈열량(w_T) : “단열팽창”이므로

$\therefore\ w_T = h_2 - h_3$

(4) 펌프열량(w_P) : “단열압축”이므로

$\therefore\ w_P = h_1 - h_4$

(5) 열효율(η_R)

$$\eta_R = \frac{w_{net}}{q_1} = \frac{q_1 - q_2}{q_1} = \frac{(h_2 - h_1) - (h_3 - h_4)}{h_2 - h_1} = \frac{(h_2 - h_3) - (h_1 - h_4)}{h_2 - h_1}$$

$$= \frac{w_T - w_p}{q_1}$$

결국 $$\eta_R = \frac{(h_2 - h_3) - (h_1 - h_4)}{h_2 - h_1}$$

펌프일은 터빈일에 비해 무시할 정도로 대단히 적다.
그러므로 만약 펌프일을 무시하면

$\eta_R = \dfrac{(h_2 - h_3)}{h_2 - h_1}$에서 $h_1 \fallingdotseq h_4$이므로 결국 $$\eta_R = \frac{(h_2 - h_3)}{h_2 - h_4}$$

(6) 랭킨사이클의 열효율은 보일러의 압력은 높고 복수기의 압력은 낮을수록 터빈의 초온·초압이 클수록 터빈 출구에서 압력이 낮을수록 증가한다. 그러나 터빈출구에서 온도를 낮게 하면 터빈 깃을 부식시키므로 열효율이 감소한다.

2) 재열사이클(Reheat Cycle) → 목적 : 재열기를 이용해 건도를 증가시키기 위해

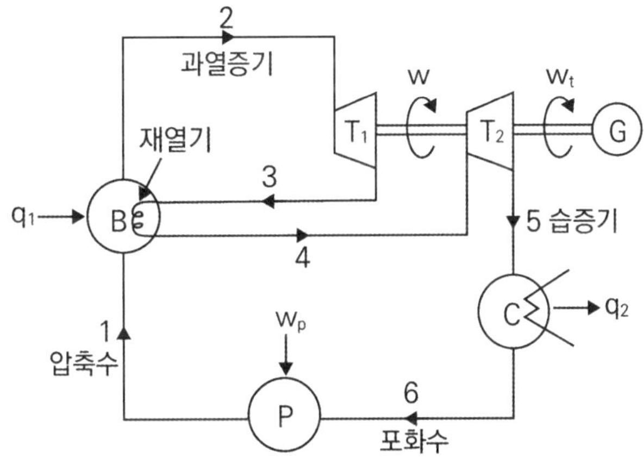

[재열사이클의 구성]

랭킨사이클의 열효율은 초온·초압을 증가시킬수록 높아진다. 열효율을 높이기 위해 초압을 높게 하면 터번에서 팽창 중의 증기의 건도가 저하되어 터빈 날개를 부식시킨다. 재열사이클은 팽창일을 증대시키고, 또 터빈 출구 증기의 건도를 떨어뜨리지 않는 수단으로서 팽창도중의 증기를 뽑아내어 가열장치로 보내 재가열한 후 다시 터빈에 보내는 사이클을 말하며, 통상 열효율도 증대된다.

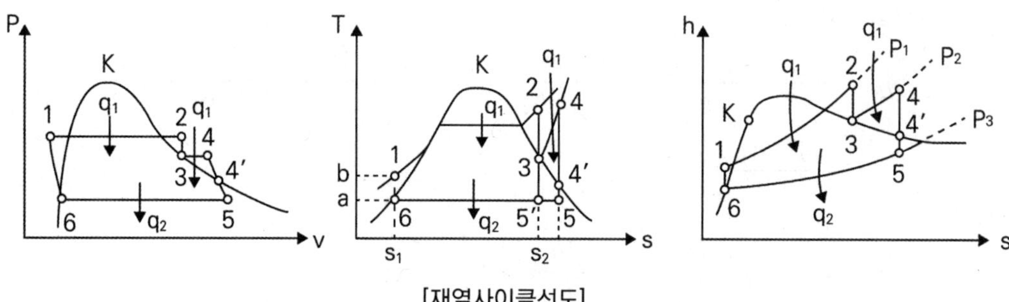

[재열사이클선도]

(1) 가열량(q_1) : "정압가열"이므로

$\delta q = dh - vdp$에서 $\therefore q_1 = (h_2 - h_1) + (h_4 - h_3)$

(2) 방열량(q_2) : "정압방열"이므로

$\therefore q_2 = h_5 - h_6$

(3) 터빈열량(w_T) : "단열팽창"이므로

$\therefore w_T = (h_2 - h_3) + (h_4 - h_5)$

(4) 펌프열량(w_P) : "단열압축"이므로

$\therefore w_P = h_1 - h_6$

(5) 열효율(η_{Reh})

$$\eta_{Reh} = \frac{w_{net}}{q_1} = \frac{w_T - w_P}{q_1} = \frac{\{(h_2 - h_3) + (h_4 - h_5)\} - (h_1 - h_6)}{(h_2 - h_1) + (h_4 - h_3)}$$

펌프일은 터빈일에 비해 무시할 정도로 대단히 적다.

그러므로 만약 펌프일을 무시하면 $\eta_{Reh} = \dfrac{(h_2 - h_3) + (h_4 - h_5)}{(h_2 - h_1) + (h_4 - h_3)}$에서 $h_1 \fallingdotseq h_6$이므로

결국 $$\eta_{Reh} = \frac{(h_2 - h_3) + (h_4 - h_5)}{(h_2 - h_1) + (h_4 - h_3)}$$

(6) 개선율

$$\text{개선율} = \frac{\eta_{Reh} - \eta_R}{\eta_R} \times 100\,\%$$

3) 재생사이클(Regenerative Cycle)

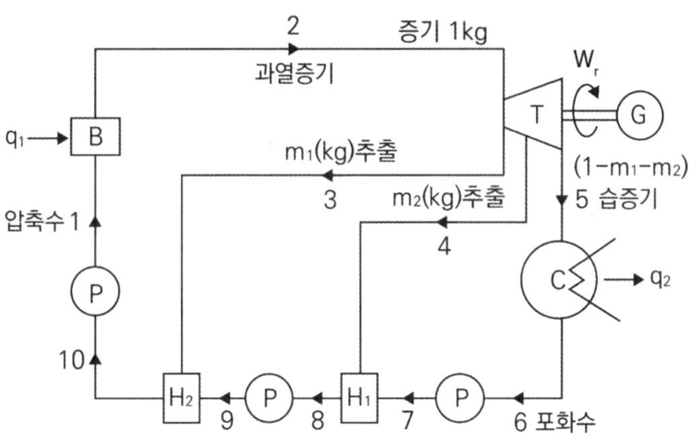

[재생사이클의 구성]

증기 원동소에서는 가스터빈과 달리, 터빈에서 나오는 증기의 온도가 낮다. 따라서 팽창 도중 일부 증기를 추출하여 급수를 가열하는 데 이용하면, 복수기에서 방출되는 열량이 감소하여 그만큼 열효율이 개선된다. 즉, 급수가열기를 이용하여 공급 열량을 가능한 한 줄임으로써 열효율을 개선하고자 고안된 사이클을 의미한다.

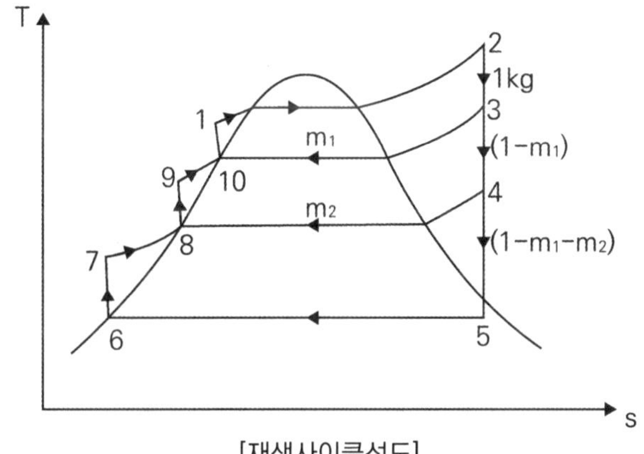

[재생사이클선도]

여기서 H_1 : 저온급수가열기, H_2 : 고온급수가열기

m_1, m_2 : 추기량

(1) 열효율(η_{Reg})

$$\eta_{Reg} = \frac{w_{net}}{q_1} = \frac{w_T - w_P}{q_1}$$

$$= \frac{\{(h_2-h_3)+(1-m_1)(h_3-h_4)+(1-m_1-m_2)(h_4-h_5)\} - \{(1-m_1-m_2)(h_7-h_6)+(h-m_1)(h_9-h_8)+(h_1-h_{10})\}}{(h_2-h_1)+(1-m_1)(h_{10}-h_9)+(1-m_1-m_2)(h_8-h_7)}$$

(2) 추기량(m_1, m_2)

우선 점 10을 기준으로 하면 $m_1(h_3-h_{10})=(1-m_1)(h_{10}-h_9)$

여기서 추기량 m_1을 구하면 된다.

또한 점 8을 기준으로 하면 $m_2(h_4-h_8)=(1-m_1-m_2)(h_8-h_7)$

여기서 추기량 m_2을 구하면 된다.

(3) 개선율

$$\text{개선율} = \frac{\eta_{Reg}-\eta_R}{\eta_R} \times 100\ \%$$

4) 재열 - 재생사이클(Reheating And Regenerative Cycle)

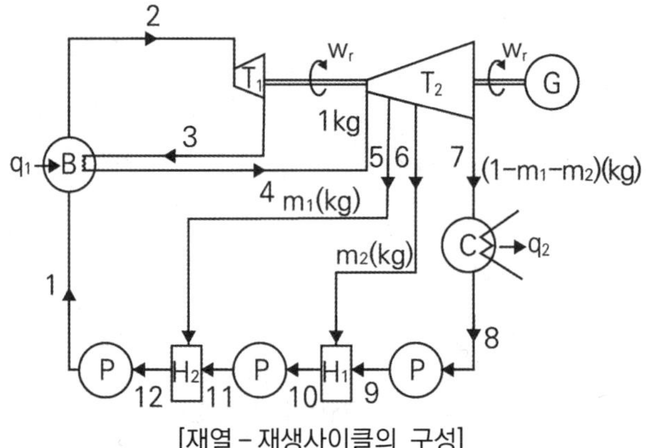

[재열 - 재생사이클의 구성]

재열사이클과 재생사이클은 둘 다 효율을 증가시키는 공통점이 있지만, 그 근본 목적은 서로 다르다. 재열사이클은 실제에서 발생하는 내부 손실을 줄여 출력비(Work Ratio)를 증가시키는 데 초점이 맞춰져 있다. 반면, 재생사이클은 열역학적으로 열효율(Thermal Efficiency)을 증가시키는 것이 목적이다. 각 사이클의 특징이 서로 겹치지 않기 때문에 동일한 사이클에 두 방식을 함께 적용하면 각각의 장점을 살릴 수 있으며, 증기 원동기의 전체 사이클 효율을 더욱 향상시킬 수 있다.

3 가스동력사이클 – 내연기관사이클

1) 오토사이클

공기표준 오토사이클(Otto Cycle)은 불꽃점화기관(= 전기점화기관 : Spark Ignition Engine)의 이상사이클로서 제안자의 이름을 붙여서 오토사이클(Otto Cycle) 또는 정적하에서 열을 공급하므로 정적 사이클(Constant Volume Cycle)이라 한다. 2개의 단열과정과 2개의 정적과정으로 이루어지며 가솔린기관, 가스기관, 석유기관과 같은 고속기관의 기본 사이클이다.

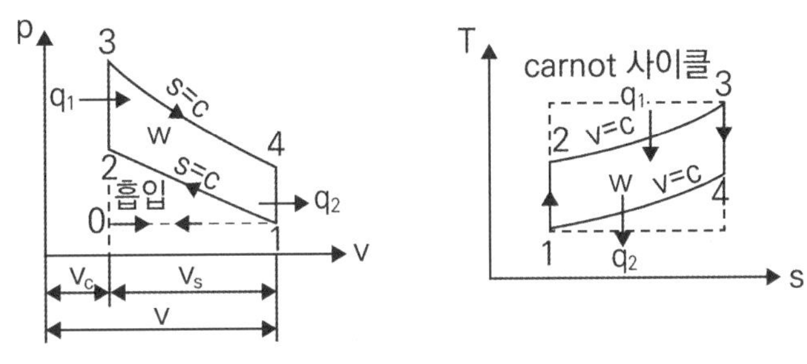

[오토사이클]

여기서 v_c : 통극(= 극간 = 간극 = 틈새 = 연소실)체적

v_s : 행정체적(Stroke Volume), $v_s = A \cdot S = \frac{\pi D^2}{4} \times S(\text{cm}^3)$

v : 실린더체적$(= v_c + v_s)$, ε : 압축비(Compression Ratio)

$$\varepsilon = \frac{v}{v_c} = \frac{v_c + v_s}{v_c} = 1 + \frac{v_s}{v_c} = \frac{v_1}{v_2} = \frac{v_4}{v_2} = \frac{v_1}{v_3} = \frac{v_4}{v_3} = \frac{\text{최대체적}}{\text{최소체적}}$$

(1) 가열량(q_1) : "정적가열"이므로

$\delta q = du + pdv = dh - vdp$에서 $v = c$ 즉, $dv = 0$이므로

즉, $\delta q = du = C_v dT$

$\therefore q_1 = C_v(T_3 - T_2)$

(2) 방열량(q_2) : "정적방열"이므로

$\delta q = du = C_v dT$

$\therefore q_2 = C_v(T_4 - T_1)$

(3) 열효율(η_0)

$$\eta_0 = \frac{w}{q_1} = 1 - \frac{q_2}{q_1} = 1 - \frac{C_v(T_4 - T_1)}{C_v(T_3 - T_2)} = \boxed{1 - \frac{T_4 - T_1}{T_3 - T_2}}$$

여기서 ① 1 → 2과정 : "단열압축"이므로

$$\frac{T_2}{T_1}=\left(\frac{v_1}{v_2}\right)^{k-1} \text{에서 } T_2 = T_1\left(\frac{v_1}{v_2}\right)^{k-1} = T_1\varepsilon^{k-1} \cdots\cdots ①$$

② 3 → 4과정 : "단열팽창"이므로

$$\frac{T_3}{T_4}=\left(\frac{v_4}{v_3}\right)^{k-1} \text{에서 } T_3 = T_4\left(\frac{v_4}{v_3}\right)^{k-1} = T_4\varepsilon^{k-1} \cdots\cdots ②$$

①, ②식을 원식에 대입하면

결국 $\eta_0 = 1 - \frac{T_4 - T_1}{T_3 - T_2} = 1 - \frac{T_4 - T_1}{T_4\varepsilon^{k-1} - T_1\varepsilon^{k-1}}$

$$\eta_0 = 1 - \left(\frac{1}{\varepsilon}\right)^{k-1}$$

즉,

$$\varepsilon = \sqrt[k-1]{\frac{1}{1-\eta_0}}$$

오토사이클의 열효율은 압축비(ε)와 비열비(k)의 함수이며, 압축비(ε)와 비열비(k)가 클수록 열효율이 증가한다.

그러나 실제 오토사이클에서는 압축비(ε)가 클 경우에 이상연소, 즉 노킹(Knocking)이 일어나므로 압축비의 크기는 제한을 받는다.

현재 사용되고 있는 가솔린기관의 압축비는 6 ~ 9정도이다.

(4) 평균유효압력(P_m)

$$p_m = \frac{w}{v_1 - v_2} = p_1\frac{(\alpha-1)(\varepsilon^k - \varepsilon)}{(k-1)(\varepsilon-1)}$$

여기서 압력비 $\alpha = \frac{p_3}{p_2}$

실제기관의 열효율이 공기표준사이클보다 낮은 중요한 원인은 다음과 같다.

① 실제 기체의 비열이 온도 상승에 따른 증대
② 불완전연소 및 화염전파기간 손실
③ 흡·배기밸브에서의 유체유동에 따르는 압력강하
④ 기통 벽으로의 열전달
⑤ 압력 및 온도구배로 인한 비가역과정

[노킹(Knocking)]
연소속도가 지나치게 빨라지면 압력이 급격히 상승하여 충격적인 작용을 일으키며, 고주파 진동과 같은 높은 음이 발생하여 다양한 장애를 일으키는 현상이다.

2) 디젤사이클

디젤사이클은 2개의 단열과정, 1개의 정압과정, 1개의 정적과정으로 이루어진 사이클로, 저속 디젤기관의 기본사이클이다. 디젤기관에서는 가솔린기관과 달리 처음에 공기만 실린더 속으로 흡입한 후, 이를 높은 압축비로 단열압축한다. 이렇게 압축된 공기에 연료(중유)를 분사하면, 고온의 압축 공기에 의해 자연 발화하여 연소가 이루어진다. 즉, 공기의 압축열만으로 착화 온도에 도달하므로, 폭발로 인한 급격한 압력 상승을 피하기 위해 연료 공급을 적절히 조절하여 정압 연소를 하게 된다. 이와 같이 정압 상태에서 연소가 이루어지므로 '정압사이클'이라고도 하며, 저속 또는 중속 디젤기관에 많이 사용된다.

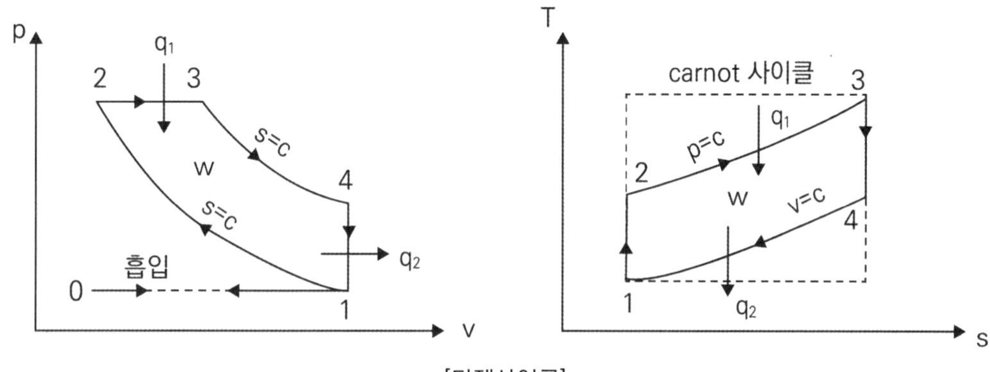

[디젤사이클]

$$압축비\ \varepsilon = \frac{v_1}{v_2} = \frac{v_4}{v_2} = \frac{최대체적}{최소체적}$$

(1) 가열량(q_1) : "정적가열"이므로

$\delta q = du + pdv = dh - vdp$에서 $p = c$, 즉 $dp = 0$이므로

$\delta q = dh = C_p dT$

$\therefore q_1 = C_p(T_3 - T_2)$

(2) 방열량(q_2) : "정적방열"이므로 $v = c$, 즉 $dv = 0$이므로

$\delta q = du = C_v dT$

$\therefore q_2 = C_v(T_4 - T_1)$

(3) 열효율(η_d)

$$\eta_d = \frac{w}{q_1} = 1 - \frac{q_2}{q_2} = 1 - \frac{C_v(T_4 - T_1)}{C_p(T_3 - T_2)} = \boxed{1 - \frac{(T_4 - T_1)}{k(T_3 - T_2)}}$$

여기서

① 1→2과정 : "단열압축"이므로

$$\frac{T_2}{T_1}=\left(\frac{v_1}{v_2}\right)^{k-1} \text{에서 } T_2=T_1\left(\frac{v_1}{v_2}\right)^{k-1}=T_1\varepsilon^{k-1} \cdots\cdots ①$$

② 2→3과정 : "정압가열"이므로

$$\frac{v_2}{T_2}=\frac{v_3}{T_3} \text{에서 } T_3=T_2\left(\frac{v_3}{v_2}\right)=T_1\varepsilon^{k-1}\sigma \cdots\cdots ②$$

단, $\sigma=\frac{v_3}{v_2}$: 단절비(= 체절비 : Cut Off Ratio)

③ 3→4과정 : "단열팽창"이므로

$$\frac{T_4}{T_3}=\left(\frac{v_3}{v_4}\right)^{k-1} \text{에서 } T_4=T_3\left(\frac{v_3}{v_4}\right)^{k-1}=T_3\left(\frac{v_3}{v_4}\times\frac{v_3}{v_2}\right)^{k-1}=T_3\left(\frac{1}{\varepsilon}\sigma\right)^{k-1}$$

$$=T_1\varepsilon^{k-1}\sigma\times\frac{1}{\varepsilon^{k-1}}\times\sigma^{k-1}=T_1\sigma^k \cdots\cdots ③$$

①, ②, ③식을 원식에 대입하면

결국 $\eta_d=1-\frac{(T_4-T_1)}{k(T_3-T_2)}=1-\frac{T_1\sigma^k-T_1}{k(\sigma T_1\varepsilon^{k-1}-T_1\varepsilon^{k-1})}$

$$\eta_d=1-\left(\frac{1}{\varepsilon}\right)^{k-1}\cdot\frac{\sigma^k-1}{k(\sigma-1)}$$

즉,

$$\varepsilon=\sqrt[k-1]{\frac{\sigma^k-1}{(1-\eta_d)k(\sigma-1)}}$$

즉, 디젤사이클은 압축비(ε)와 단절비(σ)의 함수이며, 압축비(ε)는 크고 단절비(σ)는 작을수록 열효율은 증가한다. 또한 열효율 $\eta_d=1-\left(\frac{1}{\varepsilon}\right)^{k-1}\frac{\sigma^k-1}{k(\sigma-1)}$에서 $\frac{\sigma^k-1}{k(\sigma-1)}=x$라 놓으면 σ와 k는 항상 1보다 크므로 $x>1$이다. 그러므로 압축비 ε이 동일할 때에는 오토사이클의 열효율이 디젤사이클의 열효율보다 크다. 하지만 디젤사이클에서는 압축비(ε)를 아무리 높여도 노킹(Knocking)의 염려가 없으므로 오토사이클보다 열효율을 더 증가시킬 수 있다. 그러나 압축비를 높이면 최대압력도 높아져 구조의 강도를 위하여 무게가 커지는 문제가 생긴다. 그러므로 디젤기관의 압축비는 보통 12 ~ 22 정도에서 사용한다.

3) 사바테사이클

사바테사이클은 가열과정이 정적 및 정압으로 동시에 이루어지므로 정적 - 정압사이클 또는 이중연소사이클이라 한다. 또한 오토사이클과 디젤사이클을 합성한 것이므로 합성 사이클(= 복합사이클 : Combind Cycle)이라고도 부른다. 또한 고속디젤기관의 기본 사이클이다.

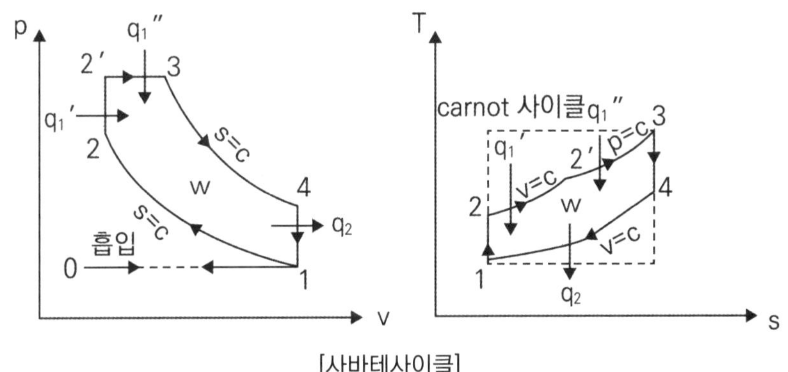

[사바테사이클]

$$\text{압축비} : \varepsilon = \frac{v_1}{v_2} = \frac{v_4}{v_2} = \frac{v_1}{v_2'} = \frac{v_4}{v_2'} = \frac{\text{최대체적}}{\text{최소체적}}$$

$$\text{단절비(= 체절비)} : \sigma = \frac{v_3}{v_2'} = \frac{v_3}{v_2}$$

(1) 가열량(q_1) : "정적 + 정압가열"이므로

$\therefore\ q_1 = q_1' + q_1'' = C_v(T_2' - T_2) + C_p(T_3 - T_2')$

(2) 방열량(q_2) : "정적방열"이므로

$q_2 = C_v(T_4 - T_1)$

(3) 열효율(η_s)

$$\eta_s = \frac{w}{q_1} = 1 - \frac{q_2}{q_1}$$

$$= 1 - \frac{C_v(T_4 - T_1)}{C_v(T_2' - T_2) + C_p(T_3 - T_2')} = 1 - \frac{T_4 - T_1}{(T_2' - T_2) + k(T_3 - T_2')}$$

여기서

① 1 → 2과정 : "단열압축"이므로

$$\frac{T_2}{T_1}=\left(\frac{v_1}{v_1}\right)^{k-1} \text{에서 } T_2 = T_1\left(\frac{v_1}{v_2}\right)^{k-1} = T_1\varepsilon^{k-1} \cdots\cdots ①$$

② 2 → 2′과정 : "정적가열"이므로

$$\frac{p_2}{T_2}=\frac{p_2'}{T_2'} \text{에서 } T_2' = T_2\left(\frac{p_2'}{p_2}\right)= T_1\varepsilon^{k-1}\rho \cdots\cdots ②$$

단, $\rho=\frac{p_2'}{p_2}=\frac{p_3}{p_2}$: 압력상승비(= 폭발비 : Pressure Rise Ratio)

③ 2′ → 3과정 : "정압가열"이므로

$$\frac{v_2'}{T_2'}=\frac{v_3}{T_3} \text{에서 } T_3 = T_2'\left(\frac{v_3}{v_2}\right)= T_1\varepsilon^{k-1}\rho\sigma \cdots\cdots ③$$

④ 3 → 4과정 : "단열팽창"이므로

$$\frac{T_4}{T_3}=\left(\frac{v_3}{v_4}\right)^{k-1} \text{에서}$$

$$T_4 = T_3\left(\frac{v_3}{v_4}\right)^{k-1} = T_3\left(\frac{v_2'}{v_4}\times\frac{v_3}{v_2'}\right)^{k-1} = T_1\varepsilon^{k-1}\cdot\rho\sigma\left(\frac{1}{\varepsilon}\sigma\right)^{k-1} = T_1\rho\sigma^k \cdots\cdots ④$$

①, ②, ③, ④식을 원식에 대입하면

$$\text{결국 } \eta_s = 1-\frac{(T_4-T_1)}{(T_2'-T_2)+k(T_3-T_2')}$$

$$= 1-\frac{T_1\rho\sigma^k - T_1}{(T_1\varepsilon^{k-1}\rho - T_1\varepsilon^{k-1})+k(T_1\varepsilon^{k-1}\rho\sigma - T_1\varepsilon^{k-1}\rho)}$$

$$\eta_s = 1-\left(\frac{1}{\varepsilon}\right)^{k-1}\cdot\frac{\rho\sigma^k-1}{(\rho-1)+k\rho(\sigma-1)}$$

사바테사이클의 열효율은 <u>σ = 1일 때 오토사이클</u>이 되고 <u>ρ = 1일 때 디젤사이클</u>이 되며, 이들 두 사이클은 사바테사이클의 특별한 경우라 생각할 수 있다. 또한 동일한 압축비 및 단절비에서 사바테사이클의 열효율은 오토사이클보다 작고 디젤사이클보다는 크다.

$$\sigma = 1\text{일 때, } \eta_s = 1-\left(\frac{1}{\varepsilon}\right)^{k-1}\cdot\frac{\rho\times 1^k-1}{(\rho-1)+k\rho(1-1)} = 1-\left(\frac{1}{\varepsilon}\right)^{k-1} = \eta_0$$

$$\rho = 1\text{일 때, } \eta_s = 1-\left(\frac{1}{\varepsilon}\right)^{k-1} \cdot \frac{1\times\sigma^k-1}{(1-1)+k\times1\times(\sigma-1)}$$
$$= 1-\left(\frac{1}{\varepsilon}\right)^{k-1} \cdot \frac{\sigma^k-1}{k(\sigma-1)} = \eta_d$$

[내연기관사이클의 열효율 비교]

압축비 : $\varepsilon_d > \varepsilon_s > \varepsilon_0$

① 가열량 및 압축비가 일정할 경우 : $\eta_0 > \eta_s > \eta_d$

② 가열량 및 최고 압력이 일정할 경우 : $\eta_0 < \eta_s < \eta_d$

4 가스동력사이클 – 가스터빈사이클

1) 가스터빈

가스터빈은 압축기, 터빈, 연소기로 구성되어 있고 압축기에서 압축된 공기가 연료와 혼합되어 연소함으로써 고온 고압의 기체가 팽창하고 이 힘을 이용하여 터빈을 구동한다. 에너지는 샤프트를 통해 토크(Torque)로 전달되거나 추력이나 압축 공기 형태로 얻는다. 이렇게 얻은 에너지로 항공기, 기차, 선박, 발전기, 전차 등을 구동하는 데 쓰인다.

2) 가스터빈의 3대 기본요소

① 압축기, ② 연소기, ③ 터빈

1) 브레이튼사이클

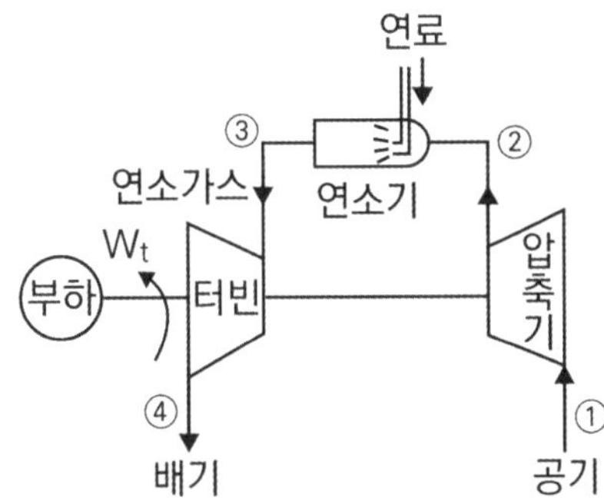

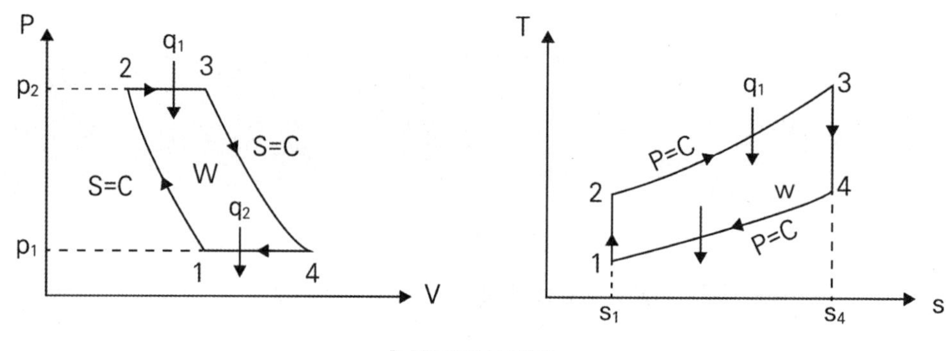

[브레이튼사이클]

브레이튼사이클은 가스터빈의 이상사이클로서 미국인 Brayton에 의해 제창되었기 때문에 Brayton Cycle이라 한다. 또한 영국인 Joule도 같은 제안을 하였으므로 Joule Cycle이라고도 한다. 정압하에서 연소하기 때문에 정압연소사이클이라고도 부른다.

2개의 정압변화와 2개의 단열과정으로 이루어져 있다.

(1) 가열량(q_1) : "정압가열"이므로

$$q_1 = C_p(T_3 - T_2)$$

(2) 방열량(q_2) : "정압방열"이므로

$$q_2 = C_p(T_4 - T_1)$$

(3) 열효율(η_B)

$$\eta_B = \frac{w}{q_1} = 1 - \frac{q_2}{q_1} = 1 - \frac{C_p(T_4 - T_1)}{C_p(T_3 - T_2)}$$

$$\eta_B = 1 - \frac{T_4 - T_1}{T_3 - T_2}$$

여기서

① 1 → 2과정 : "단열압축"이므로

$$\frac{T_2}{T_1} = \left(\frac{p_2}{p_1}\right)^{\frac{k-1}{k}} \text{에서 } T_2 = T_1\left(\frac{p_2}{p_1}\right)^{\frac{k-1}{k}} = T_1\gamma^{\frac{k-1}{k}} \quad \cdots\cdots ①$$

단, $\gamma = \frac{p_2}{p_1} = \frac{p_3}{p_1} = \frac{p_2}{p_4} = \frac{p_3}{p_4}$: 압력비(Compression Pressure Ratio)

$$= \frac{\text{최고압력}}{\text{최저압력}}$$

② 3 → 4과정 : "단열팽창"이므로

$$\frac{T_3}{T_4}=\left(\frac{p_3}{p_4}\right)^{\frac{k-1}{k}} \text{에서 } T_3 = T_4\left(\frac{p_3}{p_4}\right)^{\frac{k-1}{k}} = T_1\gamma^{\frac{k-1}{k}} \quad \cdots\cdots ②$$

①, ②식을 원식에 대입하면

$$\eta_B = 1-\frac{T_4-T_1}{T_3-T_2}=1-\frac{T_4-T_1}{T_4\gamma^{\frac{k-1}{k}}-T_1\gamma^{\frac{k-1}{k}}}$$

$$\eta_B = 1-\left(\frac{1}{\gamma}\right)^{\frac{k-1}{k}}$$

즉, 브레이튼사이클의 열효율은 압력비(γ)만의 함수이며 압력비(γ)가 클수록 열효율은 증가한다.

2) 에릭슨사이클

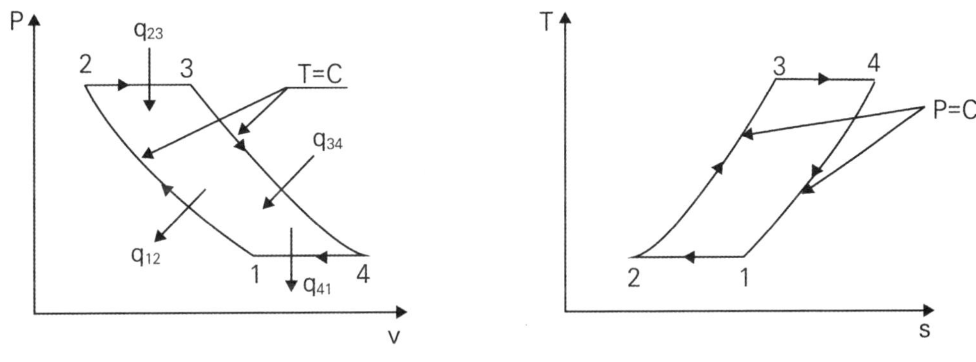

[에릭슨사이클]

(1) 사이클의 구성 : 2개의 정압과정과 2개의 등온과정으로 구성

(2) 사이클의 순서 : 등온압축 → 정압가열 → 등온팽창 → 정압방열

3) 스털링사이클

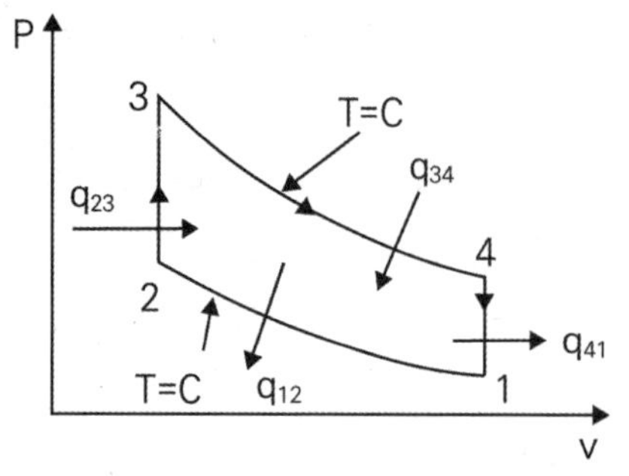

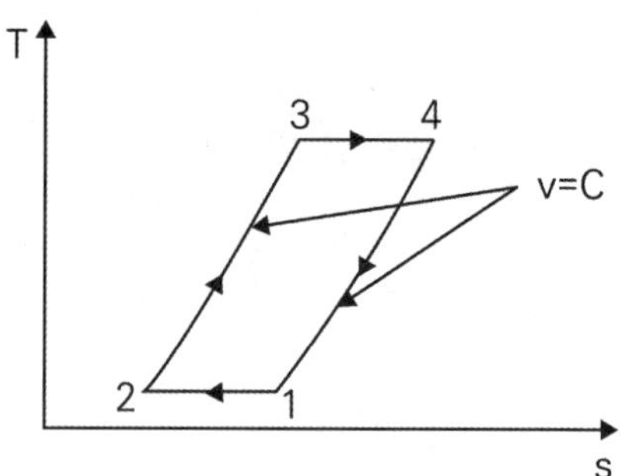

[스털링사이클]

증기원동소의 이상사이클인 랭킨사이클에서 만약 이상적인 재생기가 있다면 스털링사이클에 근접한다. 그리고 역스털링사이클은 헬륨(He)을 냉매로 하는 극저온용의 가스냉동기의 기본 사이클이다.

(1) 사이클의 구성 : 2개의 정적과정과 2개의 등온과정으로 구성

(2) 사이클의 순서 : 등온압축 → 정적가열 → 등온팽창 → 정압방열

4) 아트킨슨사이클

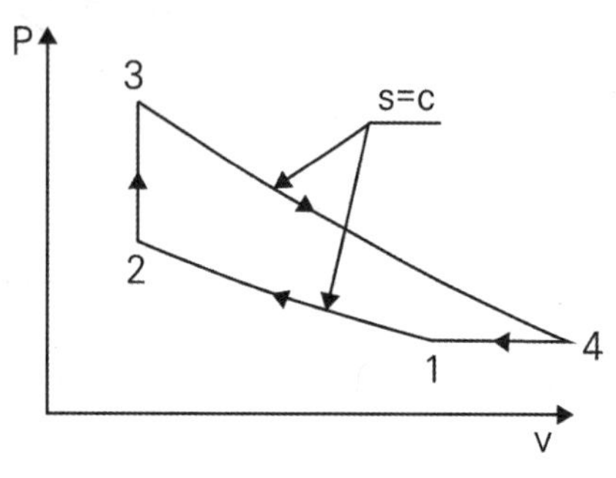

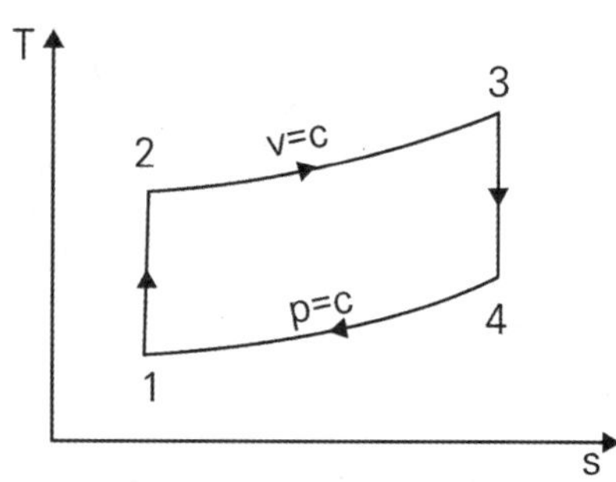

[아트킨슨사이클]

아트킨슨사이클은 오토사이클에서의 팽창비보다 크게 함으로써 더 많은 일을 할 수 있도록 수정한 것으로 생각할 수 있다. 오토사이클과 정압방열과정만이 다르며, 오토사이클의 배기로 운전되는 가스터빈의 이상사이클로서 정적가스터빈사이클이라고도 부른다.

(1) 사이클의 구성 : 2개의 단열과정, 1개의 정적과정, 1개의 정압과정으로 구성

(2) 사이클의 순서 : 단열압축 → 정적가열 → 단열팽창 → 정압방열

5) 르누아사이클

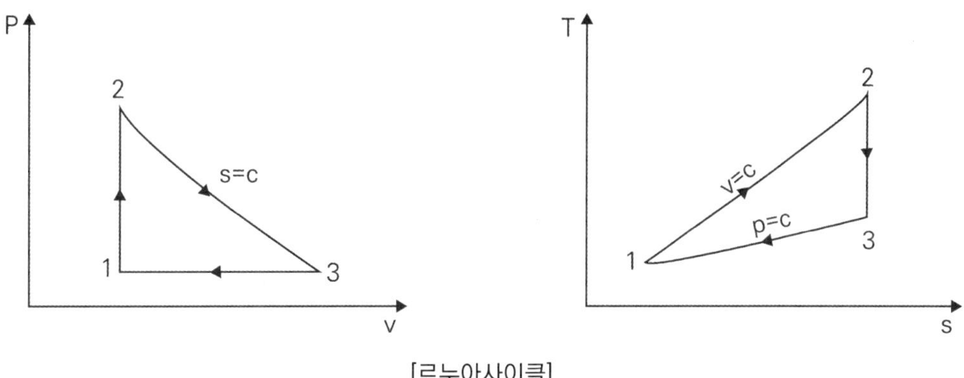

[르누아사이클]

르누아사이클은 동작물질의 압축과정이 없으며 정적하에서 급열되어 압력이 상승한 후 기체가 팽창하면서 일을 하고 정압하에서 배출된다.

이 사이클은 펄스제트(Pulse Jet) 추진계통의 사이클과 비슷하다.

(1) 사이클의 구성 : 1개의 단열변화, 1개의 정적과정, 1개의 정압과정으로 구성

(2) 사이클의 순서 : 정적가열 → 단열팽창 → 정압방열

06 예상문제

01 랭킨사이클에서 보일러 입구 엔탈피 192.5 kJ/kg, 터빈 입구 엔탈피 3002.5 kJ/kg, 응축기 입구 엔탈피 2361.8 kJ/kg일 때 열효율(%)은? (단, 펌프의 동력은 무시한다)

① 20.3　② 22.8
③ 25.7　④ 29.5

해설

[랭킨사이클 열효율]

$$\eta = \frac{\text{터빈입구} - \text{응축기입구}}{\text{터빈입구(보일러출구)} - \text{보일러입구}} \times 100$$

$$= \frac{3002.5 - 2361.8}{3002.5 - 192.5} \times 100 = 22.85$$

※ 랭킨사이클 열효율(η_R)

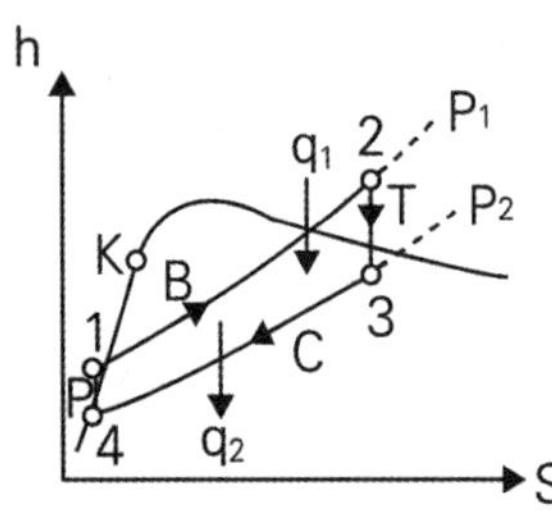

[랭킨사이클선도]

$$\eta_R = \frac{T-P}{B} = \frac{(h_2 - h_3) - (h_1 - h_4)}{h_2 - h_1}$$

만약 펌프일을 무시하면

$\eta_R = \frac{h_2 - h_3}{h_2 - h_1}$에서 $h_1 \fallingdotseq h_4$이므로

$$\eta_R = \frac{(h_2 - h_3)}{h_2 - h_4}$$

02 오토사이클로 작동되는 기관에서 실린더의 극간 체적(Clearance Volume)이 행정체적(Stroke Volume)의 15 %라고 하면 이론 열효율은 약 얼마인가? (단, 비열비 k = 1.4이다)

① 39.3 %　② 45.2 %
③ 50.6 %　④ 55.7 %

해설

[오토사이클 효율]

1) 압축비 ε

$$\varepsilon = \frac{\text{실린더의 체적}}{\text{간극체적}} = \frac{\text{간극체적} + \text{행정체적}}{\text{간극체적}} = \frac{0.15 + 1}{0.15} = 7.67$$

2) 오토사이클 효율

$$\eta_o = 1 - \left(\frac{1}{\varepsilon}\right)^{k-1} = 1 - \left(\frac{1}{7.67}\right)^{1.4-1} \fallingdotseq 0.557 = 55.7\ \%$$

ε : 압축비, k : 비열비

정답 01 ② 02 ④

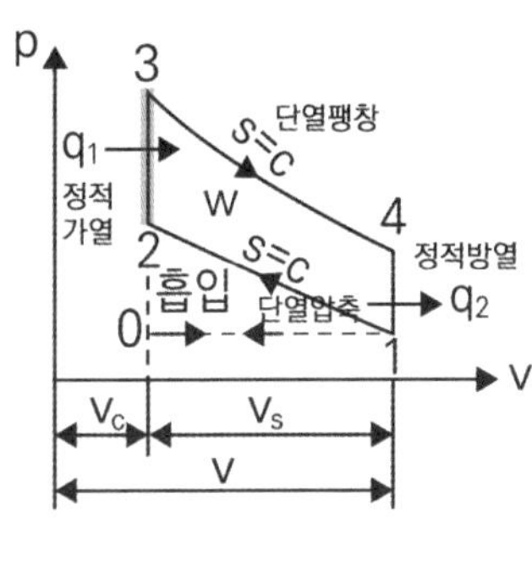

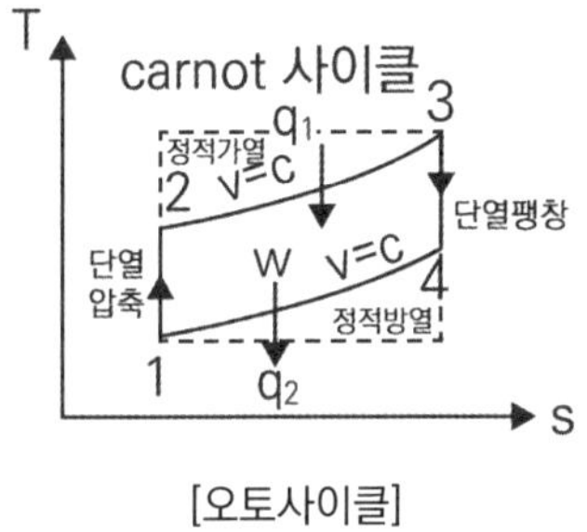

[오토사이클]

03 비열비 1.3, 압력비 3인 이상적인 브레이튼사이클(Brayton Cycle)의 이론 열효율이 X %였다. 여기서 열효율 12 %를 추가 향상시키기 위해서는 압력비를 약 얼마로 해야 하는가? (단, 향상된 후 열효율은 (X + 12) %이며, 압력비를 제외한 다른 조건은 동일하다)

① 4.6　　② 6.2
③ 8.4　　④ 10.8

해설

[브레이튼사이클]

1) 이론 열효율 X

$$X = 1 - \left(\frac{1}{\gamma}\right)^{\frac{k-1}{k}} = 1 - \left(\frac{1}{3}\right)^{\frac{1.3-1}{1.3}}$$

$$\fallingdotseq 0.2239 = 22.39\ \%$$

2) 열효율 12 % 추가 향상 시 열효율 X_B

$$X_B = X + 12$$

$$= 22.39 + 12 = 34.39\ \% = 0.3439$$

3) 열효율 12 % 추가 향상 시 압력비 γ_B

$$X_B = 1 - \left(\frac{1}{\gamma_B}\right)^{\frac{k-1}{k}}$$

$$0.3439 = 1 - \left(\frac{1}{\gamma_B}\right)^{\frac{1.3-1}{1.3}}$$

$$\therefore \gamma_B = 6.21$$

γ : 압력비
k : 비열비

정답 03 ②

03

P·a·r·t

공조냉동설계 (냉동공학)

Chapter 01 냉동이론

01 냉동의 기초 및 원리

1 단위 및 용어

1) 냉동

어느 공간 또는 특정한 물체의 온도를 현재의 온도보다 낮게 하고 그 낮게 한 온도를 계속 유지시켜 나가는 것으로 물체 열의 이동 또는 결핍을 냉동이라 한다.

(1) 냉장 : 특정 물체가 얼지 않을 정도의 상태에서 저장하는 것(냉각에서 저장)

(2) 냉각 : 특정 물체의 온도를 상온보다 낮게(빙점 전까지) 내려주는 것

보충 냉장과 냉각 : 냉장은 '저장', 냉각은 '온도를 내리는 행위'에 초점이 있다.

(3) 동결 : 수분이 있는 물질을 상하지 않도록 동결점(빙점) 이하의 온도까지 얼려버리는 것

(4) 제빙 : 상온의 물을 -9℃ 저온의 얼음으로 만드는 것

(5) 저빙 : 상품화된 얼음을 저장하는 것

(6) 제습 : 공기나 제품의 습기를 제거하는 것

2 냉동의 원리

1) 자연 냉동법

인공적인 압축이나 기계장치 없이 물질의 상변화(융해, 승화, 증발)에 따른 잠열을 이용하여 냉각하는 방법이다. 주요 방식은 다음과 같다.

(1) 고체의 융해잠열 이용 : 얼음은 0℃에서 녹을 때 약 334 kJ/kg의 열을 흡수한다.

(2) 고체의 승화잠열 이용 : CO_2(드라이아이스)의 승화잠열은 -78.5℃에서 승화할 때 573.6 kJ/kg의 열을 흡수한다.

(3) 액체의 증발잠열 이용 : N_2, CO_2 등을 이용하면 N_2는 -196℃에서 201 kJ/kg, CO_2는 -20℃에서 376.8 kJ/kg의 열을 흡수한다.

(4) 기한제를 사용하는 방법 : 소금, 염화칼슘 등의 혼합으로 낮은 온도를 얻는 방법이다.

보충 기한제(起寒劑) : 두 종류의 물질을 혼합하면 단독으로 사용할 때보다 더 낮은 온도를 얻을 수 있는 것이 있는데 이러한 혼합물을 기한제라고 한다(예 소금 + 물 또는 염화칼슘 + 물).

2) 기계 냉동법

외부 기계적 에너지를 이용하여 냉매를 순환시키고, 증발잠열 등을 활용해 피냉각물에서 열을 흡수하여 냉각하는 방법이다. 주요 방식은 다음과 같다.

(1) 증기 압축식 냉동법

냉매의 증발잠열을 이용하여 냉각하며, 순환 경로는 압축기 → 응축기 → 팽창밸브 → 증발기 순서로 진행된다.

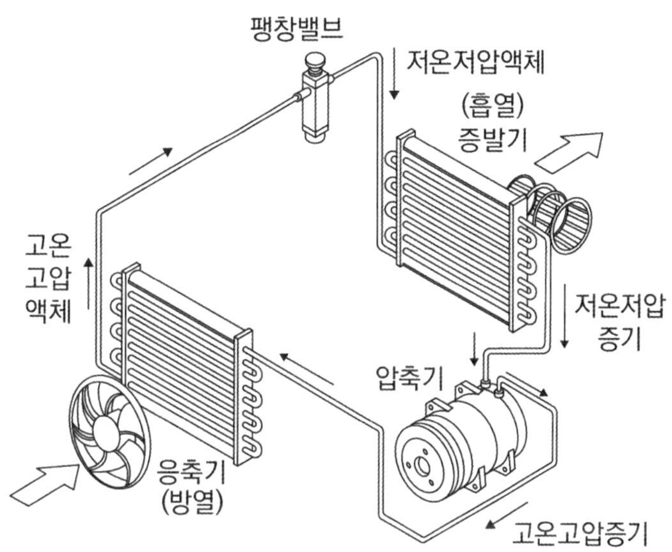

(2) 증기 분사식 냉동법

물을 냉매로 사용하고, 이젝터로 다량의 증기를 분사해 발생하는 부압(진공효과)을 이용하여 냉동하는 방법이다.

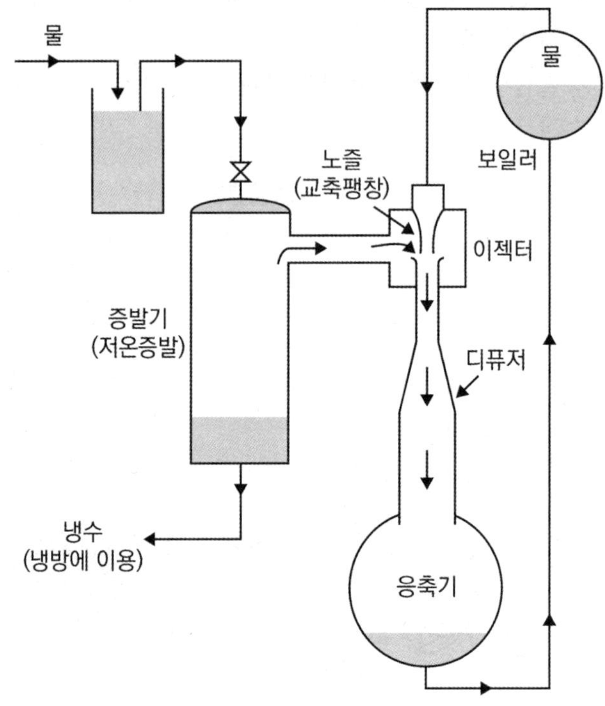

[증기 분사식 냉동기]

(3) 공기 압축식 냉동기

① 공기를 냉매로 사용하고, 팽창기에서 단열팽창시켜 냉각한다.

② 압축기는 체적이 크고, 효율이 낮으며, 줄-톰슨(Joule-Thomson)효과를 이용한다.

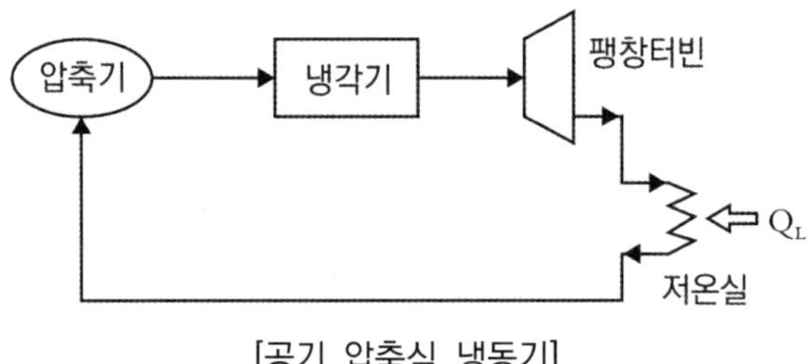

[공기 압축식 냉동기]

(4) 전자냉동법(열전냉동법)

① 펠티에효과(Peltier Effect)를 이용해 두 금속접합부에 직류 전기를 흐르게 하여 열 방출 및 흡수를 일으키는 냉동방법이다.

② 전류의 흐름 방향을 반대로 하면 열의 방출과 흡수가 반대로 된다.

③ 운전부품이 없어 소음이 없고, 냉매나 배관이 없어 환경오염 위험이 없다.

보충 펠티에효과 : 서로 다른 두 금속이나 반도체를 접합하고 전류를 흐르게 하면 한 쪽 접합부는 흡열(차가워짐), 다른 쪽 접합부는 발열(뜨거워짐)현상이 나타나는 것

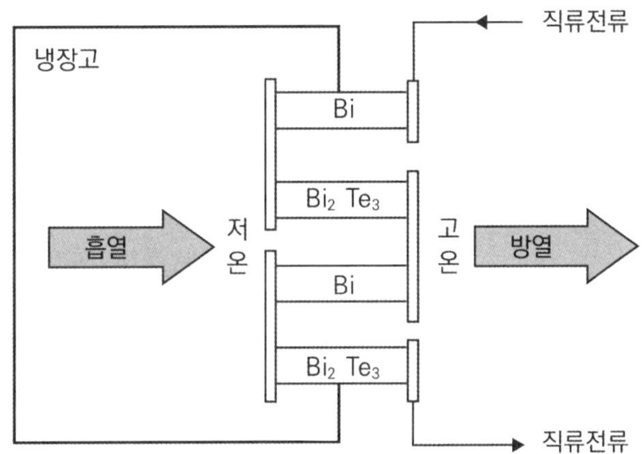

(5) 단열소자 냉동법

상자성체에 자기장을 걸었다가 제거할 때 분자 배열이 흩어지면서 주위로부터 열을 흡수하는 성질을 이용한 냉동방법이다. 이 방법을 통해 약 1 K(켈빈) 정도의 극저온을 얻을 수 있다.

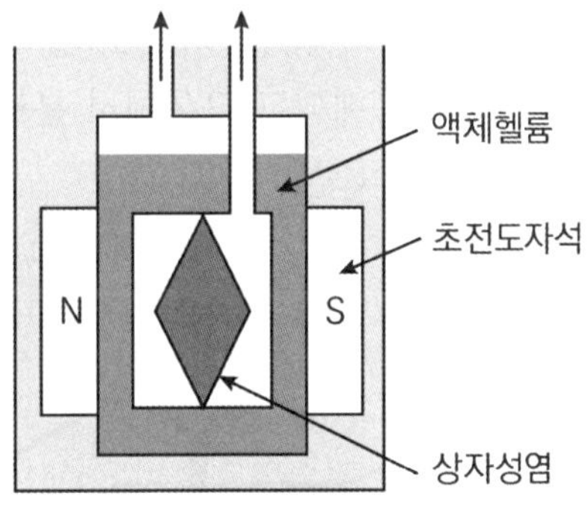

[단열소자 냉동기]

※ 단열소자 냉동법 원리

단계	내용
① 자석효과 줌	상자성체(자석처럼 되는 특성 가진 물질)를 강한 자기장 속에 넣으면, 그 안의 분자들이 일렬로 정렬된다. 이 과정에서 열이 생긴다.
② 열 식힘	이 열은 헬륨(아주 차가운 액체, 약 -269 ℃)이 흡수하면서 사라진다. 즉, 온도변화 없이(등온) 자석효과를 준다.
③ 헬륨 제거	열을 빨아들이던 헬륨을 제거하고, 상자성체를 단열(열이 안 드나들게)처리한다.
④ 자석효과 제거	그 상태에서 자기장을 갑자기 없애면 일렬이던 분자들이 흐트러지면서 에너지가 필요해진다. 그런데 에너지를 얻을 데가 없으니 그 대신 스스로 온도를 낮추게 된다.
⑤ 결과	그래서 상자성체의 온도는 절대영도(0 K)가까이 아주 낮아진다. 이게 단열소자법이고, 1 K 이하의 극저온을 만들기 위해 사용하는 방법이다.

- 상자성(Paramagnetism) : 자기장 안에 넣으면 자기장 방향으로 약하게 자화하고, 자기장이 제거되면 자화하지 않는 성질이다. 상자성을 지닌 물질을 상자성체라고 하며, 대부분의 원소는 상자성체에 속한다.
- 강자성(Ferromagnetism) : 자기장에 강하게 자화하며, 다시 자기장을 제거해도 원래 상태로 돌아가지 않는 성질을 말한다. 강자성체로는 철, 니켈, 코발트 등이 있다.

(6) 흡수식 냉동법

증기 압축식 냉동기의 압축기 대신, 가열로 압력을 높이고 흡수기와 발생기를 사용하는 방법이다. 저온에서 용해되고 고온에서 분리되는 두 물질을 이용하는 방법이다(예 냉매 : H_2O, 흡수제 : LiBr).

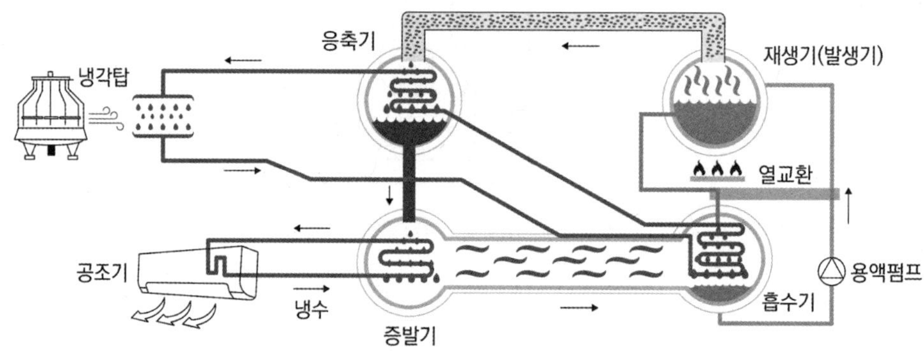

※ 흡수식 냉동장치 용량제어방법

① 가열 증기 또는 온수유량제어 : 발생기에 공급되는 증기나 온수의 유량을 조절하여 냉동 용량을 변화시키는 방법

② 바이패스 제어 : 냉매 증기의 일부를 응축기로 우회시켜 증발기로 들어가는 냉매량을 조절하는 방법

③ 구동 열원 입구 제어 : 구동 열원의 입구밸브를 조절하여 공급되는 열량을 제어하는 방법

④ 흡수액 순환량제어 : 흡수기에서 발생기까지 순환하는 흡수액의 유량을 조절하여 용량을 변화시키는 방법

02 냉매

1 냉매의 정의 및 구비조건

1) 냉매의 정의

냉매(Refrigerant)는 냉동사이클 내를 순환하면서 열을 운반하는 동작유체를 총칭한다.

2) 냉매의 구분

(1) 1차 냉매(직접 냉매) : 냉동사이클 내를 순환하며 잠열(Latent Heat)을 이용해 열을 흡수하고 운반하는 냉매를 말한다(예 R-22, R-134a, 암모니아 등).

(2) 2차 냉매(간접 냉매) : 자체 상변화 없이 현열(감열 : Sensible Heat)에 의해 열을 흡수하고 운반하는 물질을 말한다. 주로 브라인(염수), 냉각수 등이 2차 냉매로 사용된다.

3) 냉매의 구비조건

(1) 물리적

① 저온에서도 높은 포화압력을 가지고 상온에서 응축액화가 잘될 것

② 응고온도가 낮을 것

③ 임계온도가 높을 것

④ 윤활유, 수분 등과 작용하여 냉동작용에 영향을 미치는 일이 없을 것

⑤ 증발잠열이 크고 액체비열이 작을 것

⑥ 비열비가 작을 것

⑦ 전열작용이 양호할 것(표면장력이 작을수록 얇게 퍼진 액막을 형성하기 쉬움)

⑧ 전기적 절연내력이 크고 전기절연물질을 침식시키지 않을 것

(2) 화학적

① 인화, 폭발성이 없을 것

② 금속을 부식시키지 않을 것

③ 화학적으로 안정될 것

(3) 경제적

① 가격이 저렴할 것

② 동일 냉동능력에 대해 소요동력이 적게 들 것(점도가 작을수록 동력 소모가 감소)

(4) 생물학적

① 인체에 무해할 것

② 악취가 없을 것

③ 냉장품에 닿아도 냉장품을 손상시키지 않을 것

2 냉매 명명법

1) 할로겐화탄화수소 냉매(프레온)

(1) 냉매 번호 부여 기본 공식

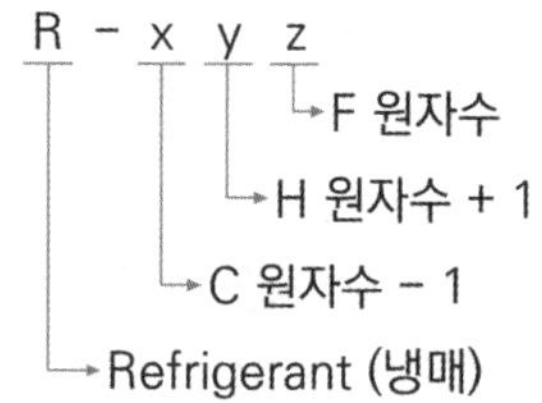

예 CCl_2F_2 :
C = 1, H = 0, F = 2 → R - (1 - 1)(0 + 1)(2) → R - 012 → R - 12

(2) 메탄계 탄화수소 냉매(탄소 원자가 1개인 경우)

R - 0yz 형태가 되어 <u>두 자리 숫자</u>로 표기됨(R - ○○ : R - 10 ~ R - 50)

예 CCl_2F_2(R - 12), $CHClF_2$(R - 22)

(3) 에탄계 탄화수소 냉매(탄소 원자가 2개인 경우)

R - 1yz 형태가 되어 <u>세 자리 숫자</u>로 표기됨(R - ○○○ : R - 110 ~ R - 170)

예 $C_2Cl_3F_3$(R - 113), $C_2HCl_2F_3$(R - 123)

(4) 브롬(Br) 포함 시(할론 계열) : 기본 번호 뒤에 Bromine의 머리글자 'B'를 붙이고 그 오른쪽에 Br의 원자수를 쓴다.

예 $CBrF_3$:
C = 1, H = 0, F = 3, Br = 1 → R - (1 - 1)(0 + 1)(3)B1 → R - 013B1 → R - 13B1

2) 혼합냉매(두가지 이상의 냉매를 섞은 경우)

(1) **비공비혼합냉매** : R - 4○○ 암 비공비사(4)

(2) **공비혼합냉매** : R - 5○○ 암 공비오(5)

3) 유기화합물 냉매

(1) 번호 부여 규칙 : R - 6○○는 할로겐 원소를 포함하지 않는 유기화합물 냉매 계열

(2) 세부 분류

① **부탄계**는 R - 60○

② **산소** 화합물은 R - 61○

③ **황** 화합물은 R - 62○

④ **질소** 화합물은 R - 63○ 암 여기(유기)에유(6) 부산항 N 0 1 2 3

4) 무기화합물 냉매

(1) 번호 부여 규칙 : R - 7○○는 자연 상태에서 존재하는 무기 화합물을 냉매로 사용하는 경우로 뒤 두 자리는 분자량을 그대로 표시함

예 암모니아(NH_3)는 분자량이 17이므로 R - 717,
물(H_2O)은 분자량이 18이므로 R - 718

[원자량]

원소	원자량	원소	원자량	원소	원자량	원소	원자량
H	1	N	14	F	19	Cl	35.5
C	12	O	16	S	32	Br	80

5) 할론(Halon)냉매

(1) 화합물 중 Br(Bromine)을 포함하는 냉매를 Halon냉매라 함

(2) R - ○○○과 Halon - ○○○○ 두 가지 방식으로 명명함

예 Halon - 1301(R - 13B1)

종류	분자식	C 개수	F 개수	Cl 개수	Br 개수
Halon - 1211	CF_2ClBr	1	2	1	1
Halon - 1301	CF_3Br	1	3	0	1
Halon - 2402	$C_2F_4Br_2$	2	4	0	2

3 천연냉매

1) 지구상에 자연적으로 존재하며, 인공 합성이 아닌 물질을 냉매로 사용하는 경우를 말한다. 대부분 GWP가 낮거나 0이고, ODP가 0이어서 친환경 냉매로 분류된다.

2) 천연냉매의 종류 및 특징

냉매 종류	화학식 및 냉매번호	주요 특성
① 암모니아	NH_3(R - 717)	• 증발잠열이 가장 큰 냉매 • 가연성, 폭발성이며 독성과 악취가 있음
② 탄화수소계	R-50(메탄), R-170(에탄), R-290(프로판), R-600(부탄), R-600a(이소부탄) 등	• 가연성 • 독성 없음, 안정성 높음 • GWP 낮음
③ 이산화탄소	CO_2(R - 744)	• 포화압력(포화증기압)이 매우 높음. 따라서 고압설계가 필요하고, 운전압력이 매우 높음 • 가스의 비체적이 매우 작아 냉동장치를 소형으로 할 수 있음 • 임계온도(약 31 ℃)가 매우 낮아 응축기에서 냉각수 온도가 충분히 낮지 않으면 냉매 가스가 응축액화되지 않음 • 부식성이 없음 • 무폭발·무연소
④ 물	H_2O(R - 718)	• 포화압력(포화증기압)이 낮고, 비체적 큼 → 증기압축식 사용 불가 • 흡수식·분사식에 사용
⑤ 공기	Air(R - 729)	• 성적계수가 낮고, 소요 동력이 큼 • 항공기의 냉방, 공기액화장치 등 특수 목적에 사용됨
⑥ 아황산가스	SO_2(R - 764)	• 냄새 및 독성 매우 큼 • 과거 가정용 냉장고에 사용됨 • 수분 포함 시 금속 부식 가능 • 암모니아와 접촉 시 흰 연기가 발생함

※ 암모니아(R – 717, NH_3)

(1) 가연성, 폭발성, 독성이며 악취가 있음(폭발범위 : 13 ~ 27 %, 허용농도 25 ppm)

(2) 수분
① 물에 잘 용해되는 특성이 있음
② 수분이 침투되면 금속의 부식을 촉진시킴
③ 암모니아에 수분이 1 % 혼입되면 증발온도가 0.5 ℃ 상승하여 냉동장치 기능이 저하됨
④ 암모니아에 수분이 다량 혼합되면 윤활유에 에멀전(Emulsion) 현상이 발생함

[에멀전현상]
암모니아 냉동장치에서 장치 내 수분이 침투하면 암모니아와 반응하여 암모니아수가 생성되며, 이 암모니아수는 오일의 입자를 미립자로 분리시키고 오일이 우윳빛으로 변하는 현상

(3) 윤활유
① 윤활유에 잘 용해되지 않음
② 냉동장치 내 윤활유가 증발기나 응축기에 정체될 시 냉동능력이 저하됨. 따라서 반드시 유분리기를 설치하여 윤활유가 증발기 등에 고이지 않도록 해야 함

(4) 전열효과가 커서 다른 냉매보다 냉매순환량이 적어도 되기 때문에 배관경이 작아도 됨(전열효과 : 암모니아 > 물 > 프레온 > 공기)

(5) 비열비가 냉매 중 가장 큼($k = 1.31$). 따라서 토출가스의 온도가 높아 실린더 상부에 워터재킷(Water Jacket)을 설치하여 냉각해야 함

(6) 배관재료는 강관을 사용해야 함. 암모니아는 수분과 혼입 시, 아연, 주석, 동 및 동합금을 부식시키기 때문에 동관을 사용하지 않음

(7) 패킹재료는 천연고무나 아스베스토스(석면)를 사용하고 인조고무(에보나이트, 베이클라이트 포함)는 침식되기 때문에 사용하지 않음

(8) 절연물질을 약화시키기 때문에 밀폐식 냉동기에 부적합

보충 절연물질 : 전기나 열을 전달하기 어려운 성질이 있는 물질의 총칭

(9) 수은과 폭발적으로 화합함

(10) 증발잠열이 냉매 중 가장 큼

(11) 지구온난화지수(GWP)와 오존층 파괴지수(ODP)가 0임

TIP 암모니아의 특성은 시험에 자주 출제되므로 잘 학습해두어야 한다.

4 할로겐화탄화수소 냉매

탄소(C), 수소(H)와 염소(Cl), 불소(F), 브롬(Br)과의 혼합 물질로 독성이 없고, 공기와 혼합하여도 폭발성이 없으며, 화학적으로도 매우 안정된 냉매

1) 할로겐화탄화수소 냉매의 분류

구분	CFC (염화불화탄소)	HCFC (염화불화탄화수소)	HFC (불화탄화수소)	HFO (수소불화올레핀)
구성원소	Cl, F, C	H, Cl, F, C	H, F, C	H, F, C (이중결합 C = C)
주요 특징	• 염소·플루오린·탄소 구조 • 수소 없음 • 매우 안정하여 대기 중 수십 년 이상 존재 • 성층권까지 올라가 오존층 파괴	• CFC 일부를 수소로 치환 • 수소가 포함되어 대기 중에서 광분해가 더 빨리 일어나고, 오존층 파괴지수(ODP)가 CFC 보다 낮음	• 염소 없음 → ODP 0 • GWP가 높아서 기후변화에 영향이 큼	• 염소 없음 • 이중결합으로 반응성 높아 수명이 짧음 • GWP 매우 낮음
ODP	매우 높음	낮음	없음	없음
GWP	매우 높음	높음	높음	매우 낮음
현재 사용 현황	퇴출 완료	단계적 퇴출 중	감축 중	신냉매 확대 중
대표 냉매 예시	R - 11, R - 12	R - 22	R - 134a, R - 410A	R - 1234yf, R - 1234ze

※ 염소(Cl)가 포함되면 오존층 파괴를 일으키므로 염소 포함 유무가 환경영향과 규제의 핵심임

2) 할로겐화탄화수소 냉매의 특성

(1) 무색, 무취이며 독성이 없음

(2) 불연성이며 비폭발성을 가짐(단, R - 40은 예외)

(3) 수분

① 물에 잘 용해되지 않음

② 장치 내에 수분을 제거하기 위해 드라이어를 설치해야 함. 수분이 장치 내를 순환할 때 팽창밸브에서 결빙되어 냉매의 흐름을 막을 수 있음

(4) 윤활유

① 윤활유에 잘 용해되는 특성이 있음

② 윤활유에 용해되어 있던 냉매가 증발할 때 유면이 약동하여 윤활유에 거품이 일어나는 오일포밍현상을 일으키며, 윤활유가 압축기에서 압축되면 오일 해머링이 발생할 수 있음

[오일포밍현상]

1) 오일포밍현상

프레온 냉동기에서 압축기 정지 시 크랭크 케이스 내의 윤활유 중에 용해되어 있던 프레온 냉매가 압축기 기동 시 크랭크 케이스 내의 압력이 급격히 낮아져 오일과 냉매가 급격히 분리하는데, 이 때문에 유면이 약동하여 윤활유에 거품이 일어나는 현상

2) 오일포밍방지

① 크랭크 케이스 내에 오일 히터를 설치하여 기동 30분 ~ 2시간 전에 예열하여 오일과 냉매를 분리시킨 뒤 압축기 기동함

② 정지할 때 크랭크 케이스 내를 펌프다운하여 둠

※ 오일 해머링 : 냉동장치에서 오일 포밍현상이 일어나면 실린더 내부로 다량의 윤활유가 올라가 윤활유를 압축하여 실린더 헤드부에서 이상음이 발생되는 현상

보충 펌프다운 : 냉매를 압축기 작동 전이나 시스템 정지 시 응축기 측 수액기로 모아두는 작업이다. 시스템 정지 시 액냉매가 흡입측에 남아 있으면 액압축의 위험이 있으므로 펌프다운으로 예방한다.

(5) 증발잠열이 작고, 전열이 좋지 않음. 따라서 다른 냉매보다 냉매순환량이 많아야 하므로 배관경이 커야 함. 또한 전열면적을 넓히기 위해 핀 튜브(Fin Tube)를 사용함

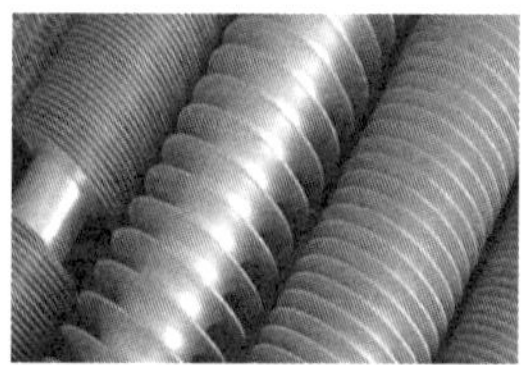

[핀 튜브]

(6) 비열비가 작음. 따라서 토출가스 온도가 낮아 압축기를 공랭식으로 냉각할 수 있음

(7) 배관재료는 동관을 사용해야 함. 수분이 있으면 산이 생성되고 금속을 부식시킴. 납, 마그네슘, 마그네슘을 2 % 이상 함유하는 합금도 부식시키므로 동관을 사용함. 강, 주물, 동, 아연, 주석, 알루미늄 및 이들의 합금 등 기계구성용 금속재료의 자유로운 선택 가능(강관을 사용 시 장치 내의 수분을 완전히 제거해야 함)

(8) 패킹재료는 인조고무, 테프론(합성수지)을 사용함

보충 천연고무나 아스베스토스(석면)를 침식시킴

(9) 절연내력이 크고 전기 절연물을 침식하지 않으므로 밀폐형 냉동기에 사용 가능

(10) 오존층 파괴 물질임

5 혼합 냉매

1) 공비혼합냉매(R-5○○)

두 가지 이상의 서로 다른 순수 냉매를 특정 비율로 섞었을 때 하나의 단일 냉매처럼 일정한 온도에서 증발·응축하는 냉매이다. R-500부터 개발된 순서에 따라 R-501, R-502 등과 같이 명명한다.

(1) 주요 특징

① 일정한 끓는점 : 압력이 일정하면 증발이나 응축과정에서 온도가 변하지 않는다.

② 조성비 일정 : 증발(기화)하거나 응축(액화)할 때 액체 상태와 기체 상태의 혼합 비율이 변하지 않고 그대로 유지된다.

(2) 공비혼합냉매의 구성 성분

냉매명	구성 성분(분자식)	
R-500	R-12 + R-152a(CCl_2F_2 + $C_2H_4F_2$)	암 영원히 이로워
R-501	R-12 + R-22(CCl_2F_2 + $CHClF_2$)	암 112 / 이잉
R-502	R-22 + R-115($CHClF_2$ + C_2ClF_5)	암 둘리 1일 오백원
R-503	R-13 + R-23($CClF_3$ + CHF_3)	암 03/13/23
R-504	R-32 + R-115(CH_2F_2 + C_2ClF_5)	암 4321 뛰(일)오

2) 비공비혼합냉매(R-4○○)

두 가지 이상의 서로 다른 순수 냉매를 혼합했을 때 증발·응축과정에서 끓는점이 일정하지 않고 온도가 변하는 냉매를 말한다.

(1) 주요 특징

① 온도 구배 : 증발하거나 응축할 때 온도가 서서히 변한다.

② 조성 변화 : 끓는점이 낮은 성분이 먼저 증발하기 때문에 상변화과정에서 액체 상태와 기체 상태의 혼합 비율이 계속 변한다.

(2) 비공비혼합냉매의 구성 성분

냉매명	구성 성분	특성
R - 407C	R - 32 + R - 125 + R - 134a	비등점 차이 큼 → 조성 변화로 누설 우려
R - 410A	R - 32 + R - 125	비등점 거의 동일

6 신냉매(대체냉매) 및 특징

냉매명	계열	대체 대상	주요 특징
① R - 134a	HFC계	R - 12 대체	• 비가연성이며 독성이 매우 낮음 • 오존층파괴지수 0 • R - 12대비 성능 8 % ↓, R - 22대비 30 % ↓
② R - 410A	HFC계 혼합	R - 22 대체	• R-22보다 압력이 약 1.6배 높음 • 높은 압력으로 인해 R-22시스템과 호환되지 않음
③ R - 407C	HFC계 혼합	R - 22 대체	• 비등점 차이가 커서 누설 시 조성비가 변함 • 관리의 어려움 : 조성 변화 때문에 완전 회수 후 정량 재충전 필요
④ R - 123	HCFC계	R - 11 대체	• 염소(Cl)를 포함하여 오존층을 파괴함 • 현재는 R - 245fa로 대체되고 있음
⑤ R - 245fa	HFC계	R - 123 대체	• ODP = 0 • COP는 낮지만, R - 123의 대체재로 사용됨

7 냉매 누설검지법

1) 프레온 냉매의 누설검지법

(1) 비눗물 또는 오일 등 기포성 물질을 이용한 방법

누설이 의심되는 부위에 비눗물이나 오일 등 기포를 형성할 수 있는 액체를 도포하여 기포가 발생하는지 여부를 통해 누설 유무를 확인하는 방법이다. 이 방법은 간단하고 저렴하여 널리 사용되고 있다.

⑵ 헬라이드 토치(Halide Torch) 불꽃 색깔의 변화

헬라이드 토치는 토치램프의 불꽃을 이용해 냉매 누설을 감지하는 장비이다. 토치의 불꽃이 할로겐 원소와 반응할 때 나타나는 불꽃 반응색의 변화를 통해 누설 여부와 그 양을 판단한다.

① 누설이 없을 때 : 청색

② 소량 누설 시 : 녹색

③ 다량 누설 시 : 자색(자주색)

④ 누설이 극심할 때 : 불꽃이 꺼짐

암 청녹자꺼

⑶ 할로겐 전자 누설탐지기 활용

아주 미세한 누설까지 높은 민감도로 검지할 수 있다.

[전자식 냉매 누설탐지기]

2) 암모니아(NH_3) 냉매의 누설검지법

⑴ 특유의 자극적인 냄새로 누설 여부를 확인할 수 있다.

⑵ 유황초(황산 또는 염산 사용)를 적신 헝겊을 누설 부위에 접촉하면 백색 연기가 발생한다.

⑶ 적색 리트머스 시험지를 물에 적셔 누설 부위에 접촉하면 푸르게 변한다.

⑷ 페놀프탈레인 시험지를 물에 적셔 누설 부위에 접촉하면 붉은 색으로 변한다.

⑸ 네슬러 시약은 암모니아와 반응하면 소량 누설 시 황색, 다량 누설 시 자색으로 변한다.

보충 시험에서 리트머스지(청색), 페놀프탈레인(적색), 네슬러 시약(황/자색) 자주 출제

03 브라인 및 냉동기유

1 브라인

1) 브라인

(1) 정의

증발기에서 발생하는 냉매의 냉동력을 피냉각물질 또는 냉각물질에 열전달의 중계 역할을 하는 2차 냉매로, 냉매는 잠열에 의해 열을 운반하고 브라인은 현열에 의해 열을 운반

(2) 구비조건

① 부식성이 없을 것
② 열용량이 클 것
③ 응고점이 낮을 것
④ 점성이 작을 것
⑤ 누설되어도 냉장품에 손상이 없을 것
⑥ 가격이 저렴할 것
⑦ 비열이 클 것
⑧ 열전도율이 클 것
⑨ 불연성일 것
⑩ 구입이 용이할 것

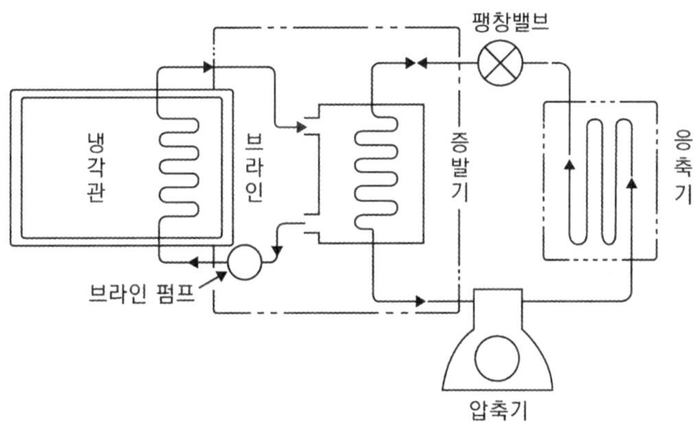

(3) 브라인의 종류

① 무기질 브라인

탄소(C)를 포함하지 않으며, 금속에 대한 부식력이 크지만 가격이 저렴함. 주요 무기질 브라인에는 염화나트륨(NaCl), 염화칼슘($CaCl_2$), 염화마그네슘($MgCl_2$)이 있음

㉠ 염화나트륨(NaCl) 수용액

- 주로 식품 냉동에 사용됨
- 가격이 저렴함
- 공정점 : -21 ℃
- 비중 : 1.15 ~ 1.18
- 부식력이 브라인 중 가장 큼

㉡ 염화칼슘($CaCl_2$) 수용액

- 주로 공업용으로 사용되며 제빙용으로 많이 사용됨
- 공정점 : -55 ℃
- 비중 : 1.2 ~ 1.24
- 흡습성이 강하고 누설되어 식품에 닿으면 떫은맛이 나기 때문에 식품 저장용으로는 사용하지 않음

㉢ 염화마그네슘($MgCl_2$) 수용액

- 부식성과 흡습성 문제로 인해 현재 거의 사용되지 않음
- 공정점 : - 33.6 ℃

보충 부식성 비교 : NaCl > $MgCl_2$ > $CaCl_2$

[공정점(공융점)]

두 물질을 용해시키면 농도가 짙어질수록 응고온도가 낮아지는데 어느 일정한 농도 이상이 되면 다시 응고온도가 높아짐. 이때 응고하는 최저온도(공정점)를 뜻함

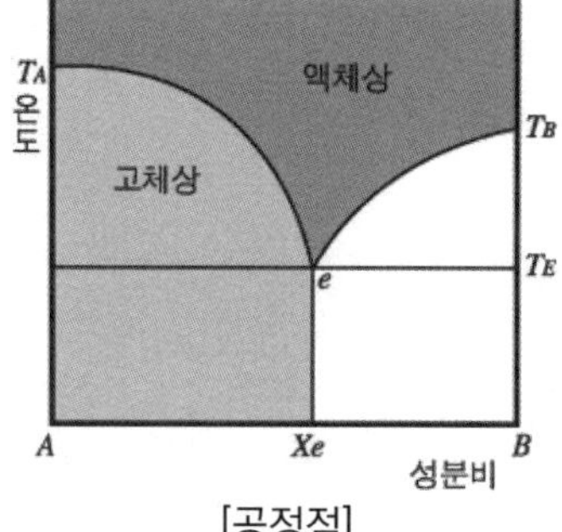

[공정점]

② 유기질 브라인

유기질 브라인은 탄소(C)를 포함하는 브라인으로, 무기질 브라인에 비해 가격이 비싸고 부식력이 작음

㉠ 에틸렌글리콜 : 부식성이 무기질 브라인보다 작아 소형 기계에 주로 사용됨

㉡ 프로필렌글리콜 : 부식성이 작고 독성이 없어 냉동식품 동결용으로 사용됨

㉢ 에틸알코올 : 인화점이 낮아 취급 시 주의가 필요함. 주로 식품의 초저온 동결(약 -100 ℃)에 사용되며, 마취성이 있어 환기에도 신경 써야 함

(4) 브라인 금속 부식성

① 배관은 모두 금속이므로 약알칼리성이 약산성보다 좋음(금속은 산에 약함)

② 브라인은 대개 pH 7.5 ~ 8.2로 유지

③ 중성은 부식성이 작으나 산성·알칼리성으로 갈수록 부식성이 증가

④ 암모니아가 브라인 중에 누설되면 알칼리성이 강해져 국부적으로 부식이 일어남

⑤ 브라인이 공기와 접촉 시 부식력이 커짐

(5) 브라인 동파 방지대책

① 부동액 첨가

브라인에 부동액을 첨가하여 동결점을 낮추는 방식임

② 동파방지용 온도조절기 설치

브라인 배관이나 장비 근처에 온도센서를 설치하고, 일정 온도 이하로 떨어지면 히터 작동 등의 조치를 자동으로 취함

③ 증발압력 조정밸브 설치

증발압력이 너무 낮아지면 증발기 온도도 매우 낮아져 브라인이 얼 수 있으므로, 이를 방지하기 위해 설치함(증발압력 조정밸브 : 냉동기에서 증발기의 압력을 일정 수준 이상으로 유지하는 밸브)

④ 순환펌프와 압축기 모터를 인터록시킴

브라인이 순환되지 않으면 냉동기에서 급격히 냉각되어 배관이나 장비가 얼 수 있으므로, 브라인 순환펌프와 냉동기 압축기의 작동을 연동(인터록)하여, 순환펌프가 멈췄을 경우 압축기도 정지하도록 설정함

⑤ 단수릴레이 설치

냉각탑 동결, 펌프 고장 등으로 냉각수가 부족하면 냉동기 자체를 정지시킴

보충 단수릴레이 : 냉동기의 냉각수 또는 냉수의 유량이 일정 이하로 줄어들었을 때 이를 감지하여 냉동기 운전을 정지시키는 안전장치

Part 03

2 냉동기유(윤활유)

1) 냉동기유(Refrigeration Oil)구비조건

(1) 응고점이 낮고 인화점이 높을 것
(2) 점도가 알맞고 변질되지 않을 것
(3) 냉동기유 소비량이 적을 것
(4) 장기 휴지 중 방청능력이 있을 것

보충 방청능력 : 금속 표면의 부식을 방지하거나 지연시키는 능력

(5) 수분이 포함되지 않으며, 불순물이 없고, 전기적인 절연내력이 클 것
(6) 저온에서 왁스 분리가 되지 않으며, 냉매가스 흡수가 적을 것
냉동기유에는 일반적으로 다양한 탄화수소가 포함되어 있고, 일부는 파라핀 계열 왁스 성분임. 온도가 낮아지면 이 왁스 성분이 고체로 응고되어 분리되기 시작함. 왁스가 분리되면 냉동기유가 탁해지고 점도가 변하며, 냉동기의 증발기나 관로에 왁스가 쌓이면 열교환 성능 저하 및 기계 고장이 발생함. 따라서 냉동기유는 매우 낮은 온도에서도 왁스가 분리되지 않아야 함.

2) 냉동기유 사용목적

(1) 마모 방지 : 금속 접촉을 막아 부품의 마모를 줄임
(2) 기계적 효율 향상 및 소손 방지 : 마찰을 줄여 효율을 높이고 과열로 인한 손상을 방지
(3) 유막 형성으로 냉매가스 누설 방지 : 유막을 형성하여 냉매 가스의 누설을 막음
(4) 냉각작용으로 패킹재료를 보호 : 냉동기유의 냉각작용으로 패킹 재료를 보호함
(5) 진동, 소음, 충격 방지 : 완충작용을 통해 기계적 충격과 소음을 흡수함

3) 냉동기유 열화(劣化, Oil Deterioration)

냉동기유를 장기간 운전하면 공기와 접촉하여 산화되고, 이 과정에서 유기산·에스테르·슬러지 등이 발생하며, 금속 부식 생성물과 섞여 색이 붉거나 갈색으로 변하고 탁해지는 현상을 나타냄

4) 윤활방식

구분	비말식(Splash)	압력식(Pressure)
적용 범위	소형 압축기	중·대형 압축기
원리	크랭크 밸런스 웨이터 끝부분의 오일 디퍼가 오일을 쳐올려 부품에 공급	크랭크축 끝의 오일펌프가 오일에 압력을 가해 필요한 부분에 공급
장점	• 제작이 간단 • 고장이 거의 없음	• 정밀부까지 윤활 가능 • 유면 변화에 영향 적음 • 회전속도와 윤활속도가 비례
단점	• 정밀 윤활 곤란 • 불필요한 부분에 윤활이 되어서 오일의 소비가 많음 • 유면이 일정해야 함	• 오일펌프 고장 시 운전 불가능 • 제작이 어렵고 제작비가 고가

보충 비말(飛沫) : 날아 흩어지거나 튀어 오르는 물방울

5) 유압

유압계 지시압력 = 펌프 토출유압 + 흡입저압

(1) 입형 저속 압축기 = 저압 + 0.05 ~ 0.15 MPa(저압 + 0.5 ~ 1.5 kg_f/cm^2)

(2) 고속 다기통 압축기 = 저압 + 0.15 ~ 0.3 MPa(저압 + 1.5 ~ 3 kg_f/cm^2)

(3) 터보 냉동기 = 저압 + 0.6 ~ 0.7 MPa(저압 + 6 ~ 7 kg_f/cm^2)

(4) 소형 냉동기 = 저압 + 0.05 MPa(저압 + 0.5 kg_f/cm^2)

04 냉매선도와 냉동사이클

1 몰리에르(모리엘)선도와 상변화

1) 몰리에르선도

냉동에서는 모든 이론적 계산에 P-h선도가 일반적으로 사용되며 세로축에 절대압력, 가로축은 엔탈피를 잡아 이들의 관계를 선도로 나타낸 것이며, 이때 P-h선도를 냉동 몰리에르선도라고 한다.

(1) 과냉각액 구역 : 동일 압력하에서 포화 온도 이하로 냉각된 액체의 구역

(2) 과열증기 구역 : 건조포화증기를 더욱 가열하여 포화온도 이상으로 상승시킨 구역

(3) 습포화증기 구역 : 포화액이 동일 압력하에서 동일온도의 증기와 공존할 때의 상태구역

(4) 포화액선 : 포화온도와 압력이 일치하는 비등 직전 상태의 액선

(5) 건조포화증기선 : 포화액이 증발하여 포화온도의 가스로 전환한 상태의 선

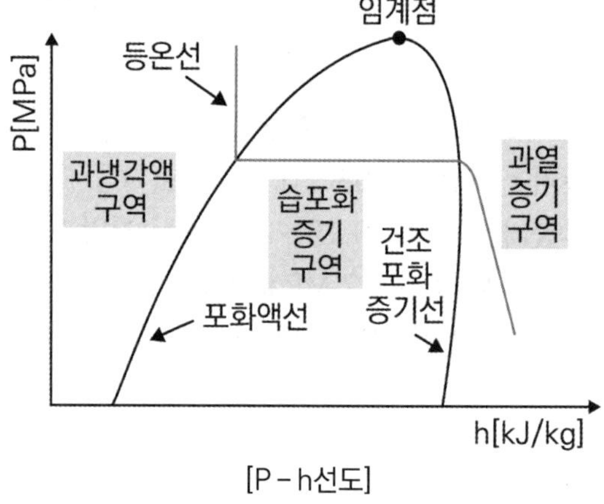

[P-h선도]

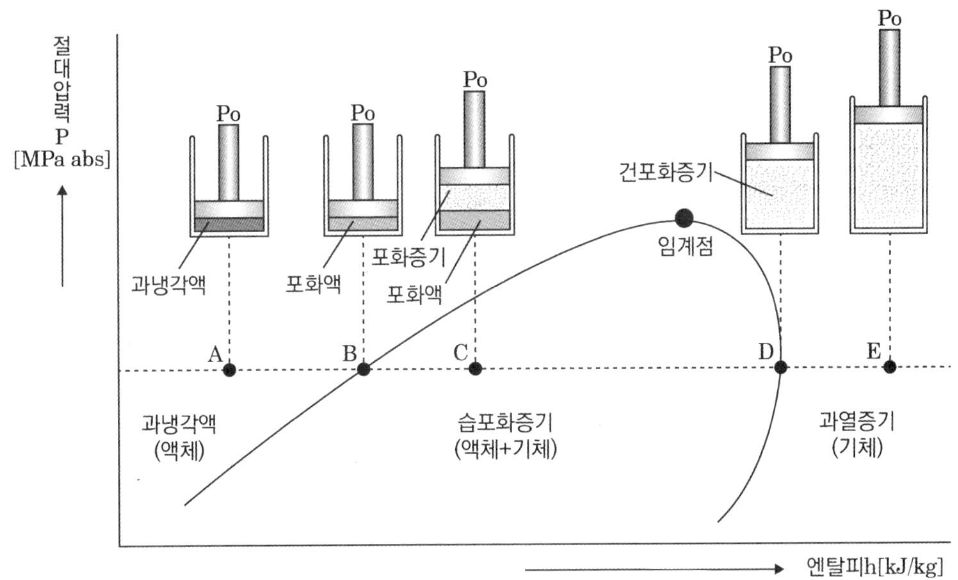

2) 몰리에르선도 6대 구성 요소

(1) 등압선(P : MPa)

① 가로축(횡축)과 평행함

② 하나의 선상에서 압력은 과냉각액, 습증기, 과열증기 구역이 모두 동일함

③ 냉동사이클의 응축과정과 증발과정 : 압력 일정

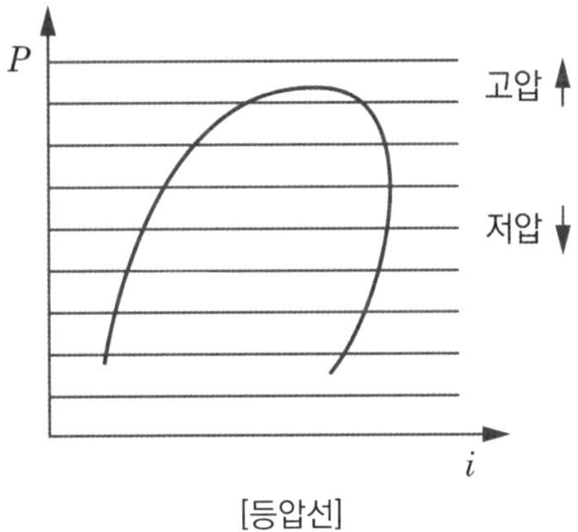

[등압선]

(2) 등엔탈피선(i 또는 h : kJ/kg, kcal/kg)

① 세로축(종축)과 평행함

② 하나의 선상에서 엔탈피는 모두 동일함

③ 냉동사이클의 팽창과정 : 엔탈피 일정

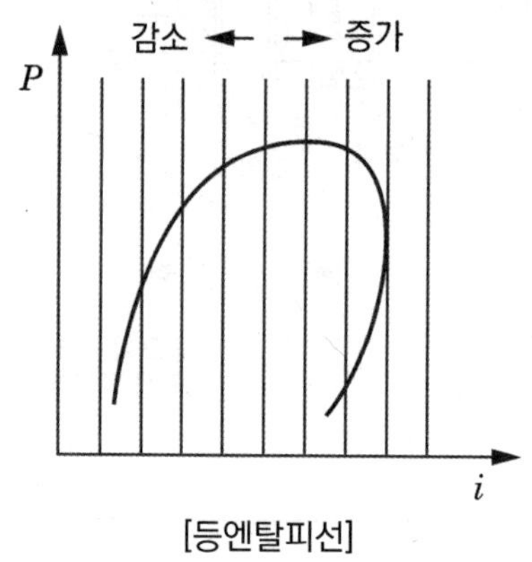

[등엔탈피선]

(3) 등온선(t : ℃)

① 과냉각액 구역에서는 세로축과 평행

② 습증기 구역에서는 등압선과 평행

③ 과열증기 구역에서는 다소 굽은 모양에서 급경사로 내려옴

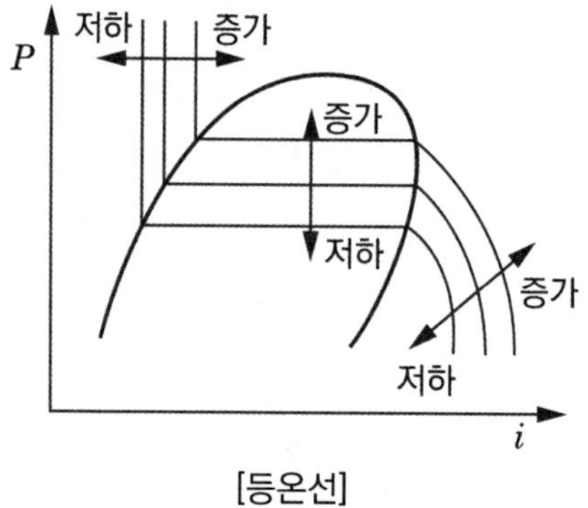

[등온선]

(4) 등엔트로피선(S : kJ/kg·K)

① 습증기 구역과 과열증기 구역에만 존재

② 냉동사이클에서 압축과정은 이론상 단열압축으로 간주하므로 등엔트로피선을 따라 진행됨

③ 냉동사이클의 압축과정 : 엔트로피 일정

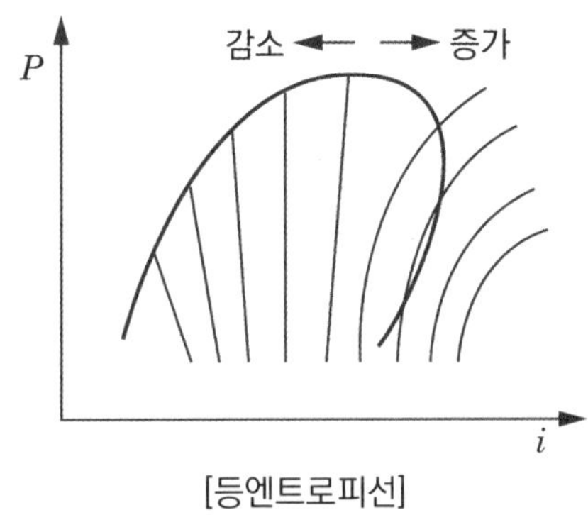

[등엔트로피선]

(5) 등비체적선(v : m^3/kg)

① 습증기 구역과 과열증기 구역에만 존재

② 압축기 흡입증기의 비체적을 알 수 있음

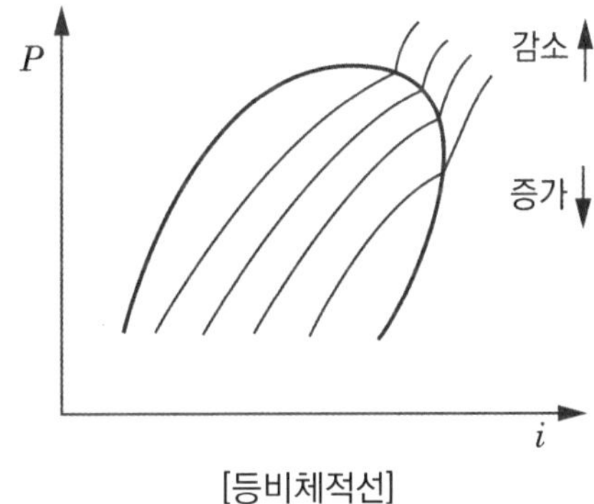

[등비체적선]

※ 압력이 높아지면 1 kg당 체적(m^3)이 감소하므로 위로 올라갈수록 비체적 감소

(6) 등건조도선(x : %)

① 포화액선과 포화증기선 사이(습증기구역)에만 존재

② 포화액의 건조도는 0이며, 건조포화증기의 건조도는 1임

③ 냉매 1 kg이 포함하고 있는 증기량을 알 수 있음

④ 냉동사이클에서 플래시가스의 양을 알 수 있음

보충 플래시가스 : 증발기가 아닌 곳에서 증발한 냉매증기

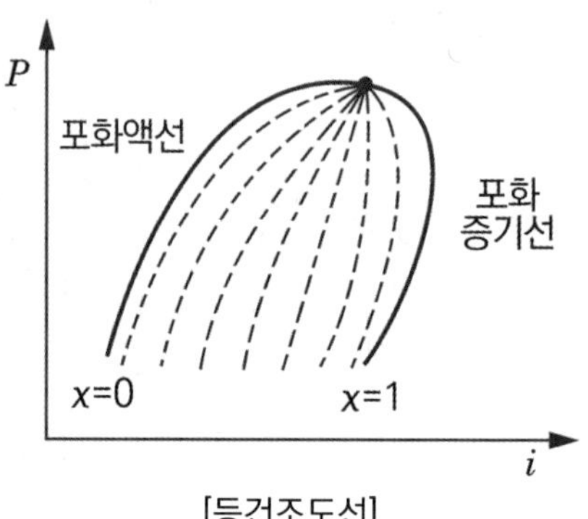

[등건조도선]

구분			x $1-x$		
명칭	과냉액체	포화액	습증기	건포화증기 (= 포화증기)	과열증기
건도(x)	x = 0	x = 0	0 < x < 1(100 %)	x = 1(100 %)	x = 1(100 %)

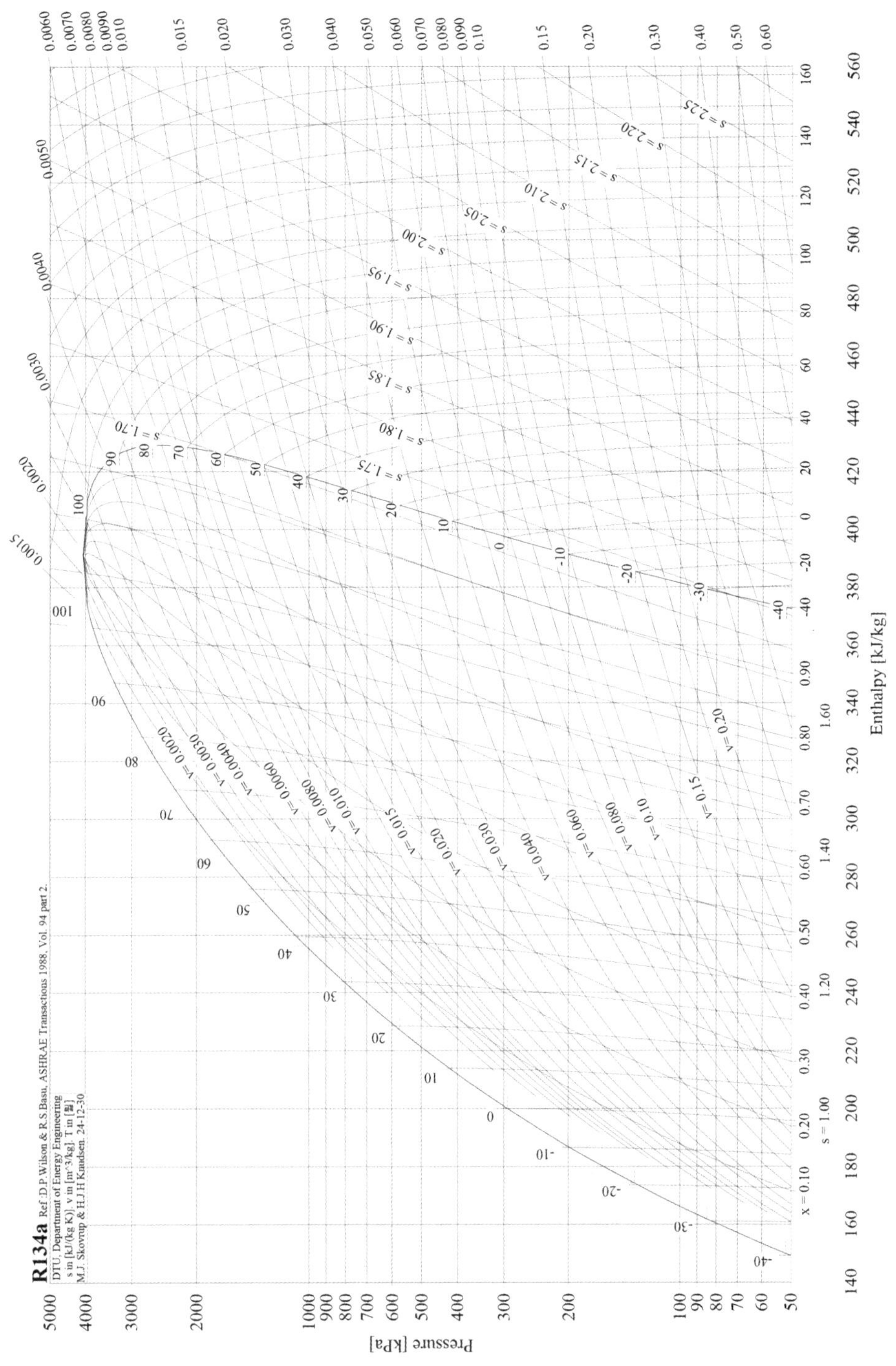

[R - 134a 몰리에르선도]

2 증기압축 냉동사이클

1) 압축 냉동사이클과 몰리에르선도

(1) 과냉각도가 크면 클수록 팽창밸브 통과 시 플래시가스 발생량이 감소하므로 냉동능력이 증대됨

(2) 과냉각도 = 응축온도(t_d) - 팽창밸브 직전온도(t_e)

보충 과냉각 : 응축기에서 액화된 냉매를 다시 냉각하여 해당 압력에 대한 포화온도보다 낮은 온도가 되도록 냉각하는 것

보충 플래시가스 : 증발기가 아닌 곳에서 증발한 냉매증기

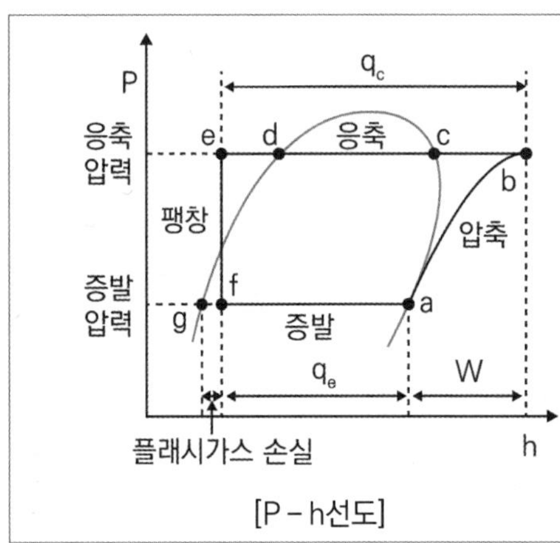

[P-h선도]

a : 압축기 흡입지점(증발기 출구지점)
b : 압축기 토출지점(응축기 입구지점)
c : 응축기에서 응축이 시작되는 지점
d : 과냉각이 시작되는 점
(응축기에서 응축이 끝난 지점)
e : 팽창밸브 입구지점
f : 팽창밸브 출구지점(증발기 입구지점)

① a → b : 압축기

② b → e : 응축기(b ~ c : 과열 제거과정, c ~ d : 응축과정, d ~ e : 과냉각과정)

③ e → f : 팽창밸브

④ f → a : 증발기

보충 g ~ f : 팽창밸브 통과 시 플래시가스 발생에 의한 손실

과정 분류			압력 P	온도 T	엔탈피 h	비체적 v	엔트로피 s
압축기	a → b	압축과정	상승	상승	증가	감소	일정 ★ (단열압축)
응축기	b → c	과열 제거과정	일정 ★	감소	감소	감소	감소
	c → d	응축과정	일정 ★	일정	감소	감소	감소
	d → e	과냉각과정	일정 ★	감소	감소	-	-
팽창밸브	e → f	팽창과정	감소	감소	일정 ★ (교축과정)	증가	증가
증발기	f → a	증발과정	일정 ★	일정 ★	증가	증가	증가

2) 증기압축 냉동사이클

냉동사이클은 압축, 응축, 팽창, 증발 4요소를 순환하면서 냉매를 액체에서 기체로, 기체에서 액체로 반복하면서 이루어짐

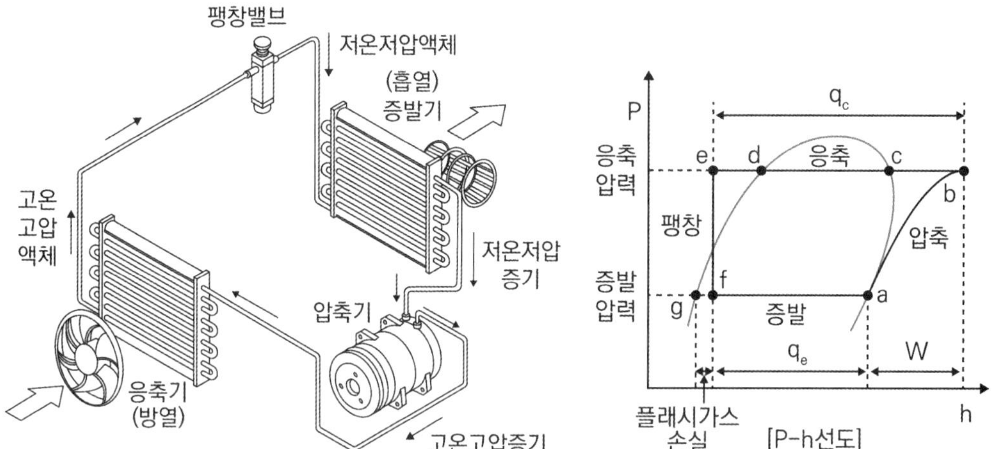

(1) 압축(a → b) : 단열과정(등엔트로피)

저온 저압의 냉매 증기를 압축기에서 흡입, 압축하여 고온 고압의 과열증기로 만들어 냉매를 액화하기 쉽게 하는 과정

(2) 응축(b → e) : 등압과정

① 압축기에서 나온 과열증기를 열교환시켜서 액화시킴

② 응축기에는 냉매의 상태가 기체, 액체로 공존하고 있는 상태이며, 기체에서 액체로 변화하는 동안 기화잠열을 모두 흡수하기 전까지는 압력과 온도가 일정한 관계를 유지함

③ 외부와 열교환하여 방출하는 열을 응축기 방열량(q_c)이라 하고, 이 열은 증발기에서 흡수한 흡열량(q_e)과 압축기의 소요동력(W)을 합한 값임($q_c = q_e + W$)

④ 응축기에서 액화되는 과정은 압력과 온도가 일정하나 응축기 전체에서 엔탈피는 감소함

(3) 팽창(e → f) : 교축과정(단열팽창이므로 팽창밸브 전후의 엔탈피가 일정)

① 응축기에서 액화한 고온 고압의 냉매액을 팽창밸브에서 감압시켜 증발기에서 기화하기 쉬운 상태의 압력으로 감압하는 과정

② 팽창밸브는 감압작용을 함과 동시에 증발온도에 따라 필요한 냉매량을 조절하여 공급하는 유량제어장치

(4) 증발(f → a) : 등압과정

① 저압의 냉매액이 증발기 내에서 기화하면서 냉각관 주위에 있는 공기 또는 물질(브라인)로부터 증발에 필요한 열을 흡수하는 과정

② 증발기는 외부로부터 열을 흡수하는 장치

③ 열을 빼앗긴 공기(또는 물질)는 냉각되어 온도가 낮아진 상태에서 자연대류 또는 Fan에 의해 강제 대류되어 냉장고 내에 퍼져 저온으로 유지시킴

④ 팽창밸브를 통하여 감압되어 저온도로 되며, 증발하는 과정에서는 압력과 온도가 일정한 관계를 유지하면서(냉매가 모두 증발하여 증발잠열을 모두 충족하기 전까지는) 변화가 없음

3) 표준 냉동사이클(기준 냉동사이클)

냉동기의 성능은 응축온도, 증발온도 등 사용 조건에 따라 달라짐. 이때 냉동기의 능력을 비교하기 위해서는 어느 일정한 기준이 필요한데, 동일한 온도 조건에 의한 사이클을 표준 냉동사이클(기준 냉동사이클)이라 함

(1) 응축온도(응축 압력에 대한 포화온도) : 30 ℃

(2) 팽창밸브 직전온도 : 25 ℃

(3) 과냉각도 : 5 ℃

(4) 증발온도(흡입 압력에 대한 포화온도) : -15 ℃

(5) 압축기 흡입가스 : 건조포화증기(-15 ℃)

(6) 과열도 : 0 ℃

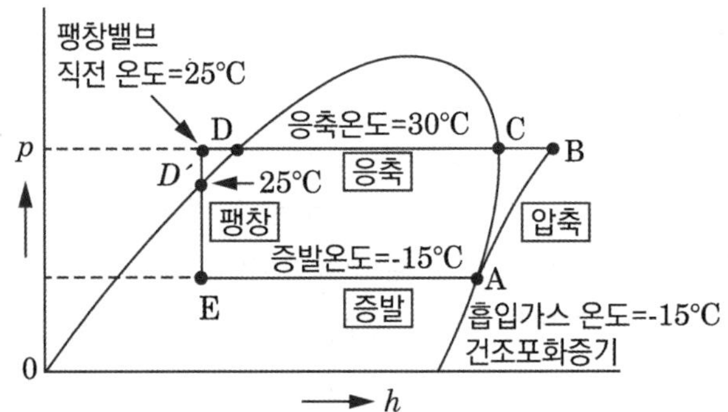

[P－h선도상의 기준 냉동사이클 표시]

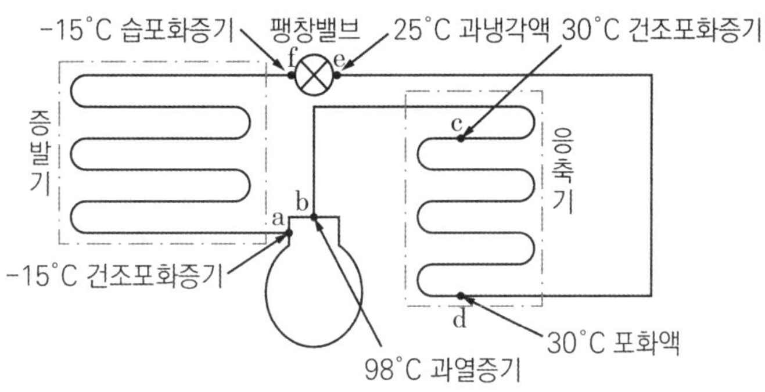

[냉동사이클]

4) 1단압축 냉동사이클 열량 계산

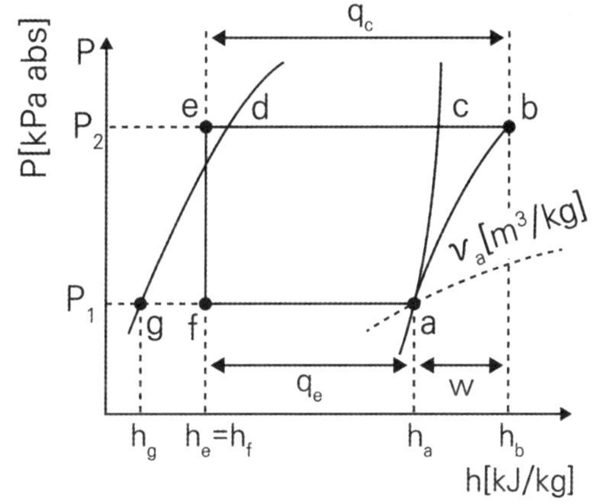

(1) 냉동효과(냉동력) : 냉매 1 kg이 증발기에서 흡수하는 열량

$$q_e(kJ/kg) = h_a - h_f = q_c - w$$

(2) 냉동능력 : 증발기에서 시간당 흡수하는 열량

$$Q_e(kJ/s) = G \times q_e = G \times (h_a - h_e) = \frac{V}{v_a}\eta_v(h_a - h_e)$$

G : 냉매순환량(kg/s)
q_e : 냉동효과(kJ/kg)
V : 피스톤 압출량(m^3/s)
v_a : 흡입가스 비체적(m^3/kg)
η_v : 체적효율

(3) 냉매순환량 : 시간당 냉동장치를 순환하는 냉매의 질량

$$G[kg/s] = \frac{Q_e}{q_e} = \frac{Q_e}{(h_a - h_f)}$$

G : 냉매순환량(kg/s)
q_e : 냉동효과(kJ/kg)

(4) 압축일량

$$w[kJ/kg] = h_b - h_a = q_c - q_e$$

(5) 응축열량

$$q_c[kJ/kg] = h_b - h_e = q_e + w$$

(6) 냉매 1 kg에 대한 증발잠열

$$q[kJ/kg] = h_a - h_g$$

(7) 팽창밸브 통과 직후(증발기 입구) 플래시가스 발생에 의한 손실

$$q_f[kJ/kg] = h_f - h_g$$

(8) 팽창밸브 통과 직후의 건조도 x

$$x = \frac{\text{플래시가스 발생 손실}}{\text{증발잠열}} = \frac{h_f - h_g}{h_a - h_g}$$

(9) 팽창밸브 통과 직후의 습도 y

$$y = 1 - x = \frac{h_a - h_f}{h_a - h_g}$$

(10) 성적계수

① 이론적 성적계수

$$COP = \frac{q_e}{w}$$

q_e : 냉동효과(kJ/kg)
w : 압축일량(kJ/kg)

② 이상적 성적계수

$$COP = \frac{T_2}{T_1 - T_2}$$

T_1 : 고압(응축) 절대온도(K)
T_2 : 저압(증발) 절대온도(K)

③ 실제적 성적계수

$$COP = \frac{q_e}{w}\eta_c\eta_m$$

q_e : 냉동효과(kJ/kg)
w : 압축일량(kJ/kg)
η_c : 압축효율
η_m : 기계효율
Q_e : 냉동능력(kW)

암 1 kW = 1 kJ/s

(11) 냉동톤

$$\text{냉동톤}[RT] = \frac{Q_e}{3.86} = \frac{G \times q_e}{3.86}$$

Q_e : 냉동능력(kW)
G : 냉매순환량(kg/s)
q_e : 냉동효과(kJ/kg)

암 1 RT = 3.86 kW

(12) 압축비(높을수록 악영향)

$$a = \frac{P_2}{P_1}$$

P_1 : 증발압력
P_2 : 응축압력

3 2단압축 냉동사이클 및 2원 냉동사이클

1) 2단압축 냉동사이클

-35 ℃ 이하의 낮은 증발온도를 얻기 위해 압축기를 2대 이상 사용하여 냉매 증기를 2번 이상 압축한다. 냉동기의 증발온도가 너무 낮으면 이에 따라 증발압력이 저하되기 때문에 저압가스를 1단으로 압축할 경우 압축비가 커진다. 이렇게 압축비가 커지면 압축기 토출가스의 온도가 높아지고 체적효율이 감소하여 냉동능력이 감소, 소요동력이 증가한다. 따라서 2번 이상의 압축을 통해 냉동기의 열화 방지 및 효율 증가 등 성능을 개선할 수 있다. 여기서 증발기로 들어가는 냉매의 건도를 개선할 목적으로 2단압축 2단팽창사이클을 사용한다.

(1) 2단압축 1단팽창사이클(중간냉각이 완전)

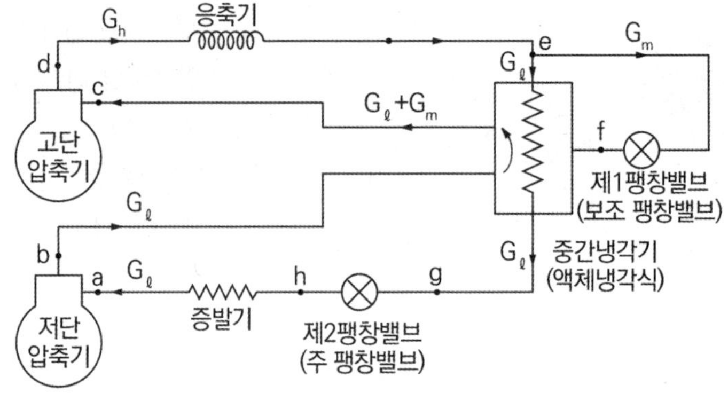

[2단압축 1단팽창 장치도]

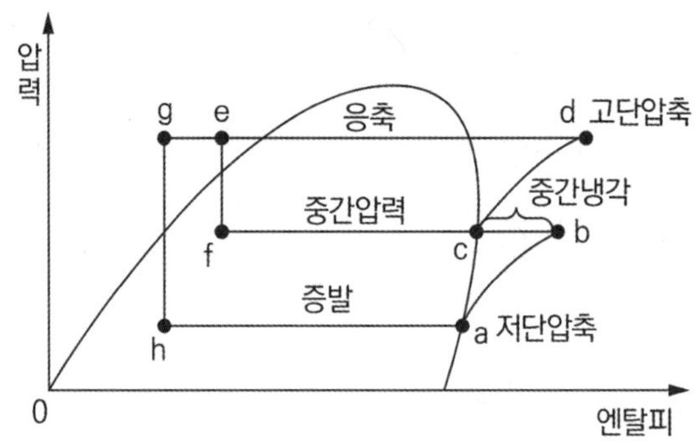

[2단압축 1단팽창 P-h선도]

(2) 2단압축 2단팽창사이클(중간냉각이 완전)

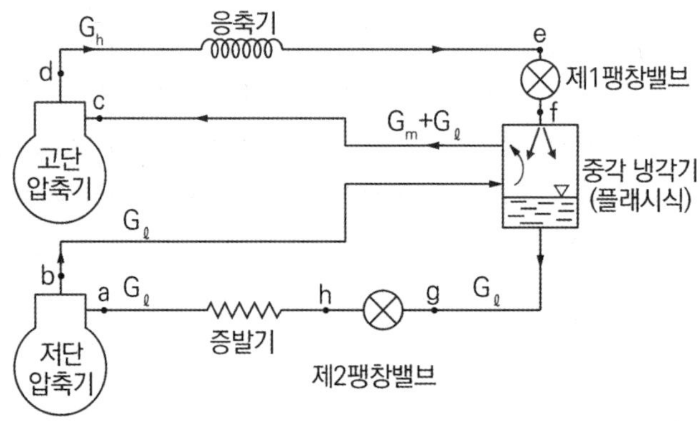

[2단압축 2단팽창 장치도]

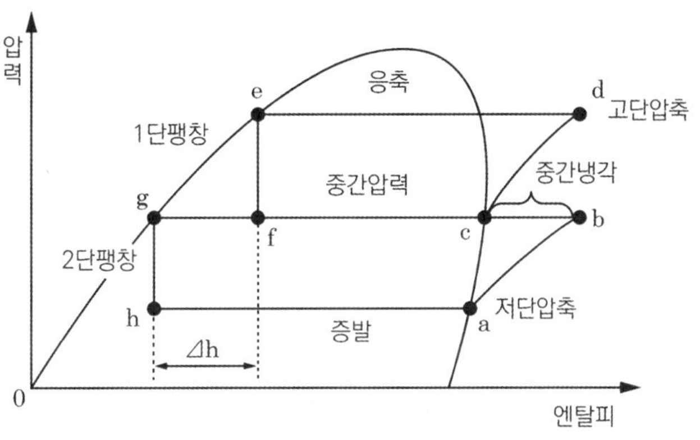

[2단팽창 2단팽창 P-h선도]

(3) 중간 냉각기(Intercooler) 역할

① 고단 측 압축기 흡입가스 중 액을 분리하여 액압축을 방지함

② 저단 측 압축기 토출가스 온도의 과열도를 제거하여 고단 압축기 과열압축을 방지함

③ 팽창밸브 직전의 액냉매를 과냉각시켜 플래시가스의 발생량을 감소시켜 냉동효과 향상

TIP 플래시가스 : 증발기가 아닌 곳에서 증발한 냉매증기
플래시현상 : 액화되어 있는 냉매가 조건(압력과 온도)에 따라 다시 증기가 되는 현상

2) 2단압축 냉동사이클 열량계산

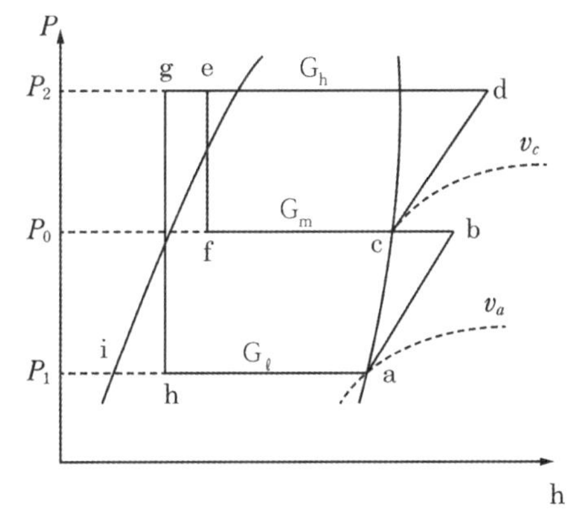

[2단압축 1단팽창]

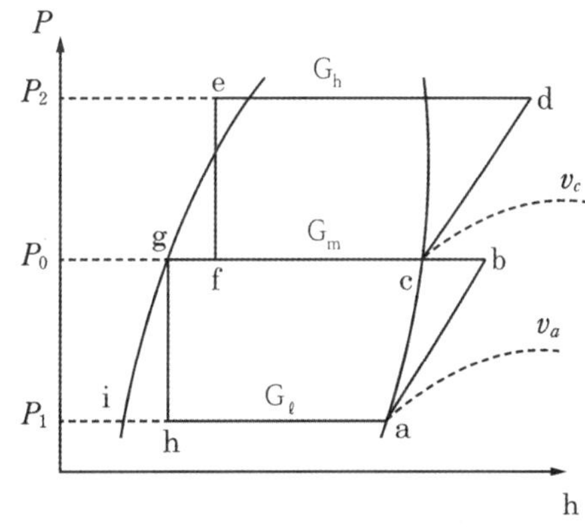

[2단압축 2단팽창]

(1) 냉동효과

$$q_e[kJ/kg] = h_a - h_h$$

(2) 저단 압축기 냉매순환량(G_ℓ)

$$G_\ell[kg/s] = \frac{Q_e}{q_e} = \frac{Q_e}{h_a - h_h}$$

Q_e : 냉동능력(kW)
q_e : 냉동효과(kJ/kg)
w : 압축일량(kJ/kg)

(3) 고단측과 저단측 냉매순환량 비

$$\frac{G_h}{G_\ell} = \frac{h_b - h_g}{h_c - h_f}$$

G_h : 고단 압축기 냉매순환량(kg/s)
G_ℓ : 저단 압축기 냉매순환량(kg/s)

(4) 압축비

$$\text{저단압축비 } a_1 = \frac{P_0}{P_1}, \quad \text{고단압축비 } a_2 = \frac{P_2}{P_0}$$

(5) 중간 압력

성능이 가장 좋은 조건 : 저단 압축비 = 고단 압축비($a_1 = a_2$)

$$\frac{P_0}{P_1} = \frac{P_2}{P_0}$$

$$P_o = \sqrt{P_1 \times P_2}$$

3) 2원 냉동장치

-70℃ 이하의 초저온을 얻고자 할 경우 채택하는 방식이다. 단일 냉매로는 2단 또는 다단 압축을 하여도 냉매의 특성 때문에 초저온을 얻을 수 없다. 따라서 비등점이 각각 다른 2개의 냉동사이클을 병렬로 구성하여 고온 측 증발기로 저온 측 응축기를 냉각시켜 초저온을 얻는다.

(1) 저온 측 냉동기에 사용되는 냉매

R-13, R-14, R-503, 에틸렌, 메탄, 에탄 등의 비등점이 낮은 냉매

(2) 고온 측 냉동기에 사용되는 냉매

R-12, R-22 등 비등점이 높은 냉매

(3) 캐스케이드 콘덴서

2원 냉동사이클 저온 측 응축기와 고온 측 증발기를 조합하여 저온 측 응축기의 열을 효과적으로 제거하여 응축액화를 촉진시켜주는 일종의 열교환기

※ 2원 냉동장치의 구조

고온 측 냉매와 저온 측 냉매를 사용하는 두 개의 냉동사이클을 조합하는 형태로 된 초저온장치로 2단 냉동장치와 계산식은 동일하다.

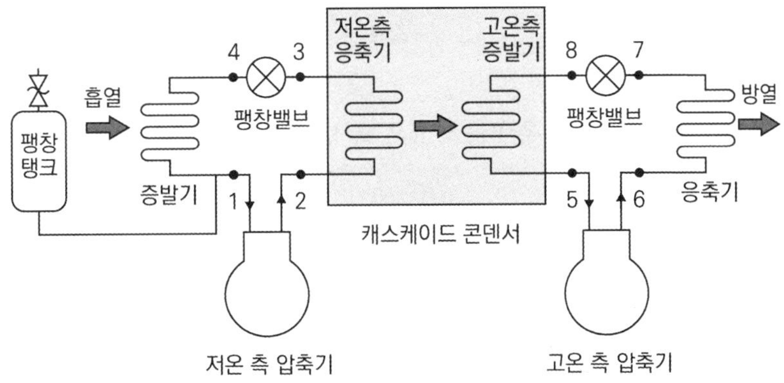

[2원 냉동사이클 장치도]

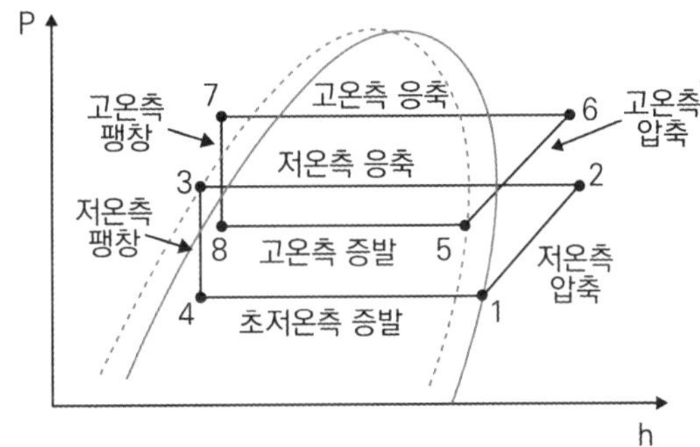

[2원 냉동장치 P－h선도]

(1) 냉동효과

$$q_e[kJ/kg] = h_1 - h_4$$

(2) 냉동능력

$$Q_e[kW] = G_L(h_1 - h_4)$$

(3) 방열량

① 저온 측 냉동기 응축열량 = 고온 측 냉동기 증발열량

$$G_L(h_2 - h_3) = G_H(h_5 - h_8)$$

TIP 고온 · 저온 냉동기의 냉매순환량 비 : $\frac{G_H}{G_L} = \frac{h_2 - h_3}{h_5 - h_8}$

② 고온 측 냉동기 응축열량

$$Q_c = G_H(h_6 - h_7)$$

(4) 성적계수

① 저온냉동기 성적계수

$$COP_L = \frac{h_1 - h_4}{h_2 - h_1}$$

② 고온냉동기 성적계수

$$COP_H = \frac{h_5 - h_8}{h_6 - h_5}$$

③ 총 성적계수

$$COP = \frac{G_L q_e}{G_L w_L + G_H w_H} = \frac{G_L(h_1 - h_4)}{G_L(h_2 - h_1) + G_H(h_6 - h_5)} = \frac{COP_L \times COP_H}{COP_L + COP_H + 1}$$

[2원 냉동장치의 총 성적계수 유도과정]

$$COP = \frac{G_L q_e}{G_L w_L + G_H w_H}$$

$$= \frac{G_L(h_1 - h_4)}{G_L(h_2 - h_1) + G_H(h_6 - h_5)} \text{ (여기서 } G_H = G_L \times \frac{(h_2 - h_3)}{(h_5 - h_8)} \text{ 이므로)}$$

$$= \frac{G_L(h_1 - h_4)}{G_L(h_2 - h_1) + G_L\frac{(h_2 - h_3)}{(h_5 - h_8)}(h_6 - h_5)}$$

(여기서 분모, 분자에 $(h_5 - h_8)$을 곱한다)

$$= \frac{(h_1 - h_4)(h_5 - h_8)}{(h_2 - h_1)(h_5 - h_8) + (h_2 - h_3)(h_6 - h_5)}$$

$$= \frac{(h_1 - h_4)(h_5 - h_8)}{(h_2 - h_1)(h_5 - h_8) + (h_2 - h_3)(h_6 - h_5)}$$

(여기서 분모, 분자를$(h_2 - h_1)(h_6 - h_5)$로 나눈다)

$$= \frac{\frac{(h_1 - h_4)(h_5 - h_8)}{(h_2 - h_1)(h_6 - h_5)}}{\frac{\cancel{(h_2 - h_1)}(h_5 - h_8)}{\cancel{(h_2 - h_1)}(h_6 - h_5)} + \frac{(h_2 - h_3)\cancel{(h_6 - h_5)}}{(h_2 - h_1)\cancel{(h_6 - h_5)}}}$$

$$= \frac{\frac{(h_1 - h_4)(h_5 - h_8)}{(h_2 - h_1)(h_6 - h_5)}}{\frac{(h_2 - h_1)(h_5 - h_8)}{(h_2 - h_1)(h_6 - h_5)} + \frac{(h_2 - h_3)(h_6 - h_5)}{(h_2 - h_1)(h_6 - h_5)}}$$

$$= \frac{COP_L \times COP_H}{COP_H + \frac{(h_2 - h_3)}{(h_2 - h_1)}} \text{ (여기서 } h_3 = h_4 \text{ 이므로)}$$

$$= \frac{COP_L \times COP_H}{COP_H + \frac{(h_2 - h_4)}{(h_2 - h_1)}} = \frac{COP_L \times COP_H}{COP_H + \frac{(h_2 - h_4 + h_1 - h_1)}{(h_2 - h_1)}}$$

$$= \frac{COP_L \times COP_H}{COP_H + \frac{(h_1 - h_4) + (h_2 - h_1)}{(h_2 - h_1)}} = \frac{COP_L \times COP_H}{COP_L + COP_H + 1}$$

4 흡수식 냉동사이클

1) 흡수식 냉동기

기계적인 일을 하지 않고 고온도의 열을 직접 적용시켜 냉동하는 방법으로, 서로 잘 용해하는 두 가지 물질을 사용한다. 즉, 저온 상태에서는 두 물질이 강하게 용해되나 고온에서는 두 물질이 분리되어 그중의 한 물질이 냉매작용을 하여 냉동하는 것이다. 이때 열을 운반하는 물질을 냉매라 하고, 이 가스를 용해하는 물질을 흡수제라 한다.

(1) 냉매와 흡수제

냉매	물(H_2O)	암모니아(NH_3)	물(H_2O)	물(H_2O)
흡수제	리튬브로마이드($LiBr$)	물(H_2O)	염화리튬($LiCl$)	황산(H_2SO_4)

(2) 성적계수

$$COP = \frac{\text{증발기 냉각열량}}{\text{재생기 가열량} + \text{펌프일}}$$

펌프일이 매우 미소하므로 무시하면, $COP = \dfrac{\text{증발기 냉각열량}}{\text{재생기 가열량}}$

보충 1중 효용 성적계수 : 0.65 ~ 0.75
2중 효용 성적계수 : 1 ~ 1.3

2) 1중 효용 흡수식 냉동사이클

흡수기 → 재생기(발생기) → 응축기 → 증발기

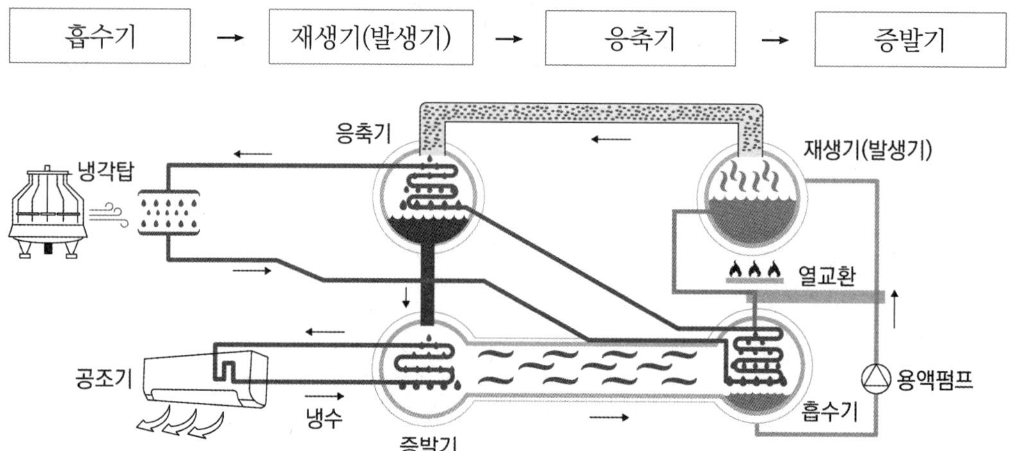

흡수식 냉동기는 진공상태에서 냉매가 낮은 온도에서도 쉽게 증발하는 원리를 이용한다. 흡수식 냉동기에서 6 ~ 7 mmHg 정도의 진공상태로 유지하여 냉매인 물을 약 5 ℃ 정도에서 비등·증발시킨다. 물이 증발하면서 주위의 열을 빼앗아 냉각시키게 된다.

보충 물의 비등점 : 대기압(760 mmHg)에서는 100 ℃ / 6 ~ 7 mmHg에서는 5 ℃

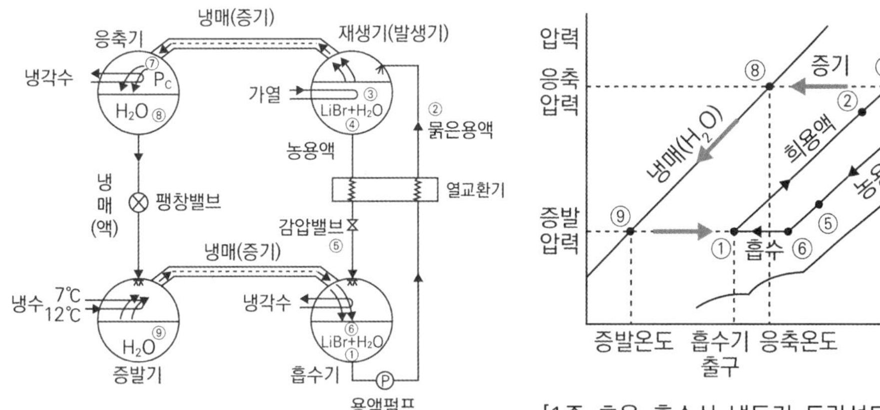

[1중 효용 흡수식 냉동기 듀링선도(H_2O + LiBr)]

[1중 효용 흡수식 냉동기과정]

⑥ → ① : 증발기로부터 냉매(물)를 흡수기에서 흡수하는 과정(흡수기의 농용액 → 묽은용액)

① → ② : 용액펌프에 의해 저온의 묽은 용액이 재생기로 보내지면서 압력이 상승하고, 고온의 농용액과 열교환하여 온도가 상승하는 과정

② → ③ : 재생기에서 비등점(끓는점)에 이르기까지의 가열과정

③ → ④ : 재생기 내에서 용액 내의 냉매(물)이 증발하여 농축되는 과정 (재생기의 묽은용액 → 농용액)

④ → ⑤ : 재생기에서 나온 고온의 농용액이 저온의 묽은 용액과 열교환하여 온도 강하 및 감압밸브에 의해 압력이 감소되면서 흡수기로 들어가는 과정

⑤ → ⑥ : 농용액이 흡수기에 살포되면서 냉각수에 의해 냉각되어 온도 강하가 일어나는 과정

③ → ⑧ : 재생기 내 용액에서 분리된 냉매(물) 증기가 응축기에서 냉각되어 응축되는 과정

⑧ → ⑨ : 응축된 냉매(물)가 팽창밸브를 통과하면서 압력이 감소되어 증발기로 들어가는 과정

⑨ → ① : 증발기에서 냉매(물)가 증발하여 흡수기로 흡수되는 과정

3) 2중 효용 흡수식 냉동사이클

두 개의 재생기를 두어 열을 단계적으로 활용하고, 에너지 이용 효율을 높이는 구조

(1) 고온 재생기(발생기) : 외부 열원의 높은 열을 직접 받아, 흡수기에서 넘어온 희용액(묽은 용액)을 1차로 가열한다. 여기서 고온·고압의 냉매 증기가 발생한다.

(2) 저온 재생기(발생기) : 고온 재생기에서 발생한 뜨거운 냉매 증기를 열원으로 사용하여 저온 재생기를 거치면서, 1차 가열 후 넘어온 중간 농도의 용액을 2차로 가열하여 추가로 냉매를 발생시킨다.

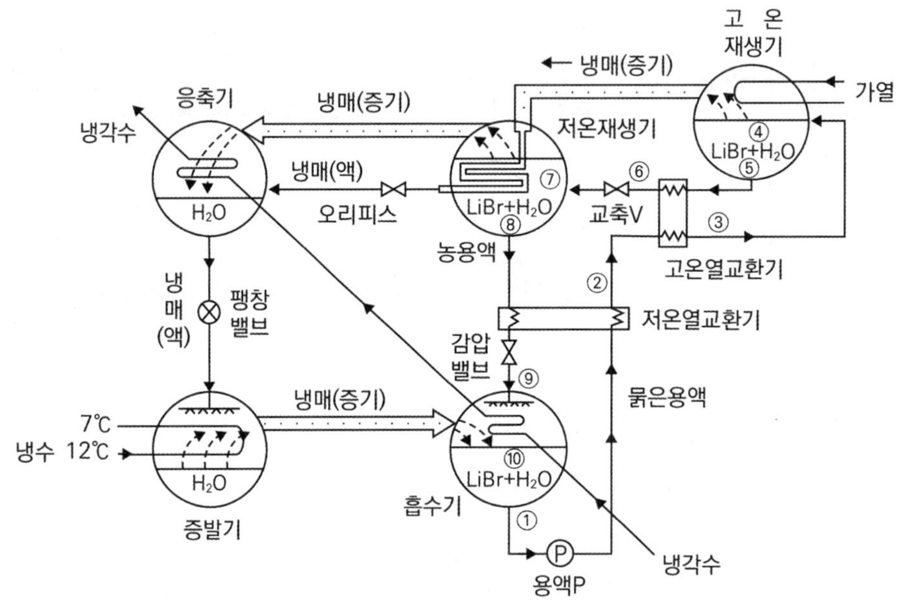

[2중 효용 흡수식 냉동기(H_2O + LiBr)]

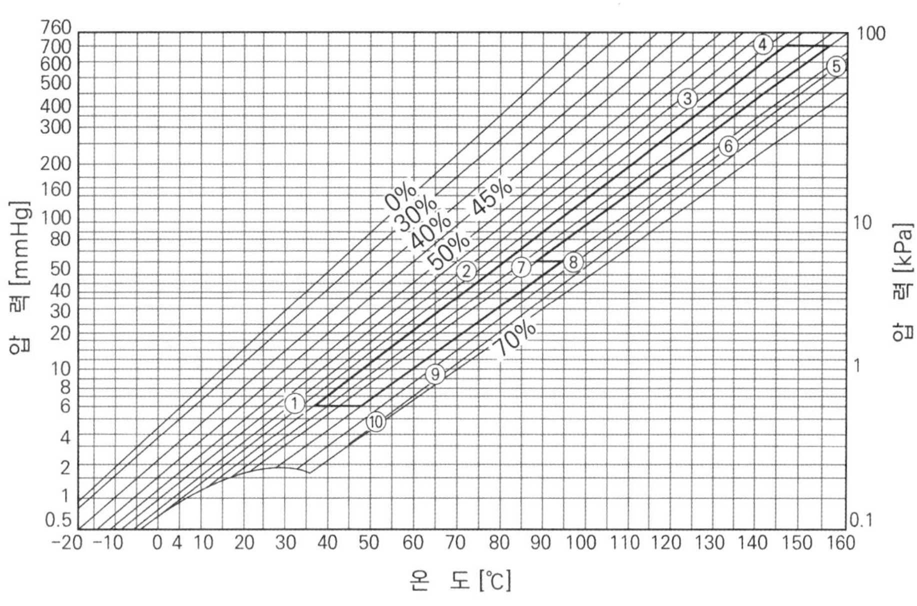

[2중 효용 흡수식 냉동기 듀링선도(H_2O + LiBr)]

[2중 효용 흡수식 냉동기 냉동사이클]

⑩ → ① : 흡수기에서 흡수과정을 나타냄. ⑩지점의 농도가 짙은 흡수액은 냉각수에 의해 냉각되면서 증발기로부터 들어온 냉매증기를 흡수하여 ①지점의 묽은 농도까지 희용액이 됨

① → ② : 흡수기를 나온 묽은 용액(희용액)이 저온 열교환기를 통해 일정농도 아래 온도 상승

② → ③ : 흡수기를 나온 묽은 용액(희용액)이 고온 열교환기를 통해 일정농도 아래 온도 상승

③ → ④ : 고온재생기에 들어간 묽은 용액이 포화온도(④지점의 온도)까지 가열됨

④ → ⑤ : 포화온도에서 더 가열되어 묽은용액 속에 있던 냉매(물)가 증발하면 농도가 짙어져 ⑤지점의 중간농도 용액이 됨

⑤ → ⑦ : 고온열교환기에서 중간농도 용액과 묽은용액이 열교환하여 농도는 일정하고 온도는 강하되고 교축밸브를 지나면서 압력이 중간 압력까지 낮아짐

⑦ → ⑧ : 중간농도용액에서 냉매(물)가 증발하여 용액의 농도가 짙어짐

⑧ → ⑨ : 저온재생기에서 나온 짙은용액(농용액)이 저온열교환기에서 냉각되어 일정 농도 아래 온도 강하 및 감압밸브에 의한 압력 감소

⑨ → ⑩ : 흡수기에 농용액이 들어갈 때 냉각수에 의해 온도 강하

01 예상문제

01 다음 중 펠티에(Peltier)효과를 이용한 냉동법은?

① 기체팽창 냉동법 ② 열전냉동법
③ 자기냉동법 ④ 2원냉동법

해설

[전자냉동법(열전냉동법)]
펠티에효과(Peltier Effect)를 이용한 냉동방식은 열전냉동법이다.

※ 펠티에효과
어떤 두 종의 다른 금속을 접합하여 이것에 직류전기를 통하면 접합부에서 열의 방출과 흡수가 일어나는 현상을 이용해 저온을 얻을 수 있다.

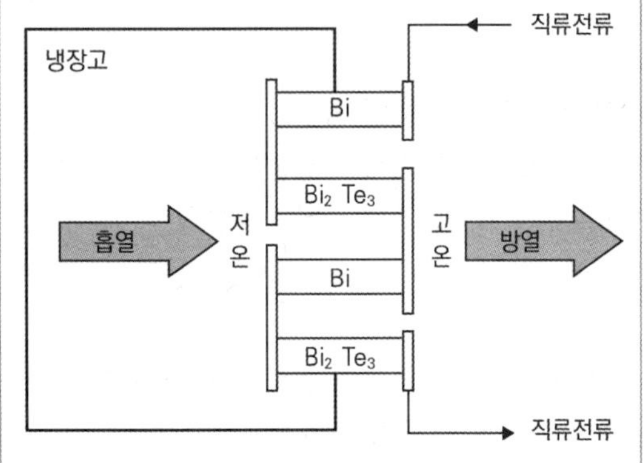

02 흡수식 냉동기에서 흡수기의 설치위치는?

① 발생기와 팽창밸브 사이
② 응축기와 증발기 사이
③ 팽창밸브와 증발기 사이
④ 증발기와 발생기 사이

해설

[흡수식 냉동기의 냉매순환과정]

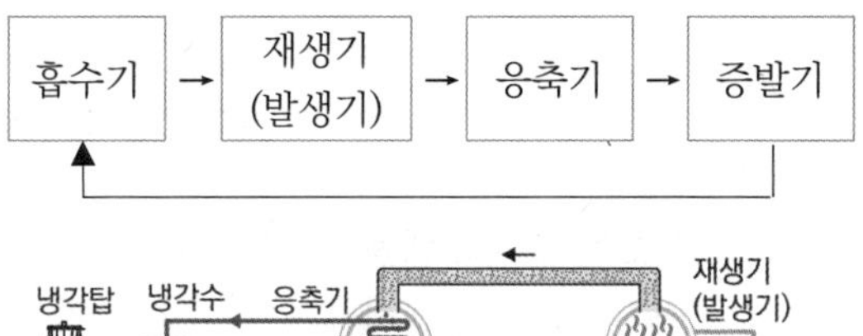

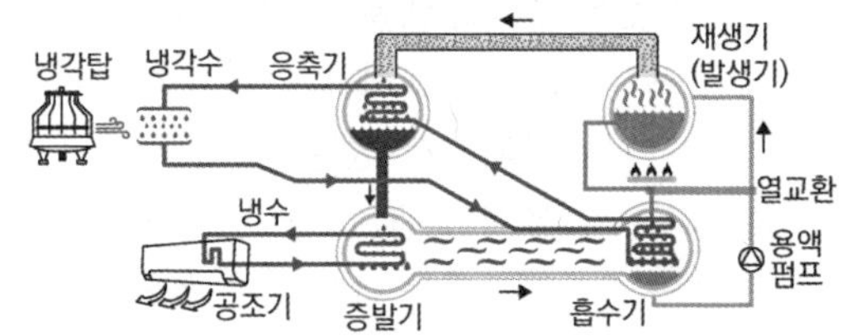

정답 01 ② 02 ④

03 암모니아 냉동설비의 배관으로 사용하기에 가장 부적절한 배관은?

① 이음매 없는 동관
② 저온 배관용 강관
③ 배관용 탄소강강관
④ 배관용 스테인리스강관

해설

[암모니아 냉동설비]
암모니아수는 철 및 강을 부식시키지 않지만 암모니아 증기가 수분을 함유하면 아연, 주석, 동 및 동합금을 부식시키므로 냉동기와 배관의 재료는 철이나 강을 사용할 것

04 냉매에 대한 설명으로 틀린 것은?

① 응고점이 낮아야 한다.
② 증발열과 열전도율이 커야 한다.
③ R - 500은 R - 12와 R - 152를 합한 공비 혼합냉매라 한다.
④ R - 21은 화학식으로 $CHCl_2F$이고, $CClF_2 - CClF_2$는 R - 113이다.

해설

[냉매]
④ R - 21은 화학식으로 $CHCl_2F$이고, $CClF_2ClF_2$는 R - 114이다.

프레온	R	-	C - 1	H + 1	F
(1)	R	-	0	2	1
(2)	R	-	1	1	3

(1) C ⇒ 1개, H ⇒ 1개, F ⇒ 1개, Cl ⇒ 2개
따라서 R - 21 : $CHCl_2F$
(2) C ⇒ 2개, H ⇒ 0개, F ⇒ 3개, Cl ⇒ 3개
따라서 R - 113 : $C_2Cl_3F_3$

※ 냉매 명명법
1) 프레온 냉매 : R - (C - 1)(H + 1)(F)
브로민(Br)이 있으면 우측에 영문 B와 원자수를 병기
예시) $CBrF_3$
R - (1 - 1) (0 + 1) (3) B1
→ R - 013B1 → R - 13B1
2) 비공비 혼합 냉매 : R - 4○○
암 비공비사
3) 공비 혼합 냉매 : R - 5○○
암 공비오

냉매명	구성 성분
R - 500	R - 12 + R - 152a 암 영원히 이로워
R - 501	R - 12 + R - 22 암 112 / 이잉
R - 502	R - 22 + R - 115 암 둘리 1일 오백원
R - 503	R - 13 + R - 23 암 03/13/23
R - 504	R - 32 + R - 115 암 4321 뛰(일)오

4) 유기 화합물 냉매 : R - 6○○
① 부탄계는 R - 60○
② 산소 화합물은 R - 61○
③ 황 화합물은 R - 62○
④ 질소 화합물은 R - 63○
암 여기(유기)에유(6) 부산황 N
0 1 2 3
5) 무기 화합물 냉매 : R - 7○○,
뒤의 2자리에는 분자량
※ 암모니아(NH_3)는 분자량 : 17이므로 R - 717,
물(H_2O)은 분자량 : 18이므로 R - 718

정답 03 ① 04 ④

Part 03

05 2차 냉매인 브라인이 갖추어야 할 성질에 대한 설명으로 틀린 것은?

① 열용량이 적어야 한다.
② 열전도율이 커야 한다.
③ 동결점이 낮아야 한다.
④ 부식성이 없어야 한다.

해설

[브라인의 조건]

① 브라인은 냉동시스템에서 열을 운반하는 매개체 역할을 하므로, 많은 양의 열을 효율적으로 운반하려면 열용량(비열)이 커야 한다.

06 몰리에르선도에 대한 설명으로 틀린 것은?

① 과열구역에서 등엔탈피선으로 등온선과 거의 직교한다.
② 습증기 구역에서 등온선과 등압선은 평행하다.
③ 포화액체와 포화증기의 상태가 동일한 점을 임계점이라고 한다.
④ 등비체적선은 과열증기구역에서도 존재한다.

해설

[과열구역]

습포화증기구역에서 등엔탈피선은 등온선과 거의 직교한다. 또한 등엔탈피선은 모든 구간에서 등압선과 직교한다.

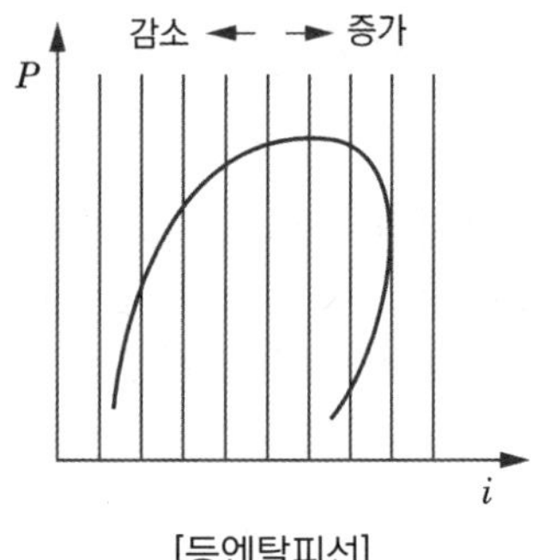

[등엔탈피선]

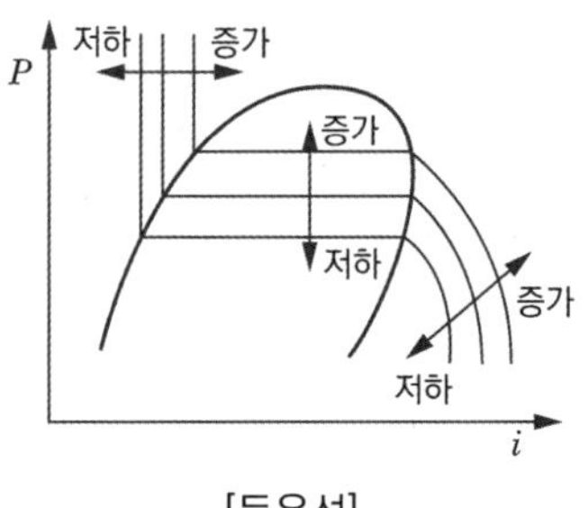

[등온선]

정답 05 ① 06 ①

07 표준 냉동사이클에서 냉매액이 팽창밸브를 지날 때 냉매의 온도, 압력, 엔탈피의 상태변화를 올바르게 나타낸 것은?

① 온도 : 일정, 압력 : 감소, 엔탈피 : 일정
② 온도 : 일정, 압력 : 감소, 엔탈피 : 감소
③ 온도 : 감소, 압력 : 일정, 엔탈피 : 일정
④ 온도 : 감소, 압력 : 감소, 엔탈피 : 일정

해설

[표준 냉동사이클]
냉매액이 팽창밸브를 지날 때 온도 감소, 압력 감소, 엔탈피 일정

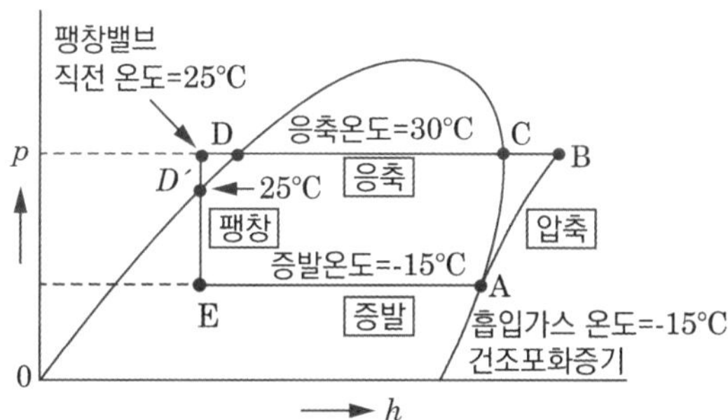

[P－h선도상의 기준 냉동사이클 표시]

08 2단압축 1단팽창 냉동시스템에서 게이지압력계로 증발압력이 100 kPa, 응축압력이 1100 kPa일 때 중간냉각기의 절대압력은 약 얼마인가?

① 331 kPa
② 491 kPa
③ 732 kPa
④ 1010 kPa

해설

[중간냉각기의 절대압력]

$$P = \sqrt{\text{증발압력} \times \text{응축압력}}$$
$$= \sqrt{(100 + 101.325) \times (1100 + 101.325)}$$
$$\fallingdotseq 491.79 \text{ kPa}$$

보충 증발압력과 응축압력을 절대압력으로 환산하여 대입한다.

Chapter 02 냉동장치의 구성기기

01 압축기

1 구조상의 분류

1) 개방형

압축기와 모터가 별개로 분리되어 있는 구조

(1) 전동기 직결식 : 모터의 축과 압축기의 축이 커플링에 의해 접속되어 동력이 전달되는 구조

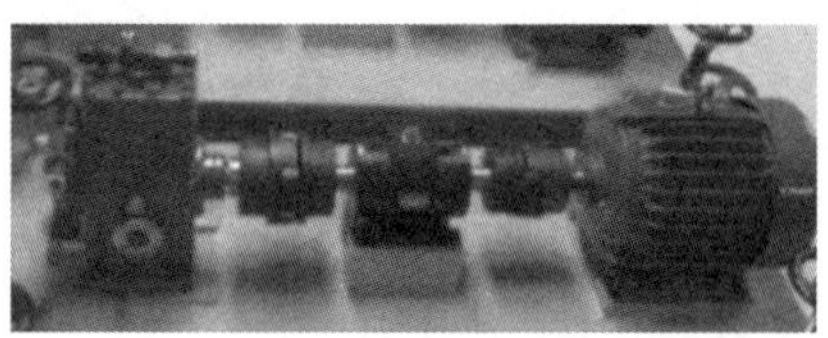

(2) 벨트 구동식 : 모터와 압축기간에 V벨트로 동력이 전달되는 구조

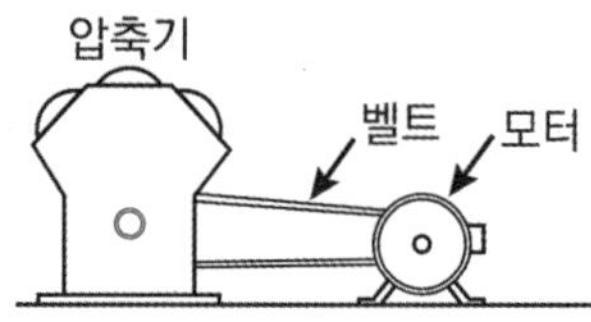

2) 밀폐형

모터와 압축기가 하나의 밀폐된 용기 속에 들어 있는 구조로 보수가 불가능

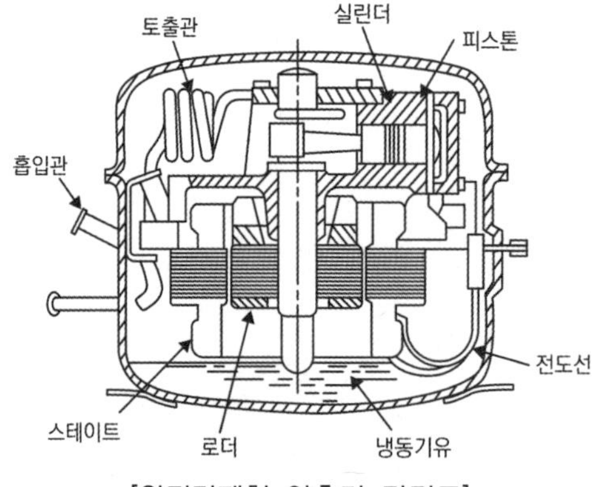

[완전밀폐형 압축기 단면도]

[완전밀폐형 압축기]

3) 반밀폐형

압축기와 모터가 하나의 용기 속에 들어 있으나 분해 및 조립이 가능하도록 실린더 헤드가 볼트로 조립되어 있는 구조

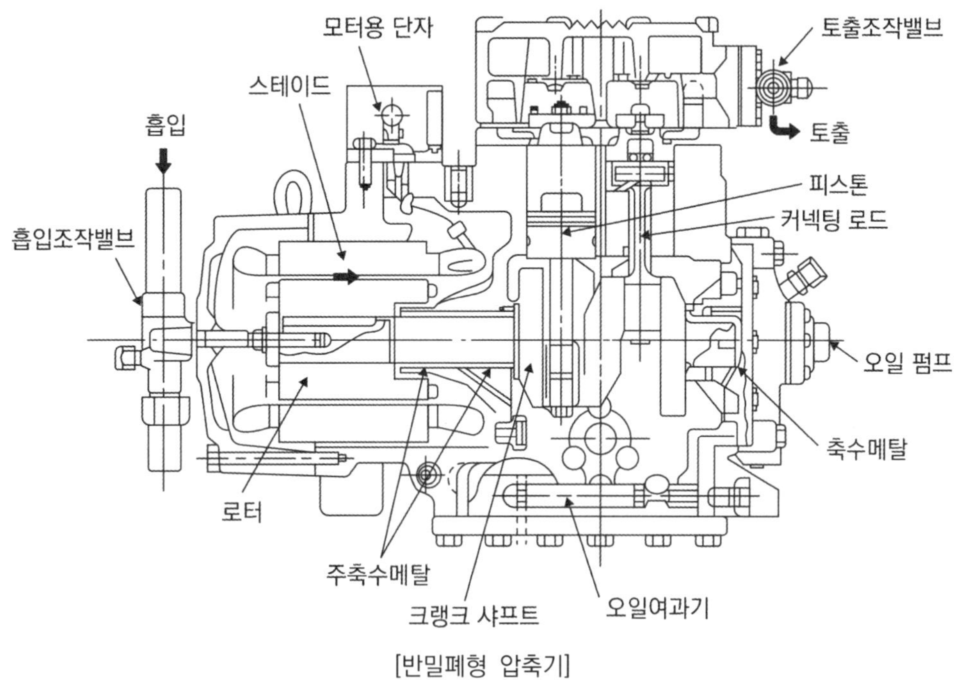

[반밀폐형 압축기]

2 압축방식에 의한 분류

1) 원심식 : 터보식

2) 용적식 : 회전식, 왕복동식(왕복식), 스크류식, 스크롤식

3 실린더 배열에 의한 분류

1) 입형 압축기

2) 횡형 압축기

3) V형, W형, VV형, 성형(고속 다기통 압축기)

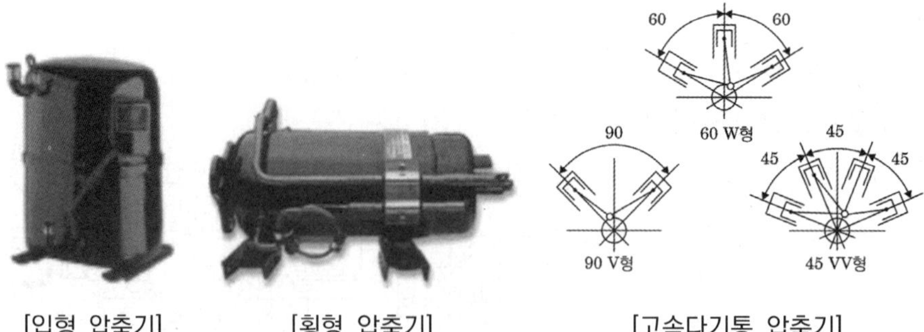

[입형 압축기] [횡형 압축기] [고속다기통 압축기]

4 압축기의 종류별 특징

1) 왕복동식 압축기

왕복동식 압축기는 피스톤 왕복 운동으로 압축하는 방식이고, 고속다기통 압축기는 다수 실린더와 고속회전으로 대출력·대용량을 처리할 수 있는 왕복동식 압축기

(1) 구조적 특성

① 피스톤의 왕복운동으로 행하는 압축방식

② 흡입 및 배출밸브는 플레이트밸브를 사용함

③ 용량제어장치(언로더)가 있음

④ 고속회전 시 안전을 위한 안전밸브, 고압차단장치, 유압보호장치가 있음

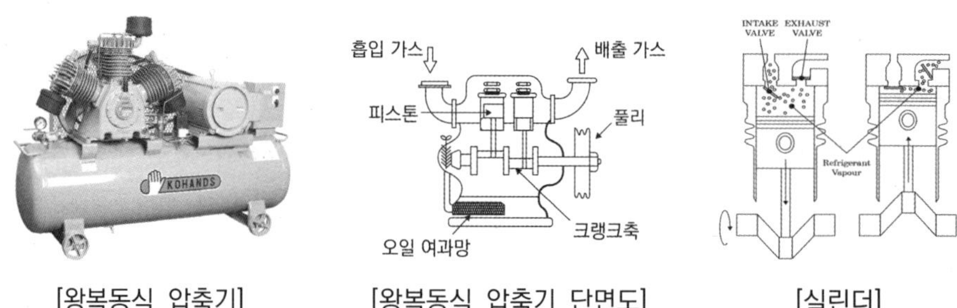

[왕복동식 압축기] [왕복동식 압축기 단면도] [실린더]

(2) 이론적 피스톤 압출량(배출량)

$$V[m^3/h] = \frac{\pi}{4}D^2 \times L \times N \times Z \times \frac{60[\min]}{1[hr]}$$

V : 이론적 피스톤 압출량(m^3/h)

D : 피스톤의 직경 및 실린더의 내경(m)

L : 피스톤의 행정(m)

Z : 실린더 수(기통 수)

N : 분당 회전수(rpm)

(3) 실제적 압축기 토출량(배출량)

$$V_{act} = V \times \eta_v$$

V : 이론적 피스톤 압출량(m^3/h)
η_v : 체적효율

(4) 장점

① 냉동능력에 비해 소형이고 경량이며, 진동이 적고, 설치면적이 작음
② 부품 교환이 용이하고, 정비 보수가 간단
③ 안전두가 있어서 액 압축 시 소손을 방지
④ 무부하 경감장치로 단계적인 용량제어가 되며, 기동 시 무부하 기동으로 자동운전이 가능

(5) 단점

① 탑 클리어런스가 커서 체적효율이 나쁘고 고속이므로 흡입밸브의 저항 때문에 고진공이 잘 안 됨
② 압축비 증가에 따른 체적효율 감소가 많아지며 냉동능력이 감소하고 동력 손실이 커짐
③ 소음이 커서 이상음 발견이 어려움
④ NH_3 압축기에서 냉각이 불충분하면 오일이 탄화 또는 열화되기 쉬움
⑤ 이상운전 상태를 신속하게 파악하여 조치하는 안전장치가 필요
⑥ 마찰부에서의 활동속도, 베어링 하중이 커서 마모가 빠름

[안전두]
흡입가스 중에 액냉매가 함유되어 압축하면 액은 비압축성이므로 큰 힘이 작용하여 압축기 상부가 파손될 우려가 있기 때문에 이것을 방지하기 위해 밸브판 상부에 스프링을 설치하여 액압축 시에 스프링이 들려 압축기 파손을 방지하는 보호장치이며, 작동이 되면 냉매가스는 압축기 흡입 측으로 분출됨

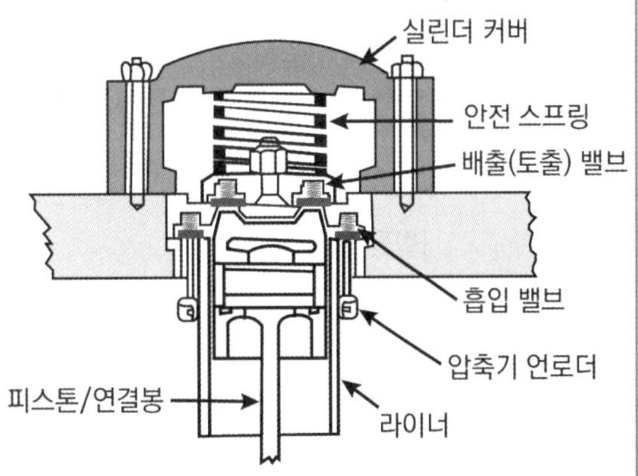

[용량제어방법]
(1) 클리어런스를 증감시키는 방법
(2) 회전수를 가감하는 방법
(3) 바이패스(Bypass)시키는 방법
(4) On - Off제어
(5) 일부 실린더를 놀리는 방법

2) 회전식(Rotary) 압축기

로터리 컴프레서라고도 하며, 편심 회전하는 로터와 베인의 움직임을 이용해 냉매를 압축하는 방식. 소용량, 고효율, 저소음형으로 주로 사용됨

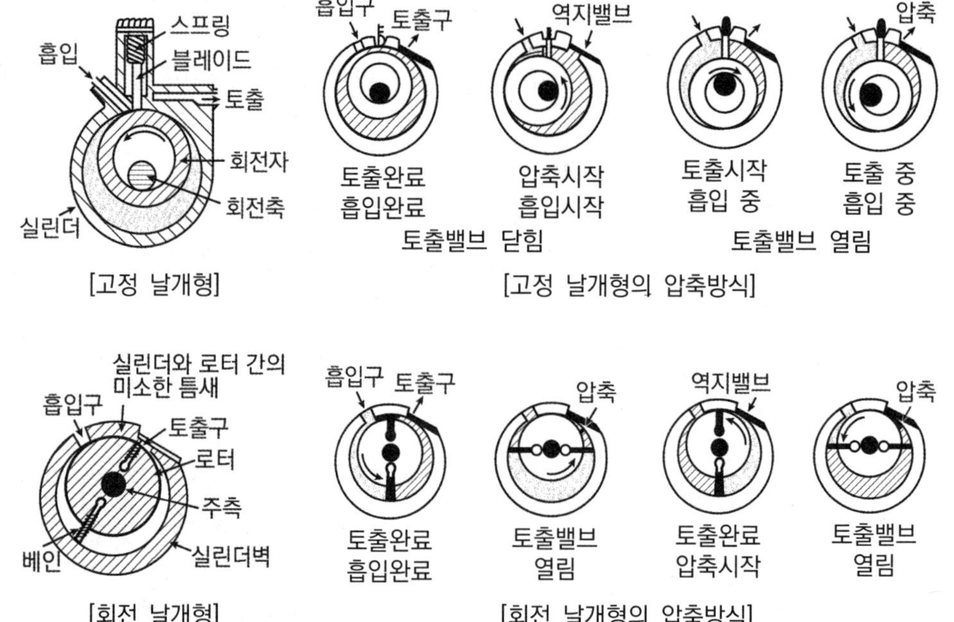

[고정 날개형] [고정 날개형의 압축방식]

[회전 날개형] [회전 날개형의 압축방식]

(1) 구조적 특성

① 소형 냉동장치에 많이 사용되며, 압축효율이 비교적 높음

② 회전 익형(회전 날개형) : 로터에 베인이 장착되어 로터와 함께 회전함. 원심력·스프링 등으로 베인이 실린더에 밀착되어 있음

③ 고정 익형(고정 날개형) : 실린더 내에 블레이드가 고정되어 있고, 로터가 회전하면서 냉매를 압축함

(2) 장점

① 체적효율이 비교적 높고 소용량에서 효율이 우수함

② 흡입밸브가 없고 연속적인 흡입·토출이 가능함

보충 흡입밸브가 없는 대신 역류방지밸브가 설치되고 연속 흡입·토출하며 토출밸브가 있음

③ 소음과 진동이 적어 실내 설치에 적합함(가정용 냉장고, 룸에어컨, 쇼케이스 등 사용)

(3) 단점

① 압축기의 정비·분해가 어려움(대개 모듈 교환 방식으로 수리)

② 축이 회전자의 편심에 위치하므로 제작 시 고도의 정밀도가 요구됨

③ 압축기 흡입 측에 액분리기 또는 열교환기 등이 반드시 필요(액냉매 흡입 시 손상 방지)

④ 실린더 내부가 고온·고압으로 압축기 및 윤활유를 냉각시키는 장치가 필요

3) 스크롤식 압축기

선회스크롤과 고정스크롤 사이에 냉매가스를 넣어 압축하여 중앙의 토출부에서 고압가스를 내보내는 방식

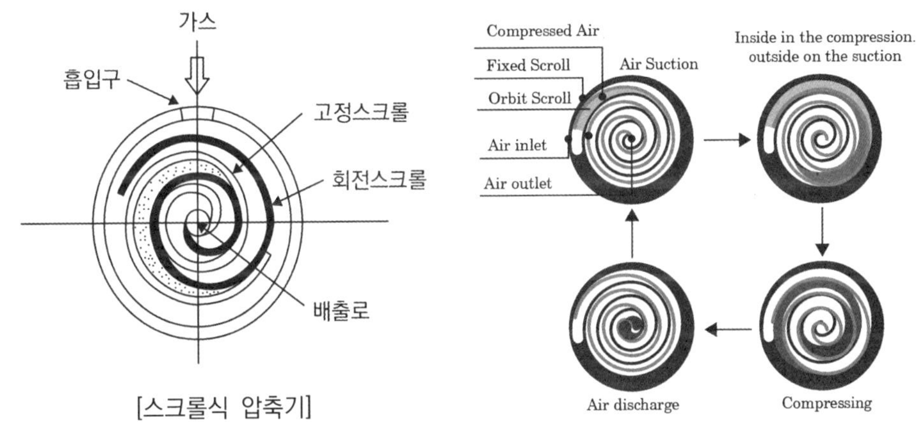

[스크롤식 압축기]

(1) 장점

① 토출가스의 압력변동이 작아 정숙한 운전이 가능함

② 소음 및 진동이 적어 실내 설치에 유리함

③ 액 압축에 대한 내성이 강하여 고장 발생 가능성이 적음

④ 압축 효율이 왕복동식보다 10 ~ 15 % 높음

⑤ 흡입밸브와 토출밸브가 없기 때문에 고속회전이 가능함

⑥ 구조가 단순하고 마모부품이 적어 내구성이 우수함

⑦ 기밀성이 좋아 냉매 누설이 적음

⑧ 가스 흐름이 연속적이고 균일하여 맥동이 거의 없음

⑨ 자체 윤활이 가능하여 일부 소형기기에서는 윤활유 회수가 용이함
⑩ 고정밀 제작으로 에너지 효율이 우수함

(2) 단점

① 나선형 스크롤 사이의 누설 가능성이 있음(기밀성 유지가 중요함)
② 운전 정지 시 고압가스의 역류로 압축기 역회전 우려가 있음
③ 역류 방지용 체크밸브를 토출 측 또는 흡입 측에 설치해야 함
④ 압축비가 구조적으로 고정되어 운전범위가 제한됨
⑤ 정밀가공이 요구되므로 제작비용이 상대적으로 높음
⑥ 외부 이물질 유입 시 스크롤 간 접촉부 손상 우려가 있음

4) 스크류 압축기

두 개의 나선형 로터(수나사, 암나사)가 맞물려 회전하며 냉매를 압축하는 방식임. 대형 시스템에 주로 사용되며, 진동이 적고 연속운전에 적합함

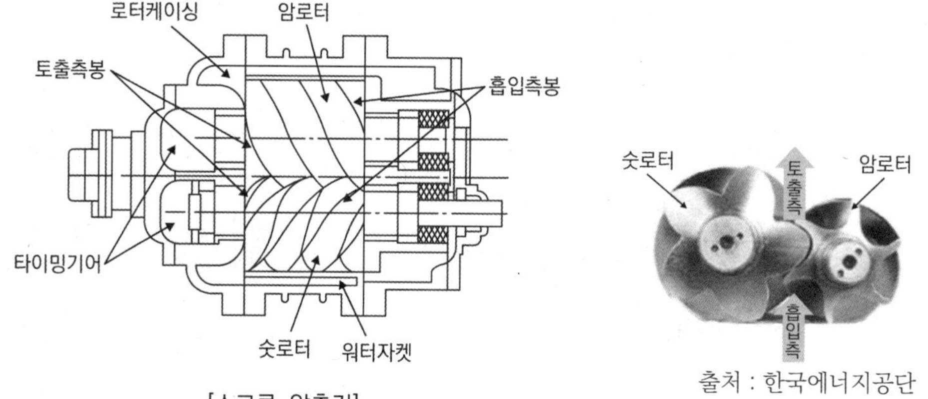

[스크류 압축기]

출처 : 한국에너지공단

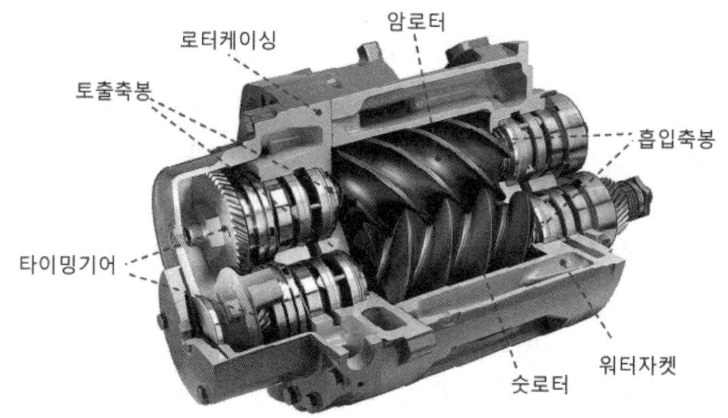

출처 : 한국에너지공단

(1) 구조적 특성
① 암나사와 수나사 형상의 두 개 로터가 맞물려 회전함
② 로터가 회전하면서 냉매를 연속적으로 압축·토출함
③ 케이싱 내에 슬라이드밸브(Slide Valve)가 설치되어 용량제어를 수행함
④ 윤활유는 냉매와 함께 토출되며, 오일 분리기 및 오일 냉각기를 통해 회수 및 냉각됨

(2) 장점
① 구조가 단순하고 부품 수가 적어 내구성이 우수함
② 진동이 거의 없어 견고한 기초가 불필요함
③ 소형·경량으로 설치가 용이함
④ 액압축 및 오일 해머링에 강하여 암모니아(NH_3) 자동운전에 적합함
⑤ 무단계 용량제어(10 ~ 100 %)가 가능하여 자동운전에 유리함
⑥ 흡입·토출밸브 및 피스톤이 없어 연속운전이 가능함

(3) 단점
① 오일펌프 및 오일회수장치가 필요함
② 기동 시 큰 기동토크가 요구됨
③ 회전방향이 반드시 정회전이어야 함
④ 오일 냉각기 및 오일 분리기가 대형화됨
⑤ 소음이 비교적 크고 정밀가공이 요구됨
⑥ 정비·수리에 고도의 기술이 필요함

(4) 용량제어방법
① 슬라이드밸브제어 : 무단계 용량제어 가능 → 가장 많이 사용됨
② 바이패스제어 : 일부 냉매를 흡입구로 우회시켜 용량 조절함
③ 회전수제어(인버터제어) : 속도를 조절하여 용량제어함
④ On - Off제어 : 소형 일부 기종에서 사용됨(대형에는 드물게 적용)

5) 원심식(터보) 압축기

원심식 압축기는 터보(Turbo) 또는 센트리퓨걸(Centrifugal) 압축기라고도 불리며, 임펠러의 고속 회전에 의해 냉매가 원심력으로 가속되면서 압축되는 방식임. 대형 공조 및 냉동설비에 주로 사용됨

[임펠러]

(1) 구조적 특성

① 임펠러(날개)가 고속 회전하여 냉매를 원심력으로 가속함
② 가속된 냉매가 디퓨저(Diffuser)를 지나면서 속도에너지가 압력에너지로 변환됨
③ 임펠러, 디퓨저, 베어링, 오일시스템 등으로 구성됨
④ 다단식 구성이 가능하여 고압까지 압축 가능함
⑤ 고속회전으로 베어링 마찰이 크므로 윤활유 순환시스템이 필요하고, 냉매와 오일이 쉽게 섞이므로 오일분리장치가 필요함

(2) 장점

① 대용량 냉동에 적합하여 대형 빌딩, 산업용 등에 널리 사용됨
② 효율이 우수하며 연속운전에 적합함
③ 소음과 진동이 적어 설치가 용이함
④ 피스톤, 밸브 등의 왕복부품이 없어 마모가 적음
⑤ 소형·경량으로 대용량 구현이 가능함
⑥ 장시간 운전이 가능하며 유지보수가 용이함

(3) 단점

① 저용량 운전에 부적합함(소형 적용 곤란)
② 경부하 운전 시 효율이 저하됨
③ 임펠러 및 베어링 등 정밀가공이 요구됨
④ 고속회전으로 인한 초기 제작비용이 높음
⑤ 서징(Surge)현상 발생 우려가 있음
⑥ 기동 시 기동전류가 큼

5 압축기밸브

1) 흡입 및 토출밸브의 구비조건

(1) 가스 유동 저항이 적을 것
(2) 관성력이 작고 개폐가 확실할 것
(3) 밸브 닫힘 시 누설이 없을 것
(4) 마모 · 파손에 강하고 흠이 없을 것
(5) 고온에서 변질되지 말 것

2) 압축기에 사용하는 밸브 종류

밸브 종류	사용 압축기	특징
(1) 포핏밸브 (Poppet Valve)	암모니아 입형 저속압축기	• 구조가 간단하고 견고하여 저속으로 운전되는 대형 압축기에 많이 사용됨 • 관성이 커서 고속에 부적합
(2) 링플레이트밸브 (Ring Plate Valve)	고속다기통 압축기	• 내구성이 우수하여 고속다기통 압축기에 가장 널리 사용되는 밸브 • 가볍고 양정이 작아 고속 회전에 적합함
(3) 리드밸브 (Reed Valve)	프레온용 밀폐형 또는 반밀폐형 소형 압축기	• 얇은 판 모양의 밸브로 구조가 간단함 • 가정용 냉장고, 소형 에어컨
(4) 서비스밸브 (Service Valve)	공통	• 냉매나 오일의 충전 · 회수 · 압력 측정 등 다양한 서비스 작업을 위해 사용

6 간극체적(Clearance Volume)

1) 간극체적이 클 경우 영향

영향	설명
(1) 체적효율 감소	간극에 남아 있던 가스가 팽창하면서 냉매 흡입량 감소
(2) 냉동능력 저하	체적효율이 떨어져 냉매순환량이 감소 → 냉동능력 저하
(3) 소요동력 증가	재흡입된 가스를 반복적으로 다시 압축 → 불필요한 압축일 증가
(4) 실린더 과열	반복 압축으로 인해 실린더 내부 온도가 누적 상승
(5) 윤활유 열화	고온 상태 지속 → 윤활유가 산화 · 탄화되어 윤활성 저하
(6) 토출가스 온도 상승	최종 압축단에서 온도가 상승 → 토출가스 온도 증가
(7) 피스톤 마모 증가	고온 · 고압 반복으로 피스톤과 실린더 간 마찰 증가 → 마모 가속화

보충 간극체적 : 피스톤이 상사점(TDC)까지 올라가도 실린더 내에 남아 있는 공간으로 이 공간에 남아 있는 냉매가 재흡입되어 체적효율에 영향을 준다.

2) 간극비, 압축비 및 체적효율 계산식

(1) 간극비(Clearance Ratio, C) : 간극체적(V_c)이 행정체적(V_s)에 대해 차지하는 비율

$$\text{간극비 } C = \frac{V_c}{V_s}$$

V_c : 간극체적
V_s : 행정체적

보충 간극비 ↑ ⇨ 체적효율 ↓

(2) 압축비(Compression Ratio, α) : 압축기의 토출압력과 흡입압력의 비율로, 냉동사이클에서 응축압력과 증발압력의 비를 말함

$$\text{압축비 } \alpha = \frac{P_2}{P_1}$$

P_2 : 토출 절대압력(응축압력)
P_1 : 흡입 절대압력(증발압력)

보충 압축비 ↑ ⇨ 체적효율 ↓

(3) 체적효율(Volumetric Efficiency, η_v) : 압축기가 실제로 얼마나 효율적으로 가스를 흡입하는지를 나타내는 실측 값

$$\text{체적효율 } \eta_v = \frac{V_{act}}{V_s}$$

V_{act} : 실제로 흡입된 냉매가스의 체적
V_s : 행정체적

TIP 체적효율 ↓ ⇨ 간극비↑, 압축비↑, 흡입가스 과열도↑

7 압축비가 클 때 장치 영향

영향	설명
1) 토출가스 온도 상승	압축비가 커질수록 최종 토출온도가 높아진다.
2) 체적효율 감소	재흡입되는 가스가 많아지므로 흡입하는 실제 냉매량이 줄어든다.
3) 냉동능력 감소	체적효율 저하로 냉매순환량이 감소한다.
4) 소요동력 증가	압축해야 할 압력이 커지므로 압축일이 증가한다.
5) 실린더 과열	압축실 온도 상승으로 실린더 온도가 높아진다.
6) 윤활유 열화	고온에 의해 윤활유가 열화되어 윤활성이 저하된다.

02 응축기

1 횡형 셸 앤드 튜브식 응축기

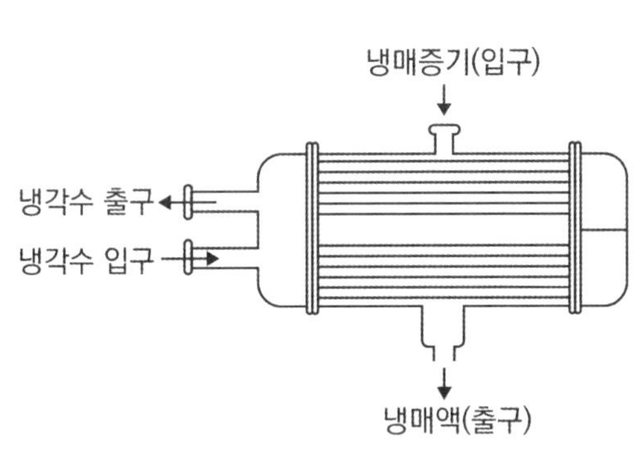

[횡형 셸 앤드 튜브식 응축기]

[응축기 내부 튜브 배열 상태]

1) 구조

(1) 암모니아 또는 프레온장치에 소형에서 대용량까지 광범위하게 사용되는 수냉식의 응축기이다.

(2) 프레온 콘덴싱유닛, 워터 칠링유닛, 패키지 에어컨 등 소형부터 대형까지 다양하게 적용된다.

2) 암모니아용 횡형 셸 앤드 튜브식 응축기

(1) 냉각수 유속은 0.5 ~ 1.5 m/s 범위로 설계하며, 냉각관 부식을 줄이기 위해 약 1 m/s 정도로 맞춘다.

(2) 냉각관은 주로 강관을 사용한다.

3) 프레온 횡형 셸 앤드 튜브식 응축기

(1) 냉각관은 주로 동관을 사용한다.

(2) 바닷물이나 부식성 냉각수를 사용할 때는 알루미늄 청동관이나 큐프로니켈관을 사용한다.

(3) 냉각수 유속은 1.0 ~ 2.5 m/s이나, 부식과 침식을 방지하기 위해 바닷물 사용 시 1.5 ~ 2.0 m/s로 제한하는 경우가 많다.

(4) 냉각수 측 전열 저항을 줄이기 위해 핀 튜브를 사용하는 경우도 있다.

4) 특징

(1) 설치면적이 좁아도 사용이 가능하다.
(2) 암모니아, 프레온 등 대·중·소형 냉동기에 광범위하게 적용된다.
(3) 전열 성능이 양호하여 냉각수량이 입형에 비해 적게 필요하다.
(4) 냉각관이 부식되기 쉽고, 냉각관 청소가 어렵다.
(5) 운전 중에는 냉각관 청소가 불가능하다.

2 입형 셸 앤드 튜브식 응축기

1) 구조

(1) 입형 셸 앤드 튜브식 응축기는 입형의 원통 양쪽 끝에 상·하 경판을 설치하고, 그 사이에 바깥지름 50 mm의 다수 냉각관을 수직으로 배열하여 구성된다.
(2) 상단에는 냉각수를 저장하는 수조가 설치되어 있으며, 배관 내부에는 냉각수를 고르게 분포시키기 위해 스웰(Swirl)장치를 설치하여, 상부에서 하부로 흐르는 냉각수가 냉각관 벽을 따라 원활히 흐르게 한다.

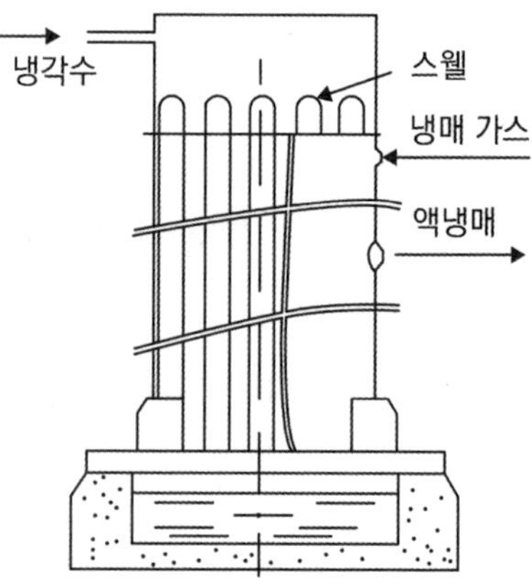

[입형 셸 앤드 튜브식 응축기]

[스웰]

2) 특징

(1) 가격이 저렴하고 과부하에 잘 견딘다.
(2) 수직형이기 때문에 설치면적은 좁지만, 높은 공간이 필요하다.
(3) 운전 중에도 냉각관 청소가 가능하다.
(4) 전열 성능이 비교적 양호하다.
(5) 주로 대형 암모니아 냉동기에 사용된다.
(6) 냉각관이 부식되기 쉽다.

3 이중관식 응축기

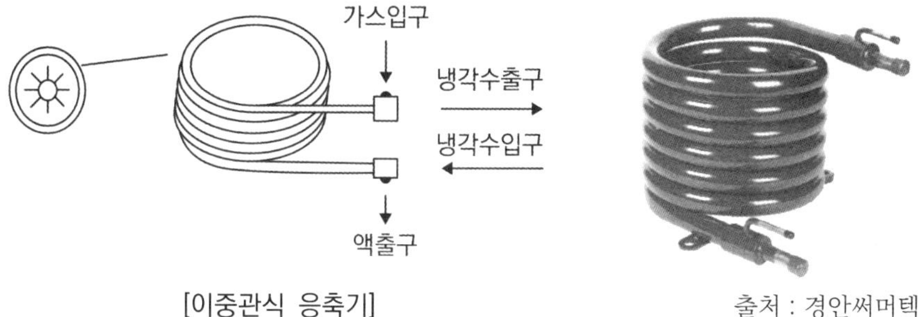

[이중관식 응축기]

출처 : 경안써머텍

1) 구조

(1) 암모니아, 프레온계, 클로로메탄 등의 비교적 소형 냉동기에 주로 사용된다.

(2) 탄산가스(CO_2) 냉동기에도 사용할 수 있다.

2) 특징

(1) 냉매 증기와 냉각수를 대향류로 흐르게 하여 냉각효과가 양호하며 고압에도 견딘다.

(2) 벽면을 이용하는 공간에도 설치할 수 있어 설치면적이 작아도 된다.

(3) 냉각수량이 적어도 되며 과냉각된 냉매를 얻을 수 있다.

(4) 구조가 복잡하여 냉각관 점검 및 보수가 어렵고, 냉각관 부식이나 오염을 발견하고 청소하기가 곤란하다.

4 증발식 응축기

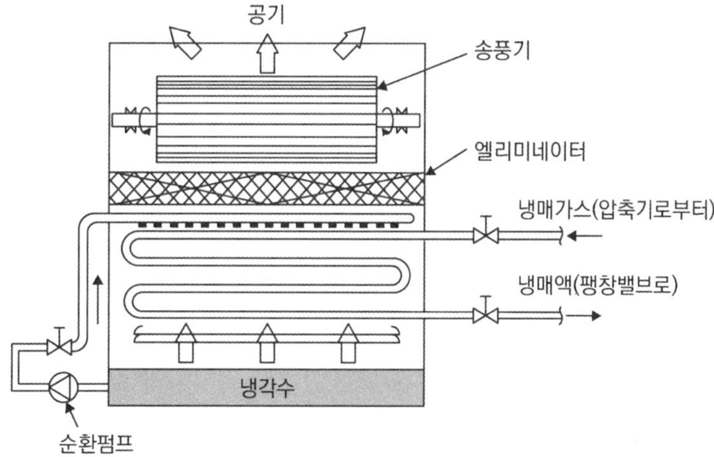

[증발식 응축기]

1) 구조

(1) 증발식 응축기는 수냉식 응축기와 공랭식 응축기의 작용을 혼합한 형태이다.
(2) 냉매가 흐르는 관에 노즐로 물을 분무하고 상부에 설치된 송풍기로 공기를 불어넣는다.
(3) 관 표면에 분사된 물이 증발할 때 생기는 증발잠열로 냉매가 응축된다.
(4) 분무된 물은 아래 수조에 모였다가 순환펌프로 다시 노즐로 보내져 재사용되기 때문에 물 소비량이 적다. 다른 수냉식 응축기에 비해 약 3 ~ 5 % 정도의 냉각수만 순환하면 된다.
(5) 주로 소형 및 중형 냉동장치에 사용된다.

2) 특징

(1) 냉각수를 재사용하여 물의 증발잠열을 이용하므로 물 소비량이 적다.
(2) 전열작용은 공랭식보다 양호하나 타 수냉식 응축기에 비해 다소 떨어진다.
(3) 사용되는 응축기 중에서 응축압력(응축온도)이 가장 높다.
(4) 응축기 내부 압력강하가 크고 소비동력이 크다.

5 대기식 응축기

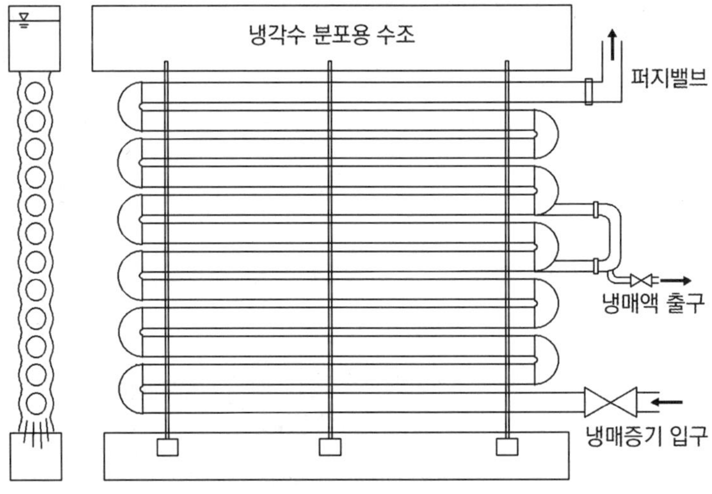

[대기식 응축기]

1) 구조

(1) 지름 50 mm, 길이 2 ~ 6 m의 수평관이 상하로 6 ~ 16단 겹쳐 배치되어 있으며, 이 수평관들은 리턴밴드로 직렬 연결된 구조이다.

(2) 냉매 증기는 관 속을 하단에서 유입되어 상단 방향으로 흐르고, 냉각수는 최상단 냉각 수통에서 유입되어 관 전체를 따라 균일하게 흐른다.

(3) 냉매와 냉각수는 반대 방향(대향류)으로 흐르면서 응축된다.

2) 특징

(1) 부식에 대한 내성이 커서 수질이 나쁜 곳이나 해수를 사용할 수 있다.

(2) 냉각효과가 커 냉각수량이 적어도 된다.

(3) 냉각관 청소가 용이하여 유지관리가 편리하다.

(4) 암모니아 냉동기에 주로 사용된다.

6 공랭식 응축기

1) 구조

(1) 물 대신 공기를 냉각 매체로 사용하는 방식이다.

(2) 소형 응축기는 대개 자연대류로 공기를 통풍시키며, 냉각관은 핀 튜브를 이용하여 전열면적을 넓혀 효율을 높인다.

(3) 1/8 HP 이상의 경우 강제대류 방식을 사용하며, 송풍기로 공기를 불어 넣어 냉각한다.

(4) 룸에어컨, 차량용 냉방기, 소형 냉장고 등 냉각수가 없는 환경이나 소형 냉동장치에 주로 사용된다.

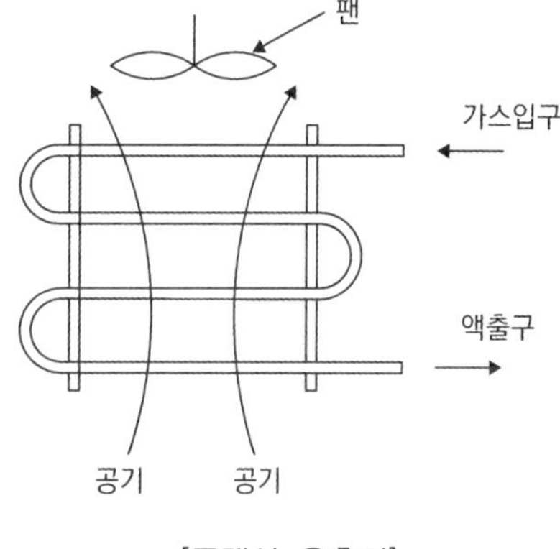

[공랭식 응축기]

2) 특징

(1) 냉수 배관이 어렵거나 냉각수가 없는 장소에 적합하다.

(2) 배관 및 배수설비가 필요 없다.

(3) 보통 2 ~ 3 HP 이하의 소형 냉동장치에 사용되며 아황산, 염화메틸, 프레온 등의 냉매에 적용된다.

(4) 공기의 전열작용이 불량하여 응축온도와 압력이 높아지고 이에 따라 장치 크기가 커진다.

[응축압력조정밸브(CPR : Condenser Pressure Regulator)]

1) 설치목적 및 필요성

겨울철(동절기) 또는 한랭지 등에서 외기 온도가 크게 저하될 때 공랭식 응축기의 응축 압력 및 온도가 비정상적으로 낮아지는 것을 방지한다. 응축 압력이 소정의 압력 이하로 낮아지면 팽창밸브 전후의 차압이 너무 작아져 냉매순환량이 감소하고, 결과적으로 냉동능력이 저하되는 현상을 막기 위함이다.

보충 여름철 최고 온도를 기준으로 응축기 용량을 설계하기 때문에, 외기 온도가 낮은 겨울철에는 응축 능력이 과도해져 응축 압력이 너무 낮아질 수 있다.

2) 설치위치 및 작동원리

주로 공랭식 응축기 출구 배관에 설치한다. 밸브의 개도를 조절하여 응축기 내 냉매액량을 조절함으로써, 응축 압력이 설정 압력 이하로 저하되는 것을 방지한다.

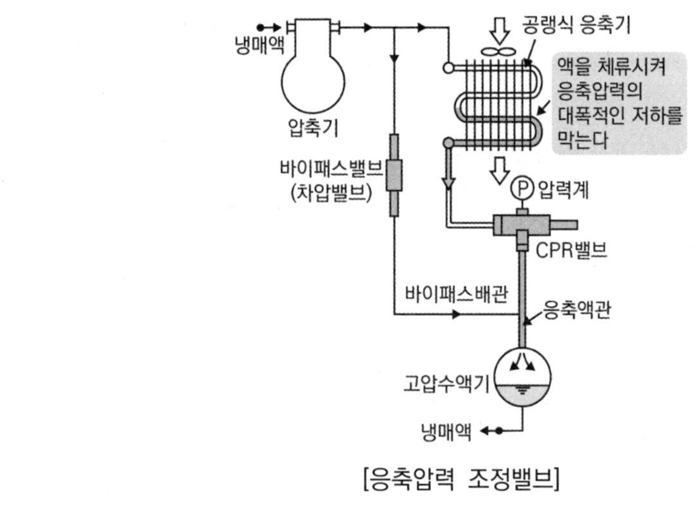

[응축압력 조정밸브]

7 지수식 응축기(쉘 앤드 코일 응축기)

1) 구조

(1) 셸 앤드 코일 응축기라고도 불린다.

(2) 나선 모양의 관(코일)에 냉매 증기를 통과시키고, 이 나선관을 원형 또는 구형의 수조에 담그고 물을 수조에 순환시켜 냉매를 응축시키는 방식이다.

(3) 주로 암모니아, CO_2 같은 냉매를 쓰는 소형 냉동기에 사용된다.

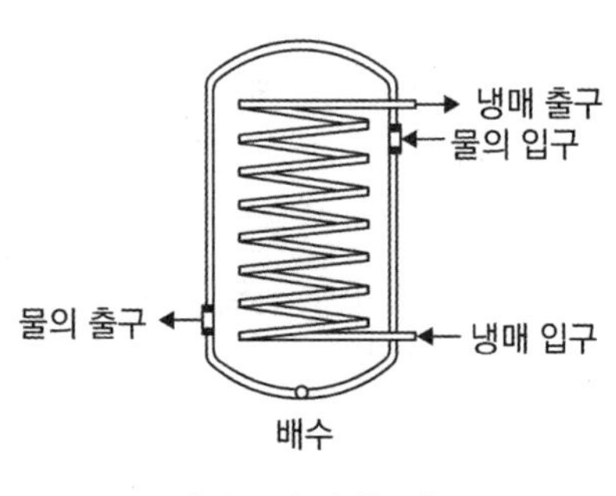

[지수식 응축기]

2) 특징

(1) 고압에 잘 견딘다.
(2) 구조가 간단하여 제작이 용이하며 제작비가 저렴하다.
(3) 소형 냉동장치에 주로 이용된다.
(4) 점검 보수가 어렵다.
(5) 냉각관 부식이나 오염을 발견하고 청소하기가 곤란하다.

8 7통로식 응축기

1) 구조

(1) 횡형 셸 앤드 튜브식 응축기의 일종이다.
(2) 안지름 200 mm, 길이 4800 mm 원통 내에 바깥지름 51 mm인 냉각관 7개가 설치되어 있다.
(3) 냉각수는 아래 냉각관으로 유입되어 순차적으로 7개의 냉각관을 흐르고, 냉매는 위에서 유입되어 냉각관 외부를 통과하며 응축된다.
(4) 1기당 10 RT 크기로 설계되며, 대용량 필요 시 여러 조를 병렬 연결하여 사용한다.

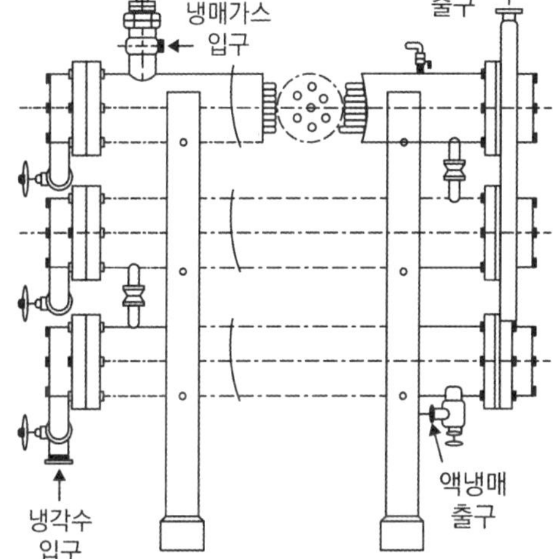

[7통로 응축기]

2) 특징

(1) 공간이나 벽을 이용하여 상하로 설치할 수 있어 설치면적이 좁아도 된다.
(2) 전열이 양호하여 냉각수량이 입형에 비해 적어도 된다.
(3) 구조가 복잡하여 냉각관의 청소가 어렵다.
(4) 주로 암모니아 냉동기에 사용된다.
(5) 1기는 대용량에 적합하지 않으며, 1기당 10 RT 크기로 제한된다.

[응축기의 열교환 효율(성능) 순서]
7통로식 > 횡형 셸 앤드 튜브식 > 입형 셸 앤드 튜브식 > 증발식 > 공랭식

9 냉각탑

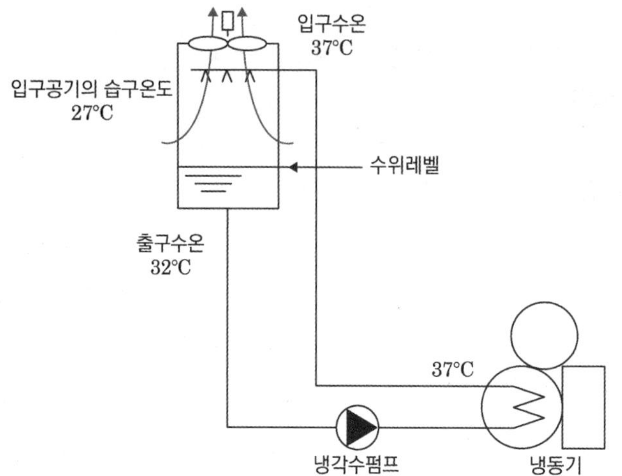

① 냉각탑의 입구수온 : 37 ℃
② 냉각탑의 출구수온 : 32 ℃
③ 대기 습구온도 : 27 ℃
④ 순환수량 : 13 L/min

1) 1 냉각톤(CRT) : 냉각탑의 입구수온 37 ℃, 출구수온 32 ℃, 대기 습구온도 27 ℃, 순환수량 13 L/min일 때 4.54 kW의 방열량

$$1\,CRT = G \times C \times \Delta T = \frac{13}{60} \times 4.19 \times (37 - 32) = 4.54\,kW = 3900\,kcal/h$$
$$1\,CRT = 4.54\,kW$$

암 물 1 L = 1 kg

2) 쿨링 어프로치 : 냉각수 출구온도 - 대기 습구온도 = 32 - 27 = 5 ℃

※ 냉각탑 입구공기의 습구온도(대기 습구온도)가 일정하다면, 쿨링어프로치가 작을수록 냉각탑 출구수온이 낮아지므로 냉각능력이 크다.

3) 쿨링 레인지 : 냉각수 입구온도 - 출구온도 = 37 - 32 = 5 ℃

※ 냉각수 순환량과 냉각부하가 동일하다면 쿨링레인지가 클수록 냉각능력이 크다.

4) 냉각탑의 종류

(1) 개방형 냉각탑(Open Type)

① 냉각수와 공기가 직접 만나 열교환(증발잠열 이용)
② 일반 공조·냉동설비에서 가장 널리 사용
③ FRP(강화플라스틱) 등 부식 방지 재질 사용
④ 구조가 간단하고 설치·보수가 용이함

(2) 유도 송풍식(Induced Draft Type)
① 송풍기를 상단에 설치하여 공기를 위로 빨아올림
② 냉각탑 내에서 공기와 물이 역류하며 접촉
③ 운전 시 진동·소음이 적고 열교환 효율이 높음
④ 현재 가장 많이 사용하는 방식

(3) 압입 송풍식(Forced Draft Type)
① 송풍기를 하단에 설치하여 공기를 강제로 밀어 넣음
② 설치가 자유롭고 소형장치에 적합
③ 초기설치비는 저렴하지만 송풍기부하가 다소 큼

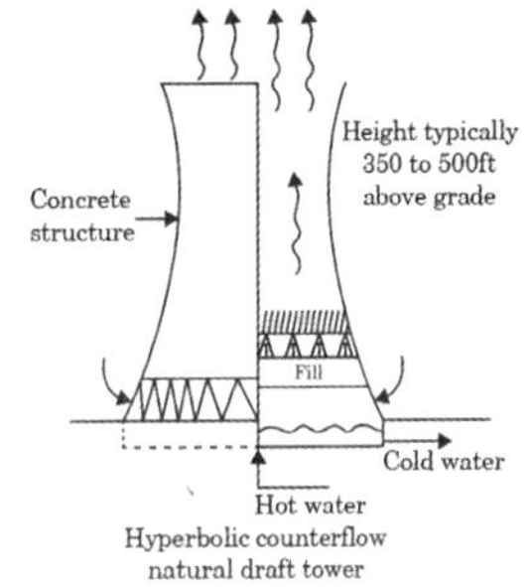

[자연통풍식]

(4) 자연통풍식(Natural Draft Type)
① 외부 송풍기 없이 굴뚝효과(자연상승압력)로 공기 유입
② 주로 대형 발전소·산업용 설비에 사용
③ 설치면적이 크고 초기 투자비용은 높으나 운전비용이 적음

(5) 대향류형 냉각탑(Counter Flow Type)
① 물은 위에서 아래로, 공기는 아래서 위로 흐름
② 물과 공기의 접촉시간이 길어 열교환 성능 우수
③ 수질관리를 철저히 해야 함(스케일·슬러지 발생 주의)

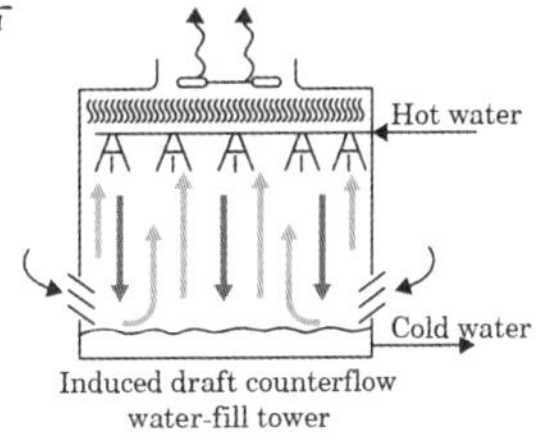

[대향류형]

(6) 직교류형 냉각탑(Cross Flow Type)
① 물은 위에서 아래로, 공기는 옆으로 수평 흐름
② 구조가 개방적이라 점검·청소·보수가 용이함
③ 설치면적이 작고 소음이 적은 편이나, 열교환 성능은 대향류보다 다소 낮음

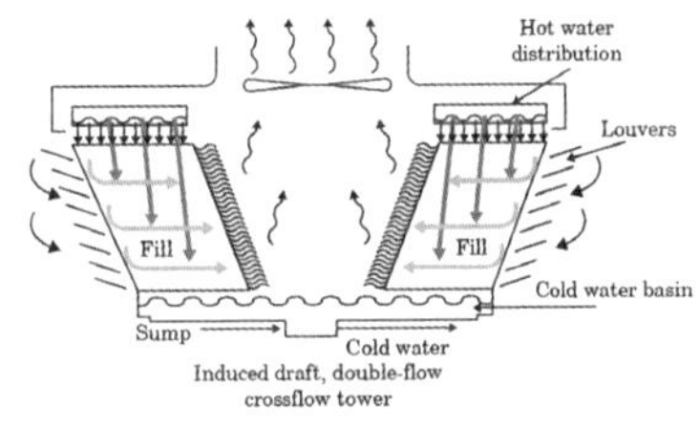

[직교류형]

(7) 밀폐형 냉각탑(Closed Type)
① 냉각수가 외부 공기와 직접 접촉하지 않고 밀폐된 코일 내부를 흐르며, 코일 외부에 살수를 하여 간접적으로 증발 냉각시키는 방식
② 수질 관리가 용이하고 겨울철 동파 위험이 적음
③ 초기비용은 개방형보다 높은 편이나 유지관리비가 절감됨

5) 냉각탑의 설치 장소의 선정
(1) 냉각탑 공기 흡입에 지장이 없는 곳이어야 함
(2) 냉각탑 흡입구 측 습구 온도가 상승하지 않는 곳이어야 함
(3) 송풍기 토출 측에 장애물이 없는 곳이어야 함
(4) 토출 공기가 냉각탑 흡입구로 재순환되지 않는 위치이어야 함

(5) 온풍이 배출되는 배기구 등과 거리를 충분히 둔 곳이어야 함
(6) 기온이 낮고 통풍이 잘되는 장소가 적합함
(7) 냉각탑 반향음 등 소음 문제가 없는 곳이 좋음
(8) 산성, 먼지, 매연 등이 발생하지 않는 청정한 장소가 좋음

6) 냉각탑 배관 시 유의 사항

(1) 배관경은 도면에 명시된 규격을 준수하여 시공해야 함
(2) 냉각수 방식은 냉각탑 수조 운전 수위 이하에 설치되었는지 확인 후 배관해야 함
(3) 냉각탑 입구 측 배관에는 수량 조절용 밸브를 설치해야 함
(4) 배관 하중이 냉각탑 본체에 직접 걸리지 않도록 지지대를 설치해야 함
(5) 냉각탑 운전 수위보다 높은 위치의 배관은 되도록 짧게 해야 함
(6) 2대 이상 병렬운전 시 균압관을 설치하여 동일 수위를 유지해야 함
(7) 오버플로우 또는 드레인 배관을 반드시 설치해야 함
(8) 보급수 배관에는 밸브를 설치해야 함
(9) 겨울철 동결 방지를 위해 드레인장치를 설치해야 함

10 불응축가스

1) 정의 : 불응축가스는 응축기 상부에 고여 있는 응축되지 않은 가스를 의미하며, 주성분은 공기 또는 유증기이다.

2) 발생원인

(1) 내부에서 발생하는 경우
① 오일이 탄화할 때 생성되는 가스에 의해 발생한다.
② 진공 시험 시 완전한 진공을 달성하지 못해 장치 내에 남아 있던 공기에 의해 발생한다.
③ 냉매 또는 오일의 순도가 불량할 경우에도 불응축가스가 발생할 수 있다.

(2) 외부에서 침입하는 경우
① 냉동기를 진공 운전할 때 외부 공기가 침입할 수 있다.
② 오일 또는 냉매 충전 시 부주의로 공기가 혼입될 수 있다.

3) 불응축가스 제거방법(퍼지)

냉동기 운전을 정지하고 응축기에 냉각수를 약 20분간 계속 통수하여 냉매를 완전히 액화시킨 후 응축기 입·출구밸브를 닫고 상부의 공기 배기밸브를 열어 불응축가스를 제거한 다음 정상 운전을 재개한다.

4) 불응축가스가 냉동기에 미치는 영향

(1) 냉동능력이 감소한다.
(2) 응축압력이 상승한다.
(3) 체적효율이 감소한다.
(4) 토출가스 온도가 상승한다.
(5) 소요동력이 증가한다.

11 응축부하

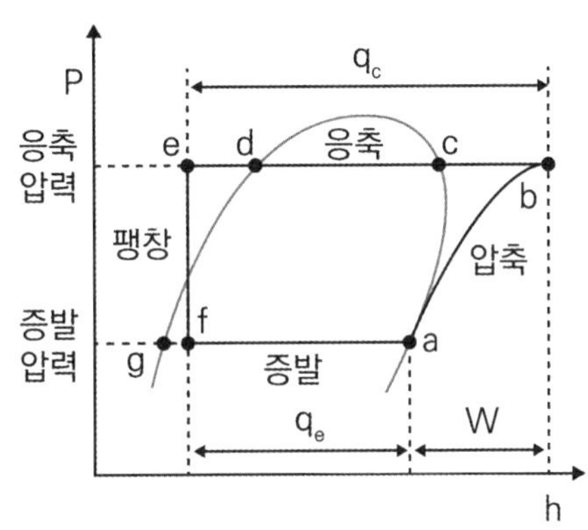

1) 응축부하

냉매가스로부터 단위시간당 제거하는 열량

$$Q_c[kW] = G(h_b - h_e) = G_w C_w (t_{w_2} - t_{w_1}) = KF\Delta t_m = Q_e C$$

G : 냉매순환량(kg/s)

h_b : 응축기 입구 냉매 엔탈피(kJ/kg)　　h_e : 응축기 출구 냉매 엔탈피(kJ/kg)

G_w : 냉각수 순환량(kg/s)　　C_w : 비열(물의 비열 : 4.19 kJ/kg · K)

t_{w_1} : 냉각수 입구온도(℃)　　t_{w_2} : 냉각수 출구온도(℃)

K : 열통과율(kW/m^2 · K)　　F : 면적 [m^2]

Δt_m : 냉매와 냉각수의 평균온도차(℃) ($\Delta t_m = t_c - \dfrac{t_{w_1} + t_{w_2}}{2}$)

Q_e : 냉동능력　　C : 방열계수(냉장 · 냉방 : 1.2, 냉동 : 1.3)

2) 온도차(℃)

(1) 냉각수 온도차

$$\Delta t = t_{w_2} - t_{w_1}$$

t_{w_1} : 냉각수 입구온도(℃)

t_{w_2} : 냉각수 출구온도(℃)

(2) 산술 평균온도차

$$\Delta t_m = t_c - \frac{t_{w_1} + t_{w_2}}{2}$$

t_c : 응축온도(℃)

(3) 대수 평균온도차

$$LMTD = \frac{\Delta_1 - \Delta_2}{\ln \frac{\Delta_1}{\Delta_2}}$$

$\Delta_1 = t_c - t_{w_1}$, $\Delta_2 = t_c - t_{w_2}$

t_c : 응축온도(℃)

t_{w_1} : 냉각수 입구온도(℃)

t_{w_2} : 냉각수 출구온도(℃)

03 팽창밸브

1 역할

1) 응축기에서 나온 고온·고압의 액냉매를 압력과 온도를 떨어뜨려 저온·저압으로 만든다.

2) 이 과정을 교축작용(Throttle Effect)이라고 부르며 단열팽창이 일어난다.

3) 팽창 후 일부 냉매는 갑자기 증발 → 플래시가스 발생(정상적 플래시가스)

4) 냉매 공급량을 조절하여 증발기의 과열도를 일정하게 유지시킨다(과열도가 높아지면 열리고, 과열도가 낮아지면 닫힌다).

보충 냉매 공급이 부족하면 과열 운전이 되고 냉매 공급이 지나치면 습압축이 발생할 수 있다.

2 팽창밸브의 종류

1) 모세관(Capillary Tube)

(1) 구조 및 원리

가늘고 긴 관을 이용하여 냉매가 흐를 때 발생하는 압력강하를 통해 응축기와 증발기간의 압력차를 일정하게 유지하는 방식이다.

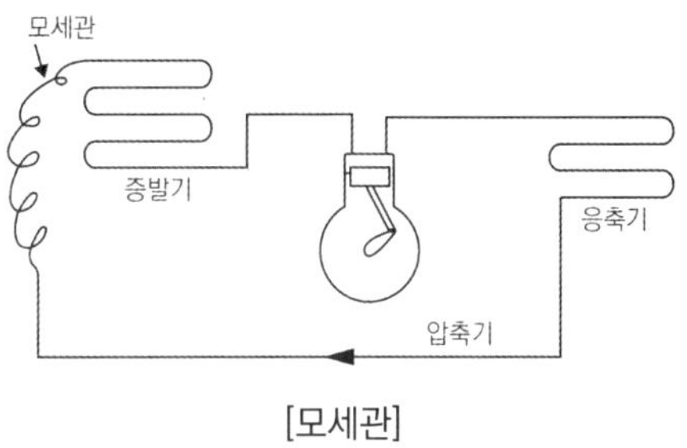

[모세관]

(2) 특징

① 유량 조절 기능이 없으며 압력비를 유지하는 역할을 함
② 가늘고 길수록 압력강하가 큼
③ 입구에 필터를 설치하여 이물질 유입 방지
④ 부하변동에 대응하지 못함
⑤ 주로 소형 냉동장치(전기냉장고, 윈도우 쿨러, 소형 패키지 에어컨 등)에 사용

2) 수동식 팽창밸브(Hand Expansion Valve)

(1) 구조 및 원리

일반 스톱밸브와 유사한 구조로, 조작자가 수동으로 개도량(열림 정도)을 조절하여 냉매 유량을 조절하는 방식이다.

(2) 특징

① 자동조절 기능이 전혀 없음
② 주로 대형 암모니아 냉동장치나 제빙장치에서 사용
③ 자동 팽창밸브의 바이패스용으로 사용되기도 함
④ 부하변동에 대응할 수 없음

3) 정압식 자동 팽창밸브(Constant Pressure Expansion Valve)

(1) 구조 및 원리

증발기 내 증발압력을 벨로스(주름관)의 신축으로 일정하게 유지하는 방식이다. 증발압력이 설정치보다 높아지면 밸브가 닫히고, 낮아지면 밸브가 열려 증발 압력을 일정하게 유지한다.

(2) 특징

① 증발압력이 상승하면 벨로스 수축 → 밸브 닫힘
② 증발압력이 하강하면 벨로스 팽창 → 밸브 개방
③ 부하변동 대응 능력이 떨어지므로 부하변동이 심하지 않은 장치(브라인 냉동장치 등)에 적합

4) 온도식 자동 팽창밸브(TEV : Thermostatic Expansion Valve)

(1) 구조 및 원리

증발기 출구의 냉매 과열도를 감지하여 냉매 유량을 자동으로 조절하는 방식이다. 감온통 내 냉매의 팽창·수축으로 밸브가 개폐된다.

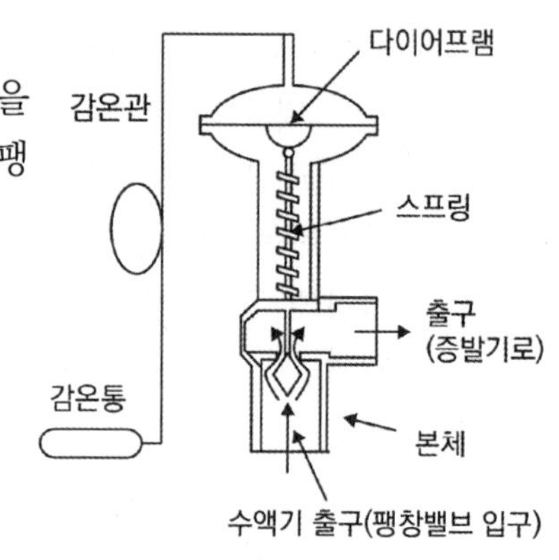

[온도식 팽창밸브]

(2) 특징

① 과열도가 증가하면 감온통 내 압력 상승
→ 밸브 개방(냉매 유량 증가)

② 과열도가 감소하면 감온통 내 압력 하강
→ 밸브 폐쇄(냉매 유량 감소)

③ 부하변동에 자동 대응이 가능함

④ 가장 널리 사용되는 팽창밸브

(3) 균압형 구분

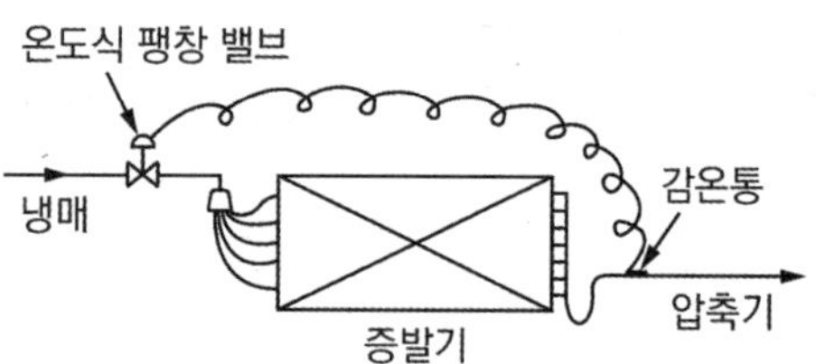

① 내부균압형 : 증발기 압력강하 작을 때 사용됨

② 외부균압형 : 증발기 압력강하 클 때 사용되며, 흡입관 상부에 연결하여 별도의 균압 배관이 필요함

(4) 감온통 충전방식

① 가스충전형 : 일반적

② 액충전형 : 중간 온도용

③ 액 크로스형 : 저온용

(5) 감온통 설치법

① 증발기 출구 흡입관 지름에 따라 흡입관 상단 또는 흡입관 수평선의 45° 하단에 설치함

흡입관 지름 20 mm 이하 : ⇨ 흡입관 수직 상단

흡입관 지름 20 mm 초과 : ⇨ 흡입관 수평 45° 하단

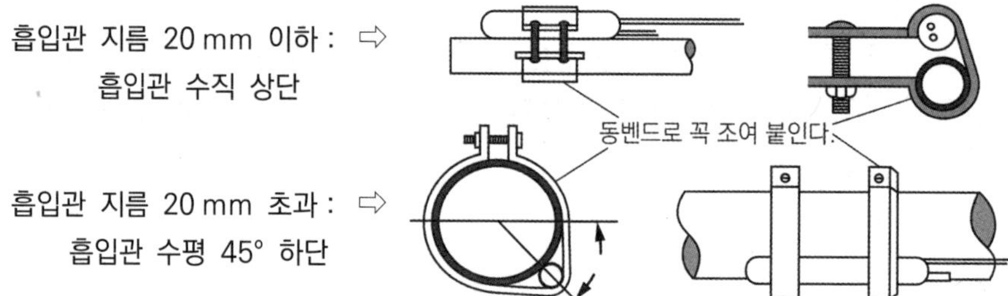

② 흡입트랩이나 급격한 온도 변동이 있는 곳은 피해야 함

③ 필요한 경우 방열처리를 해야 함

5) 파일럿식 자동 팽창밸브(Pilot Operated Expansion Valve)

(1) 구조 및 원리

파일럿밸브가 주밸브를 조절하는 간접제어방식으로 대형 냉동장치에서 사용된다.

(2) 특징

① 대용량(100 ~ 270 RT) 장치에 사용됨

② 과열도 변화 → 파일럿밸브 제어 → 주밸브 개폐

③ 복잡한 제어가 가능함

④ 만액식 증발기에는 부적합함

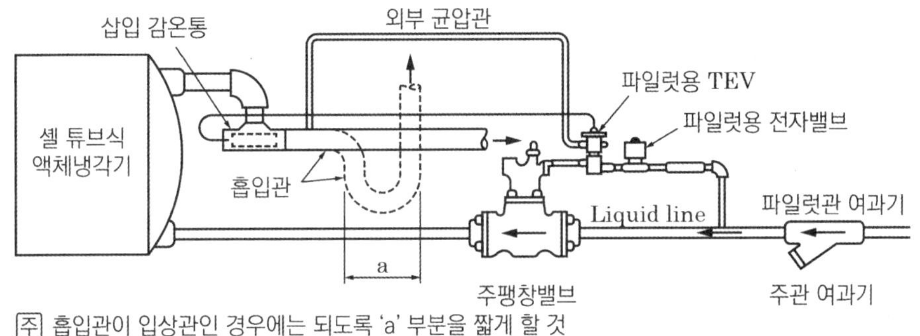

[파일럿식 자동 팽창밸브의 배관도]

6) 플로트밸브(Float Valve)

(1) 저압 측 플로트밸브

① 구조 및 원리

증발기 내 액면을 일정하게 유지하는 방식으로 액면 상승 시 밸브가 닫히고 하강 시 열림

② 특징

㉠ 부자(부력식 플로트) 작동함

㉡ 증발압력 조정밸브와 병용됨

㉢ 증발온도가 변동할 때 사용됨

(2) 고압 측 플로트밸브

① 구조 및 원리

응축기 출구 액면에 따라 냉매 유입을 조절하는 방식임

② 특징

㉠ 부하변동에 민감하지 못함

㉡ 불응축가스가 부자실에 체류할 위험 있음

㉢ 만액식 증발기에 적합함

7) 전자식 팽창밸브(EEV : Electronic Expansion Valve)

(1) 구조 및 원리

마이크로프로세서에 의해 제어되며, 센서로부터 전달받은 신호(온도, 압력 등)를 바탕으로 밸브의 개도량을 정밀하게 조절하여 냉매 유량을 제어한다.

(2) 특징

① 매우 정밀한 제어가 가능하여 시스템 효율을 최적화할 수 있음

② 부하변동에 매우 유연하게 대응할 수 있음

③ 넓은 운전 범위를 가짐

④ 초기 투자 비용이 온도식 팽창밸브에 비해 높을 수 있음

⑤ 슈퍼마켓, 쇼케이스 등 운전 시간이 길고 부하변동이 큰 경우 사용하기 적합함

⑥ 냉동기 · 히트펌프 · VRF시스템 등 최신 장치에 사용됨

⑦ 온도식 팽창밸브와 전자식 팽창밸브의 비교

구분	온도식 팽창밸브(TEV)	전자식 팽창밸브(EEV)
제어방식	기계식(감온통 + 벨로스)	전자식(마이크로프로세서 + 센서)
제어인자	증발기 출구 과열도만 감지	시스템 전체의 상태(온도, 압력 등)를 종합적으로 판단
제어정밀도	낮음(단순 조절)	높음(정밀 제어 가능)
부하변동 대응	반응 늦음	즉각적 대응
비용	저렴(구조 단순)	비쌈(전자장치 필요)
주요 사용처	중·소형 냉동장치, 에어컨	대형 냉동기, 히트펌프, VRF 등

보충 VRF(Variable Refrigerant Flow, 가변냉매유량방식) :
하나의 실외기 압축기에서 발생한 냉매를 여러 대의 실내기로 분배하면서,
각 공간에 필요한 만큼만 냉매를 공급, 개별적으로 냉난방하는 고효율시스템

[플래시가스]

일반적으로 증발기가 아닌 곳에서 증발한 냉매가스를 말하며, 이러한 가스가 많이 발생하면 실제 증발기로 공급되는 액량이 적어 손실이 많음. 특히, 팽창밸브에서 팽창할 때 압력강하에 의해 많이 발생

(1) 발생원인

① 압력손실이 있는 경우

㉠ 액관이 현저하게 수직상승된 경우

㉡ 각종 밸브의 사이즈가 현저하게 작은 경우

㉢ 액관이 현저하게 지름이 가늘고 긴 경우
㉣ 여과기가 막힌 경우
② 주위온도에 의해 가열될 경우
㉠ 수액기에 광선이 비쳤을 경우
㉡ 액관이 보온되지 않았을 경우
㉢ 응축압력이 너무 낮아 응축온도가 지나치게 낮아진 경우

(2) 대책
① 열교환기를 설치하여 액냉매액을 과냉각시킴
② 액관을 보온
③ 액관의 압력손실을 작게 해 줌

04 증발기

1 증발기 내부의 냉매 상태에 따른 분류

1) 건식 증발기
(1) 냉매 소비량은 적지만 전열효과는 다소 떨어진다.
(2) 냉장식에 주로 사용되며, 냉각관에 핀을 부착하여 공기 냉각용으로 많이 쓰인다.
(3) 오일이 압축기로 쉽게 회수된다.
(4) 증발기 출구에서 적당한 냉매 과열도를 유지하여 액분리기 설치 필요성이 적다.
(5) 암모니아는 아래쪽에서, 프레온은 체류 방지를 위해 위쪽에서 냉매를 공급한다.

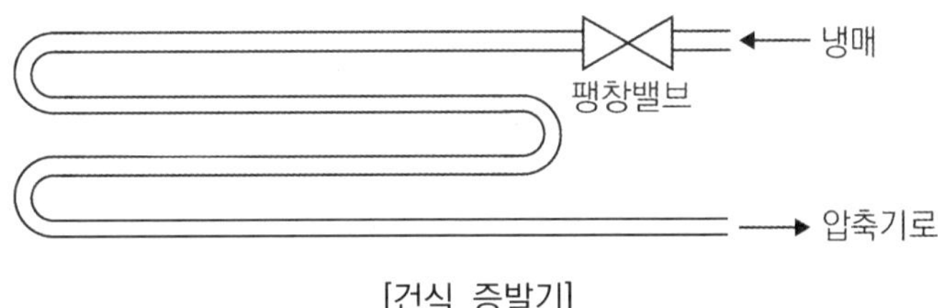

[건식 증발기]

2) 반 만액식 증발기

(1) 증발기 내에 냉매가 일정량 고이게 하여 건식과 만액식의 중간 형태를 가진다.
(2) 전열효과는 건식보다 우수하지만 만액식보다는 떨어진다.
(3) 냉매는 아래쪽에서 공급된다.

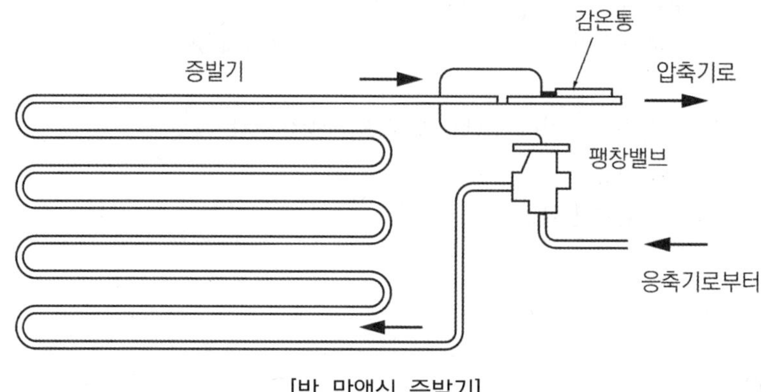

[반 만액식 증발기]

3) 만액식 증발기

(1) 증발기 입구에 역지밸브를 설치하여 가스 역류를 방지한다.
(2) 내부를 항상 냉매액으로 충만시켜 전열효과를 높인다(전열 성능 우수).
(3) 액냉매가 압축기로 흡입될 위험이 있어 액분리기를 필수적으로 설치하여 가스만 압축기로 공급하고 액은 재사용한다.
(4) 프레온 냉동장치에서는 윤활유 회수장치가 필수적으로 설치된다.

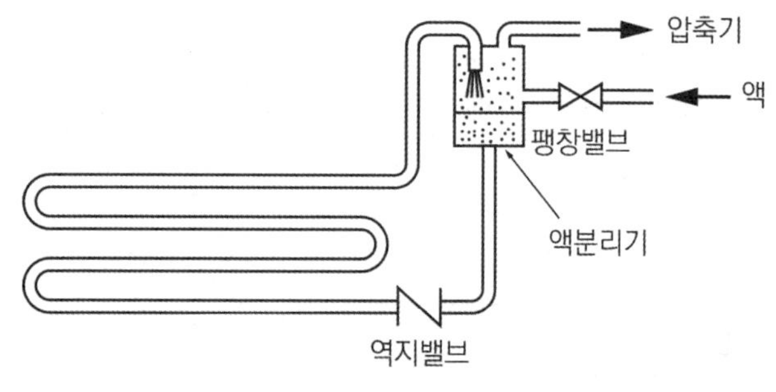

[만액식 증발기]

4) 냉매액 강제순환식(액순환식) 증발기

(1) 건식 증발기에 비해 전열효과가 30 ~ 40 % 이상 우수하며, 다른 증발기 방식 중 전열 성능이 가장 뛰어나다.
(2) 냉매액을 펌프로 강제 순환시켜 오일 체류 우려가 없다.
(3) 증발기 출구에서는 냉매액 80 %, 냉매가스 20 %가 존재한다.

(4) 저압 수액기를 설치하여 리퀴드백(Liquid Back) 발생을 줄인다.
(5) 저압 수액기는 액펌프보다 높은 위치에 설치해야 한다.
(6) 하나의 팽창밸브로 여러 대의 증발기를 운전할 수 있다.
(7) 액펌프, 저압 수액기 등 설비가 복잡하고 비용이 많이 드는 단점이 있다.
(8) 주로 대용량 저온냉장실이나 급속 동결장치에 사용된다.

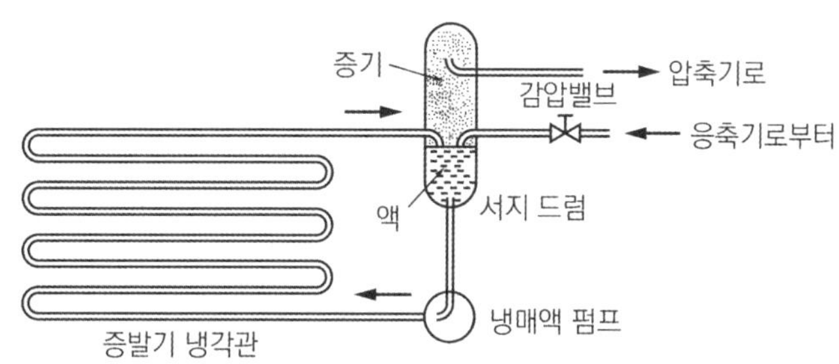

[액순환식 증발기]

2 공기냉각용 증발기

1) 캐스케이드 증발기

(1) 벽코일이나 동결선반에 사용되며 만액식 구조이다.
(2) 액분리기에서 냉매는 2, 4, 6(액 헤더)으로 공급되고, 코일에서 증발한 가스는 1, 3, 5 (가스 헤더)로 유출되어 액분리기에서 분리된 가스가 압축기로 흡입된다.
(3) 주로 저온 냉동에 사용되며, 캐스케이드시스템에서 많이 적용된다.

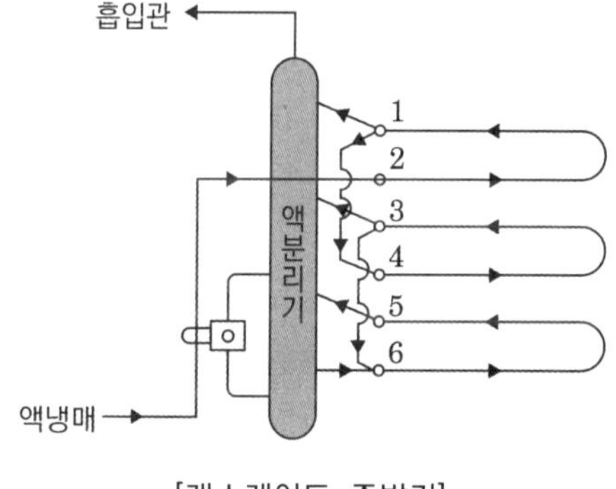

[캐스케이드 증발기]

[동결선반(Freezing Rack)]
냉매의 증발관 또는 브라인 관으로 만든 선반.
식품을 이 위에 얹어 동결시킴

증발관 또는 브라인관

2) 멀티피드 멀티석션 증발기

(1) 캐스케이드 증발기와 유사하게 냉매 공급과 증기 분리를 수행한다.

(2) NH_3냉매를 사용하며 공기 동결실의 동결선반에 주로 사용된다.

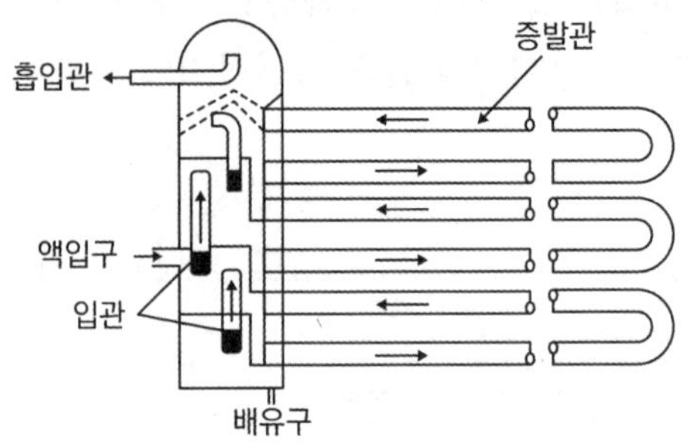

[멀티피드 멀티석션 증발기]

3) 핀코일 증발기

(1) 0℃ 이상의 공기 냉각용으로 주로 사용된다.

(2) 저온(0℃ 이하) 운전 시에는 제상장치가 필요하다.

(3) 증발관 표면에 핀이 부착되어 있어 열교환 성능이 향상된다.

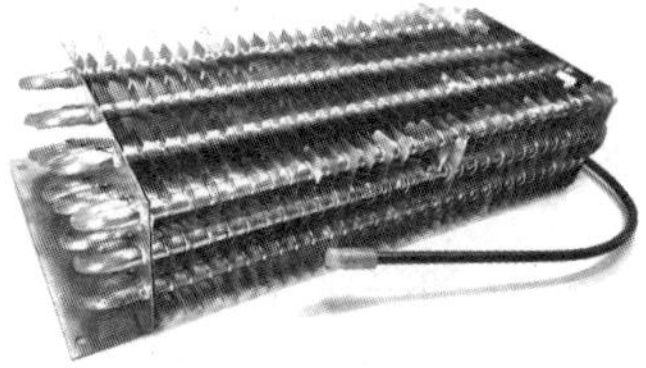

[핀코일 증발기]

4) 관코일 증발기

(1) 핀이 없는 단순 코일 형태이다.

(2) 주로 소형 냉장고, 쇼케이스 등에 사용되며, 구조가 간단하고 제상이 쉽다.

[관 코일 증발기]

3 액체냉각용 증발기

1) 보데로 증발기

(1) 물이나 우유 등을 0~3℃로 냉각하는 데 사용된다.

(2) NH_3용은 주로 만액식, 프레온용은 건식 또는 반만액식 구조가 사용된다.

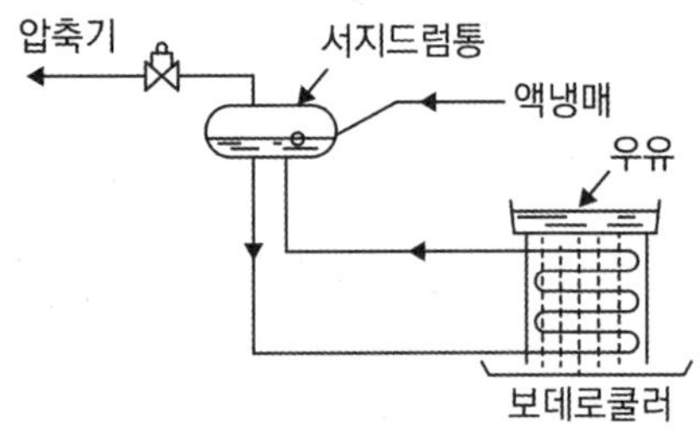

2) 탱크식 증발기

(1) 제빙용 또는 브라인 냉각용으로 사용된다.
(2) 냉각관 모양에 따라 수직관식, 패럴렐식, 헤링본식으로 구분된다.
(3) 보통 만액식 구조이며 암모니아용 대표 형식은 헤링본식이다.
(4) 탱크 내부에 설치되어 교반기를 이용해 브라인이 순환된다.

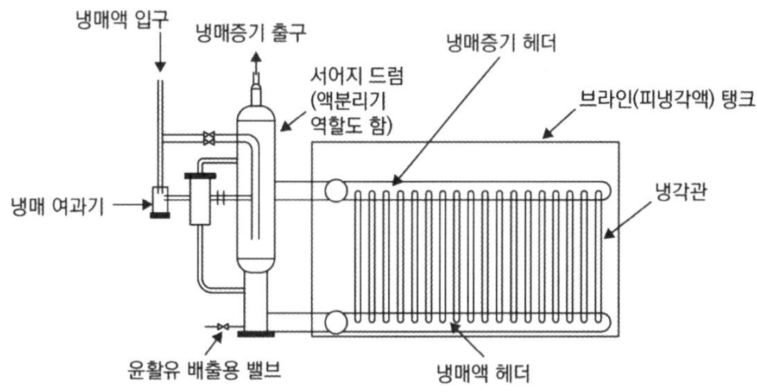

[탱크식 증발기 - 수직관식]

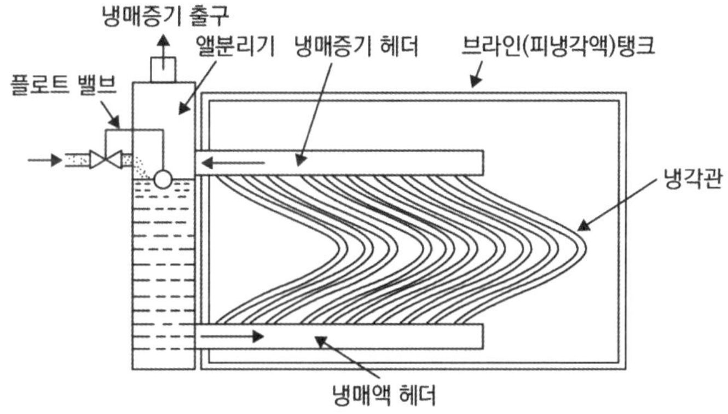

[탱크식 증발기 - 헤링본식]

3) 만액식 셸 앤드 튜브식 증발기

(1) 공기조화장치나 화학·식품공업 등에서 물이나 브라인 냉각에 사용되며 대용량으로 제작된다.

(2) 증발온도가 너무 낮아지지 않도록 증발압력 조정밸브와 온도조절기를 설치해 관리한다.

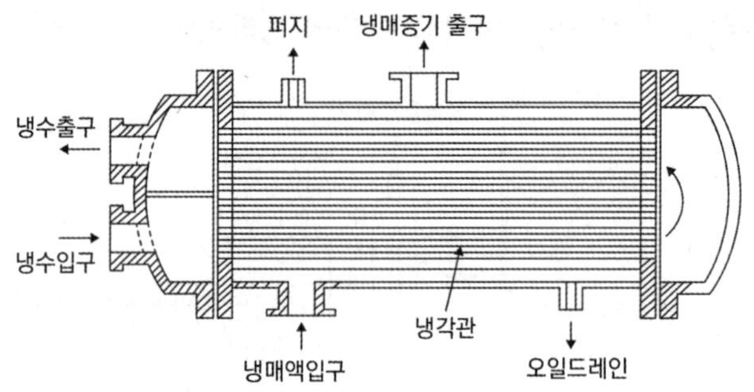

[만액식 셸 앤드 튜브식 증발기]

4) 건식 셸 앤드 튜브식 증발기

(1) 공기조화장치나 일반 화학공업에서 사용된다.

(2) 온도식 자동팽창밸브를 사용하여 제어가 간단하다.

(3) 만액식에 비해 냉매충전량이 적고 유지관리가 용이하다.

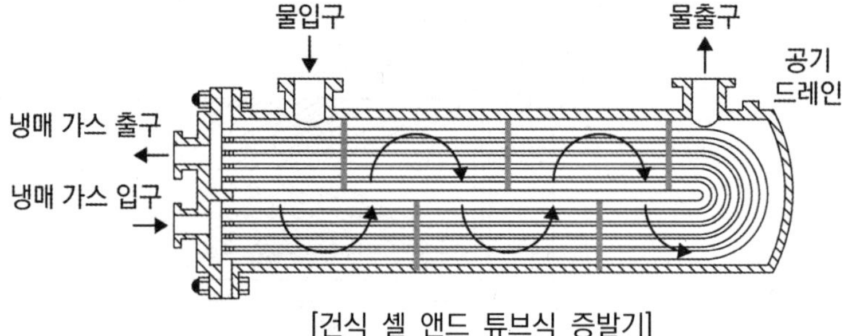

[건식 셸 앤드 튜브식 증발기]

5) 셸 앤드 코일 증발기

(1) 음료용 수냉각장치, 공기조화장치, 제빵·제과 공장에서 주로 사용된다.

(2) 건식 구조로, 간헐적 대부하에 강하다.

(3) 물이 가진 열용량 덕분에 부하변동 시 온도변화가 완만하다.

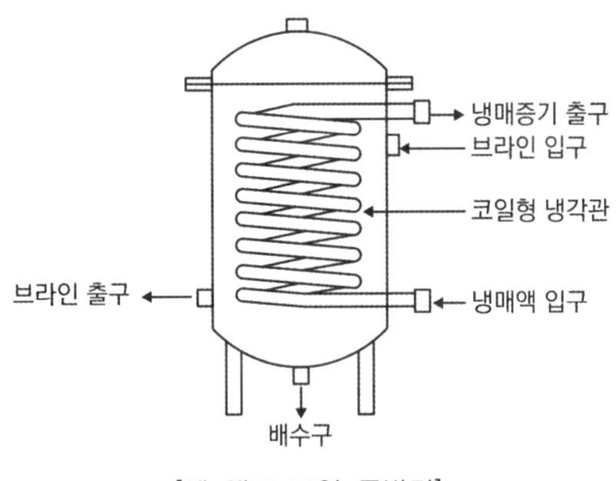

[셸 앤드 코일 증발기]

05 장치 부속기기

1 유분리기(Oil Separator)

1) 기능 : 압축기 토출가스 배관 중에 유분리기를 설치하여 토출되는 냉매가스 중에 섞여 있는 윤활유를 분리시킨다.

보충 토출가스에 윤활유가 많이 섞여 있으면 압축기에 윤활유가 부족하게 되고, 압축기에서 나온 윤활유가 응축기와 증발기에 고이면 열교환을 저해하여 악영향을 끼친다.

2) 설치위치 : 압축기와 응축기 사이의 토출 배관 중에 설치한다.

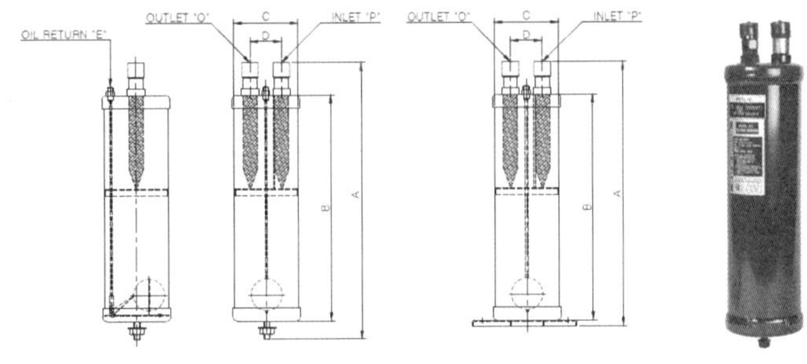

[유분리기]

출처 : KYUNGAN THERMOTECH

2 수액기(Receiver)

1) 기능

응축기에서 응축된 고온 고압의 냉매액을 팽창밸브로 보내기 전에 일시적으로 저장하는 용기이다.

2) 역할

냉동장치를 수리하거나 장시간 정지시키는 경우 장치 내의 모든 냉매를 회수하여 저장할 수 있는 역할을 한다.

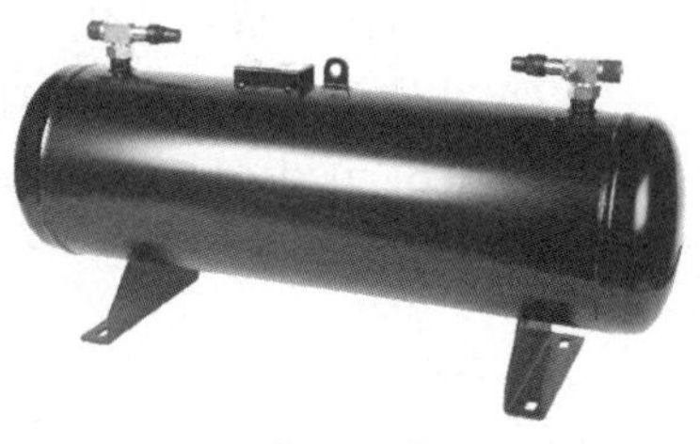

[수액기]

3) 설치위치

응축기와 팽창밸브 사이에 설치한다(주로 응축기 하부 또는 측면에 설치).

3 액분리기(Accumulator)

1) 기능 : 압축기 흡입가스에 섞인 냉매액을 분리해 증기만 압축기로 흡입시켜 액압축을 방지하는 역할을 한다.

보충 액분리기에서 분리된 액은 액회수장치에 의해 수액기로 돌려보내진다.

2) 설치위치 : 증발기와 압축기 사이 흡입 배관 중에 설치한다.

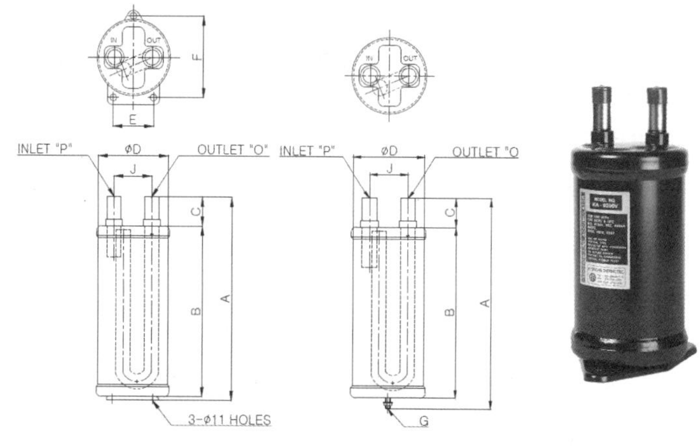

[액분리기]

출처 : KYUNGAN THERMOTECH

4 액 – 가스 열교환기

1) 프레온 냉동장치에서 응축기에서 나온 냉매액과 압축기 흡입가스 사이에 열교환을 시킨다.

2) 냉매액을 과냉각하여 플래시가스 발생량을 줄이고 냉동효과를 증가시킨다.

3) 흡입가스를 과열시켜 액압축을 방지한다.

4) 이중관식, 셸 앤드 튜브식, 배관접촉식 구조가 있다.

5 중간 냉각기(Intercooler)

1) 저단측 압축기에서 토출된 과열가스를 냉각시켜 고단측 압축기의 과열압축을 방지한다.

2) 증발기로 공급되는 액냉매를 과냉각시켜 플래시가스 발생량을 줄여 냉동효과를 높인다.

3) 플래시형, 액분사형, 직접팽창형 등이 있다.

6 여과기

1) 팽창밸브, 전자밸브, 압축기 흡입 측에 설치하여 오일이나 냉매 속 이물질을 제거한다.

2) 윤활유용 여과기는 오일 속 이물질을 제거한다.

3) 냉매용 여과기는 70 ~ 100 mesh 정도로 설치하여 팽창밸브나 흡입 측 배관을 보호한다.

7 필터 드라이어

1) 역할 : 냉동, 냉장, 공조장치 내의 냉매 중에 포함되어 있는 이물질, 산 또는 수분 제거 및 팽창밸브를 보호한다.

2) 설치위치 : 응축기와 팽창장치 사이의 액관에 설치한다.

3) 분류 : 관과의 접속방법에 따라 용접형과 플레어형으로 구분된다.

[필터 드라이어]

8 투시경(사이트 글라스)

1) 역할 : 시스템 내 냉매액 상태를 표시하여 냉매량, 응축상태, 수분 함유 여부를 확인할 수 있다.

(1) 냉매가 적정량 충전되었는지 여부 확인(냉매 부족 등은 흐름이 불규칙)

(2) 응축상태 확인(응축기에서 과냉각 상태로 불충분한 응축 시 기포 발생)

(3) 냉매 중의 수분 포함 여부 확인

- 색이 녹색의 경우 : 냉매에 수분이 없는 상태
- 황색의 경우 : 냉매 중에 수분이 있음
- 녹색에서 황색으로 변화 : 필터 드라이어 교환

보충 DRY : 녹색, WET : 노란색

2) 설치위치 : 액관의 필터 드라이어와 팽창밸브 사이에 설치

[사이트 글라스]

9 제상장치

1) 고압가스 제상

압축기에서 토출되는 과열증기를 증발기로 공급하여 현열 또는 잠열로 제상하는 방식

(1) 현열제상

토출되는 고압가스를 소공(교축현상이 일어나는 작은 구멍)으로 감압시켜 증발기에서 현열로 제상한 후 압축기로 회수하는 방법이다.

(2) 잠열제상

대형 냉동장치에서 고압가스를 증발기에서 제상하면서 액화시키는 방법으로, 액화된 냉매를 유출시키는 장치가 필요하다.

(3) 고압가스 인출 위치

유분리기와 응축기 사이 배관 상부에서 인출하며, 대형 장치에서는 주로 균압관에서 인출한다.

2) 전열식 제상

증발기코일의 아래에 밀폐된 전열선을 설치하거나 전면에 전열기를 설치하여 제상하는 방법이다. 장치가 간단하지만 전열량이 제한되어 있어 고압가스 제상에 비해 제상시간이 길다.

3) 살수 제상

증발기 표면에 온수나 브라인을 위에서 뿌려서 물이나 브라인의 감열을 이용해 제상하는 방법이다. 증발온도가 -10 ℃ 정도까지는 응축기 출구의 온수를 사용하고, 그 이하의 온도에서는 브라인을 사용한다. 살수하는 물의 양은 보통 1 RT당 20 L/min 정도이며, 약 5분간 살수하고, 분무수 온도는 10 ~ 30 ℃ 정도로 한다.

4) 냉동기의 정지에 의한 제상

냉장고 내 온도가 10 ℃ 이상일 때 냉동기를 정지시켜 자연스럽게 서리를 녹이는 방법이다. 이 경우 저압 스위치를 조정하여 흡입압력이 낮아지면 냉동기를 정지시키고, 증발기 내 압력이 높아지면 냉동기를 재시동하도록 전기회로를 구성하거나 자동 타이머 스위치를 이용하여 제어할 수 있다.

06 제어기기

1 압력조정밸브

1) 증발압력 조정밸브(EPR : Evaporator Pressure Regulator)

(1) 설치목적

증발압력(온도)이 일정 압력(온도) 이하로 떨어지는 것을 방지하여 냉각기의 동파를 막는 역할을 한다. 증발압력이 감소하려고 할 때 밸브 개도를 줄여 저항을 증가시켜 압축기의 흡입압력은 내려가지만 증발압력은 일정하게 유지된다.

(2) 설치위치

증발기에서 압축기로 가는 흡입배관에 설치한다.

① 증발기가 1대일 때 : 증발기 출구에 설치한다.

② 증발기가 여러 대일 때 : 증발온도가 높은 증발기의 출구에 증발압력 조정밸브를 설치하고 가장 낮은 곳에는 체크밸브를 설치한다.

2) 흡입압력 조정밸브(SPR : Suction Pressure Regulator)

(1) 설치목적

증발압력(온도)이 일정 압력(온도) 이상으로 올라가는 것을 방지하여 압축기의 흡입압력이 설정치 이상이 되지 않도록 제어하고, 압축기 운전을 안정시키며 과부하로 인한 전동기 파손을 방지한다.

(2) 설치위치

증발기에서 압축기로 가는 흡입배관(압축기 입구)이다.

3) 응축압력 조정밸브(CPR : Condenser Pressure Regulator)

(1) 설치목적

응축압력(온도)가 일정 압력(온도) 이하가 되는 것을 방지한다. 외기 온도가 너무 낮아 응축압력이 낮아져 냉동능력이 감소하는 것을 방지한다.

(2) 설치위치

응축기 출구와 수액기 사이에 설치한다.

2 압력제어 스위치

1) 저압 스위치(저압차단용 압력스위치)

(1) 냉동기 저압 측 압력이 저하했을 때 압축기 정지시킨다.

(2) 압축기를 직접 보호하는 역할을 한다.

2) 고저압 스위치(고·저압 차단용 압력스위치)

(1) 고압 스위치와 저압 스위치를 한 곳에 모아 조립한 것이다.

(2) 듀얼 스위치라고도 불린다.

3) 고압 스위치(고압 차단용 압력스위치)

(1) 냉동기 고압 측 압력이 이상적으로 높으면 압축기를 정지시키는 장치이다.

(2) 고압 차단장치라고도 한다.

(3) 작동압력은 정상 고압 + 약 0.2 ~ 0.3 MPa (2 ~ 3 kg/cm^2)이다.

4) 유압 보호 스위치

(1) 윤활유 압력이 일정 압력 이하가 되었을 경우 압축기를 정지시키는 장치이다.

(2) 재기동 시 리셋 버튼을 눌러야 한다.

(3) 조작회로를 제어하는 접점이 차압으로 동작하는 회로와 별도로 설치되어 있어 일정 시간이 지난 후 동작하는 타이머 기능을 가지고 있다.

[저압 스위치와 고압 스위치 부착위치 및 설치목적]

구분	저압 스위치	고압 스위치
부착위치	압축기 흡입 측 배관	압축기 토출 측 배관
설치목적	저압 측의 압력 저하 시 이를 감지하여 스위치를 열어 압축기 소손 방지	시스템 고압 측 압력상승 시 설정압력 이상의 압력 상승을 감지하여 스위치를 열어 압축기 소손 방지

 3 안전장치

1) 파열판

(1) 주로 터보 냉동기에 사용된다.

(2) 화재 발생 시 장치 내부 압력이 비정상적으로 상승할 경우 얇은 금속판이 파열되어 장치를 보호하는 구조이다.

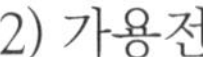

[파열판 선정 시 고려사항]

(1) 정상적인 운전온도
→ 파열판이 설치될 위치의 운전 중 온도 확인

(2) 정상적인 운전압력과 파열압력
→ 파열판이 설치될 위치의 운전 중 온도 확인

(3) 냉매의 종류(금속에 대한 부식성)
→ 냉매가 파열판 재질에 미치는 부식성 여부

(4) 대기압력 이상인가, 진공상태가 생기는가의 여부
→ 진공 상태에서는 양방향 파열판 또는 진공보호용 디스크 필요

2) 가용전

(1) 토출가스의 영향을 받지 않는 위치에 설치하여 응축기, 수액기의 안전장치로 사용된다.

(2) Pb(납), Sn(주석), Bi(비스무트), Sb(안티몬), Cd(카드뮴) 등의 합금으로 만들어진다.

(3) 용융온도 : 75 ℃ 이하

(4) 안전밸브 최소구경의 1/2 이상일 것

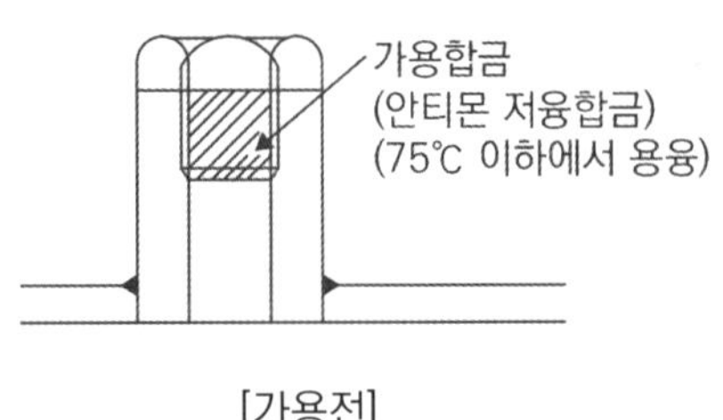

[가용전]

02 예상문제

01 스크류 압축기의 특징에 관한 설명으로 틀린 것은?

① 경부하 운전 시 비교적 동력 소모가 적다.
② 크랭크 샤프트, 피스톤링, 커넥팅 로드 등의 마모 부분이 없어 고장이 적다.
③ 소형으로써 비교적 큰 냉동능력을 발휘할 수 있다.
④ 왕복동식에서 필요한 흡입밸브와 토출밸브를 사용하지 않는다.

해설

[스크류 압축기]
경부하(가벼운 부하)운전 시 비교적 동력소모가 크고 운전 및 유지비가 비쌈

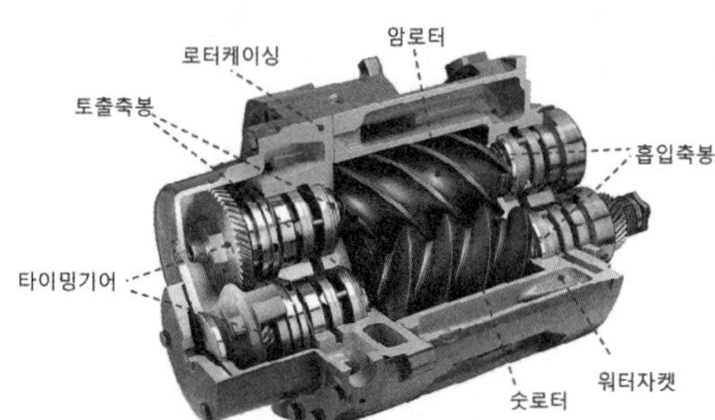

[스크류 압축기]

02 입형 셸 앤드 튜브식 응축기에 관한 설명으로 옳은 것은?

① 설치 면적이 큰 데 비해 응축 용량이 적다.
② 냉각수 소비량이 비교적 적고 설치장소가 부족한 경우에 설치한다.
③ 냉각수의 배분이 불균등하고 유량을 많이 함유하므로 과부하를 처리할 수 없다.
④ 전열이 양호하며, 냉각관 청소가 용이하다.

해설

[입형 셸 앤드 튜브식 응축기]
① 입형 셸 앤드 튜브식은 수직형으로 설치되어 설치 면적이 작다. 공간이 협소한 곳에 적합하다.
② 냉각수 소비량은 일반적인 수평형과 큰 차이 없다. 또한 설치장소가 좁을 때 설치한다.
③ 냉각수 배분이 비교적 균일하게 이루어지며, 부하변동에도 대응 가능하다.

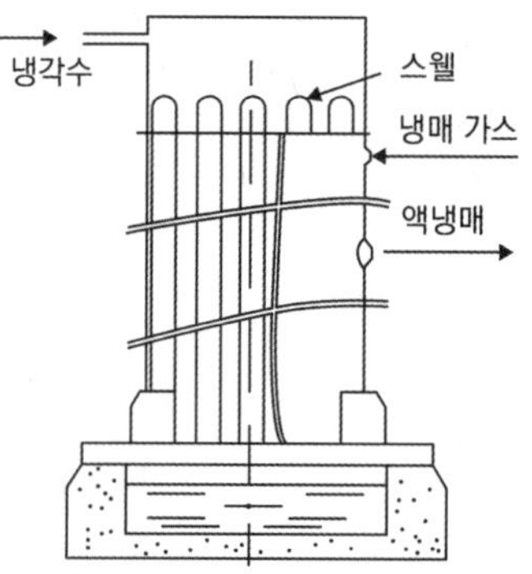

[입형 셸 앤드 튜브식 응축기]

정답 01 ① 02 ④

03 온도식 팽창밸브에서 흐르는 냉매의 유량에 영향을 미치는 요인으로 가장 거리가 먼 것은?

① 오리피스 구경의 크기
② 고·저압 측 간의 압력차
③ 고압 측 액상 냉매의 냉매온도
④ 감온통의 크기

해설

[감온통]

- 온도식 자동 팽창밸브의 증발기 출구에 부착되어 출구 냉매 상태에 따라 열량 조정
- 감온통의 크기가 냉매 유량에 영향을 미치지 않음

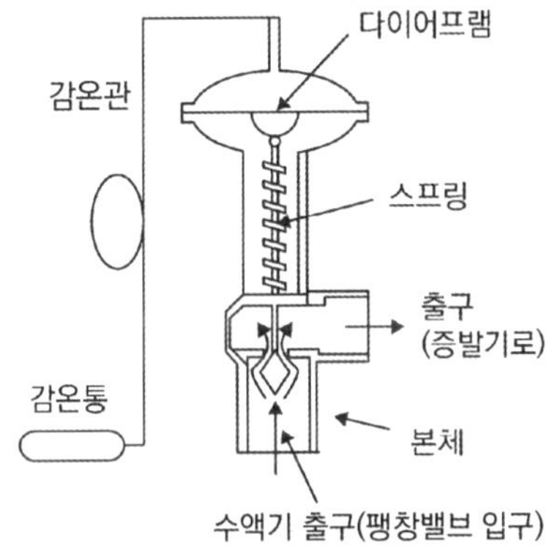

[온도식 팽창밸브]

04 증발기의 분류 중 액체 냉각용 증발기로 가장 거리가 먼 것은?

① 탱크형 증발기
② 보데로형 증발기
③ 나관코일식 증발기
④ 만액식 셸 앤드 튜브식 증발기

해설

[증발기 분류]

- 액체냉각용 증발기 : 탱크형, 보데로형, 만액식 셸 앤드 튜브식, 건식 셸 앤드 튜브식, 셸 앤드 코일식
- 공기냉각용 증발기 : 핀코일식, 나관코일식(관코일식), 캐스케이드식, 멀티피드 멀티석션식

Part 03

정답 03 ④ 04 ③

05 액분리기(Accumulator)의 설명이 잘못된 것은?

① 압축기에 액이 흡입되지 않게 한다.
② 응축기와 압축기 사이에 설치한다.
③ 압축기 파손을 방지한다.
④ 장치 기동 시 증발기 내에서의 냉매의 교란을 방지한다.

해설

[액분리기]
액분리기는 증발기와 압축기 사이의 흡입배관에 설치하여 흡입가스 중의 액냉매를 분리시킨다. 따라서 압축기에 액이 흡입되지 않도록 하여 액압축을 방지하는 역할을 한다(압축기 파손 방지).
② 증발기와 압축기 사이에 설치한다.

06 가용전에 대한 설명으로 옳은 것은?

① 저압차단 스위치를 의미한다.
② 압축기 토출 측에 설치한다.
③ 수냉응축기 냉각수 출구 측에 설치한다.
④ 응축기 또는 고압수액기의 액배관에 설치한다.

해설

[가용전]
1) 토출가스의 영향을 받지 않는 곳으로서 안전밸브 대신 응축기, 수액기의 안전장치로 사용
2) Pb(납), Sn(주석), Bi(비스무트), Sb(안티몬), Cd(카드뮴) 등의 합금으로 되어 있음
3) 용융온도 : 75 ℃ 이하
4) 안전밸브 최소구경의 1/2 이상일 것

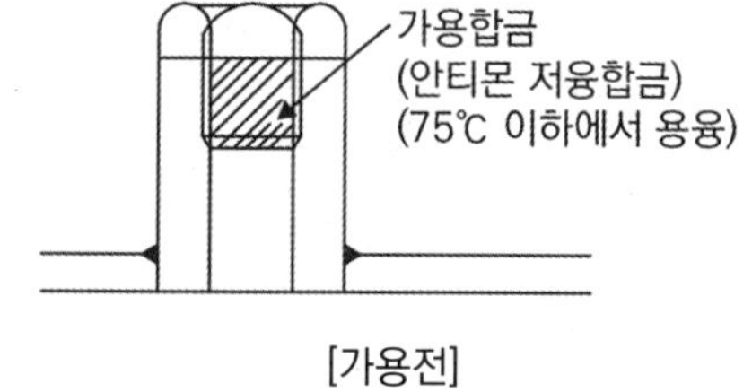

[가용전]

정답 05 ② 06 ④

Chapter 03 냉동장치의 응용과 안전관리

01 냉동장치의 응용

1 제빙 및 동결장치

구분	제빙(製氷, Ice Making)	동결(凍結, Freezing)
정의	물 자체를 얼음으로 만드는 것	식품이나 재료 내부의 수분을 얼리는 과정
대상	주로 순수한 물	주로 식품, 약품, 산업용 재료 등

1) 제빙

(1) 제빙장치

제빙장치 종류	특징	얼음 형태	주요 사용처
① 플레이크형	증발기 표면에 물을 얇게 흘려 급속히 얼려 긁어냄	얇고 넓은 조각 얼음(플레이크)	수산물 저장, 식품가공용
② 슬러리형	물과 소금(또는 부동액)을 혼합하여 슬러리 형태로 급속 냉각	반죽처럼 흐르는 작은 얼음 입자(슬러리)	어류 선상 동결, 식품공정 냉각
③ 큐브형	규칙적인 틀(몰드) 안에서 얼음 생성	정육면체 또는 직육면체 얼음(큐브)	음료용, 상업용
④ 튜브형	수직 튜브 안에 물을 순환시켜 얼리고, 내부 칼로 잘라냄	속이 빈 관형 얼음(튜브)	음료, 산업용 냉각
⑤ 판형	넓은 판 위에 물을 얇게 흘려 얼린 후 박리	큰 평판 얼음(Sheet)	빙축열시스템용
⑥ 드럼형	드럼 안쪽 표면에 물을 얼려 긁어내는 방식	얇은 조각 얼음	산업용 대형 제빙기

TIP 제빙장치는 얼음 모양·용도에 따라 종류가 다르고 슬러리형은 빠른 냉각용, 플레이크형은 수산물용, 큐브형은 음료용으로 주로 쓴다.

(2) 제빙톤

1제빙톤 : 25 ℃ 물 1 ton을 24시간에 걸쳐 -9 ℃의 얼음으로 만들 때 제거해야 할 열량으로 최종 계산 시 외부 열손실 20 %를 가산하여 산정한다.

[1제빙톤에 대한 제빙능력 계산]

① 25 ℃ 물 1 ton ⇒ 0 ℃의 물

1000 kg × 4.19 kJ/kg·℃ × 25 ℃ = 104750 kJ

② 0 ℃ 물 1ton ⇒ 0 ℃ 얼음

1000 kg × 333.6 kJ/kg = 333600 kJ

③ 0 ℃ 얼음 1 ton ⇒ -9 ℃ 얼음

1000 kg × 2.1 kJ/kg·℃ × 9 ℃ = 18900 kJ

④ 열손실 20 %를 고려하여 산출한 시간당 제거해야 할 총열량

(104750 + 333600 + 18900) × 1.2 ÷ 24 = 22862.5 kJ/hr

⑤ RT(냉동톤)으로 단위 변환 시(kJ/h → kW(÷3600) → RT(÷3.86))

22862.5 ÷ 3600 ÷ 3.86 = 1.645 ≒ 1.65 RT

∴ 25 ℃ 원수에 대한 1제빙톤 = 1.65 RT

(3) 브라인의 결빙시간(얼음이 생성되는 데 걸리는 시간)

$$\text{결빙시간[hr]} = \frac{0.56 \times t^2}{-t_b}$$

※ 여기서, t_b는 0 ℃ 이하여야 함

t : 얼음의 두께[cm]

t_b : 브라인의 온도[℃]

0.56 : 결빙계수(0.53 ~ 0.6)

[제빙톤과 냉동톤의 정의 차이]

(1) 1냉동톤(RT) : 0 ℃의 물 1 ton을 24시간 동안에 0 ℃의 얼음으로 만드는 능력(열량)

$$1\,[RT] = \frac{79.68\ kcal/kg \times 1000\ kg}{24\ hr} = 3320\ kcal/hr = 3.86\ kW$$

(2) 1 usRT : 미국 냉동톤으로 32 ℉의 순수한 물 2000파운드를 24시간 동안에 32 ℉의 얼음으로 만드는 데 필요한 능력(열량)

$$1\,[usRT] = \frac{144\ Btu/lb \times 2000\ lb}{24\ hr} = 12000\ Btu/h$$

$$= 3024\ kcal/hr = 3.52\ kW$$

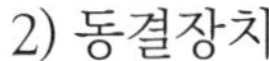

2) 동결장치

구분	설명	특징	주요 사항
(1) 공기 동결장치	차가운 공기를 팬으로 순환시켜 제품을 동결	• 간접냉각 방식 • 대류열 이용 • 열전달 속도 느림	육류, 수산물, 과일 등 대량 식품 동결
(2) 브라인 동결장치	① 침지식(담그는 방식) 포장된 제품을 냉각된 브라인(염수 등) 속에 직접 넣어 동결	• 열전달 속도 빠름 • 소규모	어류, 소형 포장 식품
	② 살수식(뿌리는 방식) 제품 위에 냉각된 브라인을 분무·살수하여 동결	• 균일 냉각 • 대량 처리 가능	냉동식품 가공라인
(3) 접촉 동결장치	동결된 판(금속판 등)을 제품에 밀착시켜 냉각	• 직접 접촉 • 고체 열전달 • 열전달 매우 빠름	포장된 제품 동결 (㉮ 어패류, 농산물)
(4) 액화가스 동결장치	액화된 질소 또는 이산화탄소를 분사하여 초저온으로 동결	• 직접 분사 • 순간 동결 • 초저온 가능 (-80 ℃ 이하)	고급 식품, 의료용 시료, 고속 동결 필요 제품

보충 액화질소 : 약 −196 ℃에서 기화, 액화이산화탄소 : 약 −79 ℃에서 기화

2 열펌프 및 축열장치

1) 축열시스템

(1) 축열시스템의 정의

전기 요금이 저렴한 심야에 열을 저장했다가 주간 냉방에 사용하는 시스템으로, 열원기기 가동과 실제 냉방 시간을 분리 운전하는 것이 특징이다.

(2) 축열시스템의 장점

구분	내용
안정성 및 유연성 관련	① 열원기기 고장 시 저장된 열(냉열)을 이용하여 비상 운전이 가능하다. ② 열 공급의 신뢰성이 향상된다. ③ 태양열이나 폐열 등 미활용 에너지의 이용이 용이하다.

구분	내용
비용 및 효율 관련	① 심야의 저렴한 전력을 이용하므로 운전비를 절감할 수 있다. ② 열원 설비의 용량을 줄일 수 있어 설비비가 저렴해진다. ③ 피크부하(Peak Load)를 삭감하여 계약 전력을 낮출 수 있다. ④ 열원기기를 전부하로 연속 운전하므로 기기의 운전 효율(COP)이 향상된다. ⑤ 전력 소비가 적은 시간대로 부하를 이동시켜 전력부하의 평준화에 기여한다.

(3) 축열시스템의 단점

구분	내용
비용 및 설치 관련	① 축열조 및 단열 공사로 인해 초기 투자비가 많이 든다. ② 축열조를 설치하기 위한 넓은 기계실 면적이 필요하다. ③ 축열조와 부하 측을 연결하는 배관 계통이 추가되어 반송 동력이 증가한다.
운전 및 관리 관련	① 축열과 방열을 위한 제어시스템이 복잡하다. ② 심야 운전 시 발생하는 소음 및 진동에 대한 대책이 요구된다. ③ 축열조 자체에서 발생하는 열손실을 피할 수 없다.

(4) 축열재(蓄熱材)의 조건

① 열의 출입이 용이해야 한다.

② 단위체적당 축열량이 커야 한다.

③ 상변화 온도가 작동 온도에 가까워야 한다.

④ 반복 사용해도 성능 저하가 없어야 한다.

⑤ 폭발성이 없어야 한다.

⑥ 화학적으로 안정되어야 한다.

⑦ 부식성 및 독성이 없어야 한다.

⑧ 가격이 저렴하고 자원이 풍부해야 한다.

2) 냉수축열

구분	내용
정의	냉수축열시스템은 냉동기로 만들어진 냉수를 축열조에 저장하고, 공조 시간대에 이 냉수를 이용하여 부하를 처리하는 방식이다.

구분	내용
장점	① 설계, 시공, 취급이 간단하다. ② 높은 성적계수(COP)로 동력 소비를 절감할 수 있다. ③ 온수축열과 병용이 가능하다. ④ 수변전설비 용량을 줄일 수 있다. ⑤ 피크부하 억제에 유리하다.
단점	① 냉수는 현열 방식이라 저장 밀도가 낮아 대용량 축열조가 필요하다. ② 대용량시스템은 이중 슬래브(Slab)가 없는 건물에 적용하기 어렵다. ③ 축열조가 별도 구성되어 순환 거리가 증가하기 때문에 펌프 동력이 증가한다. ④ 냉수와 온수가 축열조 내에서 혼합되면 혼합에 의한 열손실이 발생한다. ⑤ 배관 및 열교환기 부식 문제가 발생할 수 있다. ⑥ 수조 내 박테리아, 누수 등 문제 발생 시 관리가 까다로워 유지관리가 어렵다.

Part 03

3) 빙축열

(1) 정의 및 장·단점

구분	내용
정의	빙축열시스템은 심야 시간대에 냉동기를 운전하여 얼음을 생성하고 축열조에 저장하여, 공조 시간대에 이 얼음을 이용하여 부하를 처리하는 방식이다.
장점	① 설비비를 절감할 수 있다(소형화로 인해 기계실·기초공사 비용이 줄고, 전력설비도 축소 가능하다). ② 냉수축열에 비해 축열조의 부피를 1/4 ~ 1/5로 줄일 수 있다. ③ 운전비 절감(심야전력 이용) ④ 피크부하 억제(전력부하 평준화) ⑤ 건축물 구조체 이용 가능(강판재나 이중 슬래브를 활용할 수 있음) ⑥ 저온급기시스템 적용이 가능하다.
단점	① 증발온도가 낮아 성적계수(COP)가 감소한다(제빙을 위해 냉동기 증발온도를 -5 ℃ 이하로 낮춰야 하므로 에너지 효율이 낮아짐). ② 온수축열과 병용이 제한적이다. ③ 터보 냉동기 적용이 어렵다(터보식 냉동기는 저온 운전 시 성능이 저하되어 제빙에 부적합함). ④ 숙련된 설계자와 시공자가 상대적으로 부족하다. ⑤ 설계와 시공이 복잡하다.

⑵ 빙축열시스템 분류

① 얼음 생성방식

㉠ 정적형 : 얼음을 고정된 위치(축열조 내부에 부착된 구조물)에서 만들어서 저장하는 방식

- 관내착빙형 : 관 내부 표면에 얼음이 부착되는 방식
- 관외착빙형 : 관 외부 표면에 얼음이 부착되는 방식
- 완전동결형 : 물을 틀이나 용기에 넣고 완전히 얼려 제빙하는 방식
- 캡슐형 : 작은 공 모양 캡슐 안에 물을 넣어 제빙하는 방식

㉡ 동적형 : 얼음을 액체(브라인) 속에서 직접 생성하거나 얼음을 생성 후 떨어뜨려 브라인과 섞는 방식

- 빙박리형 : 증발기 표면에 생성된 얇은 얼음을 칼 등으로 긁어내거나 가열하여 떨어뜨려 브라인 속에 섞는 방식(㉳ 플레이크 아이스 제빙기, 드럼형 제빙기)
- 액체식 빙 생성형(슬러리형) : 브라인 속에 미세한 얼음 입자(슬러리)를 직접 생성하는 방식. 반죽처럼 흐르는 작은 얼음 입자로 어류 선상 동결, 식품 공정 냉각 등에 사용되며 빠른 냉각에 유리함
  - 직접식 : 리퀴드 아이스 방식, 과냉각 아이스 방식
  - 간접식 : 직팽형 직접 열교환방식, 비수용성 액체 이용 직접 열교환방식

② 냉열 생산 및 사용방식(운전 구성)

㉠ 부분부하 축열방식

- 주간에도 냉동기를 일부 운전하면서 축열조 냉열도 같이 사용하는 방식
- 냉동기 + 축열조 병행 운전
- 냉방부하가 크거나 시간대별 부하가 크게 변동할 때 사용

㉡ 전부하 축열방식

- 주간에는 냉동기를 아예 운전하지 않고, 오직 축열조에 저장된 냉열만으로 냉방을 수행하는 방식
- 심야에 냉동기로 얼음 충분히 만들어 두어야 함

③ 냉방 운전 우선순위(운전방식)

㉠ 축열조 우선방식

- 축열조를 우선 소모하므로 전력요금 절약에 유리함
- 축열조에서 냉각수를 먼저 사용하고, 부족할 때 냉동기를 추가로 가동하는 방식

㉡ 전부하 축열방식

- 시스템 안정성 위주로 운전하는 방식
- 냉동기를 먼저 가동해서 냉방하고, 축열조는 필요한 경우에만 보조로 쓰는 방식

④ 열전달방식

㉠ 열교환방식(간접방식) : 축열조 내부 브라인을 직접 부하에 보내지 않고, 중간 열교환기를 통해 열만 전달함

㉡ 직송방식(직접방식) : 축열조의 브라인을 중간 열교환기 없이 그대로 부하 측으로 보내버림

⑤ 브라인 순환 구조

㉠ 밀폐형 : 브라인이 외부 공기와 완전히 차단된 구조로 오염·증발 위험이 없고, 품질 관리가 용이함

㉡ 개방형 : 브라인이 외부 공기와 접촉하는 구조로 구조는 간단하지만, 오염 및 증발의 우려가 있음

3 흡수식 냉동장치

1) 흡수식 냉동장치 종류

대분류	중분류	세부 내용 및 특징
1중 효용 흡수식 냉동장치	증기식 1중 효용 냉동장치	① 증기를 열원으로 사용하는 흡수식 냉동장치 ② 구조 단순, 저온 열원에 적합
	온수식 1중 효용 냉동장치	① 온수를 열원으로 사용하는 방식 ② 지역난방의 잉여 온수를 이용 가능
2중 효용 흡수식 냉동장치		① 고온 재생기 + 저온 재생기 2단 구성 ② 1중 효용보다 고효율(약 30 ~ 40 % 향상) ③ 주로 대형 상업시설, 대규모 플랜트에 적용
흡수식 히트펌프	1종 흡수식 히트펌프	① 주로 난방 전용 ② 저온 열원을 고온으로 끌어올림
	2종 흡수식 히트펌프	① 냉방 및 난방 겸용 ② 겨울에는 난방, 여름에는 냉방 가능

2) 흡수식 냉동기 운전 순환과정

흡수기	→	재생기(발생기)	→	응축기	→	증발기

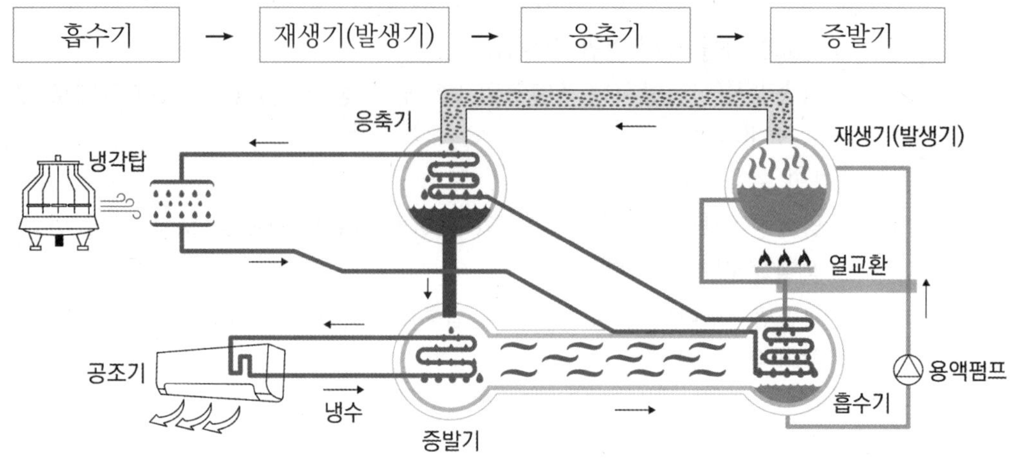

3) 흡수식 냉동기의 장점 및 단점

장점	단점
• 전력 소모 적음(펌프 동력만 필요) • 소음·진동 적음 • 폐열, 증기, 온수 등 저급 열원(폐열·온수·증기 등) 활용 가능	• 초기 투자비용 큼 • 응답성(부하 대응성) 떨어짐 • 부식 문제 → 부식 억제제(리튬크롬산염, 리튬몰리브데이트 등) 필요

4) 용액 열교환기의 역할

(1) 원리 : 재생기에서 나온 뜨거운 농용액(진한 용액)의 열을 이용하여, 흡수기에서 재생기로 가는 차가운 희용액(묽은 용액)을 미리 가열한다.

(2) 핵심 역할 : 재생기에서 용액을 가열하는 데 필요한 외부에너지공급량을 줄여준다.

(3) 결과 : 시스템 전체의 에너지효율(성적계수, COP)을 향상시킨다.

5) 결정(Crystallization) 현상

(1) 흡수액의 농도가 너무 진해지거나 냉각수 온도가 너무 낮아질 때 용액이 흐르지 못하고 젤리처럼 굳어버리는 현상이다.

(2) 물-리튬브로마이드(H_2O-LiBr) 방식에서 발생할 수 있는 대표적인 운전 장애이다.

(3) 결과 : 용액 순환이 불가능해져 냉동 능력 상실 및 운전 정지의 원인이 된다.

4 신에너지와 재생에너지(지열, 태양열 이용 히트펌프 등)

「신에너지 및 재생에너지 개발, 이용, 보급촉진법」에 의하여 신에너지와 재생에너지로 분류된다. 기존의 화석연료를 변환시켜 이용하거나, 햇빛, 물, 지열, 강수, 생물 유기체 등을 포함하여 재생 가능한 에너지로 정의한다.

대분류	중분류	세부설명
신에너지	① 연료전지	수소와 산소의 화학 반응을 통해 전기를 직접 생산
	② 석탄 액화·가스화 및 중질잔사유 가스화	석탄이나 정제잔사유를 기체 또는 액체 연료로 변환
	③ 수소에너지	수소를 연료로 사용하는 에너지시스템
재생에너지	① 태양광	햇빛을 직접 전기로 변환하는 기술
	② 태양열	햇빛의 열에너지를 모아 온수 공급이나 난방에 이용하는 기술
	③ 바이오	식물, 동물 유기물 등(바이오매스 연료)을 에너지로 변환하는 기술. 바이오매스를 연료로 연소하거나 바이오가스를 생산해 전기·열 생산에 이용
	④ 풍력	바람의 힘으로 터빈을 돌려 전기를 생산하는 기술
	⑤ 수력	댐이나 수로를 이용해 물의 낙차(위치에너지)를 전기에너지로 변환하는 발전방식
	⑥ 폐기물	쓰레기 연소 등으로 에너지를 생산하는 기술
	⑦ 해양	조류, 파도, 온도차를 이용한 발전기술
	⑧ 지열	지구 내부의 열을 히트펌프 등으로 끌어올려 냉난방에 이용하거나 심부지열 발전으로 전기를 생산하는 기술

보충 중질잔사유 : 원유를 정제하고 남은 것

5 에너지절약 및 효율 개선

대분류	중분류	세부설명
1) 보일러 열회수장치	① 공기예열기	보일러 연소용 공기를 배기가스로 미리 예열해 연소효율을 높이는 장치이다. 예열된 공기를 사용하면 연료소비가 줄고, 배기손실이 감소한다.
	② 급수가열기	터빈에서 나오는 저압증기를 이용해 보일러 급수를 가열하는 장치이다. 급수를 가열하면 보일러 효율이 높아지고 복수기부하가 줄어들어 냉각수 소비도 감소한다.
	③ 절탄기(이코노마이저)	배기 연소가스의 열을 이용해 급수를 미리 가열하는 장치이다. 연료를 절감하고 보일러 효율을 크게 높여준다.

대분류	중분류	세부설명
2) 축열·축냉시스템(심야전력 이용)	① 빙축열시스템	심야전력으로 냉동기를 가동해 얼음을 만든 뒤, 주간에 이 얼음을 녹여 냉방부하에 사용한다. 냉동기 피크부하를 줄이고 수전설비 용량을 축소할 수 있다.
	② 수축열시스템	심야에 냉동기로 냉수를 만들고 수조에 저장해, 주간 냉방에 사용한다. 빙축열보다 저장 용량이 크지만 냉수 온도가 높아 에너지밀도가 낮다.
	③ 축열시스템	심야전력으로 온수를 생성하여 축열조에 저장하고, 주간 난방에 사용한다. 열부하 피크를 분산시켜 전력요금 절감효과를 기대할 수 있다.
3) 자연 에너지 활용시스템	① 태양열 이용 시스템	태양열 집열기를 이용해 온수를 생산하여, 축열조에 저장하고 급탕, 난방 등에 사용한다. 에너지비용절감효과가 크다.
	② 외기냉방시스템	외기의 엔탈피(열량)가 실내보다 낮을 때 외기를 도입해 실내를 냉방한다. 냉동기 가동 없이 냉방이 가능해 냉방에너지소비를 줄일 수 있다.
4) 공조 및 반송시스템 고효율화	① 변풍량 공조방식(VAV)	부하에 따라 급기량을 조절하는 방식이다. 필요 이상의 송풍을 줄여 팬 모터 전력 소모를 절감한다. 특히 부분부하 운전 시 효과가 크다.
	② 변유량방식	난방용 순환펌프나 급수 가압펌프에 인버터를 설치하여 부하에 따라 회전수를 제어하는 방식이다. 반송 동력을 대폭 절감할 수 있다.
5) 폐열회수 시스템	① 전열교환기 사용	배기와 급기 사이에서 열과 수분을 동시에 회수하는 장치이다. 겨울철에는 가습효과도 있다(전열 = 현열 + 잠열).
	② 현열교환기 사용	배기와 급기 사이에서 열(온도)만 교환하는 장치이다. 습도는 조절하지 않는다. 주로 건조한 공조가 필요한 곳에 적용된다.
6) 부대 에너지 절약 기술	① 지하주차장 환기팬 제어	일산화탄소(CO) 농도에 따라 송풍기를 자동 On - Off 제어하여 불필요한 환기에너지를 절감하는 시스템이다.
	② 급탕온도 조절	저탕조 온도를 55℃ 이하로 유지해 불필요한 열손실을 줄이고, 필요 시 보조히터(부스터 히터)로만 추가 가열하여 에너지를 절약하는 방식이다.

03 예상문제

01 축열시스템의 종류가 아닌 것은?

① 가스축열방식 ② 수축열방식
③ 빙축열방식 ④ 잠열축열방식

해설

[축열시스템 종류]

1) 수축열방식 : 열용량이 큰 물을 축열재로 이용하는 방식
2) 빙축열방식 : 냉열을 얼음에 저장하여 작은 체적에 효율적으로 냉열을 저장하는 방식
3) 잠열축열방식 : 물질의 융해 및 응고 시 상변화에 따른 잠열을 이용하는 방식
4) 토양축열방식 : 지열을 이용하는 방식

02 축열시스템의 특징에 관한 설명으로 옳은 것은?

① 피크 컷(Peak Cut)에 의해 열원장치의 용량이 증가한다.
② 부분부하 운전에 쉽게 대응하기가 곤란하다.
③ 도시의 전력수급상태 개선에 공헌한다.
④ 야간운전에 따른 관리 인건비가 절약된다.

해설

[축열시스템]

① 피크 컷(Peak Cut)에 의해 열원장치의 용량이 감소한다.
② 부분부하 운전에 쉽게 대응할 수 있다.
④ 야간운전에 따른 관리 인건비가 상승된다.

Part 03

정답 01 ① 02 ③

Chapter 04 냉동설비 운영

01 냉동장치 관리 및 점검

1 냉동장치 운전 및 관리의 기본 원칙

1) 냉동장치 운전 일시적 휴지기간에도 냉매는 충전되어 있을 것
2) 냉동장치 내부의 압력은 외부 공기나 수분의 침입을 방지하기 위해, 특별한 경우를 제외하고는 대기압 이상으로 유지하는 것이 원칙임
3) 운전 정지 중에는 오일 리턴밸브를 차단시킬 것
4) 장시간 정지 후 시동 시에는 누설 여부를 점검 후 기동시킬 것
5) 압축기를 기동시키기 전에 냉각수 펌프를 기동시킬 것

2 운전 중 주요 점검 항목

1) 운전 압력 확인 : 고압 및 저압 압력계의 압력이 정상 범위 내에 있는지 확인
2) 오일 압력 확인 : 유압이 정상적으로 형성되어 윤활이 원활하게 이루어지는지 확인
3) 냉매 상태 확인 : 액배관의 사이트 글라스(Sight Glass)를 통해 기포(Flash Gas) 발생 여부를 확인(기포 발생 시 냉매 부족 의심)
4) 이상 유무 확인 : 압축기 및 펌프에서 비정상적인 소음이나 진동이 없는지 확인
5) 전동기 전류 측정 : 압축기전동기의 운전 전류(A)가 정격 전류를 초과하지 않는지 확인

02 냉동기 부속장치 점검 및 시운전 절차

1 기밀시험(Airtightness Test)

1) 정의 : 내압시험을 통과한 부품들을 모두 조립한 후 시스템 전체에 규정 압력의 불활성 가스를 주입하여 냉매 누설 여부를 사전에 확인하는 작업임

2) 목적 및 중요성

(1) 냉매 누설로 인한 환경오염 및 경제적 손실을 방지함

(2) 외부 공기나 수분이 시스템 내부로 침투하는 것을 막아 냉동장치의 성능 저하와 고장을 예방함

3) 시험 절차 및 방법

(1) 시험 가스 : 안전을 위해 질소나 탄산가스와 같은 불활성, 불연성 가스를 사용함 (※ 주의 : 산소 등 조연성 가스 사용 절대 금지)

(2) 특이 사항 : 암모니아(NH_3) 냉동장치에는 암모니아와 반응하는 탄산가스(CO_2)를 사용하면 안 됨

(3) 누설 확인 : 시험 압력을 유지한 상태에서, 배관 연결부나 용접부에 비눗물 등의 발포액을 발라 거품 발생 여부를 확인하거나, 소형 부품은 물속에 담가 기포 발생 여부를 확인함

2 진공시험(Vacuum Test)

1) 정의 : 기밀시험이 완료된 후, 시스템 내부의 불응축가스(공기)와 수분을 제거하기 위해 진공펌프를 이용하여 내부를 진공 상태로 만드는 매우 중요한 과정임

2) 목적 및 중요성

(1) 수분 제거

시스템 내 수분은 팽창밸브에서 얼어붙어 냉매 흐름을 막는 모이스처 초킹(Moisture Choking) 현상을 일으키고, 냉매 및 오일과 반응하여 산(Acid)을 형성, 설비를 부식시키거나 압축기 모터를 손상시키는 원인이 됨

(2) 불응축가스(공기) 제거

공기는 시스템 내에서 응축되지 않으므로 응축 압력을 비정상적으로 상승시켜 냉동능력을 저하시키고 압축기의 동력을 증가시킴

3) 작업 절차

(1) 진공펌프를 이용하여 시스템 내부를 규정된 진공도(예 1 Torr) 이하로 낮추고, 진공 게이지로 확인하며 일정 시간 동안 유지하여 내부의 수분을 완전히 증발, 건조시킴

(2) 특히 프레온 냉동장치에서는 이 과정이 완료된 후에만 냉매를 충전해야 함

4) 최종 확인

진공 작업 완료 후에는 펌프밸브를 잠그고 일정 시간 방치하여 진공도가 변하지 않는지 확인함으로써, 미세 누설이나 잔류 수분이 없는지 최종 점검함

3 냉매 충전(Refrigerant Charging)

1) 정의 : 기밀 및 진공 상태가 확인된 시스템에 규정량의 냉매를 주입하는 작업

보충 충전 전에 반드시 진공건조가 완료된 경우만 충전 가능(특히 프레온계)

2) 작업 절차

(1) 준비 : 냉매 실린더를 충전밸브에 연결하고, 너트를 조이기 직전 실린더밸브를 약간 열어 연락관 내의 공기를 퍼지(Purge)함

(2) 초기 충전(고압 측 충전) : 압축기 정지 상태에서 고압 측(수액기 등)으로 액 냉매를 주입하는 것이 단시간에 많은 양을 충전할 수 있어 효율적임. 이때 실린더를 저울에 올려 계량하고, 액체만 주입되도록 기울여 줌

(3) 추가 충전(저압 측 충전) : 압축기를 운전하면서 저압 측으로 기체 냉매를 서서히 주입함. 이때 흡입 압력이 지나치게 낮아지지 않도록 주의하고 수냉식의 경우 냉수가 동결되지 않도록 유의함

(4) 완료 : 저울로 무게를 확인하며 규정량의 충전이 완료되면 밸브를 잠그고 운전을 종료함

4 펌프다운(Pump Down)

1) 정의 : 시스템 내부의 냉매를 고압 측인 응축기나 수액기로 모두 회수하여 저장하는 운전

2) 목적

(1) 팽창밸브, 드라이어 등 저압 측 설비의 점검 및 수리 시 냉매 손실 없이 작업을 하기 위함

(2) 장기간 운전 정지 시 액압축(Liquid Hammer) 현상을 방지하고 안전한 재기동을 위함

(3) 프레온 냉동장치에서 오일포밍(Oil Foaming)을 방지하기 위하여

3) 작업 절차

(1) 수액기의 출구밸브(King Valve)를 잠금

(2) 압축기를 운전하여 저압 측의 냉매를 모두 고압 측으로 보냄

(3) 흡입 압력이 0 MPa(게이지압) 부근이 되면 압축기를 정지시키고, 압축기 토출 측 스톱밸브를 잠금

[펌프다운과 펌프아웃과의 차이]

① 펌프다운(Pump Down) : 냉매를 시스템 내부의 고압 측(응축기, 수액기)으로 모으는 작업

② 펌프아웃(Pump Out) : 냉매를 시스템 외부의 별도 회수 용기로 완전히 빼내는 작업

5 윤활유 관리(Oil Management)

1) 윤활유 충전 : 압축기 크랭크케이스를 약간 진공 상태로 만든 후, 오일충전밸브를 통해 규정 유면까지 자연유입방식으로 보충함

2) 윤활유 배출 : 펌프다운 후 크랭크케이스 내 압력을 약간의 양압(0.1 kg_f/cm^2)으로 유지한 상태에서 배출밸브를 열어 배출함. 배출된 오일은 용해된 냉매가 기화한 후 정확한 양을 측정함

보충 윤활유 관리는 시험에 거의 출제되지 않는다.

04 예상문제

01 냉동장치의 운전에 관한 유의사항으로 틀린 것은?

① 운전 휴지 기간에는 냉매를 회수하고, 저압 측의 압력은 대기압보다 낮은 상태로 유지한다.
② 운전 정지 중에는 오일리턴밸브를 차단시킨다.
③ 장시간 정지 후 시동 시에는 누설여부를 점검 후 기동시킨다.
④ 압축기를 기동시키기 전에 냉각수 펌프를 기동시킨다.

해설

[냉동장치 운전]

① 냉동장치를 장시간 정지할 경우 펌프다운을 시켜 냉매를 응축기 및 수액기에 회수한다. 장치 내부의 압력은 대기압보다 조금 높게 유지하여 외부의 공기나 이물질의 침입을 방지하는 것이 좋다.

02 냉동장치에서 펌프다운의 목적으로 가장 거리가 먼 것은?

① 냉동장치의 저압 측을 수리하기 위하여
② 기동 시 액해머 방지 및 경부하 기동을 위하여
③ 프레온 냉동장치에서 오일포밍(Oil Foaming)을 방지하기 위하여
④ 저장고 내 급격한 온도 저하를 위하여

해설

[펌프다운(Pump Down)]

1) 정의 : 시스템 내부의 냉매를 고압 측인 응축기나 수액기로 모두 회수하여 저장하는 운전
2) 목적
   (1) 팽창밸브, 드라이어 등 저압 측 설비의 점검 및 수리 시 냉매 손실 없이 작업을 하기 위함
   (2) 장기간 운전 정지 시 액압축현상을 방지하고 안전한 재기동을 위함
   (3) 프레온 냉동장치에서 오일포밍을 방지하기 위하여

※ 오일포밍현상
프레온 냉동기에서 압축기 정지 시 크랭크 케이스 내의 오일 중에 용해되어 있던 프레온 냉매가 압축기 기동 시 크랭크 케이스 내의 압력이 급격히 낮아져 오일과 냉매가 급격히 분리하는데, 이 때문에 유면이 약동하여 윤활유에 거품이 일어나는 현상

정답 01 ① 02 ④

04

P·a·r·t

시운전 및 안전관리

Chapter 01 전기기초이론

01 전기기초

1 물질의 구성

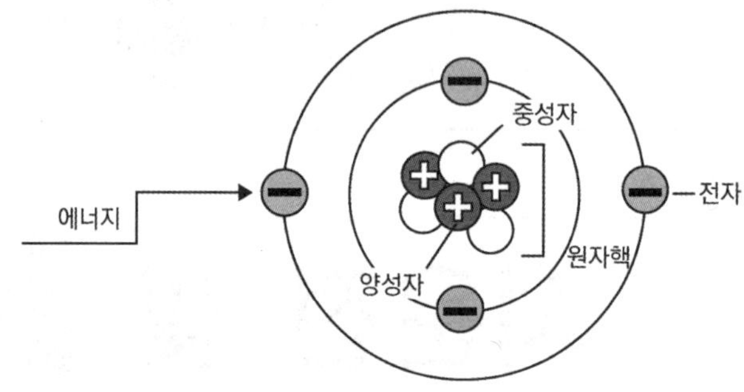

물질 ← 분자 ← 원자 ← 입자

1) 물질 : 분자로 이루어짐

2) 분자 : 원자들의 집합체로 구성

3) 원자 : 중심에는 양전기(+)를 띤 입자인 양성자와 전기를 띠지 않는 중성자로 구성된 원자핵과 그 주위 궤도를 회전운동하고 있는 음전기(-)를 띤 전자의 소립자로 구성됨

4) 전하 : 전기를 띠는 입자[양성자 = 양(+)전하, 전자 = 음(-)전하]

2 전하량

1) 전기를 띠는 입자(= 전하)인 양성자나 전자가 가지는 전기량

2) 기호 : Q

3) 단위 : [C] 쿨롱

입자	전하량 Q[C]	질량[kg]
양성자	$+1.60219 \times 10^{-19}$	1.67261×10^{-27}(전자 질량의 1840배)
중성자	0	1.67261×10^{-27}
전자	-1.60219×10^{-19}	9.10956×10^{-31}

3 전압 V(= 전위차)

전하가 이동할 수 있게 하는 전기적 위치에너지로서, 이때 전하의 흐름은 전압이 높은 곳에서 낮은 곳으로 이동한다.
두 지점 사이의 전위차를 전압이라 한다. 전류는 전위가 높은 곳에서 낮은 곳으로 흐른다.

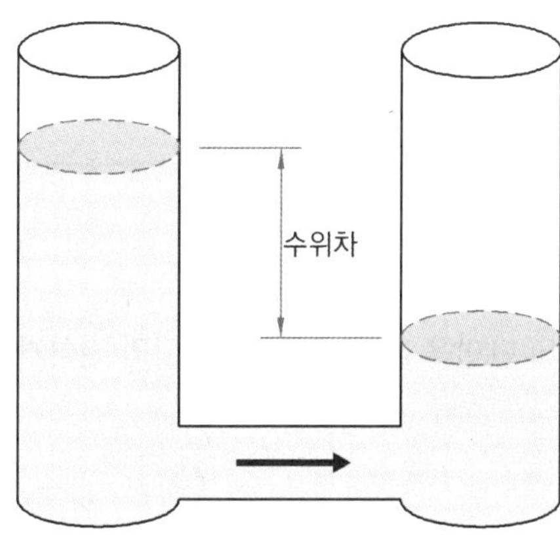

1) 단위 : [V], [Volt]

2) 전압 계산

(1) 직류 $V = \frac{W}{Q}[V = J/C] = \frac{\text{필요한 에너지}[J]}{\text{전하}[C]\text{를 이동시킬 때}}$

(2) 교류 $v = \frac{dw}{dq}[V]$

※ 교류는 소문자로 표현하되, 변화율을 나타내는 미분식을 통해 표현

[전원의 종류]

1) 직류(DC : Direct Current)

(1) 시간이 변하더라도 크기와 방향이 일정한 파형을 갖는 전압 및 전류

(2) 대문자로 표현(전압 : V, 전류 : I)

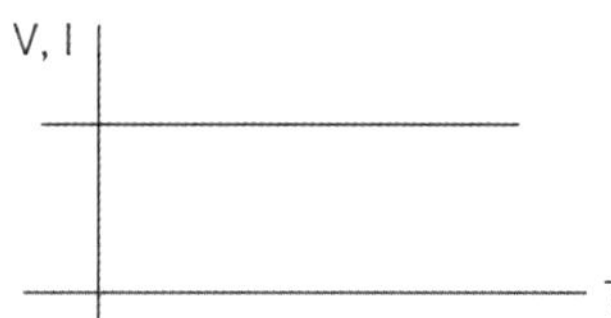

2) 교류(AC : Alternating Current)

(1) 시간이 변함에 따라 크기와 방향이 변하는 파형 갖는 전압 및 전류

(2) 소문자로 표현(전압 : v, 전류 : i)

(3) 교류는 반드시 주기성이 있어야 함

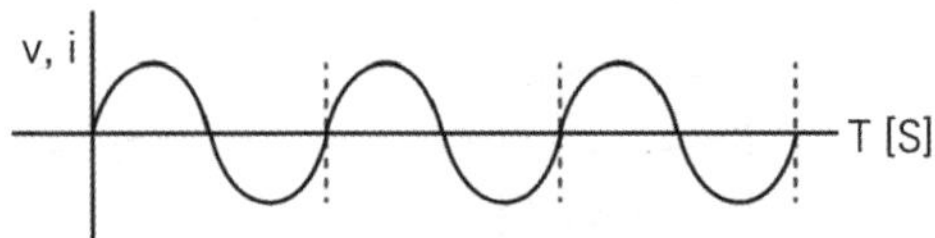

4 전류 I

전하의 흐름으로써 임의의 단면을 t [sec] 동안 Q [C]의 전하가 이동할 때 통과하는 전하의 양

$$I = \frac{Q}{t}$$

※ 전류의 흐름은 에너지를 받은 최외각 전자인 자유전자의 이동에서 기인한다.

1) 단위 : [A] [Ampere] 암페어

2) 전류 계산

(1) 직류 $I = \frac{Q}{t}\,[A]$

(2) 교류 $i = \frac{dq}{dt}\,[A]$

※ 교류는 소문자로 표현하되,
변화율을 나타내는 미분식을 통해 표현
전하량 $q = \int_0^t i\,dt$

5 저항 R

전하의 흐름을 방해하는 정도

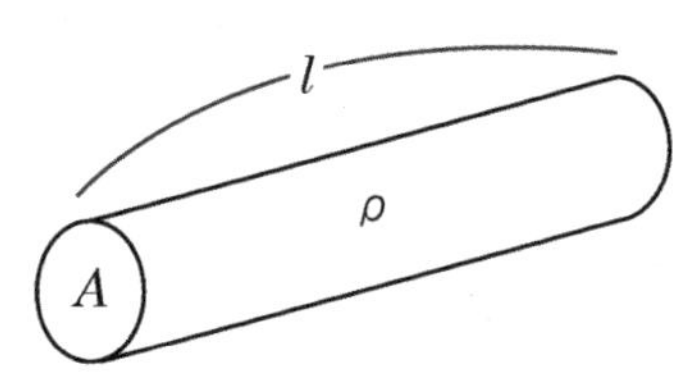

1) 단위 : [Ω], [ohm], 옴

2) 저항 특성

(1)

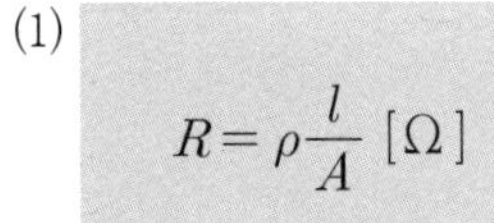

$$R = \rho\frac{l}{A}\,[\Omega]$$

ρ : 고유저항
A : 단면적
l : 선로 길이

(2) 저항은 전선의 길이가 길어질수록 커짐

(3) 저항은 전선의 단면적이 작아질수록 커짐

[구리 고유저항]

1.69×10^{-2} [$\Omega \cdot mm^2/m$]

[알루미늄 고유저항]

2.62×10^{-2} [$\Omega \cdot mm^2/m$]

3) 저항 계산

(1) 직렬

① 합성저항 계산 : $R_T = R_1 + R_2 + \cdots + R_n$ [Ω]

② 저항이 같을 시 : $R_T = nR$[Ω]

(2) 병렬

① 합성저항 계산 : $R_T = \dfrac{1}{\dfrac{1}{R_1} + \dfrac{1}{R_2} + \cdots + \dfrac{1}{R_n}}$ [Ω]

② 저항이 같을 시 : $R_T = \dfrac{R}{n}$ [Ω]

(3) 전압 분배

직렬회로일 때 전류는 일정하고 전압은 분배된다.

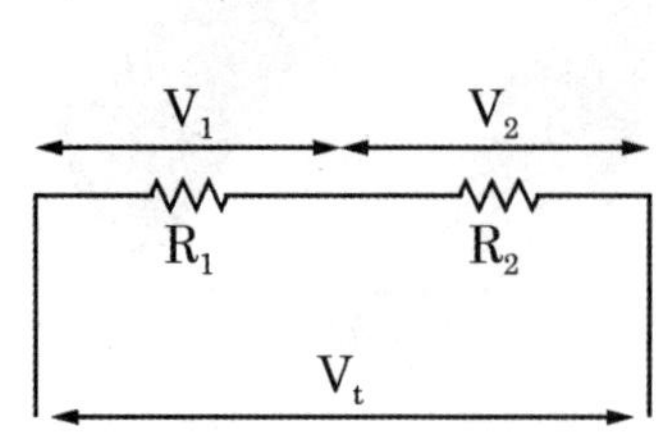

$$V_t = V_1 + V_2$$

$$V_1 = \frac{R_1}{R_1 + R_2} \times V_t$$

$$V_2 = \frac{R_2}{R_1 + R_2} \times V_t$$

(두 저항을 더해서 분자에 자기 것을 올려준다)

$V_1 : V_2 = R_1 : R_2$ ⇨ 전압은 저항에 비례 분배

(4) 전류 분배

병렬회로일 때 전압은 일정하고 전류는 분배된다.

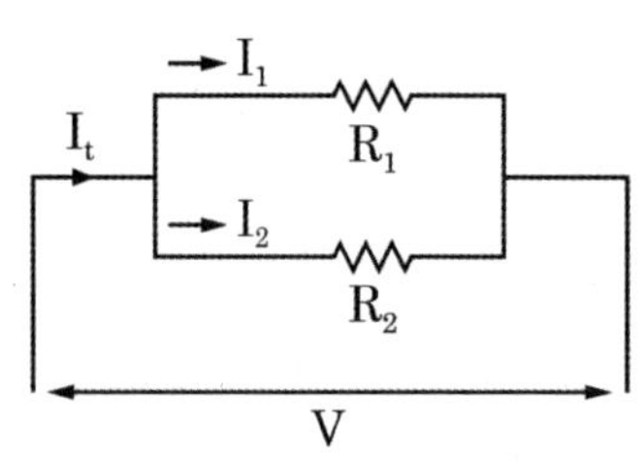

$$I_t = I_1 + I_2$$

$$I_1 = \frac{R_2}{R_1 + R_2} \times I_t$$

$$I_2 = \frac{R_1}{R_1 + R_2} \times I_t$$

(두 저항을 더해서 분자에 남의 것을 올려준다)

$I_1 : I_2 = R_2 : R_1$ ⇨ 전류는 저항에 반비례 분배

6 컨덕턴스 G

저항의 역수로서, 전하를 잘 흐르게 하는 정도

1) 단위 : [℧], [mho] 모 또는 [S] Siemens 지멘스

2) 컨덕턴스 계산 : $G = \frac{1}{R}$ [℧]

02 기본 공식

1 옴의 법칙

$$V = IR, \quad I = \frac{V}{R}, \quad R = \frac{V}{I}$$

2 키르히호프의 법칙

1) 제1법칙(전류 법칙)

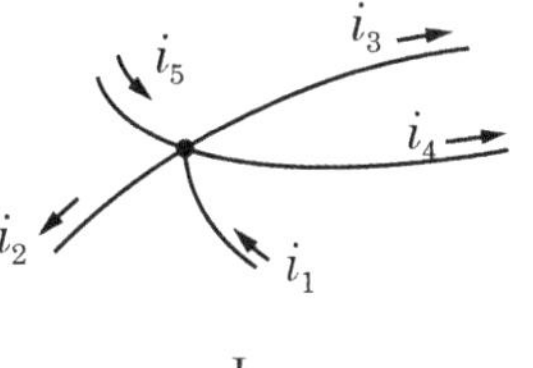

(1) 회로 내 임의의 접속점을 기준으로 들어오는 전류와 나오는 전류의 대수합은 0이다.

(2) $i_1 - i_2 - i_3 - i_4 + i_5 = 0$

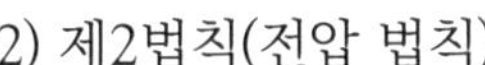

2) 제2법칙(전압 법칙)

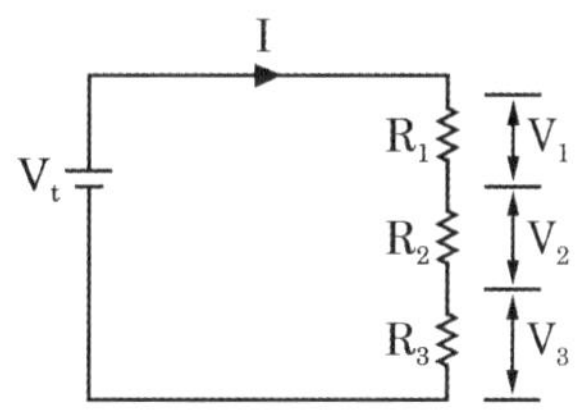

(1) 폐회로 내 전체 전압은 전압강하의 합과 같다.

(2) $V_t = V_1(IR_1) + V_2(IR_2) + V_3(IR_3)$

3 휘스톤 브리지

1) 휘스톤 브리지는 저항 측정 시 이용되며, 브리지의 평형조건이 성립되면 검류계 G에는 전류가 흐르지 않는다.

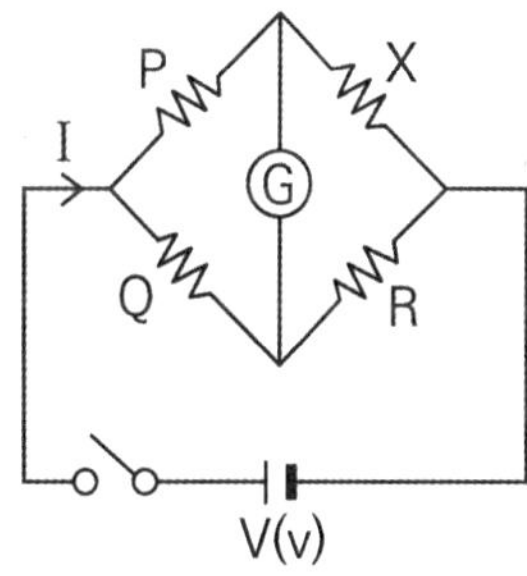

2) 브리지 평형조건 : $PR = XQ$

3) 미지저항 X 구하기

$PR = XQ$이므로 $X = \frac{PR}{Q}$

03 분류기와 배율기

전압계와 전류계의 측정 범위가 최대 눈금을 초과하여 판독이 불가능한 경우 배율기 또는 분류기를 사용하여 전압과 전류를 측정한다.

1 배율기(Multiplier, 전압의 측정 범위 확대, 직렬접속)

전압계의 측정 범위를 확대하기 위해 사용하며, 전압계에 직렬로 연결함

$V_1 : V_2 = R_1 : R_2$ ⇨ 전압은 저항에 비례하여 분배됨

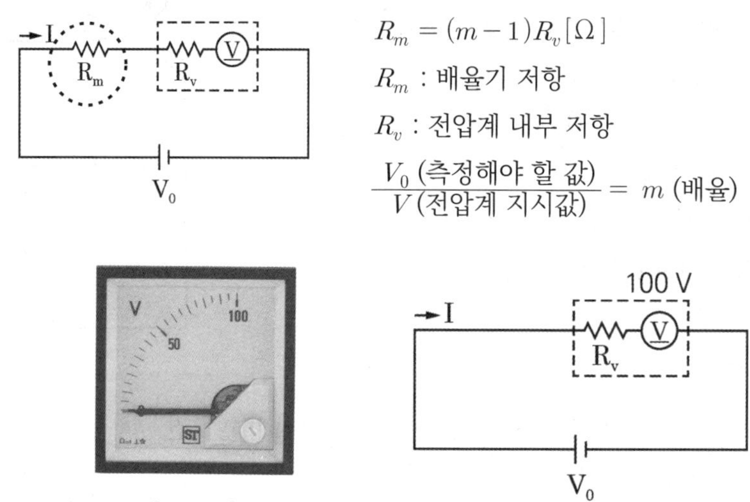

$R_m = (m-1)R_v[\Omega]$

R_m : 배율기 저항

R_v : 전압계 내부 저항

$\dfrac{V_0\,(\text{측정해야 할 값})}{V\,(\text{전압계 지시값})} = m$ (배율)

[전압계]

배율 m : "전원 전압"이 "읽어낼 수 있는 전압"의 몇 배인가를 나타냄

2 분류기(Shunt, 전류의 측정 범위 확대, 병렬접속)

전류계의 측정 범위를 확대하기 위해 사용하며, 전류계에 병렬로 연결함

$I_1 : I_2 = R_2 : R_1$ ⇨ 전류는 저항에 반비례하여 분배됨

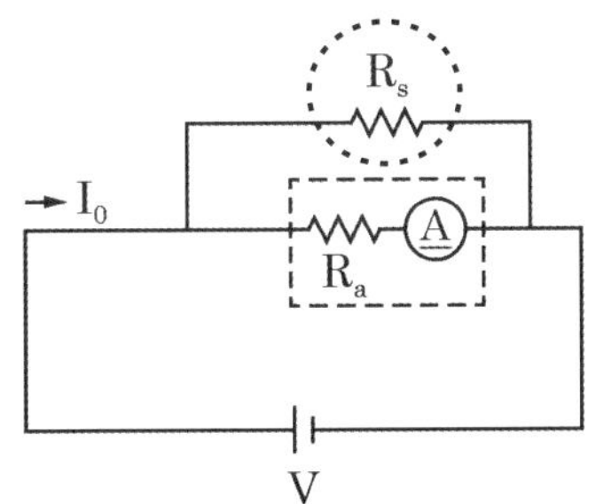

$$R_s = \frac{R_a}{m-1}[\Omega]$$

R_s : 분류기 저항

R_a : 전류계 내부 저항

$$\frac{I_0 \text{ (측정해야 할 값)}}{I \text{ (전류계 지시값)}} = m \text{ (배율)}$$

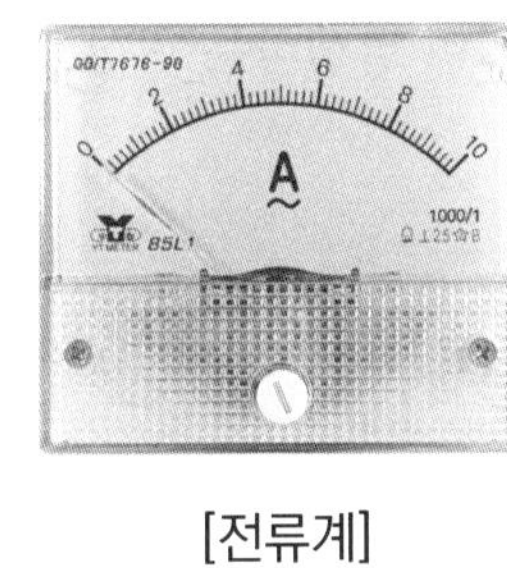

[전류계]

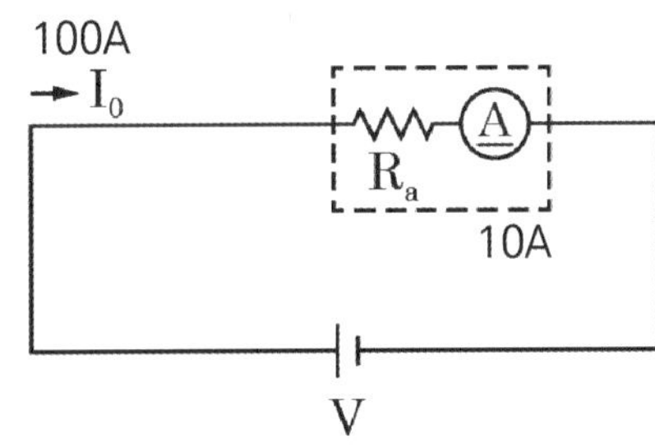

배율 m : "전원 전류"가 "읽어낼 수 있는 전류"의 몇 배인가를 나타냄

04 전력과 전력량

1 전력 P

전기(전류, 전하)가 단위시간 동안 일의 양

1) 단위 : [W] = [J/sec] [Watt] 와트

2) 전력 계산 : $P = \frac{W}{t} = VI = I^2 R = \frac{V^2}{R}[W]$

※ W : 한 일의 양(기호), [W] : 단위인 와트

2 전력량 W

일정시간 (t [sec], t [h]) 동안의 전력의 양

예시) 선풍기(30 W)를 10초 동안 틀었다.
사용한 전력량은?
전력량 = 30 W × 10 sec = 300 W · sec = 300 J
= P × t

1) 단위 : [J] [Joule] 줄

2) 전력량 계산 : $W = Pt = VIt = I^2Rt = \frac{V^2}{R}t\ [J = W \cdot \sec]$

3 줄의 법칙

1) 저항체를 가진 도선에 전류를 흘리면 도선에서 열이 발생하는 현상

2) 수식

$$H[J] = Pt = VIt = I^2Rt = \frac{V^2}{R}t$$

$$H[cal] = 0.24Pt = 0.24VIt = 0.24I^2Rt = 0.24\frac{V^2}{R}t$$

3) 열량의 환산

$1\ J = 0.24\ cal \Leftrightarrow 1\ cal = 4.2\ J$

보충 1 J = $\frac{1}{4.2}\ cal$ ≒ 0.24 cal

05 열과 전기

구분	개념	설명
제벡효과 (Seeback Effect)	열접점 A, 냉접점 B	서로 다른 두 금속 A와 B를 접합하고, 온도차를 주면 기전력이 발생하여 전류가 흐르는 현상
펠티에효과 (Peliter Effect)	안티몬, 열의 발생 정점, I, 열의 흡수 정점, 비스무트	서로 다른 두 금속 A와 B를 접합하고 전류를 흘리면 접합부에서 열의 흡수 또는 발생이 일어나는 현상
톰슨효과 (Thomson Effect)	T_1 I → T_2	동일금속에 전류를 흘리면 펠티에효과와 같이 열의 흡수 또는 발생이 일어나는 현상

06 정전기

1 용어 정리

1) 정전기(Static Electricity)

(1) 두 종류의 물체를 마찰시키면 전기가 발생하게 되고, 이 전기는 정지하고 있는 상태가 되는데 이를 정전기라 함

(2) 전하가 정지 상태에 있어 흐르지 않고 머물러 있는 전기를 의미함

2) 대전 : 양전기나 음전기를 띠는 현상을 대전이라 함

3) 정전유도

(1) 대전된 도체와 대전되지 않은 도체를 가까이 하면 가까운 쪽은 다른 전하가 나타나고, 반대쪽은 같은 전하가 나타나는 현상

(2) 대전체와 가까운 쪽 : 다른 종류의 전하

(3) 대전체와 먼 쪽 : 같은 종류의 전하

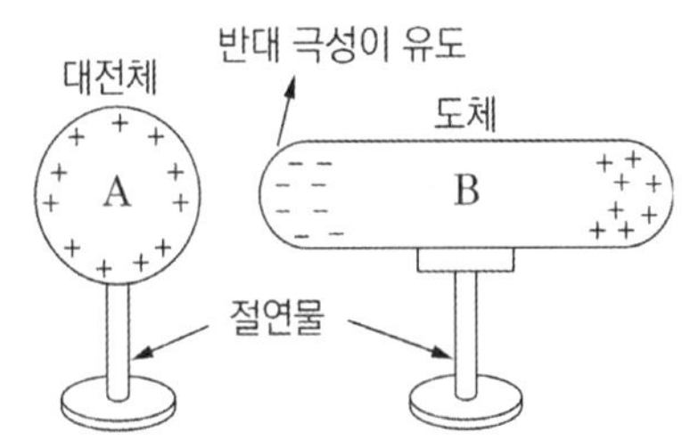

2 정전기력

1) 정전기력 : 정지해 있는 전하 사이에 작용하는 기본적인 힘

(1) 같은 종류의 전하 : 반발력

(2) 다른 종류의 전하 : 흡인력

2) 쿨롱의 법칙

(1) 임의의 공간 내에서 두 점전하 Q_1, Q_2 사이에 작용하는 힘은 두 전하량의 곱에 비례하고, 거리의 제곱에 반비례함

(2) 두 점전하 Q_1과 Q_2가 서로 거리 r만큼 떨어져 정지해 있을 때 쿨롱의 법칙에 의한 힘

$$F = \frac{1}{4\pi r^2} \times \frac{Q_1 Q_2}{\varepsilon} [N]$$

$$= \frac{1}{4\pi \varepsilon_0 \varepsilon_s} \times \frac{Q_1 Q_2}{r^2} [N]$$

$$= 9 \times 10^9 \times \frac{Q_1 Q_2}{r^2} [N]$$

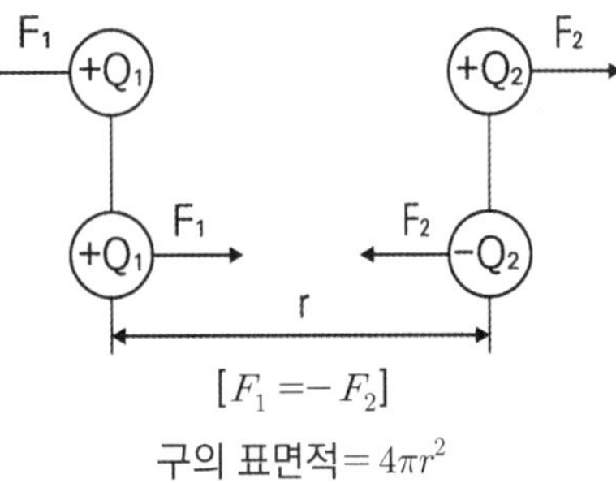

$[F_1 = -F_2]$

구의 표면적$= 4\pi r^2$

(3) 유전율

① 유전체가 전하를 축척하는 성질

※ 유전체 : 절연체와 같은 말로서 전기가 흐르는 것을 막아주는 성질을 의미하며, 이러한 유전체에 전하가 축척되는 것을 유전율이라 함

② 공식 $\varepsilon = \varepsilon_0 \cdot \varepsilon_s$

ε_0 : 진공의 유전율($8.855 \times 10^{-12}[F/m]$), ε_s : 비유전율(진공 = 1, 공기 ≒ 1)

07 전기장과 전위

1 전기장

1) 전기력선 : 두 전하 사이에 작용하는 전기력 벡터를 이어 선으로 표현한 것. 전기력은 직접 눈에 보이지 않기 때문에 이해하는 데 어려움이 있다. 따라서 전기력의 존재를 형상화하여 쉽게 이해할 수 있도록 전기력선을 사용한다.

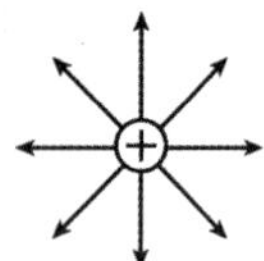
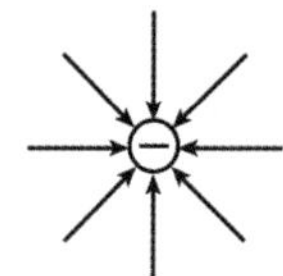
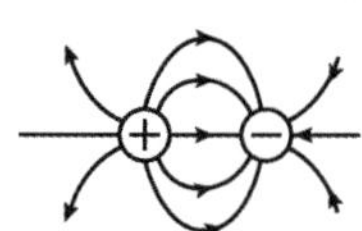
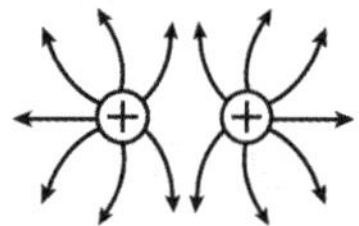

2) 전기력선의 성질

(1) 전기력선은 양전하의 표면에서 나와 음전하의 표면에서 끝남

(2) 전하가 없는 곳에서는 전기력선의 발생소멸이 없고 연속적임

(3) 임의의 점에서 전기력선의 접선방향은 그 점에서의 전계방향과 일치

(4) 전기력선은 그 자신만으로 폐곡선이 되지 않으며 서로 교차하지 않음

(5) 전기력선은 도체의 표면(등전위면)에 수직으로 출입하며 도체 내부에는 전기력선이 없음

(6) 단위전하에서는 $\frac{1}{\varepsilon_0}$개의 전기력선이 출입함

(7) 전위가 높은 점에서 낮은 점으로 향함

※ 등전위면 : 전위가 같은 점들을 연결해 형성된 면으로서 등전위면 간의 밀도가 크면 전기장의 세기는 커지며, 항상 전기력선과 수직을 이룸

3) 가우스 정리

(1) 임의의 폐곡면을 통해 나오는 전기력선의 총수를 가우스 정리에 의해 정의함

(2) 전기력선의 총수 : $N = \frac{Q}{\varepsilon} = \frac{Q}{\varepsilon_0 \varepsilon_s}$[개]

4) 전기장(전계의 세기)

전하를 가진 물체나 전압이 가해진 선의 주위에서 전기력이 작용하는 공간 또는 전기력선이 작용하는 공간을 전기장이라 함

(1) 전기장 세기

$$E = \frac{1}{4\pi r^2} \times \frac{Q}{\varepsilon}\,[V/m] = \frac{1}{4\pi\varepsilon_0\varepsilon_s} \times \frac{Q}{r^2}\,[V/m]$$

$$= 9 \times 10^9 \times \frac{Q}{r^2}\,[V/m]$$

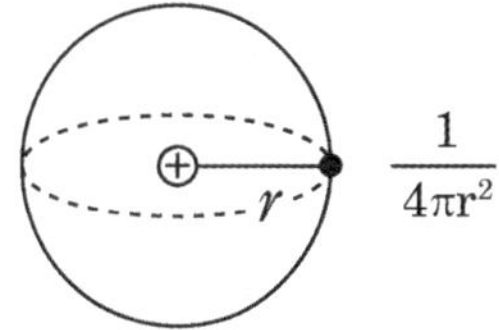

(2) 전기장과 쿨롱의 법칙과의 관계

$$F = EQ \Rightarrow E = \frac{F}{Q}\,[N/C]$$

2 전위

1) 전위

(1) 전위의 개념

① 전기장 내에서 단위점전하를 기준점에서 임의의 점까지 옮기는 데 필요한 에너지 또는 전기장 내에서 단위전하가 갖는 위치에너지

② 전위는 양전하를 기준으로 하고, 기준점에 대해 상대적인 크기로 나타냄

③ 음전하가 갖는 전기에너지의 전위는 (-)전위로서 어떤 기준점보다 전위가 낮다는 의미이며, 양전하가 음전하보다 전위가 높음

(2) 수식

① 전위

$$V = \frac{1}{4\pi r} \times \frac{Q}{\varepsilon}\,[V]$$

$$= \frac{1}{4\pi\varepsilon_0\varepsilon_s} \times \frac{Q}{r}\,[V]$$

$$= 9 \times 10^9 \times \frac{Q}{r}\,[V]$$

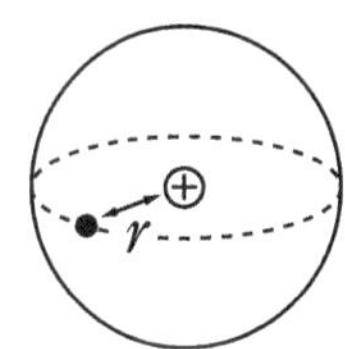

② 전위와 전기장과의 관계

$$V = E \cdot r$$

2) 전위차 : 단위전하를 이동시키는 데 필요한 에너지

$$V = V_1 - V_2 = \frac{Q}{4\pi\varepsilon}\left(\frac{1}{r_1} - \frac{1}{r_2}\right)[V]$$

3 전속밀도(Dielectric Flux Density)

1) 정의

(1) 1 m^2의 단위면에서 몇 (C)의 전속선이 나오는지를 나타내는 양

(2) 단위면을 지나는 전속선의 양으로서 전기력선의 분포도를 나타내는 의미와 같음

2) 수식

(1) 전속밀도 수식 : $D = \frac{Q}{A} = \frac{Q}{4\pi r^2}\ [C/m^2]$

(2) 전속밀도와 전기장과의 관계 : $D = \varepsilon E = \varepsilon_0 \varepsilon_s E$

$\varepsilon = \varepsilon_0 \cdot \varepsilon_s$

ε_0 : 진공의 유전율($8.855 \times 10^{-12}\ F/m$), ε_s : 비유전율(진공 = 1, 공기 ≒ 1)

08 콘덴서와 정전용량

1 콘덴서

1) 개념 : 전하를 축적하는 작용 외에 교류전류만을 흐르게 하는 작용이 있으므로 이것을 이용해 직류와 교류가 섞여 있는 전류에서 교류를 분리하는 데 사용함

2) 콘덴서의 종류

(1) 가변 콘덴서(바리콘)

정전 용량을 변화할 수 있는 콘덴서이며 바리콘이 대표적임

(2) 고정 콘덴서

① 마일러 콘덴서 : 필름을 유전체로 사용하고, 저주파 특성이 우수함

② 마이카 콘덴서 : 표준 콘덴서로 사용하고, 절연저항이 높음

③ 세라믹 콘덴서 : 고주파 특성이 우수하고, 가성비가 좋음

④ 전해 콘덴서 : 극성이 있으므로 교류회로에서는 사용이 불가능함

2 정전용량

1) 정전용량 C [F]

(1) 콘덴서가 전하를 축적할 수 있는 능력을 의미함

(2) 수식

$Q = C \cdot V\,[C]$ $\qquad$ $C = \dfrac{Q}{V}\,[F]$

1 V의 전위를 주었을 때 1 C의 전하를 축적하는 정전용량을 1 F(패럿)이라 함

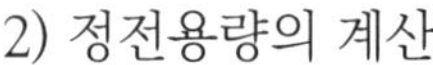

2) 정전용량의 계산

(1) 구도체의 정전용량

$$C = 4\pi\varepsilon r\,[F]$$

$r[m]$: 구도체의 반지름

(2) 평판도체의 정전용량

$$C = \varepsilon \frac{A}{d}[F]$$

$d[m]$: 극판의 간격

$A[m^2]$: 극판의 면적

ε : 극판 간의 물질의 비유전율

3 콘덴서의 직렬 접속과 병렬 접속

1) 직렬접속

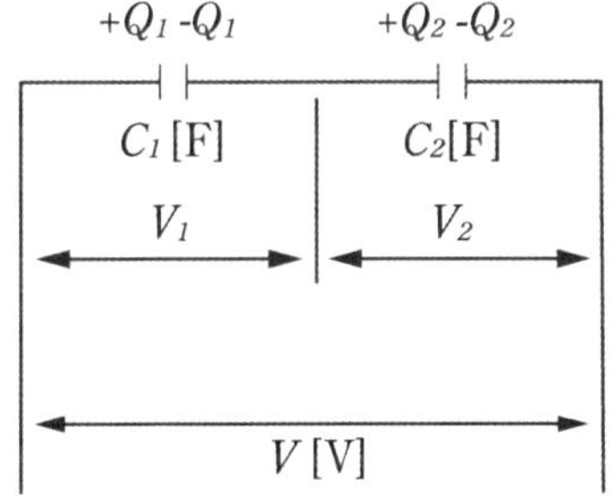

(1) 전기량(Q)은 일정, 전압(V)은 분배

$$V_1 = \frac{Q}{C_1}\,[V]$$

$$V_2 = \frac{Q}{C_2}\,[V]$$

$$V = V_1 + V_2 = \frac{Q}{C_1} + \frac{Q}{C_2} = \left(\frac{1}{C_1} + \frac{1}{C_2}\right) \times Q\,[V]$$

(2) 합성정전용량(C_0)

$$C_0 = \frac{Q}{V} = \frac{Q}{\left(\frac{1}{C_1} + \frac{1}{C_2}\right)Q} = \frac{C_1 \times C_2}{C_1 + C_2}\,[F]$$

(3) 전체 전기량

$$Q = C_0 V = \frac{C_1 \times C_2}{C_1 + C_2} \times V\,[C]$$

(4) 각 콘덴서에 걸리는 전압

$$V_1 = \frac{Q}{C_1} = \frac{C_2}{C_1 + C_2} \times V\,[\mathrm{V}]$$

$$V_2 = \frac{Q}{C_2} = \frac{C_1}{C_1 + C_2} \times V\,[\mathrm{V}]$$

(5) 전체 전압(V)을 서서히 증가할 때 정전용량(C)값이 작은 콘덴서가 가장 먼저 파괴됨

2) 병렬접속

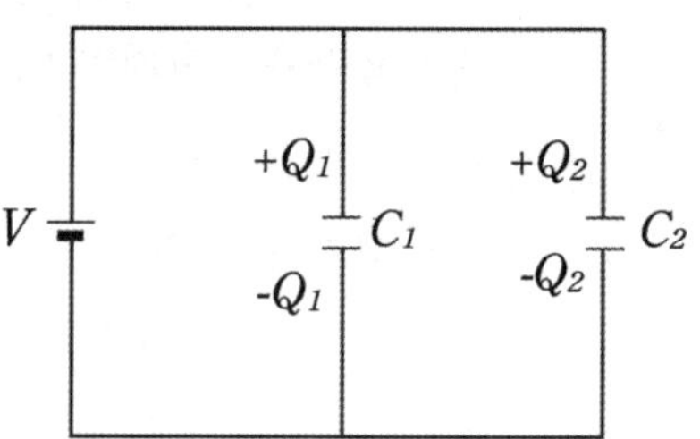

(1) 전압(V) 일정, 전기량(Q) 분배

$Q_1 = C_1 V,\ Q_2 = C_2 V\,[\mathrm{C}]$

$Q = Q_1 + Q_2 = (C_1 + C_2)\,V\,[\mathrm{C}]$

(2) 합성정전용량(C_0)

$$C_0 = \frac{Q}{V} = C_1 + C_2\ [\mathrm{F}]$$

(3) 전체전압

$$V = \frac{Q}{C_0} = \frac{Q}{C_1 + C_2}\ [\mathrm{V}]$$

(4) 각 콘덴서에서의 전기량 분배

$$Q_1 = C_1 V = \frac{C_1}{C_1 + C_2} \times Q\,[\mathrm{C}]$$

$$Q_2 = C_2 V = \frac{C_2}{C_1 + C_2} \times Q\,[\mathrm{C}]$$

4 정전에너지

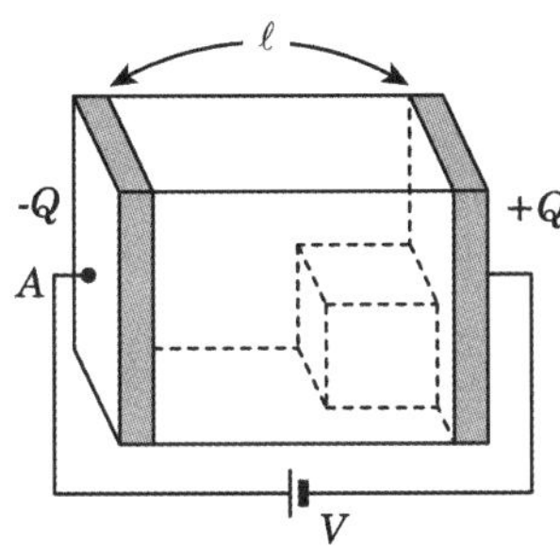

1) 정전에너지

콘덴서에 전압 V [V]가 가해져서 Q [C]의 전하가 축적되는 에너지

$$W = \frac{1}{2}CV^2 = \frac{1}{2}QV = \frac{1}{2}\frac{Q^2}{C}\,[\mathrm{J}]$$

$C[F]$: 정전용량
$V[V]$: 전압
$Q[C]$: 축적된 전하

2) 절연체 내부에서의 전계(전기장)의 세기

$$E = \frac{V}{l}\,[V/m]$$

$l\,[m]$: 전극 간 간격

3) 유전체의 체적에 저장되는 에너지

정전 용량 $C = \varepsilon\frac{A}{\ell}$ [F], 전계의 세기 $E = \frac{V}{\ell}$ [V/m]이므로

$$W = \frac{1}{2}\varepsilon\frac{A}{\ell}(El)^2 = \frac{1}{2}\varepsilon E^2 A\ell\,[\mathrm{J}]$$

$l\,[m]$: 전극 간 간격

4) 유전체 1 m^3 안에 저장되는 정전에너지

$A\ell$은 유전체의 체적이므로

$$w = \frac{1}{2}\varepsilon E^2 = \frac{1}{2}ED = \frac{1}{2}\frac{D^2}{\varepsilon}\,[\mathrm{J/m^3}]$$

$E\,[V/m]$: 전계의 세기
$D\,[C/m^2]$: 전속밀도

09 자석의 자기작용

1 용어 정리

1) 자기(Magnetism) : 자석이 쇠를 끌어당기는 성질

2) 자기력(Mmagnetic Force) : 자기장 속에 있는 전류나 자성체에 작용하는 힘

3) 자석(Magnet) : 자기장을 형성하여 다른 자성체를 끌어당기거나 미는 성질을 가진 물체

4) 자극(Magnetic Pole) : 자석의 각 끝에 존재하는 극

5) 자기장(Magnetic Field) : 자기력이 작용하는 공간

6) 자기력선(Line of Magnetic Force) : 자기장의 방향과 세기를 나타내는 가상의 선

7) 자하(Magnetic Charge) : 자석이 가지는 자기량(기호 : m, 단위 : [Wb])

2 자기현상과 자기유도

1) 자기현상 : 물질이나 공간에서 자기장이 형성되고, 이로 인해 다른 자성체나 전류에 힘(자기력)이 작용하는 모든 물리적 현상

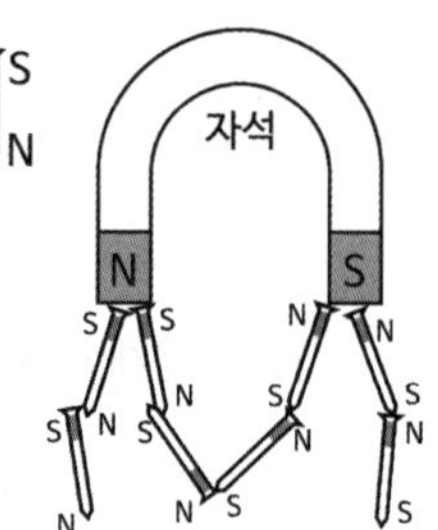

2) 자기유도

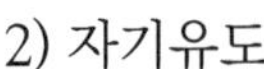

(1) 자화 : 물질(쇠 등)이 자석이 되는 현상

(2) 자성체의 종류

① 강자성체 : 자기 유도에 의해 강하게 자화되어 쉽게 자석이 되는 물질(예 니켈(Ni), 코발트(Co), 철(Fe))

② 상자성체 : 강자성체와 같은 방향으로 약하게 자화되는 물질

③ 반자성체 : 강자성체와는 반대로 자화되는 물질

3 전자기력

1) 쿨롱의 법칙

(1) 두 자하 사이에 작용하는 힘의 크기

(2) 두 자하 m_1, m_2[Wb]가 r [m] 거리에 있을 때 작용하는 힘

$$F = \frac{1}{4\pi\mu_o} \times \frac{m_1 m_2}{r^2} = 6.33 \times 10^4 \times \frac{m_1 m_2}{r^2} \text{ [N]}$$

2) 투자율

투자율(μ)	진공 중의 투자율(μ_0)	비투자율(μ_s)
물질 내부에서 자속이 통하기 쉬운 정도	진공에서의 투자율	진공 중의 투자율에 대한 해당 물질의 투자율의 비
$\mu = \mu_0 \mu_s [\mathrm{H/m}]$	$\mu_0 = 4\pi \times 10^{-7} [\mathrm{H/m}]$	$\mu_s = \dfrac{\mu}{\mu_0}$ (진공 중 $\mu_s = 1$, 공기 중 $\mu_s \fallingdotseq 1$)

4 자기력선

1) 자기력선(자력선)

자기장의 세기와 방향을 선으로 나타낸 것

2) 자기력선의 성질

(1) N극에서 나와 S극에서 끝난다.

(2) 접선방향이 그 점에서의 자장의 방향이다.

(3) 수축하려는 성질이 있으며, 같은 자기력선은 반발한다.

(4) 단면적의 자기력선 밀도가 그 곳의 자장의 세기를 나타낸다.

(5) 도체 내부에 자기력선이 존재한다.

(6) 서로 교차하지 않는다.

5 자속과 자속밀도

1) 자속 ϕ [Wb] : 자기력선의 묶음

2) 자속 밀도 $B[\mathrm{Wb/m^2}]$: 단위면을 통과하는 자속

자속밀도 $B = \dfrac{\phi}{A} [\mathrm{Wb/m^2}]$

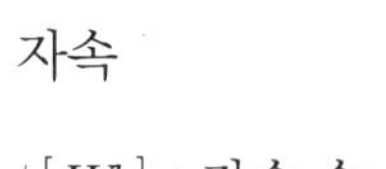
$\phi[Wb]$: 자속 수

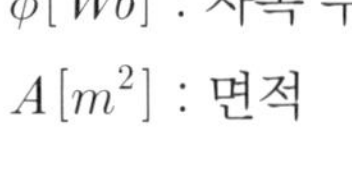
$A[m^2]$: 면적

10 전류의 자기작용

1 전류의 자기현상

1) 앙페르의 오른나사의 법칙

(1) 전류가 흐르는 도체의 주위에는 전류의 방향에 따라 자기력선의 방향을 알 수 있다.

(2) 직선도체에 의한 자기장의 방향

① 엄지 : 전류의 방향

② 나머지 손가락 : 자기장의 방향

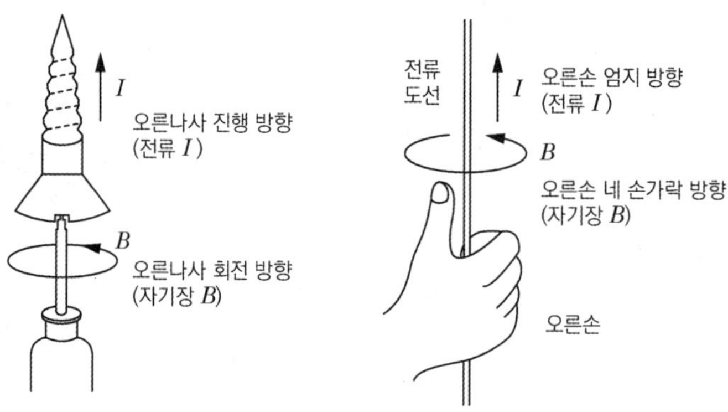

(3) 코일의 자기장의 방향

① 엄지 : 자기장의 방향

② 나머지 손가락 : 전류의 방향

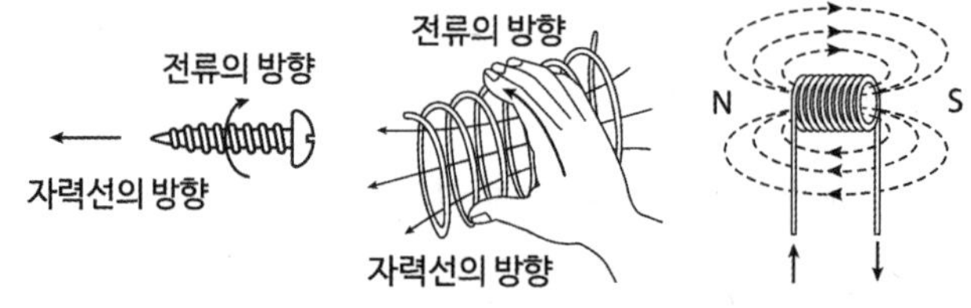

[환상전류에 의한 자력선의 방향]

2) 비오-사바르 법칙(전류와 자계의 세기와의 관계)

전선에 전류가 흘렀을 때 미소부분에서 $r(m)$ 떨어진 P점의 미소자계의 세기 $dH(AT/m)$를 정의하는 법칙

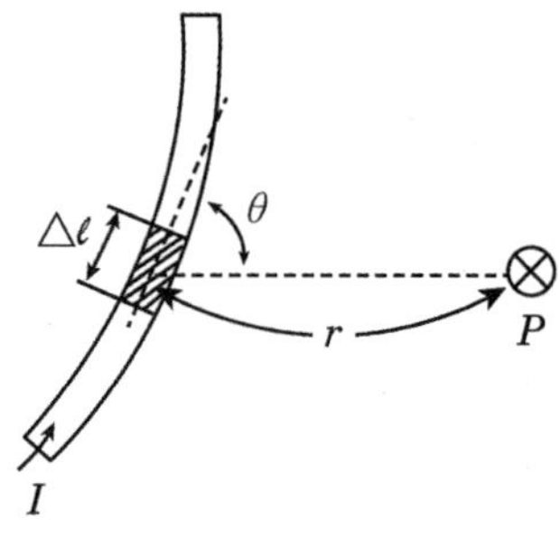

2 자기회로

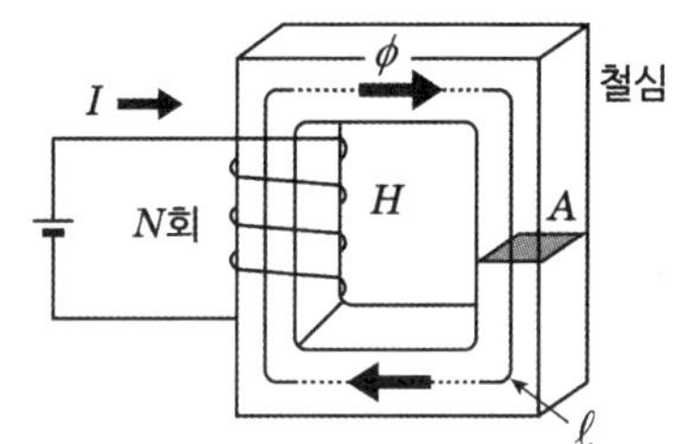

1) 자기회로(변압기의 기본원리) : 자속이 통과하는 폐회로

2) 기자력 : 자속을 만드는 원동력

$$F = NI = R_m \varnothing = Hl[AT]$$

3) 자기저항 : 자속의 발생을 방해하는 성질

$$R_m = \frac{l}{\mu A} = \frac{F}{\phi} = \frac{NI}{\phi}\ [\mathrm{AT/Wb}]$$

전기회로	자기회로
I[A], V[V], R[Ω]	ϕ, 철심, I, N회, H, A, ℓ
전압(기전력) V [V]	기자력 $F = NI$ [AT]
전류 I [A]	자속 ϕ [Wb]
전기저항 $R = \frac{V}{I} = \rho\frac{l}{A}[\Omega]$	자기저항 $R_m = \frac{l}{\mu A}[AT/Wb]$

3 전자력의 방향과 크기

1) 플레밍의 왼손법칙

(1) 자계 중에 도체를 놓고 전류를 흘리면 전류 및 자계와 직각 방향으로 도체를 움직이는 힘이 발생한다.

(2) 전자력의 방향

① 엄지 : 힘의 방향 (F)

② 검지 : 자장의 방향 (B)

③ 중지 : 전류의 방향 (I)

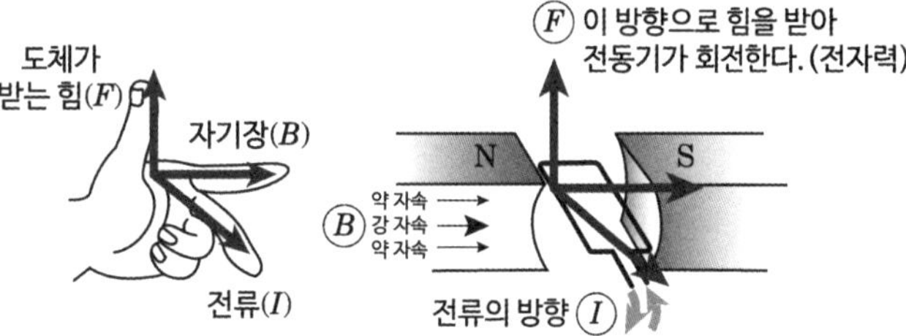

[플레밍의 왼손법칙]

2) 전자력의 크기

자속밀도 $B\,[\mathrm{Wb/m^2}]$의 평등 자장 내에 자장과 직각방향으로 $\ell\,[m]$의 도체를 놓고 $I\,[\mathrm{A}]$의 전류를 흘리면 도체가 받는 힘 $F\,[N]$

$$F = BI\ell\sin\theta\,[\mathrm{N}]$$

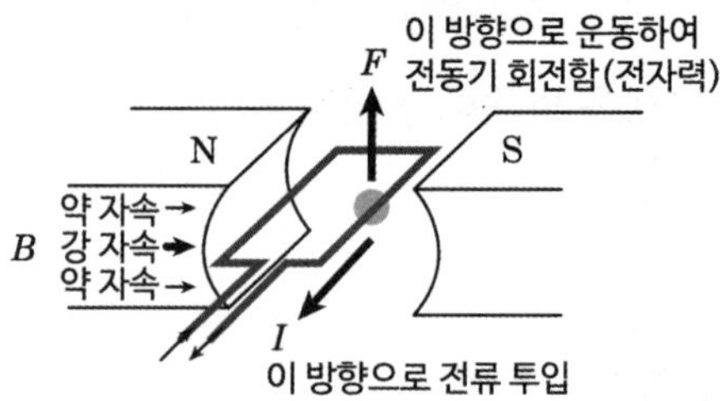

[도체와 자기장 사이의 각과 전자력]

4 평행한 두 도선 사이에 작용하는 힘

1) 두 전류방향이 같을 때 : 흡인력

2) 두 전류방향이 다를 때 : 반발력

11 전자유도

1 자속 변화에 의한 유도기전력

1) 유도기전력의 방향(렌츠의 법칙)

전자유도에 의하여 발생한 기전력의 방향은 그 유도전류가 만든 자속을 방해하려는 방향으로 나타난다.

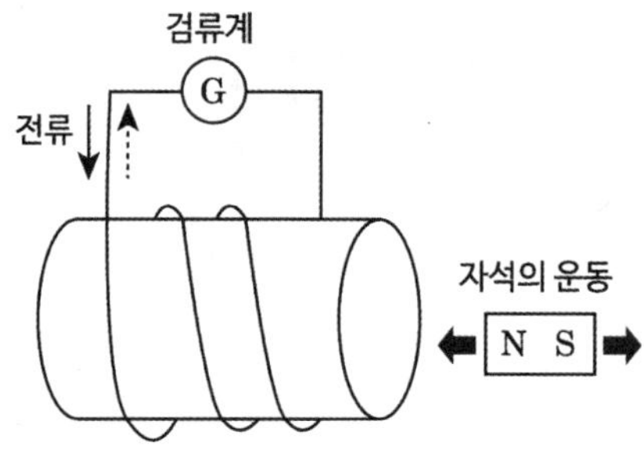

2) 유도기전력의 크기(패러데이의 법칙)

유도기전력의 크기는 단위시간 1 sec 동안에 코일을 쇄교하는 자속의 변화량과 코일의 권수에 곱에 비례한다.

$$e = -N\frac{\Delta\phi}{\Delta t}\ [\mathrm{V}]$$

※ (-)의 부호 : 유도기전력의 방향

e : 유도기전력 [V]
N : 코일권수
$\Delta\phi$: 자속의 변화량 [Wb]
Δt : 시간의 변화량 [sec]

2 유도기전력 방향 : 플레밍의 오른손법칙

자계 내에서 도체가 움직일 때 발생하는 기전력의 방향을 결정하는 법칙으로 발전기의 유도기전력의 방향을 결정한다.

1) 엄지손가락 : 도체의 운동 방향(F)

2) 검지손가락 : 자속의 방향(B)

3) 중지손가락 : 유도기전력의 방향(e)

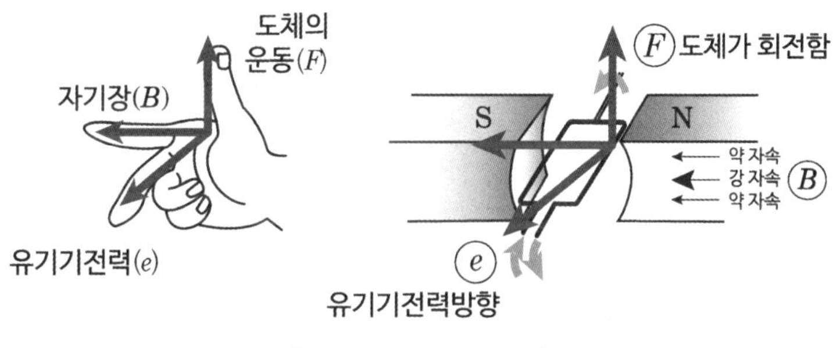

[플레밍의 오른손법칙]

3 코일에 축적되는 전자에너지

$$W = \frac{1}{2}LI^2\ [\mathrm{J}]$$

4 히스테리시스 곡선과 손실

1) 히스테리시스 곡선

철심코일에서 전류를 증가시키면 자장의 세기는 전류에 비례하여 증가한다. 그러나 자속밀도는 자장에 비례하지 않고 그림의 $B-H$ 곡선과 같이 포화현상과 자기이력현상 등이 일어나는데, 이와 같은 특성을 히스테리시스 곡선이라 한다.

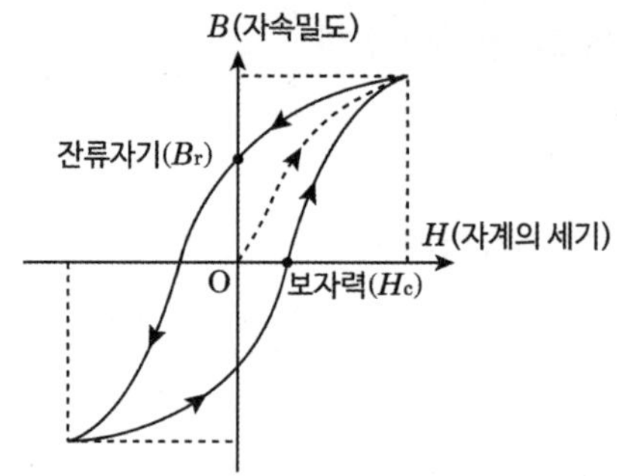

(1) 잔류자기 : 자기장의 세가가 0일 때 남아 있는 자속밀도

(2) 보자력 : 남아 있는 잔류자기를 없애기 위한 반대방향의 자계의 세기

2) 히스테리시스 손실

(1) 히스테리시스 곡선 내의 넓이만큼의 에너지가 철심 내에서 열에너지로 잃어버리는 손실

(2) 히스테리시스 손실 $P_h = \eta_h f B_m^{1.6\sim2}$ [W/m^3]

여기서, η_h : 히스테리시스상수

f : 주파수[Hz]

B_m : 최대 자속밀도[Wb/m^2]

01 예상문제

01 그림과 같은 회로망에서 전류를 계산하는 데 옳은 식은?

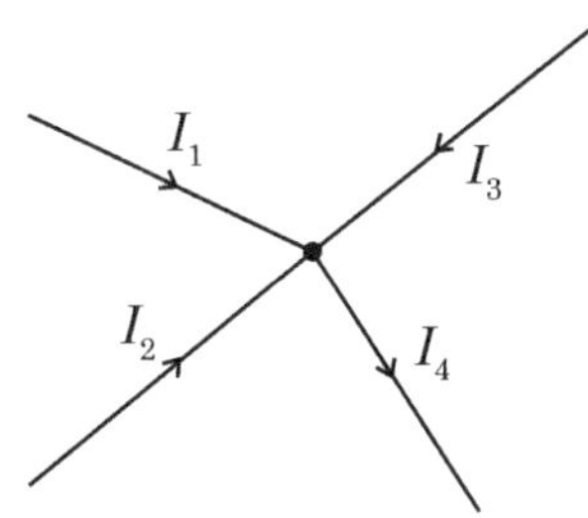

① $I_1 + I_2 = I_3 + I_4$
② $I_1 + I_3 = I_2 + I_4$
③ $I_1 + I_2 + I_3 + I_4 = 0$
④ $I_1 + I_2 + I_3 - I_4 = 0$

해설

[키르히호프 제1법칙(전류법칙)]

- 들어오는 전류와 나가는 전류의 대수합은 0이다.
- $I_4 = I_1 + I_2 + I_3$

02 최대 눈금 1000 V, 내부저항 10 kΩ인 전압계를 가지고 그림과 같이 전압을 측정하였다. 전압계의 지시가 200 V일 때 전압 E는 몇 V인가?

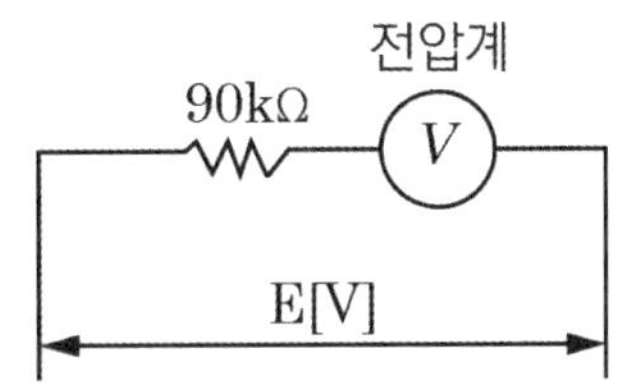

① 800 ② 1000
③ 1800 ④ 2000

해설

[전압 계산]

- $I = \frac{E}{R} = \frac{200}{10 \times 1000} = 0.02\ \text{A}$
- $\therefore E = IR = 0.02 \times (90000 + 10000) = 2000\ \text{V}$

03 어떤 회로에 10 A의 전류를 흘리기 위해서 300 W의 전력이 필요하다면 이 회로의 저항(Ω)은 얼마인가?

① 3 ② 10
③ 15 ④ 30

정답 01 ④ 02 ④ 03 ①

해설

[회로의 저항 계산]

$P = VI = I^2R$

$\therefore R = \frac{P}{I^2} = \frac{300}{10^2} = 3\ \Omega$

04 다음 분류기의 배율은? (단, Rs : 분류기의 저항, Ra : 전류계의 저항)

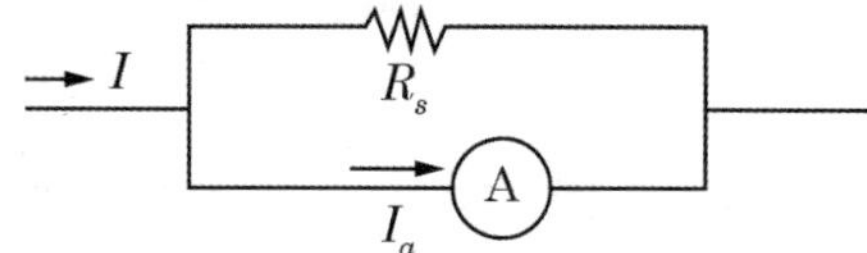

① $\frac{R_s}{R_a}$ ② $1 + \frac{R_s}{R_a}$

③ $1 + \frac{R_a}{R_s}$ ④ $\frac{R_a}{R_s}$

해설

[분류기]

- 어느 전로의 전류를 측정하려는 경우 전로의 전류가 전류계의 정격보다 큰 경우에는 전류계와 병렬로 다른 전로를 만들고 전류를 분류하여 측정
- $R_s = \frac{R_a}{m-1}$ 이므로 ∴ 배율 $m = 1 + \frac{R_a}{R_s}$

> ※ 분류기
>
> 1) 배율
>
> $$\frac{I_0\,(\text{측정해야 할 값})}{I\,(\text{전류계 지시값})} = m(\text{배율})$$
>
> 2) 분류기 저항
>
> $$R_s = \frac{R_a}{m-1}[\Omega]$$
>
> R_s : 분류기 저항
>
> R_a : 전류계 내부 저항

05 다음 회로에서 합성 정전용량(F)의 값은?

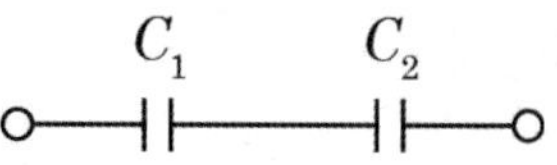

① $C_0 = C_1 + C_2$

② $C_0 = C_1 - C_2$

③ $C_0 = \frac{C_1 + C_2}{C_1 C_2}$

④ $C_0 = \frac{C_1 C_2}{C_1 + C_2}$

해설

[합성정전용량]

- 직렬접속 : $\frac{C_1 C_2}{C_1 + C_2}$
- 병렬접속 : $C_1 + C_2$

06 100 mH의 자기 인덕턴스를 가진 코일에 10 A의 전류가 통과할 때 축적되는 에너지는 몇 J인가?

① 1 ② 5

③ 50 ④ 1000

해설

[축적되는 에너지 계산]

$W = \frac{1}{2}LI^2 = \frac{1}{2}100 \times 10^{-3} \times 10^2 = 5\ \text{J}$

정답 04 ③ 05 ④ 06 ②

Chapter 02 교류회로

01 교류

1 교류발생 원리

1) 자기장 내 도체를 회전시키면 도체는 자속을 쇄교하며 유도 기전력을 발생시킴

2) sin 파형을 띠며, $v(t) = Blv\sin\theta = V_m \sin\theta$ [V] 계산식으로 순시 전압의 크기를 구할 수 있음

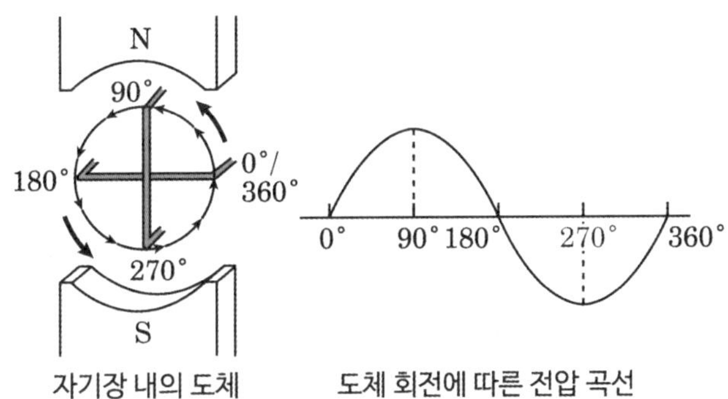

자기장 내의 도체　　도체 회전에 따른 전압 곡선

2 호도법

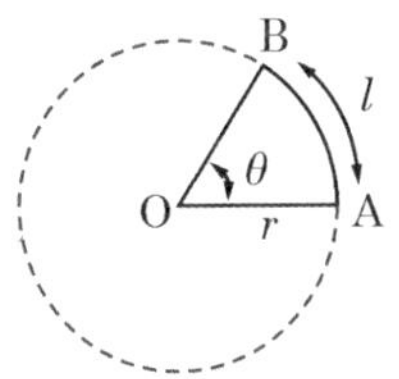

호도법의 표시

1) 호의 길이로 각도를 나타내는 방법

2) 호도각 [rad] = $\dfrac{\text{원주 (L)}}{\text{반지름 (r)}}$

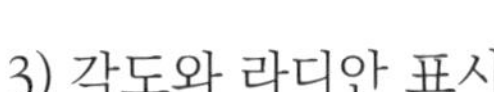

3) 각도와 라디안 표시

도수법	30°	45°	60°	90°	180°	270°	360°
호도법 [rad]	$\frac{\pi}{6}$	$\frac{\pi}{4}$	$\frac{\pi}{3}$	$\frac{\pi}{2}$	π	$\frac{3}{2}\pi$	2π

3 주기 T 및 주파수 *f*

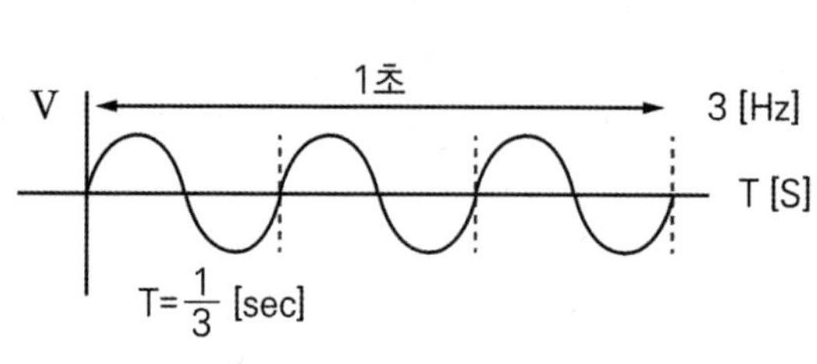

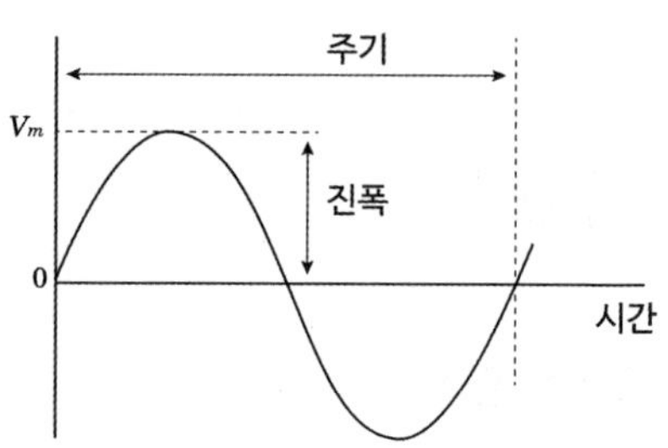

1) 주기 T

파형이 1사이클 변화하는 데 요하는 시간을 뜻하며, 단위는 [sec]로 나타냄

2) 주파수 f

1 [sec] 동안에 발생하는 사이클의 수를 뜻하며, 단위는 [Hz]로 나타냄

4 각속도(= 각 주파수) ω

1초 동안의 각의 변화율을 뜻하며, $\omega = \dfrac{\theta}{t} = \dfrac{2\pi}{T} = 2\pi f\ [rad/\sec]$로 나타냄

5 위상 및 위상차

1) 위상 : 파형의 한 주기에서 첫 시작점의 각도 혹은 어느 한 순간의 위치

2) 위상차 : 주파수가 동일한 2개 이상의 교류 사이의 시간적인 차이

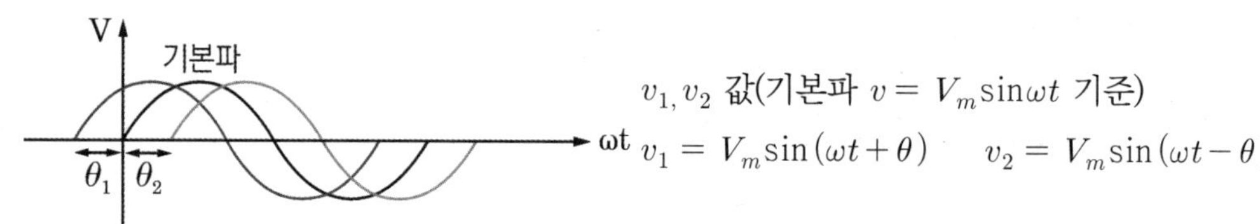

$v_{1,}\,v_2$ 값(기본파 $v = V_m \sin\omega t$ 기준)

$v_1 = V_m \sin(\omega t + \theta) \qquad v_2 = V_m \sin(\omega t - \theta)$

02 정현파 교류의 크기

1 순싯값

교류전압의 값이 시간에 따라 매 순간 변하는 것을 의미함

$$v = V_m \sin\omega t = \sqrt{2}\, V \sin\omega t$$
$$i = I_m \sin\omega t = \sqrt{2}\, I \sin\omega t$$

$v(t)$: 전압의 순싯값　　V_m : 전압의 최댓값
$i(t)$: 전류의 순싯값　　I_m : 전류의 최댓값
ω : 각 주파수 [rad/s]　　θ : 위상
t : 주기 [s]

2 최댓값 V_m, I_m

1) 교류의 순싯값 중에서 가장 큰 값 : V_m, I_m

2) 실횻값에 $\sqrt{2}$ 배한 값

3 실횻값 V, I

1) 교류크기 : 동일한 일을 하는 직류 크기로 환산한 값

2) 교류의 각 순싯값 $i(t)$의 제곱에 대한 1주기 평균(평균값)의 제곱근

$$V = \sqrt{t^2\text{의 1주기간 평균값}} = \sqrt{\frac{1}{T}\int_0^T v^2 dt} = \sqrt{\frac{1}{2\pi}\int_0^{2\pi} v^2 d(wt)} = \frac{V_m}{\sqrt{2}}$$

$$= 0.707\, V_m \,[\mathrm{A}]$$

V : 전압의 실횻값 [A]　　v : 전압의 순싯값 [A]

3) 실횻값과 최댓값과의 관계

$$V = \frac{V_m}{\sqrt{2}} = 0.707\, V_m$$
$$I = \frac{I_m}{\sqrt{2}} = 0.707\, I_m$$

V : 전압의 실횻값 [V]
I : 전류의 실횻값 [A]
V_m : 전압의 최댓값 [V]
I_m : 전류의 최댓값 [A]

4 평균값 V_a , V_{av}, I_a, I_{av}

교류의 1주기를 평균하면 0이므로 평균값은 반주기의 평균을 취함

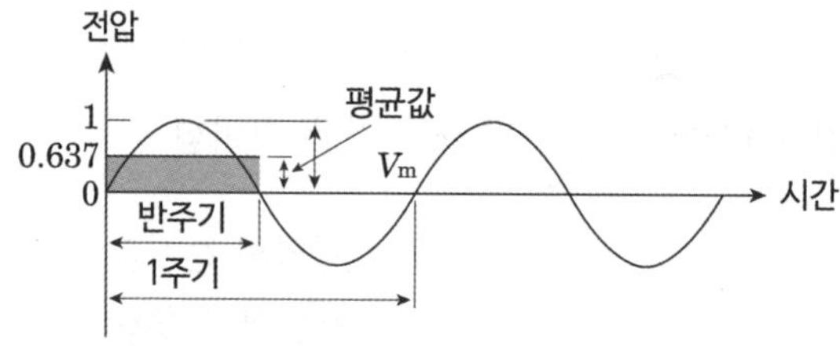

$$V_a = V_{av} = \frac{2}{\pi} V_m = 0.637\, V_m \text{ [V]}$$

$$I_a = I_{av} = \frac{2}{\pi} I_m = 0.637 I_m \text{ [A]}$$

V_{av} : 전압의 평균값 [V] V_m : 전압의 최댓값 [V]
I_{av} : 전류의 평균값 [A] I_m : 전류의 최댓값 [A]

5 파형률 및 파고율

1) 파고율 : 파형의 뾰족한 정도 = $\frac{\text{최댓값}}{\text{실횻값}}$

2) 파형율 : 파형의 평평한 정도 = $\frac{\text{실횻값}}{\text{평균값}}$

6 파형 종류 및 파형별 값 정리

파형	최댓값	실횻값	평균값	파고율	파형율
v, ωt, π, 2π 정현파	V_m	$\frac{1}{\sqrt{2}} V_m$	$\frac{2}{\pi} V_m$	$\sqrt{2}$	$\frac{\pi}{2\sqrt{2}}$ = (1.11)
v, ωt, π, 2π, 3π 반파 정현파	V_m	$\frac{1}{2} V_m$	$\frac{1}{\pi} V_m$	2	$\frac{\pi}{2}$ = (1.57)

파형	최댓값	실횻값	평균값	파고율	파형율
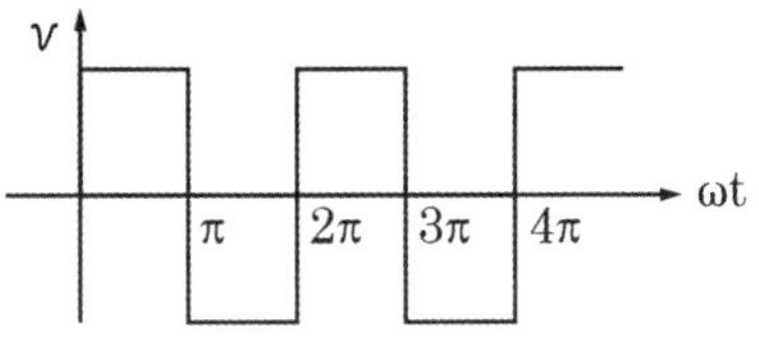 구형파	V_m	V_m	V_m	1	1
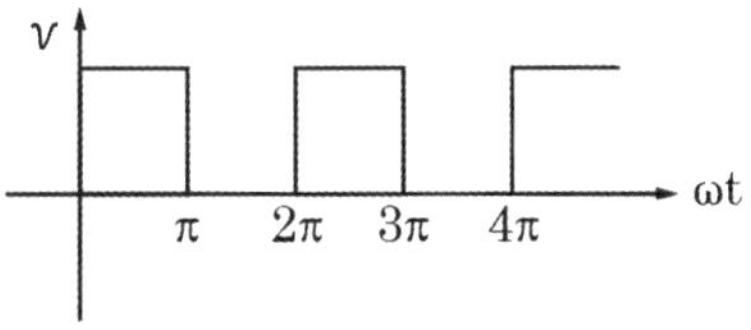 반파구형파	V_m	$\frac{1}{\sqrt{2}}V_m$	$\frac{1}{2}V_m$	$\sqrt{2}$	$\frac{2}{\sqrt{2}}$ = (1.414)
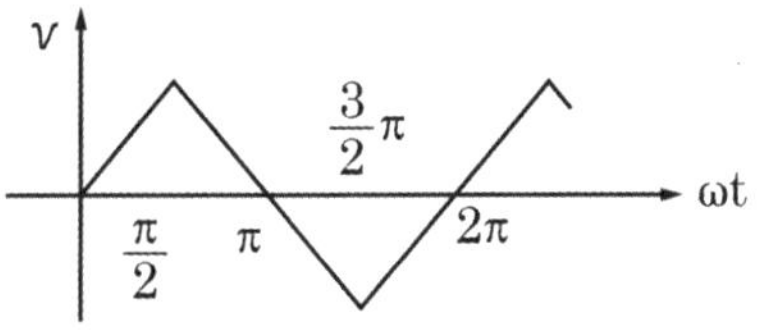 삼각파, 톱니파	V_m	$\frac{1}{\sqrt{3}}V_m$	$\frac{1}{2}V_m$	$\sqrt{3}$	$\frac{2}{\sqrt{3}}$ = (1.15)

03 정현파 교류의 표현방법

1 순싯값

$$v = V_m \sin(\omega t + \theta)[V]$$

교류회로를 해석할 때 교류의 크기와 위상을 복소수로 표현하여 복잡한 정현파 계산을 간단한 복소수의 계산으로 해결함

복소수 : 실수와 허수로 이루어진 수

$a + jb$

여기서 a는 실수부, b는 허수부라 함

복소수를 좌표에 표시할 때는 복소평면(가로 : 실수축, 세로 : 허수축인 직각좌표)에 나타냄

- 실수 : 제곱하면 양(+)이 되는 수
- 허수 : 제곱하면 음(-)이 되는 수로 기호는 j를 사용함
  $(j=\sqrt{-1})$

2 직각좌표법

복소수를 실수(a)와 허수(jb)로 표현

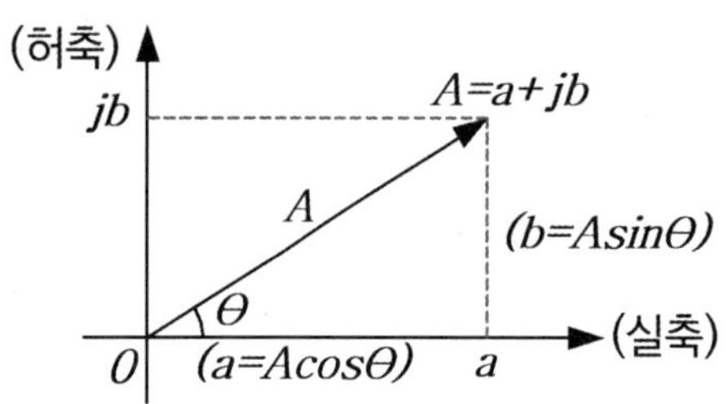

$A=a\pm jb$라고 하면

① 복소수 A의 크기

$|A|=A=\sqrt{a^2+b^2}$

② 위상

$\theta=\pm\tan^{-1}\dfrac{b}{a}$

※ 임피던스(Z) : 교류회로에서 전류가 흐르기 어려운 정도를 나타냄
복소수로서 실수부분은 저항(R), 허수부분은 리액턴스(X)를 의미

3 극형식법(크기 ∠ 위상)

1) 실횻값 크기와 위상각으로 표시

(1) 순싯값에서 실횻값 구하기

$$v=V_m\sin(\omega t+\theta)[V]\rightarrow\frac{V_m}{\sqrt{2}}$$

(2) (1)에서 구한 실횻값에 위상을 표시

$$\frac{V_m}{\sqrt{2}}\angle\theta$$

2) 극형식의 곱셈과 나눗셈

(1) 곱셈

$$A\angle\theta_1\times B\angle\theta_2=A\times B\angle(\theta_1+\theta_2)$$

(2) 나눗셈

$$A\angle\theta_1\div B\angle\theta_2=A\div B\angle(\theta_1-\theta_2)$$

4 삼각함수법

극형식에서 표현한 실횻값 및 위상각을 sin 및 cos 함수를 이용한 표현방법

$$\frac{V_m}{\sqrt{2}}(\cos\theta + j\sin\theta)$$

5 복소수법

삼각함수법에서 표현한 값을 전개하여 표현한 방법

$$\frac{V_m}{\sqrt{2}}\cos\theta + j\frac{V_m}{\sqrt{2}}\sin\theta$$

6 오일러의 공식

$$e^{j\theta} = \cos\theta + j sin\theta$$

04 교류 전류에 대한 R, L, C 의 작용

1 저항 R만의 회로

전하의 흐름을 방해하는 정도

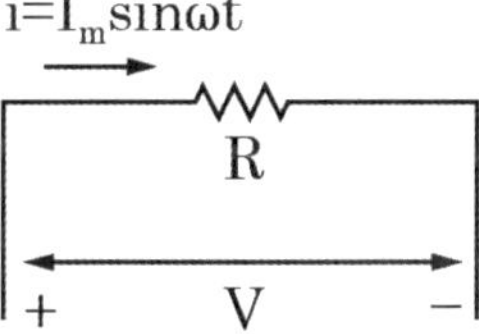

1) 전압 : $v = RI_m \sin\omega t\ [V]$

2) 전류 : $I = \frac{V}{R}\ [A]$

3) 위상관계 : 전압, 전류의 위상차는 없음(= 동상이다)

2 인덕턴스 L만의 회로

도체에 전류가 흐를 시 자속 발생, 이 자속의 발생 능력 정도

1) L에 축적되는 에너지 $W = \frac{1}{2}LI^2\ [J]$

2) L에 발생되는 전압 $v_L = L\frac{di}{dt}\ [V]$

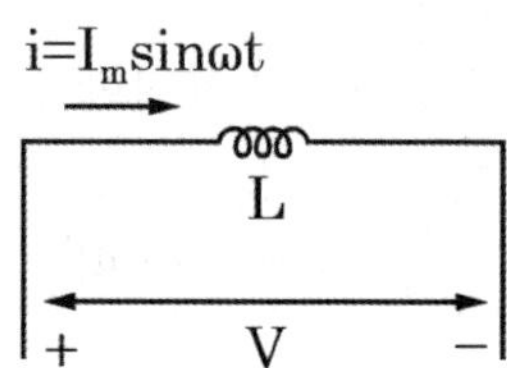

3) 전압 $v_L = L\frac{di}{dt} = L\frac{d}{dt}I_m \sin\omega t$

$= \omega L I_m \cos\omega t = \omega L I_m \sin(\omega t + 90°)\ [V]$

4) 유도성 리액턴스 : $X_L = j\omega L\ [\Omega]$

5) 전류 $i_L = \frac{V}{\omega L}\ [A]$

6) 위상관계 : 전압이 전류보다 90° 앞섬(지상 전류). 전류가 전압보다 90° 뒤짐

3 콘덴서 *C*만의 회로

도체 간 전위차가 나타날 때 전하를 축적하는 능력

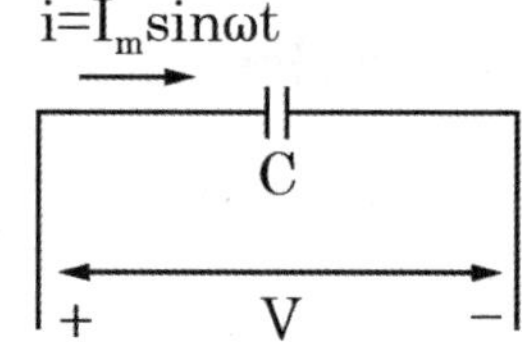

1) C에 축적되는 에너지 $W = \frac{1}{2}CV^2\ [J]$

2) C에 발생되는 전압 $v_c = \frac{1}{C}\int i(t)dt\ [V]$

3) 전압 $v_c = \frac{1}{C}\int i(t)dt = \frac{1}{C}\int I_m \sin\omega t dt = \frac{1}{\omega C}I_m \sin(\omega t - 90°)\ [V]$

4) 용량성 리액턴스 : $X_c = \frac{1}{j\omega C}\ [\Omega]$

5) 전류 $i_C = \omega CV\ [A]$

6) 위상관계 : 전압이 전류보다 90° 뒤짐(진상 전류). 전류가 전압보다 90° 앞섬

[기본회로 요약정리]

구분	임피던스	위상차	역률	위상
R	R	0	1	전압과 전류는 동상이다.
L	$X_L = \omega L = 2\pi f L$	90°	0	전류는 전압보다 위상이 90° 뒤진다.
C	$X_c = \frac{1}{\omega C} = \frac{1}{2\pi f C}$	90°	0	전류는 전압보다 위상이 90° 앞선다.

05 R-L-C 교류 직렬회로

임피던스 $Z = R \pm jX$

컨덕턴스 $G = \frac{1}{R}$, 서셉턴스 $B = \frac{1}{X}$, 어드미턴스 $Y = \frac{1}{Z}$

회로	순시전류	위상차	전류의 크기 $I = \frac{V}{Z}$	역률 $\cos\theta$
R-L	$i = I_m \sin(\omega t - \theta)$	$\theta = \tan^{-1}\frac{X_L}{R}$	$I = \frac{V}{\sqrt{R^2 + X_L^2}}$	$\dot{Z} = \dot{R} + j\dot{X}_L$ $\frac{R}{\sqrt{R^2 + X_L^2}}$
R-C	$i = I_m \sin(\omega t + \theta)$	$\theta = \tan^{-1}\frac{X_C}{R}$	$I = \frac{V}{\sqrt{R^2 + X_C^2}}$	$\dot{Z} = \dot{R} - j\dot{X}_C$ $\frac{R}{\sqrt{R^2 + X_C^2}}$
R-L-C	$i = I_m \sin(\omega t \pm \theta)$	$\theta = \tan^{-1}\frac{X_L - X_C}{R}$	$I = \frac{V}{\sqrt{R^2 + (X_L - X_C)^2}}$	$\frac{R}{\sqrt{R^2 + (X_L - X_C)^2}}$

06 공진회로와 선택도

1 공진개념

1) 공진회로 : 허수부 = 0이 되는 회로로서 저항만의 회로가 됨

2) 공진조건 : $X_L = X_C$

2 공진회로

1) R - L - C 직렬공진

(1) 임피던스 : $Z = R + j(\omega L - \frac{1}{\omega C})$

(2) 공진주파수 : $\omega L = \frac{1}{\omega C} \Rightarrow \omega^2 LC = 1 \Rightarrow \omega = \frac{1}{\sqrt{LC}} \Rightarrow 2\pi f = \frac{1}{\sqrt{LC}}$

$\Rightarrow f = \frac{1}{2\pi\sqrt{LC}}$

※ n 고조파에서의 공진주파수 : $f = \frac{1}{2\pi n\sqrt{LC}}$

보충 n 고조파 : 기본파(Fundamental Wave)에 대한 정수배의 주파수 성분을 가지는 파형

(3) 공진 시 : 임피던스 = 최소, 전류 = 최대

2) R - L - C 병렬공진

(1) 어드미턴스 : $Y = \frac{1}{R} + j(\omega C - \frac{1}{\omega L})$

(2) 공진주파수 : $\omega C = \frac{1}{\omega L} \Rightarrow \omega^2 LC = 1 \Rightarrow \omega = \frac{1}{\sqrt{LC}} \Rightarrow 2\pi f = \frac{1}{\sqrt{LC}}$

$\Rightarrow f = \frac{1}{2\pi\sqrt{LC}}$

(3) 공진 시 : 임피던스 = 최대, 어드미턴스 = 최소, 전류 = 최소

3 선택도 = 첨예도 = 공진도(Q)

1) R - L - C 직렬공진 : 전압확대비 = 선택도 = 첨예도 = 공진도

(1) 전원 전압에 대한 리액턴스 전압(V_L)과 콘덴서 전압(V_C)의 비율

(2) 리액턴스 전압 : $Q = \frac{V_L}{V_R} = \frac{\omega L}{R}$

(3) 콘덴서 전압 : $Q = \frac{V_C}{V_R} = \frac{1}{\omega CR}$

(4) Q^2 = 리액턴스 전압 × 콘덴서 전압

$Q^2 = \frac{\omega L}{R} \times \frac{1}{\omega CR} = \frac{L}{CR^2} \Rightarrow Q = \sqrt{\frac{L}{CR^2}} = \frac{1}{R}\sqrt{\frac{L}{C}}$

2) R - L - C 병렬공진 : 전류확대비 = 선택도 = 첨예도 = 공진도

(1) 전원 전류에 대한 리액턴스 전류(I_L)와 콘덴서 전류(I_C)의 비율

(2) 리액턴스 전압 : $Q = \frac{I_L}{I_R} = \frac{R}{\omega L}$

(3) 콘덴서 전압 : $Q = \frac{I_C}{I_R} = \omega CR$

(4) Q^2 = 리액턴스 전류 × 콘덴서 전류

$$Q^2 = \frac{R}{\omega L} \times \omega CR = \frac{CR^2}{L} \Rightarrow Q = \sqrt{\frac{CR^2}{L}} = R\sqrt{\frac{C}{L}}$$

4 직렬공진, 병렬공진 비교(허수부가 0이 되는 회로)

구분	직렬공진	병렬공진
조건	$X_L = X_C$, $\omega L = \frac{1}{\omega C}$	$\frac{1}{X_L} = \frac{1}{X_C}$, $\omega C = \frac{1}{\omega L}$
공진의 의미	• 허수부가 0이다. • 전압과 전류가 동상이다. • 역률이 1이다. • 임피던스가 최소이다. • 흐르는 전류가 최대이다.	• 허수부가 0이다. • 전압과 전류가 동상이다. • 역률이 1이다. • 어드미턴스가 최소이다. (= 임피던스 최대) • 흐르는 전류가 최소이다.
전류	$I = \frac{V}{Z}$	$I = YV$
공진주파수	$f_0 = \frac{1}{2\pi\sqrt{LC}}$	$f_0 = \frac{1}{2\pi\sqrt{LC}}$
선택도	전압 확대비 $Q = \frac{X}{R} = \frac{\omega L}{R} = \frac{1}{\omega CR} = \frac{1}{R}\sqrt{\frac{L}{C}}$	전류 확대비 $Q = \frac{R}{X} = \frac{R}{\omega L} = \omega CR = R\sqrt{\frac{C}{L}}$

Part 04

07 교류전력

1 유효전력, 무효전력, 피상전력

1) 유효전력(P) : 단위[W, kW]

(1) 부하에서 유효하게 사용되는 전력

(2) 저항에 의해 소비되는 전력

$$P = P_a\cos\theta = VI\cos\theta = I^2R = I^2Z\cos\theta = \frac{V^2}{R^2+X^2}R\ [\mathrm{W}]$$

2) 무효전력(P_r) : 단위[Var, kVar]

(1) 실제부하에 사용되지 않는 전력

(2) 리액턴스에 의해 소비되는 전력

$$P_r = P_a\sin\theta = VI\sin\theta = I^2X = I^2Z\sin\theta = \frac{V^2}{R^2+X^2}X\ [\mathrm{Var}]$$

3) 피상전력(P_a) : 단위[VA, kVA]

(1) 전원에 공급되는 전력

(2) 임피던스에 의해 소비되는 전력

$$P_a = VI = I^2Z = \frac{V^2}{Z} = \frac{P}{\cos\theta},\ P_a = P \pm jP_r = \sqrt{P^2+P_r^2}\ [\mathrm{VA}]$$

4) 단상교류전력 삼각도

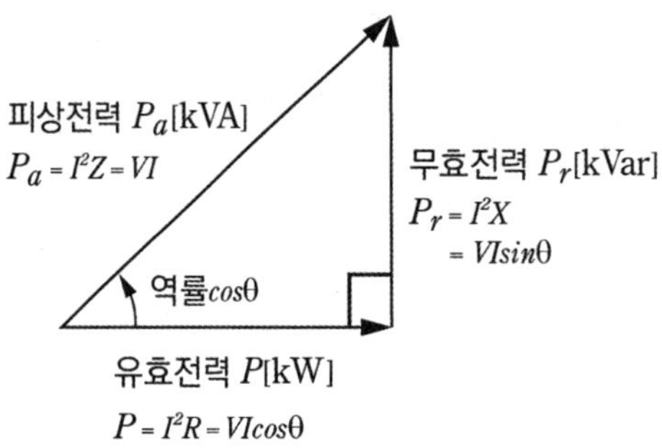

2 역률과 무효율

1) 역률($\cos\theta$)

(1) 교류회로에서 유효전력과 피상전력과의 비, 전압과 전류의 여현대칭(우함수)

(2) 수식 : $\cos\theta = \frac{P}{P_a}$, $\cos\theta = \frac{P}{VI} \times 100\ \%$, $\cos\theta = \sqrt{1-\sin^2\theta}$

2) 무효율($\sin\theta$)

(1) 교류회로에서 무효전력과 피상전력과의 비, 전압과 전류의 정현대칭(기함수)

(2) 수식 : $\sin\theta = \frac{P_r}{P_a}$, $\sin\theta = \frac{P_r}{VI} \times 100\ \%$, $\sin\theta = \sqrt{1-\cos^2\theta}$

(3) $\sin^2\theta + \cos^2\theta = 1$에서 $\sin\theta = \sqrt{1-\cos^2\theta}$가 된다.

3 최대전력

1) 최대전력 전달조건

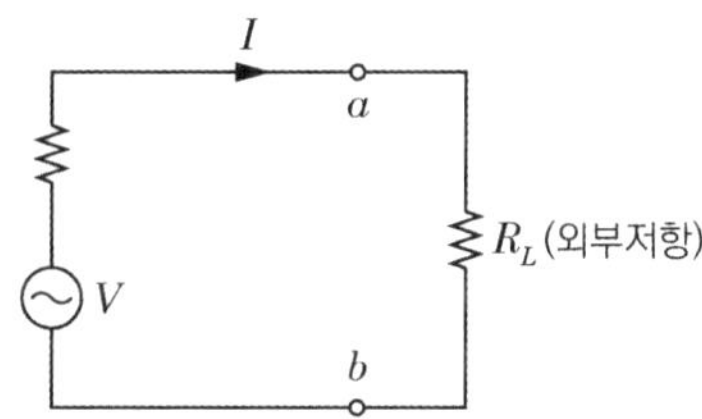

$r = R_L$

내부저항과 외부저항이 같을 때 최대전력을 전송한다.

2) 최대전력계산

$$P_{\max} = I^2R = (\frac{V}{r+R})^2R = (\frac{V}{2R})^2R = \frac{V^2}{4R^2}R = \frac{V^2}{4R}$$

$P_{\max}$: 최대전력[W] V : 전압 [V]

R : 부하(외부)저항 [Ω] r : 내부저항(선로저항) [Ω]

08 3상 교류회로

1 대칭 3상 교류

1) 대칭 3상 교류의 발생원리

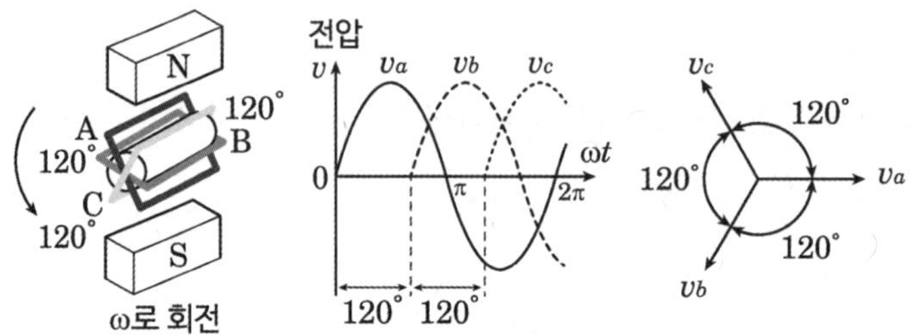

(1) N → S 자기장 내 3개의 도체가 공간적으로 120° 각도로 회전자가 배치되어 있음

(2) 회전자가 반시계 방향으로 회전하면 각각의 도체에서 세 가지 전압이 발생됨

(3) 이들 전압은 크기는 같지만 위상은 120°만큼 차이가 발생함

2) 3상 교류

(1) 각 기전력의 크기가 같고, $\frac{2\pi}{3}(rad)$[120°]만큼 위상차가 있는 교류

(2) 대칭 3상 교류의 조건

① 기전력의 크기가 같을 것

② 주파수가 같을 것

③ 파형이 같을 것

④ 위상차가 $\frac{2\pi}{3}(rad)$[120°]일 것

$$V_a = \sqrt{2}\,V\sin\omega t\,[\mathrm{V}]$$
$$V_b = \sqrt{2}\,V\sin(\omega t - 120^\circ)\,[\mathrm{V}]$$
$$V_c = \sqrt{2}\,V\sin(\omega t - 240^\circ)\,[\mathrm{V}]$$

3) 3상 교류의 벡터

전압의 벡터 합 : $\dot{V}_a + \dot{V}_b + \dot{V}_c = 0$

2 3상 교류의 결선

1) Y결선과 △결선

구분	Y결선(성형결선 = 스타결선)	△결선(델타결선 = 환상결선)
결선도	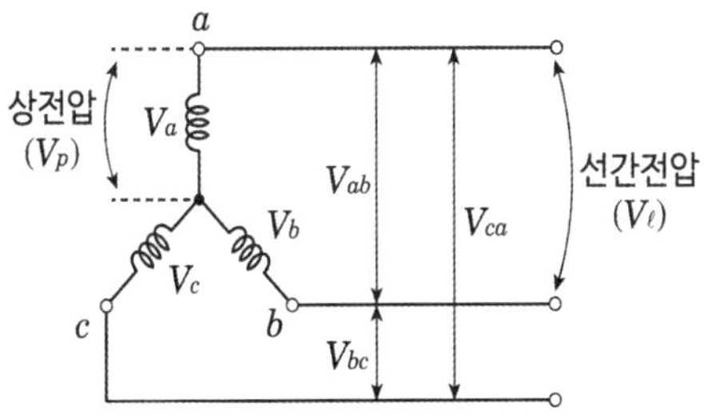 $V_p = V_a = V_b = V_c$ $V_\ell = V_{ab} = V_{bc} = V_{ca}$	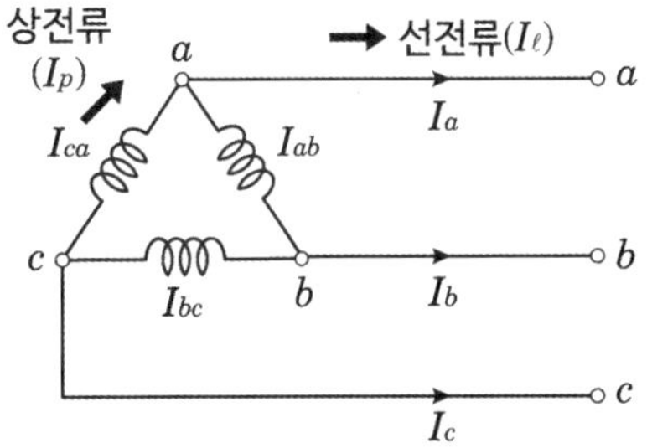 $I_p = I_{ab} = I_{bc} = I_{ca}$ $I_\ell = I_a = I_b = I_c$
상전압	$V_p = \frac{V_l}{\sqrt{3}}$	$V_p = V_l$
선간전압	$V_l = \sqrt{3}\,V_p \angle \frac{\pi}{6}$	$V_l = V_p$
상전류	$I_p = I_l$	$I_p = \frac{I_l}{\sqrt{3}}$
선전류	$I_l = I_p$	$I_l = \sqrt{3}\,I_p \angle(-\frac{\pi}{6})$
특징	• 상전압보다 선간전압이 $\sqrt{3}$ 배 크고 위상차는 $\frac{\pi}{6}$ [30°] 앞선다. • 평형 3상회로의 중성선에는 전류가 흐르지 않는다.	• 선전류가 상전류보다 $\sqrt{3}$ 배 크고 위상차는 $\frac{\pi}{6}$ [30°] 뒤진다. • 제3고조파는 내부에서 순환한다.

여기서 V_P : 상전압, V_l : 선간전압, I_P : 상전류, I_l : 선전류

2) 부하 Y ↔ △ 변환

구분	△ → Y 변환	Y → △ 변환
결선도	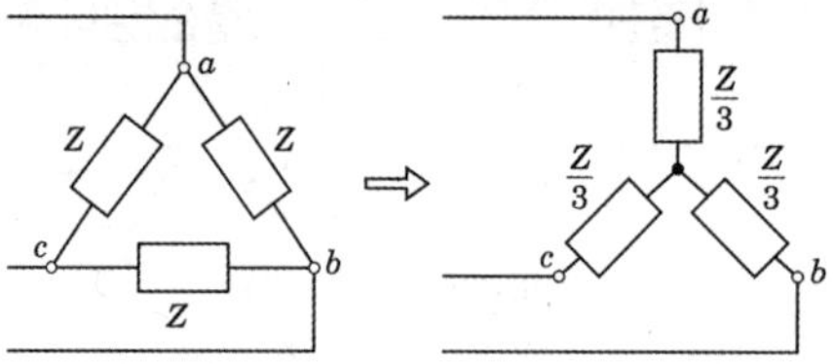 a, b, c, Z, Z, Z ⇨ a, b, c, $\frac{Z}{3}$, $\frac{Z}{3}$, $\frac{Z}{3}$	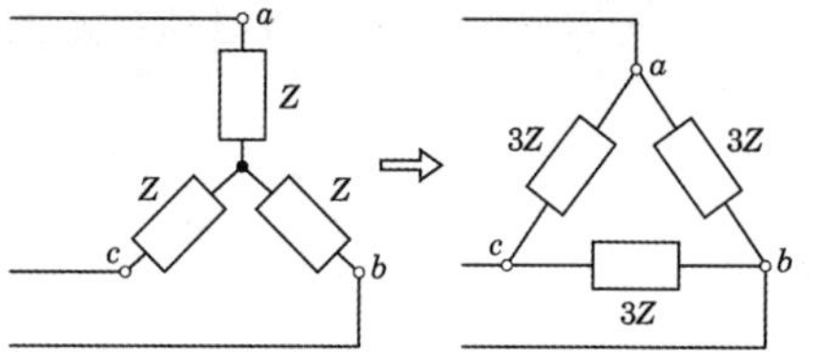 a, b, c, Z, Z, Z ⇨ a, b, c, 3Z, 3Z, 3Z
임피던스	$Z_Y = \frac{1}{3} Z_\Delta$	$Z_\Delta = 3 Z_Y$

TIP 3상 변환 시, Y−△ 등가변환(Z(R), I, P), $3Y = \triangle$, $Y = \frac{1}{3}\triangle$

△ → Y 변환	Y → △ 변환
$R_a = \frac{R_1 R_2}{R_1 + R_2 + R_3} [\Omega]$ $R_b = \frac{R_2 R_3}{R_1 + R_2 + R_3} [\Omega]$ $R_c = \frac{R_3 R_1}{R_1 + R_2 + R_3} [\Omega]$ 평형부하인 경우 : $Z_Y = \frac{1}{3} Z_\triangle\ [\Omega]$ 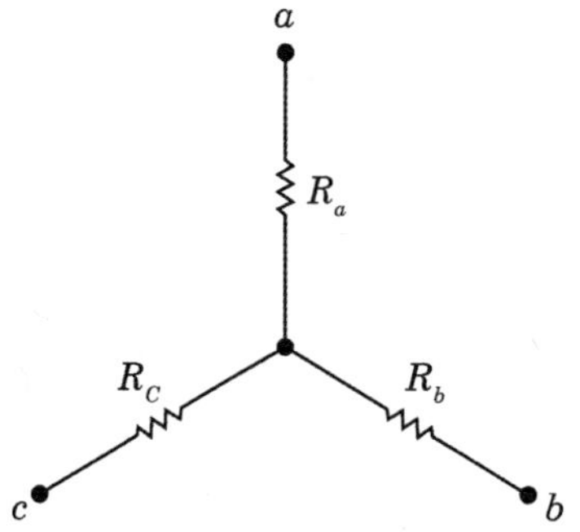	$R_1 = \frac{R_a R_b + R_b R_c + R_c R_a}{R_b} [\Omega]$ $R_2 = \frac{R_a R_b + R_b R_c + R_c R_a}{R_c} [\Omega]$ $R_3 = \frac{R_a R_b + R_b R_c + R_c R_a}{R_a} [\Omega]$ 평형부하인 경우 : $Z_\triangle = 3 Z_Y [\Omega]$ 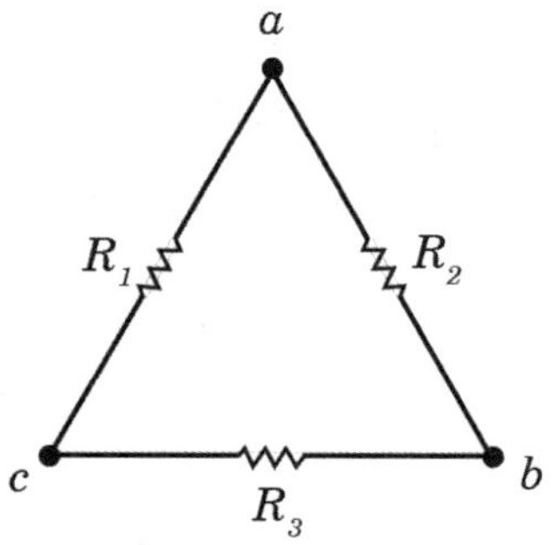
a, R_a, R_C, R_b, c, b	a, R_1, R_2, c, b, R_3

3) V결선

(1) V결선의 개념

3상 △결선에서 1상이 고장 시 고장 난 변압기 제거 후 나머지 2상의 전원으로 3상 전력을 공급하는 방법

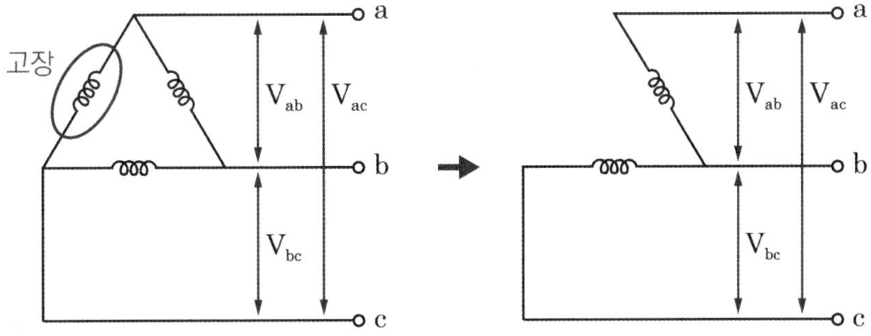

(2) 출력

$$P_V = \sqrt{3}\,P_1 = \sqrt{3}\,V_P I_P \cos\theta \text{ [W]}$$

P_1 : 단상의 출력[W]

P_V : V 결선 시의 출력[W]

(3) 출력비

$$\text{출력비} = \frac{P_V(V\text{결선 시 출력})}{P_\Delta(\Delta\text{결선 시 출력})} = \frac{\sqrt{3}\,VI}{3VI} \times 100 = 57.7\,\%$$

암 출오질질

(4) 변압기 1대의 이용률

$$\text{이용률} = \frac{P_V(V\text{ 결선 시 출력})}{P_2(\text{변압기 2대의 출력})} = \frac{\sqrt{3}\,VI}{2VI} \times 100 = 86.6\,\%$$

암 이팔육육

09 3상 교류전력

1 유효전력, 무효전력, 피상전력

1) 유효전력 $P[W]$

$$P = 3V_P I_P \cos\theta = 3\frac{V_l}{\sqrt{3}} I_l \cos\theta = \underline{\sqrt{3}\, V_l I_l \cos\theta} = 3I_p^2 R \ [\text{W}]$$

2) 무효전력 $P_r[Var]$

$$P_r = 3V_p I_p \sin\theta = \underline{\sqrt{3}\, V_l I_l \sin\theta} = 3I_p^2 X \ [\text{Var}]$$

3) 피상전력 $P_a[VA]$

$$P_a = 3V_p I_p = \underline{\sqrt{3}\, V_l I_l} = \sqrt{P^2 + p_r^2} = 3I_p^2 Z \ [\text{VA}]$$

10 교류전력의 측정

1 단상전력의 측정

1) 직접측정

(1) 직류 또는 교류의 전기회로를 측정하는 계기로서 보통 사용되는 것이 전류력계형임

(2) 전류코일(CC)과 전압코일(PC)이 연결되어 있는데 전압코일에는 고저항 R이 직렬로 연결되어 있음

$$P = VI\cos\theta \, [W]$$

$$\cos\theta = \frac{P}{VI} = \frac{R}{Z} = \frac{R}{\sqrt{R^2 + X^2}}$$

P : 전력계의 지시 [W]　　　VI : 피상전력 [VA]

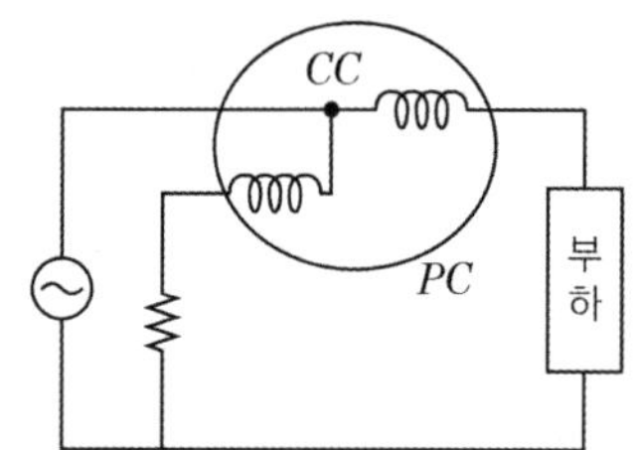

2) 간접측정

3전압계법	3전류계법
전압계 3개와 저항 1개를 연결하여 측정	전류계 3개와 저항 1개를 연결하여 측정
V_2, I, r, V_3, V_1, E, 부하	A_3, A_1, A_2, r, E, 부하
$P = \frac{1}{2r}(V_3^2 - V_2^2 - V_1^2)$ [W]	$P = \frac{r}{2}(I_3^2 - I_2^2 - I_1^2)$ [W]

2 3상 전력 측정

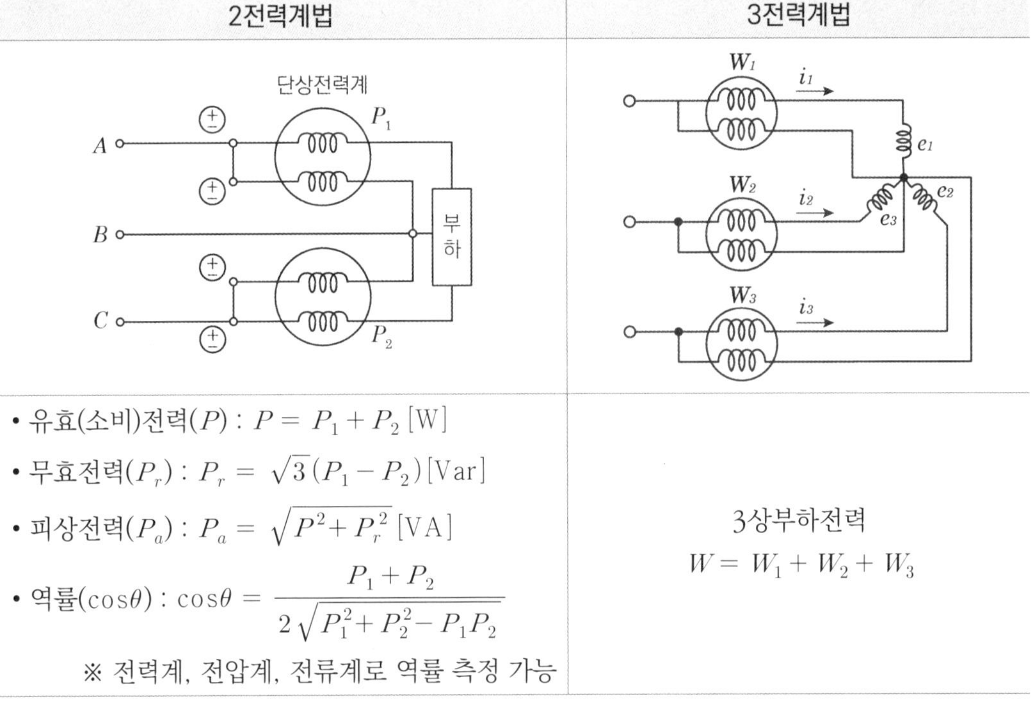

2전력계법	3전력계법
단상전력계, P_1, P_2, A, B, C, 부하	W_1, W_2, W_3, i_1, i_2, i_3, e_1, e_2, e_3
• 유효(소비)전력(P) : $P = P_1 + P_2$ [W] • 무효전력(P_r) : $P_r = \sqrt{3}(P_1 - P_2)$ [Var] • 피상전력(P_a) : $P_a = \sqrt{P^2 + P_r^2}$ [VA] • 역률($\cos\theta$) : $\cos\theta = \frac{P_1 + P_2}{2\sqrt{P_1^2 + P_2^2 - P_1 P_2}}$ ※ 전력계, 전압계, 전류계로 역률 측정 가능	3상부하전력 $W = W_1 + W_2 + W_3$

11 비정현파 교류

1 비정현파

정현파 외에 다른 모양의 주기를 가지는 모든 주기파를 비정현파라 한다. 예를 들면 제어회로에서 많이 사용되는 펄스파나 삼각파, 사각파 등의 일정 주기를 가지는 파형을 비정현파라 한다.

2 비정현파 교류의 해석

비정현파 = 직류분 + 고조파 + 기본파

3 비정현파의 실횻값

$$V_s = \sqrt{\text{각 파의 실효값의 제곱의 합}}$$
$$= \sqrt{V_0^2 + V_1^2 + V_2^2 + \cdots\cdots + V_n^2}$$

12 단자망

1 2단자망

1) 정의

임의의 수동 선형회로망에서 외부로 나온 단자가 2개인 회로망

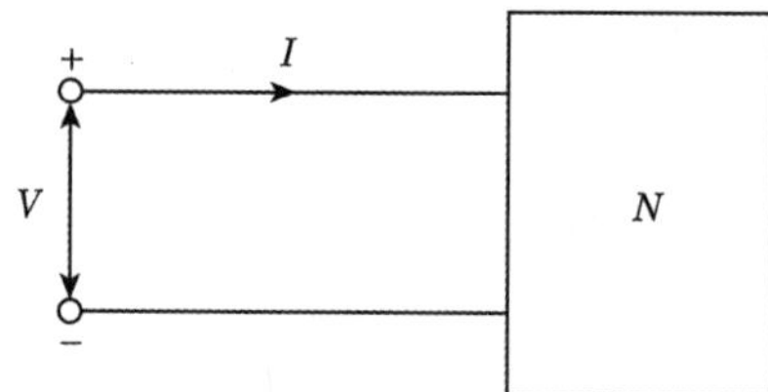

2단자망에 교류 인가 시 회로의 임피던스 성분 $R[\Omega]$, $j\omega L[\Omega]$, $\frac{1}{j\omega C}[\Omega]$을 계산해야 한다. 이때 주파수의 영향을 고려해야 하는데 실제 주파수의 형태로 고려하는 경우 계산이 복잡해지므로 '$j\omega$'를 's'로 치환하여 고려한다. '$j\omega$'를 's'로 치환한 경우 크기만으로 표현되는 임피던스를 만들 수 있으며, 그때의 임피던스를 $Z(s)$로 표현한다.

(1) 임피던스의 표현

저항	유도성 리액턴스	용량성 리액턴스
$R \rightarrow R$	$j\omega L \rightarrow sL$	$\dfrac{1}{j\omega C} \rightarrow \dfrac{1}{sC}$

(2) RLC회로에서 임피던스의 표현

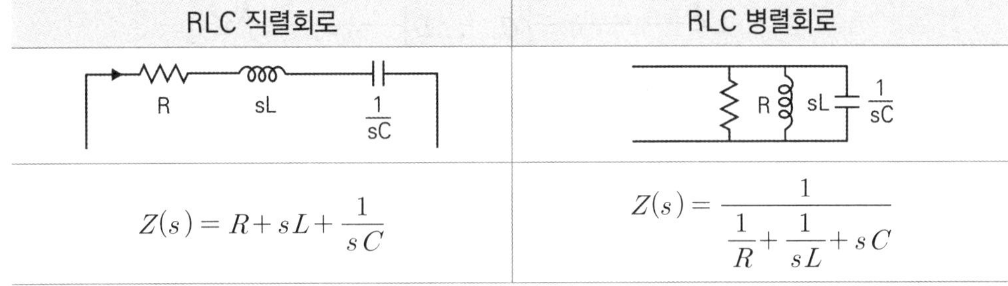

RLC 직렬회로	RLC 병렬회로
$Z(s) = R + sL + \dfrac{1}{sC}$	$Z(s) = \dfrac{1}{\dfrac{1}{R} + \dfrac{1}{sL} + sC}$

2) 2단자망회로의 영점과 극점

$$Z(s) = \frac{(S+Z_1)+(S+Z_2)+\ldots+(S+Z_n)}{(S+P_1)+(S+P_2)+\ldots+(S+P_n)}$$

$$Z(s) = \frac{\text{영점(단락상태)}}{\text{극점(개방상태)}}$$

3) 영점과 극점

구분	내용
영점(Zero)	• 분자가 0이 되면 회로는 단락상태, 즉 임피던스가 0인 상태가 된다. • 회로망 함수 $Z(s)$가 0이 되는 S의 값(분자 = 0) • 회로상태 : 단락상태
극점(Pole)	• 분모가 0이 되면 회로는 개방상태, 즉 임피던스가 무한대가 된다. • 회로망 함수 $Z(s)$가 ∞가 되는 S의 값(분모 = 0) • 회로상태 : 개방상태

2 4단자망

1) 2개의 입력단자와 2개의 출력단자로 이루어진 회로망

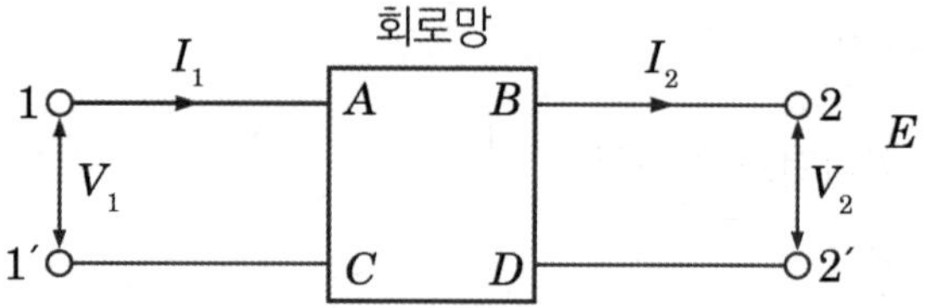

2) 전압 V_1, V_2 전류 I_1, I_2의 관계는 $\begin{bmatrix} V_1 \\ I_1 \end{bmatrix} = \begin{bmatrix} A\ B \\ C\ D \end{bmatrix} \begin{bmatrix} V_2 \\ I_2 \end{bmatrix}$에서

$$V_1 = A\,V_2 + BI_2\ [V]$$
$$I_1 = C\,V_2 + DI_2\ [A]$$

V_1 : 입력전압 [V] V_2 : 출력전압 [V]
I_1 : 입력전류 [A] I_2 : 출력전류 [A]

3) 영상임피던스(Z_{01}, Z_{02})

4단자망의 입력단에서 본 임피던스가 Z_{01}이고 출력단에서 본 임피던스가 Z_{02}일 때, Z_{01}, Z_{02}를 영상임피던스라고 함

$$Z_{01} = \sqrt{\frac{AB}{CD}}\ [\Omega]$$: 1차 측(입력 측)에서 본 영상 임피던스

$$Z_{02} = \sqrt{\frac{BD}{AC}}\ [\Omega]$$: 2차 측(출력 측)에서 본 영상 임피던스

대칭 4단자망의 경우 $A = D$이므로 $Z_{01} = Z_{02} = \sqrt{\frac{B}{C}}\ [\Omega]$

13 과도현상

1 과도현상

1) 정의

(1) 전류가 초깃값에서 최종값으로 변하는 현상

(2) L, C가 포함된 회로에서 전원 투입 후 t = 0에서 정상상태에 도달하기 전까지 불안정한 전류를 파악하는 현상

(3) 정상상태에서 스위치를 열거나 닫을 때 생기는 현상

2) 시정수(τ)

(1) 정의

① 정상 상태의 63.2 %에 도달하는 시간

② 과도현상이 지속되는 시간

(2) 시정수가 클수록 과도현상은 오래 지속되며, 천천히 사라짐

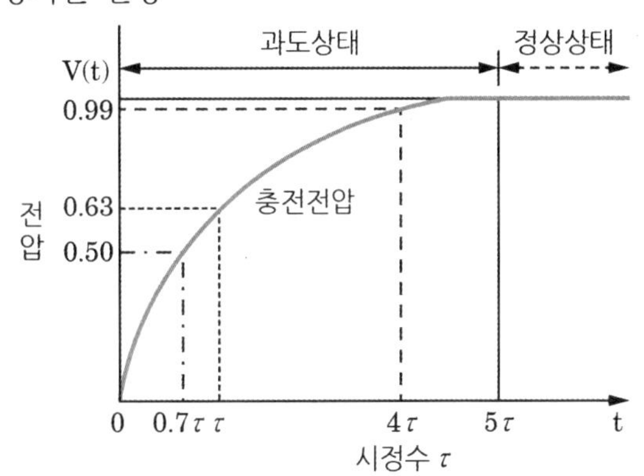

2 직렬회로

1) R - L 직렬회로

R - L 직렬	스위치를 닫았을 때	스위치를 개방시켰을 때
전류 $i(t)$	$i(t) = \frac{E}{R}(1 - e^{-\frac{R}{L}t})$ [A]	$i(t) = \frac{E}{R}e^{-\frac{R}{L}t}$ [A]
시정수	$\tau = \frac{L}{R}$ [sec]	$\tau = \frac{L}{R}$ [sec]
리액턴스 상태	• $t = 0$일 때 L = 개방상태 • $t = \infty$ 일 때 L = 단락상태	-

보충 시정수 : e함수를 −1승으로 만드는 시간($e^{-1} = 0.368$)

보충 전 전류 = 정상정류 + 과도전류

$$i(t) = \left(\frac{E}{R}\right) + \left(-\frac{E}{R}e^{-\frac{R}{L}t}\right) = \frac{E}{R}(1 - e^{-\frac{R}{L}t})$$

2) R - C 직렬회로

R-C 직렬	스위치를 닫았을 때	스위치를 개방시켰을 때
전류 $i(t)$	$i(t)=\frac{E}{R}e^{-\frac{1}{RC}t}$ [A]	$i(t)=-\frac{E}{R}e^{-\frac{1}{RC}t}$ [A]
시정수	$\tau=RC$ [sec]	$\tau=RC$ [sec]
리액턴스 상태	• $t=0$일 때 C = 단락상태 • $t=\infty$일 때 C = 개방상태	-

3) R - L - C 직렬회로

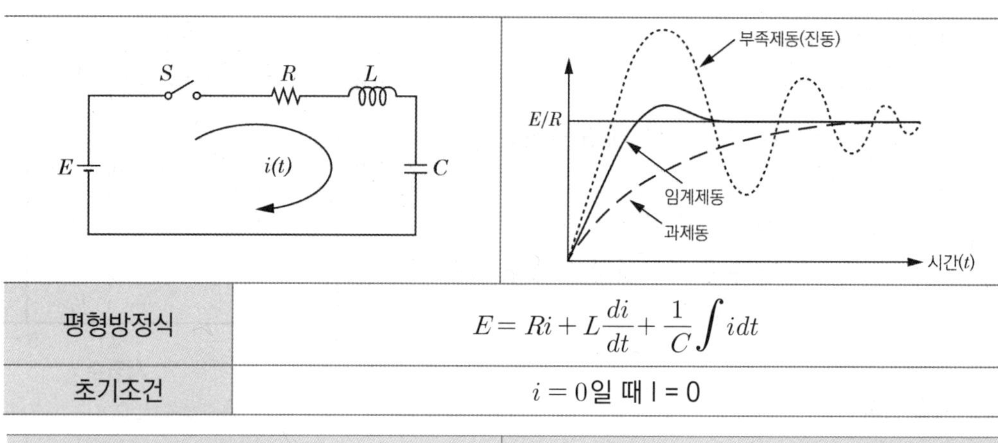

평형방정식	$E=Ri+L\frac{di}{dt}+\frac{1}{C}\int idt$
초기조건	$i=0$일 때 I = 0

상태	조건
과제동(비진동)	$R>2\sqrt{\frac{L}{C}}$
임계제동(비진동)	$R=2\sqrt{\frac{L}{C}}$
부족제동(진동)	$R<2\sqrt{\frac{L}{C}}$

3 자동제어계의 과도응답(2차계의 자동응답)

특성근의 종류	제동비	시간 응답 특성	안정도
서로 다른 실근	과제동($\delta>1$)	지수적 감쇠	안정
중복근	임계제동($\delta=1$)	지수적 감쇠	안정
공액 복소수	부족제동($\delta<1$)	감쇠 진동	안정

02 예상문제

01 $v = 200\sin(120\pi t + (\pi/3))$ V인 전압의 순싯값에서 주파수는 몇 Hz인가?

① 50 ② 55
③ 60 ④ 65

해설

[주파수]

$$f = \frac{w}{2\pi} = \frac{120\pi}{2\pi} = 60\text{ Hz}$$

02 교류에서 실횻값과 최댓값의 관계는?

① 실횻값 = 최댓값/($\sqrt{2}$)
② 실횻값 = 최댓값/($\sqrt{3}$)
③ 실횻값 = 최댓값/2
④ 실횻값 = 최댓값/3

해설

[교류]

- 교류 실횻값 $= \frac{\text{최댓값}}{\sqrt{2}}$(배)
- 순싯값 : 교류는 시간에 따라 순간마다 파의 크기가 변화하므로 전류파형 또는 전압파형에서 어떤 임의의 순간에서 전류 또는 전압의 크기
- 최댓값 : 교류파형의 순싯값 중에서 가장 큰 순싯값

03 R-L 직렬회로에 100 V의 교류 전압을 가했을 때 저항에 걸리는 전압이 80 V이었다면 인덕턴스에 걸리는 전압(V)은?

① 20 ② 40
③ 60 ④ 80

해설

[전압계산]

$$V = \sqrt{V_1^2 - V_2^2} = \sqrt{100^2 - 80^2} = 60\text{ V}$$

04 그림과 같은 R-L-C 직렬회로에서 단자전압과 전류가 동상이 되는 조건은?

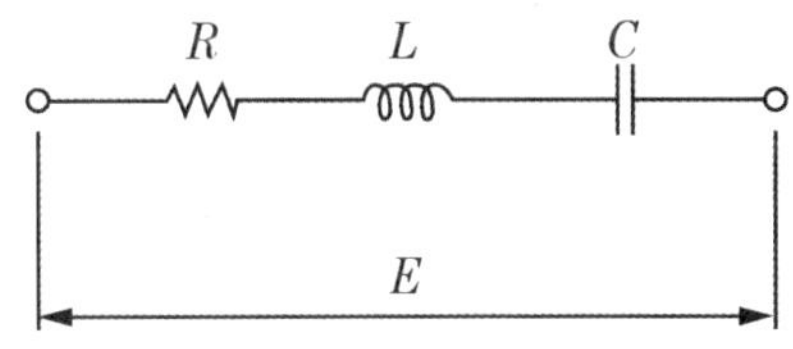

① $\omega = LC$ ② $\omega LC = 1$
③ $\omega^2 LC = 1$ ④ $\omega L^2 C^2 = 1$

해설

[공진회로]

임피던스가 순저항 성분이 되어야 함

직렬 공진 시 $X_L = X_C = 0$이 되어야 함

$$\omega L = \frac{1}{\omega C}$$

$$\therefore \omega^2 LC = 1$$

정답 01 ③ 02 ① 03 ③ 04 ③

05 교류회로에서 역률은?

① 무효전력/피상전력
② 유효전력/피상전력
③ 무효전력/유효전력
④ 유효전력/무효전력

해설

[역률]

$$역률\cos\theta = \frac{유효전력}{피상전력}$$

06 평형 3상 Y결선에서 상전압 V_P와 선간전압 V_L과의 관계는?

① $V_L = V_P$
② $V_L = \sqrt{3}\,V_P$
③ $V_L = \frac{1}{\sqrt{3}}V_P$
④ $V_L = 3\,V_P$

해설

[평형 3상 Y결선]

$V_L = \sqrt{3}\,V_P$

07 3상 유도전동기의 출력이 15 kW, 선간전압이 220 V, 효율이 80 %, 역률이 85 %일 때 이 전동기에 유입되는 선전류는 약 몇 A인가?

① 33.4 ② 45.6
③ 57.9 ④ 69.4

해설

[선전류]

※ 3상 유도전동기의 유효전력

$$P = 3VI\cos\theta\eta = \sqrt{3}\,V_lI_l\cos\theta\eta$$

V : 상전압, I : 상전류
V_l : 선간전압, I_l : 선전류, η : 효율

$$I_l = \frac{출력(W)}{\sqrt{3}\,V_l\cos\theta\eta} = \frac{15000\ W}{\sqrt{3}\times220\times0.85\times0.8}$$
$= 57.9$ A

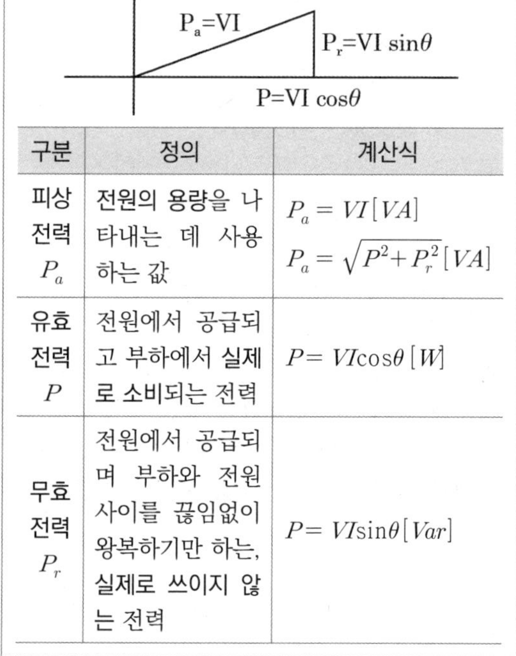

구분	정의	계산식
피상전력 P_a	전원의 용량을 나타내는 데 사용하는 값	$P_a = VI[VA]$ $P_a = \sqrt{P^2+P_r^2}[VA]$
유효전력 P	전원에서 공급되고 부하에서 실제로 소비되는 전력	$P = VI\cos\theta[W]$
무효전력 P_r	전원에서 공급되며 부하와 전원 사이를 끊임없이 왕복하기만 하는, 실제로 쓰이지 않는 전력	$P = VI\sin\theta[Var]$

정답 05 ② 06 ② 07 ③

08 다음과 같이 저항 R = 2 Ω이고, 저항에 걸리는 전압은 3 V, 부하에 걸리는 전압은 2 V이며, 전체 공급 전압은 5 V일 때 부하에 걸리는 전력 P를 구하시오.

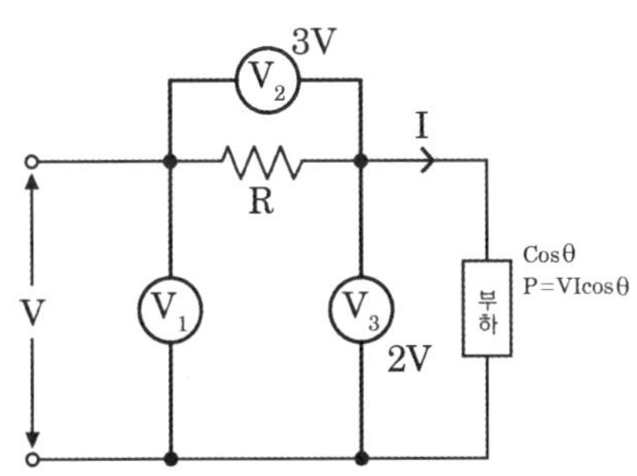

① 2 W ② 2.5 W
③ 3 W ④ 6 W

해설

[제3전압계법]

$$P = \frac{1}{2R}(V_1^2 - V_2^2 - V_3^2)$$
$$= \frac{1}{2 \times 2}(5^2 - 3^2 - 2^2)$$
$$= 3\ \text{W}$$

09 R－L－C직렬회로에 t = 0에서 교류전압 u = $E_m \sin(\omega t + \theta)$ [V]를 가할 때 이 회로의 응답유형은? (단, $R^2 - 4\frac{L}{C} > 0$이다)

① 완전진동
② 비진동
③ 임계진동
④ 감쇠진동

해설

[과도 응답특성]

특성	조건
과제동(비진동)	$R^2 > \frac{4L}{C}$
부족제동(진동)	$R^2 < \frac{4L}{C}$
임계제동 (임계진동)	$R^2 = \frac{4L}{C}$

정답 08 ③ 09 ②

Chapter 03 전기기기

01 직류기의 원리와 구조

1 직류기(DC Machine)

1) 직류발전기와 직류전동기를 모두 직류기라 한다.

2) 직류발전기
   (1) 기계에너지 → 전기에너지
   (2) 용도 : 화학 공업용, 통신용, 전기 공급

3) 직류전동기
   (1) 전기에너지 → 기계에너지
   (2) 용도 : 전기 철도용, 엘리베이터

2 직류발전기의 구조

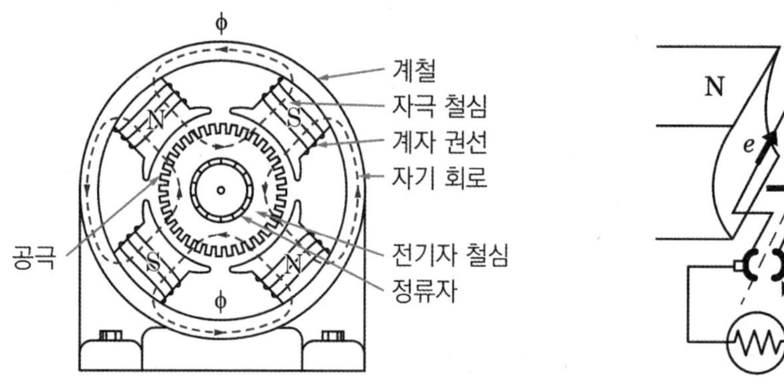

1) 계자(Field Magnet) : 자속을 만들어주는 부분(고정자)

2) 전기자(Armature) : 계자에서 만든 자속을 끊어 기전력을 유도(회전자)

3) 정류자(Commutator) : 전기자 권선에서 유도된 교류를 직류로 변환해주는 부분

4) 브러쉬(Brush) : 정류자 면에 접촉하여 전기자권선(내부회로)과 외부회로를 연결

3 직류발전기의 원리

1) 원리 : 플레밍의 오른손법칙 암 오발탄

2) 플레밍의 오른손법칙

(1) N극과 S극 사이의 자기장 내에서 도체가 자속을 끊으면 기전력(교류전압)이 유도된다.

(2) 정류과정을 거쳐 교류를 직류로 바꾸면 직류발전기가 된다.

4 전기자 권선법

	중권(중첩해서 감는 형태)	파권(파도치듯 퍼뜨려서 감는 형태)
구분	병렬권	직렬권
전압	저전압	고전압
전류	대전류	소전류
병렬회로 수(a)	$a = P$(극수와 같다)	$a = 2$(상수)
브러시 수(b)	$b = P$(극수와 같다)	$b = 2$
균압환	필요	불필요

※ 균압환 : 직류기의 전기자권선이 중권인 경우 각 전기자회로의 유기기전력이 반드시 같게는 되지 않아 브러시를 통해서 불꽃이 발생되는데, 이를 방지하기 위한 연결 도체

5 유도기전력(유기기전력)

1) 직류발전기가 회전할 때 생기는 힘(전압)

$$E = \frac{PZ}{60a}\phi N\,[V]$$

E : 유도기전력
P : 극수
Z : 총 도체수
ϕ : 자속
N : 회전수

a : 전기자 병렬회로 수
(권선법에 따라
중권일 경우 : a = P,
파권일 경우 : a = 2)

02 직류발전기의 종류

1 타여자발전기

발전기의 외부에 있는 다른 직류 전원에서 여자전류를 공급하여 계자를 여자시키는 발전기

2 자여자발전기

발전기 자체에서 발생한 기전력으로 계자를 여자시키는 발전기

1) 분권발전기 : 계자회로와 전기자 회로가 병렬접속

2) 직권발전기 : 계자회로와 전기자 회로가 직렬접속

3) 복권발전기 : 두 개의 계자 회로가 전기자 회로와 직·병렬로 접속

(1) 가동복권발전기
(2) 평복권발전기
(3) 과복권발전기
(4) 차동복권발전기

03 직류발전기의 특성

1 전압 변동률

$$\varepsilon = \frac{\text{무부하 전압} - \text{정격전압}}{\text{정격전압}} \times 100\ \% = \frac{V_0 - V}{V} \times 100\ \%$$

2 전기자반작용

전기자 전류가 흘러 주자극의 자기력선속 분포에 영향을 주는 것

1) 발생이유 : 전기자 전류가 만든 자기장이 주자극의 자기장과 합성·상쇄되기 때문

2) 전기자의 영향 : 중성축 이동, 주자속 감소, 정류 불량

(1) 주자기력 선속의 분포를 찌그러뜨려 중성축을 이동시켜, 브러시 사이에 불꽃을 발생시킴
(2) 주자기력 선속을 감소시켜 유도 전압을 감소

3) 방지대책
(1) 브러시 위치를 전기적 중성점으로 이동시킴
(2) 보극을 설치함
(3) 보상 권선을 설치함(전기자 전류 방향과 반대로)

04 직류발전기 병렬운전

1 목적

1) 1대의 발전기로 용량이 부족할 때 병렬운전한다.

2) 부하변동의 폭이 클 때는 경부하에 대한 효율을 개선하기 위해서 경부하 시는 1대로만 운전하고, 전부하 시에는 2대로 병렬운전한다.

2 병렬운전 시 조건

1) 정격 전압이 같을 것

2) 극성이 같을 것

3) 외부 특성 곡선이 거의 일치할 것

3 균압선

1) 목적 : 병렬운전을 안정하게 하기 위해 설치한다.

2) 적용되는 발전기 : 직권발전기, 복권발전기(평복권, 과복권)

05 직류전동기 원리

1 직류전동기 정의

직류 전력을 이용하여 기계적 동력을 발생하는 회전기계

2 직류전동기 원리

자기장 중에 있는 코일에 정류자를 접속시키고, 직류전압을 가하면 플레밍의 왼손법칙에 따라 코일이 엄지 방향으로 회전한다.

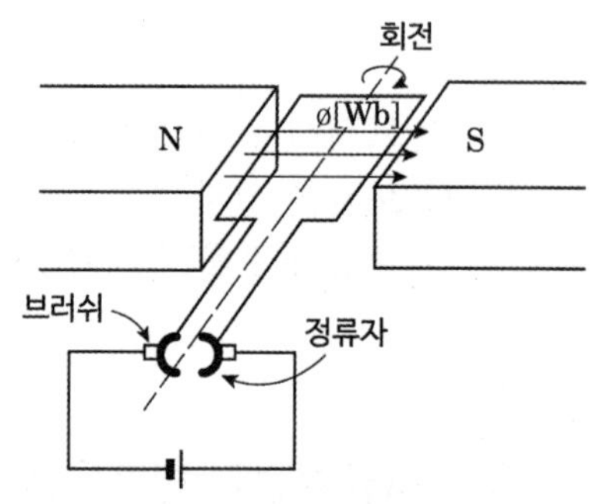

06 직류전동기 운전

1 직류전동기 회전속도

$$N = k\frac{V - I_a R_a}{\phi}$$

N : 전동기의 회전수(속도, rpm 비례)
k : 기계적 상수(구조에 따라 달라짐)
V : 전기자 전압 [V]
I_a : 전기자 전류 [A]
R_a : 전기자 저항 [Ω]
ϕ : 자속(자기선속, Magnetic Flux per Pole)

2 직류전동기 속도제어방법

구분	제어 특성	특징
계자제어 (ϕ)	• 계자로 자속을 가감하여 속도조절 • 정출력 제어, 효율 양호 • 정류 불량	직권에서 자속(ϕ)이 작으면 과속이 되므로 주의할 것
전압제어 (V)	• 단자전압을 가감하는 방법 • 정토크 제어 • 고가, 광범위한 속도제어	워드 레오나드, 일그너방식
저항제어 (R_a)	• 전기자권선에 직렬로 저항을 삽입하여 속도 조절 • 효율이 나쁘고 제어 범위가 좁다.	분권 및 타여자는 정속도 특성을 잃는다.

※ 회전속도를 N을 제어하려면 계자 ϕ, 저항 R_a, 전압 V 중 하나를 변화시키면 된다.

3 제동

1) 발전제동 : 전동기를 발전기 상태로 변환하여 회전에너지를 전기에너지로 변환(회전 중인 전동기의 운동에너지를 전기에너지로 바꿔 저항에서 소모)

2) 회생제동 : 전동기의 역기전력(E)이 단자전압(V)보다 커지게 하여 전력을 회생(부하에서 발생한 에너지를 전원 계통에 되돌림)

3) 역상제동(플러깅제동) : 전원 극성을 바꿔 반대 방향 토크를 발생시켜 제동(계자 또는 전기자 전류의 방향을 역전시켜 반대 방향의 토크를 발생시켜 급제동)

4 직류전동기의 토크 – 전류 특성

기동 토크 크기 순서 : 직권 > 가동복권 > 분권 > 차동복권

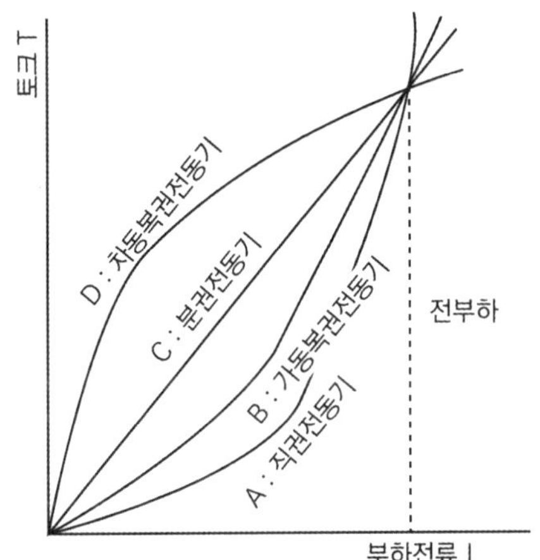

5 변동률

1) 전압변동률 : 정격전압에 대한 무부하 시 전압이 변하는 비율

$$\varepsilon = \frac{\text{무부하 전압} - \text{정격전압}}{\text{정격전압}} \times 100\,\% = \frac{V_0 - V_n}{V_n} \times 100\,\%$$

2) 속도변동률 : 정격속도에 대한 무부하 시 속도가 변하는 비율

$$\varepsilon = \frac{\text{무부하속도} - \text{정격속도}}{\text{정격속도}} \times 100 = \frac{N_o - N_n}{N_n} \times 100\,\%$$

6 직류기의 손실

1) 손실

(1) 무부하 손 = 철손(히스테리시스 손 + 와류손) + 유전체손손

(2) 부하 손실 = 동손 + 표유부하

<table>
<tr><td rowspan="2">철손</td><td rowspan="2">자속의 시간적 변화로 인해 발생되는 손실</td><td>(1) 히스테리시스손
• 정의 : 철심이 자화되는 과정에서 발생하는 열로 인한 손실로, 철손의 80 %를 차지
• 대응책 : 규소강판 사용</td></tr>
<tr><td>(2) 와류손
• 정의 : 자속이 철심을 통과하면 철심에 맴돌이전류(와류)가 생기며 발생하는 열 손실로, 철손의 20 %를 차지
• 대응책 : 강판을 성층</td></tr>
<tr><td>동손</td><td colspan="2">저항손이라 하며, 권선의 저항에 의해 생기는 손실</td></tr>
<tr><td>표유부하손</td><td colspan="2">변압기 권선에서 누설자속에 의해 철심 외함이나 볼트 등에서 발생되는 손실</td></tr>
<tr><td>유전체손</td><td colspan="2">유전체 특성에 의해 발생되는 손실</td></tr>
</table>

07 변압기

1 변압기의 원리

1) 변압기의 정의

(1) 발전소에서 발전된 전력을 공장이나 가정에서 필요로 하는 전압으로 변환하는 전기기기이다.

(2) 전기에너지 → 자기에너지 → 전기적 에너지

2) 전자유도작용(Electro Magnetic)

(1) 철심 양쪽에 코일을 감고 1차 측에 교류전압 V_1을 가하면 전류 I_1가 흐르면서 자속이 발생한다.

(2) 자속이 2차 코일과 쇄교하면서 2차 측에 전압 E_2가 유기한다. 이러한 현상을 전자기유도(= 전자유도)라 한다.

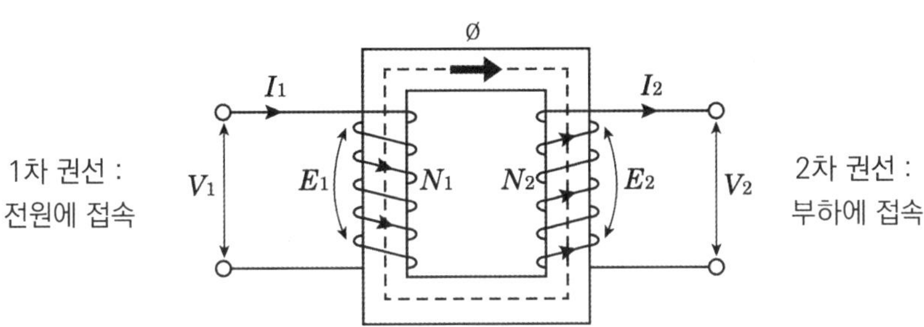

2 변압기의 권수비

$$a=\frac{E_1}{E_2}=\frac{N_1}{N_2}=\frac{V_1}{V_2}=\frac{I_2}{I_1}=\sqrt{\frac{Z_1}{Z_2}}=\sqrt{\frac{R_1}{R_2}}$$

※ 정격 1차 전압 = 정격 2차 전압 × 권수비

3 변압기의 등가회로와 극성

1) 변압기의 등가회로

1, 2차의 전기회로와 자기회로를 합하여 하나의 전기회로로 변환시킨 것을 등가회로라고 한다.

2) 변압기의 극성

(1) 1, 2차 양단자 간에 나타나는 유기기전력의 방향

(2) 감극성과 가극성이 있으며, 우리나라는 감극성이 표준이다.

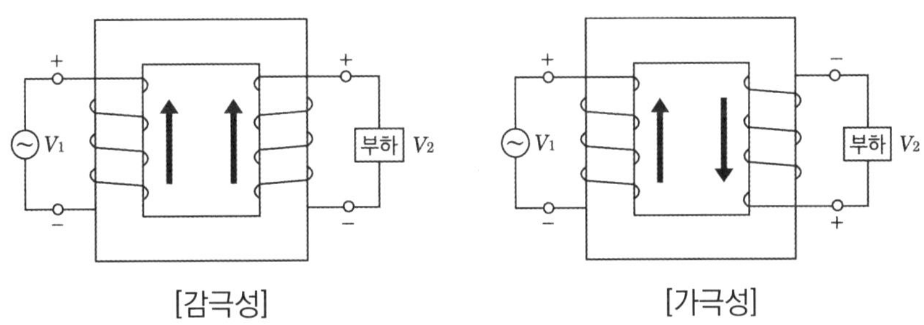

[감극성] [가극성]

4 변압기의 효율

1) 규약효율

$$\eta = \frac{출력}{출력 + 손실} \times 100\,\% = \frac{출력}{출력 + (철손 + 동손)} \times 100\,\%$$

2) 최대 효율 조건

철손(P_i)=동손(P_c)

5 변압기의 손실

변압기가 1차 쪽에서 2차 쪽으로 전력을 전달할 때 변압기의 내부에는 전력의 손실이 발생하게 되며, 변압기의 손실은 크게 무부하손과 부하손의 두 가지 종류로 나뉜다.

1) 무부하손

(1) 히스테리시스손(P_h)

히스테리시스손은 철손의 50 % 이상을 차지하며, 변압기의 효율에 미치는 영향이 크기 때문에 규소 강판을 철심 재료로 사용한다.

(2) 와류손(P_e)

맴돌이 전류손이라고도 한다. 와류손은 철심 강판 두께의 제곱에 비례하므로 얇은 강판을 성층하여 사용한다.

2) 부하손

(1) 회로의 저항손

(2) 단락시험으로 측정한다.

6 변압기의 온도 상승과 변압기유

1) 변압기의 온도 상승

변압기 내부에서 발생하는 무부하손(철손)과 부하손(동손)이 열로 변환된다. 일부는 대기로 발산되지만 나머지는 철심·권선·절연물의 온도를 상승시킨다.

2) 변압기유

온도 상승 억제와 절연력을 높이기 위해 냉각효과가 우수한 절연유(변압기유)에 본체를 담가 냉각시키는 방식 → 대부분의 변압기는 유입 변압기를 사용

3) 변압기유 구비조건

(1) 절연 내력이 클 것
(2) 점도가 낮고 유동성이 풍부할 것
(3) 비열이 커서 냉각효과가 클 것
(4) 인화점이 높고 응고점이 낮을 것
(5) 다른 물질과 화학반응을 일으키지 말 것
(6) 산화되지 않을 것

4) 변압기유의 열화와 방지

(1) 열화의 원인 : 변압기의 호흡작용(Breathing Action)으로 인해 고온의 절연유가 외부 공기와 접촉 → 산화·수분 혼입으로 열화
(2) 열화의 영향 : 절연내력의 저하, 냉각효과 감소, 침식작용 발생
(3) 열화 방지 시설
① 브리더(흡습 호흡기) : 실리카겔 등으로 외부 공기의 수분 흡수
② 질소 봉입 : 질소가스로 충전하여 외기와 차단
③ 콘서베이터 : 유면 변화에 따라 외부와 직접 접촉 방지

Part 04

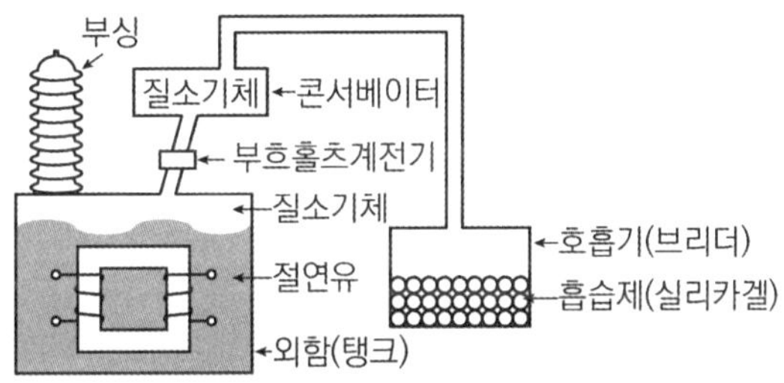

[변압기 열화방지 대책]

7 변압기의 이상 검출

1) 전기적 이상 검출

(1) 차동 계전기
(2) 비율차동 계전기

2) 기계적 이상 검출

(1) 부흐홀츠 계전기(주 탱크와 콘서베이터 사이에 설치)
(2) 열동 계전기

보충 콘서베이터 : 유입 변압기에서는 오일이 공기에 접촉하면 열화하므로 이것을 방지하기 위하여 콘서베이터를 외함에 연결하여 외함 안에는 공기가 존재하지 않게 함

8 변압기의 △-△결선, Y-Y결선

3) △-△결선

(1) 변압기 외부 선로에 제3고조파가 발생하지 않아서 통신장해가 없다.
(2) 1상분에 고장이 생기면 나머지 2대를 V결선으로 사용할 수 있다.
(3) 중성점을 접지할 수 없으므로 지락사고 전류검출이 곤란하다.
(4) 각 상의 권선 임피던스가 다르면 3상부하가 평형이 되어도 변압기의 부하전류는 불평형이 된다.

4) Y-Y결선

(1) 제3고조파가 발생하여 그에 따른 영향을 많이 받는다.
(2) 중성점을 접지할 수 있다.
(3) 순환전류가 흐르지 않는다.

9 변압기의 병렬운전 조건

1) 극성이 같을 것

2) 권수비, 1차와 2차의 정격 전압이 같을 것

3) 임피던스 강하가 같을 것

4) 내부저항과 누설 리액턴스 비가 같을 것

10 기타 변압기

1) 계기용 변압기(PT) : 전압의 변성에 사용, 전압계 연결

2) 계기용 변류기(CT) : 전류의 변성에 사용, 전류계 연결

3) 영상변류기(ZCT) : 지락사고 시 영상전류 검출(누설전류 검출)

08 유도기

1 유도기의 정의

1) 1차 권선에서 2차 권선에 전자유도작용에 의한 에너지를 전하여 회전하는 교류전기 기기로 보통 동기속도와 다른 속도로 회전

2) 유도전동기, 유도발전기 등의 총칭

2 유도전동기

1) 동기속도(N_s)

(1) 정의 : 회전자계의 회전속도(회전수)

(2) 수식

$$N_s = \frac{120f}{P}[rpm]$$

f : 주파수[Hz]
P : 극수

2) 슬립(Slip)

(1) 정의 : 회전자계에 의한 회전속도(N_s)와 회전자의 속도(N)차이로 회전자의 기전력이 발생하여 회전. 동기속도(N_s)와 회전자의 속도(N)의 차이를 동기속도에 대한 비율(%)로 나타낸 값

(2) 수식

$$s = \frac{\text{동기 속도} - \text{회전 속도}}{\text{동기 속도}} = \frac{N_s - N}{N_s}$$

N_s : 동기 속도[rpm]
N : 회전자 속도(= $(1-s)N_s$)[rpm]

(3) 슬립 특성

① 정지 상태 : $s=1(N=0)$

② 회전자가 동기속도와 동일 : $s=0(N=N_s)$

3 유도전동기 기동법 및 제동법

1) 단상 유도전동기

(1) 단상 유도전동기 기동법

종류	내용
반발 기동형	고정자는 주권선, 회전자는 브러시가 접촉된 권선형 회전자이며, 고정자와 회전자 사이의 반발력으로 기동하며 기동토크가 매우 크다.
반발 유도형	반발 기동 후 브러시가 단락되어 유도전동기로 운전하며, 반발 기동형보다 속도 변화가 작고 운전이 안정적이다.
콘덴서 기동형	기동 시 보조권선에 콘덴서를 직렬 연결해 위상차를 크게 하고, 기동 후 원심 스위치로 차단하는 방식으로 기동토크가 크다.
분상 기동형	보조권선의 저항이 커서 위상차를 발생시키며, 구조가 단순하고 가격이 저렴하지만 기동토크가 작다.
셰이딩 코일형	주극 일부에 셰이딩코일을 삽입하여 자속을 지연시켜 기동하며, 기동토크가 매우 작고 소형 기기에 사용된다.

(2) 단상 유도전동기 기동토크 순서

반발 기동형 > 반발 유도형 > 콘덴서 기동형 > 분상 기동형 > 셰이딩코일형

암 반반콘분셰

2) 3상 유도전동기

(1) 농형 유도전동기의 기동법

기동방식		내용
전전압 기동	직입 기동법	5 kW 이하 소용량에서 사용, 전동기를 직접 전원에 접속하여 기동. 기동전류가 크지만 구조와 제어가 단순하다.
감전압 기동	Y-△ 기동법	5 ~ 15 kW 중·소형 전동기에서 사용, 기동 시 Y결선으로 기동전류를 줄이고, 운전 시 △결선으로 전환하여 정격 운전하는 방식
	리액터 기동법	15 kW 이상 대형에서 사용, 전원과 전동기 사이에 리액터(리액턴스코일)를 직렬로 넣어 기동전류를 제한하는 방식
	기동보상기법	3상 단권변압기를 이용하여 기동 전류를 감소시키는 방식
	콘도르퍼법	기동보상기법과 리액터기동법을 혼합한 방식

암 직Y리기콘

(2) 권선형 유도전동기의 기동법

- 2차 저항 기동법 : 회전자 권선에 외부 저항을 연결하고 비례추이 원리에 의해 2차 저항을 증가시키면 기동 전류는 감소하고 기동 토크는 증가한다. 또한 역률이 좋아지며 최대 토크는 일정하다.

3) 3상 유도전동기 제동법

구분	내용
회생제동	회전체의 운동에너지를 전원 측으로 되돌려주는 제동으로, 전력 회수가 가능함
발전제동	전기자를 전원과 분리 후 외부 저항에 접속하여 속도를 줄이며, 운동에너지를 열로 소모시킴
역상제동	슬립이 1 ~ 2 범위에서 3선 중 2선의 접속을 바꾸어 반대 토크를 발생시켜 제동
단상제동	1차측 또는 2차측에 단상 전류를 흘려 정지시키는 제동

4 3상 유도전동기 속도제어법

1) 농형 유도전동기의 속도제어법

(1) 극수 변환법 : 고정자 권선 접속 방식을 변경하여 극수를 바꿔 속도를 제어한다.

(2) 주파수 변환법 : 동기속도 식에서 주파수를 변화시켜 속도를 제어한다.

(3) 전원 전압제어법 : 전압을 변화시켜 속도를 제어하며, 주로 부하가 가벼운 경우에 사용된다.

$$N_s = \frac{120f}{P}\ [rpm]$$

N_s : 동기속도 $[rpm]$
f : 주파수 [Hz]
P : 극수

2) 권선형 유도전동기의 속도제어법

(1) 저항제어법 : 회전자 회로에 외부저항을 넣어 속도를 제어하며, 비례추이 원리를 이용한다.

(2) 종속법 : 직렬·병렬·차동 접속 등의 방식으로 회전자 권선 접속을 변경하여 속도를 제어한다.

(3) 2차 여자법 : 회전자 권선에 외부 전원을 공급하여 속도를 제어한다.

5 전기자 반작용

전기자 전류에 의한 자속이 주자속에 영향을 미치는 현상

구분	전류와 전압 위상	발전기	전동기
R(저항, $\cos\theta=1$)	$I_a = E$ (동상)	교차 자화작용	
L(유도성, 지상전류)	전압이 전류보다 $\frac{\pi}{2}$ 앞선다.	감자작용	증자작용
C(용량성, 진상전류)	전압이 전류보다 $\frac{\pi}{2}$ 뒤진다.	증자작용	감자작용

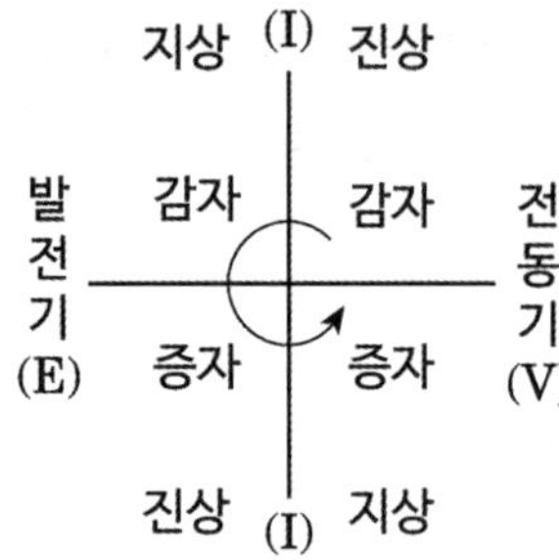

6 동기발전기 병렬운전

1) 기전력의 크기가 같을 것 - 다를 때 무효순환전류 발생

2) 기전력의 위상이 같을 것 - 다를 때 유효순환전류(동기화전류) 발생

3) 기전력의 주파수가 같을 것 - 다를 때 난조 발생

4) 기전력의 파형이 같을 것 - 다를 때 고조파 순환전류 발생

09 반도체

1 반도체

1) 전기전도도에 따른 물질의 분류 가운데 하나로 도체와 부도체의 중간영역에 속한다. 순수한 상태에서는 부도체와 비슷하지만 불순물의 첨가나 기타 조작에 의해 전기전도도가 늘어나기도 한다.

2) 반도체 특징

(1) 광전효과 : 반도체에 빛을 쬐면 전기저항이 감소한다.

(2) 금속의 접촉면이나 상이한 반도체 사이에서 정류작용이 있다.

(3) 상온에서 저항률이 $10^{-4} \sim 10^{7}\ \Omega m$ 정도이다.

(4) 온도가 상승하면 저항률은 감소하는 부(-)의 온도계수를 가진다.

(5) 불순물을 첨가함에 따라 전기저항은 급격히 감소한다.

2 반도체의 종류

1) 진성 반도체

(1) 최외각 전자수가 4개인 원자를 의미한다.

(2) 실리콘(Si), 게르마늄(Ge) 등과 같이 불순물이 전혀 없는 반도체

2) 불순물 반도체

항목	P형 반도체	N형 반도체
개념	진성반도체에 3가 원소를 추가	진성반도체에 5가 원소를 추가
원리	• 3가 원자는 원자가 전자 3개 → 4가 원자(실리콘)와 결합 시 • 1개의 전자 공백(정공) 발생 → 전류는 정공의 이동에 의해 흐름	• 5가 원자는 원자가 전자 5개 → 4가 원자와 결합 시 1개의 잉여 • 전자가 자유전자 상태로 남음 → 전류는 자유전자 이동에 의해 흐름
첨가 불순물	3가 원소 : 인듐(In), 알루미늄(Al), 갈륨(Ga)	5가 원자 : 인(P), 비소(As), 안티몬(Sb)
명칭	억셉터(Acceptor)	도너(Donor)
다수 반송자	정공(Hole)	자유전자(Free Electron)

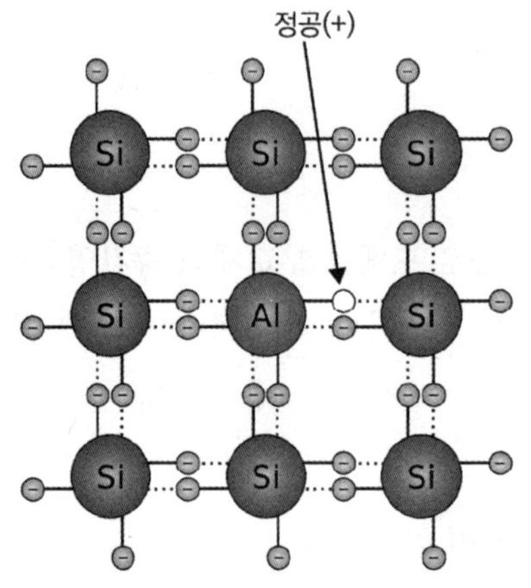

[알루미늄(Al)이 삽입된 P형 반도체]

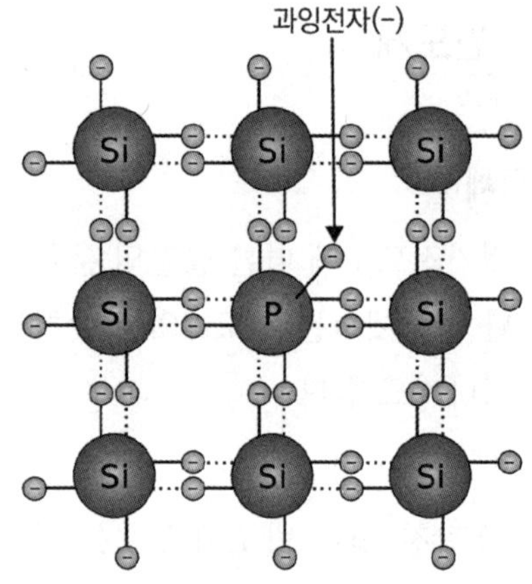

[인(P)이 삽입된 N형 반도체]

3) IC(Integrated Circuit, 집적 회로)

(1) 정의

① 하나의 기판(반도체, 세라믹 등)에 능동소자(트랜지스터, 다이오드)와 수동소자(저항, 콘덴서)를 초소형으로 집적한 전자회로

② 분리 불가능한 구조

(2) 특징 : 대량생산, 신뢰도 향상, 빠른 동작속도, 소형 및 경량화

[집적회로 외부]

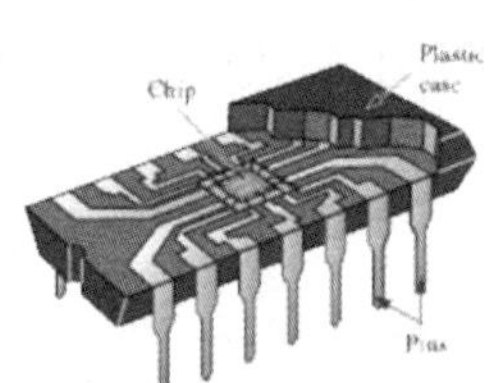

[집적회로 내부]

10 반도체 소자의 종류

1 다이오드(Diode, 2극)

1) P형 반도체와 N형 반도체를 접합하여 전류를 한 방향으로만 흐르게 하는 반도체 소자

2) 전원 극성, 전압 조건에 따라 정류, 검파, 스위칭 등에 사용됨

3) 다이오드 극성과 기호(PN접합 다이오드)

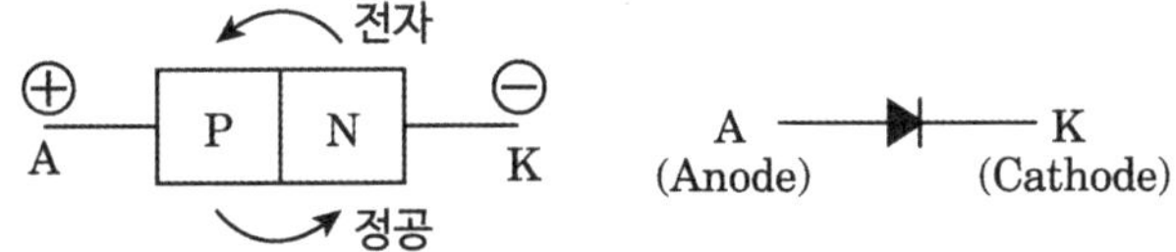

(1) 순방향 바이어스(도통 상태)
Anode에 (+), Cathode에 (-) 전압을 가하면 전류가 흐른다.

(2) 역방향 바이어스(차단 상태)
Anode에 (-), Cathode에 (+) 전압을 가하면 전류가 거의 흐르지 않는다.

2 사이리스터(SCR, 3단자)

1) 개념

(1) PNPN접합의 4층 구조 반도체 소자의 총칭이다.

(2) 3개의 단자로 구성 : A(Anode), K(Cathode), G(Gate)

(3) Gate에 흐르는 작은 전류로 큰 전력을 제어할 수 있다.

2) 구조 및 기호

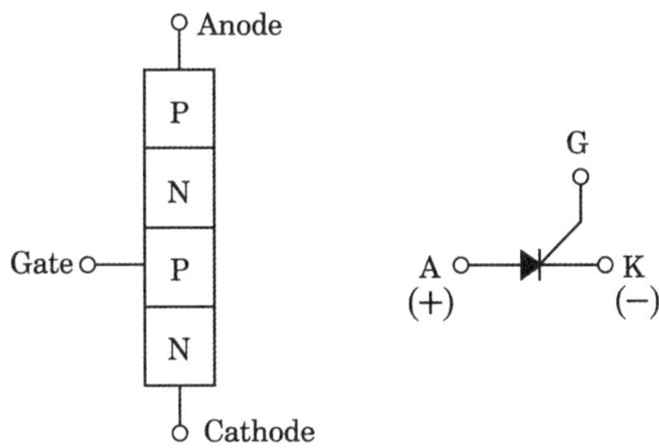

3) 동작원리

(1) 순방향 전압 인가 후 Gate에 전류를 흘리면 도통이 된다.

(2) 도통된 후 Gate 전류를 차단해도 도통 상태가 유지된다.

(3) SCR의 소호(Off)

① 역전압이 걸리면 소호된다.

② 소호 후 순방향 전압을 인가해도 Gate를 점호하기 전까지는 도통되지 않는다.

(4) 래칭전류 : 도통(Turn On)시키기 위해 게이트로 흘려야 할 최소전류

(5) 유지전류 : On된 후에 On상태를 유지하기 위한 최소전류

4) SCR의 특징

(1) 열의 발생이 작다.

(2) 과전압에 약하다.

(3) 열용량이 적어서 고온에 약하다.

(4) 전류가 흐르고 있을 때 양극의 전압강하가 작다.

(5) 전류기능을 갖는 단방향성 3소자이다.

(6) 역률각 이하에서는 제어가 되지 않는다.

(7) Gate를 이용한 소호가 불가하다.

3 GTO(Gate Turn－Off Thyristor, 3단자)

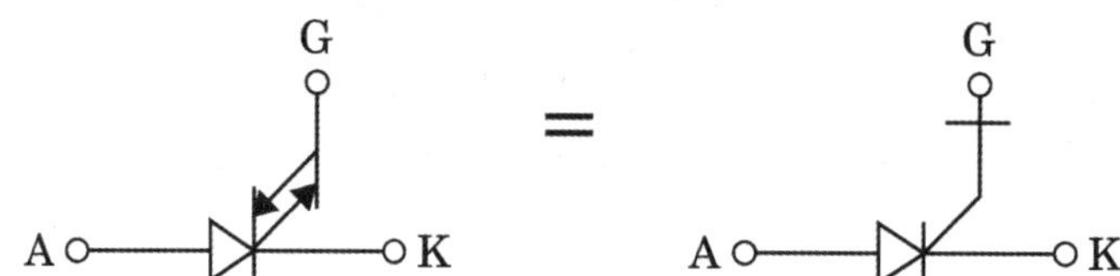

1) Gate에 흐르는 전류의 방향을 반대로 함으로써 GTO를 소호시킨다.

2) 도통과 소호를 제어 가능하다.

03 예상문제

01 직류전동기의 속도제어방법이 아닌 것은?

① 전압제어
② 계자제어
③ 저항제어
④ 슬립제어

해설

[직류전동기의 속도제어방법]
• 전압제어법
• 계자제어법
• 직렬저항법

암 전계저

02 발전기의 유기기전력의 방향과 관계가 있는 법칙은?

① 플레밍의 왼손법칙
② 플레밍의 오른손법칙
③ 패러데이의 법칙
④ 암페어의 법칙

해설

[플레밍의 법칙]
• 플레밍의 왼손법칙 : 전동기(모터)의 원리
• 플레밍의 오른손법칙 : 발전기의 원리

암 오발탄

03 직류전동기의 철심을 규소 강판으로 성층하는 데 가장 적절한 이유는?

① 기계손을 적게 하기 위하여
② 와전류손과 히스테리시스손을 적게 하기 위하여
③ 동손을 적게 하기 위하여
④ 표유부하손을 적게 하기 위하여

해설

[전기 기계에 규소 강판을 사용하는 이유]
직류전동기의 철심을 규소 강판으로 성층하는 이유는 와전류손(Eddy Current Loss)과 히스테리시스손(Hysteresis Loss)을 줄이기 위함이다.

1) 와전류손(Eddy Current Loss) 감소
전기자 철심 내부에서는 자속 변화로 인해 유도전류(와전류, Eddy Current)가 발생한다. **철심을 얇은 강판으로 성층하고**, 절연막을 추가하면 와전류가 흐를 경로가 차단된다. 따라서 와전류손이 감소하고 열 발생이 줄어든다.
2) 히스테리시스손(Hysteresis Loss) 감소
히스테리시스손은 자기장이 변화할 때 철 원자의 자구(Magnetic Domain)들이 움직이면서 발생하는 손실이다. **규소 강판을** 사용하면 철 원자 배열이 균일해지고 자구의 움직임이 원활해져 히스테리시스손이 줄어든다.

※ 철심을 성층하면 와류손을 줄일 수 있고, 규소 강판을 사용하면 히스테리시스손까지 줄일 수 있다.

보충 성층 : 얇은 판을 여러 겹 쌓는 방식

정답 01 ④ 02 ② 03 ②

Part 04

04 동기속도가 3600 rpm인 동기발전기의 극수는 얼마인가? (단, 주파수는 60 Hz이다)

① 2극
② 4극
③ 6극
④ 8극

해설

[동기발전기의 극수 계산]

$$N = \frac{120f}{P}$$

$$\therefore P = \frac{120}{N}f = \frac{120}{3,600} \times 60 = 2\text{극}$$

05 다음 중 기동 토크가 가장 큰 단상 유도 전동기는?

① 분상기동형
② 반발기동형
③ 셰이딩코일형
④ 콘덴서기동형

해설

[기동토크 큰 순서]

반발기동형 > 반발유도형 > 콘덴서기동형 > 분상기동형 > 셰이딩코일형

06 온도보상용으로 사용되는 것은?

① SCR
② 다이액
③ 다이오드
④ 서미스터

해설

[서미스터(Thermistor)]

온도변화에 따라 저항값이 민감하게 변하는 반도체 소자이다. 특히 온도가 올라가면 저항이 감소하는 NTC(부온도 특성) 서미스터는 다른 전자 부품이 온도 상승으로 인해 발생하는 저항값의 변화를 상쇄시켜 회로 전체의 특성을 일정하게 유지하는 온도 보상용으로 널리 사용된다.

정답 04 ① 05 ② 06 ④

Chapter 04 전기계측

1 전기계측

전기적 물리량, 즉 전압 전류, 전력, 전기저항, 주파수 등을 측정하는 일

2 측정의 종류

1) 측정 : 어떤 양이나 변수의 크기를 같은 종류의 기준량과 비교하여 수량적으로 나타내는 것

2) 측정의 종류

(1) 직접측정(비교측정) : 기준량과 직접비교

구분	편위법	영위법
특징	감도는 떨어지지만 취급이 쉬우며, 신속하게 측정할 수 있으므로 공업용에 많이 사용한다.	어느 특정량을 그것과 같은 종류의 측정량과 똑같이 되도록 기준량을 조절한 후 기준량의 크기로부터 측정량을 구하는 방법이다.
기기	전압계, 전류계	전위차계, 휘스톤 브리지

(2) 간접측정 : 측정하고자 하는 양과 일정한 관계가 있는 다른 종류의 양을 각각 직접 측정하여 그 결과로부터 계산에 의해 측정량의 값을 결정하는 방법

(3) 비교측정 : 측정량과 표준량을 비교하는 방법

(4) 절대측정 : 측정량과 표준양이 종류, 성질이 다른 경우 기본량(길이, 질량, 시간)을 측정하여 구하고자 하는 측정량을 구하는 방법

3) 오차

(1) 오차 백분율 : M(측정값) - T(참값)

오차 백분율 $= \frac{M-T}{T} \times 100\,\%$

(2) 보정 백분율 : T(참값) - M(측정값)

보정 백분율 $= \frac{T-M}{M} \times 100\,\%$

암 오매뚱뚱 보통맘마

Part 04

3 지시계기

1) 지시계기 구비조건

(1) 정확도가 높고 외부 영향을 받지 않아야 함
(2) 튼튼하고 취급이 편리해야 함
(3) 눈금이 균등하고 대수 눈금이어야 함
(4) 측정값의 변화에 신속한 응답이 되어야 함
(5) 절연내력이 커야 함

2) 지시계기의 종류(동작원리에 따른 종류)

계기 종류	눈금판 기호	지시값	사용회로	동작원리
가동 코일형		평균값	직류	영구자석 자기장 내에 코일을 두고 이 코일에 전류를 통과시켜 발생되는 힘을 이용함
가동 철편형		실횻값	교류	전류에 의한 자기장이 연철편에 작용하는 힘을 이용(종류 : 흡인형, 반발형, 반발흡인형)
유도형		실횻값	교류	회전 자기장 또는 이동 자기장과 이것에 의한 유도 전류와의 상호작용을 이용
정류형		실횻값	교류	가동코일형 계기 앞에 정류회로를 삽입하여 교류를 측정하므로 가동코일형과 같음. 파형의 영향을 받기 쉬움
열전형		실횻값 평균값	교류 직류	다른 종류의 금속제 사이에 발생되는 기전력을 이용
정전형		실횻값 평균값	교류 직류	충전된 대전체 사이에 작용하는 흡인력 또는 반발력(즉, 정전력)을 이용(전류측정 불가능)
전류력 계형		실횻값 평균값	교류 직류	전류 상호 간에 작용하는 힘을 이용

※ 가동코일형 계기의 특징

① 감도와 정확도가 높다.
② 소비전력이 작다.
③ 직류 전용이다.
④ 균등눈금 사용으로 측정 범위 변경이 쉽다.

4 측정기 종류

1) 전류 측정

측정기	주요용도 및 특징
전류계(Ammeter)	회로에 흐르는 전류의 크기를 측정하며, 부하와 직렬로 연결한다.
후크온미터(후크메타) (Hook – On Meter)	전선을 절단하지 않고 활선 상태에서 전류를 측정할 수 있어 현장에서 매우 유용하다. 클램프미터(Clamp Meter)라고도 한다.
검류계 (Galvanometer)	미소 전류의 존재 유무를 확인하거나, 브리지 회로의 평형(영점) 상태를 검출하는 데 사용되는 고감도 계기이다.

2) 저항 측정

측정기	측정 대상 저항	주요 용도 및 특징
메거 (Megger)	고저항 (MΩ 단위)	전선이나 전기기기의 절연 저항을 측정하여 누전 여부를 판단한다.
휘스톤 브리지	중저항 (1 Ω ~ 수만 Ω)	수천 옴 단위의 일반적인 저항이나 가는 전선의 저항 측정에 사용된다.
캘빈 더블 브리지	저저항 (1 Ω 이하)	굵고 짧은 도체의 저항이나 접촉 저항 등 매우 낮은 저항을 정밀하게 측정한다.
어스 테스터	접지 저항	대지와의 접지극 저항을 측정하는 전용 기기이다.
콜라우시 브리지	액체 저항	전해액이나 축전지 내부 저항 등 액체의 저항을 측정하는 데 사용된다.

3) 전압 측정

전압계(Voltmeter) : 회로의 두 점 사이의 전위차(전압)를 측정하며, 부하와 병렬로 연결한다.

4) 전력 측정

전력계(Wattmeter) : 교류 회로의 유효 전력(W)을 측정한다.

5) 임피던스 측정

(1) 인덕턴스 측정 : 맥스웰 브리지, 헤이 브리지

(2) 정전용량 측정 : 쉐링 브리지

04 예상문제

01 계측기를 선택할 경우 고려하여야 할 사항과 가장 관계가 적은 것은?

① 정확성 ② 신속성
③ 신뢰성 ④ 배율성

해설

[계측기 선택 시 고려사항]
정확성, 신속성, 신뢰성

정답 01 ④

Chapter 05 제어회로

01 자동제어계

1 제어의 정의

1) 어떤 목적의 상태나 결과를 얻기 위해 대상에 필요한 조작을 가하는 것을 말함

2) 자동제어 : 시퀀스제어, 피드백제어

2 제어의 종류

1) 수동제어 : 사람의 판단으로 직접 조작하는 제어

2) 자동제어 : 미리 설정된 목표치에 대하여 편차 발생 시 자동적으로 출력을 제어

02 제어계 종류

1 개회로제어계

1) 제어동작이 출력과 상관없이 제어의 각 단계가 순차적으로 진행됨

2) 구조가 간단하고, 설비비가 저렴하나 오차가 많이 생김

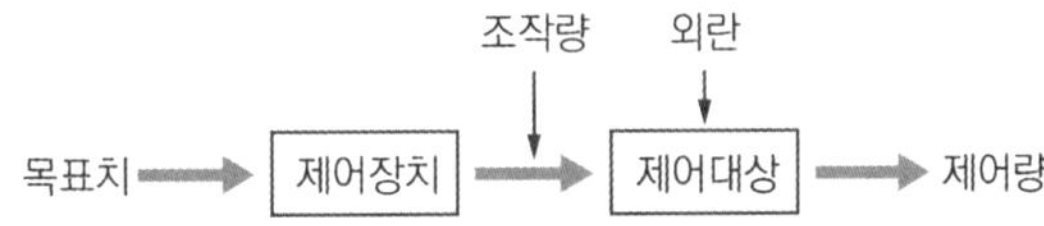

2 폐회로제어계

1) 정확하고 신뢰성 있는 제어를 함

2) 출력이 목푯값과 일치하는지 여부를 항상 비교함

3) 외부 조건 변화에 대응하여 수정동작을 하는 제어계

03 피드백제어

1 피드백제어의 특성

1) 정확성이 증가
2) 제어계의 특성 변화에 대한 입력 대 출력비의 감도가 감소

   보충 입력 대 출력비 : 외란에 대해 얼마나 민감하게 반응하는지

3) 비선형성과 왜형에 대한 효과가 감소
4) 감도 대역폭이 증가
5) 발진을 일으키고 불안정한 상태로 되어가는 경향성이 있음

   보충 외부에서 자극을 주면 시스템이 진정되지 않고 계속 흔들림

2 피드백제어계의 구성

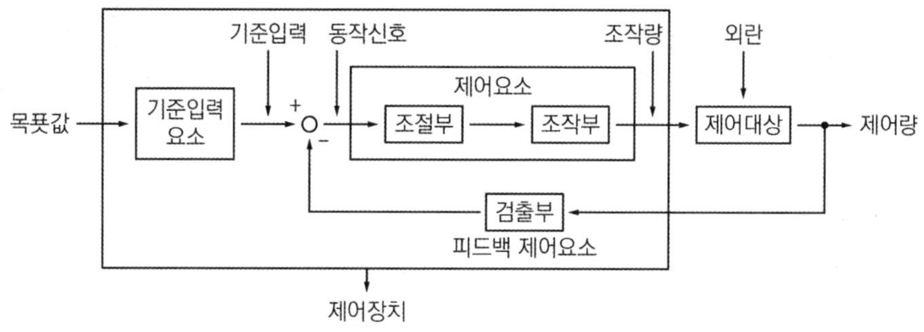

[폐루프제어계의 구성도]

3 피드백제어계의 요소

용어	설명
목푯값	제어량이 어떤 값을 갖도록 목표를 설정하여 외부에서 주어지는 신호
기준입력요소(장치)	목푯값을 제어할 수 있는 기준입력신호로 변환하는 장치
기준입력(신호)	제어계를 동작시키는 기준(목푯값에 비례)
동작신호	기준입력신호와 주궤환신호의 편차신호(제어동작을 일으키는 신호)
제어요소	조절부와 조작부로 구성, 동작신호를 조작량으로 변환시키는 요소
조작량	제어요소가 제어대상에 주는 양
제어량	제어대상이 속하는 양
검출부	제어대상으로부터 제어량을 검출하고, 기준입력신호와 비교하는 부분

04 자동제어계의 분류

1 목푯값에 의한 분류(입력기준)

구분		내용
정치제어		목푯값이 시간에 관계없이 일정한 자동제어에 적용
추치제어	추종제어	미지의 임의 시간적 변화를 하는 목푯값에 제어량을 추종시키는 제어 (예 미사일)
	프로그램제어	미리 정해진 시간적 변화에 따라 정해진 순서대로 제어 (예 자판기, 엘레베이터)
	비율제어	목푯값이 서로 다른 어떤 양과 일정한 비율관계를 가지는 제어 (예 연료·공기 비 제어)
	시퀀스제어	미리 정해진 순서에 따라 각 단계가 순차적으로 진행 (PLC는 시퀀스제어와 함께 사용함)

2 제어량에 의한 분류

구분	내용	제어량
서보기구	기계적 변위를 제어량으로 하여 임의의 목푯값의 변화에 추종하도록 구성되는 제어	물체의 방위, 위치, 각도, 자세 등
프로세스제어	화학 플랜트나 생산공정 등에 있어서 상태량을 제어량으로 하는 제어	온도, 압력, 유량, 농도, 액위 등
자동조정제어	전기적 또는 기계적 양을 일정하게 유지하는 것을 목적으로 하는 제어	주파수, 전압, 전류, 회전속도 등

3 제어동작에 의한 분류

1) 불연속제어

(1) 2위치제어(On - Off제어) : 조작부의 출력이 'On(100 %)' 또는 'Off(0 %)'의 두 가지 상태만을 갖는 가장 기본적인 형태의 불연속제어방식이다. 구조가 간단하고 경제적이어서 가장 널리 사용된다. 하지만 목푯값 주변에서 제어량이 계속 오르내리는 사이클링(Cycling) 현상이 필연적으로 발생하며, 정밀한 제어에는 부적합하다. 가정용 보일러, 냉장고 등 간단한 온도 및 압력제어에 주로 사용한다.

(2) 다위치제어(Multi - Position Control) : 조작량이 3개 이상의 미리 정해진 불연속적인 값을 갖는 제어방식이다. 2위치제어(On - Off)보다 제어단계를 세분화하여 사이클링 현상을 줄이고 안정성을 개선한 방식이다. 풍량을 '강 - 중 - 약 - 정지' 4단계로 조절하는 선풍기가 대표적인 예이다.

2) 연속제어

구분	핵심 역할	장점	단점
비례제어 (P제어)	현재 오차에 비례하여 조작량을 조절	• 구조 간단 • 응답이 빠름	잔류편차(Offset)가 반드시 발생
적분제어 (I제어)	과거 오차를 누적하여 조작량을 조절	잔류편차(Offset)를 완벽히 제거	• 응답이 느림 • 안정성을 해칠 수 있음
미분제어 (D제어)	오차 변화율을 예측해 조작량을 조절	• 진동(오버슈트) 억제 • 안정성 향상	• 단독 사용 불가 • 노이즈에 민감
비례적분제어 (PI제어)	P의 빠른 응답 + I의 정확성	잔류편차(Offset)를 없애면서 빠른 응답 가능	오버슈트 발생 가능성은 여전함
비례미분제어 (PD제어)	P의 빠른 응답 + D의 안정성	오버슈트를 줄여 목푯값에 빨리 안정시킴	잔류편차는 그대로 존재함
비례미분적분제어 (PID제어)	P, I, D의 모든 장점을 결합	• 빠른 응답 • 잔류편차 없음 • 높은 안정성 • 가장 이상적인 제어	제어기설계 및 조정이 복잡함

(1) 비례동작(P동작) : $y = K_p Z$(K_p : 비례연산자)

(2) 적분동작(I동작) : $y = K_i \int Zdt$(K_i : 적분연산자)

(3) 미분동작(D동작) : $y = K_d \dfrac{dz}{dt}$ (K_d : 미분연산자)

(4) 비례적분동작(PI동작) : $y = K_p\left(Z + \dfrac{1}{T_i}\int Zdt\right)$

(5) 비례미분동작(PD동작) : $y = K_p\left(Z + T_d\dfrac{dz}{dt}\right)$

(6) 비례적분미분동작(PID동작) : $y = K_P\left(Z + \dfrac{1}{T_i}\int Zdt + T_d\dfrac{dz}{dt}\right)$

05 블록선도

1 블록선도 표시법

1) 제어에 관계되는 신호가 어떠한 모양으로 변하여 어떻게 전달되는지 표시하는 방법

2) 선형, 비선형 시스템에 적용

3) 전달요소, 화살표 표시, 가합점, 인출점으로 구성

2 블록선도 등가변환

자동제어계 각 요소의 신호가 어떤 모양으로 전달되고 있는가를 나타내는 선도

1) 직렬접속

R(s) → G₁(s) → E(s) → G₂(s) → C(s)

[기본선도]

R(s) → G₁(s) × G₂(s) → C(s)

[등가변환]

(1) $E(s) = G_1(s)R(s)$

(2) $C(s) = G_2(s)E(s) = G_1(s) \cdot G_2(s) \cdot R(s)$

(3) $\dfrac{C(s)}{R(s)} = G_1(s) \cdot G_2(s)$

2) 병렬접속

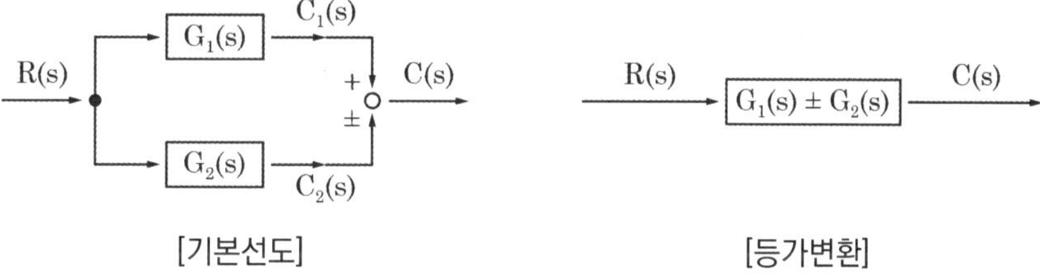

[기본선도] [등가변환]

(1) $C_1(s) = G_1(s)\, R(s)$

(2) $C_2(s) = G_2(s)\, R(s)$

(3) $C(s) = C_1(s) \pm C_2(s) = R(s)\, [G_1(s) \pm G_2(s)]$

(4) $\dfrac{C(s)}{R(s)} = G_1(s) \pm G_2(s)$

3) 피드백 접속(부궤환제어가 기본 블록)

자동제어에서 일반적으로 궤환되는 신호가 (-)인 부궤환제어계를 사용한다.

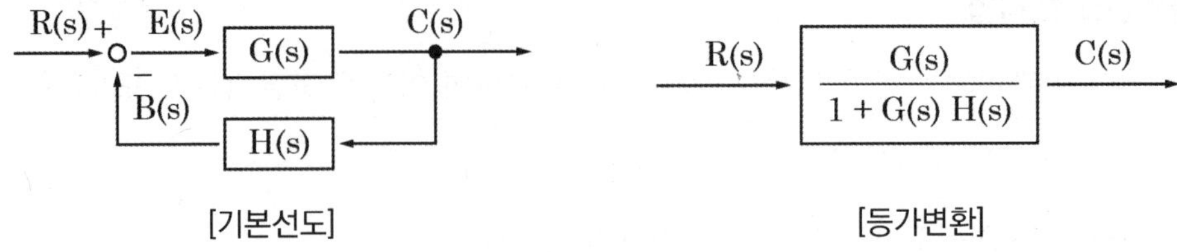

[기본선도] [등가변환]

여기서, $H(s)=1$일 때 단위피드백제어계라고 함

(1) $E(s)=R(s)-B(s)$

$B(s)=H(s)\,C(s)=R(s)-H(s)C(s)$

(2) $C(s)=G(s)$, $E(s)=G(s)[R(s)-H(s)C(s)]$

(3) $C(s)=G(s)R(s)-G(s)H(s)C(s)$

(4) $C(s)[1+G(s)H(s)]=G(s)R(s)$

(5) $G(s)=\dfrac{C(s)}{R(s)}=\dfrac{G(s)}{1+G(s)H(s)}$

전달함수의 기본식 : $G(s)=\dfrac{\text{전향경로 이득}}{1-\text{피드백 이득}}$

06 신호흐름선도

블록선도보다 신호의 흐름을 간략하게 표현하는 방법

1 신호흐름선도와 블록선도와의 관계

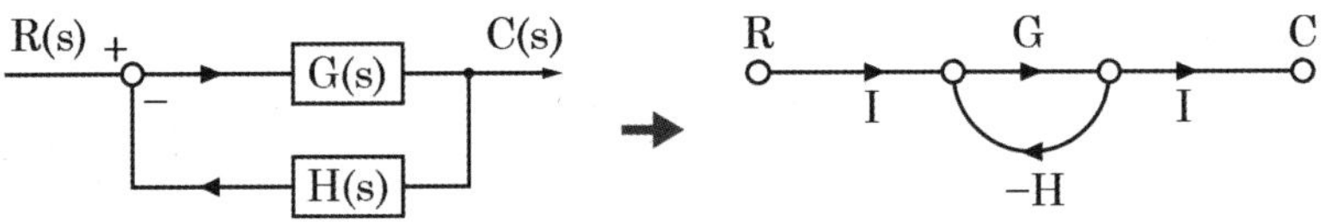

2 신호흐름선도 정리

$$G(s) = \frac{C(s)}{R(s)} = \frac{\sum[G(1-loop)]}{1-\Delta_1+\Delta_2-\Delta_3}$$

G : 각각의 전향경로 이득
loop : 전향경로 이득에 접촉하지 않는 루프
$\triangle_1$: 서로 다른 루프 이득의 합
$\triangle_2$: 서로 접촉하지 않는 두 개의 루프 이득의 곱
$\triangle_3$: 서로 접촉하지 않는 세 개의 루프 이득의 곱

07 과도응답

1 제어계의 시간응답

1) 과도응답

정상 상태에 도달하기 전까지의 과도적인 응답으로, 과도응답 특성은 제어계의 속응성과 안정성을 평가할 수 있다.

2) 정상(상태)응답

과도응답이 모두 소멸한 후 제어계가 안정된 상태에서 보이는 출력 응답으로 이때 나타나는 정상상태 오차(Steady - State Error)와 감도(Sensitivity)로 제어계의 정확도를 평가할 수 있다.

2 2차 제어계의 과도응답

1) 2차 제어계

입력신호($r(t)$)와 출력신호($c(t)$)의 관계가 2차 미분 방정식으로 표현되는 요소로 전달함수가 $\frac{C(s)}{R(s)} = k\frac{\omega_n^2}{s^2+2\zeta\omega_n s+\omega_n^2}$ 의 꼴로 나타나는 제어계

2) 2차 제어계의 특성방정식

$s^2+2\zeta\omega_n s+\omega_n^2=0$

여기서, ω_n : 고유 주파수, ζ : 감쇠비 또는 제동비

08 특성방정식

1 특성방정식

전체제어계의 특성을 결정하는 식으로 폐회로제어계의 전달함수에서 분모를 0으로 놓은 식을 특성방정식이라 한다. 이 특성방정식의 근을 특성근이라 하며, 과도응답은 특성근에 의해 결정된다.

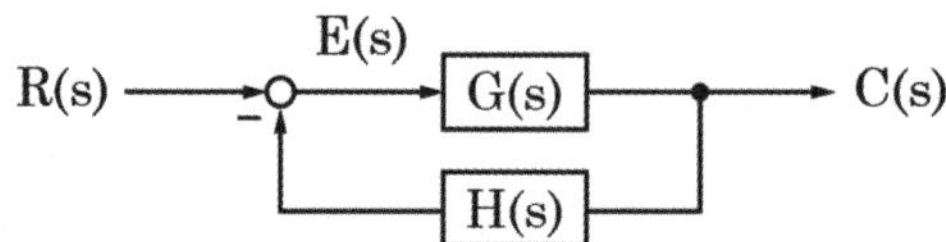

1) 특성방정식

(1) 전달함수 $M(s)=\dfrac{C(s)}{R(s)}=\dfrac{G(s)}{1+G(s)H(s)}$

(2) 특성방정식 $1+G(s)H(s)=0$

(3) 2차제어계의 전달함수 $M(s)=\dfrac{\omega_n^2}{s^2+2\zeta\omega_n s+\omega_n^2}$ 일 경우

특성방정식은 $s^2+2\zeta\omega_n s+\omega_n^2$ 이다.

2 특성방정식의 근의 위치에 따른 과도응답

특성방정식의 근의 위치는 제동비에 따라 변함

1) $\zeta=0$

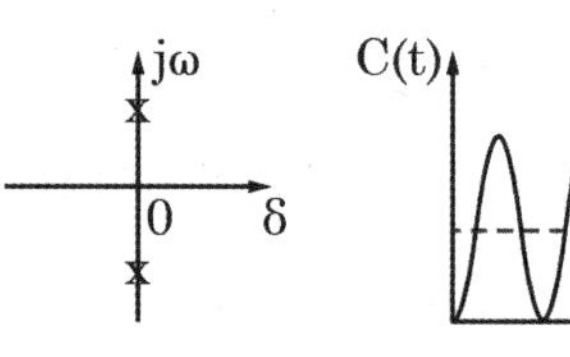

(1) 과도응답 상태 : 완전진동(무제동)
일정한 진폭으로 무한히 진동

(2) 특성근 : $s_1,\ s_2=\pm j\omega_n$(2개의 허근)

(3) 안정성 판별 : 임계안정

2) $0<\zeta<1$

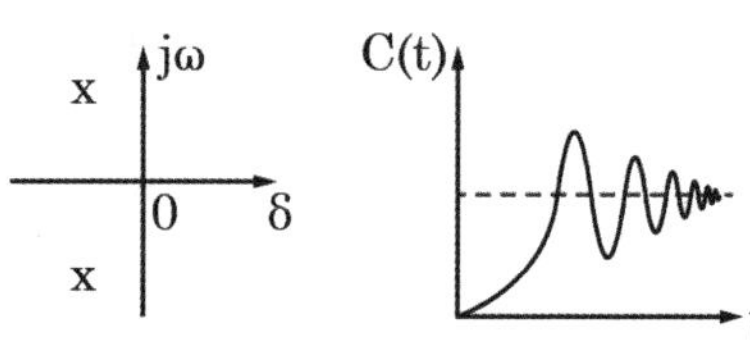

(1) 과도응답 상태 : 감쇠진동(부족제동)

(2) 특성근 :

$s_1,\ s_2=-\zeta\omega_n\pm j\omega\sqrt{1-\zeta^2}$(공액 복소근)

(3) 안정성 판별 : 안정

2) $\zeta = 1$

(1) 과도응답 상태 : 임계진동(임계제동)
진동에서 비진동으로 옮겨가는 임계상태

(2) 특성근 : $s_1,\ s_2 = -\omega_n$(음의 중근)

(3) 안정성 판별 : 안정

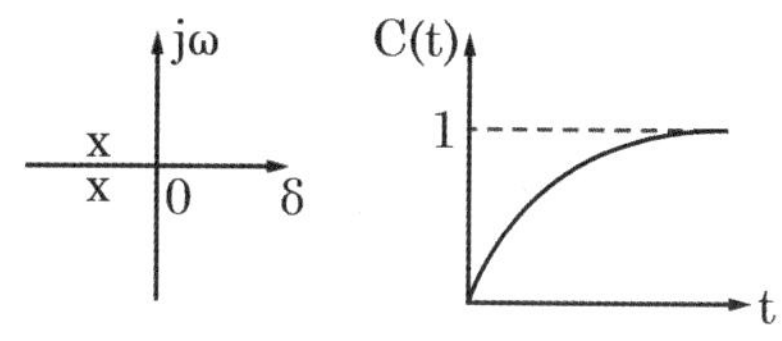

3) $\zeta > 1$

(1) 과도응답 상태 : 비진동(과제동)

(2) 특성근 : $s_1,\ s_2 = -\zeta\omega_n \pm \omega_n\sqrt{\zeta^2 - 1}$
(서로 다른 2개의 실근)

(3) 안정성 판별 : 안정

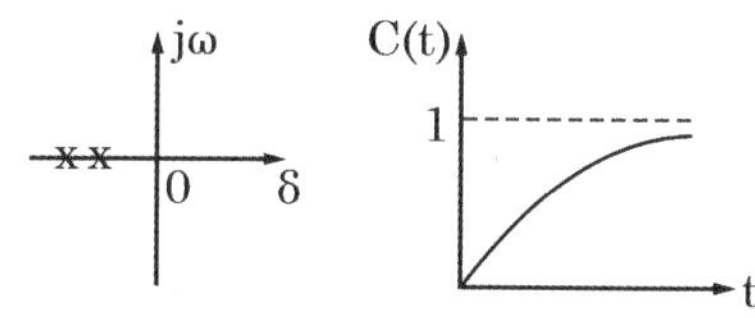

09 시간응답 특성

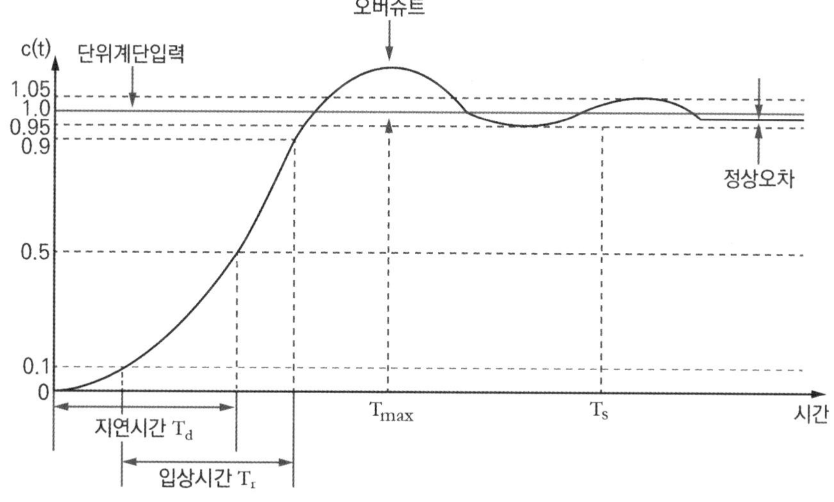

1 과도응답의 시간 특성

1) 오버슈트

(1) 과도응답 중에 생기는 입력과 출력 사이의 최대 편차량

(2) 백분율 오버슈트 $= \dfrac{\text{최대오버슈트}}{\text{최종 목푯값}} \times 100\,\%$

2) 지연시간

응답이 최초로 목푯값의 50 %가 되는 데 요하는 시간

3) 감쇠비

(1) 과도응답의 소멸되는 속도를 나타내는 양

(2) 감쇠비 $= \dfrac{\text{제2오버슈트}}{\text{최대오버슈트}}$

4) 상승시간

응답이 목푯값의 10 %로부터 90 %까지 도달하는 데 요하는 시간

5) 정정시간

응답이 목푯값의 ±5 % 이내에 도달하는 데 요하는 시간

6) 잔류오차

정상 상태에 도달했음에도 불구하고 생기는, 기준값과 일치하지 않는 오차

10 정상응답

1 정상응답

제어계에 입력이 가해졌을 때 출력이 과도기가 지난 후 일정한 값에 도달하는 응답

2 정상편차 e_{ss}

제어계의 전달함수에서 기준 입력과 출력 신호와의 차

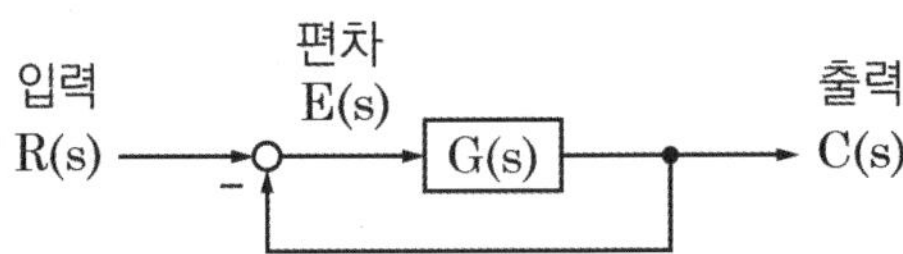

1) 전달함수 $M(s)$ 및 출력 $C(s)$ 값

$$M(s)=\frac{C(s)}{R(s)}=\frac{G(s)}{1+G(s)} \qquad C(s)=M(s)R(s)=\frac{G(s)}{1+G(s)}R(s)$$

2) 오차 $E(s)$ 계산

$$E(s)=R(s)-C(s)=R(s)-M(s)R(s)$$

$$=[1-M(s)]R(s)=[1-\frac{G(s)}{1+G(s)}]R(s)=\frac{1}{1+G(s)}R(s)$$

$$\therefore E(s)=\frac{R(s)}{1+G(s)}$$

3) 자동제어계의 정상편차 e_{ss}(최종값 정리 적용)

정상상태는 $t\to\infty$ 일 때이므로, 정상편차는 최종값 정리를 적용하여 표현할 수 있다.

$$e_{ss}=\lim_{t\to\infty}e(t)=\lim_{s\to 0}s\,E(s)=\lim_{s\to 0}s\frac{R(s)}{1+G(s)}$$

11 안정도 판별법의 종류

1 루스 – 허위츠(Routh – Hurwitz) 안정도 판별법

1) 특성 방정식의 근을 직접 구하지 않으면서 절대 안정도를 다루는 판별법

특성방정식 $F(s)=1+G(s)H(s)=a_0s^n+a_1s^{n-1}+a_2s^{n-2}+\cdots+a_{n-1}s+a_n$

2) 루스 안정도 판별법의 안정 조건

(1) 특성 방정식의 계수가 모두 존재해야 한다.
(2) 특성방정식의 모든 계수는 양(+)의 부호를 가져야 하며 부호가 같아야 한다.
(3) 루스표를 작성하고 루스표의 제1열의 각 요소에서 부호가 변화하지 않고 같아야 한다.

12 불대수 및 드모르간 정리

1 불대수 정리

1) $A+A=A,\ A\cdot A=A, A+1=1,\ A+0=A$

2) $A\cdot 1=A,\ A\cdot 0=0,\ A+\overline{A}=1,\ A\cdot\overline{A}=0$

2 분배법칙

1) $A\cdot(B+C)=A\cdot B+A\cdot C$

2) $A+(B\cdot C)=(A+B)\cdot(A+C)$

3 흡수법칙

1) $A+AB=A$

2) $A(A+B)=A$

3) $A+\overline{A}B=(A+\overline{A})(A+B)=A+B$

4 부정법칙

$\overline{\overline{A}}=A$

5 드모르간 정리

1) $\overline{A+B}=\overline{A}\cdot\overline{B}$

2) $\overline{\overline{A}\cdot\overline{B}}=A+B$

3) $\overline{AB}=\overline{A}+\overline{B}$

4) $\overline{\overline{A}+\overline{B}}=A\cdot B$

13 시퀀스제어

1 시퀀스제어의 특성

1) 미리 정해진 순서에 따라 제어의 각 단계를 순차적으로 진행해나가는 제어이다.

2) 시퀀스제어 기본회로는 논리회로, 자기유지회로, 인터록회로 등이 있다.

3) 시간지연요소 및 기계적 계전기 접점이 사용된다.

2 유접점회로

1) 유접점회로 기호

유접점 기호	설명	비고
a접점	개로 상태에서 폐로 상태로 되는 접점(열려 있는 접점)	
b접점	폐로 상태에서 개로 상태로 되는 접점(닫혀 있는 접점)	
c접점	전환접점 / a, b 공통 가동접점	

2) 접점의 심벌

명칭	심벌		비고
	a 접점	b 접점	
일반접점 또는 수동접점			조작을 가하면 상태가 그대로 유지
수동조작 자동복귀접점 (푸쉬버튼스위치)			손을 떼면 원래 상태로 복귀
기계적 접점 (리밋스위치)			접점의 개폐가 전기적 이외의 원인에 의해서 이루어짐
순시 접점			릴레이접점, 차단기보조접점, 전자접촉기 보조접점 등에 사용
순시동작 한시복귀 (타이머)			복귀시간이 늦게 되는 타이머 (Off-Delay)
한시동작 순시복귀 (타이머)			동작시간이 늦게 되는 타이머 (On-Delay)

<table>
<tr><th rowspan="2">명칭</th><th colspan="2">심벌</th><th rowspan="2">비고</th></tr>
<tr><th>a 접점</th><th>b 접점</th></tr>
<tr><td>수동복귀접점</td><td>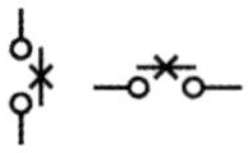</td><td>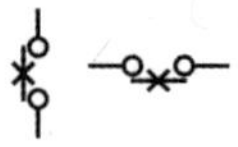</td><td>인위적으로 복귀시키는 접점으로 전자석에 의한 복귀를 포함</td></tr>
<tr><td>전자접촉기접점</td><td>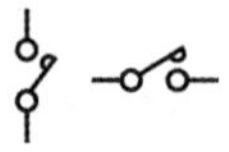</td><td>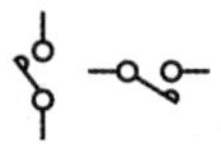</td><td>전자력으로 작동</td></tr>
</table>

3 논리회로

1) AND회로

입력 A, B가 동시에 가해질 때 출력 X가 발생하는 회로

<table>
<tr><th>논리기호</th><th>시퀀스회로</th><th>진리표</th><th>무접점</th></tr>
<tr><td>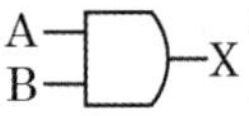
X = $A \times B$
또는 X = $A \cdot B$</td><td>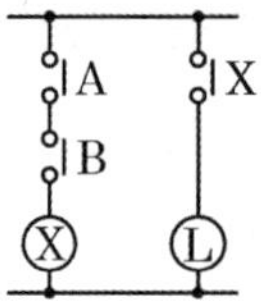</td><td><table><tr><th>A</th><th>B</th><th>X</th></tr><tr><td>0</td><td>0</td><td>0</td></tr><tr><td>1</td><td>0</td><td>0</td></tr><tr><td>0</td><td>1</td><td>0</td></tr><tr><td>1</td><td>1</td><td>1</td></tr></table></td><td>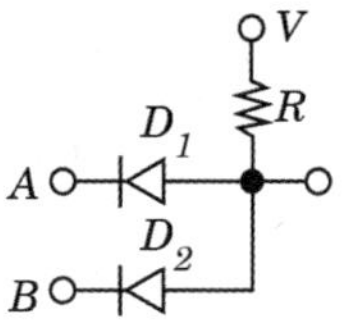</td></tr>
</table>

2) OR회로

입력 A, B 중 하나의 입력이라도 가해지게 되면 출력 X가 발생하는 회로

<table>
<tr><th>논리기호</th><th>시퀀스회로</th><th>진리표</th><th>무접점</th></tr>
<tr><td>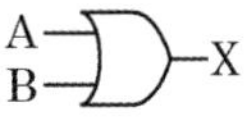
X = A + B</td><td>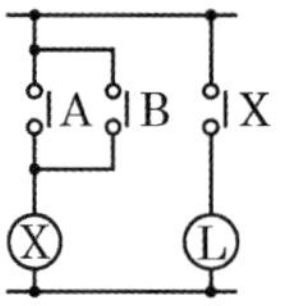</td><td><table><tr><th>A</th><th>B</th><th>X</th></tr><tr><td>0</td><td>0</td><td>0</td></tr><tr><td>0</td><td>1</td><td>1</td></tr><tr><td>1</td><td>0</td><td>1</td></tr><tr><td>1</td><td>1</td><td>1</td></tr></table></td><td>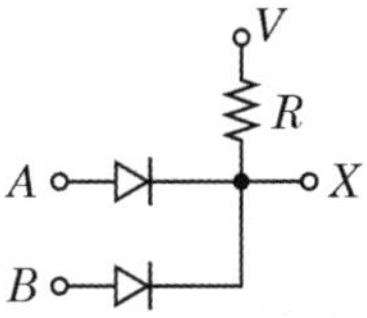</td></tr>
</table>

3) NOT회로

부정을 의미하며, 입력과 출력을 상태가 반대가 되는 회로

<table>
<tr><th>논리기호</th><th>시퀀스회로</th><th>진리표</th><th>무접점</th></tr>
<tr><td>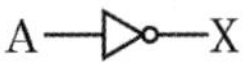
X = $\overline{A}$</td><td>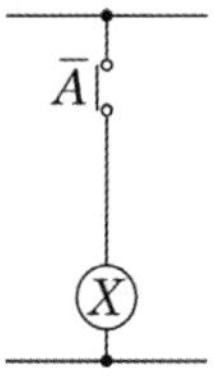</td><td><table><tr><th>A</th><th>X</th></tr><tr><td>1</td><td>0</td></tr><tr><td>0</td><td>1</td></tr></table></td><td>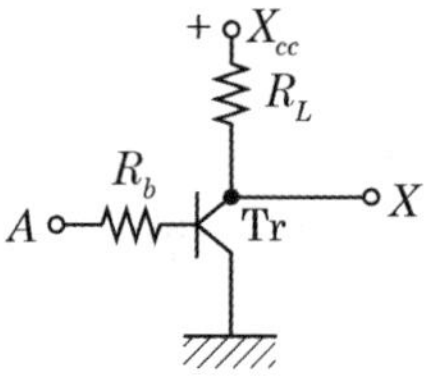</td></tr>
</table>

4) NAND회로

AND회로와 출력이 반대가 되는 회로

논리기호	시퀀스회로	진리표	무접점
Y=AB $X = \overline{AB}$	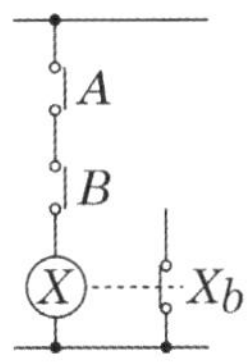 A, B, X, X_b	(아래 표)	$+X_{cc}$, D_1, D_A, D_2, X, Tr

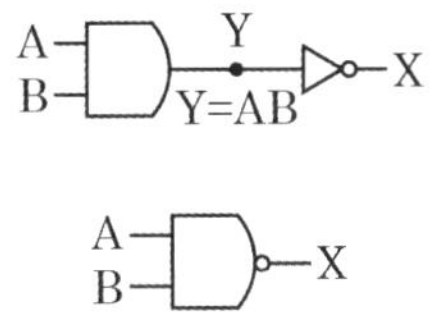

A	B	X
0	0	1
0	1	1
1	0	1
1	1	0

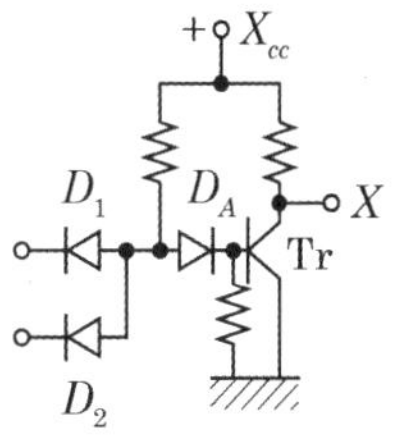

5) NOR회로

OR회로와 출력이 반대가 되는 회로

논리기호	시퀀스회로	진리표	무접점
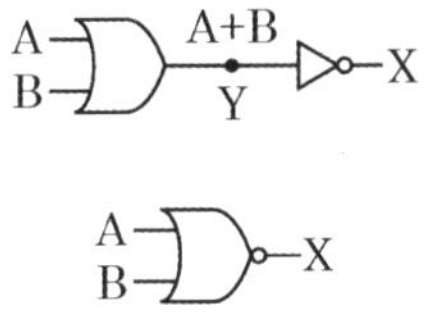 A+B, Y $X = \overline{A + B}$	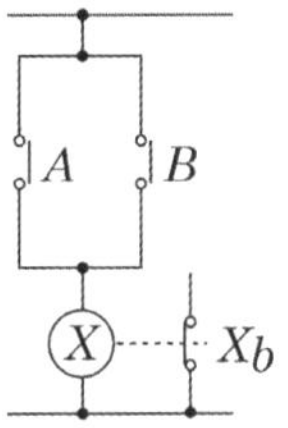 A, B, X, X_b	(아래 표)	$+V$, D_1, D_2, X, Tr

A	B	X
0	0	1
0	1	0
1	0	0
1	1	0

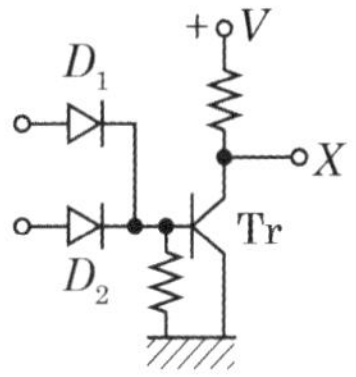

6) Exclusive OR회로

입력 A, B의 상태가 서로 반대일 때만 출력이 발생하는 회로

논리기호	시퀀스회로	논리기호	진리표
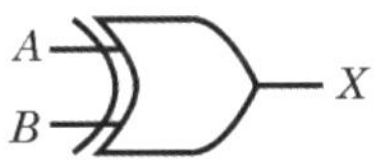 $X = \overline{A}B + A\overline{B}$	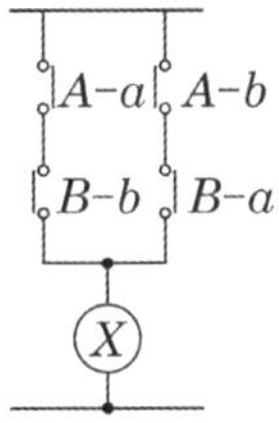 A−a, A−b, B−b, B−a, X	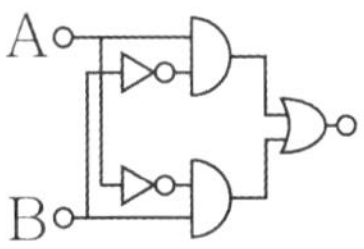 A, B	(아래 표)

A	B	X
0	0	0
0	1	1
1	0	1
1	1	0

05 예상문제

01 피드백제어의 특성에 관한 설명으로 틀린 것은?

① 정확성이 증가한다.
② 대역폭이 증가한다.
③ 계의 특성변화에 대한 입력 대 출력비의 감도가 증가한다.
④ 구조가 비교적 복잡하고 오픈루프에 비해 설치비가 많이 든다.

해설

[피드백제어]

- 정확성 증가
- 대역폭 증가
- 계의 특성변화에 대한 입력 대 출력비의 감도 감소
- 구조가 비교적 복잡하고 시설비 증가
- 비선형성과 외형에 대한 효과 감소
- 발진을 일으키고 불안정한 상태로 되어 가는 경향성이 있음

02 제어요소는 무엇으로 구성되어 있는가?

① 비교부
② 검출부
③ 조절부와 조작부
④ 비교부와 검출부

해설

[제어요소]

- 동작신호를 조작량으로 변화하는 요소
- 조절부와 조작부로 구성

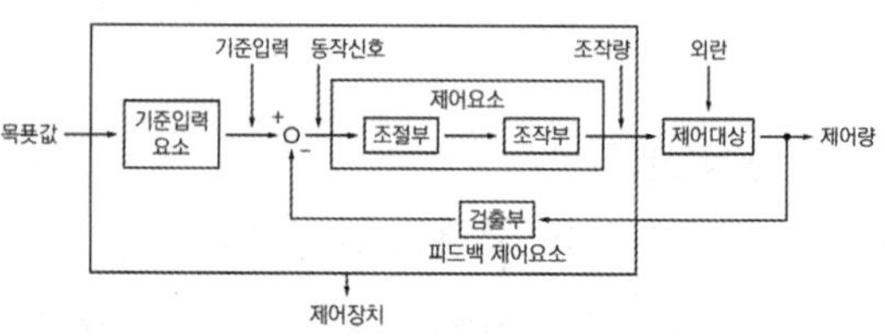

[폐루프제어계의 구성도]

03 목푯값이 시간적으로 임의로 변하는 경우의 제어로서 서보기구가 속하는 것은?

① 정치제어　② 추종제어
③ 마이컴제어　④ 프로그램제어

해설

[추종제어]

목푯값이 임의의 시간에 변화하는 제어로서 대공포포신제어(미사일유도), 자동아날로그선반 등이 있음

정답 01 ③ 02 ③ 03 ②

04 제어량이 온도, 압력, 유량, 액위, 농도 등과 같은 일반 공업량일 때의 제어는?

① 추종제어 ② 시퀀스제어
③ 프로그래밍제어 ④ 프로세스제어

해설

[제어]

- 추종제어 : 목푯값이 임의의 시간에 변화하는 제어(방위, 위치, 자세)
- 프로세스제어 : 압력, 온도, 유량, 액면, 농도, 밀도 등

05 정상편차를 제거하고 응답속도를 빠르게 하여 속응성과 정상상태 응답 특성을 개선하는 제어동작은?

① 비례동작
② 비례적분동작
③ 비례미분동작
④ 비례미분적분동작

해설

[제어]

- 비례제어(P동작) : 잔류편차(Offset)이 생김
- 적분제어(I동작) : 잔류편차 소멸
- 미분제어(D동작) : 오차예측제어
- 비례미분제어(PD동작) : 응답속도 향상, 과도특성 개선, 진상보상회로에 해당
- 비례적분제어(PI동작) : 잔류편차와 사이클링 제거, 정상특성 개선
- 비례적분미분제어(PID동작) : 속응도 향상, 잔류편차 제거, 정상/과도특성 개선
- 온오프제어(2위치제어) : 불연속제어(간헐제어)

06 그림과 같은 블록선도에서 전달함수 C/R는?

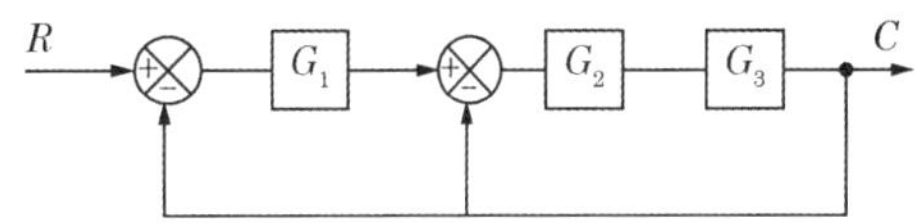

① $\dfrac{G_1G_2G_3}{1+G_2G_3+G_1G_3}$

② $\dfrac{G_1G_2G_3}{1+G_1G_2+G_1G_2G_3}$

③ $\dfrac{G_1G_2G_3}{1+G_2G_3+G_1G_2G_3}$

④ $\dfrac{G_1G_2G_3}{1+G_1G_3+G_1G_2G_3}$

해설

[전달함수 C/R]

$$\frac{C}{R}=\frac{\text{전향경로이득}}{1-\text{루프이득}}$$

$$=\frac{G_1G_2G_3}{1-(-G_2G_3-G_1G_2G_3)}$$

$$=\frac{G_1G_2G_3}{1+G_2G_3+G_1G_2G_3}$$

07 그림의 신호흐름선도에서 C(s)/R(s)의 값은?

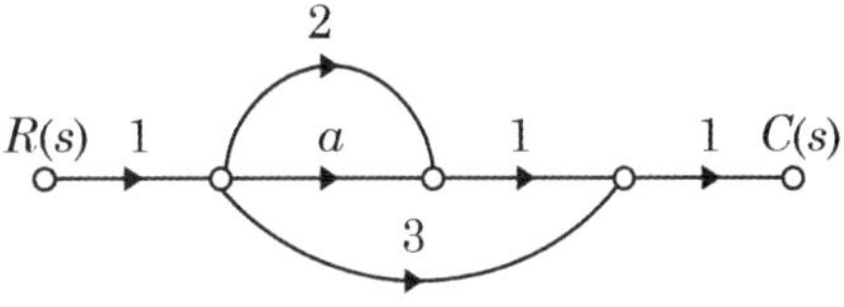

① a + 2 ② a + 3
③ a + 5 ④ a + 6

해설

[블록선도 $\frac{C}{R}$ 정리(전달함수)]

$$\frac{C(s)}{R(s)} = (1\times a\times 1\times 1)+(1\times 2\times 1\times 1) + (1\times 3\times 1) = a+2+3 = a+5$$

08 논리식 $A(A+B)$를 간단히 하면?

① A ② B
③ AB ④ $A+B$

해설

[논리식 정리]

$$A(A+B) = AA+AB = A+AB = A(1+B) = A$$

09 R－L－C직렬회로에 t = 0에서 교류전압 u = $E_m\sin(\omega t+\theta)$ [V]를 가할 때 이 회로의 응답유형은? (단, $R^2-4\frac{L}{C}>0$이다)

① 완전진동
② 비진동
③ 임계진동
④ 감쇠진동

해설

[과도 응답특성]

특성	조건
과제동(비진동)	$R^2 > \frac{4L}{C}$
부족제동(진동)	$R^2 < \frac{4L}{C}$
임계제동 (임계진동)	$R^2 = \frac{4L}{C}$

10 그림과 같은 논리회로의 출력 Y는?

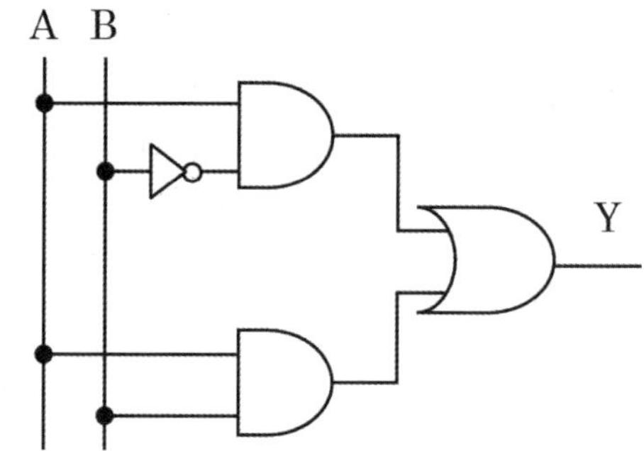

① $Y = AB + A\overline{B}$ ② $Y = \overline{A}B + AB$
③ $Y = \overline{A}B + A\overline{B}$ ④ $Y = \overline{A}\,\overline{B} + A\overline{B}$

해설

[논리회로 출력 Y]

AND회로	OR회로	NOT회로
A, B → X $X = A\cdot B$ 또는 $X = A\times B$	A, B → X $X = A+B$	A → X $X = \overline{A}$

$\therefore\ Y = AB + A\overline{B}$

정답 08 ① 09 ② 10 ①

Chapter 06 제어기기 및 회로

01 제어계의 기초

1 제어기기 변환요소

변환량	변환요소
압력 → 변위	벨로우즈, 다이어프램, 스프링
변위 → 압력	노즐플래퍼, 유압 분사관, 스프링
변위 → 임피던스	가변저항기, 용량형 변환기
변위 → 전압	포텐셔미터, 차동변압기, 전위차계
전압 → 변위	전자석, 전자코일
빛 → 임피던스	광전도 셀
빛 → 전류	광전관, 광전 다이오드, 광전 트랜지스터
빛 → 전압	광전지
방사선 → 임피던스	GM관(가이거 - 뮐러계수관), 전리함(Ionization Chamber)
온도 → 저항	측온저항(대표 재질 : 백금, 니켈, 구리), 서미스터
온도 → 전압	열전대

02 제어기기의 응용

1 제어기기

1) 조작용 기기

제어대상을 직접 구동시키는 장치

구분	내용
기계식	다이어프램밸브, 클러치, 밸브 포지셔너 등
유압식	피스톤, 분사관, 안내밸브, 조작실린더 등
전기식	솔레노이드밸브, 전동밸브, 서보전동기 등

2) 증폭용 기기

구분	내용
전기식	정지기 : SCR, 트랜지스터, 자기증폭기 등
	회전기 : 앰플리다인, 로토트롤, 다이나모 등
공기식	노즐플래퍼, 파이롯트밸브, 벨로우즈 등
유압식	분사관, 안내밸브 등

[앰플리다인]
- 입력 신호와 출력 신호가 모두 직류이다.
- 최대출력 5 kW까지 증폭한다.
- 작은 전력의 변화를 큰 전력의 변화로 증폭하는 발전기이다.

3) 검출용 기기

제어대상으로부터 제어량의 현재의 값을 검출, 변환하여 비교부로 보내는 장치

구분	내용
서보기구제어용	자동위치제어계, 추적용 레이더 자동평형 기록계 등
자동조정제어용	발전기 조속기, 정전압장치 등
프로세스제어용	압력계, 유량계, 온도계 습도계 비중계 등

4) 조절용 기기

제어동작 신호를 연산하여 제어량이 목푯값에 신속 정확하게 일치하도록 조작부에 신호를 보내는 기기

2 조절용 기기

1) 조절용 기기 기본동작

(1) 2위치동작(On - Off)

설정온도에 대하여 측정온도의 높고 낮음에 의해 On - Off를 행하는 제어

(2) 비례동작(P동작)

입력인 편차에 대하여 조작량의 출력변화가 일정한 비례관계가 있는 동작

(3) 적분동작(I동작)

제어량의 편차가 생겼을 때에 편차의 적분차를 가감하여 조작단의 이동속도가 비례하는 동작으로 오프셋이 남지 않음

(4) 미분동작(D동작)

제어편차의 변화속도에 비례하는 출력 D동작은 단속으로 사용하지 않고, 비례동작과 함께 사용

(5) 비례적분동작(PI동작)

단위입력이 설정될 때 비례동작에 의한 출력변화가 적분동작만으로 발생된 출력변화와 같게 될 때까지의 적분시간이 작게 되면 적분동작이 강하게 되고, 주로 프로세스에 사용되며 잔류편차가 남지 않음

(6) 비례미분동작(PD동작)

미분시간이 크면 클수록 미분동작이 강하며, 실제 기기에서 다소 변형을 가한 미분동작으로 비례동작과 합친 동작

(7) 비례적분미분동작(PID동작)

비례동작을 적분동작으로 잔류편차(Offset)를 제거하고, 미분동작으로 응답을 신속히 안정화한다.

$$y = K_P\left(Z + \frac{1}{T_1}\int Zdt + T_D\frac{dz}{dt}\right)$$

2) 조절기의 종류

구분	특징
전기식 조절기	• 신호전달이 용이하고 지연은 거의 무시된다. • 전원을 쉽게 얻고 소형이다. • PID동작을 쉽게 얻을 수 있다. • 감속장치가 필요하다.
공기식 조절기	• 전기식에 비해 신뢰도가 높다. • PID동작을 간단히 구현하고, 공기에는 인화성이 없고 안정적이다. • 공기식 서보 모터의 위치가 마찰 등에 의해 변하기 쉽다.
유압식 조절기	• 조작방법이 쉬우며 전달지연이 작다. • 응답이 매우 빠르다. • PID동작을 얻기 어렵다.

06 예상문제

01 온도에 따라 저항값이 변화하는 것은?

① 서미스터
② 노즐플래퍼
③ 앰플리다인
④ 트랜지스터

해설

[서미스터(Thermistor)]
온도변화에 따라 저항값이 민감하게 변하는 반도체 소자이다. 특히 온도가 올라가면 저항이 감소하는 NTC(부온도 특성) 서미스터는 다른 전자 부품이 온도 상승으로 인해 발생하는 저항값의 변화를 상쇄시켜 회로 전체의 특성을 일정하게 유지하는 온도 보상용으로 널리 사용된다.

02 자동제어의 기본요소로서 전기식 조작기기에 속하는 것은?

① 다이어프램
② 벨로우즈
③ 펄스전동기
④ 파일럿밸브

해설

[전기식 조작기기]
- 전자밸브
- 2상서보전동기
- 전동밸브
- 펄스전동기
- 직류서보전동기

정답 01 ① 02 ③

Chapter 07 설치 안전관리

01 근로자 안전관리교육

1 근로자의 정기안전·보건교육

1) 산업안전 및 사고 예방에 관한 사항
2) 산업보건 및 사고 예방에 관한 사항
3) 건강 증진 및 질병 예방에 관한 사항
4) 유해·위험 작업환경관리에 관한 사항
5) 산업안전보건법 및 일반관리에 관한 사항
6) 산업재해보상보험제도에 관한 사항

2 관리감독자의 정기안전·보건교육

1) 작업공정의 유해·위험과 재해예방대책에 관한 사항
2) 표준안전작업방법 및 지도요령에 관한 사항
3) 관리감독자의 역할과 임무에 관한 사항
4) 산업보건 및 직업병 예방에 관한 사항
5) 유해·위험 작업환경관리에 관한 사항
6) 산업안전보건법 및 일반관리에 관한 사항

3 채용 시 교육과 작업내용 변경 시 교육

1) 기계·기구의 위험성과 작업의 순서 및 동선에 관한 사항
2) 작업 개시 전 점검에 관한 사항
3) 정리정돈 및 청소에 관한 사항
4) 사고 발생 시 긴급조치에 관한 사항
5) 산업보건 및 직업병 예방에 관한 사항
6) 물질안전보건자료에 관한 사항
7) 산업안전보건법 및 일반관리에 관한 사항

02 안전보호구

1 안전보호구

1) 개인보호구란 재해나 건강장해를 방지하기 위해 작업자가 착용하는 안전용품이다.

2) 개인보호구는 작업자가 착용하는 것으로 한정된다. 파편이나 비산물을 방지하기 위한 방호덮개나 유해물질을 제거하기 위한 국소 배기장치는 개인보호구에 포함되지 않는다.

3) 개인보호구는 유해·위험요인으로부터 작업자를 보호하기 위한 최후 수단이다. 때문에 우리나라는 물론이고 유럽, 미국 등에서도 보호구에 각별히 관심을 기울이고 있다. 유럽에서는 보호구를 제조·수입하는 업체나 보호구를 사용하는 사업장에 대해 별도의 지침을 만들어 규제하고 있다.

2 안전보호구 종류

1) 안전모 : 사용자의 낙하나 추락, 감전 등을 방지하기 위해 머리에 착용하는 보호구

2) 안전대 : 높은 곳에서 작업 시 추락에 의한 위험을 방지하기 위해 사용하는 보호구

3) 안전화 : 물체의 낙하나 충격, 끼임, 감전 등을 예방하기 위해 발에 착용하는 보호구

4) 안전장갑 : 물리적, 화학적 충격으로 부터 손을 보호하기 위해 착용하는 보호구

5) 보안경 : 이물을 차단하고 유해광선에 의한 시력장해를 방지하기 위해 눈에 착용하는 보호구

6) 보안면 : 안면이나 눈을 유해광선, 열, 화학약품 등으로부터 보호하기 위해 착용하는 보호구

7) 호흡보호구 : 먼지나 화학물질로부터 호흡기를 보호하기 위해 코와 입 부분에 착용하는 보호구

8) 보호복 : 고열, 방사선, 중금속, 유해물질로부터 보호하기 위해 몸에 착용하는 보호구

3 안전보호구 기준

1) 착용하여 작업하기 쉬울 것

2) 외관이나 디자인이 양호할 것

3) 유해·위험물로부터 보호성능이 충분할 것

4) 사용되는 재료는 작업자에게 해로운 영향을 주지 않을 것

5) 마무리가 좋을 것

Chapter 08 운영 안전관리

01 고압가스 안전관리법에 의한 냉동기 관리

1 고압가스의 종류 및 범위(시행령 제2조)

「고압가스 안전관리법」(이하 "법"이라 한다) 제2조에 따라 법의 적용을 받는 고압가스의 종류 및 범위는 다음 각 호와 같다. 다만 별표 1에 정하는 고압가스는 제외한다.

1) 상용(常用)의 온도에서 압력(게이지압력을 말한다. 이하 같다)이 1메가파스칼 이상이 되는 압축가스로서 실제로 그 압력이 1메가파스칼 이상이 되는 것 또는 섭씨 35도의 온도에서 압력이 1메가파스칼 이상이 되는 압축가스(아세틸렌가스는 제외한다)

2) 섭씨 15도의 온도에서 압력이 0파스칼을 초과하는 아세틸렌가스

3) 상용의 온도에서 압력이 0.2메가파스칼 이상이 되는 액화가스로서 실제로 그 압력이 0.2메가파스칼 이상이 되는 것 또는 압력이 0.2메가파스칼이 되는 경우의 온도가 섭씨 35도 이하인 액화가스

4) 섭씨 35도의 온도에서 압력이 0파스칼을 초과하는 액화가스 중 액화시안화수소·액화브롬화메탄 및 액화산화에틸렌가스

2 용어의 뜻(시행규칙 제2조)

1) "액화가스"란 가압(加壓)·냉각 등의 방법에 의하여 액체상태로 되어 있는 것으로서 대기압에서의 끓는 점이 섭씨 40도 이하 또는 상용 온도 이하인 것을 말한다.

2) "압축가스"란 일정한 압력에 의하여 압축되어 있는 가스를 말한다.

3) "저장설비"란 고압가스를 충전·저장하기 위한 설비로서 저장탱크 및 충전용기보관설비를 말한다.

4) "저장능력"이란 저장설비에 저장할 수 있는 고압가스의 양으로서 별표 1에 따라 산정된 것을 말한다.

5) "저장탱크"란 고압가스를 충전·저장하기 위하여 지상 또는 지하에 고정 설치된 탱크를 말한다.

6) "초저온저장탱크"란 섭씨 영하 50도 이하의 액화가스를 저장하기 위한 저장탱크로서 단열재를 씌우거나 냉동설비로 냉각시키는 등의 방법으로 저장탱크 내의 가스온도가 상용의 온도를 초과하지 아니하도록 한 것을 말한다.

7) "저온저장탱크"란 액화가스를 저장하기 위한 저장탱크로서 단열재를 씌우거나 냉동설비로 냉각시키는 등의 방법으로 저장탱크 내의 가스온도가 상용의 온도를 초과하지 아니하도록 한 것 중 초저온저장탱크와 가연성가스 저온저장탱크를 제외한 것을 말한다.

8) "초저온용기"란 섭씨 영하 50도 이하의 액화가스를 충전하기 위한 용기로서 단열재를 씌우거나 냉동설비로 냉각시키는 등의 방법으로 용기 내의 가스온도가 상용 온도를 초과하지 아니하도록 한 것을 말한다.

9) "저온용기"란 액화가스를 충전하기 위한 용기로서 단열재를 씌우거나 냉동설비로 냉각시키는 등의 방법으로 용기 내의 가스온도가 상용의 온도를 초과하지 아니하도록 한 것 중 초저온용기 외의 것을 말한다.

10) "충전용기"란 고압가스의 충전질량 또는 충전압력의 2분의 1 이상이 충전되어 있는 상태의 용기를 말한다.

11) "잔가스용기"란 고압가스의 충전질량 또는 충전압력의 2분의 1 미만이 충전되어 있는 상태의 용기를 말한다.

12) "가스설비"란 고압가스의 제조 · 저장 · 사용 설비(제조 · 저장 · 사용 설비에 부착된 배관을 포함하며, 사업소 밖에 있는 배관은 제외한다) 중 가스(제조 · 저장되거나 사용 중인 고압가스, 제조공정 중에 있는 고압가스가 아닌 상태의 가스, 해당 고압가스제조의 원료가 되는 가스 및 고압가스가 아닌 상태의 수소를 말한다)가 통하는 설비를 말한다.

13) "처리설비"란 압축 · 액화나 그 밖의 방법으로 가스를 처리할 수 있는 설비 중 고압가스의 제조(충전을 포함한다)에 필요한 설비와 저장탱크에 딸린 펌프 · 압축기 및 기화장치를 말한다.

14) "감압설비"란 고압가스의 압력을 낮추는 설비를 말한다.

15) "처리능력"이란 처리설비 또는 감압설비에 의하여 압축 · 액화나 그 밖의 방법으로 1일에 처리할 수 있는 가스의 양(온도 섭씨 0도, 게이지압력 0파스칼의 상태를 기준으로 한다. 이하 같다)을 말한다.

3 냉동능력 산정기준(제2조 제3항 관련)(시행규칙 [별표 3])

1) 1일의 냉동능력 1톤

원심식 압축기를 사용하는 냉동설비는 그 압축기의 원동기 정격(기기의 사용조건 및 성능의 범위를 말한다. 이하 같다) 출력 1.2 kW를 1일의 냉동능력 1톤으로 보고, 흡수식 냉동설비는 발생기를 가열하는 1시간의 입열량(Heat Input) 6640 kcal를 1일의 냉동능력 1톤으로 보며, 그 밖의 것은 다음 계산식에 따른다.

$$R[RT] = \frac{V}{C}$$

$R[RT]$: 1일의 냉동능력
$V[m^3/h]$: 피스톤 압출량
C : 냉매가스의 종류에 따른 수치(1.8 ~ 49.7)

[1일의 냉동능력 1톤 기준 정리]

냉동설비	1일의 냉동능력 1톤
원심식 압축기를 사용하는 냉동설비	압축기의 원동기 정격출력 1.2 kW
흡수식 냉동설비	발생기를 가열하는 1시간의 입열량 6640 kcal
그 밖의 것	$R[RT] = \frac{V}{C}$

2) 고압가스 냉동시설에서 냉동능력의 합산 기준

냉동설비가 다음 각 사항에 해당하는 경우에는 1)에 따라 산정한 각각의 냉동능력을 합산한다. 다만 (6)에만 해당하는 경우에는 합산하지 않을 수 있다.

(1) 냉매가스가 배관에 의하여 공통으로 되어 있는 냉동설비
(2) 냉매계통을 달리하는 2개 이상의 설비가 1개의 규격품으로 인정되는 설비 내에 조립되어 있는 것(Unit형의 것)
(3) 2원(元) 이상의 냉동방식에 의한 냉동설비
(4) 모터 등 압축기의 동력설비를 공통으로 하고 있는 냉동설비
(5) 브라인(Brine)을 공통으로 사용하고 있는 2개 이상의 냉동설비(브라인 중 물과 공기는 포함하지 아니한다)
(6) (1)부터 (5)까지에도 불구하고 동일 건축물에서 동일 냉매를 사용하는 동일 용도(건축물의 냉·난방용과 그 외의 용도로 구분한다)의 냉동설비

4 고압가스 제조허가 등의 종류 및 기준 등(시행령 제3조)

1) 고압가스 특정제조

산업통상자원부령으로 정하는 시설에서 압축·액화 또는 그 밖의 방법으로 고압가스를 제조(용기 또는 차량에 고정된 탱크에 충전하는 것을 포함한다)하는 것으로서 그 저장능력 또는 처리능력이 산업통상자원부령으로 정하는 규모 이상인 것

2) 고압가스 일반제조

고압가스 제조로서 제1호에 따른 고압가스 특정제조의 범위에 해당하지 아니하는 것

3) 고압가스 충전

용기 또는 차량에 고정된 탱크에 고압가스를 충전할 수 있는 설비로 고압가스를 충전하는 것으로서 다음 각 목의 어느 하나에 해당하는 것. 다만 제1호에 따른 고압가스 특정제조 또는 제2호에 따른 고압가스 일반제조의 범위에 해당하는 것은 제외한다.

(1) 가연성가스(액화석유가스와 천연가스는 제외한다) 및 독성가스의 충전

(2) (1) 외의 고압가스(액화석유가스와 천연가스는 제외한다)의 충전으로서 1일 처리능력이 10세제곱미터 이상이고, 저장능력이 3톤 이상인 것

4) 냉동제조

1일의 냉동능력(이하 "냉동능력"이라 한다)이 20톤 이상(가연성가스 또는 독성가스 외의 고압가스를 냉매로 사용하는 것으로서 산업용 및 냉동·냉장용인 경우에는 50톤 이상, 건축물의 냉·난방용인 경우에는 100톤 이상)인 설비를 사용하여 냉동을 하는 과정에서 압축 또는 액화의 방법으로 고압가스가 생성되게 하는 것. 다만 다음 각 목의 어느 하나에 해당하는 자가 그 허가받은 내용에 따라 냉동제조를 하는 것은 제외한다.

(1) 제1호에 따른 고압가스 특정제조의 허가를 받은 자

(2) 제2호에 따른 고압가스 일반제조의 허가를 받은 자

(3) 「도시가스사업법」에 따른 도시가스사업의 허가를 받은 자

5 고압가스제조의 신고대상(시행령 제4조)

1) 고압가스 충전

용기 또는 차량에 고정된 탱크에 고압가스를 충전할 수 있는 설비로 고압가스(가연성가스 및 독성가스는 제외한다)를 충전하는 것으로서 1일 처리능력이 10세제곱미터 미만이거나 저장능력이 3톤 미만인 것

2) 냉동제조

냉동능력이 3톤 이상 20톤 미만(가연성가스 또는 독성가스 외의 고압가스를 냉매로 사용하는 것으로서 산업용 및 냉동·냉장용인 경우에는 20톤 이상 50톤 미만, 건축물의 냉·난방용인 경우에는 20톤 이상 100톤 미만)인 설비를 사용하여 냉동을 하는 과정에서 압축 또는 액화의 방법으로 고압가스가 생성되게 하는 것. 다만 다음 각 목의 어느 하나에 해당하는 자가 그 허가받은 내용에 따라 냉동 제조를 하는 것은 제외한다.

(1) 제3조 제1항 또는 제2항에 따른 고압가스 특정제조, 고압가스 일반제조 또는 고압가스저장소 설치의 허가를 받은 자

(2) 「도시가스사업법」에 따른 도시가스사업의 허가를 받은 자

Part 04

6 용기등의 제조등록(시행령 제5조)

1) 용기·냉동기 또는 특정설비(이하 "용기등"이라 한다)의 제조등록 대상범위는 다음과 같다.

(1) 용기 제조

고압가스를 충전하기 위한 용기(내용적 3데시리터 미만의 용기는 제외한다), 그 부속품인 밸브 및 안전밸브를 제조하는 것

(2) 냉동기 제조

냉동능력이 3톤 이상인 냉동기를 제조하는 것

(3) 특정설비 제조

고압가스의 저장탱크(지하 암반동굴식 저장탱크는 제외한다), 차량에 고정된 탱크 및 산업통상자원부령으로 정하는 고압가스 관련 설비를 제조하는 것

2) 용기등의 제조등록기준은 다음 각 호와 같다. 〈개정 2021.1.5.〉

(1) 용기의 제조등록기준 : 용기별로 제조에 필요한 단조(鍛造 : 금속을 두들기거나 눌러서 필요한 형체로 만드는 일을 말한다. 이하 같다)설비·성형설비·용접설비 또는 세척설비 등을 갖출 것

(2) 냉동기의 제조등록기준 : 냉동기 제조에 필요한 프레스설비·제관설비·건조설비·용접설비 또는 조립설비 등을 갖출 것

(3) 특정설비의 제조등록기준 : 특정설비의 제조에 필요한 용접설비·단조설비 또는 조립설비 등을 갖출 것

7 안전관리자의 종류 및 자격 등(시행령 제12조)

1) 법 제15조에 따른 안전관리자의 종류는 다음 각 호와 같다.
   (1) 안전관리 총괄자
   (2) 안전관리 부총괄자
   (3) 안전관리 책임자
   (4) 안전관리원

2) 안전관리 총괄자는 해당 사업자(법인인 경우에는 그 대표자) 또는 특정고압가스 사용신고시설(이하 "사용신고시설"이라 한다)을 관리하는 최상급자로 하며, 안전관리 부총괄자는 해당 사업자의 시설을 직접 관리하는 최고 책임자로 한다.

3) 안전관리자의 자격과 선임 인원은 별표 3과 같다.

8 안전관리자의 업무(시행령 제13조)

1) 법 제15조에 따른 안전관리자는 다음 각 호의 안전관리업무를 수행한다.
   (1) 사업소 또는 사용신고시설의 시설·용기등 또는 작업과정의 안전유지
   (2) 용기등의 제조공정관리
   (3) 법 제10조에 따른 공급자의 의무이행 확인
   (4) 법 제11조에 따른 안전관리규정의 시행 및 그 기록의 작성·보존
   (5) 사업소 또는 사용신고시설의 종사자[사업소 또는 사용신고시설을 개수(改修) 또는 보수(補修)하는 업체의 직원을 포함한다]에 대한 안전관리를 위하여 필요한 지휘·감독
   (6) 그 밖의 위해방지 조치

2) 안전관리 책임자 및 안전관리원은 이 영에 특별한 규정이 있는 경우 외에는 제1항 각 호의 직무 외의 다른 일을 맡아서는 아니 된다.

3) 안전관리자의 업무는 다음 각 호의 구분에 따른다.
   (1) 안전관리 총괄자 : 해당 사업소 또는 사용신고시설의 안전에 관한 업무의 총괄
   (2) 안전관리 부총괄자 : 안전관리 총괄자를 보좌하여 해당 가스시설의 안전에 대한 직접 관리
   (3) 안전관리 책임자 : 안전관리 부총괄자(안전관리 부총괄자가 없는 경우에는 안전관리 총괄자)를 보좌하여 사업장의 안전에 관한 기술적인 사항의 관리 및 안전관리원에 대한 지휘·감독
   (4) 안전관리원 : 안전관리 책임자의 지시에 따라 안전관리자의 직무 수행

9 품질유지 대상인 고압가스의 종류(시행령 제15조의3)

법 제18조의2 제1항에서 "냉매로 사용되는 가스 등 대통령령으로 정하는 종류의 고압가스"란 냉매로 사용되는 고압가스 또는 연료전지용으로 사용되는 고압가스로서 산업통상자원부령으로 정하는 종류의 고압가스를 말한다. 다만 다음 각 호의 어느 하나에 해당하는 고압가스는 제외한다.

1) 수출용으로 판매 또는 인도되거나 판매 또는 인도될 목적으로 저장·운송 또는 보관되는 고압가스

2) 시험용 또는 연구개발용으로 판매 또는 인도되거나 판매 또는 인도될 목적으로 저장·운송 또는 보관되는 고압가스(해당 고압가스를 직접 시험하거나 연구개발하는 경우만 해당한다)

3) 1회 수입되는 양이 40킬로그램 이하인 고압가스

10 일체형 냉동기(제2조 [별표 11])

일체형 냉동기란 아래의 1)부터 4)까지의 모든 조건 또는 5)의 조건에 적합한 것과 응축기 유닛 및 증발유닛이 냉매배관으로 연결된 것으로 하루 냉동능력이 20톤 미만인 공조용 패키지 에어콘 등을 말한다.

1) 냉매설비 및 압축기용 원동기가 하나의 프레임위에 일체로 조립된 것

2) 냉동설비를 사용할 때 스톱밸브 조작이 필요 없는 것

3) 사용장소에 분할·반입하는 경우에는 냉매설비에 용접 또는 절단을 수반하는 공사를 하지 않고 재조립하여 냉동제조용으로 사용할 수 있는 것

4) 냉동설비의 수리 등을 하는 경우에 냉매설비 부품의 종류, 설치개수, 부착위치 및 외형치수와 압축기용 원동기의 정격출력 등이 제조 시 상태와 같도록 설계·수리될 수 있는 것

5) 1)부터 4)까지 외에 산업통상자원부장관이 일체형 냉동기로 인정하는 것

11 안전관리자의 자격과 선임 인원(제12조 제3항 관련)(시행령 [별표 3])

1) 냉동제조시설

저장 또는 처리능력	선임구분	
	안전관리자의 구분 및 선임 인원	자격 구분
냉동능력 300톤 초과(프레온을 냉매로 사용하는 것은 냉동능력 600톤 초과)	안전관리 총괄자 : 1명	
	안전관리 책임자 : 1명	공조냉동기계산업기사
	안전관리원 : 2명 이상	공조냉동기계기능사 또는 한국가스안전공사가 산업통상자원부장관의 승인을 받아 실시하는 냉동시설 안전관리 양성교육을 이수한 자(이하 "냉동시설안전관리자 양성교육 이수자"라 한다)
냉동능력 100톤 초과 300톤 이하(프레온을 냉매로 사용하는 것은 냉동능력 200톤 초과 600톤 이하)	안전관리 총괄자 : 1명	
	안전관리 책임자 : 1명	공조냉동기계산업기사 또는 현장실무 경력이 5년 이상인 공조냉동기계기능사
	안전관리원 : 1명 이상	공조냉동기계기능사 또는 냉동시설안전관리자 양성교육이수자
냉동능력 50톤 초과 100톤 이하(프레온을 냉매로 사용하는 것은 냉동능력 100톤 초과 200톤 이하)	안전관리 총괄자 : 1명	
	안전관리 책임자 : 1명	공조냉동기계기능사 또는 현장실무 경력이 5년 이상인 냉동시설안전관리자 양성교육이수자
	안전관리원 : 1명 이상	공조냉동기계기능사 또는 냉동시설안전관리자 양성교육이수자
냉동능력 50톤 이하(프레온을 냉매로 사용하는 것은 냉동능력 100톤 이하)	안전관리 총괄자 : 1명	
	안전관리 책임자 : 1명	공조냉동기계기능사 또는 냉동시설안전관리자 양성교육이수자

12 용기등의 표시(제41조 제1항 관련)(시행규칙 [별표 24])

1) 냉동기에 대한 표시

냉동기의 제조자 또는 수입자는 금속박판에 다음 사항을 각인하여 이를 냉동기의 보기 쉬운 곳에 떨어지지 아니하도록 부착할 것. 다만 독성가스 또는 가연성가스가 아닌 냉매가스를 사용하는 것으로서 냉동능력이 20톤 미만인 경우에는 다음 사항이 인쇄된 표지를 부착할 수 있다.

(1) 냉동기제조자의 명칭 또는 약호
(2) 냉매가스의 종류
(3) 냉동능력(단위 : RT). 다만 압력용기의 경우에는 내용적(단위 : L)을 표시하여야 한다.
(4) 원동기 소요전력 및 전류(단위 : kW, A). 다만 압축기의 경우에 한한다.
(5) 제조번호
(6) 검사에 합격한 연월(年月)
(7) 내압시험압력(기호 : TP, 단위 : MPa)
(8) 최고사용압력(기호 : DP, 단위 : MPa)

13 품질유지 대상인 고압가스의 종류(제45조 관련)(시행규칙 [별표 26])

1) 냉매로 사용되는 가스

(1) 프레온 22
(2) 프레온 134a
(3) 프레온 404a
(4) 프레온 407c
(5) 프레온 410a
(6) 프레온 507a
(7) 프레온 1234yf
(8) 프로판
(9) 이소부탄

2) 연료전지용으로 사용되는 수소가스

14 벌칙(제39조, 제40조, 제41조, 제42조)

1) 2년 이하의 징역 또는 2천만 원 이하의 벌금(제39조)

다음 각 호의 어느 하나에 해당하는 자는 2년 이하의 징역 또는 2천만 원 이하의 벌금에 처한다.

(1) 허가를 받지 아니하고 고압가스를 제조한 자
(2) 허가를 받지 아니하고 저장소를 설치하거나 고압가스를 판매한 자
(3) 등록을 하지 아니하고 용기등을 제조한 자
(4) 등록을 하지 아니하고 고압가스 수입업을 한 자
(5) 등록을 하지 아니하고 고압가스를 운반한 자
(6) 고압가스배관 매설상황의 확인요청을 하지 아니하고 굴착공사를 한 자
(7) 사업소 밖 배관 보유 사업자가 설치한 고압가스배관이 매설된 지역에서 고압가스배관 파손사고의 위험성이 높은 굴착공사를 하려는 자는 고압가스배관을 보호하기 위하여 그 사업소 밖 배관 보유 사업자와 안전조치방법 등을 협의하여야 하며 협의를 요청받은 사업소 밖 배관 보유 사업자는 정당한 사유가 없으면 이에 응하여야 한다.
이에 따른 협의를 하지 아니하고 굴착공사를 하거나 정당한 사유 없이 협의 요청에 응하지 아니한 자
(8) 협의서를 작성하지 아니하거나 거짓으로 작성한 자
(9) 협의 내용을 지키지 아니한 사업소 밖 배관 보유 사업자와 굴착공사의 시행자
(10) 고압가스배관 손상방지기준에 따르지 아니하고 굴착작업을 한 자
(11) 고압가스배관에 대한 도면을 작성·보존하지 아니하거나 거짓으로 작성·보존한 사업소 밖 배관 보유 사업자
(12) 검사기관으로 지정을 받지 아니하고 검사를 한 자
(13) 검사업무를 위탁받지 아니하고 검사를 한 자

2) 1년 이하의 징역 또는 1천만 원 이하의 벌금(제40조)

다음 각 호의 어느 하나에 해당하는 자는 1년 이하의 징역 또는 1천만 원 이하의 벌금에 처한다.

(1) 고압가스 제조 변경허가를 받지 아니하고 허가받은 사항을 변경한 자(상호의 변경 및 법인의 대표자 변경은 제외한다)
(2) 용기·냉동기 및 특정설비의 제조 변경등록을 하지 아니하고 등록받은 사항을 변경한 자(상호의 변경 및 법인의 대표자 변경은 제외한다)

(3) 고압가스의 제조허가를 받거나 제조신고를 한 자(이하 “고압가스제조자”라 한다) 또는 고압가스의 판매허가를 받은 자(이하 “고압가스판매자”라 한다)가 고압가스를 수요자에게 공급할 때 안전점검을 실시하지 아니한 자 또는 시설·용기의 안전유지에 대한 시설기준과 기술기준을 위반한 자

(4) 사업자등은 산업통상자원부령으로 정하는 시설에 대하여 안전성 평가를 하고 안전성향상계획을 작성하여 허가관청에 제출하거나 사무소에 갖추어 두어야 한다.
이에 따른 안전성 평가를 하지 아니하거나 안전성향상계획을 제출하지 아니한 자

(5) 안전성향상계획을 작성·제출한 자는 이를 충실히 이행하여야 한다.
안전성향상계획을 이행하지 아니한 자

(6) 검사 등의 규정이나 용기등의 검사에 따른 검사나 감리를 받지 아니한 자

(7) 검사나 재검사를 받아야 할 용기등으로서 검사나 재검사를 받지 아니한 경우에는 이를 양도·임대 또는 사용(가스를 충전하는 행위를 포함한다)하거나 판매할 목적으로 진열하여서는 아니 된다. 이를 위반한 자

(8) 고압가스제조자, 고압가스판매자 및 고압가스 수입업자는 제1항에 따른 품질기준에 맞도록 고압가스의 품질을 유지하여야 하며, 품질기준에 미달되는 고압가스임을 알고 판매 또는 인도하거나 판매 또는 인도할 목적으로 저장·운송 또는 보관하여서는 아니 된다. 이를 위반하여 품질기준에 맞지 아니한 고압가스를 판매 또는 인도하거나 판매 또는 인도할 목적으로 저장·운송 또는 보관한 자

(9) 고압가스제조자 및 고압가스 수입업자는 고압가스를 판매하거나 인도하려는 경우 고압가스가 품질기준에 맞는지를 확인하기 위하여 대통령령으로 정하는 고압가스 품질검사기관으로부터 품질검사를 받아야 한다.
이에 따른 품질검사를 받지 아니하거나 품질검사를 거부·방해·기피한 자

(10) 안전설비의 인증을 받아야 할 안전설비로서 인증을 받지 아니한 경우에는 이를 양도·임대 또는 사용하거나 판매할 목적으로 진열하여서는 아니 된다. 이를 위반하여 인증을 받지 아니한 안전설비를 양도·임대 또는 사용하거나 판매할 목적으로 진열한 자

(11) 통지를 받은 사업소 밖 배관 보유 사업자는 해당 토지의 지하에 고압가스배관이 묻혀 있는지를 확인하여 주어야 한다. 이에 따른 고압가스배관 매설상황 확인을 하여 주지 아니한 사업소 밖 배관 보유 사업자

(12) 고압가스배관이 묻혀 있는 것으로 확인되면, 굴착공사자와 사업소 밖 배관 보유 사업자는 해당 굴착공사가 시작되기 전에 적절한 조치를 하여야 한다.
이에 따른 조치를 하지 아니한 굴착공사자 또는 사업소 밖 배관 보유 사업자

(13) 굴착공사자는 정보지원센터로부터 굴착공사 개시통보를 받기 전에 굴착공사를 하여서는 아니 된다.
이를 위반하여 굴착공사 개시통보를 받기 전에 굴착공사를 한 굴착공사자

3) 500만 원 이하의 벌금(제41조)

다음 각 호의 어느 하나에 해당하는 자는 500만 원 이하의 벌금에 처한다.

(1) 대통령령으로 정하는 종류 및 규모 이하의 고압가스를 제조하려는 자는 산업통상자원부령으로 정하는 바에 따라 시장·군수 또는 구청장에게 신고하여야 한다.
이에 따른 신고를 하지 아니하고 고압가스를 제조한 자

(2) 특정고압가스 사용신고자는 그 시설 및 용기등의 안전 확보와 위해 방지에 관한 직무를 수행하게 하기 위하여 사업 개시 전이나 특정고압가스의 사용 전에 안전관리자를 선임하여야 한다.
이에 따른 안전관리자를 선임하지 아니한 자

4) 300만 원 이하의 벌금(제42조)

다음 각 호의 어느 하나에 해당하는 자는 300만 원 이하의 벌금에 처한다.

(1) 해당하는 자(적합한 자)가 아니면 용기등의 수리를 하여서는 아니 된다.
용기등의 소유자나 점유자가 용기등을 수리하려면 해당하는 자(적합한 자)로 하여금 수리하게 하여야 한다.
해당하는 자(적합한 자)가 용기등을 수리하는 경우 용기등의 종류별로 일정 자격을 갖춘 자로 하여금 감독하도록 하여야 한다.
이를 위반한 자

(2) 허가를 받거나 신고를 한 자나 등록을 한 자(이하 "사업자등"이라 한다)는 그 사업 또는 저장소의 사용을 시작하거나 일정 기간 중단하거나 폐지하려면 미리 허가를 한 관청(이하 "허가관청"이라 한다), 신고를 받은 관청(이하 "신고관청"이라 한다) 또는 등록을 받은 관청(이하 "등록관청"이라 한다)에 신고하여야 한다. 일정 기간 중단한 사업 또는 저장소의 사용을 재개(再開)하려는 경우에도 또한 같다.
고압가스를 수입하려는 자는 수입품목과 수량 등을 시장·군수 또는 구청장에게 미리 또는 수입 후 30일 이내에 신고하여야 한다. 다만 일정한 용량 미만이거나 다른 법령에 따라 수입 현황이 파악되는 경우로서 산업통상자원부령으로 정하는 경우에는 그러하지 아니하다.
이에 따른 신고를 하지 아니한 자

(3) 고압가스제조자가 고압가스를 용기에 충전하려면 미리 용기의 안전을 점검한 후 점검기준에 맞는 용기에 충전하여야 한다.
고압가스를 양도·양수·운반 또는 휴대할 때에는 기준에 따라야 한다.
이를 위반한 자

(4) 정기검사나 수시검사를 받지 아니한 자
(5) 정밀안전검진을 받지 아니한 자
(6) 회수등의 명령을 위반한 자
(7) 특정고압가스 사용신고를 하지 아니하거나 거짓으로 신고한 자

02 기계설비법

1 목적(제1조)

이 법은 기계설비산업의 발전을 위한 기반을 조성하고 기계설비의 안전하고 효율적인 유지관리를 위하여 필요한 사항을 정함으로써 국가경제의 발전과 국민의 안전 및 공공복리 증진에 이바지함을 목적으로 한다.

2 용어의 뜻(제2조)

1) "기계설비"란 건축물, 시설물 등(이하 "건축물 등"이라 한다)에 설치된 기계·기구·배관 및 그 밖에 건축물 등의 성능을 유지하기 위한 설비로서 대통령령으로 정하는 설비를 말한다.

2) "기계설비산업"이란 기계설비 관련 연구개발, 계획, 설계, 시공, 감리, 유지관리, 기술진단, 안전관리 등의 경제활동을 하는 산업을 말한다.

3) "기계설비사업"이란 기계설비 관련 활동을 수행하는 사업을 말한다.

4) "기계설비사업자"란 기계설비사업을 경영하는 자를 말한다.

5) "기계설비기술자"란 「국가기술자격법」, 「건설기술 진흥법」 또는 대통령령으로 정하는 법령에 따라 기계설비 관련 분야의 기술자격을 취득하거나 기계설비에 관한 기술 또는 기능을 인정받은 사람을 말한다.

6) "기계설비유지관리자"란 기계설비 유지관리(기계설비의 점검 및 관리를 실시하고 운전·운용하는 모든 행위를 말한다)를 수행하는 자를 말한다.

3 기계설비의 범위(시행령 [별표 1])

구분	내용
1. 열원설비	건축물 등에서 에너지를 이용하여 열매체를 가열, 냉각하기 위하여 설치된 기계·기구·배관 및 그 밖에 성능을 유지하기 위한 설비
2. 냉난방설비	건축물 등에서 일정한 실내온도 유지를 위하여 설치된 기계·기구·배관 및 그 밖에 성능을 유지하기 위한 설비
3. 공기조화·공기청정·환기설비	건축물 등에서 온도, 습도, 청정도, 기류 등을 조절하기 위하여 설치된 기계·기구·배관 및 그 밖에 성능을 유지하기 위한 설비
4. 위생기구·급수·급탕·오배수·통기설비	건축물 등에서 위생과 냉수·온수 공급, 오배수(汚排水), 오배수관 통기(通氣) 등을 위하여 설치된 기계·기구·배관 및 그 밖에 성능을 유지하기 위한 설비
5. 오수정화·물재이용설비	건축물 등에서 오수를 정화하여 배출하거나 정화된 물을 재이용하기 위하여 설치된 기계·기구·배관 및 그 밖에 성능을 유지하기 위한 설비
6. 우수배수설비	건축물 등에서 빗물을 외부로 배출하기 위하여 설치된 기계·기구·배관 및 그 밖에 성능을 유지하기 위한 설비
7. 보온설비	건축물 등에 설치된 기계·기구·배관 및 그 밖에 성능을 유지하기 위한 설비의 보온, 보냉, 결로 및 동결방지 등을 위하여 설치된 설비
8. 덕트(Duct)설비	건축물 등에 설치된 기계·기구·배관 및 그 밖에 성능을 유지하기 위한 설비의 풍량 등을 조절하고 급기(給氣)·배기 및 환기 등을 위하여 설치된 설비
9. 자동제어설비	건축물 등에 설치된 기계·기구·배관 및 그 밖에 성능을 유지하기 위한 설비의 감시, 제어·관리 및 통제 등을 위하여 설치된 설비
10. 방음·방진·내진설비	건축물 등에 설치된 기계·기구·배관 및 그 밖에 성능을 유지하기 위한 설비의 소음, 진동, 전도 및 탈락 등을 방지하기 위하여 설치된 설비
11. 플랜트설비	건축물 등에서 생산물의 제조·생산·이송 및 저장이나 오염물질의 제거 및 저장 등을 위하여 설치된 기계·기구·배관 및 그 밖에 성능을 유지하기 위한 설비

구분	내용
12. 특수설비	가. 건축물 등에서 냉동·냉장, 항온·항습(온도와 습도를 일정하게 유지시키는 것), 특수청정(세균 또는 먼지 등을 제거하는 것), 생활폐기물 집하 및 이송, 전자파 차단 등을 위하여 설치된 기계·기구·배관 및 그 밖에 성능을 유지하기 위한 설비 나. 청정실(실내공간의 오염물질 등을 없애거나 줄이기 위하여 공기정화시설 등의 설비가 설치된 방), 자동창고(물건이 나가고 들어오는 모든 일을 컴퓨터가 자동적으로 제어하고 관리하는 창고), 집진기(먼지를 모으는 기기), 무대기계장치, 기송관(氣送管 : 압축 공기를 써서 물건을 운반하는 기계) 등의 설비와 그 설비를 위하여 설치된 기계·기구·배관 및 그 밖에 성능을 유지하기 위한 설비

4 기계설비의 착공 전 확인과 사용 전 검사의 대상 건축물 또는 시설물(제11조 관련) (시행령 별표 5)

1) 용도별 건축물 중 연면적 1만 제곱미터 이상인 건축물(「건축법」 제2조 제2항 제18호에 따른 창고시설은 제외한다)

2) 에너지를 대량으로 소비하는 다음 각 목의 어느 하나에 해당하는 건축물
   (1) 냉동·냉장, 항온·항습 또는 특수청정을 위한 특수설비가 설치된 건축물로서 해당 용도에 사용되는 바닥면적의 합계가 500제곱미터 이상인 건축물
   (2) 「건축법 시행령」 별표 1 제2호 가목 및 나목에 따른 아파트 및 연립주택
   (3) 다음의 어느 하나에 해당하는 건축물로서 해당 용도에 사용되는 바닥면적의 합계가 500제곱미터 이상인 건축물
      ① 「건축법 시행령」 별표 1 제3호 다목에 따른 목욕장
      ② 「건축법 시행령」 별표 1 제13호 가목에 따른 놀이형시설(물놀이를 위하여 실내에 설치된 경우로 한정한다) 및 같은 호 다목에 따른 운동장(실내에 설치된 수영장과 이에 딸린 건축물로 한정한다)
   (4) 다음의 어느 하나에 해당하는 건축물로서 해당 용도에 사용되는 바닥면적의 합계가 2천 제곱미터 이상인 건축물
      ① 「건축법 시행령」 별표 1 제2호 라목에 따른 기숙사
      ② 「건축법 시행령」 별표 1 제9호에 따른 의료시설
      ③ 「건축법 시행령」 별표 1 제12호 다목에 따른 유스호스텔
      ④ 「건축법 시행령」 별표 1 제15호에 따른 숙박시설

⑸ 다음의 어느 하나에 해당하는 건축물로서 해당 용도에 사용되는 바닥면적의 합계가 3천 제곱미터 이상인 건축물

① 「건축법 시행령」 별표 1 제7호에 따른 판매시설

② 「건축법 시행령」 별표 1 제10호 마목에 따른 연구소

③ 「건축법 시행령」 별표 1 제14호에 따른 업무시설

3) 지하역사 및 연면적 2천 제곱미터 이상인 지하도상가(연속되어 있는 둘 이상의 지하도상가의 연면적 합계가 2천 제곱미터 이상인 경우를 포함한다)

5 기계설비유지관리자의 자격 및 등급(제15조 제2항 관련)(시행령 [별표 5의2])

1) 일반기준

⑴ 기계설비유지관리자는 책임기계설비유지관리자와 보조기계설비유지관리자로 구분하며, 책임기계설비유지관리자는 자격 및 경력 기준에 따라 특급·고급·중급·초급으로 구분한다. 이 경우 실무경력은 해당 자격의 취득 이전의 실무경력까지 포함한다.

⑵ ⑴에도 불구하고 국토교통부장관은 기계설비의 안전하고 효율적인 유지관리를 위하여 책임기계설비유지관리자 및 보조기계설비유지관리자의 경력, 자격·학력 및 교육을 다음의 구분에 따른 점수 범위에서 종합평가하여 그 결과에 따라 등급을 특급·고급·중급·초급으로 조정하여 산정할 수 있다.

① 실무경력 : 30점 이내

② 보유자격·학력 : 30점 이내

③ 교육 : 40점 이내

⑶ 외국인 기계설비유지관리자의 인정 범위 및 등급

외국인 기계설비유지관리자는 해당 외국인의 국가와 우리나라 간의 상호인정 협정 등에서 정하는 바에 따라 자격을 인정하되, 그 인정 범위 및 등급에 관하여는 가목 및 나목을 준용한다.

⑷ 그 밖에 기계설비유지관리자의 실무경력 인정, 등급 산정 및 인정 범위 등에 필요한 방법 및 절차에 관한 세부기준은 국토교통부장관이 정하여 고시한다.

2) 세부기준

구분		자격 및 경력 기준		종합평가 결과에 따른 등급 산정
		보유자격	실무경력	
가. 책임 기계 설비 유지 관리자	1) 특급	가) 기술사	-	제1호 나목에 따라 특급으로 산정된 기계설비유지관리자
		나) 기능장	10년 이상	
		다) 기사	10년 이상	
		라) 산업기사	13년 이상	
		마) 특급 건설기술인	10년 이상	
	2) 고급	가) 기능장	7년 이상	제1호 나목에 따라 고급으로 산정된 기계설비유지관리자
		나) 기사	7년 이상	
		다) 산업기사	10년 이상	
		라) 고급 건설기술인	7년 이상	
	3) 중급	가) 기능장	4년 이상	제1호 나목에 따라 중급으로 산정된 기계설비유지관리자
		나) 기사	4년 이상	
		다) 산업기사	7년 이상	
		라) 중급 건설기술인	4년 이상	
	4) 초급	가) 기능장	-	제1호 나목에 따라 초급으로 산정된 기계설비유지관리자
		나) 기사	-	
		다) 산업기사	3년 이상	
		라) 초급 건설기술인	-	
나. 보조기계설비 유지관리자		기계설비기술자 중 기계설비유지관리자에 필요한 자격을 갖추었다고 국토교통부장관이 정하여 고시하는 사람		

[비고]

1. 위 표에서 "기술사", "기능장", "기사" 및 "산업기사"란 각각 「국가기술자격법」 제9조 제1호에 따른 국가기술자격의 등급 중 다음 각 목의 구분에 따른 분야의 국가기술자격 등급을 말한다.
   가. 기술사 : 건축기계설비 · 기계 · 건설기계 · 공조냉동기계 · 산업기계설비 · 용접 분야
   나. 기능장 : 배관 · 에너지관리 · 용접 분야
   다. 기사 : 일반기계 · 건축설비 · 건설기계설비 · 공조냉동기계 · 설비보전 · 용접 · 에너지관리 분야
   라. 산업기사 : 건축설비 · 배관 · 건설기계설비 · 공조냉동기계 · 용접 · 에너지관리 분야

2. 위 표에서 "건설기술인"이란 「건설기술 진흥법」 제2조 제8호에 따른 건설기술인 중 같은 법 시행령 별표 1에 따른 기계 직무분야의 공조냉동 및 설비 전문분야와 용접 전문분야의 건설기술인을 말한다. 이 경우 해당 건설기술인의 등급은 「건설기술 진흥법 시행령」 별표 1에 따른다.

6 사용 전 검사 등(시행규칙 제6조)

기계설비 사용 전 검사신청서는 별지 제7호 서식에 따르며, 신청인은 이를 제출할 때에는 다음 각 호의 서류를 첨부해야 한다.

1) 기계설비공사 준공설계도서 사본

2) 「건축법」 등 관계 법령에 따라 기계설비에 대한 감리업무를 수행한 자가 확인한 기계설비 사용 적합 확인서

3) 「에너지이용 합리화법」에 따른 검사대상기기 검사에 합격한 경우 그 검사 결과서

4) 「고압가스 안전관리법」에 따른 완성검사에 합격한 경우 그 검사 결과서

7 기계설비 유지관리에 대한 점검 및 확인 등(시행령 제14조)

1) 법 제17조 제1항에서 "대통령령으로 정하는 일정 규모 이상의 건축물등"이란 다음 각 호의 건축물, 시설물 등(이하 "건축물등"이라 한다)을 말한다. 〈개정 2021.2.2.〉

⑴ 「건축법」 제2조 제2항에 따라 구분된 용도별 건축물(이하 "용도별 건축물"이라 한다) 중 연면적 1만 제곱미터 이상의 건축물(같은 항 제2호 및 제18호에 따른 공동주택 및 창고시설은 제외한다)

⑵ 「건축법」 제2조 제2항 제2호에 따른 공동주택(이하 "공동주택"이라 한다) 중 다음 각 목의 어느 하나에 해당하는 공동주택

① 500세대 이상의 공동주택

② 300세대 이상으로서 중앙집중식 난방방식(지역난방방식을 포함한다)의 공동주택

⑶ 다음 각 목의 건축물등 중 해당 건축물등의 규모를 고려하여 국토교통부장관이 정하여 고시하는 건축물등

① 「시설물의 안전 및 유지관리에 관한 특별법」 제2조 제1호에 따른 시설물

② 「학교시설사업 촉진법」 제2조 제1호에 따른 학교시설

③ 「실내공기질 관리법」 제3조 제1항 제1호에 따른 지하역사(이하 "지하역사"라 한다) 및 같은 항 제2호에 따른 지하도상가(이하 "지하도상가"라 한다)

④ 중앙행정기관의 장, 지방자치단체의 장 및 그 밖에 국토교통부장관이 정하는 자가 소유하거나 관리하는 건축물등

2) 법 제17조 제3항에서 "대통령령으로 정하는 기간"이란 10년을 말한다.

8 기계설비성능점검업자에 대한 행정처분의 기준(제20조 관련)(시행령 [별표8])

위반행위	근거 법조문	행정처분기준		
		1차 위반	2차 위반	3차 이상 위반
가. 거짓이나 그 밖의 부정한 방법으로 등록한 경우	법 제22조 제2항 제1호	등록취소	-	-
나. 최근 5년간 3회 이상 업무정지 처분을 받은 경우	법 제22조 제2항 제2호	등록취소	-	-
다. 업무정지기간에 기계설비성능점검 업무를 수행한 경우. 다만 등록취소 또는 업무정지의 처분을 받기 전에 체결한 용역계약에 따른 업무를 계속한 경우는 제외한다.	법 제22조 제2항 제3호	등록취소	-	-
라. 기계설비성능점검업자로 등록한 후 법 제22조 제1항에 따른 결격사유에 해당하게 된 경우(같은 항 제6호에 해당하게 된 법인이 그 대표자를 6개월 이내에 결격사유가 없는 다른 대표자로 바꾸어 임명하는 경우는 제외한다)	법 제22조 제2항 제4호	등록취소	-	-
마. 법 제21조 제1항에 따른 대통령령으로 정하는 요건에 미달한 날부터 1개월이 지난 경우	법 제22조 제2항 제5호	등록취소	-	-
바. 법 제21조 제2항에 따른 변경등록을 하지 않은 경우	법 제22조 제2항 제6호	시정명령	업무정지 1개월	업무정지 2개월
사. 법 제21조 제3항에 따라 발급받은 등록증을 다른 사람에게 빌려 준 경우	법 제22조 제2항 제7호	업무정지 6개월	등록취소	-

9 기계설비유지관리자의 선임기준(제8조 제1항 관련)(시행규칙 [별표 1])

구분	선임대상	선임자격	선임 인원
1. 영 제14조 제1항 제1호에 해당하는 용도별 건축물	가. 연면적 6만 제곱미터 이상	특급 책임기계설비유지관리자	1
		보조기계설비유지관리자	1
	나. 연면적 3만 제곱미터 이상 연면적 6만 제곱미터 미만	고급 책임기계설비유지관리자	1
		보조기계설비유지관리자	1
	다. 연면적 1만 5천 제곱미터 이상 연면적 3만 제곱미터 미만	중급 책임기계설비유지관리자	1
	라. 연면적 1만 제곱미터 이상 연면적 1만 5천 제곱미터 미만	초급 책임기계설비유지관리자	1
2. 영 제14조 제1항 제2호에 해당하는 공동주택	가. 3천 세대 이상	특급 책임기계설비유지관리자	1
		보조기계설비유지관리자	1
	나. 2천 세대 이상 3천 세대 미만	고급 책임기계설비유지관리자	1
		보조기계설비유지관리자	1
	다. 1천 세대 이상 2천 세대 미만	중급 책임기계설비유지관리자	1
	라. 500세대 이상 1천 세대 미만	초급 책임기계설비유지관리자	1
	마. 300세대 이상 500세대 미만으로서 중앙집중식 난방방식(지역난방방식을 포함한다)의 공동주택	초급 책임기계설비유지관리자	1
3. 영 제14조 제1항 제3호에 해당하는 건축물등(같은 항 제1호 및 제2호에 해당하는 건축물은 제외한다)	영 제14조 제1항 제3호에 해당하는 건축물등(같은 항 제1호 및 제2호에 해당하는 건축물은 제외한다)	건축물의 용도, 면적, 특성 등을 고려하여 국토교통부장관이 정하여 고시하는 기준에 해당하는 초급 책임기계설비유지관리자 또는 보조기계설비유지관리자	1

[비고]

1. 위 표에서 "선임자격"이란 해당 기계설비유지관리자 등급 이상을 보유한 사람으로서 다음 각 목의 구분에 따른 기준을 충족한 사람을 말한다. 이 경우 보조기계설비유지관리자는 초급 이상인 책임기계설비유지관리자로 선임할 수 있다.
2. 건축물대장의 건축물현황도에 표시된 대지경계선 안의 지역 또는 연접한 2개 이상의 대지에 건축물등이 둘 이상 있고, 그 관리에 관한 권원(權原)을 가진 자가 동일인인 경우에는 이를 하나의 건축물등으로 보아 해당 건축물등을 합산한 연면적 또는 세대를 기준으로 기계설비유지관리자를 선임해야 한다.

10 유지관리 및 성능점검 대상 기계설비(제7조 제1항 관련)(기계설비 유지관리기준 [별표 1])

기계설비의 종류	세부항목
1. 열원 및 냉난방설비	냉동기
	냉각탑
	축열조
	보일러
	열교환기
	팽창탱크
	펌프(냉·난방)
	신재생에너지(지열, 태양열, 연료전지 등)
	패키지 에어컨
	항온항습기
2. 공기조화설비	공기조화기
	팬코일유닛
3. 환기설비	환기설비
	필터
4. 위생기구설비	위생기구설비
5. 급수·급탕설비	급수펌프, 급탕탱크
	고·저수조

기계설비의 종류	세부항목
6. 오·배수 통기 및 우수배수설비	오·배수배관
	통기배관
	우수배관
7. 오수정화 및 물재이용설비	오수정화설비
	물 재이용설비
8. 배관설비	배관 및 부속기기
9. 덕트설비	덕트 및 부속기기
10. 보온설비	보온 및 부속기기
11. 자동제어설비	자동제어설비
12. 방음·방진·내진 설비	방음설비
	방진설비
	내진설비

※ '가스설비'는 유지관리 및 성능점검 대상 기계설비가 아니다.

11 기계설비 성능점검 시 검토사항(제11조 제1항 관련)(기계설비 유지관리기준 [별표 3])

점검항목	세부 검토사항
1. 기계설비시스템 검토	1) 유지관리지침서의 적정성 2) 기계설비시스템의 작동 상태 3) 점검대상 현황표상의 설계값과 측정값 일치 여부
2. 성능개선 계획 수립	1) 기계설비의 내구연수에 따른 노후도 2) 성능점검표에 따른 부적합 및 개선사항 3) 성능개선 필요성 및 연도별 세부개선계획
3. 에너지사용량 검토	1) 냉난방설비 등 분류별 에너지 사용량 2) 효율적인 에너지 사용을 위한 설비 운용방법

※ 기계설비 성능점검 시 검토사항은 특급 책임기계설비유지관리자가 작성해야 한다.

12 기계설비 유지관리교육에 관한 업무 위탁기관 지정

1) 위탁업무의 내용 및 위탁기관

위탁업무의 내용	관련 법령	위탁기관
법 제20조 제1항에 따른 기계설비 유지관리교육에 관한 업무	「기계설비법」 시행령 제16조 제2항	대한기계설비건설협회

2) 위탁된 업무의 처리방법
업무를 위탁받은 기관은 그 업무를 수행함에 있어서 관련 법령의 규정에 의하여야 한다.

13 기계설비설계의 일반원칙(기계설비 기술기준 제6조)

기계설비는 다음 각 호의 기준에 따라 설계한다.

1) 기계설비의 시공, 감리, 유지관리 등 전 과정을 고려하여 합리적으로 설계할 것

2) 공정관리에 지장이 없고 하자 책임 구분이 용이하도록 기계설비와 건축 등 타 분야의 공종을 구분하여 설계할 것

3) 에너지절약을 위한 설계 및 환경친화적인 설비의 우선 사용을 검토할 것

4) 신기술 및 신공법의 적용 가능 여부를 검토할 것

14 기계설비 시공의 일반원칙(기계설비 기술기준 제7조)

기계설비는 다음 각 호의 기준에 따라 시공한다.

1) 기계설비공사의 공정표, 시공계획서 등을 준수할 것

2) 기계설비설계도면, 시방서, 부하 및 장비선정계산서(이하 "설계도서"라 한다) 등을 충분히 검토하여 현장 여건에 맞는 적절한 시공계획을 수립할 것

3) 기계설비가 그 기능을 충분히 발휘할 수 있도록 설계도서, 시공상세도 등에 적합하게 시공할 것

15 기계설비감리업무수행자의 확인 등(기계설비 기술기준 제19조)

1) 기계설비설계자 또는 기계설비시공자는 기계설비공사를 시작하기 전에 별지 제1호 서식의 기계설비 착공 전 확인표를 작성하여 기계설비감리업무수행자에게 제출해야 한다.

2) 기계설비감리업무수행자는 제1항에 따라 제출받은 서류의 적합성을 확인하여 기계설비가 제8조에 따른 설계 기준에 적합하게 설계되었는지 검토해야 한다.

3) 기계설비감리업무수행자는 제2항에 따른 검토를 마친 경우에는 별지 제2호 서식의 기계설비 착공적합 확인서를 작성하고, 이를 제1항에 따라 제출받은 서류와 함께 발주자에게 제출해야 한다.

4) 기계설비시공자는 기계설비공사를 끝낸 경우 기계설비의 성능 및 안전평가를 수행하고, 다음 각 호의 서류를 작성하여 기계설비감리업무수행자에게 제출해야 한다.
   1. 별지 제3호 서식의 기계설비 사용 전 확인표
   2. 별지 제4호 서식의 기계설비 성능확인서
   3. 별지 제5호 서식의 기계설비 안전확인서

5) 기계설비감리업무수행자는 제4항에 따른 성능 및 안전평가에 입회하여 기계설비가 제8조에 따른 시공기준에 적합하게 시공되었는지 검토해야 한다.

6) 기계설비감리업무수행자는 제4항에 따라 제출받은 서류의 적합성을 확인하고 제5항에 따른 검토를 마친 경우에는 별지 제6호 서식의 기계설비 사용적합 확인서를 작성하고, 이를 제4항에 따라 제출받은 서류와 함께 발주자에게 제출해야 한다.

1) 기계설비시공자가 작성하여 제출해야 할 사항
   (1) 기계설비 착공 전 확인표
   (2) 기계설비 사용 전 확인표
   (3) 기계설비 성능확인서
   (4) 기계설비 안전확인서
2) 기계설비감리업무수행자가 작성하여 제출해야 할 사항
   (1) 기계설비 착공적합 확인서
   (2) 기계설비 사용적합 확인서

03 산업안전보건법

1 목적(제1조)

이 법은 산업 안전 및 보건에 관한 기준을 확립하고 그 책임의 소재를 명확하게 하여 산업재해를 예방하고 쾌적한 작업환경을 조성함으로써 노무를 제공하는 사람의 안전 및 보건을 유지·증진함을 목적으로 한다.

2 보일러에 의한 위험예방(산업안전보건기준에 관한 규칙)

1) 압력방출장치(제116조)

(1) 사업주는 보일러의 안전한 가동을 위하여 보일러 규격에 맞는 압력방출장치를 1개 또는 2개 이상 설치하고 최고사용압력(설계압력 또는 최고허용압력을 말한다. 이하 같다) 이하에서 작동되도록 하여야 한다. 다만 압력방출장치가 2개 이상 설치된 경우에는 최고사용압력 이하에서 1개가 작동되고, 다른 압력방출장치는 최고사용압력 1.05배 이하에서 작동되도록 부착하여야 한다.

(2) (1)의 압력방출장치는 매년 1회 이상 「국가표준기본법」 제14조 제3항에 따라 산업통상자원부장관의 지정을 받은 국가교정업무 전담기관(이하 "국가교정기관"이라 한다)에서 교정을 받은 압력계를 이용하여 설정압력에서 압력방출장치가 적정하게 작동하는지를 검사한 후 납으로 봉인하여 사용하여야 한다. 다만 영 제43조에 따른 공정안전보고서 제출 대상으로서 고용노동부장관이 실시하는 공정안전보고서 이행상태 평가결과가 우수한 사업장은 압력방출장치에 대하여 4년마다 1회 이상 설정압력에서 압력방출장치가 적정하게 작동하는지를 검사할 수 있다.

2) 압력제한스위치(제117조)

사업주는 보일러의 과열을 방지하기 위하여 최고사용압력과 상용압력 사이에서 보일러의 버너연소를 차단할 수 있도록 압력제한스위치를 부착하여 사용하여야 한다.

3) 고저수위 조절장치(제118조)

사업주는 고저수위(高低水位) 조절장치의 동작 상태를 작업자가 쉽게 감시하도록 하기 위하여 고저수위지점을 알리는 경보등·경보음장치 등을 설치하여야 하며, 자동으로 급수되거나 단수되도록 설치하여야 한다.

4) 폭발위험의 방지(제119조)

사업주는 보일러의 폭발 사고를 예방하기 위하여 압력방출장치, 압력제한스위치, 고저수위 조절장치, 화염 검출기 등의 기능이 정상적으로 작동될 수 있도록 유지·관리하여야 한다.

5) 최고사용압력의 표시 등(제120조)

사업주는 압력용기등을 식별할 수 있도록 하기 위하여 그 압력용기등의 최고사용압력, 제조연월일, 제조회사명 등이 지워지지 않도록 각인(刻印) 표시된 것을 사용하여야 한다.

3 유해위험방지계획서 제출 대상(시행령 제42조)

1) 법 제42조 제1항 제1호에서 "대통령령으로 정하는 사업의 종류 및 규모에 해당하는 사업"이란 다음 각 호의 어느 하나에 해당하는 사업으로서 전기 계약용량이 300킬로와트 이상인 경우를 말한다.

(1) 금속가공제품 제조업 : 기계 및 가구 제외
(2) 비금속 광물제품 제조업
(3) 기타 기계 및 장비 제조업
(4) 자동차 및 트레일러 제조업
(5) 식료품 제조업
(6) 고무제품 및 플라스틱제품 제조업
(7) 목재 및 나무제품 제조업
(8) 기타 제품 제조업
(9) 1차 금속 제조업
(10) 가구 제조업
(11) 화학물질 및 화학제품 제조업
(12) 반도체 제조업
(13) 전자부품 제조업

2) 법 제42조 제1항 제2호에서 "대통령령으로 정하는 기계·기구 및 설비"란 다음 각 호의 어느 하나에 해당하는 기계·기구 및 설비를 말한다. 이 경우 다음 각 호에 해당하는 기계·기구 및 설비의 구체적인 범위는 고용노동부장관이 정하여 고시한다.

(1) 금속이나 그 밖의 광물의 용해로
(2) 화학설비
(3) 건조설비
(4) 가스집합용접장치

(5) 근로자의 건강에 상당한 장해를 일으킬 우려가 있는 물질로서 고용노동부령으로 정하는 물질의 밀폐·환기·배기를 위한 설비

3) 법 제42조 제1항 제3호에서 "대통령령으로 정하는 크기 높이 등에 해당하는 건설공사"란 다음 각 호의 어느 하나에 해당하는 공사를 말한다.

(1) 다음 각 목의 어느 하나에 해당하는 건축물 또는 시설 등의 건설·개조 또는 해체(이하 "건설 등"이라 한다) 공사

① 지상높이가 31미터 이상인 건축물 또는 인공구조물

② 연면적 3만 제곱미터 이상인 건축물

③ 연면적 5천 제곱미터 이상인 시설로서 다음의 어느 하나에 해당하는 시설

㉠ 문화 및 집회시설(전시장 및 동물원·식물원은 제외한다)

㉡ 판매시설, 운수시설(고속철도의 역사 및 집배송시설은 제외한다)

㉢ 종교시설

㉣ 의료시설 중 종합병원

㉤ 숙박시설 중 관광숙박시설

㉥ 지하도상가

㉦ 냉동·냉장 창고시설

(2) 연면적 5천 제곱미터 이상인 냉동·냉장 창고시설의 설비공사 및 단열공사

(3) 최대 지간(支間)길이(다리의 기둥과 기둥의 중심사이의 거리)가 50미터 이상인 다리의 건설 등 공사

(4) 터널의 건설 등 공사

(5) 다목적댐, 발전용댐, 저수용량 2천만 톤 이상의 용수 전용 댐 및 지방상수도 전용 댐의 건설 등 공사

(6) 깊이 10미터 이상인 굴착공사

4 유해·위험 방지조치

1) 안전조치(제38조)

(1) 사업주는 다음 각 호의 어느 하나에 해당하는 위험으로 인한 산업재해를 예방하기 위하여 필요한 조치를 하여야 한다.

① 기계·기구, 그 밖의 설비에 의한 위험

② 폭발성, 발화성 및 인화성 물질 등에 의한 위험

③ 전기, 열, 그 밖의 에너지에 의한 위험

Part 04

(2) 사업주는 굴착, 채석, 하역, 벌목, 운송, 조작, 운반, 해체, 중량물 취급, 그 밖의 작업을 할 때 불량한 작업방법 등에 의한 위험으로 인한 산업재해를 예방하기 위하여 필요한 조치를 하여야 한다.

(3) 사업주는 근로자가 다음 각 호의 어느 하나에 해당하는 장소에서 작업을 할 때 발생할 수 있는 산업재해를 예방하기 위하여 필요한 조치를 하여야 한다.

① 근로자가 추락할 위험이 있는 장소

② 토사·구축물 등이 붕괴할 우려가 있는 장소

③ 물체가 떨어지거나 날아올 위험이 있는 장소

④ 천재지변으로 인한 위험이 발생할 우려가 있는 장소

(4) 사업주가 제1항부터 제3항까지의 규정에 따라 하여야 하는 조치(이하 "안전조치"라 한다)에 관한 구체적인 사항은 고용노동부령으로 정한다.

2) 보건조치(제39조)

(1) 사업주는 다음 각 호의 어느 하나에 해당하는 건강장해를 예방하기 위하여 필요한 조치(이하 "보건조치"라 한다)를 하여야 한다.

① 원재료·가스·증기·분진·흄(Fume, 열이나 화학반응에 의하여 형성된 고체증기가 응축되어 생긴 미세입자를 말한다)·미스트(Mist, 공기 중에 떠다니는 작은 액체방울을 말한다)·산소결핍·병원체 등에 의한 건강장해

② 방사선·유해광선·고열·한랭·초음파·소음·진동·이상기압 등에 의한 건강장해

③ 사업장에서 배출되는 기체·액체 또는 찌꺼기 등에 의한 건강장해

④ 계측감시(計測監視), 컴퓨터 단말기 조작, 정밀공작(精密工作) 등의 작업에 의한 건강장해

⑤ 단순반복작업 또는 인체에 과도한 부담을 주는 작업에 의한 건강장해

⑥ 환기·채광·조명·보온·방습·청결 등의 적정기준을 유지하지 아니하여 발생하는 건강장해

⑦ 폭염·한파에 장시간 작업함에 따라 발생하는 건강장해

(2) ①에 따라 사업주가 하여야 하는 보건조치에 관한 구체적인 사항은 고용노동부령으로 정한다.

5 유해하거나 위험한 기계 등에 대한 방호조치(시행규칙 제98조)

1) 기계·기구에 설치해야 할 방호장치는 다음 각 호와 같다.
   (1) 예초기 : 날접촉 예방장치
   (2) 원심기 : 회전체 접촉 예방장치
   (3) 공기압축기 : 압력방출장치
   (4) 금속절단기 : 날접촉 예방장치
   (5) 지게차 : 헤드 가드, 백레스트(Backrest), 전조등, 후미등, 안전벨트
   (6) 포장기계 : 구동부 방호 연동장치

2) "고용노동부령으로 정하는 방호조치"란 다음 각 호의 방호조치를 말한다.
   (1) 작동 부분의 돌기부분은 묻힘형으로 하거나 덮개를 부착할 것
   (2) 동력전달부분 및 속도조절부분에는 덮개를 부착하거나 방호망을 설치할 것
   (3) 회전기계의 물림점(롤러나 톱니바퀴 등 반대방향의 두 회전체에 물려 들어가는 위험점)에는 덮개 또는 울을 설치할 것

3) 1) 및 2)에 따른 방호조치에 필요한 사항은 고용노동부장관이 정하여 고시한다.

08 예상문제

01 고압가스 안전관리법령에 따라 고압가스 제조신고대상 중 냉동제조신고 대상 범위는 다음과 같다. ( ) 안의 내용으로 옳은 것은?

> 냉동능력이 3톤 이상 ( )톤 미만(가연성가스 또는 독성가스 외의 고압가스를 냉매로 사용하는 것으로서 산업용 및 냉동·냉장용인 경우에는 20톤 이상 50톤 미만, 건축물의 냉·난방용인 경우에는 20톤 이상 100톤 미만)인 설비를 사용하여 냉동을 하는 과정에서 압축 또는 액화의 방법으로 고압가스가 생성되게 하는 것
> 다만, 다음 각 목의 어느 하나에 해당하는 자가 그 허가받은 내용에 따라 냉동제조를 하는 것은 제외한다.

① 3톤 ② 5톤
③ 10톤 ④ 20톤

해설

[고압가스 안전관리법 시행령 제4조(고압가스 제조의 신고대상)]
냉동능력이 3톤 이상 20톤 미만인 설비를 사용하여 냉동을 하는 과정에서 압축 또는 액화의 방법으로 고압가스가 생성되게 하는 것

02 기계설비법령에 따라 특급 책임기계설비유지관리자의 자격 및 경력기준으로 틀린 것은?

① 기능장 10년 이상
② 기사 10년 이상
③ 산업기사 10년 이상
④ 특급 건설기술인 10년 이상

해설

[기계설비유지관리자의 자격 및 등급]

구분		자격 및 경력 기준		종합평가 결과에 따른 등급 산정
		보유자격	실무경력	
책임 기계 설비 유지 관리사	특급	기술사	-	제1호 나목에 따라 특급으로 산정된 기계설비 유지관리자
		기능장	10년 이상	
		기사	10년 이상	
		산업기사	13년 이상	
		특급 건설 기술인	10년 이상	

정답 01 ④ 02 ③

03 산업안전보건법에 따른 안전보건관리규정을 작성해야 할 사업의 종류 중 상시근로자 수가 300명 이상인 사업이 아닌 것은?

① 농업
② 축산업
③ 정보서비스업
④ 금융 및 보험업

해설

[안전보건관리규정을 작성해야 할 사업의 종류 및 상시근로자 수]

사업의 종류	상시근로자 수
1. 농업	300명 이상
2. 어업	
3. 소프트웨어 개발 및 공급업	
4. 컴퓨터 프로그래밍, 시스템 통합 및 관리업	
5. 정보서비스업	
6. 금융 및 보험업	
7. 임대업, 부동산 제외	
8. 전문, 과학 및 기술 서비스업(연구개발업은 제외한다)	
9. 사업지원 서비스업	
10. 사회복지 서비스업	
11. 제1호부터 제10호까지의 사업을 제외한 사업	100명 이상

정답 03 ②

MOAG

05

P·a·r·t

유지보수 공사관리

Chapter 01 배관재료

1 관의 종류

1) 금속관

강관(Steel), 주철관(Cast Iron Pipe), 스테인리스강관(Stainless Steel), 동관(구리관, Copper Pipe), 연관(납관, Lead Pipe), 알루미늄관(Aluminium Pipe)

2) 비금속관

합성수지관(Plastic Pipe), 원심력 철근콘크리트관(흄관, Hume Pipe), 석면 시멘트관(에터니트관, Eternit Pipe)

2 강관

1) 강관의 종류와 용도

구분	명칭 및 규격	금속기호	용도
배관용	배관용 탄소강관 (Steel Pipe Piping)	SPP	(1) 용도 : 압력이 낮은 물, 기름, 증기, 가스 및 공기용 배관(주로 가스관에 사용됨) (2) 종류 : 아연도금에 따라 흑강관(흑관)과 백강관(백관)으로 구분 (3) 사용온도 : 350 ℃ 이하 (4) 사용압력 : 1 MPa(10 kg/cm^2) 이하 (비교적 낮은 사용 압력)
	압력 배관용 탄소강관 (Steel Pipe Pressure Service)	SPPS	(1) 용도 : 물, 기름, 보일러 증기 등의 압력 배관용(수압관, 유압관, 증기관) (2) 사용온도 : 350 ℃ 이하 (3) 사용압력 : 1 ~ 10 MPa (10 ~ 100 kg/cm^2) 이하 (4) 스케줄 번호로 관의 두께를 나타냄

구분	명칭 및 규격	금속기호	용도
배관용	고압 배관용 탄소강관(Steel Pipe Pressure High)	SPPH	(1) 용도 : 화학공업 등의 고압 배관용으로 사용 (2) 사용온도 : 350 ℃ 이하 (3) 사용압력 : 10 MPa(100 kg/cm^2) 이상 (4) 스케줄 번호로 관의 두께를 나타냄
	저온 배관용 탄소강관(Steel Pipe Low Temperature)	SPLT	(1) 용도 : 0 ℃(빙점) 이하의 석유화학공업 및 LPG/LNG 저장탱크 배관 등 저온배관용 (2) 사용온도 : 0 ℃ 이하
	고온 배관용 탄소강관(Steel Pipe High Temperature)	SPHT	(1) 용도 : 과열증기를 사용하는 고온 배관용으로 사용 (2) 사용온도 : 350 ℃ 초과
	배관용 합금강관 (Steel Pipe Alloy)	SPA	(1) 용도 : 주로 고온 배관용으로 쓰이는 합금강으로 내식성과 내산성이 뛰어남 (2) 사용온도 : 350 ℃ 초과
	배관용 아크용접 탄소강 강관(Electric Arc Welded Carbon Steel Pipes)	SPW	(1) 용도 : 사용 압력이 비교적 낮은 증기, 물, 기름, 가스 및 공기 등의 배관에 사용하는 강관. 강대 또는 강판으로 자동 서브머지드아크용접법에 의한 스파이럴 심용접 또는 스트레이트 심용접에 의해 제조된다. (2) 사용온도 : 350 ℃ 이하 (3) 사용압력 : 1 MPa(10 kg/cm^2) 이하
	배관용 스테인리스 강관(Steel Tube Stainless)	STS	(1) 용도 : 고온도의 배관에 적합한 내열, 내식성 있는 스테인리스 강제의 강관으로 저온용으로도 이용할 수 있음

구분	명칭 및 규격	금속기호	용도
수도용	수도용 아연도금강관 (Galvanized Steel Pipes for Water Service)	SGP	(1) 용도 : 배관용 탄소강관에 아연도금의 두께를 두껍게 하여 내식성, 내구성을 증가시킨 강관으로 수도용 급수관 (2) 사용압력 : 1 MPa(10 kg/cm^2) 이하
	수도용 도복장강관 (Steel Tube for Water Service - Protected with Coating)	STPW	(1) 용도 : 정수두 100 m 이하의 급수배관용으로 주로 사용됨
열 교환용	보일러 열교환기용 탄소강강관(Steel Tube for Boiler and Heat Exchanger Tubes)	STBH	(1) 용도 : 관 내외부에서 열교환을 목적으로 하는 곳에 사용되는 강관으로 저인·저황 탄소강으로 일반 용도용
	보일러 열교환기용 합금강강관(Boiler and Heat Exchanger Tubes of Alloy)	STHA	(1) 용도 : 관 내외부에서 열교환을 목적으로 하는 곳에 사용되는 강관으로 탄소강 강관보다 더 엄격한 내식성, 내열성이 요구되는 개소에 사용됨
구조용	일반 구조용 탄소강 강관(Steel Pipes for Structural Purposes)	SPS	(1) 용도 : 건축·토목·철탑·비계 기타 구조물에 사용하는 일반구조용의 탄소강관
	기계 구조용 탄소강 강관(Carbon Steel Tubes for Machine Structural Purposes)	STKM	(1) 용도 : 기계, 자동차, 자전거, 가구, 기구, 항공기 등의 기계부품에 이용

2) 강관의 특징

(1) 인장강도가 크다.

(2) 내충격성 및 굴요성(구부러지는 성질)이 크다.

(3) 관의 접합방법이 비교적 용이하다.

(4) 부식하기 쉬워 내구연한이 짧다.

3) 강관의 호칭

(1) 관의 지름을 기준으로 한 호칭지름

A : 지름의 단위를 mm로 나타낸 것(50A = 지름 50 mm)

B : 지름의 단위를 inch로 나타낸 것(3B = 지름 3 inch)

(2) 관의 두께 : 스케줄 번호(Schedule No)

스케줄 번호는 배관의 두께를 표시하는 번호로 번호가 클수록 관의 두께가 두껍다.

SI단위	스케줄 번호$=\dfrac{\text{최고사용압력 } P}{\text{재료의 허용응력 } S}\times 1000$ ※ 단, 최고 사용압력(P)과 재료의 허용응력(S)의 단위를 일치시킨다.
공학단위	스케줄 번호$=\dfrac{\text{최고사용압력 } P}{\text{재료의 허용응력 } S}\times 10$ 여기서 P : 최고사용압력[kg_f/cm^2], S : 재료의 허용응력[kg_f/mm^2]

여기서 S : 재료의 허용응력$\left(S=\dfrac{\text{인장강도}}{\text{안전율}}\right)$

4) 강관의 표시방법

(1) 관의 표시방법

강관 종류	표시방법
배관용 탄소강관	▭ Ⓚ - SPP - B - 80A - 2005 - 6 상표 / 한국산업규격 표시기호 / 관 종류 / 제조 방법 / 호칭 방법 / 제조년 / 길이
수도용 아연도금강관	✱F ▭ Ⓚ - SPPW - E - 50A - 2005 - 6 합격 표시 / 상표 / 한국산업규격 표시기호 / 관 종류 / 제조 방법 / 호칭 방법 / 제조년 / 길이
압력배관용 탄소강관	상표 Ⓚ SPPS - S - H - 2022.5 - 40A × SCH 40 × 6 한국산업규격 표시기호 / 관 종류 / 제조 방법 / 제조 년월 / 호칭 방법 / 스케줄 번호 / 길이

(2) 제조방법에 따른 기호

기호	용도	기호	용도
E	전기저항용접관	E - C	냉간완성 전기저항용접관
B	단접관	B - C	냉간완성 단접관
A	아크용접관	A - C	냉간완성 아크용접관
S - H	열간가공 이음매 없는 관	S - C	냉간완성 이음매 없는 관

보충 단접관 : 둥글게 만 강철판의 마주 닿는 부분을 눌러 붙여서 만든 관

Part 05

(3) 강관의 밴딩 및 직선길이 산출

① 밴딩(굽힘) 시 굽힘길이 산출

㉠ 곡률 반지름

관지름의 3 ~ 6배 이상으로 하며,
6 이상 시에는 마찰저항이 적음

㉡ 밴딩 산출길이(굽힘길이)

$$L = l_1 + l_2 + l \quad (l = \pi D \frac{\theta}{360} = 2\pi R \frac{\theta}{360})$$

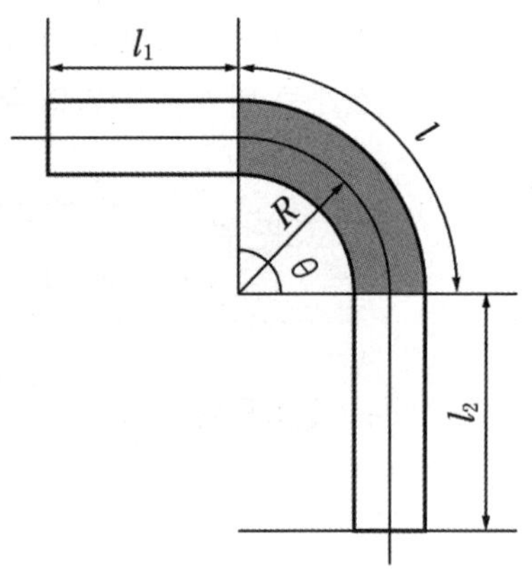

② 엘보와 배관을 나사이음 시 직선길이 산출

$L = l + 2(A + a)$, $l = L - 2(A - a)$

여기서 L : 배관의 중심선 길이, l : 배관의 길이
A : 이음쇠의 중심선에서 단면까지의 치수, a : 나사길이

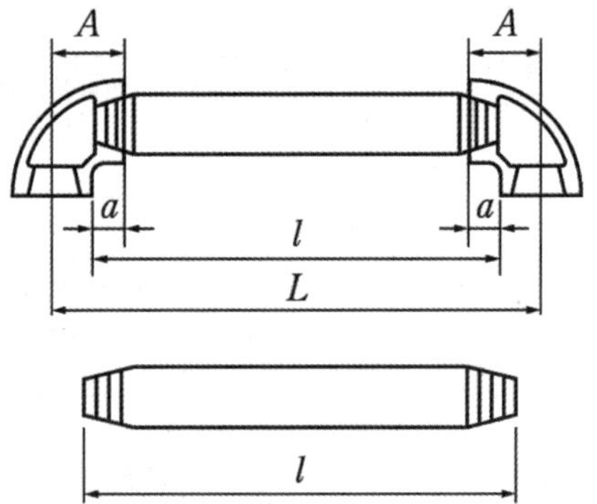

③ 빗변길이 산출

$L = \sqrt{l_1^2 + l_2^2}$

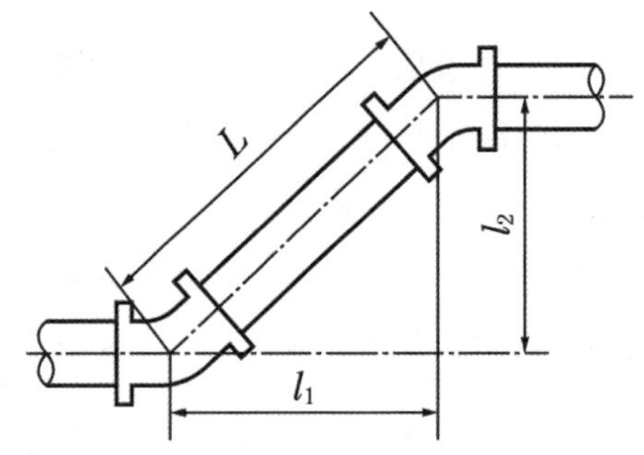

3 주철관

1) 특징

(1) 강관에 비해 내식성, 내마모성, 내구성이 우수하다(지하 매설배관에 적합).

(2) 압축강도가 크다.

(3) 인장강도가 작다.

(4) 충격에 약하다(크랙의 우려가 있다).

2) 용도 : 수도용, 배수용, 가스용, 광산용 등(급수관, 배수관, 통기관, 지하 매설배관)

3) 종류

(1) 수도용 원심력 금형 주철관

(2) 수도용 원심력 사형 주철관

(3) 수도용 입형(수직형) 주철관

(4) 수도용 원심력 덕타일 주철관(구상흑연 주철관)

(5) 원심력 모르타르 라이닝 주철관

(6) 배수용 주철관

4 스테인리스강관

1) 특징

(1) 철에 크롬 등을 첨가하여 만든 합금강으로 내식성이 우수하다.

(2) 강관에 비해 기계적 성질이 우수하고 두께가 얇아 운반 및 시공이 쉽다.

(3) 표면이 매끄럽고 불순물이 침착되지 않아 위생적이다.

2) 종류

(1) 일반배관용 스테인리스강관

(2) 배관용 스테인리스강관

(3) 보일러열교환기용 스테인리스강관

5 동관

1) 특징

(1) 전기 및 열의 전도율이 좋다.

(2) 가성소다, 가성칼리 등 알칼리성에 내식성이 강하다.

(3) 초산, 진한 황산 등 산성에는 내식성이 좋지 않다.

(4) 담수(염분이 적은 물)에 내식성이 크나 연수(미네랄이 적은 물)에는 부식된다.

(5) 경수(미네랄이 많은 물)에는 아연화동, 탄산칼슘의 보호피박이 생성되므로 동의 부식이 방지된다.
(6) 아세톤, 에테르, 프레온가스, 휘발유 등 유기약품에는 침식되지 않는다.
(7) 상온 공기 속에서는 변하지 않으나 탄산가스를 포함한 공기 중에는 푸른 녹이 생긴다.
(8) 전성과 연성이 풍부하여 가공이 용이하다.

2) 용도 : 판, 봉, 관 등으로 제조되어 전기 재료, 열교환기, 급탕관, 급수관, 급유관, 냉매배관 등에 사용된다.

3) 관 두께 크기 : K형(가장 두꺼움) > L형 > M형 > N형(가장 얇음)

4) 종류
(1) 인탈산 동관
(2) 터프피치 동관
(3) 무산소 동관
(4) 이음매없는 황동관

6 연관

1) 특징
(1) 산성에 강하지만 초산, 진한 염산, 증류수에 침식된다.
(2) 해수, 천연수에는 안전하다.
(3) 콘크리트·모르타르 등의 알칼리에는 침식되므로 콘크리트 매설 부분에는 피복할 필요가 있다.
(4) 전연성이 커서 굴곡성이 우수하고 가공성(시공성)이 좋다.
(5) 가격이 비싸고 무겁고 강도가 작다.

2) 용도
용도에 따라 1종(화학공업용), 2종(일반용), 3종(가스용), 4종(통신용)으로 나뉜다.

7 합성수지관

석유, 석탄, 천연가스 등으로부터 얻어지는 에틸렌, 프로필렌, 아세틸렌, 벤젠 등을 원료로 만들어지며, 경질 염화비닐관(PVC)과 폴리에틸렌관(PE)으로 나뉜다.

1) 경질 염화비닐관(PVC : Poly Vinyl Chloride)
(1) 내식성·내산성·내알칼리성이 크다.
(2) 전기절연성이 크다.

(3) 가공이 용이하다.
(4) 가볍고 강인하며 마찰손실이 적다.
(5) 다른 종류의 관에 비해 값이 저렴하다.
(6) 내열성이 좋지 않고 온도 상승에 따라 기계적 강도가 약해진다.
(7) 열팽창률이 크기 때문에 온도변화에 신축이 심하다.
(8) 저온에 약하여 한랭지에서 파괴되기 쉽다(사용범위 : 5 ~ 50 ℃).

2) 폴리에틸렌관(PE : Poly Ethylene)
(1) 전기적, 화학적 성질이 염화비닐관보다 우수하다.
(2) 가볍고 유연성이 좋다.
(3) 90 ℃에서 연화하고 저온(- 60 ℃)에 강하므로 한랭지 배관으로 우수하다.
(4) 불에 약하고 인장강도가 작다.

8 원심력 철근 콘크리트관(흄관, Hume Pipe)

1) 오스트레일리아인 흄 형제에 의해 발명되었으며 주로 상·하 수도용으로 사용한다.

2) 원심력을 이용해서 콘크리트를 균일하게 살포하여 만든 철근콘크리트제의 관이다.

3) 조직이 치밀하고 강도가 뛰어나며, 외부나 내부의 압력에도 강하다.

[원심력 철근 콘크리트관]

4) 이음재의 형상에 따라 3종류로 분류한다.
(1) A형 : 칼라이음쇠(모르타르 일종인 콤프사용)
(2) B형 : 소켓이음쇠(고무링 사용)
(3) C형 : 삽입이음쇠(고무링 사용)

9 석면 시멘트관(에터니트관, Eternit Pipe)

[석면 시멘트관]

1) 석면과 시멘트를 중량비 1 : 5 ~ 1 : 6의 비율로 혼합한 것을 강철제의 원통 심형에 감고, 관 모양으로 성형한 것이다.

2) 내압에는 강하지만 외압에는 약하다.

3) 가격이 싸고 접합 작업이 쉽다.

4) 수도, 배수, 케이블관으로 사용한다.

01 예상문제

01 배관의 KS 도시기호 중 틀린 것은?

① 고압 배관용 탄소강관 - SPPH
② 보일러 및 열교환기용 탄소강관 - STBH
③ 기계구조용 탄소강관 - STPW
④ 압력 배관용 탄소강관 - SPPS

해설

[배관의 KS 도시기호]
- 기계 구조용 탄소강관 : STKM
- 수도용 도복장강관 : STPW

02 호칭지름 20 A의 관을 그림과 같이 나사 이음할 때 중심 간의 길이가 200 mm라 하면 강관의 실제 소요되는 절단길이(mm)는? (단, 이음쇠에 중심에서 단면까지의 길이는 32 mm, 나사가 물리는 최소의 길이는 13 mm이다)

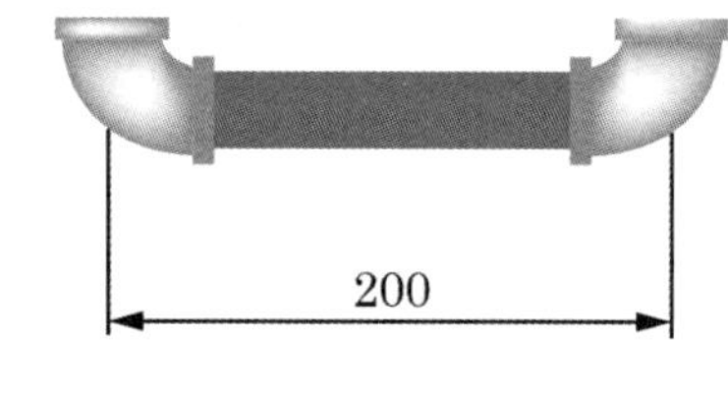

① 136　② 148
③ 162　④ 200

해설

[절단길이]

$l = L - 2(A - a)$
$= 200 - 2(32 - 13)$
$= 162$ mm

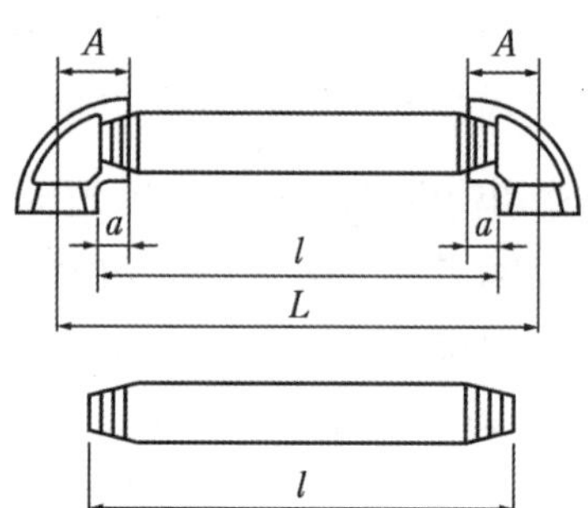

03 동관의 분류 중 가장 두꺼운 것은?

① K형　② L형
③ M형　④ N형

해설

[동관 두께]
K형 > L형 > M형 > N형

04 강관을 재질상으로 분류한 것이 아닌 것은?

① 탄소강관　② 합금강관
③ 전기용접강관　④ 스테인리스강관

해설

[강관 분류]
- 재질상 분류 : 탄소강관, 합금강관, 스테인리스강관 등
- 제조법상 분류 : 전기용접강관, 압연강관, 압출강관 등

정답 01 ③ 02 ③ 03 ① 04 ③

Chapter 02 배관이음

1 강관이음

나사이음	① 배관에 숫나사를 내어 부속 등과 같은 암나사와 결합하는 것이다. ② 50 A 이하의 소구경에 이용한다.
용접이음	① 접합부의 강도가 크며 누수의 우려가 적다. ② 부속이 적게 들고 가공이 쉬워 작업공정이 단축된다. ③ 보온(피복)작업이 쉽다. ④ 관 내 돌출부가 적어 마찰저항이 적다.
플랜지이음	① 관의 보수, 점검을 위해 관의 해체 및 교환을 필요로 하는 곳에 사용한다. ② 플랜지 사이에 기밀을 유지하기 위해 개스킷을 삽입시킨 다음 볼트와 너트를 이용하여 접합시키는 방법이다. ③ 65 A 이상인 것에 이용한다.

[나사이음]

[용접이음]

[플랜지이음]

2 주철관이음

소켓이음	관의 소켓부에 얀(Yarn)을 감고 납을 부어 밀봉하는 접합이다.
플랜지이음	패킹 삽입 후 플랜지를 볼트 체결로 조여 접합한다. 고압배관 및 펌프 주위 배관에 이용한다.
노허브이음	허브가 없는 일반 관에 스테인리스 커플링과 고무링을 드라이버로 조여서 접합한다.
빅토릭이음	① U자형의 고무링을 끼우고 주철제의 칼라(하우징)로 눌러 접합한다. ② 관 내의 압력이 증가하면 고무링이 더욱 더 관벽에 밀착되어 누수를 방지(수밀 유지)

기계식이음 (메커니컬접합)	① 플랜지이음과 유사하나 한쪽 끝은 소켓으로 되어 있어 고무링과 연결 시 구부러진 볼트 끝을 걸 수 있도록 되어 있다(소켓이음 + 플랜지이음). ② 고압에 잘 견디고 기밀성이 좋다.
타이톤접합	원형 고무링 하나만으로 접합하는 방식이다(소켓이음의 납과 얀 대신 고무링만 사용).

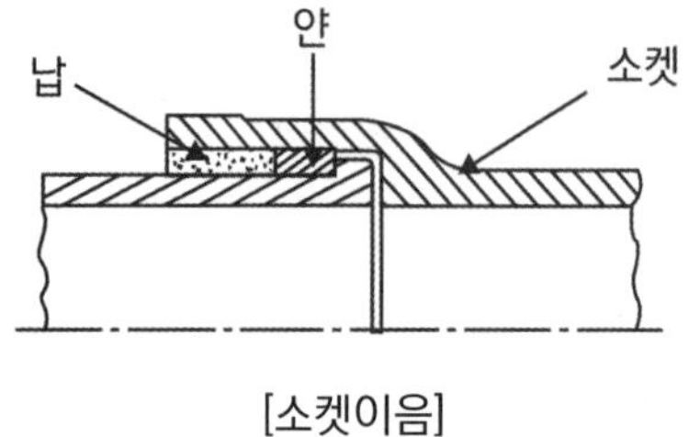

[소켓이음]

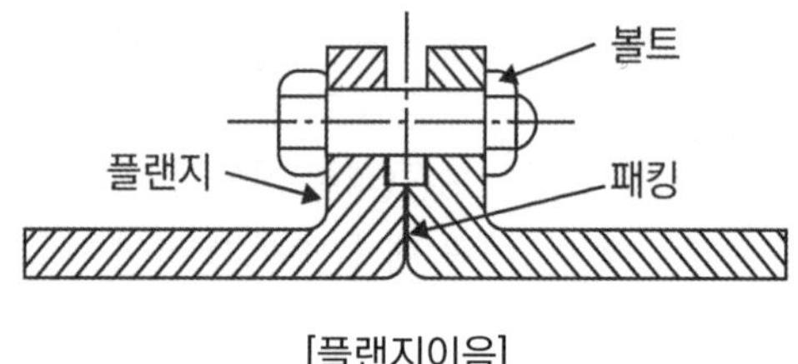

[플랜지이음]

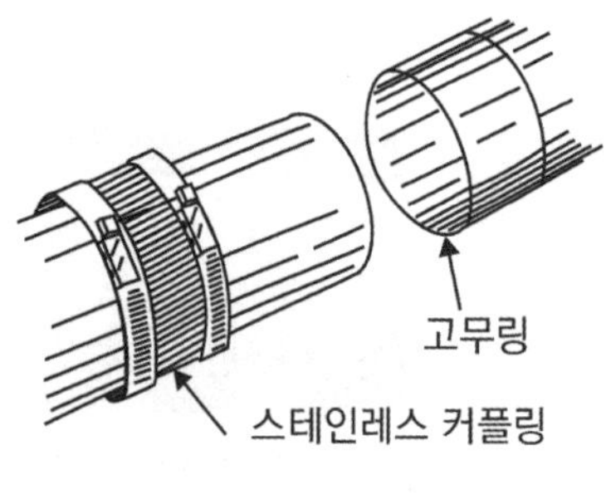

[노허브이음]

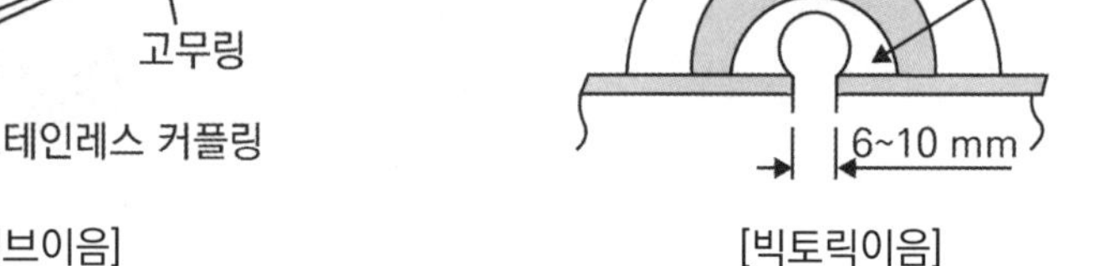

[빅토릭이음]

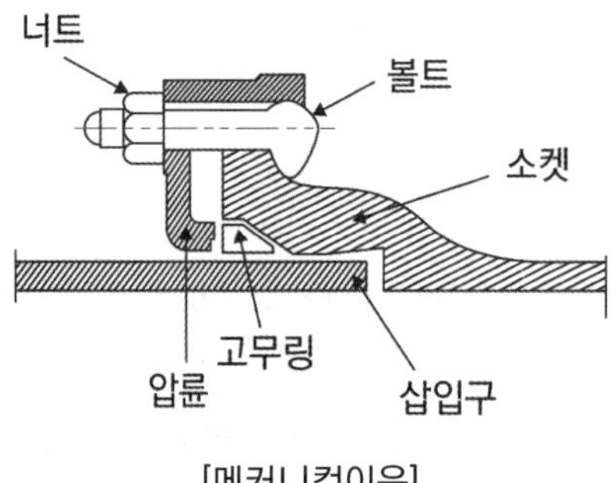

[메커니컬이음]

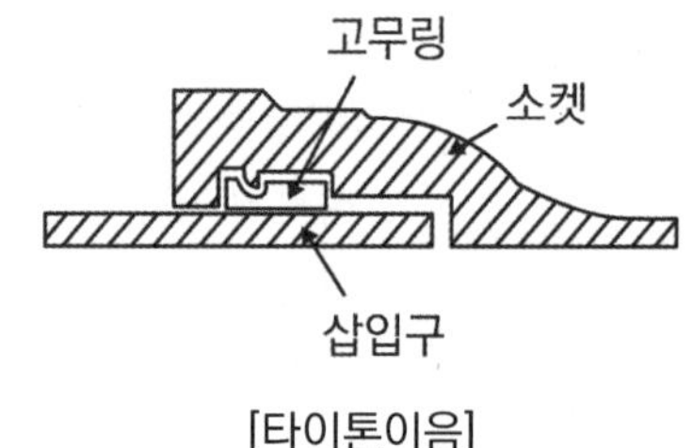

[타이톤이음]

3 스테인리스강관

나사이음, 용접이음, 플랜지이음, 프레스식(롤코)이음, MR 조인트이음쇠

4 동관이음

납땜이음	① 연납땜(솔더링) : 450 ℃ 이하에서 용융되는 용접제를 사용한다. ② 경납땜(브레이징) : 450 ℃ 이상에서 용융되는 용접제를 사용한다.
플레어이음 (나팔관식 이음, 압축이음)	① 동관 끝부분을 플레어 공구(Flaring Tool)를 이용해 나팔모양으로 넓히고 압축이음쇠를 사용하여 체결하는 이음방법이다. ② 20 mm 이하의 동관의 끝을 넓혀 접합하는 것으로 점검, 보수 및 분해가 필요한 곳에 사용된다.
플랜지이음	점검, 보수 및 분해가 필요한 곳에 사용된다(20 mm를 초과하는 관에서 보통 플랜지이음을 한다).
용접이음	일반적으로 동관용접은 산소용접을 주로 사용한다.

5 연관이음

납땜이음	납땜 인두로 땜납을 녹여서 접합한다
플라스턴이음	납과 주석을 합금하고 이것에 중성 용제를 혼합한 플라스턴을 이음 부분에 삽입한 다음 가열하여 접합하는 이음

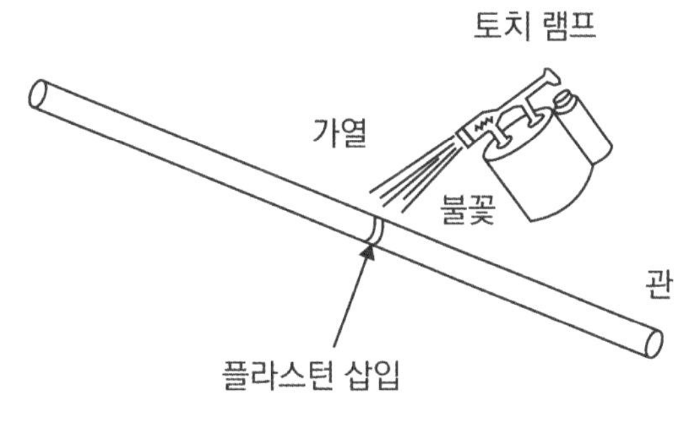

[플라스턴이음]

6 염화비닐관이음

냉간이음, 열간이음, 용접이음, 고무링이음, 플랜지이음

7 폴리에틸렌관이음

나사이음, 인서트이음, 테이퍼이음, 플랜지이음, 용착 슬리브이음

8 콘크리트관이음

시멘트모르타르이음, 심플렉스 조인트, 칼라이음

9 석면시멘트관이음

기볼트이음, 칼라이음, 심플렉스이음

[용접 결함]

(1) 크랙 : 용접부에 금이 가는 현상
(2) 크레이터 : 용융 부위가 그대로 응고되어 움푹하게 패인 형상
(3) 용입 부족 : 용융금속의 두께가 모재 두께보다 적게 용입이 된 상태
(4) 언더컷 : 용접부 부근의 모재가 용접열에 의해 움푹 패인 형상
(5) 오버랩 : 용융금속이 모재와 융합되지 않고 용접개선 절단면을 지나 모재 상부까지 겹쳐져 용접된 형상
(6) 융합 불량 : 용접 경계면에서 서로 충분히 용융되지 않은 부분이 남는 것

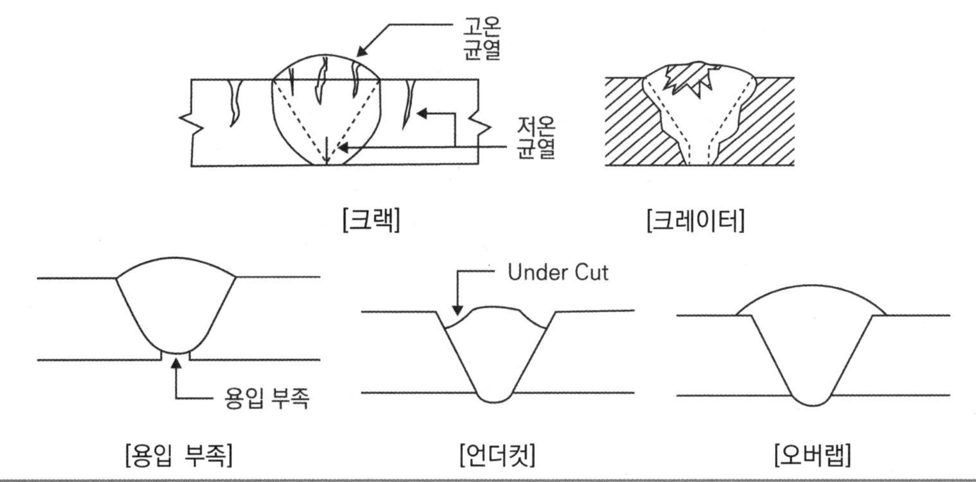

10 신축이음

신축이음은 열응력에 의한 신축팽창을 흡수하기 위해 설치한다.

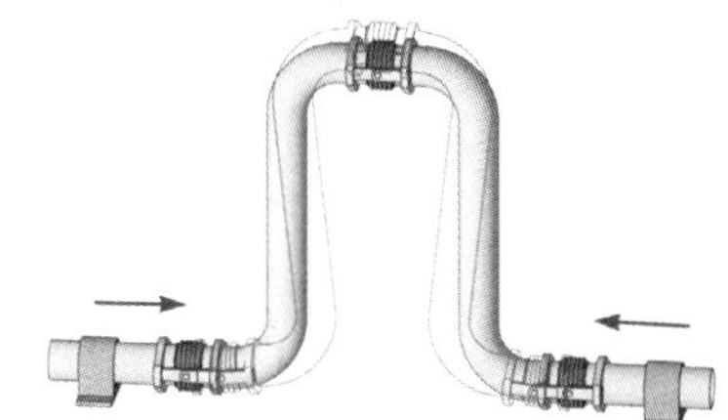

배관의 팽창 및 신축을 흡수하는 이음을 말한다. 배관이 온도변화에 의해 팽창 또는 수축되면 관 접합부 및 기타 기기가 파손이 생길 우려가 있으므로 관 접합부 등에 설치하여 설비의 파손을 방지하는 역할을 한다. 일반적으로 강관은 30 m마다, 동관은 20 m마다 1개 설치한다.

1) 루프형(Loop Type) : 신축곡관이라고도 하며, 강관 또는 동관 등을 루프(Loop) 모양으로 구부려서 그 휨에 의하여 신축을 흡수하는 것이다. 주로 고온 고압증기 옥외배관에 많이 사용된다. 설치장소를 많이 차지한다는 단점이 있다. 곡률반경은 관지름의 6배 이상으로 한다.

2) 슬리브형(Sleeve Type) : 본체와 슬리브 파이프로 구성되고, 관의 신축은 본체 속 슬리브 관에 의해 흡수되며, 슬리브와 본체 사이에 패킹을 넣어 누설을 방지한다. 저압배관용 및 온수배관용으로 주로 쓰인다. 루프형에 비해 설치 공간이 작다.

3) 벨로우즈형(Bellows Type) : 일명 팩리스(Packless) 신축이음이라고도 하며, 벨로즈를 주름잡아 신축을 흡수하는 형태이다. 온도에 따라 일어나는 관의 신축이음쇠를 벨로즈의 변형에 의해 흡수하고 급수, 냉난방 배관에 널리 사용되며 응력흡수가 용이한 이음방식이다. 고압배관에는 부적당하다.

4) 스위블형(Swivel Type) : 2개 이상의 엘보를 사용하여 나사의 회전에 의해 신축을 흡수한다. 즉, 한쪽이 팽창하면 비틀림을 일으켜 팽창을 흡수한다. 신축량이 큰 경우 배관의 나사 이음부가 헐거워져 누설의 우려가 있다. 일반적으로 저압의 증기난방 및 온수난방의 방열기 주변 배관으로 쓰인다.

5) 볼조인트형(Ball Joint) : 관 끝에 볼 부분을 만들고, 케이싱으로 감싸되 그 사이를 가스켓으로 밀봉한다. 이음을 2 ~ 3개 사용하면 관절작용으로 관의 신축을 흡수할 수 있다. 축방향의 힘과 굽힘에 의한 회전력을 동시에 받을 때 사용하는 이음이다.

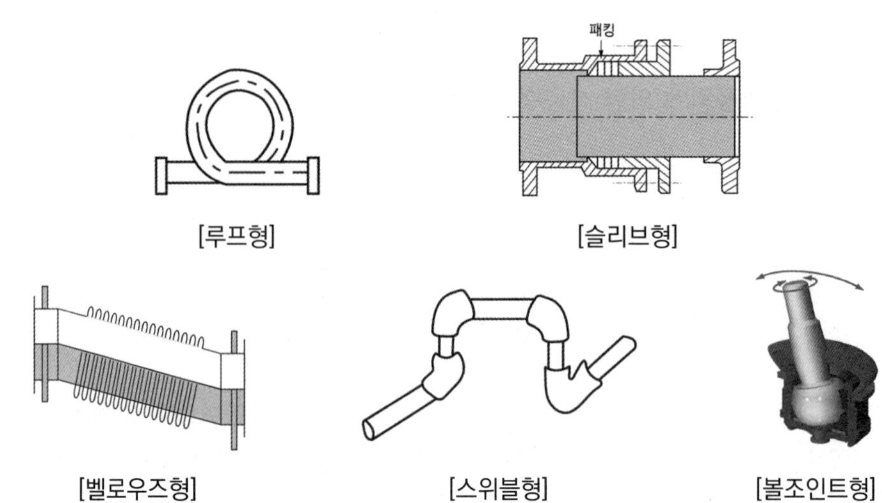

[루프형] [슬리브형]

[벨로우즈형] [스위블형] [볼조인트형]

1) 신축 흡수량 순서
루프형 > 슬리브형 > 벨로스형 > 스위블형 > 볼조인트형

암 루슬벨스볼

2) 선 팽창 길이 λ
$\lambda[mm] = \ell \times \alpha \times \Delta t$

여기서 $\lambda[mm]$: 팽창한 배관의 길이, $\ell[mm]$: 배관의 길이
$\alpha[mm/mm \cdot ℃]$: 선팽창계수, $\Delta t[℃]$: 온도차

11 관이음쇠

관이음쇠	용도
(1) 엘보, 벤드	배관의 방향을 바꿀 때(45°엘보, 90°엘보, 이경엘보)
(2) 티, 와이, 크로스	관을 도중에 분기할 때
(3) 유니언, 플랜지	배관을 연결할 때 사용하며, 조립과 분해가 용이함
(4) 니플	관부속품과 관부속품을 연결할 때
(5) 소켓	배관을 직선으로 연결할 때
(6) 부싱	지름이 서로 다른 배관과 부속을 연결할 때
(7) 레듀서	관의 지름을 바꿀 때(원심레듀서, 편심레듀서)
(8) 플러그, 캡	관의 끝을 막을 때

엘보(Elbow)
45°엘보
이경엘보
티(Tee)
이경티(Tee)
와이(Y)
크로스(Cross)
유니언(Union)
플랜지(Flange)
니플(Nipple)
소켓(Socket)
부싱(Bushing)
원심레듀서
(Concentric Reducer)
편심레듀서
(Eccentric Reducer)
플러그(Plug)
캡(Cap)

12 스트레이너

1) 배관 내의 유체에 혼입된 먼지, 흙, 모래 등의 이물질을 제거하기 위한 부속품으로 유체흐름의 방향에 따라 장착한다. 중요한 기기의 앞쪽에 장착하여 기기(유량계, 펌프) 등의 성능을 보호하는 장치이다.

2) 모양에 따라 Y형, U형, V형 등이 있다.

[Y형 스트레이너]

[U형 스트레이너]

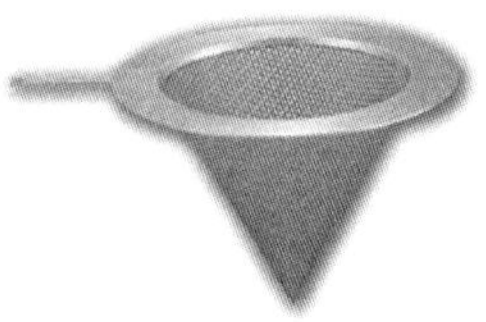
[V형 스트레이너]

3) 용도에 따라 물, 기름, 증기, 공기용으로 쓰이며, 급수배관, 냉난방용 배관, 냉매배관, 오일배관 등으로 사용된다.

02 예상문제

01 주철관 이음방법이 아닌 것은?

① 플라스턴이음
② 빅토릭이음
③ 타이톤이음
④ 플랜지이음

해설

[주철관 이음방법]
소켓이음, 플랜지이음, 노허브이음, 빅토릭이음, 기계식이음, 타이톤이음

 연관 이음방법 : 납땜이음, 플라스턴이음

02 주철관이음 중 고무링 하나만으로 이음하여 이음과정이 간편하여 관 부설을 신속하게 할 수 있는 것은?

① 기계식이음 ② 빅토릭이음
③ 타이톤이음 ④ 소켓이음

해설

[타이톤이음(Tyton Joint)]
1) 미국 US 파이프회사에서 개발하여 세계특허로 등록되었던 이음방법이다.
2) 원형의 고무링 하나만으로 접합하는 방식이다.
3) 접합과정이 간단하여 신속한 관부설이 가능하다.

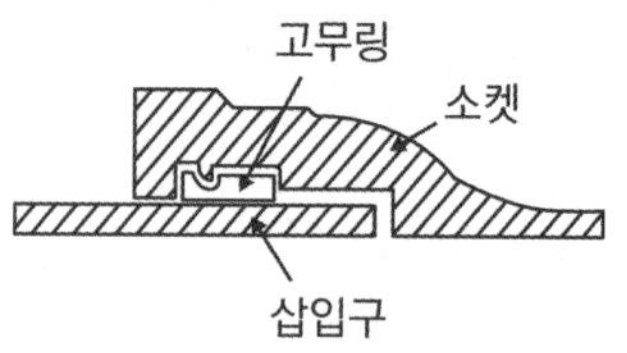

[타이톤접합]

보충 주철관이음방법 : 소켓이음, 플랜지이음, 노허브이음, 빅토릭이음, 기계식이음, 타이톤이음

03 관이음 중 고체나 유체를 수송하는 배관, 밸브류, 펌프, 열교환기 등 각종 기기의 접속 및 관을 자주 해체 또는 교환할 필요가 있는 곳에 사용되는 것은?

① 용접접합
② 플랜지접합
③ 나사접합
④ 플레어접합

해설

[플랜지접합, 유니온접합]
각종 기기의 접속 및 관을 자주 해체 또는 교환할 필요가 있는 곳에 사용

[유니온]

[플랜지]

정답 01 ① 02 ③ 03 ②

Chapter 03 밸브 및 배관지지 기구

01 밸브

1 개폐밸브 및 유량조절밸브

1) 게이트밸브(= 슬루스밸브)

밸브 디스크가 유체의 통로를 수직으로 막아서 개폐하고 유체의 흐름이 일직선으로 유지되는 밸브이다. 일반 배관용으로 가장 많이 사용하며 마찰손실이 적다.

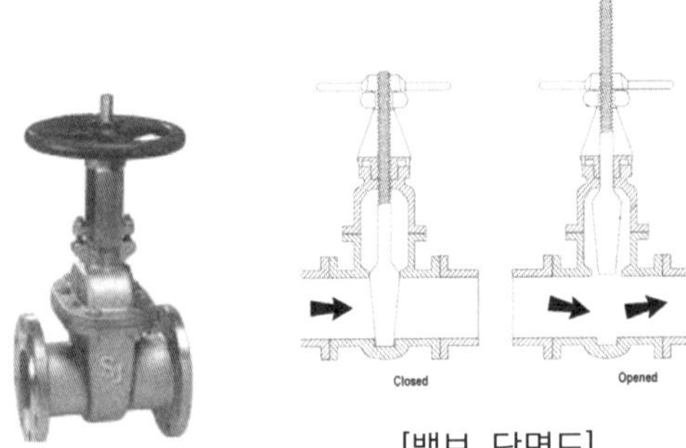

[밸브 단면도]

2) 버터플라이밸브

나비형 밸브로 원통형의 몸체 속에서 밸브 스템을 축으로 하여 원판이 회전함으로써 개폐를 행하는 밸브

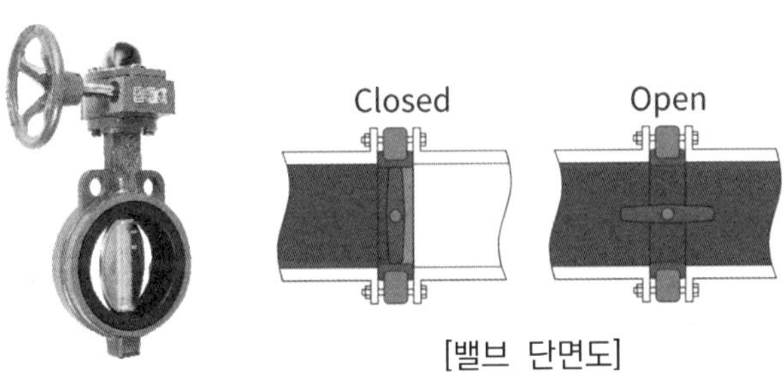

[밸브 단면도]

3) 글로브밸브(= 스톱밸브)

입구와 출구의 중심선이 일직선상에 있고, 유체의 흐름이 S자 형으로 되는 유량조절밸브이다(유체의 흐름이 S자 모양이기 때문에 마찰손실이 크다).

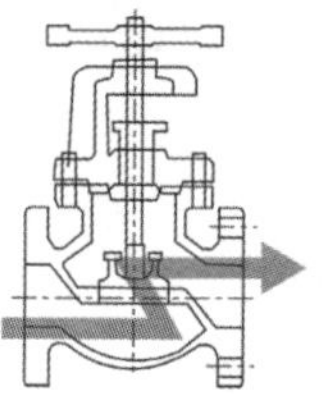

[밸브 단면도]

4) 콕

원뿔형 콕을 90° 회전시켜 유체의 흐름을 차단하고 유량을 정지시킨다. 각도가 0 ~ 90 ° 사이의 각도만큼 회전하면서 유량을 조절하며 가장 신속히 개폐 가능하다.

5) 볼밸브

구멍이 뚫리고 활동하는 공 모양의 몸체가 있는 밸브로 비교적 소형이며, 핸들을 90 °로 움직여 개폐하므로 개폐시간이 짧아 가스 배관에 많이 사용한다.

[열림]

[닫힘]

6) 다이어프램밸브

산 등의 화학약품을 차단하는 경우에 내약품, 내열 고무제의 다이어프램을 밸브 시트에 밀착시키는 것으로 유체 흐름에 대한 저항이 작아 기밀용으로 사용한다.

[밸브 단면도]

2 역류방지밸브 및 유체의 흐름 방향을 조절하는 밸브

1) 체크밸브

유체를 한 방향으로 유동시키고 역류를 방지한다. 보일러 급수배관에서 급수의 역류를 방지하기 위한 밸브로 쓰인다.

스윙형 체크밸브 (수직, 수평배관에 사용)	리프트형 체크밸브 (수평배관에 사용)	스모렌스키 체크밸브 (배이패스밸브를 열어 퇴수 가능)
		바이패스 밸브 스프링

2) 앵글밸브

유체의 흐름 방향을 직각으로 바꿀 때 사용하는 밸브로 방열기 및 보일러에 주로 사용하는 밸브이다.

3 감압밸브 및 안전밸브

1) 감압밸브

고압배관과 저압배관 사이에 설치하여 압력을 낮추는 역할을 한다. 배관 내 압력을 일정하게 유지시킨다.

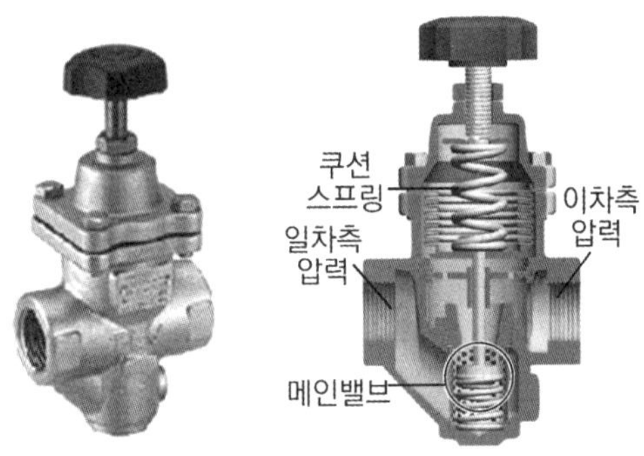

2) 공기빼기밸브

배관 내에 고이는 공기를 배출하기 위해 배관 및 탱크 등의 최상부에 설치한다. 주로 배관 굴곡부 상단, 보일러 최상부 등에 설치한다.

3) 안전밸브

보일러 등 압력용기와 그 밖에 고압 유체를 취급하는 배관에 설치하여 관 또는 용기 내의 압력이 규정 한도에 달하면 내부에너지를 자동적으로 외부에 방출하여 항상 안전한 수준으로 압력을 유지하는 밸브이다.

02 배관지지 기구

1 행거(Hanger)

배관을 천장에 걸어 고정하는 역할을 하는 장치

1) 리지드행거(Rigid Hanger) : 빔에 턴버클을 연결하여 배관 아래를 받쳐 달아 올린 구조로 상하 변위가 없는 곳에 사용한다.

2) 스프링행거(Spring Hanger) : 턴 버클 대신 스프링을 사용하여 지지하는 것으로 충격, 진동 등을 흡수하기 위해 사용한다(충격과 진동을 흡수할 수 있지만, 지지력이 변할 수 있음).

3) 콘스탄트행거(Constant Hanger) : 배관의 열팽창 등으로 인한 변위에도 배관의 상하 이동을 어느 정도 허용하면서 지지력을 일정하게 유지하는 특수한 구조의 행거이다. 내부 구조에 스프링과 여러 부가적인 장치들이 복잡하게 조합되어 있다.

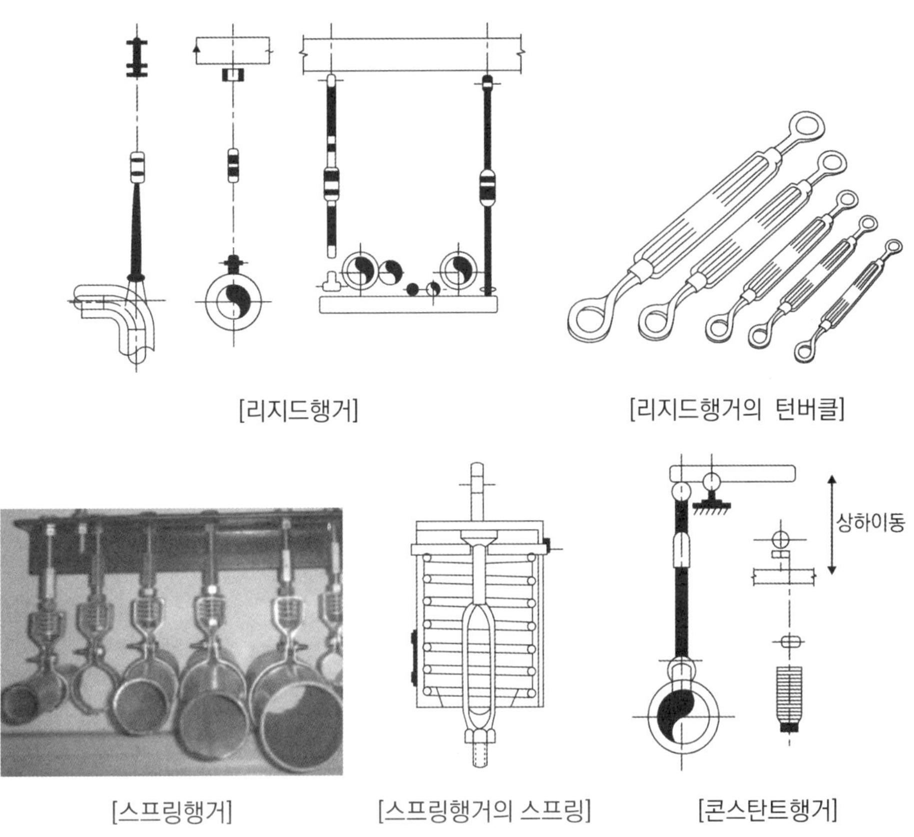

[리지드행거] [리지드행거의 턴버클]

[스프링행거] [스프링행거의 스프링] [콘스탄트행거]

2 서포트(Support)

배관 밑에서 지지하는 역할을 하는 지지대

1) 리지드 서포트(Rigid Support) : 빔 등으로 만든 배관 지지대로 수직방향의 변위가 없는 곳에 사용한다.

2) 스프링 서포트(Spring Support) : 배관의 하중 변화에 따라 상하 이동을 허용하는 지지대로 스프링의 탄성을 이용한다.

3) 파이프 슈(Pipe Shoe) : 배관의 곡관부나 수평부분에 관에 직접 접속하여 지지하는 장치이다. 이 장치는 영어로 'Shoe'라는 단어에서 유래했으며, 신발이 우리 몸을 지탱하듯 배관의 하중을 지탱하거나 고정하는 역할을 한다.

4) 롤러 서포트(Rigid Support) : 배관의 축방향 이동을 자유롭게 허용하기 위해 롤러를 이용하는 지지대

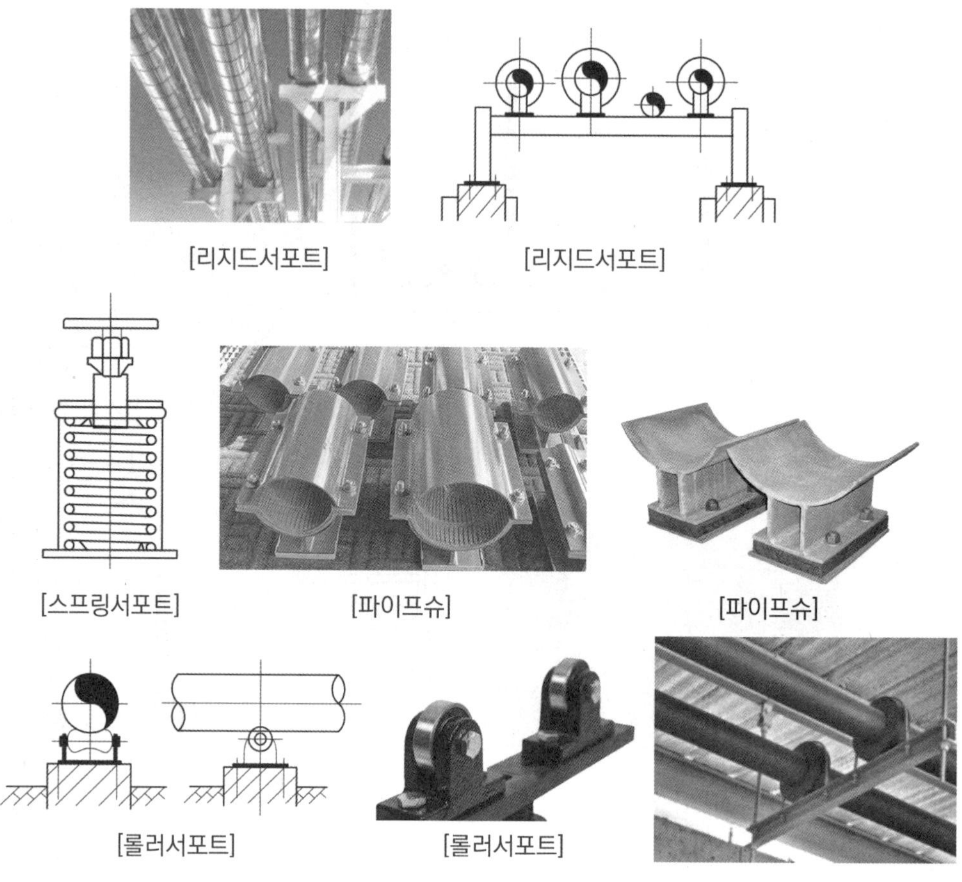
[리지드서포트] [리지드서포트]
[스프링서포트] [파이프슈] [파이프슈]
[롤러서포트] [롤러서포트]

3 리스트레인트(Restraint)

열팽창에 의한 배관의 이동을 구속 또는 제한하기 위해 사용하는 관 지지장치

1) 앵커(Anchor) : 배관의 이동 및 회전을 방지하기 위해 지지점에 완전히 고정하는 장치로 진동이 심한 곳에 사용
2) 스토퍼(Stopper) : 배관의 회전은 허용하고, 직선운동을 방지하는 장치
3) 가이드(Guide) : 배관의 축방향 이동은 허용하고 회전이나 직각방향의 이동을 제한하는 곳에 사용하는 장치

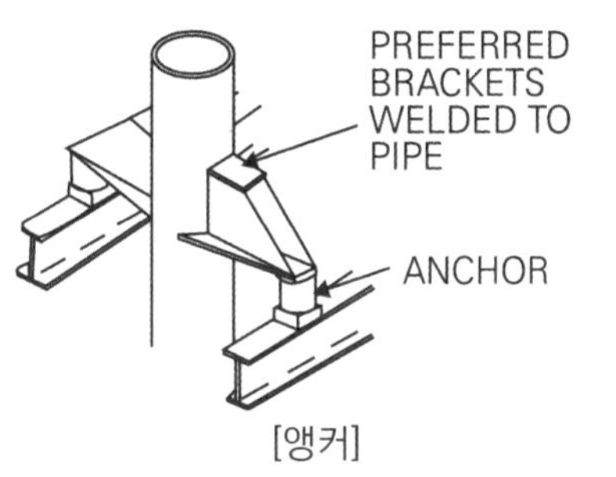

[앵커]

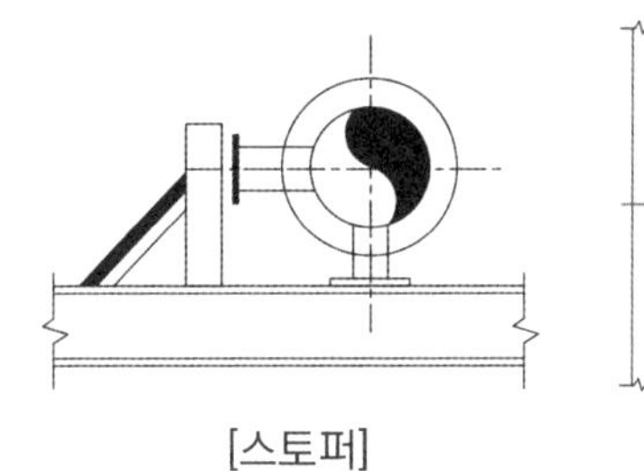
[스토퍼]

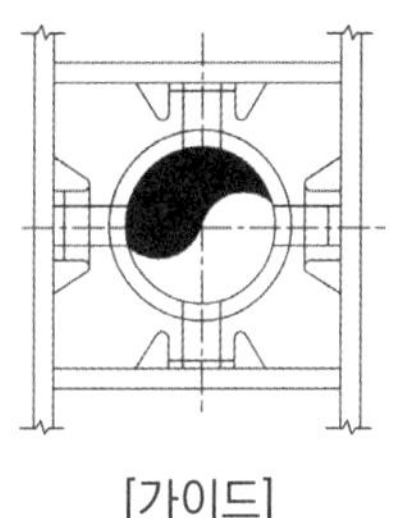
[가이드]

4 브레이스

배관의 진동이나 수격작용에 의한 충격 등을 감쇠 또는 완화시키는 것이 주목적인 지지장치로 스프링식과 유압식이 있다.

1) 스프링식 : 온도가 높지 않은 배관에 사용

2) 유압식 : 규모가 대형인 배관에 사용

5 배관 지지 필요 조건

1) 온도변화에 따른 관의 신축에 대해 대응이 가능할 것

2) 외부에서의 진동, 충격 및 유체 흐름에 의한 수격작용 등 에 대해 견딜 수 있을 것

3) 배관 시공 시, 구배(기울기)를 조정할 수 있는 구조일 것

4) 배관이 지지될 수 있도록 지지 간격을 적당히 유지할 것

5) 가능한 기존의 보를 이용하여 적정 간격을 유지하며 휘거나 쳐지지 않도록 할 것

6) 밸브류나 장치가 있는 경우 밸브류 및 장치 가까이에 지지장치를 설치할 것

6 강관을 수평주관(횡주관)으로 시공할 때 지지간격

관지름	간격
20 A 이하	1.8 m 이내
25 ~ 40 A 이하	2 m 이내
50 ~ 80 A 이하	3 m 이내
100 ~ 150 A 이하	4 m 이내
200 A 이상	5 m 이내

03 예상문제

01 일정 흐름 방향에 대한 역류방지밸브는?

① 글로브밸브
② 게이트밸브
③ 체크밸브
④ 앵글밸브

해설

[체크밸브]
일정 흐름방향에 대한 역류방지밸브

02 배관지지 금속 중 리스트레인트에 해당하지 않는 것은?

① 행거
② 앵커
③ 스토퍼
④ 가이드

해설

[리스트레인트(Restraint)]

- 열팽창에 의한 배관의 이동을 구속 또는 제한
- 앵커, 스토퍼, 가이드

보충 행거 : 리지드, 스프링, 콘스탄트
서포트 : 리지드, 서포트, 파이프슈, 롤러

정답 01 ③ 02 ①

Chapter 04 보온재, 패킹 및 도료

01 보온재

1 보온재의 구비조건

1) 열전도율이 작을 것(열전도율이 작을수록 보온능력이 큼)

2) 다공질이며 기공이 균일할 것

3) 비중이 작을 것

4) 흡습성 및 흡수성이 적을 것

5) 장시간 사용 시 변질되지 않을 것

6) 사용하는 온도에서 변질이 없어야 하며, 불연성일 것

2 보온재의 재질에 의한 분류

1) 유기질 보온재

종류	안전 사용온도	특징
코르크	130℃ 이하	① 액체 및 기체를 쉽게 침투시키지 않아 보냉·보온재로 우수함 ② 냉수·냉매배관, 냉각기 등의 보냉용에 주로 사용함 ③ 굽힘성이 없어 곡면 시공에 사용하면 균열이 생김
펠트	100℃ 이하	① 양모 펠트와 우모 펠트가 있음 ② 곡면의 시공에 편리하게 쓰임 ③ 아스팔트를 방습한 것은 -60℃까지의 보냉용에 사용 가능함

종류	안전 사용온도	특징
기포성 수지	폴리우레탄 수지 : 130 ℃ 이하 폴리에틸렌 수지 : 70 ~ 120 ℃ 이하 고무발포 수지 : 105 ℃ 이하 폴리스틸렌 수지 : 70 ℃ 이하	① 합성수지 또는 고무질 재료를 사용해 다공질 제품으로 만든 보온재 ② 열전도율이 매우 낮고 경량임 ③ 보온성과 보냉성이 모두 뛰어남 ④ 흡수성은 좋지 않지만 굽힘성이 풍부함

2) 무기질 보온재(300 ~ 850 ℃까지 견디는 보온재)

종류	안전 사용온도	특징
탄산마그네슘	250 ℃ 이하	① 염기성 탄산마그네슘 85 %, 석면 15 %를 배합한 것으로 물에 개어 사용하는 보온재 ② 석면 혼합 비율에 따라 열전도율이 좌우되고 300 ~ 320 ℃에서 열분해한다. ③ 파이프, 탱크의 보냉용으로 사용
유리섬유, 글라스 울(Glass Wool)	300 ℃ 이하	① 용융유리를 섬유화한 것 ② 단열, 내열, 내구성이 좋고 가격도 저렴 ③ 흡수성이 커 방수처리 필요 ④ 증기배관 및 덕트 등의 보온재로 사용
석면(아스베스토스)	350 ~ 550 ℃ 이하	① 석면질 섬유로 구성 ② 석면은 사용 중에 부서지거나 뭉그러지지 않으며, 곡관부와 플랜지 등의 보온재로 많이 사용
규조토	500 ℃ 이하	① 규조토에 점토 또는 탄산마그네슘을 섞어 성형한 것 ② 다른 보온재에 비해 단열효과가 낮아 다른 종류의 보온재보다 다소 두껍게 시공함 ② 파이프, 탱크, 노벽 등의 보온에 사용

종류	안전 사용온도	특징
암면	400 ~ 600 ℃ 이하	① 주원료는 슬래그이며 성분 조정용으로 안산암, 현무암, 미분암, 감람암에 석회석을 섞어 용융하여 섬유 모양으로 만든 것 ② 석면에 비해 섬유가 거칠고 굳어서 부서지기 쉬운 결점이 있음 ③ 파이프, 덕트 등 보온·보냉용으로 사용
규산칼슘	650 ℃ 이하	① 규산질 원료에 석면 또는 석회를 혼합·가열하여 만든 것 ② 밀도와 기계적 강도는 다른 보온재에 비해 우수 ③ 내산성, 내열성, 내수성이 큼
실리카 파이버	1100 ℃ 이하	① 실리카를 주원료로 만든 보온재
세라믹 파이버	1300 ℃ 이하	① 고석회질 규산유리나 용융석영을 원료로 만든 것 ② 내약품성이 우수하며 고온용 단열재로 사용됨 ③ 가공이 용이하며 열전도율이 낮음

3) 금속제 보온재

(1) 알루미늄박

① 안전 사용농도 : 500 ℃ 이하

② 알루미늄박으로 공기층을 만들고 금속의 복사열과 공기층의 보온성을 이용한 것이다. 이때 공기층 두께는 10 mm 이하 상태에서 가장 우수하다.

02 패킹 및 도료

1 패킹

패킹(Packing)은 회전부, 접합부로부터의 기밀을 유지하기 위해 사용하는 것으로 패킹재 선정은 관 내 유체의 물리적 성질, 화학적 성질, 기계적 성질을 고려한다. 용도별로 플랜지 패킹, 나사용 패킹, 글랜드 패킹으로 나뉜다.

구분	플랜지 패킹 (Flange Packing)	나사용 패킹 (Threaded Joint Packing)	글랜드 패킹 (Gland Packing)
사용 위치	플랜지 이음부 (관과 관 사이 접합부)	나사이음부 (배관 나사선 사이)	밸브의 글랜드부 또는 펌프 축 등
형태	도넛형 (원형 가스켓)	테이프 또는 페이스트 상태	끈 모양 또는 편조형 섬유
설치 방식	플랜지 사이에 끼워서 볼트 체결로 압축	나사선 사이에 감거나 도포	글랜드박스 안에 여러 겹 삽입 후 글랜드 너트로 압축
용도	배관 플랜지 연결부의 유체 누설 방지	나사관 이음의 기밀 유지	회전축 등에서 축과 하우징 사이의 누설 방지
특징	큰 면적에 균일한 압력을 줘야 함	간편하게 감거나 도포	마찰열, 압력에 견디는 소재 사용

[패킹 재료 선택 시 고려할 사항]
① 유체의 물리적 성질 : 압력, 온도, 밀도, 점도
② 유체의 화학적 성질 : 부식성, 용해 능력, 휘발성, 인화성, 폭발성, 화학성분과 안정도
③ 기계적 조건 : 교체의 난이, 진동 유무, 내압과 외압

Part 05

1) 플랜지 패킹

(1) 고무 패킹(천연고무)
① 탄성은 크나 흡수성이 없음
② 산이나 알칼리에는 잘 부식되지 않지만 열이나 기름에 침식됨
③ 100 ℃ 이상의 고온배관에는 사용할 수 없음
④ 급수, 배수, 공기 등의 배관에 쓰이며 밀폐용으로 사용됨

(2) 네오프렌(합성고무)
① 사용온도 범위가 −46 ~ 120 ℃임
② 물, 기름, 공기, 냉매배관용으로 사용함
③ 내유성, 내산성이며 기계적 성질이 우수함

(3) 합성수지 패킹
① 테프론은 가장 우수한 패킹재료로 사용온도범위가 −260 ~ 260 ℃임
② 기름에 침식되지 않음
③ 산과 알칼리에 강하나 탄성이 부족함
④ 석면, 고무, 금속 등과 조합하여 사용함

(4) 오일 실 패킹

내유가공한 것으로 내열도는 낮음

보충 내유가공 : 기름에 잘 견디도록 하는 가공처리

(5) 금속 패킹

① 연질의 금속이 주로 사용되나 납, 구리, 연강, 스테인리스강 등의 금속으로 만듦

② 탄성이 적어 관의 신축, 진동이 있을 경우 누설의 우려가 있음

(6) 석면 조인트 시트

① 광물질 섬유로서 섬유가 가늘고 강인함

② 사용온도가 450℃까지 가능함

③ 증기, 온수, 고온의 기름 배관에 사용됨

2) 나사용 패킹

(1) 페인트

① 페인트와 광명단을 혼합하여 사용함

② 고온의 기름배관을 제외하고 모든 배관에 사용함

보충 나사용 패킹에서 일반 도료가 아니라,
누설 방지 및 내환경성 강화를 위한 특수코팅제이다.

(2) 일산화연

① 냉매배관에 많이 사용함

② 빨리 응고되어 페인트에 일산화연을 조금 섞어서 사용함

보충 일산화연은 페인트에 섞어
기밀성, 내열성, 내유성을 높이는 기능성 재료로 쓰임

(3) 액상합성수지

① 화학약품에 강하고 내유성이 큼

② 내열범위는 -30 ~ 130℃ 정도로 증기, 기름, 약품배관 등에 사용됨

3) 글랜드 패킹

밸브 또는 펌프의 회전 부분에 기밀을 유지할 목적으로 사용

(1) 석면 각형 패킹

(2) 석면 얀

(3) 아마존 패킹

(4) 몰드 패킹

2 도료(페인트, Paint)

각종 금속에 녹스는 것을 방지하기 위한 도료

1) 광명단 도료(연단 도료)

(1) 연단(광명단, 사산화납)에 아마인유를 배합한 것으로 녹스는 것을 방지
(2) 밀착력이 강하여 풍화에 잘 견딤
(3) 철 표면의 녹 방지를 위한 방청제 도료 및 페인트 밑칠용으로 널리 사용됨

2) 알루미늄 도료(은분)

(1) 알루미늄 분말에 유성바니쉬를 혼합하여 만든 도료
(2) 방청효과가 좋으며 열을 잘 반사하며 증기관, 방열기에 사용
(3) 내열성이 우수하여 난방용 방열기 표면, 증기관의 표면 등의 도장용으로 사용

3) 산화철 도료

(1) 산화 제2철을 보일러유나 아마인유에 혼합하여 만듦
(2) 도막이 부드럽고 가격이 저렴함
(3) 녹방지효과는 불량함

4) 합성수지 도료

(1) 염화비닐계, 프탈산계, 요소 멜라민계, 실리콘수지계 등이 있음
(2) 내약품성, 내유성, 내산성이 우수함

5) 타르 및 아스팔트 도료

(1) 관의 벽면과 물과의 사이에 내식성의 도막을 형성하여 물의 접촉을 방지함
(2) 외부 노출 시에는 온도변화에 따른 균열이 발생할 우려가 있음

04 예상문제

01 보온재의 구비조건으로 틀린 것은?

① 부피와 비중이 커야 한다.
② 흡수성이 적어야 한다.
③ 안전사용 온도 범위에 적합해야 한다.
④ 열전도율이 낮아야 한다.

해설

[보온재의 구비조건]
1) 열전도율이 작을 것(보온능력이 클 것)
2) 흡습성 및 흡수성이 작을 것
3) 화학작용을 일으키지 않고 불연성일 것
4) 사용 온도에서 장시간 사용하여도 변질이 없을 것
5) 경제적이며, 중량이 가볍고, 시공이 용이할 것
6) 비중이 작을 것
7) 불연성일 것

02 다음 중 유기질 보온재의 종류가 아닌 것은?

① 석면
② 펠트
③ 코르크
④ 기포성 수지

해설

[보온재]
① 무기질 보온재
- 안전사용온도 300 ~ 800 ℃의 범위 내에서 보온효과가 있는 것
- 탄산마그네슘, 글라스울, 석면, 규조토, 암면, 규산칼슘, 세라믹 파이버

② 유기질 보온재
- 안전사용온도 100 ~ 200 ℃의 범위 내에서 보온효과가 있는 것
- 펠트류, 텍스류, 탄화코르크, 기포성수지

03 천연고무보다 더 우수한 성질을 가지고 있으며 내유성, 내후성, 내산성, 내마모성 등이 뛰어난 고무류 패킹재는 무엇인가?

① 테프론
② 석면
③ 네오프렌
④ 합성수지

해설

[네오프렌]
- 내열범위가 -46 ~ 120 ℃인 합성고무
- 물, 공기, 기름, 냉매배관에 사용
- 내유성, 내후성, 내산성, 내마모성이며, 기계적 성질이 우수함

정답 01 ① 02 ① 03 ③

Chapter 05 배관공작

1 강관 공작용 공구

1) 파이프 바이스 : 관의 절단과 나사절삭 및 조합 시 관을 고정시키는 데 사용

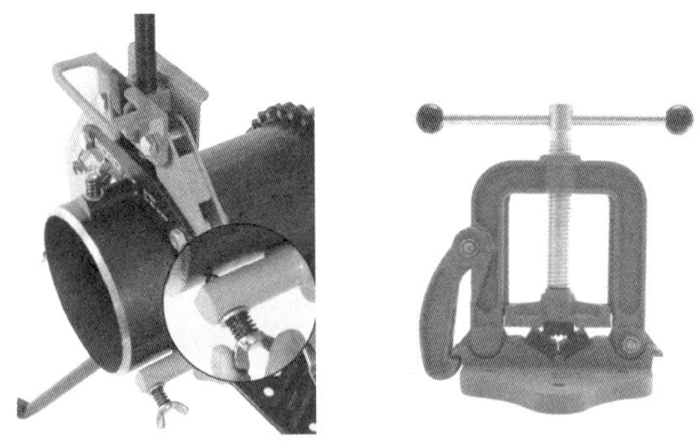

2) 수평 바이스 : 강관 조립 전 작업 준비용 고정 및 괴 외의 각재, 평철 등 가공 재료 고정

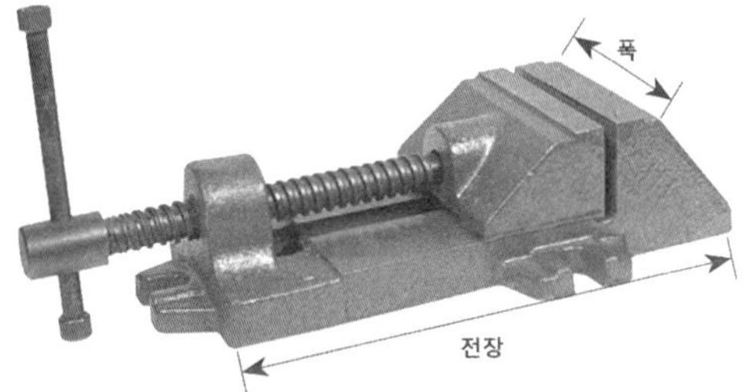

3) 파이프 커터 : 강관을 절단할 때 사용

4) 파이프 리머 : 관 절단 후 관 내면에 생긴 거스러미 제거

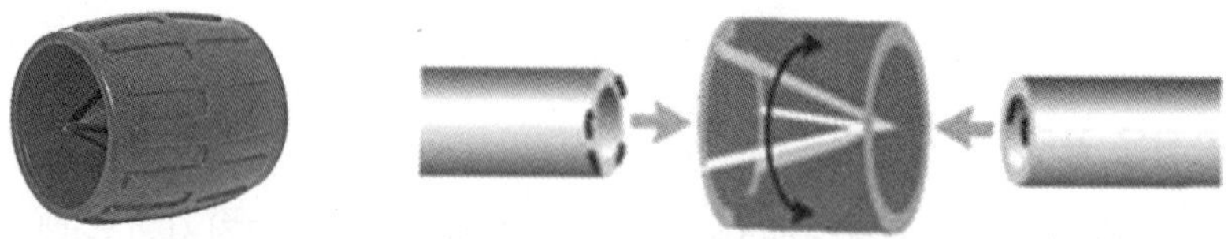

5) 파이프 렌치 : 파이프 또는 이음쇠의 나사이음 분해 조립 시, 파이프 등을 회전

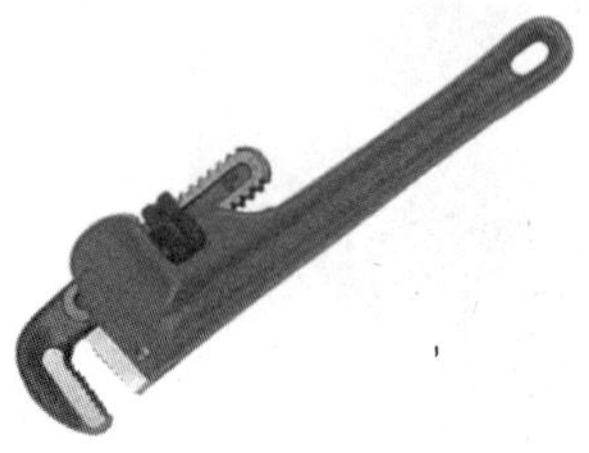

6) 나사절삭기 : 수동으로 나사를 절삭할 때 사용

7) 고속 숫돌 절삭기 : 얇은 숫돌차를 회전시켜 재료를 절단하는 기계

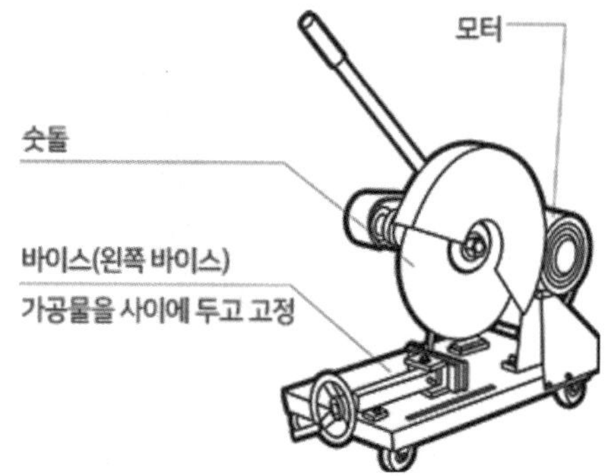

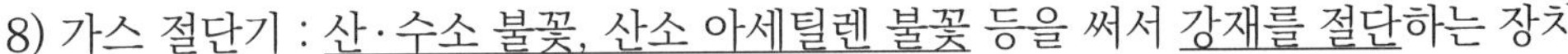

8) 가스 절단기 : 산·수소 불꽃, 산소 아세틸렌 불꽃 등을 써서 강재를 절단하는 장치

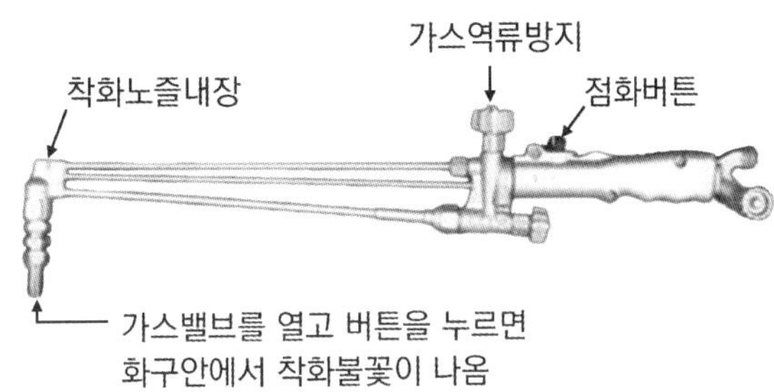

9) 파이프 밴딩 머신

2 주철관용 공구

1) 납 녹임 및 작업용 공구 세트 : 주철관의 납 접합부를 분해(해체)할 때 사용하는 전용 공구 세트

구성 공구	용도 설명
파이프 포트	납을 가열하여 녹이는 도가니 역할. 주철관 이음부 납을 녹임
납국용 국자	녹은 납을 떨어내거나 붓는 데 사용
산화납 제거기	납이 산화되어 생긴 찌꺼기를 제거

2) 클립 : 소켓접합 시 용해된 납물의 비산을 방지함

3) 링크형 파이프 커터 : 주철관 절단 전용 공구

4) 코킹 정 : 소켓접합 시 얀을 박아넣거나 납을 다져 코킹하는 정

3 동관용 공구

1) 사이징 툴 : 동관의 끝 부분을 진원으로 정형하는 공구

2) 플레어링 툴 : 동관의 끝을 나팔형으로 만들어 압축이음 시 사용하는 공구

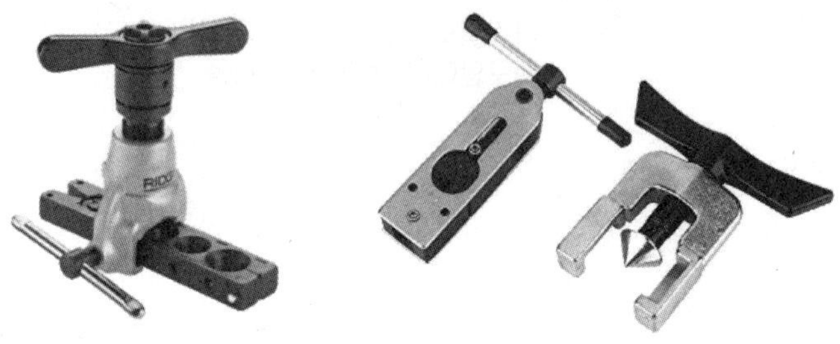

3) 굴관기(튜브 벤더) : 동관의 전용 굽힘 공구

4) 확관기(익스팬더) : 동관 끝의 확관용 공구

5) 튜브 커터 : 동관의 전용 절단 공구

6) 티뽑기 : 직관에서 분기관 성형 시 사용하는 공구

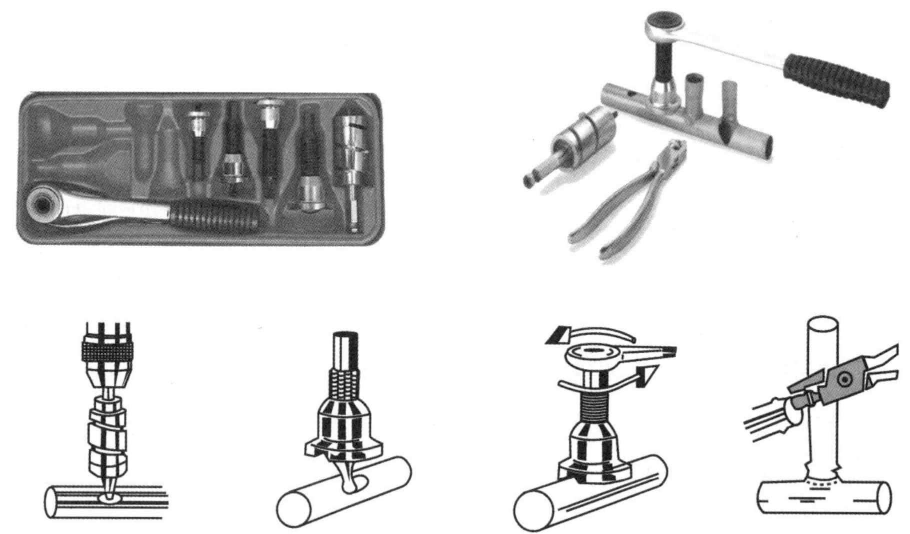

7) 리머 : 동관 절단 후 생기는 거스러미 등을 제거하는 공구

4 연관용 공구

1) 봄볼 : 연관에 구멍을 뚫을 때 사용하는 공구

2) 드레서(빼빠) : 연관 표면의 산화물(산화피막)을 제거

3) 턴핀 : 연관 끝을 접합하기 쉽게 관 끝을 확대하는 공구

4) 벤드밴(Bend Van) : 연관을 굽히거나 펼 때 사용하는 공구

5) 맬릿 : 나무해머

6) 연관톱 : 연관 절단공구

7) 토치램프 : 가열용 공구

05 예상문제

01 배관작업 시 동관용 공구와 스테인리스 강관용 공구로 병용해서 사용할 수 있는 공구는?

① 익스팬더
② 튜브커터
③ 사이징 툴
④ 플레어링 툴 세트

해설

[배관공구]

• 튜브커터 : 동관과 스테인리스관에 병용 사용

보충 동관전용 : 익스팬더, 사이징툴, 플레어링툴세트

정답 01 ②

Chapter 06 배관도시 및 제도

1 배관도시

1) 배관의 표시

(1) 관의 도시법

① 유체의 흐름 방향은 화살표(→)로 표시한다.

② 유체의 종류와 문자 기호 및 색상

유체의 종류	기호	식별 색상
물(Water)	W	청색
수증기(Steam)	S	진한 적색
가스(Gas)	G	황색
공기(Air)	A	백색
유류(Oil)	O	진한 황적색

(2) 배관의 표시방법

2B - S115 - A10 - H20

- 2B : 관의 호칭지름(2 inch)
- S115 : 유체의 종류 및 상태로 배관계의 식별(S : 증기)
- A10 : 배관계의 시방(도면에 붙이는 명세표에 기재한 기호로 관의 종류·두께 압력 구분 등)
- H20 : 관 외면에 실시하는 설비, 재료(보온 재료)

2) 관의 이음 및 접속상태 표시와 도시기호

(1) 관이음

명칭	도시기호	명칭	도시기호
나사형(일반)		엘보 또는 밴드	
플랜지형		티	
턱걸이형 (소켓형)		크로스	
막힌 플랜지형		용접이음	
유니언형		납땜이음	

(2) 관 접속 상태

종류	실제 배관	도시기호	종류	실제 배관	도시기호
접속하지 않을 때			배관 A가 앞쪽 수직으로 구부러질 때	A	A
접속하고 있을 때			배관 B가 뒤쪽 수직으로 구부러질 때	B	B
분기하고 있을 때			배관 C가 뒤쪽 수직으로 구부러지고 D에 접속될 때	C D	C D

(3) 관의 끝부분의 도시기호

명칭	도시기호	명칭	도시기호
나사박음식 캡, 나사박음식 플러그		체크 조인트	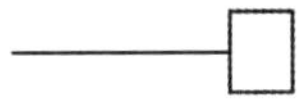
용접식 캡		핀치오프	
막힌 플랜지 (블라인드 플랜지)		-	-

보충 체크조인트 : 배관의 시험, 점검 등을 위해 임시로 연결하는 이음부
핀치오프 : 배관 끝단이나 튜브를 압착(Pinch)하여, 영구적으로 막는 작업 또는 부품

(4) 밸브의 도시기호

명칭	도시기호	명칭		도시기호
밸브 일반		조작 밸브	전자밸브	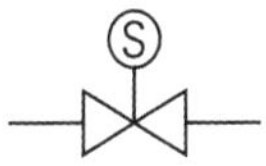 S
글로브밸브			전동밸브	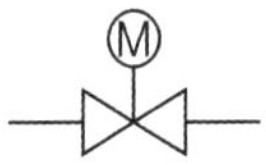 M
게이트밸브 (슬루스밸브)		안전 밸브	일반	
앵글밸브	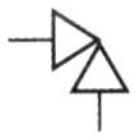		스프링식	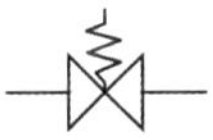
3방향밸브	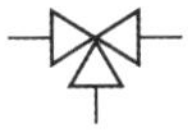		추식	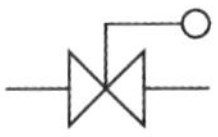
4방향밸브	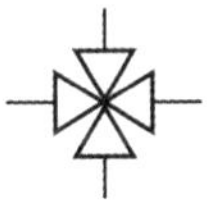	팽창밸브(일반)		
체크밸브		모세관		
버터플라이밸브		볼밸브		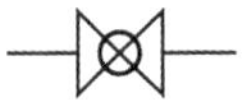
다이어프램밸브	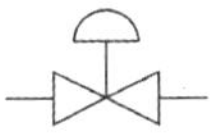	일반콕		

(5) 배관 부속품

명칭	도시기호	명칭		도시기호
스트레이너	또는 S	신축이음	루프형	
드라이어	또는 D		슬리브형	
필터 드라이어	또는		벨로스형	
사이트글라스			스위블형	
파열판		플렉시블 튜브		
스프레이		부싱		
디스트리뷰터		레듀서		

(6) 제어기기의 도시기호

명칭	도시기호	명칭	도시기호
압력 스위치	P	차압 스위치	P
고압 압력 스위치	HP	레벨 스위치	L
저압 압력 스위치	LP	플로우 스위치	F
고저압 압력 스위치	DP	서모스탯	T
유압 압력 스위치	OP	휴미디스탯	H

보충 Humidity : 습도, Thermometer : 온도계

(7) 계측기기의 도시기호

명칭	도시기호	명칭	도시기호
압력계	P	유량계	F
온도계	T	액면계	LG

※ 계기 식별 문자

1) 첫 번째 문자 : 측정하는 물리량을 알려줌
- P : Pressure(압력)
- T : Temperature(온도)
- F : Flow(유량)
- L : Level(수위)

2) 두 번째 문자 : 계기가 수행하는 기능을 알려줌
- R : Record(기록)
- I : Indicate(지시)
- T : Transmit(전송)
- C : Control(조절)
- S : Switch(스위치)
- A : Alarm(경보)

2 배관제도

1) 배관 도면의 종류

구분	설명
평면배관도	위에서 아래로 내려보면서 그린 도면
입면배관도	앞, 뒤, 좌, 우에서 보면서 그린 도면
입체배관도	입체적 형상을 평면에 표시한 도면
부분 조립도	배관의 일부를 인출하여 나타낸 도면

2) 치수 및 높이 표시

(1) 도면에 치수 기입 시 단위

치수 표시는 숫자로 나타내며, 일반적으로 mm 기준을 기입함

(2) 높이 표시

구분	설명
EL	배관의 높이를 관의 중심을 기준으로 표시함
BOP(Bottom of Pipe)	지름이 다른 관의 높이를 나타낼 때 적용되며 관 외경의 아랫면까지를 기준으로 하여 표시함
TOP(Top of Pipe)	지름이 다른 관의 높이를 나타낼 때 적용되며 관 외경의 윗면까지를 기준으로 하여 표시함
GL(Ground Line)	포장된 지표면을 기준으로 하여 배관장치의 높이를 표시함
FL(Floor Line)	1층의 바닥면을 기준으로 하여 높이를 표시함

06 예상문제

01 다음 배관 도시기호 중 레듀서 표시는 무엇인가?

① 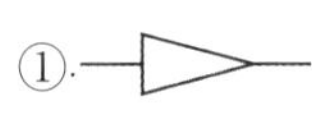
② 
③ 
④ 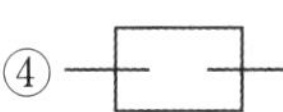

해설

[배관 도시기호]

명칭	도시기호
나사형(일반)	
플랜지형	
턱걸이형(소켓형)	
막힌 플랜지형	
유니온형	
부싱	
레듀서	
드라이어	또는 D
신축이음 - 슬리브형	
용접이음	

02 다음 냉동기호가 의미하는 밸브는 무엇인가?

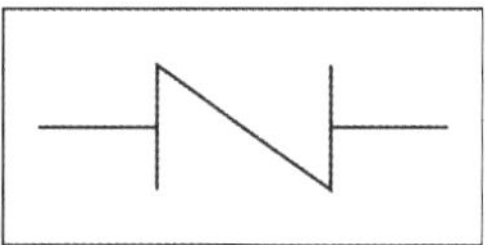

① 체크밸브
② 글로브밸브
③ 슬루스밸브
④ 앵글밸브

해설

[냉동기호]

② 글로브밸브 : 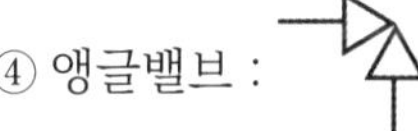

③ 슬루스밸브 :

④ 앵글밸브 :

정답 01 ① 02 ①

Chapter 07 급수설비배관

1 급수량 산정

1) 건물 사용 인원에 의한 급수량 $Q_d[L/d]$(사용 인원수를 알 때)

$$Q_d[L/d] = qN$$

Q_d : 그 건물의 1일 사용 급수량 $[L/d]$
q : 1인 1일당 사용량 $[L/d \cdot 인]$(사무소 : 100)
N : 급수대상 인원수 [인]

2) 건물 면적에 의한 급수량 $Q_d[L/d]$(사용 인원수를 모를 때)

$$Q_d[L/d] = A \times k \times n \times q$$

A : 건물의 연면적 $[m^2]$
k : 건물의 연면적에 대한 유효면적 비율(사무소 : 0.55 ~ 0.6)
n : 유효면적당 거주 인원수 $[인/m^2]$(사무소 : 0.2)
q : 1인 1일당 사용량 $[L/d \cdot 인]$(사무소 : 100)

3) 기구 수에 의한 급수량 $Q_d[L/d]$

$$Q_d[L/d] = f \times p \times q'$$

f : 위생기구 수[개]
p : 기구의 동시 사용율
q' : 위생기구 1개당 1일 급수량$[L/d \cdot 개]$

4) 시간 평균 예상 급수량 $Q_h[L/h]$

$$Q_h[L/h] = \frac{Q_d}{T}$$

Q_d : 그 건물의 1일 사용 급수량 $[L/d]$
T : 건물의 1일 사용시간 [h](일반 사무소 건물 : 8)

⇨ 그 건물의 1일 사용 급수량(Q_d)을 1일 평균 사용시간(T)로 나눈 것이다.

5) 시간 최대 예상 급수량 $Q_m[L/h]$

$$Q_m[L/h] = (1.5 \sim 2) \times Q_h$$

Q_h : 시간 평균 예상 급수량 $[L/h]$

⇨ 하루 중 가장 물을 많이 사용하는 시간대(1시간 동안)의 수량으로 Q_h의 1.5 ~ 2배가량이다.

6) 순간 최대 예상 급수량 $Q_p[L/h]$

$$Q_p[L/h] = (3 \sim 4) \times Q_h$$

Q_h : 시간 평균 예상 급수량 $[L/h]$

⇨ 특정 시간에 순간적으로 물을 많이 사용할 때의 수량으로 Q_h의 3 ~ 4배가량이다.

2 급수방식의 종류

1) 급수방식에 의한 분류

(1) 수도직결식 급수법

(2) 옥상탱크식(고가수조식) 급수법

(3) 압력탱크식 급수법

(4) 부스터펌프 급수법

2) 급수방식의 특징

종류	특징
(1) 수도직결식 급수법	• 상수도관의 수압으로 건물에 급수하는 방식이다. • 대규모 건물에서는 급수가 곤란하다(층수가 적고 소규모 건물에 적합). • 설비비가 적게 든다.
(2) 옥상탱크식 (고가수조식) 급수법	• 건물의 옥상 등에 설치된 고가수조에 물을 저장해두고 고가수조에서 하향으로 급수하는 방식이다. • 고층 및 대규모 빌딩에 급수가 가능하다. • 정전 및 단수 시 탱크 내 보유 수량이 있어서 급수에 지장이 작다. • 공급 수압이 항상 일정하다. • 배관 부속품의 파손이 적은 편이다. • 탱크 내 물이 정체되어 있기 때문에 오염의 우려가 있다.
(3) 압력탱크식 급수법	• 옥상 등 고가수조의 설치가 불가능할 경우 밀폐된 탱크를 설치하여 물을 압입시킴으로써 탱크 내의 공기가 압축되어 이 압축공기에 의해 급수한다. • 국부적으로 고압을 필요로 할 때 적합하다. • 조작 시 최고압력과 최저압력의 차이가 크므로 급수압력이 일정하지 않다. • 탱크 내 저수량이 적어 정전 시 단수의 우려가 크다. • 압력탱크는 기밀성이 있어야 하며 고압에 견뎌야 하므로 제작비 및 설치비가 비싸다. • 취급이 곤란하고 고장이 많다. ※ 압력탱크 필요기기 : 압력계, 수면계, 안전밸브, 배수밸브, 압력스위치 등

종류	특징
⑷ 부스터펌프 급수법	• 급수펌프로 저수조 내의 물을 설비로 공급하며, 펌프의 대수와 회전수로 급수압력과 급수량을 조절하여 급수하는 방식이다. • 고가수조 또는 대형의 압력수조가 필요하지 않지만 소형 압력탱크를 설치하여 적은 유량 공급 시 펌프의 기동·정지 빈도를 작게 한다. • 여러 대의 펌프를 병렬로 설치하여 펌프의 대수제어에 의해 급수량을 조절할 수 있다. • 급수해야 하는 양이 1대의 펌프 유량보다 적은 경우에는 펌프의 회전수 제어를 통해 급수량을 조절한다. • 여러 층에 급수해야 할 경우에는 감압밸브를 설치하여 수압을 조절한다.

3 급수설비의 배관 시공

1) 배관의 기울기(구배) : 1/250을 표준으로 하며 상향 급수는 선단 상향 구배, 하향 급수는 선단 하향 구배로 한다.

2) 배관의 굴곡부가 생기지 않게 하여 관 내에 공기가 정체되지 않게 하고, 공기정체가 일어나는 곳 또는 배관의 최상부에는 공기빼기밸브(Air Vent)를 설치한다.

3) 배관이 벽체를 관통할 때는 신축을 흡수하고 교체 및 수리를 쉽게 하기 위해 슬리브를 설치한다.

4) 음용수관과 기타 배관은 크로스커넥션(Cross Connection, 교차연결)을 피해야 한다.

TIP 크로스커넥션 : 상수 및 급탕 배관에 상수 이외의 배관이 잘못 연결되는 것을 말하며, 배관 색상 등을 명확히 구분하는 등 예방책이 필요함

5) 급수배관의 최소 관경은 15 mm 이상으로 한다.

6) 급수본관(수도본관)의 유속 1~2 m/s, 급수 분기관(건물 내 급수관)의 유속 0.5 ~ 0.7m/s가 적당하다.

7) 급수관의 매설 깊이

급수관을 땅 속에 매설할 때는 외부로부터의 충격이나 겨울에 동파를 방지하기 위해 일정 깊이 이상으로 묻어야 한다.

⑴ 일반 평지 : 450 mm 이상의 깊이로 매설

⑵ 차량의 통행이 있는 장소 : 750 mm 이상의 깊이로 매설

⑶ 중차량의 통로, 냉한 지대 : 1 m 이상의 깊이로 매설

8) 가능한 한 마찰손실이 작도록 배관을 설치하고 관의 축소는 편심레듀서를 사용하여 공기 고임을 피한다.

9) 수격작용이 발생할 우려가 있는 급수배관에는 에어챔버나 수격방지기 등의 완충장치를 설치한다.

수격작용(Water Hammering)

(1) 정의

관로 내의 유체의 유속이 급변하는 경우 발생하는 이상 압력으로 배관 내의 유체의 운동에너지가 압력에너지로 변하여 고압이 발생한다. 이때 급격한 압력 변화가 관 속에 바로 전달되어 진동과 충격음을 일으킨다.

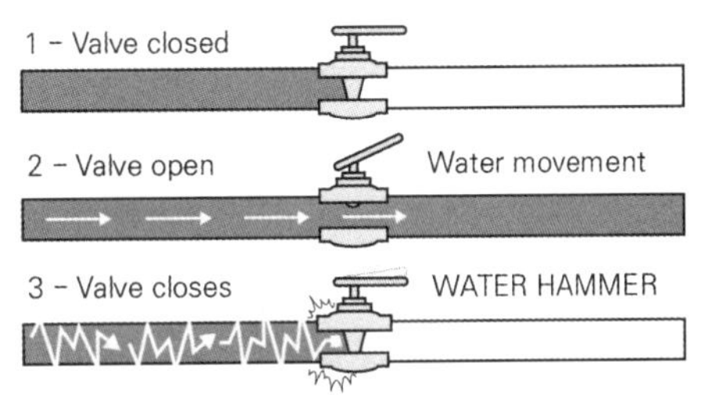

(2) 방지책

① 관경을 크게 하여 유속을 낮춘다.
② 급격한 밸브 폐쇄를 하지 않는다.
③ 플라이휠(Fly Wheel)을 부착하여 관성 모멘트(Moment)를 증가시켜 회전수와 관로 내 유속을 천천히 변화시킨다.
④ 토출 측에 서지탱크(Surge Tank) 또는 수격방지기를 설치한다.
⑤ 밸브를 가능한 펌프 송출구 가까이 달고 밸브 조작을 적절히 한다.

Part 05

4 펌프 주위 배관 시공

1) 펌프의 흡입배관은 가능한 한 길이를 짧게 하고 굴곡을 적게 한다.

2) 펌프 흡입 측 배관의 관경을 바꿀 때는 편심레듀셔를 사용해야 한다.

3) 펌프 흡입구에는 이물질 인입 방지를 위하여 스트레이너를 설치하고, 펌프의 중심보다 수조의 수위가 더 낮을 때는 풋밸브를 설치한다.

4) 펌프의 흡입관 및 토출관에는 진동, 소음, 신축 등을 흡수할 수 있도록 플렉시블 조인트를 설치한다.

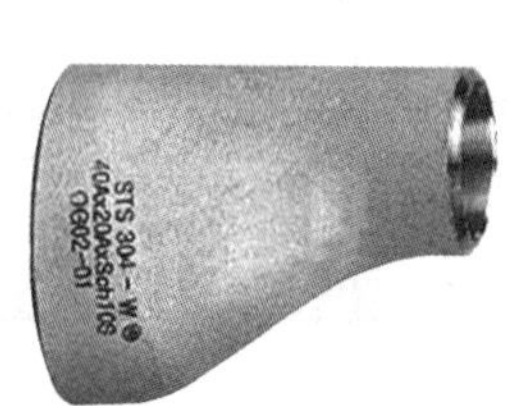

[편심레듀셔]

[풋밸브]

07 예상문제

01 급수방식 중 고가탱크방식의 특징에 대한 설명으로 틀린 것은?

① 다른 방식에 비해 오염 가능성이 적다.
② 저수량을 확보하여 일정 시간동안 급수가 가능하다.
③ 사용자의 수도꼭지에서 항상 일정한 수압을 유지한다.
④ 대규모 급수 설비에 적합하다.

해설

[고가(옥상)탱크방식]

① 다른 방식에 비해 오염 가능성이 크다.
고가탱크방식은 개방식 구조인 경우가 많아 먼지·벌레·조류·세균 등 외부 오염원이 유입될 가능성이 크다. 정체된 물도 오염 요인이 된다.

02 다음 중 급수설비에 설치되어 물이 오염되기 쉬운 형태의 배관은?

① 상향식 배관
② 하향식 배관
③ 조닝배관
④ 크로스커넥션배관

해설

[크로스커넥션]

급수관에 기타 배관(오수배관, 배수배관 등)이 연결되어 급수계통이 오염될 염려가 있는 이음

Part 05

정답 01 ① 02 ④

Chapter 08 급탕설비배관

※ 급탕
생활용 온수를 공급하는 것을 말한다. 주거용 건물, 병원, 호텔, 공장 등에서 위생, 세면, 샤워, 조리 등의 목적에 사용된다(일반적으로 40 ~ 60 ℃ 범위).

1 급탕량 산정

1) 건물 사용 인원에 의한 급탕량 $Q_d[L/d]$(사용 인원수를 알 때)

$$Q_d[L/d] = q_d \times N$$

Q_d : 그 건물의 1일 급탕량 $[L/d]$
q_d : 1인 1일당 급탕량 $[L/d$ · 인$]$(사무소 : 8 ~ 12)
N : 급탕대상 인원수 [인]

2) 시간 최대 급탕량 $Q_m[L/h]$

$$Q_m[L/h] = q_h \times Q_d$$

Q_d : 그 건물의 1일 급탕량 $[L/d]$
q_h : 1일 급탕량 사용에 대한 1시간당 최댓값의 비율 (사무소 : 1/5)

3) 저탕조 용량 $V[L]$

$$V[L] = Q_d \times v$$

v : 1일 급탕량에 대한 저탕비율(사무소 : 1/5)

4) 기구 수에 의한 급탕량 $Q_d[L/d]$

(1) 기구 사용 횟수를 추정할 수 있을 때 시간당 급탕량 $Q_h[L/h]$

$$Q_h[L/h] = a \times (q \times n \times z)$$

a : 기구의 동시사용률
q : 기구 1개의 1회당 급탕량 $[L/$회 · 개$]$
n : 기구의 1시간당 사용 횟수 [회/h]
z : 기구의 종류별 수량 [개]

(2) 기구 사용 횟수를 추정할 수 없을 때 시간당 급탕량 $Q_h[L/h]$

$$Q_h[L/h] = a \times (q_h \times z)$$

a : 기구의 동시사용률
q_h : 기구 1개의 1시간당 급탕량 $[L/h$ · 개$]$($q_h = q \times n$)
z : 기구의 종류별 수량 [개]

2 급탕부하 및 순환수량 산정

1) 급탕부하(kW)

급탕부하 = G(급탕량) × C(비열) × Δt(급탕온도 - 급수온도)

2) 순환수량 $W[L/s]$

$$\text{순환수량 } W[L/s] = \frac{q}{\rho C \Delta t}$$

q : 총 손실열량 [kW]

ρ : 물의 밀도(1) [kg/L]

C : 물의 비열(4.19) [$kJ/kg \cdot K$]

Δt : 급탕 및 급수 온도차 [K]

3 급탕방식의 종류

1) 급탕방식에 의한 분류

(1) 개별식(국소식) 급탕방식 : 주택 등 소규모 건축물에서 사용 장소에 급탕기를 설치하여 간단히 온수를 얻는 급탕방식이다. 순간식, 저탕식, 기수혼합식이 있다.

① 순간식

㉠ 급탕관의 일부를 가스나 전기로 가열하여 직접 온수를 얻는 방법이다(급수된 물이 가열코일에서 즉시 가열되어 급탕되는 방식).

㉡ 급탕 개소마다 가열기의 설치 공간이 필요하고, 급탕 개소가 적을 경우 시설비가 저렴하다.

㉢ 높은 온도의 온수를 얻기 용이하고, 수시 급탕이 가능하다.

㉣ 가열온도는 60 ~ 70 ℃ 정도이다.

㉤ 열의 전도 효율이 양호하고 배관의 열 손실이 적다.

② 저탕식

㉠ 가열된 온수를 저탕조 내에 저장한다.

㉡ 비등점에 가까운 온수를 얻을 수 있고 비교적 열손실이 많다.

㉢ 일정 시간에 다량의 온수를 필요하는 곳에 적합하다.

③ 기수혼합식

㉠ 보일러에서 생긴 증기를 급탕용의 물 속에 직접 불어 넣어서 온수를 얻는 방법이다.

㉡ 열효율이 100 %이다.

㉢ 고압의 증기(0.1 ~ 0.4 MPa)를 사용하며, 사용 시 소음이 발생한다.

㉣ 소음을 줄이기 위해 스팀사일렌서(Steam Silencer)를 설치한다.

⑵ 중앙식 급탕방식 : 중앙기계실에서 보일러에 의해 가열한 급탕을 배관을 통하여 각 사용소에 공급하는 방식으로 직접가열식과 간접가열식이 있다.

① 직접가열식

㉠ 온수보일러로 가열한 온수를 저탕조에 저장하여 공급하는 방식이다.

㉡ 급탕 전용 보일러를 필요로 하며 건물 높이에 따라 고압의 보일러가 필요하다.

㉢ 열 효율면에서 좋지만 보일러에 공급되는 냉수로 인해 보일러 본체에 불균등한 신축이 생길 수 있다.

㉣ 스케일이 생겨 열효율이 저하되고 보일러의 수명이 단축된다.

㉤ 주택 또는 소규모 건물에 적합하다.

② 간접가열식

㉠ 저탕조 내에 안전밸브와 가열코일을 설치하고, 증기 또는 고온수를 통과시켜 저탕조 내의 물을 간접적으로 가열하는 방식이다.

㉡ 저장탱크에 설치된 서모스탯에 의해 가열코일 내의 증기 또는 고온수 공급량이 조절되어 일정 온도의 급탕을 얻을 수 있다.

㉢ 난방용 보일러에 증기를 사용할 경우 별도의 급탕용 보일러가 필요하지 않다.

㉣ 직접가열식에 비해 열효율이 나쁘다.

㉤ 보일러 내면에 스케일이 거의 생기지 않는다.

㉥ 고압용 보일러가 필요하지 않으며, 대규모 급탕설비에 적합하다.

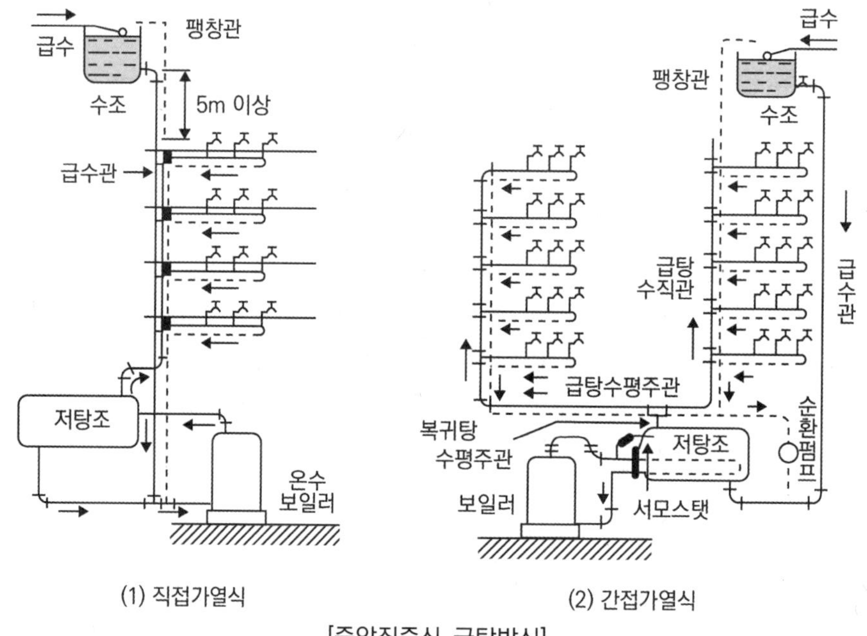

[중앙집중식 급탕방식]

[서모스탯(자동온도조절기)]
저탕식 급탕설비에서 급탕의 온도를 일정하게 유지시키기 위해 가스나 전기를 공급 또는 정지하는 것

2) 급탕방식의 특징

종류	장점	단점
(1) 개별식 (국소식) 급탕방식	• 급탕개소가 적을 경우 시설비가 적게 들며 유지관리가 용이하다. • 필요에 따라 어디에나 설치가 가능하다. • 용도에 따라 필요한 온도의 온수를 간단히 얻을 수 있기 때문에 수시로 급탕하여 사용할 수 있다. • 관 길이가 짧아 열손실이 적게 일어난다. • 급탕개소의 증설이 비교적 용이하다.	• 급탕 규모가 커지면 가열기 설치 개수가 많아 유지 관리가 어렵다. • 급탕 개소마다 가열기의 설치 공간이 필요하다. • 가스 온수기의 경우 구조적으로 제약을 받기 쉽다. • 값싼 연료를 쓰기 어렵다.
(2) 중앙식 급탕방식	• 연료비가 적게 든다. • 대규모이기 때문에 열효율이 좋다. • 대규모 급탕에 적합하다. • 기구의 동시 사용률을 고려하여 총 용량을 적게 할 수 있다. • 유지관리가 용이하다.	• 설비 규모가 크고 복잡하므로 초기 시설비가 많이 든다. • 시공 후 배관 증설이 어렵다. • 대규모이고 복잡하여 전문 기술자가 필요하다. • 기기, 배관에서 열손실이 크다.

4 배관 구배

수평관의 기울기는 배관 내 공기고임을 고려하여 기울기(구배)를 준다.

1) 중력 순환식 : 1/150을 기준으로 한다.

2) 강제 순환식(기계식) : 1/200을 기준으로 함

3) 상향 공급식 : 급탕수평주관은 앞올림 구배(선상향 구배), 복귀관(= 반송관 = 환탕관)을 앞내림 구배(선하향구배)

4) 하향 공급식 : 급탕관, 복귀관 모두 앞내림 구배(선하향 구배)

5 급탕배관 시공

1) 공기가 정체할 우려가 있는 곳 또는 굴곡배관에는 공기빼기밸브(에어벤트)를 설치한다.

2) 배관 도중에 공기가 체류하지 않도록 하기 위하여 슬루스밸브(게이트밸브)를 사용한다.

3) 관경 결정은 급수관과 동일하며 복귀관은 급탕관보다 1치수 작은 것을 사용한다.

4) 관 내 유속을 빠르게 하면 부식의 원인이 될 수 있으므로 유속은 1.5 m/s 이하로 하는 것이 좋다(급탕관 유속 : 1 ~ 1.5 m/s, 환탕관 유속 : 0.5 ~ 1.0 m/s).

5) 중앙식 급탕설비는 강제순환방식으로 한다.

6) 팽창탱크는 최고층의 급탕전(급탕수도꼭지)보다 5 m 이상 높게 설치되어야 한다.

7) 팽창관 도중에는 밸브를 설치해서는 안 된다.

8) 팽창관은 급탕 수직 주관 끝을 연장하여 팽창탱크에 개방시키며 25 A 이상의 관경을 사용한다.

9) 건물의 벽 관통부 배관에는 슬리브를 사용한다.

10) 관의 신축을 고려하여 배관의 굽힘 부분에는 스위블이음 등으로 접합한다.

11) 신축이음 설치간격

구분	강관	동관
수직배관	20 m	10 m
수평배관	30 m	20 m

※ 팽창관(Expansion Pipe)
온수보일러나 저탕조 등에 안전장치로서 사용되는 관을 말한다. 온수의 체적 팽창을 높은 곳의 팽창탱크로 빠져나가게 하는 작용을 한다.

08 예상문제

01 급탕배관 계통에서 배관 중 총 손실열량이 63000 kJ/h이고, 급탕온도가 70 ℃, 환수온도가 60 ℃일 때 순환수량(kg/min)은?

① 1500　　② 100
③ 25　　④ 5

해설

[순환수량 계산]

$Q = GC\Delta t$

$\therefore G = \dfrac{Q}{C(t_2 - t_1)}$

$= \dfrac{63000}{4.2 \times (70-60) \times 60}$

$= 25 \text{ kg/min}$

02 급탕설비에 사용되는 저탕조에서 필요한 부속품으로 가장 거리가 먼 것은?

① 안전밸브　　② 수위계
③ 압력계　　④ 온도계

해설

[부속품]

- 저탕조 부속품 : 안전밸브 압력계, 온도계, 가열코일
- 증기보일러 부속품 : 수위계

정답 01 ③ 02 ②

Chapter 09 배수설비 및 통기설비

1 배수설비와 통기설비

1) 배수설비 : 건물 내에서 발생한 각종 오수 및 잡배수 등의 폐수를 밖으로 배출시키는 설비

2) 통기설비 : 배수설비의 기능을 완수하기 위해 설치하는 설비

2 배수의 종류

1) 오수 : 대소변기, 비데 등에서의 배설물에 관련한 배수

2) 잡배수 : 세탁기, 세면기, 욕조, 싱크대 등에서의 배수

3) 우수 : 옥상, 마당 등의 빗물

4) 특수배수(위험물질을 포함한 배수) : 공장, 실험실 등에서의 폐수, 화학물질 배수 등

3 배수트랩

하수 본관 및 배수관에서 발생한 유해가스, 벌레 등이 배수관을 통해 실내로 침입하는 것을 방지하기 위해 설치하는 장치

1) 트랩의 종류

(1) 관트랩(사이펀식) : P트랩, S트랩, U트랩

① P 및 S트랩 : 세면기나 대소변기 위생도기용

[P트랩]

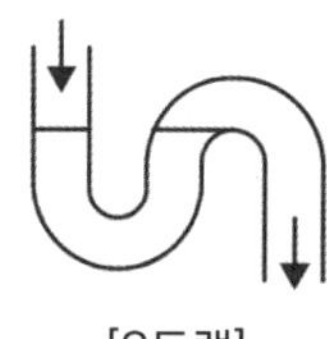

[S트랩]

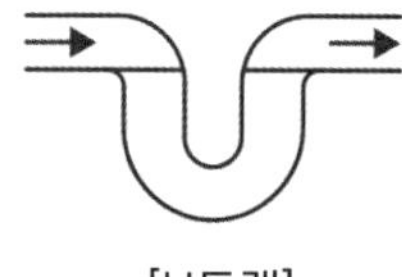

[U트랩]

보충 봉수(Water Seal) : 트랩 내부에 항상 고여 있는 물

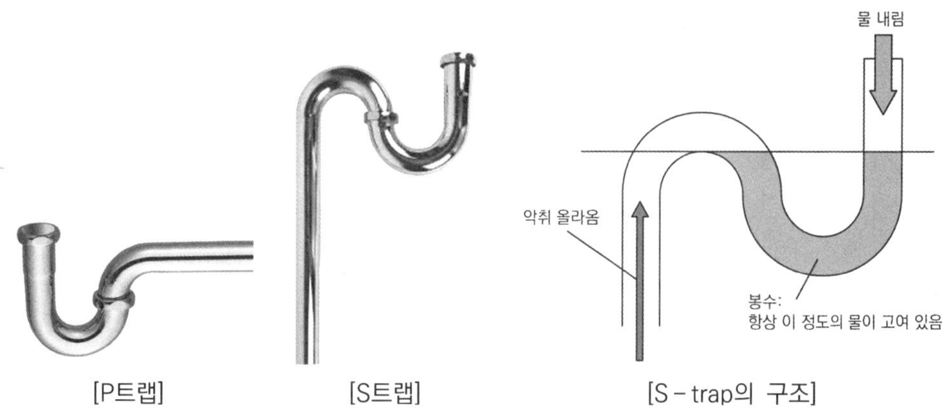

[P트랩] [S트랩] [S－trap의 구조]

② U(메인)트랩 : 옥내 배수 수평주관에 설치하고 가스의 역류 방지

[U트랩]

⑵ 상자트랩(비사이펀식) : 그리스트랩, 드럼트랩, 가솔린트랩, 벨트랩

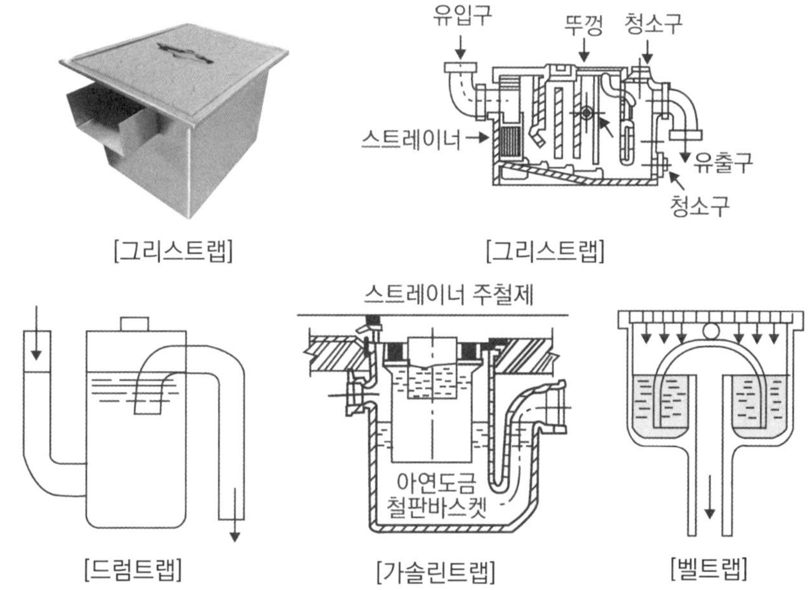

[그리스트랩] [그리스트랩]
[드럼트랩] [가솔린트랩] [벨트랩]

> **[증기트랩]**
> 증기계통이나 증기관 방열기 등에서 고인 응축수(드레인)를 연속 응축수탱크로 배출시키는 기구
> ① 기계적 트랩 : 플로트식, 버킷트식
> ② 온도조절트랩 : 바이메탈식, 벨로우즈식
> ③ 열역학적 트랩 : 오리피스식, 디스크식

2) 트랩의 구비 조건

(1) 구조가 간단해야 하며 내식성, 내구성이 있을 것

(2) 봉수가 파괴되지 않을 것

(3) 내부가 평활하여 오수가 정체하지 않고 청소가 쉬울 것

(4) 트랩 스스로의 세정작용이 있을 것(관 내 청소가 용이할 것)

3) 배수트랩에서 봉수의 파괴 원인

(1) 자기 사이펀작용

동일 위생기구 내에서 빠르게 배수 시 트랩 내 봉수까지 같이 빨려나가는 현상

보충 사이펀작용(Siphon) :
관 내부에 형성된 연속적인 물줄기가 중력에 의해 끌려가면서
진공상태를 유지하고 이로 인해 물이 계속해서 끌려나가는 현상

(2) 모세관작용

머리카락, 천 등의 이물질이 트랩 안에 걸쳐 있을 경우 이물질을 따라 물이 천천히 흘러나가며 봉수가 줄어드는 현상

(3) 봉수의 증발

장기간 미사용 시 트랩 내 물이 자연 증발하면서 사라짐(특히 겨울철 난방된 실내에서 흔함)

(4) 감압에 의한 흡인작용

인접한 배수구에서 대량 배수가 일어날 때 배관 내 압력이 급격히 낮아져 트랩 내 봉수가 흡입되어 사라지는 현상(유인 사이펀작용)

(5) 분출작용

배수관 내에서 고속으로 배수가 이루어질 때 트랩 내의 물이 튀거나 밖으로 밀려나는 현상

(6) 운동량에 의한 관성

빠르게 흐르던 배수의 방향을 갑자기 바꿔야 할 때 그 물이 원래 움직이던 방향으로 계속 나아가려는 힘 때문에 트랩 내부의 봉수까지 같이 끌려나가거나 흔들리는 현상

[트랩 봉수]
1) 트랩에는 물이 채워져 봉수가 되며, 봉수 깊이는 50 ~ 100 mm 정도로 할 것
2) 사이펀작용이나 역압작용에 의해 봉수가 파괴될 우려가 있으므로 봉수 보호를 위해 트랩 가까이에 통기관을 세울 것

4 통기배관

1) 설치목적

(1) 배수관 내의 압력 변동에 의해 배수트랩의 봉수가 파괴되는 것을 방지
(2) 배수관 내의 배수와 공기 흐름을 원활하게 하여 관 내를 청결하게 유지

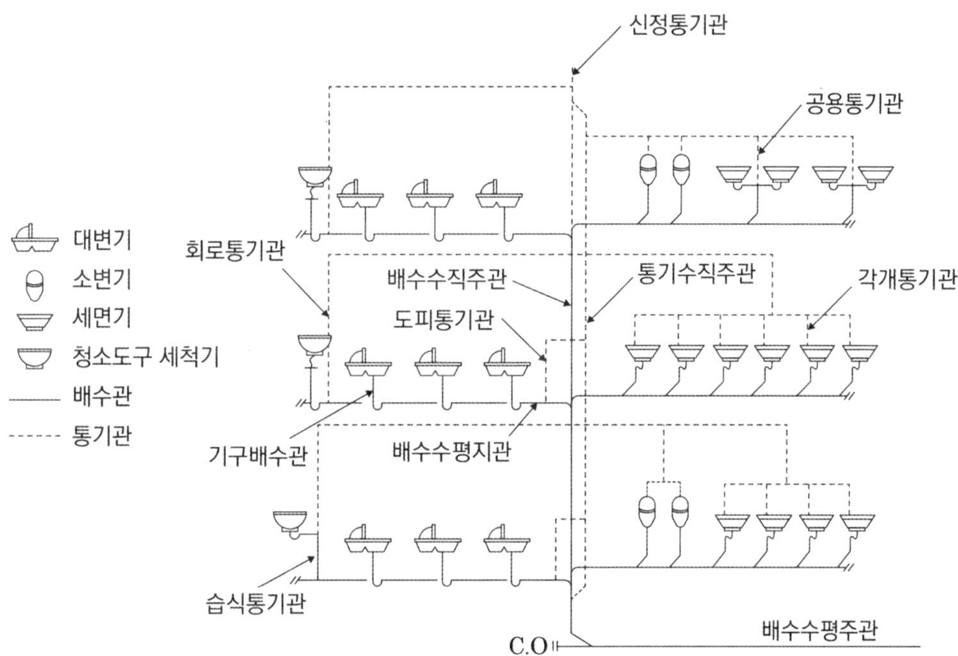

출처 : https : //blog.naver.com/sjqldksk

2) 통기배관의 분류

종류	특징
각개통기관	• 위생기구마다 각각 통기관을 설치하는 방법으로 가장 이상적인 방법이다. • 설비비가 많이 소요된다.
회로통기관 (환상, Loop 통기관)	• 배수수평지관 최상류 기구 바로 아래의 배수관에 통기관을 세워 통기수직관 또는 신정통기관에 연결한다. • 회로통기 1개당 최대 담당 기구 수는 8개 이내(세면기 기준)이며 통기수직관까지 길이는 7.5 m 이내가 되게 한다.
도피통기관	• 배수와 통기 계통 간의 공기의 유통을 원활하게 하기 위해 설치하는 통기관이다. • 배수수평지관 하류에 통기관을 연결한다. • 회로통기를 돕는다(회로통기관에서 8개 이상의 기구를 담당하거나 대변기가 3개 이상 있는 경우 통기 능률을 향상시키기 위해 배수수평지관 최하류와 통기수직주관을 연결하여 통기 역할을 한다).
신정통기관	• 최고층 기구 배수관 접속점에서 입상관을 연장하여 건물 밖으로 뽑아내는 방식이다. • 배수수직관 상부에 통기관을 연장하여 대기에 개방시킨다. • 배관 길이에 비해 성능이 우수하다.
결합통기관	• 오배수입상관으로부터 취출하여 위쪽의 통기관에 연결하는 배관으로, 오배수입상관 내의 압력을 같게 하기 위한 도피통기관의 일종이다. • 고층건물에서 5개 층마다 설치하여 배수주관의 통기를 촉진한다. • 통기관 중 관경이 가장 크다.
습윤(습식) 통기관	• 배수수평지관 최상류 기구에 설치하여 배수와 통기를 동시에 하는 통기관이다.

5 통기배관의 최소 관경

종류	최소 관경
각개통기관	배수관 지름의 1/2 이상, 32 A 이상
회로통기관	배수관 지름의 1/2 이상, 40 A 이상
도피통기관	배수관 지름의 1/2 이상, 32 A 이상
신정통기관	배수관 지름의 1/2 이상, 32 A 이상
결합통기관	배수관 지름의 1/2 이상, 50 A 이상
습윤(습식)통기관	별도의 최소 관경 기준은 없다.

6 청소구의 설치

배수가 고이기 쉬운 곳, 청소하기 쉬운 곳 및 긴 경로의 도중에 설치

보충 청소구 : 배수 또는 통기관 내부에 이물질이 쌓이거나 막혔을 때 이를 점검하거나 제거하기 위해 설치하는 개구부

1) 가옥 배수관과 부지 하수관(택지 하수관)이 접속되는 곳

2) 길이가 긴 배수 수평관의 중간

3) 배수관이 45° 이상의 각도로 방향을 전환하는 곳

4) 배수수평주관과 배수수평지관의 최상류 지점

5) 배수 수직관의 가장 낮은 곳(최하단부 또는 그 근처에 설치)

6) 수평관의 관경이 100 mm 초과 : 직선거리 30 m 이내마다 1개소씩 설치
수평관의 관경이 100 mm 이하 : 직선거리 15 m 이내마다 1개소씩 설치

09 예상문제

01 배수트랩의 종류에 해당하는 것은?

① 드럼트랩
② 버킷트랩
③ 벨로스트랩
④ 디스크트랩

해설

[배수트랩]

- 사이펀형 : S형, P형, U형
- 비사이펀형 : 드럼트랩, 가솔린트랩, 하우스트랩, 벨트랩

※ 응축수 회수를 위한 증기트랩

구분	응축수 회수 원리	종류
기계식	응축수의 부력을 이용 (증기와 응축수의 비중 차이)	플로트트랩, 버킷트랩
열동식 (온도조절식)	증기와 응축수의 온도 차이	바이메탈식 트랩, 벨로스트랩
열역학	증기와 응축수의 열역학적 특성 차이	디스크트랩, 오리피스트랩

02 통기관의 종류가 아닌 것은?

① 각개통기관
② 루프통기관
③ 신정통기관
④ 분해통기관

해설

[통기관]

신정통기관, 각개통기관, 루프통기관, 회로통기관, 도피통기관, 습식통기관, 공용통기관

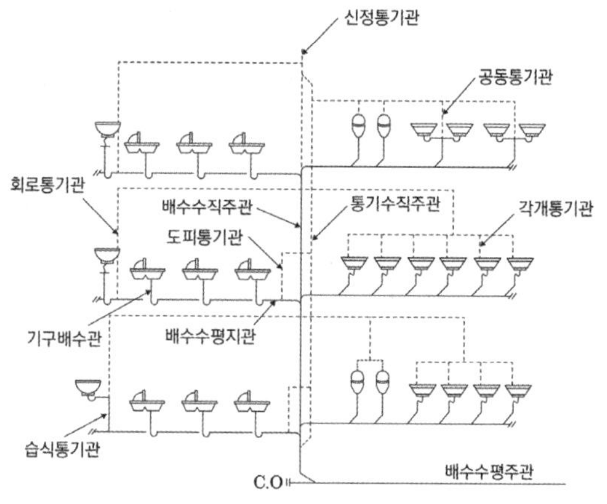

정답 01 ① 02 ④

Chapter 10 난방설비배관

1 방열기

1) 방열기(Radiator)

열을 내는 열원이 있을 때에 이 열이 외부로 빨리 방출될 수 있도록 해주는 장치

2) 상당 방열면적(EDR : Equivalent Direct Radiation)

상당 방열면적은 방열기의 용량을 나타냄

$$EDR = \frac{q}{q_0}$$

EDR : 상당방열면적 [m^2]
q : 방열기의 총 방열량 [W], [kcal/h]
q_0 : 방열기의 표준 방열량 [W/m^2], [$kcal/m^2h$]

3) 방열기 표준방열량(q_0)

열매	표준상태		표준방열량(q_0)
	열매온도 [℃]	실내온도 [℃]	
온수	80	18.5	523 W/m^2
			450 $kcal/m^2 \cdot h$
증기	102	18.5	756 W/m^2
			650 $kcal/m^2 \cdot h$

4) 방열기 도시법

도시	설명
5 / W-H / 20×15	• 5 : 방열기 섹션수(절수, 쪽수) • W - H : 방열기 종별 및 형식(벽걸이 수평형)(W - V : 벽걸이 수직형) • 20 × 15 : 유입, 유출관경(유입20 A, 유출15 A)
15 / Ⅲ - 650 / 20×20	• 15 : 방열기 섹션수(15쪽) • Ⅲ : 3주형 • 650 : 방열기 높이(650 mm) • 20 × 20 : 유입, 유출관경(20 A × 20 A)

2 온수난방

온수를 방열기, 대류방열기 등에 의해 순환시켜서 방열하여 난방하는 방식

1) 온수 순환방법에 의한 분류

(1) 중력순환식 온수난방

① 온수 온도가 저하되면 무거워지는 것을 이용하여 자연적으로 순환(밀도차 이용)

② 보일러 설치는 최하위 방열기보다 낮은 곳에 설치

③ 소형 건물에 주로 사용

(2) 강제순환식 온수난방

① 순환펌프 등에 의해 온수를 강제 순환시키는 방법으로 대규모 난방용

② 순환이 빨라서 배관경이 중력순환식보다 작아도 됨

③ 일반 건축물에 대부분 사용되고 있음

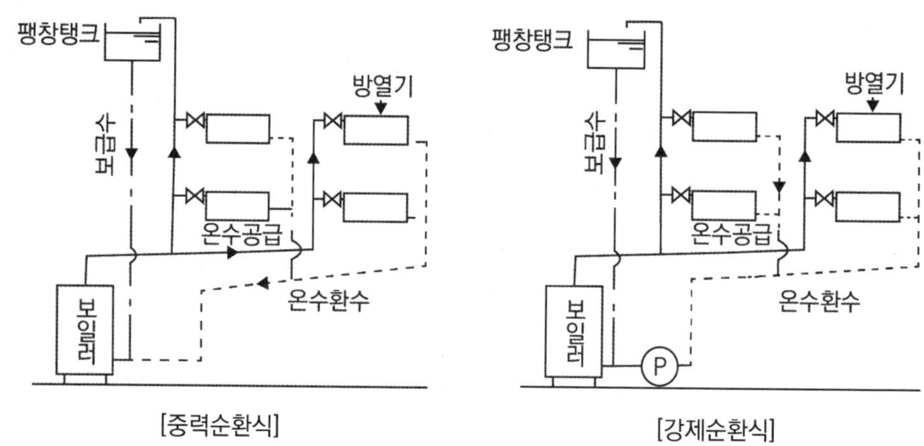

[중력순환식]　　　　[강제순환식]

2) 온수 온도에 의한 분류

(1) 고온수식(밀폐식) : 온수 온도가 100℃ 이상(120 ~ 180℃)으로 지역난방에 주로 사용되고 주철제 방열기는 사용이 불가함

(2) 저온수식(개방식) : 온수 온도는 100℃ 미만(55 ~ 60℃)으로 제한하며 일반 건축물의 난방에 주로 사용함

보충 개방식 팽창탱크를 설치 시 공기(산소)와 접하려 밀폐식보다 배관 부식이 큼

3) 환수방식에 의한 분류

(1) 직접환수방식(Direct Return)

① 배관설비가 간단하고 각각의 방열기 용량이 다를 때 사용함

② 유량이 균등하게 분배되지 못하므로 유량제어밸브를 설치해야 함

(2) 역환수방식(Reverse Return)

① 각 유닛마다 온수 공급관에서부터 환수관까지의 총 길이를 동일하게 하므로 배관 저항이 같게 되어 각 유닛에 유량 공급도 균일하다.

② 배관의 길이가 길어지고 공간도 많이 차지한다.

③ 설비비가 많이 든다.

TIP 역환수식배관을 채택하는 이유 : 온수의 유량 분배를 균일하게 하기 위하여

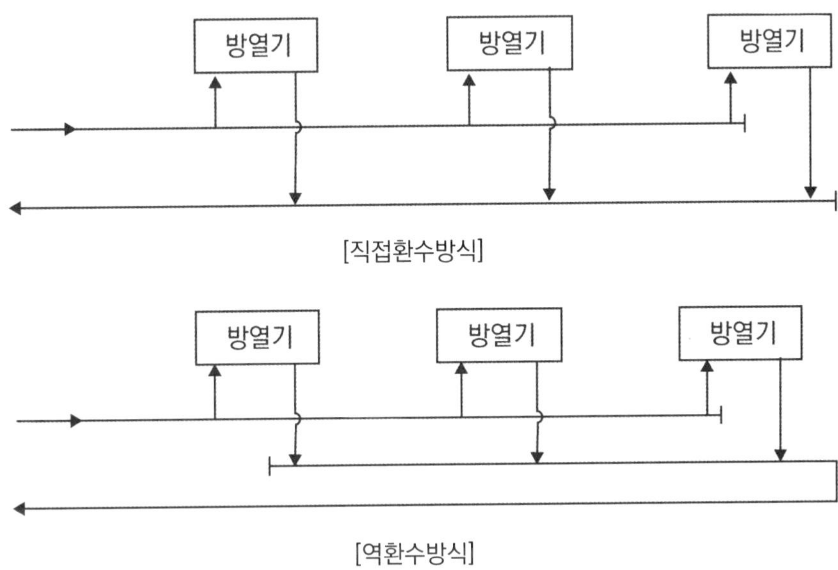

[직접환수방식]

[역환수방식]

4) 배관방식에 의한 분류

(1) 1관식(One Pipe) : 단관식

① 1개의 관을 온수의 공급관과 환수관으로 사용하는 배관방식이다.

② 소규모 온수난방에 사용된다.

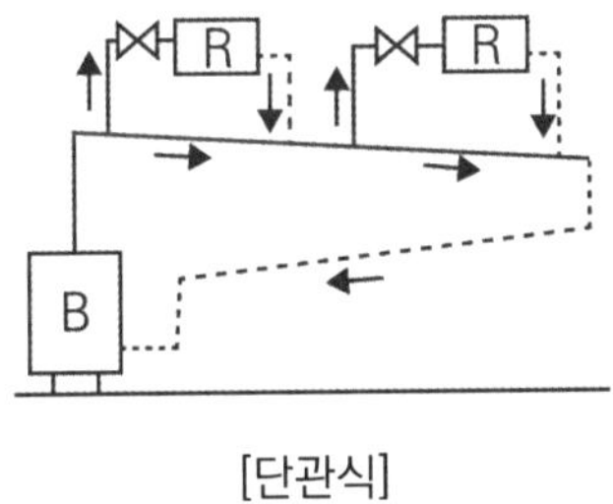

[단관식]

(2) 2관식(Two Pipe)

① 온수의 공급관과 환수관이 각각 1개씩 있는 배관방식이다.

② 현재 가장 많이 사용되고 있는 배관방식이다.

⑶ 3관식(Three Pipe)

① 공급관이 2개(온수관, 냉수관)이고 환수관이 1개인 배관방식이다.

② 환수관이 1개이므로 냉수와 온수의 혼합 열손실이 발생한다.

③ 개별제어가 가능하다.

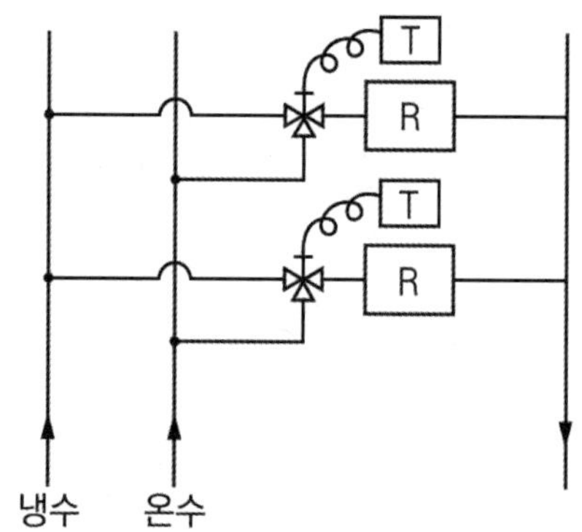

⑷ 4관식(Four Pipe)

① 공급관 2개(온수관, 냉수관), 환수관 2개(온수관, 냉수관)인 배관방식이다.

② 각각의 환수관이 있어 냉수와 온수의 혼합 열손실이 발생하지 않는다.

③ 개별제어가 가능하다.

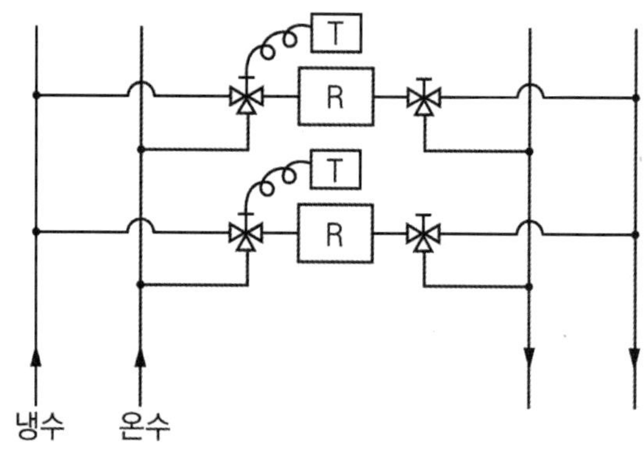

5) 공급방식에 의한 분류

⑴ 상향식 : 온수의 공급주관을 방열기보다 아래에 설치하고 온수를 방열기까지 상향으로 공급하는 방식

⑵ 하향식 : 온수의 공급주관을 방열기보다 위에 설치하고 온수를 방열기로 하향 공급하는 방식

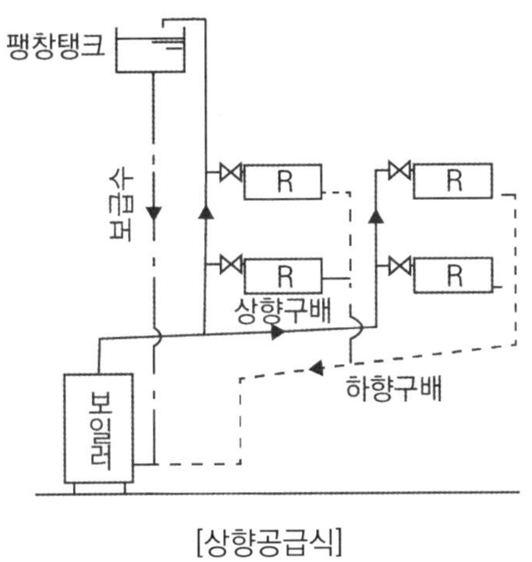

[상향공급식]

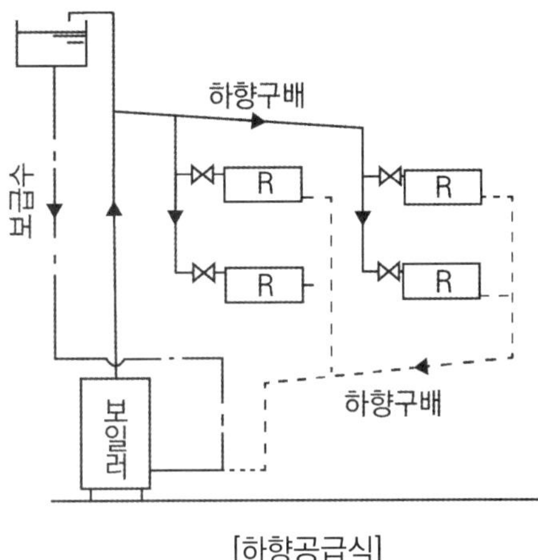

[하향공급식]

6) 유량제어방식에 의한 분류

(1) 정유량방식

① 부하변동이 있을 때 유량은 일정하게 유지하고 물의 온도를 변화시키는 방식이다.

② 3방밸브로 바이패스에 의한 혼합비로 물의 온도를 제어한다.

③ 부분부하 시에도 펌프의 동력을 감소시킬 수 없으므로 에너지 절약에 불리하다.

(2) 변유량방식

① 부하변동이 있을 때 물의 온도는 일정하게 유지하고 유량을 변화시키는 방식이다.

② 펌프의 대수제어 또는 회전수제어, 2방밸브제어, 3방밸브제어 등이 있다.

③ 부분부하 시 펌프의 동력을 감소시킬 수 있어 에너지절약에 유리하다.

7) 온수난방배관의 시공

(1) 배관의 기울기(구배)

① 배관 안에 공기가 체류하지 않도록 해야 한다.

② 배관의 기울기는 일반적으로 1/250 이상으로 한다.

㉠ 공기빼기밸브, 팽창탱크 : 상향구배

㉡ 배수밸브 : 하향구배

③ 단관 중력순환식 : 온수주관은 하향구배(하향구배)주며 관 내 공기를 팽창탱크로 유인

④ 복관 중력순환식

㉠ 상향공급식 : 공급관은 상향구배, 환수관은 하향구배

㉡ 하향공급식 : 공급관, 환수관 모두 하향구배

⑤ 강제순환식 : 배관의 기울기를 자유롭게 선정 가능하다.

<table>
<tr><th colspan="2">종류</th><th>기울기 방향</th><th>기울기</th></tr>
<tr><td colspan="2">단관 중력 순환식</td><td>온수주관은 하향 구배</td><td rowspan="3">1/250 정도</td></tr>
<tr><td rowspan="2">복관 중력 순환식</td><td>상향 공급식</td><td>온수공급관은 상향구배
환수관(복귀관)은 하향구배</td></tr>
<tr><td>하향 공급식</td><td>공급관, 환수관 모두 하향구배</td></tr>
<tr><td colspan="2">강제 순환식</td><td colspan="2">배관의 기울기를 자유롭게 선정 가능함</td></tr>
</table>

(2) 배관 시공

① 레듀서(Reducer) : 배관의 관경을 바꿀 때 사용하며, 수평배관에서는 편심레듀서를 윗면이 수평이 되게 시공하여 공기의 고임을 방지한다.

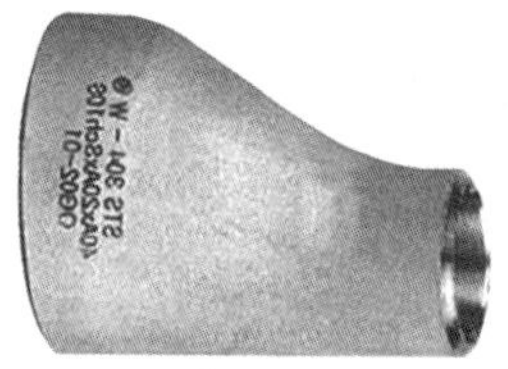

[편심레듀셔]

② 배관의 분류 및 합류 : 온수의 흐름을 원활히 하고 신축을 흡수하기 위해 티(Tee)를 사용하지 않고 와이(Y)와 엘보(Elbow)를 사용한다.

③ 공기 빼기(Air Vent) : 방열기마다 수동 에어벤트를 설치한다.

④ 배수밸브(Drain Valve) : 배관 내의 온수를 빼기 위해 배관의 최하단부에 밸브를 설치한다.

⑤ 슬리브(Sleeve) : 배관이 벽체 또는 바닥 등을 관통해야 할 때 나중에 본 배관 시공을 위해 보온 감한하여 미리 본 배관보다 큰 직경의 관을 벽체 등에 설치한다.

⑥ 팽창탱크 : 물의 온도변화에 따른 체적팽창을 흡수하고, 장치 내의 압력변화를 흡수하여 장치의 파열을 방지하고 수축 시에는 장치 내의 압력을 일정하게 유지시킴으로 공기가 침입하는 것을 방지한다. 개방식과 밀폐식 팽창탱크가 있으며, 팽창관과 안전관에는 밸브를 설치하지 않아야 한다.

3 증기난방

증기를 열원으로 하는 난방방식으로 라디에이터, 컨벡터 등의 방열기가 사용된다.

1) 배관방식에 따른 분류

(1) 단관식

① 공급(증기)와 환수(응축수)를 동일 관 속에 흐르게 하는 방식

② 구배를 잘못하면 수격작용 발생

(2) 복관식

① 공급관(증기관)과 환수관(응축수관)을 별도로 설치하는 방식

② 방열기밸브는 상하 어느 쪽에 설치해도 무관

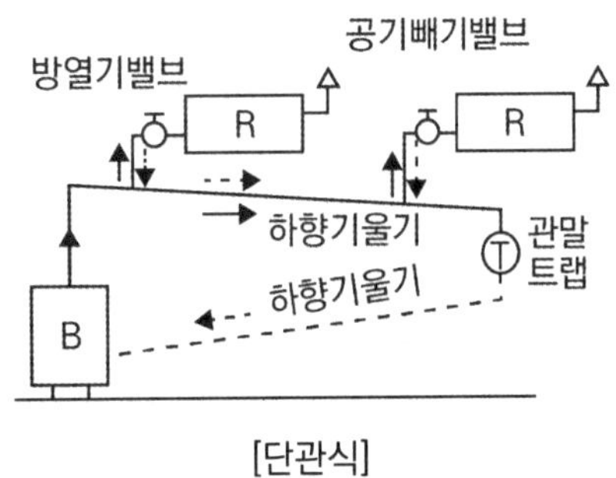

[단관식]

2) 증기공급방식에 따른 분류

(1) 상향공급식 : 공급주관을 방열기보다 아래에 설치하고 상향으로 공급하는 방식(입상관의 관경을 크게 하여 증기의 유속을 느리게 한다)

(2) 하향공급식 : 공급주관을 방열기보다 위에 설치하고 하향으로 공급하는 방식

3) 응축수 환수방식에 따른 분류

(1) 중력환수식 : 응축수를 중력에 의해 환수하는 방식

(2) 기계환수식 : 방열기에서 응축수탱크까지는 중력환수, 탱크에서 보일러까지는 펌프를 이용한 강제순환방식

(3) 진공환수식 : 방열기의 설치장소에 제한을 받지 않는 환수방식으로 증기와 응축수를 진공펌프로 흡입 순환시키는 방식

① 중력, 기계 환수보다 순환속도가 빠르다.

② 구배(기울기)에 구애를 받지 않는다.

③ 환수관의 관지름을 작게 할 수 있다.

보충 진공 흡입으로 응축수 흐름을 유도하므로 상대적으로 소구경 사용 가능하다.

④ 방열량을 광범위하게 조절할 수 있다.

보충 방열기 위치의 제약이 없고, 제어장치와 병행해 사용할 수 있기 때문에

⑤ 버큠브레이커를 사용하여 진공을 일정하게 유지해야 한다.

보충 진공압 유지와 과도한 진공 방지를 위해 버큠브레이커(진공파괴밸브)가 필요하다.

Part 05

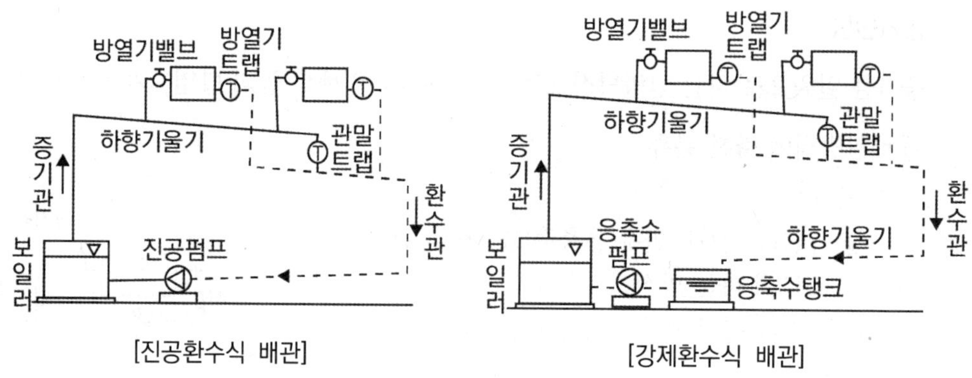

[진공환수식 배관] [강제환수식 배관]

4) 환수관 배치에 따른 분류

(1) 건식 환수 : 환수관이 보일러 수면보다 높게 설치되어 환수되는 방식

① 환수관은 보일러 표준수위보다 650 mm 정도 높은 위치에 배관

② 관말에 냉각 레그(냉각관)와 열통식 트랩(관말트랩)을 사용하여 증기의 환수로 인한 수격작용을 방지

(2) 습식 환수 : 환수관이 보일러 수면보다 낮게 설치되어 환수되는 방식

① 하트포드 접속법 : 저압증기난방의 습식 환수방식

② 접속부 누수로 인한 이상감수 현상을 방지하기 위해 하트포드 접속을 해야 한다.

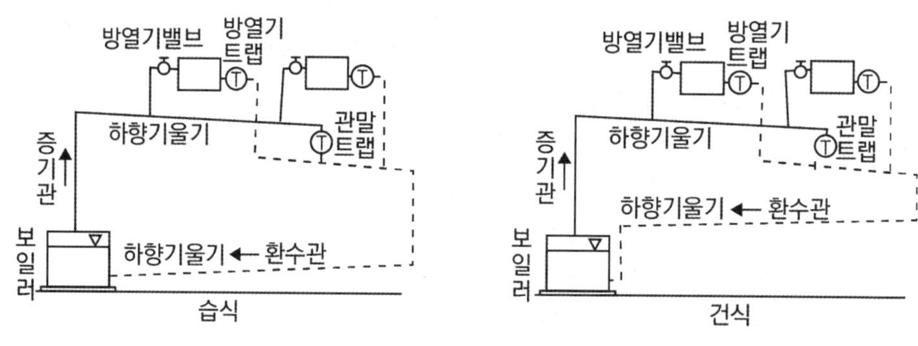

[중력환수식 배관]

[하트포드 접속법]

1) 증기관과 환수관 사이에 균형관을 설치하여 환수관 누수로 보일러 수위가 파괴되는 것을 방지함(하드포드 접속점은 보일러의 안전 저수면 수위와 동일한 높이로 함)
2) 보일러의 증기 취출관은 60 cm 이상 입상시켜 루프 배관을 함

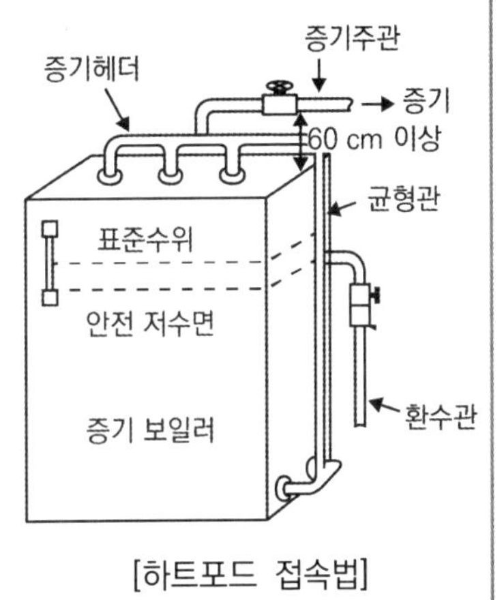

[하트포드 접속법]

하트포드 루프가 없는 보일러	하트포드 접속을 한 보일러
STEAM MAIN CONDENSATE RETURN BOILER WATER LINE STEAM BOILER WET RETURN	STEAM MAIN 2" Between H. Loop Top & Boiler Water Top CONDENSATE RETURN BOILER WATER LINE STEAM BOILER WET RETURN
보일러의 환수관에서 누출이 발생하면 보일러의 모든 물이 빠져나갈 위험이 있음	하트포드 루프는 응축수가 환수관으로 역류되는 것을 방지함

5) 증기배관의 관경 결정

(1) 증기관 내에는 증기와 응축수가 공존한다. 증기의 유속이 너무 빠르면 응축수를 몰고 가서 수격작용을 일으킨다. 따라서 저압증기관에서는 최대 35 m/s, 고압증기관에서는 최대 45 m/s로 제한한다.

(2) 배관에서의 압력 강하 등을 감안하여 관경을 결정한다.

(3) 증기의 유속

① 단관식 : 입상관은 3 ~ 9 m/s, 역구배 수평관은 1.5 ~ 6.5 m/s

② 복관식 : 15 ~ 25 m/s

6) 증기난방배관의 시공

(1) 배관의 기울기(구배)

증기관과 환수관의 수평주관에 있어서는 증기와 응축수가 원활히 흐르도록 적절한 구배로 배관할 것

① 단관 중력 환수식은 증기와 응축수가 역류하지 않도록 선단 하향 구배로 한다.

㉠ 증기와 응축수의 흐름 방향이 다른 역류관의 구배 : 1/50 ~ 1/100

㉡ 증기와 응축수의 흐름 방향이 같은 순류관의 구배 : 1/100 ~ 1/200

② 복관 중력 환수식의 증기주관은 증기의 흐름을 원활하게 하기 위해 1/200 정도의 선단 하향 구배로 한다.

③ 진공 환수식의 증기주관은 1/200 ~ 1/300 정도의 선단 하향 구배로 한다.

보충 역류관 : 증기와 응축수가 반대 방향으로 흐르는 배관
순류관 : 증기와 응축수가 같은 방향으로 흐르는 배관

보충 ↗ : 역구배(올림구배), ↘ : 순구배(내림구배)

(2) 증기배관 시공

① 수평관에서 관경의 축소와 확대에는 편심레듀서를 사용하여 편심레듀서의 아랫면이 수평이 되게 하여 응축수 고임을 방지한다.

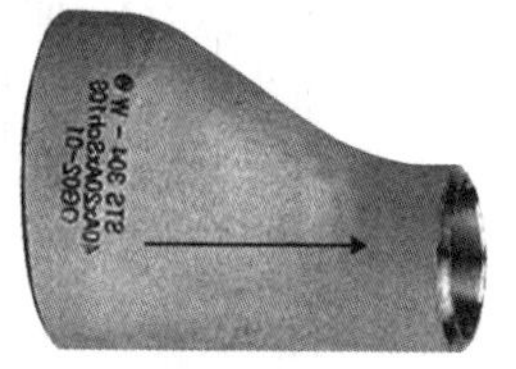
[편심레듀셔]

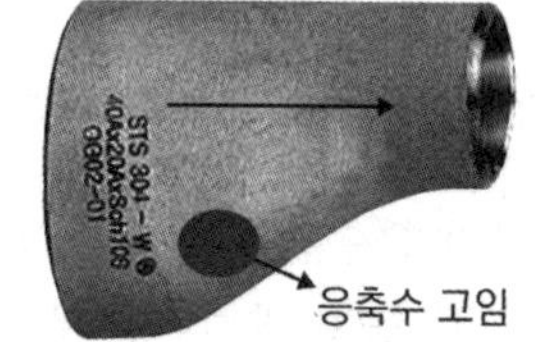

(X)

② 증기 주관에서 상향수직관을 분기할 때에는 3 - elbow를 이용한 스위블이음을 하여 열팽창에 의한 신축을 흡수한다.

③ 배관 내의 공기를 배출하기 위하여 에어벤트를 설치한다.

④ 리프트피팅

㉠ 진공 환수식에서 환수관보다 높은 위치에 진공펌프가 설치될 때 사용한다.

㉡ 방열기보다 환수관 위치가 높을 때 사용한다.

㉢ 리프트피팅은 환수관보다 지름이 1단계 작은 치수를 사용하고 1단의 흡상 높이는 1.5 m 이내로 하며, 그 사용 개수를 가능한 적게 하고 급수방법의 근처에서 1개소만 설치할 것

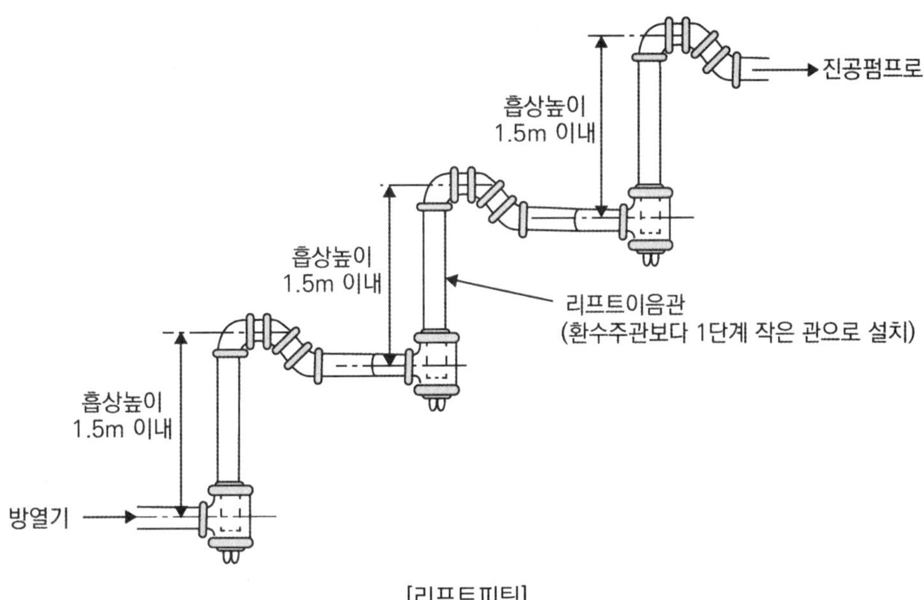

[리프트피팅]

(3) 방열기 주위배관

① 방열기는 열손실이 많은 곳(창가)에 설치하며 벽면에서 50 ~ 60 mm 정도 이격하여 설치한다.

② 방열기 주위 배관은 열팽창을 흡수하기 위해 스위블이음을 한다.

③ 방열기 상부에는 진공환수식을 제외하고는 공기빼기밸브(에어밴트)를 설치한다.

④ 방열기밸브는 응축수가 고이지 않도록 슬루스밸브나 앵글밸브를 사용한다.

⑤ 방열기 출구에 응축수를 배출하기 위해 트랩을 설치한다.

(4) 증기트랩

증기관이나 증기사용 기기에서 응축된 응축수와 증기를 분리시키는 일종의 자동조절 밸브이다.

구분	응축수 회수 원리	종류
기계식	응축수의 부력을 이용 (증기와 응축수의 비중 차이)	플로트트랩, 버킷트랩
열동식 (온도조절식)	증기와 응축수의 온도 차이	바이메탈식 트랩, 벨로스트랩
열역학	증기와 응축수의 열역학적 특성 차이	디스크트랩, 오리피스트랩

① 플로트트랩(Float Trap, 다량트랩)

응축수의 수위에 따라 플로트가 상하로 움직여 밸브를 개폐시켜 응축수를 배출한다. 응축수를 연속적으로 배출시킬 수 있고, 대용량에도 적합하다. 다량의 응축수를 처리할 때 사용된다.

② 버킷트랩(Bucket Trap)

상향식과 하향식이 있으며 부력에 의해 버켓이 떠오르거나 가라앉아 밸브를 열고 닫음으로 응축수를 간헐적으로 배출한다. 중압, 고압의 환수관에 적합하며 관 내 압력차가 있으면 응축수를 높은 곳의 환수관까지 밀어 올릴 수 있다.

③ 바이메탈식 트랩(Bimetal Trap)

트랩 내부에 열팽창계수가 다른 두 개의 금속이 접합된 바이메탈의 조합으로 구성되어 있으며 증기가 있으면 바이메탈이 휘어져 출구를 막고 응축수가 고이면 온도가 낮아져 바이메탈이 평형상태가 되어 출구가 열리고 응축수를 배출하게 된다.

④ 벨로스트랩(Bellows Trap)

금속제의 벨로스 속에는 휘발성 액체가 봉입되어 주위에 증기가 있으면 팽창하고 증기가 응축되어 온도가 낮아지면 수축하게 되는 동작으로 밸브를 개폐한다. 응축수의 연속 배출이 가능하고 공기 배출도 가능하다.

⑤ 열역학트랩(Thermodynamic Trap, 충격식 트랩)

디스크형과 오리피스형이 있으며 디스크형은 입구 측과 출구 측 사이에 디스크(얇은 철판)를 경계로 변압실이 있다. 트랩에 응축수가 들어오면 변압실에 있던 증기는 냉각되어 응축되므로 변압실 내의 압력이 낮아져 디스크는 위로 올라가고 응축수를 배출한다. 다시 증기가 들어오면 변압실의 온도가 올라가 압력이 상승되고 디스크가 내려가 출구를 닫는다.

(5) 관말트랩 설치

① 관말에는 열동트랩(벨로스트랩)을 설치하여 응축수와 공기를 환수관으로 배출한다.

② 트랩에 이물질이 들어가는 것을 방지하기 위해 더트포켓(흙탕고임)을 설치한다.

③ 증기 주관에서 트랩에 이르는 냉각 레그에는 완전한 응축수를 트랩에 보내기 위해 보온을 하지 않는다.

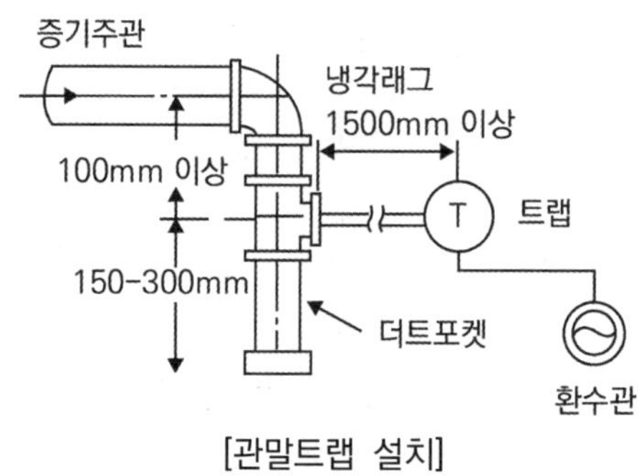

[관말트랩 설치]

④ 트랩의 점검, 보수를 위해 바이패스배관을 한다.

(6) 증기헤더

① 보일러에서 발생한 증기를 한 곳에 모아 각 실, 각 공조기로 증기를 필요한 만큼 보내기 위해 헤더를 설치한다.

② 증기헤더의 크기는 주 증기관의 관경보다 2배 이상 크게 한다.

③ 헤더와 헤더에서 분기되는 각각의 배관에는 압력계를 설치한다.

④ 헤더 하부에는 드레인밸브를 설치한다.

(7) 증발탱크(Flash Tank)

① 증기난방에서 고압환수관과 저압환수관 사이에 설치하는 탱크

② 고압의 응축수와 저압의 응축수가 하나의 저압환수배관으로 합쳐져 보일러로 보내어질 때 고압의 응축수가 저압으로 감압되면서 일부가 재증발하게 되어 환수관의 흐름을 방해하게 된다.

③ 고압의 응축수는 저압인 증발탱크에서 일부가 증발하여 이 증기는 저압증기관으로 보내어 저압증기로 활용하고, 나머지 응축수는 저압상태이므로 저압 환수관에 연결하여 보일러로 보내진다.

4 복사난방

벽 속에 가열코일을 묻어서 그 코일 내에 온수를 보내어 그 복사열로 난방하는 것

1) 복사난방 시공 시 주의사항

(1) 배관의 관경 및 재료 : 15 ~ 20 A의 동관 또는 X - L관, PPC관, PB관 등

(2) 배관 피치 : 200 ~ 300 mm 정도

(3) 패널을 통과하는 온수의 온도 강하 : 6 ~ 8 ℃ 정도

(4) 매설 깊이 : 관 위에서 표면까지의 두께를 관경의 1.5 ~ 2배 이상으로 한다.

(5) 배관 길이 : 배관회로 하나의 길이는 50 m 이하

2) 복사난방 패널의 종류에 따른 분류

(1) 바닥 패널 : 시공이 용이하나 가열면의 온도를 너무 높게 할 수 없다(30 ℃ 이하).

(2) 천장 패널 : 시공이 어려우나 가열면의 온도를 50 ℃ 이하까지 가능하다.

(3) 벽 패널 : 보통 천장 패널의 보조로 사용되며 창틀 부근에 설치하며 열손실이 크다.

3) 배관방식

(1) 밴드코일식

(2) 그리드코일식

(3) 달팽이코일식

밴드코일식	그리드코일식	달팽이코일식
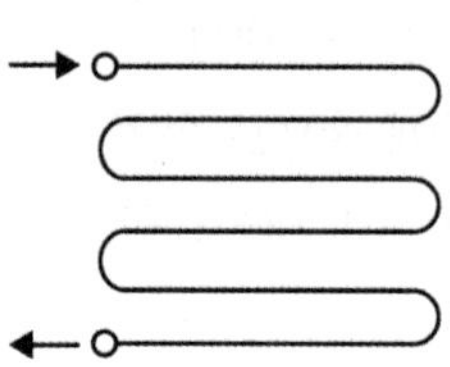	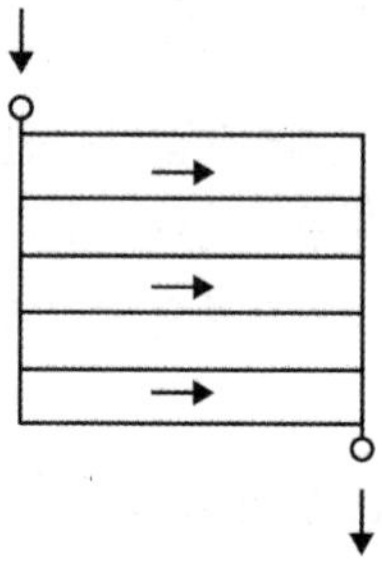	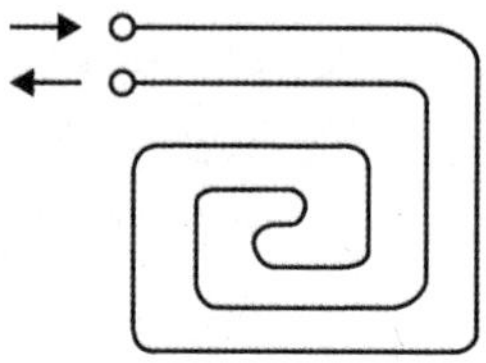

10 예상문제

01 온수난방에서 역귀환방식을 채택하는 주된 이유는?

① 순환펌프를 설치하기 위해
② 배관의 길이를 축소하기 위해
③ 열손실과 발생소음을 줄이기 위해
④ 건물 내 각 실의 온도를 균일하게 하기 위해

해설

[역귀환방식(역환수방식, Reverse Return)]
배관길이가 길어지고 마찰저항이 크지만 건물 내 온수온도가 일정하기 때문에 채택

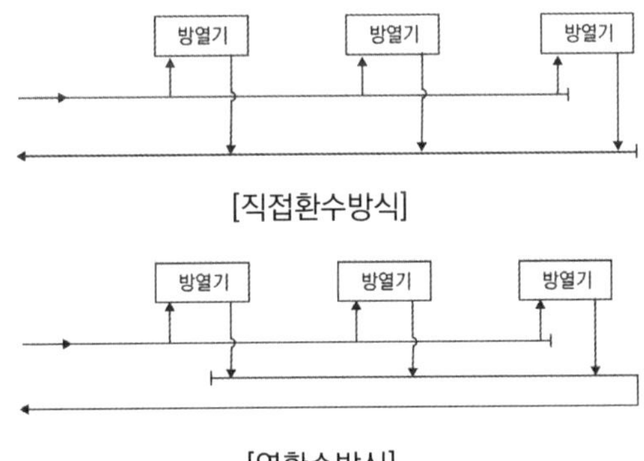

[직접환수방식]

[역환수방식]

02 증기난방에서 환수주관을 보일러 수면보다 높은 위치에서 설치하는 배관방식은?

① 습식 환수관식
② 진공 환수식
③ 강제 순환식
④ 건식 환수관식

해설

[환수관]
- 습식 환수관식 : 환수주관을 보일러 수면보다 낮게 배관
- 건식 환수관식 : 환수주관을 보일러 수면보다 높게 배관

Part 05

정답 01 ④ 02 ④

03 저압증기난방장치에서 증기관과 환수관 사이에 설치하는 균형관은 표준 수면에서 몇 mm 아래에 설치하는가?

① 20 mm ② 50 mm
③ 80 mm ④ 100 mm

해설

[하트포드 배관]

증기난방에서 저수위 사고를 예방하기 위해 균형관은 표준 수면에서 50 mm 아래에 설치함

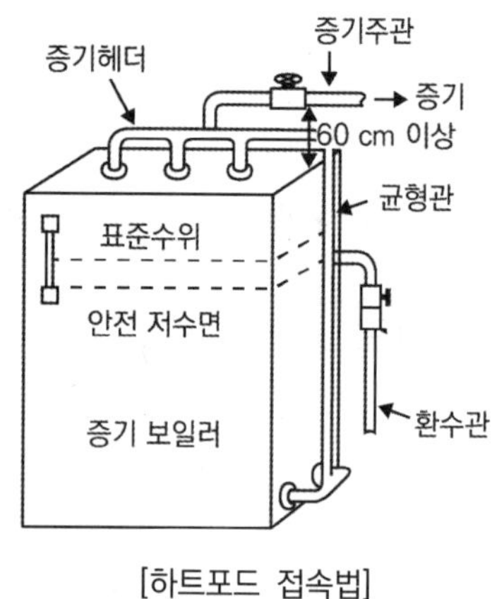

[하트포드 접속법]

04 증기난방 배관방법에서 리프트피팅을 사용할 때 1단의 흡상고 높이는 얼마 이내로 해야 하는가?

① 4 m 이내
② 3 m 이내
③ 2.5 m 이내
④ 1.5 m 이내

해설

[리프트피팅]

- 진공 환수식에서는 환수관에 수직 상향부가 필요할 때 리프트피팅을 이용하여 응축수를 위쪽으로 배출한다.
- 1단 흡상고 높이 : 1.5 m 이내로 설치

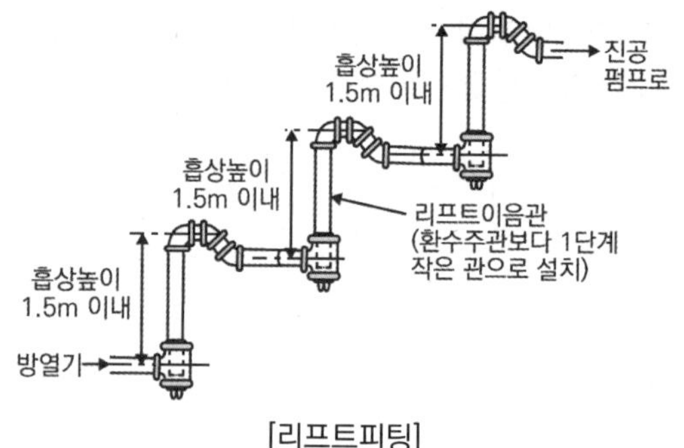

[리프트피팅]

정답 03 ② 04 ④

Chapter 11 냉동 · 냉장설비배관

1 냉매배관의 구성

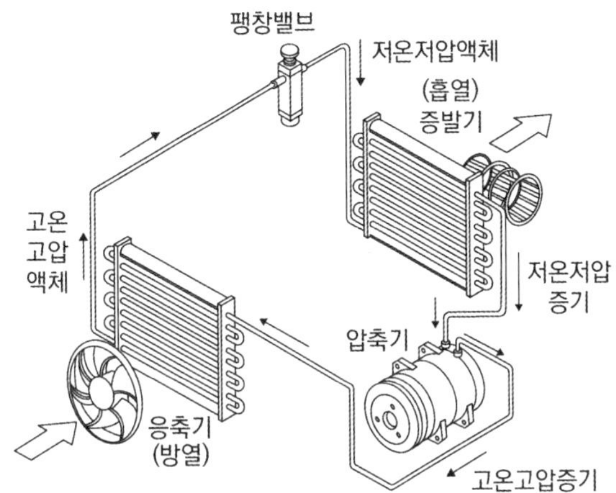

1) 압축기에서 응축기까지의 배관 : 고온고압증기관

2) 응축기에서 팽창밸브까지의 배관 : 고온고압액관

3) 팽창밸브에서 증발기까지의 배관 : 저온저압액관

4) 증발기에서 압축기까지의 배관 : 저온저압증기관

2 프레온 냉매배관

1) 배관재질

(1) 배관재료로 동관을 사용한다.

(2) 프레온은 수분이 있으면 강관을 부식시킨다.

(3) 프레온은 마그네슘을 2 % 함유한 알루미늄 합금을 부식시킨다.

2) 가스켓 재질

(1) 인조고무, 테프론(합성수지)를 사용한다.

(2) 프레온은 천연고무를 침식시킨다.

3) 압축기 흡입가스배관 설치 시 주의사항(증발기 → 압축기)

(1) 압축기 가까이에 트랩을 설치하면 액이나 오일이 고여 액백 발생의 우려가 있으므로 피해야 한다.

(2) 흡입관의 입상이 매우 길 경우에는 중간에 트랩을 설치한다.

(3) 증발기에서 압축기까지의 흡입배관은 1/200의 순구배(하향구배)를 주어 윤활유가 압축기로 흘러들어 오도록 한다.

(4) 흡입관의 수직상승 입상부가 매우 길 때는 냉동기유의 회수를 쉽게 하기 위하여 약 10 m마다 중간에 트랩을 설치한다.

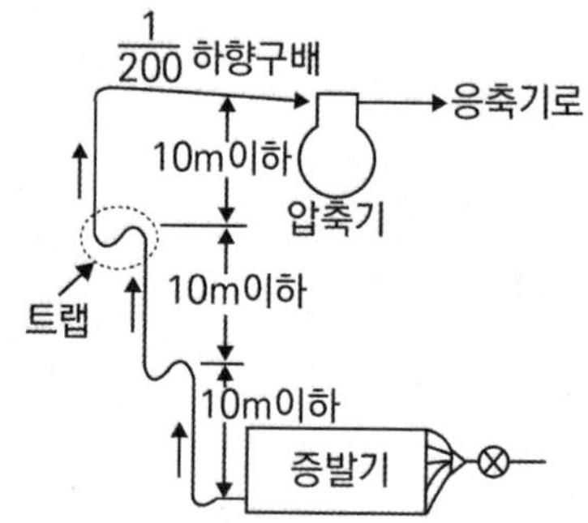

(5) 각각의 증발기에서 흡입주관으로 들어가는 관은 주관의 상부에 접속한다.

(6) 2대 이상의 증발기가 다른 위치에 있고 압축기가 그보다 밑에 있는 경우 증발기 출구의 관은 트랩을 만든 후 증발기 상부 이상으로 올리고 나서 압축기로 향하게 한다.

(7) 압축기가 증발기보다 밑에 있는 경우 흡입관은 작은 트랩을 통과한 후 증발기 상부보다 150 mm 이상 입상(역루프)시킨다.

(8) 압축기의 용량이 조정되어 최저부하가 되었을 때도 윤활유를 반송할 수 있도록 입상관의 관경을 1 ~ 2사이즈 작은 관을 설치하거나 이중 입상관을 설치하여야 한다.

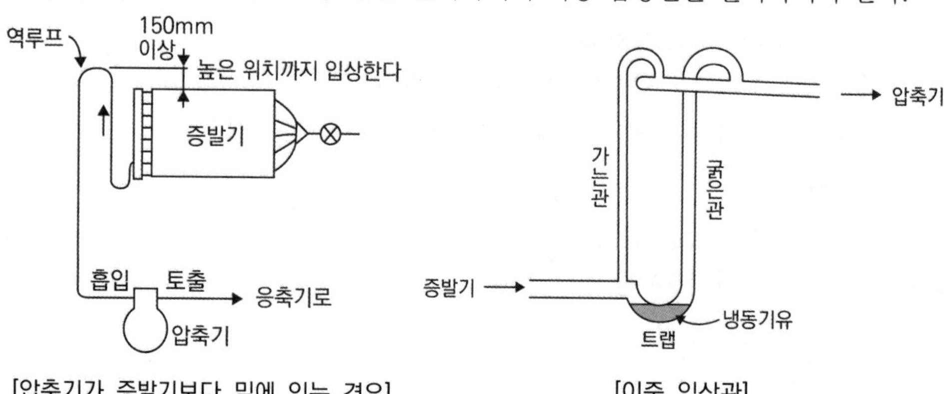

[압축기가 증발기보다 밑에 있는 경우] [이중 입상관]

4) 액관(응축기 → 증발기 사이의 배관)의 배관

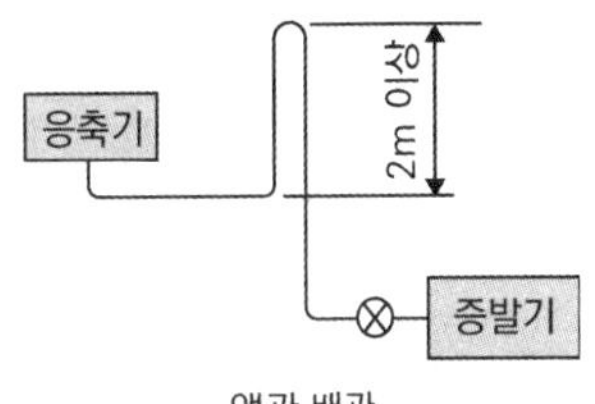

액관 배관

(1) 액관설계 시 압력손실을 충분히 고려하여, 플래시가스가 발생하지 않도록 할 것
(2) 액관의 길이는 짧게 하는 것이 좋다.
(3) 플래시가스(Flash Gas)를 방지하는 방법
① 과도한 입상은 피하고 액관경과 밸브류의 규격을 크게 선정한다.
② 증발기가 응축기(수액기)보다 8 m 이상 높은 위치에 설치될 때는 플래시가스가 발생하므로 액 - 가스 열교환기를 설치하여 냉매액의 과냉각도를 크게 한다.
③ 액관의 온도보다 주위 온도가 높으면 단열(보온)시공을 한다(일반적으로 주위 온도가 액관의 온도보다 낮기 때문에 단열하지 않음).
④ 응축온도를 높게 한다(응축온도가 높으면 냉매액이 외기에 의해 가열되는 일이 거의 없다).
⑤ 액펌프방식을 채택한다(냉매액을 펌프로 가압하므로 관 마찰손실에 의한 액관 내부의 압력강하를 상쇄한다).

5) 토출가스(압축기 → 응축기)의 배관

(1) 토출된 냉매가스 중 액화된 냉매가 압축기로 되돌아오지 않도록 배관해야 한다.
(2) 토출관이 2.5 m 이상 10 m 이하의 입상배관일 경우 운전정지 중에 윤활유와 액화된 냉매의 역류를 방지하기 위해 트랩을 설치한다.

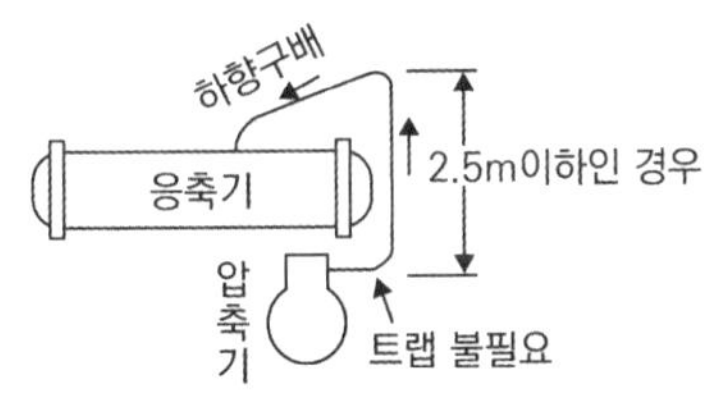

[토출관이 2.5 m 이하 입상배관]

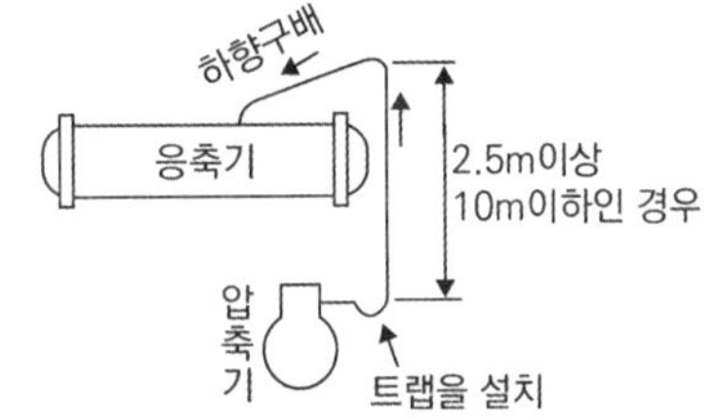

[토출관이 2.5 m 이상 10 m 이하 입상배관]

(3) 토출가스배관의 총 마찰손실은 0.02 MPa을 넘지 않도록 한다.
(4) 토출 입상관이 10 m 이상일 때 정지 중 윤활유와 액화된 냉매의 역류를 방지하기 위해 10 m마다 트랩을 설치한다.
(5) 토출관이 합류할 때 T이음을 하지 않고 Y이음을 한다.

3 암모니아 냉매배관

1) 배관재질

(1) 배관자재로 강관을 사용함

(2) 암모니아는 동관을 부식시킴

2) 가스켓 재질

(1) 천연고무, 아스베스토스를 사용함

(2) 암모니아는 인조고무를 침식시킴

3) 흡입관(증발기와 압축기 사이의 배관)의 배관

(1) 배관의 기울기는 1/100 하향구배로 함

(2) 배관에 U트랩 설치 안 함(암모니아 냉매가스에 오일이 섞여 있지 않으므로 오일을 회수할 필요가 없기 때문)

4) 토출관(압축기와 응축기 사이 배관)의 배관

배관의 기울기는 1/100 하향구배로 하여 토출된 냉매가스 중 응축된 액체가 압축기로 역류하지 않도록 함

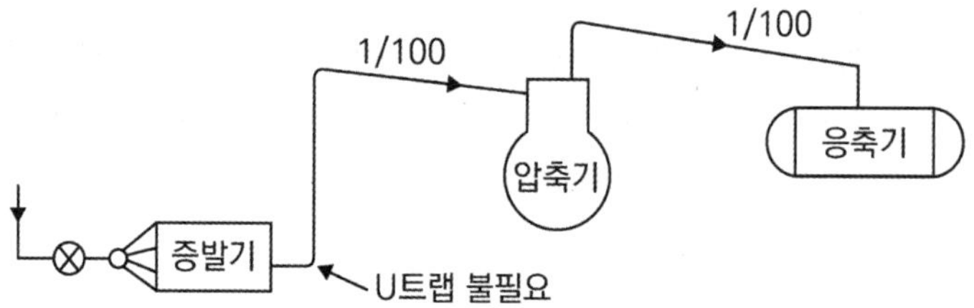

5) 액관(응축기와 증발기 사이의 배관)의 배관

(1) 응축기와 수액기 사이는 1/50 하향구배로 함

(2) 수액기와 팽창밸브 사이는 1/100 하향구배로 함

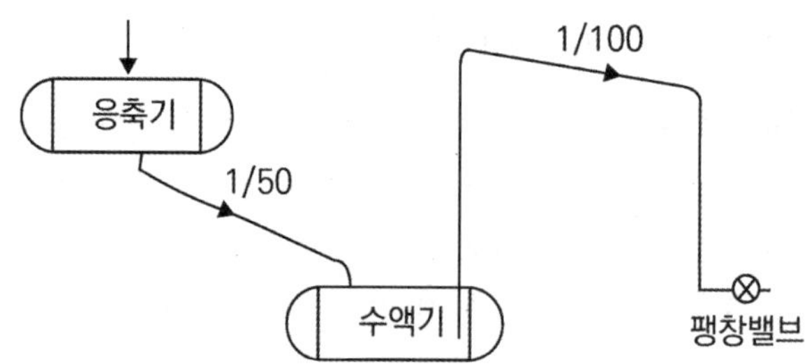

11 예상문제

01 프레온 냉동기의 흡입배관에 이중입상관을 설치하는 주된 목적은?

① 흡입가스의 과열을 방지하기 위하여
② 냉매액의 흡입을 방지하기 위하여
③ 오일의 회수를 용이하게 하기 위하여
④ 흡입관에서의 압력강하를 보상하기 위하여

해설

[이중입상관의 설치목적]
오일의 회수를 용이하게 하기 위해 프레온냉동기의 흡입배관에 이중입상관 설치

※ 이중입상관
전부하로 운전 시 냉매가스와 윤활유는 가는 관과 굵은 관 양쪽으로 통과한다.
부하가 감소 시 냉매가스의 이동속도가 낮아져서 윤활유를 운반하지 못한다. 따라서 하부트랩에 고이게 되므로 냉매가스와 윤활유는 가는 관을 통해 압축기로 이동한다(가는 관은 단면적이 작아 유속이 빠르므로 냉매가스와 윤활유가 함께 이동).

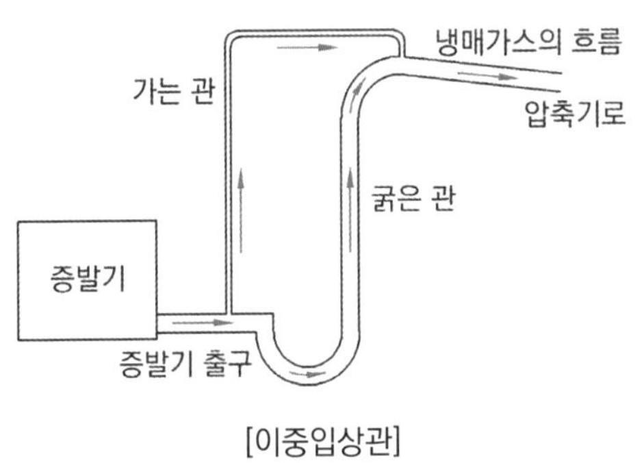

[이중입상관]
전부하로 운전

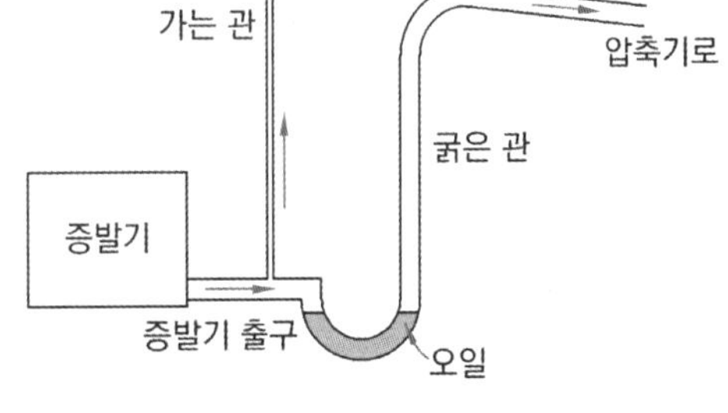

[이중입상관]
부하 감소했을 때의 운전

02 다음과 같이 압축기와 응축기가 동일한 높이에 있을 때 배관방법으로 가장 적합한 것은?

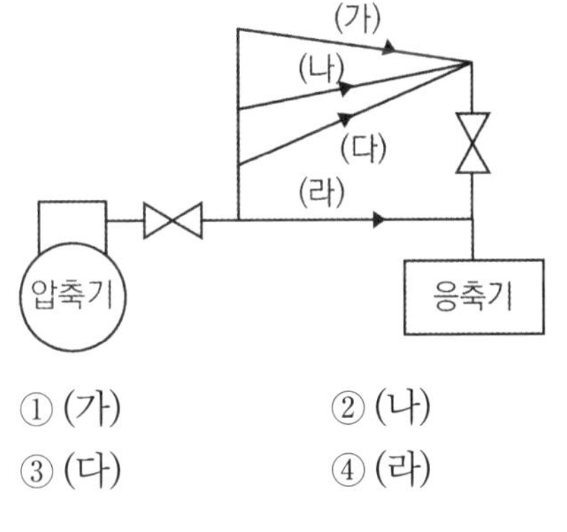

① (가)
② (나)
③ (다)
④ (라)

해설

[토출관배관]
압축기와 응축기가 동일한 높이일 경우 응축기 쪽으로 하향구배할 것

정답 01 ③ 02 ①

Chapter 12 압축공기설비 및 가스설비

01 압축공기설비

1 압축공기 배관시스템의 구성

압축공기설비란 대기 중의 공기를 압축하여 얻어지는 에너지를 이용하는 시스템을 말한다. 밀폐한 용기 속에 공기를 동력으로 압축하여 그 압력을 높이는 공기압축기와 최종 사용처에 안정적인 공급을 목적으로 필요한 부속 설비들이 있다.

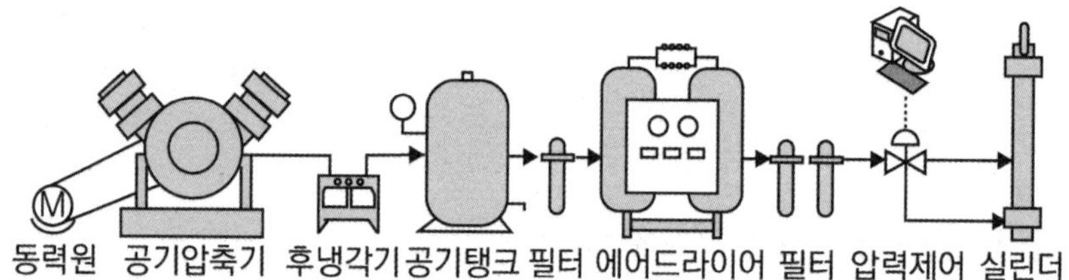

2 장치의 역할

1) 공기압축기

공기를 소정의 압력까지 압축하여 압축공기를 수액기(Receiver Tank)로 보낸다.

2) 수액기

(1) 압축공기를 저장하여 일시적으로 용량이 부족한 현상을 방지하고 맥동현상을 방지하는 역할을 한다.

(2) 압축공기중의 수분, 불순물, 유분(기름)을 분리하는 역할도 하게 된다.

3) 드라이어(수분제거기)

(1) 압축공기중의 수분을 제거하여 양질의 건조한 공기를 만드는 역할을 한다.

(2) 일반적으로 냉동식 드라이어(노점온도 4 ~ 10 ℃)가 많이 사용된다.

4) 사용배관

(1) 사용압력 1 MPa 이하 : 배관용 탄소 백강관(KSD 3507)

(2) 사용압력 1 MPa 초과 : 압력배관용 탄소 백강관(KSD 3562)

(3) 지하매립배관 : 폴리에틸렌 피복강관(KSD 3589)

(4) 배관은 응축수 또는 윤활유가 배관 내에 고이지 않도록 하향구배로 하고, 응축수 배출을 위한 드레인밸브를 설치한다.

02 가스설비

1 도시가스 공급방식

1) 저압 공급방식 : 가스압력 0.1 MPa 미만의 압력으로 공급하는 방식

2) 중압 공급방식 : 가스압력 0.1 ~ 1 MPa 미만으로 공급하는 방식

3) 고압 공급방식 : 가스압력 1 MPa 이상의 압력으로 공급하는 방식

2 도시가스의 공급 계통에 따른 공급 순서

원료 → 제조(열량조정) → 압송 → 저장(가스홀더) → 압력조정(정압기) → 공급(소비)

순서	단계	역할 및 설명
①	원료	도시가스의 기초가 되는 연료를 확보하는 단계로 LNG(액화천연가스), LPG, 석탄가스, 부생가스 등이 해당한다.
②	제조	원료를 정제·가공하여 연소에 적합한 성분비와 발열량을 갖도록 만드는 과정이다. LNG는 기화(액체 → 기체), 혼합, 냉각, 제습 등의 처리를 거친다.
③	압송	생산된 가스를 고압 압축기나 송출펌프를 이용하여 주배관망으로 이송하는 단계이다. 이 과정에서 대규모 배관을 통해 장거리 수송이 가능하도록 한다.
④	저장	수요 변동과 공급 안정성을 위해 저장탱크(저온 LNG 저장탱크, 지상·지하 저장소 등)에 보관한다. 필요 시 기화시켜 공급망에 투입한다.
⑤	압력 조정	저장된 고압가스를 소비자가 사용할 수 있는 저압으로 감압하는 과정이다. 1차(고압 → 중압)와 2차(중압 → 저압) 조정기를 통해 단계적으로 압력을 낮춘다. 이후 소규모 배관을 통해 가정, 상업, 산업 현장에 공급된다.

3 가스관의 명칭

1) 배관 : 본관, 공급관 및 내관을 말한다.

2) 내관 : 가스 사용자가 소유하거나 점유하고 있는 토지의 경계에서 연소기까지에 이르는 배관

3) 본관 : 도시가스 제조공장의 부지경계에서 정압기까지 이르는 배관

4) 공급관 : 정압기에서 가스 사용자가 소유하거나 점유하고 있는 토지의 경계까지에 이르는 배관

4 가스관의 재료

강관, 주철관, 동관, 폴리에틸렌관 등이 사용되며 주로 지름 50 mm 이하는 강관, 75 mm 이상은 주철관이 사용된다.

5 가스배관 경로 선정 4요소

1) 최단거리로 할 것

2) 구부러지거나 오르내림이 적을 것

3) 가능한 한 옥외에 설치할 것

4) 은폐 매설을 피할 것

6 가스홀더

1) 제조 공장에서 제정된 가스를 저장하여 균일하게 질을 유지하며 제조량과 수요량을 조절하는 저장탱크이다.

2) 저압식(유수식, 무수식)과 중고압식(구형, 원통형) 가스홀더로 분류한다.

7 정압기

1) 1차 압력 및 부하유량 변동에 관계없이 2차 압력을 일정하게 유지시키는 역할을 한다.

2) 고압을 중압으로, 중압을 저압으로 감압하여 공급하기 위해 설치하는 기기이다.

3) 작동식 정압기, 피셔식 정압기, 액시얼 - 플로우 정압기, 레이놀즈식(Reynolds) 정압기, 레파일럿식 정압기 등이 있다.

8 가스미터(가스계량기)

1) 가스 소비량을 계산하고 요금 산출하기 위한 장치이다.

2) 직사광선을 피하고 진동이 없는 곳에 설치한다.

3) 화기와 2 m 이상, 저압전선과 15 cm 이상, 전기개폐기와 60 cm 이상의 거리를 유지해야 한다.

4) 설치높이는 1.6 m 이상 2 m 이내에 설치한다.

9 배관재질 및 표시

1) 노출배관의 재질 : 배관용 탄소강관 사용
2) 매설배관의 재질 : 폴리에틸렌관(PE관) 또는 폴리에틸렌 피복강관 사용
3) 배관 외부에 사용가스명과 최고사용압력 및 흐름방향을 표시한다.
4) 실내에서의 배관은 환기가 잘되거나 기계환기설비를 설치한 장소에 설치할 것. 다만 환기가 잘 되지 않거나 기계환기설비의 설치가 곤란하여 가스누출경보기를 설치하거나 용접부에 대하여 비파괴시험을 실시하여 이상이 없는 경우에는 그렇지 않다(도시가스사업법 시행규칙 [별표 5]).

10 배관의 고정 및 매설

1) 배관 고정 간격

관의 호칭지름	고정 간격
13 mm 미만	1 m
13 mm 이상 33 mm 미만	2 m
33 mm 이상	3 m

2) 배관의 매설

기준	위치	매설 깊이
일반도시가스 사업의 가스공급시설의 시설기준	공동주택 등의 부지 안	0.6 m
	폭 4 m 미만 도로	0.6 m
	폭 4 m 이상 8 m 미만 도로	1 m
	폭 8 m 이상 도로	1.2 m
가스도매 사업의 가스공급시설의 시설기준	산이나 들	1 m
	그 밖의 지역	1.2 m
	시가지 외의 도로	1.2 m
	시가지의 도로	1.5 m

11 저압배관 가스관경 계산식(폴의 공식)

$$D[\mathrm{cm}] = \sqrt[5]{\frac{Q^2SL}{K^2H}}$$

$$(D^5 = \frac{Q^2SL}{K^2H})$$

Q : 가스유량 [m^3/h]
D : 가스관 내경 [cm]
H : 허용압력손실 [mmAq]
L : 배관길이 [m]
S : 가스의 비중 [공기비중 : 1]
K : 유량계수(POLE상수 = 0.707)

12 중압 · 고압 배관 가스관경 계산식(콕스의 공식)

$$D[\mathrm{cm}] = \sqrt[5]{\frac{Q^2SL}{K^2(P_1^2 - P_2^2)}}$$

$$(D^5[\mathrm{cm}] = \frac{Q^2SL}{K^2(P_1^2 - P_2^2)})$$

Q : 가스유량 [m^3/h]
D : 가스관 내경 [cm]
P_1 : 초압 [$kg_f/cm^2\ abs$]
P_2 : 종압 [$kg_f/cm^2\ abs$]
L : 배관길이 [m]
S : 가스의 비중 [공기비중 : 1]
K : 유량계수(COX상수 = 52.31)

12 예상문제

01 도시가스배관에서 중압은 얼마의 압력을 의미하는가?

① 0.1 MPa 이상 1 MPa 미만
② 1 MPa 이상 3 MPa 미만
③ 3 MPa 이상 10 MPa 미만
④ 10 MPa 이상 100 MPa 미만

해설

[도시가스압력]

- 저압 : 0.1 MPa 미만
- 중압 : 0.1 MPa 이상 1 MPa 미만
- 고압 : 1 MPa 이상

02 일반도시가스사업 가스공급시설 중 배관설비를 건축물에 고정부착할 때 배관의 호칭지름이 13 mm 이상 33 mm 미만인 경우 몇 m마다 고정장치를 설치해야 하는가?

① 1 ② 2
③ 3 ④ 5

해설

[도시가스배관 고정장치]

배관 호칭 지름	고정간격
13 mm 미만	1 m
13 mm 이상 33 mm 미만	2 m
33 mm 이상	3 m

Part 05

정답 01 ① 02 ②

Chapter 13 공기조화설비

1 덕트 종류

1) 덕트

송풍기와 연결하여 공기를 흐르게 하는 풍도를 말하며, 공조설비의 덕트는 주로 아연철판이 사용되나 덕트 내의 결로로 인한 부식의 염려로 스테인리스, 알루미늄, 염화비닐, 글라스울이나 강판 등이 사용됨

2) 덕트 종류

(1) 공조용 덕트 : 급기덕트, 환기덕트
(2) 환기용 덕트 : 외기 취입덕트, 외기 급기덕트, 배기덕트
(3) 방화용 덕트 : 배연덕트

2 덕트 치수결정

1) 등속법 : 덕트 내 공기속도를 가정하고 이것과 공기량에서 덕트의 결정선도에 의해 마찰저항, 원형 덕트의 직경을 구해서 다시 덕트 만곡부 저항의 해당 길이 환산표에 의해 장방형으로 환산

2) 정압법(등마찰손실법) : 주덕트의 풍속과 풍량에서 1 m당 마찰저항(압력 강하)를 구하고, 이 값과 각 덕트의 마찰저항이 똑같이 되도록 각 덕트의 치수를 정하는 방법

3) 정압재취득법 : 덕트의 직경을 균일하게 한 등경덕트를 말하며 체적이 큰 실내에서 각 취출구 또는 분기부 직전의 정압을 일정하게, 즉 전체 용량이 만족되는 곳에 사용되며 주덕트 내의 풍속보다 토출속도가 큰 것일수록 분포성이 좋음

4) 고속덕트법

(1) 주덕트 내 풍속은 20 ~ 30 m/s이고, 덕트 속도를 2배로 하면 팬 동력은 8배 증가하여 소음이 커짐
(2) 압력손실이 1 mmAq/m이며, 송풍기 정압은 150 ~ 200 mmAq

5) 저속덕트법

0.1 mmAq/m가량으로 대유량의 경우에도 주덕트 풍속은 15 m/s 이하, 마찰저항은 0.3 mmAq/m 이하로 결정

3 시로코 팬

환기 공조용 저속덕트 송풍기로서 저항 변화에 대해 풍량과 동력 변화가 크고, 정속운전에 사용하기 적합

4 댐퍼

1) 풍량조절댐퍼(VD : Volume Damper) : 주 덕트의 주요 분기점, 송풍기 출구 측에 설치되며 날개의 열림 정도에 따라 풍량을 조절 또는 폐쇄의 역할을 함

(1) 종류

① 버터플라이댐퍼 : 소형 덕트 개폐용

② 루버댐퍼 : 평형익형은 대형 덕트 개폐용, 대향익형은 풍량조절용

③ 스플릿댐퍼 : 분기부에 설치하여 풍량조절용

2) 방화댐퍼(FD : Fire Damper) : 화재발생 시 덕트를 통해 다른 곳으로 화재가 번지는 것을 방지하기 위해 방화구역을 관통하는 덕트 내에 설치된 차단장치

(1) 종류

① 루버형 방화댐퍼 : 대형의 4각 덕트용으로 퓨즈 이용 72℃ 용융

② 슬라이드형 방화댐퍼 : 퓨즈 이용

③ 스윙형 방화댐퍼 : 퓨즈 이용

④ 피벗형 방화댐퍼 : 퓨즈 이용

3) 방연댐퍼(SD : Smoke Dapmer) : 연기감지기와의 연동으로 된 댐퍼이며, 실내에 설치된 연기감지기로 화재 초기에 발생된 연기를 감지하여 덕트를 폐쇄

5 단수릴레이

냉동장치에서 브라인 쿨러나 수냉각기에서 브라인이나 냉수의 유량이 감수되거나 단수되면 동파의 위험이 있으며, 수랭 응축기에서 냉각수 유량이 단수 또는 감수되면 이상 고압의 원인이 되기 때문에 이를 방지하기 위해 설치. 즉, 기기 작동을 중지시키기 위해 설치하는 "보호용 안전장치"임

1) 설치위치

냉수 또는 브라인 배관 입구에 설치

2) 종류

⑴ 수류식 릴레이

냉수 또는 냉각수 배관 내에 설치하여 물이 흐르는 저항에 의해 작동됨

⑵ 단압식 릴레이

냉수 또는 냉각수 출입구의 어느 한 쪽의 압력을 감지함으로써 작동하는 것으로 출입구 압력차가 발생하므로 잘 사용하지 않음

⑶ 차압식 릴레이

브라인이나, 냉수 또는 냉각수 출입구 어느 한 쪽의 압력을 감지하여 작동한다. 즉, 양쪽의 압력차에 의해 작동함

3) 설치 시 주의사항

⑴ 가동편이 흐름에 직각으로 설치할 것

⑵ 스위치 화살표 방향과 유체 흐름 방향을 일치할 것

13 예상문제

01 배관 계통에서 유량을 다르더라도 단위 길이당 마찰손실이 일정하도록 관경을 정하는 방법은?

① 균등법 ② 정압재취득법
③ 등마찰손실법 ④ 등속법

해설

[등마찰손실법]
배관이나 덕트에서 유량이 다르더라도 단위길이당 마찰손실이 일정하도록 관경을 정하는 방법

02 덕트의 부속품에 관한 설명으로 틀린 것은?

① 댐퍼는 통과풍량의 조정 또는 개폐에 사용되는 기구이다.
② 분기덕트 내의 풍량제어용으로 주로 익형 댐퍼를 사용한다.
③ 방화구획 관통부에는 방화댐퍼 또는 방연댐퍼를 설치한다.
④ 가이드베인은 곡부의 기류를 세분해서 와류의 크기를 적게 하는 것이 목적이다.

해설

[익형댐퍼]
② 익형 댐퍼(Airfoil Damper)는 주로 저항을 줄이고 소음을 최소화하는 용도로 쓰인다.

※ 스플릿댐퍼와 가이드베인
1) 스플릿댐퍼는 덕트의 분기점에서 풍량을 조절하기 위한 댐퍼이다.

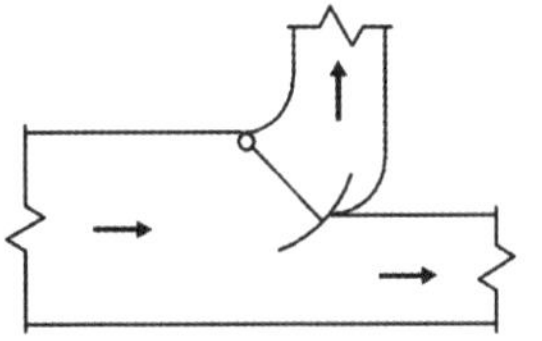

[스플릿댐퍼]

2) 가이드베인은 덕트의 직각 부분의 속도변화에 의한 난류의 발생을 방지하고, 유체의 저항손실을 작게 하는 목적으로 쓰인다. 가이드베인은 곡관부의 내측에 설치한다.

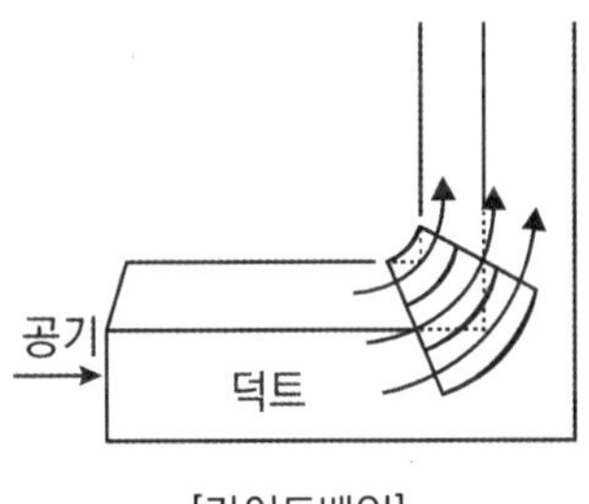

[가이드베인]

정답 01 ③ 02 ②

출제기준 개정으로 인한 변경사항 안내

- 출제기준 개정 전(2019 ~ 2021년) : 총 100문항, 5과목
- 출제기준 개정 후(2022 ~ 2025년) : 총 80문항, 4과목

06

P·a·r·t

과년도 기출문제

2025 CBT 복원 1

1과목 에너지관리

1회독	시간 :	점수 :
2회독	시간 :	점수 :
3회독	시간 :	점수 :

01 간이계산법에 의한 건평 150 m^2에 소요되는 보일러의 급탕부하는? (단, 건물의 열손실은 378 $kJ/m^2 \cdot h$, 급탕량은 100 kg/h, 급수 및 급탕 온도는 각각 30 ℃, 70 ℃이다)

① 14700 kJ/h ② 16800 kJ/h
③ 56700 kJ/h ④ 73500 kJ/h

해설

[보일러의 급탕부하]

$$q = mC_p\Delta t = 100 \times 4.2 \times (70-30) = 16800\ kJ/h$$

※ 보일러에 필요한 총 부하

1) 급탕부하
$$q = mC_p\Delta t = 100 \times 4.2 \times (70-30) = 16800\ kJ/h$$

2) 난방부하
$$q = 378 \times 150 = 56700\ kJ/h$$

3) 총 부하
$$q = 16800 + 56700 = 73500\ kJ/h$$

02 덕트 조립공법 중 원형 덕트의 이음방법이 아닌 것은?

① 드로우 밴드이음(Draw Band Joint)
② 비드 클림프이음(Beaded Crimp Joint)
③ 더블 심(Double Seem)
④ 스파이럴 심(Spiral Seam)

해설

[원형 덕트의 이음방법]

- 더블심 : 덕트의 각이 진 모서리 부분에 이용하는 이음이므로 사각덕트(장방형 덕트)이음방법이다.

03 공기 냉각·가열코일에 대한 설명으로 틀린 것은?

① 코일의 관 내에 물 또는 증기, 냉매 등의 열매를 통과시키고 외측에는 공기를 통과시켜서 열매와 공기 간의 열교환을 시킨다.
② 코일에 일반적으로 16 mm 정도의 동관 또는 강관의 외측에 동, 강 또는 알루미늄제의 판을 붙인 구조로 되어 있다.
③ 에로핀 중 감아 붙인 핀이 주름진 것을 스무드 핀, 주름이 없는 평면상의 것을 링클핀이라고 한다.
④ 관의 외부에 얇게 리본모양의 금속판을 일정한 간격으로 감아 붙인 핀의 형상을 에로핀 형이라 한다.

정답 01 ② 02 ③ 03 ③

해설

[공기 냉각 · 가열코일]

③ 에로핀 중에서 핀이 주름(Wrinkle)진 것을 링클(Wrinkle)핀이라 하고, 주름 없는 평면상의 것을 스무드(Smooth)핀 또는 평판핀이라고 한다.

04 유인유닛 공조방식에 대한 설명으로 틀린 것은?

① 1차 공기를 고속덕트로 공급하므로 덕트스페이스를 줄일 수 있다.
② 실내유닛에는 회전기기가 없으므로 시스템의 내용연수가 길다.
③ 실내부하를 주로 1차 공기로 처리하므로 중앙공조기는 커진다.
④ 송풍량이 적어 외기 냉방효과가 낮다.

해설

[유인유닛 공조방식]

③ 실내부하를 1차 공기와 유인되는 2차 공기가 감당하게 되므로 2차 공기만 처리하는 중앙공조기는 작아진다.

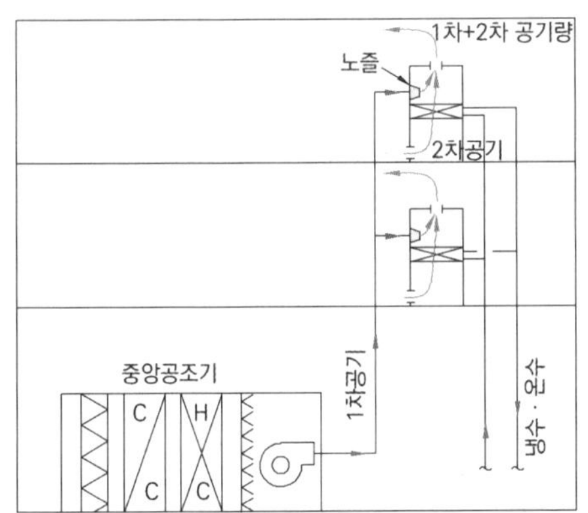

[유인유닛방식]

05 온풍난방에서 중력식 순환방식과 비교한 강제 순환방식의 특징에 관한 설명으로 틀린 것은?

① 기기 설치장소가 비교적 자유롭다.
② 급기덕트가 작아서 은폐가 용이하다.
③ 공급되는 공기는 필터 등에 의하여 깨끗하게 처리될 수 있다.
④ 공기순환이 어렵고, 쾌적성 확보가 곤란하다.

해설

[강제 순환방식의 특징]

④ 강제 순환방식은 중력식 순환방식(자연순환방식)보다 공기순환이 잘된다. 이에 따라 쾌적성 확보가 가능하다.

06 공조방식에서 가변풍량덕트방식에 관한 설명으로 틀린 것은?

① 운전비 및 에너지의 절약이 가능하다.
② 공조해야 할 공간의 열부하 증감에 따라 송풍량을 조절할 수 있다.
③ 다른 난방방식과 동시에 이용할 수 없다.
④ 실내 칸막이 변경이나 부하의 증감에 대처하기 쉽다.

해설

[가변풍량덕트방식]

③ 다른 난방방식과 동시에 이용할 수 있다.

※ 가변풍량방식(VAV : Variable Air Volume)
송풍온도를 일정하게 유지하고 부하변동에 따라서 송풍량을 변화시킴으로써 실온을 제어하는 방식

2025-01

정답 04 ③ 05 ④ 06 ③

07 특정한 곳에 열원을 두고 열수송 및 분배망을 이용하여 한정된 지역으로 열매를 공급하는 난방법은?

① 간접난방법 ② 지역난방법
③ 단독난방법 ④ 개별난방법

해설

[지역난방법]
지역난방은 특정한 곳에 열원을 두고 열수송 및 분배망을 이용하여 한정된 지역으로 열매를 공급하는 난방법으로 대규모, 인건비 절약의 장점이 있으나 열손실이 긴 경로로 발생한다.

1) 간접난방
기계실의 공조기에서 만들어진 온풍을 실내로 보내어 난방하는 방식
2) 직접난방
방열기 등을 실내에 직접 설치하여 난방하는 방식
3) 개별난방
중앙기계실이 필요 없고 각 실에 개별적으로 난방장치를 설치하는 난방방식

08 공조용 열원장치에서 히트펌프방식에 대한 설명으로 틀린 것은?

① 히트펌프방식은 냉방과 난방을 동시에 공급할 수 있다.
② 히트펌프 원리를 이용하여 지열시스템 구성이 가능하다.
③ 히트펌프방식 열원기기의 구동동력은 전기와 가스를 이용한다.
④ 히트펌프를 이용해 난방은 가능하나 급탕 공급은 불가능하다.

해설

[히트펌프방식]
④ 히트펌프의 열원으로 난방과 급탕이 모두 가능하다

※ 히트펌프(열펌프)
열을 온도가 낮은 곳에서 높은 곳으로 이동시킬 수 있는 장치
① 지열 히트펌프(GSHP)
연중 저온의 지열을 이용하여 냉난방시스템에 이용하는 히트펌프
② 전기구동 히트펌프(EHP)
전기구동원을 통해 압축기를 가동하여 냉난방하는 히트펌프
③ 가스엔진 히트펌프(GHP)
가스엔진의 구동력에 의해 압축기를 운전하여 냉난방하는 히트펌프

09 겨울철에 어떤 방을 난방하는 데 있어서 이 방의 현열 손실이 12000 kJ/h이고 잠열 손실이 4000 kJ/h이며, 실온을 21 ℃, 습도를 50 %로 유지하려 할 때 취출구의 온도차를 10 ℃로 하면 취출구 공기상태점은?

① 21 ℃, 50 %인 상태점을 지나는 현열비 0.75에 평행한 선과 건구온도 31 ℃인 선이 교차하는 점
② 21 ℃, 50 %인 점을 지나고 현열비 0.33에 평행한 선과 건구온도 31 ℃인 선이 교차하는 점
③ 21 ℃, 50 %인 점을 지나고 현열비 0.75에 평행한 선과 건구온도 11 ℃인 선이 교차하는 점
④ 21 ℃, 50 %인 점과 31 ℃, 50 %인 점을 잇는 선분을 4 : 3으로 내분하는 점

정답 07 ② 08 ④ 09 ①

해설

[취출구 공기상태점]

1) 현열비 = $\frac{12000}{12000+4000}=0.75$

2) 건구온도 = 실내온도 21 ℃ + 온도차 10 ℃
= 31 ℃

따라서 취출구의 공기상태점은 현열비 0.75에 평행한 선과 건구온도 31 ℃인 선이 교차하는 점이다.

10 관류보일러에 대한 설명으로 옳은 것은?

① 드럼과 여러 개의 수관으로 구성되어 있다.
② 관을 자유로이 배치할 수 있어 보일러 전체를 합리적인 구조로 할 수 있다.
③ 전열면적당 보유수량이 커 시동시간이 길다.
④ 고압 대용량에 부적합하다.

해설

[관류보일러]

① 관류보일러는 드럼이 없고 관으로 구성되어 있다.
③ 전열면적당 보유수량이 적어 시동시간이 짧다.
④ 관으로만 구성되므로 고압에 적합하다.

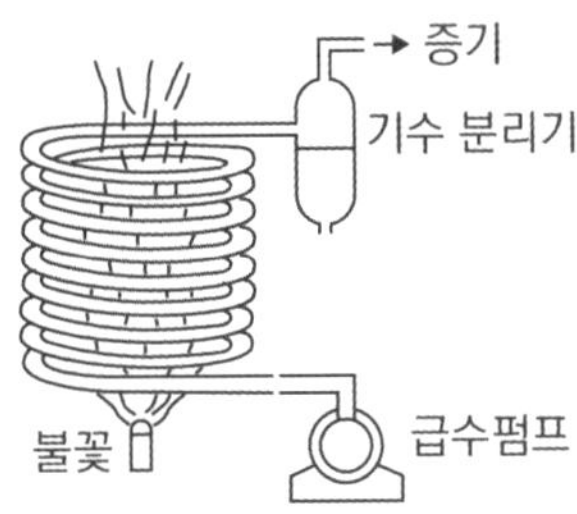

[관류식 보일러]

11 온도가 30 ℃이고, 절대습도가 0.02 kg/kg인 실외 공기와 온도가 20 ℃, 절대습도가 0.01 kg/kg인 실내 공기를 1 : 2의 비율로 혼합하였다. 혼합된 공기의 건구온도와 절대습도는?

① 23.3 ℃, 0.013 kg/kg
② 26.6 ℃, 0.025 kg/kg
③ 26.6 ℃, 0.013 kg/kg
④ 23.3 ℃, 0.025 kg/kg

해설

[혼합된 공기의 건구온도와 절대습도]

$$G_{혼합}t_{혼합} = G_1t_1 + G_2t_2$$
$$\therefore t_{혼합} = \frac{G_1t_1 + G_2t_2}{G_{혼합}} = \frac{G_1t_1 + G_2t_2}{G_1 + G_2}$$

$$건구온도 = \frac{1\times30+2\times20}{3} ≒ 23.3 ℃$$

$$절대습도 = \frac{1\times0.02+2\times0.01}{3} ≒ 0.013\ kg/kg$$

12 냉수코일 설계 시 유의사항으로 옳은 것은?

① 대향류로 하고 대수평균 온도차를 되도록 크게 한다.
② 병행류로 하고 대수평균 온도차를 되도록 작게 한다.
③ 코일통과 풍속을 5 m/s 이상으로 취하는 것이 경제적이다.
④ 일반적으로 냉수 입·출구온도차는 10 ℃보다 크게 취하여 통과유량을 적게 하는 것이 좋다.

정답 10 ② 11 ① 12 ①

해설

[냉수코일 설계 시 유의사항]

평형류 보다 대향류가 열전달이 좋고 대수평균온도차가 클수록 열전달에 유리하다.

② 병행류로 하고 대수평균 온도차를 작게 하면 열전달효과 및 열전달량이 작아진다.

③ 코일 통과 풍속은 물의 비산 등이 발생하지 않도록 2 ~ 3 m/s로 한다.

④ 일반적으로 냉수 입·출구온도차는 5℃ 전후로 한다.

보충 냉수코일 관 내 유속은 1 m/s 전후로 한다.

13 건물의 지하실, 대규모 조리장 등에 적합한 기계환기법(강제급기 + 강제배기)은?

① 제1종 환기　② 제2종 환기
③ 제3종 환기　④ 제4종 환기

해설

[기계환기법(강제급기 + 강제배기)]

제1종 기계환기는 급기와 배출기에 모두 기계를 사용하는 것으로 규모가 크고 정밀한 조절이 필요한 곳에 쓰인다.

1) 제1종환기 : 강제급기, 강제배기
2) 제2종환기 : 강제급기, 자연배기
3) 제3종환기 : 자연급기, 강제배기
4) 제4종환기 : 자연급기, 자연배기

14 다음 난방방식의 표준방열량에 대한 것으로 옳은 것은?

① 증기난방 : 0.523 kW
② 온수난방 : 0.756 kW
③ 복사난방 : 1.003 kW
④ 온풍난방 : 표준방열량이 없다.

해설

[표준방열량]

증기난방 : 756 W = 0.756 kW
온수난방 : 523 W = 0.523 kW
복사, 온풍난방 : 표준방열량이 없다.

15 냉·난방 시의 실내 현열부하를 q_s[W], 실내와 말단장치의 온도[℃]를 각각 tr, td라 할 때 송풍량 Q[L/s]를 구하는 식은?

① $Q = \dfrac{q_s}{0.24(t_r - t_d)}$

② $Q = \dfrac{q_s}{1.2(t_r - t_d)}$

③ $Q = \dfrac{q_s}{1.85(t_r - t_d)}$

④ $Q = \dfrac{q_s}{2501(t_r - t_d)}$

해설

[송풍량]

$$q_s[W] = GC\Delta t = Q\rho C\Delta t = Q \times 1.2 \times 1.01 \times \Delta t$$

$$\therefore Q = \frac{q_s}{1.21(t_r - t_d)}$$

정답 13 ① 14 ④ 15 ②

16 에어워셔에 대한 설명으로 틀린 것은?

① 세정실(Spray Chamber)은 엘리미네이터 뒤에 있어 공기를 세정한다.
② 분무노즐(Spray Nozzle)은 스탠드 파이프에 부착되어 스프레이 헤더에 연결된다.
③ 플러딩 노즐(Flooding Nozzle)은 먼지를 세정한다.
④ 다공판 또는 루버(Louver)는 기류를 정류해서 세정실 내를 통과시키기 위한 것이다.

해설

[엘리미네이터]
엘리미네이터는 물의 비산방지 위한 장치로 풍방향을 기준으로 세정실이 앞에, 엘리미네이터가 뒤에 있다.

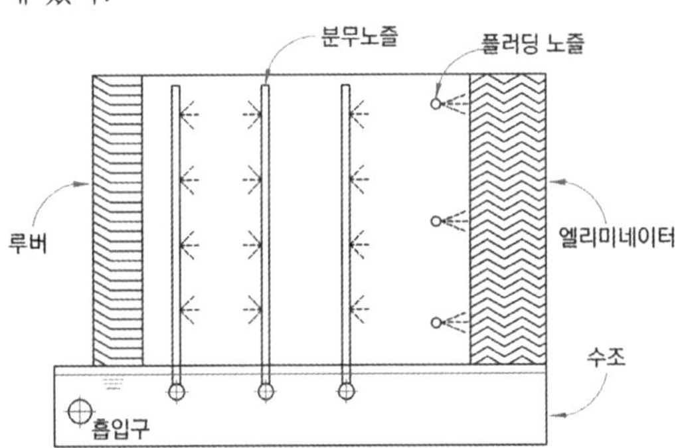

[에어워셔]

TIP 정류 : 흐트러진 공기 흐름을 가지런하게 만드는 것

17 덕트 내 풍속을 측정하는 피토관을 이용하여 전압 23.8 mmAq, 정압 10 mmAq를 측정하였다. 이 경우 풍속은 약 얼마인가?

① 10 m/s ② 15 m/s
③ 20 m/s ④ 25 m/s

해설

[풍속]
전압 = 정압 + 동압
따라서
동압 = 전압 - 정압 = 23.8 - 10 = 13.8 mmAq

[풀이 1]
$P = \gamma h$로 풀이

$$v = \sqrt{\frac{2gP_v}{\gamma}} = \sqrt{\frac{2 \times 9.8 \times 13.8}{1.2}}$$

$\therefore v = 15\ m/s$

[풀이 2]
표준대기압 환산을 이용한 풀이

$$v = \sqrt{\frac{2P_v}{\rho}} = \sqrt{\frac{2 \times \left(13.8\ mmAq \times \frac{101325\ Pa}{10332\ mmAq}\right)}{1.2\ kg/m^3}} = 15\ m/s$$

18 어떤 방의 취득 현열량이 8360 kJ/h로 되었다. 실내온도를 28 ℃로 유지하기 위하여 16 ℃의 공기를 취출하기로 계획 한다면 실내로의 송풍량은? (단, 공기의 비중량은 1.2 kg/m^3, 정압비열은 1.004 kJ/kg·℃이다)

① 426.2 m^3/h ② 467.5 m^3/h
③ 578.7 m^3/h ④ 612.3 m^3/h

정답 16 ① 17 ② 18 ③

해설

[실내로의 송풍량]

$q = GC_p\Delta t = Q\rho C_p\Delta t$

$8360\ kJ/h = Q\times1.2\times1.004\times(28-16)$

$\therefore\ Q \fallingdotseq 578.7\ m^3/h$

19 다음 조건의 외기와 재순환 공기를 혼합하려고 할 때 혼합공기의 건구온도는?

1) 외기 34 ℃ DB, 1000 m³/h 2) 재순환공기 26 ℃ DB, 2000 m³/h

① 31.3 ℃ ② 28.6 ℃
③ 18.6 ℃ ④ 10.3 ℃

해설

[혼합공기의 건구온도]

$$G_{혼합}t_{혼합} = G_1t_1 + G_2t_2$$

$$\therefore t_{혼합} = \frac{G_1t_1 + G_2t_2}{G_{혼합}} = \frac{G_1t_1 + G_2t_2}{G_1 + G_2}$$

$$건구온도 = \frac{1000\times34 + 2000\times26}{1000+2000} \fallingdotseq 28.67\ ℃$$

20 온풍난방의 특징에 관한 설명으로 틀린 것은?

① 예열부하가 거의 없으므로 기동시간이 아주 짧다.
② 취급이 간단하고 취급자격자를 필요로 하지 않는다.
③ 방열기기나 배관 등의 시설이 필요 없어 설비비가 싸다.
④ 취출온도의 차가 적어 온도분포가 고르다.

해설

[온풍난방의 특징]

④ 온풍난방은 취출온도와 실내온도의 차가 크고 온도분포가 고르지 않아 쾌감도가 좋지 않다.

정답 19 ② 20 ④

2과목 공조냉동설계

1회독 시간 : 점수 :
2회독 시간 : 점수 :
3회독 시간 : 점수 :

21 압력이 0.2 MPa이고, 초기온도가 120 ℃, 1 kg의 공기를 압축비 18로 가역단열압축하는 경우 최종온도는 약 몇 ℃인가? (단 , 공기는 비열비가 1.4인 이상기체이다)

① 676 ℃
② 776 ℃
③ 876 ℃
④ 976 ℃

해설

[등엔트로피과정]

단열지수관계 $\frac{T_2}{T_1} = \left(\frac{v_1}{v_2}\right)^{k-1} = \left(\frac{p_2}{p_1}\right)^{\frac{k-1}{k}}$

$\frac{T_2}{T_1} = \left(\frac{v_1}{v_2}\right)^{k-1}$ 에서

$\frac{T_2}{(120+273)} = (18)^{1.4-1}$

$\therefore T_2 = 1248.82\ K = 975.82$ ℃

22 그림과 같이 온도(T) – 엔트로피(S)로 표시된 이상적인 랭킨사이클에서 각 상태의 엔탈피(h)가 다음과 같다면, 이 사이클의 효율은 약 몇 %인가? (단, h_1 = 30 kJ/kg, h_2 = 31 kJ/kg, h_3 = 274 kJ/kg, h_4 = 668 kJ/kg, h_5 = 764 kJ/kg, h_6 = 478 kJ/kg이다)

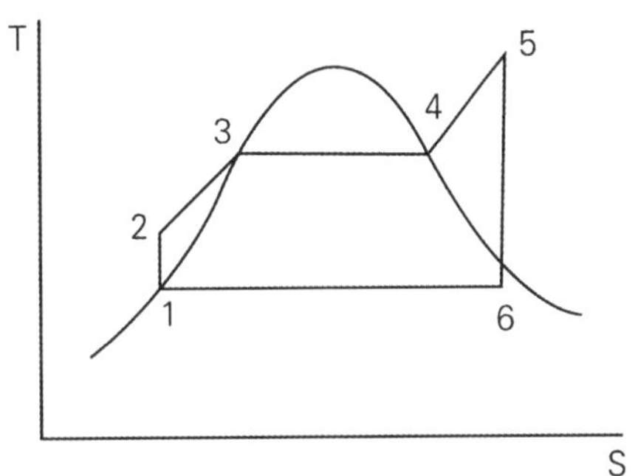

① 39 ② 42
③ 53 ④ 58

해설

[랭킨사이클]

$\eta_R = \frac{T-P}{B} = \frac{(h_5-h_6)-(h_2-h_1)}{h_5-h_2}$

$= \frac{(764-478)-(31-30)}{764-31} \times 100$

= 39 %

※ 랭킨사이클 열효율(η_R)

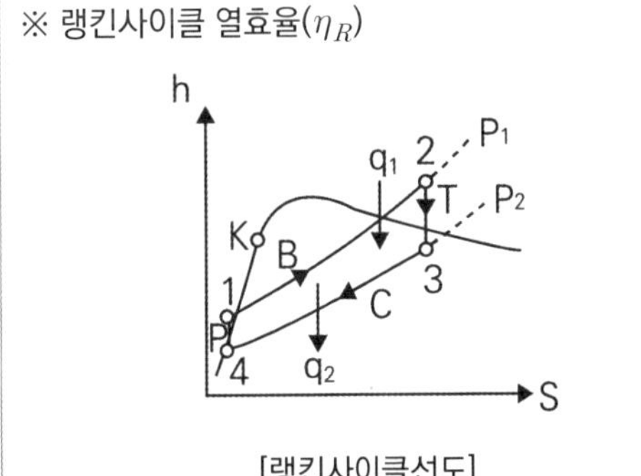

[랭킨사이클선도]

정답 21 ④ 22 ①

$$\eta_R = \frac{T-P}{B} = \frac{(h_2-h_3)-(h_1-h_4)}{h_2-h_1}$$

만약 펌프일을 무시하면

$$\eta_R = \frac{h_2-h_3}{h_2-h_1}$$ 에서 $h_1 \fallingdotseq h_4$이므로

$$\eta_R = \frac{(h_2-h_3)}{h_2-h_4}$$

23 어떤 기체가 5 kJ의 열을 받고 0.18 kN·m의 일을 외부로 하였다. 이때의 내부에너지의 변화량은?

① 3.24 kJ ② 4.82 kJ
③ 5.18 kJ ④ 6.14 kJ

해설

[내부에너지의 변화량]

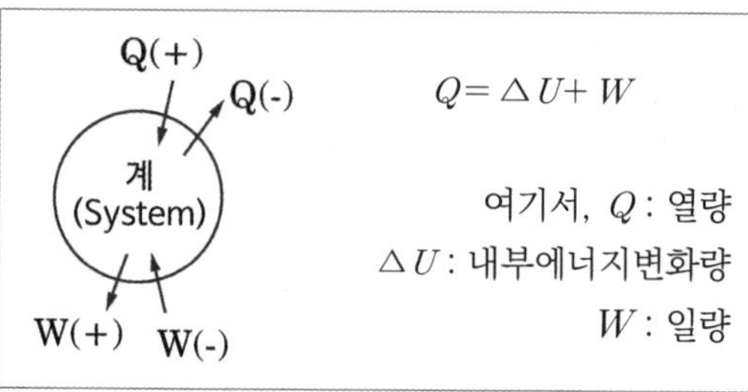

$Q = \Delta U + W$

여기서, Q : 열량
ΔU : 내부에너지변화량
W : 일량

$Q = \Delta U + W$
$5 = \Delta U + 0.18$
$\Delta U = 4.82$ kJ

보충 J = N·m

24 단위질량의 이상기체가 정적과정하에서 온도가 T_1에서 T_2로 변하였고, 압력도 P_1에서 P_2로 변하였다면, 엔트로피변화량 ΔS는? (단, C_v와 C_p는 각각 정적비열과 정압비열이다)

① $\Delta S = C_v \ln \frac{P_1}{P_2}$

② $\Delta S = C_p \ln \frac{P_2}{P_1}$

③ $\Delta S = C_v \ln \frac{T_2}{T_1}$

④ $\Delta S = C_p \ln \frac{T_1}{T_2}$

해설

[정적과정에서의 엔트로피변화량(ΔS)]

※ 이상기체의 엔트로피 함수관계

$$\Delta s = s_2 - s_1 = C_v \ln \frac{T_2}{T_1} + R \ln \frac{v_2}{v_1}$$
$$= C_p \ln \frac{T_2}{T_1} - R \ln \frac{p_2}{p_1}$$
$$= C_p \ln \frac{v_2}{v_1} + C_v \ln \frac{p_2}{p_1}$$

$$\Delta S = C_v \ln \frac{P_2}{P_1} = C_v \ln \frac{T_2}{T_1}$$

25 초기압력 100 kPa, 초기체적 0.1 m³인 기체를 버너로 가열하여 기체 체적이 정압과정으로 0.5 m³이 되었다면 이 과정 동안 시스템이 외부에 한 일은 약 몇 kJ인가?

① 10 ② 20
③ 30 ④ 40

정답 23 ② 24 ③ 25 ④

해설

[정압하에서 시스템이 외부에 한 일]

$${}_1W_2 = \int_1^2 PdV = P(V_2 - V_1)$$
$$= 100(0.5 - 0.1) = 40\ kJ$$

26 열역학적 변화와 관련하여 다음 설명 중 옳지 않은 것은?

① 단위 질량당 물질의 온도를 1 ℃ 올리는 데 필요한 열량을 비열이라 한다.
② 정압과정으로 시스템에 전달된 열량은 엔트로피변화량과 같다.
③ 내부에너지는 시스템의 질량에 비례하므로 종량적(Extensive) 상태량이다.
④ 어떤 고체가 액체로 변화할 때 융해(Melting)라고 하고, 어떤 고체가 기체로 바로 변화할 때 승화(Sublimation)라고 한다.

해설

[열역학적 변화]

② 정압과정의 열량

$q = h_2 - h_1 = C_P(T_2 - T_1)$

즉, 정압과정의 전달된 열량은 엔탈피변화량과 같다.

27 이상적인 오토사이클에서 단열압축되기 전 공기가 101.3 kPa, 21 ℃이며, 압축비 7로 운전할 때 이 사이클의 효율은 약 몇 %인가? (단, 공기의 비열비는 1.4이다)

① 62 %　　② 54 %
③ 46 %　　④ 42 %

해설

[오토사이클 효율]

$$\eta_o = 1 - \left(\frac{1}{\varepsilon}\right)^{k-1} = 1 - \left(\frac{1}{7}\right)^{1.4-1}$$
$= 0.5408 = 54\ \%$

ε : 압축비, k : 비열비

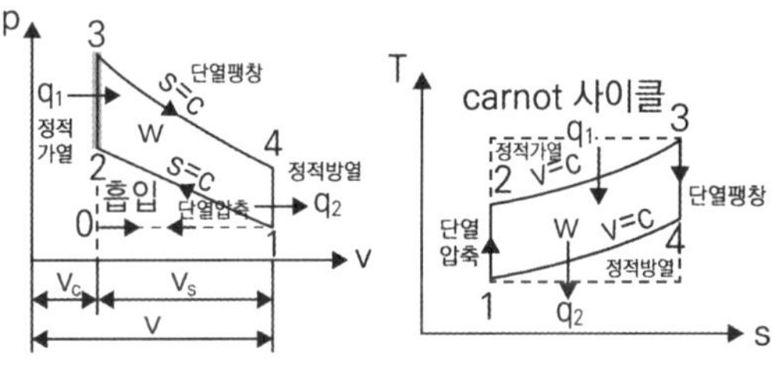

[오토사이클]

28 이상기체 공기가 안지름 0.1 m인 관을 통하여 0.2 m/s로 흐르고 있다. 공기의 온도는 20 ℃, 압력은 100 kPa, 기체상수는 0.287 kJ/(kg · K)라면 질량유량은 약 몇 kg/s인가?

① 0.0019　　② 0.0099
③ 0.0119　　④ 0.0199

정답 26 ② 27 ② 28 ①

해설

[질량유량]

[풀이 1] 일반적인 공기 밀도 1.2 kg/m^{3}으로 풀이

$M = \rho A V$에서

$M = 1.2 \times \frac{\pi}{4} 0.1^2 \times 0.2 = 0.0019\ kg/s$

[풀이 2] 이상기체상태방정식으로 공기 밀도를 계산하여 풀이

> 이상기체상태방정식 $PV = GRT$
> 여기서, G : 질량 [kg]
> R : 특정기체상수 [kJ/(kg·K)]

$PV = GRT$

$\frac{G}{V} = \frac{P}{RT} = \frac{100}{0.287 \times (20 + 273)} = 1.189\ kg/m^3$

$M = 1.189 \times \frac{\pi}{4} 0.1^2 \times 0.2 = 0.00186\ kg/s$

29 저온실로부터 46.4 kW의 열을 흡수할 때 10 kW의 동력을 필요로 하는 냉동기가 있다면, 이 냉동기의 성능계수는?

① 4.64　② 5.65
③ 7.49　④ 8.82

해설

[냉동기의 성능계수(COP)]

$COP = \frac{Q}{W} = \frac{46.4}{10} = 4.64$

> ※ 냉동기
> 에너지(전기 혹은 고온의 열)를 일의 형태로 받아 저열원으로부터 열을 빼앗는 것이 목적
> $COP = \frac{Q_2}{W} = \frac{Q_2}{Q_1 - Q_2} = \frac{T_2}{T_1 - T_2}$

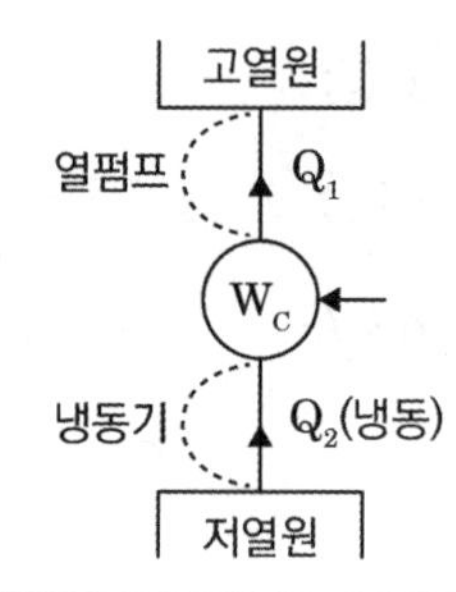

Q_1 : 저열원으로부터 흡수하는 열량
Q_2 : 고열원으로 방출하는 열량
W : 일량
T_1 : 고온
T_2 : 저온

30 온도가 각기 다른 액체 A(50 ℃), B(25 ℃), C(10 ℃)가 있다. A와 B를 동일질량으로 혼합하면 40 ℃로 되고, A와 C를 동일질량으로 혼합하면 30 ℃로 된다. B와 C를 동일 질량으로 혼합할 때는 몇 ℃로 되겠는가?

① 16.0 ℃　② 18.4 ℃
③ 20.0 ℃　④ 22.5 ℃

해설

[열량 계산]

1) A와 B를 동일질량으로 혼합하면 40 ℃이므로
$C_a(50-40) = C_b(40-25)$
비열 $C_a = \frac{15}{10} \times C_b$이므로, $C_b = \frac{2}{3} \times C_a$

2) A와 C를 동일질량으로 혼합하면 30 ℃이므로
$C_a(50-30) = C_c(30-10)$
$C_c = C_a$
즉, A와 C는 비열이 같음을 알 수 있다.

3) B와 C를 동일질량으로 혼합하면
$C_b(25-x) = C_c(x-10)$에서
$(25-x) = \frac{3}{2}(x-10)$
$\therefore x = 16$

정답 29 ① 30 ①

31 축열시스템 중 빙축열방식이 수축열방식에 비해 유리하다고 할 수 없는 것은?

① 축열조를 소형화할 수 있다.
② 낮은 온도를 이용할 수 있다.
③ 난방 시의 축열대응에 적합하다.
④ 축열조의 설치장소가 자유롭다.

해설

[축열시스템]
③ 빙축열은 온열의 저장이 불가능하여 난방 시의 축열에 대응할 수 없다. 그러나 수축열의 경우 온열을 저장할 수 있어 난방 시 축열에 대응할 수 있다.

32 냉매의 구비조건에 대한 설명으로 틀린 것은?

① 동일한 냉동능력에 대하여 냉매가스의 용적이 적을 것
② 저온에 있어서도 대기압 이상의 압력에서 증발하고 비교적 저압에서 액화할 것
③ 점도가 크고 열전도율이 좋을 것
④ 증발열이 크며 액체의 비열이 작을 것

해설

[냉매의 구비조건]
③ 점도가 작고 열전도율이 좋아야 한다. 점도가 크면 배관에서 유동저항이 커지므로 압축기의 동력 소모가 커진다.

33 고온가스 제상(Hot Gas Defrost)방식에 대한 설명으로 틀린 것은?

① 압축기의 고온·고압가스를 이용한다.
② 소형 냉동장치에 사용하면 언제라도 정상운전을 할 수 있다.
③ 비교적 설비하기가 용이하다.
④ 제상 소요시간이 비교적 짧다.

해설

[고온가스 제상]
② 고온가스(Hot Gas) 제상방식을 소형 냉동장치에 사용하면 장치 내 냉매충전량이 적어 제상 시 냉매가 증발기로 들어가면 장치 내에 냉매가 부족하여 정상운전이 어렵다.

34 냉동장치의 냉매량이 부족할 때 일어나는 현상으로 옳은 것은?

① 흡입압력이 낮아진다.
② 토출압력이 높아진다.
③ 냉동능력이 증가한다.
④ 흡입압력이 높아진다.

해설

[냉매량이 부족할 때]
냉매량이 부족할 때 흡입압력이 낮아진다. 이에 토출압력도 낮고, 냉동능력은 현저히 감소한다.
냉매량이 부족하면
① 흡입압력이 낮아진다.
② 토출가스 압력이 낮아진다.
③ 냉동능력이 감소한다.

정답 31 ③ 32 ③ 33 ② 34 ①

35 그림과 같은 사이클을 난방용 히트펌프로 사용한다면 이론 성적계수를 구하는 식은 다음 중 어느 것인가?

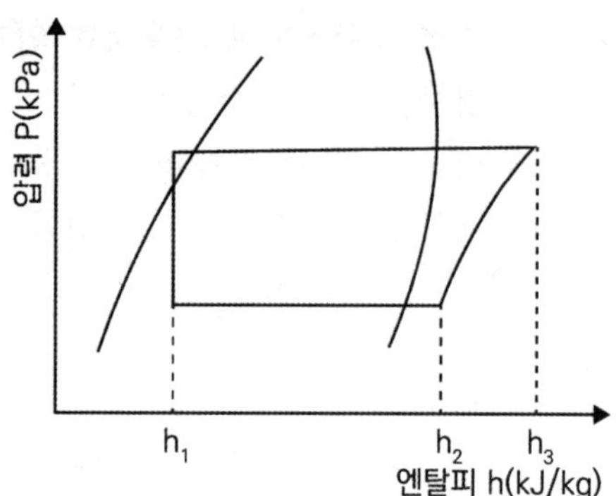

① $COP = \dfrac{h_2 - h_1}{h_3 - h_2}$

② $COP = 1 + \dfrac{h_3 - h_1}{h_3 + h_2}$

③ $COP = \dfrac{h_2 + h_1}{h_3 + h_2}$

④ $COP = 1 + \dfrac{h_2 - h_1}{h_3 - h_2}$

해설

[히트펌프(열펌프)의 성적계수(COP)]

$$COP_{HP} = \frac{Q_1}{W} = \frac{h_3 - h_1}{h_3 - h_2} = \frac{(h_3 - h_2) + (h_2 - h_1)}{h_3 - h_2}$$

$$= 1 + \frac{h_2 - h_1}{h_3 - h_2}$$

보충 열펌프의 성적계수는 냉동기의 성적계수보다 1만큼 더 크다.

※ 열펌프와 냉동기

1) 열펌프
에너지(전기 혹은 고온의 열)를 일의 형태로 받아 고열원에 열을 공급해주는 것이 목적

$$COP_{HP} = \frac{Q_1}{W} = \frac{Q_1}{Q_1 - Q_2} = \frac{T_1}{T_1 - T_2}$$

2) 냉동기
에너지(전기 혹은 고온의 열)를 일의 형태로 받아 저열원으로부터 열을 빼앗는 것이 목적

$$COP_R = \frac{Q_2}{W} = \frac{Q_2}{Q_1 - Q_2} = \frac{T_2}{T_1 - T_2}$$

3) 열펌프의 성적계수는 냉동기의 성적계수보다 1만큼 더 크다.
$COP_{HP} = 1 + COP_R$

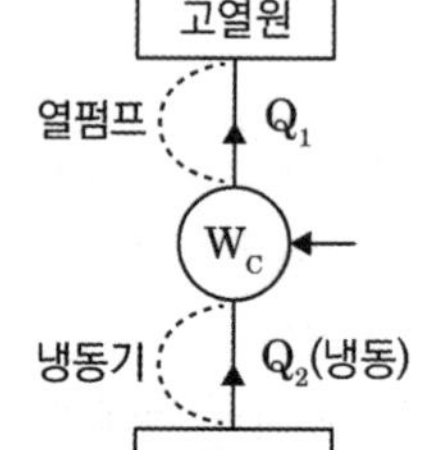

Q_1 : 저열원으로부터 흡수하는 열량
Q_2 : 고열원으로 방출하는 열량
W : 일량
T_1 : 고온
T_2 : 저온

36 다음 조건을 이용하여 응축기 설계 시 1RT(3.86 kW)당 응축면적(m^2)은? (단, 온도차는 산술평균온도차를 적용한다)

- 방열계수 : 1.3
- 응축온도 : 35 ℃
- 냉각수 입구온도 : 28 ℃
- 냉각수 출구온도 : 32 ℃
- 열통과율 : 1.05 $kW/m^2 \cdot$ ℃

① 1.25 m^2　② 0.96 m^2
③ 0.62 m^2　④ 0.45 m^2

해설

[응축기 설계 시 1RT당 응축면적]

1) 산술평균 온도차

$$\Delta t_m = 35 - \frac{28 + 32}{2} = 5 \text{ ℃}$$

정답 35 ④ 36 ②

2) 1 RT(3.86 kW)당 응축면적
응축열량 $Q_c = K \cdot A \cdot \Delta t_m$ 에서
방열계수가 주어졌으므로
$Q_c \times$ 방열계수 $= K \cdot A \cdot \Delta t_m$
$3.86 \times 1.3 = 1.05 \times A \times 5$
$\therefore A \fallingdotseq 0.96\,m^2$

37 산업용 식품동결방법은 열을 빼앗는 방식에 따라 분류가 가능하다. 다음 중 위의 분류 방식에 따른 식품동결방법이 아닌 것은?

① 진공동결 ② 접촉동결
③ 분사동결 ④ 담금동결

해설

[식품동결방법]

② 분사동결 : 액화질소, 액화이산화탄소를 직접 식품에 분무하여 동결(액화가스 동결장치)
③ 접촉동결 : 저온의 고체 금속판을 식품에 접속시켜 동결(고체 냉각식 동결장치)
④ 담금동결 : 저온의 브라인에 식품을 직접 침지시켜 동결(브라인 침지 동결장치)

※ 진공동결
진공동결은 진공상태에서 빙점이하로 동결 수분인 얼음이 기체 상태로 승화되어 건조물을 얻는 데 목적이 있다.

38 방열벽 면적 1000 m^2, 방열벽 열통과율 0.232 W/m^2·℃인 냉장실에 열통과율 29.03 W/m^2·℃, 전달면적 20 m^2인 증발기가 설치되어 있다. 이 냉장실에 열전달률 5.805 W/m^2·℃, 전열면적 500 m^2, 온도 5 ℃인 식품을 보관한다면 실내온도는 몇 ℃로 변화되는가? (단, 증발온도는 −10 ℃로 하며 , 외기온도는 30 ℃로 한다)

① 3.7 ℃ ② 4.2 ℃
③ 5.8 ℃ ④ 6.2 ℃

해설

[열평형 계산]
증발기 발생열량과 방열벽 열통과량 + 식품보관 열량은 같다.

1) 증발기 열량 q_1
$q_1 = 29.03 \times 20 \times t - (-10)$
2) 방열벽 열통과량 q_2
$q_2 = 0.232 \times 1000 \times (30 - t)$
3) 식품보관 열량 q_3
$q_3 = 5.805 \times 500 \times (5 - t)$
4) 실내온도 t
$q_1 = q_2 + q_3$ 에서
$29.03 \times 20 \times \{t - (-10)\}$
$= 0.232 \times 1000 \times (30 - t)$
$+ 5.805 \times 500 \times (5 - t)$
$\therefore t \fallingdotseq 4.216$

정답 37 ① 38 ②

2025-01

39 다음 중 암모니아 냉동시스템에 사용되는 팽창장치로 적절하지 않은 것은?

① 수동식 팽창밸브
② 모세관식 팽창장치
③ 저압 플로트 팽창밸브
④ 고압 플로트 팽창밸브

해설

[암모니아 냉동시스템에 사용되는 팽창장치]
모세관은 길이 1 m 내외, 내경 0.8 ~ 2.0 mm의 가느다란 관으로서 배관의 저항을 이용하여 감압 및 교축을 한다. 구조적으로 가장 간단하여 고장부분이 적고 프레온 냉매의 냉장고, 룸에어컨, 쇼케이스와 같이 소용량 건식 증발기에 많이 사용한다.

40 착상이 냉동장치에 미치는 영향으로 가장 거리가 먼 것은?

① 냉장실내 온도가 상승한다.
② 증발온도 및 증발압력 이 저하한다.
③ 냉동능력당 전력 소비량이 감소한다.
④ 냉동능력당 소요동력이 증대한다.

해설

[착상이 냉동장치에 미치는 영향]
① 냉동능력 저하에 따른 냉장(동)실 온도상승
② 냉매가 증발하지 못하므로 증발압력 저하
③ 냉동능력당 소요동력의 증대
④ 액압축 가능성의 증대

3과목 시운전 및 안전관리

1회독	시간 :	점수 :
2회독	시간 :	점수 :
3회독	시간 :	점수 :

41 냉동설비와 1일 냉동능력 1톤의 산정기준에 대한 연결이 바르게 된 것은?

① 원심식 압축기 사용 냉동설비 - 압축기의 원동기 정격출력 1.2 kW
② 원심식 압축기 사용 냉동설비 - 발생기를 가열하는 1시간의 입열량 3,320 kcal
③ 흡수식 냉동설비 - 압축기의 원동기 정격출력 2.4 kW
④ 흡수식 냉동설비 - 발생기를 가열하는 1시간의 입열량 7,740 kcal

해설

[냉동설비와 1일 냉동능력 1톤의 산정기준]
① 원심식 압축기 사용 냉동설비-압축기의 원동기 정격출력 1.2 kW
② 흡수식 냉동설비 - 발생기를 가열하는 1시간의 입열량 6,640 kcal
③ 그 외의 냉동설비

$$R = \frac{V}{C}\ [\mathrm{RT}]$$

여기서, R [RT] : 법정 냉동능력
V[m^3/h] : 피스톤 압출량
C : 냉매가스의 종류에 따른 수치

정답 39 ② 40 ③ 41 ①

42 다음 중 보일러 운전 시 안전수칙으로 가장 적절하지 않은 것은?

① 가동 중인 보일러에는 작업자가 항상 정위치를 떠나지 아니할 것
② 보일러의 각종 부속장치의 누설상태를 점검할 것
③ 압력방출장치는 매 7년마다 정기적으로 작동시험을 할 것
④ 노 내의 환기 및 통풍장치를 점검할 것

해설

[보일러 운전 시 안전수칙]

③ 압력방출장치는 매 1년마다 정기적으로 작동시험을 할 것

43 기계설비법령에 따라 관리주체는 기계설비유지관리자를 선임하는 경우 며칠 이내에 선임하여야 하는가?

① 7일 ② 15일
③ 30일 ④ 60일

해설

[기계설비유지관리자 선임]

② 관리주체는 제1항에 따라 기계설비유지관리자를 선임하는 경우 다음 각 호의 구분에 따른 날부터 30일 이내에 선임해야 한다.

1. 신축·증축·개축·재축 및 대수선으로 기계설비유지관리자를 선임해야 하는 경우 : 해당 건축물·시설물 등(이하 "건축물 등"이라 한다)의 완공일(「건축법」 등 관계 법령에 따라 사용승인 및 준공인가 등을 받은 날을 말한다)
2. 용도변경으로 기계설비유지관리자를 선임해야 하는 경우 : 용도변경 사실이 건축물 관리대장에 기재된 날
3. 법 제19조 제1항 단서에 따라 기계설비유지관리업무를 위탁한 경우로서 그 위탁 계약이 해지 또는 종료된 경우 : 기계설비 유지관리업무의 위탁이 끝난 날

44 회로에서 A와 B 간의 합성저항은 약 몇 Ω인가? (단, 각 저항의 단위는 모두 Ω이다)

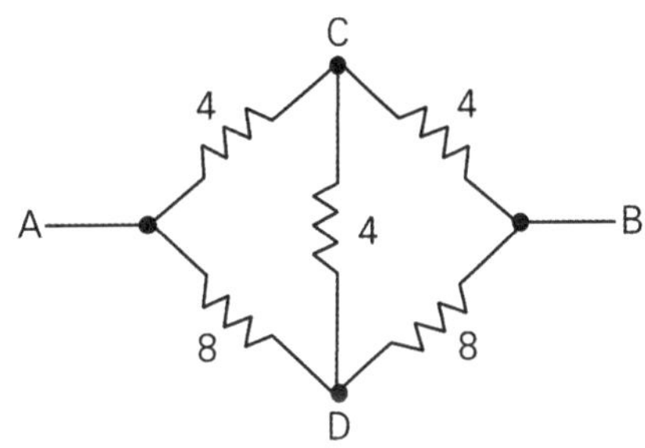

① 2.66 ② 3.2
③ 5.33 ④ 6.4

해설

[휘스톤브릿지]

$4\,\Omega \times 8\,\Omega = 4\Omega \times 8\,\Omega$이므로 브릿지 평형상태이다. 따라서 중간에 연결된 4 Ω에는 전류가 흐르지 않는다.

따라서

$$합성저항 = \frac{(4+4)(8+8)}{(4+4)+(8+8)} = \frac{8\times16}{8+16} = 5.33\,\Omega$$

정답 42 ③ 43 ③ 44 ③

45 기계장치, 프로세스 및 시스템 등에서 제어되는 전체 또는 부분으로서 제어량을 발생시키는 장치는?

① 제어장치 ② 제어대상
③ 조작장치 ④ 검출장치

해설

[제어대상]
실제적으로 작업을 수행하는 부분으로서 기계, 시스템 등이다(예 보일러, 냉동기, 전동기) 이 제어대상에서 제어해야 하는 제어량(온도, 속도, 전압, 수위, 주파수)이 발생된다.

46 목푯값이 미리 정해진 시간적 변화를 하는 경우 제어량을 변화시키는 제어는?

① 정치제어
② 추종제어
③ 비율제어
④ 프로그램제어

해설

[프로그램제어]
① 정치제어 : 목푯값이 시간이 변하여도 변하지 않고 일정한 제어
② 추종제어 : 목푯값이 시간에 따라 변하는 제어(미사일 추적장치)
③ 비율제어 : 목푯값이 다른 양과 일정한 비율로 변하는 제어(보일러 자동연소장치)
④ 프로그램제어 : 목푯값을 미리 정해진 프로그램에 의해 변화시키는 제어(무인열차, 엘리베이터, 자판기)

47 입력이 $011_{(2)}$일 때 출력은 3 V인 컴퓨터 제어의 D/A 변환기에서 입력을 $101_{(2)}$로 하였을 때 출력은 몇 V인가? (단, 3 bit 디지털 입력이 $011_{(2)}$은 Off, On, On을 뜻하고 입력과 출력은 비례한다)

① 3 ② 4
③ 5 ④ 6

해설

[D/A 변환기 출력]
2진수를 10진수로 변환하면

$$011_{(2)} = 0\times 2^2 + 1\times 2^1 + 1\times 2^0 = 0+2+1 = 3$$

$$101_{(2)} = 1\times 2^2 + 0\times 2^1 + 1\times 2^0 = 4+0+1 = 5$$

011의 10진수 값이 3일 때 3 V이므로
101의 10진수 값이 5일 때 5 V가 된다.

48 제어량을 원하는 상태로 하기 위한 입력신호는?

① 제어명령 ② 작업명령
③ 명령처리 ④ 신호처리

해설

[제어명령]
제어명령은 명령의 순서선택과 해석을 제어하는 데 사용된다.
① 제어명령 : 제어량을 원하는 상태로 하기 위한 입력신호
② 작업명령 : 외부로부터 주어진 입력신호
③ 명령처리 : 작업명령과 장치의 상태를 판단하여 적절한 명령을 발신하는 것

정답 45 ② 46 ④ 47 ③ 48 ①

49 피드백제어계에서 제어장치가 제어대상에 가하는 제어신호로 제어장치의 출력인 동시에 제어대상의 입력인 신호는?

① 목푯값 ② 조작량
③ 제어량 ④ 동작신호

해설

[제어장치의 출력인 동시에 제어대상의 입력인 신호]
제어장치에서 출력이며 제어대상의 입력 신호는 조작량이다.

① 목푯값 : 제어되는 상태량으로서 제어량의 목표치를 설정한 값(30 ℃, 900 rpm, 200 V)
② 조작량 : 제어량을 지배하기 위해 조작부에서 제어 대상에 가해지는 양(연료공급량(값), 전압(값), 속도(값))
③ 제어량 : 제어해야 하는 양이며, 제어대상의 출력 값(온도(값), 전압(값), 속도(값))
④ 동작신호 : 조절부에서 조작부에 가해지는 신호

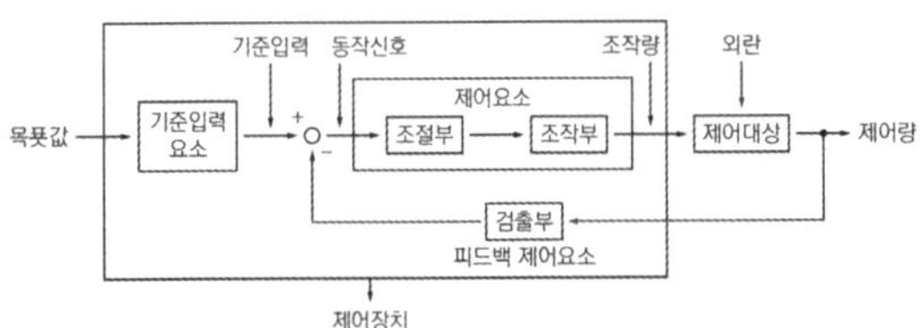

[폐루프제어계의 구성도]

50 피드백제어의 장점으로 틀린 것은?

① 목푯값에 정확히 도달할 수 있다.
② 제어계의 특성을 향상시킬 수 있다.
③ 외부 조건의 변화에 대한 영향을 줄일 수 있다.
④ 제어기 부품들의 성능이 나쁘면 큰 영향을 받는다.

해설

[피드백제어의 장점]
피드백제어의 장점으로 제어기의 부품 성능이 떨어져도 계속적인 피드백이 목푯값에 가깝게 도달시킨다.
④는 피드백제어의 단점이다.

51 다음과 같은 두 개의 교류전압이 있다. 두 개의 전압은 서로 어느 정도의 시간 차를 가지고 있는가?

$V_1 = 10\cos 10t,\ V_2 = 10\cos 5t$

① 약 0.25초 ② 약 0.46초
③ 약 0.63초 ④ 약 0.72초

해설

[교류전압 시간 차]
교류의 순시전압 $v = V_m \sin\omega t$이므로
각속도 $\omega_1 = 10,\ \omega_2 = 5$이다.
$\omega = 2\pi f$에서 $f = \dfrac{1}{T}$이므로
$\omega = \dfrac{2\pi}{T}$이다.
따라서 두 전압의 주기를 구하면

$$T_1 = \frac{2\pi}{\omega_1} = \frac{2\pi}{10}$$

$$T_2 = \frac{2\pi}{\omega_2} = \frac{2\pi}{5}$$

$$T_2 - T_1 = \frac{2\pi}{5} - \frac{2\pi}{10} \fallingdotseq 0.628$$

정답 49 ② 50 ④ 51 ③

52 그림과 같은 계통의 전달함수는?

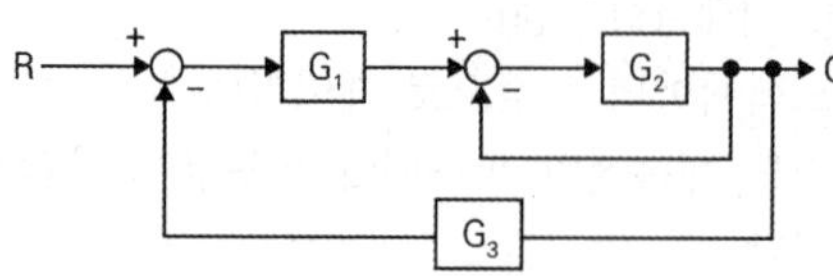

① $\dfrac{G_1G_2}{1+G_2G_3}$

② $\dfrac{G_1G_2}{1+G_1+G_2G_3}$

③ $\dfrac{G_1G_2}{1+G_2+G_1G_2G_3}$

④ $\dfrac{G_1G_2}{1+G_1G_2+G_2G_3}$

해설

[전달함수]

$$\frac{C}{R}=\frac{경로}{1-페로_1-페로_2}$$

$$=\frac{G_1G_2}{1-(-G_2)-(-G_1G_2G_3)}$$

$$=\frac{G_1G_2}{1+G_2+G_1G_2G_3}$$

53 평행판 간격을 처음의 2배로 증가시킬 경우 정전용량 값은?

① 1/2로 된다. ② 2배로 된다.
③ 1/4로 된다. ④ 4배로 된다.

해설

[정전용량]

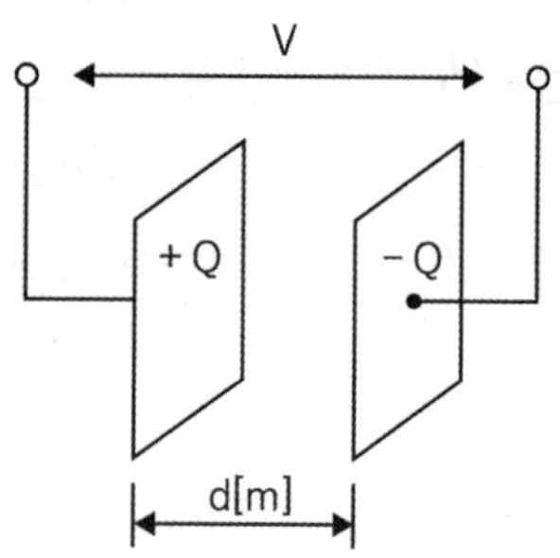

정전용량 = $\dfrac{1}{평행판간격}$ 이므로

$\dfrac{C}{1}:\dfrac{C}{2}$ 이므로 1/2로 된다.

$$C_1:C_2=\frac{1}{d_1}:\frac{1}{d_2}$$

$$C_1:C_2=\frac{1}{d_1}:\frac{1}{2\times d_1}$$

$$C_1:C_2=1:\frac{1}{2}$$

※ 평판도체의 정전용량

$C=\varepsilon\dfrac{A}{d}[F]$

여기서, $d[m]$: 극판의 간격
$A[m^2]$: 극판의 면적
ε : 극판간의 물질의 비유전율

54 내부저항 r인 전류계의 측정 범위를 n배로 확대하려면 전류계에 접속하는 분류기 저항(Ω)값은?

① nr ② r/n
③ (n - 1)r ④ r/(n - 1)

정답 52 ③ 53 ① 54 ④

해설

[분류기 저항(R_s)]

분류기 : 전류계가 감당할 수 있는 범위를 넘는 전류를 측정할 때 일부 전류만 전류계로 흐르도록 하기 위해 병렬로 연결하는 저항을 말한다. 이를 통해 전류계의 측정 범위를 넓힐 수 있다.

※ 분류기(Shunt, 分流器)

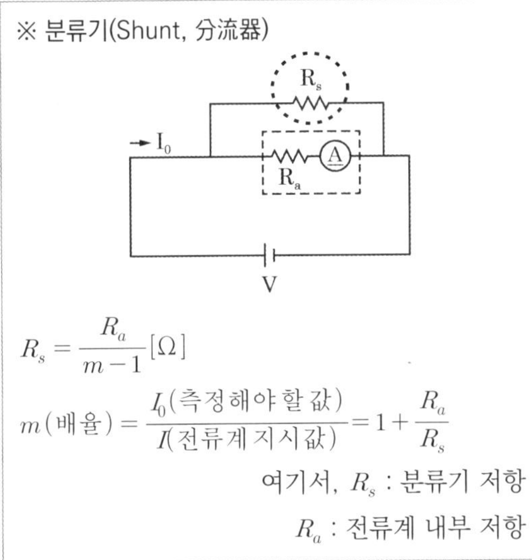

$R_s = \frac{R_a}{m-1}[\Omega]$

$m(\text{배율}) = \frac{I_0(\text{측정해야 할 값})}{I(\text{전류계 지시값})} = 1 + \frac{R_a}{R_s}$

여기서, R_s : 분류기 저항

R_a : 전류계 내부 저항

문제에서 배율을 n, 내부저항을 r이라고 하였으므로

$n = 1 + \frac{r}{R_s}$

$\therefore R_s = \frac{r}{n-1}$

55 그림과 같은 계전기 접점회로의 논리식은?

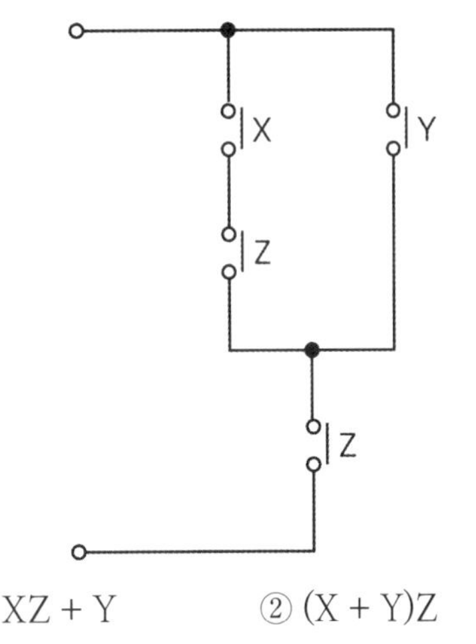

① XZ + Y ② (X + Y)Z

③ (X + Z)Y ④ X + Y + Z

해설

[접점회로의 논리식]

$(XZ+Y)Z = XZ + YZ = (X+Y)Z$

56 예비 전원으로 사용되는 축전지의 내부저항을 측정할 때 가장 적합한 브리지는?

① 캠벨 브리지

② 맥스웰 브리지

③ 휘스톤 브리지

④ 콜라우시 브리지

해설

[콜라우시 브리지]

① 캠벨 브리지 : 가청주파수와 상호인덕턴스를 측정하기 위해 사용되는 브리지

② 맥스웰 브리지 : 인덕턴스를 측정하는 브리지

③ 휘스톤 브리지 : 미지의 저항을 측정하는 브리지

④ 콜라우시 브리지 : 축전지의 내부저항, 전해액의 도전율을 측정하는 브리지

정답 55 ② 56 ④

57 10 μF의 콘덴서에 200 V의 전압을 인가하였을 때 콘덴서에 축적되는 전하량은 몇 C인가?

① 2×10^{-3} ② 2×10^{-4}
③ 2×10^{-5} ④ 2×10^{-6}

해설

[전하량]

$Q = CV$이므로

$Q = (10 \times 10^{-6}) \times 200$

$= 2 \times 10^{-3} C$

보충 μ[마이크로] $= 10^{-6}$

58 제어하려는 물리량을 무엇이라 하는가?

① 제어
② 제어량
③ 물질량
④ 제어대상

해설

[제어량]

제어량이란 제어해야 하는 물리량으로 제어대상의 출력값이다(온도(값), 전압(값), 속도, 수위, 주파수).

59 전동기에 일정 부하를 걸어 운전 시 전동기 온도변화로 옳은 것은?

①
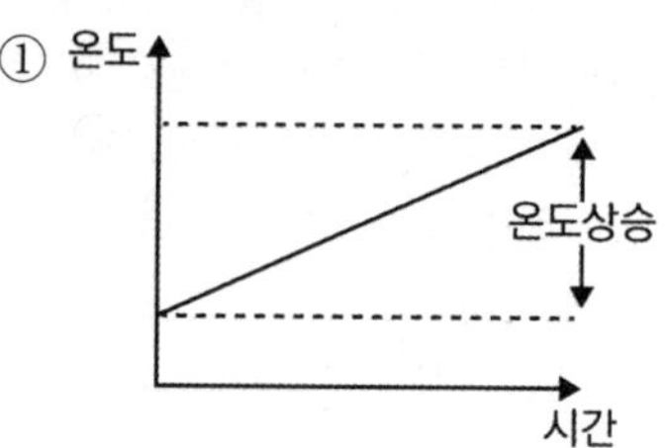

②
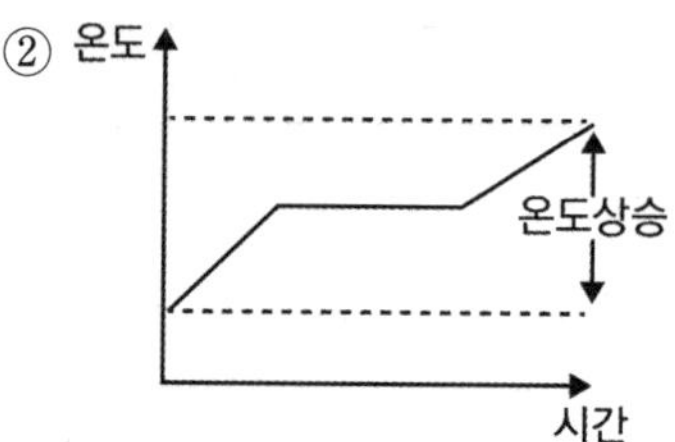

③
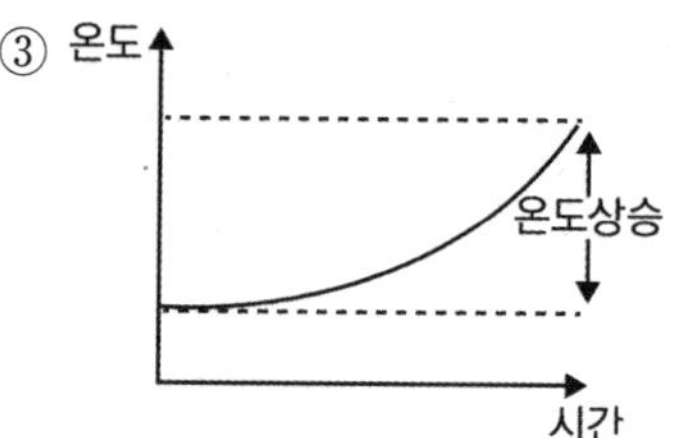

④
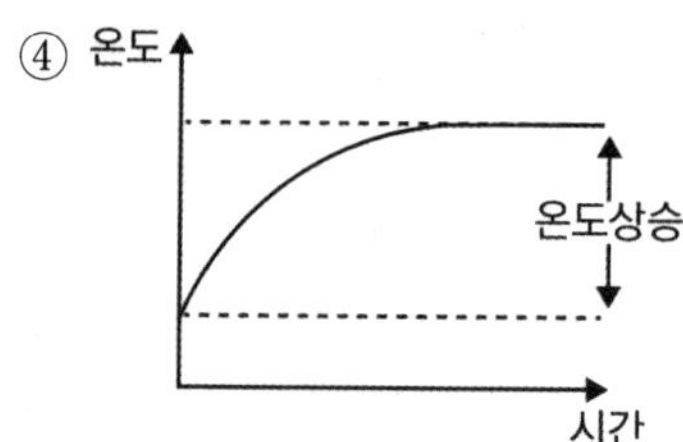

해설

[전동기 온도변화(Heating Curve)]

전동기를 일정 부하로 계속 운전하면,

1) 전동기 내부에서 손실(구리손, 철손 등) 열 발생
2) 초기에 빠르게 상승하다가 점점 상승 속도가 느려지며 포화
3) 결국 일정한 최종 안정온도에 도달함

따라서 일정부하 시 산형곡선으로 온도변화가 일어나고 한계에 도달하면 일정해진다.

정답 57 ① 58 ② 59 ④

60 서보드라이브에서 펄스로 지령하는 제어운전은?

① 위치제어운전
② 속도제어운전
③ 토크제어운전
④ 변위제어운전

해설

[서보드라이브]

① 위치제어 : 제어기로부터 위치지령 신호를 디지털 펄스로 입력받아 서보드라이브는 펄스의 개수(수량)에 해당하는 위치제어를 실행한다.
② 속도제어 : 제어기로부터 속도지령신호를 아날로그 전압으로 입력받아 서보드라이브는 전압값에 해당하는 속도제어를 실행한다.
③ 토크제어 : 제어기로부터 토크지령 신호를 아날로그 전압으로 입력 받아 서보드라이브는 전압값에 해당하는 토크제어를 실행한다. 토크는 전류에 정비례하므로 토크제어를 전류제어라고도 부른다.

※ 서보드라이브
서보드라이브는 모션 제어기로부터 위치 명령을 입력받아 서보모터가 정해진 위치만큼 움직이도록 하는 장치이다.

4과목 유지보수 공사관리

1회독	시간 :	점수 :
2회독	시간 :	점수 :
3회독	시간 :	점수 :

61 증기트랩에 관한 설명으로 옳은 것은?

① 플로트트랩은 응축수나 공기가 자동적으로 환수관에 배출되며, 저·고압에 쓰이고 형식에 따라 앵글형과 스트레이트형이 있다.
② 열동식 트랩은 고압, 중압의 증기관에 적합하며, 환수관을 트랩보다 위쪽에 배관할 수도 있고, 형식에 따라 상향식과 하향식이 있다.
③ 임펄스 증기트랩은 실린더 속의 온도변화에 따라 연속적으로 밸브가 개폐하며, 작동 시 구조상 증기가 약간 새는 결점이 있다.
④ 버킷트랩은 구조상 공기를 함께 배출하지 못하지만 다량의 응축수를 처리하는 데 적합하며, 다량트랩이라고 한다.

해설

[증기트랩]

① 플로트 - 써모스탯식 트랩
부력으로 응축수를 배출하고, 상부의 써모스탯 밸브로 공기·비응축가스를 효과적으로 제거한다. 저압부터 고압까지 폭넓게 사용된다.
② 열동식 트랩
온도차가 아닌 유속 차로 인한 압력차(베르누이 원리)로 작동한다. 구조가 단순·견고해 고온·고압 및 과열증기라인에 적합하다.

정답 60 ① 61 ③

④ 버킷트랩(인버티드형)
버킷 상단의 작은 구멍을 통해 공기를 배출한다. 다만 봉수(Priming Water)가 소실되면 작동 불능 및 증기 손실이 발생할 수 있다.

※ 임펄스 증기트랩
내부에 미세한 증기 누설을 항상 유지하여 내부에 흐름을 만들고, 응축수의 밀도와 운동량(충격력)에 의해 밸브가 열리고 닫히는 구조이다. 즉, 응축수가 트랩에 도달하면 밸브가 열려 배출이 이루어지고, 증기가 도달하면 밸브가 닫혀 증기의 손실을 최소화한다.

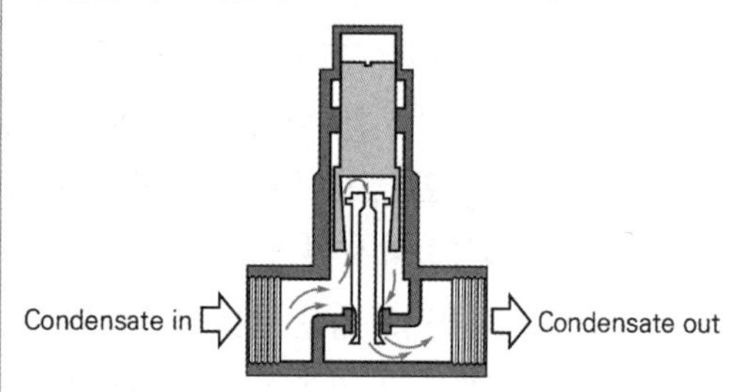

62 폴리에틸렌관의 이음방법이 아닌 것은?

① 콤포이음　② 융착이음
③ 플랜지이음　④ 테이퍼이음

해설

[폴리에틸렌관 이음방법]
1) 융착슬리브이음　2) 인서트이음
3) 테이퍼이음　4) 플랜지이음
5) 나사이음

암 폴리에틸렌관접합 :
나 테 용 인 플
(나 태희랑 용인가기로 플랜짰어)
나사이음, 테이퍼이음, 융착슬리브이음, 인서트이음, 플랜지이음

보충 콤포이음 : 흄관접합

63 동일 구경의 관을 직선 연결할 때 사용하는 관이음재료가 아닌 것은?

① 소켓　② 플러그
③ 유니온　④ 플랜지

해설

[관을 직선 연결할 때 사용하는 관이음재료]
플러그는 배관의 끝을 막는 용도로 사용되며, 배관을 연결하는 역할을 하지 않는다.

관이음쇠	용도
(1) 엘보, 벤드	배관의 방향을 바꿀 때(45° 엘보, 90°엘보, 이경엘보)
(2) 티, 와이, 크로스	관을 도중에 분기할 때
(3) 유니언, 플랜지	배관을 연결할 때 사용하며, 조립과 분해가 용이함
(4) 니플	관부속품과 관부속품을 연결할 때
(5) 소켓	배관을 직선으로 연결할 때
(6) 부싱	지름이 서로 다른 배관과 부속을 연결할 때
(7) 레듀서	관의 지름을 바꿀 때(원심레듀서, 편심레듀서)
(8) 플러그, 캡	관의 끝을 막을 때

[캡]

[플러그]

정답 62 ④ 63 ②

64 열교환기 입구에 설치하여 탱크 내의 온도에 따라 밸브를 개폐하며, 열매의 유입량을 조절하여 탱크 내의 온도를 설정 범위로 유지시키는 밸브는?

① 감압밸브　② 플랩밸브
③ 바이패스밸브　④ 온도조절밸브

해설

[온도조절밸브]
온도조절밸브는 열교환기 등에 설치되어 물이나 공기의 흐름을 조절해 원하는 온도를 유지하는 밸브이다.

※ 플랩밸브(Flap Valve)
유체가 한 방향으로만 흐르도록 한 체크밸브의 일종이며, 상부에 힌지가 달린 플레이트 및 디스크가 있는 밸브

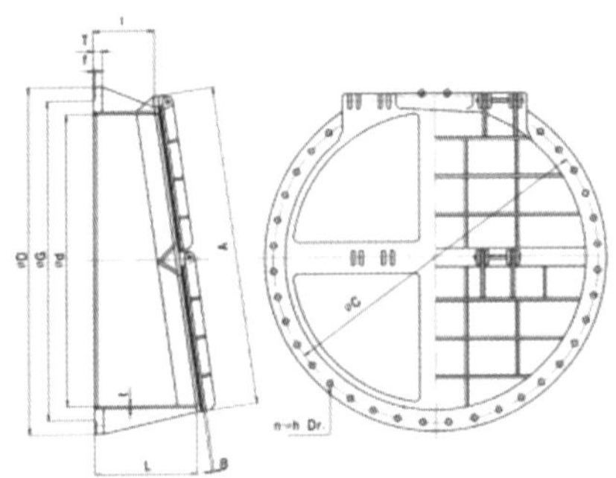

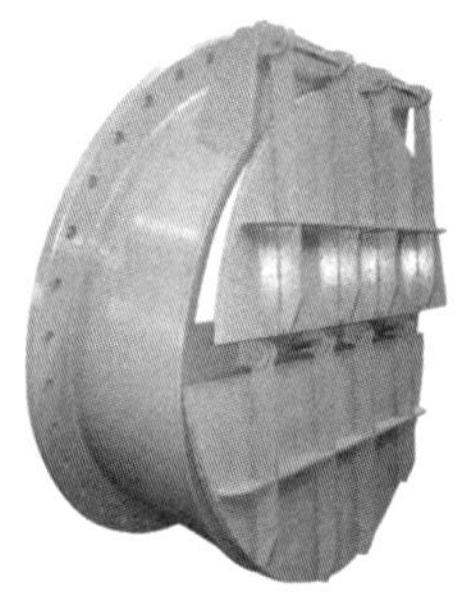

65 급수배관 내에 공기실을 설치하는 주된 목적은?

① 공기밸브를 작게 하기 위하여
② 수압시험을 원활하기 위하여
③ 수격작용을 방지하기 위하여
④ 관 내 흐름을 원활하게 하기 위하여

해설

[공기실 설치목적]
공기실(Air Chamber)은 수격작용을 방지하기 위하여 밸브 부근에 설치한다.

※ 수격작용(Water Hammerimg)
1) 정의 : 펌프 토출 측에서 속도변화에 의해 충격파가 전달되는 현상
2) 방지대책
① 급격한 밸브 폐쇄는 피한다.
② 밸브는 펌프 토출 측 가까이에 설치하고 밸브 조작을 천천히 한다.
③ 가능한 관 내 유속을 느리게 한다.
④ 가능한 배관의 관경을 크게 한다.
⑤ 기구류 부근에 충격을 흡수할 수 있는 공기실(Air Chamber)을 설치한다.
⑥ 조압수조(Surge Tank)를 관선에 설치한다.
⑦ 펌프에 플라이휠(Fly Wheel)을 설치한다. (회전체의 관성모멘트를 크게 하는 방법)
⑧ 배관에 수격방지기를 설치한다.

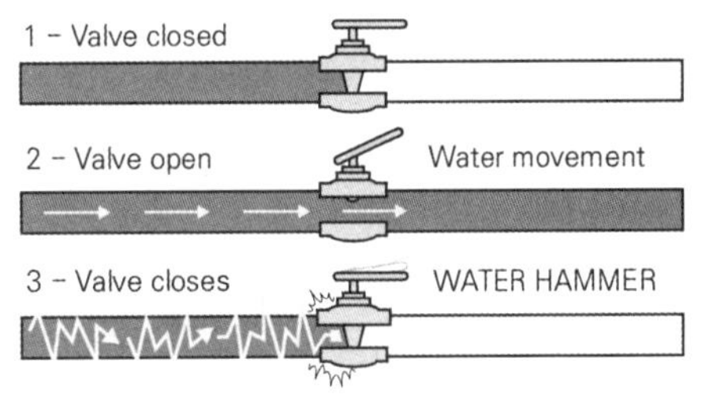

2025-01

정답 64 ④　65 ③

66 다음 보기에서 설명하는 통기관 설비방식과 특징으로 적합한 방식은?

> ㉠ 배수관의 청소구 위치로 인해서 수평관이 구부러지지 않게 시공한다.
> ㉡ 배수 수평 분기관이 수평주관의 수위에 잠기면 안 된다.
> ㉢ 배수관의 끝 부분은 항상 대기 중에 개방되도록 한다.
> ㉣ 이음쇠를 통해 배수에 선회력을 주어 관 내 통기를 위한 공기 코어를 유지하도록 한다.

① 섹스티아(Sextia)방식
② 소벤트(Sovent)방식
③ 각개통기방식
④ 신정통기방식

해설

[섹스티아(Sextia)방식]

1) 섹스티아방식
배수 수직관에 섹스티아이음쇠를 설치하여 배수가 회전하며 내려가도록 하는 방식이다.
이 과정에서 관의 중심부에 공기 통로(공기 코어)가 형성되며, 이를 통해 배수와 통기가 동시에 이루어진다.

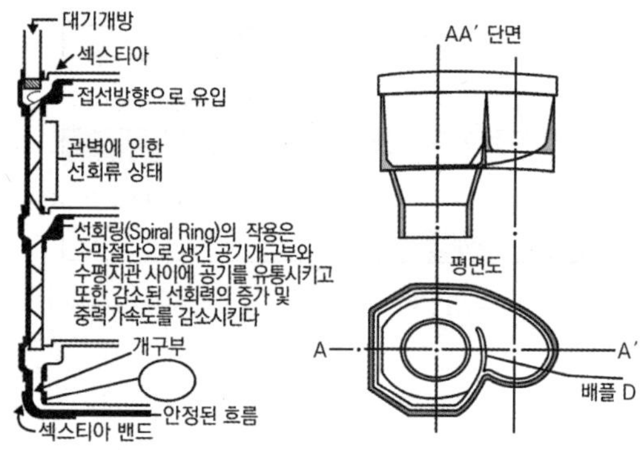

2) 소벤트방식
배수 수직관과 각 층의 배수 수평관이 연결되는 부분에 공기 혼합이음쇠를 설치하는 방식이다.
이 이음쇠를 통해 배수와 공기가 섞이면서 거품(수포)이 형성되고, 배수 속도가 감소하여 배관 내 압력 변화가 완화된다.

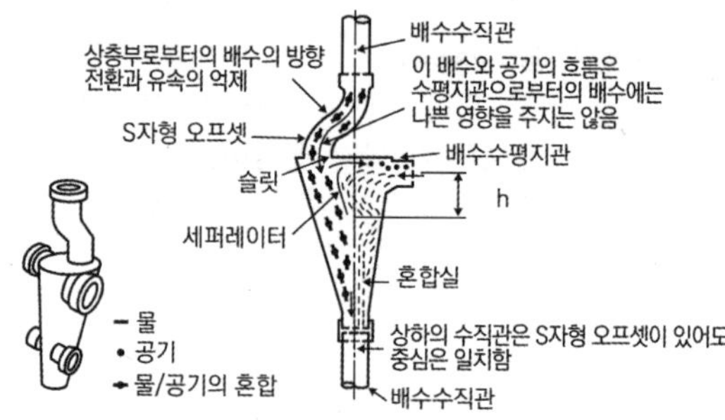

보충 공기 코어(Air Core) : 배수관 내부에서 물이 흐를 때 중심에 형성되는 공기의 통로를 말한다.
이는 물이 관의 하부를 따라 흐르고, 상부에는 연속적인 공기층이 남아 있는 상태

67 25 mm 강관의 용접이음용 숏(Short) 엘보의 곡률 반경(mm)은 얼마 정도로 하면 되는가?

① 25　② 37.5
③ 50　④ 62.5

정답 66 ① 67 ①

해설

[숏(Short) 엘보의 곡률 반경]
25 mm 강관의 1배수(정배수)로
25 mm × 1 = 25 mm

암 숏엘보 곡률 반경 : $R = D$
롱엘보 곡률 반경 : $R = 1.5D$

보충 곡률반경이 작을수록(숏엘보) 설치 공간이 좁은 곳에 적합하지만, 유체 흐름 저항이 더 커질 수 있다.

68 다음 중 배수설비와 관련된 용어는?

① 공기실(Air Chamber)
② 봉수(Seal Water)
③ 볼탭(Ball Tap)
④ 드렌처(Drencher)

해설

[배수설비와 관련된 용어]
② 봉수(Seal Water) : 배수설비의 트랩 안에 물을 채워 악취나 벌레가 실내로 들어오는 것을 막는 역할을 한다.

69 도시가스 계량기(30 m^3/h 미만)의 설치 시 바닥으로부터 설치 높이로 가장 적합한 것은? (단, 설치 높이의 제한을 두지 않는 특정장소는 제외한다)

① 0.5 m 이하
② 0.7 m 이상 1 m 이내
③ 1.6 m 이상 2 m 이내
④ 2 m 이상 2.5 m 이내

해설

[도시가스계량기의 설치높이]
바닥으로부터 1.6 m 이상 2 m 이내에 설치하고 밴드나 보호대 같은 고정장치로 단단히 고정해야 한다. 다만 격납상자 안에 설치하는 경우에는 높이 제한이 없다.

2025-01

70 진공 환수식 증기난방 배관에 대한 설명으로 틀린 것은?

① 배관 도중에 공기빼기밸브를 설치한다.
② 배관 기울기를 작게 할 수 있다.
③ 리프트피팅에 의해 응축수를 상부로 배출할 수 있다.
④ 응축수의 유속이 빠르게 되므로 환수관을 가늘게 할 수가 있다.

해설

[진공 환수식 증기난방 배관]

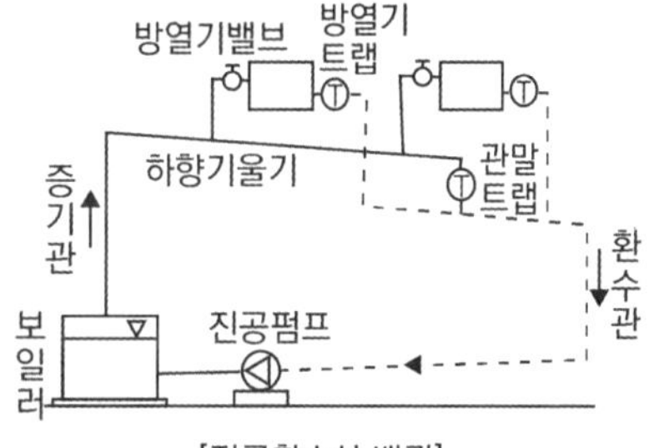

[진공환수식 배관]

① 진공 환수식 증기난방 배관에는 공기빼기밸브를 설치하지 않는다.

※ 진공 환수식
진공 환수식에서 방열기보다 환수관 위치가 높을 때(수직 상향부가 필요할 때) 리프트피팅을 이용하여 응축수를 끌어 올린다.

정답 68 ② 69 ③ 70 ①

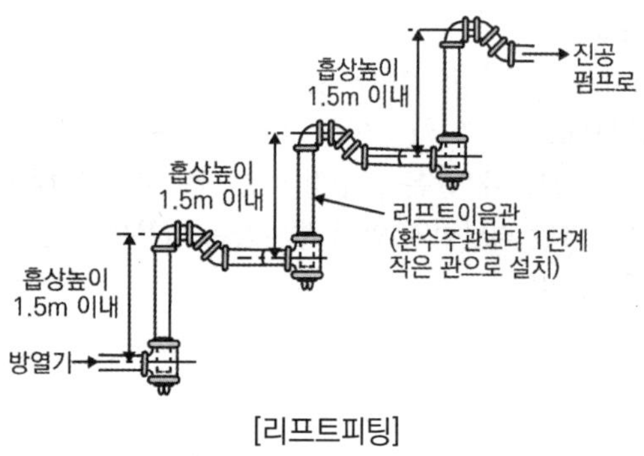

[리프트피팅]

71 배관용 보온재의 구비조건에 관한 설명으로 틀린 것은?

① 내열성이 높을수록 좋다.
② 열전도율이 적을수록 좋다.
③ 비중이 작을수록 좋다.
④ 흡수성이 클수록 좋다.

해설

[배관용 보온재의 구비조건]

④ 흡수성이 크면 수분이 쉽게 보온재에 침투하므로 보온성능을 떨어뜨린다. 그러므로 보온재는 흡수성이 작아야 한다.

72 가열기에서 최고위 급탕 전까지 높이가 12 m이고, 급탕온도가 85 ℃, 복귀탕의 온도가 70 ℃일 때 자연 순환수두(mmAq)는? (단, 85 ℃일 때 밀도는 0.96876 kg/L이고, 70 ℃일 때 밀도는 0.97781 kg/L이다)

① 70.5　② 80.5
③ 90.5　④ 108.6

해설

[자연 순환수두(mmAq)]

$$H = 1000(\rho_1 - \rho_2)h$$
$$= 1000 \times (0.97781 - 0.96876) \times 12$$
$$= 108.6\ mmAq$$

※ 자연순환수두 $H[mmAq]$

$$P[Pa] = (\gamma_2 - \gamma_1)[N/m^3] \times h[m]$$
$$P[Pa] \times \frac{10332\ mmAq}{101325\ Pa}$$
$$= (\gamma_2 - \gamma_1)\,[N/m^3] \times h\,[m] \times \frac{10332\ mmAq}{101325\ Pa}$$
$$H[mmAq] = (\gamma_2 - \gamma_1) \times h \times \frac{1}{9.8}$$
$$= (\rho_2 g - \rho_1 g) \times h \times \frac{1}{9.8}$$
$$= (\rho_2 - \rho_1) \times h$$
$$\therefore H[mmAq] = (\rho_2 - \rho_1) \times h$$

73 관경 100 A인 강관을 수평주관으로 시공할 때 지지간격으로 가장 적절한 것은?

① 2 m 이내　② 4 m 이내
③ 8 m 이내　④ 12 m 이내

해설

[강관을 수평주관으로 시공할 때 지지간격]

관지름	지지 간격
20 A 이하	1.8 m 이내
25 ~ 40 A 이하	2 m 이내
50 ~ 80 A 이하	3 m 이내
100 ~ 150 A 이하	4 m 이내
200 A 이상	5 m 이내

정답 71 ④ 72 ④ 73 ②

74 상수 및 급탕배관에서 상수 이외의 배관 또는 장치가 접속되는 것을 무엇이라고 하는가?

① 크로스 커넥션
② 역압 커넥션
③ 사이펀 커넥션
④ 에어캡 커넥션

해설

[크로스커넥션(교차연결, Cross Connection)]
급수계통과 오수관을 혼동에 의해 교차배관된 것

75 보온재를 유기질과 무기질로 구분할 때 다음 중 성질이 다른 하나는?

① 우모펠트　② 규조토
③ 탄산마그네슘　④ 슬래그 섬유

해설

[보온재]
1) 유기질 보온재 : 생물 또는 석유화학으로부터 나온 재료로 만들어진 보온재(우모펠트, 양모펠트, 코르크, 폴리에틸렌, 폴리우레탄, 고무발포)
2) 무기질 보온재 : 광물로부터 나온 재료로 만들어진 보온재(석면, 암면, 유리섬유, 규조토, 탄산마그네슘, 세라믹화이버, 펄라이트, 규산칼슘, 슬래그 섬유)

76 도시가스의 공급설비 중 가스홀더의 종류가 아닌 것은?

① 유수식　② 중수식
③ 무수식　④ 고압식

해설

[가스홀더의 종류]
1) 가스홀더(Gas Holder)는 제조·정제된 가스를 저장하고, 압력을 균일하게 유지하며, 급격한 수요 변화에 대응하여 공급량을 조절하는 장치
2) 가스홀더의 역할
(1) 가스를 저장하여 압력 변동을 방지
(2) 수요 변동에 따라 가스 공급량을 조절
(3) 제조량과 소비량의 균형을 유지하여 안정적인 공급 가능
3) 저압식 : 유수식(有水式), 무수식(無水式)
중, 고압식 : 구형(球形), 원통형(圓筒形)

TIP 중수식이라는 홀더 종류는 없다.

77 냉매배관 시 주의사항으로 틀린 것은?

① 배관은 가능한 간단하게 한다.
② 배관의 굽힘을 적게 한다.
③ 배관에 큰 응력이 발생할 염려가 있는 곳에는 루프배관을 한다.
④ 냉매의 열손실을 방지하기 위해 바닥에 매설한다.

해설

[냉매배관 시 주의사항]
④ 냉매의 열손실을 방지하기 위해서는 단열처리를 해야 한다(기기의 배관은 유지보수가 필요하므로 바닥에 매설하지 않는다).

정답 74 ① 75 ① 76 ② 77 ④

78 냉각 레그(Cooling Leg) 시공에 대한 설명으로 틀린 것은?

① 관경은 증기 주관보다 한 치수 크게 한다.
② 냉각 레그와 환수관 사이에는 트랩을 설치하여야 한다.
③ 응축수를 냉각하여 재증발을 방지하기 위한 배관이다.
④ 보온피복을 할 필요가 없다.

해설

[냉각 레그]
① 관경은 증기 주관보다 한 치수 작게 한다.

※ 냉각 레그
증기를 응축수로 바꾸어 환수하기 위한 배관을 냉각 레그라 한다.
건식환수법에 있어 증기관 끝에서부터 트랩에 이르는 파이프로, 관 내의 증기를 냉각하여 응축시키기 위하여 1.5 m 이상의 것을 사용해야 하며, 증기주관보다 한 치수 작게 한다.

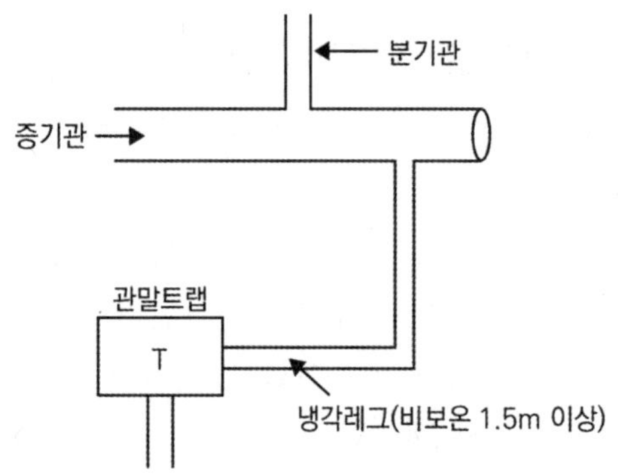

79 기체수송설비에서 압축공기배관의 부속장치가 아닌 것은?

① 후부냉각기 ② 공기여과기
③ 안전밸브 ④ 공기빼기밸브

해설

[압축공기배관의 부속장치]
분리기 및 후부냉각기, 공기탱크, 공기여과기, 공기 흡입관, 안전밸브

※ 공기빼기밸브는 온수난방배관의 공기고임의 우려에 따라 공기를 배출하는 밸브

80 가스설비에 관한 설명으로 틀린 것은?

① 일반적으로 사용되고 있는 가스유량 중 1시간당 최댓값을 설계유량으로 한다.
② 가스미터는 설계유량을 통과시킬 수 있는 능력을 가진 것을 선정한다.
③ 배관 관경은 설계유량이 흐를 때 배관의 끝부분에서 필요한 압력이 확보될 수 있도록 한다.
④ 일반적으로 공급되고 있는 천연가스에는 일산화탄소가 많이 함유되어 있다.

해설

[가스설비]
④ 천연가스는 주로 메탄(CH_4)으로 구성된 기체로, 공기보다 가벼우며 일산화탄소(CO)를 포함하지 않는다. 따라서 누출 시 공기 중으로 빠르게 확산되며, 폭발 범위가 상대적으로 좁아 비교적 안전한 편이다.

정답 78 ① 79 ④ 80 ④

2025 CBT 복원 2

1과목 에너지관리

1회독 시간 : 점수 :
2회독 시간 : 점수 :
3회독 시간 : 점수 :

01 공기조화방식을 결정할 때에 고려할 요소로 가장 거리가 먼 것은?

① 건물의 종류 ② 건물의 안정성
③ 건물의 규모 ④ 건물의 사용목적

해설

[공기조화방식 결정 시 고려요소]
공기조화방식의 결정사항과 건물의 안정성은 특별한 관계가 없다.

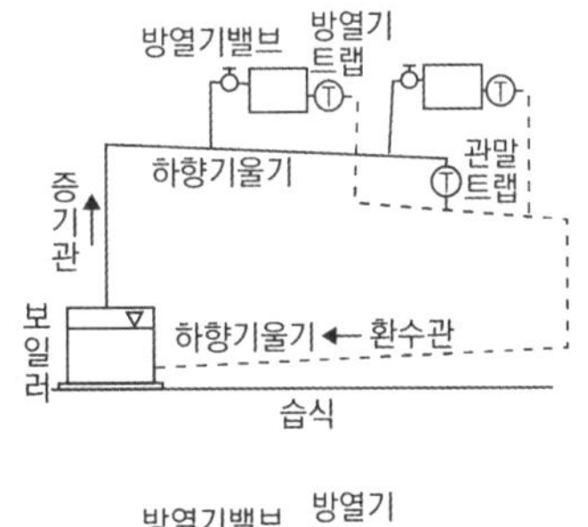

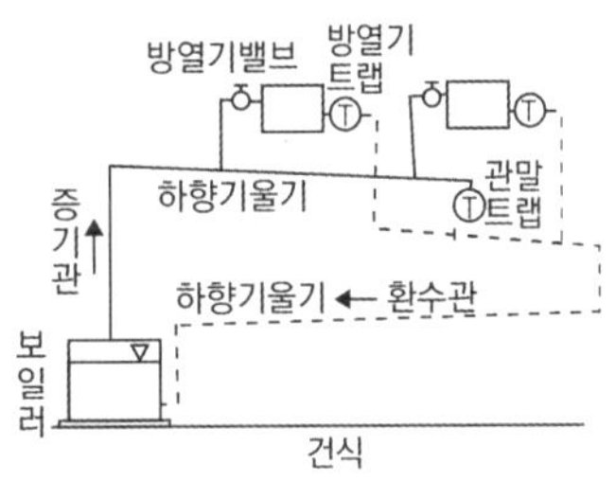

[중력환수식 배관]

02 증기난방방식에서 환수주관을 보일러 수면보다 높은 위치에 배관하는 환수배관방식은?

① 습식 환수방법 ② 강제 환수방식
③ 건식 환수방식 ④ 중력 환수방식

해설

[환수관의 배관법]
1) 건식 환수관식 : 환수주관을 보일러 수면보다 높게 배관하는 방식
2) 습식 환수관식 : 환수주관을 보일러 수면보다 낮게 배관하는 방식

03 온수난방설비에 사용되는 팽창탱크에 대한 설명으로 틀린 것은?

① 밀폐식 팽창탱크의 상부 공기층은 난방장치의 압력변동을 완화하는 역할을 할 수 있다.
② 밀폐식 팽창탱크는 일반적으로 개방식에 비해 탱크 용적을 크게 설계해야 한다.
③ 개방식 탱크를 사용하는 경우는 장치 내의 온수온도를 85℃ 이상으로 해야 한다.
④ 팽창탱크는 난방장치가 정지하여도 일정압 이상으로 유지하여 공기침입 방지 역할을 한다.

정답 01 ② 02 ③ 03 ③

해설

[팽창탱크]

열원이 공급처보다 높고 개방탱크를 높일 수 있는 곳에 개방식을 설치하고, 열원과 개방탱크가 낮고 밀폐된 회로가 구성된 곳에 밀폐식 팽창탱크를 사용한다.

③ 개방식 팽창탱크를 사용하는 경우는 장치 내의 온수 온도를 100 ℃ 이하로 해야 한다. 100 ℃가 넘으면 물이 비등하게 된다.

04 냉수코일 설계상 유의사항으로 틀린 것은?

① 코일의 통과 풍속은 2 ~ 3 m/s로 한다.

② 코일의 설치는 관이 수평으로 놓이게 한다.

③ 코일 내 냉수속도는 2.5 m/s 이상으로 한다.

④ 코일의 출입구 수온 차이는 5 ~ 10 ℃ 전・후로 한다.

해설

[냉수코일 설계상 유의사항]

③ 코일을 통과하는 냉수의 유속은 1 m/s 전후로 충분한 열교환이 가능하도록 한다.

05 가열로(加熱爐)의 벽 두께가 80 mm이다. 벽의 안쪽과 바깥쪽의 온도차가 32 ℃, 벽의 면적은 60 m², 벽의 열전도율은 46.55 W/m・K일 때 시간당 방열량(kW)은?

① 11.2×10^5　② 1.12×10^5

③ 1.12×10^3　④ 11.2×10^3

해설

[시간당 방열량]

$$q = \lambda \frac{A}{l} \Delta t$$

$$q = 46.55 \times \frac{60}{80 \times 10^{-3}} \times 32 \times \frac{1}{1000}$$

$$= 1117.2 \fallingdotseq 1.12 \times 10^3\ kW$$

06 다음 중 온수난방과 가장 거리가 먼 것은?

① 팽창탱크　② 공기빼기밸브

③ 관말트랩　④ 순환펌프

해설

[관말트랩]

관말트랩은 증기배관의 말단에 설치되어 배관 안에서 발생하는 응결수를 배출하기 위한 장치로 증기난방만 가진다.

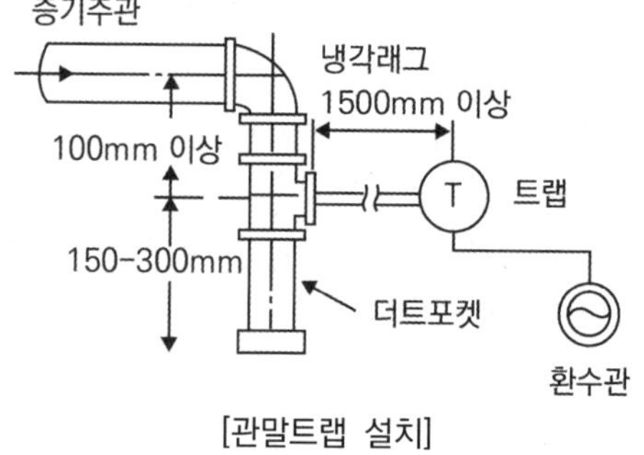

[관말트랩 설치]

정답 04 ③ 05 ③ 06 ③

07 공기조화방식 중 혼합상자에서 적당한 비율로 냉풍과 온풍을 자동적으로 혼합하여 각실에 공급하는 방식은?

① 중앙식
② 이중덕트방식
③ 유인유닛방식
④ 각층유닛방식

해설

[이중덕트방식]
공조기에 가열코일과 냉각코일을 병렬로 설치하여 온풍과 냉풍을 각각의 덕트를 통해 실의 혼합상자로 보내어 냉방 및 난방부하에 따라 혼합하여 각 실에 공급하는 방식이다. 혼합 시 소음이 있다.

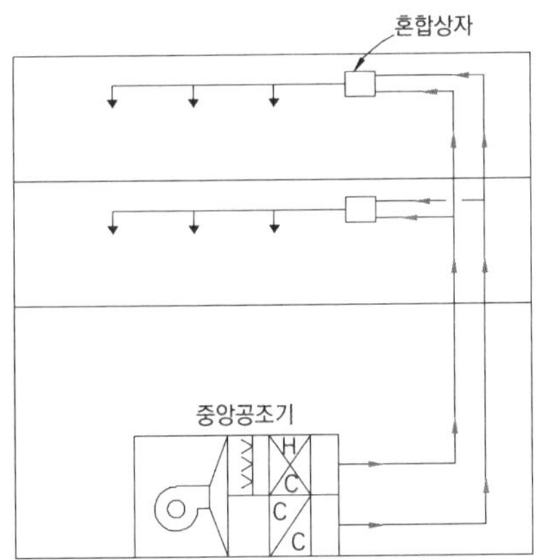

[이중덕트방식]

08 다음의 공기조화장치에서 냉각코일 부하를 올바르게 표현한 것은? (단, G_F는 외기량(kg/h)이며, G는 전풍량(kg/h)이다)

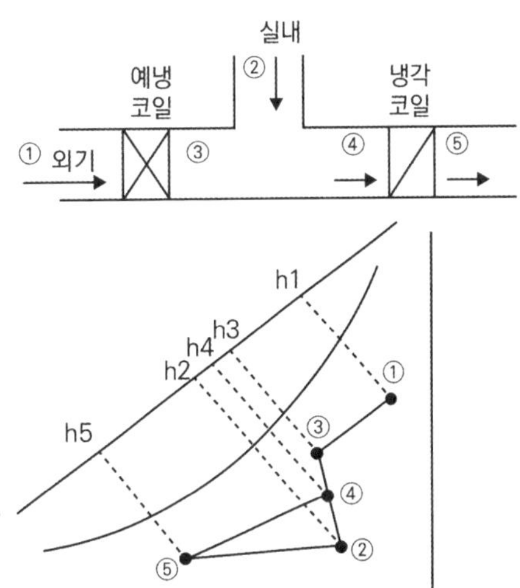

① $G_F(h_1 - h_3) + G_F(h_1 - h_2) + G(h_2 - h_5)$
② $G(h_1 - h_2) - G_F(h1 - h_3) + G_F(h_2 - h_5)$
③ $G_F(h_1 - h_2) - G_F(h_1 - h_3) + G(h_2 - h_5)$
④ $G(h_1 - h_2) + G_F(h_1 - h_3) + G_F(h_2 - h_5)$

해설

[냉각코일 부하]
1) 냉각코일부하 $q = G(h_5 - h_4)$
= 외기부하(예냉부하제외) + 환기실내부하
2) 외기부하 = $G_F(h_1 - h_2) - G_F(h_1 - h_3)$
3) 환기실내부하 = $G(h_2 - h_5)$
4) 그러므로 냉각코일부하는
$G_F(h_1 - h_2) - G_F(h_1 - h_3) + G(h_2 - h_5)$이다.

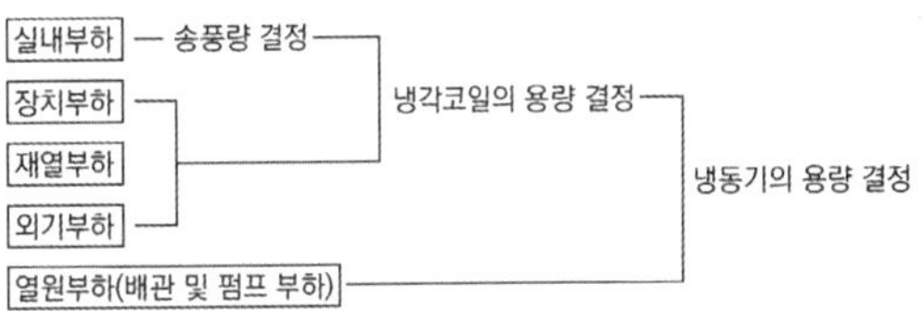

정답 07 ② 08 ③

09 온풍난방의 특징에 대한 설명으로 틀린 것은?

① 예열시간이 짧아 간헐운전이 가능하다.
② 실내 상하의 온도차가 커서 쾌적성이 떨어진다.
③ 소음발생이 비교적 크다.
④ 방열기, 배관설치로 인해 설비비가 비싸다.

해설

[온풍난방의 특징]
④ 온풍난방설비에는 방열기가 없다.

10 에어와셔를 통과하는 공기의 상태변화에 대한 설명으로 틀린 것은?

① 분무수의 온도가 입구공기의 노점온도보다 낮으면 냉각 감습된다.
② 순환수 분무하면 공기는 냉각가습되어 엔탈피가 감소한다.
③ 증기분무를 하면 공기는 가열 가습되고 엔탈피도 증가한다.
④ 분무수의 온도가 입구공기 노점온도보다 높고 습구온도보다 낮으면 냉각가습된다.

해설

[에어와셔를 통과하는 공기의 상태변화]
② 순환수 분무하면 공기는 냉각가습되나 엔탈피의 변화가 없다.

※ 습공기선도

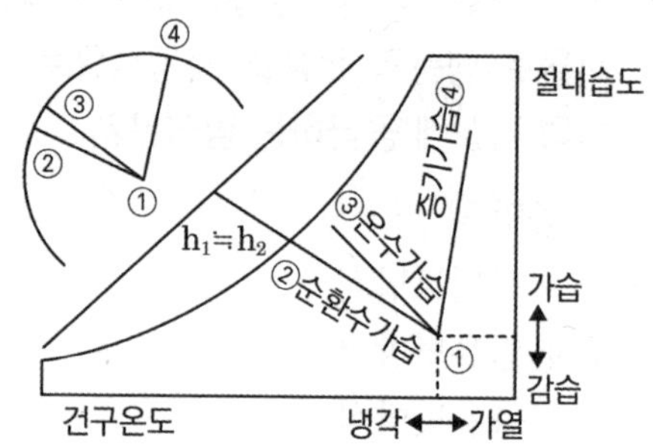

1) 순환수 분무(① → ②) : 가습(단열가습) · 냉각
2) 온수 분무(① → ③) : 가습 · 냉각
3) 증기 분무(① → ④) : 가습 · 가열

11 난방부하가 7.56 kW인 어떤 방에 대해 온수난방을 하고자 한다. 방열기의 상당 방열면적(m^2)은?

① 6.7 ② 8.4
③ 10 ④ 14.4

해설

[상당방열면적(EDR)]

$$EDR = \frac{방열기의\ 전체\ 방열량}{방열기의\ 표준방열량} = \frac{7559.5\ W}{523\ W/m^2} \fallingdotseq 14.4\ m^2$$

온수 표준방열량 : 523 W/m^2
증기 표준방열량 : 756 W/m^2

12 다음 중 감습(제습)장치의 방식이 아닌 것은?

① 흡수식 ② 감압식
③ 냉각식 ④ 압축식

정답 09 ④ 10 ② 11 ④ 12 ②

해설

[감습(제습)장치]
'감습(제습)'의 정확한 정의는 공기 중의 실제 수분량, 즉 절대습도를 낮추는 것을 의미한다. 압력을 낮추는 것은 공기 중의 수증기를 제거하는 직접적인 제습 방식이 아니다.

보충 압력을 낮추면 수증기가 쉽게 증발하려 하므로 공기 중에 수분이 더 많아질 수 있는 상태가 됨 → 제습에 불리한 조건

13 실내 설계온도 26 ℃인 사무실의 실내유효 현열부하는 20.42 kW, 실내유효 잠열부하는 4.27 kW이다. 냉각코일의 장치노점온도는 13.5 ℃, 바이패스 팩터가 0.1일 때 송풍량(L/s)은? (단, 공기의 밀도는 1.2 kg/m^3, 정압비열은 1.006 kJ/kg · K이다)

① 1350 ② 1503
③ 12530 ④ 13532

해설

[송풍량]
취출온도 = 노점온도 + BF(리턴온도 - 노점온도)
취출온도 = 13.5 + 0.1(26 - 13.5) = 14.75
송풍량은 현열량과 취출온도와 실내온도차로 구한다.

$$q = GC\Delta t = Q\rho C\Delta t$$

$$20.42\,kW = \frac{Q\,[L/s]}{1000\,[L/m^3]} \times 1.2 \times 1.006\,(26 - 14.75) = 1503.57\,L/s$$

14 유효온도(Effective Temperature)의 3요소는?

① 밀도, 온도, 비열
② 온도, 기류, 밀도
③ 온도, 습도, 비열
④ 온도, 습도, 기류

해설

[유효온도(ET : Effective Temperature)]
온도, 습도, 기류를 고려한 온도로써 체감온도로 표시하고 감각온도라고도 한다.
임의의 온도, 습도, 기류일 때 느끼는 체감상태로 기류(풍속) 0 m/s, 상대습도 100 %일 때의 기온으로 표시한다(복사열이 고려되지 않음).

15 배출가스 또는 배기가스 등의 열을 열원으로 하는 보일러는?

① 관류보일러 ② 폐열보일러
③ 입형보일러 ④ 수관보일러

해설

[폐열보일러]
폐열보일러는 폐열회수를 열원으로 하는 보일러

16 공기조화설비의 구성에서 각종 설비별 기기로 바르게 짝지어진 것은?

① 열원설비 - 냉동기, 보일러, 히트펌프
② 열교환설비 - 열교환기, 가열기
③ 열매 수송설비 - 덕트, 배관, 오일펌프
④ 실내유닛 - 토출구, 유인유닛, 자동제어기기

정답 13 ② 14 ④ 15 ② 16 ①

해설

[공기조화설비의 구성]
가열기는 열교환설비가 아니며 오일펌프는 열매 수송이 목적이 아닌 윤활유 수송이 목적이며, 자동 제어기기는 중앙에 위치해 있어 실내유닛에 있지 않다.

② 가열기는 열교환설비가 아니다.
③ 오일펌프의 오일은 열매가 아니다.
④ 자동제어기기는 실내유닛이 아니다.

17 덕트의 분기점에서 풍량을 조절하기 위하여 설치하는 댐퍼는?

① 방화댐퍼　② 스플릿댐퍼
③ 피봇댐퍼　④ 터닝베인

해설

[스플릿댐퍼]
덕트의 분기점에서 풍량을 조절하기 위한 댐퍼이다. 구조가 간단하나 정밀한 풍량 조절은 불가능하다.

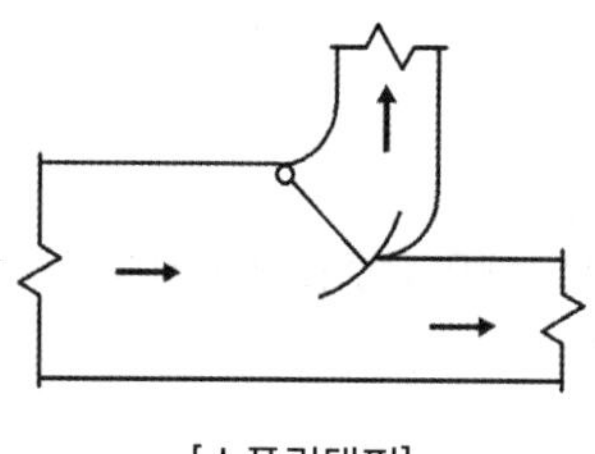

[스플릿댐퍼]

18 냉방부하 계산 결과 실내취득열량은 q_R, 송풍기 및 덕트 취득열량은 q_F, 외기부하는 q_O, 펌프 및 배관 취득열량은 q_P일 때 공조기부하를 바르게 나타낸 것은?

① $q_R + q_O + q_P$
② $q_F + q_O + q_P$
③ $q_R + q_O + q_F$
④ $q_R + q_P + q_F$

해설

[공조기부하]
펌프 및 배관 취득열량은 공조기부하가 아닌 배관 부하이다.
공조기부하 = 실내취득열량 q_R + 외기부하 q_O + 송풍기 및 덕트 취득열량 q_F

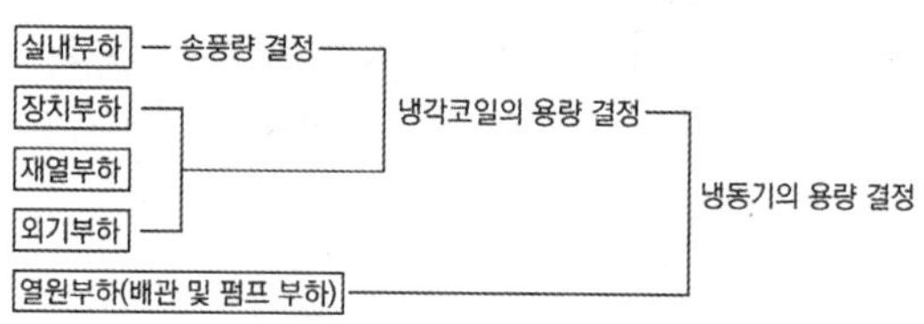

19 다음 공조방식 중에서 전공기방식에 속하지 않는 것은?

① 단일덕트방식
② 이중덕트방식
③ 팬코일 유닛방식
④ 각층유닛방식

해설

[공조방식]
팬코일 유닛방식은 전수방식이다.

정답 17 ② 18 ③ 19 ③

※ 공기조화방식

열분배방식	열매	공기조화방식	
중앙식	전공기 방식	단일덕트 방식	정풍량
			변풍량
		이중덕트 방식	정풍량
			변풍량
		멀티존유닛방식	
		각층유닛방식	
	수·공기 방식	덕트병용 팬코일유닛	
		덕트병용 복사냉난방방식	
		유인유닛방식	
	전수 방식	팬코일유닛방식	
		복사냉난방방식	
개별식	냉매 방식	패키지방식	
		룸쿨러 방식	분리형
			멀티유닛형
			창문설치형

20 온수보일러의 수두압을 측정하는 계기는?

① 수고계 ② 수면계
③ 수량계 ④ 수위 조절기

해설

[수두압을 측정하는 계기]
보기에서 압력을 측정하는 기기는 수고계(압력계) 밖에 없다.

2과목 공조냉동설계

1회독 시간 : 점수 :
2회독 시간 : 점수 :
3회독 시간 : 점수 :

21 이상기체에 대한 관계식 중 옳은 것은? (단, C_p, C_v는 정압 및 정적 비열, k는 비열비이고, R은 기체상수이다)

① $C_p = C_v - R$ ② $C_v = \frac{k-1}{k}R$
③ $C_p = \frac{k}{k-1}R$ ④ $R = \frac{C_p + C_v}{2}$

해설

[이상기체]

정적비열 $C_v = \frac{1}{k-1}R$

정압비열 $C_p = \frac{k}{k-1}R$

① $C_p = C_v + R$

② $C_v = \frac{1}{k-1}R$

③ $R = C_p - C_v$

22 온도가 T_1인 고열원으로부터 온도가 T_2인 저열원으로 열전도, 대류, 복사 등에 의해 Q 만큼 열전달이 이루어졌을 때 전체 엔트로피변화량을 나타내는 식은?

① $\frac{T_1 - T_2}{Q(T_1 \times T_2)}$ ② $\frac{Q(T_1 + T_2)}{T_1 \times T_2}$
③ $\frac{Q(T_1 - T_2)}{T_1 \times T_2}$ ④ $\frac{T_1 + T_2}{Q(T_1 \times T_2)}$

정답 20 ① 21 ③ 22 ③

해설

[엔트로피변화량]

엔트로피 = $\frac{Q}{T}$ 열량을 절대온도로 나눈 것과 같으므로

$$S_2 - S_1 = \frac{Q}{T_2} - \frac{Q}{T_1} = \frac{Q(T_1 - T_2)}{T_1 \times T_2}$$

23 증기 압축 냉동사이클로 운전하는 냉동기에서 압축기 입구, 응축기 입구, 증발기 입구의 엔탈피가 각각 387.2 kJ/kg, 435.1 kJ/kg, 241.8 kJ/kg일 경우 성능계수는 약 얼마인가?

① 3.0　② 4.0
③ 5.0　④ 6.0

해설

[냉동사이클의 성능계수(COP)]

$$COP = \frac{\text{냉동효과}}{W} = \frac{387.2 - 241.8}{435.1 - 387.2} \fallingdotseq 3.0$$

※ 냉동기

에너지(전기 혹은 고온의 열)를 일의 형태로 받아 저열원으로부터 열을 빼앗는 것이 목적

$$COP = \frac{Q_2}{W} = \frac{Q_2}{Q_1 - Q_2} = \frac{T_2}{T_1 - T_2}$$

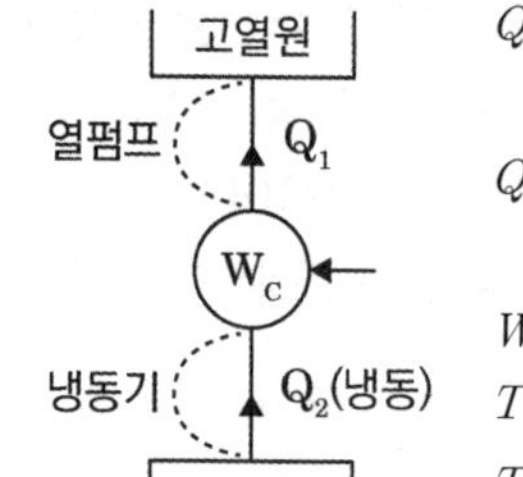

Q_1 : 저열원으로부터 흡수하는 열량
Q_2 : 고열원으로 방출하는 열량
W : 일량
T_1 : 고온
T_2 : 저온

24 습증기 상태에서 엔탈피 h를 구하는 식은? (단, h_f는 포화액의 엔탈피, h_g는 포화증기의 엔탈피, x는 건도이다)

① $h = h_f + (xh_g - h_f)$
② $h = h_f + x(h_g - h_f)$
③ $h = h_g + (xh_f - h_g)$
④ $h = h_g + x(h_g - h_f)$

해설

[습증기 엔탈피]

습증기 엔탈피 = 포화액 엔탈피 + 건도 × (포화증기 엔탈피 - 포화액 엔탈피)

따라서

$h = h_f + x(h_g - h_f)$

25 다음의 열역학 상태량 중 종량성 상태량(Extensive Property)에 속하는 것은?

① 압력　② 체적
③ 온도　④ 밀도

해설

[종량적 상태량]

1) 종량성 상태량 : 물질의 양과 비례하여 값이 바뀌는 상태량으로, 예로는 체적, 내부에너지, 엔트로피, 엔탈피 등이 있다.
2) 강도성 상태량 : 물질의 양과 관계없이 일정한 값을 가지는 상태량으로, 예로는 압력, 온도, 밀도, 비체적 등이 있다.

정답 23 ① 24 ② 25 ②

26 온도 150 ℃, 압력 0.5 MPa의 공기 0.2 kg이 압력이 일정한 과정에서 원래 체적의 2배로 늘어난다. 이 과정에서의 일은 약 몇 kJ인가? (단, 공기는 기체상수가 0.287 kJ/(kg · K)인 이상기체로 가정한다)

① 12.3 kJ ② 16.5 kJ
③ 20.5 kJ ④ 24.3 kJ

해설

[정압과정의 팽창일]

$P(v_2 - v_1)$

$PV = GRT$에 대입하면

$P(v_2 - v_1) = GRT$

$= 0.2 \times 0.287 \times (150 + 273)$

$= 24.28$ kJ

1) 변화 후 온도(T_2)

$$\frac{V_1}{T_1} = \frac{V_2}{T_2}$$

여기서, $T_1 = 150 + 273 = 423\ K$

$$\frac{V_1}{423} = \frac{2 \times V_1}{T_2}$$

$\therefore T_2 = 846\ K$

2) 과정에서의 일($_1W_2$)

$$_1w_2 = \int pdv = p(v_2 - v_1) = R(T_2 - T_1)$$

이므로

$_1W_2 = GR(T_2 - T_1)$

$= 0.2 \times 0.287 \times (846 - 423)$

$= 24.28 \fallingdotseq 24.3\ kJ$

27 유체의 교축과정에서 Joule – Thomson 계수(μ_J)가 중요하게 고려되는데 이에 대한 설명으로 옳은 것은?

① 등엔탈피과정에 대한 온도변화와 압력변화의 비를 나타내며, $\mu_J < 0$인 경우 온도 상승을 의미한다.
② 등엔탈피과정에 대한 온도변화와 압력변화의 비를 나타내며, $\mu_J < 0$인 경우 온도 강하를 의미한다.
③ 정적과정에 대한 온도변화와 압력변화의 비를 나타내며, $\mu_J < 0$인 경우 온도 상승을 의미한다.
④ 정적과정에 대한 온도변화와 압력변화의 비를 나타내며, $\mu_J < 0$인 경우 온도 강하를 의미한다.

해설

[줄 – 톰슨계수]

줄 – 톰슨계수 $\mu_J = \left(\frac{\delta T}{\delta P}\right)_H$

δT : 미소온도변화
δP : 미소압력변화
H : 엔탈피(상수)

1) 압력이 작아지면(팽창하면)
$\mu_J > 0$ 이면 온도가 떨어진다.

2) 압력이 커지면(압축하면)
$\mu_J < 0$ 이면 온도가 높아진다.

2025-02

정답 26 ④ 27 ①

28 매시간 20 kg의 연료를 소비하여 74 kW의 동력을 생산하는 가솔린기관의 열효율은 약 몇 %인가? (단, 가솔린의 저위발열량은 43470 kJ/kg이다)

① 18　② 22
③ 31　④ 43

해설

[가솔린기관의 열효율]

효율 = $\frac{출력}{W}$

= $\frac{74\ kJ/s}{20/3600\ kg/s \times 43470\ kJ/kg} \times 100$

= 31 %

29 피스톤-실린더장치 내에 있는 공기가 0.3 m³에서 0.1 m³으로 압축되었다. 압축되는 동안 압력(P)과 체적(V) 사이에 $P = AV^{-2}$의 관계가 성립하며, 계수 A = 6 [kPa·m⁶]이다. 이 과정 동안 공기가 한 일은 약 얼마인가?

① -53.3 kJ　② -1.1 kJ
③ 253 kJ　④ -40 kJ

해설

[공기가 한 일]

가스가 하는 일(일반적으로 팽창 또는 압축과정에서의 일)은 다음 적분식을 이용하여 계산할 수 있다.

$$W = \int_{V_1}^{V_2} P\,dV$$

주어진 조건을 식에 대입하면,

$$W = \int_{0.3}^{0.1} P\,dV = \int_{0.3}^{0.1} a\,V^{-2}\,dV$$

$$= \left[-\frac{a}{-2+1}V^{-2+1}\right]_{0.3}^{0.1}$$

$$= -a\left[V^{-1}\right]_{0.3}^{0.1}$$

$$= -6\left[0.1^{-1} - 0.3^{-1}\right]_{0.3}^{0.1}$$

$$\fallingdotseq -40\ kJ$$

여기서 (-)는 압축을 의미

30 랭킨사이클의 열효율을 높이는 방법으로 틀린 것은?

① 복수기의 압력을 저하시킨다.
② 보일러 압력을 상승시킨다.
③ 재열(Reheat)장치를 사용한다.
④ 터빈 출구온도를 높인다.

해설

[랭킨사이클의 열효율을 높이는 방법]

1) 터빈 출구온도가 높다는 것은 에너지가 충분히 활용되지 못하고 남아 있다는 뜻이므로, 이는 손실로 볼 수 있다.
2) 랭킨사이클은 이상적인 증기 터빈사이클이며, 열효율을 높이려면 터빈 출구온도를 낮춰 터빈의 입출구 엔탈피 차이를 크게 해야 한다.

31 1대의 압축기로 증발온도를 -30 ℃ 이하의 저온도로 만들 경우 일어나는 현상이 아닌 것은?

① 압축기 체적효율의 감소
② 압축기 토출 증기의 온도상승
③ 압축기의 단위 흡입체적당 냉동효과 상승
④ 냉동능력당의 소요동력 증대

정답 28 ③　29 ④　30 ④　31 ③

해설

[1대의 압축기로 증발온도를 -30℃ 이하의 저온도로 만들 경우]

1단 압축기로 -30℃ 이하의 저온을 만들기 위해 고압축을 할 경우 압축효율이 떨어져 냉매의 단위 체적당 냉동효과가 떨어져 2단 냉동사이클을 사용한다.

32 모세관 팽창밸브의 특징에 대한 설명으로 옳은 것은?

① 가정용 냉장고 등 소용량 냉동장치에 사용된다.
② 베이퍼록현상이 발생할 수 있다.
③ 내부균압관이 설치되어 있다.
④ 증발부하에 따라 유량조절이 가능하다.

해설

[베이퍼록(Vapor Lock)]

베이퍼록(Vapor Lock)현상은 모세관 내부에서 냉매가 기화하여 액체 냉매의 흐름을 방해하는 현상이다. 모세관 팽창밸브는 이러한 베이퍼록현상에 취약하다.

33 다음 냉동에 관한 설명으로 옳은 것은?

① 팽창밸브에서 팽창 전후의 냉매 엔탈피 값은 변한다.
② 단열압축은 외부와 열의 출입이 없기 때문에 단열압축 전후의 냉매온도는 변한다.
③ 응축기 내에서 냉매가 버려야 하는 열은 현열이다.
④ 현열에는 응고열, 융해열, 응축열, 증발열, 승화열 등이 있다.

해설

[냉동에 관한 설명]

냉매의 온도를 변화시켜 냉동효과를 기대한다.

① 팽창밸브 전후의 냉매 엔탈피 값은 일정하다.
③ 응축기 내에서 냉매가 버려야 하는 열은 전열이며 주로 잠열이다.
④ 응고열, 융해열, 응축열, 증발열, 승화열은 잠열이다.

34 암모니아를 사용하는 2단압축 냉동기에 대한 설명으로 틀린 것은?

① 증발온도 -30℃ 이하가 되면 일반적으로 2단압축방식을 사용한다.
② 중간냉각기의 냉각방식에 따라 2단압축 1단팽창과 2단압축 2단팽창으로 구분한다.
③ 2단압축 1단팽창 냉동기에서 저단 측 냉매와 고단 측 냉매는 서로 같은 종류의 냉매를 사용한다.
④ 2단압축 2단팽창 냉동기에서 저단 측 냉매와 고단 측 냉매는 서로 다른 종류의 냉매를 사용한다.

2025-02

정답 32 ② 33 ② 34 ④

해설

[암모니아를 사용하는 2단압축 냉동기]
암모니아 냉매를 사용하는 2단압축 2단팽창 냉동기에서 저단 측 냉매와 고단 측 냉매는 서로 같은 종류의 냉매를 사용한다.

35 냉동장치가 정상적으로 운전되고 있을 때에 관한 설명으로 틀린 것은?

① 팽창밸브 직후의 온도가 직전의 온도보다 낮다.
② 크랭크 케이스 내의 유온은 증발온도보다 높다.
③ 응축기의 냉각수 출구온도는 응축온도보다 높다.
④ 응축온도는 증발온도보다 높다.

해설

[냉동장치의 정상 운전]
응축기의 냉각수 출구온도는 응축온도보다 낮아야 냉매를 응축온도까지 냉각시킬 수 있다.
(응축온도 > 냉각수 출구온도 > 냉각수 입구온도)

36 만액식 증발기를 사용하는 R134a용 냉동장치가 아래와 같다. 이 장치에서 압축기의 냉매순환량이 0.2kg/s이며, 이론 냉동사이클의 각 점에서의 엔탈피가 아래표와 같을 때 이론 성능계수 (COP)는? (단, 배관의 열손실은 무시한다)

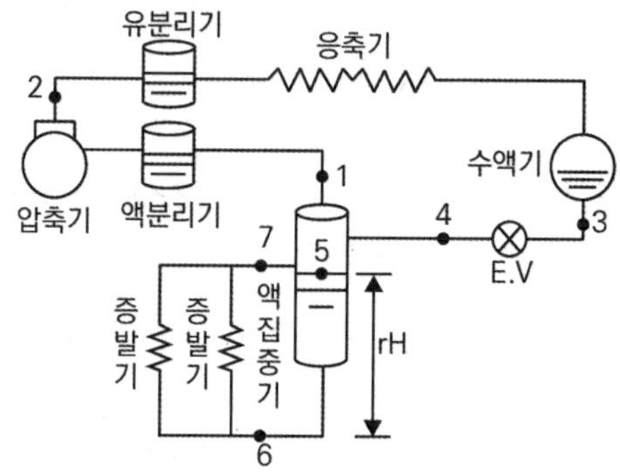

h_1 = 393 kJ/kg	h_2 = 440 kJ/kg
h_3 = 230 kJ/kg	h_4 = 230 kJ/kg
h_5 = 185 kJ/kg	h_6 = 185 kJ/kg
h_7 = 385 kJ/kg	

① 1.98 ② 2.39
③ 2.87 ④ 3.47

해설

[냉동사이클의 성능계수(COP)]

$$COP = \frac{냉동효과}{W} = \frac{냉동열량}{압축기열량}$$

$$= \frac{h_1 - h_4}{h_2 - h_1} = \frac{393-230}{440-393} \fallingdotseq 3.47$$

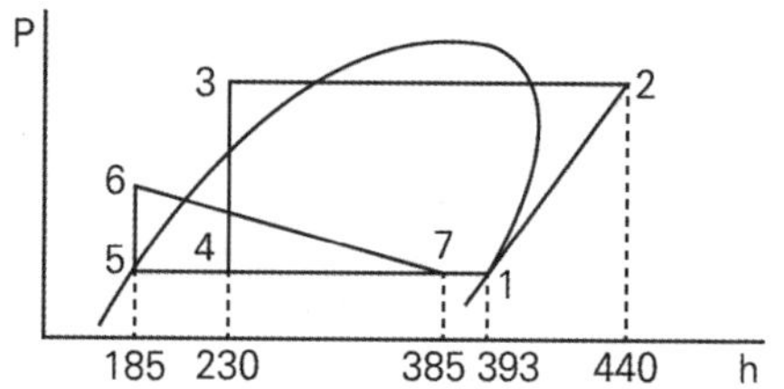

정답 35 ③ 36 ④

※ 냉동기
에너지(전기 혹은 고온의 열)를 일의 형태로 받아 저열원으로부터 열을 빼앗는 것이 목적

$$COP = \frac{Q_2}{W} = \frac{Q_2}{Q_1 - Q_2} = \frac{T_2}{T_1 - T_2}$$

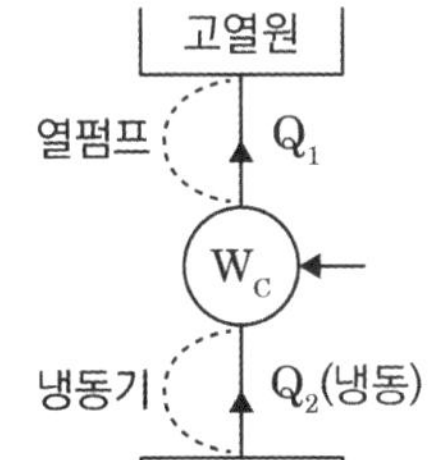

Q_1 : 저열원으로부터 흡수하는 열량
Q_2 : 고열원으로 방출하는 열량
W : 일량
T_1 : 고온
T_2 : 저온

37 냉동장치 내 공기가 혼입 되었을 때 나타나는 현상으로 옳은 것은?

① 응축기에서 소리가 난다.
② 응축온도가 떨어진다.
③ 토출온도가 높다.
④ 증발압력이 낮아진다.

해설

[냉동장치 내 공기가 혼입되었을 때 현상]
혼입된 공기는 냉매와 달리 쉽게 액화되지 않기 때문에 시스템 내의 압력이 상승하게 되고, 토출온도가 고온이 되며 냉동효과가 떨어진다.

38 빙축열 설비의 특징에 대한 설명으로 틀린 것은?

① 축열조의 크기를 소형화할 수 있다.
② 값싼 심야전력을 사용하므로 운전비용이 절감된다.
③ 자동화 설비에 의한 최적화 운전으로 시스템의 운전효율이 높다.
④ 제빙을 위한 냉동기 운전은 냉수취출을 위한 운전보다 증발온도가 높기 때문에 소비동력이 감소한다.

해설

[빙축열 설비의 특징]
증발기의 온도가 낮기 때문에 소비동력이 증가한다.
① 빙축열조의 크기는 수축열조보다 소형화할 수 있다.
③ 운전시간 중 많은 시간을 효율이 좋은 용량으로 운전할 수 있다.
④ 제빙을 위한 운전은 냉수 취출을 위한 운전보다 증발온도가 낮기 때문에 소비동력이 증가한다.

39 흡수식 냉동기에서 재생기에 들어가는 희용액의 농도가 50 %, 나오는 농용액의 농도가 65 %일 때 용액순환비는? (단, 흡수기의 냉각열량은 3059 kJ/kg이다)

① 2.5　　② 3.7
③ 4.3　　④ 5.2

해설

[용액순환비]

$$\text{용액순환비} = \frac{\text{농용액농도}}{\text{농용액농도} - \text{희용액농도}} = \frac{65\ \%}{65\ \% - 50\ \%} = 4.3$$

정답 37 ③ 38 ④ 39 ③

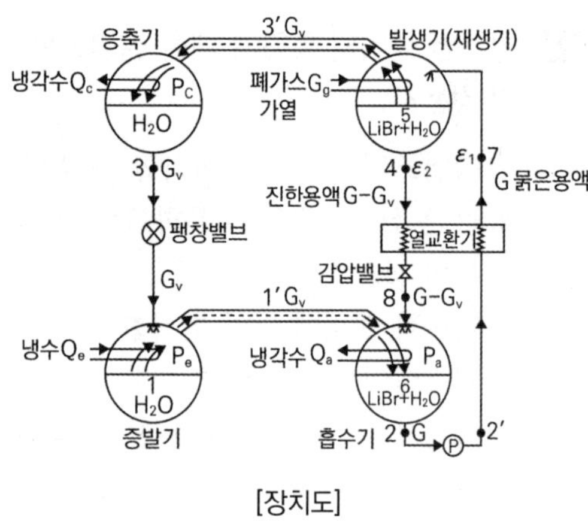

[장치도]

40 냉동기 중 공급에너지원이 동일한 것끼리 짝지어진 것은?

① 흡수 냉동기, 압축기 냉동기
② 증기분사 냉동기, 증기압축 냉동기
③ 압축기체 냉동기, 증기분사 냉동기
④ 증기분사 냉동기, 흡수 냉동기

해설

[냉동기 중 공급에너지원이 동일한 것]
증기분사 냉동기, 흡수 냉동기는 냉매로 물을 사용 증발, 응축하는 수증기의 잠열을 이용하며 공급에너지원으로 고온수, 수증기를 이용한다.

- 흡수식 냉동기 : 증기, 폐열
- 증기분사식 : 증기
- 증기압축식 : 전기
- 압축기체 냉동기 : 전기

3과목 시운전 및 안전관리

1회독	시간 :	점수 :
2회독	시간 :	점수 :
3회독	시간 :	점수 :

41 냉동용기에 표시된 각인 기호 및 단위로서 틀린 것은?

① 냉동능력 : RT
② 원동기 소요전력 : kW
③ 최고사용압력 : DP
④ 내압 시험압력 : AP

해설

[내압 시험압력]
내압 시험압력 : TR(MPa)

42 보일러 등에 사용하는 압력방출장치의 봉인은 무엇으로 실시해야 하는가?

① 구리 테이프
② 납
③ 봉인용 철사
④ 알루미늄 실(Seal)

해설

[안전보건규칙 제116조(압력방출장치)]
압력방출장치는 매년 1회 이상 「국가표준기본법」 제14조 제3항에 따라 산업통상자원부장관의 지정을 받은 국가교정업무 전담기관에서 교정을 받은 압력계를 이용하여 설정 압력에서 압력방출장치가 적정하게 작동하는지를 검사한 후 납으로 봉인하여 사용하여야 한다.

정답 40 ④ 41 ④ 42 ②

43 기계설비법령에 따라 기계설비성능점검업의 변경등록 사항이 아닌 것은?

① 상호　　② 보유설비
③ 영업소 소재지　　④ 기술인력

해설

[기계설비성능점검업의 변경등록 사항]
① 상호
② 대표자
③ 영업소 소재지
④ 기술인력

44 그림과 같이 철심에 두 개의 코일 C_1, C_2를 감고 코일 C_1에 흐르는 전류 I에 ΔI만큼의 변화를 주었다. 이때 일어나는 현상에 관한 설명으로 옳지 않은 것은?

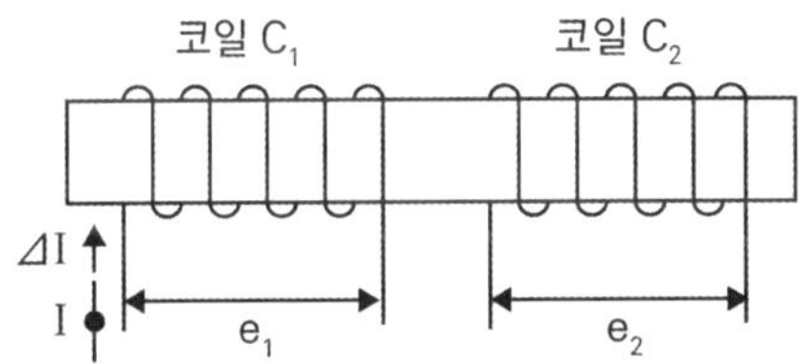

① 코일 C_2에서 발생하는 기전력 e_2는 렌츠의 법칙에 의하여 설명이 가능하다.
② 코일 C_1에서 발생하는 기전력 e_1은 자속의 시간 미분값과 코일의 감은 횟수의 곱에 비례한다.
③ 전류의 변화는 자속의 변화를 일으키며, 자속의 변화는 코일 C_1에 기전력 e_1을 발생시킨다.
④ 코일 C_2에서 발생하는 기전력 e_2와 전류 I의 시간 미분값의 관계를 설명해주는 것이 자기인덕턴스이다.

해설

[상호유도]
④ 코일 C_2 에서 발생하는 기전력 e_2와 전류 I의 시간 미분값의 관계를 설명해주는 것이 상호인덕턴스이다.

법칙 이름	원인 → 결과	전류 조건	설명
앙페르법칙 (Ampère's Law)	전류 → 자기장	직류 가능	도선에 전류가 흐르면 주위에 원형 자기장이 생긴다. $\vec{B} \propto I$
패러데이 법칙 (Faraday's Law)	자기장 변화 → 유도 전류	시간에 따른 변화 필요	시간에 따라 변화하는 자속 → 전기장이 생김 $e = -N\frac{d\Phi}{dt}$ $= -L\frac{dI}{dt}$
렌츠법칙 (Lenz's Law)	유도 전류 방향 결정	패러데이 법칙의 방향성 확장	유도전류는 자속 변화에 반대 방향으로 작용하여 원인을 방해

45 그림과 같은 제어에 해당하는 것은?

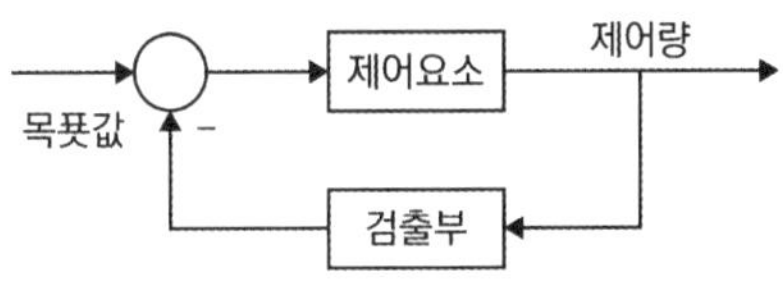

① 개방제어　　② 시퀀스제어
③ 개루프제어　　④ 폐루프제어

정답 43 ② 44 ④ 45 ④

해설

[피드백제어(= 폐루프제어)]

귀환경로를 가지는 제어는 폐루프제어(피드백제어)이다.

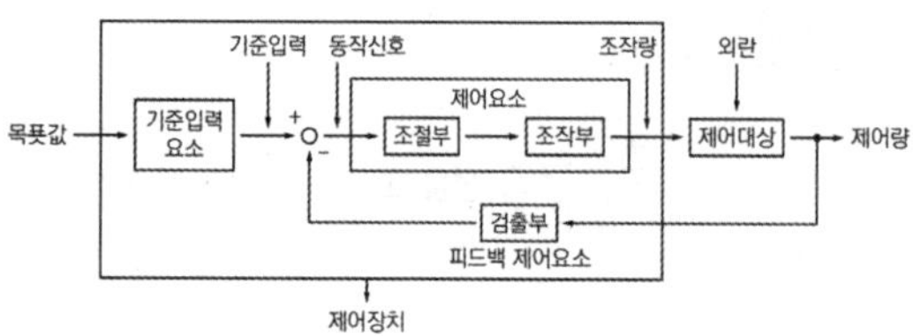

[폐루프제어계의 구성도]

46 물체의 위치, 방위, 자세 등의 기계적 변위를 제어량으로 하여 목푯값의 임의의 변화에 항상 추종되도록 구성된 제어장치?

① 서보기구　② 자동조정
③ 정치제어　④ 프로세스제어

해설

[서보기구]

1) 서보기구 물체의 변위(위치), 자세(각도), 방향 등을 제어량으로 하여 목표치가 임의적으로 변화하는 것에 추종하도록 하는 제어계(장치)이다.
2) 적용분야 : 공작기계의 궤적제어, 측정기의 위치제어, 미사일 추적장치, 추적용 레이더, 선박의 방향제어 등

※ 제어량에 의한 분류

구분	내용	제어량
서보기구	기계적 변위를 제어량으로 하는 변화량제어	물체의 방위, 위치, 각도 등
프로세스 제어	플랜트나 생산공정 중의 상태량제어 (화학적 양을 제어)	온도, 압력, 유량, 농도 등
자동조정 제어	제어량이 전기적, 기계적 양을 제어	주파수, 전압, 전류, 힘, 회전속도 등

47 다음 중 무인 엘리베이터의 자동제어로 가장 적합한 것은?

① 추종제어　② 정치제어
③ 프로그램제어　④ 프로세스제어

해설

[프로그램제어]

프로그램제어는 목푯값이 미리 정해진 시간적 변화에 따른 제어이다. 무인열차운전, 무인 엘리베이터, 산업운전로봇 등에 적합하다.

※ 목푯값에 의한 분류

구분		내용
정치제어		목푯값이 일정한 자동제어에 적용
추치제어	추종제어	미지의 임의 시간적 변화를 하는 목푯값에 제어량을 추종시키는 제어(예 미사일)
	프로그램 제어	미리 정해진 시간변화에 따라 정해진 순서대로 제어(예 자판기, 엘레베이터)
	비율제어	목푯값이 서로 다른 어떤 양과 일정한 비율관계를 가지는 제어
	시퀀스 제어	미리 정해진 순서에 따라 각 단계가 순차적으로 진행(PLC는 시퀀스제어와 함께 사용함)

48 PLC프로그래밍에서 여러 개의 입력 신호 중 하나 또는 그 이상의 신호가 On되었을 때 출력이 나오는 회로는?

① OR회로　② AND회로
③ NOT회로　④ 자기유지회로

해설

[OR회로]

X = A + B

어느 하나 이상의 입력이 참일 경우 값이 참인 회로

정답 46 ① 47 ③ 48 ①

49 단상변압기 2대를 사용하여 3상 전압을 얻고자 하는 결선방법은?

① Y결선　　② V결선
③ Δ결선　　④ Y - Δ결선

해설

[V결선]

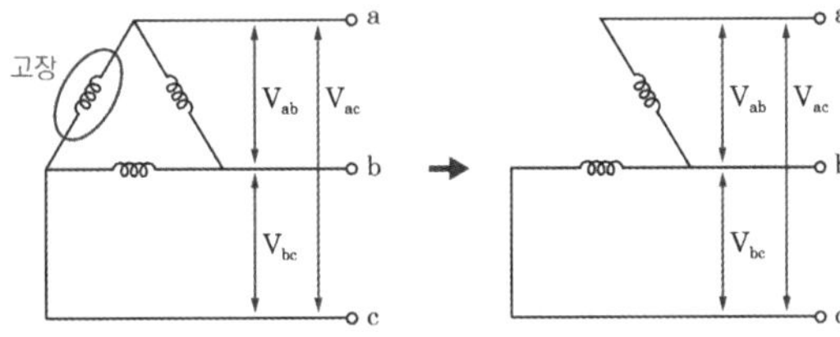

단상변압기 2대를 사용하여 3상 전압을 얻는 결선 방식은 V결선이다. 변압기 이용률을 86.6%로 감소된다.

50 직류기에서 전압정류의 역할을 하는 것은?

① 보극　　② 보상권선
③ 탄소브러시　　④ 리액턴스코일

해설

[보극]

직류기에서 전압 정류의 역할을 하는 주요 구성 요소는 보극이다.

※ 보극
전류 방향이 바뀔 때 생기는 문제를 잡아주는 도우미 자석(전기가 한쪽 방향으로만 흐르도록 방향을 정리함)

51 전동기 2차 측에 기동저항기를 접속하고 비례 추이를 이용하여 기동하는 전동기는?

① 단상 유도전동기
② 2상 유도전동기
③ 권선형 유도전동기
④ 2중 농형 유도전동기

해설

[권선형 유도전동기]

권선형 유도전동기는 회전자(2차 측)에 외부 저항(기동저항기)을 접속할 수 있도록 슬립링과 브러시 구조를 가지고 있다. 기동 시 2차 측에 저항을 삽입하면, 기동전류를 줄이고 기동토크를 증가시킬 수 있다. 이때 비례 추이 현상을 이용하여, 저항값을 점차 줄이면서 정상 운전 상태로 전환한다.

52 100 V, 40 W의 전구에 0.4 A의 전류가 흐른다면 이 전구의 저항은?

① 100 Ω　　② 150 Ω
③ 200 Ω　　④ 250 Ω

해설

[옴의 법칙]

$I = \frac{V}{R}$

$0.4 = \frac{100}{R}$

$R = 250\ \Omega$

정답 49 ② 50 ① 51 ③ 52 ④

53 공작기계의 부품 가공을 위하여 주로 펄스를 이용한 프로그램제어를 하는 것은?

① 수치제어　② 속도제어
③ PLC제어　④ 계산기제어

해설

[수치제어(NC : Numerical Control)]

1) 정의
숫자(수치)로 표현된 명령어를 통해 기계를 자동 제어하는 방식

2) 제어방식
펄스(Pulse) 또는 데이터 코드로 공구의 이동거리, 속도, 방향 등을 제어

3) 주 사용처
선반, 밀링머신, 드릴링머신 등 공작기계의 자동 가공

② 속도제어 : 모터 등의 속도를 제어
③ PLC제어 : 자동화 공정의 논리 제어(On - Off, 순서제어 등)
④ 계산기제어 : 일반적인 계산장치제어

54 다음 중 절연저항을 측정하는 데 사용되는 계측기는?

① 메거　② 저항계
③ 켈빈브리지　④ 휘스톤 브리지

해설

[메거(절연저항계)]

메거는 절연저항계로 누설전류를 확인하는 데 쓰인다.

① 메거(Megger) : $10^5\ \Omega$ 이상의 높은 저항을 측정하며 절연저항 측정 시 사용된다.

③ 켈빈 브리지 : 단자의 접촉 저항이나 리드선의 저항을 무시할 수 있으므로 $0.1\ \Omega$ 이하의 낮은 저항 측정 시 사용된다.
④ 휘스톤 브리지 : $0.1 \sim 10^5\ \Omega$의 중저항 측정에 사용된다.

55 검출용 스위치에 속하지 않는 것은?

① 광전 스위치
② 액면 스위치
③ 리미트 스위치
④ 누름버튼 스위치

해설

[누름버튼 스위치]

누름버튼 스위치는 검출용이 아닌 시퀀스회로의 동작지시나 중단의 목적으로 쓰인다.

① 광전 스위치 : 광선을 이용해 물체의 유무를 감지
② 액면 스위치 : 탱크나 용기의 액체 높이를 감지
③ 리미트 스위치 : 기계의 동작 위치 등을 감지

56 오차 발생시간과 오차의 크기로 둘러싸인 면적에 비례하여 동작하는 것은?

① P동작　② I동작
③ D동작　④ PD동작

정답 53 ① 54 ① 55 ④ 56 ②

해설

[I동작]
I동작은 적분동작으로 시간에 따른 오차의 적분을 사용하여 시스템 정상상태 오차를 제거하는 데 목적이 있다.

57 저항 8 Ω과 유도리액턴스 6 Ω이 직렬 접속된 회로의 역률은?

① 0.6 ② 0.8
③ 0.9 ④ 1

해설

[역률]

$$\text{역률 } \cos\theta = \frac{\text{저항}}{\text{임피던스}} = \frac{R}{Z} = \frac{R}{\sqrt{R^2 + X_L^2}}$$

$$= \frac{8}{\sqrt{8^2 + 6^2}} = 0.8$$

58 온도 보상용으로 사용되는 소자는?

① 서미스터 ② 바리스터
③ 제너다이오드 ④ 버랙터다이오드

해설

[서미스터]
서미스터는 온도 상승에 따라 저항값이 작아지는 (부온도) 특성을 가진 온도보상용 저항기이다.

보충 부온도 : 부의 온도계수(NTC)
온도가 올라갈수록 저항이 작아지는 특성

59 다음과 같은 회로에서 a, b 양 단자 간의 합성저항은? (단, 그림에서의 저항의 단위는 Ω이다)

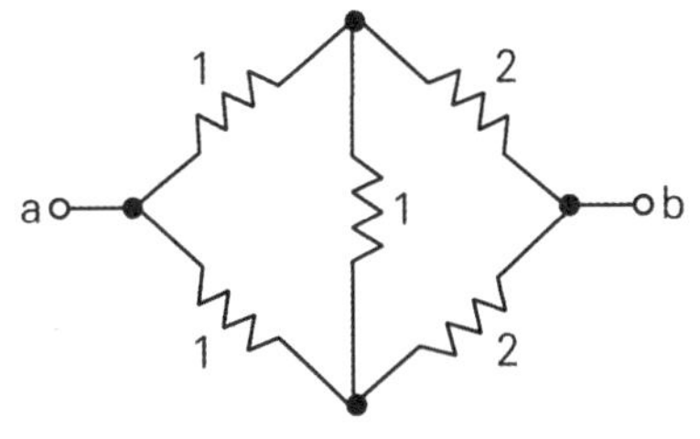

① 1.0 Ω ② 1.5 Ω
③ 3.0 Ω ④ 6.0 Ω

해설

[휘스톤브릿지]
1 Ω × 2 Ω = 1 Ω × 2 Ω이므로 브릿지 평형상태이다. 따라서 중간에 연결된 1 Ω에는 전류가 흐르지 않는다.

$$\text{합성저항} = \frac{R_1 \times R_2}{R_1 + R_2}$$

$$= \frac{(1+2)\times(1+2)}{(1+2)+(1+2)} = 1.5\ \Omega$$

2025-02

정답 57 ② 58 ① 59 ②

60 온 오프(On-Off)동작에 관한 설명으로 옳은 것은?

① 응답속도는 빠르나 오프셋이 생긴다.
② 사이클링은 제거할 수 있으나 오프셋이 생긴다.
③ 간단한 단속적 제어동작이고 사이클링이 생긴다.
④ 오프셋은 없앨 수 있으나 응답시간이 늦어질 수 있다.

해설

[온 오프(On-Off)동작]
온오프(On-Off)동작은 설정된 온도값에 따라 장치의 작동을 반복하는 제어방식이다. 이 과정에서 사이클링이 발생하며, 이는 장치가 설정값 주변에서 계속 켜지고 꺼지는 현상을 의미한다.

① 오프셋은 보통 생기지 않음(오프셋이 생기는 것은 비례제어(P제어)에서 나타나는 현상)
② 사이클링은 제거할 수 없고 오프셋도 생기지 않음
④ 오프셋이 원래 없음, 응답시간은 빠름

4과목 유지보수 공사관리

1회독	시간 :	점수 :
2회독	시간 :	점수 :
3회독	시간 :	점수 :

61 펌프를 운전할 때 공동현상(캐비테이션)의 발생 원인으로 가장 거리가 먼 것은?

① 토출양정이 높다.
② 유체의 온도가 높다.
③ 날개차의 원주속도가 크다.
④ 흡입관의 마찰저항이 크다.

해설

[공동현상(캐비테이션)의 발생 원인]
공동현상은 흡입양정만의 문제로 토출양정의 크기는 관계가 없다.

62 급수방식 중 대규모의 급수 수요에 대응이 용이하고 단수 시에도 일정한 급수를 계속할 수 있으며, 거의 일정한 압력으로 항상 급수되는 방식은?

① 양수펌프식 ② 수도직결식
③ 고가탱크식 ④ 압력탱크식

해설

[고가탱크식]
단수 시에도 일정한 압력으로 급수할 수 있으나 탱크 보유수량에 한하며, 급수 오염의 우려가 크다.

정답 60 ③ 61 ① 62 ③

63 증기트랩의 종류를 대분류한 것으로 가장 거리가 먼 것은?

① 박스트랩 ② 기계적 트랩
③ 온도조절트랩 ④ 열역학적 트랩

해설

[증기트랩]

구분	응축수 회수 원리	종류
기계식	응축수의 부력을 이용(증기와 응축수의 비중 차이)	플로트트랩, 버킷트랩
열동식 (온도 조절식)	증기와 응축수의 온도 차이	바이메탈식 트랩, 벨로스트랩
열역학	증기와 응축수의 열역학적 특성 차이	디스크트랩, 오리피스트랩

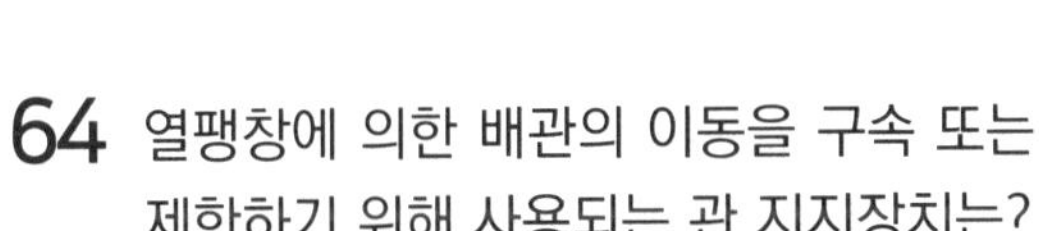

64 열팽창에 의한 배관의 이동을 구속 또는 제한하기 위해 사용되는 관 지지장치는?

① 행거(Hanger)
② 서포트(Support)
③ 브레이스(Brace)
④ 리스트레인트(Restraint)

해설

[관 지지장치]

1) 행거 : 배관의 무게를 위에서 잡아 지지하는 장치
2) 브레이스 : 브레이스는 배관계 진동을 억제하는 장치
3) 리스트레인트 : 열팽창에 의한 배관의 측면 이동을 제한하는 장치
4) 서포트 : 배관과 흐르는 유체의 무게를 지탱하는 장치

※ 리스트레인트

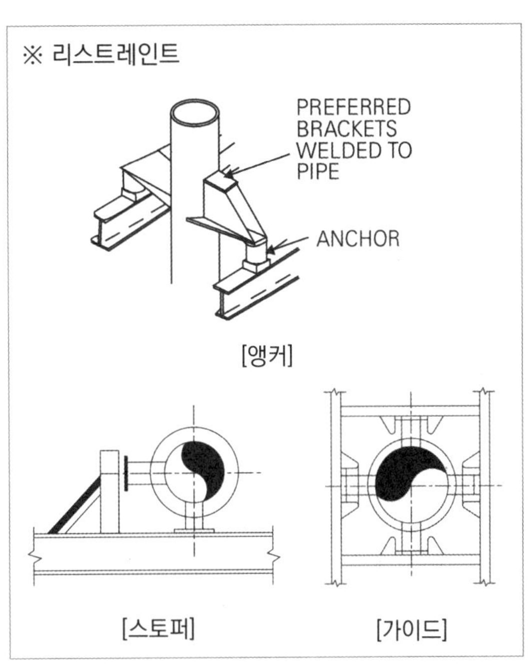

[앵커]

[스토퍼] [가이드]

65 그림과 같은 입체도에 대한 설명으로 맞는 것은?

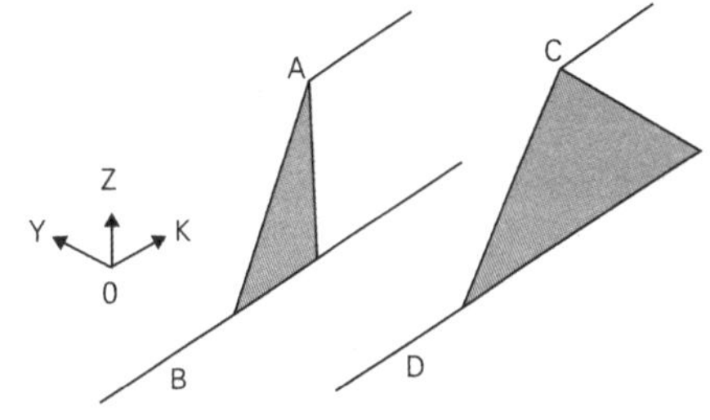

① 직선 A와 B, 직선 C와 D는 각각 동일한 수직평면에 있다.
② A와 B는 수직높이 차가 다르고, 직선 C와 D는 동일한 수평 평면에 있다.
③ 직선 A와 B, 직선 C와 D는 각각 동일한 수평평면에 있다.
④ 직선 A와 B, 동일한 수평평면에, 직선 C와 D는 동일한 수직평면에 있다.

정답 63 ① 64 ④ 65 ②

해설

[입체도]
Z축은 높이이고 Y, X축은 거리이다. 직선 A와 B는 수직 높이가 다르고, 직선 C와 D는 동일한 수평 평면에 있다.

66 급수배관 시공에 관한 설명으로 가장 거리가 먼 것은?

① 수리와 기타 필요시 관속의 물을 완전히 뺄 수 있도록 기울기를 주어야 한다.
② 공기가 모여 있는 곳이 없도록 하여야 하며, 공기가 모일 경우 공기빼기 밸브를 부착한다.
③ 급수관에서 상향 급수는 선단 하향 구배로 하고, 하향 급수에서는 선단 상향 구배로 한다.
④ 가능한 마찰손실이 작도록 배관하며 관의 축소는 편심 레듀서를 써서 공기의 고임을 피한다.

해설

[급수배관 시공]
급수관에서 상향 급수는 선단 상향 구배로 하고, 하향 급수에서는 선단 하향 구배로 한다.

67 베이퍼록현상을 방지하기 위한 방법으로 틀린 것은?

① 실린더 라이너의 외부를 가열한다.
② 흡입배관을 크게 하고 단열 처리한다.
③ 펌프의 설치위치를 낮춘다.
④ 흡입관로를 깨끗이 청소한다.

해설

[베이퍼록현상]
베이퍼록은 냉매가 기기 중간에서 증발하여 운행을 방해하는 현상으로 실린더 라이너는 압축기 내부 부품으로 이 현상과 관계없다.

68 저압증기난방장치에서 적용되는 하트포드 접속법(Hartford Connection)과 관련된 용어로 가장 거리가 먼 것은?

① 보일러주변 배관
② 균형관
③ 보일러수의 역류방지
④ 리프트피팅

해설

[리프트피팅]
냉동기배관에서의 리프트피팅은 응축수를 끌어올리기 위해 사용되는 배관방법

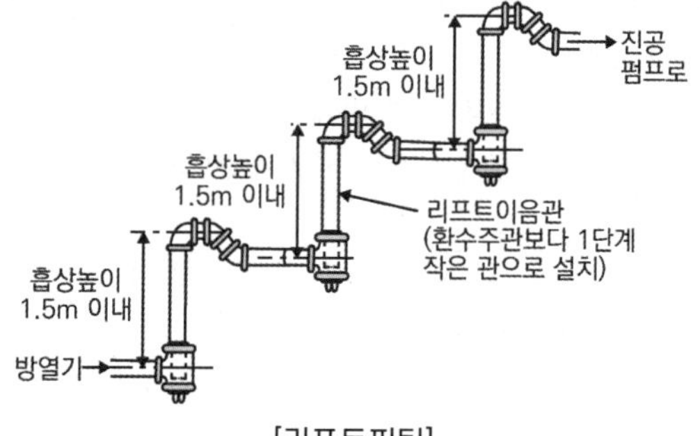

[리프트피팅]

정답 66 ③ 67 ① 68 ④

69 배수 및 통기설비에서 배관시공법에 관한 주의사항으로 틀린 것은?

① 우수 수직관에 배수관을 연결해서는 안 된다.
② 오버플로우관은 트랩의 유입구 측에 연결해야 한다.
③ 바닥 아래에서 빼내는 각 통기관에는 횡주부를 형성시키지 않는다.
④ 통기 수직관은 최하위의 배수 수평지관보다 높은 위치에서 연결해야 한다.

해설

[배수 및 통기설비에서 배관시공법]
통기 수직관은 최하위의 배수 수평지관보다 낮은 위치에서 연결해야 한다(역압 방지와 트랩보호를 위해).

① 우수(雨水) 수직관은 빗물 전용 배관이며, 위생배수(오수)와 분리하여야 하므로 배수관을 연결하면 안 된다.
② 오버플로우관은 트랩 전단에 연결되어야 악취 역류를 방지한다.
③ 통기관은 공기 흐름이 원활해야 하므로 바닥 아래 등에서 수평부(횡주부)를 형성하지 않도록 시공해야 공기 흐름을 막지 않는다.

보충 횡주부 : 배관이 수평이 아니고 일부가 아래로 처진 부분(U자형처럼)

70 온수난방배관에서 에어 포켓(Air Pocket)이 발생될 우려가 있는 곳에 설치하는 공기빼기밸브의 설치위치로 가장 적절한 것은?

①
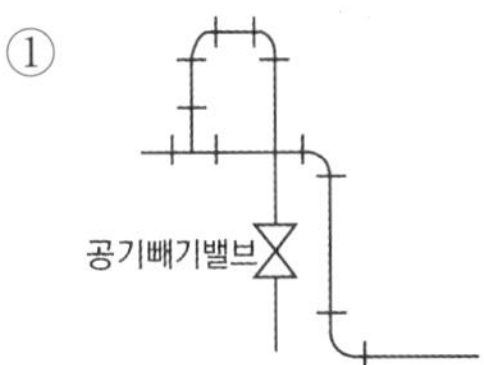

②
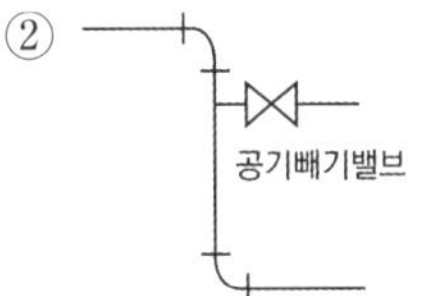

③
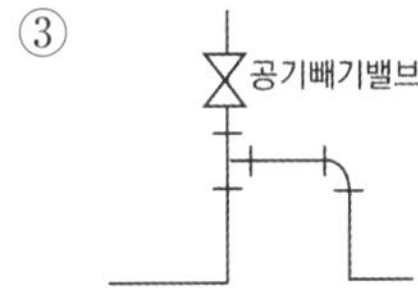

④
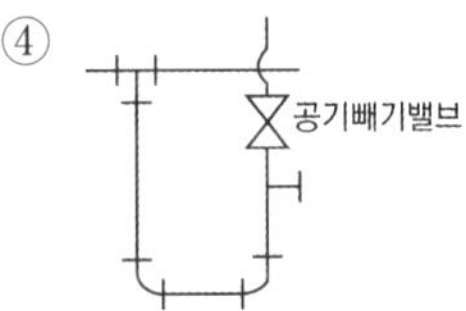

해설

[공기빼기밸브의 설치위치]
공기빼기밸브는 배관 최상단 공기가 모이는 곳에 설치한다.

71 도시가스배관 시 배관이 움직이지 않도록 관 지름 13 ~ 33 mm 미만의 경우 몇 m마다 고정장치를 설치해야 하는가?

① 1 m ② 2 m
③ 3 m ④ 4 m

정답 69 ④ 70 ③ 71 ②

해설

[도시가스배관 고정장치]

배관 호칭 지름	고정간격
13 mm 미만	1 m
13 mm 이상 33 mm 미만	2 m
33 mm 이상	3 m

해설

[동관의 호칭경]

K타입 : 20 A, 외경 22.2 mm, 두께 1.65 mm
L타입 : 20 A, 외경 22.2 mm, 두께 1.14 mm
M타입 : 20 A, 외경 22.2 mm, 두께 0.81 mm

TIP 20 A에서 A는 mm를 뜻하므로 20과 가장 근사한 답을 선지에서 고른다.

72 냉매배관에 사용되는 재료에 대한 설명으로 틀린 것은?

① 배관 선택 시 냉매의 종류에 따라 적절한 재료를 선택해야 한다.
② 동관은 가능한 이음매 있는 관을 사용한다.
③ 저압용 배관은 저온에서도 재료의 물리적 성질이 변하지 않는 것으로 사용한다.
④ 구부릴 수 있는 관은 내구성을 고려하여 충분한 강도가 있는 것을 사용한다.

해설

[냉매배관에 사용되는 재료]

가능한 이음매 없는 관을 사용하여 운송동력을 절감하고 누설 등 사고를 방지한다.

73 동관의 호칭경이 20 A일 때 실제 외경은?

① 15.87 mm ② 22.22 mm
③ 28.57 mm ④ 34.93 mm

74 팬코일 유닛방식의 배관방식에서 공급관이 2개이고, 환수관이 1개인 방식으로 옳은 것은?

① 1관식 ② 2관식
③ 3관식 ④ 4관식

해설

[3관식(Three Pipe)]

1) 공급관이 2개(온수관, 냉수관)이고, 환수관이 1개인 배관방식이다.
2) 개별제어가 가능하다.
3) 배관이 복잡하다.
4) 환수관이 1개이므로 냉수와 온수의 혼합 손실이 발생한다.

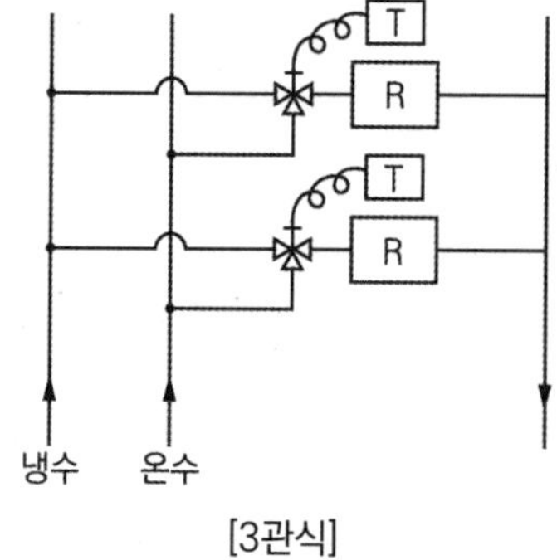

[3관식]

정답 72 ② 73 ② 74 ③

75 방열기 전체의 수저항이 배관의 마찰손실에 비해 큰 경우 채용하는 환수방식은?

① 개방류방식 ② 재순환방식
③ 역귀환방식 ④ 직접귀환방식

해설

[직접귀환(환수)방식]

1) 직접환수(Direct Return)방식
배관설비가 간단하고 각각의 방열기 용량이 다르거나 방열기 전체의 수저항이 배관의 마찰손실에 비하여 큰 경우에 사용하고 유량 분배가 균등하지 못하므로 유량제어밸브가 필요하다.

2) 역환수(Reverse Return)방식
공급관과 환수관의 배관길이가 같으므로 유량 분배가 균등하지만 배관이 복잡하고 설비비가 비싸다.

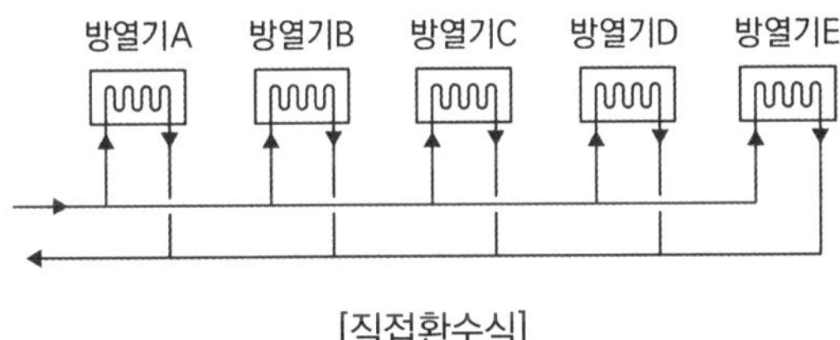

[직접환수식]

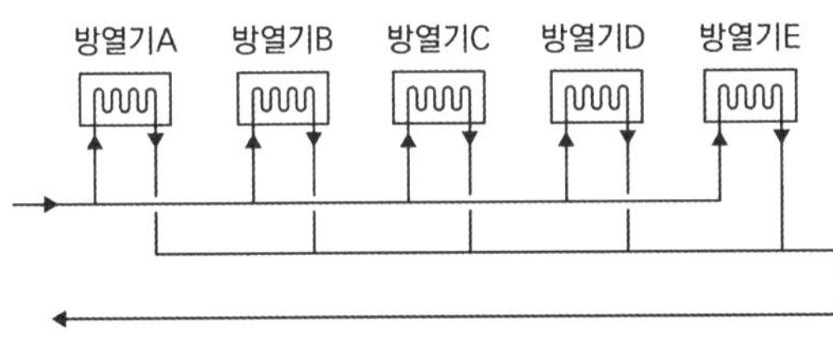

[역환수식]

76 증기와 응축수의 온도 차이를 이용하여 응축수를 배출하는 트랩은?

① 버킷트랩(Bucket Trap)
② 디스크트랩(Disk Trap)
③ 벨로스트랩(Bellows Trap)
④ 플로트트랩(Float Trap)

해설

[증기트랩]

구분	응축수 회수 원리	종류
기계식	응축수의 부력을 이용(증기와 응축수의 비중 차이)	플로트트랩, 버킷트랩
열동식(온도 조절식)	증기와 응축수의 온도 차이	바이메탈식 트랩, 벨로스트랩
열역학	증기와 응축수의 열역학적 특성 차이	디스크트랩, 오리피스트랩

77 배관의 분리, 수리 및 교체가 필요할 때 사용하는 관이음재의 종류는?

① 부싱 ② 소켓
③ 엘보 ④ 유니언

해설

[관이음재의 종류]

관이음쇠	용도
(1) 엘보, 벤드	배관의 방향을 바꿀 때(45° 엘보, 90°엘보, 이경엘보)
(2) 티, 와이, 크로스	관을 도중에 분기할 때

정답 75 ④ 76 ③ 77 ④

관이음쇠	용도
(3) 유니언, 플랜지	배관을 연결할 때 사용하며, 조립과 분해가 용이함
(4) 니플	관부속품과 관부속품을 연결할 때
(5) 소켓	배관을 직선으로 연결할 때
(6) 부싱	지름이 서로 다른 배관과 부속을 연결할 때
(7) 레듀서	관의 지름을 바꿀 때(원심레듀서, 편심레듀서)
(8) 플러그, 캡	관의 끝을 막을 때

78 급수량 산정에 있어서 시간 평균예상 급수량(Q_h)이 3000 L/h였다면, 순간 최대 예상 급수량(Q_p)은?

① 70 ~ 100 L/min
② 150 ~ 200 L/min
③ 225 ~ 250 L/min
④ 275 ~ 300 L/min

해설

[순간 최대 급수량]
순간 최대 급수량은 평균 급수량의 3 ~ 4배

$$Q_p = (3 \sim 4) \times Q_h \times \frac{1}{60}$$
$$= (3 \sim 4) \times 3000\ L/hr \times \frac{1\ hr}{60\ \min}$$
$$= 150 \sim 200\ L/\min$$

79 증기난방법에 관한 설명으로 틀린 것은?

① 저압증기난방에 사용하는 증기의 압력은 0.15 ~ 0.35 kg/cm^2 정도이다.
② 단관 중력 환수식의 경우 증기와 응축수가 역류하지 않도록 선단 하향 구배로 한다.
③ 환수주관을 보일러 수면보다 높은 위치에 배관한 것은 습식환수관식이다.
④ 증기의 순환이 가장 빠르며 방열기, 보일러 등의 설치위치에 제한을 받지 않고 대규모 난방용으로 주로 채택되는 방식은 진공 환수식이다.

해설

[증기난방법]
환수주관을 보일러 수면보다 높은 위치에 배관한 것은 건식환수관식이고, 환수주관을 보일러 수면보다 낮은 위치에 배관한 것이 습식환수관식이다.

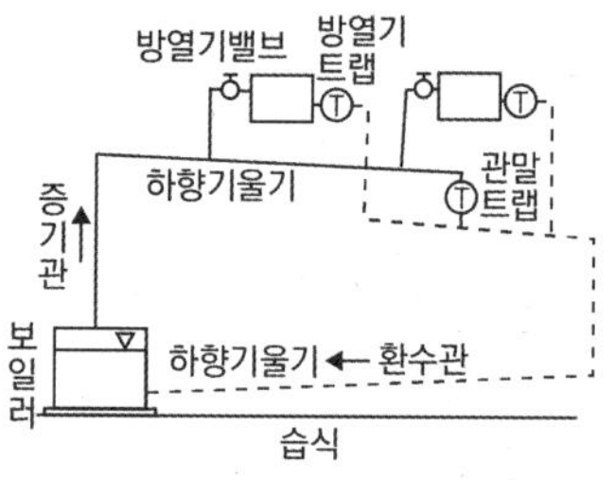

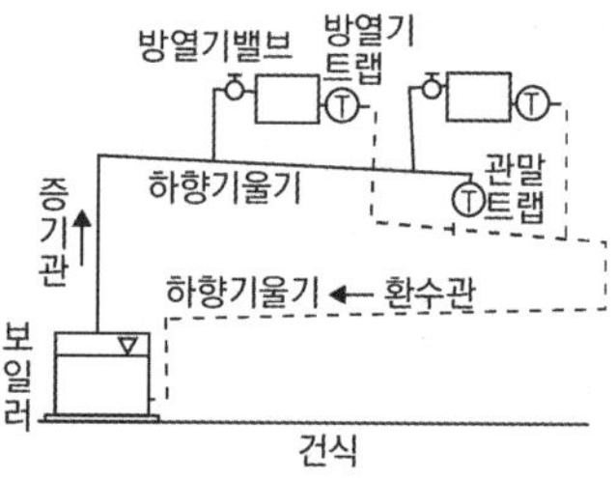

[중력환수식 배관]

정답 78 ② 79 ③

80 배관의 자중이나 열팽창에 의한 힘 이외에 기계의 진동, 수격작용, 지진 등 다른 하중에 의해 발생하는 변위 또는 진동을 억제시키기 위한 장치는?

① 스프링행거　　② 브레이스
③ 앵커　　④ 가이드

해설

[브레이스]
브레이스는 압축기나 펌프 등에서 발생하는 배관의 진동을 억제하는 장치이다.

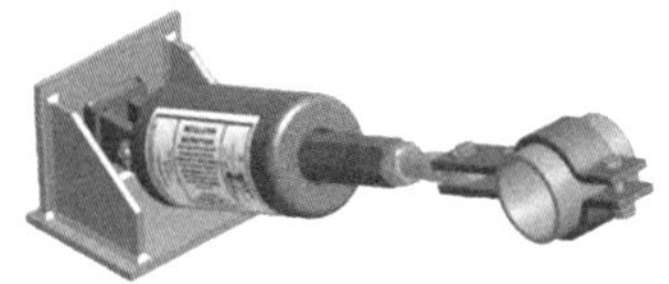

정답 80 ②

2025 CBT 복원 3

1과목 에너지관리

1회독 시간 : 점수 :
2회독 시간 : 점수 :
3회독 시간 : 점수 :

01 간접난방과 직접난방방식에 대한 설명으로 틀린 것은?

① 간접난방은 중앙 공조기에 의해 공기를 가열해 실내로 공급하는 방식이다.
② 직접난방은 방열기에 의해서 실내공기를 가열하는 방식이다.
③ 직접난방은 방열체의 방열형식에 따라 대류난방과 복사난방으로 나눌 수 있다.
④ 온풍난방과 증기난방은 간접난방에 해당된다.

해설

[간접난방과 직접난방방식]
1) 직접난방 : 열원 설비(예 : 보일러)에서 가열된 열매(증기, 온수)를 실내의 방열장치(방열기, 라디에이터 등)에 직접 공급하여 난방하는 방식이다. 예시로 증기난방, 온수난방, 복사난방이 있다.
2) 간접난방 : 중앙 공조기나 온풍로에서 가열된 공기를 덕트를 통해 실내로 공급하여 난방하는 방식이다. 예시로 온풍난방이 있다.

02 다음 중 온수난방용 기기가 아닌 것은?

① 방열기 ② 공기방출기
③ 순환펌프 ④ 증발탱크

해설

[증발탱크(Flash Tank)]

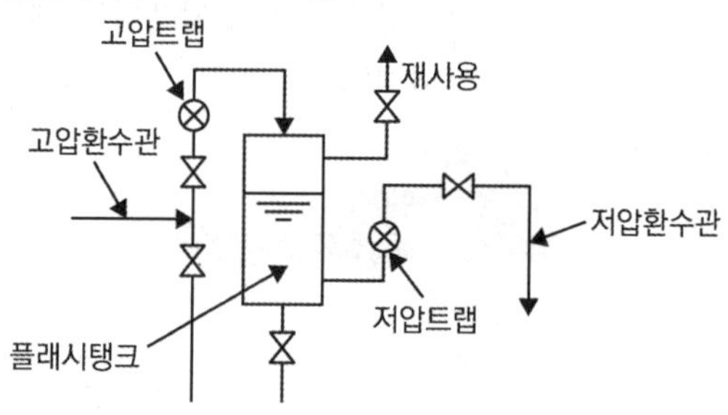

1) 증기난방에서 고압환수관과 저압환수관 사이에 설치하는 탱크이다.
2) 고압증기의 응축수가 충분히 응축되지 않고 저압환수관에 흘러들어가 응축수가 다시 증발하여 환수능력을 크게 악화시킬 수 있다.
3) 이를 방지하기 위해 플래시탱크(증발탱크)를 설치하고 재증발한 증기를 모아 저압증기관으로 보내어 재사용한다(응축수는 저압환수관으로 다시 보낸다).

03 다음 중 라인형 취출구의 종류로 가장 거리가 먼 것은?

① 브리즈 라인형 ② 슬롯형
③ T - 라인형 ④ 그릴형

정답 01 ④ 02 ④ 03 ④

해설

[취출구의 종류]

기류방향에 따른 구분	종류
축류형 취출구	① 노즐형 ② 펑커루버형 ③ 베인격자형(고정베인형, 유니버설형, 그릴형, 레지스터형) ④ 라인형(캄 라인형, 브리즈 라인형, 슬롯라인형, T - 라인형, T - 바형) ⑤ 다공판형
복류형(방사형) 취출구	① 아네모스탯형 ② 팬형

[축류형]

[복류형]

04 냉수코일의 설계상 유의사항으로 옳은 것은?

① 일반적으로 통과 풍속은 2 ~ 3 m/s로 한다.
② 입구 냉수온도는 20 ℃ 이상으로 취급한다.
③ 관 내의 물의 유속은 4 m/s 전후로 한다.
④ 병류형으로 하는 것이 보통이다.

해설

[냉수코일의 설계상 유의사항]

② 입구 냉수온도는 일반적으로 7 ℃로 하며 입·출구온도차는 5 ℃로 한다.
③ 코일 관 내 유속은 1 m/s 전후로 한다.
④ 공기와 물의 흐름방향은 대향류로 설계해야 대수평균온도차가 커져 열교환 효율을 높일 수 있다.

05 수증기 발생으로 인한 환기를 계획하고자 할 때 필요 환기량 Q[m³/h]의 계산식으로 옳은 것은? (단, q_s : 발생 현열량[kJ/h], W : 수증기 발생량[kg/h], M : 먼지발생량[m³/h], t_i[℃] : 허용 실내온도, X_i[kg/kg] : 허용 실내 절대습도, t_o[℃] : 도입 외기온도, X_o[kg/kg] : 도입 외기절대습도, K, K_o : 허용실내 및 도입외기 가스농도, C, C_o : 허용 실내 및 도입외기 및 먼지농도이다)

① $Q = \dfrac{q_s}{0.29(t_i - t_0)}$

② $Q = \dfrac{W}{1.2(X_i - X_0)}$

③ $Q = \dfrac{100 \cdot M}{K - K_0}$

④ $Q = \dfrac{M}{C - C_0}$

해설

[필요환기량 계산]

1) 단순환기 시

$Q = n \cdot V$

n : 환기 횟수, V : 실체적

2025-03

정답 04 ① 05 ②

2) 발생열 제거 시

$$Q = \frac{q}{\rho \cdot C_p(t_i - t_0)}$$

q : 발생열량, t_i : 실내온도, t_0 : 외기온도

3) 유해가스·먼지 제거 시

$$Q = \frac{M}{C_i - C_0}$$

M : 유해가스 발생량

C_i : 실내허용농도, C_0 : 외기농도

4) 수증기 제거 시

$$Q = \frac{W}{\rho(x_i - x_0)}$$

W : 수증기 발생량

x_i : 실내 허용 절대습도, x_0 : 외기 절대습도

06 다음 그림에서 상태 ①인 공기를 ②로 변화시켰을 때의 현열비를 바르게 나타낸 것은?

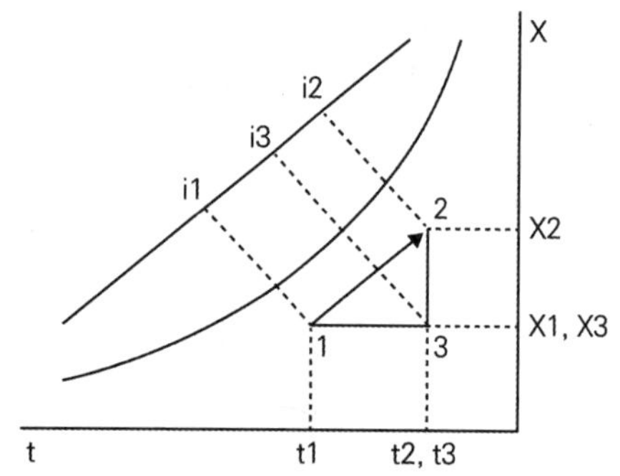

① $(i_3 - i_1) / (i_2 - i_1)$
② $(i_2 - i_3) / (i_2 - i_1)$
③ $(x_2 - x_1) / (t_1 - t_2)$
④ $(t_1 - t_2) / (i_3 - i_1)$

해설

[현열비]

현열비 $SHF = \frac{\text{현열}}{\text{전열}} = \frac{i_3 - i_1}{i_2 - i_1}$

여기서 $i_3 - i_1$ = 현열

$i_2 - i_3$ = 잠열

$i_2 - i_1$ = 전열

07 보일러의 종류 중 수관보일러 분류에 속하지 않는 것은?

① 자연순환식 보일러
② 강제순환식 보일러
③ 연관보일러
④ 관류보일러

해설

[보일러의 종류]

1) 수관보일러 : 자연순환식, 강제순환식, 관류식
2) 연관보일러 : 입형, 노통, 연관, 노통연관식

08 제주지방의 어느 한 건물에 대한 냉방기간 동안의 취득열량(GJ/기간)은? (단, 냉방도일 CD_{24-24} = 162.4 deg℃ · day, 건물 구조체 표면적 500m², 열관류율은 0.58 W/m² · ℃, 환기에 의한 취득열량은 168 W/℃이다)

① 9.37 ② 6.43
③ 4.07 ④ 2.36

정답 06 ① 07 ③ 08 ②

해설

[냉방기간 동안의 취득열량]

1) 건축 총 열부하(BLC)

BLC = 관류열부하 + 환기열부하

$= 0.58 \times 500 + 168 = 458\ W/℃$

2) 취득열량(Q)

$Q = BLC \times CD\ [W \cdot day]$

$= 458 \times 162.4 \times 24 \times 3600\ J$

$= 6426362880\ J ≒ 6.43\ GJ$

보충 G[기가] : 10^9

※ BLC : 온도 1℃당 건물 전체가 얻는 열량

※ CD : 냉난방도일수, Cooling Degree Days 냉방이 필요한 정도를 수치로 나타낸 값

CD_{24-24} = 162.4 deg ℃ · day : 162.4도일(1년 합산 기준)

※ 예시

일자	외기 평균온도(℃)	기준온도 (24℃)	당일 냉방도일
7/1	28℃	24℃	28 - 24 = 4
7/2	30℃	24℃	30 - 24 = 6
7/2	22℃	24℃	0(기준 이하이기 때문에 냉방 필요 없음)

3일 동안의 CD 합계 : 4 + 6 + 0 = 10

09 송풍량 2000 m³/min을 송풍기 전후의 전압차 20 Pa로 송풍하기 위한 필요 전동기 출력(kW)은? (단, 송풍기의 전압효율은 80 %, 전동효율은 V벨트로 0.95이며, 여유율은 0.2이다)

① 1.05 ② 10.35
③ 14.04 ④ 25.32

해설

[전동기 출력]

축동력 $L_b = \dfrac{P_T \times Q}{60 \times \eta_T}$

$= \dfrac{20 \times 2000}{60 \times 0.8} = 833\ W$

$≒ 0.833\ kW$

전동기 출력 $L_m = \dfrac{L_b}{\eta_t} \times (1 + \alpha)$

$= \dfrac{0.833}{0.95} \times (1 + 0.2)$

$= 1.05\ kW$

10 에어와셔 단열 가습 시 포화효율은 어떻게 표시하는가? (단, 입구공기의 건구온도 t_1, 출구공기의 건구온도 t_2, 입구공기의 습구온도 t_{w1}, 출구공기의 습구온도 t_{w2}이다)

① $\eta = \dfrac{(t_1 - t_2)}{(t_2 - t_{w2})}$ ② $\eta = \dfrac{(t_1 - t_2)}{(t_1 - t_{w1})}$

③ $\eta = \dfrac{(t_2 - t_1)}{(t_{w2} - t_1)}$ ④ $\eta = \dfrac{(t_1 - t_{w1})}{(t_2 - t_1)}$

해설

[포화효율]

에어와셔 탱크의 물을 냉각도 가열도 하지 않고 순환시키는 경우 단열가습이 되며, 그때의 콘택트 팩터(CF)를 '포화효율'이라 한다.

$\eta_s = \dfrac{t_1 - t_2}{t_1 - t_{w2}} = \dfrac{t_1 - t_2}{t_1 - t_{w1}}$

정답 09 ① 10 ②

11 장방형 덕트(장변 a, 단변 b)를 원형 덕트로 바꿀 때 사용하는 식은 아래와 같다. 이 식으로 환산된 장방형 덕트와 원형 덕트의 관계는?

$$D_e = 1.3\left[\frac{(a \cdot b)^5}{(a+b)^2}\right]^{\frac{1}{8}}$$

① 두 덕트의 풍량과 단위 길이당 마찰손실이 같다.
② 두 덕트의 풍량과 풍속이 같다.
③ 두 덕트의 풍속과 단위 길이당 마찰손실이 같다.
④ 두 덕트의 풍량과 풍속 및 단위 길이당 마찰손실이 모두 같다.

해설

[원형 덕트로 환산 시 직경]
장방형 덕트를 원형 덕트로 환산

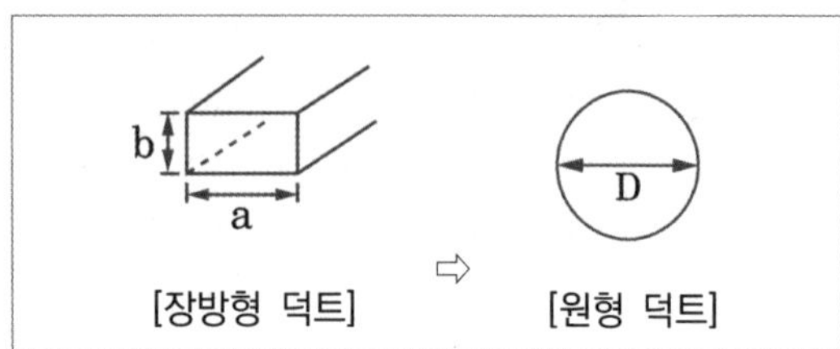

$$D = 1.3\left[\frac{(a \cdot b)^5}{(a+b)^2}\right]^{\frac{1}{8}}$$

D : 장방형 덕트의 상당지름 (원형 덕트로 환산 시 직경)
a : 장방형 덕트의 장변
b : 장방형 덕트의 단변

12 열회수방식 중 공조설비의 에너지 절약 기법으로 많이 이용되고 있으며, 외기 도입량이 많고 운전시간이 긴 시설에서 효과가 큰 것은?

① 잠열교환기방식 ② 현열교환기방식
③ 비열교환기방식 ④ 전열교환기방식

해설

[전열교환기]
④ 전열교환기방식은 공조설비의 에너지절약 기법 중 하나로, 외기 도입량이 많고 운전 시간이 긴 시설에서 특히 효과적이다. 이 방식은 배기되는 공기와 도입되는 외기 간에 열과 습기를 동시에 교환하여 실내 온도와 습도를 효율적으로 조절한다.

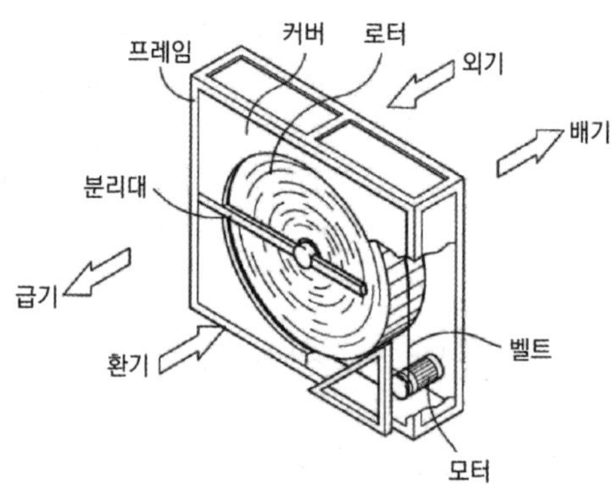

[회전형]

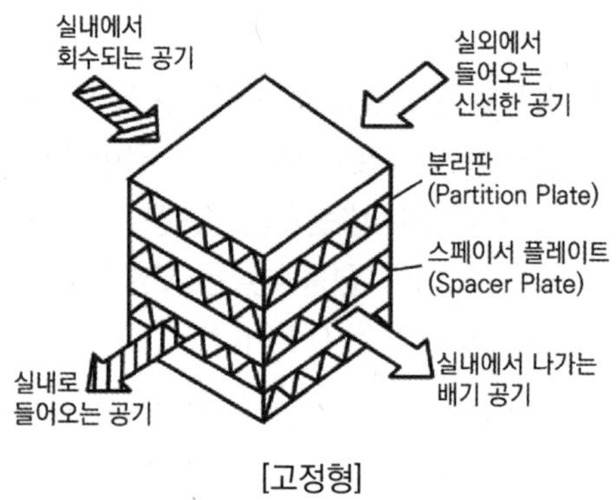

[고정형]

정답 11 ① 12 ④

13 중앙식 공조방식의 특징에 대한 설명으로 틀린 것은?

① 중앙집중식이므로 운전 및 유지관리가 용이하다.
② 리턴 팬을 설치하면 외기냉방이 가능하게 된다.
③ 대형건물보다는 소형건물에 적합한 방식이다.
④ 덕트가 대형이고, 개별식에 비해 설치공간이 크다.

해설

[중앙식 공조방식]
③ 중앙식 공조방식은 대형 건물에 적합한 공조방식이다.

14 어느 건물 서편의 유리 면적이 40 m²이다. 안쪽에 크림색의 베네시언 블라인드를 설치한 유리면으로부터 오후 4시에 침입하는 열량(kW)은? (단, 외기는 33 ℃, 실내는 27 ℃, 유리는 1중이며, 유리의 열통과율(K)은 5.9 W/m²·℃, 유리창의 복사량(I_{gr})은 608 W/m², 차폐계수(K_s)는 0.56이다)

① 15　② 13.6
③ 3.6　④ 1.4

해설

[유리를 통한 침입하는 열량]
유리를 통한 열량 $q_G = q_{GR} + q_{GT}$
① 일사에 의한 열량(q_{GR})

$$q_{GR} = I_{gr} \cdot A_g \cdot k_s = 608 \times 40 \times 0.56 = 13619.2\ \mathrm{W}$$

② 관류에 의한 열량(q_{GT})

$$q_{GT} = K \cdot A_g \cdot \Delta t = 5.9 \times 40 \times (33 - 27) = 1416\ \mathrm{W}$$

$$\therefore q_G = 13619.2 + 1416 = 15035.2\ \mathrm{W} \fallingdotseq 15\ \mathrm{kW}$$

15 보일러의 스케일 방지방법으로 틀린 것은?

① 슬러지는 적절한 분출로 제거한다.
② 스케일 방지 성분인 칼슘의 생성을 돕기 위해 경도가 높은 물을 보일러수로 활용한다.
③ 경수연화장치를 이용하여 스케일 생성을 방지한다.
④ 인산염을 일정농도가 되도록 투입한다.

해설

[보일러의 스케일 방지방법]
② 스케일 성분인 칼슘, 마그네슘을 제거하기 위해 경도가 낮은 물(연수)를 보일러수로 활용한다.

16 외부의 신선한 공기를 공급하여 실내에서 발생한 열과 오염물질을 대류효과 또는 급배기팬을 이용하여 외부로 배출시키는 환기방식은?

① 자연환기　② 전달환기
③ 치환환기　④ 국소환기

해설

[치환환기]
치환환기는 실내 하부에 신선한 공기를 공급하고, 상부에서 오염된 공기를 배출하여 자연 대류를 활용하는 방식이다.

정답 13 ③ 14 ① 15 ② 16 ③

17 다음 중 사용되는 공기선도가 아닌 것은? (단, h : 엔탈피, x : 절대습도, t : 온도, p : 압력이다)

① h - x선도 ② t - x선도
③ t - h선도 ④ p - h선도

해설

[냉매선도(모리엘선도)]
④ p - h선도는 몰리에르(모리엘)선도이며 냉매선도이다.

18 다음 중 일반 공기 냉각용 냉수코일에서 가장 많이 사용되는 코일의 열수로 가장 적정한 것은?

① 0.5 ~ 1 ② 1.5 ~ 2
③ 4 ~ 8 ④ 10 ~ 14

해설

[공기냉각용 냉수코일]
공기냉각용 냉수코일은 4 ~ 8 열을 많이 사용한다. 공기와의 평균온도차(Δt_m)가 너무 작을 때는 8열 이상이 되는 경우도 있다.

19 일사를 받는 외벽으로부터의 침입열량(q)을 구하는 식으로 옳은 것은? (단, k는 열관류율, A는 면적, △t는 상당외기온도차이다)

① q = k × A × △t
② q = 0.86 × A / △t
③ q = 0.24 × A × △t / k
④ q = 0.29 × k / (A × △t)

해설

[일사를 받는 외벽으로부터의 침입열량(q)]
$q = K \cdot A \cdot \Delta t$
Δt : 상당외기온도차

20 공기의 감습장치에 관한 설명으로 틀린 것은?

① 화학적 감습법은 흡착과 흡수 기능을 이용하는 방법이다.
② 압축식 감습법은 감습만을 목적으로 사용하는 경우 재열이 필요하므로 비경제적이다.
③ 흡착식 감습법은 실리카겔 등을 사용하며, 흡습재의 재생이 가능하다.
④ 흡수식 감습법은 활성 알루미나를 이용하기 때문에 연속적이고 큰 용량의 것에는 적용하기 곤란하다.

해설

[공기감습방식]
④ 흡착식 감습법은 활성알루미나, 실리카겔 등을 이용하기 때문에 연속적이고 큰 용량의 것에는 적용하기 곤란하다.

※ 참고
1) 흡착식 감습 : 실리카겔, 활성알루미나, 아드솔, 합성 제올라이트(Zeolite) 등 고체 감습제를 사용하는 감습법
2) 흡수식 감습 : 염화리튬, 트리에틸렌글리콜 등 액체 감습제를 사용하는 감습법(연속적이고 대용량에 적합)

정답 17 ④ 18 ③ 19 ① 20 ④

2과목 공조냉동설계

1회독 시간 : 점수 :
2회독 시간 : 점수 :
3회독 시간 : 점수 :

21 카르노 냉동기사이클과 카르노 열펌프 사이클에서 최고 온도와 최소 온도가 서로 같다. 카르노 냉동기의 성적계수는 COP_R이라고 하고, 카르노 열펌프의 성적계수는 COP_{HP}라고 할 때 다음 중 옳은 것은?

① $COP_{HP} + COP_R = 1$
② $COP_{HP} + COP_R = 0$
③ $COP_R - COP_{HP} = 1$
④ $COP_{HP} - COP_R = 1$

해설

[카르노 열펌프의 성적계수(COP)]

$COP_{HP} = COP_R + 1$이므로

$COP_{HP} - COP_R = 1$

※ 열펌프와 냉동기

1) 열펌프
에너지(전기 혹은 고온의 열)를 일의 형태로 받아 고열원에 열을 공급해주는 것이 목적

$$COP_{HP} = \frac{Q_1}{W} = \frac{Q_1}{Q_1 - Q_2} = \frac{T_1}{T_1 - T_2}$$

2) 냉동기
에너지(전기 혹은 고온의 열)를 일의 형태로 받아 저열원으로부터 열을 빼앗는 것이 목적

$$COP_R = \frac{Q_2}{W} = \frac{Q_2}{Q_1 - Q_2} = \frac{T_2}{T_1 - T_2}$$

3) 열펌프의 성적계수는 냉동기의 성적계수보다 1만큼 더 크다.
$COP_{HP} = 1 + COP_R$

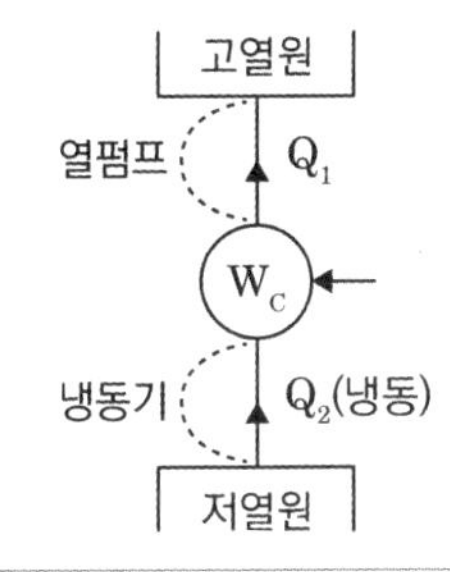

Q_1 : 저열원으로부터 흡수하는 열량
Q_2 : 고열원으로 방출하는 열량
W : 일량
T_1 : 고온
T_2 : 저온

22 어떤 기체 1 kg이 압력 50 kPa, 체적 2.0 m^{3}의 상태에서 압력 1000 kPa 체적 0.2 m^{3}의 상태로 변화하였다. 이 경우 내부에너지의 변화가 없다고 한다면 엔탈피의 변화는 얼마나 되겠는가?

① 57 kJ ② 79 kJ
③ 91 kJ ④ 100 kJ

해설

[엔탈피의 변화]

내부에너지변화가 없다면($\Delta u = 0$)

$$\Delta h = \Delta u + (p_2 v_2 - p_1 v_1) = 0 + (1000 \times 0.2 - 50 \times 2) = 100\ kJ$$

23 이상적인 디젤기관의 압축비가 16일 때 압축 전의 공기 온도가 90 ℃라면 압축 후의 공기의 온도는 약 몇 ℃인가? (단, 공기의 비열비는 1.4이다)

① 1101 ℃ ② 718 ℃
③ 808 ℃ ④ 828 ℃

2025-03

정답 21 ④ 22 ④ 23 ④

해설

[디젤기관 단열압축]

단열지수관계 $\frac{T_2}{T_1} = \left(\frac{v_1}{v_2}\right)^{k-1} = \left(\frac{p_2}{p_1}\right)^{\frac{k-1}{k}}$

단열압축(1 → 2과정)으로 가정하면

$\frac{T_2}{T_1} = \left(\frac{v_1}{v_2}\right)^{k-1} \rightarrow \frac{T_2}{T_1} = \varepsilon^{k-1}$

따라서

$T_2 = T_1 \times \varepsilon^{k-1} = (90+273) \times 16^{1.4-1}$

$= 1100.4\ K = 1100.4 - 273 = 827.4\ ℃$

ε : 압축비

T_1 : 압축 전 공기 온도

T_2 : 압축 후의 공기 온도

k : 공기의 비열비

24 그림과 같이 카르노사이클로 운전하는 기관 2개가 직렬로 연결되어 있는 시스템에서 두 열기관의 효율이 똑같다고 하면 중간 온도 T는 약 몇 K인가?

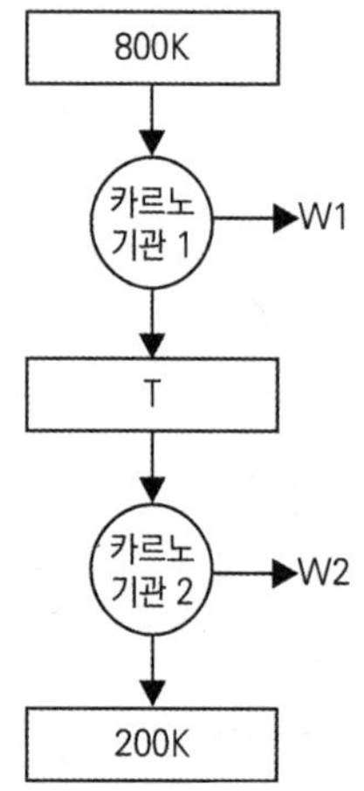

① 330 K ② 400 K
③ 500 K ④ 660 K

해설

[카르노사이클]

1) 카르노기관 1의 열효율

$$\eta_1 = \frac{T_{고온} - T_{저온}}{T_{고온}} = \frac{800 - T}{800}$$

2) 카르노기관 2의 열효율

$$\eta_2 = \frac{T_{고온} - T_{저온}}{T_{고온}} = \frac{T - 200}{T}$$

3) 중간 온도 T

$$\frac{800 - T}{800} = \frac{T - 200}{T}$$

$\therefore T = 400\ K$

※ 열기관

고열원으로부터 열을 공급받아 기계적인 일로 전환시키는 것이 목적

(열기관의 이상사이클 : 카르노사이클)

$$\eta = \frac{W}{Q_1} = \frac{Q_1 - Q_2}{Q_1} = \frac{T_1 - T_2}{T_1}$$

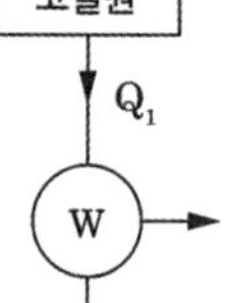

Q_1 : 고열원으로부터 받은 열량

Q_2 : 저열원으로 방출한 열량

W : 일량

T_1 : 고온

T_2 : 저온

25 밀폐시스템에서 초기 상태가 300 K, 0.5 m^{3}인 이상기체를 등온과정으로 150 kPa에서 600 kPa까지 천천히 압축하였다. 이 압축과정에 필요한 일은 약 몇 kJ인가?

① 104 ② 208
③ 304 ④ 612

정답 24 ② 25 ①

해설

[압축과정에 필요한 일]

등온과정의 절대일이므로(밀폐시스템)

$$ {}_1W_2 = mRT\ln\left(\frac{P_1}{P_2}\right) = P_1V_1\ln\left(\frac{150}{600}\right) $$

$$ = 150 \times 0.5 \times \ln\left(\frac{150}{600}\right) = -104\ \text{kJ} $$

보충 (-)부호의 의미는 압축을 뜻함

26 에어컨을 이용하여 실내의 열을 외부로 방출하려 한다. 실외 35 ℃, 실내 20 ℃인 조건에서 실내로부터 3 kW의 열을 방출하려 할 때 필요한 에어컨의 최소 동력은 약 몇 kW인가?

① 0.154 ② 1.54
③ 0.308 ④ 3.08

해설

[에어컨의 최소 동력]

$$ COP = \frac{저온}{고온 - 저온} = \frac{제거열량}{소요동력} 이므로 $$

$$ \frac{(20+273)}{(35+273)-(20+273)} = \frac{3\,kW}{\chi} $$

$\chi ≒ 0.154$

※ 냉동기

에너지(전기 혹은 고온의 열)를 일의 형태로 받아 저열원으로부터 열을 빼앗는 것이 목적

$$ COP = \frac{Q_2}{W} = \frac{Q_2}{Q_1 - Q_2} = \frac{T_2}{T_1 - T_2} $$

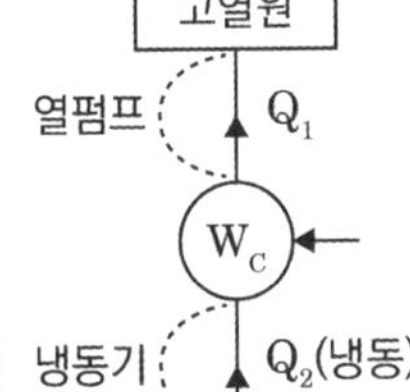

Q_1 : 저열원으로부터 흡수하는 열량
Q_2 : 고열원으로 방출하는 열량
W : 일량
T_1 : 고온
T_2 : 저온

27 압력 250 kPa, 체적 0.35 m³의 공기가 일정 압력 하에서 팽창하여, 체적이 0.5 m³로 되었다. 이때 내부에너지의 증가가 93.9 kJ이었다면 팽창에 필요한 열량은 약 몇 kJ인가?

① 43.8 ② 56.4
③ 131.4 ④ 175.2

해설

[팽창에 필요한 열량]

$Q = \Delta U + W$
$= \Delta U + P(v_2 - v_1)$
$= 93.9 + 250(0.5 - 0.35)$
$= 131.4\ \text{kJ}$

28 이상기체의 가역폴리트로픽과정은 다음과 같다. 이에 대한 설명으로 옳은 것은? (단, P는 압력, v는 비체적, C는 상수이다)

$P_v{}^n = C$

① n = 0이면 등온과정
② n = 1이면 정적과정
③ n = ∞이면 정압과정
④ n = k(비열비)이면 단열과정

해설

[가역폴리트로픽과정]

이상기체의 가역폴리트로픽과정은

$Pv^n = C$에서

$n = k$(비열비) : 단열과정
$n = 0$: 정압과정
$n = 1$: 등온과정
$n = \infty$: 등적과정

정답 26 ① 27 ③ 28 ④

29 랭킨사이클의 각각의 지점에서 엔탈피는 다음과 같다. 이 사이클의 효율은 약 몇 %인가? (단, 펌프일은 무시한다)

- 보일러 입구 : 290.5 kJ/kg
- 보일러 출구 : 3476.9 kJ/kg
- 응축기 입구 : 2622.1 kJ/kg
- 응축기 출구 : 286.3 kJ/kg

① 32.4 %　　② 29.8 %
③ 26.7 %　　④ 23.8 %

해설

[랭킨사이클]

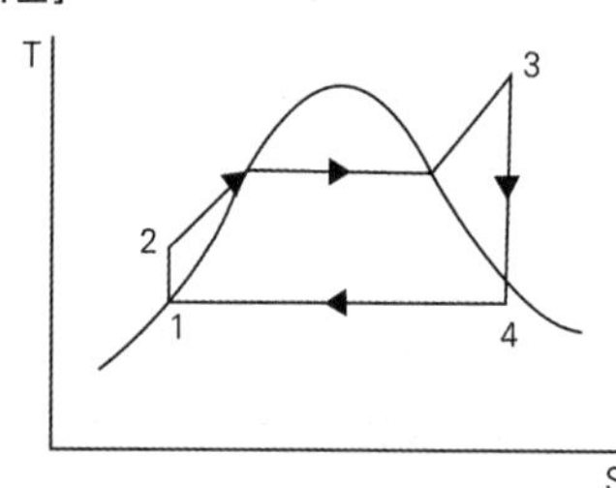

1. 응축기출구　　2. 보일러입구
3. 보일러출구　　4. 응축기입구

$$\text{효율}\eta = \frac{\text{보일러출구} - \text{응축기입구}}{\text{보일러출구} - \text{보일러입구}} = \frac{3-4}{3-2}$$

$$= \frac{3476.9 - 2622.1}{3476.9 - 286.3} \times 100 = 26.7\ \%$$

※ 랭킨사이클 열효율(η_R)

[랭킨사이클선도]

$$\eta_R = \frac{T-P}{B} = \frac{(h_2 - h_3) - (h_1 - h_4)}{h_2 - h_1}$$

만약 펌프일을 무시하면

$\eta_R = \dfrac{h_2 - h_3}{h_2 - h_1}$ 에서 $h_1 \fallingdotseq h_4$ 이므로

$$\eta_R = \frac{(h_2 - h_3)}{h_2 - h_4}$$

30 공기의 정압비열[C_p, kJ/(kg·℃)]이 다음과 같다고 가정한다. 이때 공기 5kg을 0℃에서 100℃까지 일정한 압력하에서 가열하는 데 필요한 열량은 약 몇 kJ인가? (단, 다음 식에서 t는 섭씨온도를 나타낸다)

$C_p = 1.0053 + 0.000079 \times t$ [kJ/(kg·℃)]

① 85.5　　② 100.9
③ 312.7　　④ 504.6

해설

[가열량]

$$q = GC_p dt$$

$$Q = \int_0^{100} GC_p dt$$

$$= \int_0^{100} 5(1.0053 + 0.000079t)dt$$

$$= 5 \times \left[1.0053t + \frac{0.000079}{2}t^2\right]_0^{100}$$

$$= 504.6\ kJ$$

정답 29 ③ 30 ④

31 냉동장치 운전 중 팽창밸브의 열림이 적을 때 발생하는 현상이 아닌 것은?

① 증발압력은 저하한다.
② 냉매순환량은 감소한다.
③ 액압축으로 압축기가 손상된다.
④ 체적효율은 저하한다.

해설

[팽창밸브의 열림이 적을 때 발생하는 현상]
③ 팽창밸브 열림이 작으면 냉매가 적게 흐르므로 증발기에서 모두 증발하고 압축기에 유입되는 냉매는 오히려 과열증기 상태가 된다

32 증기압축식 냉동시스템에서 냉매량 부족 시 나타나는 현상으로 틀린 것은?

① 토출압력의 감소
② 냉동능력의 감소
③ 흡입가스의 과열
④ 토출가스의 온도 감소

해설

[냉매량 부족 시 나타나는 현상]
④ 냉매량이 부족하면 증발기 출구점에서 과열증기가 되어 압축기에 흡입되므로 압축기 토출가스 온도가 상승한다.

33 암모니아 냉동장치에서 고압 측 게이지 압력이 14 kg/cm²·g, 저압측 게이지 압력이 3 kg/cm²·g이고, 피스톤 압출량이 100 m³/h, 흡입증기의 비체적이 0.5 m³/kg이라 할 때 이 장치에서의 압축비와 냉매순환량(kg/h)은 각각 얼마인가? (단, 압축기의 체적효율은 0.7로 한다)

① 3.73, 70 ② 3.73, 140
③ 4.67, 70 ④ 4.67, 140

해설

[압축비]

$$\alpha = \frac{P_c}{P_e} = \frac{14+1.0332}{3+1.0332} = 3.73$$

냉매순환량

$$G = \frac{V}{v}\eta_V = \frac{100}{0.5} \times 0.7 = 140\ \mathrm{kg/h}$$

2025-03

정답 31 ③ 32 ④ 33 ②

34 피스톤 압출량이 48 m³/h인 압축기를 사용하는 아래와 같은 냉동장치가 있다. 압축기 체적효율(n_v)이 0.75이고, 배관에서의 열손실을 무시하는 경우 이 냉동장치의 냉동능력(RT)? (단, 1 RT는 3.86 kW이다)

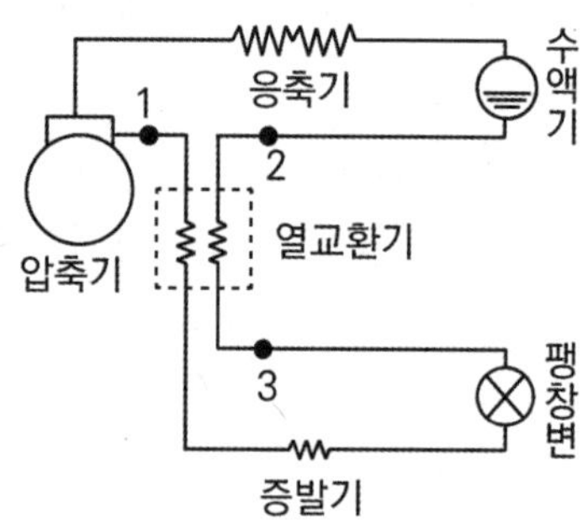

h_1 = 567.2 kJ/kg v_1 = 0.12 m³/kg h_2 = 441.6 kJ/kg h_3 = 435.3 kJ/kg

① 1.83 ② 2.54
③ 2.71 ④ 2.84

해설

[냉동능력]

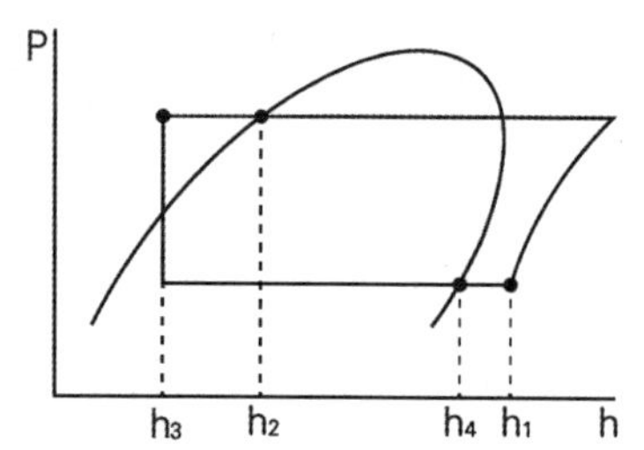

1) 냉매순환량 G

$$G = \frac{V}{v_1}\eta_V = \frac{48}{0.12} \times 0.75 = 300\ \text{kg/h}$$

2) 엔탈피 h_4

열교환 $G(h_2 - h_3) = G(h_1 - h_4)$에서

$$h_4 = h_1 - (h_2 - h_3)$$
$$= 567.2 - (441.6 - 435.3) = 560.9$$

3) 냉동능력 Q_e

$$Q_e = G \times (h_4 - h_3)$$
$$= \frac{\frac{300}{3600} \times (560.9 - 435.3)}{3.86} = 2.71\ \text{RT}$$

35 다음 중 독성이 거의 없고, 금속에 대한 부식성이 적어 식품냉동에 사용되는 유기질 브라인은?

① 프로필렌글리콜
② 식염수
③ 염화칼슘
④ 염화마그네슘

해설

[식품냉동에 사용되는 유기질 브라인]

프로필렌글리콜($C_3H_6(OH)_2$)은 부식성이 적고, 독성이 없으므로 식품의 동결에 사용되는 유기질 브라인이다.

1) 유기질브라인 에틸렌글리콜, 프로필렌글리콜, 에틸알콜, 메틸알콜, 글리세린 2) 무기질 브라인 염화칼슘, 염화나트륨, 염화마그네슘

정답 34 ③ 35 ①

36 열통과율 9 kW/m²·℃, 전열면적 5 m²인 아래 그림과 같은 대향류 열교환기에서의 열교환량(kW)은? (단, t_1 : 27 ℃, t_2 : 13 ℃, t_{w1} : 5 ℃, t_{w2} : 10 ℃이다)

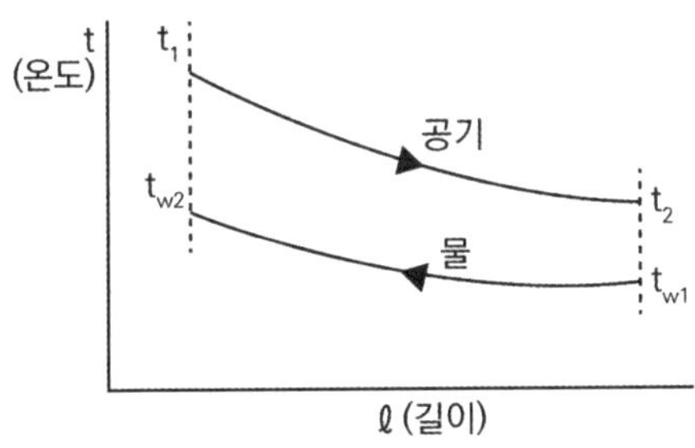

① 26865 ② 53730
③ 45000 ④ 90245

해설

[열교환량]

1) 대수평균온도차 Δt_m

$$\Delta t_m = \frac{17-8}{\ln\frac{17}{8}} = 11.94\ ℃$$

2) 열교환량 Q

$$Q = KA\Delta t_m$$
$$= 9 \times 5 \times 11.94 = 537.3\ \mathrm{kW}$$

37 냉동장치에 사용하는 브라인 순환량이 200 L/min이고, 비열이 0.7 kJ/kg·℃이다. 브라인의 입·출구온도는 각각 -6 ℃와 -10 ℃일 때 브라인 쿨러의 냉동능력(kJ/h)은? (단, 브라인의 비중은 1.2이다)

① 36880 ② 38860
③ 40320 ④ 43200

해설

[브라인 쿨러의 냉동능력]

$$Q = G \cdot C \cdot \Delta t = \rho Q \cdot C \cdot \Delta t$$
$$= (1.2 \times 200 \times 60) \times 0.7 \times (-6-(-10))$$
$$= 40320\ \mathrm{kJ/h}$$

38 다음 중 흡수식 냉동기의 용량제어방법으로 적당하지 않은 것은?

① 흡수기 공급흡수제 조절
② 재생기 공급용액량 조절
③ 재생기 공급증기 조절
④ 응축수량 조절

해설

[흡수식 냉동기 용량제어방법]

1. 재생기(발생기) 공급 용액량 조절방법
2. 재생기(발생기) 공급 증기량(열량) 조절방법
3. 응축수량 조절방법

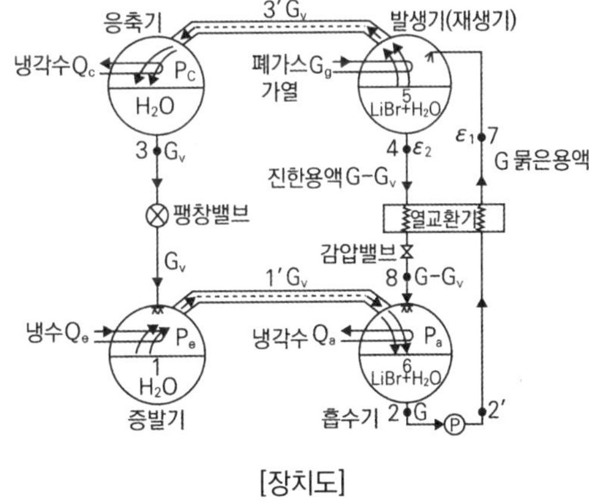

[장치도]

2025-03

39 냉동기유가 갖추어야 할 조건으로 틀린 것은?

① 응고점이 낮고 인화점이 높아야 한다.
② 냉매와 잘 반응하지 않아야 한다.
③ 산화가 되기 쉬운 성질을 가져야 된다.
④ 수분, 산분을 포함하지 않아야 된다.

해설

[냉동기유의 구비조건]
1) 점도가 적당할 것
2) 유성이 양호할 것
3) 수분 등의 불순물을 포함하지 않을 것
4) 응고점이 낮고 저온에서도 유동성이 좋을 것
5) 열에 대한 안정성이 좋고 인화점이 높을 것
6) 항유화성이 있을 것
7) 쉽게 산화되거나 열화되지 않을 것
8) 왁스 성분이 적고 저온에서 왁스를 석출하지 않을 것
9) 냉매와 반응하지 않을 것
10) 밀폐형 압축기에 사용 시 전기절연 내력이 클 것
11) 금속이나 패킹류를 부식시키지 않을 것

40 압축기에 부착하는 안전밸브의 최소 구경을 구하는 공식으로 옳은 것은?

① 냉매상수 × (표준회전속도에서 1시간의 피스톤 압출량)$^{1/2}$
② 냉매상수 × (표준회전속도에서 1시간의 피스톤 압출량)$^{1/3}$
③ 냉매상수 × (표준회전속도에서 1시간의 피스톤 압출량)$^{1/4}$
④ 냉매상수 × (표준회전속도에서 1시간의 피스톤 압출량)$^{1/5}$

해설

[압축기에 부착하는 안전밸브의 최소 구경]

$D = C\sqrt{V}$

여기서 D : 안전밸브의 최소 구경[mm]
C : 냉매상수
V : 표준회전속도에서 1시간당 피스톤 압출량[m^3/h]

보충 냉매상수는 냉매 종류에 따라 값이 달라진다.

정답 39 ③ 40 ①

3과목 시운전 및 안전관리

1회독 시간 : 점수 :
2회독 시간 : 점수 :
3회독 시간 : 점수 :

41 고압가스 안전관리법에 의하여 냉동기를 사용하여 고압가스를 제조하는 자는 안전관리자를 해임하거나, 퇴직한 때에는 지체 없이 이를 허가 또는 신고 관청에 신고하고, 해임 또는 퇴직한 날로부터 며칠 이내에 다른 안전관리자를 선임하여야 하는가?

① 7일 ② 10일
③ 20일 ④ 30일

해설
[고압가스 안전관리법에 의한 안전관리자 선임]
안전관리자의 선임은 해임 또는 퇴직한 날부터 30일 이내에 다른 안전관리자를 선임해야 한다.

42 기계설비법령에 따라 기계설비성능점검업의 변경등록 사항이 아닌 것은?

① 상호 ② 보유설비
③ 영업소 소재지 ④ 기술인력

해설
[기계설비성능점검업의 변경등록 사항]
1) 상호
2) 대표자
3) 영업소 소재지
4) 기술인력

43 산업안전보건법령상 보일러의 압력방출장치가 2개 설치된 경우 그중 1개는 최고사용압력 이하에서 작동된다고 할 때 다른 압력방출장치는 최고사용압력의 최대 몇 배 이하에서 작동되도록 하여야 하는가?

① 0.5 ② 1
③ 1.05 ④ 2

해설
[안전보건규칙 제264조(안전밸브 등의 작동 요건)]
압력방출장치가 2개 이상 설치된 경우에는 최고사용압력 이하에서 1개가 작동되고 다른 압력방출장치는 최고사용압력 1.05배 이하에서 작동되도록 부착하여야 한다.

44 변압기의 부하손(동손)에 관한 설명으로 옳은 것은?

① 동손은 온도변화와 관계없다.
② 동손은 주파수에 의해 변화한다.
③ 동손은 부하 전류에 의해 변화한다.
④ 동손은 자속 밀도에 의해 변화한다.

해설
[변압기의 부하손(동손)]
변압기의 부하손(동손)은 부하전류의 제곱에 비례하여 변화한다.

보충 변압기의 무부하손(철손)은 주파수에 비례하여 변화한다.

정답 41 ④ 42 ② 43 ③ 44 ③

45 목푯값이 다른 양과 일정한 비율관계를 가지고 변화하는 경우의 제어는?

① 추종제어 ② 비율제어
③ 정치제어 ④ 프로그램제어

해설

[목푯값에 의한 분류]

구분		내용
정치제어		목푯값이 일정한 자동제어에 적용
추치 제어	추종제어	미지의 임의 시간적 변화를 하는 목푯값에 제어량을 추종시키는 제어(예 미사일)
	프로그램 제어	미리 정해진 시간변화에 따라 정해진 순서대로 제어(예 자판기, 엘레베이터)
	비율제어	목푯값이 서로 다른 어떤 양과 일정한 비율관계를 가지는 제어
	시퀀스 제어	미리 정해진 순서에 따라 각 단계가 순차적으로 진행(PLC는 시퀀스제어와 함께 사용함)

※ 제어량에 의한 분류

구분	내용	제어량
서보기구	기계적 변위를 제어량으로 하는 변화량제어	물체의 방위, 위치, 각도 등
프로세스 제어	플랜트나 생산공정 중의 상태량제어 (화학적 양을 제어)	온도, 압력, 유량, 농도 등
자동조정 제어	제어량이 전기적, 기계적 양을 제어	주파수, 전압, 전류, 힘, 회전속도 등

46 프로세스제어용 검출기기는?

① 유량계 ② 전위차계
③ 속도검출기 ④ 전압검출기

해설

[프로세스제어]

프로세스제어용 검출기기는 공정의 물리적 변수를 정확하게 측정하여 제어시스템이 적절한 조치를 취할 수 있도록 하는 장치이다. 이 중에서 유량계는 유체의 흐름을 측정하여 공정의 안정성과 효율성을 유지하는 데 필수적인 역할을 하므로, 프로세스제어용 검출기기로 가장 적합하다.

47 R-L-C 직렬회로에서 전압(E)과 전류(I) 사이의 위상관계에 관한 설명으로 옳지 않은 것은?

① X_L = XC인 경우 I는 E와 동상이다.
② X_L > XC인 경우 I는 E보다 θ만큼 뒤진다.
③ X_L < XC인 경우 I는 E보다 θ만큼 앞선다.
④ X_L < (XC - R)인 경우 I는 E보다 θ 만큼 뒤진다.

해설

[R-L-C 직렬회로]

① $X_L = X_C$이면 $\theta = 0$이며 전류와 전압이 동상이다.
② $X_L > X_C$이면 $\theta > 0$이며 **전류가** 전압보다 θ 만큼 **뒤진다.**
③ $X_L < X_C$이면 $\theta < 0$이며 **전류가** 전압보다 θ 만큼 **앞선다.**
④ $X_L < (X_C - R)$이면 $X_L < X_C$와 같은 위상이므로 전류가 전압보다 θ만큼 앞선다.

정답 45 ② 46 ① 47 ④

48 디지털제어에 관한 설명으로 옳지 않은 것은?

① 디지털제어의 연산속도는 샘플링계에서 결정된다.
② 디지털제어를 채택하면 조정 개수 및 부품수가 아날로그제어보다 줄어든다.
③ 디지털제어는 아날로그제어보다 부품편차 및 경년변화의 영향을 덜 받는다.
④ 정밀한 속도제어가 요구되는 경우 분해능이 떨어지더라도 디지털제어를 채택하는 것이 바람직하다.

해설

[디지털제어의 장점(아날로그와 비교)]
분해능이 떨어지면 제어 신호의 정밀도가 낮아져 속도제어 성능이 떨어진다. 정밀한 속도제어가 필요할 때는 높은 분해능의 디지털제어시스템을 사용하거나, 아날로그방식과 혼합하여 보완해야 한다. 따라서 정밀한 속도제어가 필요하면 분해능이 충분히 높은 시스템을 채택하는 것이 바람직하다.

49 그림과 같은 피드백제어계에서의 폐루프 종합 전달함수는?

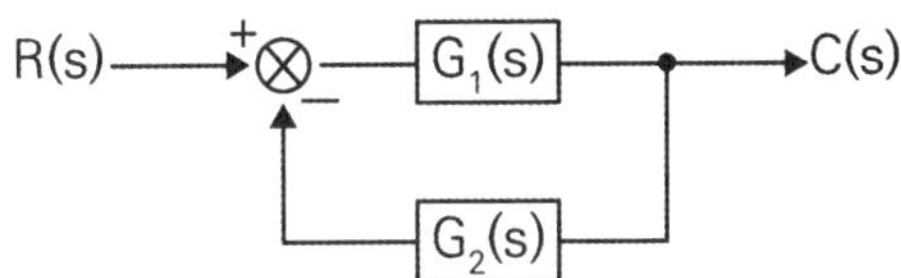

① $\dfrac{1}{G_1(s)}+\dfrac{1}{G_2(s)}$

② $\dfrac{1}{G_1(s)+G_2(s)}$

③ $\dfrac{G_1(s)}{1+G_1(s)G_2(s)}$

④ $\dfrac{G_1(s)G_2(s)}{1+G_1(s)G_2(s)}$

해설

[전달함수]

$$G(s)=\frac{C}{R}=\frac{\text{전향경로의 합}}{1-\text{피드백의 합}}=\frac{G_1(s)}{1+G_1(s)G_2(s)}$$

50 자성을 갖고 있지 않은 철편에 코일을 감아서 여기에 흐르는 전류의 크기와 방향을 바꾸면 히스테리시스 곡선이 발생되는데 이 곡선 표현에서 X축과 Y축을 옳게 나타낸 것은?

① X축 - 자화력, Y축 - 자속밀도
② X축 - 자속밀도, Y축 - 자화력
③ X축 - 자화세기, Y축 - 잔류자속
④ X축 - 잔류자속, Y축 - 자화세기

정답 48 ④ 49 ③ 50 ①

해설

[히스테리시스 곡선]
X축(횡축) : 자계(자계의 세기, 자화력)
Y축(종축) : 자속밀도

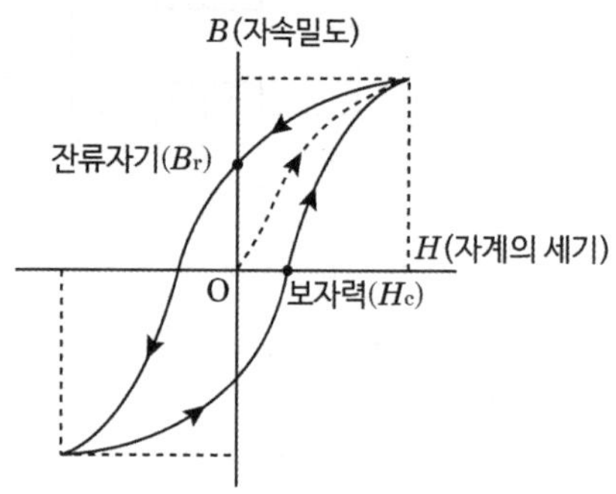

51 그림과 같은 회로에서 전력계 W와 직류 전압계 V의 지시가 각각 60 W, 150 V일 때 부하전력은 얼마인가? (단, 전력계의 전류코일의 저항은 무시하고 전압계의 저항은 1 kΩ이다)

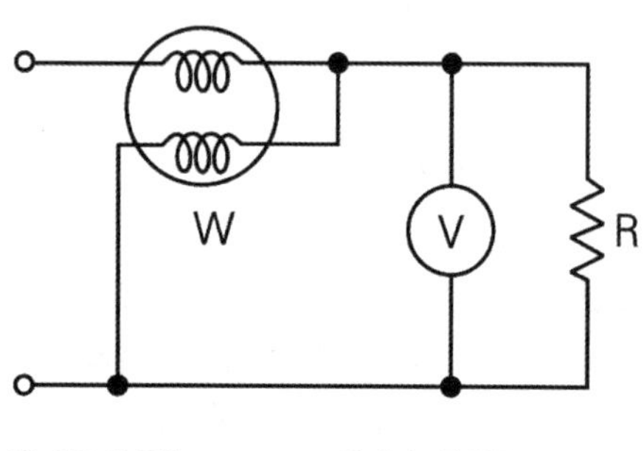

① 27.5 W ② 30.5 W
③ 34.5 W ④ 37.5 W

해설

[부하전력]
부하전력은 저항 R에 걸리는 전력이다.
1) 전체 소비전력 = 전력계가 지시한 값 = 60 W
2) 전체 전압 = 전압계가 지시한 값 = 150 V
3) 전압계에 흐르는 전류

$$I = \frac{V}{R} = \frac{150\ V}{1000\ \Omega} = 0.15\ A$$

4) 전압계가 소비하는 전력

$$P_V = V \times I = 150 \times 0.15 = 22.5\ W$$

5) 저항 R에 걸리는 부하전력

P_R = 전체 소비전력 - 전압계의 소비 전력

$= 60 - 22.5 = 37.5\ W$

52 제어계의 동작상태를 교란하는 외란의 영향을 제거할 수 있는 제어는?

① 순서제어 ② 피드백제어
③ 시퀀스제어 ④ 개루프제어

해설

[피드백제어(폐루프제어)]
1) 출력값이 목푯값과 다르게 되면, 그 차이를 검출하여 제어 신호를 보내 보정하는 방식이다.
2) 외란이 발생해도 오차를 수정할 수 있는 구조이므로, 외란의 영향을 제거하는 제어방식으로 가장 적절하다.
3) 자동제어시스템에서 널리 사용되며, 온도 조절기, 서보제어, 자동 조향시스템 등이 대표적인 예이다.

보충 순서제어 = 시퀀스제어 = 개루프제어

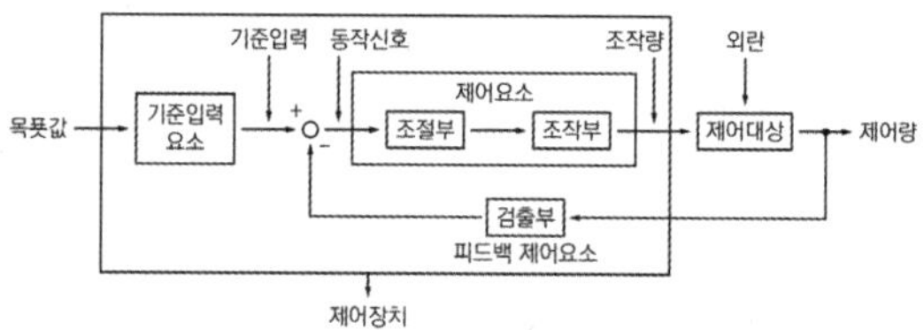

[폐루프제어계의 구성도]

정답 51 ④ 52 ②

53 다음의 논리식 중 다른 값을 나타내는 논리식은?

① $X(\overline{X}+Y)$
② $X(X+Y)$
③ $XY+X\overline{Y}$
④ $(X+Y)(X+\overline{Y})$

해설

[논리식]

① $X(\overline{X}+Y)=X\overline{X}+XY=0+XY=XY$
② $X(X+Y)=XX+XY=X+XY$
$=X(1+Y)=X(1)=X$
③ $XY+X\overline{Y}=X(Y+\overline{Y})=X(1)=X$
④ $(X+Y)(X+\overline{Y})=XX+X\overline{Y}+XY+Y\overline{Y}$
$=X+X\overline{Y}+XY+0$
$=X+X(\overline{Y}+Y)$
$=X+X(1)=X$

54 다음 중 불연속제어에 속하는 것은?

① 비율제어 ② 비례제어
③ 미분제어 ④ On - Off제어

해설

[불연속제어와 연속제어]

1) 불연속제어
On - Off제어(2위치제어), 다위치제어
2) 연속제어
비례제어, 적분제어, 미분제어, 비례적분제어, 비례미분제어, 비례적분미분제어

55 저항 R[Ω]에 전류 I[A]를 일정 시간 동안 흘렸을 때 도선에 발생하는 열량의 크기로 옳은 것은?

① 전류의 세기에 비례
② 전류의 세기에 반비례
③ 전류의 세기의 제곱에 비례
④ 전류의 세기의 제곱에 반비례

해설

[줄의 법칙]

도체에 전류가 흐르면 저항에 의해 열이 발생하는 현상을 줄의 법칙이라고 한다.

발생열량 $H=I^2Rt$ [J]

여기서 I : 전류A
R : 저항Ω
t : 시간[sec]

56 어떤 코일에 흐르는 전류가 0.01초 사이에 일정하게 50 A에서 10 A로 변할 때 20 V의 기전력이 발생할 경우 자기인덕턴스[mH]는?

① 5 ② 10
③ 20 ④ 40

해설

[자기인덕턴스]

유도기전력 $e=-L\dfrac{dI}{dt}$에서

자기인덕턴스 $L=-\dfrac{dt}{dI}\cdot e$
$=-\dfrac{0.01}{10-50}\times 20$
$=0.005\ \mathrm{H}=5\ \mathrm{mH}$

정답 53 ① 54 ④ 55 ③ 56 ①

57 유도전동기에서 슬립이 "0"이라고 하는 것은?

① 유도전동기가 정지 상태인 것을 나타낸다.
② 유도전동기가 전부하 상태인 것을 나타낸다.
③ 유도전동기가 동기속도로 회전한다는 것이다.
④ 유도전동기가 제동기의 역할을 한다는 것이다.

해설

[유도전동기 실제속도(N)]

$N = (1-S)Ns = \frac{120f}{P}(1-S)$에서

Ns : 동기 속도
S : 슬립

유도전동기에서 슬립 S = 0이라는 것은 동기속도로 회전한다는 것이다.

58 공기식 조작기기에 관한 설명으로 옳은 것은?

① 큰 출력을 얻을 수 있다.
② PID동작을 만들기 쉽다.
③ 속응성이 장거리에서는 빠르다.
④ 신호를 먼 곳까지 보낼 수 있다.

해설

[공기식 조작기기의 특징]

① 출력은 크지 않고 안전하다.
② PID동작(비례적분미분)을 만들기 쉽다.
③ 장거리에서는 신호전달이 느리다.
④ 신호를 먼 곳까지 보내기 어렵다.

보충 공기식 조작기기 : 다이어프램밸브, 파워실린더, 밸브 포지셔너 등

59 다음 설명에 알맞은 전기 관련 법칙은?

> 회로 내의 임의의 폐회로에서 한 쪽 방향으로 일주하면서 취할 때 공급된 기전력의 대수합은 각 회로 소자에서 발생한 강하의 대수합과 같다.

① 옴의 법칙
② 가우스법칙
③ 쿨롱의 법칙
④ 키르히호프의 법칙

해설

[키르히호프의 법칙]

1) 키르히호프 제1법칙
전류평형의 법칙으로 회로망의 한 점으로 흘러들어가는 전류의 총합과 흘러 나가는 전류의 총합은 같다.

2) 키르히호프 제2법칙
전압평형의 법칙으로 임의의 폐회로망에서 기전력의 합은 그 폐회로망 내의 각 소자에 의한 전압강하의 합과 같다.

정답 57 ③ 58 ② 59 ④

60 방사성 위험물을 원격으로 조작하는 인공수(人工手 : Manipulator)에 사용되는 제어계는?

① 서보기구 ② 자동조정
③ 시퀀스제어 ④ 프로세스제어

해설

[서보기구]

1) 서보기구 물체의 변위(위치), 자세(각도), 방향 등을 제어량으로 하여 목표치가 임의적으로 변화하는 것에 추종하도록 하는 제어계(장치)이다.
2) 적용분야 : 공작기계의 궤적제어, 측정기의 위치제어, 미사일 추적장치, 추적용 레이더, 선박의 방향제어 등

※ 제어량에 의한 분류

구분	내용	제어량
서보기구	기계적 변위를 제어량으로 하는 변화량제어	물체의 방위, 위치, 각도 등
프로세스 제어	플랜트나 생산공정 중의 상태량제어 (화학적 양을 제어)	온도, 압력, 유량, 농도 등
자동조정 제어	제어량이 전기적, 기계적 양을 제어	주파수, 전압, 전류, 힘, 회전속도 등

4과목 유지보수 공사관리

1회독 시간 : 점수 :
2회독 시간 : 점수 :
3회독 시간 : 점수 :

61 다음 중 방열기나 팬코일유닛에 가장 적합한 관이음은?

① 스위블이음 ② 루프이음
③ 슬리브이음 ④ 벨로즈이음

해설

[스위블이음(Swivel Joint)]

두 개 이상의 나사 엘보를 사용해 나사 연결부가 회전하도록 하여 배관의 신축을 흡수하는 방식이다. 주로 저압증기난방이나 온수방열기 주변 배관에 사용된다.

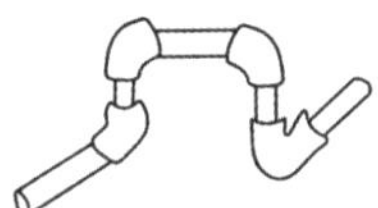

[스위블형]

2025-03

정답 60 ① 61 ①

62 배관설비 공사에서 파이프 래크의 폭에 관한 설명으로 틀린 것은?

① 파이프 래크의 실제 폭은 신규라인을 대비하여 계산된 폭보다 20 % 정도 크게 한다.
② 파이프 래크상의 배관밀도가 작아지는 부분에 대해서는 파이프 래크의 폭을 좁게 한다.
③ 고온배관에서는 열팽창에 의하여 과대한 구속을 받지 않도록 충분한 간격을 둔다.
④ 인접하는 파이프의 외측과 외측과의 최소 간격을 25 mm로 하여 래크의 폭을 결정한다.

해설

[파이프 래크의 폭]

④ 인접하는 파이프의 외측과 외측의 최소간격을 75 mm(3인치), 인접하는 파이프와 플랜지의 외측과의 최소간격을 25 mm(1인치), 인접하는 플랜지의 외측과 외측의 최소간격을 25 mm(1인치)로 하여 파이프 래크의 폭을 결정한다. 이 기준을 적용하여 파이프 래크의 폭을 결정하면 유지보수와 안전성이 확보된다.

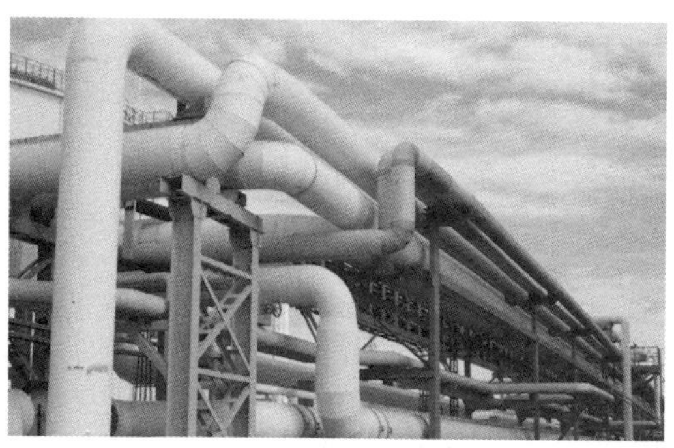

63 원심력 철근 콘크리트관에 대한 설명으로 틀린 것은?

① 흄(Hume)관이라고 한다.
② 보통관과 압력관으로 나뉜다.
③ A형이음재 형상은 칼라이음쇠를 말한다.
④ B형이음재 형상은 삽입이음쇠를 말한다.

해설

[원심력 철근 콘크리트관(흄관)]

이음재의 형상에 따라 3종류로 분류한다.

1) A형 : 칼라이음쇠(모르타르 일종인 콤프사용)
2) B형 : 소켓이음쇠(고무링 사용)
3) C형 : 삽입이음쇠(고무링 사용)

64 냉매배관 중 토출관배관 시공에 관한 설명으로 틀린 것은?

① 응축기가 압축기보다 2.5 m 이상 높은 곳에 있을 때는 트랩을 설치한다.
② 수평관은 모두 끝내림 구배로 배관한다.
③ 수직관이 너무 높으면 3 m마다 트랩을 설치한다.
④ 유분리기는 응축기보다 온도가 낮지 않은 곳에 설치한다.

해설

[냉매배관 중 토출관배관 시공]

③ 토출입상관(수직관)이 10 m 이상으로 너무 높을 때 배관 안의 윤활유나 액화된 냉매가 압축기로 역류하는 것을 막기 위해 10 m마다 트랩을 설치한다.

정답 62 ④ 63 ④ 64 ③

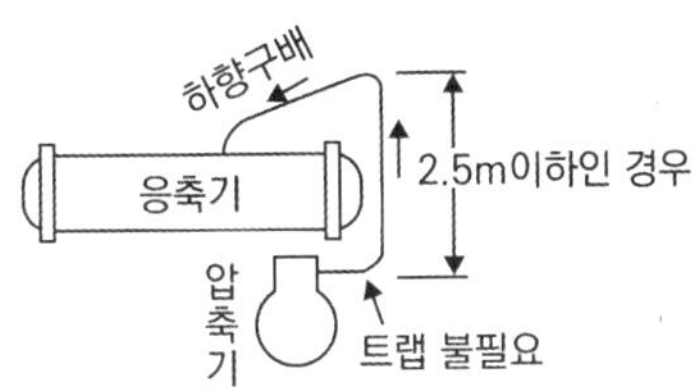

[토출관이 2.5 m 이하 입상배관]

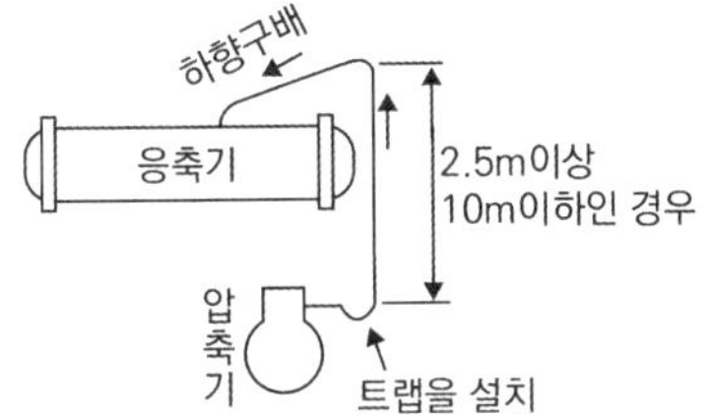

[토출관이 2.5 m 이상 10 m 이하 입상배관]

65 배관의 보온재를 선택할 때 고려해야 할 점이 아닌 것은?

① 불연성일 것
② 열전도율이 클 것
③ 물리적, 화학적 강도가 클 것
④ 흡수성이 적을 것

해설

[배관의 보온재]
② 열전도율이 작아야 배관 내의 열이 밖으로 전달되는 것을 막을 수 있다.

66 다음 냉매액관 중에 플래시가스 발생 원인이 아닌 것은?

① 열교환기를 사용하여 과냉각도가 클 때
② 관경이 매우 작거나 현저히 입상할 경우
③ 여과망이나 드라이어가 막혔을 때
④ 온도가 높은 장소를 통과 시

해설

[플래시가스 발생 원인]
과냉각(냉매가 응축기에서 더 낮은 온도로 냉각됨)이 크면 냉매가 액체 상태를 더 오래 유지한다. 즉, 플래시가스 발생이 줄어들어 방지효과가 있다.

67 고가탱크식 급수방법에 대한 설명으로 틀린 것은?

① 고층건물이나 상수도 압력이 부족할 때 사용된다.
② 고가탱크의 용량은 양수펌프의 양수량과 상호관계가 있다.
③ 건물 내의 밸브나 각 기구에 일정한 압력으로 물을 공급한다.
④ 고가탱크에 펌프로 물을 압송하여 탱크내에 공기를 압축 가압하여 일정한 압력을 유지시킨다.

해설

[고가탱크식 급수방법]
④ 고가탱크에 펌프로 물을 압송하여 자연압(중력)으로 물을 공급하는 방식이다.

정답 65 ② 66 ① 67 ④

68 지역난방 열공급 관로 중 지중 매설방식과 비교한 공동구 내 배관 시설의 장점이 아닌 것은?

① 부식 및 침수 우려가 적다.
② 유지보수가 용이하다.
③ 누수점검 및 확인이 쉽다.
④ 건설비용이 적고 시공이 용이하다.

해설

[지역난방배관의 공동구 내 배관]

④ 지역난방배관의 공동구 내 배관을 위해서는 지하공동구 건설이 필수적이므로 건설비용이 크게 소요된다.

> 1) 지중 매설방식
> 열공급 배관을 지표 아래 직접 땅속에 묻는 방식이다. 일반적으로 이중보온관(Pre-insulated Pipe)을 사용하며, 토양 위에 직접 배관을 설치한 후 흙으로 덮는다.
>
> 2) 공동구 내 배관 방식
> 배관을 사람이 출입 가능한 공동구(공동 트렌치) 안에 설치하는 방식이다. 공동구에는 열배관 외에도 통신, 전기, 수도 등 다양한 인프라가 함께 설치될 수 있다.

69 스케줄 번호에 의해 관의 두께를 나타내는 강관은?

① 배관용 탄소강관
② 수도용 아연도금강관
③ 압력배관용 탄소강관
④ 내식성 급수용 강관

해설

[스케줄 번호로 관의 두께를 나타내는 강관]

스케줄 번호로 관의 두께를 나타내는 강관은 압력배관용 탄소강관(SPPS), 고압배관용 탄소강관(SPPH)이 있다.

> 스케줄 번호 Sch.No $= \frac{P}{S} \times 1000$
>
> P : 사용압력(MPa)
>
> S : 허용응력(N/mm^2 = MPa)

70 배관을 지지장치에 완전하게 구속시켜 움직이지 못하도록 한 장치는?

① 리지드행거　② 앵커
③ 스토퍼　④ 브레이스

해설

[앵커]

배관이 이동 또는 회전하지 못하도록 완전히 고정하는 장치

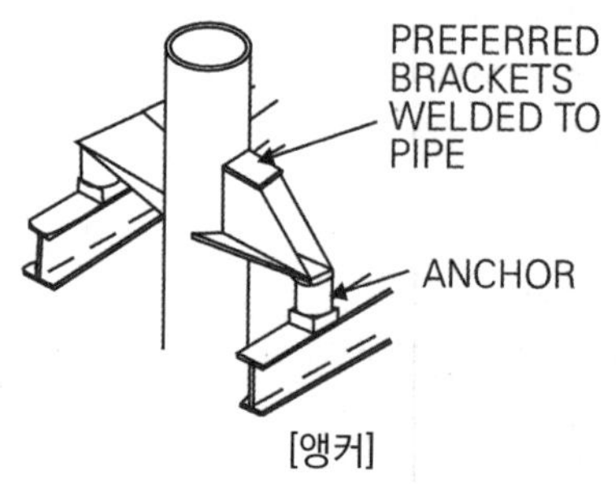

[앵커]

정답 68 ④ 69 ③ 70 ②

① 리지드행거 : 배관의 하중을 위에서 걸어당겨 지지하는 기구로서 수직방향의 길이변화가 없는 곳에 사용한다.

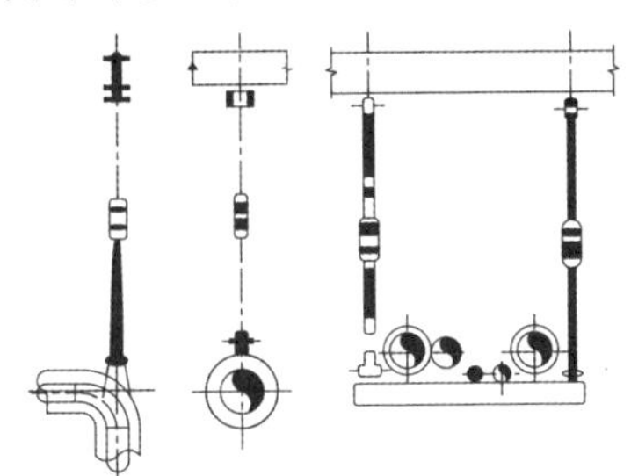

③ 스토퍼 : 배관의 일정방향의 이동을 제한하고 다른 방향은 자유롭게 하는 곳에 사용하는 배관 고정기구

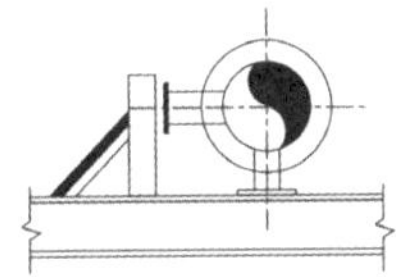

④ 브레이스 : 배관의 진동을 억제하기 위해 사용하며 유압식과 스프링식이 있다.

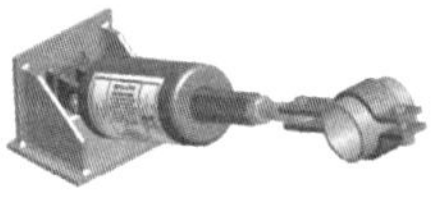

71 증기보일러배관에서 환수관의 일부가 파손된 경우 보일러 수의 유출로 안전수위 이하가 되어 보일러 수가 빈 상태로 되는 것을 방지하기 위해 하는 접속법은?

① 하트포드 접속법 ② 리프트 접속법
③ 스위블 접속법 ④ 슬리브 접속법

해설

[하트포드(Hartford) 접속법]
보일러의 증기관과 환수관 사이에 균형관을 설치하여, 환수관에서 누수가 발생하더라도 보일러의 수위가 급격히 감소하는 것을 방지하는 접속방식이다.

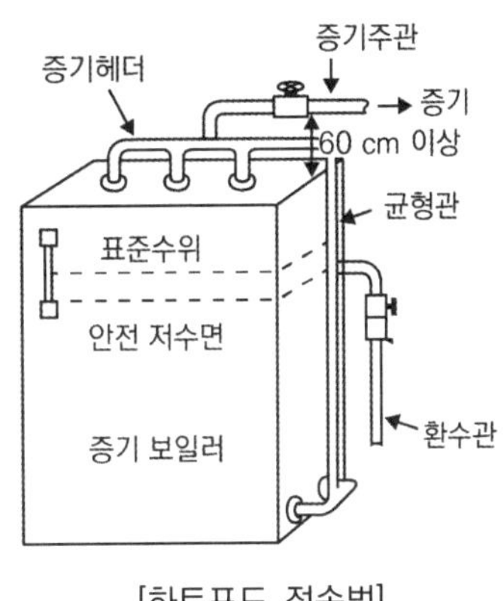

[하트포드 접속법]

72 동력나사절삭기의 종류 중 관의 절단, 나사절삭, 거스러미 제거 등의 작업을 연속적으로 할 수 있는 유형은?

① 리드형 ② 호브형
③ 오스터형 ④ 다이헤드형

해설

[동력나사절삭기]
① 리드형 : 파이프에 수동으로 나사를 절삭하는 방식으로, 2개의 날이 1조로 구성된다.
② 호브형 : 호브(Hob)를 저속으로 회전시켜 나사를 절삭하는 방식이다.
③ 오스터형 : 파이프에 수동으로 나사를 절삭하는 방식이며, 4개의 날이 1조로 되어 있다.
④ 다이헤드형 : 가장 많이 사용하는 동력나사절삭기로 관의 절단, 거스러미 제거, 나사절삭을 연속적으로 할 수 있다. 관을 다이헤드에 밀어 넣어 나사를 절삭 가공한다.

정답 71 ① 72 ④

73 냉동배관재료로서 갖추어야 할 조건으로 틀린 것은?

① 저온에서 강도가 커야 한다.
② 가공성이 좋아야 한다.
③ 내식성이 작아야 한다.
④ 관 내 마찰 저항이 작아야 한다.

해설

[냉동배관재료로서 갖추어야 할 조건]
③ 내식성이 커야 한다. 내식성이란 부식에 견디는 성질이므로 냉매배관은 내식성이 커야한다.

74 급탕배관의 신축방지를 위한 시공 시 틀린 것은?

① 배관의 굽힘 부분에는 스위블이음으로 접합한다.
② 건물의 벽 관통부분 배관에는 슬리브를 끼운다.
③ 배관 직관부에는 팽창량을 흡수하기 위해 신축이음쇠를 사용한다.
④ 급탕밸브나 플랜지 등의 패킹은 고무, 가죽 등을 사용한다.

해설

[급탕배관의 신축방지]
④ 고무, 가죽은 내열성이 부족하여 뜨거운 물에 취약하다. 고온의 물이 흐르는 급탕배관에서는 내열성이 높은 패킹 재료(테프론, 석면, 금속 패킹 등)를 사용해야 한다. 고무, 가죽은 냉수나 저온 유체에서 사용 가능하지만, 급탕배관에는 부적절하다.

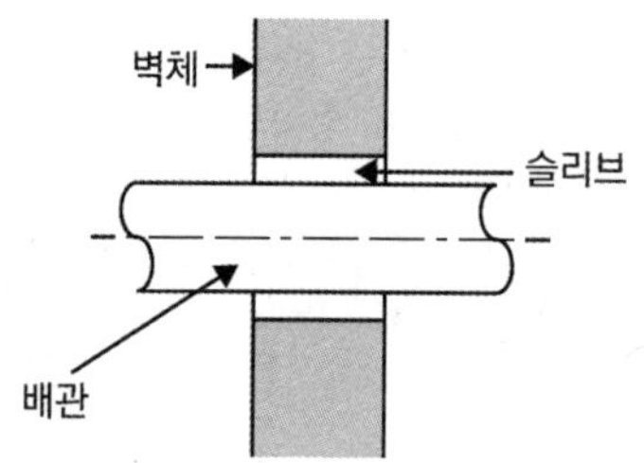

75 5명 가족이 생활하는 아파트에서 급탕가열기를 설치하려고 할 때 필요한 가열기의 용량(kcal/h)은? (단, 1일 1인당 급탕량 90 L/d, 1일 사용량에 대한 가열능력 비율 1/7, 탕의 온도 70 ℃, 급수온도 20 ℃이다)

① 459 ② 643
③ 2250 ④ 3214

해설

[급탕가열기 가열능력(H)]

$$H = Q_d \times \gamma(t_h - t_c)\ [\mathrm{kcal/h}]$$

여기서 γ : 1일급탕량(Q_d)에 대한 1시간당 가열 능력의 비율
Q_d : 총 급탕량 [L/d]

$$H = (90 \times 5) \times \frac{1}{7} \times (70 - 20) = 3214\ \mathrm{kcal/h}$$

보충 1일 사용량에 대한 가열능력 비율 $\frac{1}{7}$: 1일 사용량 중 1시간에 필요한 비율

정답 73 ③ 74 ④ 75 ④

76 온수난방에서 개방식 팽창탱크에 관한 설명으로 틀린 것은?

① 공기빼기 배기관을 설치한다.
② 4 ℃의 물을 100 ℃로 높였을 때 팽창체적 비율이 4.3 % 정도이므로 이를 고려하여 팽창탱크를 설치한다.
③ 팽창탱크에는 오버 플로우관을 설치한다.
④ 팽창관에는 반드시 밸브를 설치한다.

해설

[온수난방설비의 온수배관 시공법]
④ 팽창관에는 어떤 밸브도 설치해서는 안 된다.

보충 팽창관은 부피가 증가된 온수를 팽창탱크로 도피시키는 배관

77 도시가스의 공급 계통에 따른 공급 순서로 옳은 것은?

① 원료 → 압송 → 제조 → 저장 → 압력조정
② 원료 → 제조 → 압송 → 저장 → 압력조정
③ 원료 → 저장 → 압송 → 제조 → 압력조정
④ 원료 → 저장 → 제조 → 압송 → 압력조정

해설

[도시가스 공급계통 순서]
원료 → 제조(열량조정) → 압송 → 저장(가스홀더) → 압력조정(정압기) → 공급(소비)

78 증기배관의 수평 환수관에서 관경을 축소할 때 사용하는 이음쇠로 가장 적합한 것은?

① 소켓　② 부싱
③ 플랜지　④ 리듀서

해설

[관이음쇠]
② 부싱 : 한쪽은 암나사, 한쪽은 숫나사로 되어 있어 배관 부속에 연결하여 관경을 조절하는 이음쇠이다.
④ 레듀서 : 배관의 관경을 축소하거나 확대하는 이음쇠이며, 증기관에는 편심 레듀서를 사용해 응축수가 고이지 않도록 한다.

79 다음 중 안전밸브의 그림 기호로 옳은 것은?

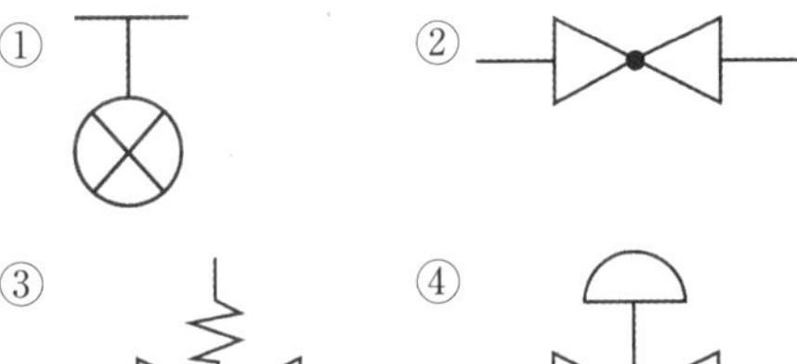

해설

[도시기호]
① 일반밸브
② 글로브밸브
③ 안전밸브(스프링식)
④ 다이어프램밸브

2025-03

정답 76 ④ 77 ② 78 ④ 79 ③

80 도시가스배관 매설에 대한 설명으로 틀린 것은?

① 배관을 철도부지에 매설하는 경우 배관의 외면으로부터 궤도 중심까지 거리는 4 m 이상 유지할 것
② 배관을 철도부지에 매설하는 경우 배관의 외면으로부터 철도부지 경계까지 거리는 0.6 m 이상 유지할 것
③ 배관을 철도부지에 매설하는 경우 지표면으로부터 배관의 외면까지의 깊이는 1.2 m 이상 유지할 것
④ 배관의 외면으로부터 도로의 경계까지 수평거리 1 m 이상 유지할 것

해설

[도시가스배관 매설]

② 배관을 철도부지에 매설하는 경우 배관의 외면으로부터 철도부지 경계까지 거리는 <u>1 m 이상</u>을 유지할 것

※ 도시가스사업법 시행규칙 별표 5
<u>배관을 철도부지에 매설하는 경우에는 배관의 외면으로부터</u> 궤도 중심까지 4 m 이상, 그 철도부지 경계까지는 1 m 이상의 거리를 유지하고, 지표면으로부터 배관의 외면까지의 깊이를 1.2 m 이상을 유지할 것

정답 80 ②

2024 CBT 복원 1

1과목 에너지관리

1회독 시간 : 점수 :
2회독 시간 : 점수 :
3회독 시간 : 점수 :

01 장방형 덕트(장변 a, 단변 b)를 원형 덕트로 바꿀 때 사용하는 계산식은 아래와 같다. 이 식으로 환산된 장방형 덕트와 원형 덕트의 관계는?

$$D_e = 1.3\left[\frac{(a \times b)^5}{(a+b)^2}\right]^{1/8}$$

① 두 덕트의 풍량과 단위길이당 마찰 손실이 같다.
② 두 덕트의 풍량과 풍속이 같다.
③ 두 덕트의 풍속과 단위길이당 마찰손실이 같다.
④ 두 덕트의 풍량과 풍속 및 단위길이당 마찰 손실이 모두 같다.

해설

[환산된 장방형 덕트와 원형 덕트의 관계]
장방형 덕트의 원형 덕트 환산식은 두 덕트의 풍량과 덕트 단위길이당 마찰손실이 같은 경우의 식이다.

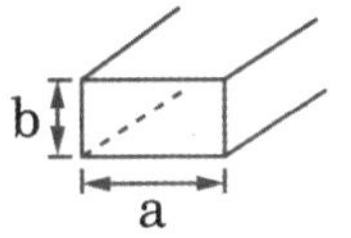

[장방형 덕트]

⇨

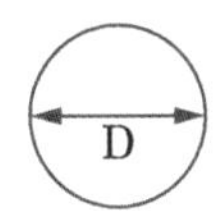

[원형 덕트]

02 어떤 냉각기의 1열(列) 코일의 바이패스 팩터가 0.65라면 4열(列)의 바이패스 팩터는 약 얼마가 되는가?

① 0.18 ② 1.82
③ 2.83 ④ 4.84

해설

[4열(列)의 바이패스 팩터]

여러 열의 BF = 1열 코일의 BF$^{\text{열의 수}}$

여러 열로 구성된 코일의 전체 바이패스 팩터(BF : Bypass Factor)는 한 열(1열) 코일의 바이패스 팩터를 열의 수만큼 거듭제곱하여 계산한다.
- 1열의 바이패스 팩터 = 0.65
- 2열의 바이패스 팩터 = 0.65^2
- 4열의 바이패스 팩터 = 0.65^4 = 0.18

03 공기조화설비에서 공기의 경로로 옳은 것은?

① 환기덕트 → 공조기 → 급기덕트 → 취출구
② 공조기 → 환기덕트 → 급기덕트 → 취출구
③ 냉각탑 → 공조기 → 냉동기 → 취출구
④ 공조기 → 냉동기 → 환기덕트 → 취출구

정답 01 ① 02 ① 03 ①

해설

[공기조화설비에서 공기의 경로]
환기덕트 → 공기조화기 → 급기덕트 → 취출구

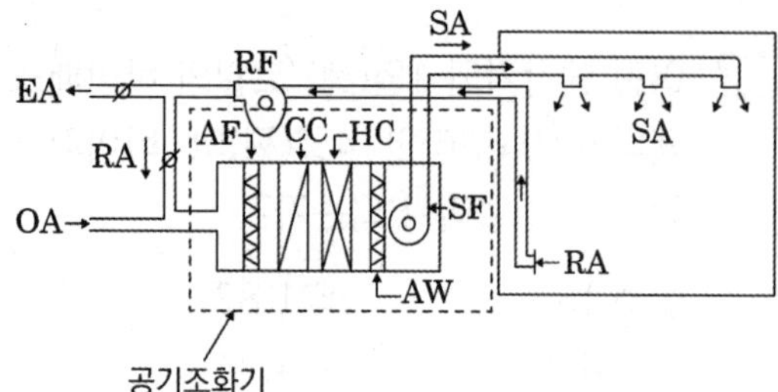

공기조화기

OA(Out Air) : 외기
SA(Supply Air) : 급기
AF(Air Filter) : 공기여과기
HC(Heating Coil) : 가열코일
ϕ(Damper) : 댐퍼
EA(Exhaust Air) : 배기
RA(Return Air) : 환기
CC(Cooling Coil) : 냉각코일
AW(Air Washer) : 가습기(Humidifier)
SF(Supply Fan) : 급기송풍기
RF(Return Fan) : 환기송풍기

04 전압기준 국부저항계수 ζ_T와 정압기준 국부저항계수 ζ_S와의 관계를 바르게 나타낸 것은? (단, 덕트 상류 풍속은 v_1, 하류 풍속은 v_2이다)

① $\zeta_T = \zeta_S - 1 + (\frac{V_2}{V_1})^2$

② $\zeta_T = \zeta_S + 1 - (\frac{V_2}{V_1})^2$

③ $\zeta_T = \zeta_S - 1 - (\frac{V_2}{V_1})^2$

④ $\zeta_T = \zeta_S + 1 + (\frac{V_2}{V_1})^2$

해설

[국부저항계수 ζ_T와 국부저항계수 ζ_S와의 관계]

$$\Delta P_T = \Delta P_S + \Delta P_V$$

$$\zeta_T \frac{v_1^2}{2g}\gamma = \zeta_s \frac{v_1^2}{2g}\gamma + \left(\frac{v_1^2}{2g}\gamma - \frac{v_2^2}{2g}\gamma\right)$$

$$\zeta_T = \zeta_S + 1 - \left(\frac{v_2}{v_1}\right)^2$$

05 덕트의 경로 중 단면적이 확대되었을 경우 압력변화에 대한 설명으로 틀린 것은?

① 전압이 증가한다.

② 동압이 감소한다.

③ 정압이 증가한다.

④ 풍속은 감소한다.

해설

[덕트의 단면적 확대될 경우 압력변화]

$$P_t = P_s + P_v$$

(전압 = 정압 + 동압)

여기서, P_t : 전압(Pa)

P_s : 정압(Pa), P_v : 동압$(=\frac{v^2}{2}\rho)$(Pa)

덕트의 단면적이 확대되더라도 전압은 일정하다. 그러나 단면적이 확대되면 동압이 감소되고, 정압은 증가하게 된다.

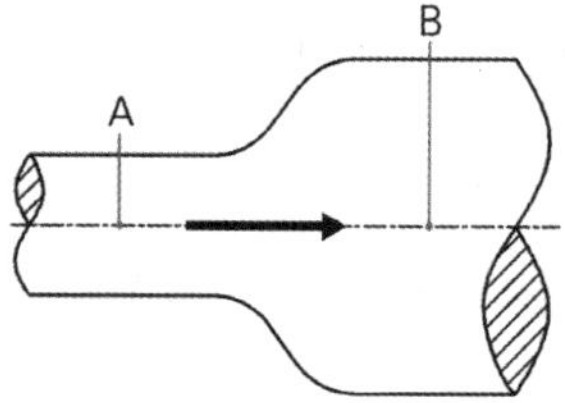

[$V_A > V_B$, $P_A < P_B$]

정답 04 ② 05 ①

06 내벽 열전달률 4.7 W/m^2·K, 외벽 열전달률 5.8 W/m^2·K, 열전도율 2.9 W/m·℃, 벽두께 25 cm, 외기온도 −10 ℃, 실내온도 20 ℃일 때 열관류율(W/m^2·K)은?

① 1.8 ② 2.1
③ 3.6 ④ 5.2

해설

[열관류율]

$$\frac{1}{K} = \frac{1}{\alpha_i} + \frac{\ell}{\lambda} + \frac{1}{\alpha_0}$$

$$= \frac{1}{4.7} + \frac{0.25}{2.9} + \frac{1}{5.8} = 0.47138$$

$$\therefore K = \frac{1}{0.47138} = 2.12\ W/m^2 \cdot K$$

07 강제순환식 온수난방에서 개방형 팽창탱크를 설치하려고 할 때 적당한 온수의 온도는?

① 100 ℃ 미만 ② 130 ℃ 미만
③ 150 ℃ 미만 ④ 170 ℃ 미만

해설

[팽창탱크 온수의 온도]

1) 개방형 팽창탱크
저온수난방(100 ℃ 미만)에 사용

2) 밀폐형 팽창 탱크
고온수난방(100 ℃ 이상)에 사용

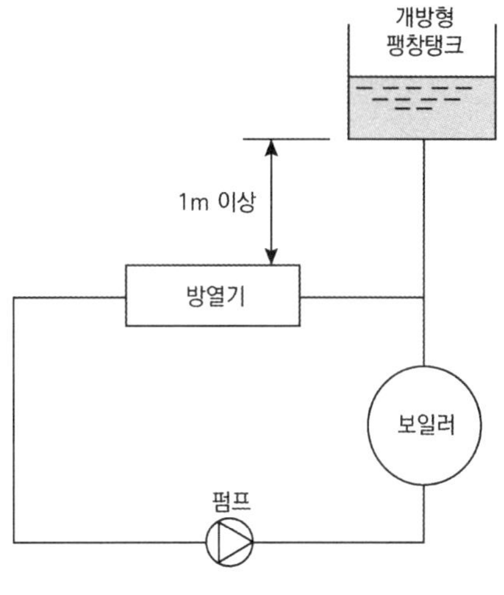

[개방식 팽창탱크]

[밀폐식 팽창탱크]

08 습공기의 상대습도(ø)와 절대습도(ω)와의 관계식으로 옳은 것은? (단, P_a는 건공기 분압, P_s는 습공기와 같은 온도의 포화수증기압력이다)

① $\varnothing = \frac{\omega}{0.622}\frac{P_a}{P_s}$ ② $\varnothing = \frac{\omega}{0.622}\frac{P_s}{P_a}$

③ $\varnothing = \frac{0.622}{\omega}\frac{P_s}{P_a}$ ④ $\varnothing = \frac{0.622}{\omega}\frac{P_a}{P_s}$

정답 06 ② 07 ① 08 ①

해설

[습공기의 상대습도(ø)와 절대습도(ω)와의 관계식]

$$상대습도\ \phi = \frac{P_w}{P_s} \times 100\ \%$$

P_w : 습공기의 수증기 분압

P_s : 포화공기의 수증기 분압

$$절대습도\ x[kg/kg'] = \frac{수증기\ 질량(kg)}{건공기\ 질량(kg')} = 0.622\frac{P_w}{P_a} = 0.622\frac{P_w}{P-P_w}$$

P_w : 습공기 중의 수증기 분압

P_a : 습공기 중의 건공기 분압

P : 대기압

※ 이 문제에서 절대습도를 ω라고 하였으므로 기호에 유의한다.

$$절대습도\ \omega = 0.622\frac{P_w}{P_a} = 0.622\frac{P_w}{P_a} \times \frac{P_s}{P_s}$$

여기서, 상대습도 $\phi = \dfrac{P_w}{P_s}$이기 때문에

$$\therefore \omega = 0.622\frac{P_s}{P_a} \times \phi$$

상대습도 ϕ에 대해 정리하면,

$$\therefore \phi = \frac{\omega}{0.622} \times \frac{P_a}{P_s}$$

09 냉방부하에 따른 열의 종류로 틀린 것은?

① 인체의 발생열 - 현열, 잠열

② 틈새바람에 의한 열량 - 현열, 잠열

③ 외기 도입량 - 현열, 잠열

④ 조명의 발생열 - 현열, 잠열

해설

[냉방부하]

④ 조명의 발생열 - 현열만 해당

※ 냉방부하의 구분

구분	부하 발생 원인	현열	잠열
실내부하	벽체로부터의 취득열량	○	-
	유리창으로부터의 취득열량 ① 일사에 의한 열량 ② 열관류에 의한 열량	○	-
	극간풍에 의한 취득열량	○	○
	인체의 발생열량	○	○
	실내 기구의 발생열량*	○	○
장치(기기) 부하	송풍기에 의한 발생열량	○	-
	덕트로부터의 취득열량	○	-
재열부하	재열기의 취득열량	○	-
외기부하	외기도입에 의한 취득열량	○	○

* 단, 실내 기구 중 조명기구(백열등, 형광등), 전동기 및 기계 등에 의한 취득열량 → 현열만 해당

정답 09 ④

10 냉수코일의 설계에 대한 설명으로 옳은 것은? (단, q_s : 코일의 냉각부하, K : 코일전열계수, FA : 코일의 정면면적, MTD : 대수평균온도차(℃), M : 젖은 면계수이다)

① 코일 내의 순환수량은 코일 출입구의 수온차가 약 5 ~ 10 ℃가 되도록 선정한다.
② 관 내의 수속은 2 ~ 3 m/s 내외가 되도록 한다.
③ 수량이 적어 관 내의 수속이 늦게 될 때에는 더블서킷(Double Circuit)을 사용한다.
④ 코일의 열수(N) = (q_s × MTD) / (M × K × FA)이다.

해설

[냉수코일의 설계]
② 관 내의 수속은 1 m/s 내외가 되도록 한다.
③ 수량이 많아 관 내의 수속이 빨라지게 되면 마찰저항이 커지므로 더블서킷(Double Circuit)을 사용한다.
④ 코일의 열수(N) $= q_s / (K \times FA \times MTD \times M)$이다.

11 공기조화방식 중 혼합상자에서 적당한 비율로 냉풍과 온풍을 자동적으로 혼합하여 각실에 공급하는 방식은?

① 중앙식 ② 이중덕트방식
③ 유인유닛방식 ④ 각층유닛방식

해설

[이중덕트방식]
공조기에 가열코일과 냉각코일을 병렬로 설치하여 온풍과 냉풍을 각각의 덕트를 통해 실의 혼합상자로 보내어 냉방 및 난방부하에 따라 혼합하여 각 실에 공급하는 방식이다. 혼합 시 소음이 있다.

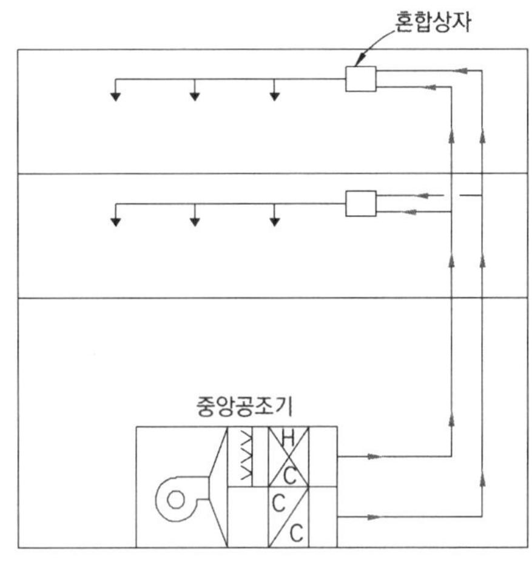

[이중덕트방식]

12 일사를 받는 외벽으로부터의 침입열량(q)을 구하는 식으로 옳은 것은? (단, K는 열관류율, A는 면적, △t는 상당외기 온도차이다)

① q = K × A × △t
② q = 0.86 × A / △t
③ q = 0.24 × A × △t / K
④ q = 0.29 × K / (A × △t)

해설

[일사를 받는 외벽으로부터의 침입열량(q)]
$q = K \cdot A \cdot \Delta t$

Δt : 상당외기온도차

정답 10 ① 11 ② 12 ①

13 덕트 정풍량방식에 대한 설명으로 틀린 것은?

① 각 실의 실온을 개별적으로 제어할 수가 있다.
② 설비비가 다른 방식에 비해서 적게 든다.
③ 기계실에 기기류가 집중 설치되므로 운전, 보수가 용이하고 진동, 소음의 전달 염려가 적다.
④ 외기의 도입이 용이하며, 환기팬 등을 이용하면 외기냉방이 가능하고 전열교환기의 설치도 가능하다.

해설

[덕트 정풍량방식]
정풍량방식은 각실의 온도를 개별적으로 제어할 수 없다.

14 습공기를 단열 가습하는 경우 열수분비(u)는 얼마인가?

① 0　　② 0.5
③ 1　　④ ∞

해설

[열수분비(u)]
단열 가습은 공기에 물을 분무하여 자연 증발시키는 방식으로 외부로부터 열의 출입이 없는 상태를 의미한다. 이때 공기는 물의 증발잠열 때문에 열을 빼앗겨 건구온도가 내려가지만 수증기가 가진 열만큼 엔탈피가 보충되어 전체 엔탈피에는 변화가 없다($\Delta h = 0$).

따라서

$$\text{열수분비}\ u = \frac{\text{전열량의 변화량}}{\text{수분의 변화량}} = \frac{\Delta h}{\Delta x} = \frac{0}{\Delta x} = 0$$

Δh : 엔탈피변화량
Δx : 절대습도변화량

15 증기난방방식에 대한 설명으로 틀린 것은?

① 환수방식에 따라 중력환수식과 진공환수식, 기계 환수식으로 구분한다.
② 배관방법에 따라 단관식과 복관식이 있다.
③ 예열시간이 길지만 열량 조절이 용이하다.
④ 운전 시 증기 해머로 인한 소음을 일으키기 쉽다.

해설

[증기난방방식]
③ 증기난방방식은 예열시간이 짧고 열량 조절이 용이하지 않다. 증기난방은 온수난방에 비해 장치 내 보유수량이 적어 열용량이 작으므로 예열시간이 짧다. 또한 증기의 온도 및 증기량을 제어하기 어려워 방열량(실내온도)조절이 어렵다.

정답 13 ① 14 ① 15 ③

16 다음 중 공기조화설비의 T.A.B를 수행할 때 작업진행 순서로 옳은 것은?

> ㉠ 전원점검
> ㉡ 현장점검
> ㉢ 예비보고서 작성
> ㉣ 물 분배계통의 시험조정

① ㉠ → ㉡ → ㉢ → ㉣
② ㉢ → ㉡ → ㉠ → ㉣
③ ㉢ → ㉠ → ㉡ → ㉣
④ ㉠ → ㉡ → ㉣ → ㉢

해설

[T.A.B.작업진행 순서]
시스템 검토 → 예비보고서 작성 → 현장점검 → 전원점검 → 시험조정 → 자동제어 계통 점검 → 온·습도 조정 → 소음 측정 → 종합보고서 작성

17 다음 중 직접 난방방식이 아닌 것은?

① 온풍난방　② 고온수난방
③ 저압증기난방　④ 복사난방

해설

[온풍난방]
온풍난방은 증기나 온수 등의 열매체가 실내에 들어오지 않으므로 간접난방방식으로 분류한다.

구분		설명	종류
중앙난방	직접난방	실내에 방열기 등을 설치하여 온수 또는 증기를 통해 실내공기를 직접 난방하는 방식	온수난방, 증기난방, 복사난방
중앙난방	간접난방	중앙기계실의 공조기에서 가열된 공기를 덕트를 통해 실내로 보내어 난방하는 방식	온풍난방, 공기조화에 의한 난방
개별난방		열원기기를 각각의 부하 발생장소(실내)에 설치하여 난방하는 방식으로 주택 등 소규모 건물의 난방에 적합함	난로, 온풍기

18 보일러의 스케일 방지방법으로 틀린 것은?

① 슬러지는 적절한 분출로 제거한다.
② 스케일 방지 성분인 칼슘의 생성을 돕기 위해 경도가 높은 물을 보일러수로 활용한다.
③ 경수연화장치를 이용하여 스케일 생성을 방지한다.
④ 인산염을 일정농도가 되도록 투입한다.

해설

[보일러의 스케일 방지방법]
② 스케일 성분인 칼슘, 마그네슘을 제거하기 위해 경도가 낮은 물(연수)을 보일러수로 활용한다.

보충 인산염과 같은 약품을 투입하는 내부 화학처리 방법이다. 이 약품은 스케일 성분과 반응하여 부착성이 없는 부드러운 슬러지로 만들어 분출 시 쉽게 배출되도록 한다.

정답 16 ② 17 ① 18 ②

19 다음 중 온수난방과 관계없는 장치는 무엇인가?

① 트랩 ② 공기빼기밸브
③ 순환펌프 ④ 팽창탱크

해설

[트랩]
트랩은 증기배관 등에서 응축된 응축수와 증기를 분리시키는 일종의 자동밸브이다.

20 덕트 설계 시 주의사항으로 틀린 것은?

① 장방형 덕트 단면의 종횡비는 가능한 한 6 : 1 이상으로 해야 한다.
② 덕트의 풍속은 15 m/s 이하, 정압은 50 mmAq 이하의 저속덕트를 이용하여 소음을 줄인다.
③ 덕트의 분기점에는 댐퍼를 설치하여 압력 평형을 유지시킨다.
④ 재료는 아연도금강판, 알루미늄판 등을 이용하여 마찰저항 손실을 줄인다.

해설

[덕트 설계 시 주의사항]
① 장방형 덕트 단면의 종횡비(아스팩트비)는 가능한 4 : 1 이하로 제한한다. 마찰손실을 줄이기 위함이다.

> ※ 압력 평형
> 덕트의 분기 지점에서 각 분기 방향으로 공기가 균등하게 분배되기 위해서는 분기된 덕트들 간의 정압이 같아야 한다. 따라서 공기 흐름이 한쪽으로 쏠리는 것을 방지하고, 시스템 전체에 걸쳐 일정한 풍량 분배를 유지하기 위해 분기점에 댐퍼를 설치하여 각 분기덕트의 풍량 또는 압력을 조절한다.

2과목 공조냉동설계

1회독	시간 :	점수 :
2회독	시간 :	점수 :
3회독	시간 :	점수 :

21 열역학적 상태량은 일반적으로 강도성 상태량과 종량성 상태량으로 분류할 수 있다. 강도성 상태량에 속하지 않는 것은?

① 압력 ② 온도
③ 밀도 ④ 체적

해설

[강도성 상태량]
1) **종량성 상태량** : 물질의 양과 비례하여 값이 바뀌는 상태량으로, 예로는 체적, 내부에너지, 엔트로피, 엔탈피 등이 있다.
2) **강도성 상태량** : 물질의 양과 관계없이 일정한 값을 가지는 상태량으로, 예로는 압력, 온도, 밀도, 비체적 등이 있다.

22 비가역 단열변화에 있어서 엔트로피변화량은 어떻게 되는가?

① 증가한다.
② 감소한다.
③ 변화량은 없다.
④ 증가할 수도 감소할 수도 있다.

해설

[비가역 단열변화에서 엔트로피변화량]
비가역 단열변화에서 엔트로피는 증가한다. 반면 가역 단열 변화에서는 변하지 않는다.

정답 19 ① 20 ① 21 ④ 22 ①

23 수증기가 정상과정으로 40 m/s의 속도로 노즐에 유입되어 275 m/s로 빠져나간다. 유입되는 수증기의 엔탈피는 3300 kJ/kg, 노즐로부터 발생되는 열손실은 5.9 kJ/kg일 때 노즐 출구에서의 수증기 엔탈피는 약 몇 kJ/kg인가?

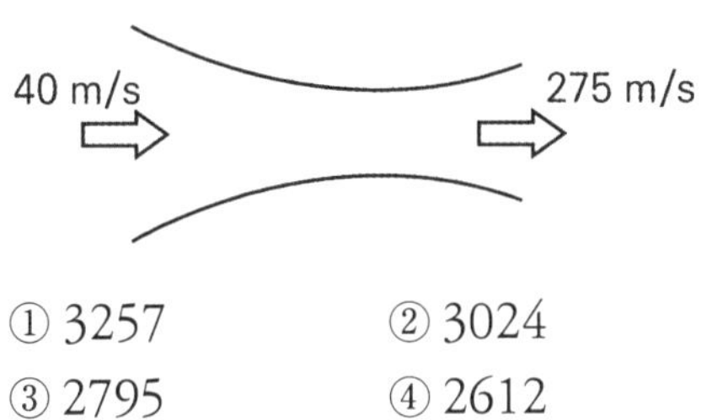

① 3257 ② 3024
③ 2795 ④ 2612

해설

[노즐 출구에서의 수증기 엔탈피]
열손실을 고려한 에너지방정식을 이용한다.

$$h_1 + \frac{v_1^2}{2} + gz_1 = h_2 + \frac{v_2^2}{2} + h_2 + gz_2 + h_L$$

여기서, h_1 : 입구 엔탈피, h_2 : 출구 엔탈피
v_1 : 입구 속도, v_2 : 출구 속도
z_1 : 입구 위치수두, z_2 : 출구 위치수두
g : 중력가속도, h_L : 손실 엔탈피

문제에서 입구와 출구의 높이에 대한 언급이 없다면 위치에너지의 변화는 없다고 가정하는 것이 일반적인 풀이이므로 $gz_1 = gz_2 = 0$이다.

따라서

$$h_1 + \frac{v_1^2}{2} = h_2 + \frac{v_2^2}{2} + h_L$$

$$3300 \times 10^3 \text{ J/kg} + \frac{40^2}{2}$$

$$= h_2 + \frac{275^2}{2} + 5900 \text{ J/kg}$$

$$\therefore\ h_2 = 3257087\ J/kg = 3257.09\ kJ/kg$$

24 클라우지우스(Clausius) 부등식을 옳게 표한한 것은? (단, T는 절대온도, Q는 시스템으로 공급된 전체 열량을 표시한다)

① $\oint \frac{\delta Q}{T} \geq 0$ ② $\oint \frac{\delta Q}{T} \leq 0$
③ $\oint T\delta Q \geq 0$ ④ $\oint T\delta Q \leq 0$

해설

[클라우지우스(Clausius)의 부등식]

가역사이클인 경우	비가역사이클인 경우
$\oint \frac{\delta Q}{T} = 0$	$\oint \frac{\delta Q}{T} < 0$

따라서 클라우지우스의 적분값은

$$\oint \frac{\delta Q}{T} \leq 0$$

$\oint$: 폐곡선적분(사이클적분)

25 냉동기, 열기관, 발전소, 화학플랜트 등에서의 뜨거운 배수를 주위의 공기와 직접 열교환시켜 냉각시키는 방식의 냉각탑은?

① 밀폐식 냉각탑 ② 증발식 냉각탑
③ 원심식 냉각탑 ④ 개방식 냉각탑

해설

[냉각탑]
1) 밀폐형 냉각탑 : 뜨거운 배수가 공기와 접촉하지 않고 관 외부로 살포되는 물에 의해 냉각되는 냉각탑
2) 개방형 냉각탑 : 뜨거운 배수를 주위의 공기와 직접 열교환시켜 냉각시키는 방식의 냉각탑

정답 23 ① 24 ② 25 ④

26 다음 중 불응축가스를 제거하는 가스퍼저(Gas Purger)의 설치위치로 가장 적당한 것은?

① 수액기 상부　② 압축기 흡입부
③ 유분리기 상부　④ 액분리기 상부

해설

[가스퍼저(Gas Purger)의 설치위치]
불응축가스는 응축기 및 수액기 상부에 모이므로, 가스퍼저의 설치위치로 응축기 및 수액기 상부가 적당하다.

27 다음 그림과 같은 2단압축 1단팽창식 냉동장치에서 고단 측의 냉매순환량(kg/h)은? (단, 저단 측 냉매순환량은 1000 kg/h이며, 각 지점에서의 엔탈피는 아래 표와 같다)

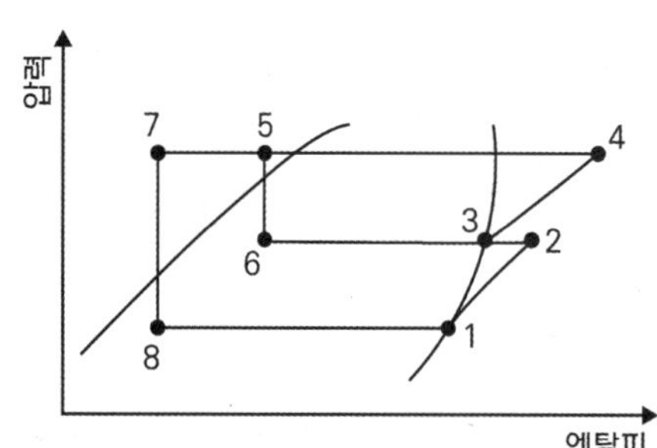

지점	엔탈피(kJ/kg)	지점	엔탈피(kJ/kg)
1	1641.2	4	1838.0
2	1796.1	5	535.9
3	1674.7	7	420.8

① 1058.2　② 1207.7
③ 1488.5　④ 1594.6

해설

[2단압축사이클 냉매공식]

$$\frac{G_H}{G_L} = \frac{h_2 - h_7}{h_3 - h_5} \text{에서}$$

$$G_H = G_L \times \frac{h_2 - h_7}{h_3 - h_5}$$

$$= 1000 \times \frac{1796.1 - 420.8}{1674.7 - 535.9}$$

$$= 1207.67 \text{ kg/h}$$

28 냉동장치에서 플래시가스의 발생원인으로 틀린 것은?

① 액관이 직사광선에 노출되었다.
② 응축기의 냉각수 유량이 갑자기 많아졌다.
③ 액관이 현저하게 입상하거나 지나치게 길다.
④ 관의 지름이 작거나 관 내 스케일에 의해 관경이 작아졌다.

해설

[플래시가스의 발생원인]
② 응축기의 냉각수 유량이 갑자기 많아진 것은 플래시가스 발생 원인이 아니다. 냉각수 유량이 많아지면 응축기의 열교환 성능이 향상되므로 냉매가 더 잘 응축된다. 즉, 과냉각효과가 증가하여 액체 냉매의 온도가 낮아지고, 플래시가스 발생이 줄어들게 된다.

정답 26 ① 27 ② 28 ②

29 펠티에(Feltier)효과를 이용하는 냉동방법에 대한 설명으로 틀린 것은?

① 펠티에효과를 냉동에 이용한 것이 전자냉동 또는 열전기식 냉동법이다.
② 펠티에효과를 냉동법으로 실용화에 어려운 점이 많았으나 반도체 기술이 발달하면서 실용화되었다.
③ 펠티에효과가 적용된 냉동방법은 휴대용 냉장고, 가정용 특수냉장고, 물 냉각기, 핵 잠수함 내의 냉난방장치 등에 사용된다.
④ 증기 압축식 냉동장치와 마찬가지로 압축기, 응축기, 증발기 등을 이용한 것이다.

해설

[펠티에효과]
펠티에효과를 이용한 열전냉동기는 직류전원을 이용하므로 압축기, 응축기, 증발기 등이 없다.

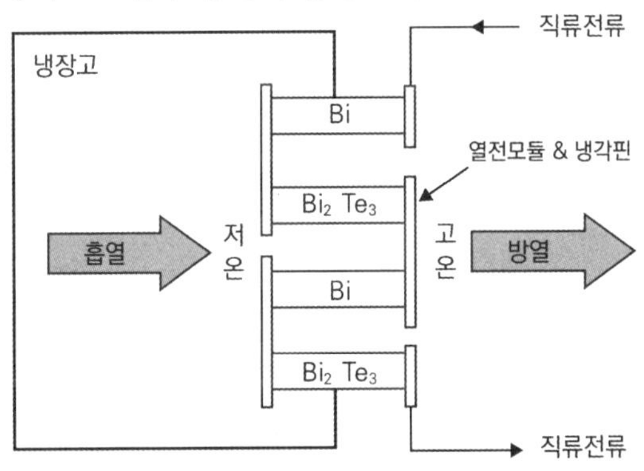

[전자냉동법(열전냉동법)]

30 비열비가 1.29, 분자량이 44인 이상 기체의 정압비열은 약 몇 kJ/(kg·K)인가? (단, 일반기체상수는 8.314 kJ/(kmol·K)이다)

① 0.51 ② 0.69
③ 0.84 ④ 0.91

해설

[정압비열]
1) 특정기체상수 R

$$R = \frac{\overline{R}}{M} = \frac{8.314}{44} = 0.189\ kJ/kg \cdot K$$

2) 정압비열 C_p

$$C_p = \frac{kR}{k-1} = \frac{1.29 \times 0.189}{1.29 - 1} \fallingdotseq 0.8407$$

31 과열증기를 냉각시켰더니 포화영역 안으로 들어와서 비체적이 0.2327 m³/kg이 되었다. 이때 포화액과 포화증기의 비체적이 각각 1.079×10^{-3} m³/kg, 0.5243 m³/kg이라면 건도는 얼마인가?

① 0.964 ② 0.772
③ 0.653 ④ 0.443

해설

[습증기의 건도]

$$v = v_f + x(v_g - v_f)$$

$$x = \frac{v - v_f}{v_g - v_f} = \frac{0.2327 - 1.079 \times 10^{-3}}{0.5243 - 1.079 \times 10^{-3}} = 0.4429 \fallingdotseq 0.443$$

v : 습증기의 비체적
v_f : 포화액의 비체적
v_g : 포화증기의 비체적

정답 29 ④ 30 ③ 31 ④

32 냉동능력이 10 RT이고 실제 흡입가스의 체적이 15 m^3/h인 냉동기의 냉동효과 (kJ/kg)는? (단, 압축기 입구 비체적은 0.52 m^3/kg이고, 1 RT는 3.86 kW이다)

① 4817.2　　② 3128.1
③ 2984.7　　④ 1534.8

해설

[냉동효과]

1) 냉매순환량

$$G = \frac{V}{v} = \frac{15}{0.52} = 28.846\ \mathrm{kg/h}$$

2) 냉동효과

$Q_e = G \cdot q_e$에서

$$q_e = \frac{Q_e}{G} = \frac{(10 \times 3.86)\, kW \times \dfrac{3600\ s}{1\ h}}{28.846\ kg/h}$$

$= 4817.31\ \mathrm{kJ/kg}$

보충 1 kW = 1 kJ/s

해설

[카르노사이클]

$$\text{효율}\ \eta = \frac{\text{입열량}(Q_1) - \text{출열량}(Q_2)}{\text{입열량}(Q_1)}$$

$$0.3 = \frac{100 - Q_2}{100}$$

$\therefore$ 방출되는 열량 $Q_2 = 70\, kJ$

※ 열기관

고열원으로부터 열을 공급받아 기계적인 일로 전환시키는 것이 목적이다.

(열기관의 이상사이클 : 카르노사이클)

$$\eta = \frac{W}{Q_1} = \frac{Q_1 - Q_2}{Q_1} = \frac{T_1 - T_2}{T_1}$$

고열원

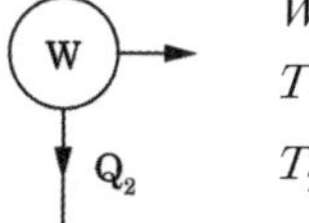

저열원

Q_1 : 고열원으로부터 받은 열량

Q_2 : 저열원으로 방출한 열량

W : 일량

T_1 : 고온

T_2 : 저온

33 카르노사이클로 작동되는 열기관이 고온체에서 100 kJ의 열을 받고 있다. 이 기관의 열효율이 30 %라면 방출되는 열량은 약 몇 kJ인가?

① 30　　② 50
③ 60　　④ 70

34 오토사이클로 작동되는 기관에서 실린더의 극간 체적(Clearance Volume)이 행정체적(Stroke Volume)의 15 %라고 하면 이론 열효율은 약 얼마인가? (단, 비열비 k = 1.4이다)

① 39.3 %　　② 45.2 %
③ 50.6 %　　④ 55.7 %

정답 32 ① 33 ④ 34 ④

해설

[오토사이클 효율]

1) 압축비 ε

$$\varepsilon = \frac{\text{실린더의 체적}}{\text{간극체적}} = \frac{\text{간극체적} + \text{행정체적}}{\text{간극체적}} = \frac{0.15+1}{0.15} = 7.67$$

2) 오토사이클 효율

$$\eta_o = 1 - \left(\frac{1}{\varepsilon}\right)^{k-1} = 1 - \left(\frac{1}{7.67}\right)^{1.4-1} \fallingdotseq 0.557 = 55.7\,\%$$

ε : 압축비

k : 비열비

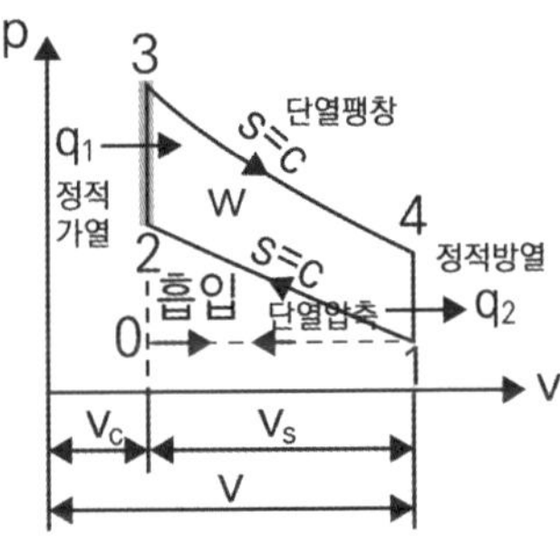

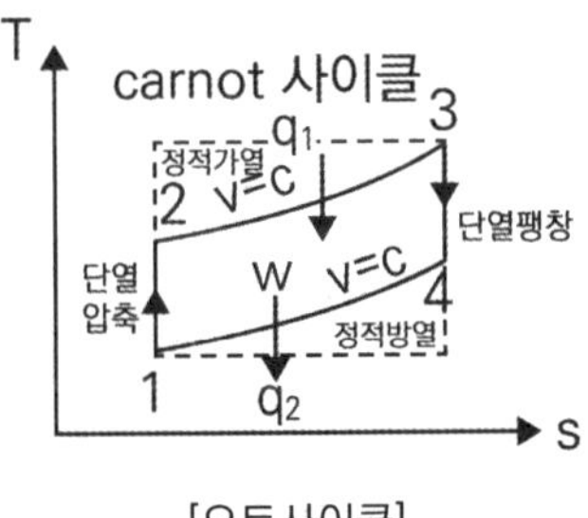

[오토사이클]

35 어떤 열기관이 550 K의 고열원으로부터 20 kJ의 열량을 공급받아 250 K의 저열원에 14 kJ의 열량을 방출할 때 이 사이클의 Clausius 적분값과 가역, 비가역 여부의 설명으로 옳은 것은?

① Clausius 적분값은 −0.0196 kJ/K이고 가역사이클이다.

② Clausius 적분값은 −0.0196 kJ/K이고 비가역사이클이다.

③ Clausius 적분값은 0.0196 kJ/K이고 가역사이클이다.

④ Clausius 적분값은 0.0196 kJ/K이고 비가역사이클이다.

해설

[클라우지우스(Clausius)의 부등식]

공급받은 열량은 (+)부호, 방출된 열량은 (-)부호이므로,

$$\oint \frac{\delta Q}{T} = \frac{\delta Q_1}{T_1} + \frac{\delta Q_2}{T_2} = \frac{20}{550} - \frac{14}{250} = -0.0196\ kJ/K$$

따라서

$\oint \frac{\delta Q}{T} < 0$이므로 비가역과정이다.

※ 클라우지우스(Clausius)의 부등식

가역사이클인 경우	비가역사이클인 경우
$\oint \frac{\delta Q}{T} = 0$	$\oint \frac{\delta Q}{T} < 0$

$\oint$: 폐곡선 적분(사이클 적분)

정답 35 ②

36 냉동장치 운전 중 팽창밸브의 열림이 적을 때 발생하는 현상이 아닌 것은?

① 증발압력은 저하한다.
② 냉매순환량은 감소한다.
③ 액압축으로 압축기가 손상된다.
④ 체적효율은 저하한다.

해설

[팽창밸브의 열림이 적을 때 발생하는 현상]
③ 팽창밸브 열림이 작으면 냉매가 적게 흐르므로 증발기에서 모두 증발하고 압축기에 유입되는 냉매는 오히려 과열증기 상태가 된다. 액압축은 일어나지 않는다.

37 완전가스의 내부에너지(u)는 어떤 함수인가?

① 압력과 온도의 함수이다.
② 압력만의 함수이다.
③ 체적과 압력의 함수이다.
④ 온도만의 함수이다.

해설

[줄의 법칙(Joule's Law)]
완전가스(= 이상기체)에서 내부에너지와 엔탈피는 온도만의 함수이다.
즉, 공식으로는 다음과 같다.
$du = C_v dT = f(T)$
$dh = C_p dT = f(T)$

38 밀폐용기에 비내부에너지가 200 kJ/kg 인 기체가 0.5 kg 들어 있다. 이 기체를 용량이 500 W인 전기가열기로 2분 동안 가열한다면 최종 상태에서 기체의 내부에너지는 약 몇 kJ인가? (단, 열량은 기체로만 전달된다고 한다)

① 20 kJ　　② 100 kJ
③ 120 kJ　　④ 160 kJ

해설

[기체의 내부에너지]
밀폐용기(체적이 일정한 강체 용기) 내에서 일어나는 변화이므로, 기체가 외부에 한 일(W)은 0이다. 이 경우 열역학 제1법칙($Q = \triangle U + W$)은 $Q = \triangle U$로 간단하게 표현된다. 즉, 내부에너지의 변화량은 가해진 열량과 같다.
따라서

$$
\begin{aligned}
U_2 &= U_1 + \triangle U \\
&= U_1 + Q \\
&= m \times u + P \times t \\
&= 0.5\,kg \times 200\,kJ/kg \\
&\quad + 500 \times 10^{-3}\,kW \times \left(2\,\text{min} \times \frac{60\,s}{1\,\text{min}}\right) \\
&= 160\,kJ
\end{aligned}
$$

U_2 : 최종 상태에서 내부에너지(kJ)
U_1 : 초기 상태에서 내부에너지(kJ)
u : 비내부에너지(kJ/kg)
P : 일률(W)
t : 시간(s)

보충 일의 양(에너지) = P × t
암 1 kW = 1 kJ/s

정답 36 ③ 37 ④ 38 ④

39 증기를 가역단열과정을 거쳐 팽창시키면 증기의 엔트로피는?

① 증가한다.
② 감소한다.
③ 변하지 않는다.
④ 경우에 따라 증가도 하고, 감소도 한다.

해설

[가역단열과정]
가역단열과정에서는 등엔트로피과정으로 엔트로피의 변화가 없다. 반면 비가역단열과정에서는 엔트로피가 증가한다.

40 냉동장치가 정상운전되고 있을 때 나타나는 현상으로 옳은 것은?

① 팽창밸브 직후의 온도는 직전의 온도보다 높다.
② 크랭크 케이스 내의 유온은 증발온도보다 낮다.
③ 수액기 내의 액온은 응축온도보다 높다.
④ 응축기의 냉각수 출구온도는 응축온도보다 낮다.

해설

[냉동장치의 운전]
① 팽창밸브 직후의 온도는 직전의 온도보다 낮다.
→ 냉매가 팽창밸브를 지나면 온도와 압력이 저하된다(등엔탈피과정).
② 크랭크 케이스 내의 유온은 증발온도보다 높다.
③ 수액기 내의 액온은 응축온도보다 낮다.
→ 수액기는 응축기에서 액화된 냉매를 팽창밸브로 보내기 전에 잠시 저장하는 역할을 한다. 일반적으로 수액기 내의 냉매온도는 응축온도보다 낮다.

정답 39 ③ 40 ④

3과목 시운전 및 안전관리

1회독 시간 : 점수 :
2회독 시간 : 점수 :
3회독 시간 : 점수 :

41 기계설비법령에 따라 기계설비 유지관리교육에 관한 업무를 위탁받아 시행하는 기관은?

① 한국기계설비건설협회
② 대한기계설비건설협회
③ 한국공작기계산업협회
④ 한국건설기계산업협회

해설

[기계설비 유지관리교육에 관한 업무]
「기계설비법」 제20조 제1항, 시행령 제16조 제2항
국토교통부고시 제2020-345호(2020.4.18.제정)
위탁기관 : 대한기계설비건설협회

42 고압가스 안전관리법령에 따라 ( ) 안의 내용으로 옳은 것은?

> "충전용기"란 고압가스의 충전질량 또는 충전압력의 (㉠)이 충전되어 있는 상태의 용기를 말한다. "잔가스용기"란 고압가스의 충전질량 또는 충전압력의 (㉡)이 충전되어 있는 상태의 용기를 말한다.

① ㉠ 2분의 1 이상, ㉡ 2분의 1 미만
② ㉠ 2분의 1 초과, ㉡ 2분의 1 이하
③ ㉠ 5분의 2 이상, ㉡ 5분의 2 미만
④ ㉠ 5분의 2 초과, ㉡ 5분의 2 이하

해설

[충전용기]
1) 고압가스 안전관리법 시행규칙 제2조 14
충전용기 : 고압가스의 충전질량 또는 충전압력의 $\frac{1}{2}$ 이상이 충전되어 있는 상태의 용기
2) 고압가스 안전관리법 시행규칙 제2조 15
잔가스용기 : 고압가스의 충전질량 또는 충전압력의 $\frac{1}{2}$ 미만이 충전되어 있는 상태의 용기

43 산업안전보건법령에 따라 사업주가 보일러의 폭발 사고를 예방하기 위하여 유지·관리하여야 할 안전장치가 아닌 것은?

① 압력방호판
② 화염검출기
③ 압력방출장치
④ 고·저수위 조절장치

해설

[산업안전보건기준에 관한 규칙 – 제119조]
제119조(폭발위험의 방지) 사업주는 보일러의 폭발 사고를 예방하기 위하여 압력방출장치, 압력제한스위치, 고저수위 조절장치, 화염 검출기 등의 기능이 정상적으로 작동될 수 있도록 유지·관리하여야 한다.

보충 보일러 안전장치의 종류 :
압력방출장치, 압력제한스위치,
고·저수위 조절장치, 화염 검출기

정답 41 ② 42 ① 43 ①

※ 압력방호판

압력방호판(Bursting Disc, 파열판)은 일정 압력 이상에서 파열되어 압력을 해제하는 단순 구조물로, 일부 특수 장비나 화학플랜트 등에서 사용됨. 하지만 보일러용 안전장치로 법적으로 의무화된 장치는 아님

44 고압가스 냉동기 제조의 시설에서 냉매가스가 통하는 부분의 설계압력 설정에 대한 설명으로 틀린 것은?

① 보통의 운전상태에서 응축온도가 65℃를 초과하는 냉동설비는 그 응축온도에 대한 포화증기 압력을 그 냉동설비의 고압부 설계압력으로 한다.

② 냉매설비의 저압부가 항상 저온으로 유지되고 또한 냉매가스의 압력이 0.4 MPa 이하인 경우에는 그 저압부의 설계압력을 0.8 MPa로 할 수 있다.

③ 보통의 상태에서 내부가 대기압 이하로 되는 부분에는 압력이 0.1MPa을 외압으로 하여 걸리는 설계압력으로 한다.

④ 냉매설비의 주위 온도가 항상 40℃를 초과하는 냉매설비 등의 저압부 설계압력은 그 주위 온도의 최고온도에서의 냉매가스의 평균압력 이상으로 한다.

해설

[냉매가스가 통하는 부분의 설계압력 설정]

④ 냉매설비의 주위 온도가 항상 40℃를 초과하는 냉매설비 등의 저압부 설계압력은 그 주위 온도의 최고온도에서의 냉매가스의 포화압력 이상으로 한다.

45 기계설비 유지관리자의 보수교육의 교육주기로 올바른 것은?

① 최근에 이수한 교육이수일부터 1년이 지난 날을 기준으로 1개월 이내

② 최근에 이수한 교육이수일부터 2년이 지난 날을 기준으로 2개월 이내

③ 최근에 이수한 교육이수일부터 3년이 지난 날을 기준으로 3개월 이내

④ 최근에 이수한 교육이수일부터 4년이 지난 날을 기준으로 4개월 이내

해설

[기계설비 유지관리자의 교육시기]

1) 신규교육 : 선임된 날부터 6개월 이내

2) 보수교육 : 최근에 이수한 유지관리교육의 이수일부터 3년이 지난 날을 기준으로 3개월 이내

46 SCR에 관한 설명으로 틀린 것은?

① PNPN 소자이다.

② 스위칭 소자이다.

③ 양방향성 사이리스터이다.

④ 직류나 교류의 전력제어용으로 사용된다.

정답 44 ④ 45 ③ 46 ③

해설

[SCR(사이리스터, 실리콘제어 정류소자)]

SCR은 정류기능을 갖는 단방향성 3단자 소자이며, 부하전류를 단락시키거나 개방시킬 수 있는 소자이다.

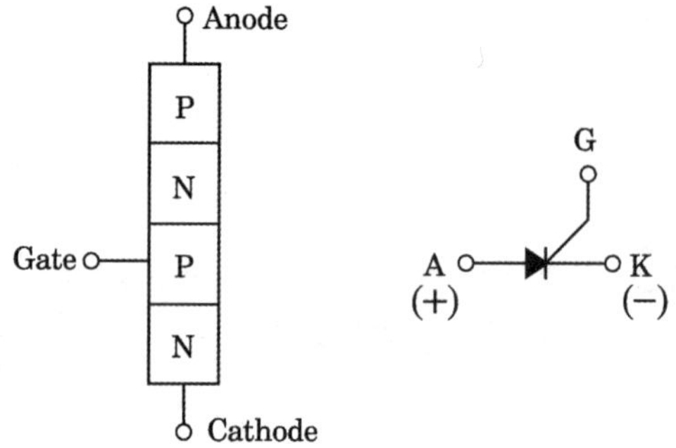

전동기 종류	속도-토크 특성	용도
직권 전동기	토크↑ ⇨ 속도↓ ⇨ 출력 일정	전차, 기중기, 엘리베이터
분권 전동기	•속도 일정 •토크 변동	일정속도 구동장치 (이송장치, 공작기계)
가동 복권 전동기	•직권 + 분권 혼합 •분권 우세	속도 안정 중시 (산업용으로 다용도)
차동 복권 전동기	•직권 + 분권 혼합 •직권 우세	출력 불안정 ⇨ 거의 사용되지 않음

47 토크가 증가하면 속도가 낮아져 대체적으로 일정한 출력이 발생하는 것을 이용해서 전차, 기중기 등에 주로 사용하는 직류전동기는?

① 직권전동기

② 분권전동기

③ 가동 복권전동기

④ 차동 복권전동기

해설

[직권전동기 특성]

1) 기동 토크가 크다.

2) 속도 변동률이 크다

3) 토크 변동률이 크다.

4) 토크가 증가하면 회전속도가 감소한다. 이러한 특성으로 전차, 기중기 등에 주로 사용된다.

48 그림과 같은 계전기 접점회로의 논리식은?

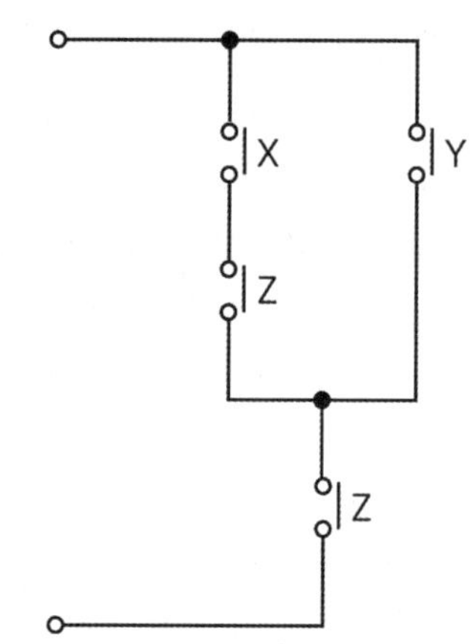

① XZ + Y　　② (X + Y)Z

③ (X + Z)Y　　④ X + Y + Z

해설

[접점회로의 논리식]

$(XZ+Y)Z = XZ+YZ = (X+Y)Z$

정답 47 ① 48 ②

49 90 Ω의 저항 3개가 △결선으로 되어 있을 때 상당(단상) 해석을 위한 등가 Y결선에 대한 각 상의 저항 크기는 몇 Ω인가?

① 10　　② 30
③ 90　　④ 120

해설

[△결선 → Y결선]

△결선을 Y결선으로 변환하면 저항값이 1/3로 줄어든다.

$$R_Y = \frac{1}{3}R_\triangle = \frac{1}{3}\times 90 = 30\ \Omega$$

50 다음의 제어기기에서 압력을 변위로 변환하는 변환요소가 아닌 것은?

① 스프링　　② 벨로우즈
③ 노즐플래퍼　　④ 다이어프램

해설

[노즐플래퍼]

노즐플래퍼는 변위에 따라 노즐 내에 공기압이 변한다. 즉, 변위를 압력으로 변환하는 요소이다.

※ 스프링, 벨로우즈, 다이어프램 : 압력 → 변위(압력을 받으면 늘어나거나 줄어드는 등 모양이 변함)

※ 노즐플래퍼(Nozzle – Flapper)

1) 정의

노즐플래퍼는 제어장치에서 미세한 기계적 변위를 유체(공기 또는 기름)의 압력 변화로 변환하는 기구이다. 주로 서보밸브와 같은 정밀 제어시스템에서 증폭기 역할을 한다.

2) 구성

고정된 노즐과 그 앞을 막는 플래퍼(얇은 판)로 구성된다.

3) 작동 원리

(1) 일정한 압력의 유체가 공급관을 통해 노즐로 공급된다.
(2) 플래퍼가 노즐에서 멀어지면 노즐과 플래퍼 사이의 간격이 넓어져 유체가 쉽게 빠져나가고, 그 결과 노즐 내부의 배압(Back Pressure)은 낮아진다.
(3) 반대로 플래퍼가 노즐에 가까워지면 간격이 좁아져 유체의 흐름이 방해를 받고, 배압은 높아진다.
(4) 이 원리를 통해 플래퍼의 매우 작은 움직임(변위)으로도 큰 폭의 압력 변화를 만들어 낼 수 있다.

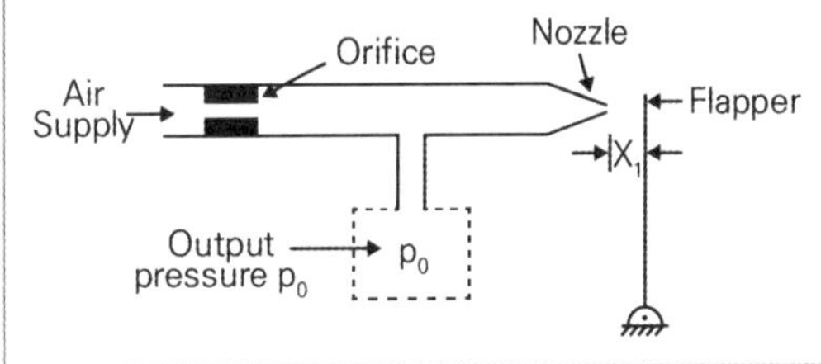

51 PLC프로그래밍에서 여러 개의 입력 신호 중 하나 또는 그 이상의 신호가 On되었을 때 출력이 나오는 회로는?

① OR회로　　② AND회로
③ NOT회로　　④ 자기유지회로

해설

[OR회로]

X = A + B

어느 하나 이상의 입력이 참일 경우 값이 참인 회로

정답 49 ② 50 ③ 51 ①

52 R = 8 Ω, X_L = 2 Ω, X_C = 8 Ω의 직렬회로에 100 V의 교류전압을 가할 때 전압과 전류의 위상관계로 옳은 것은?

① 전류가 전압보다 약 37° 뒤진다.
② 전류가 전압보다 약 37° 앞선다.
③ 전류가 전압보다 약 43° 뒤진다.
④ 전류가 전압보다 약 43° 앞선다.

해설

[RLC 직렬회로에서 위상차]

위상각 $\theta = \tan^{-1}\frac{X_L - X_c}{R}$

$\theta = \tan^{-1}\frac{2-8}{8}$

$= \tan^{-1}\frac{-6}{8} = -36.87°$

∴ 전류가 전압보다 약 37° 앞선다.

53 직류전압, 직류전류, 교류전압 및 저항 등을 측정할 수 있는 계측기기는?

① 검전기　　② 검상기
③ 메거　　④ 회로시험기

해설

[회로시험기]

회로시험기로 측정할 수 있는 것은 직류전압, 직류전류, 교류전압, 저항이다. 교류전류는 측정이 불가능하다.

54 절연저항을 측정하는 데 사용되는 계기는?

① 메거(Megger)　　② 회로시험기
③ R-L-C미터　　④ 검류계

해설

[메거(Megger)]

'절연저항계'라고도 하며 전기 기기의 절연저항 및 옥내 전선의 절연저항을 측정할 때 사용된다.

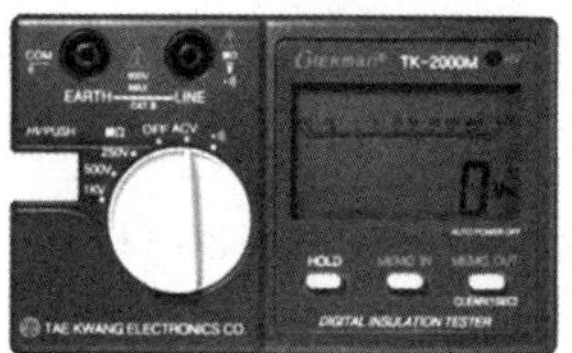

55 3상 유도전동기의 출력이 10 kW, 슬립이 4.8 %일 때의 2차 동손은 약 몇 kW인가?

① 0.24　　② 0.36
③ 0.5　　④ 0.8

해설

[2차 동손]

※ 기계적 출력 $P=(1-S)\times P_2$

⇨ $P_2 = \frac{P}{1-S}$

※ 2차 동손 $= S\times P_2$

$= S\times\frac{P}{1-S}$

여기서, P_2 : 회전자 입력 전력

S : 슬립(회전자 회전속도가 동기속도보다 얼마나 느린지 백분율로 표현한 것)

2차 동손 : 슬립으로 인해 회전자에서 발생하는 손실

정답 52 ② 53 ④ 54 ① 55 ③

$$2차\ 동손 = \frac{S}{1-S} \times P = \frac{0.048}{1-0.048} \times 10 = 0.5\,kW$$

56 전기자 철심을 규소 강판으로 성층하는 주된 이유는?

① 정류자면의 손상이 적다.
② 가공하기 쉽다.
③ 철손을 적게 할 수 있다.
④ 기계손을 적게 할 수 있다.

해설

[규소 강판으로 성층하는 주된 이유]
철손을 적게 하기 위해 히스테리시스손이 적은 규소강판을 사용하고, 와류손을 적게 하기 위해 성층한다.

57 열전대에 대한 설명이 아닌 것은?

① 열전대를 구성하는 소선은 열기전력이 커야 한다.
② 철, 콘스탄탄 등의 금속을 이용한다.
③ 제벡효과를 이용한다.
④ 열팽창계수에 따른 변형 또는 내부 응력을 이용한다.

해설

[열전대]
① 열전대는 온도차에 따라 발생하는 열기전력(전압)을 측정하기 때문에, 열기전력이 큰 금속 조합일수록 감도가 좋다.
② 열전대는 서로 다른 두 금속을 연결해서 만들며, 철-콘스탄탄, 크로멜-알루멜 등이 일반적인 조합이다.
③ 열전대의 작동 원리는 제벡효과이다.
(제벡효과 : 서로 다른 두 금속의 접점에 온도차를 주면 전압이 발생하는 현상)
④ 열팽창계수에 따른 변형이나 내부 응력을 이용하는 것은 열전대가 아니라 바이메탈 온도계의 원리다.

※ 열전대 정리
열전대(Thermocouple)는 열팽창이나 기계적 변형이 아닌, 두 금속 간의 온도차로 발생하는 열기전력(제벡효과)을 이용하여 온도를 측정하는 센서이다.

58 회전각을 전압으로 변환시키는 데 사용되는 위치 변환기는?

① 속도계 ② 증폭기
③ 변조기 ④ 전위차계

해설

[전위차계]
전위차계는 위치를 전압으로 변환시키는 데 사용되는 변환기이며, 회전형 전위차계는 회전각을 전압으로 변환시키는 데 사용된다.

정답 56 ③ 57 ④ 58 ④

59 3상 유도전동기의 주파수가 60 Hz, 극수가 6극, 전부하 시 회전수가 1160 rpm이라면 슬립은 약 얼마인가?

① 0.03　② 0.24
③ 0.45　④ 0.57

해설

[슬립]

1) 동기속도

$$N_s = \frac{120f}{p} = \frac{120 \times 60}{6} = 1200\text{ rpm}$$

2) 슬립

[풀이 1]

$$S = \frac{N_s - N}{N_s} = \frac{1200 - 1160}{1200} = 0.03$$

[풀이 2]

$$N = (1 - S) \times N_s$$

$$1160 = (1 - S) \times 1200$$

$$\therefore S = 0.03$$

60 다음 블록선도를 등가 합성 전달함수로 나타낸 것은?

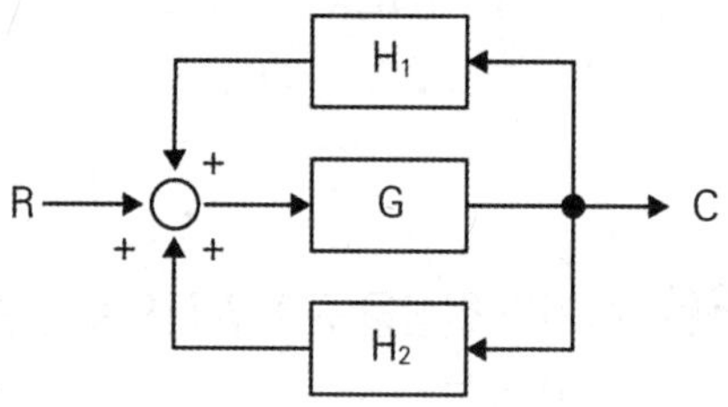

① $\dfrac{G}{1 - H_1 - H_2}$

② $\dfrac{G}{1 - H_1 G - H_2 G}$

③ $\dfrac{G - 1}{1 - H_1 G - H_2 G}$

④ $\dfrac{H_1 G + H_2 G}{1 - G}$

해설

[블록선도]

$$\text{전달함수 } \frac{C}{R} = \frac{\text{전향경로 이득}}{1 - \text{피드백 이득}} = \frac{G}{1 - (GH_1 + GH_2)} = \frac{G}{1 - H_1 G - H_2 G}$$

정답 59 ① 60 ②

4과목 유지보수 공사관리

1회독 시간 : 점수 :
2회독 시간 : 점수 :
3회독 시간 : 점수 :

61 냉매배관 시 유의사항으로 틀린 것은?

① 냉동장치 내의 배관은 절대기밀을 유지할 것
② 배관도중에 고저의 변화를 될수록 피할 것
③ 기기간의 배관은 가능한 한 짧게 할 것
④ 만곡부는 될 수 있는 한 적고 또한 곡률반경은 작게 할 것

해설

[냉매배관 시공 시 주의사항]
1) 배관길이는 짧게 하여 배관 마찰손실을 적게 한다.
2) 온도변화에 의한 신축을 고려하여 파손을 방지한다.
3) 만곡부(곡관부)는 될 수 있는 한 없게 하고, 곡률반경은 크게 해야 한다.

62 팬코일유닛방식의 배관방식 중 공급관이 2개이고 환수관이 1개인 방식은?

① 1관식 ② 2관식
③ 3관식 ④ 4관식

해설

[3관식(Three Pipe)]
1) 공급관이 2개(온수관, 냉수관)이고 환수관이 1개인 배관방식이다.
2) 개별제어가 가능하다.
3) 배관이 복잡하다.
4) 환수관이 1개이므로 냉수와 온수의 혼합 손실이 발생한다.

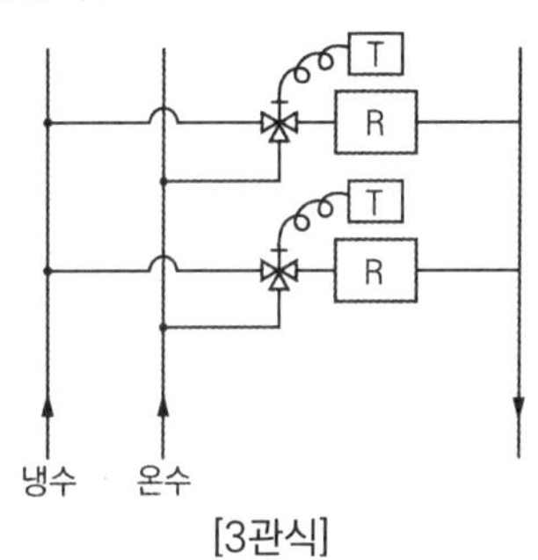

[3관식]

63 온수난방배관에서 리버스 리턴(Reverse Return)방식을 채택하는 주된 이유는?

① 온수의 유량 분배를 균일하게 하기 위하여
② 배관의 길이를 짧게하기 위하여
③ 배관의 신축을 흡수하기 위하여
④ 온수가 식지 않도록 하기 위하여

해설

[리버스 리턴방식]
리버스 리턴방식은 각 유닛까지 연결되는 공급관 + 환수관의 길이를 같게 하여 각 유닛에 유량 분배를 균일하게 하기 위한 배관방식이다.

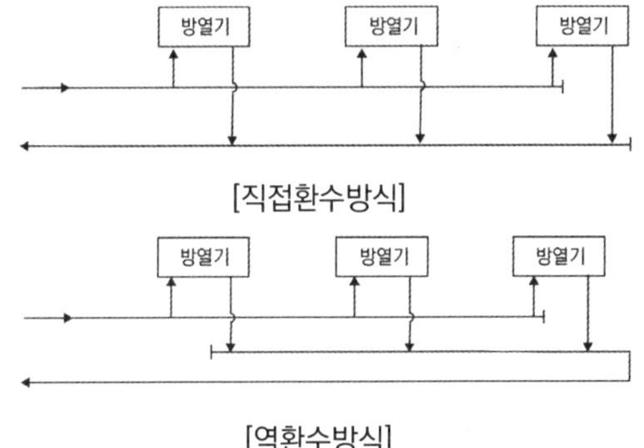

[직접환수방식]

[역환수방식]

정답 61 ④ 62 ③ 63 ①

2024-01

64 다음 도시기호의 이음은?

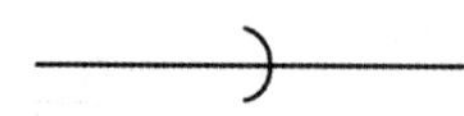

① 나사식 이음　② 용접식 이음
③ 소켓식 이음　④ 플랜지식 이음

해설

[관의 결합방식]

이음종류	연결방법	도시기호
관이음	나사이음	
	플랜지이음	
	용접이음 (땜이음)	
	소켓이음 (턱걸이이음)	
	유니언이음	
신축이음	루프형	
	슬리브형	
	벨로우즈형	
	스위블형	

65 배수배관의 시공 시 유의사항으로 틀린 것은?

① 배수를 가능한 천천히 옥외 하수관으로 유출할 수 있을 것
② 옥외 하수관에서 하수 가스나 쥐 또는 각종 벌레 등이 건물 안으로 침입하는 것을 방지할 수 있는 방법으로 시공할 것
③ 배수관 및 통기관은 내구성이 풍부하여야 하며 가스나 물이 새지 않도록 기구 상호 간의 접합을 완벽하게 할 것
④ 한랭지에서는 배수관이 동결되지 않도록 피복을 할 것

해설

[배수배관의 시공 시 유의사항]
① 배수는 가능한 빨리 옥외 하수관으로 유출할 수 있어야 한다.

66 고가(옥상) 탱크급수방식의 특징에 대한 설명으로 틀린 것은?

① 저수시간이 길어지면 수질이 나빠지기 쉽다.
② 대규모의 급수 수요에 쉽게 대응할 수 있다.
③ 단수 시에도 일정량의 급수를 계속할 수 있다.
④ 급수 공급 압력의 변화가 심하다.

정답 64 ③ 65 ① 66 ④

해설

[고가(옥상) 탱크급수방식]

④ 항상 일정한 수압으로 급수가 가능하다.

> ※ 고가수조방식
> 수도 본관으로부터 건물의 옥상 등에 설치된 고가수조(물탱크)에 물을 받아 저장하고 탱크에서 하향으로 급수하는 방식

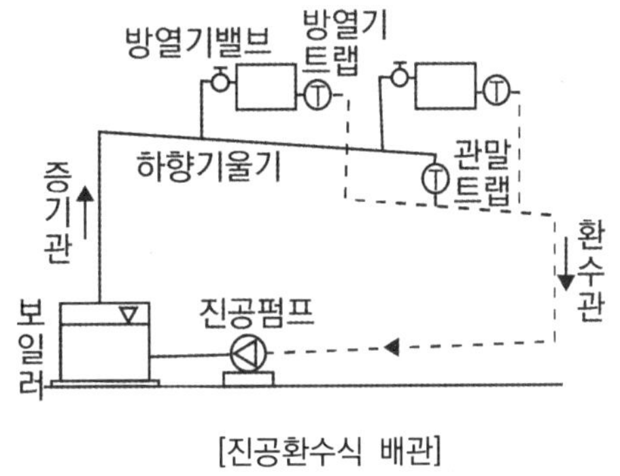

[진공환수식 배관]

67 증기난방배관시공에서 환수관에 수직 상향부가 필요할 때 리프트피팅(Lift Fitting)을 써서 응축수가 위쪽으로 배출되게 하는 방식은?

① 단관 중력 환수식
② 복관 중력 환수식
③ 진공 환수식
④ 압력 환수식

해설

[진공 환수식]

진공 환수식에서는 환수관에 수직 상향부가 필요할 때 리프트피팅을 이용하여 응축수를 위쪽으로 배출한다.

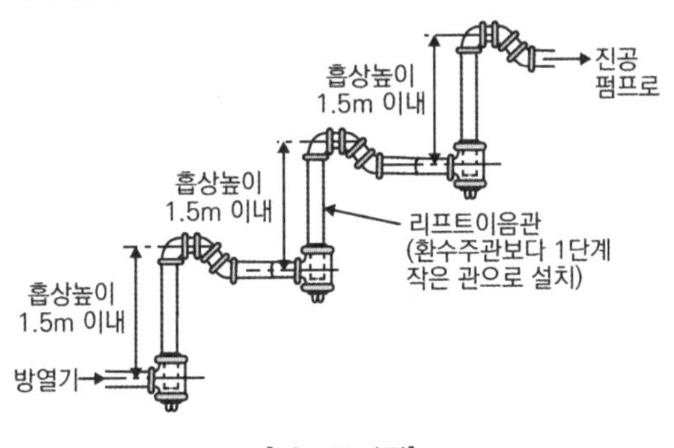

[리프트피팅]

68 스케줄 번호에 의해 관의 두께를 나타내는 강관은?

① 배관용 탄소강관
② 수도용 아연도금강관
③ 압력배관용 탄소강관
④ 내식성 급수용 강관

해설

[스케줄 번호로 관의 두께를 나타내는 강관]

스케줄 번호로 관의 두께를 나타내는 강관은 압력배관용 탄소강관(SPPS), 고압배관용 탄소강관(SPPH)이 있다.

> 스케줄 번호 Sch.No $= \frac{P}{S} \times 1000$
> P : 사용압력(MPa)
> S : 허용응력(N/mm^2 = MPa)

69 배관의 끝을 막을 때 사용하는 이음쇠는?

① 유니언 ② 니플
③ 플러그 ④ 소켓

정답 67 ③ 68 ③ 69 ③

해설

[배관의 끝을 막을 때 사용하는 이음쇠]

배관의 끝을 막을 때 사용하는 이음쇠는 플러그 및 캡이 있다.

[캡]

[플러그]

70 보온재의 열전도율이 작아지는 조건으로 틀린 것은?

① 재료의 두께가 두꺼울수록
② 재료 내 기공이 작고 기공률이 클수록
③ 재료의 밀도가 클수록
④ 재료의 온도가 낮을수록

해설

[보온재의 열전도율]

일반적으로 재료의 밀도가 크면 열전도율이 커진다.

71 가스수요의 시간적 변화에 따라 일정한 가스량을 안전하게 공급하고 저장을 할 수 있는 가스홀더의 종류가 아닌 것은?

① 무수(無水)식 ② 유수(有水)식
③ 주수(柱水)식 ④ 구(球)형

해설

[가스홀더의 종류]

1) 가스홀더(Gas Holder)는 제조·정제된 가스를 저장하고, 압력을 균일하게 유지하며, 급격한 수요 변화에 대응하여 공급량을 조절하는 장치
2) 가스홀더의 역할
   (1) 가스를 저장하여 압력 변동을 방지
   (2) 수요 변동에 따라 가스 공급량을 조절
   (3) 제조량과 소비량의 균형을 유지하여 안정적인 공급 가능
3) 가스홀더의 종류
   (1) 저압식 : 유수식(有水式), 무수식(無水式)
   (2) 중, 고압식 : 구형(球形), 원통형(圓筒形)

72 다음 중 암모니아 냉동장치에 사용되는 배관재료로 가장 적합하지 않은 것은?

① 이음매 없는 동관
② 배관용 탄소강관
③ 저온배관용 강관
④ 배관용 스테인리스강관

해설

[암모니아 냉동장치에 사용되는 배관재료]

암모니아 증기가 수분을 함유하면 동, 아연, 주석을 부식시키므로 동관을 사용할 수 없다.

73 강관에서 호칭 관경의 연결로 틀린 것은?

① 25A : $1\frac{1}{2}$B ② 20A : $\frac{3}{4}$B
③ 32A : $1\frac{1}{4}$B ④ 50A : 2B

정답 70 ③ 71 ③ 72 ① 73 ①

해설

[강관에서 호칭 관경]
A : mm
B : inch
① 25A : 1B

보충 1 inch = 25.4 mm

74 온수난방배관 시 유의사항으로 틀린 것은?

① 온수방열기마다 반드시 수동식 에어벤트를 부착한다.
② 배관 중 공기가 고일 우려가 있는 곳에는 에어벤트를 설치한다.
③ 수리나 난방 휴지시의 배수를 위한 드레인밸브를 설치한다.
④ 보일러에서 팽창탱크에 이르는 팽창관에는 밸브를 2개 이상 부착한다.

해설

[온수난방설비의 온수배관 시공법]
④ 팽창관에는 어떤 밸브도 설치해서는 안 된다.

보충 팽창관은 부피가 증가된 온수를 팽창탱크로 도피시키는 배관

75 도시가스의 제조소 및 공급소 밖의 배관 표시기준에 관한 내용으로 틀린 것은?

① 가스배관을 지상에 설치할 경우에는 배관의 표면색상을 황색으로 표시한다.
② 최고사용압력이 중압인 가스배관을 매설할 경우에는 황색으로 표시한다.
③ 배관을 지하에 매설하는 경우에는 그 배관이 매설되어 있음을 명확하게 알 수 있도록 표시한다.
④ 배관의 외부에 사용가스명, 최고사용압력 및 가스의 흐름 방향을 표시하여야 한다. 다만 지하에 매설하는 경우에는 흐름방향을 표시하지 아니할 수 있다.

해설

[도시가스의 제조소 및 공급소 밖의 배관 표시기준]
※ 도시가스사업법 시행규칙 별표 5
가스배관의 표면색상은 지상배관은 황색으로, 매 설배관은 최고사용압력이 저압인 배관은 황색, 중압인 배관은 적색으로 한다.

76 연관의 접합과정에 쓰이는 공구가 아닌 것은?

① 봄볼 ② 턴핀
③ 드레서 ④ 사이징툴

정답 74 ④ 75 ② 76 ④

2024-01

해설

[연관용 공구]
1) 봄볼 : 연관 주관에 구멍을 뚫는 공구
2) 드레서 : 연관 표면의 산화피막을 제거하는 공구(빼빠)
3) 턴핀 : 접합하기 쉽게 연관 끝을 확대하는 공구
4) 벤드밴 : 연관에 끼워 관을 굽히거나 펼 때 사용하는 공구
5) 맬릿 : 나무해머

보충 사이징 툴 :
동관의 끝을 원형(진원)으로 만드는 공구

[사이징툴]

77 펌프의 양수량이 60 m³/min이고 전양정이 20 m일 때 볼류트펌프로 구동할 경우 필요한 동력(kW)은 얼마인가? (단, 물의 비중량은 9800 N/m³이고, 펌프의 효율은 60 %로 한다)

① 196.1 ② 200
③ 326.7 ④ 405.8

해설

[동력]

$$동력\ P[W] = \frac{\gamma[N/m^3] \times Q[m^3/s] \times H[m]}{\eta} \times K$$

$$P[kW] = \frac{\gamma[kN/m^3] \times Q[m^3/s] \times H[m]}{\eta}$$

$$= \frac{9.8\ kN/m^3 \times \frac{60}{60}\ m^3/s \times 20\ m}{0.6}$$

$$= 326.7\ \mathrm{kW}$$

78 공조설비에서 증기코일의 동결방지 대책으로 틀린 것은?

① 외기와 실내 환기가 혼합되지 않도록 차단한다.
② 외기댐퍼와 송풍기를 인터록 시킨다.
③ 야간의 운전정지 중에도 순환펌프를 운전한다.
④ 증기코일 내에 응축수가 고이지 않도록 한다.

해설

[증기코일의 동결방지 대책]
① 공조설비에서 외기와 실내 환기가 적절히 혼합되지 않으면, 외기가 직접 유입될 때 국부적인 저온현상이 발생하여 증기코일이 동결될 위험이 커진다. 특히, 외기댐퍼가 닫혀 있거나 환기가 부족하면 실내 공기 순환이 원활하지 않아 코일 주변이 냉각될 수 있다. 따라서 외기와 실내 환기가 적절히 혼합되도록 해야 하며, 완전히 차단하는 것은 부적절한 조치이다.

79 다음 중 신축이음쇠의 종류로 가장 거리가 먼 것은?

① 벨로즈형 ② 플랜지형
③ 루프형 ④ 슬리브형

해설

[신축이음 종류]
루프형, 슬리브형, 벨로즈형, 스위블이음, 볼조인트이음

정답 77 ③ 78 ① 79 ②

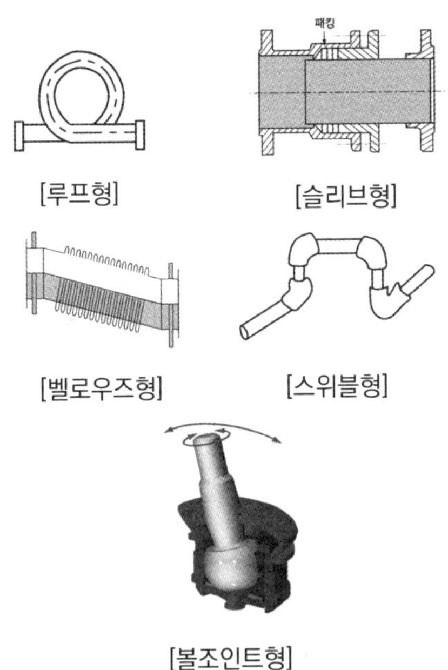

80 수배관 사용 시 부식을 방지하기 위한 방법으로 틀린 것은?

① 밀폐사이클의 경우 물을 가득 채우고 공기를 제거한다.
② 개방사이클로 하여 순환수가 공기와 충분히 접하도록 한다.
③ 캐비테이션을 일으키지 않도록 배관한다.
④ 배관에 방식도장을 한다.

해설

[수배관 사용 시 부식을 방지하기 위한 방법]
② 개방사이클(Open Cycle)에서는 순환수가 공기와 접촉하면 산소가 지속적으로 공급되어 부식이 촉진된다.

정답 80 ②

2024 CBT 복원 2

1과목 에너지관리

1회독 시간 : 점수 :
2회독 시간 : 점수 :
3회독 시간 : 점수 :

01 취출구에서 수평으로 취출된 공기가 일정 거리만큼 진행된 뒤 기류 중심선과 취출구 중심과의 수직거리를 무엇이라고 하는가?

① 강하도 ② 도달거리
③ 취출온도차 ④ 셔터

해설

[도달거리 및 상승, 강하거리]

① 강하도(Drop) : 수평으로 방출된 공기가 중력의 영향을 받아 일정 거리를 진행한 후 기류 중심선이 원래 취출구 중심선에서 얼마나 아래로 처지는지를 나타내는 값이다. 이는 주로 천장형 디퓨저에서 공기가 방출될 때 중력의 영향을 받는 경우에 나타난다.

② 도달거리(Throw) : 공기가 취출구에서 방출된 후 특정 속도(일반적으로 0.25 ~ 0.5 m/s)로 감소하는 지점까지의 거리를 의미한다.
- 최소도달거리 → 기류 중심 속도가 0.5 m/s가 되는 곳까지
- 최대도달거리 → 기류 중심 속도가 0.25 m/s가 되는 곳까지

③ 취출온도차 : 공조시스템에서 취출되는 공기와 실내 공기 사이의 온도 차이를 의미한다.

④ 셔터(Shutter) : 공조시스템에서 공기의 흐름을 조절하는 장치를 의미한다. 일반적으로 댐퍼와 유사한 개념으로, 공기의 유입 또는 차단을 조절하는 기능을 한다.

TIP 일반적으로 도달거리는 최대도달거리를 의미함

02 취출구 관련 용어에 대한 설명으로 틀린 것은?

① 장방형 취출구의 긴 변과 짧은 변의 비를 아스펙트비라 한다.
② 취출구에서 취출된 공기를 1차 공기라 하고, 취출공기에 의해 유인되는 실내공기를 2차 공기라 한다.
③ 취출구에서 취출된 공기가 진행해서 취출기류의 중심선상의 풍속이 1.5 m/s로 되는 위치까지의 수평거리를 도달거리라 한다.
④ 수평으로 취출된 공기가 어떤 거리를 진행했을 때 기류의 중심선과 취출구의 중심과의 거리를 강하도라 한다.

해설

[취출구]

③ 취출구에서 취출된 공기가 진행해서 취출기류의 중심선상의 풍속이 0.25 m/s로 되는 위치까지의 수평거리를 도달거리라 한다.

03 습공기를 단열 가습하는 경우 열수분비(u)는 얼마인가?

① 0 ② 0.5
③ 1 ④ ∞

정답 01 ① 02 ③ 03 ①

해설

[열수분비(u)]
단열 가습은 공기에 물을 분무하여 자연 증발시키는 방식으로 외부로부터 열의 출입이 없는 상태를 의미한다. 이때 공기는 물의 증발잠열 때문에 열을 빼앗겨 건구온도가 내려가지만 수증기가 가진 열만큼 엔탈피가 보충되어 <u>전체 엔탈피에는 변화가 없다($\Delta h = 0$)</u>.
따라서

$$\text{열수분비 } u = \frac{\text{전열량의 변화량}}{\text{수분의 변화량}} = \frac{\Delta h}{\Delta x} = \frac{0}{\Delta x} = 0$$

Δh : 엔탈피변화량
Δx : 절대습도변화량

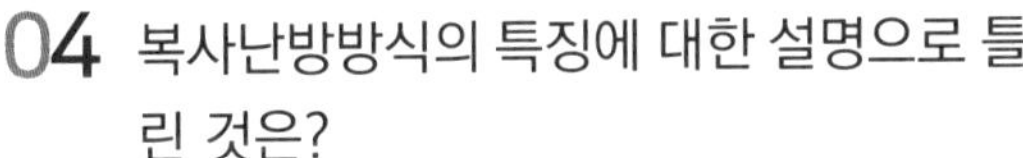

04 복사난방방식의 특징에 대한 설명으로 틀린 것은?

① 실내에 방열기를 설치하지 않으므로 바닥이나 벽면을 유용하게 이용할 수 있다.
② 복사열에 의한 난방으로써 쾌감도가 크다.
③ 외기온도가 갑자기 변하여도 열용량이 크므로 방열량의 조정이 용이하다.
④ 실내의 온도 분포가 균일하며, 열이 방의 위쪽으로 빠지지 않으므로 경제적이다.

해설

[복사난방]
복사난방의 경우 외기온도가 갑자기 변하였을 때 열용량이 크므로 <u>방열량의 조정이 어렵다</u>.

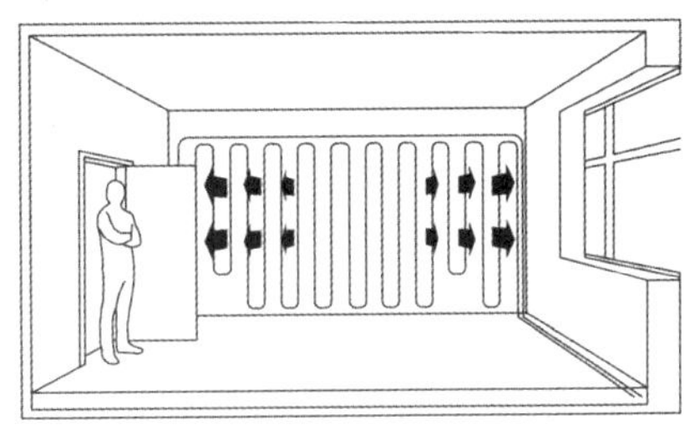

[복사패널]

05 저온공조방식에 관한 내용으로 가장 거리가 먼 것은?

① 배관지름의 감소
② 팬 동력 감소로 인한 운전비 절감
③ 낮은 습도의 공기 공급으로 인한 쾌적성 향상
④ 저온공기 공급으로 인한 급기 풍량 증가

해설

[저온공조방식]
④ 저온공기 공급으로 인한 <u>급기 풍량 감소</u>

> ※ 저온공조방식
> 공조기의 냉수 온도를 낮춰 저온 공기를 공급하는 시스템이다. 이를 통해 급기 풍량을 줄일 수 있어, 덕트 크기와 층고를 감소시킬 수 있다. 냉수 온도가 낮아지면 필요 유량이 감소하므로, 펌프 동력이 줄어들고 배관 지름도 작아진다. 또한 팬과 덕트 크기를 줄일 수 있으며, 이에 따라 팬 동력도 감소한다.

정답 04 ③ 05 ④

06 증기난방방식에 대한 설명으로 틀린 것은?

① 환수방식에 따라 중력환수식과 진공환수식, 기계 환수식으로 구분한다.
② 배관방법에 따라 단관식과 복관식이 있다.
③ 예열시간이 길지만 열량 조절이 용이하다.
④ 운전 시 증기 해머로 인한 소음을 일으키기 쉽다.

해설

[증기난방방식]
③ 증기난방방식은 예열시간이 짧고, 열량 조절이 용이하지 않다.

※ 증기난방
1) 온수난방은 장치 내 보유된 물의 양이 적어 열용량이 작아 예열 시간이 짧고 빠르게 난방할 수 있다.
2) 증기의 온도 및 증기량을 제어하기 어려워 방열량(실내온도) 조절이 어렵다.

07 강제순환식 온수난방에서 개방형 팽창탱크를 설치하려고 할 때 적당한 온수의 온도는?

① 100 ℃ 미만　② 130 ℃ 미만
③ 150 ℃ 미만　④ 170 ℃ 미만

해설

[팽창탱크 온수의 온도]
1) 개방형 팽창탱크
저온수난방(100 ℃ 미만)에 사용
2) 밀폐형 팽창 탱크
고온수난방(100 ℃ 이상)에 사용

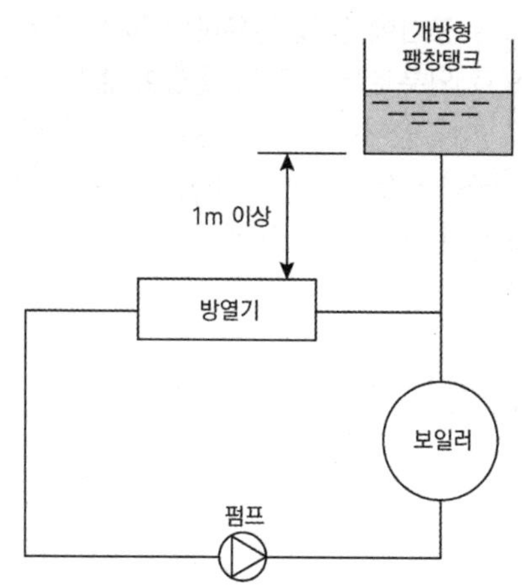

[개방식 팽창탱크]

[밀폐식 팽창탱크]

08 내벽 열전달률 4.7 $W/m^2 \cdot K$, 외벽 열전달률 5.8 $W/m^2 \cdot K$, 열전도율 2.9 $W/m \cdot ℃$, 벽두께 25 cm, 외기온도 −10 ℃, 실내온도 20 ℃일 때 열관류율($W/m^2 \cdot K$)은?

① 1.8　② 2.1
③ 3.6　④ 5.2

정답 06 ③ 07 ① 08 ②

해설

[열관류율]

$$\frac{1}{K} = \frac{1}{\alpha_i} + \frac{\ell}{\lambda} + \frac{1}{\alpha_0}$$
$$= \frac{1}{4.7} + \frac{0.25}{2.9} + \frac{1}{5.8} = 0.47138$$
$$\therefore K = \frac{1}{0.47138} = 2.12\ \mathrm{W/m^2 \cdot K}$$

2) 극간풍 잠열부하

$$q_L = \gamma \cdot G \cdot \Delta x$$
$$= 2501 \times \rho \cdot Q \cdot \Delta x$$
$$= 2501 \times 1.2 \times 2800 \times 10^{-3} \times (0.0209 - 0.0179)$$
$$= 25.2\ \mathrm{kW}$$

보충 $G = \rho Q$

09 극간풍(틈새바람)에 의한 침입 외기량이 2800 L/s일 때 현열부하(q_S)와 잠열부하(q_L)는 얼마인가? (단, 실내의 공기온도와 절대습도는 각각 25 ℃, 0.0179 kg/kg DA이고, 외기의 공기온도와 절대습도는 각각 32 ℃, 0.0209 kg/kg DA이며, 건공기 정압비열 1.005 kJ/kg · K, 0 ℃ 물의 증발잠열 2501 kJ/kg, 공기밀도 1.2 kg/m³이다)

① q_S : 23.6 kW, q_L : 17.8 kW
② q_S : 18.9 kW, q_L : 17.8 kW
③ q_S : 23.6 kW, q_L : 25.2 kW
④ q_S : 18.9 kW, q_L : 25.2 kW

해설

[극간풍 현열 및 잠열부하]

1) 극간풍 현열부하

$$q_S = G \cdot C_p \cdot \Delta t$$
$$= \rho \cdot Q \cdot C_p \cdot \Delta t$$
$$= 1.2 \times 2800 \times 10^{-3} \times 1.005 \times (32 - 25)$$
$$= 23.6\ \mathrm{kW}$$

10 냉방부하의 종류에 따라 연관되는 열의 종류로 틀린 것은?

① 인체의 발생열 - 현열, 잠열
② 극간풍에 의한 열량 - 현열, 잠열
③ 조명부하 - 현열, 잠열
④ 외기 도입량 - 현열, 잠열

해설

[냉방부하]

③ 조명부하 - 전등에서 발생하는 열에너지로, 현열만 해당한다.

11 변풍량유닛의 종류별 특징에 대한 설명으로 틀린 것은?

① 바이패스형 덕트 내의 정압변동이 거의 없고 발생 소음이 작다.
② 유인형은 실내 발생열을 온열원으로 이용 가능하다.
③ 교축형은 압력손실이 작고 동력절감이 가능하다.
④ 바이패스형은 압력손실이 작지만 송풍기 동력 절감이 어렵다.

정답 09 ③ 10 ③ 11 ③

2024-02

해설

[변풍량유닛의 종류별 특징]

③ 교축형(Throttling Type) 변풍량유닛은 댐퍼를 이용하여 공기량을 조절하는 방식이다. 이 방식은 공기 흐름을 제한하기 때문에 압력손실이 크고, 덕트 내 저항이 증가한다. 압력손실이 크면 송풍기의 동력 소비가 증가하므로 동력 절감이 어렵다.

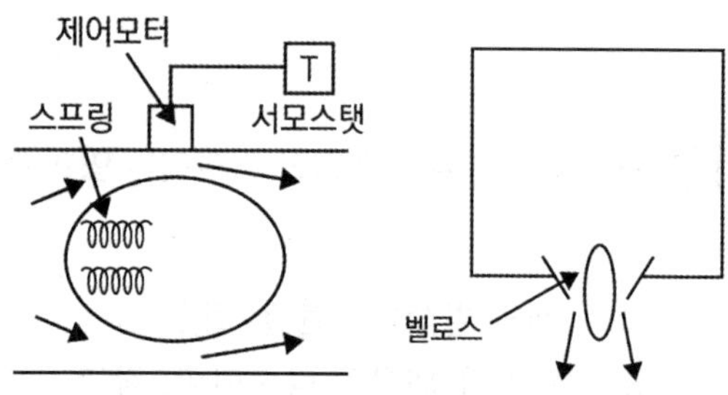

[교축형(스프링 내장형)] [교축형(벨로스형)]

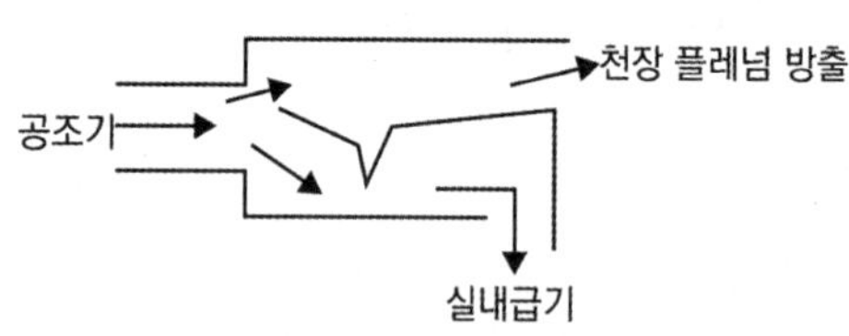

[바이패스형]

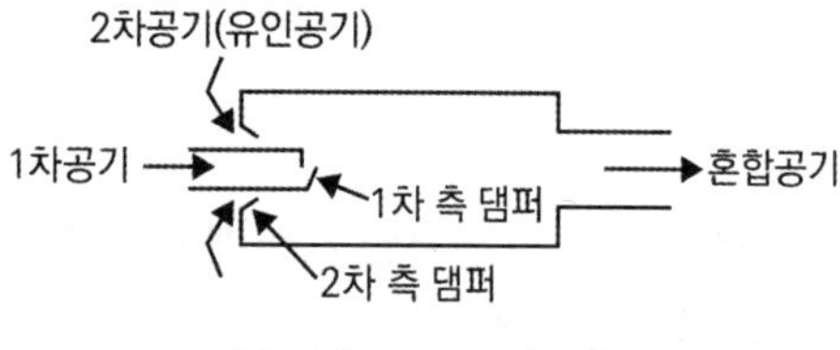

[유인형(인덕션 타입)]

12 방열기에서 상당방열면적(EDR)은 아래의 식으로 나타낸다. 이 중 Q_o는 무엇을 뜻하는가? (단, 사용단위로 Q는 W, Q_o는 W/m²이다)

$$EDR(m^2) = \frac{Q}{Q_0}$$

① 증발량
② 응축수량
③ 방열기의 전방열량
④ 방열기의 표준방열량

해설

[상당방열면적(EDR)]

$$\text{EDR} = \frac{\text{방열기의 전체 방열량}}{\text{방열기의 표준방열량}}$$

보충 온수 표준방열량 : $523\ W/m^2$

증기 표준방열량 : $756\ W/m^2$

13 상온(25 ℃)의 실내에 있는 수은 기압계에서 수은주의 높이가 730 mm라면 이때 기압은 약 몇 kPa인가? (단, 25 ℃기준, 수은 밀도는 13534 kg/m³이다)

① 91.4 ② 96.9
③ 99.8 ④ 104.2

정답 12 ④ 13 ②

해설

[기압]

$$P[Pa] = \gamma[N/m^3] \times h[m]$$
$$= (\rho[kg/m^3] \times g[m/s^2]) \times h[m]$$
$$= 13534 \times 9.8 \times 0.73$$
$$= 96822 \text{ Pa}$$
$$= 96.822 \text{ kPa}$$

보충 $\gamma = \rho g$

14 냉동창고의 벽체가 두께 15 cm, 열전도율 1.6 W/m · ℃인 콘크리트와 두께 5 cm, 열전도율이 1.4 W/m · ℃인 모르타르로 구성되어 있다면 벽체의 열통과율 W/m² · ℃은? (단, 내벽 측 표면 열전달률은 9.3 W/m² · ℃, 외벽 측 표면 열전달률은 23.2 W/m² · ℃이다)

① 1.11 ② 2.58
③ 3.57 ④ 5.91

해설

[열통과율]

$$\frac{1}{K} = \frac{1}{\alpha_i} + \frac{l_1}{\lambda_1} + \frac{l_2}{\lambda_2} + \frac{1}{\alpha_o}$$

$$\frac{1}{K} = \frac{1}{9.3} + \frac{0.15}{1.6} + \frac{0.05}{1.4} + \frac{1}{23.2}$$

$$\therefore K = 3.57 \ W/m^2 \cdot ℃$$

15 단일덕트 재열방식의 특징에 관한 설명으로 옳은 것은?

① 부하 패턴이 다른 다수의 실 또는 존의 공조에 적합하다.
② 식당과 같이 잠열부하가 많은 곳의 공조에는 부적합하다.
③ 전수방식으로서 부하변동이 큰 실이나 존에서 에너지절약형으로 사용된다.
④ 시스템의 유지 · 보수 면에서는 일반 단일덕트에 비해 우수하다.

해설

[단일덕트 재열방식]

② 식당과 같이 잠열부하가 많은 곳의 공조에 적합하다.
③ 전공기방식이며 부하변동이 큰 실이나 존에서 사용된다.
④ 시스템의 유지 · 보수는 일반 단일덕트에 비해 나쁘다.

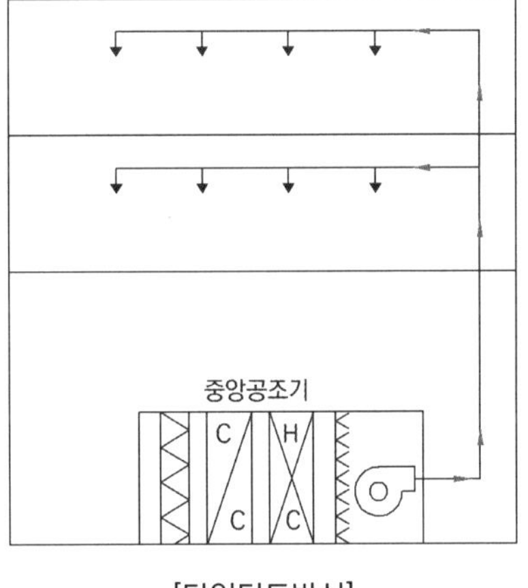

[단일덕트방식]

정답 14 ③ 15 ①

16 온풍난방에서 중력식 순환방식과 비교한 강제 순환방식의 특징에 관한 설명으로 틀린 것은?

① 기기 설치장소가 비교적 자유롭다.
② 급기덕트가 작아서 은폐가 용이하다.
③ 공급되는 공기는 필터 등에 의하여 깨끗하게 처리될 수 있다.
④ 공기순환이 어렵고, 쾌적성 확보가 곤란하다.

해설

[강제 순환방식]
④ 강제 순환방식은 중력식 순환방식보다 공기순환이 잘 되므로 쾌적성 확보에 유리하다.

17 다음과 같이 단열된 덕트 내에 공기가 통하고 이것에 열량 Q(kJ/h)와 수분 L(kg/h)을 가하여 열평형이 이루어졌을 때 공기에 가해진 열량(Q)은 어떻게 나타내는가? (단, 공기의 유량은 G[kg/h], 가열코일 입·출구의 엔탈피, 절대습도를 각각 h_1, h_2[kJ/kg], x_1, x_2[kg/kg]이며, 수분의 엔탈피는 h_L[kJ/kg]이다)

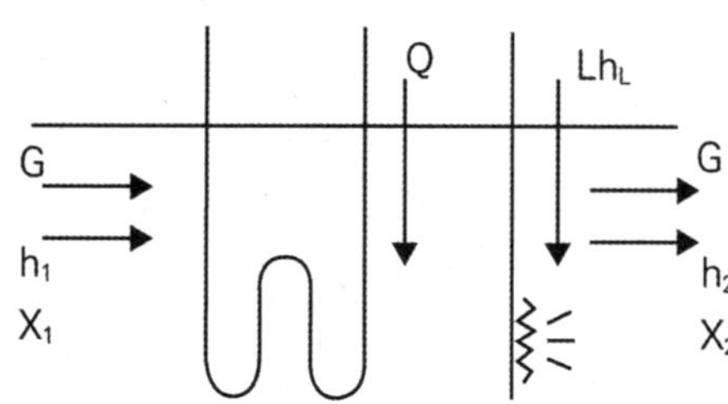

① $G(h_2 - h_1) + Lh_L$
② $G(x_2 - x_1) + Lh_L$
③ $G(h_2 - h_1) - Lh_L$
④ $G(x_2 - x_1) - Lh_L$

해설

[열평형]
이 문제에서 구하는 열량의 의미는 가열코일에 의해 공기에 가해진 열량 Q를 의미하므로 전체 가열량에서 수분에 의한 가열량을 빼면 된다.
$Q = G(h_2 - h_1) - Lh_L$
공기에 가해진 전체열량은 $G(h_2 - h_1)$이다.

18 보일러의 수위를 제어하는 주된 목적으로 가장 적절한 것은?

① 보일러의 급수장치가 동결되지 않도록 하기 위하여
② 보일러의 연료공급이 잘 이루어지도록 하기 위하여
③ 보일러가 과열로 인해 손상되지 않도록 하기 위하여
④ 보일러에서의 출력을 부하에 따라 조절하기 위하여

해설

[보일러의 수위를 제어하는 주된 목적]
1) 보일러 수위가 낮아지면 과열로 인해 손상된다.
2) 보일러 수위가 높아지면 예열시간이 길어져 연료 소모량이 증가하고, 보일러 열효율이 저하된다.

정답 16 ④ 17 ③ 18 ③

19 아래의 그림은 공조기에 ①상태의 외기와 ②상태의 실내에서 되돌아온 공기가 들어와 ⑥상태로 실내로 공급되는 과정을 공조기로 습공기선도에 표현한 것이다. 공조기 내 과정을 맞게 서술한 것은?

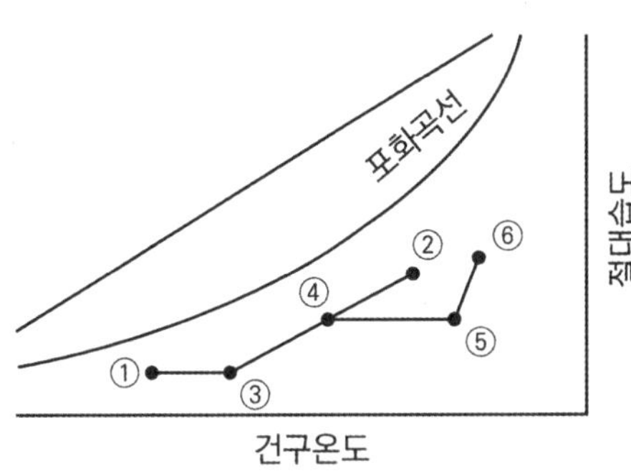

① 예열 - 혼합 - 가열 - 물분무가습
② 예열 - 혼합 - 가열 - 증기가습
③ 예열 - 증기가습 - 가열 - 증기가습
④ 혼합 - 제습 - 증기가습 - 가열

해설

[공조기 내 과정(겨울철)]
①→③ : 외기 예열
②→④, ③→④ : 실내공기와 외기 혼합
④→⑤ : 가열
⑤→⑥ : 증기 가습

※ 습공기선도

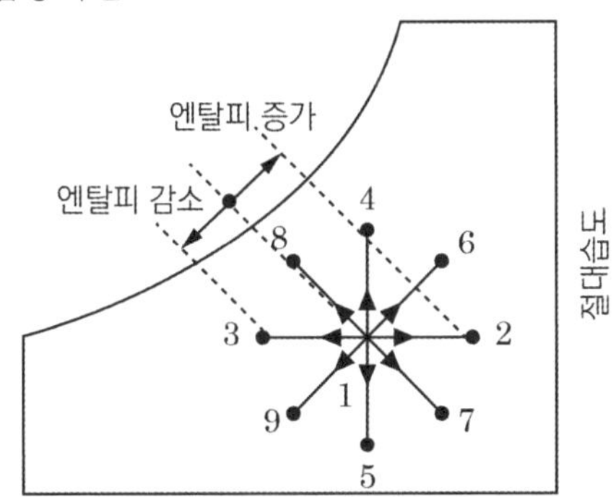

20 콜드 드래프트현상의 발생 원인으로 가장 거리가 먼 것은?

① 인체 주위의 공기온도가 너무 낮을 때
② 기류의 속도가 낮고, 습도가 높을 때
③ 주위 벽면의 온도가 낮을 때
④ 겨울에 창문의 극간풍이 많을 때

해설

[콜드 드래프트의 발생 원인]
1) 인체 주위의 공기온도가 너무 낮을 때
2) 인체 주위의 기류속도가 너무 빠를 때
3) 인체 주위의 공기습도가 너무 낮을 때
4) 주위 벽면의 온도가 낮을 때
5) 겨울철 창문의 극간풍이 많을 때

정답 19 ② 20 ②

2과목 공조냉동설계

1회독 시간 : 점수 :
2회독 시간 : 점수 :
3회독 시간 : 점수 :

21 다음 중 냉매를 사용하지 않는 냉동장치는?

① 열전 냉동장치
② 흡수식 냉동장치
③ 교축팽창식 냉동장치
④ 증기압축식 냉동장치

해설

[전자냉동법(열전냉동법)]

1) 서로 다른 종류의 금속이나 반도체를 연결하여 직류 전류를 흘려보내면 한쪽 접점에서는 열을 흡수하여 온도가 낮아지고, 다른 쪽 접점에서는 열을 방출하여 온도가 높아지는 현상을 펠티에효과(Peltier Effect)라고 한다. 이 원리를 이용한 냉동법을 전자냉동법 또는 열전냉동법이라 칭한다.
2) 두 개의 반도체 소자로는 $Bi + Bi_2Te_3$ 등이 사용된다.

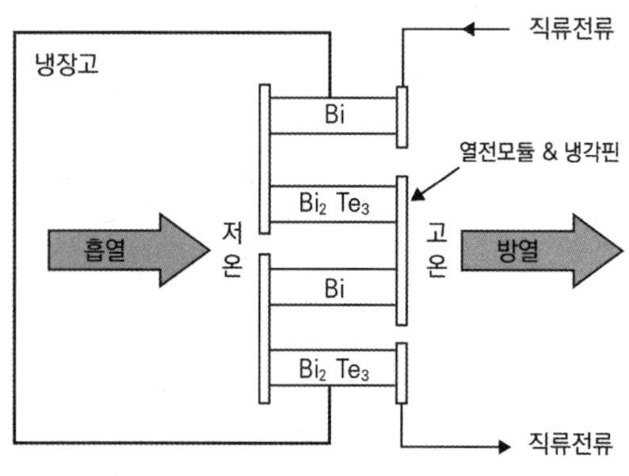

[전자냉동법(열전냉동법)]

22 흡수식 냉동기의 냉매의 순환과정으로 옳은 것은?

① 증발기(냉각기) → 흡수기 → 재생기 → 응축기
② 증발기(냉각기) → 재생기 → 흡수기 → 응축기
③ 흡수기 → 증발기(냉각기) → 재생기 → 응축기
④ 흡수기 → 재생기 → 증발기(냉각기) → 응축기

해설

[흡수식 냉동기의 냉매순환과정]

증발기(냉각기) → 흡수기 → 재생기(발생기) → 응축기

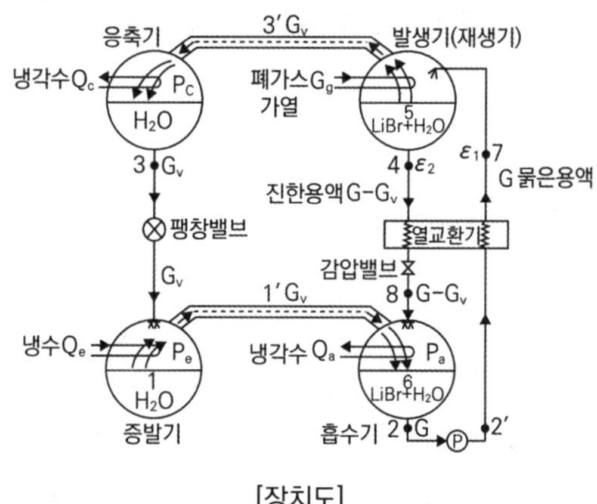

[장치도]

23 냉동사이클에서 응축온도 47 ℃, 증발온도 −10 ℃이면 이론적인 최대 성적계수는 얼마인가?

① 0.21 ② 3.45
③ 4.61 ④ 5.36

정답 21 ① 22 ① 23 ③

해설

[냉동사이클의 성적계수(COP)]

$$COP = \frac{T_e}{T_c - T_e}$$

$$= \frac{(-10+273)}{(47+273)-(-10+273)}$$

$$= 4.61$$

※ 냉동기

에너지(전기 혹은 고온의 열)를 일의 형태로 받아 저열원으로부터 열을 빼앗는 것이 목적

$$COP = \frac{Q_2}{W} = \frac{Q_2}{Q_1 - Q_2} = \frac{T_2}{T_1 - T_2}$$

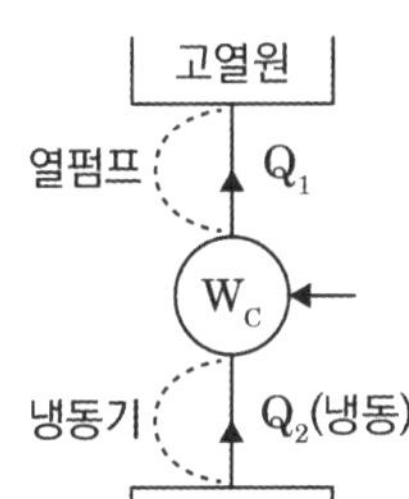

Q_1 : 저열원으로부터 흡수하는 열량

Q_2 : 고열원으로 방출하는 열량

W : 일량

T_1 : 고온

T_2 : 저온

24 프레온 냉동장치에서 가용전에 대한 설명으로 틀린 것은?

① 가용전의 용융온도는 일반적으로 75 ℃ 이하로 되어 있다.

② 가용전은 Sn, Cd, Bi 등의 합금이다.

③ 온도상승에 따른 이상 고압으로부터 응축기 파손을 방지한다.

④ 가용전의 구경은 안전밸브 최소구경의 1/2 이하이어야 한다.

해설

[가용전]

④ 가용전의 구경은 안전밸브 최소구경의 1/2 이상이어야 한다.

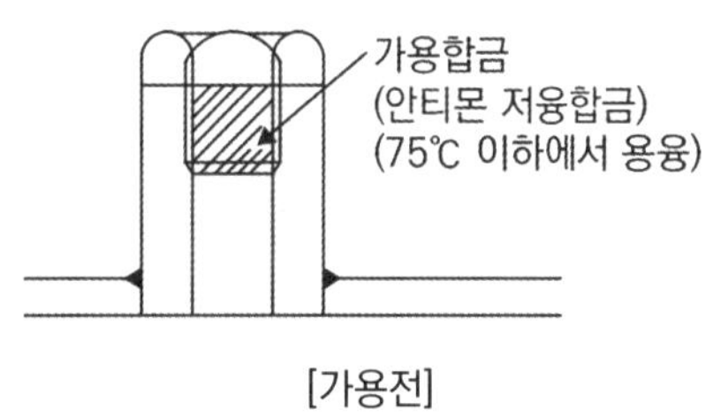

[가용전]

25 견고한 밀폐용기 안에 공기가 압력 100 kPa, 체적 1 m^3, 온도 20 ℃ 상태로 있다. 이 용기를 가열하여 압력이 150 kPa 이 되었다. 최종 상태의 온도와 가열량은 각각 얼마인가? (단, 공기는 이상기체이며, 공기의 정적비열은 0.717 kJ/(kg·K), 기체상수는 0.287 kJ/(kg·K)이다)

① 303.2 K, 117.8 kJ

② 303.2 K, 124.9 kJ

③ 439.7 K, 117.8 kJ

④ 439.7 K, 124.9 kJ

해설

[정적과정에서 공기의 최종 온도와 가열량]

이상기체상태방정식

$$PV = mRT$$

여기서, m : 질량 [kg]

R : 특정기체상수 [kJ/(kg·K)]

보일 샤를의 법칙

$$\frac{P_1 V_1}{T_1} = \frac{P_2 V_2}{T_2}$$

정답 ● 24 ④ 25 ④

견고한 밀폐용기 안에 공기이므로 $V_1 = V_2$

1) 최종온도 T_2

$$\frac{P_1}{T_1} = \frac{P_2}{T_2}$$

$$T_2 = \frac{P_2}{P_1} \times T_1$$

$$\therefore T_2 = \frac{150}{100} \times (20 + 273.15) = 439.7\,\mathrm{K}$$

2) 공기의 질량 m

$$m = \frac{PV}{RT}$$

$$= \frac{100 \times 1}{0.287 \times (20 + 273.15)} = 1.1886\,kg$$

3) 가열량 Q

$\delta Q = dU + PdV$에서 $dV = 0$이므로

$\delta Q = dU = m \cdot C_v dT$

$$\therefore Q = 1.1886 \times 0.717 \times (439.7 - 293.15)$$
$$= 124.89\,kJ$$

보충 273.15를 273으로 계산해도 무방함

26 R-22를 사용하는 냉동장치에 R-134a를 사용하려 할 때 장치의 운전 시 유의사항으로 틀린 것은?

① 냉매의 능력이 변하므로 전동기 용량이 충분한지 확인한다.
② 응축기, 증발기 용량이 충분한지 확인한다.
③ 가스켓, 시일 등의 패킹 선정에 유의해야 한다.
④ 동일 탄화수소계 냉매이므로 그대로 운전할 수 있다.

해설

[냉매 교체 시 유의사항]

④ R-134a는 R-22에 비해 냉매 효율이 약 40% 낮다. 따라서 R-22를 사용할 때와 동일 효율을 내기 위해서는 냉동기 설비 용량을 증가시켜야 한다. 그러므로 그대로 운전할 수 없다.

27 밀폐계에서 기체의 압력이 500 kPa로 일정하게 유지되면서 체적이 0.2 m^3에서 0.7 m^3로 팽창하였다. 이 과정 동안에 내부에너지의 증가가 60 kJ이라면 계가 한 일(kJ)은 얼마인가?

① 450 ② 310
③ 250 ④ 150

해설

[밀폐계의 일(절대일)]

$$W_a = \int_1^2 PdV = P(V_2 - V_1)$$
$$= 500 \times (0.7 - 0.2) = 250[\mathrm{kJ}]$$

28 4 kg의 공기를 온도 15 ℃에서 일정 체적으로 가열하여 엔트로피가 3.35 kJ/K 증가하였다. 이때 온도는 약 몇 K인가? (단, 공기의 정적비열은 0.717 kJ/(kg·K)이다)

① 927 ② 337
③ 533 ④ 483

정답 26 ④ 27 ③ 28 ①

해설

[정적과정 엔트로피변화량]

※ 이상기체의 엔트로피 함수관계

$$\Delta s = s_2 - s_1 = C_v \ln\frac{T_2}{T_1} + R\ln\frac{v_2}{v_1}$$
$$= C_p \ln\frac{T_2}{T_1} - R\ln\frac{p_2}{p_1}$$
$$= C_p \ln\frac{v_2}{v_1} + C_v \ln\frac{p_2}{p_1}$$

$\Delta S = mC_v \ln\left(\frac{T_2}{T_1}\right)$에서

$3.35 = 4 \times 0.717 \times \ln\left(\frac{T_2}{15+273}\right)$

$\therefore T_2 \fallingdotseq 926.14\ K$

29 외기온도 −5 ℃, 실내온도 18 ℃, 실내 습도 70 %일 때 벽 내면에서 결로가 생기지 않도록 하기 위해서는 내·외기 대류와 벽의 전도를 포함하여 전체 벽의 열통과율[W/(m²·K)]은 얼마 이하이어야 하는가? (단, 실내공기 18 ℃, 70 % 일 때 노점온도는 12.5 ℃이며, 벽의 내면 열전달률은 7 W/(m²·K)이다)

① 1.91 ② 1.83
③ 1.76 ④ 1.67

해설

[결로가 생기지 않도록 하기 위한 벽의 열통과율(K)]

$\alpha_i A(t_i - t_s) = KA(t_i - t_o)$

$$K = \frac{\alpha_i(t_i - t_s)}{(t_i - t_o)}$$
$$= \frac{7\times(18-12.5)}{(18-(-5))} = 1.674\ \mathrm{W/m^2K}$$

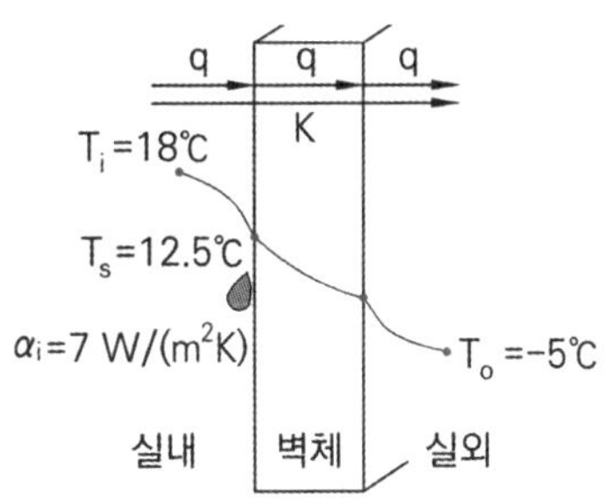

30 다음 조건을 이용하여 응축기 설계 시 1 RT(3.86 kW)당 응축면적(m²)은? (단, 온도차는 산술평균온도차를 적용한다)

- 응축온도 : 35 ℃
- 냉각수 입구온도 : 28 ℃
- 냉각수 출구온도 : 32 ℃
- 열통과율 : 1.05 kW/m²·℃

① 1.05 ② 0.74
③ 0.52 ④ 0.35

해설

[1 RT당 응축면적]

1 RT(3.86 kW)를 응축열량으로 가정하면,

1) 산술평균 온도차

$$\Delta t_m = 35 - \frac{28+32}{2} = 5\ ℃$$

2) 응축열량

$Q_c = K \cdot A \cdot \Delta t_m$에서

$$A = \frac{Q_c}{K\cdot \Delta t_m} = \frac{3.86}{1.05\times 5} = 0.735\ m^2$$

2024-02

정답 29 ④ 30 ②

31 수액기에 대한 설명으로 틀린 것은?

① 응축기에서 응축된 고온고압의 냉매액을 일시 저장하는 용기이다.
② 장치 안에 있는 모든 냉매를 응축기와 함께 회수할 정도의 크기를 선택하는 것이 좋다.
③ 소형 냉동기에는 필요로 하지 않다.
④ 어큐뮬레이터라고도 한다.

해설

[수액기(Accumulator)]
응축기에서 응축된 고온·고압의 냉매액을 일시적으로 저장하는 용기를 수액기라고 한다. 이 용기는 응축기와 함께 장치 내 모든 냉매를 회수할 수 있을 정도의 크기로 선택하는 것이 좋다. 하지만 소형 냉동기에서는 응축기 하부에 냉매액이 자연스럽게 모이도록 설계되므로 별도의 수액기가 필요하지 않다.

보충 어큐뮬레이터(Accumulator) : 액분리기

32 증발기에 대한 설명으로 틀린 것은?

① 냉각실 온도가 일정한 경우 냉각실 온도와 증발기 내 냉매 증발온도의 차이가 작을수록 압축기 효율은 좋다.
② 동일조건에서 건식 증발기는 만액식 증발기에 비해 충전 냉매량이 적다.
③ 일반적으로 건식 증발기 입구에서의 냉매의 증기가 액냉매에 섞여 있고, 출구에서 냉매는 과열도를 갖는다.
④ 만액식 증발기에서는 증발기 내부에 윤활유가 고일 염려가 없어 윤활유를 압축기로 보내는 장치가 필요하지 않다.

해설

[만액식 증발기]
만액식 증발기 내에는 냉매량이 많고 윤활유가 고이는 경향이 있으며, 윤활유를 잘 용해하는 프레온 냉매는 증발기에 고인 윤활유를 압축기로 돌려보내는 장치가 필요하다.

※ ①번 추가 해설
냉매 증발온도와 냉각실 온도 차이가 작다는 건 냉매가 비교적 높은 온도에서도 증발하고 있다는 뜻으로 압축기 효율이 좋다는 뜻이다.

33 냉동능력이 10 RT이고 실제 흡입가스의 체적이 15 m^3/h인 냉동기의 냉동효과 kJ/kg는? (단, 압축기 입구 비체적은 0.52 m^3/kg이고, 1 RT는 3.86 kW이다)

① 4817.2　② 3128.1
③ 2984.7　④ 1534.8

해설

[냉동효과]
1) 냉매순환량

$$G = \frac{V}{v} = \frac{15}{0.52} = 28.846\ \text{kg/h}$$

2) 냉동효과
$Q_e = G \cdot q_e$에서

$$q_e = \frac{Q_e}{G} = \frac{(10 \times 3.86)\ kW \times \frac{3600\ s}{1\ h}}{28.846\ kg/h}$$

$$= 4817.31\ \text{kJ/kg}$$

보충 1 kW = 1 kJ/s

정답 31 ④ 32 ④ 33 ①

34 어느 왕복동 내연기관에서 실린더 안지름이 6.8 cm, 행정이 8 cm일 때 평균유효압력은 1200 kPa이다. 이 기관의 1행정당 유효 일은 약 몇 kJ인가?

① 0.09　② 0.15
③ 0.35　④ 0.48

해설

[기관의 1행정당 유효 일]

유효 일 $W[kJ] = P[kPa] \times V[m^3]$

1) $V[m^3]$

$$V = \frac{\pi D^2}{4} \times L$$
$$= \frac{\pi (0.068)^2}{4} \times 0.08$$
$$= 0.000291\ m^3$$

2) $W[kJ]$

$$W[kJ] = P[kPa] \times V[m^3]$$
$$= 1200 \times 0.000291$$
$$= 0.3492 \fallingdotseq 0.35\ kJ$$

35 완전히 단열된 실린더 안의 공기가 피스톤을 밀어 외부로 일을 하였다. 이때 외부로 행한 일의 양과 동일한 값(절댓값 기준)을 가지는 것은?

① 공기의 엔탈피변화량
② 공기의 온도변화량
③ 공기의 엔트로피변화량
④ 공기의 내부에너지변화량

해설

[단열과정]

단열과정에서 절대일(팽창일)은 내부에너지변화량과 같고, 공업일은 엔탈피변화량과 같다.

$\delta Q = dU + PdV = dU + {}_1W_2$

단열상태이므로 $\delta Q = 0$

${}_1W_2 = -dU$

36 압력 100 kPa, 온도 20 ℃인 일정량의 이상기체가 있다. 압력을 일정하게 유지하면서 부피가 처음 부피의 2배가 되었을 때 기체의 온도는 약 몇 ℃가 되는가?

① 148　② 256
③ 313　④ 586

해설

[정압과정]

보일 샤를의 법칙 $\frac{P_1 V_1}{T_1} = \frac{P_2 V_2}{T_2}$

정압과정에서 다음과 같이 샤를의 법칙을 따른다.

$$\frac{T_1}{T_2} = \frac{V_1}{V_2}$$

$$\frac{(20+273)}{T_2} = \frac{1}{2}$$

$$T_2 = 2(20+273) = 586\ K = 313\ ℃$$

2024-02

정답 34 ③ 35 ④ 36 ③

37 어떤 열기관이 550 K의 고열원으로부터 20 kJ의 열량을 공급받아 250 K의 저열원에 14 kJ의 열량을 방출할 때 이 사이클의 Clausius 적분값과 가역, 비가역 여부의 설명으로 옳은 것은?

① Clausius 적분값은 −0.0196 kJ/K이고 가역사이클이다.
② Clausius 적분값은 −0.0196 kJ/K이고 비가역사이클이다.
③ Clausius 적분값은 0.0196 kJ/K이고 가역사이클이다.
④ Clausius 적분값은 0.0196 kJ/K이고 비가역사이클이다.

해설

[클라우지우스(Clausius)의 부등식]
공급받은 열량은 (+)부호, 방출된 열량은 (-)부호이므로

$$\oint \frac{\delta Q}{T} = \frac{\delta Q_1}{T_1} + \frac{\delta Q_2}{T_2}$$
$$= \frac{20}{550} - \frac{14}{250} = -0.0196\ kJ/K$$

따라서

$\oint \frac{\delta Q}{T} < 0$이므로 비가역과정이다.

※ 클라우지우스의 부등식

가역사이클인 경우	비가역사이클인 경우
$\oint \frac{\delta Q}{T} = 0$	$\oint \frac{\delta Q}{T} < 0$

$\oint$: 폐곡선 적분(사이클 적분)

38 외부에서 받은 열량이 모두 내부에너지 변화만을 가져오는 완전가스의 상태변화는?

① 정적변화
② 정압변화
③ 등온변화
④ 단열변화

해설

[정적변화]
$Q = \Delta U + W$에서
정적변화는 절대일이 0이므로($W = \int Pdv = 0$)
$Q = \Delta U$(가열량 = 내부에너지변화량)

※ 참고
• 정압과정 : 가열량(열량) = 엔탈피변화량
• 등온과정 : 가열량(열량) = 절대일(팽창일)

39 유리창을 통해 실내에서 실외로 열전달이 일어난다. 이때 열전달이 일어난다. 이때 열전달량은 약 몇 W인가? (단, 대류열전달계수는 50 W/(m^2 · K), 유리창 표면온도는 25 ℃, 외기온도는 10 ℃, 유리창면적은 2 m^{2}이다)

① 150
② 500
③ 1500
④ 5000

해설

[열전달량]
q = α_o × A × Δt
= 50 × 2 × (25 - 10)
= 1500 W

정답 37 ② 38 ① 39 ③

40 보일러 입구의 압력이 9800 kN/m^{2}이고, 응축기의 압력이 4900 N/m^{2}일 때 펌프가 수행한 일(kJ/kg)은? (단, 물의 비체적은 0.001 m^3/kg이다)

① 9.79 ② 15.17
③ 87.25 ④ 180.52

해설

[펌프가 수행한 일]
응축기 압력을 가지고 보일러 입구의 압력만큼 높이는 정적과정의 공업일(W_t)로 보면

$W_t = -v(P_2 - P_1)$에서
$= -0.001(9800 - 4.9)$
$= -9.78$ kN·m/kg

※ 랭킨사이클의 구성

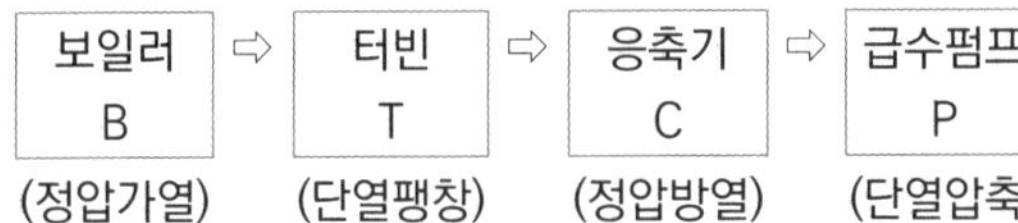

보충 보일러 입구의 압력 = 펌프 출구 압력(P_2)
응축기 출구의 압력 = 펌프 입구 압력(P_1)

3과목 시운전 및 안전관리

1회독	시간 :	점수 :
2회독	시간 :	점수 :
3회독	시간 :	점수 :

41 기계설비법령에 따라 기계설비 발전 기본계획은 몇 년마다 수립·시행하여야 하는가?

① 1 ② 2
③ 3 ④ 5

해설

[기계설비 발전 기본계획 수립·시행]
「기계설비법」 제5조 ①항
국토교통부장관은 기계설비산업의 육성과 기계설비의 효율적인 유지관리 및 성능확보를 위하여 다음 각 호의 사항이 포함된 기계설비 발전 기본계획을 5년마다 수립·시행하여야 한다.

42 고압가스 안전관리법령에서 규정하는 냉동기 제조 등록을 해야 하는 냉동기의 기준은 얼마인가?

① 냉동능력 3톤 이상인 냉동기
② 냉동능력 5톤 이상인 냉동기
③ 냉동능력 8톤 이상인 냉동기
④ 냉동능력 10톤 이상인 냉동기

해설

[냉동기 제조 등록을 해야 하는 냉동기의 기준]
고압가스 안전관리법 제5조 제1항, 시행령 제5조 ①항 2. 냉동기제조등록 : 냉동능력이 3톤 이상인 냉동기를 제조하는 것

정답 40 ① 41 ④ 42 ①

43 산업안전보건법령상 냉동·냉장 창고시설 건설공사에 대한 유해위험방지계획서를 제출해야 하는 대상시설의 연면적 기준은 얼마인가?

① 3천 제곱미터 이상
② 4천 제곱미터 이상
③ 5천 제곱미터 이상
④ 6천 제곱미터 이상

해설

[유해위험방지계획서를 제출 대상]
산업안전보건법 시행령 제42조 ③항
연면적 5천 제곱미터 이상인 냉동·냉장창고시설 건설공사의 경우 유해위험방지 계획서를 제출해야 한다.

44 산업안전보건법령상 유해·위험 방지를 위한 방호조치가 필요한 기계·기구에 해당하는 것은?

① 응축기 ② 저장탱크
③ 공기압축기 ④ 냉각

해설

[방호조치가 필요한 기계·기구]
1) 예초기
2) 원심기
3) 공기압축기
4) 금속절단기
5) 지게차
6) 포장기계(진공포장기, 래핑기로 한정한다)

45 유지관리교육을 받지 아니한 사람을 해임하지 아니한 경우에 과태료는 얼마인가?

① 100만 원 이하
② 300만 원 이하
③ 500만 원 이하
④ 1000만 원 이하

해설

[100만 원 이하의 과태료]
「기계설비법」 제30조(과태료) ② 다음 각 호의 어느 하나에 해당하는 자에게는 100만원 이하의 과태료를 부과한다.
1) 착공 전 확인과 사용 전 검사에 관한 자료를 시·군·구청장에게 제출하지 아니한 자
2) 점검기록을 시·군·구청장에게 제출하지 아니한 자
3) 유지관리교육을 받지 아니한 사람을 해임하지 아니한 자
4) 기계설비유지관리자 선임 또는 해임 신고를 하지 아니하거나 거짓으로 신고한 자
5) 유지관리교육을 받지 아니한 사람
6) 기계설비성능점검업자의 지위를 승계한 자가 30일 이내에 시·도지사에게 신고를 하지 아니하거나 거짓으로 신고한 자
7) 성능점검능력 평가를 신청하려는 기계설비성능점검업자가 기계설비의 성능점검실적을 증명하는 서류를 거짓으로 제출한 자

정답 43 ③ 44 ③ 45 ①

46 전류의 측정 범위를 확대하기 위하여 사용되는 것은?

① 배율기
② 분류기
③ 저항기
④ 계기용 변압기

해설

[분류기(Shunt, 分流器)]
전류계가 감당할 수 있는 범위를 넘는 전류를 측정할 때 일부 전류만 전류계로 흐르도록 하기 위해 병렬로 연결하는 저항을 말한다. 이를 통해 전류계의 측정 범위를 넓힐 수 있다.

보충 배율기 : 전압계의 측정 범위를 벗어난 큰 전압을 측정하기 위해 사용된다.

※ 분류기(Shunt, 分流器)

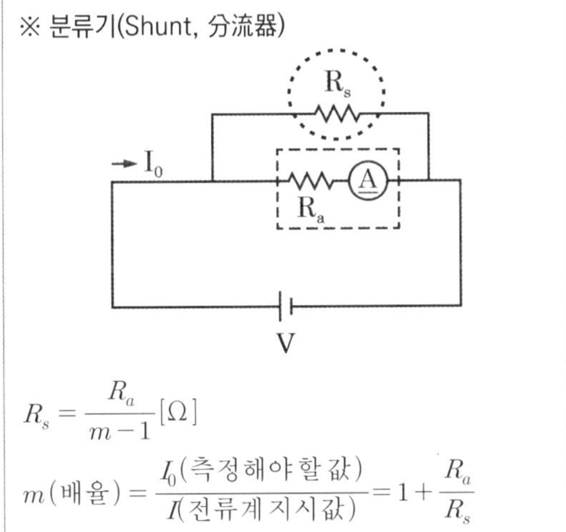

$$R_s = \frac{R_a}{m-1}[\Omega]$$

$$m(\text{배율}) = \frac{I_0(\text{측정해야 할 값})}{I(\text{전류계 지시값})} = 1 + \frac{R_a}{R_s}$$

여기서, R_s : 분류기 저항
R_a : 전류계 내부 저항

47 그림과 같은 유접점 논리회로를 간단히 하면?

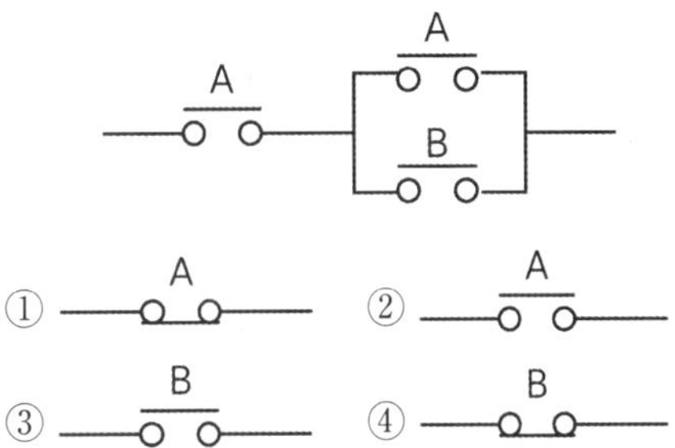

① A ② A
③ B ④ B

해설

[논리회로]

$$A \cdot (A+B) = A \cdot A + A \cdot B$$
$$= A + A \cdot B$$
$$= A(1+B) = A(1) = A$$

2024-02

48 서보전동기는 서보기구의 제어계 중 어떤 기능을 담당하는가?

① 조작부 ② 검출부
③ 제어부 ④ 비교부

해설

[서보전동기]
서보전동기는 서보기구의 조작부로 제어신호에 의해 부하를 구동하는 장치이다.

49 목표치가 시간에 관계없이 일정한 경우로 정전압장치, 일정 속도제어 등에 해당하는 제어는?

① 정치제어 ② 비율제어
③ 추종제어 ④ 프로그램제어

정답 46 ② 47 ② 48 ① 49 ①

해설

[목푯값에 의한 제어 분류]

※ 목푯값에 의한 분류

구분		내용
정치제어		목푯값이 일정한 자동제어에 적용
추치제어	추종제어	미지의 임의 시간적 변화를 하는 목푯값에 제어량을 추종시키는 제어(㉠ 미사일)
	프로그램 제어	미리 정해진 시간변화에 따라 정해진 순서대로 제어(㉠ 자판기, 엘레베이터)
	비율제어	목푯값이 서로 다른 어떤 양과 일정한 비율관계를 가지는 제어
	시퀀스 제어	미리 정해진 순서에 따라 각 단계가 순차적으로 진행(PLC는 시퀀스제어와 함께 사용함)

50 $G(s)=\dfrac{10}{s(s+1)(s+2)}$ 의 최종값은?

① 0 ② 1
③ 5 ④ 10

해설

[최종값 정리]

최종값 정리 $\lim_{t\to\infty} g(t)=\lim_{s\to 0} s\cdot G(s)$에서

$$\lim_{s\to 0} sG(s)=\lim_{s\to 0} s\cdot\frac{10}{s(s+1)(s+2)}$$

$$=\lim_{s\to 0}\frac{10}{(s+1)(s+2)}$$

$$=\frac{10}{(0+1)(0+2)}=5$$

51 단상 교류전력을 측정하는 방법이 아닌 것은?

① 3전압계법 ② 3전류계법
③ 단상전력계법 ④ 2전력계법

해설

[교류전력을 측정법]

① 3전압계법 : 3개의 전압계와 1개의 저항을 사용하여 단상 교류전력을 측정하는 방법
② 3전류계법 : 3개의 전류계와 1개의 저항을 사용하여 단상 교류전력을 측정하는 방법
③ 단상전력계법 : 1전력계법으로 1개의 단상전력계를 사용하여 단상 및 3상 교류전력을 측정하는 방법
④ 2전력계법 : 2개의 단상전력계를 사용하여 3상 교류전력을 측정하는 방법

52 상호인덕턴스 150 mH인 a, b 두 개의 코일이 있다. b의 코일에 전류를 균일한 변화율로 1/50초 동안에 10 A 변화시키면 a코일에 유기되는 기전력(V)의 크기는?

① 75 ② 100
③ 150 ④ 200

해설

[유도기전력]

$$e=L\frac{dI}{dt}$$

$$e=150\times10^{-3}\times\frac{10}{1/50}=75\text{ V}$$

여기서 L : 상호인덕턴스[H]
I : 전류A
t : 시간[sec]

정답 50 ③ 51 ④ 52 ①

53 워드 레오나드 속도제어방식이 속하는 제어방법은?

① 저항제어 ② 계자제어
③ 전압제어 ④ 직병렬제어

해설

[워드레오나드 속도제어법]
워드레오나드 속도제어법은 직류전동기의 속도제어법으로 발전기의 전압을 가감시켜 전동기의 속도를 제어하는 전압제어법이다.

보충 전압제어 : ① 워드레오나드제어, ② 일그너제어, ③ 정토크제어 ④ 광범위 속도제어

54 R = 4 Ω, X_L = 9 Ω, X_C = 6 Ω인 직렬 접속회로의 어드미턴스(℧)는?

① 4 + j8 ② 0.16 - j0.12
③ 4 - j8 ④ 0.16 + j0.12

해설

[어드미턴스 Y(℧)]

1) 임피던스 Z

$$Z = R + jwL + \frac{1}{jwC} = R + j\left(wL - \frac{1}{wC}\right)$$
$$= R + j(X_L - X_C)$$
$$= 4 + j(9-6) = 4 + j3$$

2) 어드미턴스 Y

$$Y = \frac{1}{Z} = \frac{1}{4+j3}$$
$$= \frac{(4-j3)}{(4+j3)(4-j3)} = \frac{4-j3}{16+9}$$
$$= \frac{4-j3}{25} = 0.16 - j0.12$$

55 100 V용 전구 30 W와 60 W 두 개를 직렬로 연결하고 직류 100 V 전원에 접속하였을 때 두 전구의 상태로 옳은 것은?

① 30 W 전구가 더 밝다.
② 60 W 전구가 더 밝다.
③ 두 전구의 밝기가 모두 같다.
④ 두 전구가 모두 켜지지 않는다.

해설

[두 전구의 상태]

$$P = VI = \frac{V^2}{R} \rightarrow R = \frac{V^2}{P}$$

1) 30 W 전구의 저항 $R_1 = \frac{100^2}{30} = 333.3\ \Omega$

2) 60 W전구의 저항 $R_2 = \frac{100^2}{60} = 166.7\ \Omega$

3) 합성저항

$R = R_1 + R_2 = 500\ \Omega$

4) 전류

$I = \frac{V}{R} = \frac{100}{500} = 0.2\ \text{A}$

(여기서 직렬연결이므로 전류가 일정)

5) 소비전력 비교

$P_1 = I^2 R_1 = 0.2^2 \times 333.3 = 13.3\ \text{W}$

$P_2 = I^2 R_2 = 0.2^2 \times 166.7 = 6.7\ \text{W}$

$P_1 > P_2$이므로 30 W가 더 밝다.

30W 전구가 더 많은 전력을 소모하고 있으므로 더 밝다($P_1 > P_2$).

보충 직렬연결 시 두 전구에 같은 전류가 흐르므로 저항이 클수록 더 밝다.
($P = I^2R$이므로 $P \propto R$)
병렬연결 시 두 전구에 같은 전압이 걸리므로 저항이 작을수록 더 밝다.
($P = \frac{V^2}{R}$이므로 $P \propto \frac{1}{R}$)

정답 53 ③ 54 ② 55 ①

56 저항에 전류가 흐르면 줄열이 발생하는데 저항에 흐르는 전류 I와 전력 P의 관계는?

① $I \propto P$　　② $I \propto P^{0.5}$
③ $I \propto P^{1.5}$　　④ $I \propto P^2$

해설

[줄열(= 전기저항열)]
저항체에 전류를 통할 때 발생하는 열량
(줄열 $H = I^2Rt = Pt$)
$P = I^2R$이므로
$I \propto P^{0.5}$

57 입력신호 x(t)와 출력신호 y(t)의 관계가 $y(t) = K\frac{dx(t)}{dt}$로 표현되는 것은 어떤 요소인가?

① 비례요소　　② 미분요소
③ 적분요소　　④ 지연요소

해설

[입력신호와 출력신호의 관계]
① 비례요소 : $y(t) = K \cdot x(t)$
② 미분요소 : $y(t) = K\frac{dx(t)}{dt}$
③ 적분요소 : $y(t) = K\int x(t)dt$
④ 지연요소 : $b_1\frac{dy(t)}{dt} + b_0 y(t) = a_0 x(t)$

58 $x_2 = ax_1 + cx_3 + bx_4$의 신호흐름선도는?

①
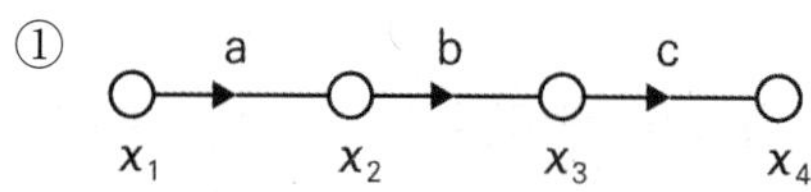

②
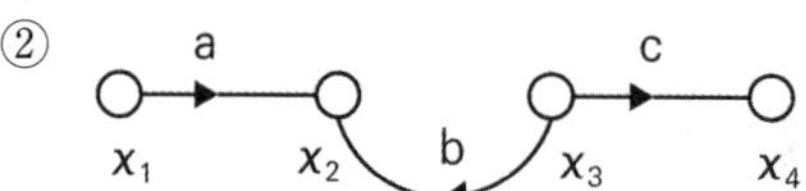

③
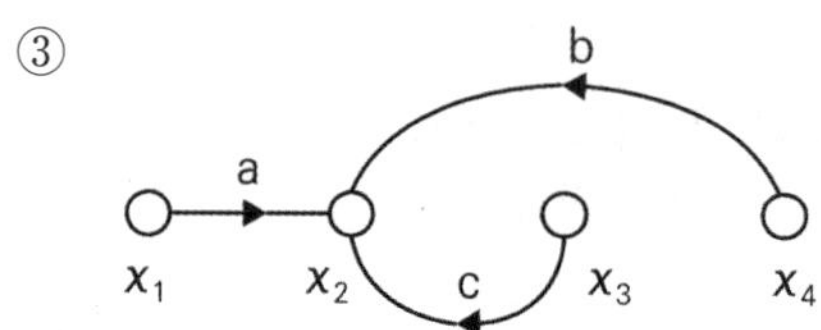

④
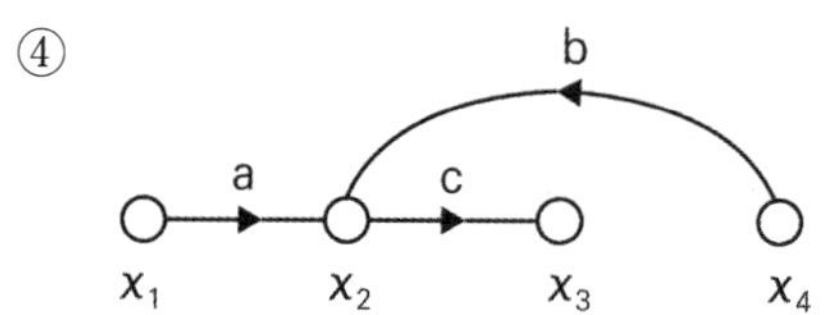

해설

[신호흐름선도]
① $x_2 = ax_1$
② $x_2 = ax_1 + bx_3$
③ $x_2 = ax_1 + cx_3 + bx_4$
④ $x_2 = ax_1 + bx_4$

정답 56 ② 57 ② 58 ③

59 다음 논리기호의 논리식은?

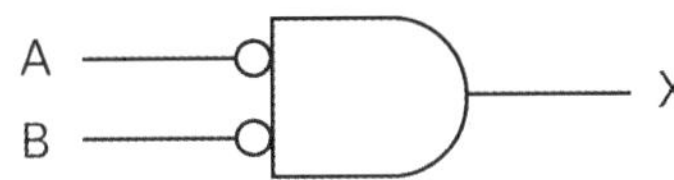

① $X = A + B$ ② $X = \overline{AB}$
③ $X = AB$ ④ $X = \overline{A + B}$

해설

[드모르간의 정리]

$X = \overline{A} \cdot \overline{B} = \overline{A + B}$

60 R, L, C가 서로 직렬로 연결되어 있는 회로에서 양단의 전압과 전류의 위상이 동상이 되는 조건은?

① $\omega = LC$ ② $\omega = L^2 C$
③ $\omega = \frac{1}{LC}$ ④ $\omega = \frac{1}{\sqrt{LC}}$

해설

[직렬공진]

R L C 직렬회로의 전압과 전류가 동상이 되는 조건은 $X_L = X_C$이고

$X_L = \omega L,\ X_C = \frac{1}{\omega C}$이므로

$\omega L = \frac{1}{\omega C}$

$\omega^2 = \frac{1}{LC}$

$\therefore \omega = \frac{1}{\sqrt{LC}}$

4과목 유지보수 공사관리

1회독	시간 :	점수 :
2회독	시간 :	점수 :
3회독	시간 :	점수 :

61 배관설비 공사에서 파이프 래크의 폭에 관한 설명으로 틀린 것은?

① 파이프 래크의 실제 폭은 신규라인을 대비하여 계산된 폭보다 20 % 정도 크게 한다.
② 파이프 래크상의 배관밀도가 작아지는 부분에 대해서는 파이프 래크의 폭을 좁게 한다.
③ 고온배관에서는 열팽창에 의하여 과대한 구속을 받지 않도록 충분한 간격을 둔다.
④ 인접하는 파이프의 외측과 외측과의 최소 간격을 25 mm로 하여 래크의 폭을 결정한다.

해설

[파이프 래크의 폭]

④ 인접하는 파이프의 외측과 외측의 최소 간격을 75 mm(3 inch)로 하여 래크의 폭을 결정한다.

※ 참고

인접하는 파이프와 플랜지의 외측과의 최소 간격을 25 mm(1 inch), 인접하는 플랜지의 외측과 외측의 최소 간격을 25 mm(1 inch)로 하여 파이프 래크의 폭을 결정한다.

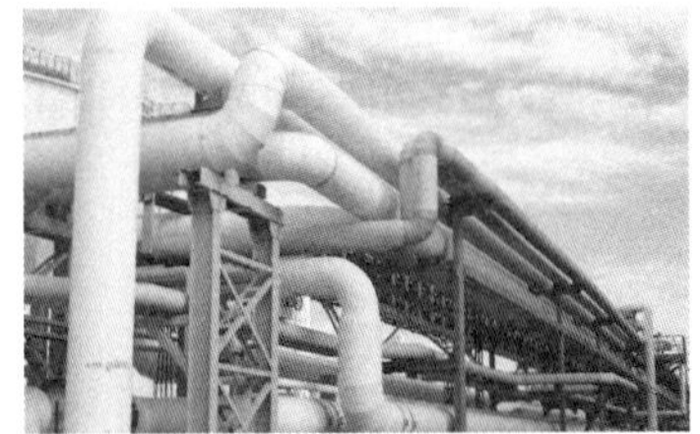

2024-02

정답 59 ④ 60 ④ 61 ④

62 동관작업용 사이징 툴(Sizing Tool) 공구에 관한 설명으로 옳은 것은?

① 동관의 확관용 공구
② 동관의 끝부분을 원형으로 정형하는 공구
③ 동관의 끝을 나팔형으로 만드는 공구
④ 동관 절단 후 생긴 거스러미를 제거하는 공구

해설

[동관용 공구]
① 익스팬더
② 사이징 툴
③ 플레어링 툴
④ 리머

[사이징 툴(Sizing Tool)]

63 하향 공급식 급탕배관법의 구배방법으로 옳은 것은?

① 급탕관은 끝올림, 복귀관은 끝내림 구배를 준다.
② 급탕관은 끝내림, 복귀관은 끝올림 구배를 준다.
③ 급탕관, 복귀관 모두 끝올림 구배를 준다.
④ 급탕관, 복귀관 모두 끝내림 구배를 준다.

해설

[급탕배관법의 구배]
1) 하향식 : 급탕관 및 복귀관(환탕관) 모두 끝내림으로 한다.
2) 상향식 : 급탕관은 끝올림, 복귀관(환탕관)은 끝내림으로 한다.

64 다음 중 신축이음쇠의 종류로 가장 거리가 먼 것은?

① 벨로즈형
② 플랜지형
③ 루프형
④ 슬리브형

해설

[신축이음 종류]
루프형, 슬리브형, 벨로즈형, 스위블형, 볼조인트형이음

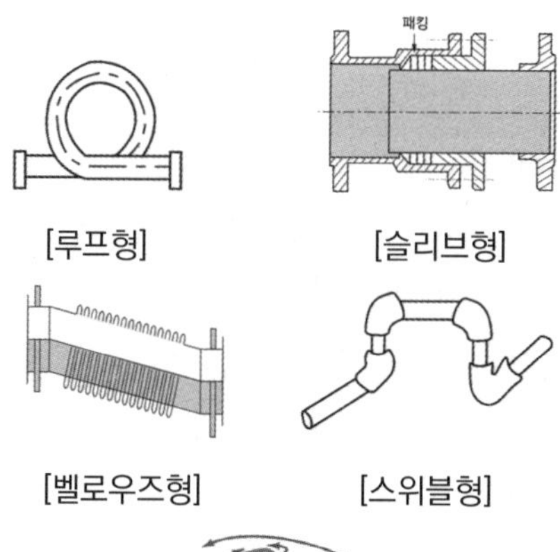

[루프형] [슬리브형]

[벨로우즈형] [스위블형]

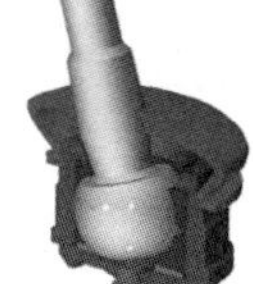

[볼조인트형]

정답 62 ② 63 ④ 64 ②

65 다음 보온재 중 안전사용(최고)온도가 가장 높은 것은? (단, 동일조건 기준으로 한다)

① 글라스 울 보온판
② 우모펠트
③ 규산칼슘 보온판
④ 석면 보온판

해설

[보온재의 안전사용(최고)온도]

보온재	안전사용(최고)온도
우모 펠트	100 ℃
글라스울	300 ℃
석면	550 ℃
규산칼슘	650 ℃

66 강관의 용접접합법으로 가장 적합하지 않은 것은?

① 맞대기용접
② 슬리브용접
③ 플랜지용접
④ 플라스턴용접

해설

강관의 용접접합법

맞대기용접, 슬리브용접, 플랜지용접 등

보충 플라스턴용접 : 연관접합방법으로 용융점이 낮은 플라스턴 합금에 의한 접합방법

67 증기 및 물배관 등에서 찌꺼기를 제거하기 위하여 설치하는 부속품으로 옳은 것은?

① 유니온
② P트랩
③ 부싱
④ 스트레이너

해설

[스트레이너(Strainer, 여과기)]

1) 배관에 설치하여 배관 내의 이물질을 걸러내기 위한 장치이다.
2) 본체 안에 있는 여과망이 이물질을 걸러낸다.
3) 펌프의 흡입 쪽이나 밸브의 입구 쪽에 설치한다.
4) 종류는 Y형, U형, V형이 있다.

[Y형 스트레이너]

[U형 스트레이너]

[V형 스트레이너]

정답 65 ③ 66 ④ 67 ④

68 배관의 접합방법 중 용접접합의 특징으로 틀린 것은?

① 중량이 무겁다.
② 유체의 저항 손실이 적다.
③ 접합부 강도가 강하여 누수 우려가 적다.
④ 보온피복 시공이 용이하다.

해설

[용접접합의 특징]
1) 접합부의 강도가 크고 중량이 가벼워진다.
2) 이음 효율이 높아 기밀성이 우수하다.
3) 용접 후 잔류응력이 있으므로 균열과 수축이 발생할 우려가 있다.
4) 재료(부속)가 절약되고 작업공정이 단축된다.
5) 유체의 저항손실이 적다.
6) 보온피복 시공이 쉽다.

69 병원, 연구소 등에서 발생하는 배수로 하수도에 직접 방류할 수 없는 유독한 물질을 함유한 배수를 무엇이라 하는가?

① 오수 ② 우수
③ 잡배수 ④ 특수배수

해설

[배수설비의 종류]
1) 오수 : 대소변기, 비데 등에서 나오는 배수
2) 잡배수 : 세면기, 싱크대, 욕조 등에서 나오는 배수
3) 빗물배수(우수배수) : 옥상이나 부지 내에 내리는 빗물의 배수
4) 특수배수 : 공장, 병원, 연구소 등에서의 배수 중 기름, 산, 알칼리, 방사선물질, 그 이외의 유해물질을 포함하고 있는 배수 → 적절한 처리시설에서 처리하여 하수도에 흘려보낼 것

70 펌프 운전 시 발생하는 캐비테이션현상에 대한 방지대책으로 틀린 것은?

① 흡입양정을 짧게 한다.
② 펌프의 회전수를 낮춘다.
③ 단흡입펌프를 사용한다.
④ 흡입관의 관경을 굵게, 굽힘을 적게 한다.

해설

[캐비테이션(Cavitation)]
1) 공동현상(空洞現象)이라고도 하며, 액체가 배관의 굴곡부나 곡부를 흐를 때 저압 영역에서 기포(증기)가 발생하는 현상이다.
2) 기포가 펌프의 토출 측 고압 영역에 도달하면 갑자기 파괴되면서 소음과 진동이 발생하고, 부식(침식)이 일어날 수 있다.
3) 방지대책
(1) 펌프의 흡입 양정을 작게 한다.
(2) 펌프의 회전수를 낮춘다.
(3) 양흡입펌프를 사용한다.
(4) 2대 이상의 펌프를 사용한다.
(5) 흡입관 구경을 크게 하여 손실수두를 줄인다.

정답 68 ① 69 ④ 70 ③

71 온수난방에서 개방식 팽창탱크에 관한 설명으로 틀린 것은?

① 공기빼기 배기관을 설치한다.
② 4 ℃의 물을 100 ℃로 높였을 때 팽창 체적비율이 4.3 % 정도이므로 이를 고려하여 팽창탱크를 설치한다.
③ 팽창탱크에는 오버 플로우관을 설치한다.
④ 팽창관에는 반드시 밸브를 설치한다.

해설

[온수난방설비의 온수배관 시공법]
④ 팽창관에는 어떤 밸브도 설치해서는 안 된다.

보충 팽창관은 부피가 증가된 온수를 팽창탱크로 도피시키는 배관

72 관 공작용 공구에 대한 설명으로 틀린 것은?

① 익스팬더 : 동관의 끝부분을 원형으로 정형 시 사용
② 봄볼 : 주관에서 분기관을 따내기 작업 시 구멍을 뚫을 때 사용
③ 열풍용접기 : PVC관의 접합, 수리를 위한 용접 시 사용
④ 리드형 오스타 : 강관에 수동으로 나사를 절삭할 때 사용

해설

[관 공작용 공구]
1) 익스팬더 : 동관 관경을 확관하는 공구
2) 사이징 툴 : 동관의 끝부분을 원형으로 정형하는 공구

73 다음 중 흡수성이 있으므로 방습재를 병용해야 하며, 아스팔트로 가공한 것은 -60 ℃까지의 보냉용으로 사용이 가능한 것은?

① 펠트 ② 탄화코르크
③ 석면 ④ 암면

해설

[펠트(Felt)]
1) 양모펠트와 우모펠트가 있다.
2) 흡수성이 있다.
3) 곡면시공이 용이하다.
4) 안전 사용온도는 100 ℃ 이하이다.
5) 아스팔트로 방습 처리한 것은 -60 ℃까지 사용할 수 있다.

74 펌프 흡입 측 수평배관에서 관경을 바꿀 때 편심 레듀서를 사용하는 목적은?

① 유속을 빠르게 하기 위하여
② 펌프 압력을 높이기 위하여
③ 역류 발생을 방지하기 위하여
④ 공기가 고이는 것을 방지하기 위하여

해설

[편심레듀서의 사용 목적]
물배관의 수평배관에서 공기가 고이는 것을 방지하기 위해 관경을 바꿀 때 편심레듀서를 사용한다.
1) 물배관 : 공기가 고이지 않게 하기 위함
2) 증기배관 : 응축수가 고이지 않게 하기 위함

2024-02

정답 71 ④ 72 ① 73 ① 74 ④

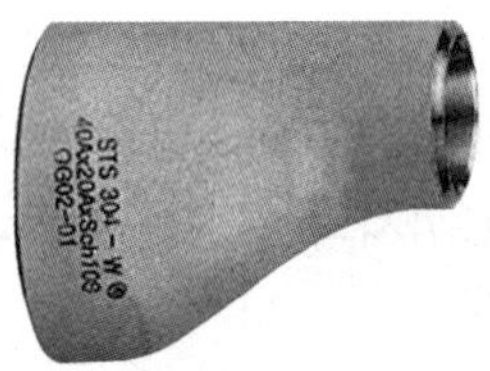

[편심레듀셔]

75 다음 중 밸브몸통 내에 밸브대를 축으로 하여 원판형태의 디스크가 회전함에 따라 개폐하는 밸브는 무엇인가?

① 버터플라이밸브
② 슬루스밸브
③ 앵글밸브
④ 볼밸브

해설

[버터플라이밸브(Butterfly Valve)]

1) 밸브 안에 있는 원형 디스크를 회전시켜 유체 흐름을 조절하는 밸브이다.
2) 차단 및 유량조절이 가능하고 구조 및 조작이 간단하다.
3) 설치공간이 적어도 되므로 대구경 배관에 많이 사용된다.

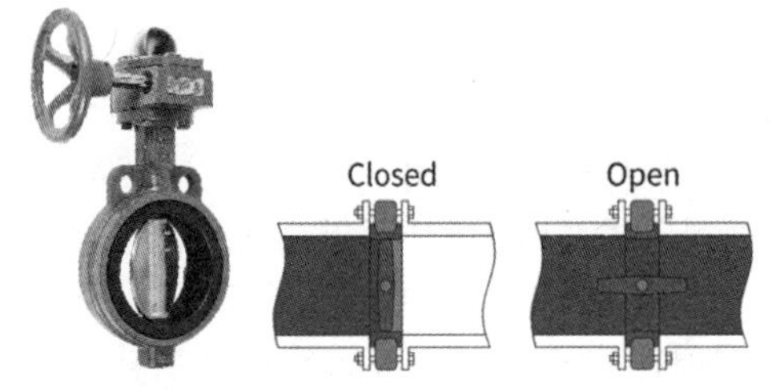

[버터플라이밸브] [밸브 단면도]

76 강관의 나사이음 시 관을 절단한 후 관 단면의 안쪽에 생기는 거스러미를 제거할 때 사용하는 공구는?

① 파이프 바이스 ② 파이프 리머
③ 파이프 렌치 ④ 파이프 커터

해설

[파이프 리머]

강관 끝단 안쪽의 거스러미를 제거하는 공구

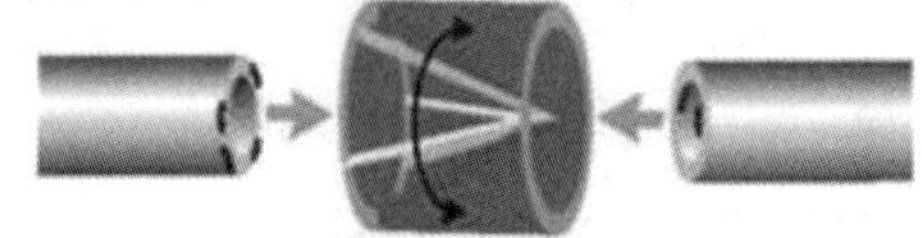

77 하트포드(Hart Ford)배관법에 관한 설명으로 틀린 것은?

① 보일러 내의 안전 저수면보다 높은 위치에 환수관을 접속한다.
② 저압증기난방에서 보일러 주변의 배관에 사용한다.
③ 하트포드배관법은 보일러 내의 수면이 안전수위 이하로 유지하기 위해 사용된다.
④ 하트포드배관 접속 시 환수주관에 침적된 찌꺼기의 보일러 유입을 방지할 수 있다.

해설

[하트포드배관법]

하트포드배관법은 보일러 내의 수면이 안전수위 이하로 떨어지는 것을 방지하기 위해 사용한다. 즉, 보일러가 과열로 인한 손상을 입지 않도록 보호하는 역할을 한다.

정답 75 ① 76 ② 77 ③

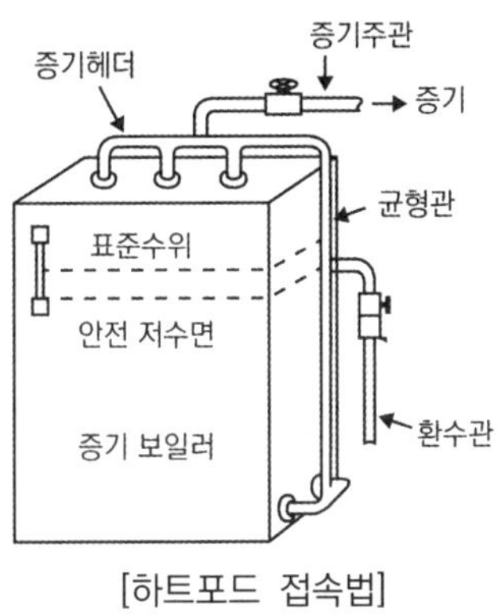

[하트포드 접속법]

78 옥상탱크에서 오버플로관을 설치하는 가장 적합한 위치는?

① 배수관보다 하위에 설치한다.
② 양수관보다 상위에 설치한다.
③ 급수관과 수평위치에 설치한다.
④ 양수관과 동일 수평위치에 설치한다.

해설

[오버플로관]
옥상탱크에서 물이 넘치는 것을 방지하기 위해 설치하는 관으로서 양수관보다 상위에 설치한다.

79 공기조화설비에서 에어워셔의 플러딩 노즐이 하는 역할은?

① 공기 중에 포함된 수분을 제거한다.
② 입구공기의 난류를 정류로 만든다.
③ 엘리미네이터에 부착된 먼지를 제거한다.
④ 출구에 섞여 나가는 비산수를 제거한다.

해설

[에어워셔의 플러딩 노즐]
플러딩 노즐은 에어와셔의 엘리미네이터에 부착된 먼지 및 이물질을 제거하는 역할을 한다.

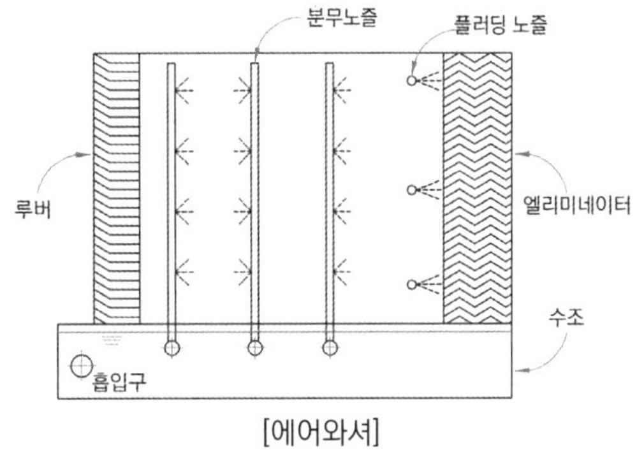

[에어와셔]

80 급탕설비에 관한 설명으로 옳은 것은?

① 급탕배관의 순환방식은 상향순환식, 하향순환식, 상하향 혼용순환식으로 구분된다.
② 물에 증기를 직접 분사시켜 가열하는 기수혼합식의 사용증기압은 0.01 MPa(0.1 kgf/cm^2) 이하가 적당하다.
③ 가열에 따른 관의 신축을 흡수하기 위하여 팽창탱크를 설치한다.
④ 강제순환식 급탕배관의 구배는 1/200 ~ 1/300 정도로 한다.

해설

[급탕설비]
1) 급탕배관 순환방식 : 상향순환식, 하향순환식
2) 기수혼합식 사용증기압 : 0.1 ~ 0.4 MPa
3) 가열에 따른 급탕(물)의 부피팽창을 흡수하기 위해 팽창탱크를 설치한다.
4) 급탕배관 기울기
(1) 강제순환식 : 1/200 ~ 1/300
(2) 중력순환식 : 1/150

정답 78 ② 79 ③ 80 ④

2024 CBT 복원 3

1과목 에너지관리

1회독	시간 :	점수 :
2회독	시간 :	점수 :
3회독	시간 :	점수 :

01 온풍난방에서 중력식 순환방식과 비교한 강제 순환방식의 특징에 관한 설명으로 틀린 것은?

① 기기 설치장소가 비교적 자유롭다.
② 급기덕트가 작아서 은폐가 용이하다.
③ 공급되는 공기는 필터 등에 의하여 깨끗하게 처리될 수 있다.
④ 공기순환이 어렵고 쾌적성 확보가 곤란하다.

해설

[강제 순환방식의 특징]

④ 강제 순환방식은 중력식 순환방식(자연순환방식)보다 공기순환이 잘된다. 이에 따라 쾌적성 확보가 가능하다.

02 공기 냉각·가열코일에 대한 설명으로 틀린 것은?

① 코일의 관 내에 물 또는 증기, 냉매 등의 열매를 통과시키고 외측에는 공기를 통과시켜서 열매와 공기 간의 열교환을 시킨다.
② 코일에 일반적으로 16 mm 정도의 동관 또는 강관의 외측에 동, 강 또는 알루미늄제의 판을 붙인 구조로 되어 있다.
③ 에로핀 중 감아 붙인 핀이 주름진 것을 스무드 핀, 주름이 없는 평면상의 것을 링클핀이라고 한다.
④ 관의 외부에 얇게 리본모양의 금속판을 일정한 간격으로 감아 붙인 핀의 형상을 에로핀 형이라 한다.

해설

[공기 냉각·가열코일]

③ 에로핀 중에서 핀이 주름진 것을 링클핀이라 하고, 주름 없는 평면상의 것을 스무드 핀 또는 평판핀 이라고 한다.

보충 에로핀(Aero Fin) : 나선형 형태(리본 모양)로 감은 핀

[에로핀-링클핀]

[에로핀-평판핀]

정답 01 ④ 02 ③

03 다음 조건의 외기와 재순환 공기를 혼합하려고 할 때 혼합공기의 건구온도는?

> 1) 외기 34 ℃ DB, 1000 m^3/h
> 2) 재순환공기 26 ℃ DB, 2000 m^3/h

① 31.3℃ ② 28.6℃
③ 18.6℃ ④ 10.3℃

해설

[혼합공기의 건구온도]

$$G_{혼합} t_{혼합} = G_1 t_1 + G_2 t_2$$
$$\therefore t_{혼합} = \frac{G_1 t_1 + G_2 t_2}{G_{혼합}} = \frac{G_1 t_1 + G_2 t_2}{G_1 + G_2}$$

$$건구온도 = \frac{1000 \times 34 + 2000 \times 26}{1000 + 2000}$$
$$\fallingdotseq 28.67 \ ℃$$

04 냉·난방 시의 실내 현열부하를 q_s(W), 실내와 말단장치의 온도(℃)를 각각 t_r, t_d라 할 때 송풍량 Q(L/s)를 구하는 식은?

① $Q = \dfrac{q_s}{0.24(t_r - t_d)}$

② $Q = \dfrac{q_s}{1.2(t_r - t_d)}$

③ $Q = \dfrac{q_s}{1.85(t_r - t_d)}$

④ $Q = \dfrac{q_s}{2501(t_r - t_d)}$

해설

[송풍량]

$$q_s[W] = GC_p \Delta t$$
$$= Q\rho C_p \Delta t$$
$$= Q \times 1.2 \times 1.01 \times \Delta t$$
$$\therefore Q = \frac{q_s}{1.21(t_r - t_d)}$$

05 건물의 지하실, 대규모 조리장 등에 적합한 기계환기법(강제급기 + 강제배기)은?

① 제1종 환기 ② 제2종 환기
③ 제3종 환기 ④ 제4종 환기

해설

[기계환기법(강제급기 + 강제배기)]

제1종 기계환기는 급기와 배출기에 모두 기계를 사용하는 것으로 규모가 크고, 정밀한 조절이 필요한 곳에 쓰인다.

1) <u>제1종 환기 : 강제급기, 강제배기</u>
2) 제2종 환기 : 강제급기, 자연배기
3) 제3종 환기 : 자연급기, 강제배기
4) 제4종 환기 : 자연급기, 자연배기

정답 03 ② 04 ② 05 ①

06 온도가 30 ℃이고, 절대습도가 0.02 kg/kg인 실외 공기와 온도가 20 ℃, 절대습도가 0.01 kg/kg인 실내 공기를 1 : 2의 비율로 혼합하였다. 혼합된 공기의 건구온도와 절대습도는?

① 23.3℃, 0.013 kg/kg
② 26.6℃, 0.025 kg/kg
③ 26.6℃, 0.013 kg/kg
④ 23.3℃, 0.025 kg/kg

해설

[혼합된 공기의 건구온도와 절대습도]

$$t_{혼합} = \frac{G_1 t_1 + G_2 t_2}{G_{혼합}} = \frac{G_1 t_1 + G_2 t_2}{G_1 + G_2}$$

$$x_{혼합} = \frac{G_1 x_1 + G_2 x_2}{G_{혼합}} = \frac{G_1 x_1 + G_2 x_2}{G_1 + G_2}$$

$$건구온도 = \frac{1 \times 30 + 2 \times 20}{3} \fallingdotseq 23.3\ ℃$$

$$절대습도 = \frac{1 \times 0.02 + 2 \times 0.01}{3} \fallingdotseq 0.013\ kg/kg$$

07 공기조화방식 중 중앙식의 수·공기방식에 해당하는 것은?

① 유인유닛방식
② 패키지유닛방식
③ 단일덕트 정풍량방식
④ 이중덕트 정풍량방식

해설

[수·공기방식]

1) 덕트병용 팬코일유닛방식
2) 덕트병용 복사 냉·난방방식
3) 유인유닛방식

※ 공기조화방식

열분배방식	열매	공기조화방식	
중앙식	전공기 방식	단일덕트 방식	정풍량
			변풍량
		이중덕트 방식	정풍량
			변풍량
		멀티존유닛방식	
		각층유닛방식	
	수·공기 방식	덕트병용 팬코일유닛	
		덕트병용 복사냉난방방식	
		유인유닛방식	
	전수 방식	팬코일유닛방식	
		복사냉난방방식	
개별식	냉매 방식	패키지방식	
		룸쿨러 방식	분리형
			멀티유닛형
			창문설치형

보충 각층유닛방식 : 과거에는 수·공기방식으로 분류했으나, 현재 공조 공간에 공급하는 열매가 공기이기 때문에 전공기방식으로 분류한다.

08 다음 중 고속덕트와 저속덕트를 구분하는 기준이 되는 풍속은?

① 15 m/s　② 20 m/s
③ 25 m/s　④ 30 m/s

해설

[고속덕트와 저속덕트 풍속 기준]

저속덕트 : 풍속 15 m/s 이하
고속덕트 : 풍속 15 m/s 초과

정답 06 ① 07 ① 08 ①

09 다음 송풍기의 풍량제어방법 중 송풍량과 축동력의 관계를 고려하여 에너지절감효과가 가장 좋은 제어방법은? (단, 모두 동일한 조건으로 운전된다)

① 회전수제어 ② 흡입베인제어
③ 취출댐퍼제어 ④ 흡입댐퍼제어

해설

[송풍기 용량제어 특성]
에너지 절감효과가 가장 좋은 방법은 풍량에 따른 축동력감소가 가장 큰 회전수제어이다.

TIP 풍량제어방법 중 축동력의 감소 :
회전수제어(가장 큼) > 가변피치
> 흡입베인 > 흡입댐퍼
> 토출댐퍼(가장 작음)

10 덕트의 마찰저항을 증가시키는 요인 중 값이 커지면 마찰저항이 감소되는 것은?

① 덕트 재료의 마찰저항계수
② 덕트 길이
③ 덕트 직경
④ 풍속

해설

[덕트의 마찰저항]

마찰저항 $\triangle P_f(Pa) = \lambda \frac{L}{d}\frac{v^2}{2}\rho$

λ : 덕트 마찰저항계수
L : 덕트의 길이 [m]
d : 덕트의 직경 [m]
v : 풍속 [m/s]
ρ : 공기의 밀도 [kg/m^3]
g : 중력가속도 [m/s^2]

11 온수난방배관방식에서 단관식과 비교한 복관식에 대한 설명으로 틀린 것은?

① 설비비가 많이 든다.
② 온도변화가 많다.
③ 온수 순환이 좋다.
④ 안정성이 높다.

해설

[온수난방배관방식]
② 공급관과 환수관이 분리되므로 온도변화가 적다.

12 공조기 내에 엘리미네이터를 설치하는 이유로 가장 적절한 것은?

① 풍량을 줄여 풍속을 낮추기 위해서
② 공조기 내의 기류의 분포를 고르게 하기 위해
③ 결로수가 비산되는 것을 방지하기 위해
④ 먼지 및 이물질을 효율적으로 제거하기 위해

해설

[엘리미네이터]
엘리미네이터는 결로수가 비산되어 유출되는 것을 방지하기 위해 설치한다.

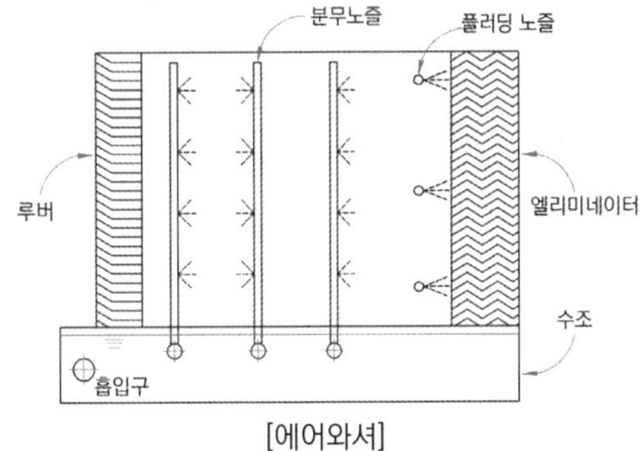

[에어와셔]

정답 09 ① 10 ③ 11 ② 12 ③

2024-03

13 외기의 건구온도 32 ℃와 환기의 건구온도 24 ℃인 공기를 1 : 3(외기 : 환기)의 비율로 혼합하였다. 이 혼합공기의 온도는?

① 26 ℃ ② 28 ℃
③ 29 ℃ ④ 30 ℃

해설

[혼합공기의 온도]

$$G_{혼합}t_{혼합} = G_1t_1 + G_2t_2$$
$$\therefore t_{혼합} = \frac{G_1t_1 + G_2t_2}{G_{혼합}} = \frac{G_1t_1 + G_2t_2}{G_1 + G_2}$$

$$t_3 = \frac{G_1t_1 + G_2t_2}{G_3} = \frac{32 \times 1 + 24 \times 3}{1+3} = 26\ ℃$$

14 덕트의 소음 방지대책에 해당되지 않는 것은?

① 덕트의 도중에 흡음재를 부착한다.
② 송풍기 출구 부근에 플래넘 챔버를 장치한다.
③ 댐퍼 입·출구에 흡음재를 부착한다.
④ 덕트를 여러 개로 분기시킨다.

해설

[덕트의 소음 방지대책]

1) 덕트에 흡음재를 부착한다.
2) 송풍기 출구에 플래넘 챔버를 설치한다.
3) 댐퍼 입·출구에 흡음재를 부착한다.
4) 송풍기 입·출구에 소음기를 설치한다.
5) 덕트 내 공기의 유동저항을 작게한다.
6) 덕트가 여러 개로 분기되면 공기의 흐름이 복잡해지고, 난류가 증가하여 소음이 더 심해질 수 있다.

15 다음 중 공기조화설비의 계획 시 조닝을 하는 목적으로 가장 거리가 먼 것은?

① 효과적인 실내 환경의 유지
② 설비비의 경감
③ 운전 가동면에서의 에너지절약
④ 부하 특성에 대한 대처

해설

[조닝]

1) 조닝의 분류 : 내부존, 외부존, 방위별, 층별, 용도별, 기능별, 관리별, 부하특성별 조닝
2) 조닝의 목적 : 효과적인 실내환경유지, 에너지절약, 부하특성에 대한 효과적인 대처, 관리의 편리성

보충 조닝(Zoning) : 공간을 구역(Zone)으로 나누는 것

16 다음 중 축류 취출구의 종류가 아닌 것은?

① 펑커루버형 취출구
② 그릴형 취출구
③ 라인형 취출구
④ 팬형 취출구

해설

[취출구]

기류방향에 따른 구분	종류
축류형 취출구	① 노즐형 ② 펑커루버형 ③ 베인격자형(고정베인형, 유니버셜형, 그릴형, 레지스터형)

정답 13 ① 14 ④ 15 ② 16 ④

기류방향에 따른 구분	종류
축류형 취출구	④ 라인형(캄 라인형, 브리즈 라인형, 슬롯라인형, T - 라인형, T - 바형) ⑤ 다공판형
복류형(방사형) 취출구	① 아네모스탯형 ② 팬형

[축류형]

[복류형]

17 다음 중 냉방부하의 종류에 해당되지 않는 것은?

① 일사에 의해 실내로 들어오는 열
② 벽이나 지붕을 통해 실내로 들어오는 열
③ 조명이나 인체와 같이 실내에서 발생하는 열
④ 침입 외기를 가습하기 위한 열

해설

[냉방부하의 종류]
침입 외기를 가습하기 위한 열은 난방(가습)부하이다.

18 다음 난방설비의 난방부하를 계산하는 방법 중 현열만을 고려하는 경우는?

① 환기부하
② 외기부하
③ 전도에 의한 열 손실
④ 침입 외기에 의한 난방 손실

해설

[난방설비의 난방부하]
① 환기부하 : 현열 + 잠열
② 외기부하 : 현열 + 잠열
③ 전도에 의한 열 손실 : 현열
④ 침입 외기에 의한 난방 손실 : 현열 + 잠열

※ 난방부하의 구분

구분	부하 발생 원인	현열	잠열
실내 부하	외벽체, 지붕, 유리창에서의 열손실(방위계수 고려)	○	-
	실내벽체, 실내창문, 실내천장, 실내바닥에서의 열손실(방위계수 적용하지 않음)	○	-
	극간풍에 의한 열손실	○	○
장치(기기) 부하	덕트로부터의 손실 열량	○	-
외기 부하	외기도입에 의한 손실 열량	○	○

19 난방용 보일러의 요구조건이 아닌 것은?

① 일상취급 및 보수관리가 용이할 것
② 건물로의 반출입이 용이할 것
③ 높이 및 설치면적이 적을 것
④ 전열효율이 낮을 것

정답 17 ④ 18 ③ 19 ④

해설

[난방용 보일러의 요구조건]
④ 전열효율이 높을 것

20 덕트 내의 풍속이 8 m/s이고, 정압이 200 Pa일 때 전압(Pa)은 얼마인가? (단, 공기밀도는 1.2 kg/m³이다)

① 197.3 Pa
② 218.4 Pa
③ 238.4 Pa
④ 255.3 Pa

해설

[전압(Pa)]
전압 = 정압 + 동압

$$P_T = P_S + \frac{v^2}{2}\rho$$
$$= 200 + \frac{8^2}{2} \times 1.2$$
$$= 238.4 \text{ Pa}$$

2과목 공조냉동설계

1회독	시간 :	점수 :
2회독	시간 :	점수 :
3회독	시간 :	점수 :

21 열교환기의 1차 측에서 압력 100 kPa, 질량유량 0.1 kg/s인 공기가 50 ℃로 들어가서 30 ℃로 나온다. 2차 측에서는 물이 10 ℃로 들어가서 20 ℃로 나온다. 이때 물의 질량유량(kg/s)은 약 얼마인가? (단, 공기의 정압비열은 1 kJ/(kg · K)이고, 물의 정압비열은 4 kJ/(kg · K)로 하며, 열교환과정에서 에너지손실은 무시한다)

① 0.005　② 0.01
③ 0.03　④ 0.05

해설

[열평형식에 따른 물의 질량유량]
열평형식을 세우면

$$q_1 = q_2$$
$$G_1 C_{p1} \Delta t_1 = G_2 C_{p2} \Delta t_2$$
$$0.1 \times 1 \times (50 - 30) = G_2 \times 4 \times (20 - 10)$$
$$\therefore G_2 = 0.05 \text{ kg/s}$$

22 질량이 m이고, 한 변의 길이가 a인 정육면체 상자 안에 있는 기체의 밀도가 ρ이라면 질량이 2 m이고, 한 변의 길이가 2a인 정육면체 상자 안에 있는 기체의 밀도는?

① ρ　② $(1/2)\rho$
③ $(1/4)\rho$　④ $(1/8)\rho$

정답 20 ③ 21 ④ 22 ③

해설

[기체의 밀도]

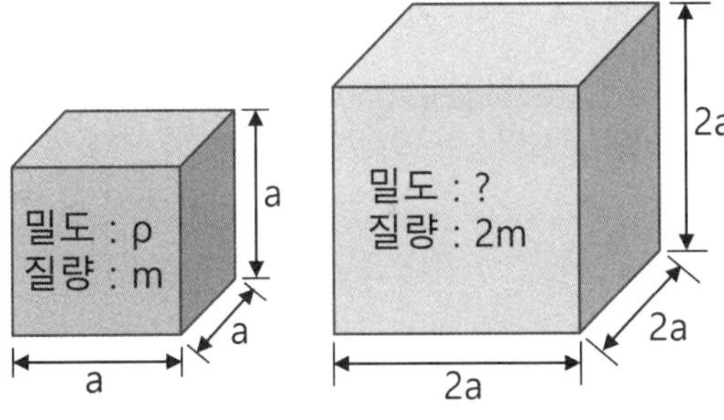

$$\rho[kg/m^3] = \frac{m}{a^3}$$

$$\rho_2 = \frac{2m}{2^3 \times a^3} = \frac{m}{4a^3} = \frac{1}{4}\rho$$

23 단위시간당 전도에 의한 열량에 대한 설명으로 틀린 것은?

① 전도열량은 물체의 두께에 반비례한다.

② 전도열량은 물체의 온도차에 비례한다.

③ 전도열량은 전열면적에 반비례한다.

④ 전도열량은 열전도율에 비례한다.

해설

[전도열량]

$$q = \frac{\lambda}{l} A(t_1 - t_2)$$

λ : 열전도율 W/m·K
l : 벽체두께 m
A : 벽체면적 m^2
t_1, t_2 : 벽의 표면온도 ℃

24 다음 선도와 같이 응축온도만 변화하였을 때 각 사이클의 특성 비교로 틀린 것은? (단, 사이클A : (A – B – C – D – A), 사이클B : (A – B′ – C′ – D′ – A), 사이클C : (A – B″ – C″ – D″ – A)이다)

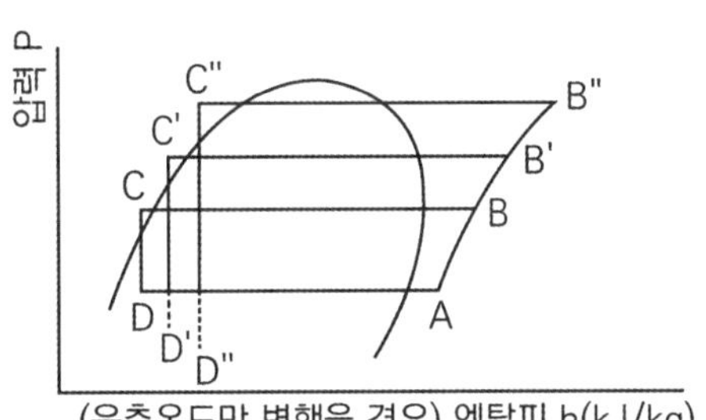

① 압축비
사이클C > 사이클B > 사이클A

② 압축일량
사이클C > 사이클B > 사이클A

③ 냉동효과
사이클C > 사이클B > 사이클A

④ 성적계수
사이클A > 사이클B > 사이클C

해설

[응축온도만 변화 시]

이 변화는 증발온도가 일정한 상태에서 응축온도가 상승하는 경우이므로, 응축온도가 상승함에 따라 냉동효과가 감소한다.

• 냉동효과 비교 : 사이클C < 사이클B < 사이클A

정답 23 ③ 24 ③

25 제상방식에 대한 설명으로 틀린 것은?

① 살수방식은 저온의 냉장창고용 유닛 쿨러 등에서 많이 사용된다.
② 부동액 살포방식은 공기 중의 수분이 부동액에 흡수되므로 일정한 농도 관리가 필요하다.
③ 핫가스 제상방식은 응축기 출구 측 고온의 액냉매를 이용한다.
④ 전기히터방식은 냉각관 배열의 일부에 핀튜브 형태의 전기히터를 삽입하여 착상부를 가열한다.

해설

[제상방식]

핫가스 제상방식은 압축기에서 나온 고온·고압의 핫가스를 이용하는 방식이다. 즉, 압축기 토출 측의 고온 냉매 가스를 냉각코일 내부로 직접 보내어 성에를 녹이는 방식이다.

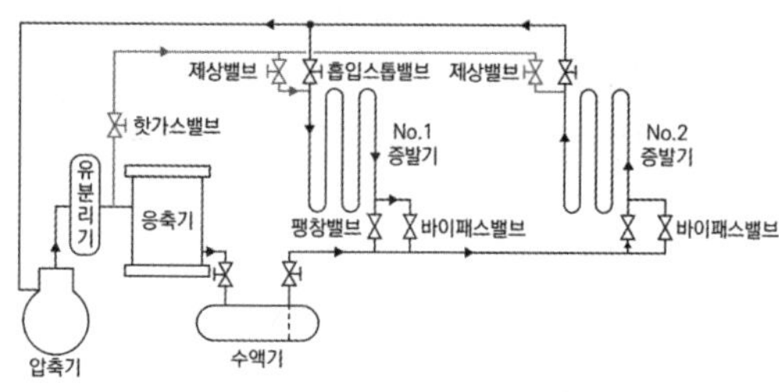

26 냉동장치에서 냉매 1 kg이 팽창밸브를 통과하여 5 ℃의 포화증기로 될 때까지 50 kJ의 열을 흡수하였다. 같은 조건에서 냉동능력이 400 kW라면 증발 냉매량(kg/s)은 얼마인가?

① 5　② 6
③ 7　④ 8

해설

[증발 냉매량]

냉동능력 $Q_e = G \times q_e$에서

$$G = \frac{Q_e}{q_e} = \frac{400}{50} = 8\ [\mathrm{kg/s}]$$

27 랭킨사이클에서 보일러 입구 엔탈피 192.5 kJ/kg, 터빈 입구 엔탈피 3002.5 kJ/kg, 응축기 입구 엔탈피 2361.8 kJ/kg일 때 열효율(%)은? (단, 펌프의 동력은 무시한다)

① 20.3　② 22.8
③ 25.7　④ 29.5

해설

[랭킨사이클 열효율]

$$\eta = \frac{\text{터빈입구} - \text{응축기입구}}{\text{터빈입구(보일러출구)} - \text{보일러입구}} \times 100$$

$$= \frac{3002.5 - 2361.8}{3002.5 - 192.5} \times 100 = 22.85$$

※ 랭킨사이클 열효율(η_R)

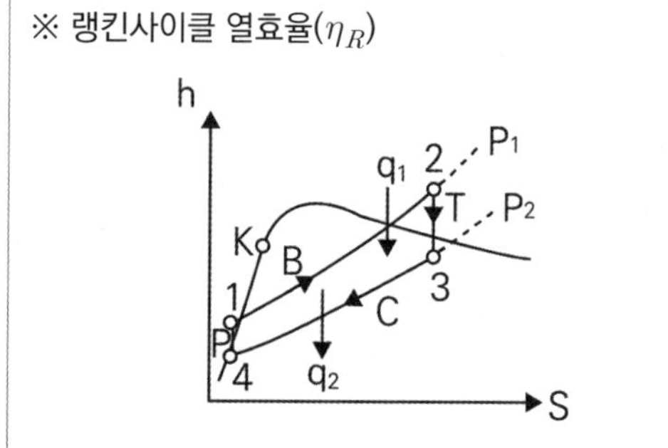

[랭킨사이클선도]

$$\eta_R = \frac{T-P}{B} = \frac{(h_2-h_3)-(h_1-h_4)}{h_2-h_1}$$

정답 25 ③ 26 ④ 27 ②

만약 펌프일을 무시하면

$\eta_R = \frac{h_2 - h_3}{h_2 - h_1}$에서 $h_1 \fallingdotseq h_4$이므로

$$\eta_R = \frac{(h_2 - h_3)}{h_2 - h_4}$$

28 모리엘선도 내 등건조도선의 건조도(x) 0.2는 무엇을 의미하는가?

① 습증기 중의 건포화증기 20 %(중량 비율)

② 습증기 중의 액체인 상태 20 %(중량 비율)

③ 건증기 중의 건포화증기 20 %(중량 비율)

④ 건증기 중의 액체인 상태 20 %(중량 비율)

해설

[등건조도선의 건조도(x)]

1) 건조도는 습증기 중의 건포화증기(증기)의 중량 비율이다.

2) 건도 0.2는 습증기 중 건포화증기(증기)가 20 %라는 의미이다.

29 열역학 제2법칙에 대한 설명으로 틀린 것은?

① 효율이 100 %인 열기관은 얻을 수 없다.

② 제2종의 영구기관은 작동 물질의 종류에 따라 가능하다.

③ 열은 스스로 저온의 물질에서 고온의 물질로 이동하지 않는다.

④ 열기관에서 작동 물질이 일을 하게 하려면 그보다 더 저온인 물질이 필요하다.

해설

[열역학 제2법칙]

1) 제2종의 영구기관 : 한 개의 열원에서 열을 받아들이고, 그 열을 전부 일로 변환하는 기관. 즉, 냉각 없이 100 % 효율로 열을 기계적 에너지로 변환하는 기관

2) 제2종 영구기관은 작동물질이 어떤 것이든 제작이 불가능하다.

※ 참고

- 제1종 영구기관 : 에너지를 공급받지 않고도 영구적으로 일을 하는 기계. 즉, 입력 없이 출력이 있는 시스템(입력 < 출력, 열효율이 100 % 보다 큰 기관) → 열역학 1법칙에 위배
- 제2종 영구기관 : 에너지는 생성되거나 소멸되지 않음. 즉, 열을 100 % 일로 바꾸는 장치(입력 = 출력, 열효율이 100 %인 기관) → 열역학 2법칙에 위배

2024-03

정답 28 ① 29 ②

30 단열된 가스터빈의 입구 측에서 압력 2 MPa, 온도 1200 K인 가스가 유입되어 출구 측에서 압력 100 kPa, 온도 600 K로 유출된다. 5 MW의 출력을 얻기 위해 가스의 질량유량(kg/s)은 얼마이어야 하는가? (단, 터빈의 효율은 100 %이고, 가스의 정압비열은 1.12 kJ/(kg · K)이다)

① 6.44 ② 7.44
③ 8.44 ④ 9.44

해설

[가스의 질량유량]

열역학 1법칙 미분형 제2식

$\delta q = dh - vdp = C_p dT + \delta w_t$

단열과정이므로 $\delta q = 0$

따라서

$\delta w_t = - C_p dT$

$= - C_p(T_2 - T_1) = C_P(T_1 - T_2)$

$W_t = m C_P(T_1 - T_2)$

여기서, $W_t = 5 \times 10^3$ kW 이므로

$$m = \frac{W_t}{C_P(T_1 - T_2)}$$

$$= \frac{5 \times 10^3}{1.12(1200 - 600)} = 7.44\ kg/s$$

보충 단위 접두어 :
M [메가] = 10^6, k [킬로] = 10^3

31 최근 에너지를 효율적으로 사용하자는 측면에서 빙축열시스템이 보급되고 있다. 빙축열시스템의 분류에 대한 조합으로 적절하지 않은 것은?

① 정적 제빙형 - 관외착빙형
② 정적 제빙형 - 빙박리형
③ 동적 제빙형 - 리키드아이스형
④ 동적 제빙형 - 과냉각아이스형

해설

[빙축열시스템의 분류]

1) 빙축열시스템은 얼음을 만들어 냉방용으로 사용하는 시스템이다.
2) 제빙방식의 분류
   (1) 정적형 : 축열조 내에서 제빙과 해빙이 이루어진다. 관외착빙형, 관내착빙형, 평판형, 캡슐형, 수직(수평)원통형 등이 있다.
   (2) 동적형 : 제빙기에서 제빙된 얼음을 축열조로 이송하여 저장하는 방식이다. 빙박리형, 유동식 빙생성형(과냉각 아이스형, 리키드 아이스형)이 있다.

정답 30 ② 31 ②

32 다음과 같은 카르노사이클에 대한 설명으로 옳은 것은?

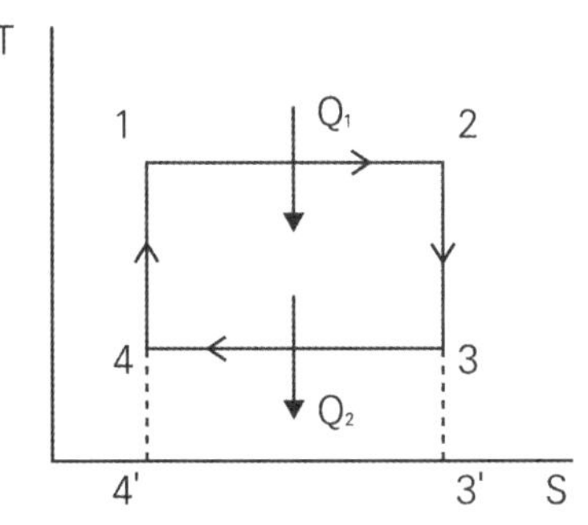

① 면적 1 - 2 - 3′ - 4′는 흡열 Q_1을 나타낸다.
② 면적 4 - 3 - 3′ - 4′는 유효열량을 나타낸다.
③ 면적 1 - 2 - 3 - 4는 방열 Q_2를 나타낸다.
④ Q_1, Q_2는 면적과는 무관하다.

해설

[카르노사이클(T-s선도)]
② 면적 4 - 3 - 3′ - 4′는 방열 Q_2를 나타낸다.
③ 면적 1 - 2 - 3 - 4는 유효열량을 나타낸다.
④ Q_1 = 면적 1 - 2 - 3′ - 4′이다.
Q_2 = 면적 4 - 3 - 3′ - 4′이다.

33 실제 냉동사이클에서 압축과정 동안 냉매 변환 중 스크류 냉동기는 어떤 압축과정에 가장 가까운가?

① 단열압축 ② 등온압축
③ 등적압축 ④ 과열압축

해설

[스크류 냉동기의 압축과정]
1) 단열압축이란 외부에서 열이 유입되거나 방출되지 않고, 오직 압축에 의해서만 냉매의 온도와 압력이 상승하는 과정이다.
2) 스크류 냉동기의 압축과정은 단열압축과정에 가장 가깝다.

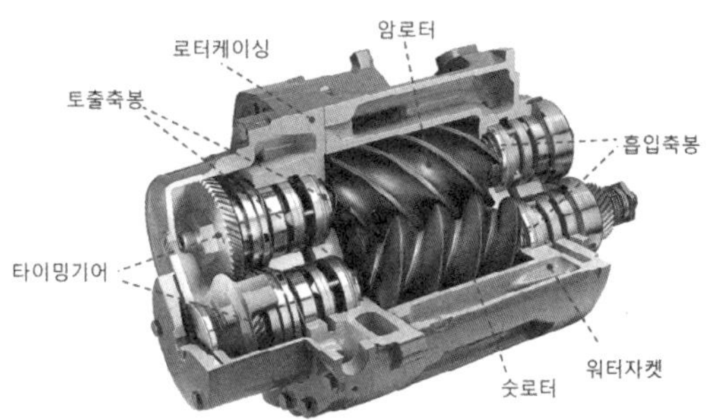

34 쉘 앤드 튜브 응축기에서 냉각수 입구 및 출구온도가 각각 16 ℃와 22 ℃, 냉매의 응축온도를 25 ℃라 할 때 이 응축기의 냉매와 냉각수와의 대수평균온도차(℃)는?

① 3.5 ② 5.5
③ 6.8 ④ 9.2

해설

[대수평균온도차(LMTD)]

$$\Delta t_m = \frac{\Delta t_1 - \Delta t_2}{\ln\frac{\Delta t_1}{\Delta t_2}} = \frac{9-3}{\ln\frac{9}{3}} = 5.46\ ℃$$

2024-03

정답 32 ① 33 ① 34 ②

35 운전 중인 냉동장치의 저압 측 진공게이지가 50 cmHg을 나타내고 있다. 이때의 진공도는?

① 65.8 % ② 40.8 %
③ 26.5 % ④ 3.4 %

해설

[진공도]
진공도는 대기압에서 얼마나 진공이 되었는지를 나타낸다.

$$진공도 = \frac{진공계압력}{대기압} = \frac{50}{76} \times 100 = 65.8\ \%$$

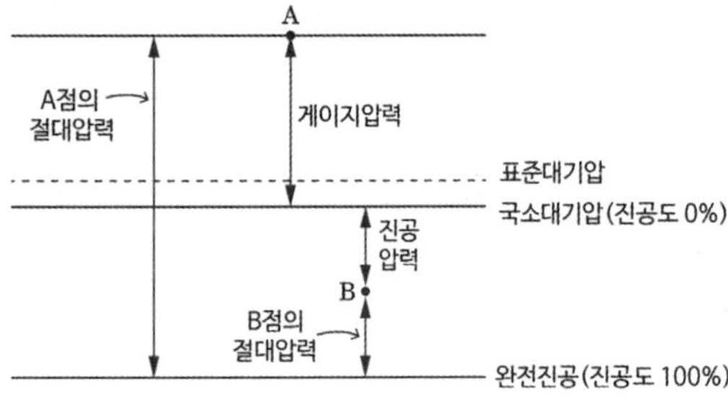

[절대압력과 게이지압력]

36 안전밸브의 시험방법에서 약간의 기포가 발생할 때의 압력을 무엇이라고 하는가?

① 분출 전개압력 ② 분출 개시압력
③ 분출 정지압력 ④ 분출 종료압력

해설

[분출 개시압력]
안전밸브에서 약간의 기포가 발생한다는 것은 미소량이 유출되기 시작한 것이므로 이때의 압력을 분출 개시압력이라 한다.

37 2단압축 1단팽창식과 2단압축 2단팽창식의 비교 설명으로 옳은 것은? (단, 동일운전 조건으로 가정한다)

① 2단팽창식의 경우에는 두 가지의 냉매를 사용한다.
② 2단팽창식의 경우가 성적계수가 약간 높다.
③ 2단팽창식은 중간냉각기를 필요로 하지 않는다.
④ 1단팽창식의 팽창밸브는 1개가 좋다.

해설

[2단압축 1단팽창식과 2단압축 2단팽창식]
① 2단팽창식에서도 한 가지의 냉매를 사용한다.
③ 2단팽창식도 중간냉각기가 필요하다.
④ 1단팽창식의 경우 팽창밸브가 2개이다.

1) 2단압축 1단팽창

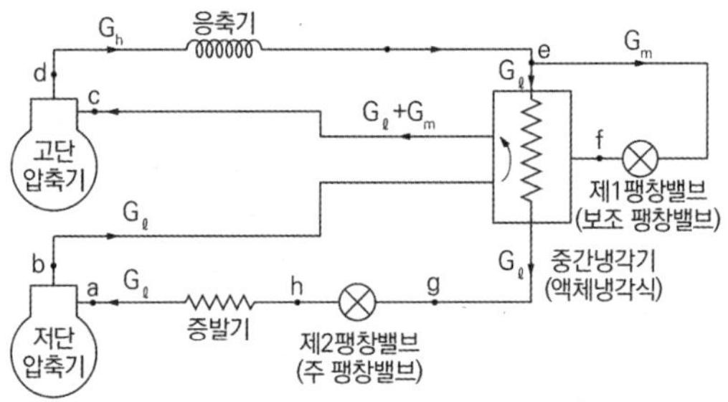

[2단압축 1단팽창 장치도]

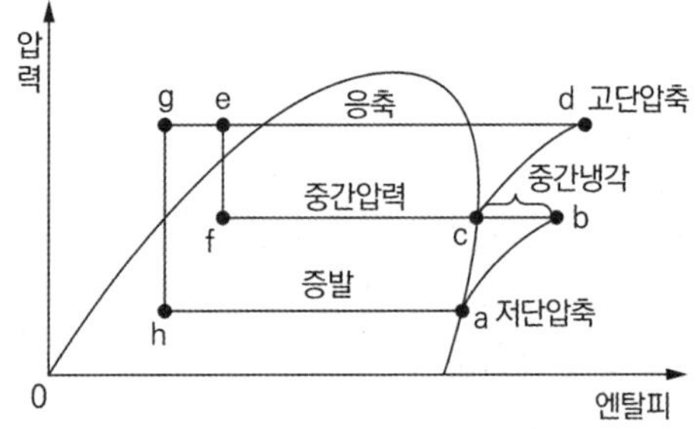

[2단압축 1단팽창 P-h선도]

정답 35 ① 36 ② 37 ②

2) 2단압축 2단팽창

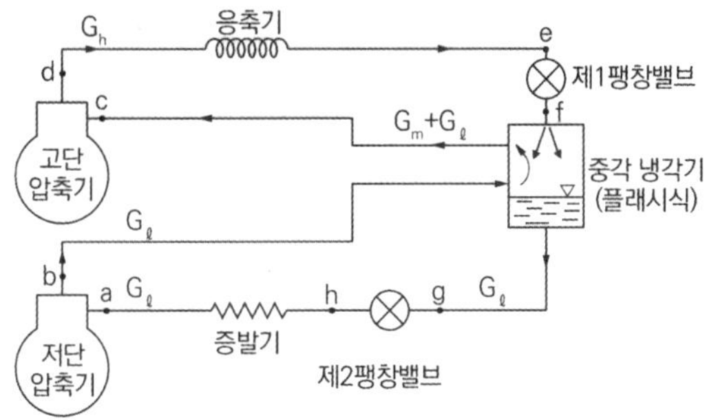

[2단압축 2단팽창 장치도]

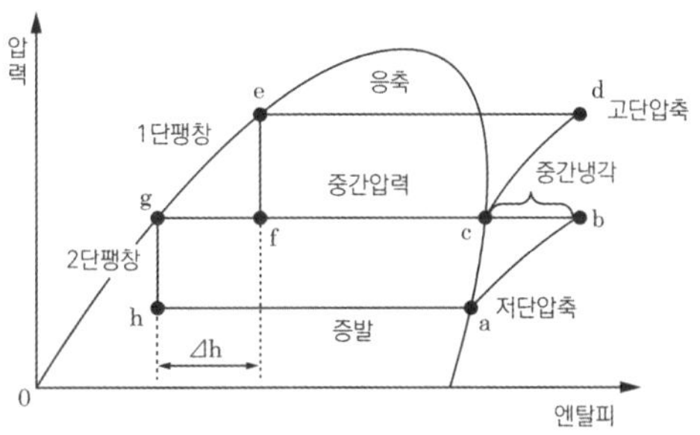

[2단팽창 2단팽창 P－h선도]

38 압력(P)－부피(V)선도에서 이상기체가 그림과 같은 사이클로 작동한다고 할 때 한 사이클 동안 행한 일은 어떻게 나타내는가?

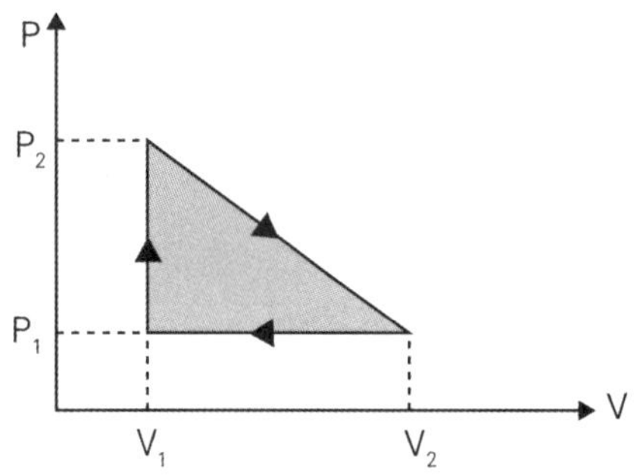

① $\dfrac{(P_2+P_1)(V_2+V_1)}{2}$

② $\dfrac{(P_2-P_1)(V_2+V_1)}{2}$

③ $\dfrac{(P_2+P_1)(V_2-V_1)}{2}$

④ $\dfrac{(P_2-P_1)(V_2-V_1)}{2}$

해설

[한 사이클 동안 행한 일]

4단계의 과정 중 2개의 정압과정, 2개의 등온과정으로 이루어진다. 압력(P)－부피(V)선도에서 면적이 정압과정의 절대일과 등온과정의 압축일이 되므로 면적 $\dfrac{(P_2-P_1)(V_2-V_1)}{2}$으로 산출한다.

정답 38 ④

39 냉매가 갖추어야 할 요건으로 틀린 것은?

① 증발온도에서 높은 잠열을 가져야 한다.
② 열전도율이 커야 한다.
③ 표면장력이 커야 한다.
④ 불활성이고 안전하며 비가연성이어야 한다.

해설

[냉매가 갖추어야 할 요건]

③ 표면장력이 크면 불필요한 동력 소모가 커지고 효율이 떨어진다.

※ 냉매의 표면장력
표면장력이 크면 액체가 퍼지지 않고 뭉친다.
냉매는 빠르게 퍼져서 많은 면적에서 증발하거나 응축해야 좋은데, 표면장력이 크면 열전달이 저하된다. 결과적으로 열전달이 느려지고, 전체 냉동사이클 효율이 떨어진다.
또한 냉매의 표면장력이 너무 작아도 누설 위험 커지고 윤활유 분리가 어렵다. 따라서 적정 수준의 표면장력이 필요하다.

40 고온열원(T_1)과 저온열원(T_2) 사이에서 작동하는 역카르노사이클에 의한 열펌프(Heat Pump)의 성능계수는?

① $\dfrac{T_1 - T_2}{T_1}$ ② $\dfrac{T_2}{T_1 - T_2}$

③ $\dfrac{T_1}{T_1 - T_2}$ ④ $\dfrac{T_1 - T_2}{T_2}$

해설

[열펌프의 성능계수(COP)]

$$COP = \frac{Q(\text{열량})}{W(\text{동력})} = \frac{T_1}{T_1 - T_2}$$

$$\text{열펌프 성적계수} = \frac{T_1}{T_1 - T_2}$$

※ 열펌프와 냉동기

1) 열펌프
에너지(전기 혹은 고온의 열)를 일의 형태로 받아 고열원에 열을 공급해주는 것이 목적

$$COP_{HP} = \frac{Q_1}{W} = \frac{Q_1}{Q_1 - Q_2} = \frac{T_1}{T_1 - T_2}$$

2) 냉동기
에너지(전기 혹은 고온의 열)를 일의 형태로 받아 저열원으로부터 열을 빼앗는 것이 목적

$$COP_R = \frac{Q_2}{W} = \frac{Q_2}{Q_1 - Q_2} = \frac{T_2}{T_1 - T_2}$$

3) 열펌프의 성적계수는 냉동기의 성적계수보다 1만큼 더 크다.
$COP_{HP} = 1 + COP_R$

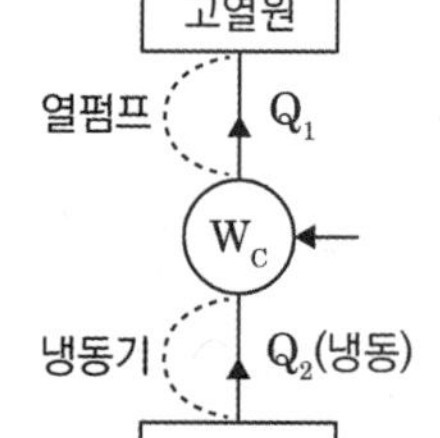

Q_1 : 저열원으로부터 흡수하는 열량
Q_2 : 고열원으로 방출하는 열량
W : 일량
T_1 : 고온
T_2 : 저온

정답 39 ③ 40 ③

3과목 시운전 및 안전관리

1회독 시간 : 점수 :
2회독 시간 : 점수 :
3회독 시간 : 점수 :

41 다음 중 고압가스 안전관리법령에 따라 500만 원 이하의 벌금 기준에 해당하는 경우는?

> ㉠ 고압가스를 제조하려는 자가 신고를 하지 아니하고 고압가스를 제조한 경우
> ㉡ 특정고압가스 사용신고자가 특정고압가스의 사용 전에 안전관리자를 선임하지 않은 경우
> ㉢ 고압가스의 수입을 업(業)으로 하려는 자가 등록을 하지 아니하고 고압가스 수입업을 한 경우
> ㉣ 고압가스를 운반하려는 자가 등록을 하지 아니하고 고압가스를 운반한 경우

① ㉠ ② ㉠, ㉡
③ ㉠, ㉡, ㉢ ④ ㉠, ㉡, ㉢, ㉣

해설

[500만 원 이하의 벌금 기준]
고압가스 안전관리법 제41조(벌칙) : 500만 원 이하 벌금
1) 제4조 제2항 전단에 따른 신고를 하지 않고 고압가스를 제조한 자
2) 제15조 제1항부터 제3항까지의 규정에 따른 안전관리자를 선임하지 아니한 자
※ ㉢, ㉣의 경우 2년 이하의 징역 또는 2천만 원 이하의 벌금

42 기계설비법령에 따른 기계설비의 착공 전 확인과 사용 전 검사의 대상 건축물 또는 시설물에 해당하지 않는 것은?

① 연면적 1만 제곱미터 이상인 건축물
② 목욕장으로 사용되는 바닥면적 합계가 500제곱미터 이상인 건축물
③ 기숙사로 사용되는 바닥면적 합계가 1천 제곱미터 이상인 건축물
④ 판매시설로 사용되는 바닥면적 합계가 3천 제곱미터 이상인 건축물

해설

[기계설비의 착공 전 확인과 사용 전 검사의 대상]
「기계설비법」 시행령 제11조 별표 5
③ 기숙사로 사용되는 바닥면적 합계가 2천 제곱미터 이상인 건축물

43 기계설비법령에 따라 기계설비의 유지관리 및 점검을 위하여 필요한 유지관리 기준으로 적합하지 않은 것은?

① 기계설비 유지관리 및 점검에 대한 계획 수립
② 기계설비 유지관리 및 점검의 종류, 항목, 방법 및 주기
③ 기계설비 유지관리 및 점검 참여자의 선발 및 근무형태
④ 기계설비 유지관리 및 점검의 기록 및 문서 보존방법

정답 41 ② 42 ③ 43 ③

해설

[기계설비 유지관리기준의 내용 및 방법]
1) 기계설비 유지관리 및 점검에 대한 계획 수립
2) 기계설비 유지관리 및 점검 참여자의 자격, 역할 및 업무내용
3) 기계설비 유지관리 및 점검의 종류, 항목, 방법 및 주기
4) 기계설비 유지관리 및 점검의 기록 및 문서보존 방법
5) 그 밖에 유자관리기준의 관리, 운영, 조사, 연구 및 개선업무에 관한 시항

44 고압가스 안전관리법령상 냉동기의 제조 시 갖추어야 할 제조설비에 해당하지 않는 것은?

① 건조설비　　② 프레스 설비
③ 제관설비　　④ 소방설비

해설

[냉동기 제조 시 갖추어야 할 제조설비]
용기등의 제조등록기준은 다음 각 호와 같다.
1) 용기의 제조등록기준 : 용기별로 제조에 필요한 단조설비·성형설비·용접설비 또는 세척설비 등을 갖출 것
2) 냉동기의 제조등록기준 : 냉동기 제조에 필요한 프레스설비·제관설비·건조설비·용접설비 또는 조립설비 등을 갖출 것
3) 특정설비의 제조등록기준 : 특정설비의 제조에 필요한 용접설비·단조설비 또는 조립설비 등을 갖출 것

보충 단조(鍛造) : 금속을 두들기거나 눌러서 필요한 형체로 만드는 일

45 보일러에서 폭발사고를 미연에 방지하기 위해 화염 상태를 검출할 수 있는 장치가 필요하다. 이 중 바이메탈을 이용하여 화염을 검출하는 것은?

① 프레임 아이　　② 스택 스위치
③ 전자 개폐기　　④ 프레임 로드

해설

[보일러의 화염검출장치]
① 프레임 아이 : 화염의 발광체(방사선, 적외선, 자외선)를 이용하여 검출
② 스택 스위치 : 바이메탈의 신축성을 이용하여 화염 상태를 검출하며 버너의 용량이 가장 큰 곳에 사용
④ 프레임 로드 : 가스의 이온화(전기전도성)를 이용하여 검출하며 가스 점화 버너에 이용

46 콘덴서의 전위차와 축적되는 에너지와의 관계식을 그림으로 나타내면 어떤 그림이 되는가?

① 직선　　② 타원
③ 쌍곡선　　④ 포물선

해설

[콘덴서에 축적되는 에너지]

$$W = \frac{1}{2}CV^2$$

이는 전압 V에 대한 이차 함수이다. 즉, V가 증가함에 따라 W가 포물선 모양으로 증가한다.

W : 정전에너지(J)
C : 정전용량(F)
V : 전압(전위차)(V)

정답 44 ④　45 ②　46 ④

47 다음 블록선도를 등가 합성 전달함수로 나타낸 것은?

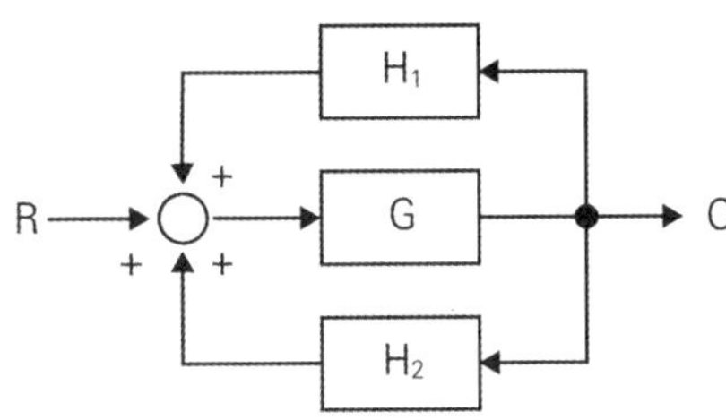

① $\dfrac{G}{1-H_1-H_2}$

② $\dfrac{G}{1-H_1G-H_2G}$

③ $\dfrac{G-1}{1-H_1G-H_2G}$

④ $\dfrac{H_1G+H_2G}{1-G}$

해설

[블록선도]

전달함수 $\dfrac{C}{R}=\dfrac{\text{전향경로 이득}}{1-\text{피드백 이득}}$

$=\dfrac{G}{1-(GH_1+GH_2)}$

$=\dfrac{G}{1-H_1G-H_2G}$

48 그림의 신호흐름선도에서 전달함수 $\dfrac{C(s)}{R(s)}$는?

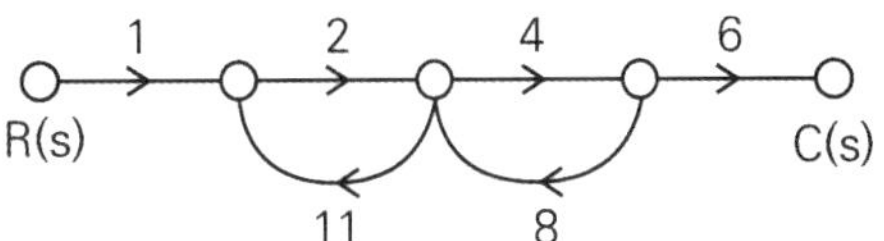

① $-\dfrac{8}{9}$ ② $-\dfrac{13}{19}$

③ $-\dfrac{48}{53}$ ④ $-\dfrac{105}{77}$

해설

[전달함수]

$\dfrac{C(s)}{R(s)}=\dfrac{\text{전향경로의 합}}{1-\text{피드백의 합}}$

$=\dfrac{1\times2\times4\times6}{1-(2\times11+4\times8)}=\dfrac{48}{-53}$

49 10 μF의 콘덴서에 200 V의 전압을 인가하였을 때 콘덴서에 축적되는 전하량은 몇 C인가?

① 2 × 10^{-3} ② 2 × 10^{-4}

③ 2 × 10^{-5} ④ 2 × 10^{-6}

해설

[전하량]

$Q=CV$이므로

$Q=(10\times10^{-6})\times200$

$=2\times10^{-3}C$

보충 μ[마이크로] = 10^{-6}

정답 47 ② 48 ③ 49 ①

50 프로세스제어용 검출기기는?

① 유량계 ② 전위차계
③ 속도검출기 ④ 전압검출기

해설

[프로세스제어]

1) 화학공업, 반도체 산업 분야 등과 같이 주로 프로세스 산업분야에서 행해지는 제어이다.
2) 유량계는 프로세스제어에서 매우 중요한 센서로, 주로 차압식, 초음파식, 전자기식, 터빈식 유량계 등이 사용된다.
3) 온도, 습도, 압력, 유량, 액면, 비중, 농도 등의 변화량을 제어한다.

※ 제어량에 의한 분류

구분	내용	제어량
서보기구	기계적 변위를 제어량으로 하는 변화량제어	물체의 방위, 위치, 각도 등
프로세스 제어	플랜트나 생산공정 중의 상태량제어 (화학적 양을 제어)	온도, 압력, 유량, 농도 등
자동조정 제어	제어량이 전기적, 기계적 양을 제어	주파수, 전압, 전류, 힘, 회전속도 등

51 저항 8 Ω과 유도리액턴스 6 Ω이 직렬접속된 회로의 역률은?

① 0.6 ② 0.8
③ 0.9 ④ 1

해설

[역률]

$$역률\ \cos\theta = \frac{저항}{임피던스} = \frac{R}{Z} = \frac{R}{\sqrt{R^2 + X_L^2}} = \frac{8}{\sqrt{8^2+6^2}} = 0.8$$

52 오차 발생시간과 오차의 크기로 둘러싸인 면적에 비례하여 동작하는 것은?

① P동작 ② I동작
③ D동작 ④ PD동작

해설

[I동작]

I동작은 적분동작으로 시간에 따른 오차의 적분을 사용하여 시스템 정상상태 오차를 제거하는 데 목적이 있다.

53 검출용 스위치에 속하지 않는 것은?

① 광전스위치 ② 액면스위치
③ 리미트스위치 ④ 누름버튼스위치

해설

[누름버튼스위치]

누름버튼스위치는 검출용이 아닌 시퀀스회로의 동작지시나 중단의 목적으로 쓰인다.

54 공작기계의 부품 가공을 위하여 주로 펄스를 이용한 프로그램제어를 하는 것은?

① 수치제어 ② 속도제어
③ PLC제어 ④ 계산기제어

정답 50 ① 51 ② 52 ② 53 ④ 54 ①

해설

[수치제어(NC : Numerical Control)]

1) 정의
   숫자(수치)로 표현된 명령어를 통해 기계를 자동 제어하는 방식
2) 제어방식
   펄스(Pulse) 또는 데이터 코드로 공구의 이동거리, 속도, 방향 등을 제어
3) 주 사용처
   선반, 밀링머신, 드릴링머신 등 공작기계의 자동 가공

② 속도제어 : 모터 등의 속도를 제어
③ PLC제어 : 자동화 공정의 논리 제어(On - Off, 순서제어 등)
④ 계산기제어 : 일반적인 계산장치제어

55 단상변압기 2대를 사용하여 3상 전압을 얻고자 하는 결선방법은?

① Y결선 ② V결선
③ Δ결선 ④ Y - Δ결선

해설

[V결선]

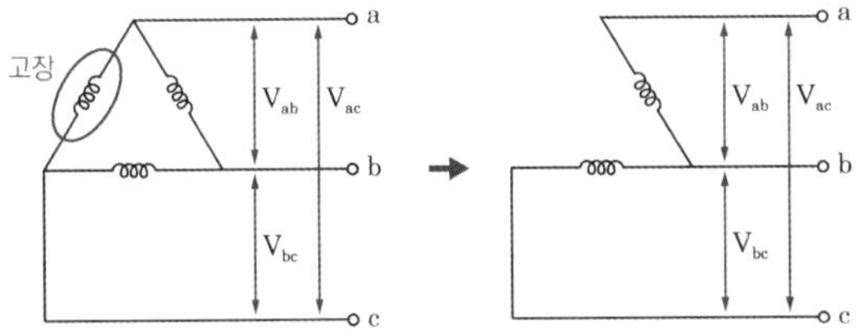

단상변압기 2대를 사용하여 3상 전압을 얻는 결선방식은 V결선이다. 변압기 이용률을 86.6 %로 감소된다.

56 물체의 위치, 방위, 자세 등의 기계적 변위를 제어량으로 하여 목푯값의 임의의 변화에 항상 추종되도록 구성된 제어장치는?

① 서보기구 ② 자동조정
③ 정치제어 ④ 프로세스제어

해설

[서보기구]

서보기구는 물체의 위치, 방위 등의 기계적 변위를 제어량으로 하여 목푯값의 임의의 변화에 항상 추종되도록 구성되어 있다.

※ 제어량에 의한 분류

구분	내용	제어량
서보기구	기계적 변위를 제어량으로 하는 변화량제어	물체의 방위, 위치, 각도 등
프로세스 제어	플랜트나 생산공정 중의 상태량제어 (화학적 양을 제어)	온도, 압력, 유량, 농도 등
자동조정 제어	제어량이 전기적, 기계적 양을 제어	주파수, 전압, 전류, 힘, 회전속도 등

57 피드백(Feedback)제어시스템의 피드백 효과로 틀린 것은?

① 정상상태 오차 개선
② 정확도 개선
③ 시스템 복잡화
④ 외부 조건의 변화에 대한 영향 증가

정답 55 ② 56 ① 57 ④

해설

[피드백제어의 특징]

1) 입력과 출력을 비교하는 장치가 있어야 한다.
2) 정확성이 증가한다.
3) 감대폭(대역폭)이 증가한다.
4) 제어계의 특성 변화에 대한 입력대 출력비의 감도가 감소한다.
5) 제어계 외부조건의 변화에 대한 영향을 감소시킬 수 있다.
6) 발진을 일으키고 불안정한 상태로 되어가는 경향이 있다.
7) 시스템이 복잡하고 크기가 크며 값이 비싸다.

58 제어시스템의 구성에서 제어요소는 무엇으로 구성되는가?

① 검출부
② 검출부와 조절부
③ 검출부와 조작부
④ 조작부와 조절부

해설

[제어시스템의 구성에서 제어요소]

제어요소는 조절부와 조작부로 구성된다.

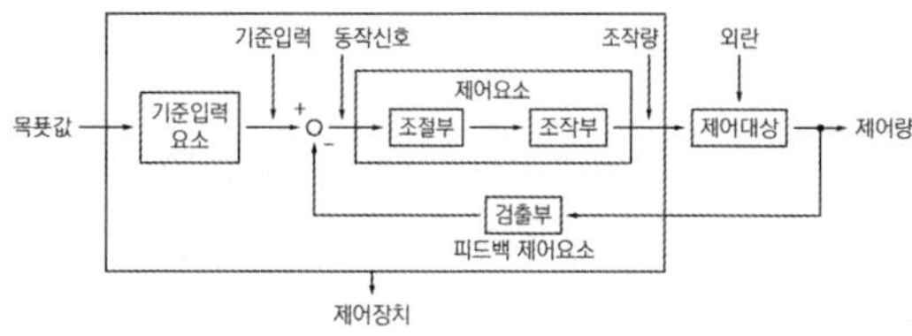

[폐루프제어계의 구성도]

59 그림과 같은 회로에서 부하전류 I_L은 몇 A인가?

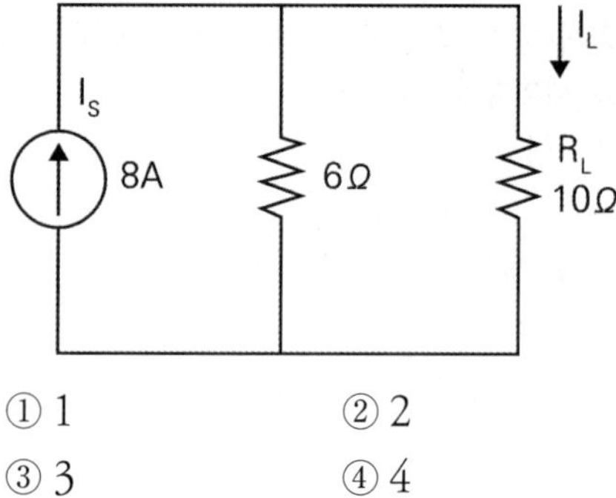

① 1　② 2
③ 3　④ 4

해설

[부하전류]

$$I_L = \frac{R}{R+R_L} \times I_s = \frac{6}{6+10} \times 8 = 3\ \mathrm{A}$$

60 어떤 전지에 5 A의 전류가 10분간 흘렀다면 이 전지에서 나온 전기량은 몇 C인가?

① 1000　② 2000
③ 3000　④ 4000

해설

[전기량(전하량) Q]

$$Q = I \times t$$

$$= 5\,A \times 10\,\mathrm{min} \times \frac{60\,\mathrm{sec}}{1\,\mathrm{min}}$$

$$= 3000\ \mathrm{C}$$

정답 58 ④ 59 ③ 60 ③

4과목 유지보수 공사관리

1회독 시간 : 점수 :
2회독 시간 : 점수 :
3회독 시간 : 점수 :

61 강관작업에서 아래 그림처럼 15 A 나사용 90° 엘보 2개를 사용하여 길이가 200 mm가 되도록 연결 작업을 하려고 한다. 이때 실제 15 A 강관의 길이(mm)는 얼마인가? (단, 나사가 물리는 최소길이(여유치수)는 11 mm이고 이음쇠의 중심에서 단면까지의 길이는 27 mm이다)

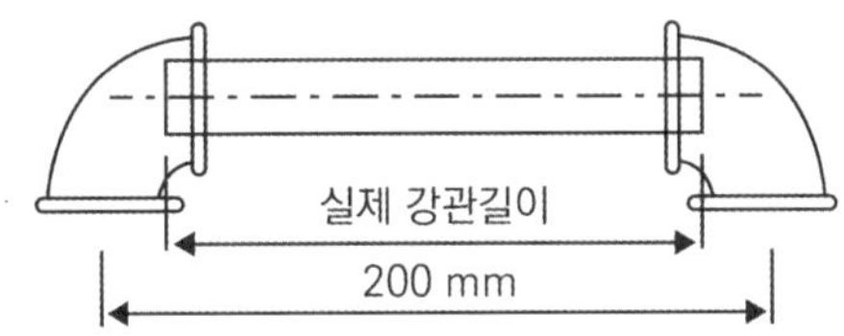

① 142 ② 158
③ 168 ④ 176

해설

[강관의 길이]

$l = L - 2A + 2a$

$= 200 - 2 \times 27 + 2 \times 11$

$= 168\ \text{mm}$

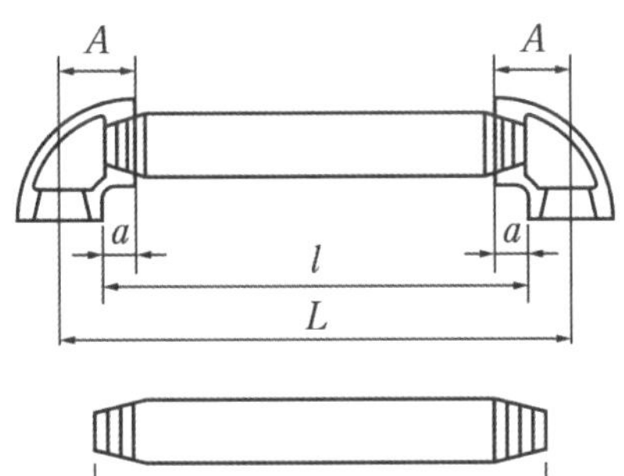

62 급수온도 5 ℃, 급탕온도 60 ℃, 가열전 급탕설비의 전수량은 2 m^3, 급수와 급탕의 압력차는 50 kPa일 때 절대압력 300 kPa의 정수두가 걸리는 위치에 설치하는 밀폐식 팽창탱크의 용량(m^3)은? (단, 팽창탱크의 초기 봉입 절대압력은 300 kPa이고, 5 ℃일 때 밀도는 1000 kg/m^3, 60 ℃일 때 밀도는 983.1 kg/m^3이다)

① 0.83 ② 0.57
③ 0.24 ④ 0.17

해설

[밀폐식 팽창탱크의 용량]

팽창량 $\Delta V = (V_2 - V_1) = \left(\dfrac{1}{\rho_2} - \dfrac{1}{\rho_1}\right)m$

$\Delta V = \left(\dfrac{1}{983.1} - \dfrac{1}{1{,}000}\right) \times 2{,}000\ \text{kg}$

$= 0.0344\ m^3$

$V = \dfrac{\Delta V}{\dfrac{P_0}{P_1} - \dfrac{P_0}{P_2}} = \dfrac{0.0344}{\dfrac{300}{300} - \dfrac{300}{300+50}}$

$= 0.24\ \text{m}^3$

※ 밀폐형 팽창탱크 용량(V_0)

물의 팽창량 $\Delta V = (V_2 - V_1) = \left(\dfrac{1}{\rho_2} - \dfrac{1}{\rho_1}\right)m$

여기서,

$P_0 V_0 = P_1(V_0 - V_1) \rightarrow V_1 = V_0 - \dfrac{P_0}{P_1}V_0$

$P_0 V_0 = P_2(V_0 - V_2) \rightarrow V_2 = V_0 - \dfrac{P_0}{P_2}V_0$

이므로,

$\Delta V = V_2 - V_1 = \left(V_0 - \dfrac{P_0}{P_2}V_0\right) - \left(V_0 - \dfrac{P_0}{P_1}V_0\right)$

$= \left(\dfrac{P_0}{P_1} - \dfrac{P_0}{P_2}\right)V_0$

2024-03

정답 61 ③ 62 ③

탱크의 용량 $V_0 = \dfrac{\Delta V}{\left(\dfrac{P_0}{P_1} - \dfrac{P_0}{P_2}\right)}$

ΔV : 온수의 팽창량$[m^3]$
V_1, V_2 : 팽창 전, 후의 물의 체적$[m^3]$
ρ_1, ρ_2 : 팽창 전, 후의 물의 밀도$[kg/m^3]$
m : 전체 질량$[kg]$
P_0 : 탱크의 초기 봉입 압력$[kPa\ abs]$
P_1, P_2 : 팽창 전 후의 압력$[kPa\ abs]$
V_0 : 팽창탱크의 용량$[m^3]$

63 다음 중 증기난방용 방열기를 열손실이 가장 많은 창문 쪽의 벽면에 설치할 때 벽면과의 거리로 가장 적절한 것은?

① 5 ~ 6 cm ② 10 ~ 11 cm
③ 19 ~ 20 cm ④ 25 ~ 26 cm

해설

[방열기 설치 조건]
방열기와 벽면과의 적절한 거리 : 5 ~ 6 cm

64 냉동장치에서 압축기의 표시방법으로 틀린 것은?

① (기호) : 밀폐형 일반
② (기호) : 로터리형
③ (기호) : 원심형
④ (기호) : 왕복동형

해설

[압축기의 표시방법]

③ (기호) : 다기통 왕복동식 압축기

※ 참고

(기호) : 원심형 압축기

65 압축공기배관설비에 대한 설명으로 틀린 것은?

① 분리기는 윤활유를 공기나 가스에서 분리시켜 제거하는 장치로서 보통 중간냉각기와 후부냉각기 사이에 설치한다.
② 위험성 가스가 체류되어 있는 압축기실은 밀폐시킨다.
③ 맥동을 완화하기 위하여 공기탱크를 장치한다.
④ 가스관, 냉각수관 및 공기탱크 등에 안전밸브를 설치한다.

해설

[압축공기배관설비]
② 위험성 가스가 체류되어 있는 압축기실은 환기가 되도록 개방시켜야 한다. → **가연성, 유독성 가스가 누출될 경우 폭발이나 중독 위험이 있기 때문에 충분한 환기와 가스누설 감지시스템이 필요**

※ 맥동현상
맥동현상이란 압축기, 펌프, 밸브 등에서 유체가 연속적으로 흐르지 않고, 주기적으로 압력이나 유량이 변하는 현상을 말한다.
여기서, 공기탱크는 압축공기시스템에서 맥동을 완화하는 데 효과적이지만, 수배관에서는 오히려 맥동을 유발할 수 있다.

정답 63 ① 64 ③ 65 ②

항목	수배관(물)	압축공기배관(공기)
유체 특성	비압축성	압축성
탱크 설치 시	공기혼입 → 맥동 발생, 수격작용 위험	압력완충 → 맥동 완화
탱크 역할	불안정한 흐름 유발 가능	압력변동 흡수 및 맥동 억제

66 수도 직결 시 급수방식에서 건물 내에 급수를 할 경우 수도 본관에서의 최저 필요압력을 구하기 위한 필요 요소가 아닌 것은?

① 수도 본관에서 최고 높이에 해당하는 수전까지의 관 재질에 따른 저항
② 수도 본관에서 최고 높이에 해당하는 수전이나 기구별 소요압력
③ 수도 본관에서 최고 높이에 해당하는 수전까지의 관 내 마찰손실수두
④ 수도 본관에서 최고 높이에 해당하는 수전까지의 상당압력

해설

[수도 본관에서의 최저 필요압력]

수도본관의 최소압력 $P \geq P_1 + P_2 + P_3$

P : 수도 본관의 압력 [kPa]

P_1 : 수도 본관에서 최상층 급수 기구까지의 높이에 상당하는 압력 [kPa]

P_2 : 관의 마찰손실수두에 상당하는 압력 [kPa]

P_3 : 최상층 기구의 최소 소요압력 [kPa]

67 팬코일유닛방식의 배관방식 중 공급관이 2개이고 환수관이 1개인 방식은?

① 1관식　② 2관식
③ 3관식　④ 4관식

해설

[3관식(Three Pipe)]

1) 공급관이 2개(온수관, 냉수관)이고 환수관이 1개인 배관방식이다.
2) 개별제어가 가능하다.
3) 배관이 복잡하다.
4) 환수관이 1개이므로 냉수와 온수의 혼합 손실이 발생한다.

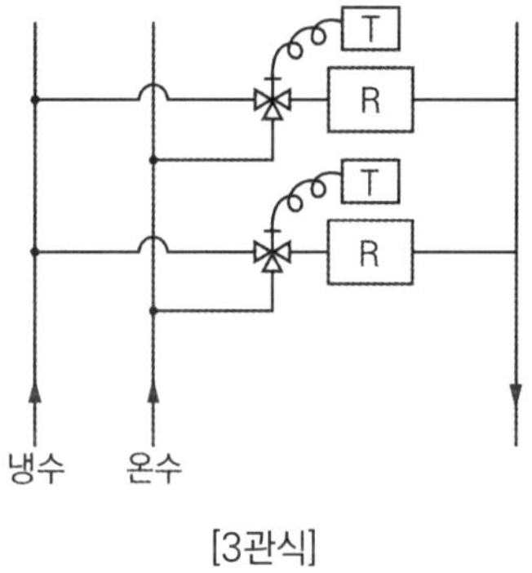

[3관식]

68 배수배관 시공 시 청소구의 설치위치로 가장 적절하지 않은 곳은?

① 배수 수평주관과 배수수평 분기관의 분기점
② 길이가 긴 수평 배수관 중간
③ 배수 수직관의 제일 윗부분 또는 근처
④ 배수관이 45° 이상의 각도로 방향을 전환하는 곳

정답 66 ① 67 ③ 68 ③

해설

[청소구 설치위치]

배수가 고이기 쉬운 곳, 청소하기 쉬운 곳 및 긴 경로의 도중에 설치

1) 가옥 배수관과 부지 하수관(택지 하수관)이 접속되는 곳
2) 길이가 긴 배수 수평관의 중간
3) 배수관이 45° 이상의 각도로 방향을 전환하는 곳
4) 배수수평주관과 배수수평지관의 최상류 지점
5) 배수 수직관의 가장 낮은 곳(최하단부 또는 그 근처에 설치)
6) 배관경 100 mm 이하 : 15 m 이내마다
   배관경 100 mm 초과 : 30 m 이내마다

보충 청소구 : 배수 또는 통기관 내부에 이물질이 쌓이거나 막혔을 때 이를 점검하거나 제거하기 위해 설치하는 개구부

69 냉매배관 시 유의사항으로 틀린 것은?

① 냉동장치 내의 배관은 절대기밀을 유지 할 것
② 배관도중에 고저의 변화를 될수록 피할 것
③ 기기간의 배관은 가능한 한 짧게 할 것
④ 만곡부는 될 수 있는 한 적고 또한 곡률반경은 작게 할 것

해설

[냉매배관 시공 시 주의사항]

④ 만곡부(곡관부)는 될 수 있는 한 없게 하고, 곡률반경은 크게 해야 한다.

70 급수펌프에서 발생하는 캐비테이션현상의 방지법으로 틀린 것은?

① 펌프설치위치를 낮춘다.
② 입형펌프를 사용한다.
③ 흡입손실수두를 줄인다.
④ 회전수를 올려 흡입속도를 증가시킨다.

해설

[캐비테이션현상의 방지법]

④ 회전수를 줄이고 흡입속도를 낮춘다.

71 밀폐식 온수난방배관에 대한 설명으로 틀린 것은?

① 팽창탱크를 사용한다.
② 배관의 부식이 비교적 적어 수명이 길다.
③ 배관경이 적어지고 방열기도 적게 할 수 있다.
④ 배관 내의 온수 온도는 70 ℃ 이하이다.

해설

[밀폐식 온수난방]

밀폐식 온수난방의 경우 배관 내의 압력을 높여 100 ℃ 이상의 온수온도도 가능하다.

정답 69 ④ 70 ④ 71 ④

72 온수난방배관에서 리버스 리턴(Reverse Return)방식을 채택하는 주된 이유는?

① 온수의 유량 분배를 균일하게 하기 위하여
② 배관의 길이를 짧게하기 위하여
③ 배관의 신축을 흡수하기 위하여
④ 온수가 식지 않도록 하기 위하여

해설

[리버스 리턴방식]
리버스 리턴방식은 난방시스템에서 온수가 여러 개의 방열기(라디에이터, 보일러코일 등)를 거쳐 순환할 때 모든 방열기로 균일하게 온수를 공급하기 위해 설계된 배관방식이다.

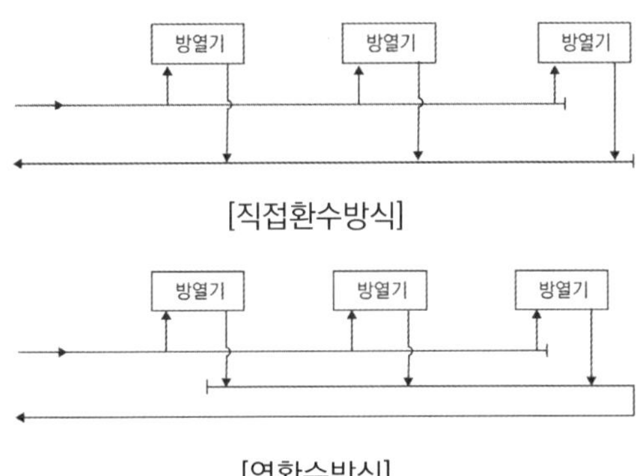

[역환수방식]

73 냉매배관에서 압축기 흡입관의 시공 시 유의사항으로 틀린 것은?

① 압축기가 증발기보다 밑에 있는 경우 흡입관은 작은 트랩을 통과한 후 증발기 상부보다 높은 위치까지 올려 압축기로 가게 한다.
② 흡입관의 수직상승 입상부가 매우 길 때는 냉동기유의 회수를 쉽게 하기 위하여 약 20 m마다 중간에 트랩을 설치한다.
③ 각각의 증발기에서 흡입 주관으로 들어가는 관은 주관 상부로부터 들어가도록 접속한다.
④ 2대 이상의 증발기가 있어도 부하의 변동이 그다지 크지 않은 경우는 1개의 입상관으로 충분하다.

해설

[압축기 흡입관의 시공 시 유의사항]
② 흡입관의 수직상승 입상부가 매우 길 때는 냉동기유의 회수를 쉽게 하기 위해 <u>약 10 m마다</u> 중간에 트랩을 설치한다.

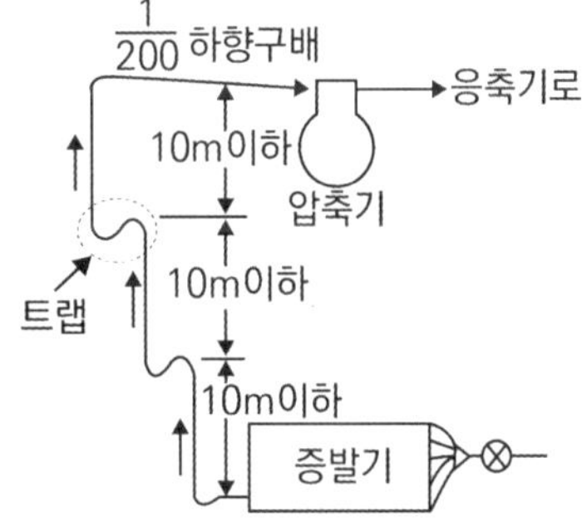

[흡입관의 수직상승 입상부가 매우 길 때]

정답 72 ① 73 ②

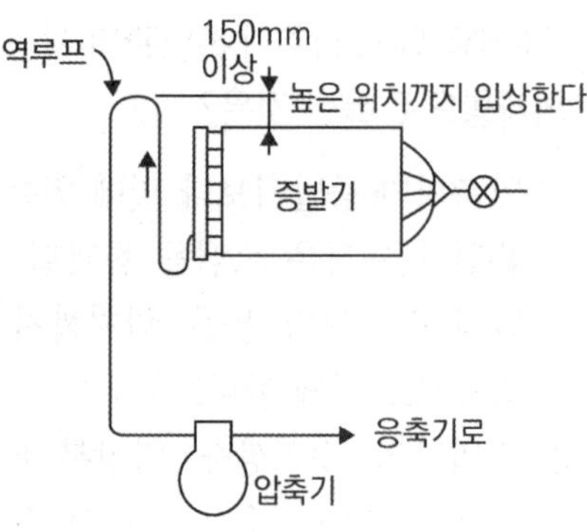

[압축기가 증발기보다 밑에 있는 경우]

74 급수방식 중 압력탱크방식에 대한 설명으로 틀린 것은?

① 국부적으로 고압을 필요로 하는 데 적합하다.
② 탱크의 설치위치에 제한을 받지 않는다.
③ 항상 일정한 수압으로 급수할 수 있다.
④ 높은 곳에 탱크를 설치할 필요가 없으므로 건축물의 구조를 강화할 필요가 없다.

해설

[압력탱크방식]

1) 압력탱크의 압력으로 물을 공급하는 방식
2) 정전이나 펌프의 고장 시에는 급수가 불가능하다.
3) 급수압력의 변동이 심하다.
4) 압력탱크의 유효용량이 적으므로 펌프의 동작 횟수가 많아 고장이 잦다.

75 길이 30 m의 강관의 온도변화가 120 ℃일 때 강관에 대한 열팽창량은? (단, 강관의 열팽창계수는 11.9 × 10^{-6} mm/mm · ℃이다)

① 42.8 mm ② 42.8 cm
③ 42.8 m ④ 4.28 mm

해설

[열팽창량]

열팽창량 $\Delta\ell = L \times \alpha(t_2 - t_1)$

$$\Delta\ell = (30 \times 10^3) \times 11.9 \times 10^{-6} \times 120 = 42.84\,\text{mm}$$

76 경질염화비닐관의 TS식 이음에서 작용하는 3가지 접착효과로 가장 거리가 먼 것은?

① 유동삽입 ② 일출접착
③ 소성삽입 ④ 변형삽입

해설

[TS식 이음]

TS식 이음은 경질염화비닐관(PVC)에 접착제를 발라 끼워 맞추는 방식이며, PVC는 금속처럼 소성변형(Plastic Deformation)을 일으키지 않는다.
따라서 '소성삽입'은 실제 TS식 접착 메커니즘에 포함되지 않는 용어이다.

① 유동삽입 : 접착제가 흐르며 관과 소켓 사이를 채우는 작용
② 일출접착 : 접착제가 끝단에서 밀려나오는 현상에서 기인한 접착력
③ 소성삽입 : 금속처럼 소성변형을 이용한 접착 - 경질염화비닐관(PVC)에는 부적합
④ 변형삽입 : 삽입 시 발생하는 탄성 변형으로 밀착을 돕는 효과

정답 74 ③ 75 ① 76 ③

77 무기질 단열재에 관한 설명으로 틀린 것은?

① 암면은 단열성이 우수하고 아스팔트 가공된 보냉용의 경우 흡수성이 양호하다.
② 유리섬유는 가볍고 유연하여 작업성이 매우 좋으며 칼이나 가위 등으로 쉽게 절단된다.
③ 탄산마그네슘 보온재는 열전도율이 낮으며 300 ~ 320 ℃에서 열분해한다.
④ 규조토 보온재는 비교적 단열효과가 낮으므로 어느 정도 두껍게 시공하는 것이 좋다.

해설

[무기질 단열재]

① 암면은 화산암을 녹여 만든 단열재로, 단열성과 내열성이 매우 우수하다. 하지만, 아스팔트 가공을 하면 방수성이 높아지므로, 흡수성이 낮아진다.

78 기체수송설비에서 압축공기배관의 부속장치가 아닌 것은?

① 후부냉각기 ② 공기여과기
③ 안전밸브 ④ 공기빼기밸브

해설

[압축공기배관 부속장치]

압축공기배관 부속장치는 후부냉각기, 리시버탱크, 공기여과기, 안전밸브 등이다.

※ 공기빼기밸브는 온수난방배관의 공기고임의 우려에 따라 공기를 배출하는 밸브

79 제조소 및 공급소 밖의 도시가스배관을 시가지 외의 도로 노면 밑에 매설하는 경우에는 노면으로부터 배관의 외면까지 최소 몇 m 이상을 유지해야 하는가?

① 1.0 ② 1.2
③ 1.5 ④ 2.0

해설

[지중 매설하는 도시가스배관 설치방법]

도시가스배관을 시가지 외의 도로 노면 밑에 매설하는 경우에는 노면으로부터 배관의 외면까지 1.2 m 이상을 유지해야 한다.

※ 도시가스사업법 시행규칙 별표 5

위치	매설깊이(이상)	출처
공동주택등의 부지 안	0.6 m	일반도시가스사업의 가스공급시설의 시설기준(도시가스사업법 시행규칙 별표 6)
폭 4m 미만 도로	0.6 m	
폭 4m 이상 8m 미만 도로	1 m	
폭 8m 이상 도로	1.2 m	
산이나 들	1 m	가스도매 사업의 가스공급시설의 시설기준(도시가스사업법 시행규칙 별표 5)
그 밖의 지역	1.2 m	
시가지 외의 도로	1.2 m	
시가지의 도로	1.5 m	
포장되어 있는 차도	0.5 m	
인도·보도 등 노면 외의 도로	1.2 m	
철도 부지	1.2 m	

정답 77 ① 78 ④ 79 ②

80 패킹재의 선정 시 고려사항으로 관 내 유체의 화학적 성질이 아닌 것은?

① 점도　　② 부식성
③ 휘발성　　④ 용해능력

해설

[패킹재의 선정 시 고려사항]
패킹재 선정 시 고려할 관 내 유체의 화학적 성질은 부식성, 휘발성, 용해능력 인화성, 폭발성 등이다.

보충 ① 유체의 물리적 성질 :
압력, 온도, 밀도, 점도
② 기계적 조건 :
교체의 난이, 진동 유무, 내압과 외압

정답 80 ①

2023 CBT 복원 1

1과목 에너지관리

1회독 시간 : 점수 :
2회독 시간 : 점수 :
3회독 시간 : 점수 :

01 공조기용 코일은 관 내 유속에 따라 배열방식을 구분하는데 그 배열방식에 해당하지 않는 것은?

① 풀서킷　② 더블서킷
③ 하프서킷　④ 탑다운서킷

해설

[배열방식]

1) 풀서킷코일(Full Circuit Coil)

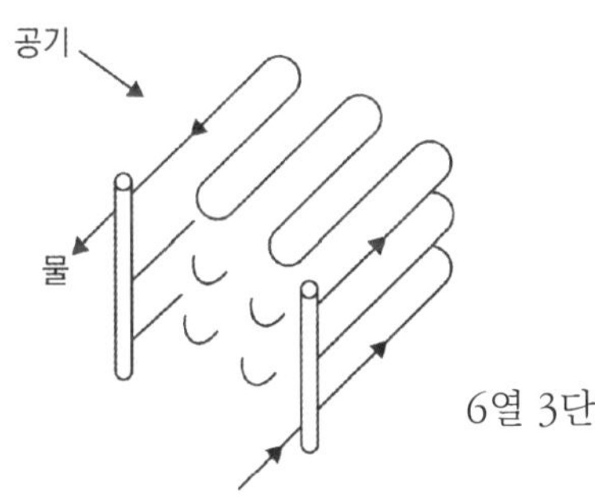

2) 더블서킷코일(Double Circuit Coil)

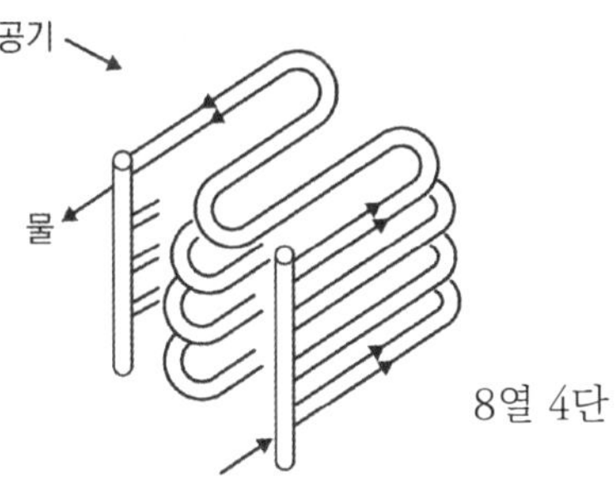

3) 하프서킷코일(Half Circuit Coil)

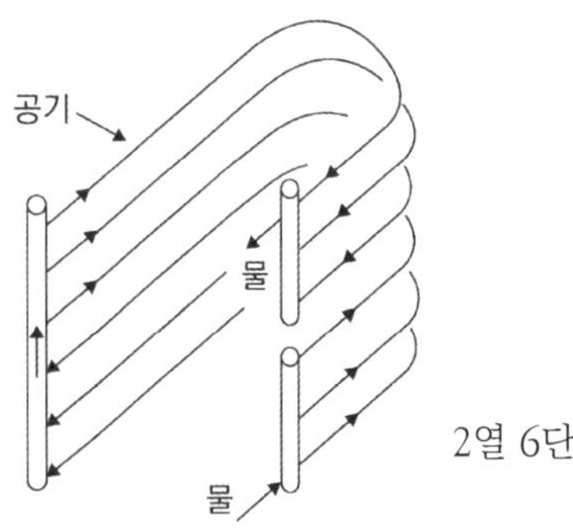

02 공기조화방식 중 중앙식의 수·공기방식에 해당하는 것은?

① 유인유닛방식
② 패키지유닛방식
③ 단일덕트 정풍량방식
④ 이중덕트 정풍량방식

해설

[수·공기방식]

1) 덕트병용 팬코일유닛방식
2) 덕트병용 복사 냉·난방방식
3) 유인유닛방식

※ 공기조화방식

열분배방식	열매	공기조화방식	
중앙식	전공기 방식	단일덕트 방식	정풍량
			변풍량
		이중덕트 방식	정풍량
			변풍량

정답 01 ④ 02 ①

2023-01

<table>
<tr><th>열분배방식</th><th>열매</th><th colspan="2">공기조화방식</th></tr>
<tr><td rowspan="7">중앙식</td><td rowspan="2">전공기
방식</td><td colspan="2">멀티존유닛방식</td></tr>
<tr><td colspan="2">각층유닛방식</td></tr>
<tr><td rowspan="3">수·공기
방식</td><td colspan="2">덕트병용 팬코일유닛</td></tr>
<tr><td colspan="2">덕트병용 복사냉난방방식</td></tr>
<tr><td colspan="2">유인유닛방식</td></tr>
<tr><td rowspan="2">전수
방식</td><td colspan="2">팬코일유닛방식</td></tr>
<tr><td colspan="2">복사냉난방방식</td></tr>
<tr><td rowspan="4">개별식</td><td rowspan="4">냉매
방식</td><td colspan="2">패키지방식</td></tr>
<tr><td rowspan="3">룸쿨러
방식</td><td>분리형</td></tr>
<tr><td>멀티유닛형</td></tr>
<tr><td>창문설치형</td></tr>
</table>

보충 각층유닛방식 : 과거에는 수·공기방식으로 분류했으나, 현재 공조 공간에 공급하는 열매가 공기이기 때문에 전공기방식으로 분류한다.

03 외기온도 5 ℃에서 실내온도 20 ℃로 유지되고 있는 방이 있다. 내벽 열전달계수 5.8 W/m^2·K, 외벽 열전달계수 17.5 W/m^2·K, 열전도율이 2.4 W/m·K이고, 벽 두께가 10 cm일 때 이 벽체의 열저항(m^2·K/W)은 얼마인가?

① 0.27　　② 0.55
③ 1.37　　④ 2.35

해설

[벽체의 열저항]

$$\text{열저항 } R = \frac{1}{K} = \frac{1}{\alpha_i} + \frac{\ell}{\lambda} + \frac{1}{\alpha_0}$$

$$= \frac{1}{5.8} + \frac{0.1}{2.4} + \frac{1}{17.5}$$

$$= 0.27\ \mathrm{m^2 \cdot K/W}$$

04 아래의 특징에 해당하는 보일러는 무엇인가?

> 공조용으로 사용하기보다는 편리하게 고압의 증기를 발생하는 경우에 사용하며, 드럼이 없어 수관으로 되어 있다. 보유 수량이 적어 가열시간이 짧고 부하변동에 대한 추종성이 좋다.

① 주철제보일러　　② 연관보일러
③ 수관보일러　　④ 관류보일러

해설

[관류보일러]

1) 드럼이 없고 수관으로만 되어 있다.
2) 보유수량이 적고 가열시간이 짧다.
3) 부하변동에 추종성이 좋다.

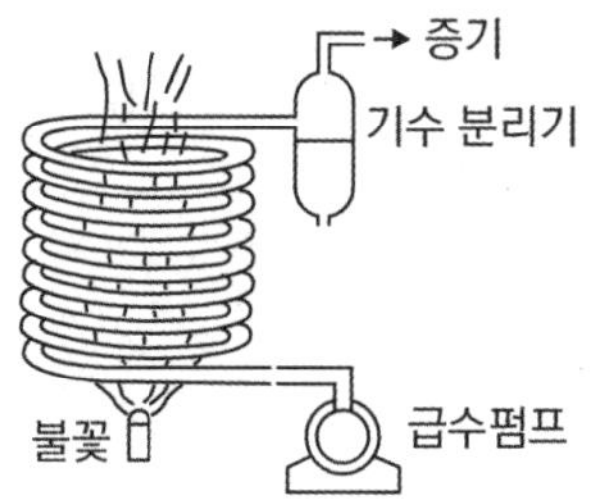

[관류식 보일러]

05 공조부하 중 재열부하에 관한 설명으로 틀린 것은?

① 냉방부하에 속한다.
② 냉각코일의 용량산출 시 포함시킨다.
③ 부하 계산 시 현열, 잠열부하를 고려한다.
④ 냉각된 공기를 가열하는 데 소요되는 열량이다.

정답 03 ① 04 ④ 05 ③

해설

[재열부하]

③ 재열부하는 현열부하만 있다.

※ 추가 해설

① 재열부하만큼 더 냉각시켜야 하므로 재열부하는 냉방부하에 속한다.

② 재열부하만큼 냉각코일 용량이 커진다.

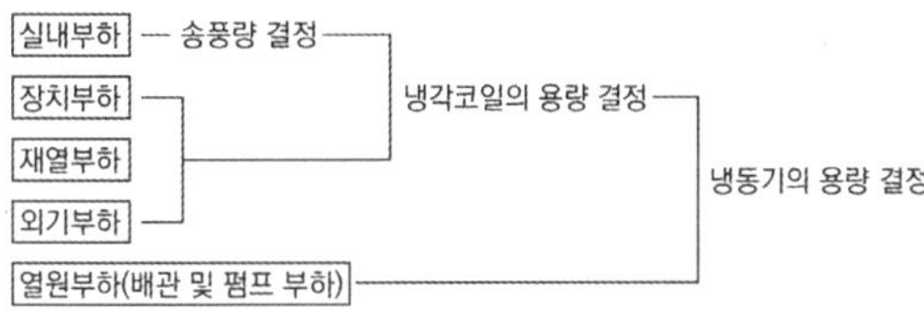

[냉방부하와 기기용량 산정]

07 다음 중 보온, 보냉, 방로의 목적으로 덕트 전체를 단열해야 하는 것은?

① 급기덕트　② 배기덕트

③ 외기덕트　④ 배연덕트

해설

[덕트의 단열]

1) 급기덕트는 보온, 보냉, 방로의 목적으로 덕트 전체를 단열해야 한다.

2) 배연덕트는 소방법상 화재의 위험이 있으므로 단열해야 한다.

06 T.A.B 수행을 위한 계측기기의 측정위치로 가장 적절하지 않은 것은?

① 온도 측정 위치는 증발기 및 응축기의 입·출구에서 최대한 가까운 곳으로 한다.

② 유량 측정 위치는 펌프의 출구에서 가장 가까운 곳으로 한다.

③ 압력 측정 위치는 입·출구에 설치된 압력계용 탭에서 한다.

④ 배기가스 온도 측정 위치는 연소기의 온도계설치위치 또는 시료 채취 출구를 이용한다.

해설

[T.A.B 수행을 위한 계측기기의 측정 위치]

② 유량 측정 위치는 펌프의 출구에서 가장 가까운 곳으로 할 때 측정 오차가 커진다. 유량계 설치 지점의 상류 측 및 하류 측에 충분한 직관부 길이가 확보된 지점에서 측정해야 정확도가 높아진다.

08 외기에 접하고 있는 벽이나 지붕으로부터의 취득열량은 건물 내외의 온도차에 의해 전도의 형식으로 전달된다. 그러나 외벽의 온도는 일사에 의한 복사열의 흡수로 외기온도보다 높게 되는데 이 온도를 무엇이라고 하는가?

① 건구온도　② 노점온도

③ 상당외기온도　④ 습구온도

해설

[상당외기온도(ET : Equivalent Temperature)]

외기온도에 태양의 일사 영향을 고려한 온도

상당외기온도 $t_e[K] = t_o + \frac{a}{\alpha_o} I$

t_o : 일사가 고려되지 않은 외기온도K

a : 표면의 흡수율

α_o : 표면 열전달률$[W/m^2 \cdot K]$

I : 일사량$[W/m^2]$

(일사량 = 직달일사 + 산란일사 + 반사일사)

정답 06 ② 07 ① 08 ③

09 다음 중 일반 공기 냉각용 냉수코일에서 가장 많이 사용되는 코일의 열수로 가장 적정한 것은?

① 0.5 ~ 1 ② 1.5 ~ 2
③ 4 ~ 8 ④ 10 ~ 14

해설

[공기냉각용 냉수코일]
공기냉각용 냉수코일은 4 ~ 8열을 가장 많이 사용한다. 공기와의 평균온도차가 너무 작을 때는 8열 이상이 되는 경우도 있다.

10 공기의 감습장치에 관한 설명으로 틀린 것은?

① 화학적 감습법은 흡착과 흡수 기능을 이용하는 방법이다.
② 압축식 감습법은 감습만을 목적으로 사용하는 경우 재열이 필요하므로 비경제적이다.
③ 흡착식 감습법은 실리카겔 등을 사용하며, 흡습재의 재생이 가능하다.
④ 흡수식 감습법은 활성 알루미나를 이용하기 때문에 연속적이고 큰 용량의 것에는 적용하기 곤란하다.

해설

[공기감습방식]
1) 흡착식 감습법은 활성알루미나를 이용하기 때문에 연속적이고 큰 용량의 것에는 적용하기 곤란하다.
2) 흡수식 감습법은 염화리튬, 트리에틸렌글리콜 등 액체 감습제를 사용하는 감습법(연속적이고 대용량에 적합)

11 다음 중 온수난방용 기기가 아닌 것은?

① 방열기 ② 공기방출기
③ 순환펌프 ④ 증발탱크

해설

[증발탱크(Flash Tank)]

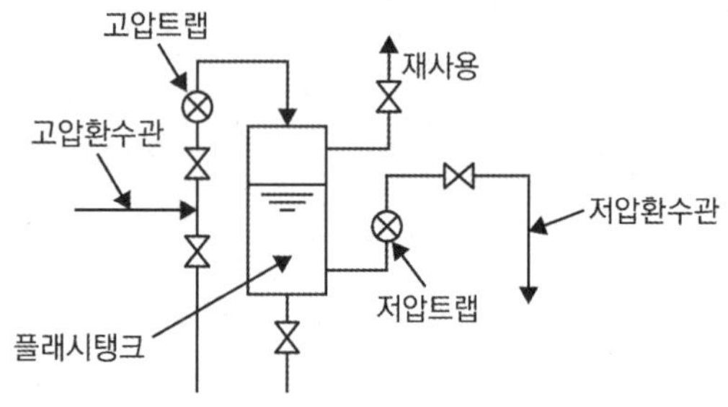

1) 증기난방에서 고압환수관과 저압환수관 사이에 설치하는 탱크이다.
2) 고압증기의 응축수가 충분히 응축되지 않고 저압환수관에 흘러들어가 응축수가 다시 증발하여 환수능력을 크게 악화시킬 수 있다.
3) 이를 방지하기 위해 플래시탱크(증발탱크)를 설치하고 재증발한 증기를 모아 저압증기관으로 보내어 재사용한다(응축수는 저압환수관으로 다시 보낸다).

12 냉수코일의 설계상 유의사항으로 옳은 것은?

① 일반적으로 통과 풍속은 2 ~ 3 m/s로 한다.
② 입구 냉수온도는 20 ℃ 이상으로 취급한다.
③ 관 내의 물의 유속은 4 m/s 전후로 한다.
④ 병류형으로 하는 것이 보통이다.

정답 09 ③ 10 ④ 11 ④ 12 ①

해설

[냉수코일의 설계상 유의사항]

② 입구 냉수온도는 일반적으로 7 ℃로 하며 입·출구온도차는 5 ℃로 한다.

③ 코일 관 내 유속은 1 m/s 전후로 한다. 유속이 4 m/s까지 높아지면 마찰 손실이 커지고, 침식이 발생할 가능성이 높아진다.

④ 냉수코일의 열교환방식으로는 향류방식이 주로 사용된다.

13 보일러의 종류 중 수관보일러 분류에 속하지 않는 것은?

① 자연순환식 보일러

② 강제순환식 보일러

③ 연관보일러

④ 관류보일러

해설

[보일러의 종류]

1) 수관보일러 : 자연순환식, 강제순환식, 관류식

2) 연관보일러 : 입형, 노통, 연관, 노통연관식

14 에어와셔 단열 가습 시 포화효율은 어떻게 표시하는가? (단, 입구공기의 건구온도 t_1, 출구공기의 건구온도 t_2, 입구공기의 습구온도 t_{w1}, 출구공기의 습구온도 t_{w2}이다)

① $\eta = \dfrac{(t_1 - t_2)}{(t_2 - t_{w2})}$　② $\eta = \dfrac{(t_1 - t_2)}{(t_1 - t_{w1})}$

③ $\eta = \dfrac{(t_2 - t_1)}{(t_{w2} - t_1)}$　④ $\eta = \dfrac{(t_1 - t_{w1})}{(t_2 - t_1)}$

해설

[포화효율]

에어와셔 탱크의 물을 냉각도 가열도 하지 않고 순환시키는 경우 공기와 물 사이는 단열가습이 되며 그때의 콘택트 팩터(CF)를 '포화효율'이라 한다.

$$\eta_s = \frac{t_1 - t_2}{t_1 - t_{w2}} = \frac{t_1 - t_2}{t_1 - t_{w1}}$$

15 공기조화방식을 결정할 때에 고려할 요소로 가장 거리가 먼 것은?

① 건물의 종류　② 건물의 안정성

③ 건물의 규모　④ 건물의 사용목적

해설

[공기조화방식 결정 시 고려 요소]

공기조화방식의 결정사항과 건물의 안정성은 특별한 관계가 없다. 건물의 안정성은 구조안전성과 관련된다.

16 난방부하가 7.56 kW인 어떤 방에 대해 온수난방을 하고자 한다. 방열기의 상당 방열면적(m^2)은?

① 6.7　② 8.4

③ 10　④ 14.4

해설

[방열기의 상당 방열면적]

온수 표준방열량 0.523 kW/m^2

$\dfrac{7.56}{0.523} \fallingdotseq 14.4\ m^2$

정답 13 ③ 14 ② 15 ② 16 ④

17 다음 중 감습(제습)장치의 방식이 아닌 것은?

① 흡수식 ② 감압식
③ 냉각식 ④ 압축식

해설

[감습(제습)장치]
'감습(제습)'의 정확한 정의는 공기 중의 실제 수분량, 즉 절대습도를 낮추는 것을 의미한다. 압력을 낮추는 것은 공기 중의 수증기를 제거하는 직접적인 제습 방식이 아니다.

보충 압력을 낮추면 수증기가 쉽게 증발하려 하므로 공기 중에 수분이 더 많아질 수 있는 상태가 됨 → 제습에 불리한 조건

18 겨울철에 어떤 방을 난방하는 데 있어서 이 방의 현열 손실이 12000 kJ/h이고 잠열 손실이 4000 kJ/h이며, 실온을 21 ℃, 습도를 50 %로 유지하려 할 때 취출구의 온도차를 10 ℃로 하면 취출구 공기상태점은?

① 21 ℃, 50 %인 상태점을 지나는 현열비 0.75에 평행한 선과 건구온도 31 ℃인 선이 교차하는 점
② 21 ℃, 50 %인 점을 지나고 현열비 0.33에 평행한 선과 건구온도 31 ℃인 선이 교차하는 점
③ 21 ℃, 50 %인 점을 지나고 현열비 0.75에 평행한 선과 건구온도 11 ℃인 선이 교차하는 점
④ 21 ℃, 50 %인 점과 31 ℃, 50 %인 점을 잇는 선분을 4 : 3으로 내분하는 점

해설

[취출구 공기상태점]
1) 현열비 = $\frac{12000}{12000+4000} = 0.75$
2) 건구온도 = 실내온도 21 ℃ + 온도차 10 ℃
= 31 ℃
따라서 취출구의 공기상태점은 현열비 0.75에 평행한 선과 건구온도 31 ℃인 선이 교차하는 점이다.

19 온풍난방에서 중력식 순환방식과 비교한 강제 순환방식의 특징에 관한 설명으로 틀린 것은?

① 기기 설치장소가 비교적 자유롭다.
② 급기덕트가 작아서 은폐가 용이하다.
③ 공급되는 공기는 필터 등에 의하여 깨끗하게 처리될 수 있다.
④ 공기순환이 어렵고 쾌적성 확보가 곤란하다.

해설

[강제 순환방식의 특징]
④ 강제 순환방식은 중력식 순환방식보다 공기순환이 잘 된다. 이에 따라 쾌적성 확보가 가능하다.

정답 17 ② 18 ① 19 ④

20 다음 조건의 외기와 재순환 공기를 혼합하려고 할 때 혼합공기의 건구온도는?

1) 외기 34 ℃ DB, 1000 m^3/h 2) 재순환공기 26 ℃ DB, 2000 m^3/h

① 31.3 ℃ ② 28.6 ℃
③ 18.6 ℃ ④ 10.3 ℃

해설

[혼합공기의 건구온도]

$$\text{건구온도} = \frac{1000 \times 34 + 2000 \times 26}{3000} \fallingdotseq 28.67\ ℃$$

2과목 공조냉동설계

1회독 시간 : 점수 :
2회독 시간 : 점수 :
3회독 시간 : 점수 :

21 흡수식 냉동기에서 냉매의 순환경로는?

① 흡수기 → 증발기 → 재생기 → 열교환기
② 증발기 → 흡수기 → 열교환기 → 재생기
③ 증발기 → 재생기 → 흡수기 → 열교환기
④ 증발기 → 열교환기 → 재생기 → 흡수기

해설

[흡수식 냉동기 냉매순환]

증발기 → 흡수기 → 열교환기 → 재생기(발생기) → 응축기

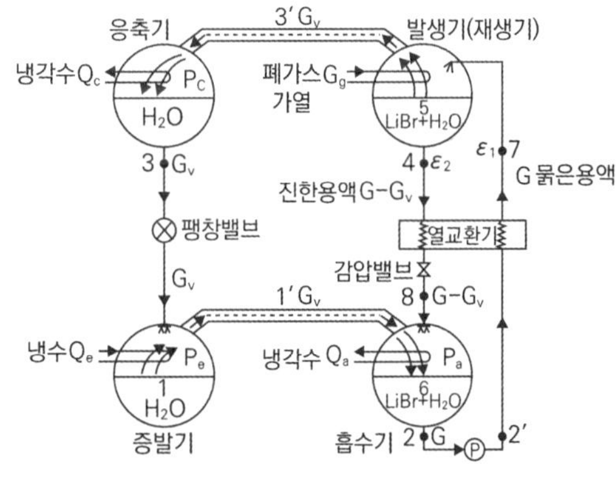

[장치도]

22 냉매의 구비조건에 대한 설명으로 틀린 것은?

① 동일한 냉동능력에 대하여 냉매가스의 용적이 적을 것
② 저온에 있어서도 대기압 이상의 압력에서 증발하고 비교적 저압에서 액화할 것
③ 점도가 크고 열전도율이 좋을 것
④ 증발열이 크며 액체의 비열이 작을 것

해설

[냉매의 구비조건]

③ 점도가 작고 열전도율이 좋을 것
점도가 크면 배관에서 유동저항이 커지므로 압축기의 동력 소모가 커진다.

23 축열시스템 중 빙축열방식이 수축열방식에 비해 유리하다고 할 수 없는 것은?

① 축열조를 소형화할 수 있다.
② 낮은 온도를 이용할 수 있다.
③ 난방 시 축열대응에 적합하다.
④ 축열조의 설치장소가 자유롭다.

해설

[축열시스템]

③ 빙축열은 온열의 저장이 불가능하기 때문에 난방 시의 축열에 대응할 수 없다. 반면, 수축열의 경우 온열을 저장할 수 있어 난방 시 축열에 대응할 수 있다.

24 온도가 각기 다른 액체 A(50 ℃), B(25 ℃), C(10 ℃)가 있다. A와 B를 동일질량으로 혼합하면 40 ℃로 되고, A와 C를 동일질량으로 혼합하면 30 ℃로 된다. B와 C를 동일 질량으로 혼합할 때는 몇 ℃로 되겠는가?

① 16.0 ℃　② 18.4 ℃
③ 20.0 ℃　④ 22.5 ℃

해설

[열량 계산]

1) A와 B를 동일질량으로 혼합하면 40 ℃이므로
$C_a(50-40)=C_b(40-25)$
비열 $C_a=\frac{15}{10}\times C_b$이므로, $C_b=\frac{2}{3}\times C_a$

2) A와 C를 동일질량으로 혼합하면 30 ℃이므로
$C_a(50-30)=C_c(30-10)$
$C_c=C_a$
즉, A와 C는 비열이 같음을 알 수 있다.

3) B와 C를 동일질량으로 혼합하면
$C_b(25-x)=C_c(x-10)$에서
$(25-x)=\frac{3}{2}(x-10)$
$\therefore x=16$

25 이상기체 공기가 안지름 0.1 m인 관을 통하여 0.2 m/s로 흐르고 있다. 공기의 온도는 20 ℃, 압력은 100 kPa, 기체상수는 0.287 kJ/(kg·K)라면 질량유량은 약 몇 kg/s인가?

① 0.0019　② 0.0099
③ 0.0119　④ 0.0199

정답 22 ③ 23 ③ 24 ① 25 ①

해설

[질량유량]

[풀이 1] 일반적인 공기 밀도 1.2 kg/m^{3}으로 풀이

$M = \rho A V$에서

$$M = 1.2 \times \frac{\pi}{4} 0.1^2 \times 0.2 = 0.0019\ kg/s$$

[풀이 2] 이상기체상태방정식으로 공기 밀도를 계산하여 풀이

이상기체상태방정식 $PV = GRT$ 여기서, G : 질량 [kg] R : 특정기체상수 [kJ/(kg·K)]

$PV = GRT$

$$\frac{G}{V} = \frac{P}{RT} = \frac{100}{0.287 \times (20+273)} = 1.189\ kg/m^3$$

$$M = 1.189 \times \frac{\pi}{4} 0.1^2 \times 0.2 = 0.00186\ kg/s$$

26 랭킨사이클에서 25 ℃, 0.01 MPa 압력의 물 1 kg을 5 MPa 압력의 보일러로 공급한다. 이때 펌프가 가역단열과정으로 작용한다고 가정할 경우 펌프가 한 일은 약 몇 kJ인가? (단, 물의 비체적은 0.001 m^3/kg이다)

① 2.58 ② 4.99

③ 20.10 ④ 40.20

해설

[랭킨사이클]

물의 체적 변화가 없으므로 펌프가 한 일을 정적과정의 공업일(W_t)로 보면

$$W_t = -\int_1^2 V dp = -V(P_2 - P_1)$$
$$= -0.001(5000 - 10) = -4.99\ kJ$$

※ 단위를 맞추기 위해 5 MPa을 5000 kPa로, 0.01 MPa을 10 kPa로 변환

보충 (-)부호는 압축을 의미함
그러나 문제의 보기들이 모두 양수이므로,
이는 일에 필요한 에너지의 크기(절댓값)를
묻는 문제로 해석하는 것이 타당하다.

27 초기압력 100 kPa, 초기체적 0.1 m^{3}인 기체를 버너로 가열하여 기체 체적이 정압과정으로 0.5 m^{3}이 되었다면 이 과정 동안 시스템이 외부에 한 일은 약 몇 kJ인가?

① 10 ② 20

③ 30 ④ 40

해설

[정압하에서 시스템이 외부에 한 일]

$${}_1W_2 = \int_1^2 P dV = P(V_2 - V_1)$$
$$= 100(0.5 - 0.1) = 40\ kJ$$

28 어떤 기체가 5 kJ의 열을 받고 0.18 kN·m의 일을 외부로 하였다. 이때의 내부에너지의 변화량은?

① 3.24 kJ ② 4.82 kJ

③ 5.18 kJ ④ 6.14 kJ

2023-01

정답 26 ② 27 ④ 28 ②

해설

[내부에너지의 변화량]

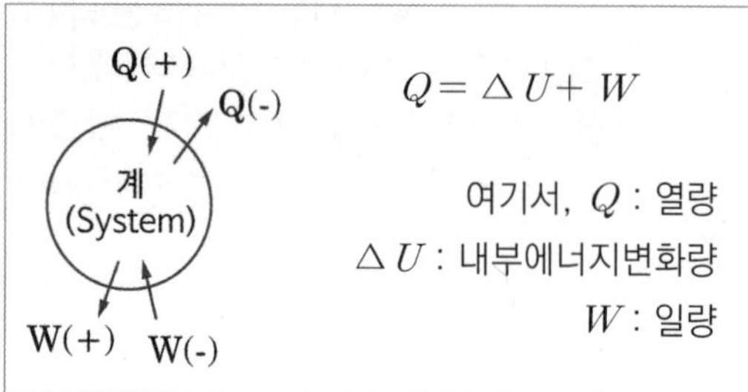

$Q = \triangle U + W$

$5 = \triangle U + 0.18$

$\triangle U = 4.82\ \text{kJ}$

보충 J = N · m

29 실내난방을 온풍기로 하고 있다. 이때 실내 현열량 6.5 kW, 송풍 공기온도 30 ℃, 외기온도 −10 ℃, 실내온도 20 ℃일 때 온풍기의 풍량(m³/h)은 얼마인가? (단, 공기비열은 1.005 kJ/kg · K, 밀도는 1.2 kg/m³이다)

① 1940.2　　② 1882.1
③ 1324.1　　④ 890.1

해설

[온풍기의 풍량]

$q_s = G \cdot C_p \cdot \Delta t = \rho Q \cdot C_p \cdot \Delta t$

$$Q = \frac{q_s}{\rho C_p \Delta t}$$

$$= \frac{6.5 \times 3600}{1.2 \times 1.005 \times (30-20)}$$

$$= 1940.298 \fallingdotseq 1940.3\ \text{m}^3/\text{h}$$

※ 계산값과 가장 근사한 답을 선지에서 택한다.

보충 송풍량 계산 시 온도차 Δt는 '송풍공기온도와 실내온도의 차'로 계산한다.

30 그림과 같은 냉동사이클로 작동하는 압축기가 있다. 이 압축기의 체적효율이 0.65, 압축효율이 0.8, 기계효율이 0.9라고 한다면 실제 성적계수는?

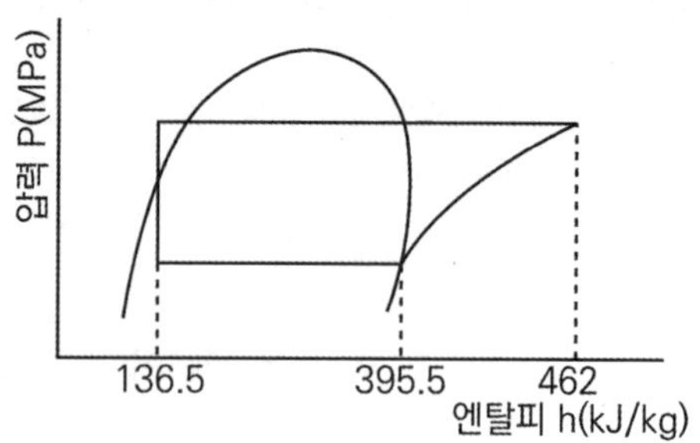

① 3.89　　② 2.81
③ 1.82　　④ 1.42

해설

[실제 성적계수]

$$COP = \frac{q_e}{W} \times \eta_c \times \eta_m$$

$$= \frac{395.5 - 136.5}{462 - 395.5} \times 0.8 \times 0.9$$

$$= 2.8$$

31 암모니아 냉동기의 배관재료로서 적절하지 않은 것은?

① 배관용 탄소강강관
② 동합금관
③ 압력배관용 탄소강강관
④ 스테인리스강관

해설

[암모니아 냉동기의 배관재료]

암모니아 증기가 수분을 함유하면 동 및 동합금을 부식시킨다. 따라서 배관재료는 강관을 사용한다.

정답 29 ① 30 ② 31 ②

32 실제 냉동사이클에서 압축과정 동안 냉매 변환 중 스크류 냉동기는 어떤 압축과정에 가장 가까운가?

① 단열압축　② 등온압축
③ 등적압축　④ 과열압축

해설

[스크류 냉동기의 압축과정]

1) 단열압축이란 외부에서 열이 유입되거나 방출되지 않고, 오직 압축에 의해서만 냉매의 온도와 압력이 상승하는 과정이다.
2) 스크류 냉동기의 압축과정은 단열압축과정에 가장 가깝다.

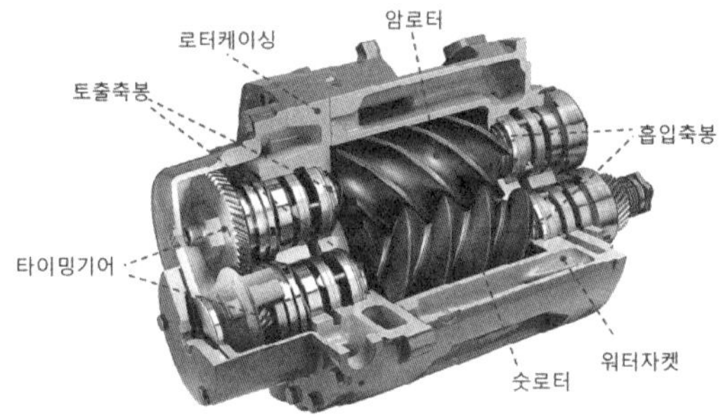

33 1분간에 25 ℃의 물 100 L를 0 ℃의 물로 냉각시키기 위하여 최소 몇 냉동톤의 냉동기가 필요한가?

① 45.2 RT　② 4.52 RT
③ 452 RT　④ 42.5 RT

해설

[냉동기의 냉동톤]

$$Q_e = GC\Delta t = \rho \cdot QC\Delta t$$

$$= \frac{1 \times 100 \times 4.19 \times (25-0)}{3.86 \times 60} = 45.23\ \text{RT}$$

보충 물의 비열 = 4.19 kJ/kg · K
1 RT = 3.86 kW
1 kW = 1 kJ/s

34 다음과 같은 카르노사이클에 대한 설명으로 옳은 것은?

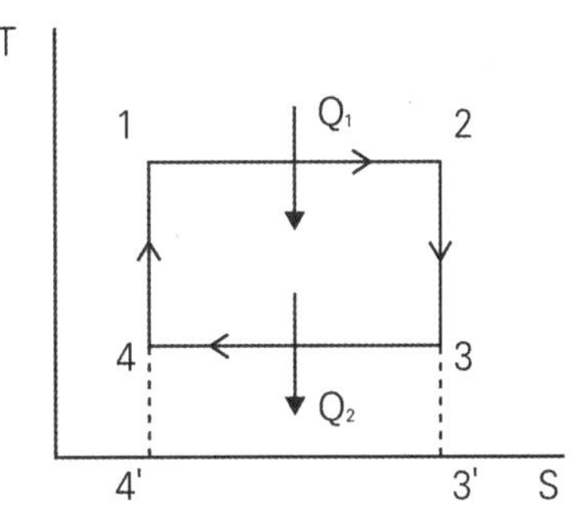

① 면적 1 - 2 - 3′ - 4′는 흡열 Q_1을 나타낸다.
② 면적 4 - 3 - 3′ - 4′는 유효열량을 나타낸다.
③ 면적 1 - 2 - 3 - 4는 방열 Q_2를 나타낸다.
④ Q_1, Q_2는 면적과는 무관하다.

해설

[카르노사이클(T-s선도)]

② 면적 4 - 3 - 3′ - 4′는 방열 Q_2를 나타낸다.
③ 면적 1 - 2 - 3 - 4는 유효열량을 나타낸다.
④ Q_1 = 면적 1 - 2 - 3′ - 4′이다.
Q_2 = 면적 4 - 3 - 3′ - 4′이다.

35 증기압축 냉동사이클에서 압축기의 압축일은 5 HP이고, 응축기의 용량은 12.86 kW이다. 이때 냉동사이클의 냉동능력(RT)은?

① 1.8　② 2.6
③ 3.1　④ 3.5

정답 32 ① 33 ① 34 ① 35 ②

해설

[냉동사이클의 냉동능력]

$$Q_e = Q_c - W$$

$$= \frac{12.86 - (5 \times 0.746)}{3.86} = 2.37\ RT$$

※ 계산값과 가장 근사한 답을 선지에서 택한다.

보충 1 PS = 0.735 kW
1 HP = 0.746 kW
1 RT = 3.86 kW

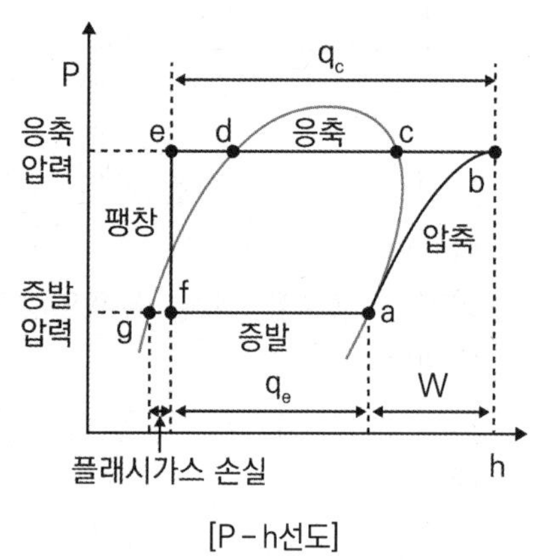

[P－h선도]

36 다음의 역카르노사이클에서 등온팽창과정을 나타내는 것은?

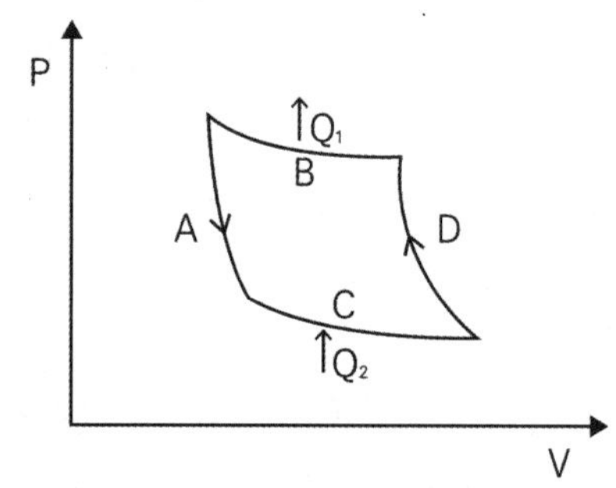

① A ② B
③ C ④ D

해설

[역카르노사이클]

A : 단열팽창(팽창과정)
C : 등온팽창(증발과정)
D : 단열압축(압축과정)
B : 등온압축(응축과정)

37 아래 그림은 냉방 시의 공기조화과정을 나타낸다. 그림과 같은 조건일 경우 취출풍량이 1000 m^3/h이라면 소요되는 냉각코일의 용량(kW)은 얼마인가? (단, 공기의 밀도는 1.2 kg/m^3이다)

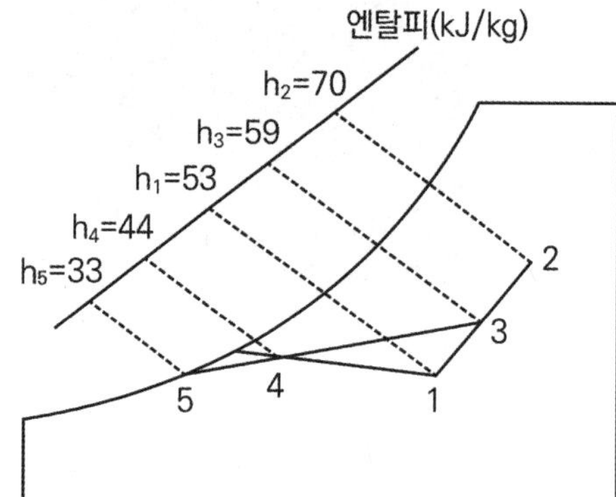

(1) 실내공기의 상태점
(2) 외기의 상태점
(3) 혼합 공기의 상태점
(4) 취출 공기의 상태점
(5) 코일의 장치 노점 온도

① 8 ② 5
③ 3 ④ 1

정답 36 ③ 37 ②

해설

[냉각코일 용량]

$$q = G(h_3 - h_4) = \rho Q(h_3 - h_4) = \frac{1.2 \times 1000 \times (59 - 44)}{3600} = 5\,\mathrm{kW}$$

38 최근 에너지를 효율적으로 사용하자는 측면에서 빙축열시스템이 보급되고 있다. 빙축열시스템의 분류에 대한 조합으로 적절하지 않은 것은?

① 정적 제빙형 - 관외착빙형
② 정적 제빙형 - 빙박리형
③ 동적 제빙형 - 리키드아이스형
④ 동적 제빙형 - 과냉각아이스형

해설

[빙축열시스템의 분류]

1) 빙축열시스템은 얼음을 만들어 냉방용으로 사용하는 시스템이다.
2) 제빙방식의 분류
   (1) 정적형 : 축열조 내에서 제빙과 해빙이 이루어진다. 관외착빙형, 관내착빙형, 평판형, 캡슐형, 수직(수평)원통형 등이 있다.
   (2) 동적형 : 제빙기에서 제빙된 얼음을 축열조로 이송하여 저장하는 방식이다. 빙박리형, 유동식 빙생성형(과냉각 아이스형, 리키드 아이스형)이 있다.

39 냉각탑에 관한 설명으로 옳은 것은?

① 오염된 공기를 깨끗하게 정화하며 동시에 공기를 냉각하는 장치이다.
② 냉매를 통과시켜 공기를 냉각시키는 장치이다.
③ 찬 우물물을 냉각시켜 공기를 냉각하는 장치이다.
④ 냉동기의 냉각수가 흡수한 열을 외기에 방사하고 온도가 내려간 물을 재순환시키는 장치이다.

해설

[냉각탑]

④ 냉동기의 응축기에서 나온 고온의 냉각수를 냉각탑으로 보내고, 냉각탑에서 공기와의 접촉을 통해 열을 방출하여 냉각수를 다시 낮춘 후 재순환시키는 방식이다.

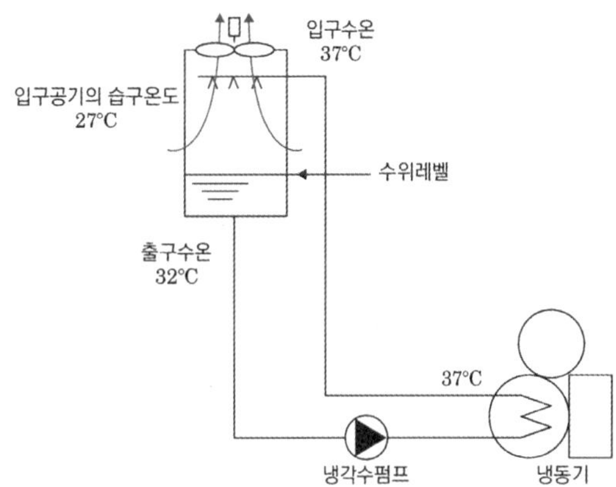

정답 ● 38 ② 39 ④

40 단위시간당 전도에 의한 열량에 대한 설명으로 틀린 것은?

① 전도열량은 물체의 두께에 반비례한다.
② 전도열량은 물체의 온도차에 비례한다.
③ 전도열량은 전열면적에 반비례한다.
④ 전도열량은 열전도율에 비례한다.

해설

[전도열량]

$$q = \frac{\lambda}{l} A(t_1 - t_2)$$

λ : 열전도율 [W/m·K]
l : 벽체두께 [m]
A : 벽체면적 [m^2]
t_1, t_2 : 벽의 표면온도 [℃]

3과목 시운전 및 안전관리

1회독	시간 :	점수 :
2회독	시간 :	점수 :
3회독	시간 :	점수 :

41 기계설비법령에 따라 기계설비유지관리자는 근무처·경력·학력 및 자격 등의 관리에 필요한 사항을 신고하려는 경우 기계설비유지관리자 경력신고서에 첨부해야 하는 서류가 아닌 것은?

① 근무처 및 경력을 증명하는 서류
② 기계설비 관련 자격증 사본
③ 졸업증명서
④ 최근 3개월 이내에 촬영한 증명사진

해설

[기계설비유지관리자 경력신고서 첨부서류]
1) 근무처 및 경력을 증명하는 서류
2) 기계설비 관련 자격증(국가기술자격증은 제외)
3) 졸업증명서
4) 최근 6개월 이내에 촬영한 증명사진
(가로 2.5 cm × 세로 3 cm)

42 기계설비법령에 따라 연면적 1만 5천 제곱미터 이상 연면적 3만 제곱미터 미만 용도별 건축물의 기계설비유지관리자의 선임기준은?

① 특급 책임기계설비유지관리자 1명
② 고급 책임기계설비유지관리자 1명
③ 중급 책임기계설비유지관리자 1명
④ 초급 책임기계설비유지관리자 1명

정답 40 ③ 41 ④ 42 ③

해설

[기계설비유지관리자의 선임기준]

선임대상	선임자격	선임 인원
연면적 6만 m^2 이상	특급 책임기계 설비유지관리자	1
	보조 기계설비 유지관리자	1
연면적 3만 m^2 이상 연면적 6만 m^2 미만	고급 책임기계 설비유지관리자	1
	보조 기계설비 유지관리자	1
연면적 1만 5천 m^2 이상 연면적 3만 m^2 미만	중급 책임기계 설비유지관리자	1
연면적 1만 m^2 이상 연면적 1만 5천 m^2 미만	초급 책임기계 설비유지관리자	1

43 고압가스 안전관리법령에 따라 고압가스 제조시설에 대한 정밀안전검진의 실시기관은?

① 한국가스안전공사
② 한국에너지공단
③ 한국산업인력공단
④ 한국가스공사

해설

[정밀안전검진의 실시기관]
1) 한국가스안전공사
2) 한국산업안전보건공단

44 고압가스 안전관리법령에 따른 벌칙 규정 중 2년 이하의 징역 또는 2천만 원 이하의 벌금에 해당하지 않는 것은?

① 허가를 받지 아니하고 고압가스를 제조한 자
② 허가를 받지 아니하고 저장소를 설치하거나 고압가스를 판매한 자
③ 안전점검을 실시하지 아니한 자 또는 시설기준과 기술기준을 위반한 자
④ 기준에 따르지 아니하고 굴착작업을 한 자

해설

[고압가스 안전관리법 제20조 제3호]
③ 안전점검을 실시하지 아니한 자 또는 시설기준과 기술기준을 위반한 자 : 1년 이하의 징역 또는 1천만 원 이하의 벌금

45 산업안전보건법령상 사업주는 다음 중 어느 하나에 해당하는 위험으로 인한 산업재해를 예방하기 위해 필요한 조치 중 가장 거리가 먼 것은?

① 기계·기구, 그 밖의 설비에 의한 위험
② 폭발성, 발화성 및 인화성 물질 등에 의한 위험
③ 전기, 열, 그 밖의 에너지에 의한 위험
④ 방사선·유해광선·고온·저온·초음파·소음·진동·이상기압 등에 의한 건강장해

해설

[산업재해를 예방하기 위해 필요한 조치]
④번 선지는 건강 장해를 예방하기 위하여 필요한 조치(보건조치)이다.

2023-01

정답 43 ① 44 ③ 45 ④

46 피상전력이 Pa(kVA)이고 무효전력이 Pr(kvar)인 경우 유효전력 P(kW)를 나타낸 것은?

① $P=\sqrt{P_a-P_r}$ ② $P=\sqrt{P_a^2-P_r^2}$
③ $P=\sqrt{P_a+P_r}$ ④ $P=\sqrt{P_a^2+P_r^2}$

해설

[유효전력]

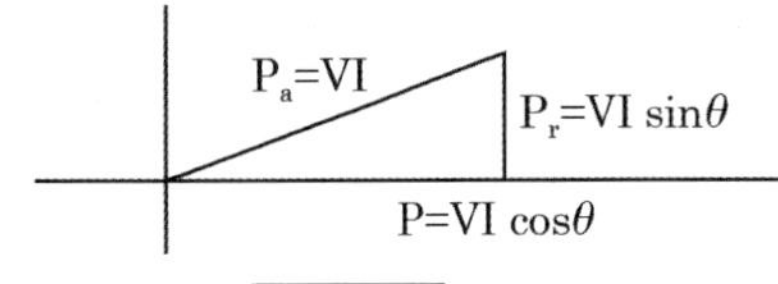

유효전력 $P=\sqrt{P_a^2-P_r^2}$

47 제어계의 과도응답특성을 해석하기 위해 사용하는 단위계단 입력은?

① δ(t) ② u(t)
③ -3tu(t) ④ sin(120πt)

해설

[단위계단 입력]

단위계단 함수 : 단위계단 함수는 t < 0 구간에서 0, t ≥ 0인 구간에서 크기가 1인 계단 형태의 함수를 의미한다.

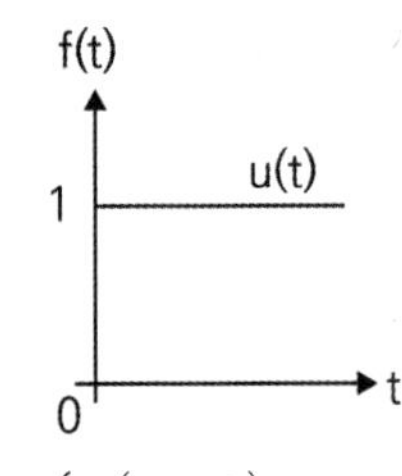

$f(t)=u(t)=\begin{cases}0\ (t<0)\\1\ (t\geq 0)\end{cases}$

48 유도전동기에서 슬립이 '0'이란 의미와 같은 것은?

① 유도제동기의 역할을 한다.
② 유도전동기가 정지상태이다.
③ 유도전동기가 전부하 운전상태이다.
④ 유도전동기가 동기속도로 회전한다.

해설

[유도전동기에서의 슬립]

슬립이 "0"이란 의미는 $N_s=\dfrac{120f}{P}$ rpm인 회전속도(동기속도)로 회전한다는 의미이다.

49 정상 편차를 개선하고 응답속도를 빠르게 하며 오버슈트를 감소시키는 동작은?

① K
② K(1 + sT)
③ $K(1+\dfrac{1}{sT})$
④ $K(1+sT+\dfrac{1}{sT})$

해설

[비례미분적분동작(PID)]

① 비례제어
② 비례미분제어
③ 비례적분제어
④ 비례미분적분제어

※ 비례미분적분제어 : 정상편차(잔류편차)를 개선하고 응답속도를 빠르게하며 오버슈트를 감소시키는 동작이다.

정답 46 ② 47 ② 48 ④ 49 ④

50 다음 논리회로의 출력은?

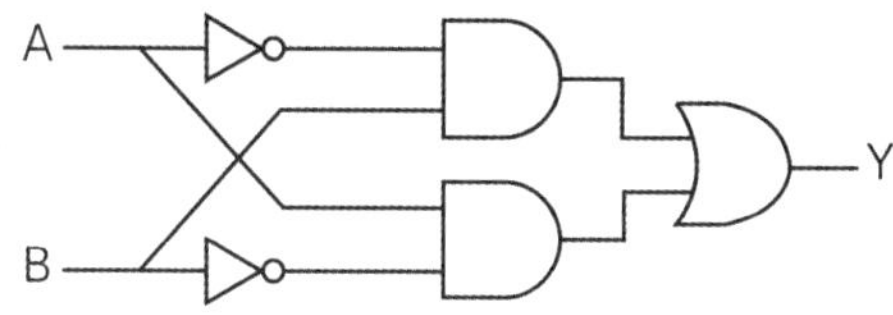

① $Y = A\overline{B} + \overline{A}B$
② $Y = \overline{A}B + \overline{A}\,\overline{B}$
③ $Y = \overline{A}\,\overline{B} + A\overline{B}$
④ $Y = \overline{A} + \overline{B}$

해설

[XOR 게이트]

$Y = \overline{A} \cdot B + A \cdot \overline{B}$

A와 B 두 개의 입력을 받아 입력 값이 서로 같으면 0을 출력하고, 입력 값이 서로 다르면 1을 출력한다.

51 다음 설명에 알맞은 전기 관련 법칙은?

> 도선에서 두 점 사이 전류의 크기는 그 두 점 사이의 전위차에 비례하고, 전기저항에 반비례한다.

① 옴의 법칙 ② 렌츠의 법칙
③ 플레밍의 법칙 ④ 전압분배의 법칙

해설

[옴의 법칙]

옴의 법칙 $I = \frac{V}{R}$

도선에서 두 점 사이 전류의 크기는 두 점 사이의 전위차(V)에 비례하고, 전기저항(R)에 반비례한다.

52 정현파 교류의 실횻값(V)과 최댓값(V_m)의 관계식으로 옳은 것은?

① $V = \sqrt{2}\,V_m$
② $V = \frac{1}{\sqrt{2}}V_m$
③ $V = \sqrt{3}\,V_m$
④ $V = \frac{1}{\sqrt{3}}V_m$

해설

[정현파 교류의 실횻값]

실횻값은 같은 저항에서 동일한 전력을 소비하는 직류 전압(또는 전류)과 동등한 효과를 내는 교류값을 말한다.

1) 실횻값은 45° ($\frac{\pi}{4}$)에서의 값이다.

2) 실효전압 $V = \frac{1}{\sqrt{2}}V_m = 0.707V_m[\mathrm{V}]$

3) 실효전류 $I = \frac{1}{\sqrt{2}}I_m = 0.707I_m[\mathrm{A}]$

53 SCR에 관한 설명으로 틀린 것은?

① PNPN 소자이다.
② 스위칭 소자이다.
③ 양방향성 사이리스터이다.
④ 직류나 교류의 전력제어용으로 사용된다.

해설

[SCR(사이리스터, 실리콘제어 정류소자)]

정류기능을 갖는 단방향성 3단자 소자이며 부하전류를 단락시키거나 개방시킬 수 있는 소자이다.

2023-01

정답 50 ① 51 ① 52 ② 53 ③

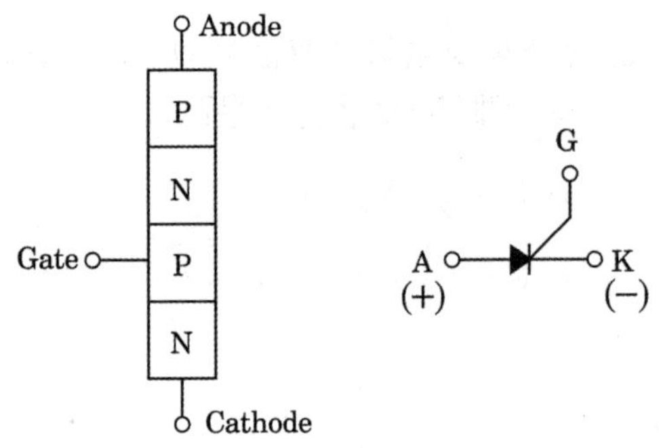

해설

[열전대]

1) 광전관 : 광전효과를 이용하여 빛의 세기를 전류의 세기로 변환하는 전자관
2) 열전대(열전쌍) : 온도를 전압으로 변환시키는 온도검출기
3) 포토다이오드 : 빛의 세기를 전류의 세기로 변환시키는 빛 검출기

54 목푯값을 직접 사용하기 곤란할 때 주 되먹임 요소와 비교하여 사용하는 것은?

① 제어요소 ② 비교장치
③ 되먹임요소 ④ 기준입력요소

해설

[기준입력요소]

목푯값을 직접 사용하기 곤란할 때 기준입력요소를 이용하여 주 되먹임 요소와 비교하여 사용

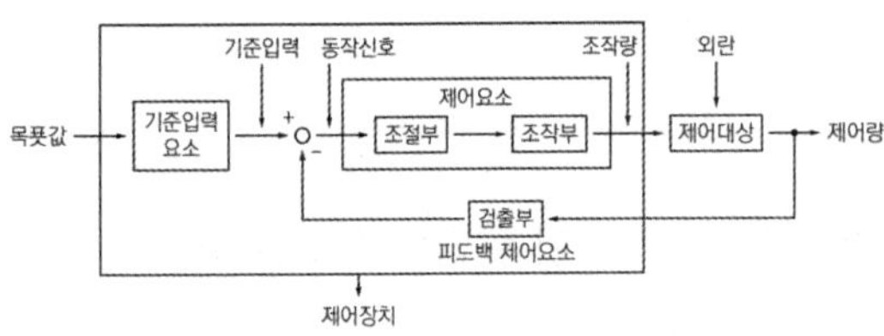

[폐루프제어계의 구성도]

55 온도를 전압으로 변환시키는 것은?

① 광전관 ② 열전대
③ 포토다이오드 ④ 광전다이오드

56 평형 3상 전원에서 각 상간 전압의 위상차(rad)는?

① $\pi/2$ ② $\pi/3$
③ $\pi/6$ ④ $(2\pi)/3$

해설

[평형 3상 전원 – 위상차]

평형 3상 전원 : 기전력의 크기가 같고 120도$(\frac{2\pi}{3})$의 위상차를 갖는다.

보충 $\pi = 180°$

57 입력에 대한 출력의 오차가 발생하는 제어시스템에서 오차가 변환하는 속도에 비례하여 조작량을 가변하는 제어방식은?

① 미분제어 ② 정치제어
③ On－Off제어 ④ 시퀀스제어

해설

[미분제어]

제어편차가 검출될 때 편차가 변하는 속도에 비례하여 조작량을 가감하는 제어로 오차가 커지는 것을 미연에 방지하는 제어

정답 54 ④ 55 ② 56 ④ 57 ①

58 그림과 같은 단위 피드백제어시스템의 전달함수 $\frac{C(s)}{R(s)}$ 는?

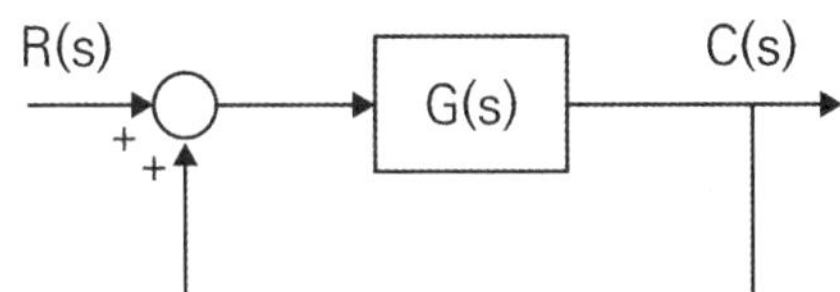

① $\frac{1}{1+G(s)}$　　② $\frac{G(s)}{1+G(s)}$

③ $\frac{1}{1-G(s)}$　　④ $\frac{G(s)}{1-G(s)}$

해설

[전달함수]

$$\frac{C(s)}{R(s)} = \frac{\text{전향경로의 합}}{1-\text{피드백의 합}} = \frac{G(s)}{1-G(s)\times 1} = \frac{G(s)}{1-G(s)}$$

59 논리식 A + BC와 등가인 논리식은?

① AB + AC　　② (A + B)(A + C)

③ (A + B)C　　④ (A + C)B

해설

[불대수의 분배법칙]

A + B · C = (A + B) · (A + C)

60 아래 R – L – C 직렬회로의 합성 임피던스 (Ω)는?

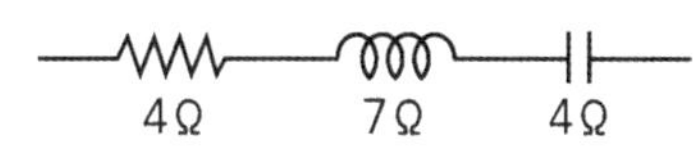

① 1　　② 5

③ 7　　④ 15

해설

[합성 임피던스(Z)]

$$Z = \sqrt{R^2 + (X_L - X_C)^2} = \sqrt{4^2 + (7-4)^2} = 5[\Omega]$$

정답 58 ④ 59 ② 60 ②

4과목 유지보수 공사관리

1회독	시간 :	점수 :
2회독	시간 :	점수 :
3회독	시간 :	점수 :

61 하트포드(Hart Ford)배관법에 관한 설명으로 틀린 것은?

① 보일러 내의 안전 저수면보다 높은 위치에 환수관을 접속한다.
② 저압증기난방에서 보일러 주변의 배관에 사용한다.
③ 하트포드배관법은 보일러 내의 수면이 안전수위 이하로 유지하기 위해 사용된다.
④ 하트포드배관 접속 시 환수주관에 침적된 찌꺼기의 보일러 유입을 방지할 수 있다.

해설

[하트포드배관법]
하트포드배관법은 보일러의 수면을 안전수위 이상으로 유지하기 위한 방법이다. 보일러가 과열되거나 물이 부족해지는 드라이 파이어(Dry Fire, 건조 연소현상)를 방지하기 위해 적용된다.

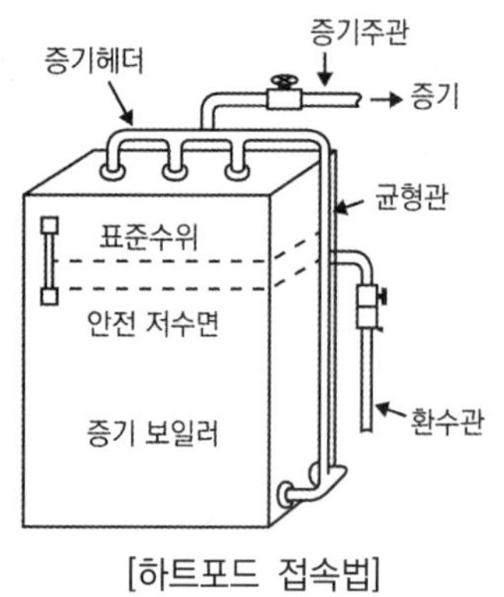

[하트포드 접속법]

62 펌프 흡입 측 수평배관에서 관경을 바꿀 때 편심 레듀서를 사용하는 목적은?

① 유속을 빠르게 하기 위하여
② 펌프 압력을 높이기 위하여
③ 역류 발생을 방지하기 위하여
④ 공기가 고이는 것을 방지하기 위하여

해설

[편심레듀서의 사용 목적]
물배관의 수평배관에서 공기가 고이는 것을 방지하기 위해 관경을 바꿀 때 편심레듀서를 사용한다.
- 물배관 : 공기가 고이지 않게 하기 위함
- 증기배관 : 응축수가 고이지 않게 하기 위함

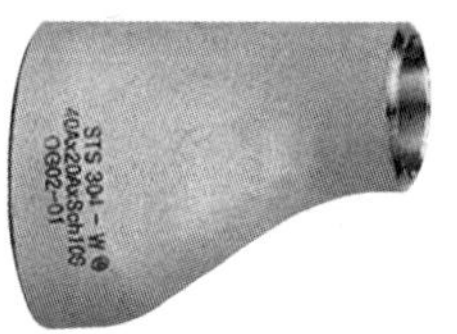
[편심레듀셔]

63 팬코일유닛방식의 배관방식 중 공급관이 2개이고 환수관이 1개인 방식은?

① 1관식 ② 2관식
③ 3관식 ④ 4관식

해설

[3관식(Three Pipe)]
1) 공급관이 2개(온수관, 냉수관)이고 환수관이 1개인 배관방식이다.
2) 개별제어가 가능하다.
3) 배관이 복잡하다.
4) 환수관이 1개이므로 냉수와 온수의 혼합 손실이 발생한다.

정답 61 ③ 62 ④ 63 ③

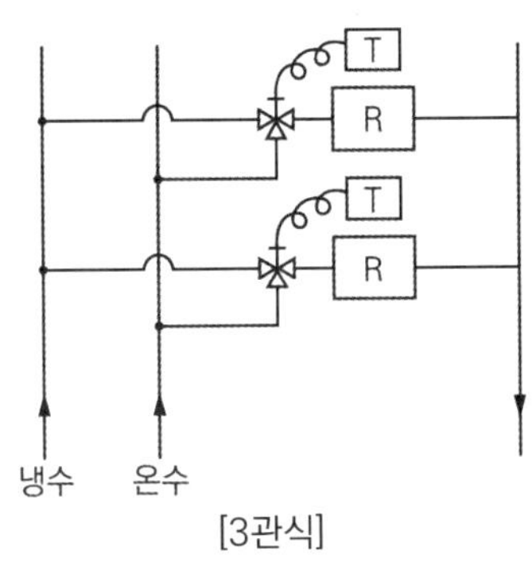

[3관식]

64 공랭식 응축기배관 시 유의사항으로 틀린 것은?

① 소형 냉동기에 사용하며 핀이 있는 파이프 속에 냉매를 통하여 바람 이송 냉각설계로 되어 있다.
② 냉방기가 응축기 아래 설치되는 경우 배관 높이가 10 m 이상일 때는 5 m마다 오일트랩을 설치해야 한다.
③ 냉방기가 응축기 위에 위치하고, 압축기가 냉방기에 내장되었을 경우에는 오일트랩이 필요 없다.
④ 수랭식에 비해 능력은 낮지만, 냉각수를 사용하지 않아 동결의 염려가 없다.

해설

[공랭식 응축기배관 시 유의사항]

② 압축기가 냉방기에 내장되었을 때 냉방기가 응축기 아래에 설치되는 경우 배관 높이가 10 m 이상일 때는 10 m마다 오일트랩을 설치한다.

보충 해당 문제에서는 냉방기를 압축기로 해석한다.

65 급수관의 평균 유속이 2 m/s이고 유량이 100 L/s로 흐르고 있다. 관 내 마찰손실을 무시할 때 안지름(mm)은 얼마인가?

① 173　　② 227
③ 247　　④ 252

해설

[지름 계산]

유량 $Q = A \cdot V = \frac{\pi}{4}d^2 \cdot V$에서

$$d = \sqrt{\frac{4Q}{\pi V}} = \sqrt{\frac{4\times 100\times 10^{-3}}{\pi\times 2}}$$
$$= 0.252\ \mathrm{m} = 252\ \mathrm{mm}$$

66 온수배관 시공 시 유의사항으로 틀린 것은?

① 배관재료는 내열성을 고려한다.
② 온수배관에는 공기가 고이지 않도록 구배를 준다.
③ 온수보일러의 릴리프 관에는 게이트 밸브를 설치한다.
④ 배관의 신축을 고려한다.

해설

[온수배관 시공 시 유의사항]

③ 온수보일러의 릴리프 관에는 원칙적으로 밸브를 설치하면 안 된다.

보충 릴리프관 : 보일러 안전밸브에서 개방된 증기 또는 온수를 외부로 안전하게 배출하는 배관

2023-01

정답 64 ② 65 ④ 66 ③

67 냉동배관 시 플렉시블 조인트의 설치에 관한 설명으로 틀린 것은?

① 가급적 압축기 가까이에 설치한다.
② 압축기의 진동방향에 대하여 직각으로 설치한다.
③ 압축기가 가동할 때 무리한 힘이 가해지지 않도록 설치한다.
④ 기계・구조물 등에 접촉되도록 견고하게 설치한다.

해설

[플렉시블 조인트의 설치]
④ 플렉시블 조인트는 기기의 진동이 배관에 전달되지 않도록 하기 위해 설치하는 것으로, 기계나 구조물 등에 접촉되지 않도록 설치되어야 한다.

[플렉시블 조인트]

68 급탕배관 시공에 관한 설명으로 틀린 것은?

① 배관의 굽힘 부분에는 벨로즈이음을 한다.
② 하향식 급탕주관의 최상부에는 공기빼기장치를 설치한다.
③ 팽창관의 관경은 겨울철 동결을 고려하여 25 A 이상으로 한다.
④ 단관식 급탕배관방식에는 상향배관, 하향배관방식이 있다.

해설

[급탕배관 시공]
① 벨로즈이음은 직선배관의 신축흡수를 위해 설치하는 것이며, 배관의 굽힘 부분에는 엘보를 사용해야 한다.

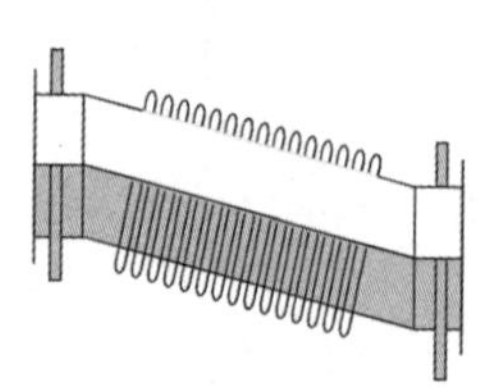

[벨로우즈형]

[엘보]

69 냉매배관재료 중 암모니아를 냉매로 사용하는 냉동설비에 가장 적합한 것은?

① 동, 동합금
② 아연, 주석
③ 철, 강
④ 크롬, 니켈 합금

해설

[암모니아를 냉매로 사용하는 냉동설비]
암모니아 냉매는 아연, 주석, 동, 동합금과 반응하여 부식을 일으키므로 배관재료는 강・철을 사용한다.

정답 67 ④ 68 ① 69 ③

70 급탕설비의 설계 및 시공에 관한 설명으로 틀린 것은?

① 중앙식 급탕방식은 개별식 급탕방식보다 시공비가 많이 든다.
② 온수의 순환이 잘되고 공기가 고이는 것을 방지하기 위해 배관에 구배를 둔다.
③ 게이트밸브는 공기고임을 만들기 때문에 글로브밸브를 사용한다.
④ 순환방식은 순환펌프에 의한 강제순환식과 온수의 비중량 차이에 의한 중력식이 있다.

해설

[급탕설비의 설계 및 시공]

1) 게이트밸브는 공기고임은 만들지 않으나 구조상 일부만 열리면 유체가 소용돌이쳐서 진동이 발생한다.

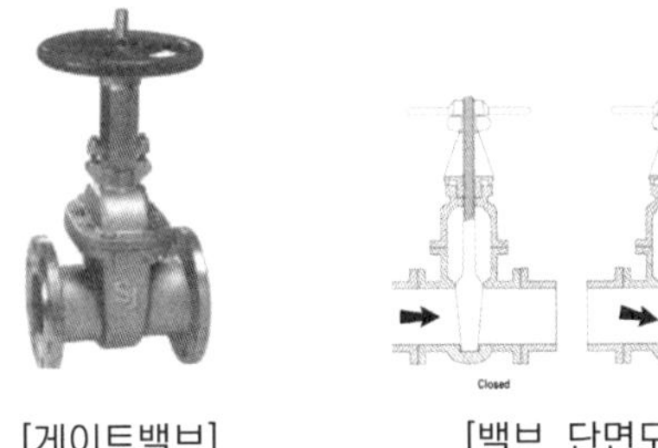

[게이트밸브] [밸브 단면도]

2) 온수유량 조절용으로 글로브밸브를 사용한다.

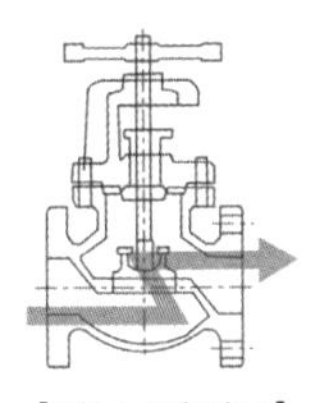
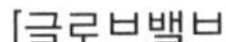

[글로브밸브] [밸브 단면도]

71 증기난방배관 시공법에 대한 설명으로 틀린 것은?

① 증기주관에서 지관을 분기하는 경우 관의 팽창을 고려하여 스위블이음법으로 한다.
② 진공 환수식 배관의 증기주관은 1/100 ~ 1/200 선상향 구배로 한다.
③ 주형방열기는 일반적으로 벽에서 50 ~ 60 mm 정도 떨어지게 설치한다.
④ 보일러 주변의 배관방법에서는 증기관과 환수관 사이에 밸런스관을 달고, 하트포드(Hartford) 접속법을 사용한다.

해설

[증기난방배관 시공법]

증기난방배관의 증기 주관은 중력식, 강제식, 진공환수식 모두 1/100 ~ 1/200의 선하향 구배로 한다.

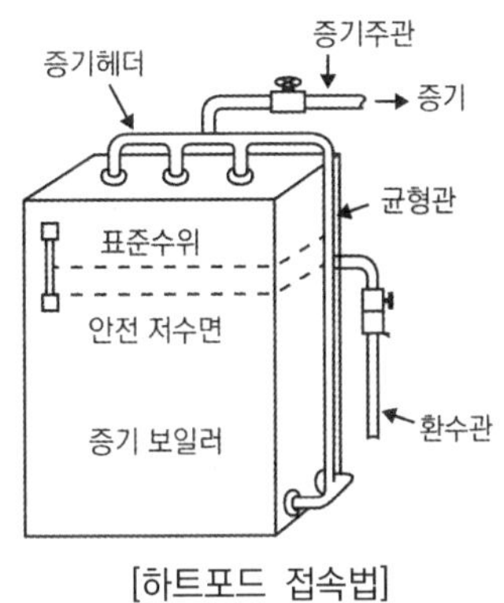

[하트포드 접속법]

정답 70 ③ 71 ②

72 급탕배관의 단락현상(Short Circuit)을 방지할 수 있는 배관방식은?

① 리버스 리턴 배관방식
② 다이렉트 리턴 배관방식
③ 단관식 배관방식
④ 상향식 배관방식

해설

[리버스 리턴 배관방식]
리버스 리턴 배관방식은 각 급탕 공급처마다 급탕 공급관에서 환수관까지의 총 길이를 동일하게 하는 방식이다. 이 방식은 가까운 급탕 공급처에서만 물이 순환하는 단락현상을 방지할 수 있다.

보충 다이렉트리턴 배관방식 = 직접환수 배관방식

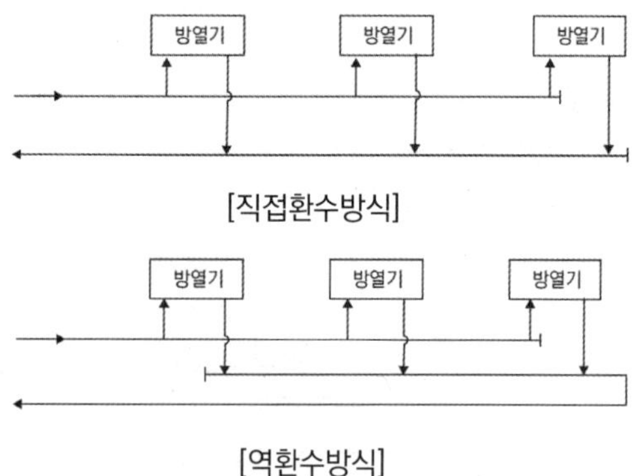

73 관의 두께별 분류에서 가장 두꺼워 고압배관으로 사용할 수 있는 동관의 종류는?

① K형 동관　② S형 동관
③ L형 동관　④ N형 동관

해설

[동관의 분류]
K type : 두께가 가장 두껍다.
L type : 두께가 두껍다.
M type : 두께가 보통이다.
N type : 두께가 얇다.

74 벤더에 의한 관 굽힘 시 주름이 생겼다. 주된 원인은?

① 재료에 결함이 있다.
② 굽힘형의 홈이 관지름 보다 작다.
③ 클램프 또는 관에 기름이 묻어 있다.
④ 압력형이 조정이 세고 저항이 크다.

해설

[냉간 기계 밴딩 시 관에 주름 발생 원인]
1) 관이 미끄러진다.
2) 받침쇠가 너무 들어가 있다.
3) 굽힘형의 홈이 관지름 보다 작다.
4) 외경에 비해 두께가 작다.
5) 굽힘형이 추축에서 빗나가 있다.

75 증기난방설비의 특징에 대한 설명으로 틀린 것은?

① 증발열을 이용하므로 열의 운반능력이 크다.
② 예열시간이 온수난방에 비해 짧고 증기순환이 빠르다.
③ 방열면적을 온수난방보다 적게 할 수 있다.
④ 실내 상하온도차가 작다.

정답 72 ① 73 ① 74 ② 75 ④

해설

[증기난방설비의 특징]

1) 증기의 증발잠열을 이용하므로 열전달 효율이 높다.
2) 장치 내 보유하는 물의 양이 적어 열용량이 작으므로 예열 시간이 짧고, 증기 순환이 빠르다.
3) 증기난방 표준방열량이 756 W/m^2로 온수난방 표준 방열량 523 W/m^2보다 크기 때문에 방열면적을 온수난방보다 적게 할 수 있다.
4) 열매체(증기)의 온도가 높아 실내의 상하온도차가 크다.
5) 증기는 자체 압력으로 이동하므로 펌프와 같은 순환 동력이 필요 없다.
6) 방열량(증기의 온도 및 유량) 조절이 어렵기 때문에 실내 온도 조절이 어렵다.
7) 방열기 표면온도가 높아 화상의 위험이 있다.
8) 스팀햄머가 발생할 수 있다.
9) 환수관 내부에서 부식이 발생하기 쉽다.

76 다음 중 "접속해 있을 때"를 나타내는 관의 도시기호는?

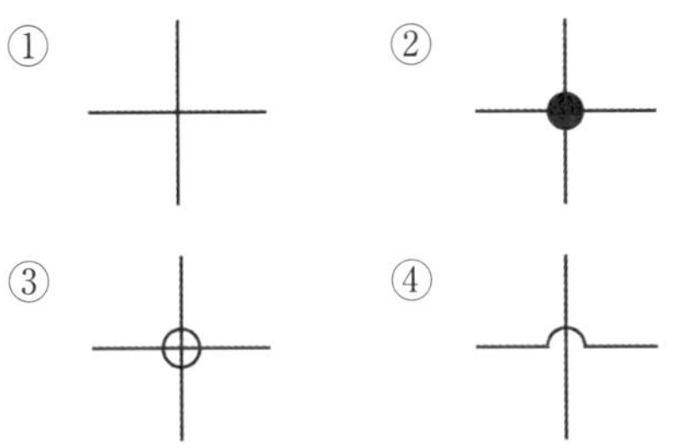

해설

[관의 도시기호]

• 관이 접속해 있을 때의 표시

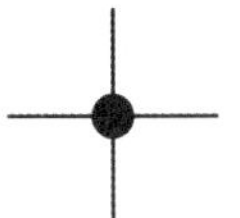

• 관이 접속해 있지 않을 때 표시

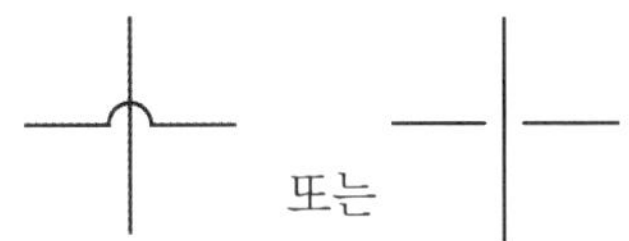

77 증발량 5000 kg/h인 보일러의 증기 엔탈피가 2680 kJ/kg이고, 급수 엔탈피가 62 kJ/kg일 때 보일러의 상당 증발량(kg/h)은?

① 278 ② 4800
③ 5797 ④ 3125000

해설

[보일러의 상당 증발량]

$$상당증발량 = \frac{보일러\ 증발열량}{대기압,\ 100\ ℃\ 물의\ 증발잠열} = \frac{5000 \times (2680 - 62)}{2257} = 5799.7\ kg/h$$

※ 계산값과 가장 근사치의 답을 선지에서 고른다.

※ 보일러의 상당증발량

보일러가 생산한 증기를 섭씨 100 ℃의 물 1 kg을 100 ℃의 포화증기로 증발시키는 데 필요한 에너지를 기준으로 환산한 증발량

→ 서로 다른 조건의 보일러 성능 비교를 공정하게 하기 위함

보충 물의 증발잠열 : 2257 kJ/kg

정답 ● 76 ② 77 ③

78 증기 및 물배관 등에서 찌꺼기를 제거하기 위하여 설치하는 부속품은?

① 유니온 ② P트랩
③ 부싱 ④ 스트레이너

해설

[스트레이너(Strainer, 여과기)]

1) 배관에 설치하여 배관 내의 이물질을 걸러내기 위한 장치이다.
2) 본체 안에 있는 여과망이 이물질을 걸러낸다.
3) 펌프의 흡입 쪽이나 밸브의 입구 쪽에 설치한다.
4) 종류는 Y형, U형, V형이 있다.

[Y형 스트레이너]

[U형 스트레이너]

[V형 스트레이너]

79 가스미터를 구조상 직접식(실측식)과 간접식(추정식)으로 분류된다. 다음 중 직접식 가스미터는?

① 습식 ② 터빈식
③ 벤튜리식 ④ 오리피스식

해설

[가스미터의 분류]

1) 직접식(실측식) : 습식드럼형, 회전자형, 로터리 피스톤형, 왕복 피스톤형, 다이어프램형
2) 간접식(추정식) : 차압식(오리피스형, 노즐식, 벤츄리식), 터빈식, 면적식(플로트형, 피스톤형), 스프링작동가변면적식

보충 직접식 : 실제 유량을 기계적으로 측정
간접식 : 압력차, 속도 등으로 간접 계산

80 배관작업용 공구의 설명으로 틀린 것은?

① 파이프 리머(Pipe Reamer) : 관을 파이프커터 등으로 절단한 후 관 단면의 안쪽에 생긴 거스러미(Burr)를 제거
② 플레어링 툴(Flaring Tools) : 동관을 압축이음 하기 위하여 관 끝을 나팔모양으로 가공
③ 파이프 바이스(Pipe Vice) : 관을 절단하거나 나사이음을 할 때 관이 움직이지 않도록 고정
④ 사이징 툴(Sizing Tools) : 동일지름의 관을 이음쇠 없이 납땜이음을 할 때 한쪽 관 끝을 소켓모양으로 가공

정답 78 ④ 79 ① 80 ④

해설

[사이징 툴(Sizing Tools)]
동관의 끝부분을 정확하게 원형으로 정형화하기 위한 공구이다.

① 파이프 리머

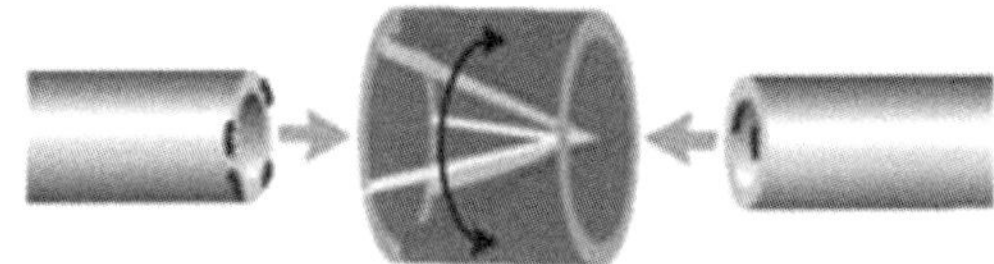

② 플레어링 툴

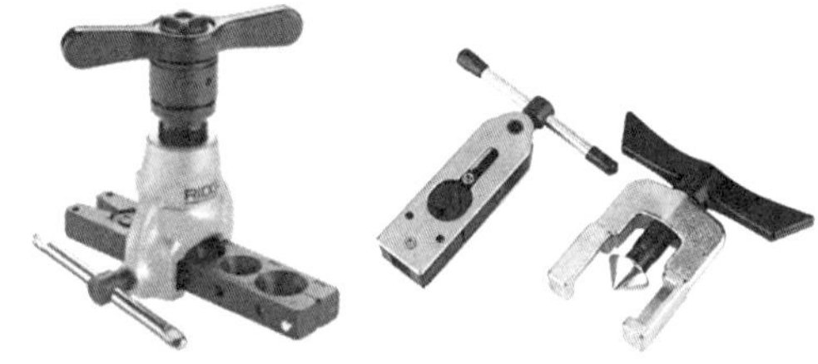

③ 파이프 바이스

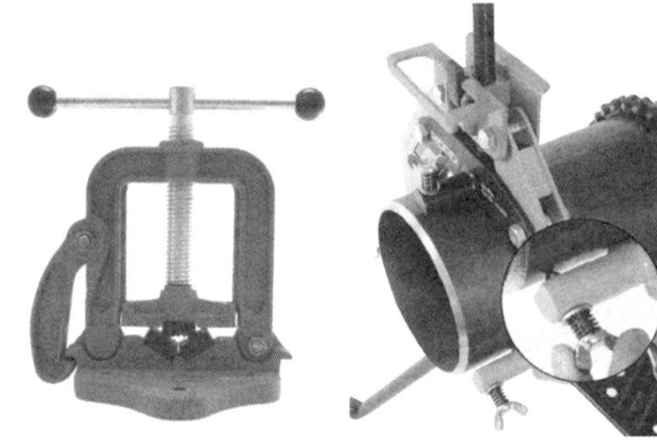

2023 CBT 복원 2

1과목 에너지관리

1회독 시간 : 점수 :
2회독 시간 : 점수 :
3회독 시간 : 점수 :

01 실내의 냉방 현열부하가 5.8 kW, 잠열부하가 0.93 kW인 방을 실온 26 ℃로 냉각하는 경우 송풍량(m^3/h)은? (단, 취출온도는 15 ℃이며, 공기의 밀도 1.2 kg/m^3, 정압비열 1.01 kJ/kg · K이다)

① 1566.1 ② 1732.4
③ 1999.8 ④ 2104.2

해설

[송풍량]
냉방현열부하 $q_s = GC_p \Delta t = \rho QC_p \Delta t$에서

$$Q = \frac{q_s}{\rho C_p \Delta t} = \frac{5.8 \times 3600}{1.2 \times 1.01 \times (26-15)} = 1566.1 \text{ m}^3/\text{h}$$

02 덕트 정풍량방식에 대한 설명으로 틀린 것은?

① 각 실의 실온을 개별적으로 제어할 수가 있다.
② 설비비가 다른 방식에 비해서 적게 든다.
③ 기계실에 기기류가 집중 설치되므로 운전, 보수가 용이하고, 진동, 소음의 전달 염려가 적다.
④ 외기의 도입이 용이하며 환기팬 등을 이용하면 외기냉방이 가능하고 전열교환기의 설치도 가능하다.

해설

[덕트 정풍량방식]
정풍량방식은 각실의 온도를 개별적으로 제어할 수 없다. 중앙에서 전체적인 공기 온도를 조정하는 방식을 사용한다.

03 송풍기 회전날개의 크기가 일정할 때 송풍기의 회전속도를 변화시킬 경우 상사법칙에 대한 설명으로 옳은 것은?

① 송풍기 풍량은 회전속도비에 비례하여 변화한다.
② 송풍기 압력은 회전속도비의 3제곱에 비례하여 변화한다.
③ 송풍기 동력은 회전속도비의 제곱에 비례하여 변화한다.
④ 송풍기 풍량, 압력, 동력은 모두 회전속도비에 제곱에 비례하여 변화한다.

정답 01 ① 02 ① 03 ①

해설

[송풍기의 상사법칙]

유량 $Q_2 = \left(\frac{N_2}{N_1}\right)^1 \times \left(\frac{D_2}{D_1}\right)^3 \times Q_1$

압력(양정) $P_2 = \left(\frac{N_2}{N_1}\right)^2 \times \left(\frac{D_2}{D_1}\right)^2 \times P_1$

축동력 $L_2 = \left(\frac{N_2}{N_1}\right)^3 \times \left(\frac{D_2}{D_1}\right)^5 \times L_1$

② 송풍기 압력은 회전속도비의 제곱에 비례하여 변화한다.

③ 송풍기 동력은 회전속도비의 3제곱에 비례하여 변화한다.,

④ 송풍기 풍량은 회전속도비에 비례, 압력은 회전속도비의 제곱에 비례, 동력은 모두 회전속도비의 3제곱에 비례하여 변화한다.

04 건구온도 22 ℃, 절대습도 0.0135 kg/kg′인 공기의 엔탈피(kJ/kg)는 얼마인가? (단, 공기밀도 1.2 kg/m³, 건공기 정압비열 1.01 kJ/kg·K, 수증기 정압비열 1.85 kJ/kg·K, 0 ℃ 포화수의 증발잠열 2501 kJ/kg이다)

① 58.4 ② 61.2
③ 56.5 ④ 52.4

해설

[공기의 엔탈피]

$$h = h_a + h_w = C_p \cdot t + x(\gamma + C_w \cdot t) = 1.01 \times 22 + 0.0135 \times (2501 + 1.85 \times 22) = 56.53\ \text{kJ/kg}$$

05 일반적으로 난방부하를 계산할 때 실내 손실열량으로 고려해야 하는 것은?

① 인체에서 발생하는 잠열
② 극간풍에 의한 잠열
③ 조명에서 발생하는 현열
④ 기기에서 발생하는 현열

해설

[난방부하의 구분]

구분	부하 발생 원인	현열	잠열
실내부하	외벽체, 지붕, 유리창에서의 열손실(방위계수 고려)	○	-
	실내벽체, 실내창문, 실내천장, 실내바닥에서의 열손실(방위계수 적용하지 않음)	○	-
	극간풍에 의한 열손실	○	○
장치(기기)부하	덕트로부터의 손실 열량	○	-
외기부하	외기도입에 의한 손실 열량	○	○

보충 인체 발생 잠열, 조명에서 발생하는 현열은 냉방부하이다.

06 냉방부하 중 유리창을 통한 일사취득열량을 계산하기 위한 필요 사항으로 가장 거리가 먼 것은?

① 창의 열관류율 ② 창의 면적
③ 차폐계수 ④ 일사의 세기

정답 04 ③ 05 ② 06 ①

해설

[유리창을 통한 일사취득열량]
열관류율은 유리를 포함한 창호를 통해 열이 얼마나 쉽게 전달되는지를 나타내는 값으로, 창의 열관류율은 유리창을 통한 관류부하를 계산할 때 필요한 것이다.

해설

[팬코일유닛]
팬코일유닛(FCU)은 냉·온수코일과 송풍기가 내장된 공조장치로, 실내 공기를 직접 조절하는 역할을 한다.

07 극간풍의 방지방법으로 가장 적절하지 않은 것은?

① 회전문 설치
② 자동문 설치
③ 에어 커튼 설치
④ 충분한 간격의 이중문 설치

해설

[극간풍의 방지방법]
1) 회전문 설치
2) 에어 커튼 설치
3) 충분한 간격의 이중문 설치

보충 자동문 설치는 극간풍 방지방법이 아니다.

08 내부에 송풍기와 냉·온수코일이 내장되어 있으며, 각 실내에 설치되어 기계실로부터 냉·온수를 공급받아 실내공기의 상태를 직접 조절하는 공조기는?

① 패키지형 공조기
② 인덕션유닛
③ 팬코일유닛
④ 에어핸드링유닛

09 건구온도 30 ℃, 절대습도 0.01 kg/kg인 외부공기 30 %와 건구온도 20 ℃, 절대습도 0.02 kg/kg인 실내공기 70 %를 혼합하였을 때 최종 건구온도(T)와 절대습도(x)는 얼마인가?

① T = 23 ℃, x = 0.017 kg/kg
② T = 27 ℃, x = 0.017 kg/kg
③ T = 23 ℃, x = 0.013 kg/kg
④ T = 27 ℃, x = 0.013 kg/kg

해설

[최종 건구온도(T)와 절대습도(x)]
1) 열평형식

$$G_1C_1t_1 + G_2C_2t_2 = G_3C_3t_3$$

$C_1 = C_2 = C_3$이므로

$$t_3 = \frac{G_1t_1 + G_2t_2}{G_3} = \frac{0.3 \times 30 + 0.7 \times 20}{1.0} = 23\ ℃$$

2) 물질평형식

$$G_1x_1 + G_2x_2 = G_3x_3$$

$$x_3 = \frac{G_1x_1 + G_2x_2}{G_3} = \frac{0.3 \times 0.01 + 0.7 \times 0.02}{1.0} = 0.017kg/kg'$$

정답 07 ② 08 ③ 09 ①

10 단일덕트 재열방식의 특징에 관한 설명으로 옳은 것은?

① 부하 패턴이 다른 다수의 실 또는 존의 공조에 적합하다.
② 식당과 같이 잠열부하가 많은 곳의 공조에는 부적합하다.
③ 전수방식으로서 부하변동이 큰 실이나 존에서 에너지 절약형으로 사용된다.
④ 시스템의 유지·보수 면에서는 일반 단일덕트에 비해 우수하다.

해설

[단일덕트 재열방식]
② 식당과 같이 잠열부하가 많은 곳의 공조에 적합하다.
③ 전공기방식이며 부하변동이 큰 실이나 존에서 사용된다.
④ 시스템의 유지·보수는 일반 단일덕트에 비해 나쁘다.

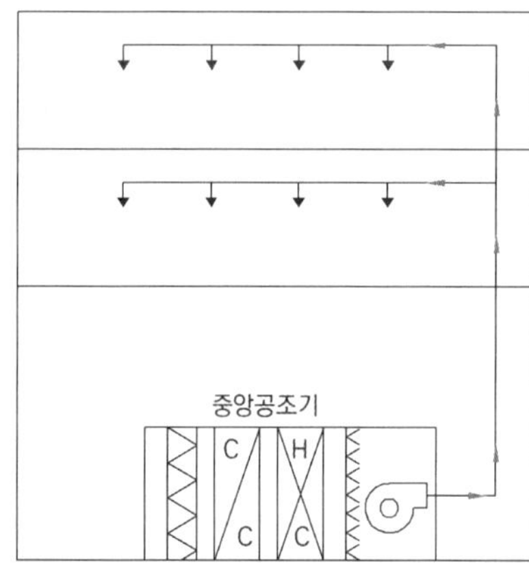

[단일덕트방식]

11 온수난방의 특징에 대한 설명으로 틀린 것은?

① 증기난방에 비하여 연료소비량이 적다.
② 예열시간은 길지만 잘 식지 않으므로 증기난방에 비하여 배관의 동결 피해가 적다.
③ 보일러 취급이 증기보일러에 비해 안전하고 간단하므로 소규모 주택에 적합하다.
④ 열용량이 크기 때문에 짧은 시간에 예열할 수 있다.

해설

[온수난방]
온수난방은 장치 내 보유수량이 많아 열용량이 크기 때문에 예열시간이 길다.

12 복사난방방식의 특징에 대한 설명으로 틀린 것은?

① 실내에 방열기를 설치하지 않으므로 바닥이나 벽면을 유용하게 이용할 수 있다.
② 복사열에 의한 난방으로써 쾌감도가 크다.
③ 외기온도가 갑자기 변하여도 열용량이 크므로 방열량의 조정이 용이하다.
④ 실내의 온도 분포가 균일하며, 열이 방의 위쪽으로 빠지지 않으므로 경제적이다.

2023-02

정답 10 ① 11 ④ 12 ③

해설

[복사난방]

온수코일패널 복사난방은 열용량이 크므로 외기 온도변화에 대한 반응 속도가 느리고, 방열량 조정이 어렵다.

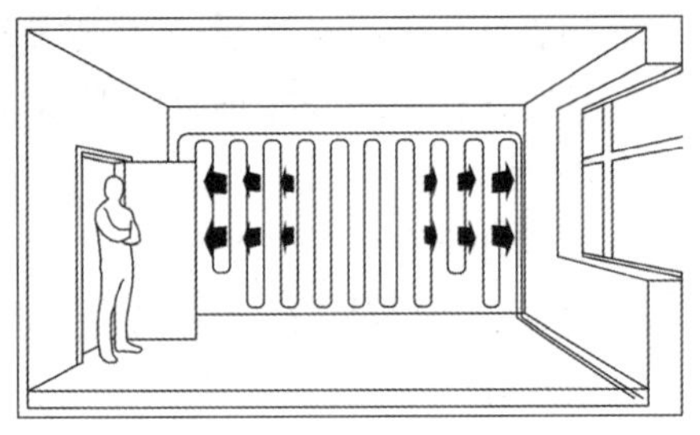

[복사패널]

13 보일러의 수위를 제어하는 주된 목적으로 가장 적절한 것은?

① 보일러의 급수장치가 동결되지 않도록 하기 위하여
② 보일러의 연료공급이 잘 이루어지도록 하기 위하여
③ 보일러가 과열로 인해 손상되지 않도록 하기 위하여
④ 보일러에서의 출력을 부하에 따라 조절하기 위하여

해설

[보일러의 수위를 제어하는 주된 목적]

1) 보일러 수위가 낮아지면 과열로 인해 손상된다.
2) 보일러 수위가 높아지면 예열시간이 길어져 연료소모량 증가하고 보일러 열효율이 저하된다.

14 취출기류에 관한 설명으로 틀린 것은?

① 거주영역에서 취출구의 최소 확산반경이 겹치면 편류현상이 발생한다.
② 취출구의 베인 각도를 확대시키면 소음이 감소한다.
③ 천장 취출 시 베인의 각도를 냉방과 난방 시 다르게 조정해야 한다.
④ 취출기류의 강하 및 상승거리는 기류의 풍속 및 실내공기와의 온도차에 따라 변한다.

해설

[취출기류]

② 취출구의 베인 각도를 확대시키면 확산반경과 소음은 증가하고 도달거리는 짧아진다.

TIP 일반적으로 도달거리는 최대도달거리를 의미함

※ 확산반경

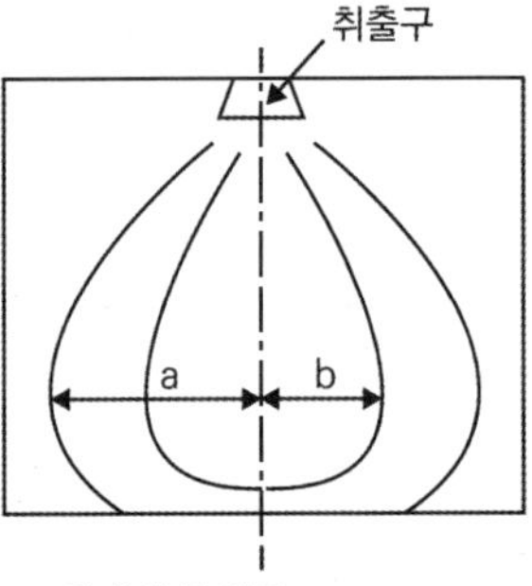

a : 최대 확산 반경
b : 최소 확산 반경

1) 최대 확산반경
천장 취출구에서 기류가 취출되는 경우 드리프트가 일어나지 않는 상태로 하향 취출했을 때 거주영역에서 평균 풍속이 0.1 ~ 0.125 m/s로 되는 최대 단면적의 반경을 최대 확산반경이라고 한다.

정답 13 ③ 14 ②

2) 최소 확산반경
천장 취출구에서 기류가 취출되는 경우 드리프트가 일어나지 않는 상태로 하향 취출했을 때 거주 영역에서 평균 풍속이 0.125 ~ 0.25 m/s로 되는 최대 단면적의 반경을 최소 확산반경이라고 한다.

3) 편류현상
최소 확산반경 내에 보나 벽 등의 장애물이 있거나, 인접한 취출구의 최소 확산 반경이 겹치면 드리프트(Drift, 편류현상)현상이 발생한다.

보충 편류 : 토출된 기류가 수직방향으로부터 벌어진 각도(편향각)로 벗어나 흐르는 기류 즉, 공기가 균일하게 확산되지 않고 특정 방향으로 치우쳐 흐르는 현상

15 바닥취출 공조방식의 특징으로 틀린 것은?

① 천장덕트를 최소화하여 건축 층고를 줄일 수 있다.
② 개개인에 맞추어 풍량 및 풍속 조절이 어려워 쾌적성이 저해된다.
③ 가압식의 경우 급기 거리가 18 m 이하로 제한된다.
④ 취출온도와 실내온도 차이가 10 ℃ 이상이면 드래프트현상을 유발할 수 있다.

해설

[바닥취출 공조방식]
② 바닥취출 공조방식은 바닥에서 공기를 공급하는 방식으로, 개개인에 맞추어 풍량 및 풍속 조절이 가능하여 쾌적성이 우수하다.

※ 바닥취출 공조(UFAD : Underfloor Air Distriution)
(1) 바닥에서 기류를 취출하게 만든 공조방법
(2) 바닥취출 공조는 에너지 절약적 공조가 가능하다는 장점이 있다. 또한 급기구의 위치변동과 제어로 개별공조가 가능하다.
(3) 바닥취출 공조의 분류
① 덕트 가압형 : 급기덕트로 급기

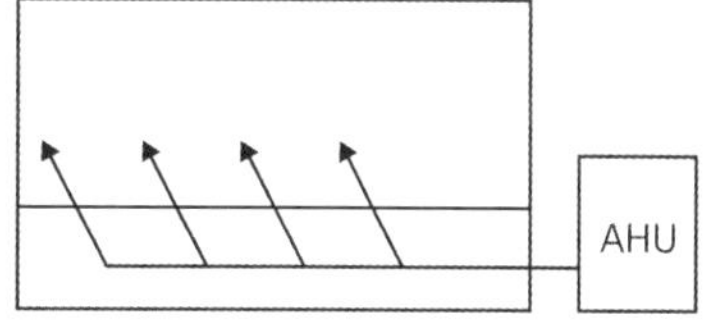

② 덕트 등압형 : 급기덕트 및 급기팬으로 급기

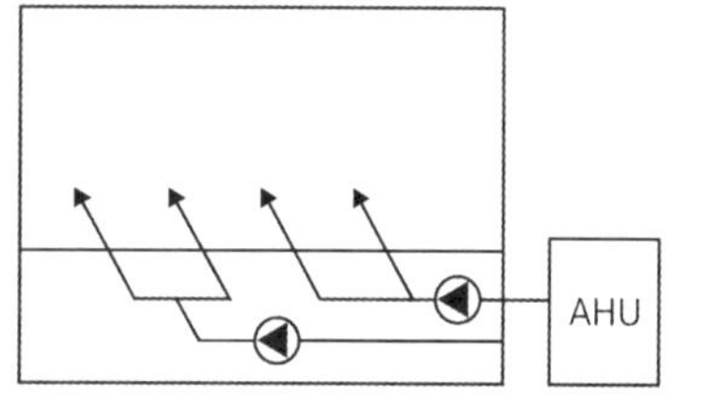

[바닥취출구 공연장 설치사례]

정답 15 ②

16 기후에 따른 불쾌감을 표시하는 불쾌지수는 무엇을 고려한 지수인가?

① 기온과 기류
② 기온과 노점
③ 기온과 복사열
④ 기온과 습도

해설

[불쾌지수(DI : Discomfort Index)]
공기의 온도와 습도만으로 쾌감의 정도를 나타내는 지표이다.

$DI = 0.72(t + t') + 40.6$

t : 건구온도 ℃
t' : 습구온도 ℃

17 다음 그림에서 상태 ①인 공기를 ②로 변화시켰을 때의 현열비를 바르게 나타낸 것은?

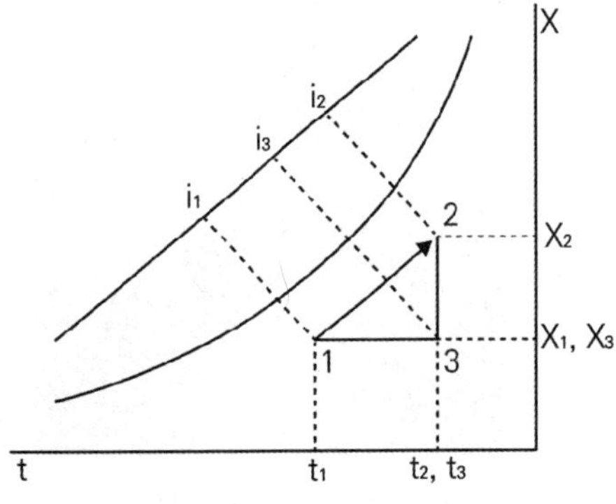

① $(i_3 - i_1) / (i_2 - i_1)$
② $(i_2 - i_3) / (i_2 - i_1)$
③ $(x_2 - x_1) / (t_1 - t_2)$
④ $(t_1 - t_2) / (i_3 - i_1)$

해설

[현열비]

현열비 $SHF = \frac{현열}{전열} = \frac{i_3 - i_1}{i_2 - i_1}$

여기서 $i_3 - i_1$ = 현열
$i_2 - i_3$ = 잠열
$i_2 - i_1$ = 전열

18 일사를 받는 외벽으로부터의 침입열량(q)을 구하는 식으로 옳은 것은? (단, K는 열관류율, A는 면적, △t는 상당외기온도차이다)

① q = K × A × △t
② q = 0.86 × A / △t
③ q = 0.24 × A × △t / K
④ q = 0.29 × K / (A × △t)

해설

[일사를 받는 외벽으로부터의 침입열량(q)]

$q = K \cdot A \cdot \Delta t$

Δt : 상당외기온도차

19 중앙식 공조방식의 특징에 대한 설명으로 틀린 것은?

① 중앙집중식이므로 운전 및 유지관리가 용이하다.
② 리턴 팬을 설치하면 외기냉방이 가능하게 된다.
③ 대형건물보다는 소형건물에 적합한 방식이다.
④ 덕트가 대형이고 개별식에 비해 설치공간이 크다.

정답 16 ④ 17 ① 18 ① 19 ③

해설

[중앙식 공조방식]

③ 중앙식 공조방식은 대규모 건물의 냉난방을 효율적으로 관리할 수 있으며, 유지보수 및 에너지 효율 면에서 장점이 크기 때문에 대형 건물에 적합하다.

20 열회수방식 중 공조설비의 에너지 절약 기법으로 많이 이용되고 있으며, 외기 도입량이 많고 운전시간이 긴 시설에서 효과가 큰 것은?

① 잠열교환기방식
② 현열교환기방식
③ 비열교환기방식
④ 전열교환기방식

해설

[전열교환기]

전열교환기는 실내에서 배출하는 공기와 외부에서 들어오는 공기의 열을 교환하여 외기 부하를 줄이는 장치이다.

1) 현열(온도)과 잠열(습기)을 동시에 교환할 수 있다.
2) 외기를 많이 도입해야 하는 경우 실내에서 나가는 공기의 열을 회수하여 에너지 손실을 줄인다.
3) 전열교환기는 크게 회전형과 고정형으로 나뉜다.

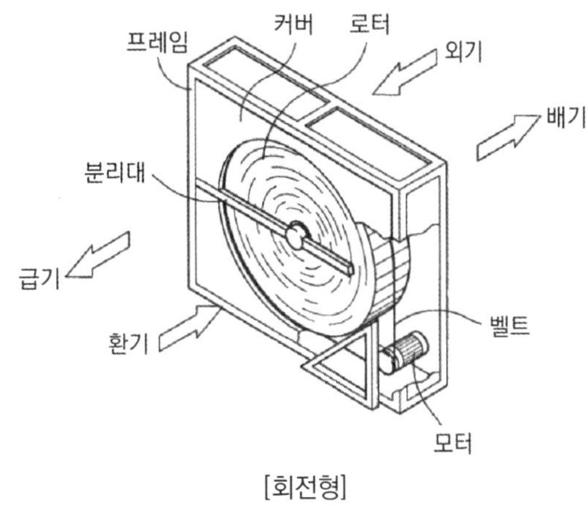

[회전형]

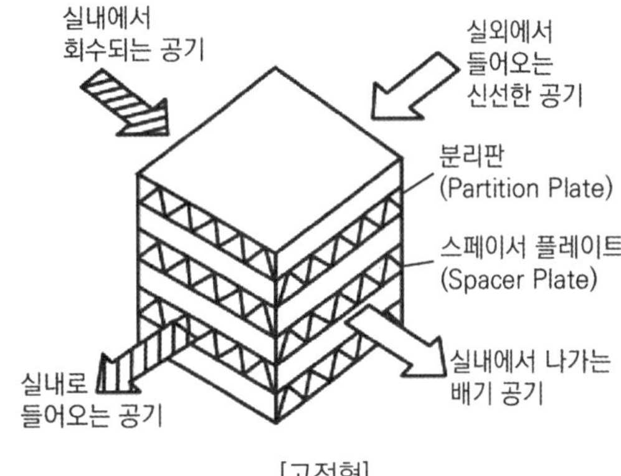

[고정형]

2023-02

정답 20 ④

2과목 공조냉동설계

1회독	시간 :	점수 :
2회독	시간 :	점수 :
3회독	시간 :	점수 :

21 다음 중 밀착 포장된 식품을 냉각부동액 중에 집어 넣어 동결시키는 방식은?

① 침지식 동결장치
② 접촉식 동결장치
③ 진공 동결장치
④ 유동층 동결장치

해설

[동결방식]

① 침지식 : 저온의 브라인에 식품을 직접 침지하여 동결시킨다.
② 접촉식 : 저온의 고체 금속판에 식품을 접촉하여 동결시킨다.
④ 유동층식 : 컨베이어 없이 유동하면서 동결시킨다.

22 가역 카르노사이클에서 고온부 40 ℃, 저온부 0 ℃로 운전될 때 열기관의 효율은?

① 7.825 ② 6.825
③ 0.147 ④ 0.128

해설

[카르노사이클의 열효율]

$$\eta_c = \frac{T_H - T_L}{T_H} = 1 - \frac{T_L}{T_H}$$
$$= 1 - \frac{(0+273)}{(40+273)} = 0.128$$

※ 열기관

고열원으로부터 열을 공급받아 기계적인 일로 전환시키는 것이 목적

(열기관의 이상사이클 : 카르노사이클)

$$\eta = \frac{W}{Q_1} = \frac{Q_1 - Q_2}{Q_1} = \frac{T_1 - T_2}{T_1}$$

고열원 → Q_1 → W → Q_2 → 저열원

Q_1 : 고열원으로부터 받은 열량
Q_2 : 저열원으로 방출한 열량
W : 일량
T_1 : 고온
T_2 : 저온

23 냉동기유가 갖추어야 할 조건으로 틀린 것은?

① 응고점이 낮고 인화점이 높아야 한다.
② 냉매와 잘 반응하지 않아야 한다.
③ 산화가 되기 쉬운 성질을 가져야 된다.
④ 수분, 산분을 포함하지 않아야 된다.

해설

[냉동기유의 구비조건]

③ 산화되기 어려울 것

※ 냉동기유의 구비조건
1) 점도가 적당할 것
2) 유성이 양호할 것
3) 수분 등의 불순물을 포함하지 않을 것
4) 응고점이 낮고 저온에서도 유동성이 좋을 것
5) 열에 대한 안정성이 좋고 인화점이 높을 것
6) 항유화성이 있을 것
7) 쉽게 산화되거나 열화되지 않을 것
8) 왁스 성분이 적고 저온에서 왁스를 석출하지 않을 것

정답 21 ① 22 ④ 23 ③

9) 냉매와 반응하지 않을 것
10) 밀폐형 압축기에 사용 시 전기절연 내력이 클 것
11) 금속이나 패킹류를 부식시키지 않을 것

24 냉동장치 운전 중 팽창밸브의 열림이 적을 때 발생하는 현상이 아닌 것은?

① 증발압력은 저하한다.
② 냉매순환량은 감소한다.
③ 액압축으로 압축기가 손상된다.
④ 체적효율은 저하한다.

해설

[팽창밸브의 열림이 적을 때 발생하는 현상]
③ 팽창밸브 열림이 적으면 냉매 유량이 줄고, 증발기에서 모두 증발하여 압축기로 들어가는 냉매가 과열증기가 된다.

25 열통과율 900 kcal/m^2·h·℃, 전열면적 5 m^{2}인 아래 그림과 같은 대향류 열교환기에서의 열교환량(kcal/h)은? (단, t_1 : 27 ℃, t_2 : 13 ℃, t_{w1} : 5 ℃, t_{w2} : 10 ℃이다)

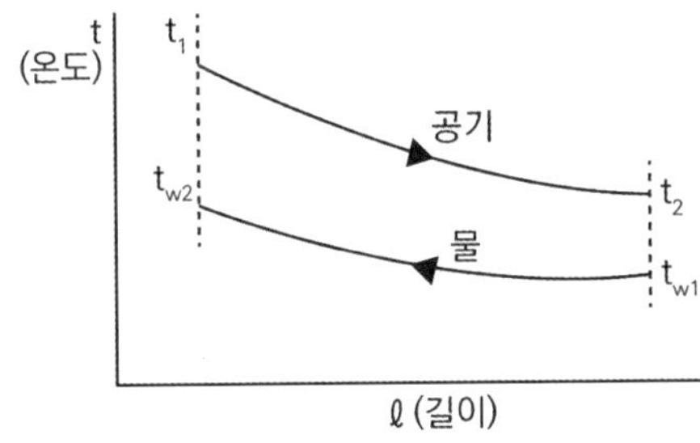

① 26865 ② 53730
③ 45000 ④ 90245

해설

[열교환량]

대수평균온도차 $\Delta t_m = \dfrac{17-8}{\ln\dfrac{17}{8}} = 11.94$ ℃

열교환량 $Q = KA\Delta t_m$

$= 900 \times 5 \times 11.94 = 53730$ kcal/h

26 40 냉동톤의 냉동부하를 가지는 제빙공장이 있다. 이 제빙공장 냉동기의 압축기 출구 엔탈피가 457 kcal/kg, 증발기 출구 엔탈피가 369 kcal/kg, 증발기 입구 엔탈피가 128 kcal/kg일 때 냉매순환량(kg/h)은? (단, 1RT는 3320 kcal/h이다)

① 551 ② 403
③ 290 ④ 25.9

해설

[냉매순환량(kg/h)]

냉동능력 $Q_e = Gq_e$에서

냉매순환량

$$G = \frac{Q_e}{q_e} = \frac{40 \times 3320}{369 - 128} = 551 \text{ kg/h}$$

27 증기압축식 냉동시스템에서 냉매량 부족 시 나타나는 현상으로 틀린 것은?

① 토출압력의 감소
② 냉동능력의 감소
③ 흡입가스의 과열
④ 토출가스의 온도 감소

정답 24 ③ 25 ② 26 ① 27 ④

해설

[냉매량 부족 시 나타나는 현상]

④ 냉매량이 부족하면 증발기에서 냉매가 빨리 증발하고 남은 열이 냉매온도를 더 올린다. 그 결과 증발기 출구에서 과열증기가 되어 압축기로 흡입된다. 과열된 냉매는 압축과정에서 추가로 온도가 상승하므로 압축기 토출가스 온도가 높아진다.

해설

[엔탈피의 변화]

1) 엔탈피(H) 정의
$H = U$(내부에너지) + PV(유동에너지)

2) 내부에너지변화가 없으므로 엔탈피변화(ΔH)는 다음과 같다.
$\Delta H = m(P_2V_2 - P_1V_1)$가 성립한다.

3) 주어진 조건을 대입하면
1 × (1000 × 0.2 - 50 × 2) = 100 kJ

28 이상기체가 등온과정으로 체적이 감소할 때 엔탈피는 어떻게 되는가?

① 변하지 않는다.
② 체적에 비례하여 감소한다.
③ 체적에 반비례하여 증가한다.
④ 체적의 제곱에 비례하여 감소한다.

해설

[등온과정에서 체적 감소 시 엔탈피]

엔탈피는 온도만의 함수이므로 엔탈피변화가 없다.
$\Delta H = GC_P(T_2 - T_1) = 0$
($T_2 - T_1 = 0$ 이므로)

29 어떤 기체 1 kg이 압력 50 kPa, 체적 2.0 m^{3}의 상태에 서 압력 1000 kPa 체적 0.2 m^{3}의 상태로 변화하였다. 이 경우 내부에너지의 변화가 없다고 한다면, 엔탈피의 변화는 얼마나 되겠는가?

① 57 kJ　　② 79 kJ
③ 91 kJ　　④ 100 kJ

30 다음 중 이상적인 스로틀과정에서 일정하게 유지되는 양은?

① 압력
② 엔탈피
③ 엔트로피
④ 온도

해설

[이상적인 교축과정(Throttle Process)]

이상적인 교축과정을 통하여 물질의 상이 액체에서 기체상태로 높은 압력에서 낮은 압력으로, 온도가 높은 것에서 낮은 것으로 변하고 확산하여 무질서 정도가 증가하는 엔트로피가 증가하지만 등엔탈피과정으로 엔탈피는 일정하게 유지된다.
$p\downarrow, T\downarrow, s\uparrow, h = c$

정답 28 ① 29 ④ 30 ②

31 열과 일에 대한 설명 중 옳은 것은?

① 열역학적 과정에서 열과 일은 모두 경로에 무관한 상태함수로 나타낸다.

② 일과 열의 단위는 대표적으로 Watt (W)를 사용한다.

③ 열역학 제1법칙은 열과 일의 방향성을 제시한다.

④ 한 사이클과정을 지나 원래 상태로 돌아왔을 때 시스템에 가해진 전체 열량은 시스템이 수행한 전체 일의 양과 같다.

해설

[열과 일]

① 열과 일은 상태함수가 아닌 경로함수다.

② 일과 열의 단위는 J(줄)이다.

③ 열역학 제1법칙은 에너지보존법칙으로, 계(시스템) 내에서 에너지는 생성되거나 소멸되지 않고 형태만 변환된다는 것을 의미한다. 방향성은 열역학 제2법칙이다.

32 밀폐시스템에서 초기 상태가 300 K, 0.5 m^3인 이상기체를 등온과정으로 150 kPa에서 600 kPa까지 천천히 압축하였다. 이 압축과정에 필요한 일은 약 몇 kJ인가?

① 104 ② 208

③ 304 ④ 612

해설

[압축과정에 필요한 일]

등온과정의 공업일이므로

$$W_t = mRT\ln\left(\frac{P_1}{P_2}\right) = P_1V_1\ln\left(\frac{150}{600}\right)$$

$$= 150 \times 0.5 \times \ln\left(\frac{150}{600}\right) = 104\ \text{kJ}$$

※ 등온과정에서 절대일 = 공업일 = 열량

33 냉동장치가 정상적으로 운전되고 있을 때에 관한 설명으로 틀린 것은?

① 팽창밸브 직후의 온도가 직전의 온도보다 낮다.

② 크랭크 케이스 내의 유온은 증발온도보다 높다.

③ 응축기의 냉각수 출구온도는 응축온도보다 높다.

④ 응축온도는 증발온도보다 높다.

해설

[냉동장치의 정상 운전]

응축기의 냉각수 출구온도는 응축온도보다 낮아야 냉매를 응축온도까지 냉각시킬 수 있다.

(응축온도 > 냉각수 출구온도 > 냉각수 입구온도)

정답 31 ④ 32 ① 33 ③

34 1대의 압축기로 증발온도를 −30 ℃ 이하의 저온도로 만들 경우 일어나는 현상이 아닌 것은?

① 압축기 체적효율의 감소
② 압축기 토출 증기의 온도상승
③ 압축기의 단위흡입체적당 냉동효과 상승
④ 냉동능력당의 소요동력 증대

해설

[1대의 압축기로 증발온도를 −30 ℃ 이하의 저온도로 만들 경우]
1단 압축기로 −30 ℃ 이하의 저온을 만들려면 압축비가 커져야 한다. 압축비가 커지면 압축기의 효율이 떨어지고 냉매의 단위체적당 냉동효과가 감소한다.

보충 −30℃ 이하의 저온을 얻기 위해서는 단단 압축 방식이 아닌 다단 압축이나 이원 냉동사이클이 유리하다.

35 증발기에서의 착상이 냉동장치에 미치는 영향에 대한 설명으로 옳은 것은?

① 압축비 및 성적계수 감소
② 냉각능력 저하에 따른 냉장실내 온도 강하
③ 증발온도 및 증발압력 강하
④ 냉동능력에 대한 소요동력 감소

해설

[증발기의 착상이 냉동장치에 미치는 영향]
1) 냉동능력 저하에 따른 냉장(동)실 온도상승
2) 냉매가 증발하지 못하므로 증발압력 저하
3) 냉동능력당 소요동력의 증대
4) 액압축 가능성의 증대

36 냉동장치 내 공기가 혼입되었을 때 나타나는 현상으로 옳은 것은?

① 응축기에서 소리가 난다.
② 응축온도가 떨어진다.
③ 토출온도가 높다.
④ 증발압력이 낮아진다.

해설

[냉동장치 내 공기가 혼입되었을 때 현상]
냉동장치 내 공기가 혼입되면 압력이 상승하고, 토출온도가 높아지며 냉동효과가 감소한다. 공기는 냉매처럼 쉽게 액화되지 않아 시스템 내 불순물로 작용하기 때문이다.

37 습증기 상태에서 엔탈피 h를 구하는 식은? (단, h_f는 포화액의 엔탈피, h_g는 포화증기의 엔탈피, x는 건도이다)

① $h = h_f + (xh_g - h_f)$
② $h = h_f + x(h_g - h_f)$
③ $h = h_g + (xh_f - h_g)$
④ $h = h_g + x(h_g - h_f)$

해설

[습증기 엔탈피]
습증기 엔탈피
= 포화액 엔탈피 + 건도
× (포화증기 엔탈피 - 포화액 엔탈피)
따라서 $h = h_f + x(h_g - h_f)$

정답 34 ③ 35 ③ 36 ③ 37 ②

38 다음의 열역학 상태량 중 종량적 상태량(Extensive Property)에 속하는 것은?

① 압력 ② 체적
③ 온도 ④ 밀도

해설

[종량적 상태량]

1) **종량성 상태량** : 물질의 양과 비례하여 값이 바뀌는 상태량으로, 예로는 **체적, 내부에너지, 엔트로피, 엔탈피** 등이 있다.
2) 강도성 상태량 : 물질의 양과 관계없이 일정한 값을 가지는 상태량으로, 예로는 압력, 온도, 밀도, 비체적 등이 있다.

39 이상기체에 대한 관계식 중 옳은 것은? (단, C_p, C_v는 정압 및 정적 비열, k는 비열비이고, R은 기체상수이다)

① $C_p = C_v - R$ ② $C_v = \frac{k-1}{k}R$

③ $C_p = \frac{k}{k-1}R$ ④ $R = \frac{C_p + C_v}{2}$

해설

[이상기체]

정적비열 $C_v = \frac{1}{k-1}R$

정압비열 $C_p = \frac{k}{k-1}R$

① $C_p = C_v + R$

② $C_v = \frac{1}{k-1}R$

③ $R = C_p - C_v$

40 내부에너지가 30 kJ인 물체에 열을 가하여 내부에너지가 50 kJ이 되는 동안에 외부에 대하여 10 kJ의 일을 하였다. 이 물체에 가해진 열량은?

① 10 kJ ② 20 kJ
③ 30 kJ ④ 60 kJ

해설

[물체에 가해진 열량]

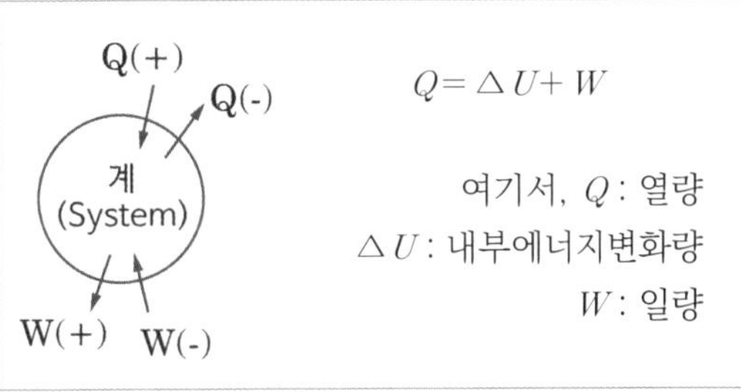

$$Q = \Delta U + W$$
$$= (U_2 - U_1) + W$$
$$= (50 - 30) + 10 = 30\,kJ$$

정답 38 ② 39 ③ 40 ③

3과목 시운전 및 안전관리

1회독 시간 : 점수 :
2회독 시간 : 점수 :
3회독 시간 : 점수 :

41 고압가스 안전관리법령에 따라 고압가스 중 냉동제조 허가의 대상범위는 다음과 같다. ( ) 안의 내용으로 옳은 것은?

> 1일의 냉동능력(이하 "냉동능력"이라 한다)이 ( ) 이상(가연성 가스 또는 독성가스 외의 고압가스를 냉매로 사용하는 것으로서 산업용 및 냉동·냉장용인 경우에는 50톤 이상, 건축물의 냉·난방용인 경우에는 100톤 이상)인 설비를 사용하여 냉동을 하는 과정에서 압축 또는 액화의 방법으로 고압가스가 생성되게 하는 것. 다만 다음 각 목의 어느 하나에 해당하는 자가 그 허가받은 내용에 따라 냉동제조를 하는 것은 제외한다.

① 3톤 ② 5톤
③ 10톤 ④ 20톤

해설

[고압가스 제조허가 등의 종류 및 기준 등]
1일의 냉동능력이 20톤 이상인 설비를 사용하여 냉동을 하는 과정에서 압축 또는 액화의 방법으로 고압가스가 생성되게 하는 것. 다만 다음 각 목의 어느 하나에 해당하는 자가 그 허가받은 내용에 따라 냉동제조를 하는 것은 제외한다.
(1) 고압가스 특정제조의 허가를 받은 자
(2) 고압가스 일반제조의 허가를 받은 자
(3) 「도시가스사업법」에 따른 도시가스사업의 허가를 받은 자

42 산업안전보건법령에 따라 사업주가 보일러의 폭발 사고를 예방하기 위하여 유지·관리하여야 할 안전장치가 아닌 것은?

① 압력방호판
② 화염검출기
③ 압력방출장치
④ 고·저수위 조절장치

해설

[산업안전보건기준에 관한 규칙 – 제119조]
제119조(폭발위험의 방지)
사업주는 보일러의 폭발 사고를 예방하기 위하여 압력방출장치, 압력제한스위치, 고저수위 조절장치, 화염 검출기 등의 기능이 정상적으로 작동될 수 있도록 유지·관리하여야 한다.

보충 보일러 안전장치의 종류 : 압력방출장치, 압력제한스위치, 고·저수위 조절장치, 화염 검출기

※ 압력방호판
압력방호판(Bursting Disc, 파열판)은 일정 압력 이상에서 파열되어 압력을 해제하는 단순 구조물로, 일부 특수 장비나 화학플랜트 등에서 사용됨. 하지만 보일러용 안전장치로 법적으로 의무화된 장치는 아님.

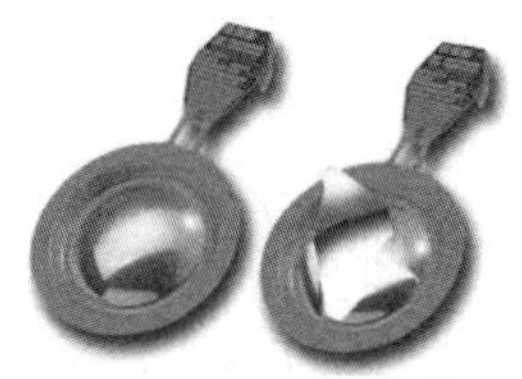

정답 41 ④ 42 ①

43 기계설비법령에서 규정하고 있는 기계설비의 범위에 해당되지 않는 것은?

① 우수배수설비
② 플랜트설비
③ 가스설비
④ 오수정화·물재이용설비

해설

[기계설비의 범위]

열원설비, 냉난방설비, 공기조화·공기청정·환기설비, 위생기구·급수·급탕·오배수·통기설비, 오수정화·물재이용설비, 우수배수설비, 보온설비, 덕트설비, 자동제어설비, 방음·방진·내진설비, 플랜트설비, 특수설비

44 기계설비법령에 따라 정당한 사유 없이 몇 회 이상 기계설비 유지관리교육을 받지 않은 기계설비유지관리자는 해임하여야 하는가?

① 1회 ② 2회
③ 3회 ④ 4회

해설

[기계설비 유지관리교육]

정당한 사유 없이 2회 이상 기계설비 유지관리교육을 받지 않은 기계설비유지관리자는 해임하여야 한다.

45 고압가스안전관리법령에 따라 일체형 냉동기의 조건으로 틀린 것은?

① 냉매설비 및 압축기용 원동기가 하나의 프레임 위에 일체로 조립된 것
② 냉동설비를 사용할 때 스톱밸브 조작이 필요한 것
③ 응축기유닛 및 증발유닛이 냉매배관으로 연결된 것으로 하루 냉동능력이 20톤 미만인 공조용 패키지에어콘
④ 사용장소에 분할 반입하는 경우에는 냉매설비에 용접 또는 절단을 수반하는 공사를 하지 않고 재조립하여 냉동제조용으로 사용할 수 있는 것

해설

[일체형 냉동기의 조건]

고압가스안전관리법 시행규칙 별표11 제4호 나목

② 냉동설비를 사용할 때 스톱밸브 조작이 필요 없는 것

46 다음 회로에서 E = 100 V, R = 4 Ω, X_L = 5 Ω, X_C = 2 Ω일 때 이 회로에 흐르는 전류(A)는?

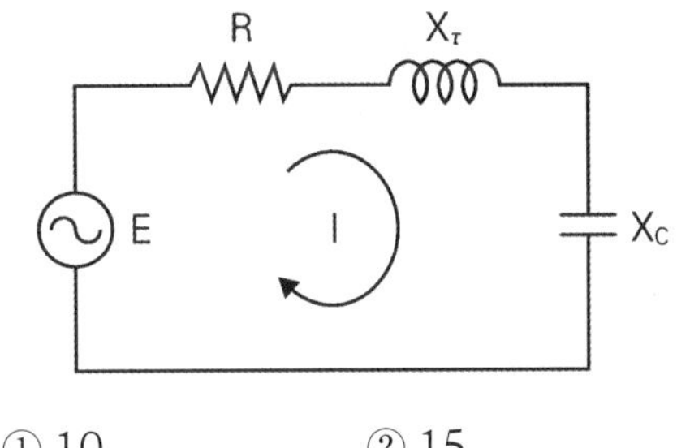

① 10 ② 15
③ 20 ④ 25

정답 43 ③ 44 ② 45 ② 46 ③

2023-02

해설

[전류(A)]

임피던스(저항) $Z=\sqrt{R^2+(X_L-X_C)^2}$

$Z=\sqrt{4^2+(5-2)^2}=5\ \Omega$

전류 $I=\dfrac{V}{Z}=\dfrac{100}{5}=20\ A$

$R_s=\dfrac{R_a}{m-1}[\Omega]$

$m(\text{배율})=\dfrac{I_0(\text{측정해야 할 값})}{I(\text{전류계 지시값})}=1+\dfrac{R_a}{R_s}$

여기서, R_s : 분류기 저항

R_a : 전류계 내부 저항

47 다음 중 전류계에 대한 설명으로 틀린 것은?

① 전류계의 내부저항이 전압계의 내부저항보다 작다.

② 전류계를 회로에 병렬접속하면 계기가 손상될 수 있다.

③ 직류용 계기에는 (+), (-)의 단자가 구별되어 있다.

④ 전류계의 측정 범위를 확장하기 위해 직렬로 접속한 저항을 분류기라고 한다.

해설

[전류계]

④ 전류계의 측정 범위를 확장하기 위해 병렬로 접속한 저항을 분류기라 한다.

※ 분류기(Shunt, 分流器)

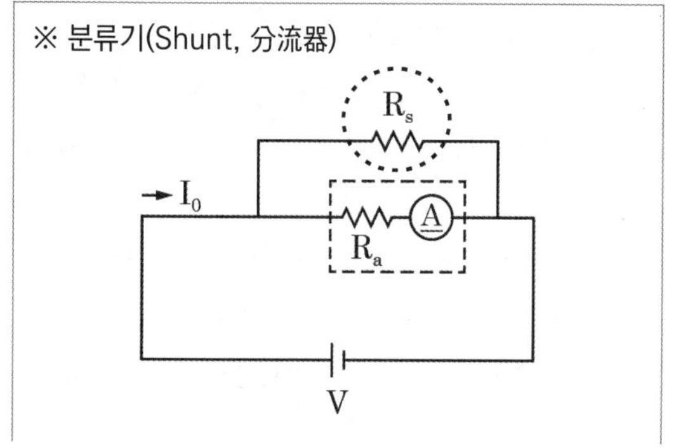

48 다음의 신호흐름선도에서 전달함수 C(s)/R(s)는?

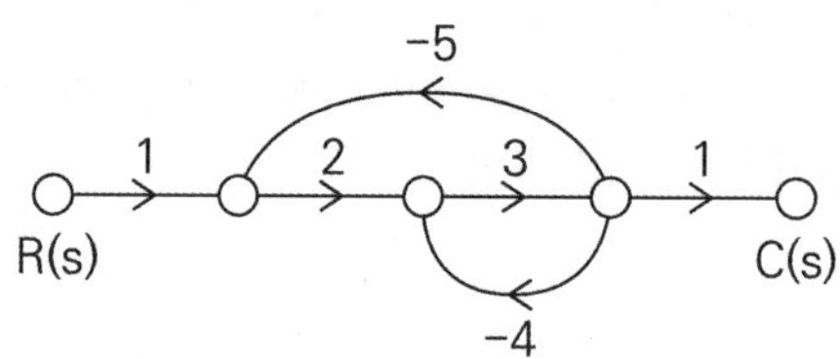

① $-\dfrac{6}{41}$　② $\dfrac{6}{41}$

③ $-\dfrac{6}{43}$　④ $\dfrac{6}{43}$

해설

[신호흐름선도에서 전달함수]

$\dfrac{C(s)}{R(s)}=\dfrac{\text{전향경로의 합}}{1-\text{피드백의 합}}$

$=\dfrac{1\times2\times3\times1}{1-(-3\times4)-(-2\times3\times5)}$

$=\dfrac{6}{1+12+30}=\dfrac{6}{43}$

정답 47 ④ 48 ④

49 아래 접점회로의 논리식으로 옳은 것은?

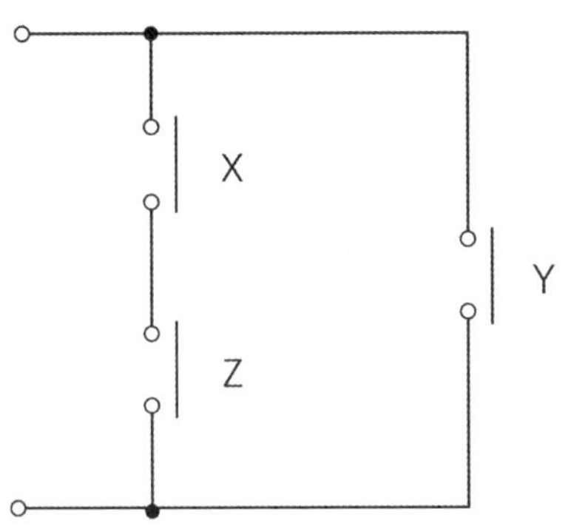

① X · Y · Z ② (X + Y) · Z
③ (X · Z) + Y ④ X + Y + Z

해설

[접점회로의 논리식]

X와 Z는 AND회로 : $X \cdot Z$

$(X \cdot Z)$와 Y는 OR회로 : $(X \cdot Z) + Y$

50 그림의 논리회로에서 A, B, C, D를 입력, Y를 출력이라 할 때 출력 식은?

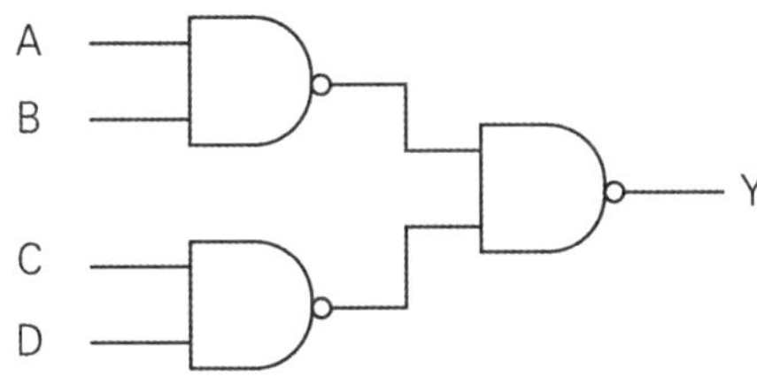

① A + B + C + D
② (A + B)(C + D)
③ AB + CD
④ ABCD

해설

[논리회로]

$Y = \overline{(\overline{A \cdot B}) \cdot (\overline{C \cdot D})}$ 이므로

드모르간의 정리를 적용하면

$Y = (\overline{\overline{A \cdot B}}) + (\overline{\overline{C \cdot D}}) = (A \cdot B) + (C \cdot D)$

51 유도전동기에 인가되는 전압과 주파수의 비를 일정하게 제어하여 유도전동기의 속도를 정격속도 이하로 제어하는 방식은?

① CVCF제어방식
② VVVF제어방식
③ 교류 궤환제어방식
④ 교류 2단 속도제어방식

해설

[VVVF방식]

VVVF방식은 전압과 주파수를 동시에 변환시켜 유도전동기의 속도를 제어하는 방식이다. 전동기의 속도는 주파수에 비례하므로, 주파수를 조절하면 속도를 조절할 수 있다. 전압도 함께 조정하여 적절한 토크를 유지하면서 안정적인 운전을 가능하게 한다.

보충 Variable Voltage Variable Frequency (가변 전압 가변 주파수)

2023-02

52 10 μF의 콘덴서에 200 V의 전압을 인가하였을 때 콘덴서에 축적되는 전하량은 몇 C인가?

① 2×10^{-3} ② 2×10^{-4}
③ 2×10^{-5} ④ 2×10^{-6}

해설

[전하량]

$Q = CV$이므로

$= (10 \times 10^{-6}) \times 200$

$= 2 \times 10^{-3} C$

보충 μ[마이크로] $= 10^{-6}$

53 환상 솔레노이드 철심에 200회의 코일을 감고 2A의 전류를 흘릴 때 발생하는 기자력은 몇 AT인가?

① 50 ② 100
③ 200 ④ 400

해설

[기자력]

기자력 = 코일에 흐르는 전류(I) × 코일이 감긴 수(N)
= 2 × 200 = 400 AT

54 입력 A, B, C에 따라 Y를 출력하는 다음의 회로는 무접점 논리회로 중 어떤 회로인가?

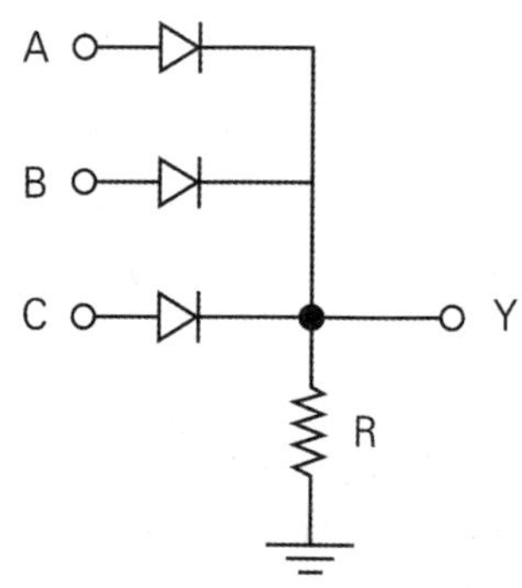

① OR회로 ② NOR회로
③ AND회로 ④ NAND회로

해설

[논리회로]

A, B, C 중 어느 하나가 On 되면 출력 Y가 On되므로 OR회로이다.

55 변압기의 효율이 가장 좋을 때의 조건은?

① 철손 = $\frac{2}{3}$ × 동손
② 철손 = 2 × 동손
③ 철손 = $\frac{1}{2}$ × 동손
④ 철손 = 동손

해설

[변압기의 효율]

변압기 규약효율 $= \frac{\text{출력}}{\text{출력} + \text{손실}}$에서 무부하손실인 철손($P_i$)과 부하손실인 동손($P_c$)이 같을 때(철손 = 동손일 때) 손실이 최소가 되고 효율은 최대가 된다.

56 2전력계법으로 3상 전력을 측정할 때 전력계의 지시가 W_1 = 200 W, W_2 = 200 W이다. 부하전력(W)은?

① 200 ② 400
③ 200√3 ④ 400√3

해설

[부하전력]

3상 전력을 측정할 때 2개의 단상 전력계를 그림과 같이 접속하면 3상 전력은 2개 전력계 전력값의 대수합이다. 즉, 3상 전력 $P = W_1 + W_2$이다.

따라서 3상 전력 $P = 200 + 200 = 400$ W

정답 53 ④ 54 ① 55 ④ 56 ②

※ 3상 전력 측정

2전력계법
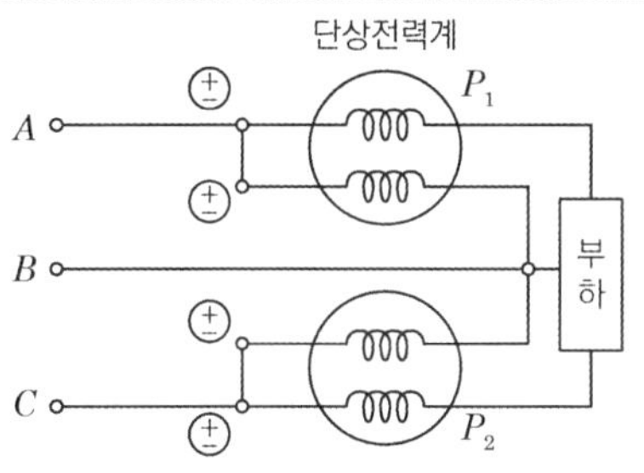 유효(소비)전력(P) $P = P_1 + P_2$ [W]
3전력계법
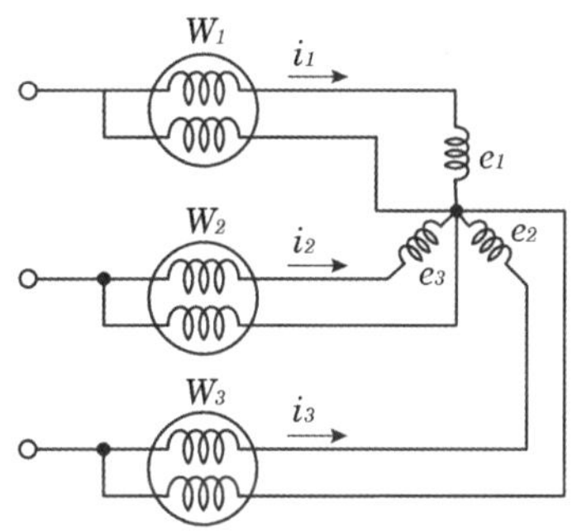 3상부하전력 $W = W_1 + W_2 + W_3$

57 다음 중 간략화한 논리식이 다른 것은?

① $(A+B)\cdot(A+\overline{B})$
② $A\cdot(A+B)$
③ $A+(\overline{A}\cdot B)$
④ $(A\cdot B)+(A\cdot\overline{B})$

해설

[논리식]

① $(A+B)(A+\overline{B}) = AA + A\overline{B} + BA + B\overline{B}$
$= A + A(\overline{B}+B) + 0$
$= A + A\cdot 1 = A$

② $A\cdot(A+B) = AA + AB = A + AB$
$= A(1+B) = A\cdot 1 = A$

③ $A+(\overline{A}\cdot B) = (A+\overline{A})\cdot(A+B)$
$= 1\cdot(A+B) = A+B$

④ $(A\cdot B)+(A\cdot\overline{B}) = A(B+\overline{B})$
$= A\cdot 1 = A$

58 피드백제어계에서 제어요소에 대한 설명으로 옳은 것은?

① 목푯값에 비례하는 기준 입력신호를 발생하는 요소이다.
② 제어량의 값을 목푯값과 비교하기 위하여 피드백 되는 요소이다.
③ 조작부와 조절부로 구성되고 동작신호를 조작량으로 변환하는 요소이다.
④ 기준입력과 주궤환신호의 차로 제어 동작을 일으키는 요소이다.

해설

[제어요소]

동작신호를 조작량으로 변화시켜 주는 요소이며, 조절부와 조작부로 구성되어 있다.

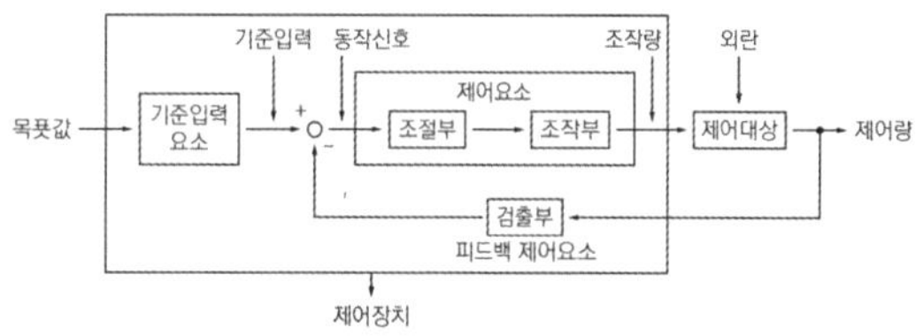

[페루프제어계의 구성도]

2023-02

정답 57 ③ 58 ③

59 자동조정제어의 제어량에 해당하는 것은?

① 전압　　② 온도
③ 위치　　④ 압력

해설

[자동조정제어의 제어량]
전압, 전류, 주파수, 회전속도

※ 제어량에 의한 분류

구분	내용	제어량
서보기구	기계적 변위를 제어량으로 하는 변화량제어	물체의 방위, 위치, 각도 등
프로세스 제어	플랜트나 생산공정 중의 상태량제어 (화학적 양을 제어)	온도, 압력, 유량, 농도 등
자동조정 제어	제어량이 전기적, 기계적 양을 제어	주파수, 전압, 전류, 힘, 회전속도 등

60 다음의 제어기기에서 압력을 변위로 변환하는 변환요소가 아닌 것은?

① 스프링　　② 벨로우즈
③ 노즐플래퍼　　④ 다이어프램

해설

[노즐플래퍼]
플래퍼의 변위에 따라 노즐 내에 공기압이 변한다. 즉, 변위를 압력으로 변환하고 위를 압력으로 변환하는 요소이다.

※ 스프링, 벨로우즈, 다이어프램 : 압력 → 변위(압력을 받으면 늘어나거나 줄어드는 등 모양이 변함)

※ 노즐플래퍼(Nozzle - Flapper)

1) 정의
노즐플래퍼는 제어장치에서 미세한 기계적 변위를 유체(공기 또는 기름)의 압력 변화로 변환하는 기구이다. 주로 서보밸브와 같은 정밀 제어시스템에서 증폭기 역할을 한다.

2) 구성
고정된 노즐과 그 앞을 막는 플래퍼(얇은 판)로 구성된다.

3) 작동 원리
① 일정한 압력의 유체가 공급관을 통해 노즐로 공급된다.
② 플래퍼가 노즐에서 멀어지면 노즐과 플래퍼 사이의 간격이 넓어져 유체가 쉽게 빠져나가고, 그 결과 노즐 내부의 배압(Back Pressure)은 낮아진다.
③ 반대로 플래퍼가 노즐에 가까워지면 간격이 좁아져 유체의 흐름이 방해를 받고, 배압은 높아진다.
④ 이 원리를 통해 플래퍼의 매우 작은 움직임(변위)으로도 큰 폭의 압력 변화를 만들어낼 수 있다.

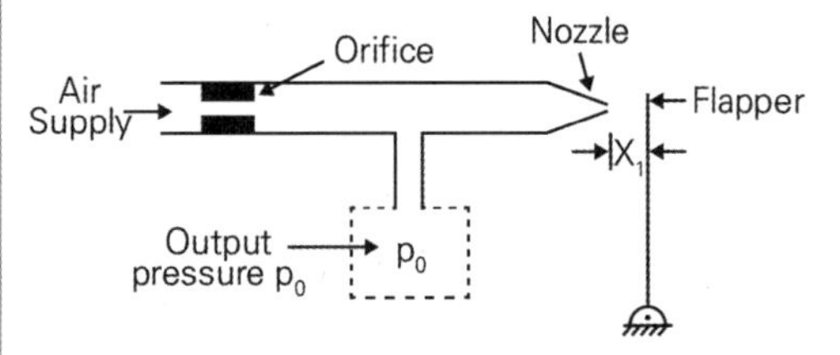

정답 59 ① 60 ③

4과목 유지보수 공사관리

1회독 시간 : 점수 :
2회독 시간 : 점수 :
3회독 시간 : 점수 :

61 통기관의 설치목적으로 가장 거리가 먼 것은?

① 배수의 흐름을 원활하게 하여 배수관의 부식을 방지한다.
② 봉수가 사이펀작용으로 파괴되는 것을 방지한다.
③ 배수계통 내에 신선한 공기를 유입하기 위해 환기시킨다.
④ 배수계통 내의 배수 및 공기의 흐름을 원활하게 한다.

해설

[통기관의 설치목적]
1) 트랩의 봉수를 보호한다.
2) 배수관 내의 흐름을 원활하게 한다.
3) 배관 내에 신선한 공기를 유입하여 청결을 유지한다(악취 및 유해가스 배출).
※ 배관의 부식을 방지하는 역할은 없다.

62 아래 저압가스배관의 직경(D)을 구하는 식에서 S가 의미하는 것은? (단, L은 관의 길이를 의미한다)

$$D^5 = \frac{Q^2 \cdot S \cdot L}{K^2 \cdot H}$$

① 관의 내경 ② 공급 압력 차
③ 가스 유량 ④ 가스 비중

해설

[저압배관 관경 계산식(폴의 공식)]

$$D^5 = \frac{Q^2 SL}{K^2 H}\ cm$$

D : 가스관 내경 [cm]
Q : 가스유량 [m^3/h]
H : 허용압력손실 [mmAq](= 30 이내)
L : 배관길이 [m]
S : 가스의 비중 [공기비중 = 1]
K : 유량계수(POLE상수 = 0.707)

63 순동이음쇠를 사용할 때에 비하여 동합금 주물이음쇠를 사용할 때 고려할 사항으로 가장 거리가 먼 것은?

① 순동이음쇠 사용에 비해 모세관현상에 의한 용융 확산이 어렵다.
② 순동이음쇠와 비교하여 용접재 부착력은 큰 차이가 없다.
③ 순동이음쇠와 비교하여 냉벽 부분이 발생할 수 있다.
④ 순동이음쇠 사용에 비해 열팽창의 불균일에 의한 부정적 틈새가 발생할 수 있다.

해설

[동합금 주물이음쇠를 사용할 때 고려할 사항]
② 동합금 주물이음쇠는 순동이음쇠보다 용접재와의 부착력이 떨어진다. 따라서 가능하면 순동이음쇠를 사용하는 것이 좋다. 하지만 특정한 형태의 이음쇠는 순동으로 제작하기 어려워 동합금 주물이음쇠를 사용한다. 순동이음쇠는 용접재와의 친화력이 더 좋다

2023-02

정답 61 ① 62 ④ 63 ②

64 급수방식 중 급수량의 변화에 따라 펌프의 회전수를 제어하여 급수압을 일정하게 유지할 수 있는 회전수 제어시스템을 이용한 방식은?

① 고가수조방식 ② 수도직결방식
③ 압력수조방식 ④ 펌프직송방식

해설

[펌프직송방식(부스터펌프방식)]
1) 저수조를 설치하고 급수펌프(부스터펌프)으로 급수하는 방식이다.
2) 펌프의 개수(대수)와 회전수를 조절하여 필요한 급수 압력과 급수량을 조절한다.
3) 여러 층에 공급할 경우에는 압력조절밸브(감압밸브)를 설치하여 수압을 조절한다.

65 밀폐배관계에서는 압력계획이 필요하다. 압력계획을 하는 이유로 틀린 것은?

① 운전 중 배관계 내에 대기압보다 낮은 개소가 있으면 접속부에서 공기를 흡입할 우려가 있기 때문에
② 운전 중 수온에 알맞은 최소압력 이상으로 유지하지 않으면 순환수 비등이나 플래시현상 발생 우려가 있기 때문에
③ 펌프의 운전으로 배관계 각 부의 압력이 감소하므로 수격작용, 공기정체 등의 문제가 생기기 때문에
④ 수온의 변화에 의한 체적의 팽창·수축으로 배관 각부에 악영향을 미치기 때문에

해설

[밀폐배관계의 압력계획]
③ 펌프 운전 시 발생하는 주요 문제는 압력 상승이나 급격한 압력 변화에 따른 수격작용이다. 펌프 운전만으로 배관 전체의 압력이 감소하는 것은 일반적인 현상이 아니며, 공기 정체도 압력 계획과 직접적인 관련이 없다. 수격작용은 압력이 갑자기 상승하거나 유속이 급변할 때 발생하는 것이지, 단순한 압력 감소 때문은 아니다.

보충 플래시현상(Flash Phenomenon) : 액체가 압력 강하로 인해 갑자기 일부 증발(기화)하는 현상

66 배수의 성질에 따른 구분에서 수세식 변기의 대·소변에서 나오는 배수는?

① 오수 ② 잡배수
③ 특수배수 ④ 우수배수

해설

[배수설비의 종류]
1) 오수 : 대소변기, 비데 등에서 나오는 배수
2) 잡배수 : 세면기, 싱크대, 욕조 등에서 나오는 배수
3) 빗물배수(우수배수) : 옥상이나 부지 내에 내리는 빗물의 배수
4) 특수배수 : 공장, 병원, 연구소 등에서의 배수 중 기름, 산, 알칼리, 방사선물질, 그 이외의 유해물질을 포함하고 있는 배수 → 적절한 처리시설에서 처리하여 하수도에 흘려보낼 것

정답 64 ④ 65 ③ 66 ①

67 패러렐슬라이드밸브(Parallel Slide Valve)에 대한 설명으로 틀린 것은?

① 평행한 두 개의 밸브 몸체 사이에 스프링이 삽입되어 있다.
② 밸브 몸체와 디스크 사이에 시트가 있어 밸브 측면의 마찰이 적다.
③ 쐐기 모양의 밸브로서 쐐기의 각도는 보통 6 ~ 8°이다.
④ 밸브 시트는 일반적으로 경질금속을 사용한다.

해설

[패러렐슬라이드밸브]
③ 디스크가 쐐기 모양인 웨지게이트밸브(Wedge Gate Value)에 대한 설명이다.

※ 패러렐슬라이드밸브
2매의 칸막이 사이에 스프링 또는 수평봉을 넣어, 2매의 칸막이를 스프링에 의해 밸브 시트를 눌러 붙이도록 한 구조의 게이트밸브.

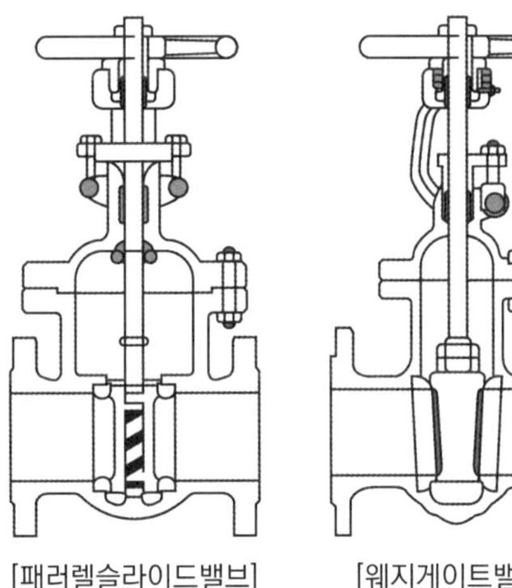

[패러렐슬라이드밸브] [웨지게이트밸브]

68 다음 중 열팽창에 의한 관의 신축으로 배관의 이동을 구속 또는 제한하는 장치가 아닌 것은?

① 앵커(Anchor)
② 스토퍼(Stopper)
③ 가이드(Guide)
④ 인서트(Insert)

해설

[리스트레인트(Restraint)]
④ 인서트(Insert)는 배관 내부에 삽입되는 부품으로, 신축제어와 직접적인 관련이 없다.
① 앵커(Anchor) : 배관이 이동 또는 회전하지 못하도록 완전히 고정하는 곳에 사용

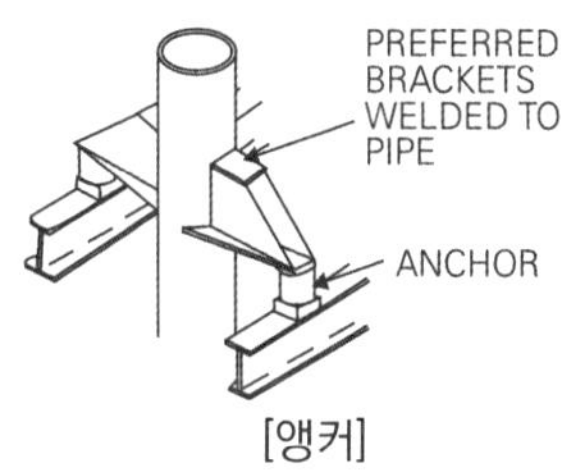

[앵커]

② 스토퍼(Stopper) : 배관의 일정방향의 이동을 제한하고 다른 방향은 자유롭게 하는 곳에 사용

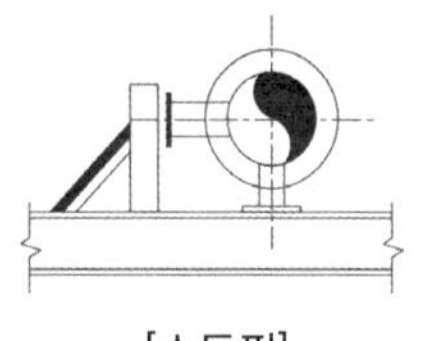

[스토퍼]

③ 가이드(Guide) : 배관의 축방향 이동은 허용하고 회전이나 직각방향의 이동을 제한하는 곳에 사용

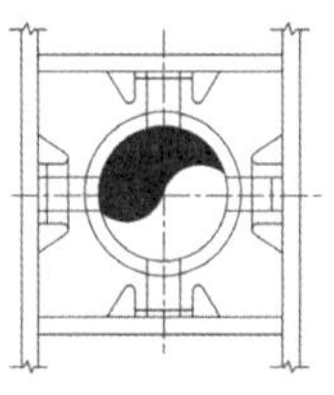

[가이드]

2023-02

69 지역난방의 특징에 관한 설명으로 틀린 것은?

① 대기 오염물질이 증가한다.
② 도시의 방재수준 향상이 가능하다.
③ 사용자에게는 화재에 대한 우려가 적다.
④ 대규모 열원기기를 이용한 에너지의 효율적 이용이 가능하다.

해설

[지역난방의 특징]
지역난방은 대형 열생산 시설(열병합발전소, 보일러 등)에서 중앙집중식으로 열을 공급하므로, 개별난방에 비해 열효율이 좋아 대기오염물질이 감소한다.

70 냉매배관 시 흡입관 시공에 대한 설명으로 틀린 것은?

① 압축기 가까이에 트랩을 설치하면 액이나 오일이 고여 액백 발생의 우려가 있으므로 피해야 한다.
② 흡입관의 입상이 매우 길 경우에는 중간에 트랩을 설치한다.
③ 각각의 증발기에서 흡입주관으로 들어가는 관은 주관의 하부에 접속한다.
④ 2대 이상의 증발기가 다른 위치에 있고 압축기가 그보다 밑에 있는 경우 증발기 출구의 관은 트랩을 만든 후 증발기 상부 이상으로 올리고 나서 압축기로 향하게 한다.

해설

[냉매배관 시 흡입관 시공]
각 증발기에서 흡입 주관(메인 흡입관)으로 연결되는 배관은 주관의 상부에 접속해야 한다. 이는 액체 냉매가 흡입관으로 직접 유입되는 것을 방지하고, 오일 및 냉매가 원활히 흐를 수 있도록 하기 위함이다.

71 배수 및 통기배관에 대한 설명으로 틀린 것은?

① 루프 통기식은 여러 개의 기구군에 1개의 통기지관을 빼내어 통기주관에 연결하는 방식이다.
② 도피 통기관의 관경은 배수관의 1/4 이상이 되어야 하며 최소 40 mm 이하가 되어서는 안 된다.
③ 루프 통기식 배관에 의해 통기할 수 있는 기구의 수는 8개 이내이다.
④ 한랭지의 배수관은 동결되지 않도록 피복을 한다.

해설

[도피통기관]
도피통기관은 루프통기관을 보조하여 통기 능력을 높이는 역할을 한다. 배수 횡지관 최하류에서 통기수직관과 연결하며, 관경은 배수 수평지관의 1/2 이상, 최소 32 mm 이상이어야 한다.

종류	최소 관경
각개통기관	배수관 지름의 1/2 이상, 32 A 이상
회로통기관	배수관 지름의 1/2 이상, 40 A 이상
도피통기관	배수관 지름의 1/2 이상, 32 A 이상

정답 69 ① 70 ③ 71 ②

종류	최소 관경
신정통기관	배수관 지름의 1/2 이상, 32 A 이상
결합통기관	배수관 지름의 1/2 이상, 50 A 이상
습윤(습식) 통기관	별도의 최소 관경 기준은 없다.

72 다이헤드형 동력나사절삭기에서 할 수 없는 작업은?

① 리밍 ② 나사절삭
③ 절단 ④ 밴딩

해설

[다이헤드형 동력나사절삭기]

가장 많이 사용하는 동력나사절삭기로 관의 절단, 거스러미 제거, 나사절삭을 연속적으로 할 수 있다. 관을 다이헤드에 밀어 넣어 나사를 절삭 가공한다. 동력나사절삭기로는 밴딩을 할 수 없다.

73 방열량이 3 kW인 방열기에 공급하여야 하는 온수량(L/s)은 얼마인가? (단, 방열기 입구온도 80 ℃, 출구온도 70 ℃, 온수 평균온도에서 물의 비열은 4.2 kJ/kg·K 물의 밀도는 977.5 kg/m³이다)

① 0.002 ② 0.025
③ 0.073 ④ 0.098

해설

[방열기에 공급하여야 하는 온수량]

$$q = G \cdot C \cdot \Delta t = \rho Q \cdot C \cdot \Delta t$$

$$Q = \frac{q}{\rho \cdot C \cdot \Delta t} = \frac{3}{977.5 \times 4.2 \times (80-70)} = 0.000073\ \mathrm{m^3/s} = 0.073\ \mathrm{L/s}$$

74 온수난방배관에서 에어포켓(Air Pocket)이 발생될 우려가 있는 곳에 설치하는 공기빼기밸브(◇)의 설치위치로 가장 적절한 것은?

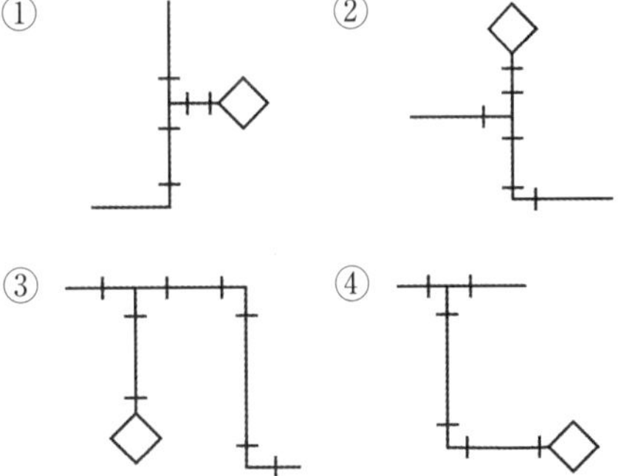

정답 72 ④ 73 ③ 74 ②

해설

[공기빼기밸브(◇)의 설치위치]
공기빼기밸브는 배관의 최상부에 상향으로 설치해야 한다.

75 저장탱크 내부에 가열코일을 설치하고 코일 속에 증기를 공급하여 물을 가열하는 급탕법은?

① 간접가열식
② 기수혼합식
③ 직접가열식
④ 가스순간탕비식

해설

[급탕법]
간접가열식 급탕법은 가열용 코일이나 열교환기를 통해 급탕수를 데우는 방식이다.

76 저압증기의 분기점을 2개 이상의 엘보로 연결하여 한 쪽이 팽창하면 비틀림이 일어나 팽창을 흡수하는 특징의 이음방법은?

① 슬리브형 ② 벨로즈형
③ 스위블형 ④ 루프형

해설

[스위블조인트(Swivel joint)]
1) 나사엘보 2개 이상을 이용해 배관의 신축을 흡수한다.
2) 방열기 및 팬코일유닛 같은 단말기 연결부에 사용된다.
3) 신축량이 크면 나사가 헐거워져 누설될 위험이 있다.
4) 설비비가 저렴하다.

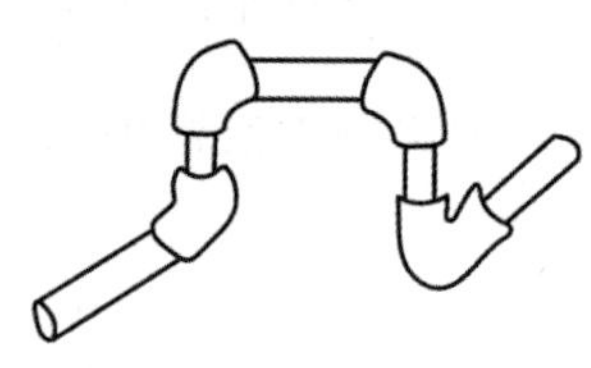

[스위블형]

77 동관이음방법에 해당하지 않는 것은?

① 타이톤이음 ② 납땜이음
③ 압축이음 ④ 플랜지이음

해설

[동관이음방법]
- 타이톤이음 : 주철관이음
- 납땜이음 : 동관 및 연관이음
- 압축이음 : 플레어이음이며 동관이음
- 플랜지이음 : 강관, 주철관, 동관이음

※ 타이톤이음
원형 고무링 하나만으로 접합하는 방식이다(소켓이음의 납과 얀 대신 고무링만 사용).

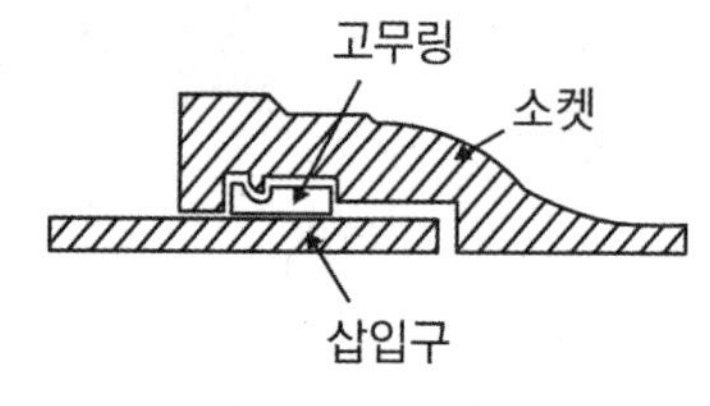

[타이톤이음]

정답 75 ① 76 ③ 77 ①

78 고가(옥상) 탱크급수방식의 특징에 대한 설명으로 틀린 것은?

① 저수시간이 길어지면 수질이 나빠지기 쉽다.
② 대규모의 급수 수요에 쉽게 대응할 수 있다.
③ 단수 시에도 일정량의 급수를 계속할 수 있다.
④ 급수 공급 압력의 변화가 심하다.

해설

[고가(옥상) 탱크급수방식]
④ 항상 일정한 수압으로 급수가 가능하다.

※ 고가수조방식
수도 본관으로부터 건물의 옥상 등에 설치된 고가수조(물탱크)에 물을 받아 저장하고 탱크에서 하향으로 급수하는 방식

79 간접가열식 급탕법에 관한 설명으로 틀린 것은?

① 대규모 급탕설비에 부적당하다.
② 순환증기는 높이에 관계없이 저압으로 사용 가능하다.
③ 저탕탱크와 가열용 코일이 설치되어 있다.
④ 난방용 증기보일러가 있는 곳에 설치하면 설비비를 절약하고 관리가 편하다.

해설

[간접가열식 급탕법]
① 간접가열식 급탕법은 대규모 급탕설비에 적합하다. 저탕탱크와 가열코일을 통해 대량의 온수를 일정한 온도로 공급할 수 있다.
② 높이에 관계없이 펌프를 사용해 열매체를 순환시킬 수 있어 저압증기 사용이 유리하다.
③ 간접가열식 급탕시스템의 핵심은 저탕탱크와 가열코일(열교환기)이다.
④ 난방용 증기보일러가 있는 경우 같은 증기를 사용해 급탕을 공급할 수 있어 별도 보일러 없이 경제적이다.

80 급수관의 수리 시 물을 배제하기 위한 관의 최소 구배 기준은?

① 1/120 이상 ② 1/150 이상
③ 1/200 이상 ④ 1/250 이상

해설

[급수관의 수리 시 관의 최소 기울기]
급수관의 수리 시 물을 빼기 위한 관의 최소 구배는 1/250 이상으로 한다.

2023-02

정답 78 ④ 79 ① 80 ④

2023 CBT 복원 3

1과목 에너지관리

1회독	시간 :	점수 :
2회독	시간 :	점수 :
3회독	시간 :	점수 :

01 아래 습공기선도에 나타낸 과정과 일치하는 장치도는?

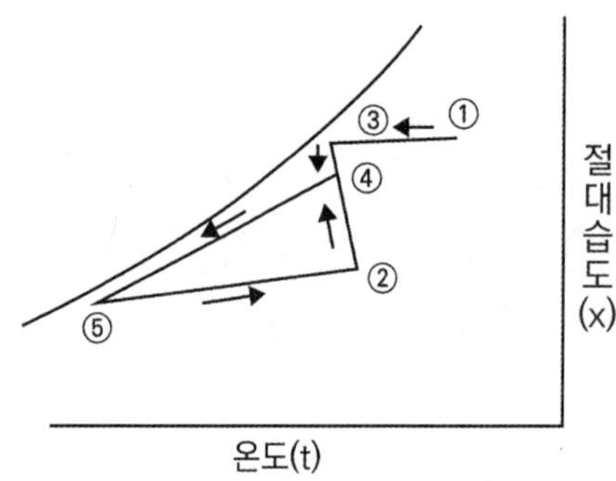

①
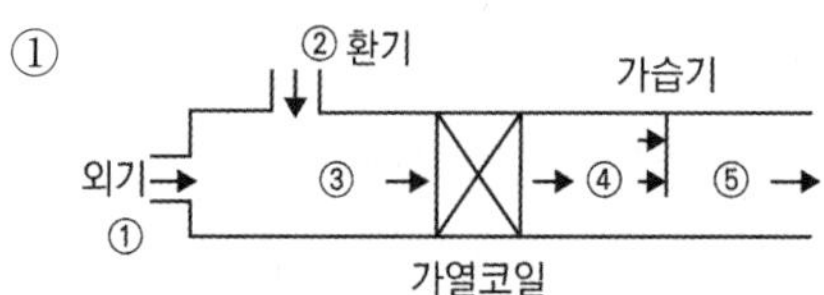

②
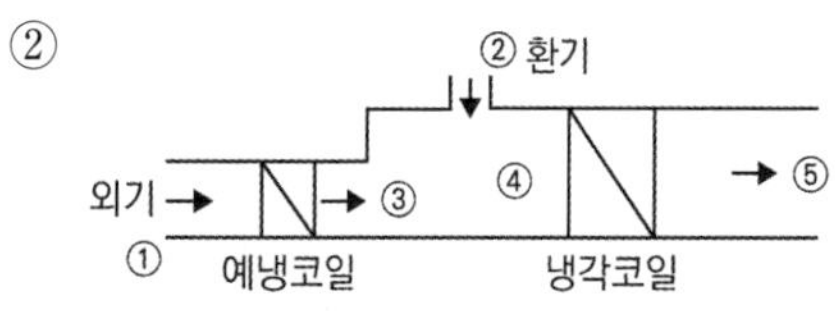

③
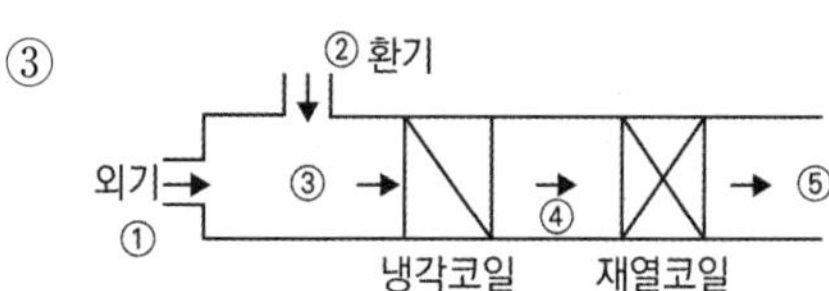

④
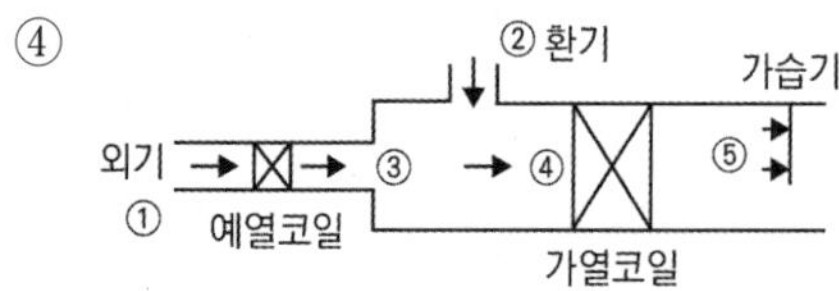

해설

[습공기선도]

①→③ : 외기의 예냉과정

③→④, ②→④ : 예냉된 외기와 실내공기의 혼합과정

④→⑤ : 혼합된 공기의 냉각과정

⑤→② : 냉각된 공기의 실내 유입과정

※ 습공기선도

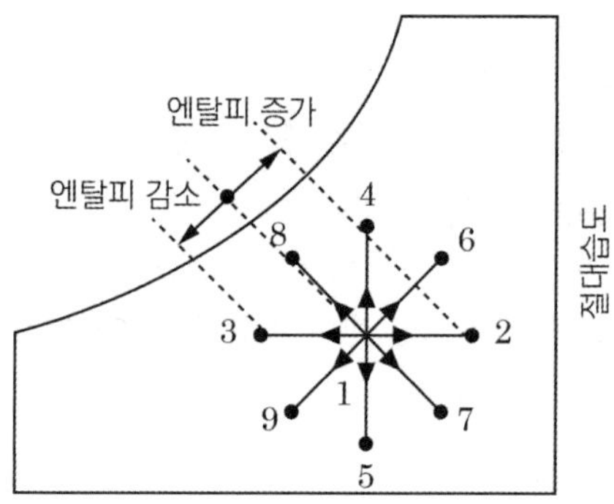

- 1→2 : 가열(절대습도 일정, 현열)
- 1→3 : 냉각(절대습도 일정, 현열)
- 1→4 : 가습(등온)
- 1→5 : 감습(등온)
- 1→6 : 가열가습
- 1→7 : 가열감습
- 1→8 : 냉각가습(순환수가습, 단열가습)
- 1→9 : 냉각감습

정답 01 ②

02 동일한 덕트장치에서 송풍기의 날개의 직경이 d_1, 전동기 동력이 L_1인 송풍기를 직경 d_2로 교환했을 때 동력의 변화로 옳은 것은? (단, 회전수는 일정하다)

① $L_2 = \left(\frac{d_2}{d_1}\right)^2 L_1$ ② $L_2 = \left(\frac{d_2}{d_1}\right)^3 L_1$

③ $L_2 = \left(\frac{d_2}{d_1}\right)^4 L_1$ ④ $L_2 = \left(\frac{d_2}{d_1}\right)^5 L_1$

해설

[송풍기의 상사법칙]

유량 $Q_2 = \left(\frac{N_2}{N_1}\right)^1 \times \left(\frac{D_2}{D_1}\right)^3 \times Q_1$

압력(양정) $P_2 = \left(\frac{N_2}{N_1}\right)^2 \times \left(\frac{D_2}{D_1}\right)^2 \times P_1$

축동력 $L_2 = \left(\frac{N_2}{N_1}\right)^3 \times \left(\frac{D_2}{D_1}\right)^5 \times L_1$

회전수가 일정하므로 동력(L)의 변화는

$L_2 = \left(\frac{D_2}{D_1}\right)^5 L_1$이 된다.

03 온수난방에 대한 설명으로 틀린 것은?

① 온수의 체적팽창을 고려하여 팽창탱크를 설치한다.
② 보일러가 정지하여도 실내온도의 급격한 강하가 적다.
③ 밀폐식일 경우 배관의 부식이 많아 수명이 짧다.
④ 방열기에 공급되는 온수 온도와 유량 조절이 용이하다.

해설

[온수난방]

밀폐식이 개방식보다 공기 중의 산소와 접촉하지 않으므로 부식이 적어 수명이 길다.

04 증기난방배관에서 증기트랩을 사용하는 이유로 옳은 것은?

① 관 내의 공기를 배출하기 위하여
② 배관의 신축을 흡수하기 위하여
③ 관 내의 압력을 조절하기 위하여
④ 증기관에 발생된 응축수를 제거하기 위하여

해설

[증기트랩]

증기트랩은 증기가 환수관으로 들어가는 것을 막고 응축수만 배출하는 장치이다.

05 보일러의 출력에는 상용출력과 정격출력이 있다. 다음 중 이들의 관계가 적당한 것은?

① 상용출력 = 난방부하 + 급탕부하 + 배관부하
② 정격출력 = 난방부하 + 배관 열손실부하
③ 상용출력 = 배관 열손실부하 + 보일러 예열부하
④ 정격출력 = 난방부하 + 급탕부하 + 배관부하 + 예열부하 + 온수부하

2023-03

정답 02 ④ 03 ③ 04 ④ 05 ①

해설

[상용출력과 정격출력]
1) 정미출력 : 난방 + 급탕부하
2) 상용출력 : 난방 + 급탕 + 배관손실
3) 정격출력 : 난방 + 급탕 + 배관손실 + 예열부하

06 수관식 보일러의 특징에 관한 설명으로 틀린 것은?

① 관(드럼)의 직경이 적어서 고온·고압용에 적당하다.
② 전열면적이 커서 증기발생시간이 빠르다.
③ 구조가 단순하여 청소나 검사 수리가 용이하다.
④ 보유수량이 적어 부하 변동 시 압력 변화가 크다.

해설

[수관식 보일러]
③ 구조가 복잡하여 청소, 검사 및 보수가 어렵고 제작비도 고가이다.

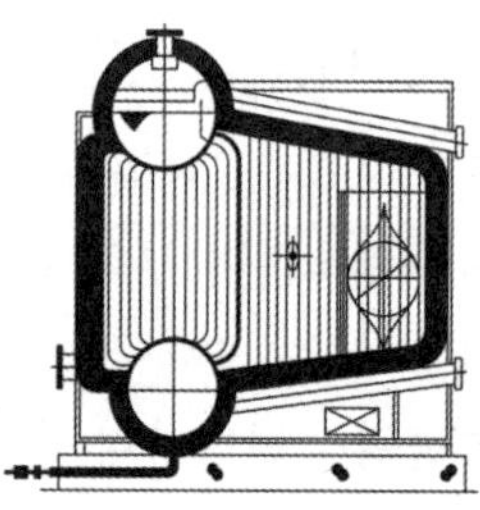

[수관식 보일러]

07 전열교환기에 관한 설명으로 틀린 것은?

① 공기조화기기의 용량설계에 영향을 주지 않음
② 열교환기 설치로 설비비와 요구 공간 증가
③ 회전식과 고정식이 있음
④ 배기와 환기의 열교환으로 현열과 잠열을 교환

해설

[전열교환기]
① 전열교환기는 배기의 현열과 잠열을 회수하여 도입되는 외기를 가열 또는 냉각하므로 외기부하를 줄인다. 따라서 공기조화기기의 용량을 작게 할 수 있다.

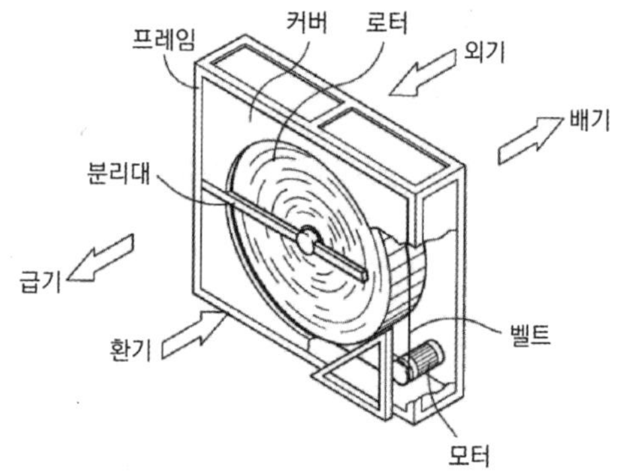

[회전형]

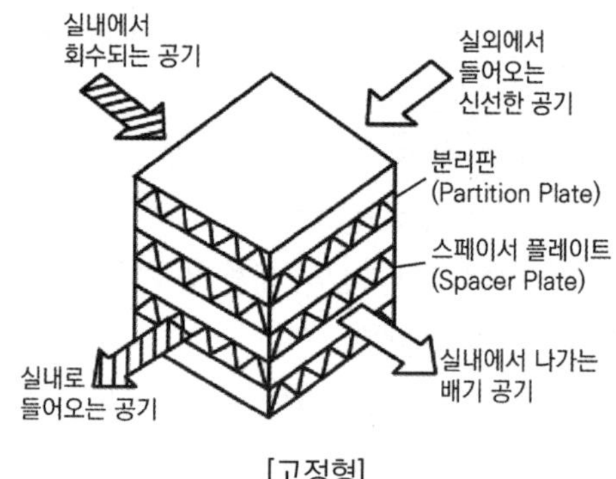

[고정형]

정답 06 ③ 07 ①

08 송풍기의 풍량조절법이 아닌 것은?

① 토출댐퍼에 의한 제어
② 흡입댐퍼에 의한 제어
③ 토출베인에 의한 제어
④ 흡입베인에 의한 제어

해설

[송풍기의 풍량조절법]
③ 토출베인에 의한 제어는 송풍기 풍량조절법이 아니다.

※ 풍량제어방법 중 축동력의 감소
회전수제어(가장 큼) > 가변피치 > 흡입베인 > 흡입댐퍼 > 토출댐퍼(가장 작음)

TIP 토출베인에 의한 제어 :
실제 존재하지 않는 방식
– 팬 토출부에는 베인(Vane) 사용 안 함

09 냉각탑에 관한 설명으로 틀린 것은?

① 어프로치는 냉각탑 출구수온과 입구 공기 건구온도차
② 레인지는 냉각수의 입구와 출구의 온도차
③ 어프로치를 적게 할수록 설비비 증가
④ 어프로치는 일반 공조에서 5 ℃ 정도로 설정

해설

[냉각탑]
쿨링어프로치는 냉각수가 최저 온도에 얼마나 접근하는가의 정도로 냉각탑 출구수온과 입구 공기 습구온도와의 차이다.

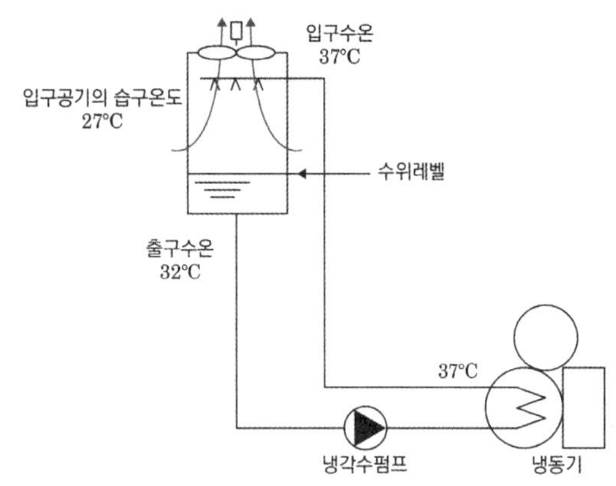

10 증기난방방식에는 환수주관을 보일러 수면보다 높은 위치에 배관하는 환수배관 방식은?

① 습식 환수방식
② 강제 환수방식
③ 건식 환수방식
④ 중력 환수방식

해설

[환수배관방식]
1) 건식 환수방식 : 환수주관이 보일러 수면보다 높은 경우
2) 습식 환수방식 : 환수주관이 보일러 수면보다 낮은 경우
3) 강제 환수방식 : 응축수펌프를 이용하여 강제적으로 환수하는 방식
4) 중력 환수방식 : 응축수를 중력에 의해 자연 환수하는 방식

2023-03

정답 08 ③ 09 ① 10 ③

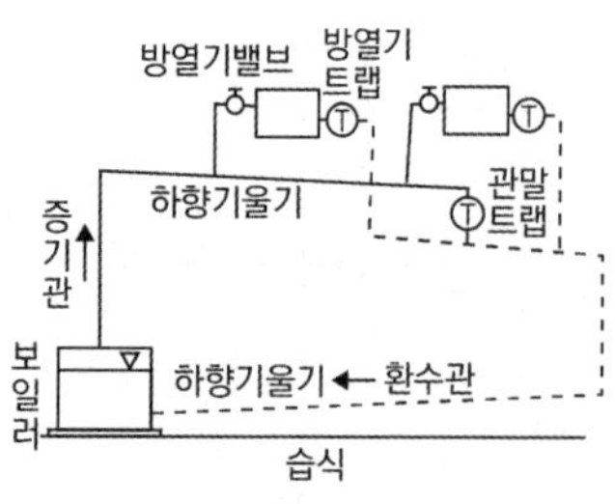

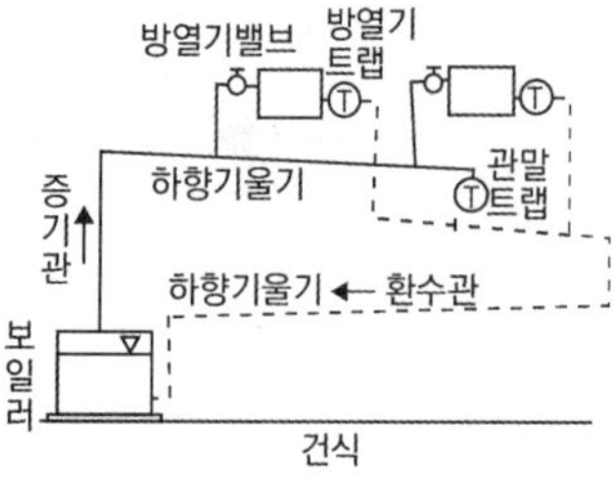

[중력환수식 배관]

11 덕트의 굴곡부 등에서 덕트 내에 흐르는 기류를 안정시키기 위한 목적으로 사용하는 기구는?

① 스플릿댐퍼 ② 가이드베인
③ 릴리프댐퍼 ④ 버터플라이댐퍼

해설

[가이드베인]
가이드베인은 덕트의 굴곡부에서 소용돌이가 생기지 않고 기류가 안정되도록 굴곡부 내부에 설치한다.

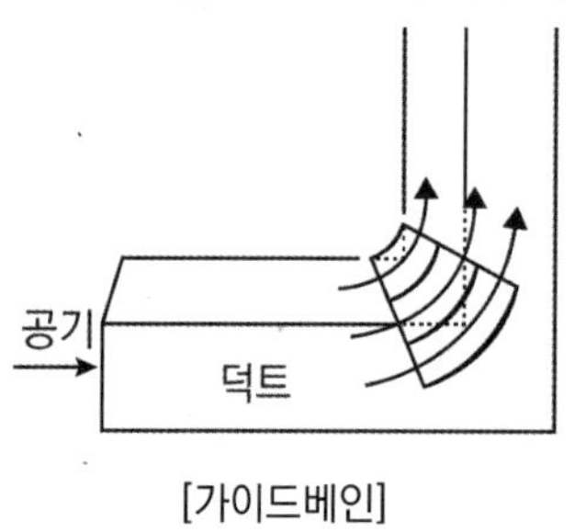

[가이드베인]

12 장방형 덕트(장변 a, 단변 b)를 원형 덕트로 바꿀 때 사용하는 계산식은 아래와 같다. 이 식으로 환산된 장방형 덕트와 원형 덕트의 관계는?

$$D_e = 1.3\left[\frac{(a\times b)^5}{(a+b)^2}\right]^{1/8}$$

① 두 덕트의 풍량과 단위길이당 마찰 손실이 같다.
② 두 덕트의 풍량과 풍속이 같다.
③ 두 덕트의 풍속과 단위길이당 마찰손실이 같다.
④ 두 덕트의 풍량과 풍속 및 단위길이당 마찰 손실이 모두 같다.

해설

[환산된 장방형 덕트와 원형 덕트의 관계]
장방형 덕트의 원형 덕트 환산식은 두 덕트의 풍량과 덕트 단위길이당 마찰손실이 같은 경우의 식이다.

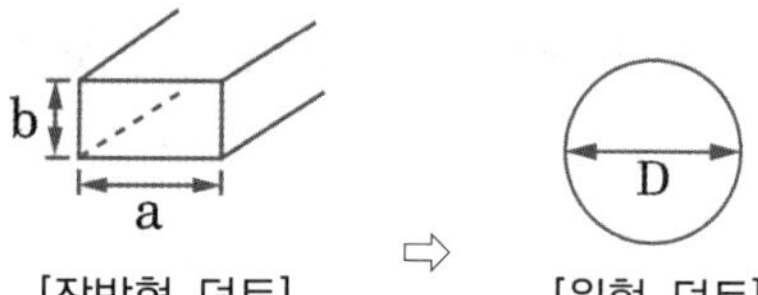

[장방형 덕트] ⇨ [원형 덕트]

정답 11 ② 12 ①

13 난방용 보일러의 요구조건이 아닌 것은?

① 일상취급 및 보수관리가 용이할 것
② 건물로의 반출입이 용이할 것
③ 높이 및 설치면적이 적을 것
④ 전열효율이 낮을 것

해설

[난방용 보일러의 요구조건]
④ 전열효율이 높을 것

보충 반출입 :
반입(들여오는 것)과 반출(내보내는 것)

14 온풍난방에 관한 설명으로 틀린 것은?

① 송풍 동력이 크며, 설계가 나쁘면 실내로 소음이 전달되기 쉽다.
② 실온과 함께 실내습도, 실내기류를 제어할 수 있다.
③ 실내 층고가 높을 경우에는 상하의 온도차가 크다.
④ 예열부하가 크므로 예열시간이 길다.

해설

[온풍난방]
④ 온풍난방은 예열부하가 작기 때문에 예열시간이 짧다.

15 건구온도(t_1) 5 ℃, 상대습도 80 %인 습공기를 공기 가열기를 사용하여 건구온도(t_2) 43 ℃가 되는 가열공기 950 m³/h을 얻으려고 한다. 이때 가열에 필요한 열량(kW)은?

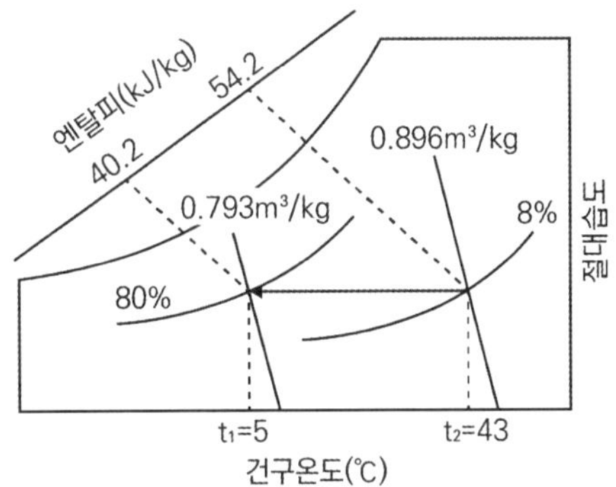

① 2.14　　② 4.65
③ 8.97　　④ 11.02

해설

[가열량]

$$q = G(h_2 - h_1)$$
$$= \rho Q(h_2 - h_1) = \frac{1}{v} Q(h_2 - h_1)$$
$$= \frac{1}{0.793} \times \frac{950}{3,600} \times (54.2 - 40.2)$$
$$= 4.66\ \text{kW}$$

정답 13 ④ 14 ④ 15 ②

16 팬코일유닛방식에 대한 설명으로 틀린 것은?

① 일반적으로 사무실, 호텔, 병원 및 점포 등에 사용한다.
② 배관방식에 따라 2관식, 4관식으로 분류한다.
③ 중앙기계실에서 냉수 또는 온수를 공급하여 각 실에 설치한 팬코일유닛에 의해 공조하는 방식이다.
④ 팬코일유닛방식에서 열부하 분담은 내부 존 팬코일유닛방식과 외부 존 터미널방식이 있다.

해설

[팬코일유닛방식]

④ 덕트와 함께 사용하는 팬코일유닛방식에서는 팬코일유닛이 외부 존의 냉난방을 담당하고, **덕트를 통한 공기 공급방식이 내부 존의 냉난방을 맡는다.**
→ 내부 존은 중앙공조방식도 함께 사용하므로 ④번 선지는 틀린 설명이다.

보충 외부존 터미널 방식 : 공조시스템에서 팬코일유닛방식을 구성할 때 윕 열부하에 노출되는 '외부존'을 별도로 제어하는 방식

17 공기조화방식 중 전공기방식이 아닌 것은?

① 변풍량 단일덕트방식
② 이중덕트방식
③ 정풍량 단일덕트방식
④ 팬코일유닛방식(덕트병용)

해설

[전공기방식]

단일덕트방식(정풍량, 변풍량), 2중 덕트방식, 각층유닛방식, 덕트병용 패키지방식 등

보충 팬코일유닛방식(덕트병용) : 수·공기방식

※ 공기조화방식

<table>
<tr><th>열분배방식</th><th>열매</th><th colspan="2">공기조화방식</th></tr>
<tr><td rowspan="11">중앙식</td><td rowspan="6">전공기 방식</td><td rowspan="2">단일덕트 방식</td><td>정풍량</td></tr>
<tr><td>변풍량</td></tr>
<tr><td rowspan="2">이중덕트 방식</td><td>정풍량</td></tr>
<tr><td>변풍량</td></tr>
<tr><td colspan="2">멀티존유닛방식</td></tr>
<tr><td colspan="2">각층유닛방식</td></tr>
<tr><td rowspan="3">수·공기 방식</td><td colspan="2">덕트병용 팬코일유닛</td></tr>
<tr><td colspan="2">덕트병용 복사냉난방방식</td></tr>
<tr><td colspan="2">유인유닛방식</td></tr>
<tr><td rowspan="2">전수 방식</td><td colspan="2">팬코일유닛방식</td></tr>
<tr><td colspan="2">복사냉난방방식</td></tr>
<tr><td rowspan="4">개별식</td><td rowspan="4">냉매 방식</td><td colspan="2">패키지방식</td></tr>
<tr><td rowspan="3">룸쿨러 방식</td><td>분리형</td></tr>
<tr><td>멀티유닛형</td></tr>
<tr><td>창문설치형</td></tr>
</table>

보충 각층유닛방식 : 과거에는 수·공기방식으로 분류했으나, 현재 공조 공간에 공급하는 열매가 공기이기 때문에 전공기방식으로 분류한다.

정답 16 ④ 17 ④

18 EDR(Equivalent Direct Radiation)에 관한 설명으로 틀린 것은?

① 증기의 표준방열량은 650 kcal/m^2·h이다.
② 온수의 표준방열량은 450 kcal/m^2·h이다.
③ 상당 방열면적을 의미한다.
④ 방열기의 표준방열량을 전방열량으로 나눈 값이다.

해설

[EDR(Equivalent Direct Radiation)]

1) 방열기의 용량
상당 방열면적(Equivalent Direct Radiation)으로 방열기 용량을 나타낸다.

$$EDR = \frac{q}{q_0}$$

EDR : 상당방열면적[m^2]
q : 방열기의 총 방열량 [W], [kcal/h]
q_0 : 방열기의 표준 방열량 [W/m^2], [kcal/m^{2}h]

2) 방열기 표준방열량(q_0)

열매	표준상태		표준방열량 (q_0)
	열매온도 (℃)	실내온도 (℃)	
온수	80	18.5	523 W/m^2
			450 kcal/m^2·h
증기	102	18.5	756 W/m^2
			650 kcal/m^2·h

19 다음 용어에 대한 설명으로 틀린 것은?

① 자유면적 : 취출구 혹은 흡입구 구멍면적의 합계
② 도달거리 : 기류의 중심속도가 0.25 m/s에 이르렀을 때 취출구에서의 수평거리
③ 유인비 : 전공기량에 대한 취출공기량(1차 공기)의 비
④ 강하도 : 수평으로 취출된 기류가 일정 거리만큼 진행한 뒤 기류중심선과 취출구 중심과의 수직거리

해설

[취출구의 유인작용]

유인비는 1차 공기(취출공기)에 대한 전공기(1차 공기 + 2차 공기)의 비율을 의미한다.

$$유인비 = \frac{전공기량}{취출공기량(1차\ 공기량)}$$

유인비가 클수록 1차 공기가 2차 공기를 더 많이 유인하여 공기 흐름을 증폭시키는 효과가 있다.

※ 전면적과 자유면적
- 전면적(Face Area) : 취출구의 개구부에 접하는 바깥둘레를 기준으로 한 전체 면적($x \times y$)
- 자유면적(Free Area) : 바람이 실제 통과할 수 있는 면적

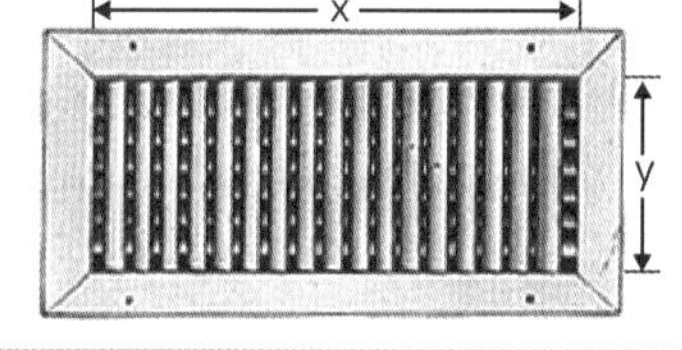

TIP 일반적으로 도달거리는 최대도달거리를 의미함

2023-03

정답 18 ④ 19 ③

20 덕트의 마찰저항을 증가시키는 요인 중 값이 커지면 마찰저항이 감소되는 것은?

① 덕트 재료의 마찰저항계수
② 덕트 길이
③ 덕트 직경
④ 풍속

해설

[덕트의 마찰저항]

마찰저항 $\triangle P_f(Pa) = \lambda \frac{L}{d} \frac{v^2}{2} \rho$

λ : 덕트 마찰저항계수
L : 덕트의 길이 [m]
d : 덕트의 직경 [m]
v : 풍속 [m/s]
ρ : 공기의 밀도 [kg/m³]
g : 중력가속도 [m/s²]

2과목 공조냉동설계

1회독	시간 :	점수 :
2회독	시간 :	점수 :
3회독	시간 :	점수 :

21 온풍난방의 특징에 관한 설명으로 틀린 것은?

① 예열부하가 거의 없으므로 기동시간이 아주 짧다.
② 취급이 간단하고 취급자격자를 필요로 하지 않는다.
③ 방열기기나 배관 등의 시설이 필요 없어 설비비가 싸다.
④ 취출온도의 차가 적어 온도분포가 고르다.

해설

[온풍난방의 특징]

④ 온풍난방은 취출온도와 실내온도의 차가 크고 온도분포가 고르지 않아 쾌감도가 좋지 않다.

22 효율이 40 %인 열기관에서 유효하게 발생되는 동력이 110 kW라면 주위로 방출되는 총 열량은 약 몇 kW인가?

① 375 ② 165
③ 135 ④ 85

해설

[주위로 방출되는 총 열량]

열기관의 효율 $\eta = \frac{\text{한 일의 양 } W}{\text{공급열량 } Q_H}$

$$\eta = \frac{\text{한 일의 양 } W}{\text{방출열량 } Q_L + \text{한 일의 양 } W}$$

정답 20 ③ 21 ④ 22 ②

$$0.4 = \frac{110}{\text{방출열량 } Q_L + 110}$$

$$\therefore \text{방출열량 } Q_L = \frac{110}{0.4} - 110 = 165\,kW$$

23 100 ℃와 50 ℃ 사이에서 작동하는 냉동기로 가능한 최대 성능계수(COP)는 약 얼마인가?

① 7.46 ② 2.54
③ 4.25 ④ 6.46

해설

[냉동기의 성능계수(COP)]

$$COP = \frac{\text{저온}}{\text{고온} - \text{저온}}$$

$$= \frac{(50+273)}{(100+273)-(50+273)} = 6.46$$

※ 냉동기
에너지(전기 혹은 고온의 열)를 일의 형태로 받아 저열원으로부터 열을 빼앗는 것이 목적

$$COP = \frac{Q_2}{W} = \frac{Q_2}{Q_1 - Q_2} = \frac{T_2}{T_1 - T_2}$$

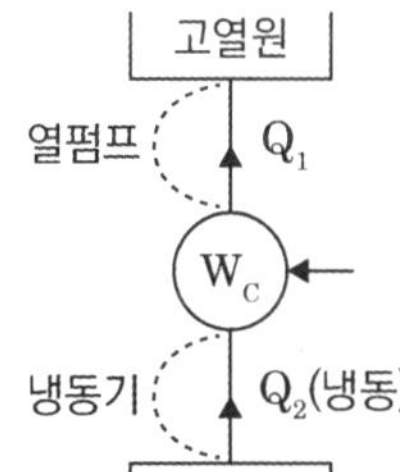

Q_1 : 저열원으로부터 흡수하는 열량
Q_2 : 고열원으로 방출하는 열량
W : 일량
T_1 : 고온
T_2 : 저온

24 van der Waals 상태방정식은 다음과 같이 나타낸다. 이 식에서 $\frac{a}{V^2}$, b는 각각 무엇을 의미하는 것인가? (단, P는 압력, v는 비체적, R은 기체상수, T는 온도를 나타낸다)

$$(P + \frac{a}{V^2}) \times (V - b) = RT$$

① 분자 간의 작용 인력, 분자 내부에너지
② 분자 간의 작용 인력, 기체 분자들이 차지하는 체적
③ 분자 간의 질량, 분자 내부에너지
④ 분자 자체의 질량, 기체 분자들이 차지하는 체적

해설

[van der Waals 상태방정식]

$\frac{a}{V^2}$는 분자 간 인력, b는 분자의 체적을 나타내는 것으로 실제 분자 간의 인력과 체적을 이상기체 상태방정식에 반영한 식이다.

25 화씨온도가 86 °F일 때 섭씨온도는 몇 ℃인가?

① 30 ② 45
③ 60 ④ 75

해설

[온도 변환]

$℉ = \frac{9}{5} \times ℃ + 32$에서

$86 = \frac{9}{5} \times ℃ + 32$

$\therefore ℃ = 30$

2023-03

정답 23 ④ 24 ② 25 ①

26 다음 중 절연내력이 크고 절연물질을 침식시키지 않기 때문에 밀폐형 압축기에 사용하기에 적합한 냉매는?

① 프레온계 냉매 ② H_2O
③ 공기 ④ NH_3

해설

[밀폐형 압축기에 적합한 냉매]
1) 프레온계 냉매
(1) 무색, 무취, 무독성이다
(2) 윤활유에 잘 용해된다
(3) 전기 절연성(절연내력)이 크므로 밀폐식 압축기에 사용할 수 있다
(4) 배관재료는 동관을 사용한다
2) 암모니아(NH_3) 냉매
(1) 독성, 가연성, 폭발성이 있다
(2) 윤활유에 용해되지 않는다
(3) 전기절연성(절연내력)이 작으므로 밀폐식 압축기에는 사용할 수 없다
(4) 배관재료는 강관을 사용한다.

27 냉동능력이 1 RT인 냉동장치가 1 kW의 압축동력을 필요로 할 때 응축기에서의 방열량(kW)은?

① 2 ② 3.3
③ 4.8 ④ 6

해설

[응축기에서의 방열량(kW)]
응축열량 = 냉동능력 + 압축동력
$q_c = 1 \times 3.86 + 1 = 4.86\,\text{kW}$

28 어떤 냉장고의 방열적 면적이 500 m^2, 열통과율이 0.311 $W/m^2 \cdot ℃$일 때 이 벽을 통하여 냉장고 내로 침입하는 열량(kW)은? (단, 이때의 외기온도는 32 ℃이며, 냉장고 내부온도는 −15 ℃이다)

① 12.6 ② 10.4
③ 9.1 ④ 7.3

해설

[냉장고 내로 침입하는 열량]
$q = K \cdot A \cdot \Delta t$
$$= \frac{0.311 \times 500 \times (32 - (-15))}{1000} = 7.308\,\text{kW}$$

29 냉매배관 내에 플래시가스(Flash Gas)가 발생했을 때 나타나는 현상으로 틀린 것은?

① 팽창밸브의 능력 부족현상 발생
② 냉매부족과 같은 현상 발생
③ 액관 중의 기포 발생
④ 팽창밸브에서의 냉매순환량 증가

해설

[플래시가스(Flash Gas) 발생 방지 대책]
플래시가스는 증발기 외부에서 냉매가 기체로 변한 것을 말하며, 액관에 있으면 팽창밸브 성능이 떨어진다. 이를 막기 위한 방법은 다음과 같다.
1) 배관과 밸브 크기를 충분히 키워 압력 손실을 줄인다.
2) 필터와 여과기를 자주 점검하고 청소해 막힘을 방지한다.
3) 액 - 가스 열교환기를 사용해 액냉매를 더 차갑게 유지한다.
4) 액관이 뜨거워지지 않도록 단열 처리를 한다.

정답 26 ① 27 ③ 28 ④ 29 ④

30 여러 대의 증발기를 사용할 경우 증발관 내의 압력이 가장 높은 증발기의 출구에 설치하여 압력을 일정값 이하로 억제하는 장치를 무엇이라고 하는가?

① 전자밸브
② 압력개폐기
③ 증발압력 조정밸브
④ 온도조절밸브

해설

[증발압력 조정밸브(EPR)]
1) 기능과 역할
증발기 내의 증발압력이 소정의 압력 이하로 떨어지는 것을 방지한다.
2) 설치위치
(1) 증발기가 1대인 경우 : 증발기 출구와 압축기 흡입관에 설치한다.
(2) 증발기가 여러 대인 경우 : 증발온도가 높은 곳에 설치한다(증발온도가 가장 낮은 곳에는 체크밸브를 설치한다).

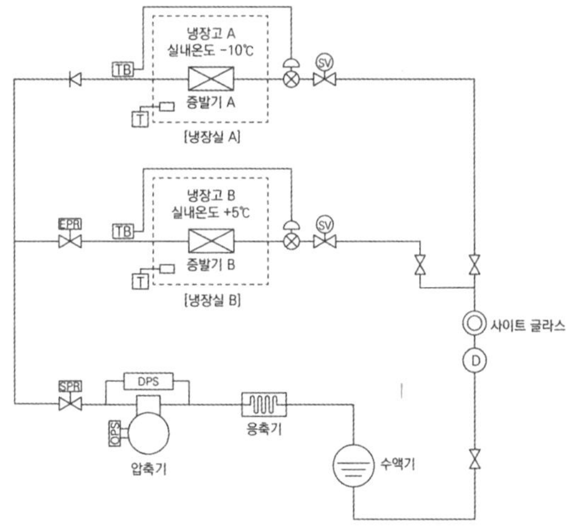

31 다음 그림은 2단압축 암모니아사이클을 나타낸 것이다. 냉동능력이 2 RT인 경우 저단압축기의 냉매순환량(kg/h)은? (단, 1 RT는 3.8 kW이다)

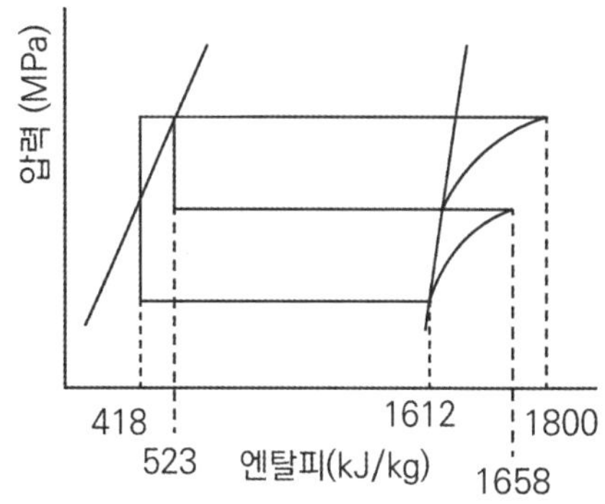

① 10.1 ② 22.9
③ 32.5 ④ 43.2

해설

[저단압축기의 냉매순환량(kg/h)]
냉동능력에서 $Q_e = G \cdot q_e$에서

$$G = \frac{Q_e}{q_e} = \frac{2 \times 3.8 \times 3600}{1612 - 418} = 22.91\ \mathrm{kg/h}$$

단위 : $\dfrac{\mathrm{kW}}{\mathrm{kJ/kg}} = \dfrac{kJ/s}{kJ/kg}$

$$= \mathrm{kg/s} \times \frac{3600\,\mathrm{s}}{1\,\mathrm{h}} = \mathrm{kg/h}$$

32 식품의 평균 초온이 0 ℃일 때 이것을 동결하여 온도중심점을 -15 ℃까지 내리는 데 걸리는 시간을 나타내는 것은?

① 유효동결시간 ② 유효냉각시간
③ 공칭동결시간 ④ 시간상수

2023-03

정답 30 ③ 31 ② 32 ③

해설

[공칭동결시간(Nominal Freezing Time)]
평균 초온이 0℃인 식품을 동결하여 온도 중심점을 -15℃까지 내리는 데 소요되는 시간

33 암모니아용 압축기의 실린더에 있는 워터재킷의 주된 설치목적은?

① 밸브 및 스프링의 수명을 연장하기 위해서
② 압축효율의 상승을 도모하기 위해서
③ 암모니아는 토출온도가 낮기 때문에 이를 방지하기 위해서
④ 암모니아의 응고를 방지하기 위해서

해설

[워터재킷(Water Jacket)]
1) 암모니아 냉매는 비열비가 크고 토출가스 온도가 높아서 압축기의 실린더 헤드 커버를 워터재킷으로 만들어 냉각수를 통과시킴으로써 토출 가스를 냉각시킨다.
2) 토출가스를 냉각하면 압축효율이 좋아진다.

34 고온부의 절대온도를 T_1, 저온부의 절대온도를 T_2, 고온부로 방출하는 열량을 Q_1, 저온부로부터 흡수하는 열량을 Q_2라고 할 때 이 냉동기의 이론 성적계수(COP)를 구하는 식은?

① $\dfrac{Q_1}{Q_1 - Q_2}$　② $\dfrac{Q_2}{Q_1 - Q_2}$
③ $\dfrac{T_1}{T_1 - T_2}$　④ $\dfrac{T_1 - T_2}{T_1}$

해설

[냉동기의 이론 성적계수(COP)]

$$COP = \frac{Q_2}{W} = \frac{Q_2}{Q_1 - Q_2} = \frac{T_2}{T_1 - T_2}$$

※ 냉동기
에너지(전기 혹은 고온의 열)를 일의 형태로 받아 저열원으로부터 열을 빼앗는 것이 목적

$$COP = \frac{Q_2}{W} = \frac{Q_2}{Q_1 - Q_2} = \frac{T_2}{T_1 - T_2}$$

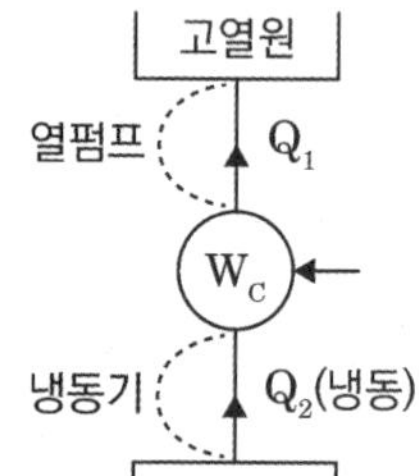

Q_1 : 저열원으로부터 흡수하는 열량
Q_2 : 고열원으로 방출하는 열량
W : 일량
T_1 : 고온
T_2 : 저온

35 배기량(Displacement Volume)이 1200 cc, 극간체적(Clearance Volume)이 200 cc인 가솔린기관의 압축비는 얼마인가?

① 5　② 6
③ 7　④ 8

해설

[압축비]

$$\text{압축비}\ \varepsilon = \frac{\text{실린더 총 체적}}{\text{극간체적}} = \frac{\text{극간체적} + \text{행정체적}}{\text{극간체적}} = \frac{200 + 1200}{200} = 7$$

정답 33 ② 34 ② 35 ③

36 국소대기압력이 0.099 MPa일 때 용기 내 기체의 게이지압력이 1 MPa이었다. 기체의 절대압력(MPa)은 얼마인가?

① 0.901 ② 1.099
③ 1.135 ④ 1.275

해설

[절대압력]

절대압력 = 국소대기압 + 게이지압
= 0.099 + 1 = 1.099

37 최고온도(T_H)와 최저온도(T_L)가 모두 동일한 이상적인 가역사이클 중 효율이 다른 하나는? (단, 사이클 작동에 사용되는 가스(기체)는 모두 동일하다)

① 카르노사이클 ② 브레이튼사이클
③ 스털링사이클 ④ 에릭슨사이클

해설

[브레이튼사이클]

1) 가스터빈엔진에서 사용하는 사이클이다. 압축과정에서 엔트로피변화가 없지만, 카르노사이클보다 열효율이 낮다.
2) 비교적 간단한 구조로 저렴한 제작비용, 높은 출력 밀도, 연료 종류에 국한되지 않는다.
3) 카르노, 스털링, 에릭슨사이클은 이론적으로 동일한 효율을 가진다(즉, T_L, T_H만 같으면 효율이 같다). 브레이튼사이클은 가역적이라 하더라도 효율이 T_L, T_H만으로 결정되지 않고, 압력비나 비열비 등에 따라 달라지므로 카르노보다 낮다.

38 다음 중 동일한 조건에서 열전도도가 가장 낮은 것은?

① 물 ② 얼음
③ 공기 ④ 콘크리트

해설

[열전도도]

물질	열전도도 [W/(m · K)]
공기	0.025
물	0.6
콘크리트	1.3
얼음	1.6
구리	397

39 2단압축 냉동장치에 관한 설명으로 틀린 것은?

① 동일한 증발온도를 얻을 때 단단압축 냉동장치 대비 압축비를 감소시킬 수 있다.
② 일반적으로 두 개의 냉매를 사용하여 −30℃ 이하의 증발온도를 얻기 위해 사용된다.
③ 중간 냉각기는 증발기에 공급하는 액을 과냉각시키고 냉동효과를 증대시킨다.
④ 중간 냉각기는 냉매증기와 냉매액을 분리시켜 고단 측 압축기 액백현상을 방지한다.

2023-03

정답 36 ② 37 ② 38 ③ 39 ②

해설

[2단압축 냉동장치]

② 일반적으로 1개의 냉매를 사용하여 -30 ℃ 이하의 증발온도를 얻기 위해 사용된다.

40 다음 중 흡수식 냉동기의 냉매 흐름 순서로 옳은 것은?

① 발생기 → 흡수기 → 응축기 → 증발기
② 발생기 → 흡수기 → 증발기 → 응축기
③ 흡수기 → 발생기 → 응축기 → 증발기
④ 응축기 → 흡수기 → 발생기 → 증발기

해설

[냉매의 흐름 순서]

흡수기 → 발생기(재생기) → 응축기 → 증발기

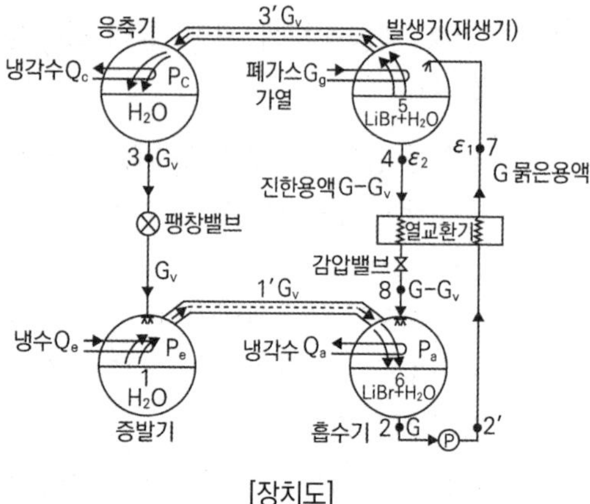

[장치도]

3과목 시운전 및 안전관리

1회독	시간 :	점수 :
2회독	시간 :	점수 :
3회독	시간 :	점수 :

41 기계설비법 제19조 제1항에 따라 선임된 기계설비유지관리자의 유지관리교육 중 신규교육의 교육시기는?

① 선임된 날부터 1개월 이내
② 선임된 날부터 2개월 이내
③ 선임된 날부터 3개월 이내
④ 선임된 날부터 6개월 이내

해설

[기계설비유지관리자의 신규교육]

기계설비유지관리자의 신규교육은 선임된 날부터 6개월 이내

42 고압가스 안전관리법에 의하여 냉동기를 사용하여 고압가스를 제조하는 자는 안전관리자를 해임하거나, 퇴직한 때에는 지체 없이 이를 허가 또는 신고 관청에 신고하고, 해임 또는 퇴직한 날로부터 며칠 이내에 다른 안전관리자를 선임하여야 하는가?

① 7일　　② 10일
③ 20일　　④ 30일

해설

[안전관리자의 선임]

안전관리자의 선임은 해임 또는 퇴직한 날부터 30일 이내에 다른 안전관리자를 선임해야 한다.

정답 40 ③ 41 ④ 42 ④

43 산업안전보건법령상 사업주는 다음 중 어느 하나에 해당하는 위험으로 인한 산업재해를 예방하기 위해 필요한 조치 중 가장 거리가 먼 것은?

① 기계·기구, 그 밖의 설비에 의한 위험
② 폭발성, 발화성 및 인화성 물질 등에 의한 위험
③ 전기, 열, 그 밖의 에너지에 의한 위험
④ 방사선·유해광선·고온·저온·초음파·소음·진동·이상기압 등에 의한 건강장해

해설

[산업재해를 예방하기 위해 필요한 조치]
④번은 건강장해를 예방하기 위하여 필요한 조치(보건조치)이다.

44 냉동제조시설이 적합하게 설치 또는 유지·관리되고 있는지 확인하기 위한 검사의 종류가 아닌 것은?

① 중간검사
② 완성검사
③ 불시검사
④ 정기검사

해설

[냉동제조시설의 확인검사 종류]
중간검사, 완성검사, 정기검사, 수시검사

45 다음 중 기계설비 유지관리자의 업무에 해당하지 않는 것은?

① 기계설비 유지관리지침서 구비
② 기계설비 유지관리 및 성능점검 계획 수립
③ 기계설비 유지관리 현황표 작성 및 관리
④ 기계설비 성능점검 대행

해설

[기계설비 유지관리자의 업무]
④ 기계설비 성능점검 대행은 기계설비 성능점검업자의 업무이다.

46 특성방정식의 근이 복소평면의 좌반면에 있으면 이 계는?

① 불안정하다.
② 조건부 안정이다.
③ 반안정이다.
④ 안정이다.

해설

[특성방정식의 근]
제어계의 특성방정식에서 근(극점)의 위치에 따라 안정성을 판단할 수 있다.
1) 좌반면(왼쪽)에 있으면 안정
2) 우반면(오른쪽)에 있으면 불안정
3) 허수축 위에 있으면 임계안정(진동하면서 안정과 불안정의 경계에 있음)

2023-03

정답 43 ④ 44 ③ 45 ④ 46 ④

47 일정 전압의 직류전원 V에 저항 R을 접속하니 정격전류 I가 흘렀다. 정격전류 I의 130 %를 흘리기 위해 필요한 저항은 약 얼마인가?

① 0.6 R ② 0.77 R
③ 1.3 R ④ 3 R

해설

[정격전류 I의 130 %를 흘리기 위해 필요한 저항]

$$1.3I = \frac{V}{R_1}$$

$$R_1 = \frac{V}{1.3I} = \frac{1}{1.3}\frac{V}{I}$$

$$= 0.77\,R$$

48 회로에서 A와 B 간의 합성저항은 약 몇 Ω인가? (단, 각 저항의 단위는 모두 Ω이다)

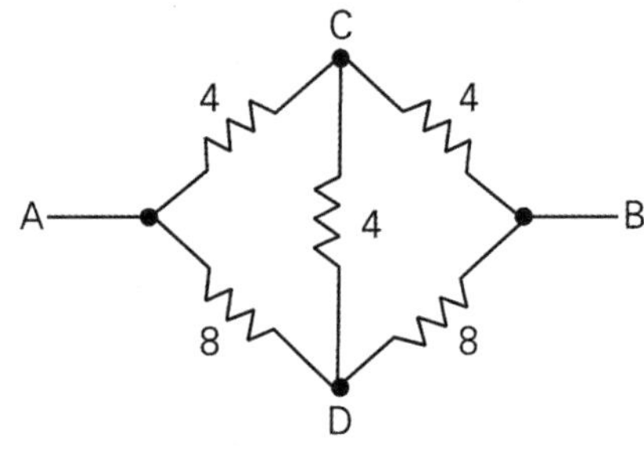

① 2.66 ② 3.2
③ 5.33 ④ 6.4

해설

[휘스톤브릿지]

$4\,\Omega \times 8\,\Omega = 4\Omega \times 8\,\Omega$이므로 브릿지 평형상태이다. 따라서 중간에 연결된 4 Ω에는 전류가 흐르지 않는다.

따라서

$$합성저항 = \frac{(4+4)(8+8)}{(4+4)+(8+8)} = \frac{8\times16}{8+16}$$

$$= 5.33\,\Omega$$

49 목푯값이 미리 정해진 시간적 변화를 하는 경우 제어량을 변화시키는 제어는?

① 정치제어 ② 추종제어
③ 비율제어 ④ 프로그램제어

해설

[프로그램제어]

① 정치제어 : 목푯값이 시간이 변하여도 변하지 않고 일정한 제어
② 추종제어 : 목푯값이 시간에 따라 변하는 제어(미사일 추적장치)
③ 비율제어 : 목푯값이 다른 양과 일정한 비율로 변하는 제어(보일러 자동연소장치)
④ 프로그램제어 : 목푯값을 미리 정해진 프로그램에 의해 변화시키는 제어(무인열차, 엘리베이터, 자판기)

※ 목푯값에 의한 분류

구분		내용
정치제어		목푯값이 일정한 자동제어에 적용
추치제어	추종제어	미지의 임의 시간적 변화를 하는 목푯값에 제어량을 추종시키는 제어(예 미사일)
	프로그램 제어	미리 정해진 시간변화에 따라 정해진 순서대로 제어(예 자판기, 엘레베이터)
	비율제어	목푯값이 서로 다른 어떤 양과 일정한 비율관계를 가지는 제어
	시퀀스 제어	미리 정해진 순서에 따라 각 단계가 순차적으로 진행(PLC는 시퀀스제어와 함께 사용함)

정답 47 ② 48 ③ 49 ④

50 토크가 증가하면 속도가 낮아져 대체 적으로 일정한 출력이 발생하는 것을 이용해서 전차, 기중기 등에 주로 사용하는 직류전동기는?

① 직권전동기
② 분권전동기
③ 가동 복권전동기
④ 차동 복권전동기

해설

[직권전동기 특성]
1) 기동 토크가 크다.
2) 속도 변동률이 크다
3) 토크 변동률이 크다.
4) 토크가 감소하면 회전속도가 증가한다.
5) 이러한 특성으로 전차, 기중기 등에 주로 사용된다.

전동기 종류	속도 - 토크 특성	용도
직권 전동기	토크↑ ⇨ 속도↓ ⇨ 출력 일정	전차, 기중기, 엘리베이터
분권 전동기	• 속도 일정 • 토크 변동	일정속도 구동장치 (이송장치, 공작기계)
가동 복권 전동기	• 직권 + 분권 혼합 • 분권 우세	속도 안정 중시 (산업용으로 다용도)
차동 복권 전동기	• 직권 + 분권 혼합 • 직권 우세	출력 불안정 ⇨ 거의 사용되지 않음

51 평행하게 왕복되는 두 도선에 흐르는 전류간의 전자력은? (단, 두 도선 간의 거리는 r(m)라 한다)

① r에 비례하며 흡인력이다.
② r^2에 비례하며 흡인력이다.
③ 1/r에 비례하며 반발력이다.
④ $1/r^2$에 비례하며 반발력이다.

해설

[평행하게 왕복되는 두 도선에 의한 전자력(F)]
전류 방향이 같으면 자기력선의 방향이 서로 반대이므로 흡인력이 발생하고, 전류 방향이 반대(왕복)이면 자기력선의 방향이 서로 같으므로 반발력이 발생한다.

그러므로 전자력은 $\frac{1}{r}$에 비례하며 반발력이다.

$$\text{자기력 } F = \frac{\mu_0 I_1 I_2}{2\pi r}$$

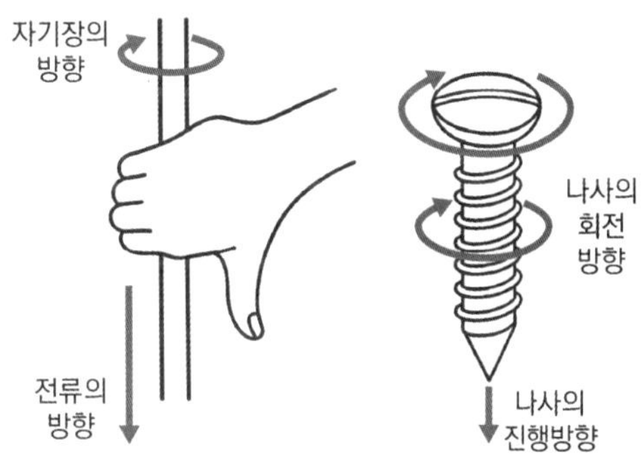

[앙페르의 오른나사법칙]

정답 50 ① 51 ③

52 피드백제어의 장점으로 틀린 것은?

① 목푯값에 정확히 도달할 수 있다.
② 제어계의 특성을 향상시킬 수 있다.
③ 외부 조건의 변화에 대한 영향을 줄일 수 있다.
④ 제어기 부품들의 성능이 나쁘면 큰 영향을 받는다.

해설

[피드백제어의 장점]
④는 피드백제어의 단점이다.

53 그림과 같은 계통의 전달함수는?

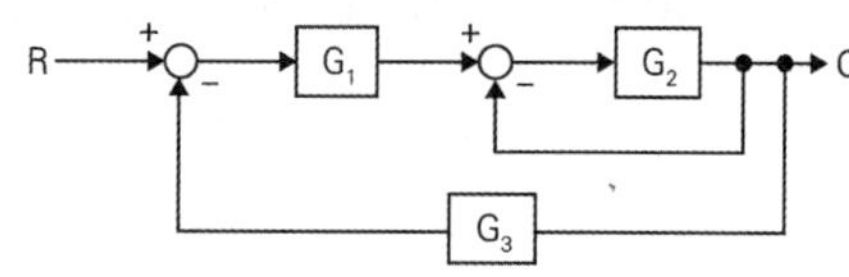

① $\dfrac{G_1 G_2}{1+G_2 G_3}$

② $\dfrac{G_1 G_2}{1+G_1+G_2 G_3}$

③ $\dfrac{G_1 G_2}{1+G_2+G_1 G_2 G_3}$

④ $\dfrac{G_1 G_2}{1+G_1 G_2+G_2 G_3}$

해설

[전달함수]

$$\frac{C}{R}=\frac{\text{경로}}{1-\text{폐로}_1-\text{폐로}_2}$$

$$=\frac{G_1 G_2}{1-(-G_2)-(-G_1 G_2 G_3)}$$

$$=\frac{G_1 G_2}{1+G_2+G_1 G_2 G_3}$$

54 내부저항 r인 전류계의 측정 범위를 n배로 확대하려면 전류계에 접속하는 분류기 저항(Ω)값은?

① nr ② r/n
③ (n - 1)r ④ r/(n - 1)

해설

[분류기 저항(R_s)]
분류기 : 전류계가 감당할 수 있는 범위를 넘는 전류를 측정할 때 일부 전류만 전류계로 흐르도록 하기 위해 병렬로 연결하는 저항을 말한다. 이를 통해 전류계의 측정 범위를 넓힐 수 있다.

※ 분류기(Shunt, 分流器)

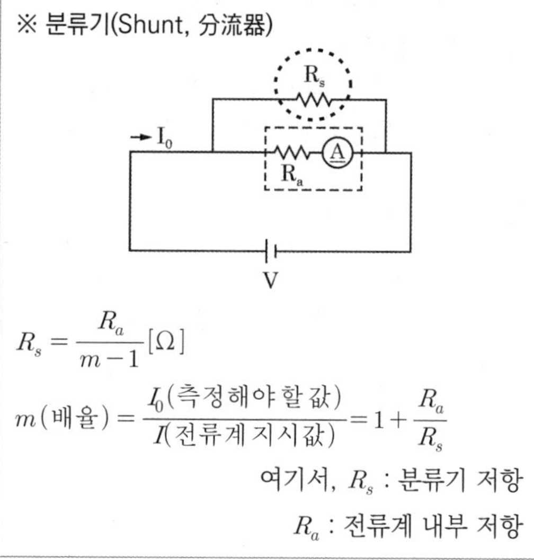

$R_s=\dfrac{R_a}{m-1}[\Omega]$

$m(\text{배율})=\dfrac{I_0(\text{측정해야 할 값})}{I(\text{전류계 지시값})}=1+\dfrac{R_a}{R_s}$

여기서, R_s : 분류기 저항
R_a : 전류계 내부 저항

문제에서 배율을 n, 내부저항을 r이라고 하였으므로

$$n=1+\frac{r}{R_s}$$

$$\therefore R_s=\frac{r}{n-1}$$

정답 52 ④ 53 ③ 54 ④

55 그림과 같은 계전기 접점회로의 논리식은?

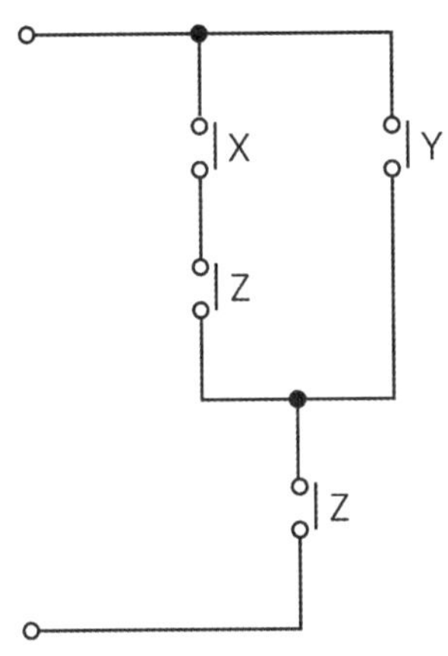

① XZ + Y　② (X + Y)Z
③ (X + Z)Y　④ X + Y + Z

해설

[접점회로의 논리식]

$(XZ+Y)Z = XZ + YZ = (X+Y)Z$

56 예비 전원으로 사용되는 축전지의 내부저항을 측정할 때 가장 적합한 브리지는?

① 캠벨 브리지　② 맥스웰 브리지
③ 휘스톤 브리지　④ 콜라우시 브리지

해설

[콜라우시 브리지]

① 캠벨 브리지 : 가청주파수와 상호인덕턴스를 측정하기 위해 사용되는 브리지
② 맥스웰 브리지 : 인덕턴스를 측정하는 브리지
③ 휘스톤 브리지 : 미지의 저항을 측정하는 브리지
④ 콜라우시 브리지 : 축전지의 내부저항, 전해액의 도전율을 측정하는 브리지

57 제어하려는 물리량을 무엇이라 하는가?

① 제어　② 제어량
③ 물질량　④ 제어대상

해설

[제어량]

제어량이란 제어해야 하는 물리량으로 제어대상의 출력값이다(온도(값), 전압(값), 속도, 수위, 주파수).

58 사이클링(Cycling)을 일으키는 제어는?

① I제어
② PI제어
③ PID제어
④ On - Off제어

해설

[On - Off제어]

1) On - Off제어는 조작량이 0 % 또는 100 %만을 오가는 방식이어서 변화 폭이 크다.
2) 제어량이 목푯값을 기준으로 반복적으로 위아래로 변하는(사이클링현상) 특성이 있다.
3) 정밀한 조절이 어렵고, 시스템이 자주 켜졌다 꺼졌다를 반복한다.

59 직류기에서 전압정류의 역할을 하는 것은?

① 보극
② 보상권선
③ 탄소브러시
④ 리액턴스코일

정답 55 ② 56 ④ 57 ② 58 ④ 59 ①

해설

[보극]

직류기에서 전기자 반작용을 줄이고 정류를 원활하게 하기 위해 주극 사이에 보극을 설치한다. 보극은 주극 리액턴스 전압과 반대 방향의 전압을 유도하여 이를 상쇄시켜, 정류 성능을 향상시킨다.

※ 보극을 쉽게 설명하면?
전류 방향이 바뀔 때 생기는 문제를 잡아주는 도우미 자석(전기가 한쪽 방향으로만 흐르도록 방향을 정리함)

60 100 V, 40 W의 전구에 0.4 A의 전류가 흐른다면 이 전구의 저항은?

① 100 Ω
② 150 Ω
③ 200 Ω
④ 250 Ω

해설

[옴의 법칙]

$I = \frac{V}{R}$

$0.4 = \frac{100}{R}$

$R = 250\ \Omega$

4과목 유지보수 공사관리

1회독	시간 :	점수 :
2회독	시간 :	점수 :
3회독	시간 :	점수 :

61 스케줄 번호에 의해 관의 두께를 나타내는 강관은?

① 배관용 탄소강관
② 수도용 아연도금강관
③ 압력배관용 탄소강관
④ 내식성 급수용 강관

해설

[스케줄 번호로 관의 두께를 나타내는 강관]

스케줄 번호로 관의 두께를 나타내는 강관은 압력 배관용 탄소강관(SPPS), 고압배관용 탄소강관(SPPH)이 있다.

스케줄 번호 Sch.No $= \frac{P}{S} \times 1000$

P : 사용압력(MPa)

S : 허용응력(N/mm^2 = MPa)

62 고가탱크식 급수방법에 대한 설명으로 틀린 것은?

① 고층건물이나 상수도 압력이 부족할 때 사용된다.
② 고가탱크의 용량은 양수펌프의 양수량과 상호관계가 있다.
③ 건물 내의 밸브나 각 기구에 일정한 압력으로 물을 공급한다.
④ 고가탱크에 펌프로 물을 압송하여 탱크내에 공기를 압축 가압하여 일정한 압력을 유지시킨다.

정답 60 ④ 61 ③ 62 ④

해설

[고가탱크식 급수방법]
④ 고가탱크에 펌프로 물을 압송하여 중력에 의해 자연적으로 공급하는 방식이다.

63 배관용 보온재의 구비조건에 관한 설명으로 틀린 것은?

① 내열성이 높을수록 좋다.
② 열전도율이 적을수록 좋다.
③ 비중이 작을수록 좋다.
④ 흡수성이 클수록 좋다.

해설

[배관용 보온재의 구비조건]
④ 흡수성이 크면 보온재에 수분이 쉽게 스며들어 보온 성능이 저하된다. 따라서 보온재는 흡수성이 낮아야 한다.

64 관경 100 A인 강관을 수평주관으로 시공할 때 지지간격으로 가장 적절한 것은?

① 2 m 이내 ② 4 m 이내
③ 8 m 이내 ④ 12 m 이내

해설

[강관을 수평주관으로 시공할 때 지지 간격]

관지름	지지 간격
20 이하	1.8 m 이내
25 ~ 40 A 이하	2 m 이내
50 ~ 80 A 이하	3 m 이내
100 ~ 150 A 이하	4 m 이내
200 A 이상	5 m 이내

65 보온재를 유기질과 무기질로 구분할 때 다음 중 성질이 다른 하나는?

① 우모펠트 ② 규조토
③ 탄산마그네슘 ④ 슬래그 섬유

해설

[보온재]
1) 유기질 보온재 : 생물 또는 석유화학으로부터 나온 재료로 만들어진 보온재(우모펠트, 양모펠트, 코르크, 폴리에틸렌, 폴리우레탄, 고무발포)
2) 무기질 보온재 : 광물로부터 나온 재료로 만들어진 보온재(석면, 암면, 유리섬유, 규조토, 탄산마그네슘, 세라믹화이버, 펄라이트, 규산칼슘, 슬래그 섬유)

66 냉매배관 시 주의사항으로 틀린 것은?

① 배관은 가능한 간단하게 한다.
② 배관의 굽힘을 적게 한다.
③ 배관에 큰 응력이 발생할 염려가 있는 곳에는 루프배관을 한다.
④ 냉매의 열손실을 방지하기 위해 바닥에 매설한다.

해설

[냉매배관 시 주의사항]
④ 냉매의 열손실을 막기 위해 단열 처리가 필요하다(기기배관은 유지보수가 필요하므로 바닥에 매설하지 않는다).

정답 63 ④ 64 ② 65 ① 66 ④

67 기체수송설비에서 압축공기배관의 부속장치가 아닌 것은?

① 후부냉각기 ② 공기여과기
③ 안전밸브 ④ 공기빼기밸브

해설

[압축공기배관의 부속장치]
분리기 및 후부냉각기, 공기탱크, 공기여과기, 공기 흡입관, 안전밸브
※ 공기빼기밸브는 온수난방배관의 공기고임의 우려에 따라 공기를 배출하는 밸브

보충 공기빼기밸브 : 수송배관계통에서 물 배관에 주로 사용되는 부속장치로, 축공기배관에서는 일반적인 부속장치로 보지 않는다.

68 증기트랩에 관한 설명으로 옳은 것은?

① 플로트트랩은 응축수나 공기가 자동적으로 환수관에 배출되며, 저·고압에 쓰이고 형식에 따라 앵글형과 스트레이트형이 있다.
② 열동식 트랩은 고압, 중압의 증기관에 적합하며, 환수관을 트랩보다 위쪽에 배관할 수도 있고, 형식에 따라 상향식과 하향식이 있다.
③ 임펄스 증기트랩은 실린더 속의 온도변화에 따라 연속적으로 밸브가 개폐하며, 작동 시 구조상 증기가 약간 새는 결점이 있다.
④ 버킷트랩은 구조상 공기를 함께 배출하지 못하지만 다량의 응축수를 처리하는 데 적합하며, 다량트랩이라고 한다.

해설

[증기트랩]
① 플로트 - 써모스탯식 트랩
부력으로 응축수를 배출하고, 상부의 써모스탯 밸브로 공기·비응축가스를 효과적으로 제거한다. 저압부터 고압까지 폭넓게 사용된다.
② 열동식 트랩
온도차가 아닌 유속 차로 인한 압력차(베르누이 원리)로 작동한다. 구조가 단순·견고해 고온·고압 및 과열증기라인에 적합하다.
④ 버킷트랩(인버티드형)
버킷 상단의 작은 구멍을 통해 공기를 배출한다. 다만 봉수(Priming Water)가 소실되면 작동 불능 및 증기 손실이 발생할 수 있다.

69 25 mm 강관의 용접이음용 숏(Short) 엘보의 곡률 반경(mm)은 얼마 정도로 하면 되는가?

① 25 ② 37.5
③ 50 ④ 62.5

해설

[숏(Short) 엘보의 곡률 반경]
25 mm 강관의 1배수(정배수)로
25 mm × 1 = 25 mm

70 동일 구경의 관을 직선 연결할 때 사용하는 관이음재료가 아닌 것은?

① 소켓 ② 플러그
③ 유니온 ④ 플랜지

정답 67 ④ 68 ③ 69 ① 70 ②

해설

[관을 직선 연결할 때 사용하는 관이음재료]
플러그는 숫나사 형태로 관의 끝을 암나사로 가공된 곳을 막는 데 사용된다.

관이음쇠	용도
(1) 엘보, 벤드	배관의 방향을 바꿀 때(45° 엘보, 90°엘보, 이경엘보)
(2) 티, 와이, 크로스	관을 도중에 분기할 때
(3) 유니언, 플랜지	배관을 연결할 때 사용하며, 조립과 분해가 용이함
(4) 니플	관부속품과 관부속품을 연결할 때
(5) 소켓	배관을 직선으로 연결할 때
(6) 부싱	지름이 서로 다른 배관과 부속을 연결할 때
(7) 레듀서	관의 지름을 바꿀 때(원심레듀서, 편심레듀서)
(8) 플러그, 캡	관의 끝을 막을 때

[캡]

[플러그]

71 도시가스 계량기(30 m^3/h 미만)의 설치 시 바닥으로부터 설치 높이로 가장 적합한 것은? (단, 설치 높이의 제한을 두지 않는 특정장소는 제외한다)

① 0.5 m 이하
② 0.7 m 이상 1 m 이내
③ 1.6 m 이상 2 m 이내
④ 2 m 이상 2.5 m 이내

해설

[도시가스계량기의 설치높이]
바닥에서 1.6 m 이상 2 m 이하 높이에 설치하고, 밴드나 보호대 같은 고정장치로 단단히 고정해야 한다. 다만 격납상자 안에 설치하는 경우에는 높이 제한이 없다.

72 급수배관 내에 공기실을 설치하는 주된 목적은?

① 공기밸브를 작게 하기 위하여
② 수압시험을 원활하기 위하여
③ 수격작용을 방지하기 위하여
④ 관 내 흐름을 원활하게 하기 위하여

해설

[공기실 설치목적]
공기실(Air Chamber)은 수격작용을 방지하기 위하여 밸브 부근에 설치한다.

[수격작용(Water Hammerimg)]
1) 정의 : 펌프 토출 측에서 속도변화에 의해 충격파가 전달되는 현상
2) 방지대책
(1) 급격한 밸브 폐쇄는 피한다.
(2) 밸브는 펌프 토출 측 가까이에 설치하고 밸브 조작을 천천히 한다.
(3) 가능한 관 내 유속을 느리게 한다.
(4) 가능한 배관의 관경을 크게 한다.
(5) 기구류 부근에 충격을 흡수할 수 있는 공기실(Air Chamber)을 설치한다.
(6) 조압수조(Surge Tank)를 관선에 설치한다.
(7) 펌프에 플라이휠(Fly Wheel)을 설치한다. (회전체의 관성모멘트를 크게 하는 방법)
(8) 배관에 수격방지기를 설치한다.

정답 71 ③ 72 ③

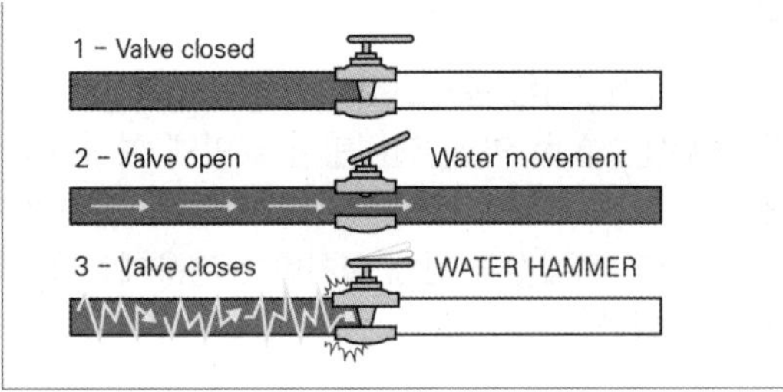

73 동관의 호칭경이 20 A일 때 실제 외경은?

① 15.87 mm ② 22.22 mm
③ 28.57 mm ④ 34.93 mm

해설

[동관의 호칭경]
K타입 : 20 A, 외경 22.2 mm, 두께 1.65 mm
L타입 : 20 A, 외경 22.2 mm, 두께 1.14 mm
M타입 : 20 A, 외경 22.2 mm, 두께 0.81 mm

TIP 20 A에서 A는 mm를 뜻하므로 20과 가장 근사한 답을 선지에서 고른다.

74 방열기 전체의 수저항이 배관의 마찰손실에 비해 큰 경우 채용하는 환수방식은?

① 개방류방식 ② 재순환방식
③ 역귀환방식 ④ 직접귀환방식

해설

[직접귀환(환수)방식]

1) 직접환수(Direct Return)방식
배관 구조가 단순하며, 방열기 용량이 다르거나 전체 수저항이 배관의 마찰 손실보다 클 때 적합하다. 하지만 유량 분배가 고르지 않아 유량제어밸브가 필요하다.

2) 역환수(Reverse Return)방식
공급관과 환수관의 배관 길이가 같아 유량 분배가 균등하다. 그러나 배관이 복잡하고 설치 비용이 높다.

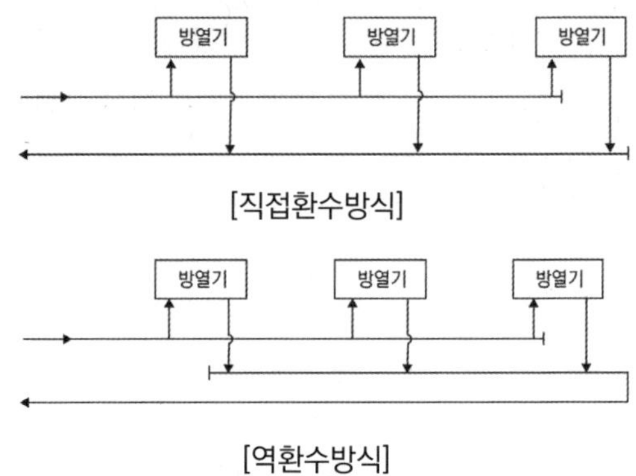

[직접환수방식]

[역환수방식]

75 배관의 분리, 수리 및 교체가 필요할 때 사용하는 관이음재의 종류는?

① 부싱 ② 소켓
③ 엘보 ④ 유니언

해설

[관이음재의 종류]

관이음쇠	용도
(1) 엘보, 벤드	배관의 방향을 바꿀 때(45° 엘보, 90°엘보, 이경엘보)
(2) 티, 와이, 크로스	관을 도중에 분기할 때
(3) 유니언, 플랜지	배관을 연결할 때 사용하며, 조립과 분해가 용이함
(4) 니플	관부속품과 관부속품을 연결할 때
(5) 소켓	배관을 직선으로 연결할 때
(6) 부싱	지름이 서로 다른 배관과 부속을 연결할 때

정답 73 ② 74 ④ 75 ④

관이음쇠	용도
(7) 레듀서	관의 지름을 바꿀 때(원심레듀서, 편심레듀서)
(8) 플러그, 캡	관의 끝을 막을 때

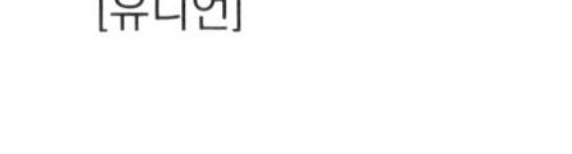

[유니언]

76 펌프를 운전할 때 공동현상(캐비테이션)의 발생 원인으로 가장 거리가 먼 것은?

① 토출양정이 높다.
② 유체의 온도가 높다.
③ 날개차의 원주속도가 크다.
④ 흡입관의 마찰저항이 크다.

해설

[공동현상(캐비테이션)의 발생 원인]
공동현상은 흡입양정만의 문제로 토출양정의 크기는 관계가 없다.

77 증기트랩의 종류를 대분류한 것으로 가장 거리가 먼 것은?

① 박스트랩 ② 기계적 트랩
③ 온도조절트랩 ④ 열역학적 트랩

해설

[증기트랩]

구분	응축수 회수 원리	종류
기계식	응축수의 부력을 이용(증기와 응축수의 비중 차이)	플로트트랩, 버킷트랩
열동식 (온도 조절식)	증기와 응축수의 온도 차이	바이메탈식 트랩, 벨로스트랩
열역학	증기와 응축수의 열역학적 특성 차이	디스크트랩, 오리피스트랩

보충 박스트랩은 "냄새 차단용"
→ 하수구 냄새 및 가스 역류 방지 목적

78 베이퍼록현상을 방지하기 위한 방법으로 틀린 것은?

① 실린더 라이너의 외부를 가열한다.
② 흡입배관을 크게 하고 단열 처리한다.
③ 펌프의 설치위치를 낮춘다.
④ 흡입관로를 깨끗이 청소한다.

해설

[베이퍼록현상]
베이퍼록은 냉매가 기기 중간에서 증발하여 운전을 방해하는 현상이다. 하지만 실린더 라이너는 압축기 내부 부품으로, 이 현상과는 관련이 없다.

2023-03

정답 76 ① 77 ① 78 ①

79 배수 및 통기설비에서 배관시공법에 관한 주의사항으로 틀린 것은?

① 우수 수직관에 배수관을 연결해서는 안 된다.
② 오버플로우관은 트랩의 유입구 측에 연결해야 한다.
③ 바닥 아래에서 빼내는 각 통기관에는 횡주부를 형성시키지 않는다.
④ 통기 수직관은 최하위의 배수 수평지관보다 높은 위치에서 연결해야 한다.

해설

[배수 및 통기설비에서 배관시공법]

① 우수 수직관에 배수관을 연결해서는 안 된다.
→ 오수 또는 배수관을 연결하는 것은 위생상 금지

② 오버플로우관은 트랩의 유입구 측에 연결해야 한다.
→ 오버플로우관은 트랩의 유입구 측(상류 측)에 연결해야 오버플로우된 물이 트랩을 거쳐 배출되므로 봉수가 유지되고 악취 차단효과도 유지된다.

③ 바닥 아래에서 빼내는 각 통기관에는 횡주부를 형성시키지 않는다.
→ 통기관에서 횡주부가 생기면 배수 가스가 체류할 수 있으므로 바닥 아래 통기관은 수직으로 빼야 한다.

④ 통기 수직관은 최하위의 배수 수평지관보다 낮은 위치에서 연결해야 한다.
→ 높은 위치에 연결되면 통기관 역할을 제대로 하지 못하고 배수관 내 음압이 발생하여 트랩 봉수가 파괴될 수 있다.

보충 오버플로우관 : 세면대, 싱크대 등에서 수위가 넘쳤을 때 넘치는 물을 배수관으로 안전하게 흘려보내기 위한 보조 배수관

80 다음 중 방열기나 팬코일유닛에 가장 적합한 관이음은?

① 스위블이음
② 루프이음
③ 슬리브이음
④ 벨로즈이음

해설

[스위블이음(Swivel Joint)]

두 개 이상의 나사 엘보를 이용해 나사이음부가 회전하도록 하여 배관의 신축을 흡수하는 방식이다. 주로 저압증기난방이나 온수방열기 주변 배관에 사용된다.

정답 79 ④ 80 ①

2022 제1회

1과목 에너지관리

1회독 시간 : 점수 :
2회독 시간 : 점수 :
3회독 시간 : 점수 :

01 다음 온열환경지표 중 복사의 영향을 고려하지 않는 것은?

① 유효온도(ET)
② 수정유효온도(CET)
③ 예상온열감(PMV)
④ 작용온도(OT)

해설

[유효온도(ET : Effective Temperature)]
온도, 습도, 기류를 고려한 온도로써 체감온도로 표시하고 감각온도라고도 한다. 임의의 온도, 습도, 기류일 때 느끼는 체감상태로 기류(풍속) 0 m/s, 상대습도 100 %일 때의 기온으로 표시한다(복사열이 고려되지 않음).

보충 수정유효온도, 예상평균온열감, 작용온도는 모두 복사의 영향을 고려한 것이다.

※ 참고
1) 수정유효온도(CET : Corrected Effective Temperature)
유효온도에 복사열을 더 조합하여 복사의 영향을 고려하기 위해 고안된 온도이다. 공기의 건구온도 대신 글로브온도로 유효선도를 구한다.
2) 예상온열감(PMV : Predicted Mean Vote)
인체와 주위 환경 간의 열평형방정식으로 부터 PMV는 인간과 주위환경의 6가지 온열환경요소(기온, 습도, 기류, 평균복사온도, 대사량, 착의량)를 측정하여 산정한다. 따뜻하고 추운 정도를 -3에서 +3까지의 수치로서 나타낸다(-3 : 춥다, +3 : 덥다).
3) 작용온도(OT : Operative Temperature)
건구 온도, 복사열, 기류의 영향을 조합한 온도로 복사난방 공간의 열환경을 평가하기 위한 지표이다. 기온과 평균복사온도를 대류 및 복사에 의한 열전달 비율로 가중평균하여 구하며, 습도는 고려되지 않는다.

02 주간 피크(Peak)전력을 줄이기 위한 냉방 시스템방식으로 가장 거리가 먼 것은?

① 터보냉동기방식
② 수축열방식
③ 흡수식 냉동기방식
④ 빙축열방식

해설

[피크전력을 줄이기 위한 냉방시스템방식]
축열방식(빙축열, 수축열), 흡수식 냉동기, 지역냉냉방, 가스냉방(GHP : Gas Engine Heat Pump) 등 열원 보존이 가능한 방식이어야 한다.

보충 터보냉동기방식은 일반적인 냉동시스템이다. 전기를 이용해 직접 냉동기를 가동하므로, 주간 전력 소비가 크다.

정답 01 ① 02 ①

03 실내 공기 상태에 대한 설명으로 옳은 것은?

① 유리면 등의 표면에 결로가 생기는 것은 그 표면온도가 실내의 노점온도보다 높게 될 때이다.
② 실내 공기 온도가 높으면 절대습도가 높다.
③ 실내 공기의 건구 온도와 그 공기의 노점 온도와의 차는 상대습도가 높을수록 작아진다.
④ 건구온도가 낮은 공기일수록 많은 수증기를 함유할 수 있다.

해설

[실내 공기 상태]
① 유리면 등의 표면에 결로가 생기는 것은 그 표면온도가 실내의 노점온도보다 낮게 될 때이다.
② 실내 공기 온도가 높을 때 절대습도가 항상 높은 것은 아니다.
④ 건구온도가 낮은 공기와 수증기 함유량은 관계 없다.

04 열교환기에서 냉수코일 입구 측의 공기와 물의 온도차가 16 ℃, 냉수코일 출구 측의 공기와 물이 온도차가 6 ℃이면 대수평균온도차(℃)는 얼마인가?

① 10.2　　② 9.25
③ 8.37　　④ 8.00

해설

[대수평균온도차(LMTD)]

$$LMTD = \frac{\Delta t_1 - \Delta t_2}{\ln\frac{\Delta t_1}{\Delta t_2}} = \frac{16-6}{\ln\frac{16}{6}} \fallingdotseq 10.2$$

05 습공기를 단열 가습하는 경우 열수분비(u)는 얼마인가?

① 0　　② 0.5
③ 1　　④ ∞

해설

[열수분비(u)]
단열 가습은 공기에 물을 분무하여 자연 증발시키는 방식으로 외부로부터 열의 출입이 없는 상태를 의미한다. 이때 공기는 물의 증발잠열 때문에 열을 빼앗겨 건구온도가 내려가지만 수증기가 가진 열만큼 엔탈피가 보충되어 전체 엔탈피에는 변화가 없다($\triangle h = 0$).
따라서

$$\text{열수분비 } u = \frac{\text{전열량의 변화량}}{\text{수분의 변화량}} = \frac{\triangle h}{\triangle x} = \frac{0}{\Delta x} = 0$$

Δh : 엔탈피변화량
Δx : 절대습도변화량

06 습공기선도(t - x선도)상에서 알 수 없는 것은?

① 엔탈피　　② 습구온도
③ 풍속　　④ 상대습도

해설

[습공기선도(t - x선도)]
건구온도, 노점온도, 상대습도, 습구온도, 절대습도, 엔탈피, 비체적, 포화도, 현열비, 열수분비, 수증기 분압 등이 습공기선도상에 표시된다.

정답 03 ③ 04 ① 05 ① 06 ③

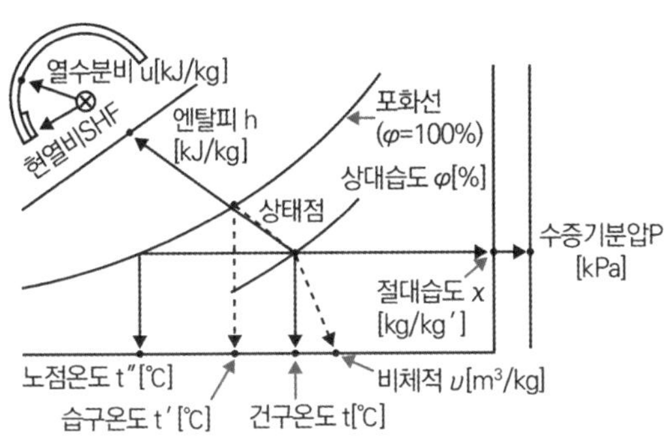

보충 풍속은 습공기선도상에 표시되지 않는다.

07 다음 중 풍량조절댐퍼의 설치위치로 가장 적절하지 않은 곳은?

① 송풍기, 공조기의 토출 측 및 흡입 측
② 연소의 우려가 있는 부분의 외벽 개구부
③ 분기덕트에서 풍량조정을 필요로 하는 곳
④ 덕트계에서 분기하여 사용하는 곳

해설

[연소할 우려가 있는 개구부에 설치하는 댐퍼]
연소할 우려가 있는 개구부에 설치하는 댐퍼는 방화댐퍼(FD : Fire Damper)이다.

보충 연소할 우려가 있는 개구부 :
각 방화구획을 관통하는 컨베이어 · 에스컬레이터 또는 이와 유사한 시설의 주위로서 방화구획을 할 수 없는 부분

08 수냉식 응축기에서 냉각수 입·출구온도차가 5 ℃, 냉각수량이 300 LPM인 경우 이 냉각수에서 1시간에 흡수하는 열량은 1시간당 LNG 몇 N·m³을 연소한 열량과 같은가? (단, 냉각수의 비열은 4.2 kJ/kg·℃, LNG 발열량은 43961.4 kJ/N·m³, 열손실은 무시한다)

① 4.6　② 6.3
③ 8.6　④ 10.8

해설

[냉각수가 흡수하는 열량]
1) 냉각수가 1시간에 흡수하는 열량 Q [kJ/h]
물 1 L = 1 kg이므로
냉각수 300 L/min = 300 kg/min이다.
따라서

$$Q = G\times C\times \Delta t$$
$$= \left(300\ kg/\min\times\frac{60\ \min}{1\ h}\right)\times 4.2\ kJ/kg\cdot ℃\times 5\ ℃$$
$$= 378300\ kJ/h$$

2) LNG가 1시간당 연소한 열량 M [N·m³/h]
$$Q\,[kJ/h] = M\,[N\cdot m^3/h]\times \text{LNG 발열량}[kJ/N\cdot m^3]$$
따라서
$$M\,[N\cdot m^3/h] = \frac{Q\,[kJ/h]}{43961.4\ kJ/N\cdot m^3} = \frac{378300\ kJ/h}{43961.4\ kJ/N\cdot m^3} = 8.6\ N\cdot m^3/h$$

보충 물 1 L = 1 kg

정답 07 ② 08 ③

09 덕트의 분기점에서 풍량을 조절하기 위하여 설치하는 댐퍼로 가장 적절한 것은?

① 방화댐퍼 ② 스플릿댐퍼
③ 피봇댐퍼 ④ 터닝베인

해설

[스플릿댐퍼]
덕트의 분기점에서 풍량을 조절하기 위한 댐퍼로 구조가 간단하나 정밀한 풍량 조절은 불가능하다.

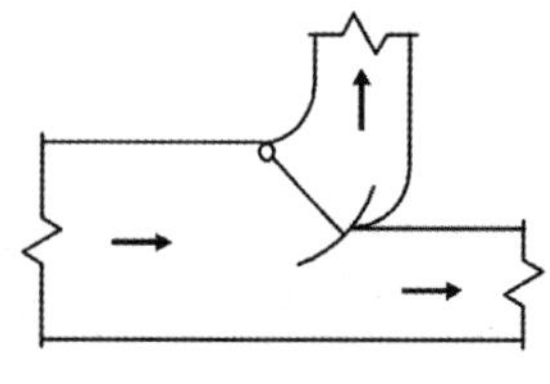

[스플릿댐퍼]

10 증기난방방식에 대한 설명으로 틀린 것은?

① 환수방식에 따라 중력환수식과 진공환수식, 기계 환수식으로 구분한다.
② 배관방법에 따라 단관식과 복관식이 있다.
③ 예열시간이 길지만 열량 조절이 용이하다.
④ 운전 시 증기 해머로 인한 소음을 일으키기 쉽다.

해설

[증기난방방식]
③ 증기난방방식은 예열시간이 짧고 열량 조절이 용이하지 않다.

※ 증기난방
1) 온수난방에 보다 장치 내 보유수량이 적어 열용량이 작으므로 예열시간이 짧아 신속하게 난방할 수 있다.
2) 증기의 온도 및 증기량을 제어하기 어려워 방열량(실내온도) 조절이 어렵다.

11 공기 중의 수증기가 응축하기 시작할 때의 온도 즉, 공기가 포화상태로 될 때의 온도를 무엇이라고 하는가?

① 건구온도 ② 노점온도
③ 습구온도 ④ 상당외기온도

해설

[노점온도]
공기 중의 수증기가 응축하여 물방울이 형성되기 시작하는 온도를 노점온도(이슬점온도)라고 한다. 즉, 공기가 포화상태에 도달하여 더 이상 수증기를 포함할 수 없는 온도이다.

12 다음 중 일반 사무용 건물의 난방부하 계산 결과에 가장 작은 영향을 미치는 것은?

① 외기온도
② 벽체로부터의 손실열량
③ 인체 부하
④ 틈새바람 부하

해설

[난방부하]
인체 부하는 열을 발생시키므로 난방부하의 계산에 포함시키지 않는다.

정답 09 ② 10 ③ 11 ② 12 ③

※ 난방부하의 구분

구분	부하 발생원인	현열	잠열
실내부하	외벽체, 지붕, 유리창에서의 열손실(방위계수 고려)	○	-
	실내벽체, 실내창문, 실내천장, 실내바닥에서의 열손실(방위계수 적용하지 않음)	○	-
	극간풍에 의한 열손실	○	○
장치(기기)부하	덕트로부터의 손실 열량	○	-
외기부하	외기도입에 의한 손실 열량	○	○

13 에어와셔 단열 가습 시 포화효율(η)은 어떻게 표시하는가? (단, 입구공기의 건구온도 t_1, 출구공기의 건구온도 t_2, 입구공기의 습구온도 t_{w1}, 출구공기의 습구온도 t_{w2}이다)

① $\eta = \dfrac{(t_1 - t_2)}{(t_2 - t_{w2})}$ ② $\eta = \dfrac{(t_1 - t_2)}{(t_1 - t_{w1})}$

③ $\eta = \dfrac{(t_2 - t_1)}{(t_{w2} - t_1)}$ ④ $\eta = \dfrac{(t_1 - t_{w1})}{(t_2 - t_1)}$

해설

[포화효율(η)]

$t_1 - t_{w1}$는 수증기가 가지고 있는 엔탈피(전열량)이며 $t_1 - t_2$는 입구와 출구의 현열 차이로 수증기로 만들기 위해 소모된 열량이다.

포화효율(η) = $\dfrac{\text{소모열량}}{\text{수증기전열량}}$의 비를 말한다.

$\therefore \eta = \dfrac{t_1 - t_2}{t_1 - t_{w1}}$

※ 포화효율이란?

에어와셔 탱크의 물을 냉각도 가열도 하지 않고 순환시키는 경우 공기와 물 사이는 단열가습이 되며 그때의 콘택트 팩터(CF)를 '포화효율'이라 한다.

2022-01

14 정방실에 35 kW의 모터에 의해 구동되는 정방기가 12대 있을 때 전력에 의한 취득열량(kW)은 얼마인가? (단, 전동기와 이것에 의해 구동되는 기계가 같은 방에 있으며, 전동기의 가동율은 0.74이고, 전동기 효율은 0.87, 전동기 부하율은 0.92이다)

① 483 ② 420

③ 357 ④ 329

해설

[취득열량]

발생(취득) 열량q는 부하율, 가동율에 비례하고 전동기 효율에 반비례하므로

q = (기기전력량 × 부하율 × 가동율) / 효율

= ((35 × 12) × 0.92 × 0.74) / 0.87

≒ 329 kW

보충 정방기(整放機) : 전력을 소비하여 열을 발생시키는 기계적 부하장치 (전동기 부하 열 발생장치)

※ 전동기 및 기계의 발생열량

$q_e = P \times f_e \times f_0 \times f_k$ [kW]

P : 전동기 정격출력 [kW]

f_e : 전동기 부하율

f_0 : 전동기 가동율

f_k : 전동기와 기계의 사용상태계수

η : 전동기 효율

정답 13 ② 14 ④

1) 전동기(모터)와 기계 모두 실내에 있을 때

$f_k = \frac{1}{\eta}$

2) 기계는 실내, 전동기는 실외에 있을 때

$f_k = 1$

3) 전동기는 실내, 기계는 실외에 있을 때

$f_k = \frac{1-\eta}{\eta} = \frac{1}{\eta} - 1$

15 보일러의 시운전 보고서에 관한 내용으로 가장 관련이 없는 것은?

① 제어기 세팅 값과 입/출수 조건 기록
② 입/출구 공기의 습구온도
③ 연도 가스의 분석
④ 성능과 효율 측정 값을 기록, 설계 값과 비교

해설

[보일러 시운전 보고서 내용]

보일러의 시운전 보고서는 초기 설계조건과 비교하여 성능을 평가하기 위해 작성된다. 주요 기록 항목은 다음과 같다.

1) 제어기 세팅 값
2) 입/출수 조건 기록
3) 연도가스 분석 값
4) 성능 및 효율 측정 값

이 데이터는 설계 값과 비교하여 성능을 검증하는 데 활용되며, 입/출구 공기의 습구온도는 시운전 보고서와 무관하다.

16 다음 용어에 대한 설명으로 틀린 것은?

① 자유면적 : 취출구 혹은 흡입구 구멍 면적의 합계
② 도달거리 : 기류의 중심속도가 0.25 m/s에 이르렀을 때 취출구에서의 수평거리
③ 유인비 : 전공기량에 대한 취출공기량(1차 공기)의 비
④ 강하도 : 수평으로 취출된 기류가 일정거리만큼 진행한 뒤 기류중심선과 취출구 중심과의 수직거리

해설

[유인비]

유인비는 1차 공기(취출공기)에 대한 전공기(1차 공기 + 2차 공기)의 비율을 의미한다.

$$유인비 = \frac{전공기량}{취출공기량(1차 공기량)}$$

유인비가 클수록 1차 공기가 2차 공기를 더 많이 유인하여 공기 흐름을 증폭시키는 효과가 있다.

※ 전면적과 자유면적

• 전면적(Face Area) : 취출구의 개구부에 접하는 바깥둘레를 기준으로 한 전체 면적($x \times y$)
• 자유면적(Free Area) : 바람이 실제 통과할 수 있는 면적

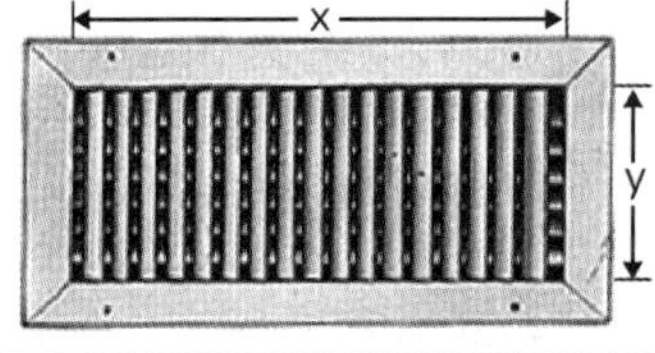

TIP 일반적으로 도달거리는 최대도달거리를 의미함

정답 15 ② 16 ③

17 증기난방과 온수난방의 비교 설명으로 틀린 것은?

① 주 이용열로 증기난방은 잠열이고, 온수난방은 현열이다.
② 증기난방에 비하여 온수난방은 방열량을 쉽게 조절할 수 있다.
③ 장거리 수송으로 증기난방은 발생증기압에 의하여, 온수난방은 자연순환력 또는 펌프 등의 기계력에 의한다.
④ 온수난방에 비하여 증기난방은 예열부하와 시간이 많이 소요된다.

해설

[증기난방과 온수난방]

④ 증기난방은 예열부하가 적고, 예열 시간이 짧다. 즉, 증기의 응축과정에서 급격한 열전달이 이루어져 빠르게 온도를 상승시킬 수 있다. 반면 온수난방은 예열부하가 크고 시간이 오래 걸린다. 즉, 물의 비열이 커서 가열하는 데 시간이 오래 걸리고, 배관 내 순환에도 시간이 필요하다.

18 공기조화시스템에 사용되는 댐퍼의 특성에 대한 설명으로 틀린 것은?

① 일반댐퍼(Volume Control Damper) : 공기 유량조절이나 차단용이며 아연도금 철판이나 알루미늄 재료로 제작된다.
② 방화댐퍼(Fire Damper) : 방화벽을 관통하는 덕트에 설치되며 화재 발생 시 자동으로 폐쇄되어 화염의 전파를 방지한다.
③ 밸런싱댐퍼(Balancing Damper) : 덕트의 여러 분기관에 설치되어 분기관의 풍량을 조절하며 주로 T.A.B 시 사용된다.
④ 정풍량댐퍼(Linear Volume Control Damper) : 에너지절약을 위해 결정된 유량을 선형적으로 조절하며 역류방지 기능이 있어 비싸다.

해설

[공기조화시스템에 사용되는 댐퍼]

④ 정풍량댐퍼는 설정된 풍량을 유지하는 기능을 가지며 선형적으로 조절하는 기능은 일반적인 특성이 아니다. 또한 역류방지 기능은 없다. 역류방지기능이 있는 댐퍼는 B.D.D.(Back Draft Damper)라 한다.

정답 17 ④ 18 ④

19 공기조화 시 T.A.B 측정 절차 중 측정요건으로 틀린 것은?

① 시스템의 검토 공정이 완료되고 시스템 검토보고서가 완료되어야 한다.
② 설계도면 및 관련 자료를 검토한 내용을 토대로 하여 보고서 양식에 장비규격 등의 기준이 완료되어야 한다.
③ 댐퍼, 말단유닛, 터미널의 개도는 완전 밀폐되어야 한다.
④ 제작사의 공기조화 시 시운전이 완료되어야 한다.

해설

[공기조화 시 T.A.B 측정 절차]

③ T.A.B 측정요건 중 댐퍼, 말단유닛, 터미널의 개도는 완전 개방되어야 한다.

20 강제순환식 온수난방에서 개방형 팽창탱크를 설치하려고 할 때 적당한 온수의 온도는?

① 100 ℃ 미만
② 130 ℃ 미만
③ 150 ℃ 미만
④ 170 ℃ 미만

해설

1) 개방형 팽창탱크
저온수난방(100 ℃ 미만)에 사용
2) 밀폐형 팽창 탱크
고온수난방(100 ℃ 이상)에 사용

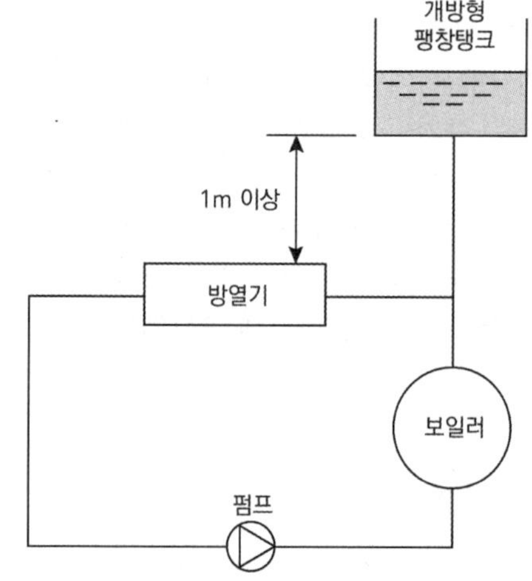

[개방식 팽창탱크]

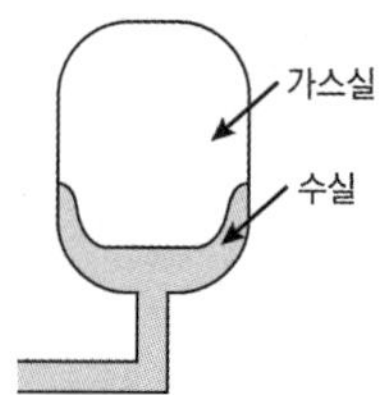

[밀폐식 팽창탱크]

정답 19 ③ 20 ①

2과목 공조냉동설계

1회독 시간 : 점수 :
2회독 시간 : 점수 :
3회독 시간 : 점수 :

21 부피가 0.4 m^3인 밀폐된 용기에 압력 3 MPa, 온도 100 ℃의 이상기체가 들어 있다. 기체의 정압비열 5 kJ/kg·K, 정적비열 3 kJ/kg·K일 때 기체의 질량(kg)은 얼마인가?

① 1.2 ② 1.6
③ 2.4 ④ 2.7

해설

[기체의 질량kg]

이상기체상태방정식 $PV = mRT$ 여기서, m : 질량 [kg] R : 특정기체상수 [kJ/(kg·K)]

$PV = mRT$

$R = C_p - C_v$

$$m = \frac{PV}{RT} = \frac{PV}{(C_p - C_v) \cdot T}$$

$$= \frac{(3 \times 10^3) \times 0.4}{(5-3) \times (100+273)}$$

$= 1.6\ kg$

22 온도 100 ℃, 압력 200 kPa의 이상기체 0.4 kg이 가역단열과정으로 압력이 100 kPa로 변화하였다면, 기체가 한 일(kJ)은 얼마인가? (단, 기체 비열비 1.4, 정적비열 0.7 kJ/kg·K이다)

① 13.7 ② 18.8
③ 23.6 ④ 29.4

해설

[기체가 한 일(가역단열과정)]

1) 최종온도 T_2

$$\frac{T_2}{T_1} = \left(\frac{P_2}{P_1}\right)^{\frac{k-1}{k}} \text{ 에서}$$

$$T_2 = T_1 \left(\frac{P_2}{P_1}\right)^{\frac{k-1}{k}}$$

$$= (100+273) \times \left(\frac{100}{200}\right)^{\frac{1.4-1}{1.4}} = 305.98\ \text{K}$$

2) 기체가 한 일 ${}_1W_2$

$${}_1W_2 = m\int_1^2 Pdv$$

$$= mC_v(T_1 - T_2)$$

$$= 0.4 \times 0.7 \times (373 - 305.98) = 18.76\ \text{kJ}$$

※ 단열과정에서 절대일

${}_1w_2 = \int_1^2 pdv$

$\delta q = du + pdv = C_v dT + \delta w$에서 단열이므로 $\delta q = 0$이다.

$\delta w = -C_v dT$

${}_1w_2 = -C_v(T_2 - T_1) = C_v(T_1 - T_2)$

$= \frac{R}{k-1}(T_1 - T_2)$

${}_1w_2 = C_v(T_1 - T_2) = \frac{R}{k-1}(T_1 - T_2)$

정답 21 ② 22 ②

23 70 kPa에서 어떤 기체의 체적이 12 m^3이었다. 이 기체를 800 kPa까지 폴리트로픽과정으로 압축했을 때 체적이 2 m^3으로 변화했다면, 이 기체의 폴리트로픽 지수는 약 얼마인가?

① 1.21 ② 1.28
③ 1.36 ④ 1.43

해설

[기체의 폴리트로픽 지수]

[풀이 1]

$$P_1 V_1^n = P_2 V_2^n$$

$$\frac{P_2}{P_1} = \left(\frac{V_1}{V_2}\right)^n$$ 양쪽에 ln을 취하면

$$\ln\left(\frac{P_2}{P_1}\right) = \ln\left(\frac{V_1}{V_2}\right)^n = n\ln\left(\frac{V_1}{V_2}\right)$$

$$n = \frac{\ln\left(\frac{P_2}{P_1}\right)}{\ln\left(\frac{V_1}{V_2}\right)} = \frac{\ln\left(\frac{800}{70}\right)}{\ln\left(\frac{12}{2}\right)} = 1.36$$

[풀이 2]

※ 폴리트로픽지수관계

$$\frac{T_2}{T_1} = \left(\frac{v_1}{v_2}\right)^{n-1} = \left(\frac{p_2}{p_1}\right)^{\frac{n-1}{n}}$$

n : 폴리트로픽지수

$$\left(\frac{v_1}{v_2}\right)^{n-1} = \left(\frac{p_2}{p_1}\right)^{\frac{n-1}{n}}$$

$$\left(\frac{v_1}{v_2}\right)^{1} = \left(\frac{p_2}{p_1}\right)^{\frac{1}{n}}$$

$$\frac{12}{2} = \left(\frac{800}{70}\right)^{\frac{1}{n}}$$

$$\therefore n = 1.36$$

24 공기 정압비열(CP, kJ/kg·℃)이 다음과 같을 때 공기 5 kg을 0 ℃에서 100 ℃까지 일정한 압력하에서 가열하는 데 필요한 열량(kJ)은 약 얼마인가? (단, 다음 식에서 t는 섭씨온도를 나타낸다)

$C_p = 1.0053 + 0.000079 \times t$ [kJ/kg·℃]

① 85.5 ② 100.9
③ 312.7 ④ 504.6

해설

[정압하에서 필요 열량]

$$\delta Q = G C_p dt$$

$$Q = \int_0^{100} 5 \times (1.0053 + 0.000079 \times t) dt$$

$$= 5 \times \left[1.0053t + \frac{0.000079}{2}t^2\right]_0^{100}$$

$$= 5 \times \left(1.0053 \times 100 + \frac{0.000079}{2} \times 100^2\right)$$

$$= 504.6 \text{ kJ}$$

25 흡수식 냉동기의 냉매의 순환과정으로 옳은 것은?

① 증발기(냉각기) → 흡수기 → 재생기 → 응축기
② 증발기(냉각기) → 재생기 → 흡수기 → 응축기
③ 흡수기 → 증발기(냉각기) → 재생기 → 응축기
④ 흡수기 → 재생기 → 증발기(냉각기) → 응축기

정답 23 ③ 24 ④ 25 ①

해설

[흡수식 냉동기의 냉매순환과정]

증발기(냉각기) → 흡수기 → 재생기(발생기) → 응축기

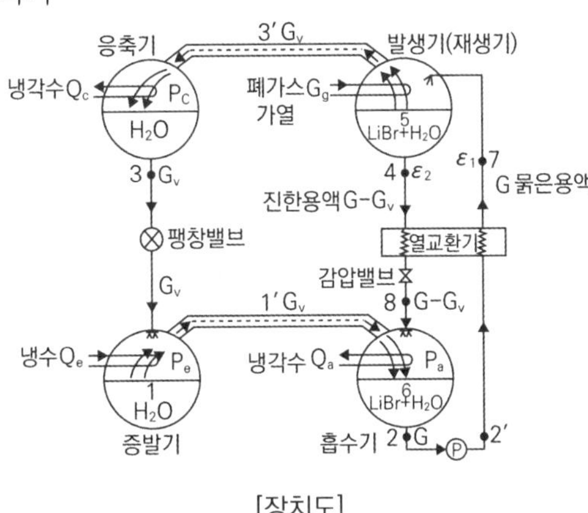

[장치도]

26 이상기체 1 kg이 초기에 압력 2 kPa, 부피 0.1 m³를 차지하고 있다. 가역등온 과정에 따라 부피가 0.3 m³로 변화했을 때 기체가 한 일(J)은 얼마인가?

① 9540 ② 2200
③ 954 ④ 220

해설

[기체가 한 일(등온과정)]

등온과정 일 $W = \int_1^2 P dV = P_1 V_1 \ln \frac{V_2}{V_1}$

$$W = (2 \times 0.1) \times \ln \frac{0.3}{0.1} = 0.2197\text{kJ} = 219.7\text{J}$$

W의 단위 : $[\text{kPa} \cdot \text{m}^3] = [\frac{\text{kN}}{\text{m}^2} \cdot \text{m}^3] = [\text{kN} \cdot \text{m}] = [\text{kJ}]$

27 증기터빈에서 질량유량이 1.5 kg/s이고, 열손실율이 8.5 kW이다. 터빈으로 출입하는 수증기에 대하여 그림에 표시한 바와 같은 데이터가 주어진다면 터빈의 출력(kW)은 약 얼마인가?

ṁi = 1.5kg/s
zi = 6m
vi = 50m/s
hi = 3137.0kJ/kg

Control surface

터빈

ṁe = 1.5kg/s
ze = 3m
ve = 200m/s
he = 2675.5kJ/kg

① 273.3 ② 655.7
③ 1357.2 ④ 2616.8

해설

[터빈의 출력]

$$_1Q_2 = W_t + \frac{\dot{m}(v_e^2 - v_i^2)}{2} + \dot{m}(h_e - h_i) + \dot{m}g(Z_e - Z_i)$$

$$-8.5 = W_t + \frac{1.5(200^2 - 50^2) \times 10^{-3}}{2} + 1.5(2675.5 - 3137) + 1.5 \times 9.8 \times (3-6) \times 10^{-3}$$

$$\therefore W_t = 655.67 ≒ 656\ kW$$

정답 26 ④ 27 ②

28 냉동사이클에서 응축온도 47 ℃, 증발온도 −10 ℃이면 이론적인 최대 성적계수는 얼마인가?

① 0.21　　② 3.45
③ 4.61　　④ 5.36

해설

[냉동사이클의 성적계수(COP)]

$$COP = \frac{T_e}{T_c - T_e}$$
$$= \frac{(-10+273)}{(47+273)-(-10+273)}$$
$$= 4.61$$

※ 냉동기
에너지(전기 혹은 고온의 열)를 일의 형태로 받아 저열원으로부터 열을 빼앗는 것이 목적

$$COP = \frac{Q_2}{W} = \frac{Q_2}{Q_1 - Q_2} = \frac{T_2}{T_1 - T_2}$$

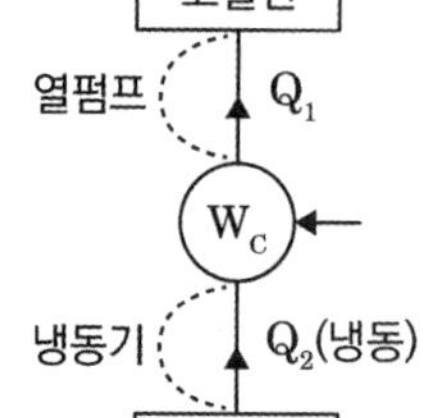

Q_1 : 저열원으로부터 흡수하는 열량
Q_2 : 고열원으로 방출하는 열량
W : 일량
T_1 : 고온
T_2 : 저온

29 압축기의 체적효율에 대한 설명으로 옳은 것은?

① 간극체적(Top Clearance)이 작을수록 체적효율은 작다.
② 같은 흡입압력, 같은 증기 과열도에서 압축비가 클수록 체적효율은 작다.
③ 피스톤 링 및 흡입밸브의 시트에서 누설이 작을수록 체적효율이 작다.
④ 이론적 요구 압축동력과 실제 소요 압축동력의 비이다.

해설

[압축기의 체적효율]

② 같은 흡입압력, 같은 증기 과열도에서 압축비 가 클수록 체적효율이 작다.

$$\eta_{vc} = 1 - \sigma(\alpha^{\frac{1}{k}} - 1)$$

여기서, η_{vc} : 체적효율, σ : 간극비
α : 압축비(토출압력/흡입압력)
k : 비열비(정압비열/정적비열)

① 간극체적(Top Clearance)이 작을수록 체적효율은 크다.
③ 피스톤 링 및 흡입밸브의 시트에서 누설이 작을수록 체적효율이 크다.
④ 이론적 요구 압축동력과 실제 소요 압축동력의 비는 체적효율이 아니라 기계적 효율 또는 등엔트로피 효율을 의미한다.

$$체적효율 = \frac{실제\ 흡입된\ 공기량}{이론적인\ 흡입공기량}$$

정답 28 ③ 29 ②

30 냉동장치에서 플래시가스의 발생원인으로 틀린 것은?

① 액관이 직사광선에 노출되었다
② 응축기의 냉각수 유량이 갑자기 많아졌다.
③ 액관이 현저하게 입상하거나 지나치게 길다.
④ 관의 지름이 작거나 관 내 스케일에 의해 관경이 작아졌다.

해설

[플래시가스의 발생원인]
② 응축기의 냉각수 유량이 갑자기 많아진 것은 플래시가스 발생 원인이 아니다. 냉각수 유량이 많아지면 응축기의 열교환 성능이 향상되므로 냉매가 더 잘 응축된다. 즉, 과냉각효과가 증가하여 액체 냉매의 온도가 낮아지고, 플래시가스 발생이 줄어들게 된다.

31 프레온 냉동장치에서 가용전에 대한 설명으로 틀린 것은?

① 가용전의 용융온도는 일반적으로 75℃ 이하로 되어 있다.
② 가용전은 Sn, Cd, Bi 등의 합금이다.
③ 온도상승에 따른 이상 고압으로부터 응축기 파손을 방지한다.
④ 가용전의 구경은 안전밸브 최소구경의 1/2 이하이어야 한다.

해설

[가용전]
④ 가용전의 구경은 안전밸브 최소구경의 1/2 이상이어야 한다. 가용전이 너무 작으면 비상 시 충분한 냉매 방출이 이루어지지 않아 보호 기능이 저하될 수 있기 때문이다.

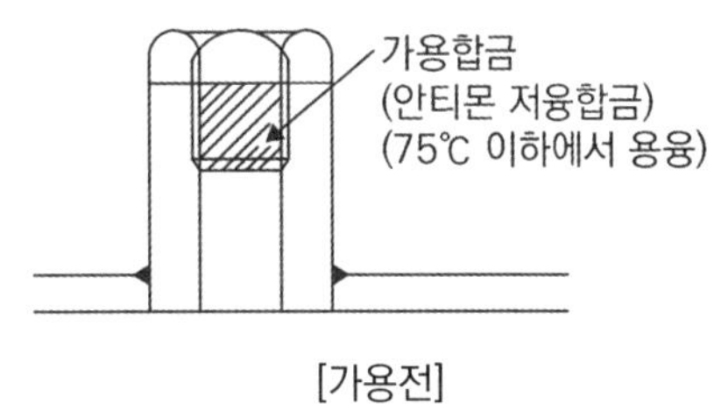

[가용전]

32 흡수식 냉동기에 사용되는 흡수제의 구비조건으로 틀린 것은?

① 냉매와 비등온도 차이가 작을 것
② 화학적으로 안정하고 부식성이 없을 것
③ 재생에 필요한 열량이 크지 않을 것
④ 점성이 작을 것

해설

[흡수제의 구비조건]
① 흡수식 냉동기에서 흡수제와 냉매의 비등온도 차이는 커야 한다. 비등온도 차이가 작으면 냉매가 쉽게 증발하지 못하고, 시스템의 효율이 저하될 수 있다.

정답 30 ② 31 ④ 32 ①

33 클리어런스 포켓이 설치된 압축기에서 클리어런스가 커질 경우에 대한 설명으로 틀린 것은?

① 냉동능력이 감소한다.
② 피스톤의 체적 배출량이 감소한다.
③ 체적효율이 저하한다.
④ 실제 냉매 흡입량이 감소한다.

해설

[압축기에서 클리어런스가 커질 때]

② 피스톤의 체적 배출량은 감소하지 않는다. 피스톤의 체적 배출량은 피스톤이 상사점(TDC)에서 하사점(BDC)까지 이동하면서 변화하는 실린더의 체적을 의미한다. 이는 기계적 구조에 의해 결정되므로 클리어런스(피스톤이 상사점에 도달했을 때 실린더 헤드와 피스톤 사이의 빈 공간) 크기에 영향을 받지 않는다. 클리어런스가 커지더라도 피스톤 자체의 체적 배출량은 변하지 않는다.

34 이상기체 1 kg을 일정 체적하에 20 ℃로부터 100 ℃로 가열하는 데 836 kJ의 열량이 소요되었다면 정압비열(kJ/kg·K)은 약 얼마인가? (단, 해당 가스의 분자량은 2이다)

① 2.09　② 6.27
③ 10.5　④ 14.6

해설

[정압비열]

1) 정적비열 $C_v\,[kJ/kg\cdot K]$

정적변화에서

$\delta q = du + Pdv\,(dv = 0$이므로)

$q = u_2 - u_1 = C_v(T_2 - T_1)$

$$C_v = \frac{836}{(100+273)-(20+273)} = 10.45$$

2) 기체상수 $R\,[kJ/kg\cdot K]$

$$R = \frac{\overline{R}}{M} = \frac{8.3143}{2} = 4.16$$

여기서, $\overline{R}$: 일반기체상수 $[kJ/kmol\cdot K]$

3) 정압비열 $C_P\,[kJ/kg\cdot K]$

$C_p = R + C_v$

$= 4.16 + 10.45 = 14.61\ \mathrm{kJ/kg\cdot K}$

35 20 ℃의 물로부터 0 ℃의 얼음을 매 시간당 90 kg을 만드는 냉동기의 냉동능력(kW)은 얼마인가? (단, 물의 비열 4.2 kJ/kg·K, 물의 응고 잠열 335 kJ/kg이다)

① 7.8　② 8.0
③ 9.2　④ 10.5

해설

[냉동기의 냉동능력(kW)]

1) 20 ℃ 물 → 0 ℃ 물 : $q_1 = G\cdot C\cdot \Delta t$

$$q_1 = \frac{90\times 4.2\times(20-0)}{3600} = 2.1\ \mathrm{kW}$$

2) 0 ℃ 물 → 0 ℃ 얼음 : $q_2 = G\cdot\gamma$

$$q_2 = \frac{90\times 335}{3600} = 8.375\ \mathrm{kW}$$

$\therefore q = q_1 + q_2 = 2.1 + 8.375 = 10.475\ \mathrm{kW}$

정답 33 ② 34 ④ 35 ④

36 2차 유체로 사용되는 브라인의 구비 조건으로 틀린 것은?

① 비등점이 높고, 응고점이 낮을 것
② 점도가 낮을 것
③ 부식성이 없을 것
④ 열전달률이 작을 것

해설

[브라인의 구비 조건]
④ 브라인은 효율적인 열 교환을 위해 열전달률이 커야 한다. 열전달률이 낮으면 냉각 효율이 저하되며, 동일한 냉각효과를 얻기 위해 더 많은 에너지가 필요해질 수 있다.

37 카르노사이클로 작동되는 기관의 실린더 내에서 1 kg의 공기가 온도 120 ℃에서 열량 40 kJ를 받아 등온팽창한다면 엔트로피의 변화(kJ/kg · K)는 약 얼마인가?

① 0.102　② 0.132
③ 0.162　④ 0.192

해설

[엔트로피의 변화(kJ/kg · K)]

$$\Delta S = \frac{\Delta Q}{T} = \frac{40}{120+273} = 0.102$$

38 표준냉동사이클의 단열교축과정에서 입구 상태와 출구 상태의 엔탈피는 어떻게 되는가?

① 입구 상태가 크다.
② 출구 상태가 크다.
③ 같다.
④ 경우에 따라 다르다.

해설

[엔탈피변화(단열교축과정)]
교축과정은 단열팽창과정이다. 따라서 교축 전후의 엔탈피는 같다.

39 온도식 자동팽창밸브에 대한 설명으로 틀린 것은?

① 형식에는 일반적으로 벨로즈식과 다이어프램식이 있다.
② 구조는 크게 감온부와 작동부로 구성된다.
③ 만액식 증발기나 건식 증발기에 모두 사용이 가능하다.
④ 증발기 내 압력을 일정하게 유지하도록 냉매유량을 조절한다.

해설

[온도식 자동팽창밸브]
④ 온도식 자동팽창밸브는 증발기 내 과열도를 일정하게 유지하도록 냉매 유량을 조절하는 역할을 한다.

정답 36 ④ 37 ① 38 ③ 39 ④

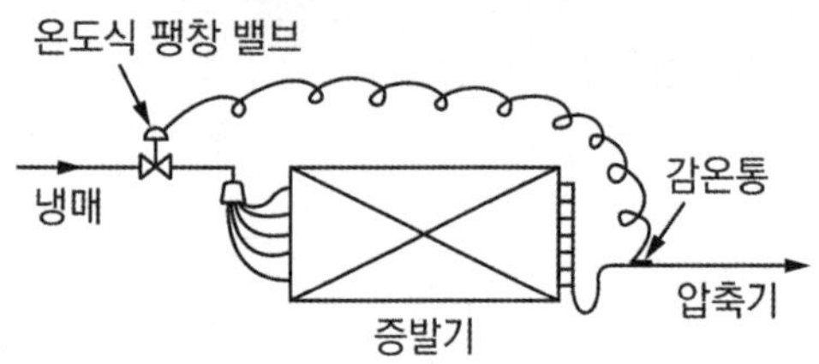

40 다음 중 검사질량의 가역 열전달과정에 관한 설명으로 옳은 것은?

① 열전달량은 $\int PdV$와 같다.

② 열전달량은 $\int PdV$보다 크다.

③ 열전달량은 $\int TdS$와 같다.

④ 열전달량은 $\int TdS$보다 크다.

해설

[가역과정에서 T-S선도의 면적]

1) P-V선도의 면적 : 일량을 나타낸다.

절대일량 $W=\int PdV$

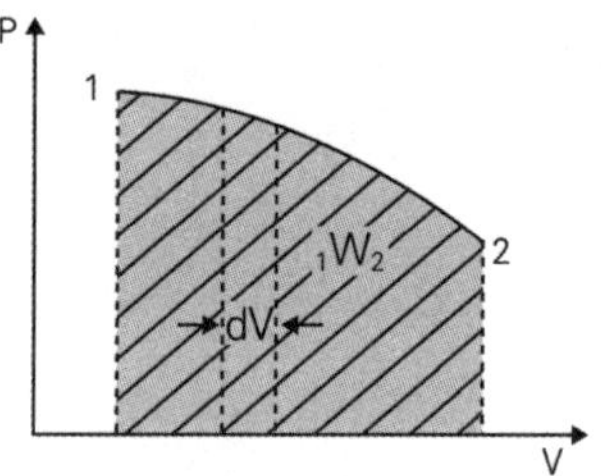

2) T-S선도의 면적 : 열량을 나타낸다.

열전달열량 $Q=\int TdS$

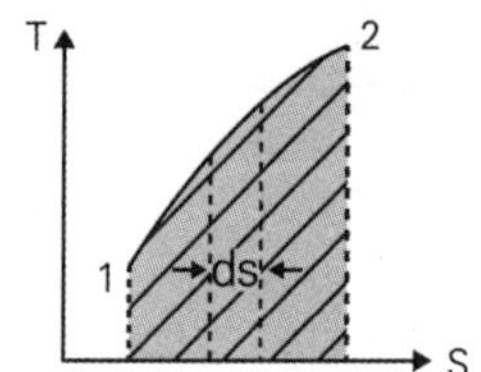

정답 40 ③

3과목 시운전 및 안전관리

1회독 시간 : 점수 :
2회독 시간 : 점수 :
3회독 시간 : 점수 :

41 고압가스 안전관리법령에 따라 ( ) 안의 내용으로 옳은 것은?

> "충전용기"란 고압가스의 충전질량 또는 충전압력의 (㉠)이 충전되어 있는 상태의 용기를 말한다. "잔가스용기"란 고압가스의 충전질량 또는 충전압력의 (㉡)이 충전되어 있는 상태의 용기를 말한다.

① ㉠ 2분의 1 이상, ㉡ 2분의 1 미만
② ㉠ 2분의 1 초과, ㉡ 2분의 1 이하
③ ㉠ 5분의 2 이상, ㉡ 5분의 2 미만
④ ㉠ 5분의 2 초과, ㉡ 5분의 2 이하

해설

[충전용기]
1) 고압가스 안전관리법 시행규칙 제2조 14
충전용기 : 고압가스의 충전질량 또는 충전압력의 $\frac{1}{2}$ 이상이 충전되어 있는 상태의 용기
2) 고압가스 안전관리법 시행규칙 제2조 15
잔가스용기 : 고압가스의 충전질량 또는 충전압력의 $\frac{1}{2}$ 미만이 충전되어 있는 상태의 용기

42 기계설비법령에 따라 기계설비 발전 기본계획은 몇 년마다 수립·시행하여야 하는가?

① 1 ② 2
③ 3 ④ 5

해설

[기계설비 발전 기본계획 수립·시행]
「기계설비법」 제5조 ① 국토교통부 장관은 기계설비산업의 육성과 기계설비의 효율적인 유지관리 및 성능확보를 위하여 다음 각 호의 사항이 포함된 기계설비 발전 기본계획을 5년마다 수립·시행하여야 한다.

43 기계설비법령에 따라 기계설비 유지관리교육에 관한 업무를 위탁받아 시행하는 기관은?

① 한국기계설비건설협회
② 대한기계설비건설협회
③ 한국공작기계산업협회
④ 한국건설기계산업협회

해설

[기계설비 유지관리교육에 관한 업무]
「기계설비법」 제20조 제1항, 시행령 제16조 제2항
국토교통부고시 제2020-345호(2020.4.18.제정)
위탁기관 : 대한기계설비건설협회

정답 41 ① 42 ④ 43 ②

44 「고압가스 안전관리법령」에서 규정하는 냉동기 제조 등록을 해야 하는 냉동기의 기준은 얼마인가?

① 냉동능력 3톤 이상인 냉동기
② 냉동능력 5톤 이상인 냉동기
③ 냉동능력 8톤 이상인 냉동기
④ 냉동능력 10톤 이상인 냉동기

해설

[냉동기 제조 등록을 해야 하는 냉동기의 기준]
고압가스 안전관리법 제5조 1항, 시행령 제5조 ①항
2. 냉동기 제조 등록 : 냉동능력이 3톤 이상인 냉동기를 제조하는 것

45 다음 중 「고압가스 안전관리법령」에 따라 500만 원 이하의 벌금 기준에 해당하는 경우는?

㉠ 고압가스를 제조하려는 자가 신고를 하지 아니하고 고압가스를 제조한 경우
㉡ 특정고압가스 사용신고자가 특정고압가스의 사용 전에 안전관리자를 선임하지 않은 경우
㉢ 고압가스의 수입을 업(業)으로 하려는 자가 등록을 하지 아니하고 고압가스 수입업을 한 경우
㉣ 고압가스를 운반하려는 자가 등록을 하지 아니하고 고압가스를 운반한 경우

① ㉠
② ㉠, ㉡
③ ㉠, ㉡, ㉢
④ ㉠, ㉡, ㉢, ㉣

해설

[500만 원 이하의 벌금 기준]
「고압가스 안전관리법」 제41조(벌칙) : 500만 원 이하 벌금
1. 제4조 제2항 전단에 따른 신고를 하지 않고 고압가스를 제조한 자
2. 제15조 제1항부터 제3항까지의 규정에 따른 안전관리자를 선임하지 아니한 자

※ 참고
㉢, ㉣ : 2년 이하의 징역 또는 2천만 원 이하의 벌금(제39조)

46 전류의 측정 범위를 확대하기 위하여 사용되는 것은?

① 배율기
② 분류기
③ 저항기
④ 계기용변압기

해설

[분류기]
전류계가 감당할 수 있는 범위를 넘는 전류를 측정할 때 일부 전류만 전류계로 흐르도록 하기 위해 병렬로 연결하는 저항을 말한다. 이를 통해 전류계의 측정 범위를 넓힐 수 있다.

보충 배율기 : 전압계의 측정 범위를 벗어난 큰 전압을 측정하기 위해 사용된다.

※ 분류기(Shunt, 分流器)

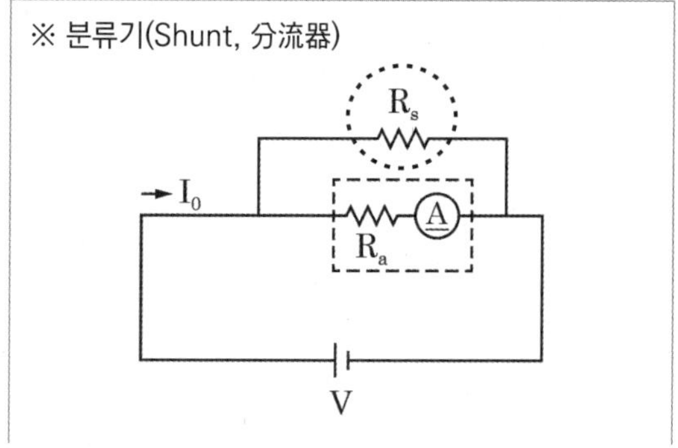

정답 44 ① 45 ② 46 ②

$R_s = \frac{R_a}{m-1}$ [Ω]

$m(\text{배율}) = \frac{I_0(\text{측정해야 할 값})}{I(\text{전류계 지시값})} = 1 + \frac{R_a}{R_s}$

여기서, R_s : 분류기 저항

R_a : 전류계 내부 저항

47 절연저항 측정 시 가장 적당한 방법은?

① 메거에 의한 방법
② 전압, 전류계에 의한 방법
③ 전위차계에 의한 방법
④ 더블브리지에 의한 방법

해설

[절연저항 측정]

메거(Megger) : $10^5\ \Omega$ 이상의 높은 저항을 측정하며 절연저항 측정 시 사용된다.

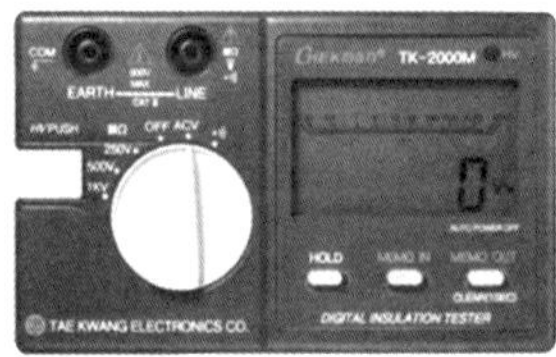

48 저항 100 Ω의 전열기에 5 A의 전류를 흘렸을 때 소비되는 전력은 몇 W인가?

① 500 ② 1000
③ 1500 ④ 2500

해설

[소비전력]

전력 $P = VI = I^2R$

$= 5^2 \times 100 = 2500$ W

보충 $V = IR$

49 유도전동기에서 슬립이 "0"이라고 하는 것은?

① 유도전동기가 정지 상태인 것을 나타낸다.
② 유도전동기가 전부하 상태인 것을 나타낸다.
③ 유도전동기가 동기속도로 회전한다는 것이다.
④ 유도전동기가 제동기의 역할을 한다는 것이다.

해설

[유도전동기 실제속도(N)]

$N = (1-S)N_S = \frac{120f}{P}(1-S)$에서

여기서, N_S : 동기 속도, S : 슬립

따라서 슬립 S = 0 : 동기속도로 회전한다는 뜻

50 논리식 중 동일한 값을 나타내지 않는 것은?

① $X(X+Y)$
② $XY + X\overline{Y}$
③ $X(\overline{X}+Y)$
④ $(X+Y)(X+\overline{Y})$

정답 47 ① 48 ④ 49 ③ 50 ③

해설

[논리식]

① $X(X+Y)=XX+XY=X+XY$
$=X(1+Y)=X(1)=X$

② $XY+X\overline{Y}=X(Y+\overline{Y})=X(1)=X$

③ $X(\overline{X}+Y)=X\overline{X}+XY=0+XY=XY$

④ $(X+Y)(X+\overline{Y})$
$=XX+X\overline{Y}+XY+Y\overline{Y}$
$=X+X\overline{Y}+XY+0=X+X(\overline{Y}+Y)$
$=X+X(1)=X+X=X$

51 $i=I_m\sin\omega t$ 인 정현파 교류가 있다. 이 전류보다 90° 앞선 전류를 표시하는 식은?

① $I_m\cos\omega t$

② $I_m\sin\omega t$

③ $I_m\cos(\omega t+90°)$

④ $I_m\sin(\omega t-90°)$

해설

[정현파 교류]

- 정현파(sin파) 교류의 전류보다 90° 앞선 전류는 여현파(cos파)이다.
- 여현파 교류의 전류 $i=I_m\cos\omega t$이다.

52 $i=I_{m1}\sin\omega t+I_{m2}\sin(2\omega t+\theta)$의 실횻값은?

① $\dfrac{I_{m1}+I_{m2}}{2}$　② $\sqrt{\dfrac{I_{m1}^2+I_{m2}^2}{2}}$

③ $\dfrac{\sqrt{I_{m1}^2+I_{m2}^2}}{2}$　④ $\sqrt{\dfrac{I_{m1}+I_{m2}}{2}}$

해설

[실횻값]

$i=I_{m1}\sin\omega t+I_{m2}\sin(2\omega t+\theta)$의 실횻값

$$\sqrt{\left(\frac{I_{m1}}{\sqrt{2}}\right)^2+\left(\frac{I_{m2}}{\sqrt{2}}\right)^2}=\sqrt{\frac{I_{m1}^2+I_{m2}^2}{2}}$$

보충 두 신호의 주파수가 다르면, 실횻값은 "제곱의 합의 제곱근"으로 계산함

※ 비정현파(왜형파)

1) 비정현파 : 정현파를 제외한 모든 파

2) 비정현파의 구성 : 직류분, 기본파형, 고조파형

$v(t)=V_0+V_{m1}\sin\omega t+V_{m2}\sin2\omega t+\cdots+V_{mn}\sin n\omega t$

여기서, V_0 : 직류분, V_{m1} : 기본파 최댓값
V_{m2} : 2고조파 최댓값, V_{mn} : n고조파 최댓값

보충 고조파 : 기본파 주파수의 정수배인 주파수를 갖는 파

3) 비정현파의 실횻값

각각의 주파수 성분 실횻값의 "제곱의 합의 제곱근"으로 구한다.

실횻값 V

$$=\sqrt{V_0^2+\left(\frac{V_{m1}}{\sqrt{2}}\right)^2+\left(\frac{V_{m2}}{\sqrt{2}}\right)^2+\cdots+\left(\frac{V_{mn}}{\sqrt{2}}\right)^2}\ [V]$$

실횻값 I

$$=\sqrt{I_0^2+\left(\frac{I_{m1}}{\sqrt{2}}\right)^2+\left(\frac{I_{m2}}{\sqrt{2}}\right)^2+\cdots+\left(\frac{I_{mn}}{\sqrt{2}}\right)^2}\ [A]$$

정답 51 ① 52 ②

53 그림과 같은 브리지 정류회로는 어느 점에 교류입력을 연결하여야 하는가?

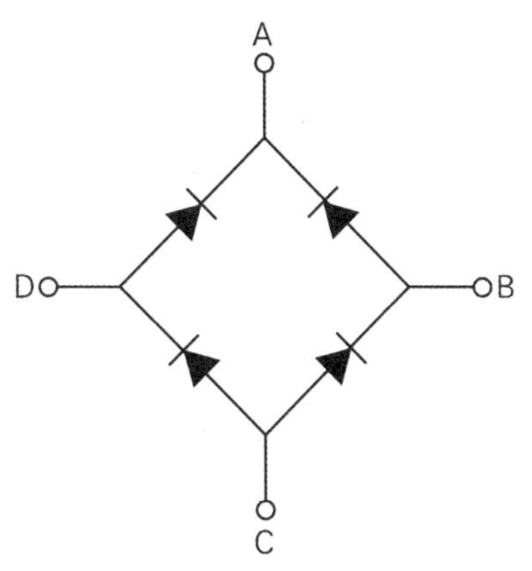

① A - B점　② A - C점
③ B - C점　④ B - D점

해설

[브리지 정류회로]
교류 입력 연결점은 B-D점
방향이 바뀌는 교류를 입력하여 한쪽 방향으로 흐르는 직류를 얻는 것이 브리지 정류회로이다.

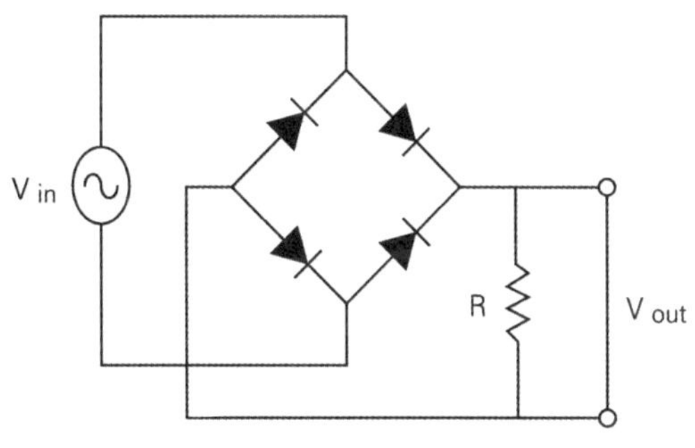

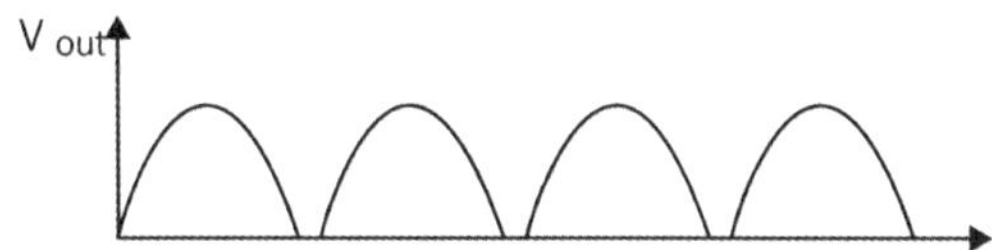

54 추종제어에 속하지 않는 제어량은?

① 위치　② 방위
③ 자세　④ 유량

해설

[추종제어]
목푯값이 임의로 변화되는 경우의 제어로서 물체의 범위(위치), 방향, 자세(각도) 등을 제어량으로 하는 제어이다. 미사일 추적장치, 추적용 레이더, 선박의 방향제어 등이 있다.

※ 목푯값에 의한 분류

구분		내용
정치제어		목푯값이 일정한 자동제어에 적용
추치제어	추종제어	미지의 임의 시간적 변화를 하는 목푯값에 제어량을 추종시키는 제어(예 미사일)
	프로그램 제어	미리 정해진 시간변화에 따라 정해진 순서대로 제어(예 자판기, 엘레베이터)
	비율제어	목푯값이 서로 다른 어떤 양과 일정한 비율관계를 가지는 제어
	시퀀스 제어	미리 정해진 순서에 따라 각 단계가 순차적으로 진행(PLC는 시퀀스제어와 함께 사용함)

55 직류·교류 양용에 만능으로 사용할 수 있는 전동기는?

① 직권 정류자전동기
② 직류 복권전동기
③ 유도전동기
④ 동기전동기

정답 53 ④　54 ④　55 ①

해설

[직권 정류자전동기(유니버설 모터)]

직류·교류 양용으로 사용할 수 있는 전동기는 직권 정류자전동기이다. 직권방식은 계자코일과 전기자가 직렬로 연결된 구조이다. 크기가 작고 경량이며, 높은 속도로 회전 가능하다. 전동 공구, 가전제품에 많이 사용된다.

② 직류 복권전동기 → 직류 전용

③ 유도전동기 → 교류 전용

④ 동기전동기 → 교류 전용

56 배율기의 저항이 50 kΩ, 전압계의 내부 저항이 25 kΩ이다. 전압계가 100 V를 지시하였을 때 측정한 전압(V)은?

① 10 ② 50

③ 100 ④ 300

해설

[배율기가 측정한 전압(V_m)]

$\dfrac{V_0}{V}=1+\dfrac{R_m}{R_v}$ 에서

$$V_0=\left(1+\frac{R_m}{R_v}\right)\cdot V$$

$$=\left(1+\frac{50}{25}\right)\times 100=300\ V$$

※ 배율기

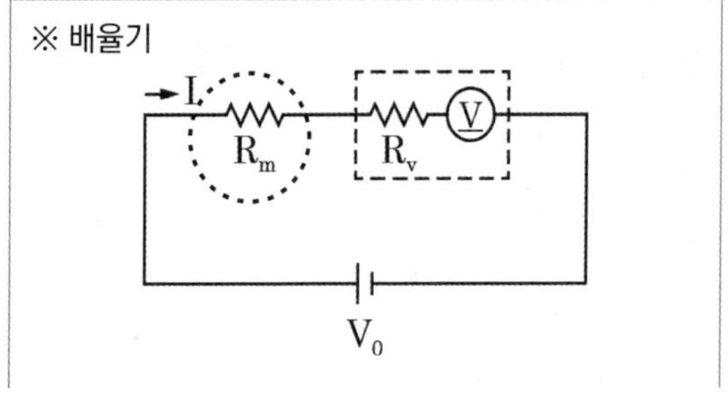

$R_m=(m-1)R_v[\Omega]$

$$m(\text{배율})=\frac{V_0(\text{측정해야 할 값})}{V(\text{전압계 지시값})}=1+\frac{R_m}{R_v}$$

여기서, R_m : 배율기 저항

R_v : 전압계 내부 저항

57 아래 그림의 논리회로와 같은 진리값을 NAND소자만으로 구성하여 나타내려면 NAND소자는 최소 몇 개가 필요한가?

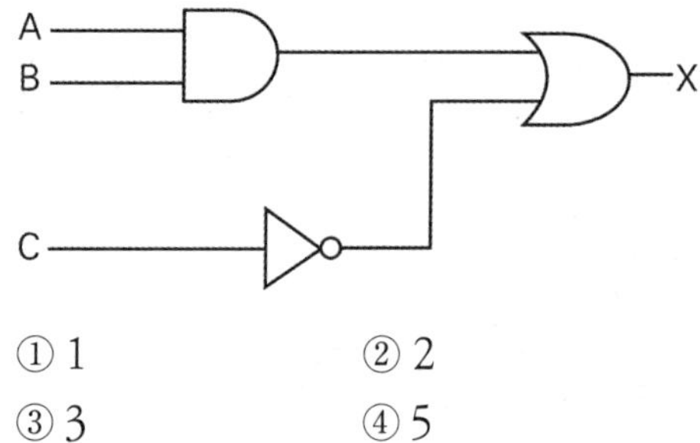

① 1 ② 2

③ 3 ④ 5

해설

[논리회로]

$X=(A\cdot B)+\overline{C}$

$X=\overline{\overline{(A\cdot B)}\cdot C}=\overline{(\overline{A}+\overline{B})}+\overline{C}$

$=(\overline{\overline{A}}\cdot\overline{\overline{B}})+\overline{C}=(A\cdot B)+\overline{C}$

∴ NAND 소자는 2개가 필요하다.

58 궤환제어계에 속하지 않는 신호로서 외부에서 제어량이 그 값에 맞도록 제어계에 주어지는 신호를 무엇이라 하는가?

① 목푯값 ② 기준 입력

③ 동작 신호 ④ 궤환 신호

정답 56 ④ 57 ② 58 ①

해설

[목푯값]

① 목푯값은 외부에서 제어량이 그 값에 맞도록 제어계에 주어지는 신호를 말한다. 제어시스템이 따라야 할 기준 값(예 : 온도제어에서 설정 온도)으로, 궤환제어계의 입력 값으로 사용된다.

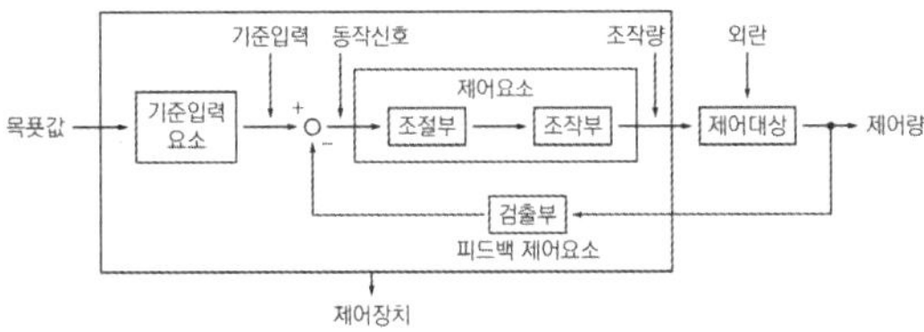

[폐루프제어계의 구성도]

59 그림과 같은 전자릴레이회로는 어떤 게이트회로인가?

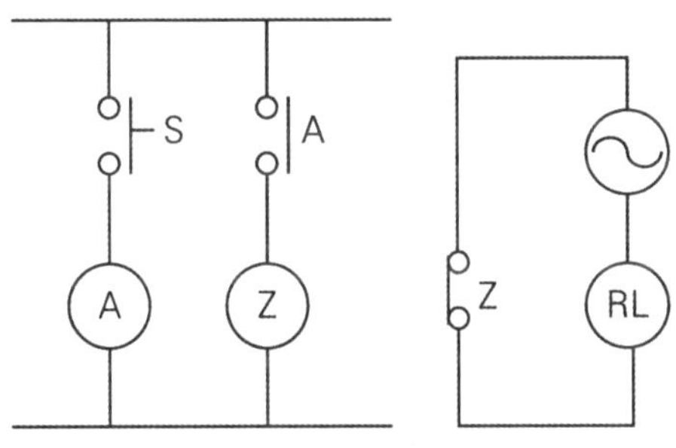

① OR
② AND
③ NOR
④ NOT

해설

[전자릴레이회로]

푸시버튼 스위치 S가 Off될 때만 RL이 On되므로 NOT회로이다.

60 제어량에 따른 분류 중 프로세스제어에 속하지 않는 것은?

① 압력
② 유량
③ 온도
④ 속도

해설

[프로세스제어]

프로세스제어는 용어의 의미대로 산업분야의 공정에서 환경을 최적화하는 목적의 제어로서 온도, 습도, 압력, 유량, 액면, 비중, 농도 등을 제어한다.

※ 제어량에 의한 분류

구분	내용	제어량
서보기구	기계적 변위를 제어량으로 하는 변화량제어	물체의 방위, 위치, 각도 등
프로세스 제어	플랜트나 생산공정 중의 상태량제어 (화학적 양을 제어)	온도, 압력, 유량, 농도 등
자동조정 제어	제어량이 전기적, 기계적 양을 제어	주파수, 전압, 전류, 힘, 회전속도 등

2022-01

정답 59 ④ 60 ④

4과목 유지보수 공사관리

1회독 시간 : 점수 :
2회독 시간 : 점수 :
3회독 시간 : 점수 :

보충 플래시밸브 또는 급속개폐식 수전은 유속을 급격히 변화시키므로 수격작용을 일으킨다.

61 급수배관 시공 시 수격작용의 방지 대책으로 틀린 것은?

① 플래시밸브 또는 급속 개폐식 수전을 사용한다.
② 관 지름은 유속이 2.0 ~ 2.5 m/s 이내가 되도록 설정한다.
③ 역류 방지를 위하여 체크밸브를 설치하는 것이 좋다.
④ 급수관에서 분기할 때에는 T이음을 사용한다.

해설

[수격작용(Water Hammerimg)]
수격작용은 배관 내 유체가 급격하게 정지하거나 방향이 바뀔 때 발생하는 충격현상이다.

① 플래시밸브 및 급속 개폐식 수전은 물이 순간적으로 개방·차단되어 수격작용을 유발할 가능성이 높다.
② 관 지름은 유속이 2.0 ~ 2.5 m/s 이내가 되도록 설정한다. 유속이 너무 크면 충격이 심해져 수격작용이 발생하기 쉽다.
③ 체크밸브는 유체의 역류를 방지하여 수격작용을 줄이는 데 도움이 된다.
④ T이음을 사용하면 분기 시 유속을 적절히 조절할 수 있다

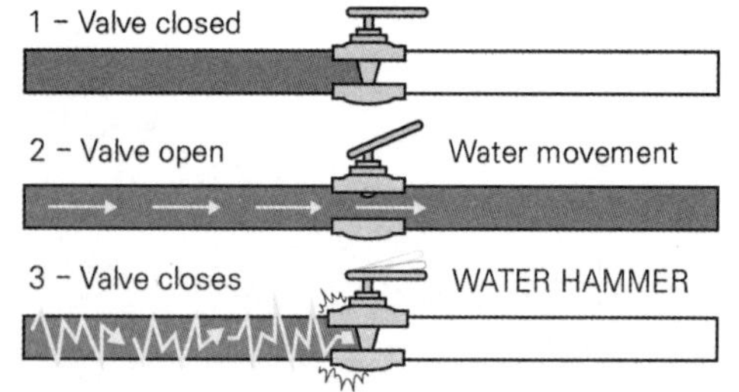

62 다음 중 사용압력이 가장 높은 동관은?

① L관 ② M관
③ K관 ④ N관

해설

[사용압력이 가장 높은 동관]
사용압력이 가장 높은 동관은 K관이다.

※ 동관의 분류
- K Type : 두께가 가장 두껍다
  → 높은 압력에 가장 잘 견딜 수 있다
- L Type : 두께가 두껍다
- M Type : 두께가 보통이다
- N Type : 두께가 얇다(KS규격에는 없음)

63 공조설비 중 덕트설계 시 주의사항으로 틀린 것은?

① 덕트 내 정압손실을 적게 설계할 것
② 덕트의 경로는 가능한 최장거리로 할 것
③ 소음 및 진동이 적게 설계할 것
④ 건물의 구조에 맞도록 설계할 것

해설

[덕트설계 시 주의사항]
② 덕트 설계 시에는 공기 흐름의 효율성과 에너지 절약을 고려하여야 한다. 덕트의 경로가 길어지면 압력 손실과 소음이 증가하여 공조 성능이 저하될 수 있다.

정답 61 ① 62 ③ 63 ②

64 가스배관 시공에 대한 설명으로 틀린 것은?

① 건물 내 배관은 안전을 고려, 벽, 바닥 등에 매설하여 시공한다.
② 건축물의 벽을 관통하는 부분의 배관에는 보호관 및 부식방지 피복을 한다.
③ 배관의 경로와 위치는 장래의 계획, 다른 설비와의 조화 등을 고려하여 정한다.
④ 부식의 우려가 있는 장소에 배관하는 경우에는 방식, 절연조치를 한다.

해설

[가스배관 시공]
① 가스배관은 원칙적으로 벽이나 바닥에 직접 매설하지 않는다. 매설 시 가스 누출을 확인하기 어렵고, 유지보수도 어려워 안전 문제가 발생할 수 있기 때문이다.

65 증기배관 중 냉각 레그(Cooling Leg)에 관한 내용으로 옳은 것은?

① 완전한 응축수를 회수하기 위함이다.
② 고온증기의 동파 방지시설이다.
③ 열전도 차단을 위한 보온단열 구간이다.
④ 익스팬션 조인트이다.

해설

[증기배관 중 냉각 레그(Cooling Leg)]
증기 주관에서 트랩에 이르는 냉각 레그는 완전한 응축수를 트랩에 보내기 위한 것이다. 따라서 보온을 하지 않는다.

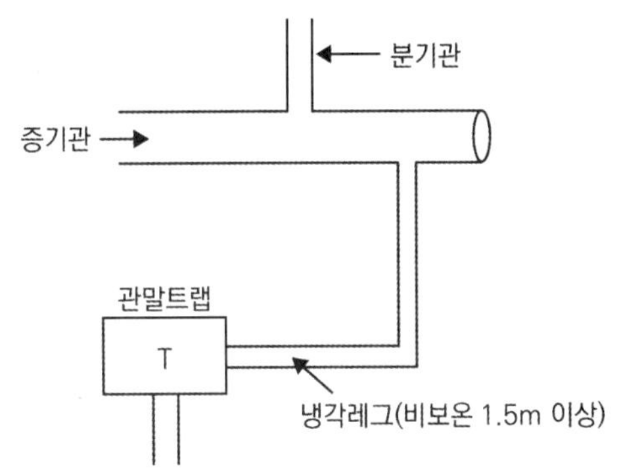

66 보온재의 구비조건으로 틀린 것은?

① 표면시공이 좋아야 한다.
② 재질 자체의 모세관 현상이 커야 한다.
③ 보냉 효율이 좋아야 한다.
④ 난연성이나 불연성이어야 한다.

해설

[보온재의 구비조건]
보온재는 열 손실을 줄이고 단열효과를 극대화하기 위해 사용된다.
② 모세관현상(Capillary Action)이 크면 습기를 쉽게 흡수하여 단열 성능이 저하된다. 보온재는 습기를 흡수하지 않는 재질(저수분 흡수성, 발수성 재료)이 이상적이다. 습기가 차면 단열 성능이 떨어지고 곰팡이나 부식의 원인이 될 수 있기 때문이다.

67 신축이음쇠의 종류에 해당하지 않는 것은?

① 벨로즈형 ② 플랜지형
③ 루프형 ④ 슬리브형

정답 64 ① 65 ① 66 ② 67 ②

해설

[신축이음]
플랜지형 신축이음쇠라는 것은 없다.

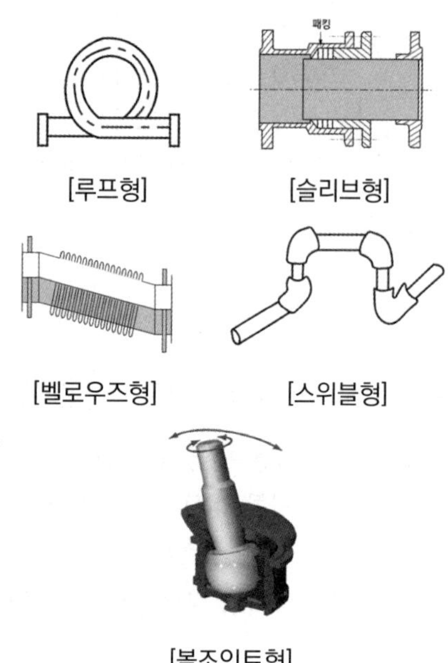

68 고압증기관에서 권장하는 유속 기준으로 가장 적합한 것은?

① 5 ~ 10 m/s ② 15 ~ 20 m/s
③ 30 ~ 50 m/s ④ 60 ~ 70 m/s

해설

[저압 및 고압증기관 유속 기준]
저압증기관 권장유속 : 15 ~ 30 m/s
고압증기관 권장유속 : 30 ~ 60 m/s

69 증기난방의 환수방법 중 증기의 순환이 가장 빠르며 방열기의 설치위치에 제한을 받지 않고 대규모 난방에 주로 채택되는 방식은?

① 단관식 상향 증기난방법
② 단관식 하향 증기난방법
③ 진공 환수식 증기난방법
④ 기계 환수식 증기난방법

해설

[증기난방의 환수방법]
증기난방에서 환수방식은 증기의 응축수를 효과적으로 회수하여 효율적인 난방을 유지하는 데 중요한 역할을 한다.
③ 진공 환수식 증기난방법은 증기의 순환이 가장 빠르며, 방열기의 설치위치에 제한을 받지 않고, 대규모난방에 적합하다.

70 온수난방배관 시 유의사항으로 틀린 것은?

① 온수방열기마다 반드시 수동식 에어벤트를 부착한다.
② 배관 중 공기가 고일 우려가 있는 곳에는 에어벤트를 설치한다.
③ 수리나 난방 휴지 시의 배수를 위한 드레인밸브를 설치한다.
④ 보일러에서 팽창탱크에 이르는 팽창관에는 밸브를 2개 이상 부착한다.

정답 68 ③ 69 ③ 70 ④

해설

[온수난방설비의 온수배관 시공법]

④ 팽창관에는 어떤 밸브도 설치해서는 안 된다.

보충 팽창관은 부피가 증가된 온수를 팽창탱크로 도피시키는 배관

71 강관에서 호칭 관경의 연결로 틀린 것은?

① 25A : $1\frac{1}{2}$B ② 20A : $\frac{3}{4}$B

③ 32A : $1\frac{1}{4}$B ④ 50A : 2B

해설

[강관에서 호칭 관경]

A : mm , B : inch

① 25A : 1B

72 펌프 주위 배관에 관한 설명으로 옳은 것은?

① 펌프의 흡입 측에는 압력계를, 토출 측에는 진공계(연성계)를 설치한다.

② 흡입관이나 토출관에는 펌프의 진동이나 관의 열팽창을 흡수하기 위하여 신축이음을 한다.

③ 흡입관의 수평배관은 펌프를 향해 1/50 ~ 1/100의 올림구배를 준다.

④ 토출관의 게이트밸브 설치높이는 1.3 m 이상으로 하고 바로 위에 체크밸브를 설치한다.

해설

[펌프 주위 배관]

① 펌프의 흡입 측에는 진공계(또는 연성계)를, 토출 측에는 압력계를 설치한다.

② 펌프가 작동할 때 발생하는 진동과, 배관 내 온도변화로 인한 열팽창을 흡수하기 위해 신축이음을 설치한다.

③ 흡입관의 수평배관을 펌프를 향해 올림구배하는 이유는 공기 포켓(기포)이 형성되는 것을 방지하기 위함이다.

④ 토출관의 게이트밸브 설치높이는 1.2 m 이상 1.5 m 이하로 하고 바로 아래에 체크밸브를 설치한다.

※ 문제 오류로 ②, ③ 정답 처리됨

2022-01

73 중·고압 가스배관의 유량(Q)을 구하는 계산식으로 옳은 것은? (단, P_1 : 처음압력, P_2 : 최종압력, d : 관 내경, l : 관 길이, s : 가스비중, K : 유량계수이다)

① $Q = K\sqrt{\frac{(P_1 - P_2)^2 d^5}{s \cdot l}}$

② $Q = K\sqrt{\frac{(P_2 - P_1)^2 d^4}{s \cdot l}}$

③ $Q = K\sqrt{\frac{(P_1^2 - P_2^2) d^5}{s \cdot l}}$

④ $Q = K\sqrt{\frac{(P_2^2 - P_1^2) d^4}{s \cdot l}}$

정답 71 ① 72 ②, ③ 73 ③

해설

[가스배관 유량 계산식]

저압배관 : $Q=K\sqrt{\dfrac{HD^5}{SL}}$

중·고압배관 : $Q=K\sqrt{\dfrac{(P_1^2-P_2^2)D^5}{SL}}$

※ 참고

1) 저압 배관 가스관경 계산식(폴의 공식)

$$D[\text{cm}]=\sqrt[5]{\frac{Q^2SL}{K^2H}}$$

$$(D^5=\frac{Q^2SL}{K^2H})$$

Q : 가스유량 $[m^3/h]$
D : 가스관 내경 [cm]
H : 허용압력손실 [mmAq]
L : 배관길이 [m]
S : 가스의 비중 [공기비중 : 1]
K : 유량계수(POLE상수 = 0.707)

2) 중·고압 배관 가스관경 계산식(콕스의 공식)

$$D[\text{cm}]=\sqrt[5]{\frac{Q^2SL}{K^2(P_1^2-P_2^2)}}$$

$$(D^5[\text{cm}]=\frac{Q^2SL}{K^2(P_1^2-P_2^2)})$$

Q : 가스유량 $[m^3/h]$
D : 가스관 내경 [cm]
P_1 : 초압 $[kgf/cm^2\,abs]$
P_2 : 종압 $[kgf/cm^2\,abs]$
L : 배관길이 [m]
S : 가스의 비중 [공기비중 : 1]
K : 유량계수(COX상수 = 52.31)

74 보온재의 열전도율이 작아지는 조건으로 틀린 것은?

① 재료의 두께가 두꺼울수록
② 재질 내 수분이 작을수록
③ 재료의 밀도가 클수록
④ 재료의 온도가 낮을수록

해설

[보온재의 열전도율이 작아지는 조건]
재료의 밀도가 커지면 열전도율이 커진다.

75 다음 중 증기 사용 간접가열식 온수공급 탱크의 가열관으로 가장 적절한 관은?

① 납관 ② 주철관
③ 동관 ④ 도관

해설

[증기사용 간접가열식 온수공급 탱크의 가열관]
간접가열식 온수공급탱크의 온수를 가열하는 가열관으로 열전도율이 우수한 동관이 적합하다.

76 펌프의 양수량이 60 m^3/min이고 전양정이 20 m일 때 볼류트 펌프로 구동할 경우 필요한 동력(kW)은 얼마인가? (단, 물의 비중량은 9800 N/m^3이고, 펌프의 효율은 60 %로 한다)

① 196.1 ② 200.2
③ 326.7 ④ 405.8

정답 74 ③ 75 ③ 76 ③

해설

[동력]

$$L_b = \frac{\gamma QH}{\eta}$$
$$= \frac{9800 \times 10^{-3} \times \frac{60}{60} \times 20}{0.6}$$
$$= 326.7\,\mathrm{kW}$$

77 다음 중 주철관이음에 해당되는 것은?

① 납땜이음　② 열간이음
③ 타이톤이음　④ 플라스턴이음

해설

[주철관이음]

- 납땜이음 : 동관
- 열간이음 : 염화비닐관(PVC관)
- 타이톤이음 : 주철관
- 플라스턴이음 : 납관

※ 타이톤이음
원형 고무링 하나만으로 접합하는 방식이다(소켓이음의 납과 얀 대신 고무링만 사용).

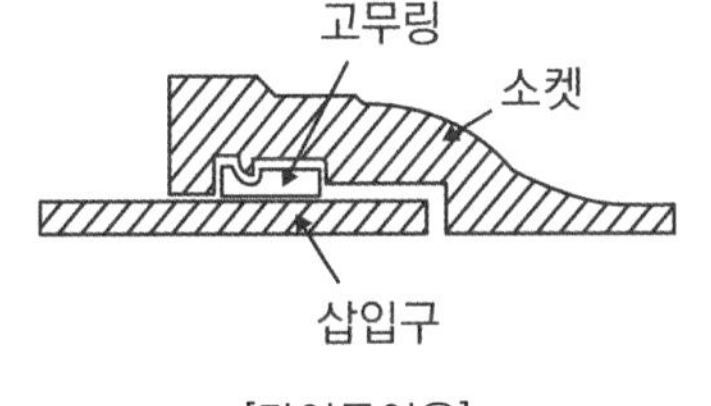

[타이톤이음]

78 전기가 정전되어도 계속하여 급수를 할 수 있으며 급수오염 가능성이 적은 급수방식은?

① 압력탱크방식
② 수도직결방식
③ 부스터방식
④ 고가탱크방식

해설

[급수오염 가능성이 적은 급수방식]

② 수도직결방식
상수도관에서 직접 급수하는 방식으로, 정전과 관계없이 급수가 가능하다. 또한 물을 저장하기 때문에 생기는 오염을 방지할 수 있다. 하지만 고층 건물의 경우 수압 부족으로 인해 안정적인 급수가 어려울 수 있다.

① 압력탱크방식
펌프를 이용하여 압력탱크에 물을 저장하고 공급하는 방식이다. 정전 시에는 펌프가 작동하지 않아 급수가 중단될 수 있다. 압력탱크 내부에서 공기와 물이 접촉할 경우 오염 위험이 존재한다. 또한 상수도 본관의 압력 변동에 따라 급수 상태가 불안정할 수 있다.

③ 부스터방식
펌프를 사용하여 급수압을 높여주는 방식이다. 정전 시 펌프가 작동하지 않아 급수가 중단될 수 있다. 펌프가 반복적으로 작동하면서 오염 위험이 발생할 가능성이 있다.

④ 고가탱크방식
건물 옥상에 설치된 고가탱크에서 중력에 의해 자연 급수하는 방식이다. 정전이 되어도 탱크 내 저장된 물이 중력으로 공급되므로 계속 급수가 가능하다. 하지만 저장된 물을 장시간 사용하지 않으면 오염될 수 있다.

정답 77 ③ 78 ②

79 도시가스의 공급설비 중 가스홀더의 종류가 아닌 것은?

① 유수식 ② 중수식
③ 무수식 ④ 고압식

해설

[가스홀더의 종류]

1) 가스홀더(Gas Holder)는 제조·정제된 가스를 저장하고, 압력을 균일하게 유지하며, 급격한 수요 변화에 대응하여 공급량을 조절하는 장치
2) 가스홀더의 역할
   (1) 가스를 저장하여 압력 변동을 방지
   (2) 수요 변동에 따라 가스 공급량을 조절
   (3) 제조량과 소비량의 균형을 유지하여 안정적인 공급 가능
3) 가스홀더의 종류
   (1) 저압식 : 유수식(有水式), 무수식(無水式)
   (2) 중, 고압식 : 구형(球形), 원통형(圓筒形)

80 강관의 두께를 선정할 때 기준이 되는 것은?

① 곡률반경
② 내경
③ 외경
④ 스케줄번호

해설

[강관의 두께를 선정할 때 기준]

스케줄 번호는 배관의 두께를 표시하는 번호로 번호가 클수록 관의 두께가 두껍다.

SI단위	스케줄 번호 $= \dfrac{\text{최고사용압력}\ P}{\text{재료의 허용응력}\ S} \times 1000$ ※ 단, 최고 사용압력(P)과 재료의 허용응력(S)의 단위를 일치시킨다.
공학단위	스케줄 번호 $= \dfrac{\text{최고사용압력}\ P}{\text{재료의 허용응력}\ S} \times 10$ 여기서 P : 최고사용압력[kg_f/cm^2] S : 재료의 허용응력[kg_f/mm^2]

여기서 S : 재료의 허용응력$\left(S = \dfrac{\text{인장강도}}{\text{안전율}}\right)$

정답 79 ② 80 ④

2022 제2회

1과목 에너지관리

1회독 시간 : 점수 :
2회독 시간 : 점수 :
3회독 시간 : 점수 :

01 습공기의 상대습도(ø)와 절대습도(ω)와의 관계식으로 옳은 것은? (단, P_a는 건공기 분압, P_s는 습공기와 같은 온도의 포화수증기압력이다)

① $\varnothing = \dfrac{\omega}{0.622}\dfrac{P_a}{P_s}$ ② $\varnothing = \dfrac{\omega}{0.622}\dfrac{P_s}{P_a}$

③ $\varnothing = \dfrac{0.622}{\omega}\dfrac{P_s}{P_a}$ ④ $\varnothing = \dfrac{0.622}{\omega}\dfrac{P_a}{P_s}$

해설

[습공기의 상대습도(ø)와 절대습도(ω)와의 관계식]

$$상대습도\ \phi = \frac{P_w}{P_s} \times 100\ \%$$

P_w : 습공기의 수증기 분압
P_s : 포화공기의 수증기 분압

$$절대습도\ x[kg/kg'] = \frac{수증기\ 질량(kg)}{건공기\ 질량(kg')} = 0.622\frac{P_w}{P_a} = 0.622\frac{P_w}{P-P_w}$$

P_w : 습공기 중의 수증기 분압
P_a : 습공기 중의 건공기 분압
P : 대기압

※ 이 문제에서 절대습도를 ω라고 하였으므로 기호에 유의한다.

$$절대습도\ \omega = 0.622\frac{P_w}{P_a} = 0.622\frac{P_w}{P_a} \times \frac{P_s}{P_s}$$

여기서, 상대습도 $\phi = \dfrac{P_w}{P_s}$이기 때문에

$$\therefore \omega = 0.622\frac{P_s}{P_a} \times \phi$$

상대습도 ϕ에 대해 정리하면,

$$\therefore \phi = \frac{\omega}{0.622} \times \frac{P_a}{P_s}$$

02 난방방식 종류별 특징에 대한 설명으로 틀린 것은?

① 저온 복사난방 중 바닥 복사난방은 특히 실내기온의 온도분포가 균일하다.
② 온풍난방은 공장과 같은 난방에 많이 쓰이고 설비비가 싸며 예열시간이 짧다.
③ 온수난방은 배관부식이 크고 워밍업 시간이 증기난방보다 짧으며 관의 동파 우려가 있다.
④ 증기난방은 부하변동에 대응한 조절이 곤란하고 실온분포가 온수난방보다 나쁘다.

해설

[난방방식에 따른 특징]

③ 온수난방은 일반적으로 증기난방보다 워밍업(예열) 시간이 더 길며, 배관 부식은 관리에 따라 다르지만 증기난방보다 덜한 편이다. 또한 동파 우려는 있지만, 적절한 단열 및 순환방식으로 예방이 가능하다.

정답 01 ① 02 ③

03 덕트의 경로 중 단면적이 확대되었을 경우 압력변화에 대한 설명으로 틀린 것은?

① 전압이 증가한다.
② 동압이 감소한다.
③ 정압이 증가한다.
④ 풍속은 감소한다.

해설

[덕트의 단면적 확대될 경우 압력변화]
덕트의 단면적이 확대되더라도 전압은 일정하다. 그러나 풍속이 감소되므로 동압이 감소되고, 정압은 증가하게 된다. 즉, 전압은 일정, 동압은 감소, 정압은 증가한다.

04 건축의 평면도를 일정한 크기의 격자로 나누어서 이 격자의 구획 내에 취출구, 흡입구, 조명, 스프링클러 등 모든 필요한 설비 요소를 배치하는 방식은?

① 모듈방식　② 셔터방식
③ 펑커루버방식　④ 클래스방식

해설

[모듈방식]
① 모듈방식은 건축 평면을 일정한 크기의 격자로 나누고, 그 구획 내에 설비 요소를 체계적으로 배치하는 방식이다. 이를 통해 설비 배치를 효율적으로 계획하고, 유지보수와 변경이 용이하도록 한다. 주로 사무실, 공장, 병원 등의 건물에서 사용된다.
② 셔터방식은 주로 방화구획을 형성하기 위해 사용하는 방식으로, 화재 시 자동으로 셔터가 내려와 화염 확산을 막는 역할을 한다.
③ 펑커루버방식은 공조 및 환기시스템에서 공기 흐름을 조절하기 위한 루버(Louver) 형태의 설비방식을 의미하며, 평면도 격자 배치방식과는 관련이 없다.
④ 클래스방식은 특정 교육방식이나 건축 개념을 구분할 때 사용되는 용어로, 본 문제와 관련이 없다.

05 습공기의 가습방법으로 가장 거리가 먼 것은?

① 순환수를 분무하는 방법
② 온수를 분무하는 방법
③ 수증기를 분무하는 방법
④ 외부 공기를 가열하는 방법

해설

[습공기의 가습방법]
④ 외부 공기를 가열하면 상대습도가 감소하는 경향이 있어, 오히려 공기가 건조해질 수 있다. 외부 공기를 가열하는 방법은 가습방법이 아니다.

※ 가습방법

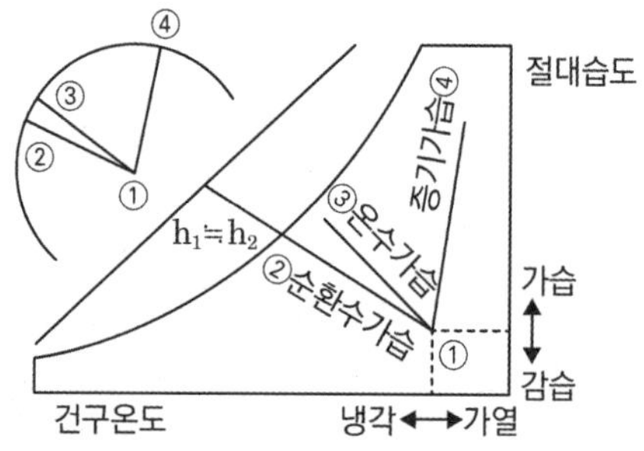

1) 순환수 분무(① → ②) : 가습(단열가습)·냉각
2) 온수 분무(① → ③) : 가습·냉각
3) 증기 분무(① → ④) : 가습·가열

정답 03 ① 04 ① 05 ④

06 공기조화설비를 구성하는 열운반장치로서 공조기에 직접 연결되어 사용하는 펌프로 가장 거리가 먼 것은?

① 냉각수펌프
② 냉수순환펌프
③ 온수순환펌프
④ 응축수(진공)펌프

해설

[냉각수펌프]
냉각수는 냉동기와 냉각탑에 설치되는 열운반 매체로 냉각수펌프는 공조기에 연결되지 않는다.

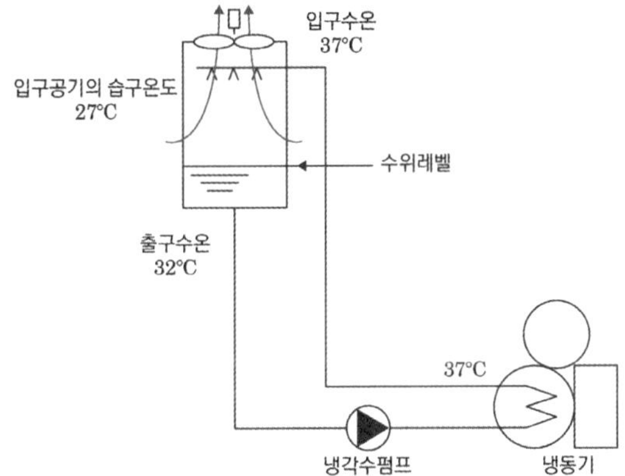

07 저압증기난방배관에 대한 설명으로 옳은 것은?

① 하향공급식의 경우에는 상향공급식의 경우보다 배관경이 커야 한다.
② 상향공급식의 경우에는 하향공급식의 경우보다 배관경이 커야 한다.
③ 상향공급식이나 하향공급식은 배관경과 무관하다.
④ 하향공급식의 경우 상향공급식보다 워터해머를 일으키기 쉬운 배관법이다.

해설

[저압증기난방배관]
1) 상향공급식은 증기가 아래에서 위로 이동하고, 응축수는 아래로 흐른다. 이때 배관 크기가 좁으면 증기 속도가 빨라져 배출되려던 응축수를 몰고 가서 수격작용을 일으킨다. 그러므로 배관을 더 크게 하여 증기의 속도를 느리게 해야 한다.
2) 반면, 하향공급식은 중력 도움으로 응축수가 빨리 배출되기 때문에 배관이 작아져 증기속도가 빨라도 된다.

08 현열만을 가하는 경우로 500 m^3/h의 건구온도(t_1) 5 ℃, 상대습도(ϕ_1) 80 %인 습공기를 공기 가열기로 가열하여 건구온도(t_2) 43 ℃, 상대습도(ϕ_2) 8 %인 가열공기를 만들고자 한다. 이때 필요한 열량(kW)은 얼마인가? (단, 공기의 비열은 1.01 kJ/kg·℃, 공기의 밀도는 1.2 kg/m^3이다)

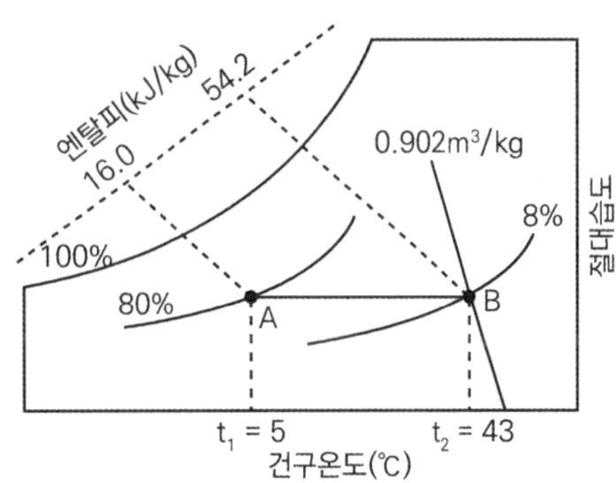

① 3.2 ② 5.8
③ 6.4 ④ 8.7

해설

[가열열량(현열만을 가하는 경우)]

[풀이 1]

$$q = GC_P\Delta t = \rho QC_P\Delta t$$
$$= 1.2\times\left(500[m^3/h]\times\frac{1[h]}{3600[s]}\right)\times 1.01\times(43-5)$$
$$≒ 6.4kW$$

[풀이 2]

$$q = G\Delta h = \rho Q\Delta h$$
$$= 1.2\times\left(500[m^3/h]\times\frac{1[h]}{3600[s]}\right)\times(54.2-16)$$
$$≒ 6.4kW$$

09 다음 중 열전도율(W/m·℃)이 가장 작은 것은?

① 납　② 유리
③ 얼음　④ 물

해설

[열전도율(W/m·℃)]

재료	열전도율 [W/m·℃]
물	0.592
유리	0.76
얼음	2.23
납	35

보충 공기의 열전도율 : 0.0262 [W/m·℃]

10 아래 표는 암모니아 냉매설비 운전을 위한 안전관리 절차서에 대한 설명이다. 이 중 틀린 내용은?

> ㉠ 노출확인 절차서 : 반드시 호흡용 보호구를 착용한 후 감지기를 이용하여 공기 중 암모니아 농도를 측정한다.
> ㉡ 노출로 인한 위험관리 절차서 : 암모니아가 노출되었을 때 호흡기를 보호할 수 있는 호흡 보호 프로그램을 수립하여 운영하는 것이 바람직하다.
> ㉢ 근로자 작업 확인 및 교육 절차서 : 암모니아설비가 밀폐된 곳이나 외진 곳에 설치된 경우 해당 지역에 근로자 작업을 할 때에는 다음 중 어느 하나에 의해 근로자의 안전을 확인할 수 있어야 한다.
> ㈎ CCTV 등을 통한 육안 확인
> ㈏ 무전기나 전화를 통한 음성 확인
> ㉣ 암모니아설비 및 안전설비의 유지관리 절차서 : 암모니아설비 주변에 설치된 안전대책의 작동 및 사용 가능 여부를 최소한 매년 1회 확인하고 점검하여야 한다.

① ㉠　② ㉡
③ ㉢　④ ㉣

해설

[암모니아 냉매설비의 안전관리]

암모니아설비 주변에 설치된 안전대책의 작동 및 사용 가능 여부를 최소한 분기별로 1회 확인하고 점검하여야 한다.

정답 09 ④ 10 ④

11 외기에 접하고 있는 벽이나 지붕으로부터의 취득열량은 건물 내외의 온도차에 의해 전도의 형식으로 전달된다. 그러나 외벽의 온도는 일사에 의한 복사열의 흡수로 외기온도보다 높게 되는데 이 온도를 무엇이라고 하는가?

① 건구온도　② 노점온도
③ 상당외기온도　④ 습구온도

해설

[상당외기온도(ET : Equivalent Temperature)]
외기온도에 태양의 일사 영향을 고려한 온도

상당외기온도 $t_e[K] = t_o + \dfrac{a}{\alpha_o} I$

t_o : 일사가 고려되지 않은 외기온도K
a : 표면의 흡수율
α_o : 표면 열전달률[$W/m^2 \cdot K$]
I: 일사량[W/m^2]
(일사량 = 직달일사 + 산란일사 + 반사일사)

12 보일러의 스케일 방지방법으로 틀린 것은?

① 슬러지는 적절한 분출로 제거한다.
② 스케일 방지성분인 칼슘의 생성을 돕기 위해 경도가 높은 물을 보일러수로 활용한다.
③ 경수연화장치를 이용하여 스케일 생성을 방지한다.
④ 인산염을 일정농도가 되도록 투입한다.

해설

[보일러의 스케일 방지방법]
② 칼슘(Ca)과 마그네슘(Mg)이 많은 경도가 높은 물(경수)은 스케일(석회질 침전물) 형성을 촉진한다. 보일러에서는 연수(부드러운 물)를 사용해야 스케일 발생을 줄일 수 있다.

보충 인산염과 같은 약품을 투입하는 내부 화학처리 방법이다. 이 약품은 스케일 성분과 반응하여 부착성이 없는 부드러운 슬러지로 만들어 분출 시 쉽게 배출되도록 한다.

2022-02

13 습공기선도상의 상태변화에 대한 설명으로 틀린 것은?

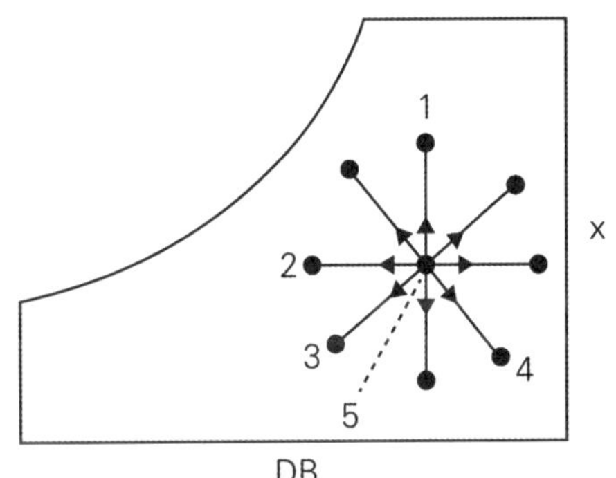

① 5 → 1 : 가습
② 5 → 2 : 현열냉각
③ 5 → 3 : 냉각가습
④ 5 → 4 : 가열감습

해설

[습공기선도상의 상태변화]
5 → 3 : 냉각감습
건구온도(DB)의 감소, 절대습도(x)의 감소이므로

정답 11 ③　12 ②　13 ③

※ 습공기선도

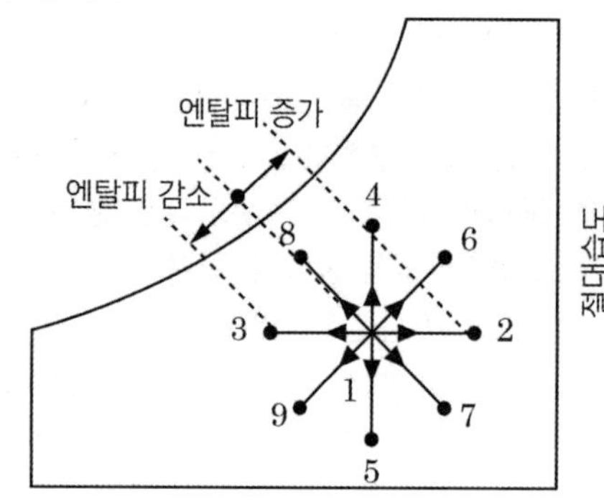

- 1 → 2 : 가열(절대습도 일정, 현열)
- 1 → 3 : 냉각(절대습도 일정, 현열)
- 1 → 4 : 가습(등온)
- 1 → 5 : 감습(등온)
- 1 → 6 : 가열가습
- 1 → 7 : 가열감습
- 1 → 8 : 냉각가습(순환수가습, 단열가습)
- 1 → 9 : 냉각감습

14 다음 중 보온, 보냉, 방로의 목적으로 덕트 전체를 단열해야 하는 것은?

① 급기덕트 ② 배기덕트
③ 외기덕트 ④ 배연덕트

해설

[덕트의 단열]
공조용 급기덕트는 열손실·열취득 방지 및 결로 방지를 위해 전체를 단열한다.

15 어느 건물 서편의 유리 면적이 40 m^2이다. 안쪽에 크림색의 베네시언 블라인드를 설치한 유리면으로부터 침입하는 열량(kW)은 얼마인가? (단, 외기 33 ℃, 실내공기 27 ℃, 유리는 1중이며, 유리의 열통과율은 5.9 $W/m^2 \cdot$℃, 유리창의 복사량(I_{gr})은 608 W/m^2, 차폐계수는 0.56이다)

① 15.0 ② 13.6
③ 3.6 ④ 1.4

해설

[유리면으로부터 침입하는 열량 q_G]

$q_G = q_{GR} + q_{GT}$

1) 일사에 의한 열량(q_{GR})

$$q_{GR} = I_{GR} \cdot A_g \cdot k_s = 608 \times 40 \times 0.56 = 13619.2 \text{ W}$$

I_{GR} : 복사량
A_g : 유리면적
k_s : 차폐계수

2) 관류에 의한 열량(q_{GT})

$$q_{GT} = K \cdot A_g \cdot \Delta t = 5.9 \times 40 \times (33 - 27) = 1416 \text{ W}$$

K : 열통과율
A_g : 유리면적
Δt : 온도차

3) 전체 침입열량

$$q_G = q_{GR} + q_{GT} = 13619.2\ W + 1416\ W = 15035.2\ W \fallingdotseq 15\ kW$$

정답 14 ① 15 ①

16 T.A.B 수행을 위한 계측기기의 측정위치로 가장 적절하지 않은 것은?

① 온도 측정 위치는 증발기 및 응축기의 입·출구에서 최대한 가까운 곳으로 한다.
② 유량 측정 위치는 펌프의 출구에서 가장 가까운 곳으로 한다.
③ 압력 측정 위치는 입·출구에 설치된 압력계용 탭에서 한다.
④ 배기가스 온도 측정 위치는 연소기의 온도계설치위치 또는 시료 채취 출구를 이용한다.

해설

[T.A.B 수행을 위한 계측기기의 측정 위치]

② 유량 측정 위치는 펌프의 출구에서 가장 가까운 곳으로 할 때 측정 오차가 커진다.
유량계 설치 지점의 상류측 및 하류측에 충분한 직관부 길이가 확보된 지점에서 측정해야 한다(방향 전환이나 와류가 생기는 곳으로부터 멀리 떨어진 곳에서 유량을 측정해야 한다).

17 난방부하가 7559.5 W인 어떤 방에 대해 온수난방을 하고자 한다. 방열기의 상당방열면적(m^2)은 얼마인가? (단, 방열량은 표준방열량으로 한다)

① 6.7　　② 8.4
③ 10.2　　④ 14.4

해설

[상당방열면적(EDR)]

$$EDR = \frac{\text{방열기의 전체 방열량}}{\text{방열기의 표준방열량}} = \frac{7559.5\ W}{523\ W/m^2} \fallingdotseq 14.4\ m^2$$

온수 표준방열량 : $523\ W/m^2$
증기 표준방열량 : $756\ W/m^2$

18 에어와셔 내에서 물을 가열하지도 냉각하지도 않고 연속적으로 순환 분무시키면서 공기를 통과시켰을 때 공기의 상태변화는 어떻게 되는가?

① 건구온도는 높아지고 습구온도는 낮아진다.
② 절대온도는 높아지고 습구온도는 높아진다.
③ 상대습도는 높아지고 건구온도는 낮아진다.
④ 건구온도는 높아지고 상대습도는 낮아진다.

해설

[순환수 분무가습]

순환수분무 가습 시 상대습도는 높아지고 건구온도는 낮아진다.

- 순환수분무 : 냉각·가습($t_{w2} = t_1'$)
- 냉각분무 : 냉각·감습($t_{w2} < t_1''$)
- 온수분무 : 냉각·가습($t_{w2} > t_1'$)

t_{w2} : 에어와셔 분무수 출구수온
t_1 : 에어와셔 입구공기 습구온도
t_1 : 에어와셔 입구공기 노점온도

정답 16 ② 17 ④ 18 ③

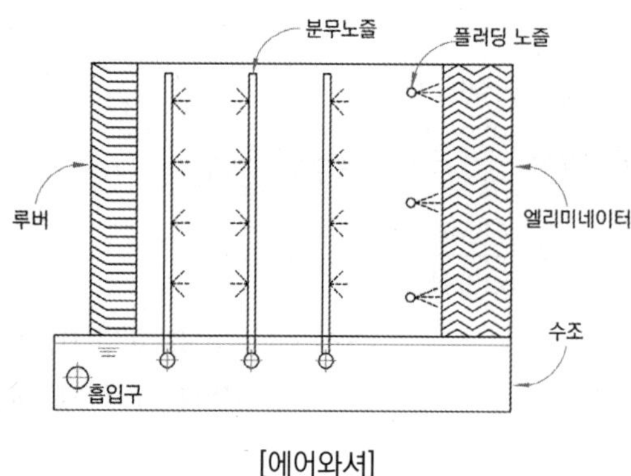

[에어와셔]

19 크기에 비해 전열면적이 크므로 증기발생이 빠르고, 열효율도 좋지만 내부청소가 곤란하므로 양질의 보일러 수를 사용할 필요가 있는 보일러는?

① 입형 보일러
② 주철제보일러
③ 노통보일러
④ 연관보일러

해설

[연관보일러]

1) 가열방식 : 여러 개의 연관(튜브) 속으로 열가스가 흐르며 물을 가열하는 방식이다.
2) 장점 : 전열면적이 커서 열효율이 높고, 증기 발생 속도가 빠르다.
3) 단점 : 연관 유지보수가 어렵고, 내부 청소가 힘들다.
4) 주의사항 : 수질에 민감하여 양질의 보일러수를 사용해야 한다.

20 온수난방과 비교하여 증기난방에 대한 설명으로 옳은 것은?

① 예열시간이 짧다.
② 실내온도의 조절이 용이하다.
③ 방열기 표면의 온도가 낮아 쾌적한 느낌을 준다.
④ 실내에서 상하온도차가 작으며, 방열량의 제어가 다른 난방에 비해 쉽다.

해설

[증기난방]

※ 증기난방과 온수난방 비교

구분	증기난방	온수난방
예열 시간	빠름	상대적으로 느림
실내온도 조절	어렵다	온도조절 쉬움
방열기 표면 온도	높음	낮아서 쾌적함
실내온도 분포	상하온도차 큼	온도차 작음 균일한 난방
방열기 제어	조절 어려움	조절 쉬움

정답 19 ④ 20 ①

2과목 공조냉동설계

1회독 시간 : 점수 :
2회독 시간 : 점수 :
3회독 시간 : 점수 :

21 공기압축기에서 입구 공기의 온도와 압력은 각각 27 ℃, 100 kPa이고, 체적유량은 0.01 m^3/s이다. 출구에서 압력이 400 kPa이고, 이 압축기의 등엔트로피 효율이 0.8일 때 압축기의 소요 동력(kW)은 얼마인가? (단, 공기의 정압비열과 기체상수는 각각 1 kJ/(kg·K), 0.287 kJ/(kg·K)이고, 비열비는 1.4이다)

① 0.9 ② 1.7
③ 2.1 ④ 3.8

해설

[압축기의 소요 동력(kW)]

1) 등엔트로피의 압축일(공업일)

등엔트로피과정은 단열과정, 단열과정 공업일은

$$w_{th} = \frac{k}{k-1}R(T_1 - T_2)$$

$$= \frac{k}{k-1}RT_1(1-\frac{T_2}{T_1})$$

$$= \frac{kRT_1}{k-1}\left\{1-\left(\frac{P_2}{P_1}\right)^{\frac{k-1}{k}}\right\}$$

$$= \frac{1.4\times0.287\times300}{1.4-1}\left\{1-\left(\frac{400}{100}\right)^{\frac{1.4-1}{1.4}}\right\}$$

$$=-146.45\ kJ/kg$$

$(T_1 = 27+273 = 300\ K)$

※ 단열과정에서 공업일[별해]

$$w_{th} = C_P(T_1 - T_2) = C_PT_1(1-\frac{T_2}{T_1})$$

$$= C_PT_1\left\{1-\left(\frac{P_2}{P_1}\right)^{\frac{k-1}{k}}\right\}$$

$$= 1\times(27+273)\times\left\{1-\left(\frac{400}{100}\right)^{\frac{1.4-1}{1.4}}\right\}$$

$$=-145.798\ kJ/kg$$

2) 실제 압축일

$$w_t = \frac{w_{th}}{\eta} = \frac{-146.45}{0.8} = -183.06\ kJ/kg$$

3) 압축기 동력 L_b

$$L_b = G\times w_t = \rho Q\times w_t$$

$$= 1.2\ kg/m^3\times0.01\ m^3/s\times(-183.06\ kJ/kg)$$

$$=-2.1\ kW$$ (- : 압축일)

보충 1 kJ/s = 1 kW

ρ : 공기의 밀도(1.2 kg/m^3)

정답 21 ③

22 다음은 2단압축 1단팽창 냉동장치의 중간냉각기를 나타낸 것이다. 각 부에 대한 설명으로 틀린 것은?

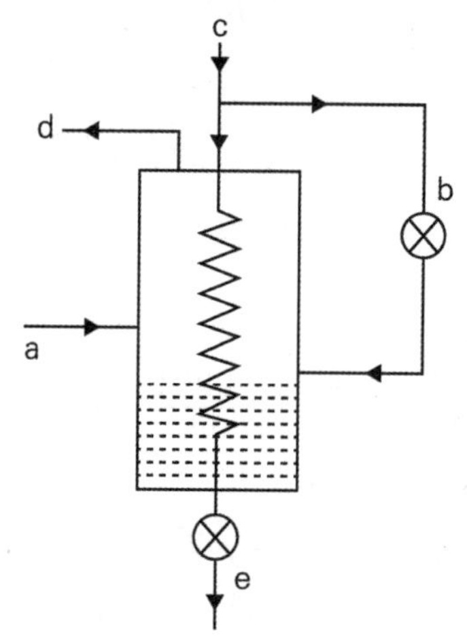

① a의 냉매관은 저단압축기에서 중간냉각기로 냉매가 유입되는 배관이다.
② b는 제1(중간냉각기 앞)팽창밸브이다.
③ d부분의 냉매증기온도는 a부분의 냉매 증기온도보다 낮다.
④ a와 c의 냉매순환량은 같다.

해설

[2단압축 냉동사이클]

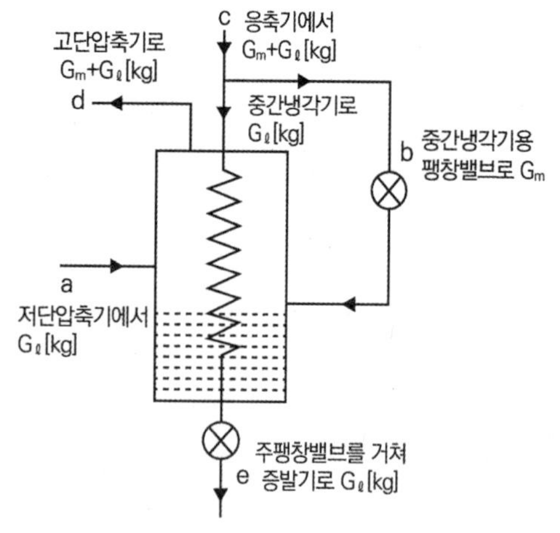

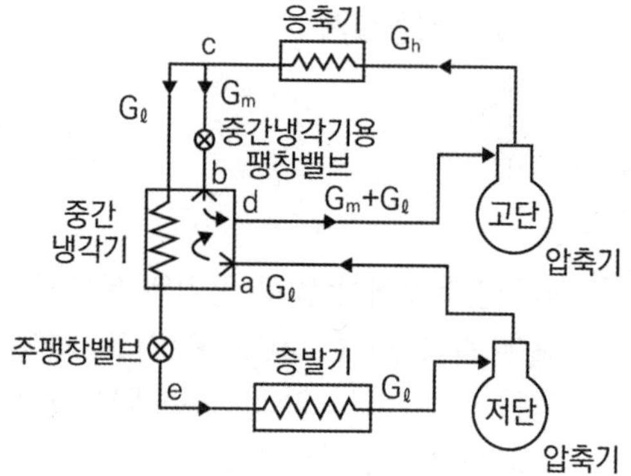

a는 저단 측 냉매량이고, c는 고단 측 냉매량(전체 냉매량)이므로 냉매순환량이 같지 않다.

a : 저단 측 냉매량(G_ℓ)

b : 중간냉각 냉매량(G_m)

c : 고단 측 냉매량(전체 냉매량 = $G_m + G_\ell$)

d : 고단 측 냉매량(전체 냉매량 = $G_m + G_\ell$)

e : 저단 측 냉매량(G_ℓ)

23 흡수식 냉동기의 냉매와 흡수제 조합으로 가장 적절한 것은?

① 물(냉매) - 프레온(흡수제)
② 암모니아(냉매) - 물(흡수제)
③ 메틸아민(냉매) - 황산(흡수제)
④ 물(냉매) - 디메틸에테르(흡수제)

해설

[흡수식 냉동기의 냉매와 흡수제]

냉매	흡수제
물(H_2O)	리튬 브로마이드(LiBr)
암모니아(NH_3)	물(H_2O)
물(H_2O)	염화리튬(LiCl)
물(H_2O)	황산(H_2SO_4)

정답 22 ④ 23 ②

24 견고한 밀폐용기 안에 공기가 압력 100 kPa, 체적 1 m^3, 온도 20 ℃ 상태로 있다. 이 용기를 가열하여 압력이 150 kPa이 되었다. 최종 상태의 온도와 가열량은 각각 얼마인가? (단, 공기는 이상기체이며, 공기의 정적비열은 0.717 kJ/(kg · K), 기체상수는 0.287 kJ/(kg · K)이다)

① 303.2 K, 117.8 kJ
② 303.2 K, 124.9 kJ
③ 439.7 K, 117.8 kJ
④ 439.7 K, 124.9 kJ

해설

[정적과정에서 공기의 최종 온도와 가열량]

이상기체상태방정식
$PV = GRT$
여기서, G : 질량 [kg]
R : 특정기체상수 [kJ/(kg · K)]

보일 샤를의 법칙
$\frac{P_1 V_1}{T_1} = \frac{P_2 V_2}{T_2}$

견고한 밀폐용기 안에 공기이므로 $V_1 = V_2$

1) 최종온도 T_2

$$\frac{P_1}{T_1} = \frac{P_2}{T_2}$$

$$T_2 = \frac{P_2}{P_1} \times T_1$$

$$\therefore T_2 = \frac{150}{100} \times (20 + 273.15) = 439.7\ \text{K}$$

2) 공기의 질량 G

$$G = \frac{PV}{RT}$$

$$= \frac{100 \times 1}{0.287 \times (20 + 273.15)} = 1.1886\ kg$$

3) 가열량 Q

$\delta Q = dU + PdV$에서 $dV = 0$이므로

$\delta Q = dU = G \cdot C_v dT$

$$\therefore Q = 1.1886 \times 0.717 \times (439.7 - 293.15)$$

$$= 124.89\ kJ$$

보충 273.15를 273으로 계산해도 무방함

25 밀폐계에서 기체의 압력이 500 kPa로 일정하게 유지되면서 체적이 0.2 m^{3}에서 0.7 m^{3}로 팽창하였다. 이 과정 동안에 내부에너지의 증가가 60 kJ이라면 계가 한 일(kJ)은 얼마인가?

① 450 ② 310
③ 250 ④ 150

해설

[밀폐계의 일(절대일)]

$${}_1W_2 = \int_1^2 PdV = P(V_2 - V_1)$$

$$= 500 \times (0.7 - 0.2) = 250\ \text{kJ}$$

보충 내부에너지의 증가는 일에 영향이 없다.

정답 24 ④ 25 ③

26 이상기체가 등온과정으로 부피가 2배로 팽창할 때 한 일이 W_1이다. 이 이상기체가 같은 초기 조건 하에서 폴리트로픽과정(n = 2)으로 부피가 2배로 팽창할 때 W_1을 대비한 일은 얼마인가?

① $\frac{1}{2\ln 2} \times W_1$　② $\frac{2}{\ln 2} \times W_1$

③ $\frac{\ln 2}{2} \times W_1$　④ $2\ln 2 \times W_1$

해설

[폴리트로픽과정에서의 절대일]

1) 등온과정 절대일

$$W_1 = RT\ln\frac{V_2}{V_1} = RT\ln\frac{2V_1}{V_1} = RT\ln 2$$

여기서 $RT = \frac{1}{\ln 2}W_1$

2) 폴리트로픽과정 절대일

$$W_2 = \frac{1}{n-1}R(T_1 - T_2)$$

$$= \frac{RT_1}{n-1}(1 - \frac{T_2}{T_1}) = \frac{RT_1}{n-1}\left\{1 - \left(\frac{V_1}{V_2}\right)^{n-1}\right\}$$

문제에서 지수 $n = 2$로 주어졌고

초기온도 $T_1 = T$이므로

$$W_2 = \frac{RT}{2-1}\left\{1 - \left(\frac{V_1}{2V_1}\right)^{2-1}\right\}$$

$$= RT\left(1 - \frac{1}{2}\right) = \frac{1}{2}RT$$

위의 $RT = \frac{1}{\ln 2}W_1$을 대입하면

$$W_2 = \frac{1}{2\ln 2}W_1$$

27 증발기에 대한 설명으로 틀린 것은?

① 냉각실 온도가 일정한 경우 냉각실 온도와 증발기 내 냉매 증발온도의 차이가 작을수록 압축기 효율은 좋다.

② 동일조건에서 건식 증발기는 만액식 증발기에 비해 충전 냉매량이 적다.

③ 일반적으로 건식 증발기 입구에서의 냉매의 증기가 액냉매에 섞여 있고, 출구에서 냉매는 과열도를 갖는다.

④ 만액식 증발기에서는 증발기 내부에 윤활유가 고일 염려가 없어 윤활유를 압축기로 보내는 장치가 필요하지 않다.

해설

[만액식 증발기]

압축기에서 냉매와 윤활유가 섞인다. 냉매가 증발하면서 윤활유가 증발기에 남을 수 있다. 만액식 증발기는 냉매가 액체상태로 가득 차 있어 윤활유가 쉽게 고인다. 윤활유가 증발기 내부에 쌓이면 열전달 성능이 저하된다. 그러므로 윤활유를 압축기로 돌려보낼 장치가 필요하다.

28 다음 중 압력 값이 다른 것은?

① 1 mAq

② 73.56 mmHg

③ 980.665 Pa

④ 0.98 N/cm^2

정답 26 ① 27 ④ 28 ③

해설

[압력]

② $73.56\text{ mmHg} = \frac{73.56}{760} \times 10.332 = 1.0\text{ mAq}$

③ $980.665\text{ Pa} = \frac{980.665}{101325} \times 10.332 = 0.1\text{ mAq}$

④ $0.98\text{ N/cm}^2 = 9800\ N/m^2$

$= \frac{9800}{101325} \times 10.332 = 1.0\text{ mAq}$

29 냉동기에서 고압의 액체냉매와 저압의 흡입증기를 서로 열교환시키는 열교환기의 주된 설치목적은?

① 압축기 흡입증기 과열도를 낮추어 압축 효율을 높이기 위함
② 일종의 재생사이클을 만들기 위함
③ 냉매액을 과냉시켜 플래시가스 발생을 억제하기 위함
④ 이원냉동사이클에서의 캐스케이드 응축기를 만들기 위함

해설

[액 – 가스 열교환기]

액 – 가스 열교환기의 설치목적은 응축기에서 응축된 냉매액을 과냉각시켜 플래시가스 발생을 억제하고 증발기에서 나오는 냉매 증기를 과열시켜 액백의 발생을 방지한다.

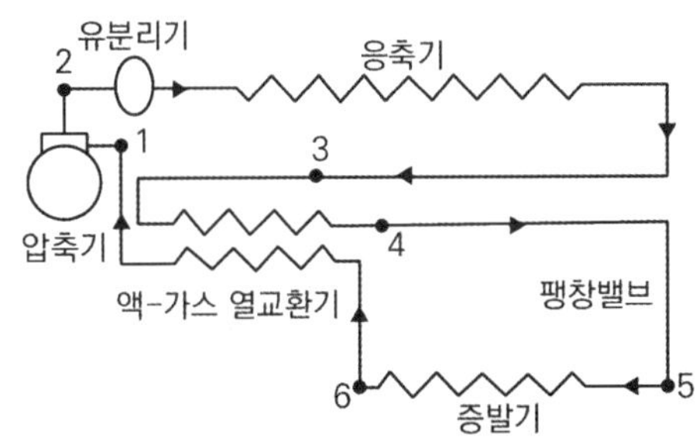

30 피스톤 – 실린더시스템에 100 kPa의 압력을 갖는 1 kg의 공기가 들어 있다. 초기 체적은 0.5 m^{3}이고, 이 시스템에 온도가 일정한 상태에서 열을 가하여 부피가 1.0 m^{3}이 되었다. 이 과정 중 시스템에 가해진 열량(kJ)은 얼마인가?

① 30.7 ② 34.7
③ 44.8 ④ 50.0

해설

[등온과정에서 가열량]

$\delta q = du + pdv$에서 $du = 0$이므로 $\delta q = pdv$

$${}_1Q_2 = \int_1^2 PdV = {}_1W_2$$

즉, 등온변화 시 가열량 = 일량

$${}_1Q_2 = \int_1^2 PdV = P_1 V_1 \ln\frac{V_2}{V_1}$$

$$= 100 \times 0.5 \times \ln\frac{1.0}{0.5} = 34.7\text{ kJ}$$

31 다음 조건을 이용하여 응축기 설계 시 1RT(3.86kW)당 응축면적(m^2)은 얼마인가? (단, 온도차는 산술평균온도차를 적용한다)

- 방열계수 : 1.3
- 응축온도 : 35 ℃
- 냉각수 입구온도 : 28 ℃
- 냉각수 출구온도 : 32 ℃
- 열통과율 : 1.05 kW/m^2·℃

① 1.25 ② 0.96
③ 0.74 ④ 0.45

정답 29 ③ 30 ② 31 ②

2022-02

해설

[1RT당 응축면적]

$$방열계수 = \frac{응축열량}{증발열량}$$

응축열량 $Q_c = 3.86 \times 1.3 = 5.018 \text{ kW}$

$$\Delta t_m = 35 - \frac{28+32}{2} = 5℃$$

$Q_c = K \cdot A \cdot \Delta t_m$에서

$$\therefore A = \frac{Q_c}{K \cdot t_m} = \frac{5.018}{1.05 \times 5} = 0.955 \text{ m}^2$$

32 역카르노사이클로 300 K와 240 K 사이에서 작동하고 있는 냉동기가 있다. 이 냉동기의 성능계수는 얼마인가?

① 3　　② 4
③ 5　　④ 6

해설

[냉동기의 성능계수(COP)]

$$COP = \frac{Q_e}{W} = \frac{T_L}{T_H - T_L} = \frac{240}{300-240} = 4$$

※ 냉동기

에너지(전기 혹은 고온의 열)를 일의 형태로 받아 저열원으로부터 열을 빼앗는 것이 목적

$$COP = \frac{Q_2}{W} = \frac{Q_2}{Q_1 - Q_2} = \frac{T_2}{T_1 - T_2}$$

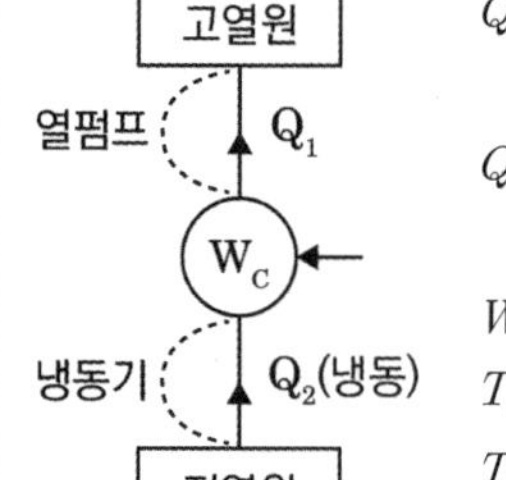

Q_1 : 저열원으로부터 흡수하는 열량
Q_2 : 고열원으로 방출하는 열량
W : 일량
T_1 : 고온
T_2 : 저온

33 체적 2500 L인 탱크에 압력 294 kPa, 온도 10 ℃의 공기가 들어 있다. 이 공기를 80 ℃까지 가열하는 데 필요한 열량(kJ)은 얼마인가? (단, 공기의 기체상수는 0.287 kJ/(kg·K), 정적비열은 0.717 kJ/(kg·K)이다)

① 408　　② 432
③ 454　　④ 469

해설

[정적과정에서 가열량]

> 이상기체상태방정식 $PV = GRT$
> 여기서, G : 질량 [kg]
> R : 특정기체상수 [kJ/(kg·K)]

$P_1 V_1 = GRT_1$에서

$$G = \frac{P_1 V_1}{RT_1} = \frac{294 \times 2500 \times 10^{-3}}{0.287 \times (10+273)} = 9.049 \text{ kg}$$

$\delta Q = dU + PdV$에서 $dV = 0$이므로

$\delta Q = dU = GC_v dT$

$$\therefore Q = 9.049 \times 0.717 \times (80-10) = 454.17 \text{ kJ}$$

정답 32 ② 33 ③

34 다음 그림은 냉동사이클을 압력 – 엔탈피(P–h)선도에서 나타낸 것이다. 다음 설명 중 옳은 것은?

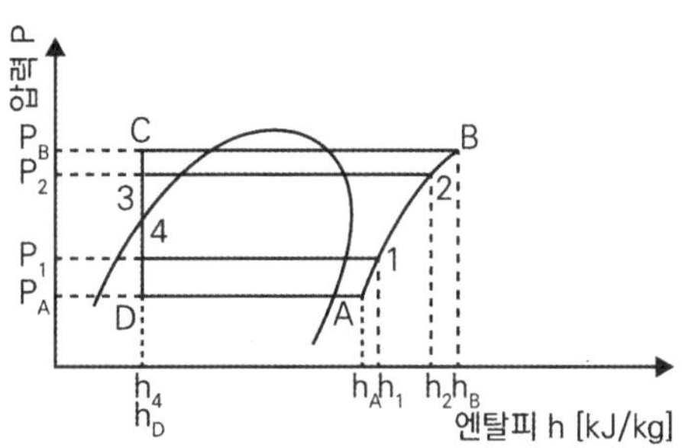

① 냉동사이클이 1 - 2 - 3 - 4 - 1에서 1 - B - C - 4 - 1로 변하는 경우 냉매 1 kg당 압축일의 증가는 (h_B - h_1)이다.

② 냉동사이클이 1 - 2 - 3 - 4 - 1에서 1 - B - C - 4 - 1로 변하는 경우 성적계수는 [(h_1 - h_4)/(h_2 - h_1)]에서 [(h_1 - h_4)/(h_B - h_1)]로 된다.

③ 냉동사이클이 1 - 2 - 3 - 4 - 1에서 A - 2 - 3 - D - A로 변하는 경우 증발압력이 P_1에서 P_A로 낮아져 압축비는 (P_2/P_1)에서 (P_1/P_A)로 된다.

④ 냉동사이클이 1 - 2 - 3 - 4 - 1에서 A - 2 - 3 - D - A로 변하는 경우 냉동효과는 (h_1 - h_4)에서 (h_A - h_4)로 감소하지만, 압축기 흡입증기의 비체적은 변하지 않는다.

해설

① 냉매 1 kg당 압축일의 증가는 $(h_B - h_2)$이다.

③ 압축비는 (P_2/P_1)에서 (P_2/P_A)로 된다.

④ 압축기 흡입증기의 비체적은 $v_1 \rightarrow v_A$로 증가한다.

35 다음 중 증발기 내 압력을 일정하게 유지하기 위해 설치하는 팽창장치는?

① 모세관
② 정압식 자동 팽창밸브
③ 플로트식 팽창밸브
④ 수동식 팽창밸브

해설

[정압식 자동팽창밸브]

② 정압식 자동 팽창밸브는 내부에 있는 스프링과 다이어프램이 압력변화에 따라 자동으로 조절되면서 증발이 압력이 변해도 일정하게 유지되도록 한다.

36 외기온도 –5 ℃, 실내온도 18 ℃, 실내습도 70 %일 때, 벽 내면에서 결로가 생기지 않도록 하기 위해서는 내·외기 대류와 벽의 전도를 포함하여 전체 벽의 열통과율[W/(m²·K)]은 얼마 이하이어야 하는가? (단, 실내공기 18 ℃, 70 %일 때 노점온도는 12.5 ℃이며, 벽의 내면 열전달률은 7 W/(m²·K)이다)

① 1.91 ② 1.83
③ 1.76 ④ 1.67

해설

[결로가 생기지 않도록 하기 위한 벽의 열통과율(K)]

$\alpha_i A(t_i - t_s) = KA(t_i - t_o)$

$$K = \frac{\alpha_i(t_i - t_s)}{(t_i - t_o)}$$

$$= \frac{7 \times (18 - 12.5)}{(18 - (-5))} = 1.674 \text{ W/m}^2\text{K}$$

정답 34 ② 35 ② 36 ④

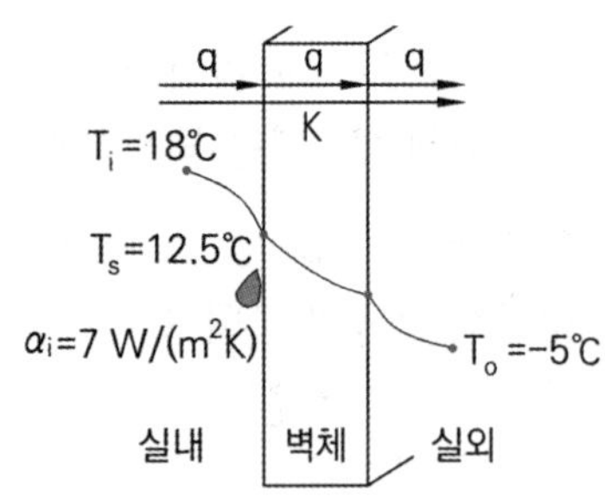

37 다음 이상기체에 대한 설명으로 옳은 것은?

① 이상기체의 내부에너지는 압력이 높아지면 증가한다.
② 이상기체의 내부에너지는 온도만의 함수이다.
③ 이상기체의 내부에너지는 항상 일정하다.
④ 이상기체의 내부에너지는 온도와 무관하다.

해설

[이상기체의 내부에너지]
이상기체의 내부에너지는 온도만의 함수이다.
$du = C_v dT$

38 다음 중 냉매를 사용하지 않는 냉동장치는?

① 열전 냉동장치
② 흡수식 냉동장치
③ 교축팽창식 냉동장치
④ 증기압축식 냉동장치

해설

[전자냉동법(열전냉동법)]

1) 서로 다른 종류의 금속이나 반도체를 연결하여 직류 전류를 흘려보내면, 한쪽 접점에서는 열을 흡수하여 온도가 낮아지고 다른 쪽 접점에서는 열을 방출하여 온도가 높아지는 현상을 펠티에효과(Peltier Effect)라고 한다. 이 원리를 이용한 냉동법을 전자냉동법 또는 열전냉동법이라 칭한다.
2) 두 개의 반도체 소자로는 $Bi + Bi_2Te_3$ 등이 사용된다.

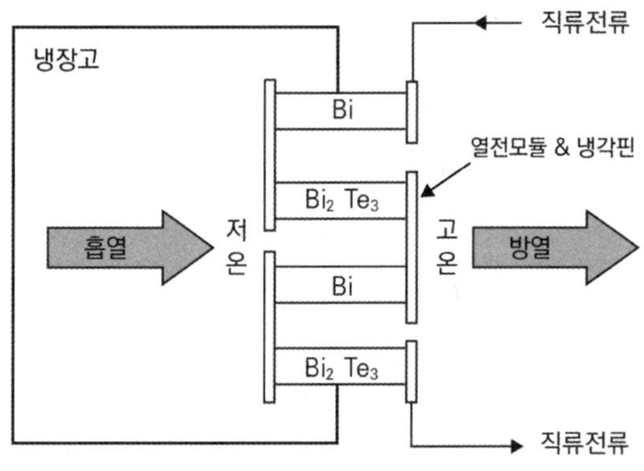

[전자냉동법(열전냉동법)]

39 냉동장치의 냉동능력이 38.8 kW, 소요동력이 10 kW이었다. 이때 응축기 냉각수의 입·출구온도차가 6 ℃, 응축온도와 냉각수 온도와의 평균온도차가 8 ℃일 때, 수냉식 응축기의 냉각수량(L/min)은 얼마인가? (단, 물의 정압비열은 4.2 kJ/(kg · ℃)이다)

① 126.1　　② 116.2
③ 97.1　　④ 87.1

정답 37 ② 38 ① 39 ②

해설

[수냉식 응축기의 냉각수량]

$Q_c = G \cdot C \cdot \Delta t$이고 $Q_c = Q_e + W$

$$G = \frac{Q_c}{C \cdot \Delta t} = \frac{Q_e + W}{C \cdot \Delta t}$$

$$= \frac{(38.8 + 10) \times 60}{4.2 \times 6} = 116.19\ \mathrm{kg/min}$$

$$= 116.19\ \mathrm{L/min}$$

보충 물 1 L = 1 kg

보충 응축온도와 냉각수 온도와의 평균온도차 8 ℃는 풀이 시 쓰이지 않는다.

40 열과 일에 대한 설명으로 옳은 것은?

① 열역학적 과정에서 열과 일은 모두 경로에 무관한 상태함수로 나타낸다.
② 일과 열의 단위는 대표적으로 Watt (W)를 사용한다.
③ 열역학 제1법칙은 열과 일의 방향성을 제시한다.
④ 한 사이클과정을 지나 원래 상태로 돌아왔을 때 시스템에 가해진 전체 열량은 시스템이 수행한 전체 일의 양과 같다.

해설

[열과 일]

① 열역학적 과정에서 열과 일은 모두 **경로 함수**이다.
② 일과 열의 단위는 대표적으로 J을 사용한다.
③ 열역학 제1법칙은 열과 일의 수량적 관계를 제시한다. 방향성을 제시하는 것은 **제2법칙**이다.

3과목 시운전 및 안전관리

1회독 시간 : 점수 :
2회독 시간 : 점수 :
3회독 시간 : 점수 :

41 산업안전보건법령상 냉동·냉장 창고시설 건설공사에 대한 유해위험방지계획서를 제출해야 하는 대상시설의 연면적 기준은 얼마인가?

① 3천 제곱미터 이상
② 4천 제곱미터 이상
③ 5천 제곱미터 이상
④ 6천 제곱미터 이상

해설

[유해위험방지계획서를 제출 대상]

산업안전보건법 시행령 제42조 ③

연면적 5천 제곱미터 이상인 냉동·냉장창고시설 건설공사의 경우 유해위험방지 계획서를 제출해야 한다.

42 기계설비법령에 따른 기계설비의 착공 전 확인과 사용 전 검사의 대상 건축물 또는 시설물에 해당하지 않는 것은?

① 연면적 1만 제곱미터 이상인 건축물
② 목욕장으로 사용되는 바닥면적 합계가 500제곱미터 이상인 건축물
③ 기숙사로 사용되는 바닥면적 합계가 1천 제곱미터 이상인 건축물
④ 판매시설로 사용되는 바닥면적 합계가 3천 제곱미터 이상인 건축물

정답 40 ④ 41 ③ 42 ③

해설

[기계설비의 착공 전 확인과 사용 전 검사의 대상]
「기계설비법」 시행령 제11조 별표 5
③ 기숙사로 사용되는 바닥면적 합계가 2천 제곱미터 이상인 건축물

43 고압가스안전관리법령에 따라 "냉매로 사용되는 가스 등 대통령령으로 정하는 종류의 고압가스"는 품질기준으로 고시하여야 하는데, 목적 또는 용량에 따라 고압가스에서 제외될 수 있다. 이러한 제외 기준에 해당되는 경우로 모두 고른 것은?

가. 수출용으로 판매 또는 인도되거나 판매 또는 인도될 목적으로 저장·운송 또는 보관되는 고압가스 나. 시험용 또는 연구개발용으로 판매 또는 안도되거나 판매 또는 인도될 목적으로 저장·운송 또는 보관되는 고압가스(해당 고압가스를 직접 시험하거나 연구 개발하는 경우만 해당한다) 다. 1회 수입되는 양이 400킬로그램 이하인 고압가스

① 가, 나　　② 가, 다
③ 나, 다　　④ 가, 나, 다

해설

[고압가스 품질기준 고시 제외]
「고압가스안전관리법」 시행령 제15조의 3
다. 1회 수입되는 양이 40킬로그램 이하인 고압가스

44 고압가스안전관리법령에 따라 일체형 냉동기의 조건으로 틀린 것은?

① 냉매설비 및 압축기용 원동기가 하나의 프레임 위에 일체로 조립된 것
② 냉동설비를 사용할 때 스톱밸브 조작이 필요한 것
③ 응축기유닛 및 증발유닛이 냉매배관으로 연결된 것으로 하루 냉동능력이 20톤 미만인 공조용 패키지에어콘
④ 사용장소에 분할 반입하는 경우에는 냉매설비에 용접 또는 절단을 수반하는 공사를 하지 않고 재조립하여 냉동제조용으로 사용할 수 있는 것

해설

[일체형 냉동기의 조건]
고압가스안전관리법 시행규칙 별표 11 제4호 나목
② 냉동설비를 사용할 때 스톱밸브 조작이 필요 없는 것

45 기계설비법령에 따라 기계설비성능점검업자는 기계설비성능점검업의 등록한 사항 중 대통령령으로 정하는 사항이 변경된 경우에는 변경등록을 하여야 한다. 만약 변경등록을 정해진 기간 내 못한 경우 1차 위반 시 받게 되는 행정처분 기준은?

① 등록취소
② 업무정지 2개월
③ 업무정지 1개월
④ 시정명령

정답 43 ① 44 ② 45 ④

해설

[변경등록 위반 시 행정처분]
「기계설비법」 시행령 별표 8. 2. 바

1차 위반 시	2차 위반 시	3차 이상 위반 시
시정명령	영업정지 1개월	영업정지 2개월

46 엘리베이터용 전동기의 필요 특성으로 틀린 것은?

① 소음이 작아야 한다.
② 기동 토크가 작아야 한다.
③ 회전부분의 관성모멘트가 작아야 한다.
④ 가속도의 변화비율이 일정 값이 되어야 한다.

해설

[엘리베이터용 전동기의 필요 특성]
엘리베이터용 전동기의 기동 토크는 커야 한다.
엘리베이터가 정지 상태에서 사람이나 화물을 실은 채로 움직이기 위해선 큰 기동 토크(Starting Torque)가 필요하다.

보충 승차감 향상 및 안전 확보를 위해 가속도의 변화비율이 일정해야 함

47 다음은 직류전동기의 토크 특성을 나타내는 그래프이다. (A), (B), (C), (D)에 알맞은 것은?

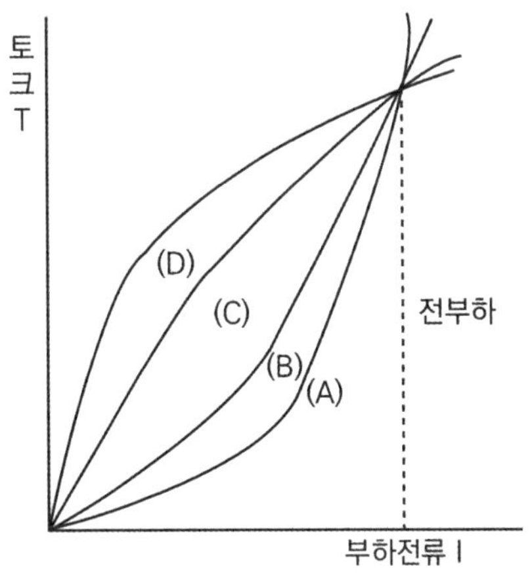

① (A) : 직권전동기
(B) : 가동복권전동기
(C) : 분권전동기
(D) : 차동복권전동기
② (A) : 분권전동기
(B) : 직권전동기
(C) : 가동복권전동기
(D) : 차동복권전동기
③ (A) : 직권전동기
(B) : 분권전동기
(C) : 가동복권전동기
(D) : 차동복권전동기
④ (A) : 분권전동기
(B) : 가동복권전동기
(C) : 직권전동기
(D) : 차동복권전동기

2022-02

정답 46 ② 47 ①

해설

[직류전동기 토크 특성]

직권 > 가동복권 > 분권 > 차동복권

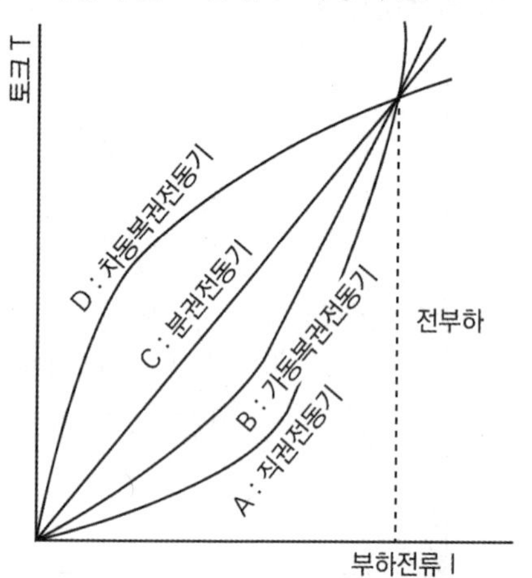

48 서보전동기는 서보기구의 제어계 중 어떤 기능을 담당하는가?

① 조작부
② 검출부
③ 제어부
④ 비교부

해설

[서보전동기]

서보전동기는 <u>서보기구의 조작부</u>로 제어신호에 의해 부하를 구동하는 장치이다.

49 그림과 같은 유접점 논리회로를 간단히 하면?

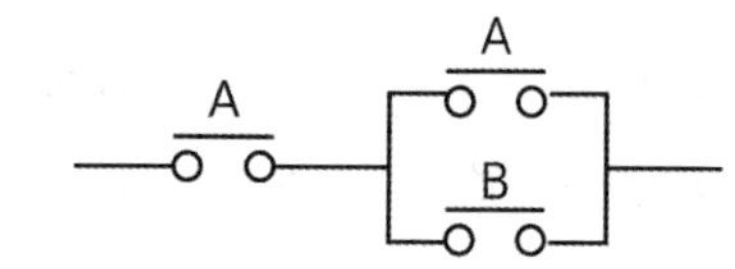

① A
② A
③ B
④ B

해설

[논리회로]

$$\begin{aligned} A \cdot (A+B) &= A \cdot A + A \cdot B \\ &= A + A \cdot B = A(1+B) \\ &= A(1) = A \end{aligned}$$

50 10 kVA 의 단상 변압기 2대로 V결선하여 공급할 수 있는 최대 3상 전력은 약 몇 kVA인가?

① 20 ② 17.3
③ 10 ④ 8.7

해설

[최대 3상 전력]

단상 변압기 2대를 V결선하여 얻을 수 있는 최대 3상 전력 = $\sqrt{3}\,P = \sqrt{3} \times 10 = 17.3\,kVA$

정답 48 ① 49 ② 50 ②

※ V결선

1) 3상 △결선에서 1상이 고장 시 고장 난 변압기 제거 후 나머지 2상의 전원으로 3상 전력을 공급하는 방법

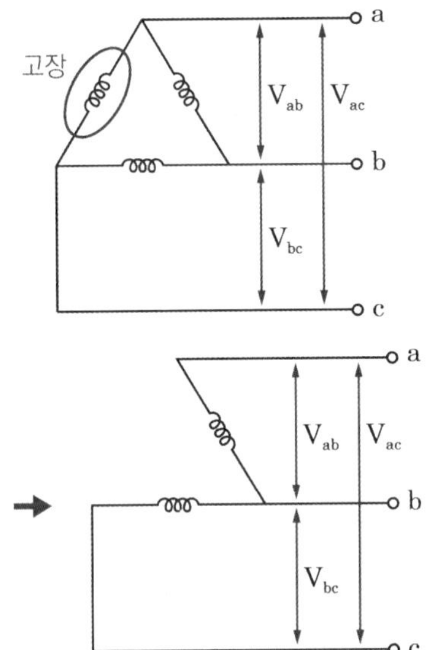

2) 출력

$P_V = \sqrt{3} P_1 = \sqrt{3} V_P I_P \cos\theta$ [W]

P_1 : 단상의 출력 [W]

P_V : V 결선 시의 출력 [W]

3) 출력비

$$출력비 = \frac{P_V(V결선시출력)}{P_\Delta(\Delta결선시출력)} = \frac{\sqrt{3}\ VI}{3VI} \times 100 = 57.7\ \%$$

암 출오칠칠

4) 변압기 1대의 이용률

$$이용률 = \frac{P_V(V결선시출력)}{P_2(변압기2대의출력)} = \frac{\sqrt{3}\ VI}{2VI} \times 100 = 86.6\ \%$$

암 이팔육육

51 교류에서 역률에 관한 설명으로 틀린 것은?

① 역률은 $\sqrt{1-(무효율)^2}$ 로 계산할 수 있다.

② 역률을 이용하여 교류전력의 효율을 알 수 있다.

③ 역률이 클수록 유효전력보다 무효전력이 커진다.

④ 교류회로의 전압과 전류의 위상차에 코사인(cos)을 취한 값이다.

해설

[역률]

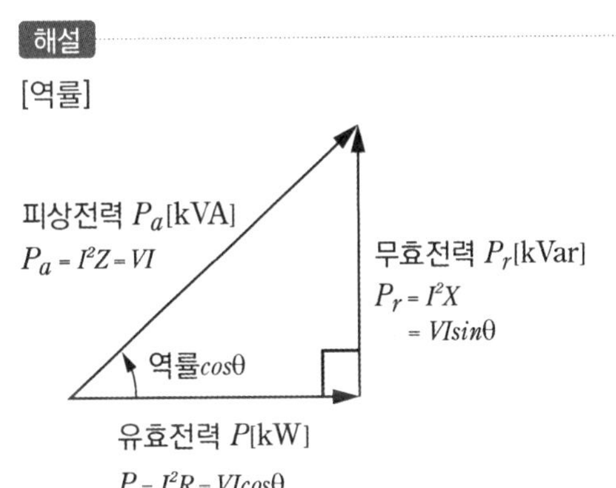

$$역률\ \cos\theta = \frac{유효전력}{피상전력}$$

$$무효율\ \sin\theta = \frac{무효전력}{피상전력}$$

삼각함수 법칙

$\sin\theta^2 + \cos\theta^2 = 1$에서

$\cos\theta = \sqrt{1-\sin\theta^2}$ 이므로

① 역률= $\sqrt{1-(무효율)^2}$

② 역률을 이용하여 교류전력의 효율을 알 수 있다 (유효전력 = 피상전력 × 역률).

③ 역률이 클수록 무효전력보다 유효전력이 커진다.

정답 51 ③

52 아날로그 신호로 이루어지는 정량적 제어로서 일정한 목푯값과 출력값을 비교·검토하여 자동적으로 행하는 제어는?

① 피드백제어
② 시퀀스제어
③ 오픈루프제어
④ 프로그램제어

해설

[피드백제어]
목푯값과 출력값을 비교·검토하여 자동적으로 행하는 제어는 피드백제어이다.

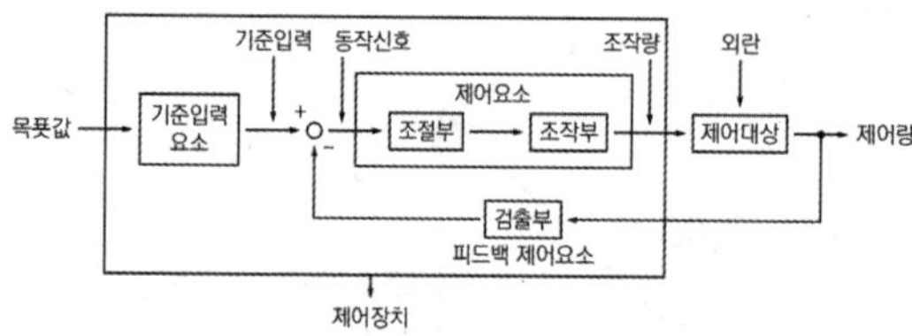

[폐루프제어계의 구성도]

53 $G(s)=\dfrac{2(s+2)}{(s^2+5s+6)}$의 특성 방정식의 근은?

① 2, 3　② -2, -3
③ 2, -3　④ -2, 3

해설

[특성 방정식의 근]
특성 방정식 : 전달함수의 분모를 0으로 놓은 방정식
$s^2+5s+6=0$

[풀이 1]

2차방정식 근의 공식 $s=\dfrac{-b\pm\sqrt{b^2-4ac}}{2a}$

$s=\dfrac{-5\pm\sqrt{25-24}}{2\times1}=\dfrac{-5\pm1}{2}$

∴ s= -2, -3

[풀이 2]

$s^2+5s+6=(s+3)(s+2)$

∴ s= -2, -3

54 R = 8 Ω, X_L = 2 Ω, X_C = 8 Ω의 직렬회로에 100 V의 교류전압을 가할 때, 전압과 전류의 위상관계로 옳은 것은?

① 전류가 전압보다 약 37° 뒤진다.
② 전류가 전압보다 약 37° 앞선다.
③ 전류가 전압보다 약 43° 뒤진다.
④ 전류가 전압보다 약 43° 앞선다.

해설

[RLC 직렬회로에서 위상차]

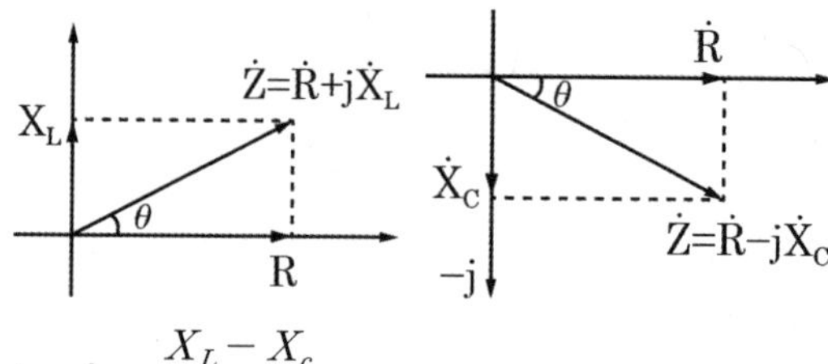

$\tan\theta=\dfrac{X_L-X_c}{R}$

위상각 $\theta=\tan^{-1}\dfrac{X_L-X_c}{R}$

$\theta=\tan^{-1}\dfrac{2-8}{8}$

$=\tan^{-1}\dfrac{-6}{8}=-36.87°$

∴ 전류가 전압보다 약 37° 앞선다.

정답 52 ① 53 ② 54 ②

55 역률이 80 %이고, 유효전력이 80 kW일 때, 피상전력(kVA)은?

① 100　② 120
③ 160　④ 200

해설

[피상전력]

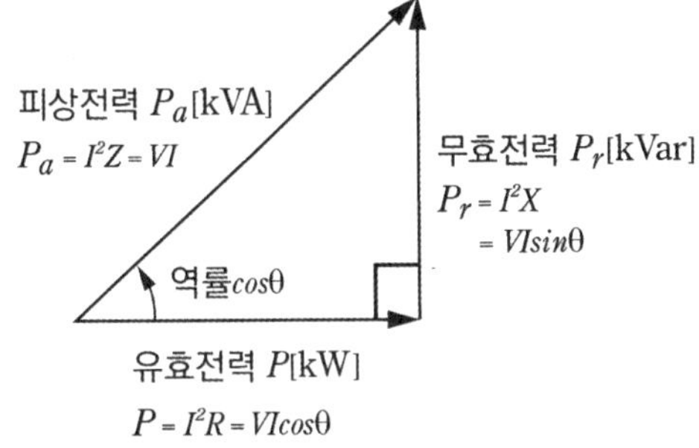

$P = P_a\cos\theta$ 에서

$$P_a = \frac{P}{\cos\theta} = \frac{80}{0.8} = 100\ \text{kVA}$$

56 직류전압, 직류전류, 교류전압 및 저항 등을 측정할 수 있는 계측기기는?

① 검전기　② 검상기
③ 메거　④ 회로시험기

해설

[회로시험기]

회로시험기로 측정할 수 있는 것은 직류전압, 직류전류, 교류전압, 저항이며 교류전류는 측정이 불가능하다.

보충 고급 멀티미터(Multimeter)는 교류전류도 측정 가능

57 자장 안에 놓여 있는 도선에 전류가 흐를 때 도선이 받는 힘은 F = BIℓ$\sin\theta$ (N)이다. 이것을 설명하는 법칙과 응용기기가 알맞게 짝지어진 것은?

① 플레밍의 오른손법칙 - 발전기
② 플레밍의 왼손법칙 - 전동기
③ 플레밍의 왼손법칙 - 발전기
④ 플레밍의 오른손법칙 - 전동기

해설

[플레밍의 왼손법칙]

자장 안에 놓여 있는 도선에 전류가 흐를 때 도선이 받는 힘을 전자력($F = BIl\sin\theta$)이라 하며, 이 전자력의 방향을 나타내는 법칙은 플레밍의 왼손법칙이며, 이 전자력의 회전방향은 전동기의 회전방향이다.

※ 플레밍의 왼손법칙
1) 적용 대상 : 전동기(전류 → 운동)
2) 자기장 속에서 전류가 흐르면 힘(운동력)이 발생함

※ 플레밍의 오른손법칙
1) 적용 대상 : 발전기(운동 → 전류)
2) 도체가 자기장 속을 움직일 때 전류가 유도됨

58 다음의 논리식을 간단히 한 것은?

$$X = \overline{A}\,\overline{B}C + A\overline{B}\,\overline{C} + A\overline{B}C$$

① $\overline{B}(A+C)$　② $C(A+\overline{B})$
③ $\overline{C}(A+B)$　④ $\overline{A}(B+C)$

정답 55 ① 56 ④ 57 ② 58 ①

해설

[논리식]

[풀이 1]

$$X = \overline{A}\,\overline{B}C + A\overline{B}\,\overline{C} + A\overline{B}C$$
$$= \overline{B}C(\overline{A} + A) + A\overline{B}\,\overline{C}$$
$$= \overline{B}C + A\overline{B}\,\overline{C} = \overline{B}(C + A\overline{C})$$
$$= \overline{B}\{(C + A)\cdot(C + \overline{C})\}$$
$$= \overline{B}(A + C)$$

[풀이 2]

$$X = \overline{A}\,\overline{B}C + A\overline{B}\,\overline{C} + A\overline{B}C$$
$$= \overline{B}(\overline{A}C + A\overline{C} + AC)$$
$$= \overline{B}\{(\overline{A} + A)C + A\overline{C}\} = \overline{B}(C + A\overline{C})$$
$$= \overline{B}\{(C + A)(C + \overline{C})\}$$
$$= \overline{B}(A + C)$$

TIP $X = \overline{A}B + A\overline{B} = A \oplus B$
XOR 회로

59 전압을 인가하여 전동기가 동작하고 있는 동안에 교류전류를 측정할 수 있는 계기는?

① 후크미터(클램프미터)
② 회로시험기
③ 절연저항계
④ 어스 테스터

해설

후크미터(클램프미터)는 전류가 흐르고 있는 회 로를 차단하지 않고(즉, 전동기가 동작하고 있는 동안에) 교류전류를 측정할 수 있다.

[후크미터(클램프미터)]

정답 59 ①

60 그림과 같은 단자 1, 2 사이의 계전기접점회로 논리식은?

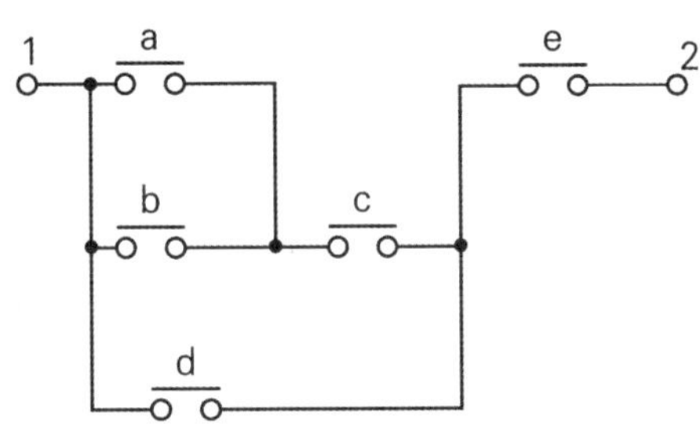

① {(a + b)d + c}e
② {(ab + c)d} + e
③ {(a + b)c + d}e
④ (ab + d)c + e

해설

[논리식]

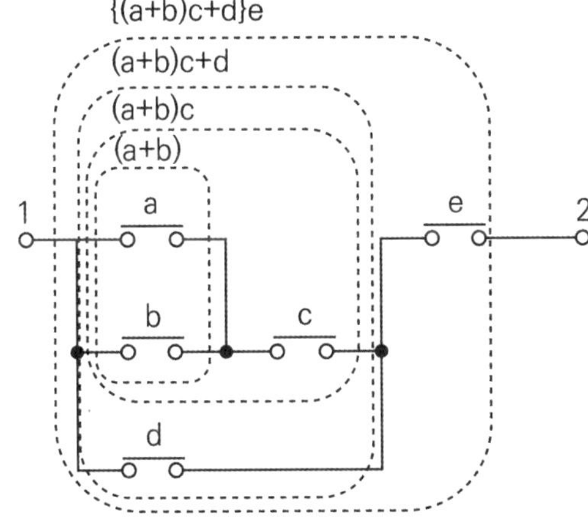

4과목 유지보수 공사관리

1회독 시간 : 점수 :
2회독 시간 : 점수 :
3회독 시간 : 점수 :

61 배수배관이 막혔을 때 이것을 점검, 수리하기 위해 청소구를 설치하는데 다음 중 설치 필요 장소로 적절하지 않은 곳은?

① 배수 수평 주관과 배수 수평 분기관의 분기점에 설치
② 배수관이 45° 이상의 각도로 방향을 전환하는 곳에 설치
③ 길이가 긴 수평 배수관인 경우 관경이 100 A 이하일 때 5 m마다 설치
④ 배수 수직관의 제일 밑 부분에 설치

해설

[청소구 설치]

배수가 고이기 쉬운 곳, 청소하기 쉬운 곳 및 긴 경로의 도중에 설치

1) 가옥 배수관과 부지 하수관(택지 하수관)이 접속되는 곳
2) 길이가 긴 배수 수평관의 중간
3) 배수관이 45° 이상의 각도로 방향을 전환하는 곳
4) 배수수평주관과 배수수평지관의 최상류 지점
5) 배수 수직관의 가장 낮은 곳(최하단부 또는 그 근처에 설치)
6) 배관경 100 mm 이하 : 15 m 이내마다
   배관경 100 mm 초과 : 30 m 이내마다

보충 청소구 : 배수 또는 통기관 내부에 이물질이 쌓이거나 막혔을 때 이를 점검하거나 제거하기 위해 설치하는 개구부

정답 60 ③ 61 ③

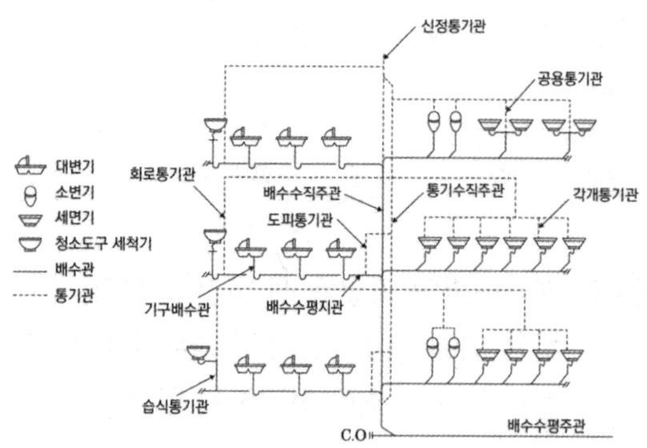

출처 : https : //blog.naver.com/sjqldksk /222690424952

62 증기와 응축수의 온도 차이를 이용하여 응축수를 배출하는 트랩은?

① 버킷트랩　② 디스크트랩
③ 벨로즈트랩　④ 플로트트랩

해설

[벨로즈트랩]

분류	작동원리	종류
기계식	증기와 응축수의 부력 차이	플로트트랩, 버킷트랩
온도식	증기와 응축수의 온도 차이	바이메탈트랩, 벨로즈트랩
열역학식	증기와 응축수의 속도 차이	디스크트랩, 오리피스트랩

63 정압기의 종류 중 구조에 따라 분류할 때 아닌 것은?

① 피셔식 정압기
② 액셜 플로우식 정압기
③ 가스미터식 정압기
④ 레이놀즈식 정압기

해설

[정압기 구조에 따른 분류]

1) 각 가스 기구에 적절한 압력으로 감압하기 위한 장치
2) 종류 : 피셔식, 액셜 플로우식, 레이놀즈식

암 뇌(레)피셜
셜록홈즈랑 피자 먹고 놀았다

64 슬리브 신축이음쇠에 대한 설명으로 틀린 것은?

① 신축량이 크고 신축으로 인한 응력이 생기지 않는다.
② 직선으로 이음하므로 설치 공간이 루프형에 비하여 적다.
③ 배관에 곡선부가 있어도 파손이 되지 않는다.
④ 장시간 사용 시 패킹의 마모로 누수의 원인이 된다.

해설

[슬리브 신축이음쇠]

슬리브 신축이음을 설치한 배관 라인에 곡선부가 있으면 곡선부에서 뒤틀림 등에 의한 파손이 생길 수 있다.

정답 62 ③ 63 ③ 64 ③

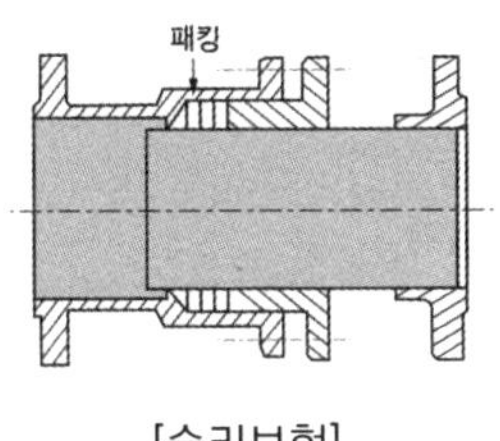

[슬리브형]

개별식(국소식) 급탕방식	순간식
	저탕식
	기수혼합식
중앙식 급탕방식	직접가열식
	간접가열식

65 간접가열급탕법과 가장 거리가 먼 장치는?

① 증기사일렌서 ② 저탕조
③ 보일러 ④ 고가수조

해설

[간접가열급탕법]
간접가열방식이란 중앙공급식에서 가열코일을 통해 저탕조 내의 물을 간접적으로 가열하는 방식이다. 증기사일렌서는 기수혼합식 급탕법에서 저탕조에 증기를 직접 불어넣는 부속장치이다.

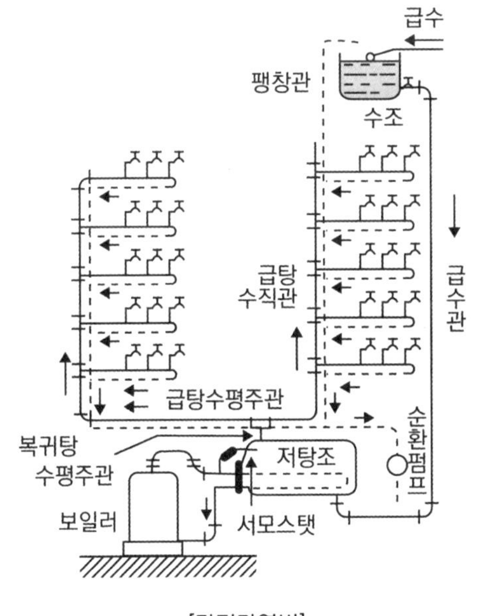

[간접가열법]

66 강관의 종류와 KS 규격기호가 바르게 짝지어진 것은?

① 배관용 탄소강관 : SPA
② 저온배관용 탄소강관 : SPPT
③ 고압배관용 탄소강관 : SPTH
④ 압력배관용 탄소강관 : SPPS

해설

[강관의 종류와 KS 규격기호]
① 배관용 탄소강관
SPP(Steel Pipe Piping)
② 저온배관용 탄소강관
SPLT(Steel Pipe Low Temperature)
③ 고압배관용 탄소강관
SPPH(Steel Pipe High Temperature)
④ 압력배관용 탄소강관
SPPS(Steel Pipe Pressure Service)

67 폴리에틸렌배관의 접합방법이 아닌 것은?

① 기볼트접합 ② 용착 슬리브접합
③ 인서트접합 ④ 테이퍼접합

정답 65 ① 66 ④ 67 ①

해설

[폴리에틸렌배관의 접합방법]
나사접합, 테이퍼접합, 용착 슬리브접합, 인서트접합, 플랜지접합 등

보충 기볼트접합 :
석면 시멘트관에 주로 쓰이는 접합방법

암 나 테 용 인 플
(나 태희랑 용인가기로 플랜짰어)
나사이음, 테이퍼이음, 용착슬리브이음,
인서트이음, 플랜지이음

68 배관 접속 상태 표시 중 배관 A가 앞쪽으로 수직하게 구부러져 있음을 나타낸 것은?

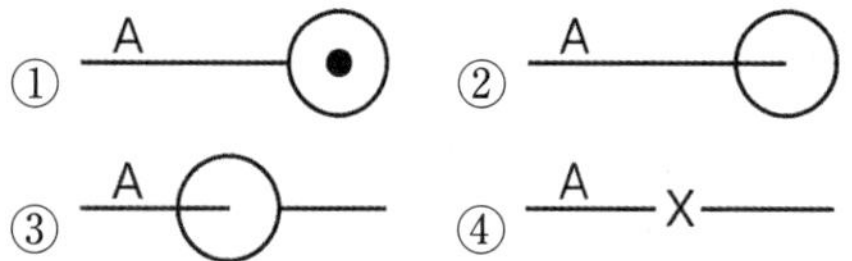

해설

관 접속 상태 및 굽은 상태	실제 관 형태	도시 기호
접속하지 않을 때		
접속하고 있을 때		
분기하고 있을 때		
배관 A가 앞쪽 수직으로 구부러질 때 (오는 엘보)	A	A
배관 B가 뒤쪽 수직으로 구부러질 때 (가는 엘보)	B	B
배관 C가 뒤쪽으로 구부러져서 D에 접속될 때	C D	C D

69 증기보일러배관에서 환수관의 일부가 파손된 경우 보일러 수의 유출로 안전수위 이하가 되어 보일러 수가 빈 상태로 되는 것을 방지하기 위해 하는 접속법은?

① 하트포드 접속법
② 리프트 접속법
③ 스위블 접속법
④ 슬리브 접속법

해설

[하트포드(Hartford) 접속법]
증기난방에서 저수위 사고를 예방하기 위해 증기관과 환수관 사이에 균형관을 설치하는 방법이다. 환수관 누수로 인해 보일러 수위가 파괴되는 것을 방지하기 위해 균형관은 표준 수면에서 50 mm 아래에 설치한다.

정답 68 ① 69 ①

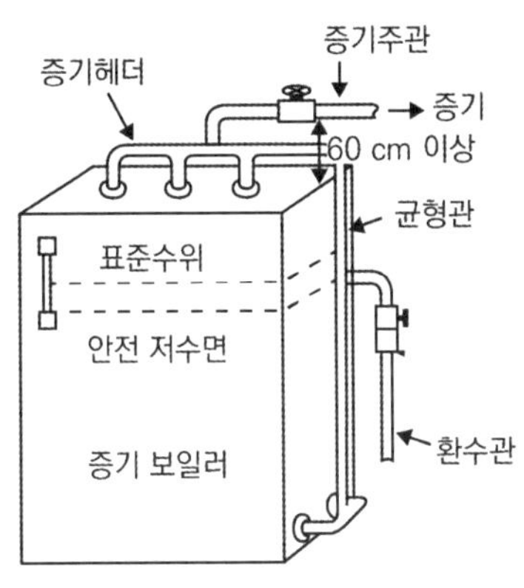

[하트포드 접속법]

(1) 하트포드 루프가 없는 보일러
보일러의 환수관에서 누출이 발생하면 보일러의 모든 물이 빠져 나갈 위험이 있음

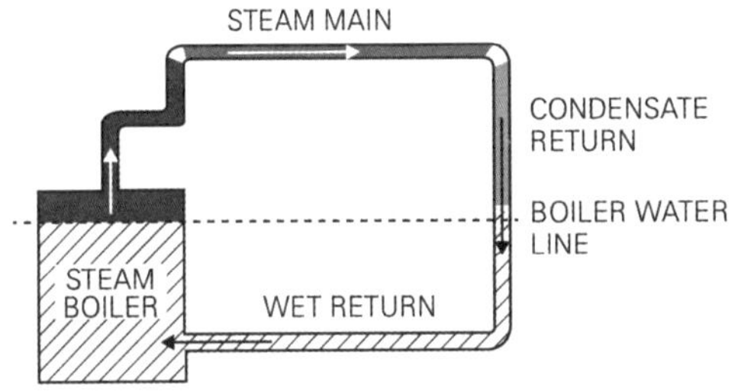

[하트포드 루프가 없는 보일러]

(2) 하트포드 접속을 한 보일러
하트포드루프는 응축수가 환수관으로 역류되는 것을 방지함

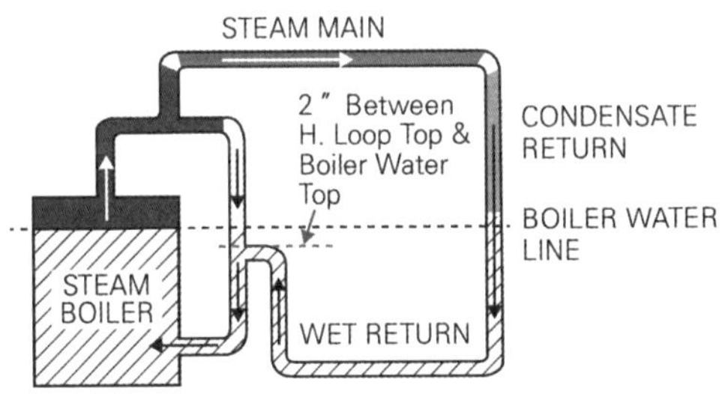

[하트포드 접속을 한 보일러]

출처 : https://inspectapedia.com

70 도시가스 입상배관의 관 지름이 20 mm일 때 움직이지 않도록 몇 m마다 고정장치를 부착해야 하는가?

① 1 m ② 2 m
③ 3 m ④ 4 m

해설

[도시가스배관 고정장치]

배관 호칭 지름	고정간격
13 mm 미만	1 m
13 mm 이상 33 mm 미만	2 m
33 mm 이상	3 m

71 증기난방배관 시공법에 대한 설명으로 틀린 것은?

① 증기주관에서 지관을 분기하는 경우 관의 팽창을 고려하여 스위블이음법으로 한다.
② 진공 환수식 배관의 증기주관은 1/100 ~ 1/200 선상향 구배로 한다.
③ 주형방열기는 일반적으로 벽에서 50 ~ 60 mm 정도 떨어지게 설치한다.
④ 보일러 주변의 배관방법에서는 증기관과 환수관 사이에 밸런스관을 달고, 하트포드 접속법을 사용한다.

해설

[진공 환수식 배관의 구배]

② 진공 환수식 배관의 증기주관은 1/200 ~ 1/300 선하향 구배로 한다.

정답 70 ② 71 ②

※ 증기난방배관 구배

1) 단관 중력 환수식 증기난방
  - 순류관 구배 : 1/100 ~ 1/200 기울기
  - 역류관 구배 : 1/50 ~ 1/100 기울기

2) 복관 중력 환수식
  - 건식, 습식 환수관
    1/200 정도, 앞내림 기울기

3) 진공 환수식
  - 건식환수관을 사용하고 앞내림 구배로
    1/200 ~ 1/300

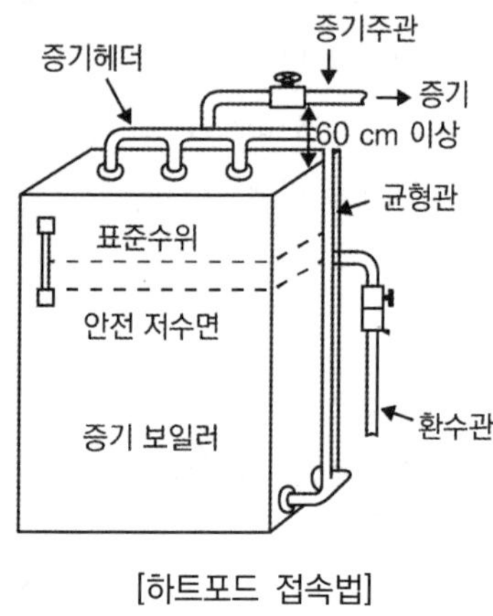

[하트포드 접속법]

해설

[수격작용(Water Hammerimg)]

1) 정의 : 펌프 토출 측에서 속도변화에 의해 충격파가 전달되는 현상

2) 방지대책
  (1) 급격한 밸브 폐쇄는 피한다.
  (2) 밸브는 펌프 토출 측 가까이에 설치하고 밸브 조작을 천천히 한다.
  (3) 가능한 관 내 유속을 느리게 한다.
  (4) 가능한 배관의 관경을 크게 한다.
  (5) 기구류 부근에 충격을 흡수할 수 있는 공기실(Air Chamber)을 설치한다.
  (6) 조압수조(Surge Tank)를 관선에 설치한다.
  (7) 펌프에 플라이휠(Fly Wheel)을 설치한다(회전체의 관성모멘트를 크게 하는 방법).
  (8) 배관에 수격방지기를 설치한다.

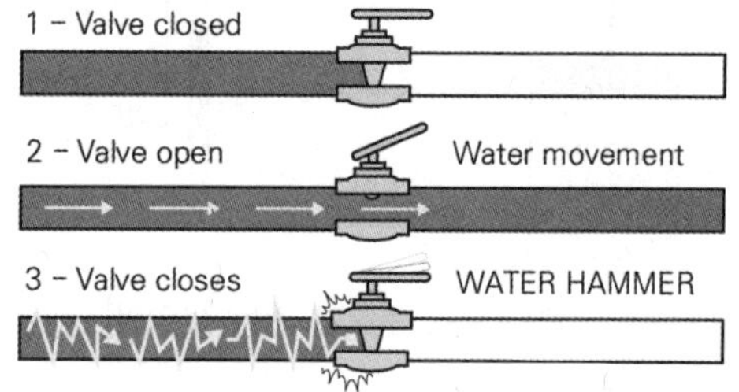

72 급수배관에서 수격현상을 방지하는 방법으로 가장 적절한 것은?

① 도피관을 설치하여 옥상탱크에 연결한다.
② 수압관을 갑자기 높인다.
③ 밸브나 수도꼭지를 갑자기 열고 닫는다.
④ 급폐쇄형밸브 근처에 공기실을 설치한다.

73 홈이 만들어진 관 또는 이음쇠에 고무링을 삽입하고 그 위에 하우징(Housing)을 덮어 볼트와 너트로 죄는 이음방식은?

① 그루브이음 ② 그립이음
③ 플레어이음 ④ 플랜지이음

정답 72 ④ 73 ①

해설

[그루브(Groove, 홈)이음]

홈이 만들어진 관 또는 이음쇠에 고무링을 삽입하고 그 위에 하우징을 덮어 볼트와 너트로 죄는 이음방식이다. 기존의 용접방식에 비해 시공비가 저렴하고 작업성도 좋아 점차 용접이음을 대체하고 있다.

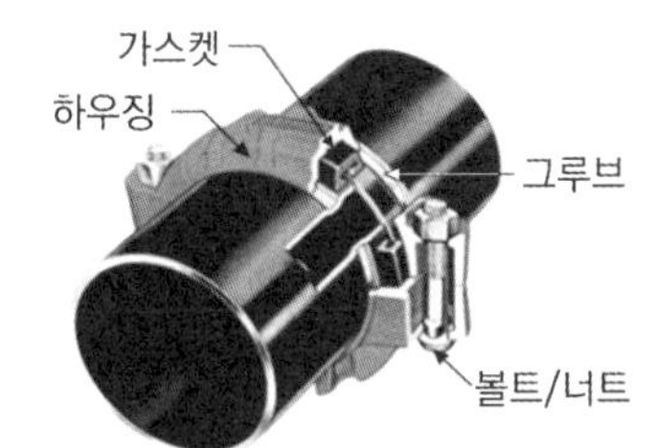

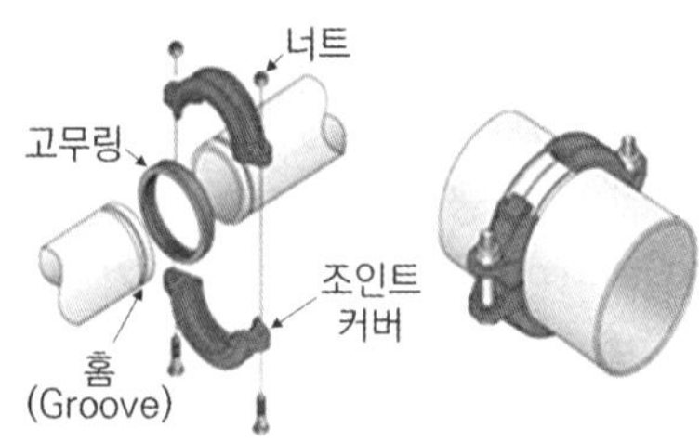

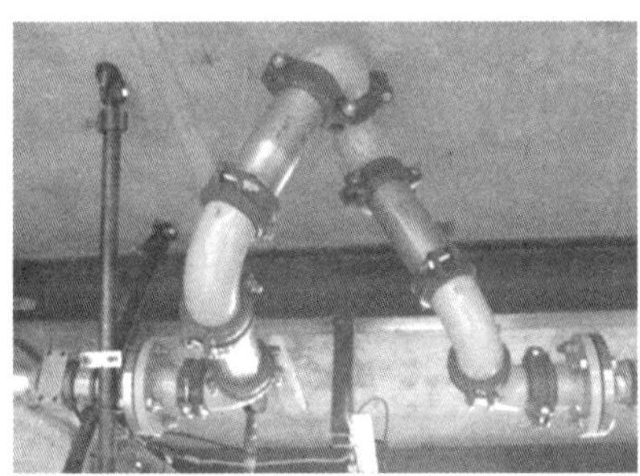

[그루브이음 설치 사례]

74 90 ℃의 온수 2000 kg/h을 필요로 하는 간접가열식 급탕탱크에서 가열관의 표면적(m^2)은 얼마인가? (단, 급수의 온도 10 ℃, 급수의 비열은 4.2 kJ/kg·K, 가열관으로 사용할 동관의 전열량은 1.28 kW/m^2·℃, 증기의 온도는 110 ℃이며 전열효율은 80 %이다)

① 2.92 ② 3.03
③ 3.72 ④ 4.07

해설

[급탕탱크에서 가열관의 표면적]

$$q = K \cdot A \cdot \Delta t_m \cdot \eta = G \cdot C \cdot \Delta t$$

$$A = \frac{G \cdot C \cdot \Delta t}{K \cdot \Delta t_m \cdot \eta}$$

$$\Delta t_m = 110 - \frac{(90+10)}{2} = 60 \text{ ℃}$$

$$\therefore A = \frac{G \cdot C \cdot \Delta t}{K \cdot \Delta t_m \cdot \eta} = \frac{\frac{2000}{3600} \times 4.2 \times (90-10)}{1.28 \times 60 \times 0.8} = 3.03 \text{ m}^2$$

75 급수배관에서 크로스 커넥션을 방지하기 위하여 설치하는 기구는?

① 체크밸브
② 워터햄머 어레스터
③ 신축이음
④ 버큠브레이커

정답 74 ② 75 ④

해설

[버큠브레이커(Vacuum Breaker)]

배출된 물이나 사용한 물이 역사이펀작용에 의해 상수계통(급수계통)으로 역류하는 것을 방지하기 위해, 급수관 내부가 진공압이 되지 않도록 자동적으로 공기를 보충하는 장치이다.

보충 크로스 커넥션 :
급수관에 기타 배관(오수배관, 배수배관 등)이 연결되어 급수계통이 오염될 염려가 있는 이음

76 아래 강관 표시방법 중 "S – H"의 의미로 옳은 것은?

SPPS - S - H - 1965,11 - 100A × SCH40 × 6

① 강관의 종류 ② 제조회사명
③ 제조방법 ④ 제품표시

해설

[압력배관용 탄소강관 표시방법]

- SPPS : 배관의 종류(압력배관용 탄소강관)
- S - H : 제조방법(열간가공 이음매 없는 관)
- 1965,11 : 제조년월(1965년 11월)
- 100A : 호칭경
- SCH40 : 스케줄 번호
- 6 : 배관의 길이(m)

※ 압력배관용 탄소강관 표시방법 예시

상표 Ⓚ SPPS – S – H – 2022.5 – 40A × SCH 40 × 6

한국산업규격 표시기호 / 관 종류 / 제조 방법 / 제조 년월 / 호칭 방법 / 스케줄 번호 / 길이

77 냉풍 또는 온풍을 만들어 각 실로 송풍하는 공기조화장치의 구성 순서로 옳은 것은?

① 공기여과기 → 공기가열기 → 공기가습기 → 공기냉각기
② 공기가열기 → 공기여과기 → 공기냉각기 → 공기가습기
③ 공기여과기 → 공기가습기 → 공기가열기 → 공기냉각기
④ 공기여과기 → 공기냉각기 → 공기가열기 → 공기가습기

해설

[공기조화설비의 구성]

공기여과기(AF) → 공기냉각기(CC) → 공기가열기(HC) → 공기가습기(AW)

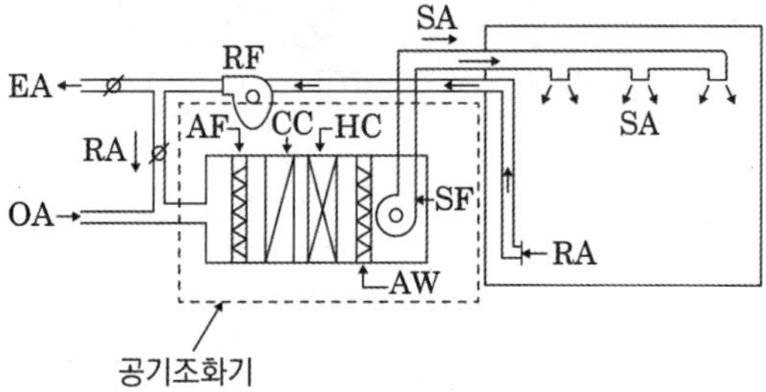

OA(Out Air) : 외기, SA(Supply Air) : 급기
AF(Air Filter) : 공기여과기, HC(Heating Coil) : 가열코일, ϕ(Damper) : 댐퍼
EA(Exhaust Air) : 배기, RA(Return Air) : 환기
CC(Cooling Coil) : 냉각코일
AW(Air Washer) : 가습기(Humidifier)
SF(Supply Fan) : 급기송풍기
RF(Return Fan) : 환기송풍기

정답 76 ③ 77 ④

78 롤러 서포트를 사용하여 배관을 지지하는 주된 이유는?

① 신축 허용　② 부식 방지
③ 진동 방지　④ 해체 용이

해설

[롤러 서포트(Roller Support)]
롤러로 지지하여 배관의 축방향 신축을 자유롭게 하기 위해 롤러 서포트를 사용한다.

[롤러 서포트]

79 배관의 끝을 막을 때 사용하는 이음쇠는?

① 유니언　② 니플
③ 플러그　④ 소켓

해설

[배관의 끝을 막을 때 사용하는 이음쇠]
배관의 끝을 막을 때 사용하는 이음쇠는 플러그 및 캡이 있다.

[캡]

[플러그]

80 다음 보온재 중 안전사용온도가 가장 낮은 것은?

① 규조토
② 암면
③ 펄라이트
④ 발포 폴리스티렌

해설

[보온재 중 안전사용온도]

보온재	안전사용온도
발포 폴리스티렌	70℃ 이하
규조토	500℃ 이하
암면	600℃ 이하
펄라이트	650℃ 이하

보충 • 유기질 보온재 : 발포 폴리스티렌
• 무기질 보온재 : 규조토, 암면, 펄라이트

2022-02

정답 78 ① 79 ③ 80 ④

2022 CBT 복원 3

1과목 에너지관리

1회독	시간 :	점수 :
2회독	시간 :	점수 :
3회독	시간 :	점수 :

01 증기난방에 대한 설명으로 틀린 것은?

① 건식 환수시스템에서 환수관에는 증기가 유입되지 않도록 증기관과 환수관 사이에 증기트랩을 설치한다.
② 중력식 환수시스템에서 환수관은 선하향구배를 취해야 한다.
③ 증기난방은 극장 같이 천장고가 높은 실내에 적합하다.
④ 진공식 환수시스템에서 관경을 가늘게 할 수 있고 리프트피팅을 사용하여 환수관 도중에서 입상시킬 수 있다.

해설

[증기난방]
증기난방은 상하 온도차가 크고 더운 공기가 상부로 뜨기 때문에 극장 같이 천장고가 높은 실내에는 적합하지 않다. 천장고가 높은 실내 및 대공간에서는 복사난방이 적합하다.

02 공기조화방식 중 전공기방식이 아닌 것은?

① 변풍량 단일덕트방식
② 이중덕트방식
③ 정풍량 단일덕트방식
④ 팬코일유닛방식(덕트병용)

해설

[전공기방식]
단일덕트방식(정풍량, 변풍량), 2중 덕트방식, 각층유닛방식, 멀티존유닛방식 등

보충 팬코일유닛방식(덕트병용) : 수·공기방식

※ 공기조화방식

열분배방식	열매	공기조화방식	
중앙식	전공기 방식	단일덕트 방식	정풍량
			변풍량
		이중덕트 방식	정풍량
			변풍량
		멀티존유닛방식	
		각층유닛방식	
	수·공기 방식	덕트병용 팬코일유닛	
		덕트병용 복사냉난방방식	
		유인유닛방식	
	전수 방식	팬코일유닛방식	
		복사냉난방방식	
개별식	냉매 방식	패키지방식	
		룸쿨러 방식	분리형
			멀티유닛형
			창문설치형

보충 각층유닛방식 : 과거에는 수·공기방식으로 분류했으나, 현재 공조 공간에 공급하는 열매가 공기이기 때문에 전공기방식으로 분류한다.

정답 01 ③ 02 ④

03 저온공조방식에 관한 내용으로 가장 거리가 먼 것은?

① 배관 지름의 감소
② 팬 동력 감소로 인한 운전비 절감
③ 낮은 습도의 공기 공급으로 인한 쾌적성 향상
④ 저온공기 공급으로 인한 급기 풍량 증가

해설

[저온공조방식]

④ 저온공조방식에서는 냉방 부하를 처리하는 데 필요한 공기의 총량이 감소한다. 즉, 급기 풍량이 증가하는 것이 아니라 오히려 감소한다.

> ※ 저온공조방식
> 저온공조방식은 일반적인 공조방식보다 낮은 온도의 공기를 공급하여 냉각 효율을 높이는 방식이다. 일반적으로 10 ~ 16 ℃의 저온공기를 공급하며, 이를 통해 공조시스템의 경제성과 효율성을 개선할 수 있다.

04 덕트의 소음 방지대책에 해당 되지 않는 것은?

① 덕트의 도중에 흡음재를 부착한다.
② 송풍기 출구 부근에 플래넘 챔버를 장치한다.
③ 댐퍼 입·출구에 흡음재를 부착한다.
④ 덕트를 여러 개로 분기시킨다.

해설

[덕트의 소음 방지대책]

④ 덕트가 여러 개로 분기되면 공기의 흐름이 복잡해지고, 난류가 증가하여 소음이 더 심해질 수 있다.

05 공조기 내에 엘리미네이터를 설치하는 이유로 가장 적절한 것은?

① 풍량을 줄여 풍속을 낮추기 위해서
② 공조기 내의 기류의 분포를 고르게 하기 위해
③ 결로수가 비산되는 것을 방지하기 위해
④ 먼지 및 이물질을 효율적으로 제거하기 위해

해설

[엘리미네이터]

엘리미네이터(Eliminator)는 결로수가 비산되어 유출되는 것을 방지하기 위해 설치한다.

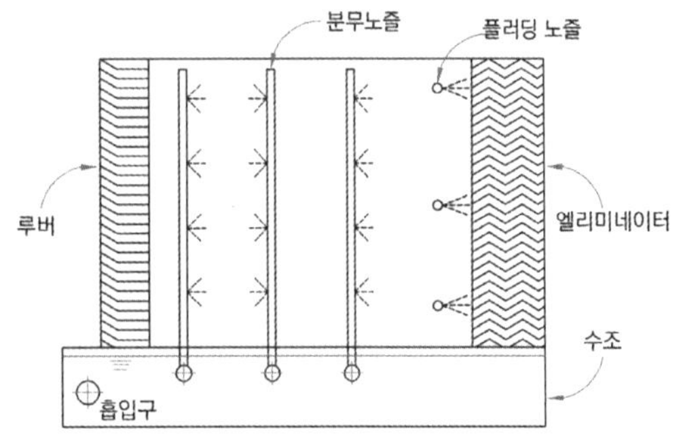

[에어와셔]

정답 03 ④ 04 ④ 05 ③

06 다음 중 보온, 보냉, 방로의 목적으로 덕트 전체를 단열해야 하는 것은?

① 급기덕트 ② 배기덕트
③ 외기덕트 ④ 배연덕트

해설

[덕트의 보온]

- 보온, 보냉, 방로의 목적으로 덕트 전체를 단열해야 하는 덕트는 급기덕트이다.
- 배연덕트는 소방법상 화재의 위험이 있으므로 단열해야 한다.

07 보일러의 부속장치인 과열기가 하는 역할은?

① 연료연소에 쓰이는 공기를 예열시킨다.
② 포화액을 습증기로 만든다.
③ 습증기를 건포화증기로 만든다.
④ 포화증기를 과열증기로 만든다.

해설

[과열기]

보일러에서 나온 포화증기를 과열증기로 만드는 역할을 하는 보일러 부속장치이다.

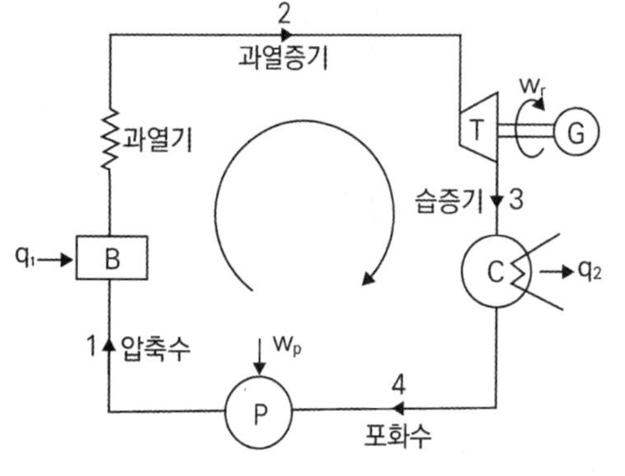

[랭킨사이클의 구성]

여기서
B : 보일러(Bolier)
T : 터빈(Turbine)
G : 발전기(Generator)
C : 복수기(Condenser)
P : 급수펌프(Feed Pump)

08 온수관의 온도가 80 ℃, 환수관의 온도가 60 ℃인 자연순환식 온수난방장치에서의 자연순환수두(mmAq)는? (단, 보일러에서 방열기까지의 높이는 5 m, 60 ℃에서의 온수 밀도는 983.24 kg/m³, 80 ℃에서의 온수 밀도는 971.84 kg/m³이다)

① 55 ② 56
③ 57 ④ 58

해설

[자연순환수두(mmAq)]

자연순환수두 $H=(\rho_2-\rho_1)\cdot h$

$=(983.24-971.84)\times 5$

$=57\ mmAq$

※자연순환수두 $H[mmAq]$

$P[Pa]=(\gamma_2-\gamma_1)[N/m^3]\times h[m]$

$P[Pa]\times\dfrac{10332\ mmAq}{101325\ Pa}$

$=(\gamma_2-\gamma_1)[N/m^3]\times h[m]\times\dfrac{10332\ mmAq}{101325\ Pa}$

$H[mmAq]=(\gamma_2-\gamma_1)\times h\times\dfrac{1}{9.8}$

$=(\rho_2 g-\rho_1 g)\times h\times\dfrac{1}{9.8}$

$=(\rho_2-\rho_1)\times h$

$\therefore H[mmAq]=(\rho_2-\rho_1)\times h$

정답 06 ① 07 ④ 08 ③

09 극간풍이 비교적 많고 재실 인원이 적은 실의 중앙 공조방식으로 가장 경제적인 방식은?

① 변풍량 이중덕트방식
② 팬코일유닛방식
③ 정풍량 이중덕트방식
④ 정풍량 단일덕트방식

해설

[중앙 공조방식으로 가장 경제적인 방식]
극간풍이 많고 재실 인원이 적은 실의 경우는 환기의 필요성이 적으므로 전공기방식 보다는 전수방식인 복사냉난방방식 또는 팬코일유닛방식이 경제적이다.

10 공기세정기에서 순환수 분무에 대한 설명으로 틀린 것은? (단, 출구 수온은 입구 공기의 습구온도와 같다)

① 단열변화 ② 증발냉각
③ 습구온도 일정 ④ 상대습도 일정

해설

[순환수 분무 가습]
1) 순환수 분무는 등엔탈피선을 따라 변화하는 과정이다.
2) 순환수 분무 시 상대습도는 상승(증가)한다.

※ 습공기선도

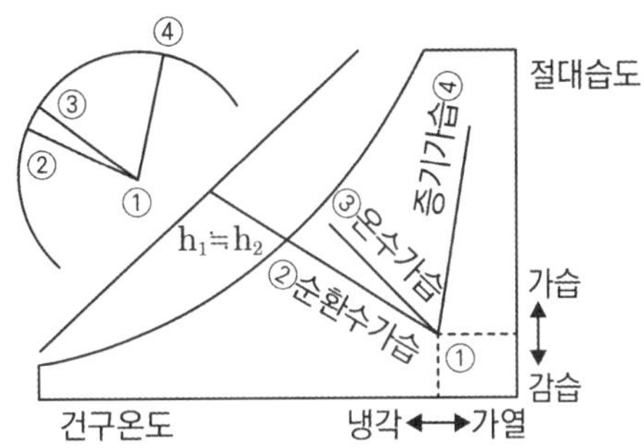

1) 순환수 분무(① → ②) : 가습(단열가습)·냉각
2) 온수 분무(① → ③) : 가습·냉각
3) 증기 분무(① → ④) : 가습·가열

11 실내의 CO_2, 농도기준이 1000 ppm이고, 1인당 CO_2 발생량이 18 L/h인 경우 실내 1인당 필요한 환기량(m^3/h)은? (단, 외기 CO_2농도는 300 ppm이다)

① 22.7 ② 23.7
③ 25.7 ④ 26.7

해설

[실내 1인당 필요한 환기량]

$$환기량\ Q = \frac{M}{C_r - C_0}$$

$$= \frac{18 \times 10^{-3}}{(1000 - 300) \times 10^{-6}}$$

$$= 25.7\ m^3/h$$

보충 ppm : Parts per Million

(100만분의 1 = $\frac{1}{10^6}$)

정답 09 ② 10 ④ 11 ③

12 증기난방방식에 대한 설명으로 틀린 것은?

① 환수방식에 따라 중력환수식과 진공환수식, 기계 환수식으로 구분한다.
② 배관방법에 따라 단관식과 복관식이 있다.
③ 예열시간이 길지만 열량 조절이 용이하다.
④ 운전 시 증기 해머로 인한 소음을 일으키기 쉽다.

해설

[증기난방방식]
1) 증기난방은 예열시간이 짧고, 열량 조절이 어렵다.
2) 증기는 즉각적인 난방이 가능하지만, 온도 조절이 쉽지 않다.

13 다음 냉방부하 요소 중 잠열을 고려하지 않아도 되는 것은?

① 인체에서의 발생열
② 커피포트에서의 발생열
③ 유리를 통과하는 복사열
④ 틈새바람에 의한 취득열

해설

[냉방부하 요소]
1) 인체의 발생열, 커피포트의 발생열, 틈새바람의 취득열은 온도와 수분이 있으므로 현열부하와 잠열부하가 있다.
2) 유리를 통과하는 복사열은 수분이 들어오지 않으므로 현열부하만 있다.

14 난방부하가 10 kW인 온수난방설비에서 방열기의 출·입구온도차가 12 ℃이고, 실내·외 온도차가 18 ℃일 때 온수순환량(kg/s)은 얼마인가? (단, 물의 비열은 4.2 kJ/kg·℃이다)

① 1.3 ② 0.8
③ 0.5 ④ 0.2

해설

[온수순환량(kg/s)]

$q = G \cdot C \cdot \Delta t$

$G = \dfrac{q}{C \cdot \Delta t}$

$= \dfrac{10}{4.2 \times 12} = 0.198 ≒ 0.2\ \mathrm{kg/s}$

단위 : $\dfrac{\mathrm{kW}}{\dfrac{\mathrm{kJ}}{\mathrm{kg} \cdot ℃} \times ℃} = \dfrac{\mathrm{kJ/s}}{\dfrac{\mathrm{kJ}}{\mathrm{kg}}} = \mathrm{kg/s}$

15 덕트의 부속품에 관한 설명으로 틀린 것은?

① 댐퍼는 통과풍량의 조정 또는 개폐에 사용되는 기구이다.
② 분기덕트 내의 풍량제어용으로 주로 익형 댐퍼를 사용한다.
③ 방화구획관통부에는 방화댐퍼 또는 방연댐퍼를 설치한다.
④ 가이드베인은 곡부의 기류를 세분해서 와류의 크기를 적게 하는 것이 목적이다.

정답 12 ③ 13 ③ 14 ④ 15 ②

해설

[스플릿댐퍼]

1) 익형 댐퍼(Airfoil Damper)는 주로 저항을 줄이고 소음을 최소화하는 용도로 쓰인다.
2) 스플릿댐퍼는 덕트의 분기점에서 풍량을 조절하기 위한 댐퍼이다.

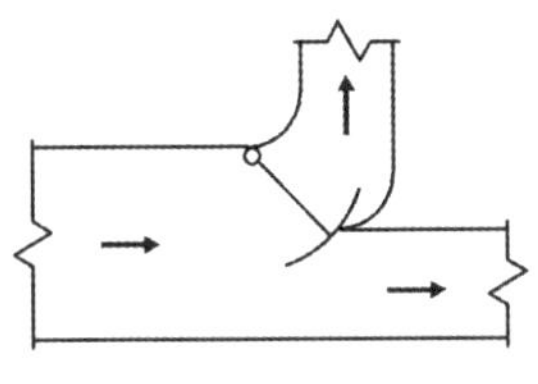

[스플릿댐퍼]

16 난방설비에 관한 설명으로 옳은 것은?

① 증기난방은 실내 상·하 온도차가 적은 특징이 있다.
② 복사난방의 설비비는 온수나 증기난방에 비해 저렴하다.
③ 방열기의 트랩은 증기의 유량을 조절하는 역할을 한다.
④ 온풍난방은 신속한 난방효과를 얻을 수 있는 특징이 있다.

해설

[난방설비]

① 증기난방은 실내 상·하 온도차가 크다.
② 복사난방의 설비비는 온수나 증기난방에 비해 비싸다.
③ 방열기트랩은 방열기에서 응축수와 증기를 분리시켜 응축수만 배출시키는 일종의 자동밸브이다.

보충 온풍난방은 송풍기로 공기를 순환시키므로 난방속도가 빠르다.

17 덕트 설계 시 주의사항으로 틀린 것은?

① 덕트의 분기지점에 댐퍼를 설치하여 압력 평형을 유지시킨다.
② 압력손실이 적은 덕트를 이용하고 확대시와 축소 시에는 일정 각도 이내가 되도록 한다.
③ 종횡비(Aspect Ratio)는 가능한 크게 하여 덕트 내 저항을 최소화 한다.
④ 덕트 굴곡부의 곡률반경은 가능한 크게 하며, 곡률이 매우 작을 경우 가이드베인을 설치한다.

해설

[덕트 설계 시 주의사항]

③ 종횡비는 가능한 작게 하여 덕트 내 저항을 최소화한다.

※ 압력 평형
덕트의 분기 지점에서 각 분기 방향으로 공기가 균등하게 분배되기 위해서는 분기된 덕트들 간의 정압이 같아야 한다. 따라서 공기 흐름이 한쪽으로 쏠리는 것을 방지하고, 시스템 전체에 걸쳐 일정한 풍량 분배를 유지하기 위해 분기점에 댐퍼를 설치하여, 각 분기덕트의 풍량 또는 압력을 조절한다.

18 보일러의 능력을 나타내는 표시방법 중 가장 적은 값을 나타내는 출력은?

① 정격출력 ② 과부하출력
③ 정미출력 ④ 상용출력

2022-03

정답 16 ④ 17 ③ 18 ③

해설

[보일러의 능력]

- 정미출력 : 난방부하 + 급탕부하
- 상용출력 : 난방부하 + 급탕부하 + 배관손실부하
- 정격출력 : 난방부하 + 급탕부하 + 배관손실부하 + 예열부하
- 과부하출력 : 정격출력에 10 ~ 20 % 증가

19 다음 가습방법 중 물분무식이 아닌 것은?

① 원심식 ② 초음파식
③ 노즐분무식 ④ 적외선식

해설

[가습방법]

- 수분무식 : 원심식, 초음파식, 노즐분무식
- 증기발생식 : 적외선식, 전열식, 전극식

20 실내난방을 온풍기로 하고 있다. 이때 실내 현열량 6.5 kW, 송풍 공기온도 30 ℃, 외기온도 −10 ℃, 실내온도 20 ℃일 때, 온풍기의 풍량(m^3/h)은 얼마인가? (단, 공기비열은 1.005 kJ/kg · K, 밀도는 1.2 kg/m^3이다)

① 1940.2 ② 1882.1
③ 1324.1 ④ 890.1

해설

[온풍기의 풍량]

$$q_s = G \cdot C_p \cdot \Delta t = \rho Q \cdot C_p \cdot \Delta t$$

$$Q = \frac{q_s}{\rho C_p \Delta t}$$

$$= \frac{6.5 \times 3600}{1.2 \times 1.005 \times (30 - 20)}$$

$$= 1940.298 ≒ 1940.3\ \mathrm{m^3/h}$$

※ 계산값과 가장 근사한 답을 선지에서 택한다.

2과목 공조냉동설계

	시간 :	점수 :
1회독	시간 :	점수 :
2회독	시간 :	점수 :
3회독	시간 :	점수 :

21 압력이 0.2 MPa이고, 초기온도가 120 ℃, 1 kg의 공기를 압축비 18로 가역단열압축하는 경우 최종온도는 약 몇 ℃인가? (단, 공기는 비열비가 1.4인 이상기체이다)

① 676 ℃ ② 776 ℃
③ 876 ℃ ④ 976 ℃

해설

[등엔트로피과정]

단열지수관계 $\dfrac{T_2}{T_1} = \left(\dfrac{v_1}{v_2}\right)^{k-1} = \left(\dfrac{p_2}{p_1}\right)^{\frac{k-1}{k}}$

$\dfrac{T_2}{T_1} = \left(\dfrac{v_1}{v_2}\right)^{k-1}$ 에서

$$\frac{T_2}{(120 + 273)} = (18)^{1.4-1}$$

$$\therefore T_2 = 1248.82\ K = 975.82\ ℃$$

22 어떤 기체가 5 kJ의 열을 받고 0.18 kN · m의 일을 외부로 하였다. 이때의 내부에너지의 변화량은?

① 3.24 kJ ② 4.82 kJ
③ 5.18 kJ ④ 6.14 kJ

정답 19 ④ 20 ① 21 ④ 22 ②

해설

[내부에너지의 변화량]

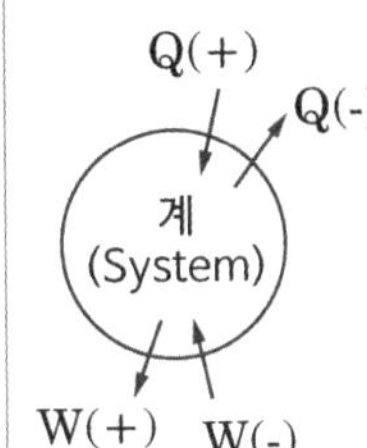

$Q = \triangle U + W$

여기서, Q : 열량

$\triangle U$: 내부에너지변화량

W : 일량

$Q = \triangle U + W$

$5 = \triangle U + 0.18$

$\triangle U = 4.82$ kJ

보충 J = N · m

23 초기압력 100 kPa, 초기체적 0.1 m^{3}인 기체를 버너로 가열하여 기체 체적이 정압과정으로 0.5 m^{3}이 되었다면 이 과정 동안 시스템이 외부에 한 일은 약 몇 kJ인가?

① 10 ② 20

③ 30 ④ 40

해설

[정압하에서 시스템이 외부에 한 일]

$${}_1W_2 = \int_1^2 PdV = P(V_2 - V_1)$$

$$= 100(0.5 - 0.1) = 40\,kJ$$

24 대기압이 100 kPa일 때, 계기압력이 5.23 MPa인 증기의 절대압력은 약 몇 MPa인가?

① 3.02 ② 4.12

③ 5.33 ④ 6.43

해설

[절대압력]

절대압력 = 대기압 + 계기압

= 0.1 MPa + 5.23 MPa

= 5.33 MPa

25 공기압축기에서 입구 공기의 온도와 압력은 각각 27 ℃, 100 kPa이고, 체적유량은 0.01 m^3/s이다. 출구에서 압력이 400 kPa이고, 이 압축기의 등엔트로피 효율이 0.8일 때, 압축기의 소요 동력은 약 몇 kW인가? (단, 공기의 정압비열과 기체상수는 각각 1 kJ/(kg · K), 0.287 kJ/(kg · K)이고, 비열비는 1.4이다)

① 0.9 ② 1.7

③ 2.1 ④ 3.8

해설

[압축기의 소요 동력]

1) 등엔트로피의 압축일(공업일)

등엔트로피과정은 단열과정, 단열과정 공업일은

$$w_{th} = \frac{k}{k-1}R(T_1 - T_2)$$

$$= \frac{k}{k-1}RT_1\left(1 - \frac{T_2}{T_1}\right)$$

$$= \frac{kRT_1}{k-1}\left\{1 - \left(\frac{P_2}{P_1}\right)^{\frac{k-1}{k}}\right\}$$

$$= \frac{1.4 \times 0.287 \times 300}{1.4-1}\left\{1 - \left(\frac{400}{100}\right)^{\frac{1.4-1}{1.4}}\right\}$$

$$= -146.45\,kJ/kg$$

$(T_1 = 27 + 273 = 300\,K)$

정답 23 ④ 24 ③ 25 ③

※ 단열과정에서 공업일[별해]

$$w_{th} = C_P(T_1 - T_2) = C_P T_1 (1 - \frac{T_2}{T_1})$$

$$= C_P T_1 \left\{ 1 - \left(\frac{P_2}{P_1} \right)^{\frac{k-1}{k}} \right\}$$

$$= 1 \times (27 + 273) \times \left\{ 1 - \left(\frac{400}{100} \right)^{\frac{1.4-1}{1.4}} \right\}$$

$$= -145.798 \, kJ/kg$$

2) 실제 압축일

$$w_t = \frac{w_{th}}{\eta} = \frac{-146.45}{0.8} = -183.06 \, kJ/kg$$

3) 압축기 동력 L_b

$$L_b = G \times w_t = \rho Q \times w_t$$

$$= 1.2 \, kg/m^3 \times 0.01 \, m^3/s \times (-183.06 \, kJ/kg)$$

$$= -2.1 \, kW (- : 압축일)$$

보충 1 kJ/s = 1 kW

ρ : 공기의 밀도(1.2 kg/m^3)

26 이상기체가 정압과정으로 dT만큼 온도가 변하였을 때 1 kg당 변화된 열량 Q는? (단, C_v는 정적비열, C_p는 정압비열, k는 비열비를 나타낸다)

① $Q = C_v dT$ ② $Q = k^2 C_v dT$
③ $Q = C_p dT$ ④ $Q = kC_p dT$

해설

[정압과정에서 1 kg당 변화된 열량]

정압과정의 열량 $\delta q = dh = C_p dT$

27 이상적인 복합사이클(사바테사이클)에서 압축비는 16, 최고압력비(압력상승비)는 2.3, 체절비는 1.6이고, 공기의 비열비는 1.4일 때 이 사이클의 효율은 약 몇 %인가?

① 55.52 ② 58.41
③ 61.54 ④ 64.88

해설

[사바테사이클의 열효율]

$$\eta_s = 1 - \left(\frac{1}{\varepsilon} \right)^{k-1} \times \frac{\rho \sigma^k - 1}{(\rho - 1) + k\rho(\sigma - 1)}$$

$$= 1 - \left(\frac{1}{16} \right)^{1.4-1} \times \frac{2.3 \times 1.6^{1.4} - 1}{(2.3 - 1) + 1.4 \times 2.3(1.6 - 1)}$$

= 0.64877 = 64.88 %

여기서, ε : 압축비,
k : 비열비
σ : 체절비(단절비)
ρ : 압력상승비

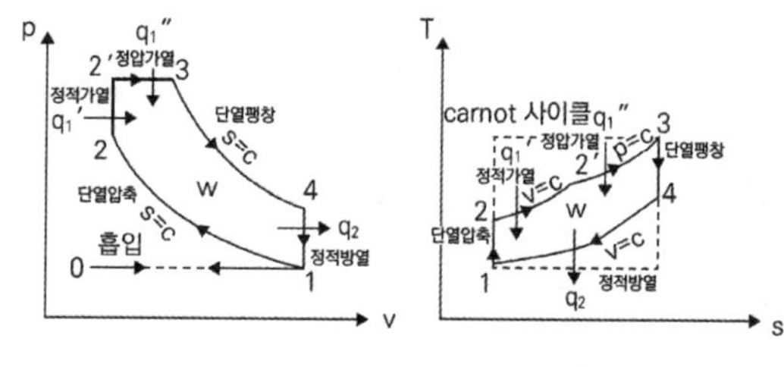

[사바테사이클]

28 저온실로부터 46.4 kW의 열을 흡수할 때 10 kW의 동력을 필요로 하는 냉동기가 있다면, 이 냉동기의 성능계수는?

① 4.64 ② 5.65
③ 7.49 ④ 8.82

정답 26 ③ 27 ④ 28 ①

해설

[냉동기의 성능계수(COP)]

$$COP = \frac{Q}{W} = \frac{46.4}{10} = 4.64$$

※ 냉동기

에너지(전기 혹은 고온의 열)를 일의 형태로 받아 저열원으로부터 열을 빼앗는 것이 목적

$$COP = \frac{Q_2}{W} = \frac{Q_2}{Q_1 - Q_2} = \frac{T_2}{T_1 - T_2}$$

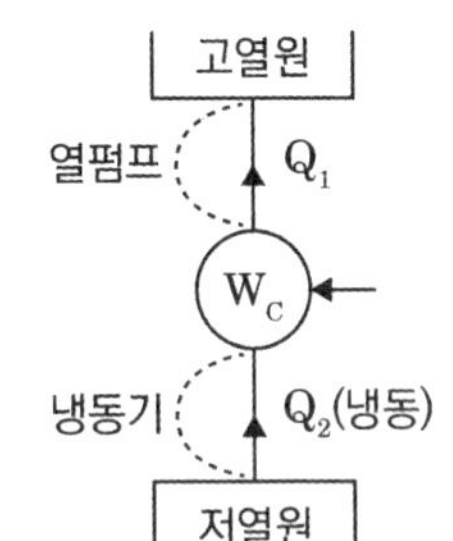

Q_1 : 저열원으로부터 흡수하는 열량
Q_2 : 고열원으로 방출하는 열량
W : 일량
T_1 : 고온
T_2 : 저온

29 다음 4가지 경우에서 ( ) 안의 물질이 보유한 엔트로피가 증가한 경우는?

ⓐ 컵에 있는 (물)이 증발하였다.
ⓑ 목욕탕이 (수증기)가 차가운 타일 벽에서 물로 응결되었다.
ⓒ 실린더 안에 (공기)가 가역 단열적으로 팽창되었다.
ⓓ 뜨거운 (커피)가 식어서 주위온도와 같게 되었다.

① ⓐ ② ⓑ
③ ⓒ ④ ⓓ

해설

[엔트로피가 증가한 경우]

어떤 물질이 열을 받으면 엔트로피가 증가하고 빼앗기면 엔트로피가 감소하며 가역단열과정에서는 $\delta Q = 0$이므로 엔트로피가 일정하다.

ⓐ 물이 열을 공급받아야 증발하므로 엔트로피 증가
ⓑ 수증기가 열을 빼앗겨야 응결되므로 엔트로피 감소
ⓒ 가역단열과정은 $\delta Q = 0$이므로 엔트로피 일정
ⓓ 커피가 열을 빼앗겨 식었으므로 엔트로피 감소

30 유량이 1800 kg/h인 30 ℃ 물을 -10 ℃의 얼음으로 만드는 능력을 가진 냉동장치의 압축기 소요동력은 약 얼마인가? (단, 응축기의 냉각수 입구온도 30 ℃, 냉각수 출구온도 35 ℃, 냉각수 수량 50 m^3/h이고, 열손실은 무시하는 것으로 한다)

① 30 kW ② 40 kW
③ 50 kW ④ 60 kW

해설

[압축기 소요동력]

1) 응축기의 응축열량

$$Q_c = (50 \times 1000 \times \frac{1}{3600}) \times 4.19 \times (35 - 30)$$
$$= 290.97\ kJ$$

2) 증발기 열량(30 ℃의 물이 → 10 ℃의 얼음)

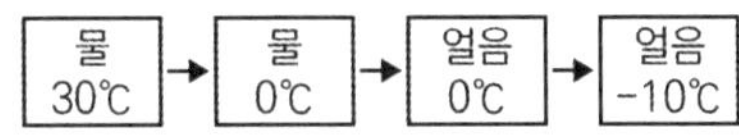

(1) 물의 현열

$$\left(1800 \times \frac{1}{3600}\right) \times 4.19 \times (30 - 0)$$
$$= 62.85\ kJ$$

(2) 얼음의 융해잠열

$\left(1800 \times \frac{1}{3600}\right) \times 334 = 167\ kJ$

(3) 얼음의 비열

$\left(1800 \times \frac{1}{3600}\right) \times 2.1 \times \{0-(-10)\}$

$= 10.5\ kJ$

따라서 증발기 열량은

$Q = 62.85 + 167 + 10.5 = 240.35\ kJ$

3) 압축기 소요동력

응축기 열량 - 증발기 열량

$= 290.97 - 240.35 = 50.62\ kW$

보충 물의 비열 4.19 kJ/kg · K
얼음의 융해잠열 334 kJ/kg
얼음의 비열 2.1 kJ/kg · K

31 냉매에 관한 설명으로 옳은 것은?

① 암모니아 냉매가스가 누설된 경우 비중이 공기보다 무거워 바닥에 정체한다.
② 암모니아의 증발잠열은 프레온계 냉매보다 작다.
③ 암모니아는 프레온계 냉매에 비하여 동일 운전 압력조건에서는 토출가스 온도가 높다.
④ 프레온계 냉매는 화학적으로 안정한 냉매이므로 장치 내에 수분이 혼입되어도 운전상 지장이 없다.

해설

[냉매(암모니아, 프레온계)]

암모니아는 비열비가 커서(k = 1.31) 토출가스 온도가 높다. 프레온계의 예로 R - 22는 비열비가 작아(k = 1.18) 토출가스 온도가 낮다.

① 암모니아 냉매가스는 비중이 공기보다 가볍다.
② 암모니아의 증발잠열은 프레온계 냉매보다 크며, 모든 냉매 중 가장 크다.
④ 프레온계 냉매는 화학적으로 안정적이지만, 수분을 용해하지 않아 장치 내에 수분이 혼입되면 팽창밸브에서 얼어 냉매 흐름을 방해할 수 있다.

32 고온가스 제상(Hot Gas Defrost)방식에 대한 설명으로 틀린 것은?

① 압축기의 고온·고압가스를 이용한다.
② 소형 냉동장치에 사용하면 언제라도 정상운전을 할 수 있다.
③ 비교적 설비하기가 용이하다.
④ 제상 소요시간이 비교적 짧다.

해설

[고온가스 제상]

② 고온가스(Hot Gas) 제상방식을 소형 냉동장치에 사용하면 장치 내 냉매충전량이 적어 제상 시 냉매가 증발기로 들어가면 장치 내에 냉매가 부족하여 정상운전이 어렵다.

33 증기 압축식 냉동사이클에서 증발온도를 일정하게 유지하고 응축온도를 상승시킬 경우에 나타나는 현상으로 틀린 것은?

① 성적계수 감소
② 토출가스 온도 상승
③ 소요동력 증대
④ 플래시가스 발생량 감소

정답 31 ③ 32 ② 33 ④

해설

[응축온도를 상승시킬 경우]

④ 응축온도 상승(응축기 냉각부족)은 효율이 감소하고 플래시가스 발생량이 증가한다.

34 암모니아 냉매의 누설검지방법으로 적절하지 않은 것은?

① 냄새로 알 수 있다.
② 리트머스 시험지를 사용한다.
③ 페놀프탈레인 시험지를 사용한다.
④ 할로겐 누설검지기를 사용한다.

해설

[암모니아 냉매의 누설검지방법]

1) 할로겐 누설검지기는 프레온 계열 냉매누설을 탐지하는 장비이다. 암모니아는 할로겐 성분이 없으므로, 할로겐 검지기로는 감지할 수 없다.
2) 할로겐누설시험 : 헬라이드토치법, 가열양극법, 전자포획법
3) 암모니아(염기성) 냉매 누설검지법

검사법	특징
① 냄새 감지법	불쾌한 악취로 쉽게 감지
② 적색 리트머스 시험지	암모니아에 닿으면 청색으로 변색
③ 페놀프탈레인 시험지	암모니아에 닿으면 적색으로 변색
④ 유황초(황산 또는 염산 사용)	백색 연기 발생
⑤ 네슬러 시약	• 소량 누설 → 황색 • 다량 누설 → 자색

보충 시험에서 리트머스지(청색), 페놀프탈레인(적색), 네슬러 시약(황/자색) 자주 출제

35 다음 중 빙축열시스템의 분류에 대한 조합으로 적당하지 않은 것은?

① 정적제빙형 - 관내착빙형
② 정적제빙형 - 캡슐형
③ 동적제빙형 - 관외착빙형
④ 동적제빙형 - 과냉각아이스형

해설

[빙축열시스템의 분류]

1) 빙축열시스템은 얼음을 만들어 냉방용으로 사용하는 시스템이다.
2) 제빙방식의 분류
   (1) 정적형 : 축열조 내에서 제빙과 해빙이 이루어진다. 관외착빙형, 관내착빙형, 평판형, 캡슐형, 수직(수평)원통형 등이 있다.
   (2) 동적형 : 제빙기에서 제빙된 얼음을 축열조로 이송하여 저장하는 방식이다. 빙박리형, 유동식 빙생성형(과냉각 아이스형, 리키드 아이스형)이 있다.

36 2단압축 1단팽창 냉동시스템에서 게이지 압력계로 증발압력이 100 kPa, 응축압력이 1100 kPa일 때, 중간냉각기의 절대압력은 약 얼마인가?

① 331 kPa　② 491 kPa
③ 732 kPa　④ 1010 kPa

해설

[중간냉각기의 절대압력]

$$P = \sqrt{(100+101.325)\times(1100+101.325)}$$
$$\fallingdotseq 491.79$$

정답 34 ④ 35 ③ 36 ②

37 다음 중 자연냉동법이 아닌 것은?

① 융해열을 이용하는 방법
② 승화열을 이용하는 방법
③ 기한제를 이용하는 방법
④ 증기분사를 하여 냉동하는 방법

해설

[자연냉동법]
1) 융해열을 이용하는 방법(얼음)
2) 승화열을 이용하는 방법(드라이 아이스)
3) 증발열을 이용하는 방법(물)
4) 기한제를 사용하는 방법(얼음 + 소금)

※ 기계식 냉동법
① 증기압축식 냉동법
② 흡수식 냉동법
③ 전자냉동법(열전냉동법)
④ 증기분사 냉동법
⑤ 단열소자 냉동법
⑥ 공기압축 냉동법

38 착상이 냉동장치에 미치는 영향으로 가장 거리가 먼 것은?

① 냉장실 내 온도가 상승한다.
② 증발온도 및 증발압력 이 저하한다.
③ 냉동능력당 전력 소비량이 감소한다.
④ 냉동능력당 소요동력이 증대한다.

해설

[착상이 냉동장치에 미치는 영향]
1) 증발기의 열교환 효율 감소로 냉동능력 저하
→ 냉장실 내 냉각이 제대로 이루어지지 않아 온도 상승
2) 증발기 내부의 냉매 증발이 원활하지 않아 증발온도와 증발압력 저하
3) 냉동효율이 떨어져 압축기가 더 많은 일을 해야 함
→ 전력소비량이 증가
4) 압축기 부하 증가하고 소요동력 증대

39 다음 난방방식의 표준방열량에 대한 것으로 옳은 것은?

① 증기난방 : 0.523 kW
② 온수난방 : 0.756 kW
③ 복사난방 : 1.003 kW
④ 온풍난방 : 표준방열량이 없다.

해설

[표준방열량]
증기난방 : 756 W = 0.756 kW
온수난방 : 523 W = 0.523 kW
복사, 온풍난방 : 표준방열량이 없다.

40 어떤 방의 취득 현열량이 8360 kJ/h로 되었다. 실내온도를 28 ℃로 유지하기 위하여 16 ℃의 공기를 취출하기로 계획 한다면 실내로의 송풍량은? (단, 공기의 비중량은 1.2 kg/m^3, 정압비열은 1.004 kJ/kg·℃이다)

① 426.2 m^3/h　② 467.5 m^3/h
③ 578.7 m^3/h　④ 612.3 m^3/h

해설

[실내로의 송풍량]
$q = GC_p\Delta t = Q\rho C_p\Delta t$
$8360\ kJ/h = Q\times 1.2\times 1.004\times(28-16)$
$\therefore\ Q \fallingdotseq 578.24\,m^3/h$
※ 계산값과 가장 근사한 답을 선지에서 택한다.

정답 37 ④ 38 ③ 39 ④ 40 ③

3과목 시운전 및 안전관리

1회독 시간 : 점수 :
2회독 시간 : 점수 :
3회독 시간 : 점수 :

41 다음 중 기계설비 유지관리기준에 따른 기계설비의 성능점검 시 점검항목이 아닌 것은?

① 유지관리비용 최소화 방안 검토
② 성능개선 계획 수립
③ 에너지사용량 검토
④ 기계설비시스템 검토

해설

[기계설비 성능점검 시 검토사항]
1) 기계설비시스템 검토
2) 기계설비 성능개선 계획 수립
3) 기계설비 에너지사용량 검토

42 다음 중 기계설비 유지관리업무로 알맞지 않은 것은?

① 기계설비 대상 점검표에 연 1회 이상 기록한다.
② 점검대상 기계설비의 외관, 운전 및 안전상태를 주기적으로 점검한다.
③ 기계설비 유지관리지침서를 구비한다.
④ 기계설비 유지관리 및 성능점검 계획을 수립한다.

해설

[기계설비 유지관리업무]
① 기계설비 대상 점검표는 반기별(= 6개월) 1회 이상 기록한다.

43 고압가스 안전관리법령에 따라 정밀안전검진을 실시하여야 하는 노후기기는 완성검사 증명서를 받은 날부터 몇 년이 경과한 시설인가?

① 5년 ② 10년
③ 15년 ④ 20년

해설

[정밀안전검진을 실시하여야 하는 노후기기]
고압가스 안전관리법 시행규칙 제33조에 따라 15년이 경과한 시설이 정밀안전검진 대상이다.

44 산업안전보건법령상 보일러 수위가 이상현상으로 인해 위험수위로 변하면 작업자가 쉽게 감지할 수 있도록 경보등, 경보음을 발하고 자동적으로 급수 또는 단수되어 수위를 조절하는 방호장치는?

① 압력방출장치
② 고 · 저수위 조절장치
③ 압력제한스위치
④ 과부하방지장치

해설

[고 · 저수위 조절장치]
보일러에서 수위가 너무 높거나 낮아지는 것을 막기 위해 설치하는 장치로, 고수위와 저수위를 알려주는 경보등이나 경보음을 통해 이상 상황을 알리는 역할을 한다. 또한 수위가 일정 범위를 벗어나면 자동으로 급수를 하거나 단수하여 수위를 조절하는 기능도 갖추고 있다. 이러한 수위 조절장치는 플로트식, 전극식, 차압식 등이 있다.

2022-03

정답 41 ① 42 ① 43 ③ 44 ②

45 산업안전보건법령상 안전관리자의 업무가 아닌 것은?

① 업무 수행 내용의 기록
② 산업재해에 관한 통계의 유지·관리·분석을 위한 보좌 및 지도·조언
③ 안전교육계획의 수립 및 안전교육 실시에 관한 보좌 및 지도·조언
④ 작업장 내에서 사용되는 전체 환기장치 및 국소 배기장치 등에 관한 설비의 점검

해설

[안전관리자의 업무]

1) 안전보건관리규정 및 취업규칙에서 정한 업무
2) 위험성평가에 관한 보좌 및 지도·조언
3) 안전인증대상기계 등과 자율안전확인대상기계 등 구입 시 적격품의 선정에 관한 보좌 및 지도·조언
4) <u>해당 사업장 안전교육계획의 수립 및 안전교육 실시에 관한 보좌 및 지도·조언</u>
5) 사업장 순회점검, 지도 및 조치 건의
6) 산업재해 발생의 원인 조사·분석 및 재발 방지를 위한 기술적 보좌 및 지도·조언
7) <u>산업재해에 관한 통계의 유지·관리·분석을 위한 보좌 및 지도·조언</u>
8) 법 또는 법에 따른 명령으로 정한 안전에 관한 사항의 이행에 관한 보좌 및 지도·조언
9) <u>업무 수행 내용의 기록·유지</u>
10) 그 밖에 안전에 관한 사항으로서 고용노동부장관이 정하는 사항

46 그림과 같은 회로에서 전력계 W와 직류 전압계 V의 지시가 각각 60 W, 150 V일 때 부하전력은 얼마인가? (단, 전력계의 전류코일의 저항은 무시하고 전압계의 저항은 1 kΩ이다)

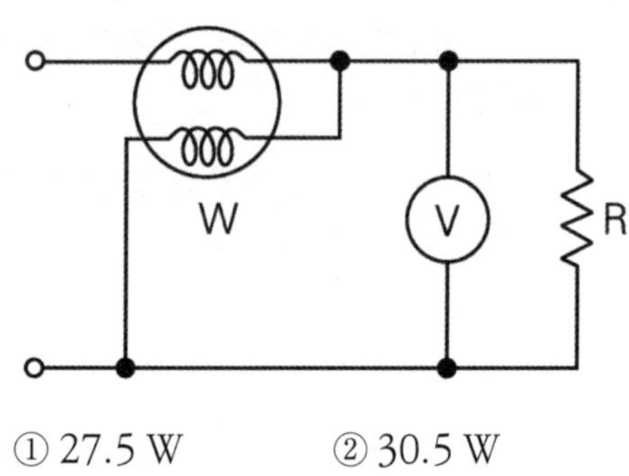

① 27.5 W ② 30.5 W
③ 34.5 W ④ 37.5 W

해설

[부하전력]

1) 전체 소비전력 = 전력계가 지시한 값 = 60 W
2) 전체 전압 = 전압계가 지시한 값 = 150 V
3) 전압계에 흐르는 전류

$$I=\frac{V}{R}=\frac{150[V]}{1000[\Omega]}=0.15\ A$$

4) 전압계가 소비하는 전력

$$P_V = V\times I = 150\times 0.15 = 22.5\ W$$

5) 저항 R에 걸리는 부하전력

P_R = 전체 소비전력 - 전압계의 소비 전력

$$= 60 - 22.5 = 37.5\ W$$

47 다음의 논리식 중 다른 값을 나타내는 논리식은?

① $X(\overline{X}+Y)$ ② $X(X+Y)$
③ $XY+X\overline{Y}$ ④ $(X+Y)(X+\overline{Y})$

정답 45 ④ 46 ④ 47 ①

해설

[논리식]

① $X(\overline{X}+Y) = X\overline{X}+XY = 0+XY = XY$

② $X(X+Y) = XX+XY = X+XY$
$= X(1+Y) = X(1) = X$

③ $XY+X\overline{Y} = X(Y+\overline{Y}) = X(1) = X$

④ $(X+Y)(X+\overline{Y}) = XX+X\overline{Y}+XY+Y\overline{Y}$
$= X+X\overline{Y}+XY+0$
$= X+X(\overline{Y}+Y)$
$= X+X(1) = X$

48 다음 중 불연속제어에 속하는 것은?

① 비율제어 ② 비례제어
③ 미분제어 ④ On - Off제어

해설

[불연속제어와 연속제어]

1) 불연속제어 종류
On - Off제어, 다위치제어, 샘플제어

2) 연속제어 종류
비율제어, 비례제어, 적분제어, 미분제어, 비례적분제어, 비례미분제어, 비례적분미분제어

49 다음 설명에 알맞은 전기 관련 법칙은?

> 회로 내의 임의의 폐회로에서 한 쪽 방향으로 일주하면서 취할 때 공급된 기전력의 대수합은 각 회로 소자에서 발생한 강하의 대수합과 같다.

① 옴의 법칙
② 가우스법칙
③ 쿨롱의 법칙
④ 키르히호프의 법칙

해설

[키르히호프의 법칙]

1) 키르히호프 제1법칙
전류평형의 법칙으로 회로망의 한 점으로 흘러 들어가는 전류의 총 합과 흘러 나가는 전류의 총 합은 같다.

2) 키르히호프 제2법칙
전압평형의 법칙으로 임의의 폐회로망에서 기전력의 합은 그 폐회로망 내의 각 소자에 의한 전압강하의 합과 같다.

50 평행판 간격을 처음의 2배로 증가시킬 경우 정전용량 값은?

① 1/2로 된다. ② 2배로 된다.
③ 1/4로 된다. ④ 4배로 된다.

해설

[정전용량]

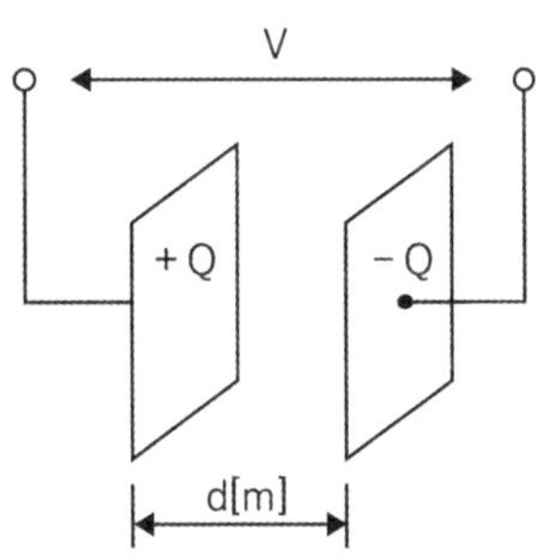

정전용량 = $\frac{1}{평행판간격}$ 이므로

$\frac{C}{1} : \frac{C}{2}$ 이므로 1/2로 된다.

$C_1 : C_2 = \frac{1}{d_1} : \frac{1}{d_2}$

$C_1 : C_2 = \frac{1}{d_1} : \frac{1}{2 \times d_1}$

$C_1 : C_2 = 1 : \frac{1}{2}$

정답 48 ④ 49 ④ 50 ①

※ 평판도체의 정전용량

$C = \varepsilon \frac{A}{d}[F]$

여기서, $d[m]$: 극판의 간격

$A[m^2]$: 극판의 면적

ε : 극판간의 물질의 비유전율

51 제어계에서 미분요소에 해당하는 것은?

① 한 지점을 가진 지렛대에 의하여 변위를 변환한다.
② 전기로에 열을 가하여도 처음에는 열이 올라가지 않는다.
③ 직렬 RC회로에 전압을 가하여 C에 충전전압을 가한다.
④ 계단 전압에서 임펄스 전압을 얻는다.

해설

[제어계에서 미분요소]
① 비례요소
② 적분요소
③ 적분요소
④ 미분요소, 미분 요소는 신호의 변화율을 출력하는 역할을 하며, 계단 전압을 입력하면 순간적인 임펄스 전압을 출력하는 특성이 있다.

52 그림과 같은 △결선회로를 등가 Y결선으로 변환할 때 R_c의 저항 값(Ω)은?

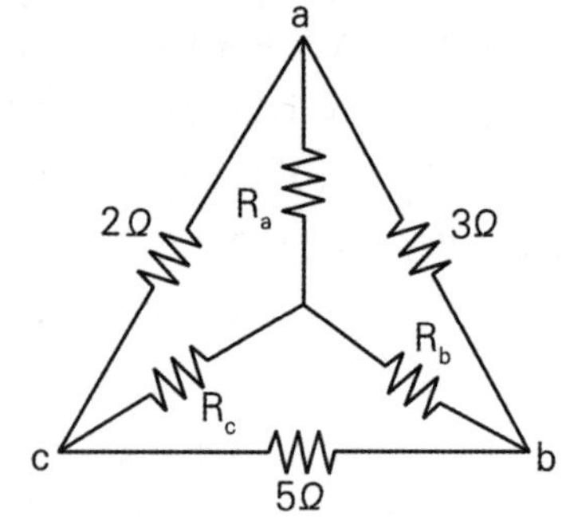

① 1 ② 3
③ 5 ④ 7

해설

[△결선회로를 등가 Y결선으로 변환]

$$R_c = \frac{R_{bc}R_{ca}}{R_{ab}+R_{bc}+R_{ca}} = \frac{5\times 2}{3+5+2} = 1\,\Omega$$

정답 51 ④ 52 ①

53 다음 신호흐름선도와 등가인 블록선도는?

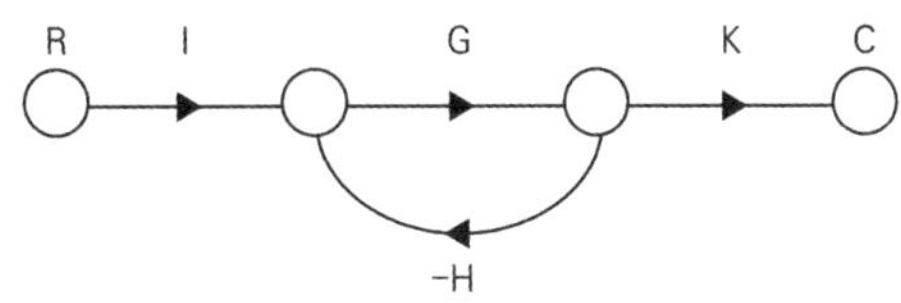

① 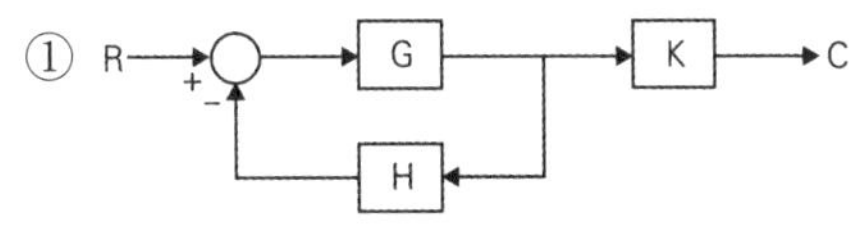

② 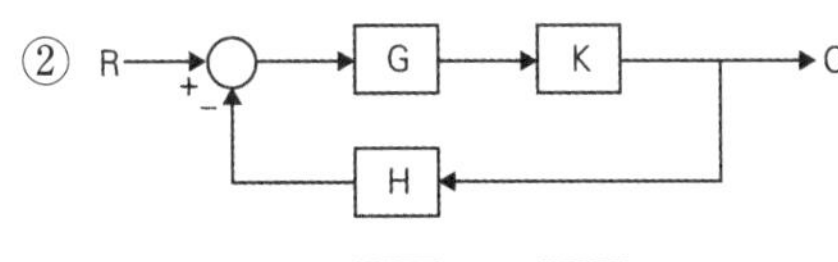

③ 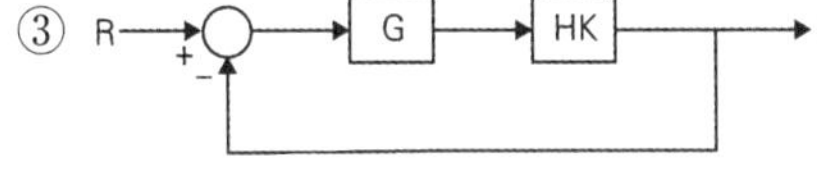

④ 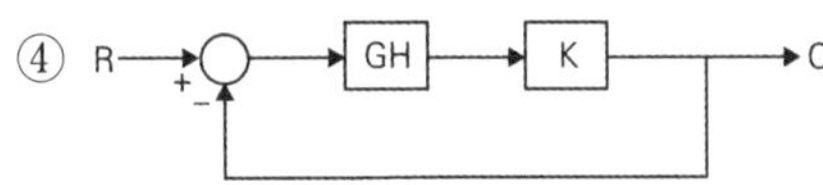

해설

[블록선도]

신호흐름선도와 블록선도의 전달함수가 같으면 등가관계이다.

• 전달함수 $\frac{C}{R} = \frac{전향경로이득}{1 - 피드백이득}$

1) 신호흐름선도 전달함수 $G(s)$

$$G(s) = \frac{전향경로이득}{1 - 피드백이득} = \frac{GK}{1+GH}$$

2) 블록선도

① $G(s) = \frac{GK}{1+GH}$

② $G(s) = \frac{GK}{1+GKH}$

③ $G(s) = \frac{GHK}{1+GHK}$

④ $G(s) = \frac{GHK}{1+GHK}$

54 60 Hz, 4극, 슬립 6 %인 유도전동기를 어느 공장에서 운전하고자 할 때 예상되는 회전수는 약 몇 rpm인가?

① 240 ② 720
③ 1690 ④ 1800

해설

[회전수]

$$N = \frac{120f}{P}(1-S)$$
$$= \frac{120 \times 60}{4} \times (1-0.06) = 1692\ rpm$$

55 유도전동기에서 슬립이 '0'이란 의미와 같은 것은?

① 유도제동기의 역할을 한다.
② 유도전동기가 정지상태이다.
③ 유도전동기가 전부하 운전상태이다.
④ 유도전동기가 동기속도로 회전한다.

해설

[유도전동기에서의 슬립]

슬립이 "0"이란 의미는 $n = \frac{120f}{P}$ rpm인 회전속도(동기속도)로 회전한다는 의미이다.

정답 53 ① 54 ③ 55 ④

56 다음과 같은 회로에 전압계 3대와 저항 10 Ω을 설치하여 V_1 = 80 V, V_2 = 20 V, V_3 = 100 V 의 실효치 전압을 계측하였다. 이때 순저항 부하에서 소모하는 유효전력은 몇 W인가?

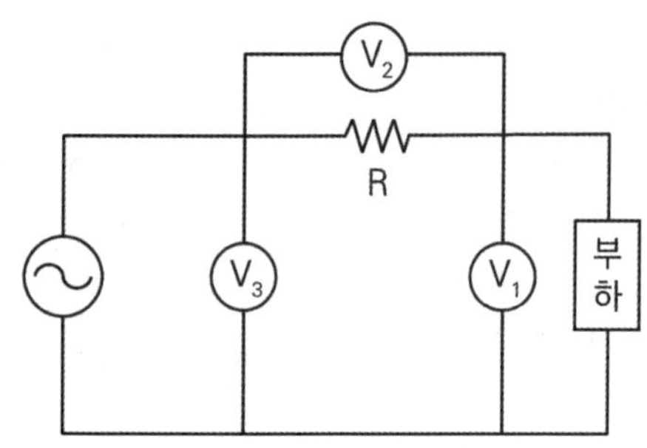

① 160　　② 320
③ 460　　④ 640

해설

[유효전력]

※ 단상전력의 간접측정

3전압계법	3전류계법
전압계 3개와 저항 1개를 연결하여 측정	전류계 3개와 저항 1개를 연결하여 측정
$P=\frac{1}{2r}(V_3^2-V_2^2-V_1^2)$	$P=\frac{r}{2}(I_3^2-I_2^2-I_1^2)$

유효전력 $P=\frac{1}{2R}\times(V_3^2-V_2^2-V_1^2)$

$=\frac{1}{2\times10}\times(100^2-20^2-80^2)$

$=160\text{ W}$

57 어떤 교류전압의 실횻값이 100 V 일 때 최댓값은 약 몇 V가 되는가?

① 100　　② 141
③ 173　　④ 200

해설

[최댓값]

실효전압 $V=\frac{1}{\sqrt{2}}V_m$ 에서

최대전압 $V_m=\sqrt{2}\,V$

$=\sqrt{2}\times100=141.4\text{ V}$

58 4000 Ω의 저항기 양단에 100 V의 전압을 인가할 경우 흐르는 전류의 크기(mA)는?

① 4　　② 15
③ 25　　④ 40

해설

[옴의 법칙]

옴의 법칙 $I=\frac{V}{R}$

$I=\frac{100}{4000}=0.025\text{ A}=25\text{ mA}$

59 피드백제어계에서 목표치를 기준입력신호로 바꾸는 역할을 하는 요소는?

① 비교부　　② 조절부
③ 조작부　　④ 설정부

정답 56 ① 57 ② 58 ③ 59 ④

해설

[설정부(변환부, 기준입력요소)]

목푯값을 검출부에서 피드백되는 신호와 같은 단위로 환산하는 기능, 즉 목표치를 기준 입력신호로 바꾸는 역할을 한다.

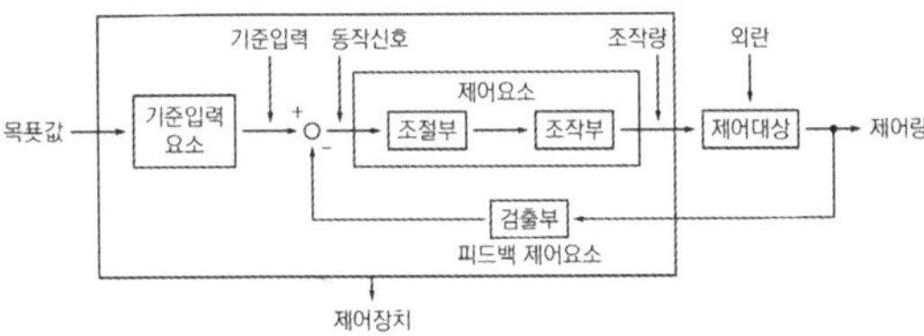

[폐루프제어계의 구성도]

60 서보기구의 특징에 관한 설명으로 틀린 것은?

① 원격제어의 경우가 많다.
② 제어량이 기계적 변위이다.
③ 추치제어에 해당하는 제어장치가 많다.
④ 신호는 아날로그에 비해 디지털인 경우가 많다.

해설

[서보기구]

④ 서보기구는 아날로그 및 디지털방식이 모두 사용되지만, 전통적으로 아날로그방식이 더 일반적이다.
① 서보기구는 원격으로 정밀한 위치 및 속도를 제어한다.
② 서보기구는 위치, 속도, 힘 같은 기계적 변위가 주요 목적이다.
③ 추치제어란 제어시스템에서 출력(위치, 속도 등)을 측정하여 입력하는 시스템으로, 서보시스템은 추치제어에 해당하는 제어장치가 많다.

4과목 유지보수 공사관리

1회독	시간 :	점수 :
2회독	시간 :	점수 :
3회독	시간 :	점수 :

61 증기난방배관 시공법에 대한 설명으로 틀린 것은?

① 증기주관에서 지관을 분기하는 경우 관의 팽창을 고려하여 스위블이음법으로 한다.
② 진공 환수식 배관의 증기주관은 1/100 ~ 1/200 선상향 구배로 한다.
③ 주형방열기는 일반적으로 벽에서 50 ~ 60 mm 정도 떨어지게 설치한다.
④ 보일러 주변의 배관방법에서는 증기관과 환수관 사이에 밸런스관을 달고, 하트포드(Hartford) 접속법을 사용한다.

해설

[증기난방배관 시공법]

② 증기난방배관의 증기주관인 중력식, 강제식, 진공 환수식 모두 원활한 응축수 배출을 위해 1/100 ~ 1/200의 선하향 구배로 한다.

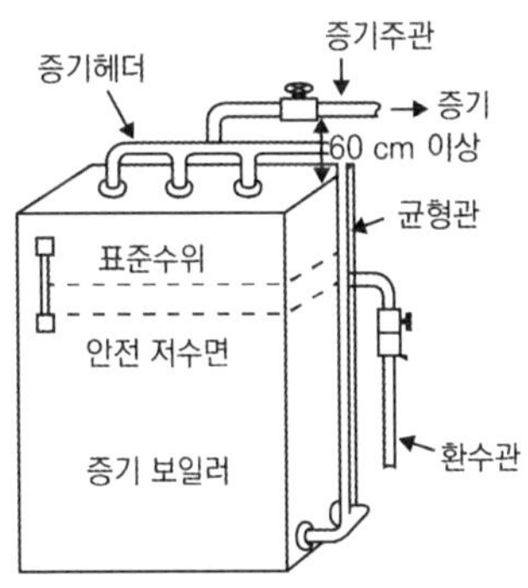

[하트포드 접속법]

정답 60 ④ 61 ②

62 냉매배관 중 토출관배관 시공에 관한 설명으로 틀린 것은?

① 응축기가 압축기보다 2.5 m 이상 높은 곳에 있을 때는 트랩을 설치한다.
② 수평관은 모두 끝내림 구배로 배관한다.
③ 수직관이 너무 높으면 3 m마다 트랩을 설치한다.
④ 유분리기는 응축기보다 온도가 낮지 않은 곳에 설치한다.

해설

[냉매배관 중 토출관배관 시공]

③ 토출입상관(수직관)이 10 m 이상일 때(너무 높으면) 배관 중의 윤활유와 액화된 냉매가 압축기로 역류하는 것을 방지하기 위해 10 m마다 트랩을 설치한다.

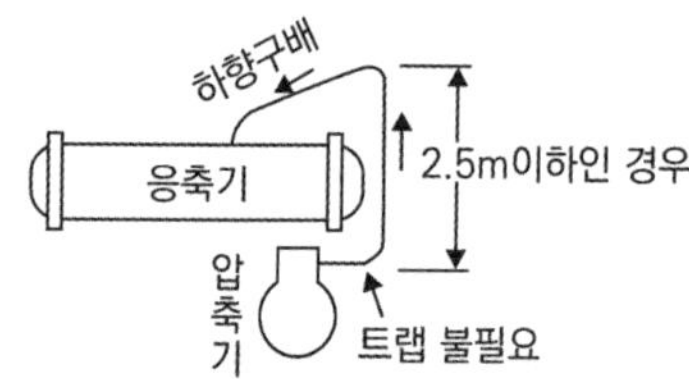

[토출관이 2.5 m 이하 입상배관]

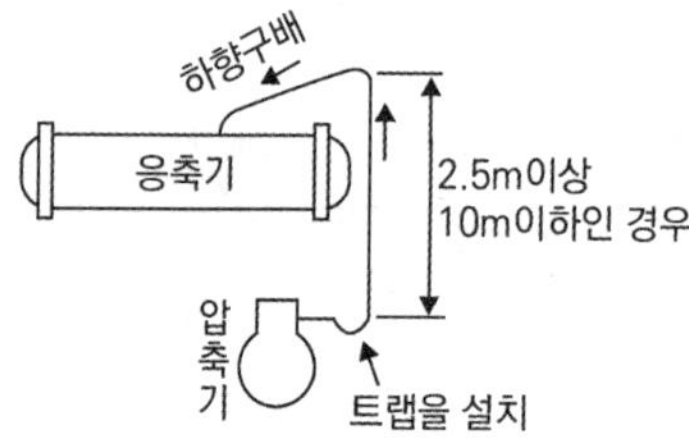

[토출관이 2.5 m 이상 10 m 이하 입상배관]

63 다음 냉매액관 중에 플래시가스 발생 원인이 아닌 것은?

① 열교환기를 사용하여 과냉각도가 클 때
② 관경이 매우 작거나 현저히 입상할 경우
③ 여과망이나 드라이어가 막혔을 때
④ 온도가 높은 장소를 통과 시

해설

[플래시가스 발생 원인]

1) 열교환기를 사용하여 과냉각도가 커지면 플래시가스 발생이 방지된다.
2) 과냉각이란 냉매가 증발하기 전에 충분히 냉각되어 기화가 덜 일어나는 것을 말한다.
3) 플래시가스란 냉매가 증발기 이외의 곳에서 증발하면 모두 플래시가스라 한다.

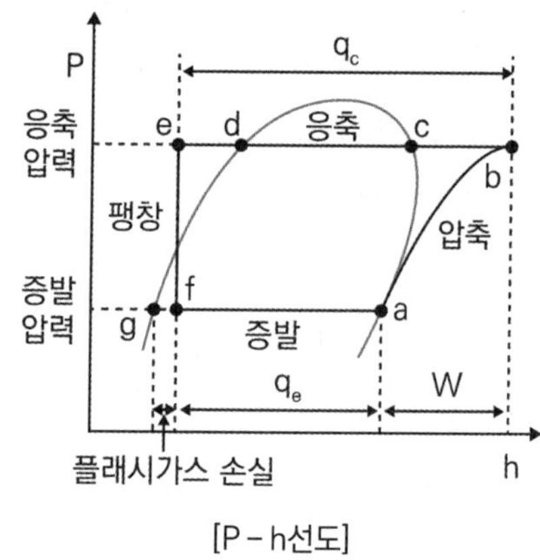

[P－h선도]

정답 62 ③ 63 ①

64 지역난방 열공급 관로 중 지중 매설방식과 비교한 공동구 내 배관 시설의 장점이 아닌 것은?

① 부식 및 침수 우려가 적다.
② 유지보수가 용이하다.
③ 누수점검 및 확인이 쉽다.
④ 건설비용이 적고 시공이 용이하다.

해설

[지역난방배관의 공동구 내 배관]

④ 공동구방식은 대형 구조물을 만들어야 하므로 건설비가 매우 비싸다. 또한 설치과정이 복잡하고 시공이 어렵다. 지중 매설방식이 오히려 건설비가 저렴하고 시공이 쉽다.

1) 지중 매설방식
열공급 배관을 지표 아래 직접 땅속에 묻는 방식이다. 일반적으로 이중보온관(Pre - Insulated Pipe)을 사용하며, 토양 위에 직접 배관을 설치한 후 흙으로 덮는다.

2) 공동구 내 배관 방식
배관을 사람이 출입 가능한 공동구(공동 트렌치) 안에 설치하는 방식이다. 공동구에는 열배관 외에도 통신, 전기, 수도 등 다양한 인프라가 함께 설치될 수 있다.

65 배관을 지지장치에 완전하게 구속시켜 움직이지 못하도록 한 장치는?

① 리지드행거　② 앵커
③ 스토퍼　④ 브레이스

해설

[앵커]

배관이 이동 또는 회전하지 못하도록 완전히 고정하는 장치

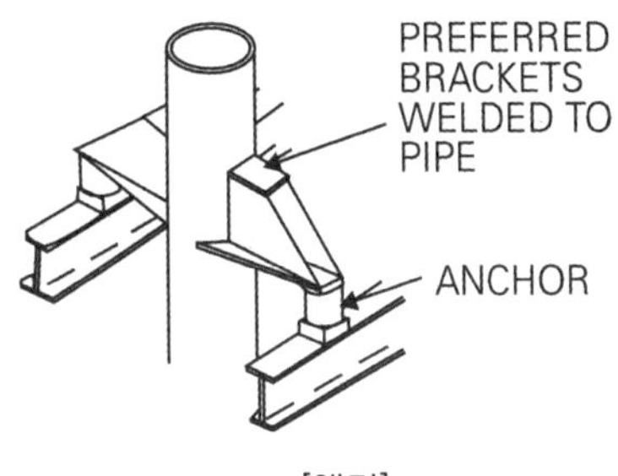

[앵커]

① 리지드행거 : 배관의 하중을 위에서 걸어당겨 지지하는 기구로서 수직방향의 길이변화가 없는 곳에 사용한다.
③ 스토퍼 : 배관의 일정방향의 이동을 제한하고 다른 방향은 자유롭게 하는 곳에 사용하는 배관 고정기구
④ 브레이스 : 배관의 진동을 억제하기 위해 사용하며 유압식과 스프링식이 있다.

66 동력나사절삭기의 종류 중 관의 절단, 나사절삭, 거스러미 제거 등의 작업을 연속적으로 할 수 있는 유형은?

① 리드형　② 호브형
③ 오스터형　④ 다이헤드형

해설

[동력나사절삭기]

① 리드형 : 파이프에 수동으로 나사를 절삭하는 나사절삭기, 2개의 날이 1조
② 호브형 : 호브(Hob)를 저속으로 회전시켜 나사를 절삭하는 나사절삭기
③ 오스터형 : 파이프에 수동으로 나사를 절삭하는 나사절삭기, 4개의 날이 1조
④ 다이헤드형 : 가장 많이 사용하는 동력나사절삭기로 관의 절단, 거스러미 제거, 나사절삭을 연속적으로 할 수 있다. 관을 다이헤드에 밀어 넣어 나사를 절삭 가공한다.

정답 64 ④　65 ②　66 ④

67 급탕배관의 신축방지를 위한 시공 시 틀린 것은?

① 배관의 굽힘 부분에는 스위블이음으로 접합한다.
② 건물의 벽 관통부분 배관에는 슬리브를 끼운다.
③ 배관 직관부에는 팽창량을 흡수하기 위해 신축이음쇠를 사용한다.
④ 급탕밸브나 플랜지 등의 패킹은 고무, 가죽 등을 사용한다.

해설

[급탕배관의 신축방지]

④ 고무, 가죽은 내열성이 부족하여 뜨거운 물에 취약하다. 고온의 물이 흐르는 급탕배관에서는 내열성이 높은 패킹 재료(테프론, 석면, 금속 패킹 등)를 사용해야 한다. 고무, 가죽은 냉수나 저온 유체에서 사용 가능하지만, 급탕배관에는 부적절하다.

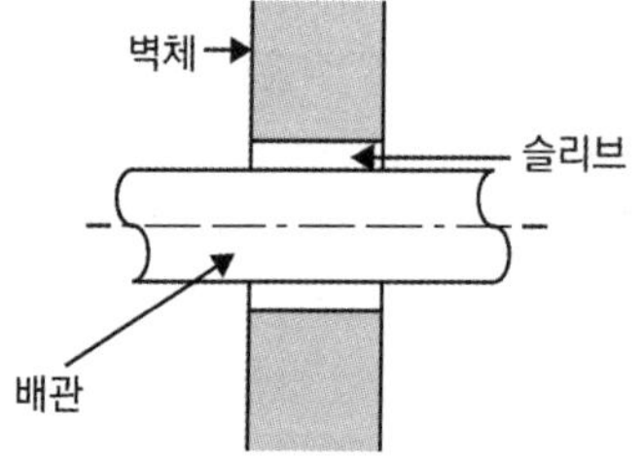

68 온수난방에서 개방식 팽창탱크에 관한 설명으로 틀린 것은?

① 공기빼기 배기관을 설치한다.
② 4 ℃의 물을 100 ℃로 높였을 때 팽창체적 비율이 4.3 % 정도이므로 이를 고려하여 팽창탱크를 설치한다.
③ 팽창탱크에는 오버 플로우관을 설치한다.
④ 팽창관에는 반드시 밸브를 설치한다.

해설

[온수난방설비의 온수배관 시공법]

④ 팽창관에는 절대 밸브를 설치하면 안 된다. 팽창관이 막히면 팽창된 물이 팽창탱크로 이동하지 못하고 압력이 상승하여 폭발 우려가 있다. 따라서 팽창관은 항상 개방된 상태를 유지해야 하므로 밸브를 설치하지 않는다.

보충 팽창관은 부피가 증가된 온수를 팽창탱크로 도피시키는 배관

69 증기배관의 수평 환수관에서 관경을 축소할 때 사용하는 이음쇠로 가장 적합한 것은?

① 소켓　　② 부싱
③ 플랜지　　④ 리듀서

해설

[관이음쇠]

① 소켓 : 같은 크기의 배관을 연결할 때 사용한다.
② 부싱 : 작은 배관을 큰 배관에 연결할 때 사용한다.
③ 플랜지 : 배관을 연결할 때 사용한다.
④ 리듀서 : 배관의 관경을 축소할 때 사용한다.

정답 67 ④　58 ④　69 ④

70 도시가스배관 매설에 대한 설명으로 틀린 것은?

① 배관을 철도부지에 매설하는 경우 배관의 외면으로부터 궤도 중심까지 거리는 4 m 이상 유지할 것
② 배관을 철도부지에 매설하는 경우 배관의 외면으로부터 철도부지 경계까지 거리는 0.6 m 이상 유지할 것
③ 배관을 철도부지에 매설하는 경우 지표면으로부터 배관의 외면까지의 깊이는 1.2 m 이상 유지할 것
④ 배관의 외면으로부터 도로의 경계까지 수평거리 1 m 이상 유지할 것

해설

[도시가스배관 매설]
② 배관을 철도부지에 매설하는 경우 배관의 외면으로부터 철도부지 경계까지 거리는 1 m 이상을 유지할 것

※ 도시가스사업법 시행규칙 별표 5
배관을 철도부지에 매설하는 경우에는 배관의 외면으로부터 궤도 중심까지 4 m 이상, 그 철도부지 경계까지는 1 m 이상의 거리를 유지하고, 지표면으로부터 배관의 외면까지의 깊이를 1.2 m 이상을 유지할 것

71 밸브 종류 중 디스크의 형상을 원뿔모양으로 하여 고압 소유량의 유체를 누설 없이 조절할 목적으로 사용하는 밸브는?

① 앵글밸브 ② 슬루스밸브
③ 니들밸브 ④ 버터플라이밸브

해설

[밸브]
① 앵글밸브 : 밸브의 입구와 출구가 직각으로 되어 있어 유체의 방향을 90°로 바꿀 때 사용한다.

② 슬루스밸브 : 게이트밸브라고도하며 유량조절 이 필요없는 배관에서 유체 흐름을 차단할 목적으로 사용한다.

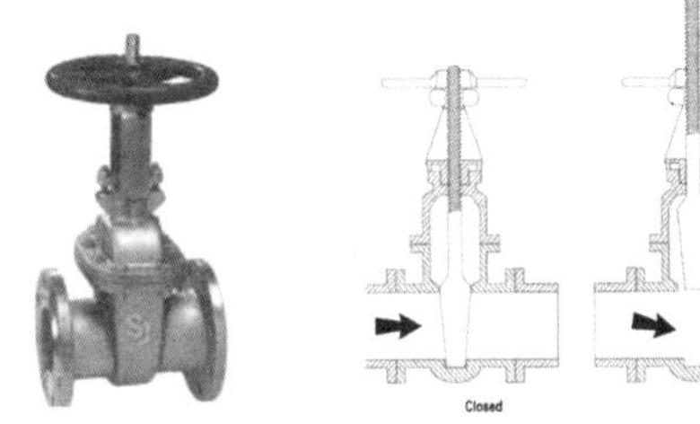

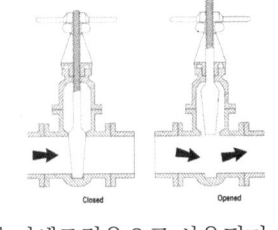

③ 니들밸브 : 유량의 미세조정용으로 사용되며, 밸브의 디스크의 형상이 원뿔모양으로 단면적이 매우 작아 고압, 소유량의 유체를 누설 없이 조절할 수 있다.

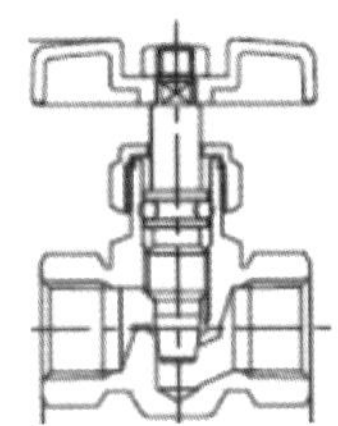

④ 버터플라이밸브 : 밸브 안에 있는 원형 디스크를 회전시켜 유체의 흐름을 조절하는 밸브이며, 차단 및 유량조절이 가능하고 구조 및 조작이 간단하다.

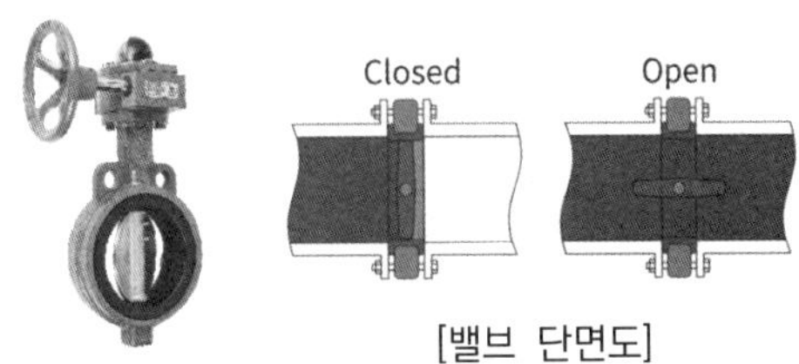

[밸브 단면도]

정답 70 ② 71 ③

72 냉매 유속이 낮아지게 되면 흡입관에서의 오일 회수가 어려워지므로 오일 회수를 용이하게 하기 위하여 설치하는 것은?

① 이중입상관　　② 루프배관
③ 액트랩　　④ 리프팅배관

해설

[이중입상관]

1) 전부하 운전 시 : 냉매가스와 윤활유가 가는 관과 굵은 관 모두를 통해 이동한다.
2) 부하 감소 시 : 냉매가스의 속도가 감소하여 윤활유가 하부트랩에 고인다.
3) 대책 : 가는 관을 통해 냉매가스와 윤활유를 함께 압축기로 이동시킨다. 가는 관은 단면적이 작아 유속이 빨라 윤활유 운반이 가능하다.

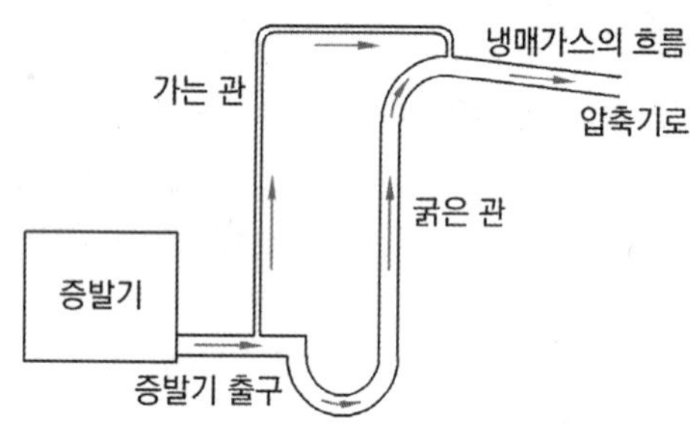

[이중입상관] - 전부하로 운전

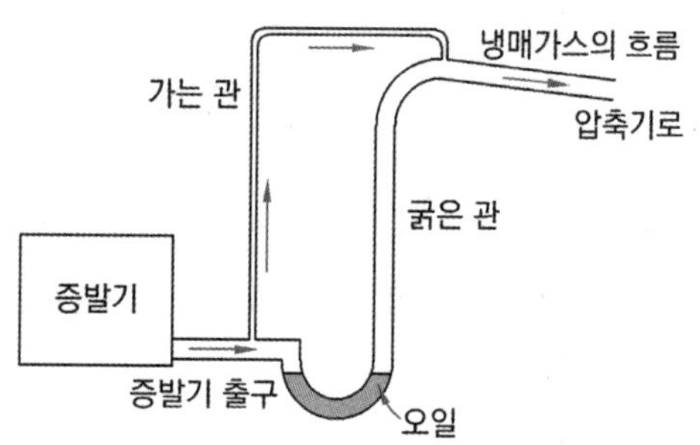

[이중입상관] - 부하가 감소했을 때의 운전

73 증기압축식 냉동사이클에서 냉매배관의 흡입관은 어느 구간을 의미하는가?

① 압축기 - 응축기 사이
② 응축기 - 팽창밸브 사이
③ 팽창밸브 - 증발기 사이
④ 증발기 - 압축기 사이

해설

[냉매배관의 흡입관]

① 압축기 - 응축기 사이 : 토출관(증기)
② 응축기 - 팽창밸브 사이 : 토출관(액)
③ 팽창밸브 - 증발기 사이 : 흡입관(액 + 증기)
④ 증발기 - 압축기 사이 : 흡입관(증기)

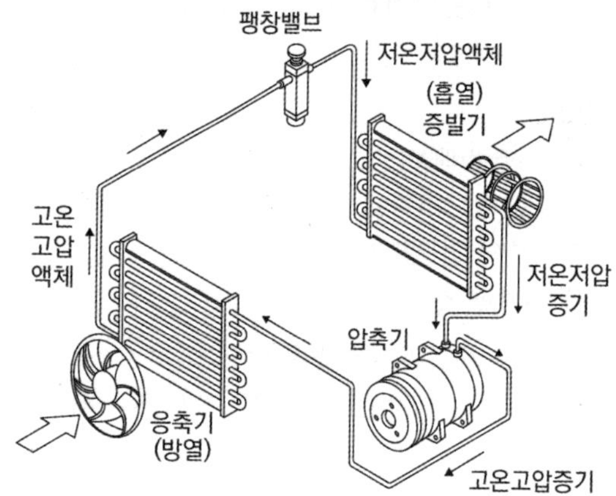

74 공기조화설비 중 복사난방의 패널형식이 아닌 것은?

① 바닥패널　　② 천장패널
③ 벽패널　　④ 유닛패널

해설

[복사난방 패널형식]

바닥패널, 천장패널, 벽패널

정답 72 ① 73 ④ 74 ④

75 하향 공급식 급탕배관법의 구배방법으로 옳은 것은?

① 급탕관은 끝올림, 복귀관은 끝내림 구배를 준다.
② 급탕관은 끝내림, 복귀관은 끝올림 구배를 준다.
③ 급탕관, 복귀관 모두 끝올림 구배를 준다.
④ 급탕관, 복귀관 모두 끝내림 구배를 준다.

[급탕배관법의 구배]
1) 중력 순환식 : 1/150 이상
2) 강제 순환식 : 1/200 이상
3) 상향 공급식 : 급탕 수평주관은 선상향 구배로 하고, 복귀관은 선하향 구배로 한다.
4) 하향 공급식 : 급탕관 및 복귀관 모두 선하향(끝내림) 구배로 한다.

76 주철관이음 중 고무링 하나만으로 이음하여 이음과정이 간편하여 관 부설을 신속하게 할 수 있는 것은?

① 기계식 이음 ② 빅토릭이음
③ 타이톤이음 ④ 소켓이음

해설

[타이톤이음(Tyton Joint)]
1) 고무링 하나만으로 이음하는 방식이다.
2) 별도의 복잡한 부속품 없이 연결 가능하다.
3) 관 부설이 신속하고 시공이 쉽다.
4) 주철관에서 가장 널리 사용되는 이음방식이다.

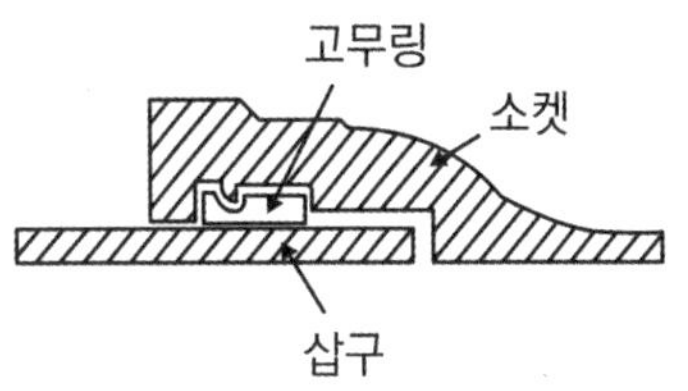

[타이톤접합]

보충 주철관이음방법 : 소켓이음, 기계적 이음, 플랜지이음, 빅토릭이음, 타이톤이음

77 간접가열식 급탕법에 관한 설명으로 틀린 것은?

① 대규모 급탕설비에 부적당하다.
② 순환증기는 높이에 관계없이 저압으로 사용 가능하다.
③ 저탕탱크와 가열용 코일이 설치되어 있다.
④ 난방용 증기보일러가 있는 곳에 설치하면 설비비를 절약하고 관리가 편하다.

해설

[간접가열식 급탕법]
① 간접가열식은 대규모 급탕설비에 적합하다. 저탕탱크가 있어 일정량의 온수를 저장 가능하므로 많은 양의 온수를 공급 가능하기 때문이다.

78 다음 중 열을 잘 반사하고 확산하여 방열기 표면 등의 도장용으로 사용하기에 가장 적합한 도료는?

① 광명단 ② 산화철
③ 합성수지 ④ 알루미늄

정답 75 ④ 76 ③ 77 ① 78 ④

해설

[방열기 표면 도장용 도료]
은분이라고도 하는 알미늄 도료는 열을 잘 반사하고 400 ~ 500 ℃의 내열성을 갖고 있어 방열기 표면 도장용으로 사용된다.

79 다음 중 폴리에틸렌관의 접합법이 아닌 것은?

① 나사접합
② 인서트접합
③ 소켓접합
④ 용착 슬리브접합

해설

[소켓접합]
주철관접합(이음)방법이며 관의 소켓 부에 얀(Yarn)과 납을 넣어 다져서 접합한다.

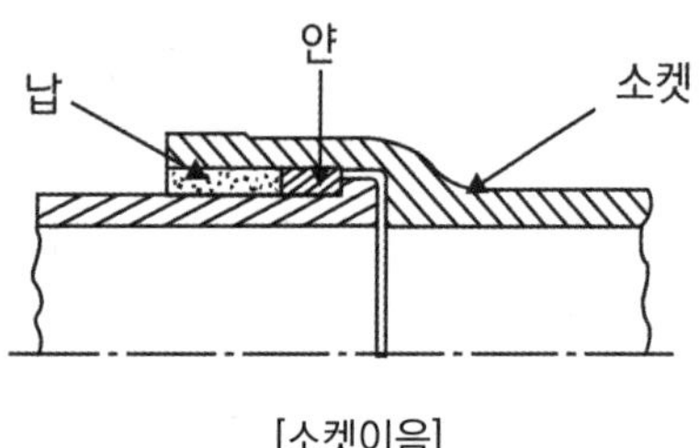

[소켓이음]

암 폴리에틸렌관접합 :
나 테 용 인 플
(나 태희랑 용인가기로 플랜짰어)
나사이음, 테이퍼이음, 용착슬리브이음, 인서트이음, 플랜지이음

80 LP가스 공급, 소비 설비의 압력손실 요인으로 틀린 것은?

① 배관의 입하에 의한 압력손실
② 엘보, 티 등에 의한 압력손실
③ 배관의 직관부에서 일어나는 압력손실
④ 가스미터, 콕크, 밸브 등에 의한 압력손실

해설

[LP가스 공급, 소비 설비의 압력손실 요인]
LP가스(프로판 + 부탄)는 공기보다 무겁다.
(프로판 비중 : 1.52, 부탄비중 : 2.01이다)
따라서 배관의 입하 시에는 자중으로 내려가기 때문에 LP가스 공급, 소비 설비의 압력손실 요인이 아니다.

정답 79 ③ 80 ①

2021 제1회

1과목 기계열역학

1회독 시간 : 점수 :
2회독 시간 : 점수 :
3회독 시간 : 점수 :

01 증기터빈에서 질량유량이 1.5 kg/s이고, 열손실률이 8.5 kW이다. 터빈으로 출입하는 수증기에 대한 값은 아래 그림과 같다면 터빈의 출력은 약 몇 kW인가?

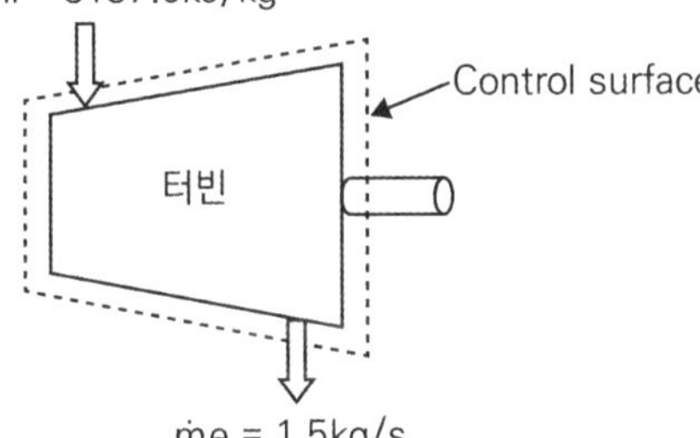

① 273 kW ② 656 kW
③ 1357 kW ④ 2616 kW

해설

[터빈의 출력]

$$_1Q_2 = W_t + \frac{\dot{m}(v_e^2 - v_i^2)}{2} + \dot{m}(h_e - h_i) + \dot{m}g(Z_e - Z_i)$$

$$-8.5 = W_t + \frac{1.5(200^2 - 50^2)\times 10^{-3}}{2} + 1.5(2675.5 - 3137) + 1.5\times 9.8\times(3-6)\times 10^{-3}$$

$$\therefore W_t = 655.67 ≒ 656\ kW$$

02 10 ℃에서 160 ℃까지 공기의 평균 정적비열은 0.7315 kJ/(kg·K)이다. 이 온도변화에서 공기 1 kg의 내부에너지 변화는 약 몇 kJ인가?

① 101.1 kJ ② 109.7 kJ
③ 120.6 kJ ④ 131.7 kJ

해설

[내부에너지변화량]

$\triangle U = GC_v(T_2 - T_1)$

$= 1 \times 0.7315 \times (160 - 10)$

$≒ 109.7$ kJ

03 오토사이클의 압축비(ε)가 8일 때 이론 열효율은 약 몇 %인가? (단, 비열비(k)는 1.4이다)

① 36.8% ② 46.7%
③ 56.5% ④ 66.6%

해설

[오토사이클 효율]

$$\eta_0 = 1 - \left(\frac{1}{\varepsilon}\right)^{k-1} = 1 - \left(\frac{1}{8}\right)^{1.4-1} = 0.565 = 56.5\ \%$$

여기서, ε : 압축비, k : 비열비

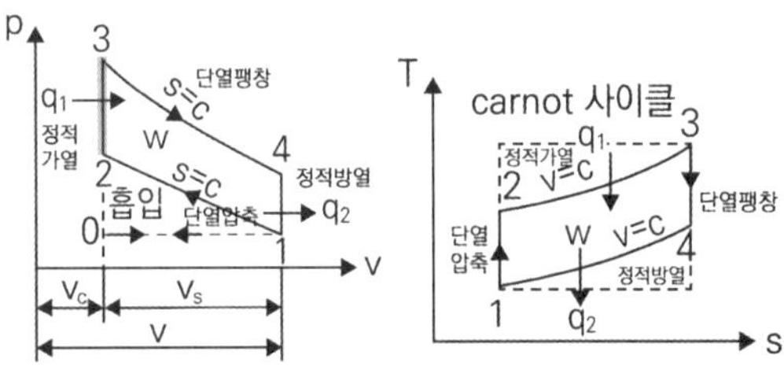

[오토사이클]

정답 01 ② 02 ② 03 ③

04 증기를 가역단열과정을 거쳐 팽창시키면 증기의 엔트로피는?

① 증가한다.
② 감소한다.
③ 변하지 않는다.
④ 경우에 따라 증가도 하고, 감소도 한다.

해설

[가역단열과정]
가역단열과정은 등엔트로피과정으로 엔트로피의 변화가 없다.
비가역단열과정에서는 엔트로피가 증가한다.

05 완전가스의 내부에너지(u)는 어떤 함수인가?

① 압력과 온도의 함수이다.
② 압력만의 함수이다.
③ 체적과 압력의 함수이다.
④ 온도만의 함수이다.

해설

[줄의 법칙(Joule's Law)]
완전가스(= 이상기체)에서 내부에너지와 엔탈피는 온도만의 함수이다.
즉, $du = C_v dT = f(T)$
$dh = C_p dT = f(T)$

06 온도가 127 ℃, 압력이 0.5 MPa, 비체적이 0.4 m^3/kg인 이상기체가 같은 압력 하에서 비체적이 0.3 m^3/kg으로 되었다면 온도는 약 몇 ℃가 되는가?

① 16 ② 27
③ 96 ④ 300

해설

[정압과정]

보일 샤를의 법칙 $\dfrac{P_1 V_1}{T_1} = \dfrac{P_2 V_2}{T_2}$

정압과정에서 $\dfrac{v_1}{T_1} = \dfrac{v_2}{T_2}$ 이므로

$$T_2 = T_1 \times \frac{v_2}{v_1}$$
$$= (127 + 273) \times \frac{0.3}{0.4}$$
$$\therefore T_2 = 300\ K$$
$$= 300 - 273\ ℃$$
$$= 27\ ℃$$

07 계가 비가역사이클을 이룰 때 클라우지우스(Clausius)의 적분을 옳게 나타낸 것은? (단, T는 온도, Q는 열량이다)

① $\oint \frac{\delta Q}{T} < 0$ ② $\oint \frac{\delta Q}{T} > 0$
③ $\oint \frac{\delta Q}{T} \geq 0$ ④ $\oint \frac{\delta Q}{T} \leq 0$

정답 04 ③ 05 ④ 06 ② 07 ①

해설

[클라우지우스(Clausius)의 부등식]

1) 가역사이클인 경우 클라우지우스의 적분값

$\oint \frac{\delta Q}{T} = 0$이므로

$\int_1^2 \frac{\delta Q}{T} =$ 일정

$\therefore \Delta S = S_2 - S_1 = \int_1^2 \frac{\delta Q}{T} =$ 일정

→ 가역 단열 변화에서는 $\Delta S = 0$이므로 엔트로피가 변하지 않는다.

2) 비가역사이클인 경우 클라우지우스의 적분값

$\oint \frac{\delta Q}{T} < 0$ 이므로

$\therefore \Delta S > 0$

→ 비가역 단열 변화에서는 $\Delta S > 0$이므로 엔트로피가 증가한다.

$\oint$: 폐곡선 적분(사이클 적분)

② 재열을 하면 증기의 평균온도가 높아져 열효율이 증가한다.

③ 재열을 통해 증기 습도를 줄이면 터빈 날개가 응축수로부터 보호되어 부식과 마모가 감소하고 수명이 연장된다.

④ 재열하면 터빈 출구에서 습도가 줄어들고, 건조한 증기 비율이 증가하여 증기 질(증기 중 건조한 증기의 비율)이 향상된다.

보충 습증기의 질을 향상시킨다 = 건도를 높인다 (건도가 저하된다 = 증기량이 감소한다)

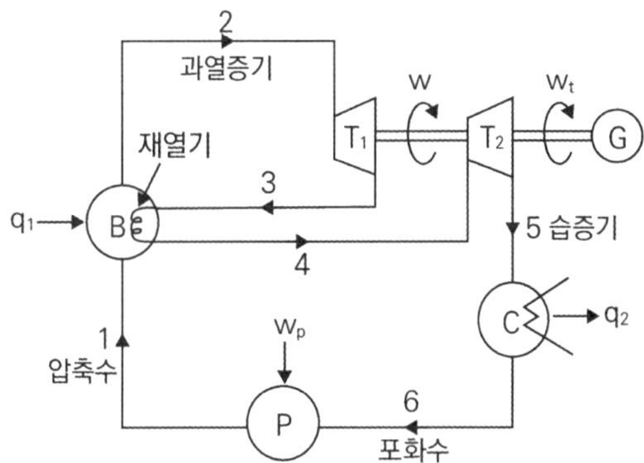

08 증기동력사이클의 종류 중 재열사이클의 목적으로 가장 거리가 먼 것은?

① 터빈 출구의 습도가 증가하여 터빈 날개를 보호한다.

② 이론 열효율이 증가한다.

③ 수명이 연장된다.

④ 터빈 출구의 질(Quality)을 향상시킨다.

해설

[재열사이클]

① 재열사이클의 목적은 터빈 출구에서 습도를 줄이는 것이다. 습도가 증가하면 응축수가 터빈 날개에 충돌하여 손상을 초래한다.

09 밀폐용기에 비내부에너지가 200 kJ/kg인 기체가 0.5 kg 들어 있다. 이 기체를 용량이 500 W인 전기가열기로 2분 동안 가열한다면 최종 상태에서 기체의 내부에너지는 약 몇 kJ인가? (단, 열량은 기체로만 전달된다고 한다)

① 20 kJ ② 100 kJ

③ 120 kJ ④ 160 kJ

해설

[기체의 내부에너지]

밀폐용기(체적이 일정한 강체 용기) 내에서 일어나는 변화이므로, 기체가 외부에 한 일(W)은 0이다. 이 경우 열역학 제1법칙($Q = \Delta U + W$)은

정답 08 ① 09 ④

$Q = \Delta U$로 간단하게 표현된다. 즉, 내부에너지의 변화량은 가해진 열량과 같다.
따라서

$$U_2 = U_1 + \Delta U$$
$$= U_1 + Q$$
$$= m \times u + P \times t$$
$$= 0.5\,kg \times 200\,kJ/kg + 500 \times 10^{-3}\,kW \times (2\,\text{min} \times \frac{60\,s}{1\,\text{min}})$$
$$= 160\,kJ$$

U_2 : 최종 상태에서 내부에너지(kJ)
U_1 : 초기 상태에서 내부에너지(kJ)
u : 비내부에너지(kJ/kg)
P : 일률(W)
t : 시간(s)

보충 일의 양(에너지) = P × t

암 1 kW = 1 kJ/s

10 과열증기를 냉각시켰더니 포화영역 안으로 들어와서 비체적이 0.2327 m^3/kg이 되었다. 이때 포화액과 포화증기의 비체적이 각각 1.079 × 10^{-3} m^3/kg, 0.5243 m^3/kg이라면 건도는 얼마인가?

① 0.964 ② 0.772
③ 0.653 ④ 0.443

해설

[습증기의 건도]

$$x = \frac{v - v_f}{v_g - v_f} = \frac{0.2327 - 1.079 \times 10^{-3}}{0.5243 - 1.079 \times 10^{-3}}$$
$$= 0.4429 \fallingdotseq 0.443$$

v : 습증기의 비체적
v_f : 포화액의 비체적
v_g : 포화증기의 비체적

11 온도 20 ℃에서 계기압력 0.183 MPa의 타이어가 고속주행으로 온도 80 ℃로 상승할 때 압력은 주행 전과 비교하여 약 몇 kPa 상승하는가? (단, 타이어의 체적은 변하지 않고, 타이어 내의 공기는 이상기체로 가정하며, 대기압은 101.3 kPa이다)

① 37 kPa ② 58 kPa
③ 286 kPa ④ 445 kPa

해설

[정적과정에서 압력변화(상승한 압력)]

보일 샤를의 법칙 $\frac{P_1 V_1}{T_1} = \frac{P_2 V_2}{T_2}$

정적과정이므로

$$\frac{P_1}{T_1} = \frac{P_2}{T_2}$$

여기서 P_1은 절대압력이므로

P_1 = 계기압력 + 대기압
= 183 kPa + 101.3 kPa = 284.3 kPa

따라서

$$\frac{P_1}{T_1} = \frac{P_2}{T_2}$$

$$\frac{284.3\,kPa}{(273+20)\,K} = \frac{P_2[kPa]}{(273+80)\,K}$$

$\therefore P_2$ = 342.5 kPa

그러므로

$$\Delta P = P_2 - P_1$$
$$= 342.5 - 284.3 = 58.2\,kPa$$

보충 보일-샤를의 법칙에서 P_1, P_2은 절대압력, T_1, T_2는 절대온도임을 유의한다.

정답 10 ④ 11 ②

12 이상적인 카르노사이클의 열기관이 500 ℃인 열원으로부터 500 kJ을 받고, 25 ℃에 열을 방출한다. 이 사이클의 일(W)과 효율(η_{th})은 얼마인가?

① W = 307.2 kJ, η_{th} = 0.6143
② W = 307.2 kJ, η_{th} = 0.5748
③ W = 250.3 kJ, η_{th} = 0.6143
④ W = 250.3 kJ, η_{th} = 0.5748

해설

[카르노사이클의 일과 효율]

1) 효율 $\eta_{th} = \dfrac{W}{Q_1} = \dfrac{T_1 - T_2}{T_1}$

$= \dfrac{(500+273)-(25+273)}{(500+273)}$

≒ 0.6144

2) 일 $W = \eta_{th} \times Q_1$

= 0.6144 × 500 kJ

= 307.2 kJ

※ 열기관
고열원으로부터 열을 공급받아 기계적인 일로 전환시키는 것이 목적
(열기관의 이상사이클 : 카르노사이클)

$$\eta = \frac{W}{Q_1} = \frac{Q_1 - Q_2}{Q_1} = \frac{T_1 - T_2}{T_1}$$

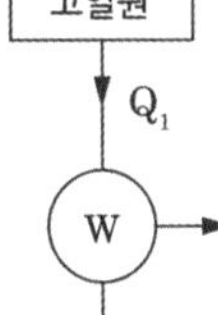

Q_1 : 고열원으로부터 받은 열량
Q_2 : 저열원으로 방출한 열량
W : 일량
T_1 : 고온
T_2 : 저온

13 한 밀폐계가 190 kJ의 열을 받으면서 외부에 20 kJ의 일을 한다면 이 계의 내부에너지의 변화는 약 얼마인가?

① 210 kJ만큼 증가한다.
② 210 kJ만큼 감소한다.
③ 170 kJ만큼 증가한다.
④ 170 kJ만큼 감소한다.

해설

[내부에너지의 변화량]

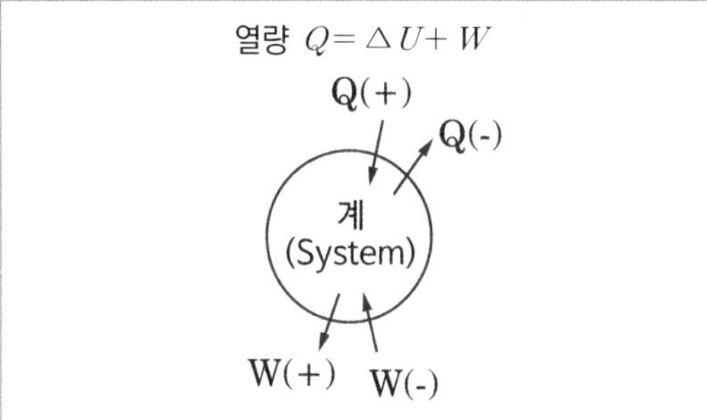

$Q = \triangle U + W$

$190 = \triangle U + 20$

$\triangle U = 170$ kJ

보충 $\triangle U$의 부호가 (+)이므로 증가

14 수소(H_2)가 이상기체라면 절대압력 1 MPa, 온도 100 ℃에서의 비체적은 약 몇 m^3/kg인가? (단, 일반기체상수는 8.3145 kJ/(kmol · K)이다)

① 0.781 ② 1.26
③ 1.55 ④ 3.46

정답 12 ① 13 ③ 14 ③

2021-01

해설

[수소의 비체적(이상기체 상태방정식)]

> 이상기체상태방정식 $PV=\frac{G}{M}\overline{R}T$
>
> 여기서, G : 질량 [kg]
>
> M : 분자량 [kg/kmol]
>
> $\overline{R}$: 일반기체상수 [kJ/(kmol·K)]

$PV=\frac{G}{M}\overline{R}T$에서

비체적 $v=\frac{V}{G}[m^3/kg]$이므로

$$v=\frac{V}{G}=\frac{\overline{R}T}{PM}$$

$$=\frac{8.3145\ kJ/kmol\cdot K\times(100+273)\ K}{1000\ kPa\times 2\ kg/kmol}$$

$\therefore v \fallingdotseq 1.55\ m^3/kg$

보충 수소(H_2)의 분자량 : 2 kg/kmol

15 비열비가 1.29, 분자량이 44인 이상 기체의 정압비열은 약 몇 kJ/(kg·K)인가? (단, 일반기체상수는 8.314 kJ/(kmol·K)이다)

① 0.51 ② 0.69

③ 0.84 ④ 0.91

해설

[정압비열]

1) 특정기체상수 R

$$R=\frac{\overline{R}}{M}=\frac{8.314}{44}=0.189\ kJ/kg\cdot K$$

2) 정압비열 C_p

$$C_p=\frac{kR}{k-1}=\frac{1.29\times0.189}{1.29-1}\fallingdotseq 0.8407$$

16 열펌프를 난방에 이용하려 한다. 실내 온도는 18 ℃이고, 실외 온도는 −15 ℃이며 벽을 통한 열손실은 12 kW이다. 열펌프를 구동하기 위해 필요한 최소 동력은 약 몇 kW인가?

① 0.65 kW ② 0.74 kW

③ 1.36 kW ④ 1.53 kW

해설

[열펌프의 성적계수]

$$COP=\frac{Q_1}{W}=\frac{T_2}{T_1-T_2}$$

$$\frac{12}{W}=\frac{(18+273)}{(18+273)-(-15+273)}$$

$\therefore W=1.36\ kW$

> ※ 열펌프
>
> 에너지(전기 혹은 고온의 열)를 일의 형태로 받아 고열원에 열을 공급해주는 것이 목적
>
> $COP=\frac{Q_1}{W}=\frac{Q_1}{Q_1-Q_2}=\frac{T_1}{T_1-T_2}$
>
> 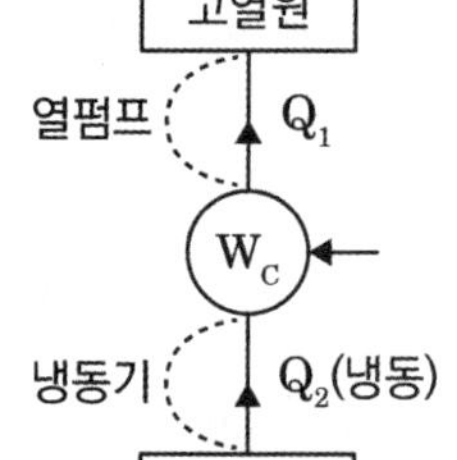
>
>
> Q_1 : 저열원으로부터 흡수하는 열량
>
> Q_2 : 고열원으로 방출하는 열량
>
> W : 일량
>
> T_1 : 고온
>
> T_2 : 저온

정답 15 ③ 16 ③

17 어떤 냉동기에서 0 ℃의 물로 0 ℃의 얼음 2 ton을 만드는 데 180 MJ의 일이 소요된다면 이 냉동기의 성적계수는? (단, 물의 융해열은 334 kJ/kg이다)

① 2.05　　② 2.32
③ 2.65　　④ 3.71

해설

[냉동사이클의 성적계수(COP)]

$$COP=\frac{Q_2}{W}=\frac{2000\ kg\times 334\ kJ/kg}{180\times 10^3\ kJ}\fallingdotseq 3.71$$

※ 냉동기
에너지(전기 혹은 고온의 열)를 일의 형태로 받아 저열원으로부터 열을 빼앗는 것이 목적

$$COP=\frac{Q_2}{W}=\frac{Q_2}{Q_1-Q_2}=\frac{T_2}{T_1-T_2}$$

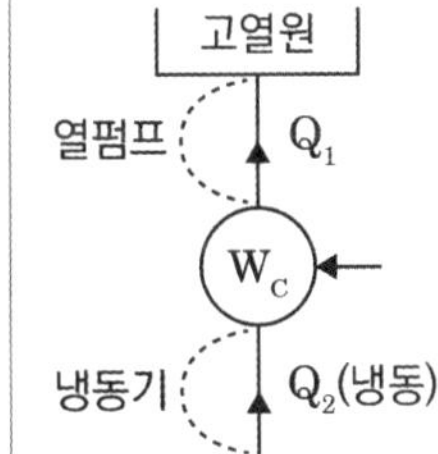

Q_1 : 저열원으로부터 흡수하는 열량
Q_2 : 고열원으로 방출하는 열량
W : 일량
T_1 : 고온
T_2 : 저온

보충 1 ton = 1000 kg

18 다음 중 가장 낮은 온도는?

① 104 ℃　　② 284 °F
③ 410 K　　④ 684 R

해설

[온도 환산]

① 104 ℃

② $℃=\frac{5}{9}\times(284-32)=140\ ℃$

③ $℃=410-273=137\ ℃$

④ $°F=684-460=224\ °F$

$\therefore ℃=\frac{5}{9}\times(224-32)=106.67\ ℃$

섭씨로 환산 시 가장 낮은 온도는 ① 104 ℃이다 (① < ④ < ③ < ②).

19 계가 정적 과정으로 상태 1에서 상태 2로 변화할 때 단순압축성 계에 대한 열역학 제1법칙을 바르게 설명한 것은? (단, U, Q, W는 각각 내부에너지, 열량, 일량이다)

① $U_1 - U_2 = Q_{12}$
② $U_2 - U_1 = W_{12}$
③ $U_1 - U_2 = W_{12}$
④ $U_2 - U_1 = Q_{12}$

해설

[열역학 제1법칙]

열역학 제1법칙 ${}_1Q_2=\Delta U+{}_1W_2$에서
정적과정은 체적이 일정($dv=0$)하므로

$${}_1W_2=\int_1^2 Pdv=0$$

따라서 ${}_1Q_2=\Delta U=U_2-U_1$이다.
위 문제의 기호에 따르면
$Q_{12}=U_2-U_1$
이 된다.

보충 $Q_{12}={}_1Q_2$

정답 17 ④ 18 ① 19 ④

20 온도 15 ℃, 압력 100 kPa 상태의 체적이 일정한 용기 안에 어떤 이상 기체 5 kg이 들어 있다. 이 기체가 50 ℃가 될 때까지 가열되는 동안의 엔트로피 증가량은 약 몇 kJ/K인가? (단, 이 기체의 정압비열과 정적비열은 각각 1.001 kJ/(kg · K), 0.7171 kJ/(kg · K)이다)

① 0.411 ② 0.486
③ 0.575 ④ 0.732

해설

[정적과정 엔트로피변화량]

※ 이상기체의 엔트로피 함수관계

$$\Delta s = s_2 - s_1 = C_v \ln\frac{T_2}{T_1} + R\ln\frac{v_2}{v_1}$$
$$= C_p \ln\frac{T_2}{T_1} - R\ln\frac{p_2}{p_1}$$
$$= C_p \ln\frac{v_2}{v_1} + C_v \ln\frac{p_2}{p_1}$$

$$\Delta S = mC_v \ln\left(\frac{T_2}{T_1}\right)$$
$$= 5 \times 0.7171 \times \ln\frac{50+273}{15+273} = 0.411 \text{ kJ/K}$$

2과목 냉동공학

1회독	시간 :	점수 :
2회독	시간 :	점수 :
3회독	시간 :	점수 :

21 브라인(2차 냉매) 중 무기질 브라인이 아닌 것은?

① 염화마그네슘 ② 에틸렌글리콜
③ 염화칼슘 ④ 식염수

해설

[브라인(2차 냉매)]

1) 무기질 브라인 : 염화마그네슘, 염화칼슘, 염화나트륨(식염수)
2) 유기질 브라인 : 에틸렌글리콜, 프로필렌글리콜, 에틸알콜

22 냉동기유의 구비조건으로 틀린 것은?

① 점도가 적당할 것
② 응고점이 높고 인화점이 낮을 것
③ 유성이 좋고 유막을 잘 형성할 수 있을 것
④ 수분 등의 불순물을 포함하지 않을 것

해설

[냉동기유의 구비조건]

② 응고점이 낮고 인화점이 높을 것

※ 냉동기유의 구비조건

1) 점도가 적당할 것
2) 유성이 양호할 것(유막을 잘 형성할 것)
3) 수분 등의 불순물을 포함하지 않을 것
4) 응고점이 낮고 저온에서도 유동성이 좋을 것
5) 열에 대한 안정성이 좋고 인화점이 높을 것

정답 20 ① 21 ② 22 ②

6) 항유화성이 있을 것(유화되기 어려울 것)
7) 쉽게 산화되거나 열화되지 않을 것
8) 왁스 성분이 적고 저온에서 왁스를 석출하지 않을 것
9) 냉매와 반응하지 않을 것
10) 밀폐형 압축기에 사용 시 전기절연 내력이 클 것
11) 금속이나 패킹류를 부식시키지 않을 것

23 흡수식 냉동장치에서 흡수제 유동방향으로 틀린 것은?

① 흡수기 → 재생기 → 흡수기
② 흡수기 → 재생기 → 증발기 → 응축기 → 흡수기
③ 흡수기 → 용액열교환기 → 재생기 → 용액열교환기 → 흡수기
④ 흡수기 → 고온재생기 → 저온재생기 → 흡수기

해설

[흡수식 냉동장치에서 흡수제의 유동방향]

1) 1중 효용 흡수식 냉동장치
흡수기 → 재생기 → 흡수기
여기서 용액열교환기를 거치게 되면
흡수기 → (용액열교환기) → 재생기 → (용액열교환기) → 흡수기

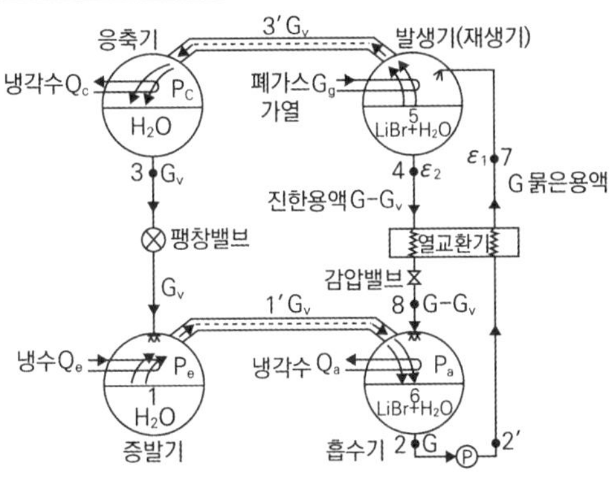

2) 2중 효용 흡수식 냉동장치
재생기가 고온재생기 + 저온재생기로 이루어지므로
흡수기 → 고온재생기 → 저온재생기 → 흡수기

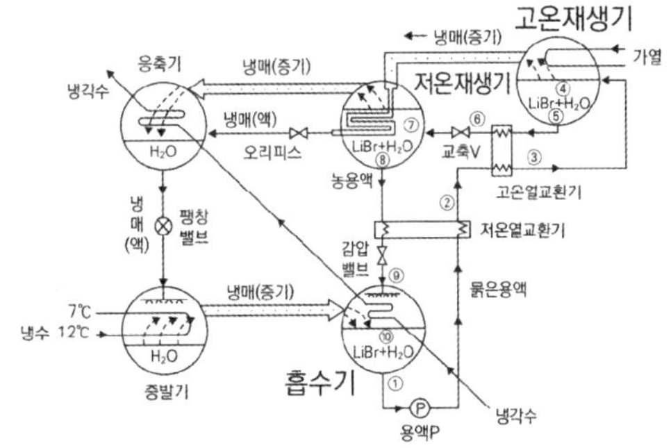

보충 흡수식 냉동장치에서 냉매의 유동방향 :
흡수기 → 재생기 → 응축기 → 증발기

암 LiBr + H_2O 흡수식 냉동기에서
흡수제 : LiBr, 냉매 : H_2O

24 냉동장치가 정상운전되고 있을 때 나타나는 현상으로 옳은 것은?

① 팽창밸브 직후의 온도는 직전의 온도보다 높다.
② 크랭크 케이스 내의 유온은 증발온도보다 낮다.
③ 수액기 내의 액온은 응축온도보다 높다.
④ 응축기의 냉각수 출구온도는 응축온도보다 낮다.

해설

[냉동장치의 운전]

① 팽창밸브 직후의 온도는 직전의 온도보다 낮다.
→ 냉매가 팽창밸브를 지나면 온도와 압력이 저하된다(등엔탈피과정).

정답 23 ② 24 ④

② 크랭크 케이스 내의 유온은 증발온도 보다 높다.
③ 수액기 내의 액은 응축온도보다 낮다.
→ 수액기는 응축기에서 액화된 냉매를 팽창밸브로 보내기 전에 잠시 저장하는 역할을 한다. 일반적으로 수액기 내의 냉매온도는 응축기보다 낮다.

25 그림은 R－134a를 냉매로 한 건식 증발기를 가진 냉동장치의 개략도이다. 지점 1, 2에서의 게이지압력은 각각 0.2 MPa, 1.4 MPa으로 측정되었다. 각 지점에서의 엔탈피가 아래 표와 같을 때, 5 지점에서의 엔탈피(kJ/kg)는 얼마인가? (단, 비체적(v_1)은 0.08 m^3/kg이다)

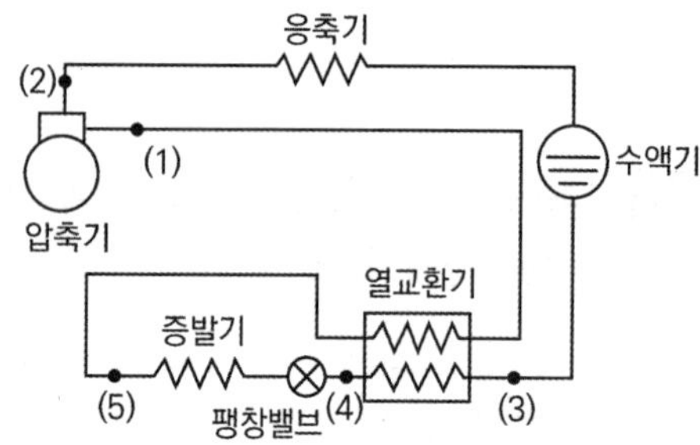

지점	엔탈피(kJ/kg)
1	623.8
2	665.7
3	460.5
4	439.6

① 20.9 ② 112.8
③ 408.6 ④ 602.9

해설

[증발기 출구 엔탈피]

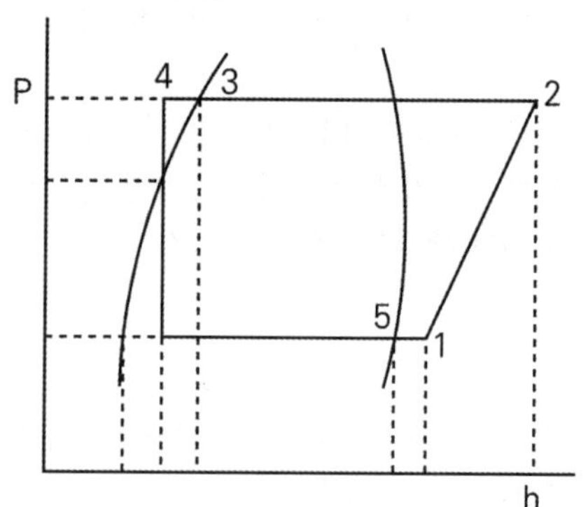

열교환기에서 열평형식을 세우면
냉매액이 냉각된 열량 = 냉매가스가 흡수한 열량

$G(h_3 - h_4) = G(h_1 - h_5)$

$h_5 = h_1 - (h_3 - h_4)$

$= 623.8 - (460.5 - 439.6)$

$= 602.9$ kJ/kg

26 냉동용 압축기를 냉동법의 원리에 의해 분류할 때, 저온에서 증발한 가스를 압축기로 압축하여 고온으로 이동시키는 냉동법을 무엇이라고 하는가?

① 화학식 냉동법
② 기계식 냉동법
③ 흡착식 냉동법
④ 전자식 냉동법

해설

[냉동법의 원리에 의해 분류]

1) 화학식 냉동법
(1) 화학반응을 이용하여 냉각하는 방식이다.
(2) 예 : 흡수식 냉동법
(3) 압축기를 사용하지 않는다.

정답 25 ④ 26 ②

2) 기계식 냉동법
 (1) 압축기를 이용하여 냉매를 순환시키는 방식이다.
 (2) 저온에서 증발한 냉매를 압축기로 압축하여 고온의 응축기로 보내는 원리이다.
 (3) 일반적인 냉장고, 에어컨, 산업용 냉동기에서 사용한다.
3) 흡착식 냉동법
 (1) 특정 흡착제(실리카겔, 제올라이트 등)를 사용하여 냉각하는 방식이다.
 (2) 증기 흡착 및 탈착과정을 이용하여 냉매를 순환시킨다.
 (3) 압축기가 필요 없다.
4) 전자식 냉동법
 (1) 펠티에효과(Peltier Effect)를 이용한 냉각 방식이다.
 (2) 반도체 소자를 통해 전류를 가하면 한쪽이 차가워지고, 반대쪽이 뜨거워지는 원리이다.
 (3) 소형 냉각장치(미니 냉장고, CPU 쿨러 등)에서 사용한다.
 (4) 압축기를 사용하지 않는다.

27 실제 기체가 이상 기체의 상태방정식을 근사하게 만족시키는 경우는 어떤 조건인가?

① 압력과 온도가 모두 낮은 경우
② 압력이 높고 온도가 낮은 경우
③ 압력이 낮고 온도가 높은 경우
④ 압력과 온도 모두 높은 경우

해설

[이상기체의 조건]
실제기체가 이상기체의 상태방정식을 근사하게 만족시키는 경우는 압력이 낮고, 온도가 높은 경우이다.

28 가역 카르노사이클에서 고온부 40℃, 저온부 0℃로 운전될 때, 열기관의 효율은?

① 7.825 ② 6.825
③ 0.147 ④ 0.128

해설

[카르노사이클의 열효율]

$$\eta_c = \frac{T_H - T_L}{T_H} = 1 - \frac{T_L}{T_H}$$

$$= 1 - \frac{(0+273)}{(40+273)} = 0.128$$

※ 열기관
고열원으로부터 열을 공급받아 기계적인 일로 전환시키는 것이 목적
(열기관의 이상사이클 : 카르노사이클)

$$\eta = \frac{W}{Q_1} = \frac{Q_1 - Q_2}{Q_1} = \frac{T_1 - T_2}{T_1}$$

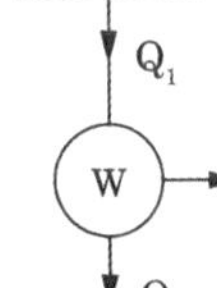

Q_1 : 고열원으로부터 받은 열량
Q_2 : 저열원으로 방출한 열량
W : 일량
T_1 : 고온
T_2 : 저온

29 표준 냉동사이클에서 냉매의 교축 후에 나타나는 현상으로 틀린 것은?

① 온도는 강하한다.
② 압력은 강하한다.
③ 엔탈피는 일정하다.
④ 엔트로피는 감소한다.

정답 27 ③ 28 ④ 29 ④

해설

[냉매의 교축 후에 나타나는 현상]
온도강하, 압력강하, 엔탈피 일정, 엔트로피 증가

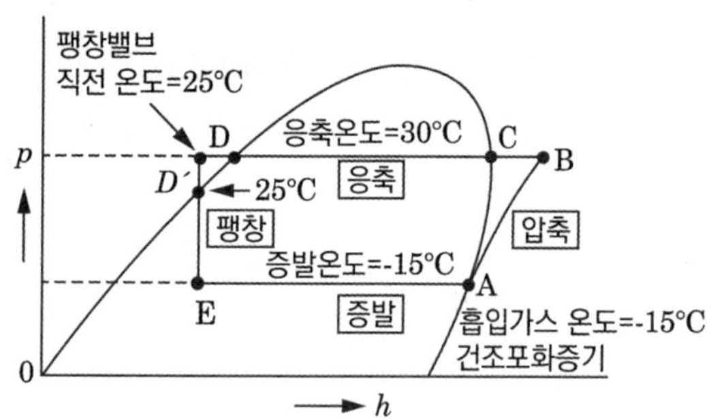

[P－h선도상의 기준 냉동사이클 표시]

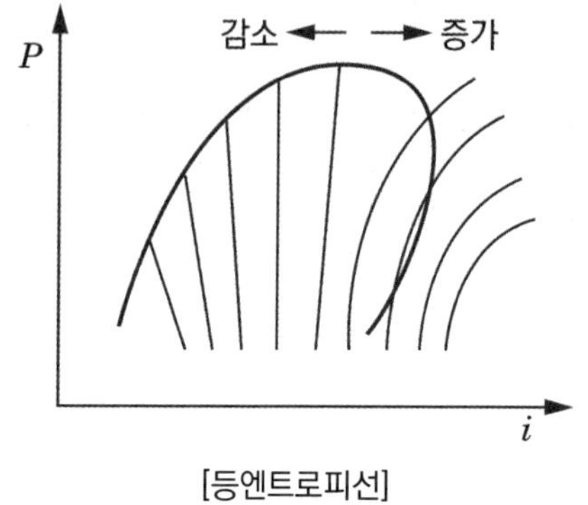

[등엔트로피선]

30 다음 조건을 이용하여 응축기 설계 시 1 RT(3.86 kW)당 응축면적(m^2)은? (단, 온도차는 산술평균온도차를 적용한다)

- 응축온도 : 35 ℃
- 냉각수 입구온도 : 28 ℃
- 냉각수 출구온도 : 32 ℃
- 열통과율 : 1.05 kW/m^2·℃

① 1.05 ② 0.74
③ 0.52 ④ 0.35

해설

[1 RT당 응축면적]
1 RT(3.86 kW)를 응축열량으로 가정하면,
1) 산술평균 온도차

$$\Delta t_m = 35 - \frac{28+32}{2} = 5\ ℃$$

2) 응축열량

$Q_c = K \cdot A \cdot \Delta t_m$에서

$$A = \frac{Q_c}{K \cdot \Delta t_m} = \frac{3.86}{1.05 \times 5} = 0.735$$

31 수액기에 대한 설명으로 틀린 것은?

① 응축기에서 응축된 고온고압의 냉매액을 일시 저장하는 용기이다.
② 장치 안에 있는 모든 냉매를 응축기와 함께 회수할 정도의 크기를 선택하는 것이 좋다.
③ 소형 냉동기에는 필요로 하지 않다.
④ 어큐뮬레이터라고도 한다.

해설

[수액기]
응축기에서 응축된 고온고압의 냉매액을 일시 저장하는 용기이다. 장치 안에 있는 모든 냉매를 응축기와 함께 회수할 정도의 크기를 선택하는 것이 좋다. 소형 냉동기에서는 응축기 하부에 냉매액을 고이게 하여 사용하므로 수액기가 필요하지 않다.

보충 어큐뮬레이터(Accumulator) : 액분리기

정답 30 ② 31 ④

32 히트파이프(Heat Pipe)의 구성요소가 아닌 것은?

① 단열부 ② 응축부
③ 증발부 ④ 팽창부

해설

[히트파이프(Heat Pipe)]

히트파이프는 밀봉된 용기와 위크(Wick) 구조체 및 증기공간으로 구성되며 증발부, 단열부, 응축부로 구성되어 있다. 구조가 소형경량이며 표면의 온도분포가 균일하고 열응답성(온도상승)이 빠르며 작동유체에 따라 사용온도 범위가 달라진다.

1) 증발부 : 용기 밖에 있는 열을 용기 안에 있는 작동유체에 전달하여 이것을 증발시키는 부분
2) 응축부 : 작동유체인 증기를 응축시켜 열을 용기 밖으로 방출시키는 부분
3) 단열부 : 흡열원과 방열원이 떨어져 있는 경우 작동유체의 통로를 구성함

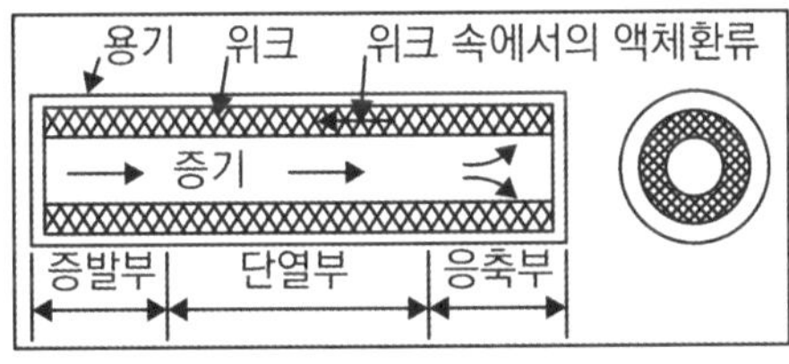

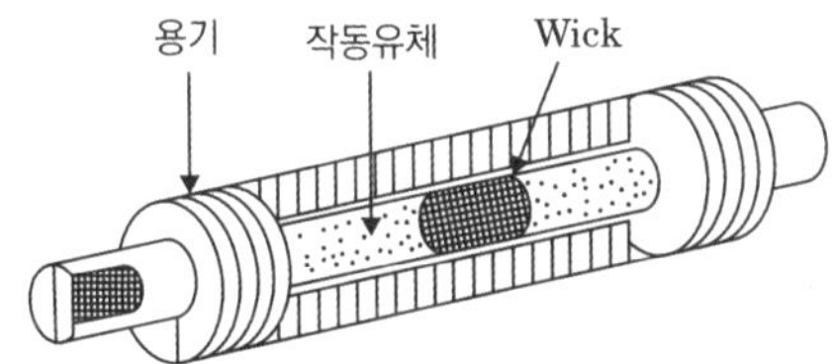

33 다음 중 빙축열시스템의 분류에 대한 조합으로 적당하지 않은 것은?

① 정적제빙형 - 관내착빙형
② 정적제빙형 - 캡슐형
③ 동적제빙형 - 관외착빙형
④ 동적제빙형 - 과냉각아이스형

해설

[빙축열시스템의 분류]

1) 빙축열시스템은 얼음을 만들어 냉방용으로 사용하는 시스템이다.
2) 제빙방식의 분류
   (1) 정적형 : 축열조 내에서 제빙과 해빙이 이루어진다. 관외착빙형, 관내착빙형, 평판형, 캡슐형, 수직(수평)원통형 등이 있다.
   (2) 동적형 : 제빙기에서 제빙된 얼음을 축열조로 이송하여 저장하는 방식이다. 빙박리형, 유동식 빙생성형(과냉각 아이스형, 리키드 아이스형)이 있다.

2021-01

34 암모니아 냉동장치에서 고압 측 게이지 압력이 1372.9 kPa, 저압 측 게이지압력이 294.2 kPa이고, 피스톤 압출량이 100 m^3/h, 흡입증기의 비체적이 0.5 m^3/kg일 때, 이 장치에서의 압축비와 냉매순환량(kg/h)은 각각 얼마인가? (단, 압축기의 체적효율은 0.7이다)

① 압축비 3.73, 냉매순환량 70
② 압축비 3.73, 냉매순환량 140
③ 압축비 4.67, 냉매순환량 70
④ 압축비 4.67, 냉매순환량 140

정답 32 ④ 33 ③ 34 ②

해설

[압축비와 냉매순환량]

1) 압축비

$$\alpha = \frac{P_c}{P_e} = \frac{1372.9 + 101.325}{294.2 + 101.325} = 3.73$$

2) 냉매순환량

$$G = \frac{V}{v}\eta_V = \frac{100}{0.5} \times 0.7 = 140\ \mathrm{kg/h}$$

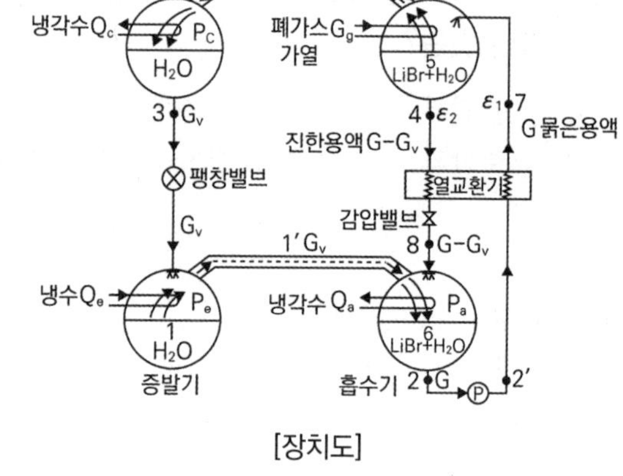

[장치도]

35 흡수식 냉동기의 특징에 대한 설명으로 옳은 것은?

① 자동제어가 어렵고 운전경비가 많이 소요된다.

② 초기 운전 시 정격 성능을 발휘할 때까지의 도달 속도가 느리다.

③ 부분 부하에 대한 대응이 어렵다.

④ 증기 압축식보다 소음 및 진동이 크다.

해설

[흡수식 냉동기의 특징]

① 용량제어가 쉽고, 전기를 사용하는 압축기가 없으므로 연료비가 적게 들어 운전경비가 비교적 저렴하다.

③ 부분 부하에 대한 대응성이 쉽고, 부분 부하 운전 특성이 우수하다.

④ 압축기가 없기 때문에 소음 및 진동이 작다.

36 표준 냉동사이클에서 상태 1, 2, 3에서의 각 성적계수 값을 모두 합하면 약 얼마인가?

상태	응축온도	증발온도
1	32 ℃	-18 ℃
2	42 ℃	2 ℃
3	37 ℃	-13 ℃

① 5.11　② 10.89

③ 17.17　④ 25.14

해설

[냉동사이클의 성적계수(COP)]

$$COP = \frac{T_L}{T_H - T_L}$$

$$1)\ COP_1 = \frac{(-18+273)}{(32+273)-(-18+273)} = 5.1$$

$$2)\ COP_2 = \frac{(2+273)}{(42+273)-(2+273)} = 6.875$$

$$3)\ COP_3 = \frac{(-13+273)}{(37+273)-(-13+73)} = 5.2$$

$$\therefore\ COP_1 + COP_2 + COP_3 = 17.175$$

정답 35 ② 36 ③

※ 냉동기

에너지(전기 혹은 고온의 열)를 일의 형태로 받아 저열원으로부터 열을 빼앗는 것이 목적

$$COP = \frac{Q_2}{W} = \frac{Q_2}{Q_1 - Q_2} = \frac{T_2}{T_1 - T_2}$$

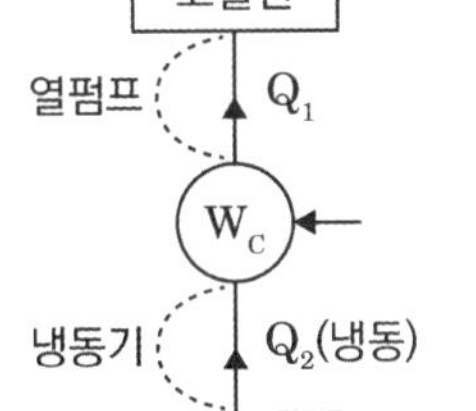

Q_1 : 저열원으로부터 흡수하는 열량

Q_2 : 고열원으로 방출하는 열량

W : 일량

T_1 : 고온

T_2 : 저온

37 다음 중 액압축을 방지하고 압축기를 보호하는 역할을 하는 것은?

① 유분리기　② 액분리기

③ 수액기　④ 드라이어

해설

[냉동기의 구성]

① 유분리기 : 압축기에서 토출되는 냉매가스에 섞여있는 냉동기유를 분리시키는 장치이다.

② 액분리기 : 증발기에서 완전히 증발하지 않은 냉매액이 흡입배관을 통해 압축기로 유입될 때, 이를 분리하여 액체 냉매가 압축기에 들어가지 않고 증기만 통과하게 만드는 장치이다(액 압축을 방지하고 압축기를 보호하는 역할).

③ 수액기 : 응축기에서 액화된 고압의 냉매액을 팽창밸브로 보내기 전 일시적으로 저장하는 고압용기이다.

④ 드라이어 : 프레온 냉동장치 등에서 냉매 내 수분을 제거하는 장치이다. 팽창밸브에서 수분이 결빙되어 막힘이 발생하는 것을 방지하고 관이나 밸브의 부식을 예방한다.

38 여름철 공기열원 열펌프장치로 냉방 운전할 때, 외기의 건구온도 저하 시 나타나는 현상으로 옳은 것은?

① 응축압력이 상승하고, 장치의 소비전력이 증가한다.

② 응축압력이 상승하고, 장치의 소비전력이 감소한다.

③ 응축압력이 저하하고, 장치의 소비전력이 증가한다.

④ 응축압력이 저하하고, 장치의 소비전력이 감소한다.

해설

[공기열원 열펌프의 냉방운전]

공기열원 열펌프 냉방운전 시 외기의 건구온도가 낮아지면 응축이 잘 된다(외기온도와 응축기의 온도 차이가 커져 열전달량이 증가하여 응축기의 냉각효율이 좋아지기 때문).

따라서 <u>응축압력이 저하하여 장치의 소비전력이 감소</u>한다.

2021-01

39 냉동능력이 10 RT이고 실제 흡입가스의 체적이 15 m^3/h인 냉동기의 냉동효과 kJ/kg는? (단, 압축기 입구 비체적은 0.52 m^3/kg이고, 1 RT는 3.86 kW이다)

① 4817.2　② 3128.1

③ 2984.7　④ 1534.8

정답 37 ② 38 ④ 39 ①

해설

[냉동효과]

1) 냉매순환량

$$G = \frac{V}{v} = \frac{15}{0.52} = 28.846\ \text{kg/h}$$

2) 냉동효과

$Q_e = G \cdot q_e$에서

$$q_e = \frac{Q_e}{G} = \frac{(10 \times 3.86)\,kW \times \dfrac{3600\ s}{1\ h}}{28.846\ kg/h}$$

$= 4817.31\ \text{kJ/kg}$

보충 1 kW = 1 kJ/s

40 R－22를 사용하는 냉동장치에 R－134a를 사용하려 할 때, 장치의 운전 시 유의사항으로 틀린 것은?

① 냉매의 능력이 변하므로 전동기 용량이 충분한지 확인한다.
② 응축기, 증발기 용량이 충분한지 확인한다.
③ 가스켓, 시일 등의 패킹 선정에 유의해야 한다.
④ 동일 탄화수소계 냉매이므로 그대로 운전할 수 있다.

해설

[냉매 교체 시 유의사항]

④ R-134a는 R-22에 비해 냉매 효율이 약 40 % 낮다. 따라서 R-22를 사용할 때와 동일 효율을 내기 위해서는 냉동기 설비 용량을 증가시켜야 한다. 그러므로 그대로 운전할 수 없다.

3과목 시운전 및 안전관리

1회독 시간 : 점수 :
2회독 시간 : 점수 :
3회독 시간 : 점수 :

41 기후에 따른 불쾌감을 표시하는 불쾌지수는 무엇을 고려한 지수인가?

① 기온과 기류
② 기온과 노점
③ 기온과 복사열
④ 기온과 습도

해설

[불쾌지수(DI : Discomfort Index)]

공기의 온도와 습도만으로 쾌감의 정도를 나타내는 지표

$DI = 0.72(t + t') + 40.6$

t : 건구온도 [℃]
t' : 습구온도 [℃]

42 개별 공기조화방식에 사용되는 공기조화기에 대한 설명으로 틀린 것은?

① 사용하는 공기조화기의 냉각코일에는 간접팽창코일을 사용한다.
② 설치가 간편하고 운전 및 조작이 용이하다.
③ 제어대상에 맞는 개별 공조기를 설치하여 최적의 운전이 가능하다.
④ 소음이 크나 국소운전이 가능하여 에너지 절약적이다.

정답 40 ④ 41 ④ 42 ①

해설

[개별 공기조화방식]

① 사용하는 공기조화기의 냉각코일에는 직접팽창 코일을 사용한다.

보충 직접팽창식 공기조화기 : 냉매가 직접 팽창하는 직접팽창코일이 설치되어 중앙 냉난방시스템과 관계없이 개별 가동이 가능

43 외기 및 반송(Return)공기의 분진량이 각각 C_O, C_R이고, 공급되는 외기량 및 필터로 반송되는 공기량이 각각 Q_O, Q_R이며, 실내 발생량이 M이라 할 때, 필터의 효율(η)을 구하는 식으로 옳은 것은?

① $\eta = \dfrac{Q_0(C_0 - C_R) + M}{C_0 Q_0 + C_R Q_R}$

② $\eta = \dfrac{Q_0(C_0 - C_R) + M}{C_0 Q_0 - C_R Q_R}$

③ $\eta = \dfrac{Q_0(C_0 + C_R) + M}{C_0 Q_0 + C_R Q_R}$

④ $\eta = \dfrac{Q_0(C_0 - C_R) - M}{C_0 Q_0 - C_R Q_R}$

해설

[필터의 효율(η)]

$$\eta = \frac{\text{유입 오염물질량} - \text{유출 오염물질량}}{\text{유입 오염물질량}}$$

$$= \frac{(Q_O C_O + Q_R C_R) - (Q_O + Q_R)\left(C_R - \dfrac{M}{Q_O + Q_R}\right)}{Q_O C_O + Q_R C_R}$$

$$= \frac{Q_O C_O + Q_R C_R - \{(Q_O + Q_R)C_R - M\}}{Q_O C_O + Q_R C_R}$$

$$= \frac{Q_O C_O + Q_R C_R - Q_O C_R - Q_R C_R + M}{Q_O C_O + Q_R C_R}$$

$$= \frac{Q_O C_O - Q_O C_R + M}{Q_O C_O + Q_R C_R}$$

$$= \frac{Q_O (C_O - C_R) + M}{Q_O C_O + Q_R C_R}$$

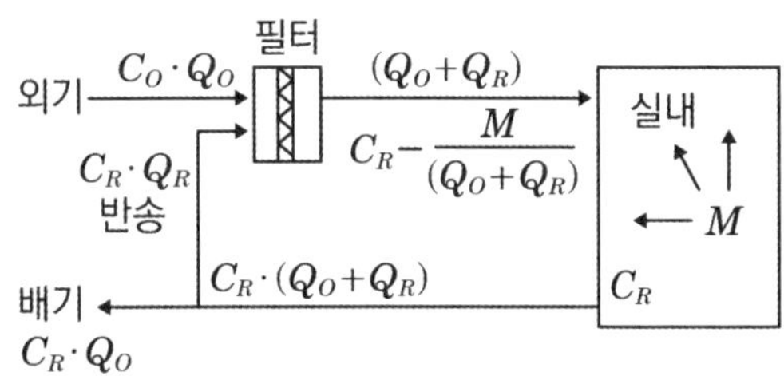

44 극간풍(틈새바람)에 의한 침입 외기량이 2800 L/s일 때, 현열부하(q_S)와 잠열부하(q_L)는 얼마인가? (단, 실내의 공기온도와 절대습도는 각각 25 ℃, 0.0179 kg/kg DA이고, 외기의 공기온도와 절대습도는 각각 32 ℃, 0.0209 kg/kg DA이며, 건공기 정압비열 1.005 kJ/kg·K, 0 ℃ 물의 증발잠열 2501 kJ/kg, 공기밀도 1.2 kg/m^{3}이다)

① q_S : 23.6 kW, q_L : 17.8 kW

② q_S : 18.9 kW, q_L : 17.8 kW

③ q_S : 23.6 kW, q_L : 25.2 kW

④ q_S : 18.9 kW, q_L : 25.2 kW

해설

[극간풍 현열 및 잠열부하]

1) 극간풍 현열부하

$$q_S = G \cdot C_p \cdot \Delta t$$
$$= \rho \cdot Q \cdot C_p \cdot \Delta t$$

정답 43 ① 44 ③

$= 1.2 \times 2800 \times 10^{-3} \times 1.005 \times (32-25)$
$= 23.6\ \text{kW}$

2) 극간풍 잠열부하

$q_L = \gamma \cdot G \cdot \Delta x$
$= 2501 \times \rho \cdot Q \cdot \Delta x$
$= 2501 \times 1.2 \times 2800 \times 10^{-3} \times (0.0209 - 0.0179)$
$= 25.2\ \text{kW}$

45 바닥취출 공조방식의 특징으로 틀린 것은?

① 천장덕트를 최소화하여 건축 층고를 줄일 수 있다.
② 개개인에 맞추어 풍량 및 풍속 조절이 어려워 쾌적성이 저해된다.
③ 가압식의 경우 급기 거리가 18 m 이하로 제한된다.
④ 취출온도와 실내온도 차이가 10 ℃ 이상이면 드래프트현상을 유발할 수 있다.

해설

[바닥취출 공조방식]

② 개개인에 맞추어 풍량 및 풍속 조절이 가능하여 쾌적성이 우수하다.

※ 바닥취출 공조(UFAD : Underfloor Air Distribution)
(1) 바닥에서 기류를 취출하게 만든 공조방법
(2) 바닥취출 공조는 에너지 절약적 공조가 가능하다는 장점이 있다. 또한 급기구의 위치변동과 제어로 개별공조가 가능하다.

(3) 바닥취출 공조의 분류
① 덕트 가압형 : 급기덕트로 급기

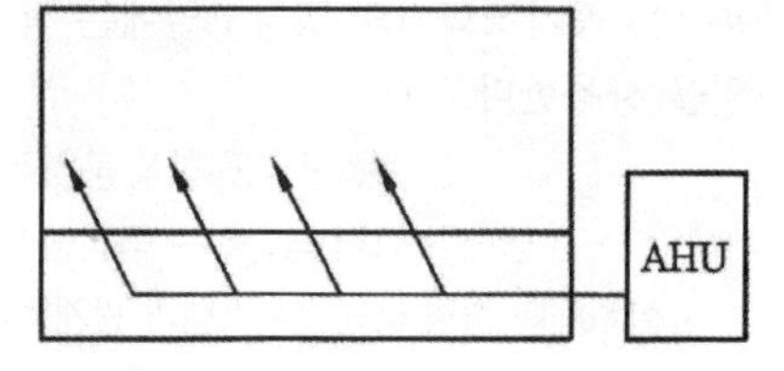

② 덕트 등압형 : 급기덕트 및 급기팬으로 급기

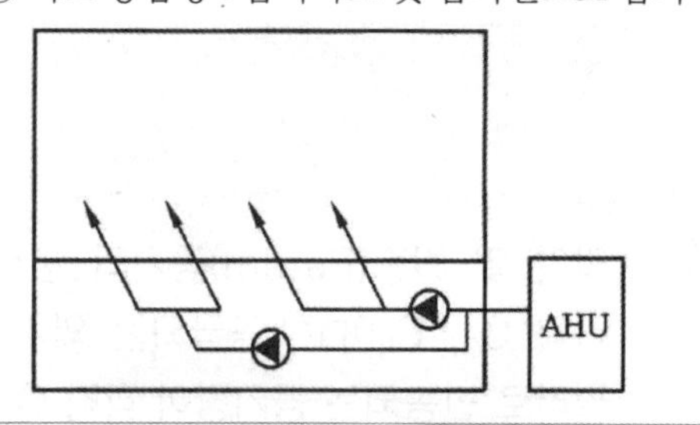

[바닥취출구 공연장 설치사례]

정답 45 ②

46 노점온도(Dew Point Temperature)에 대한 설명으로 옳은 것은?

① 습공기가 어느 한계까지 냉각되어 그 속에 있던 수증기가 이슬방울로 응축되기 시작하는 온도
② 건공기가 어느 한계까지 냉각되어 그 속에 있던 공기가 팽창하기 시작하는 온도
③ 습공기가 어느 한계까지 냉각되어 그 속에 있던 수증기가 자연 증발하기 시작하는 온도
④ 건공기가 어느 한계까지 냉각되어 그 속에 있던 공기가 수축하기 시작하는 온도

해설

[노점온도]
습공기를 계속 냉각시키면 어느 온도에서 공기 중에 포함되어 있던 수증기가 응축하여 이슬이 맺히기 시작하는데 그 온도를 노점온도라 한다.

47 온수난방에 대한 설명으로 틀린 것은?

① 난방부하에 따라 온도조절을 용이하게 할 수 있다.
② 예열시간은 길지만 잘 식지 않으므로 증기난방에 비하여 배관의 동결우려가 적다.
③ 열용량이 증기보다 크고 실온 변동이 적다.
④ 증기난방보다 작은 방열기 또는 배관이 필요하므로 배관공사비를 절감할 수 있다.

해설

[온수난방]
④ 온수난방은 열매체의 온도가 증기에 비해 낮아 배관 및 방열기가 커지고, 온수순환펌프, 팽창탱크 등이 필요하여 공사비가 많이 든다.

보충 온수난방이 증기난방보다 열용량이 더 크다 : 물이 증기보다 더 많은 열을 저장하고 전달할 수 있기 때문
※ 물의 비열 : 4.19 kJ/kg·℃
※ 증기의 비열 : 2 kJ/kg·℃

정답 46 ① 47 ④

48 습공기의 상대습도(ø)와 절대습도(ω)와의 관계에 대한 계산식으로 옳은 것은? (단, Pa는 건공기 분압, Ps는 습공기와 같은 온도의 포화수증기 압력이다)

① $\varnothing = \dfrac{\omega}{0.622}\dfrac{P_a}{P_s}$

② $\varnothing = \dfrac{\omega}{0.622}\dfrac{P_s}{P_a}$

③ $\varnothing = \dfrac{0.622}{\omega}\dfrac{P_s}{P_a}$

④ $\varnothing = \dfrac{0.622}{\omega}\dfrac{P_a}{P_s}$

해설

[상대습도와 절대습도의 관계]

※ 상대습도(ϕ)

$$\phi = \frac{P_w}{P_s} \times 100[\%] = \frac{m_w}{m_s} \times 100\ \%$$

P_w : 습공기의 수증기 분압

P_s : 동일한 온도에서 포화공기의 수증기 분압

m_w : 습공기 중의 수증기 질량

m_s : 동일한 온도에서 포화공기 중의 수증기 질량

※ 절대습도(w)

습공기 중의 수증기 질량과 건공기 질량의 비율

$$w = \frac{m_w}{m_a} = 0.622 \times \frac{P_w}{P_a} = 0.622 \times \frac{P_w}{P - P_w}$$

m_w : 습공기 중의 수증기 질량kg

m_a : 건공기 질량[kg']

P_w : 습공기 중의 수증기 분압

P_a : 습공기 중의 건공기 분압

P : 습공기의 압력(대기압)

$$\omega = 0.622\frac{P_w}{P_a} = 0.622\frac{P_w}{P_a} \cdot \frac{P_s}{P_s}$$

$$= 0.622\frac{P_w}{P_s} \cdot \frac{P_s}{P_a} = 0.622\phi \cdot \frac{P_s}{P_a}$$

$$\therefore \phi = \frac{\omega}{0.622}\frac{P_a}{P_s}$$

49 취출기류에 관한 설명으로 틀린 것은?

① 거주영역에서 취출구의 최소 확산반경이 겹치면 편류현상이 발생한다.

② 취출구의 베인 각도를 확대시키면 소음이 감소한다.

③ 천장 취출 시 베인의 각도를 냉방과 난방 시 다르게 조정해야 한다.

④ 취출기류의 강하 및 상승거리는 기류의 풍속 및 실내공기와의 온도차에 따라 변한다.

해설

[취출기류]

② 취출구의 베인 각도를 확대시키면 확산반경과 소음은 증가하고 도달거리는 짧아진다.

※ 확산반경

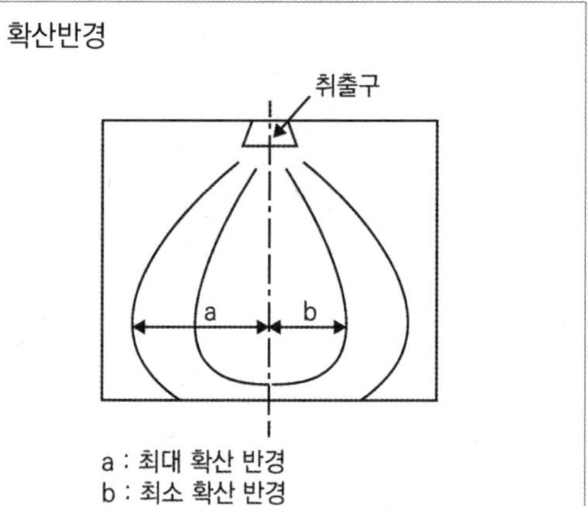

정답 48 ① 49 ②

1) 최대 확산반경
천장 취출구에서 기류가 취출되는 경우 드리프트가 일어나지 않는 상태로 하향 취출했을 때 거주영역에서 평균 풍속이 0.1 ~ 0.125 m/s로 되는 최대 단면적의 반경을 최대 확산반경이라고 한다.

2) 최소 확산반경
천장 취출구에서 기류가 취출되는 경우 드리프트가 일어나지 않는 상태로 하향 취출했을 때 거주 영역에서 평균 풍속이 0.125 ~ 0.25 m/s로 되는 최대 단면적의 반경을 최소 확산반경이라고 한다.

3) 편류현상
최소 확산반경 내에 보나 벽 등의 장애물이 있거나, 인접한 취출구의 최소 확산 반경이 겹치면 드리프트(Drift, 편류현상)현상이 발생한다.

보충 편류 : 토출된 기류가 수직방향으로부터 벌어진 각도(편향각)로 벗어나 흐르는 기류 즉, 공기가 균일하게 확산되지 않고 특정 방향으로 치우쳐 흐르는 현상

50 공기조화설비에서 공기의 경로로 옳은 것은?

① 환기덕트 → 공조기 → 급기덕트 → 취출구
② 공조기 → 환기덕트 → 급기덕트 → 취출구
③ 냉각탑 → 공조기 → 냉동기 → 취출구
④ 공조기 → 냉동기 → 환기덕트 → 취출구

해설

[공기조화설비에서 공기의 경로]
환기덕트 → 공기조화기 → 급기덕트 → 취출구

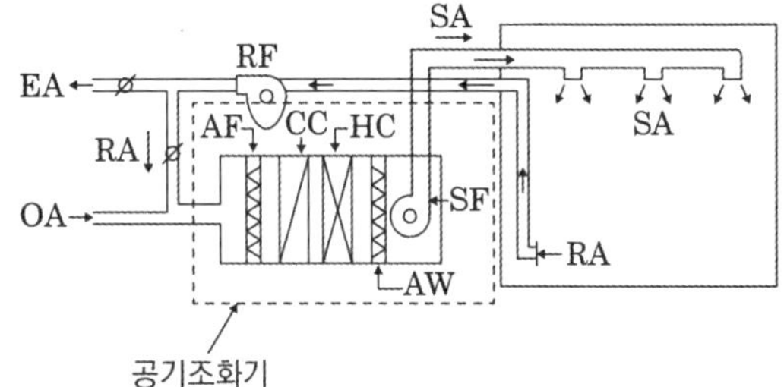

OA(Out Air) : 외기
SA(Supply Air) : 급기
AF(Air Filter) : 공기여과기
HC(Heating Coil) : 가열코일
ϕ(Damper) : 댐퍼
EA(Exhaust Air) : 배기
RA(Return Air) : 환기
CC(Cooling Coil) : 냉각코일
AW(Air Washer) : 가습기(Humidifier)
SF(Supply Fan) : 급기송풍기
RF(Return Fan) : 환기송풍기

51 보일러의 성능에 관한 설명으로 틀린 것은?

① 증발계수는 1시간당 증기발생량에 시간당 연료소비량으로 나눈 값이다.
② 1보일러 마력은 매시 100 ℃의 물 15.65 kg을 같은 온도의 증기로 변화 시킬 수 있는 능력이다.
③ 보일러 효율은 증기에 흡수된 열량과 연료의 발열량과의 비이다.
④ 보일러 마력을 전열면적으로 표시할 때는 수관보일러의 전열면적 0.929 m^2를 1보일러 마력이라 한다.

정답 50 ① 51 ①

해설

[보일러의 성능]

① 증발계수는 환산(상당)증발량을 실제 증발량으로 나눈 값이다.

$$증발계수 = \frac{환산(상당)증발량}{실제증발량}$$

보충 • 증발계수 : 1 kg의 연료를 소비시켜 발생할 수 있는 실제 증기량[kg]
• 상당증발량 : 표준조건(100 ℃)으로 보일러가 발생시킨 열량을 증기로 환산한 양

52 냉동창고의 벽체가 두께 15 cm, 열전도율 1.6 W/m·℃인 콘크리트와 두께 5 cm, 열전도율이 1.4 W/m·℃인 모르타르로 구성되어 있다면 벽체의 열통과율 W/m²·℃은? (단, 내벽 측 표면 열전달률은 9.3 W/m²·℃, 외벽 측 표면 열전달률은 23.2 W/m²·℃이다)

① 1.11 ② 2.58
③ 3.57 ④ 5.91

해설

[열통과율]

$$\frac{1}{K} = \frac{1}{\alpha_i} + \frac{l_1}{\lambda_1} + \frac{l_2}{\lambda_2} + \frac{1}{\alpha_o}$$

$$\frac{1}{K} = \frac{1}{9.3} + \frac{0.15}{1.6} + \frac{0.05}{1.4} + \frac{1}{23.2}$$

$\therefore K = 3.57\ \mathrm{W/m^2 \cdot ℃}$

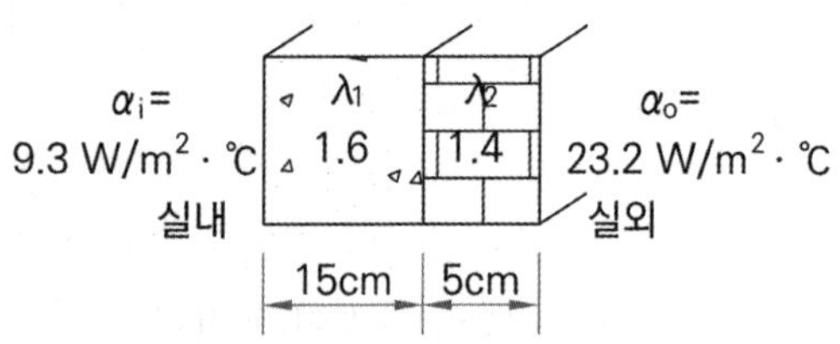

53 가습장치에 대한 설명으로 옳은 것은?

① 증기분무방법은 제어의 응답성이 빠르다.
② 초음파 가습기는 다량의 가습에 적당하다.
③ 순환수 가습은 가열 및 가습효과가 있다.
④ 온수 가습은 가열·감습이 된다.

해설

[가습장치]

① 증기분무방법은 제어의 응답성이 빠르다(공기 중에 증기를 분무하기 때문에 가습효율이 100 %이다).
② 초음파 가습기는 소량의 가습에 적당하다.
③ 순환수 가습은 냉각 및 가습효과가 있다.
④ 온수 가습은 냉각·가습이 된다.

※ 가습방법

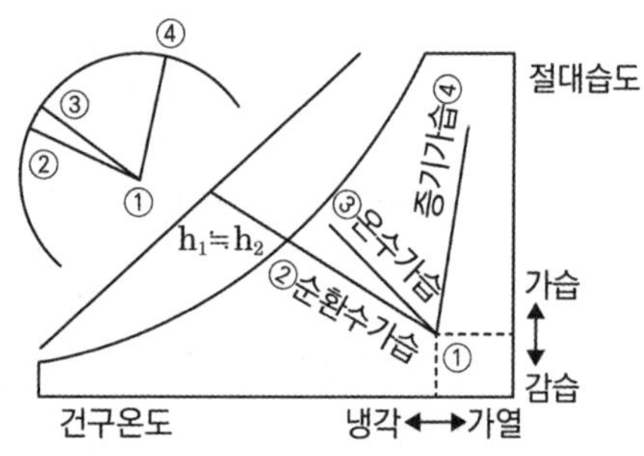

1) 순환수 분무(① → ②) : 가습(단열가습)·냉각
2) 온수 분무(① → ③) : 가습·냉각
3) 증기 분무(① → ④) : 가습·가열

정답 52 ③ 53 ①

54 공기조화설비에 관한 설명으로 틀린 것은?

① 이중덕트방식은 개별제어를 할 수 있는 이점이 있지만, 단일덕트방식에 비해 설비비 및 운전비가 많아진다.
② 변풍량방식은 부하의 증가에 대처하기 용이하며, 개별제어가 가능하다.
③ 유인유닛방식은 개별제어가 용이하며, 고속덕트를 사용할 수 있어 덕트 스페이스를 작게 할 수 있다.
④ 각층유닛방식은 중앙기계실 면적이 작게 차지하고, 공조기의 유지관리가 편하다.

해설

[각층유닛방식]

④ 각층유닛방식은 중앙기계실 면적이 작게 차지하지만, 공조기가 각 층에 분산되어 유지관리가 어렵다.

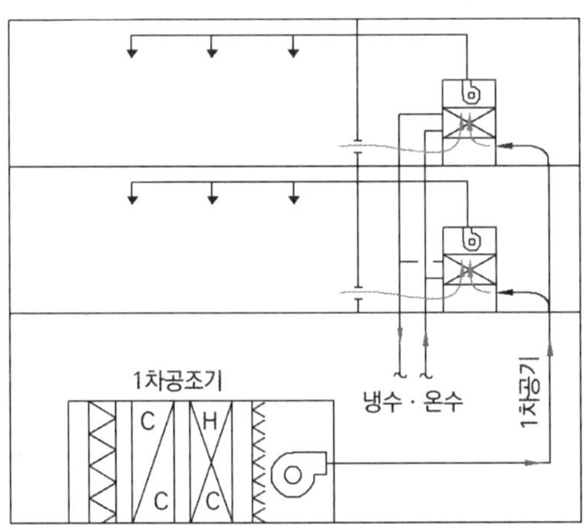

[각층유닛방식]

55 다음 온수난방 분류 중 적당하지 않은 것은?

① 고온수식, 저온수식
② 중력순환식, 강제순환식
③ 건식환수법, 습식환수법
④ 상향공급식, 하향공급식

해설

[온수난방방식]

분류	종류	특징
순환 방식	중력 순환식	온수를 온도차에 의한 밀도 차에 의해 자연순환시키는 방식
	강제 순환식	온수순환펌프를 사용하여 강제로 온수를 순환시키는 방식
공급 방식	상향식 공급	온수공급관을 최하층 배관에서 수직관으로 상향 분기
	하향식 공급	온수공급관을 최상층 배관에서 수직관으로 하향 분기
배관 방식	단관식 배관	온수공급관과 환수를 동일관에 겸하게 하는 방식
	복관식 배관	온수공급관과 환수관을 별개로 배관하는 방식
	역환수관 (리버스 리턴)	각 방열기로 공급되는 온수공급관과 환수관의 길이를 같게 하여 온수가 균등하게 공급될 수 있도록 하는 방식
온수의 온도	저온수 난방	물의 온도 85 ~ 90℃(개방식 팽창탱크 사용)
	고온수 난방	물의 온도 100℃ 이상(밀폐식 팽창탱크 사용)

③ 건식환수법, 습식환수법
→ 증기난방 환수배관방식에 따른 분류
(보일러 수면보다 위에 설치되면 건식, 아래에 설치되면 습식)

정답 54 ④ 55 ③

56 축열시스템에서 수축열조의 특징으로 옳은 것은?

① 단열, 방수공사가 필요 없고 축열조를 따로 구축하는 경우 추가비용이 소요되지 않는다.
② 축열배관 계통이 여분으로 필요하고 배관설비비 및 반송 동력비가 절약된다.
③ 축열수의 혼합에 따른 수온저하 때문에 공조기코일 열수, 2차 측 배관계의 설비가 감소할 가능성이 있다.
④ 열원기기는 공조부하의 변동에 직접 추종할 필요가 없고 효율이 높은 전부하에서의 연속운전이 가능하다.

해설

[축열시스템에서 수축열조]
① 단열, 방수공사가 필요하고 축열조를 따로 구축하는 경우 추가 비용이 소요된다.
② 축열배관 계통이 여분으로 필요하고 배관설비비 및 반송 동력비가 증가한다.
③ 축열수의 혼합에 따른 수온저하 때문에 공조기코일 열수, 2차 측 배관계의 설비가 증가할 가능성이 있다.

57 온풍난방에 관한 설명으로 틀린 것은?

① 실내 층고가 높을 경우 상하 온도차가 커진다.
② 실내의 환기나 온습도 조절이 비교적 용이하다.
③ 직접난방에 비하여 설비비가 높다.
④ 국부적으로 과열되거나 난방이 잘 안 되는 부분이 발생한다.

해설

[온풍난방]
③ 온풍난방이 직접난방에 비하여 설비비가 낮다.

※ 직접난방
기계실에 보일러를 설치하고 실내에 팬코일유닛(FCU) 또는 방열기를 설치하여 직접 실내공기를 가열하는 방식

58 냉방부하에 따른 열의 종류로 틀린 것은?

① 인체의 발생열 - 현열, 잠열
② 틈새바람에 의한 열량 - 현열, 잠열
③ 외기 도입량 - 현열, 잠열
④ 조명의 발생열 - 현열, 잠열

해설

[냉방부하]
④ 조명의 발생열 - 현열

※ 냉방부하의 구분

구분	부하 발생원인	현열	잠열
실내부하	벽체로부터의 취득열량	○	-
	유리창으로부터의 취득열량 ① 일사에 의한 열량 ② 열관류에 의한 열량	○	-
	극간풍에 의한 취득열량	○	○
	인체의 발생열량	○	○
	실내 기구의 발생열량*	○	○
장치(기기)부하	송풍기에 의한 발생열량	○	-
	덕트로부터의 취득열량	○	-
재열부하	재열기의 가열량	○	-
외기부하	외기도입에 의한 취득열량	○	○

*단, 실내 기구 중 조명기구(백열등, 형광등), 전동기 및 기계 등에 의한 취득열량 : 현열만 해당

정답 56 ④ 57 ③ 58 ④

59 다음 중 라인형 취출구의 종류로 가장 거리가 먼 것은?

① 브리즈 라인형 ② 슬롯형
③ T - 라인형 ④ 그릴형

해설

[취출구의 종류]

기류방향에 따른 구분	종류
축류형 취출구	① 노즐형 ② 펑커루버형 ③ 베인격자형(고정베인형, 유니버셜형, 그릴형, 레지스터형) ④ 라인형(캄 라인형, 브리즈 라인형, 슬롯라인형, T - 라인형, T - 바형) ⑤ 다공판형
복류형(방사형) 취출구	① 아네모스탯형 ② 팬형

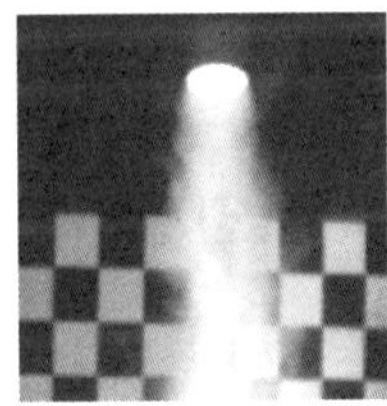
[축류형]

[복류형]

60 다음 중 원심식 송풍기가 아닌 것은?

① 다익 송풍기
② 프로펠러 송풍기
③ 터보 송풍기
④ 익형 송풍기

해설

[원심식 송풍기와 축류식 송풍기]

1) 원심식 송풍기
다익형(시로코형), 익형, 터보형, 방사형, 관류형, 리밋로드형(= 리버스형) 등
2) 축류형 송풍기
프로펠러형, 베인형, 튜브형 등

정답 59 ④ 60 ②

4과목 전기제어공학

	시간 :	점수 :
1회독	시간 :	점수 :
2회독	시간 :	점수 :
3회독	시간 :	점수 :

61 목표치가 시간에 관계없이 일정한 경우로 정전압장치, 일정 속도제어 등에 해당하는 제어는?

① 정치제어 ② 비율제어
③ 추종제어 ④ 프로그램제어

해설

[목푯값에 의한 제어 분류]

① 정치제어 : 목푯값이 시간에 관계없이 항상 일정한 제어
② 비율제어 : 목푯값이 다른 것과 일정한 비율관계를 가지고 변화하는 경우의 제어법
③ 추종제어 : 목푯값이 시간에 따라 변화할 때, 그 변화가 임의로 이루어지는 경우에 제어량을 목푯값에 추종시키는 제어
④ 프로그램제어 : 미리 정해진 시간적 변화에 따라 정해진 프로그램에 의해 순서대로 제어

※ 목푯값에 의한 분류

구분		내용
정치제어		목푯값이 일정한 자동제어에 적용
추치제어	추종제어	미지의 임의 시간적 변화를 하는 목푯값에 제어량을 추종시키는 제어(예 미사일)
	프로그램제어	미리 정해진 시간변화에 따라 정해진 순서대로 제어(예 자판기, 엘레베이터)
	비율제어	목푯값이 서로 다른 어떤 양과 일정한 비율관계를 가지는 제어
	시퀀스제어	미리 정해진 순서에 따라 각 단계가 순차적으로 진행(PLC는 시퀀스제어와 함께 사용함)

62 단상 교류전력을 측정하는 방법이 아닌 것은?

① 3전압계법
② 3전류계법
③ 단상전력계법
④ 2전력계법

해설

[교류전력을 측정법]

① 3전압계법 : 3개의 전압계와 1개의 저항을 사용하여 단상 교류전력을 측정하는 방법
② 3전류계법 : 3개의 전류계와 1개의 저항을 사용하여 단상 교류전력을 측정하는 방법
③ 단상전력계법 : 1전력계법으로 1개의 단상전력계를 사용하여 단상 및 3상 교류전력을 측정하는 방법
④ 2전력계법 : 2개의 단상전력계를 사용하여 3상 교류전력을 측정하는 방법

63 교류를 직류로 변환하는 전기기기가 아닌 것은?

① 수은정류기
② 단극발전기
③ 회전변류기
④ 컨버터

해설

[교류를 직류로 변환하는 전기기기]

정류기, 변류기, 컨버터

보충 단극발전기는 직류발전기의 일종임

정답 61 ① 62 ④ 63 ②

64 제어계의 구성도에서 개루프제어계에는 없고 페루프제어계에만 있는 제어 구성 요소는?

① 검출부 ② 조작량
③ 목푯값 ④ 제어대상

해설

[폐루프제어]

목표치가 정해져 있으며, 입·출력을 비교하여 신호전달 경로가 반드시 폐루프를 이루고 있는 제어이다. 출력의 일부를 입력 방향으로 되돌려 목표치와 비교하는 검출부는 폐루프제어에만 있다.

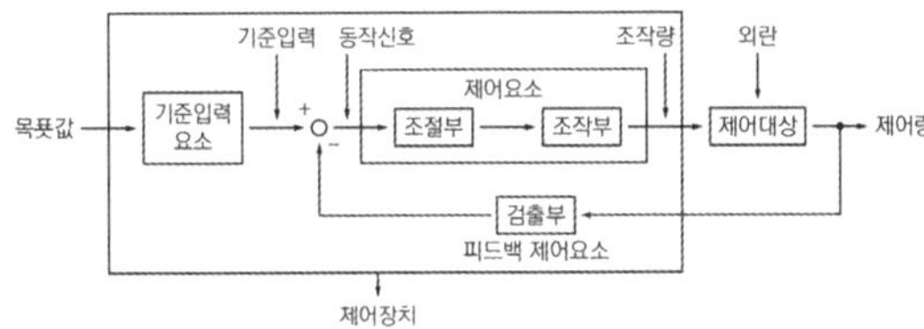

[폐루프제어계의 구성도]

65 R = 4 Ω, X_L = 9 Ω, X_C = 6 Ω인 직렬 접속회로의 어드미턴스(℧)는?

① 4 + j8 ② 0.16 - j0.12
③ 4 - j8 ④ 0.16 + j0.12

해설

[어드미턴스 Y(℧)]

1) 임피던스 Z

$$Z = R + jwL + \frac{1}{jwC} = R + j\left(wL - \frac{1}{wC}\right)$$
$$= R + j(X_L - X_C)$$
$$= 4 + j(9-6) = 4 + j3$$

2) 어드미턴스 Y

$$Y = \frac{1}{Z} = \frac{1}{4+j3}$$
$$= \frac{(4-j3)}{(4+j3)(4-j3)} = \frac{4-j3}{16+9}$$
$$= \frac{4-j3}{25} = 0.16 - j0.12$$

66 발열체의 구비조건으로 틀린 것은?

① 내열성이 클 것
② 용융온도가 높을 것
③ 산화온도가 낮을 것
④ 고온에서 기계적 강도가 클 것

해설

[발열체의 구비조건]

1) 내열성, 내식성이 클 것
2) 용융온도가 높을 것
3) 산화온도가 높을 것
4) 고온에서 기계적 강도가 클 것
5) 가공이 용이할 것
6) 저항의 온도계수가 정(+)이며 작을 것
7) 경제적일 것

보충 산화온도가 높아야 공기 중에서 잘 산화되지 않음

정답 64 ① 65 ② 66 ③

67 PLC(Programmable Logic Controller)에 대한 설명 중 틀린 것은?

① 시퀀스제어방식과는 함께 사용할 수 없다.
② 무접점제어방식이다.
③ 산술연산, 비교연산을 처리할 수 있다.
④ 계전기, 타이머, 카운터의 기능까지 쉽게 프로그램할 수 있다.

해설

[PLC제어]

PLC제어는 계전기, 타이머, 카운터의 기능 등 프로그램에 의해 제어 로직을 변경할 수 있다. 무접점제어방식으로 유접점회로에 비해 배선작업이 현저히 적다. 산술연산, 비교연산, 논리연산 등을 할 수 있으며, 시퀀스제어방식과 함께 사용할 수 있다.

68 그림과 같은 유접점 논리회로를 간단히 하면?

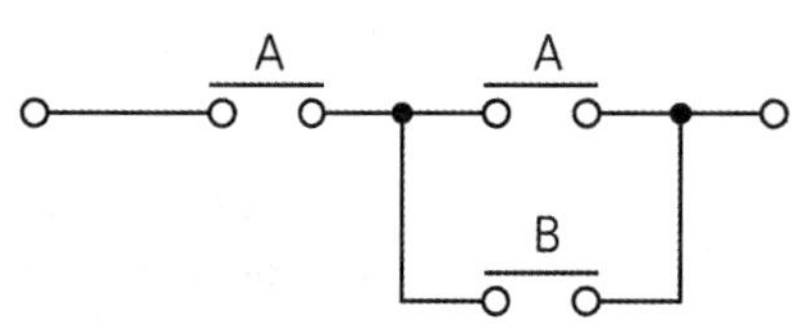

① A
② A
③ B
④ B

해설

[논리회로]

$$A \cdot (A+B) = (A \cdot A) + (A \cdot B)$$
$$= A + (A \cdot B)$$
$$= A \cdot (1+B) = A$$

보충 $1+B=1$

69 그림과 같은 블록선도에서 C(s)는? (단, $G_1(s)=5$, $G_2(s)=2$, $H(s)=0.1$, $R(s)=1$이다)

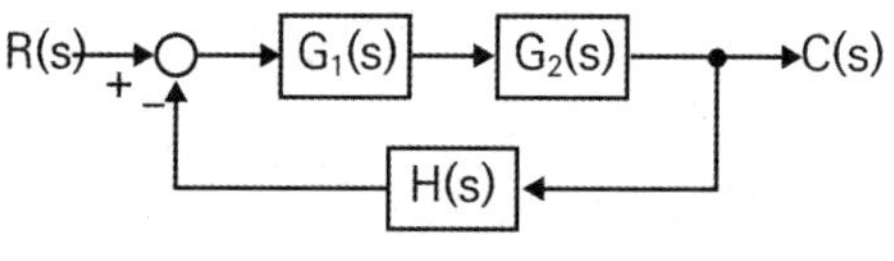

① 0 ② 1
③ 5 ④ ∞

해설

[블록선도]

전달함수 $\dfrac{C(s)}{R(s)} = \dfrac{\text{전향경로 이득}}{1-\text{피드백 이득}}$

$$\frac{C(s)}{R(s)} = \frac{G_1(s)G_2(s)}{1-(-G_1(s)G_2(s)H(s))}$$

$$\frac{C(s)}{R(s)} = \frac{G_1(s)G_2(s)}{1+G_1(s)G_2(s)H(s)}$$

$$C(s) = \frac{G_1(s)G_2(s)R(s)}{1+G_1(s)G_2(s)H(s)}$$

$$= \frac{5\times2\times1}{1+5\times2\times0.1} = 5$$

정답 67 ① 68 ② 69 ③

70 전위의 분포가 V = 15x + 4y²으로 주어질 때 점(x = 3, y = 4)에서 전계의 세기(V/m)는?

① -15i + 32j　　② -15i - 32j
③ 15i + 32j　　④ 15i - 32j

해설

[전계의 세기(E)]

$$E=-\,grad\,V=-\,\nabla V$$
$$=-\left(\frac{\partial V}{\partial x}i+\frac{\partial V}{\partial y}j+\frac{\partial V}{\partial z}k\right)$$
$$=-\left(\frac{15x+4y^2}{\partial x}i+\frac{15x+4y^2}{\partial y}j+\frac{15x+4y^2}{\partial z}k\right)$$
$$=-\,15i-y8j$$
$$\therefore |E|_{x=3,\,y=4}=-\,15i-8j\times 4=-\,15i-32j$$

※ 전계의 세기 E
전계의 세기는 전위 V의 기울기(Gradient)의 음(-)벡터이다. 전위는 높은 곳에서 낮은 곳으로 감소하므로, 전계는 전위의 기울기 반대 방향으로 작용한다.
따라서 음의 Gradient를 취해야 한다.

$$E=-\,\nabla V=-\left(\frac{\partial V}{\partial x}i+\frac{\partial V}{\partial y}j\right)$$

71 입력이 $011_{(2)}$일 때, 출력이 3 V인 컴퓨터 제어의 D/A 변환기에서 입력을 $101_{(2)}$로 하였을 때 출력은 몇 V인가? (단, 3 bit 디지털 입력이 $011_{(2)}$은 Off, On, On을 뜻하고 입력과 출력은 비례한다)

① 3　　② 4
③ 5　　④ 6

해설

[컴퓨터제어의 D/A 변환]

2진수를 10진수로 변환

$$011_{(2)}=0\times2^2+1\times2^1+1\times2^0$$
$$=0+2+1=3\rightarrow 3\ V$$
$$101_{(2)}=1\times2^2+0\times2^1+1\times2^0$$
$$=4+0+1=5\rightarrow 5\ V$$

즉, 011의 10진수 값이 3이고 이때 3V이므로 101의 10진수 값이 5이고 5 V가 된다.

72 $G(s)=\dfrac{10}{s(s+1)(s+2)}$ 의 최종값은?

① 0　　② 1
③ 5　　④ 10

해설

[최종값 정리]

최종값 정리 $\lim_{t\to\infty}g(t)=\lim_{s\to 0}s\cdot G(s)$에서

$$\lim_{s\to 0}sG(s)=\lim_{s\to 0}s\cdot\frac{10}{s(s+1)(s+2)}$$
$$=\lim_{s\to 0}\frac{10}{(s+1)(s+2)}$$
$$=\frac{10}{(0+1)(0+2)}=5$$

73 잔류편차와 사이클링이 없고, 간헐현상이 나타나는 것이 특징인 동작은?

① I동작　　② D동작
③ P동작　　④ PI동작

정답 ● 70 ② 71 ③ 72 ③ 73 ④

해설

[PI동작]

① I동작(적분동작)

적분동작은 오차가 지속적으로 존재할 때 그 오차를 계속해서 보정하려고 한다. 그래서 잔류편차를 줄이는 데는 효과적이다. 하지만 적분동작이 과도하면 "사이클링"이나 "오버슛"이 발생할 수 있다. 즉, 이 동작은 **잔류편차를 없애지만, 사이클링이 나타날 수 있다.**

② D동작(미분동작)

미분동작은 오차가 변하는 속도를 반영하여 오차의 급격한 변화를 억제한다. 이 동작은 **과도한 변화나 진동을 방지하는 데 좋지만, 간헐현상은 일으키지 않는다.**

③ P동작(비례동작)

비례동작은 현재의 오차에 비례해서 출력을 조정한다. 빠르게 반응하지만, 오차가 남게 되어 **잔류편차가 발생할 수 있다.** 또한 과도하게 반응하면 **사이클링이 일어날 수 있다.** 하지만 **간헐현상은 나타나지 않는다.**

④ PI동작(비례 - 적분동작)

비례 - 적분동작은 비례와 적분을 결합하여 오차를 줄이는데 **잔류편차는 줄일 수 있지만 사이클링은 발생하지 않는다.** 대신 적분 항이 영향을 미쳐 오차를 완전히 없애기 전에 간헐적으로 조정이 이루어지기도 한다. 그래서 **간헐현상이 나타나는 특징이 있다.**

구분	사이클링 (Cycling)	헌팅 (Hunting)	간헐현상 (Intermittent)
정의	주기적으로 출력이 반복되는 진동	목푯값 주위로 계속 요동하며 수렴이 어려운 상태	일정치 않게, 드물게 발생하는 불규칙한 이상 현상
반복성	있음 (주기적)	있음 (점차 감쇠 되기도 함)	없음 (불규칙)
형태	정현파형 출력의 반복	감쇠 되거나 지속되는 진동	갑작스런 출력 변화, 일시적 오류

74 피상전력이 Pa(kVA)이고 무효전력이 Pr(kVar)인 경우 유효전력 P(kW)를 나타낸 것은?

① $P=\sqrt{P_a-P_r}$

② $P=\sqrt{P_a^2-P_r^2}$

③ $P=\sqrt{P_a+P_r}$

④ $P=\sqrt{P_a^2+P_r^2}$

해설

[유효전력]

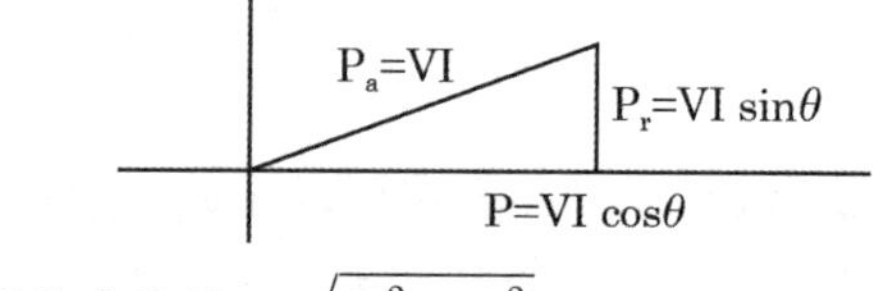

유효전력 $P=\sqrt{P_a^2-P_r^2}$

정답 74 ②

75 3상 교류에서 a, b, c상에 대한 전압을 기호법으로 표시하면 $E_a = E\angle 0°$, $E_b = E\angle -120°$, $E_c = E\angle 120°$로 표시된다. 여기서 $a = -\frac{1}{2} + j\frac{\sqrt{3}}{2}$ 라는 페이저 연산자를 이용하면 E_c는 어떻게 표시되는가?

① $E_c = E$　　② $E_c = a^2E$
③ $E_c = aE$　　④ $E_c = \left(\frac{1}{a}\right)E$

해설
[전압 기호법]

$$E_c = E\angle 120° = E(\cos 120° + j\sin 120°)$$
$$= E(-\frac{1}{2} + j\frac{\sqrt{3}}{2}) = aE$$

※ 페이저 연산자(Phasor Operator)
3상 교류 전력계에서 전압이나 전류의 위상관계를 간단히 표현하기 위해 사용하는 복소수 연산자이다. 특히, 위상이 120° 차이 나는 3상 전압을 수학적으로 다룰 때 매우 유용하다.

보충 $E_a = E$, $E_b = a^2E$

76 상호인덕턴스 150 mH인 a, b 두 개의 코일이 있다. b의 코일에 전류를 균일한 변화율로 1/50초 동안에 10 A 변화시키면 a코일에 유기되는 기전력(V)의 크기는?

① 75　　② 100
③ 150　　④ 200

해설
[유도기전력]

$$e = L\frac{dI}{dt}$$
$$e = 150 \times 10^{-3} \times \frac{10}{1/50} = 75 \text{ V}$$

여기서 L : 상호인덕턴스[H]
I : 전류[A]
t : 시간[sec]

77 비전해콘덴서의 누설전류 유무를 알아보는 데 사용될 수 있는 것은?

① 역률계　　② 전압계
③ 분류기　　④ 자속계

해설
[전압계]
전압계의 측정 범위는 저항의 값을 변경하여 증가 또는 감소시킬 수 있다. 따라서 용량이 작은 비전해콘덴서의 누설전류 유무를 측정하는 데 사용할 수 있다.

※ 비전해콘덴서
비전해콘덴서는 정상일 경우 직류가 흐르지 않으므로, 충전 후에는 전류가 흐르지 않아야 함
하지만 절연이 불량하거나 노화되면, 약간의 누설전류가 흐르고 그에 따라 단자 전압이 점차 떨어지게 됨
1) 콘덴서를 일정 전압으로 충전한 뒤
2) 전압계로 시간에 따른 전압 강하를 측정
3) 전압이 유지되면 정상, 점점 떨어지면 누설전류가 존재한다는 판단 가능

정답 75 ③ 76 ① 77 ②

78 어떤 전지에 연결된 외부회로의 저항은 4 Ω이고, 전류는 5 A가 흐른다. 외부회로에 4 Ω대신 8 Ω의 저항을 접속하였더니 전류가 3 A로 떨어졌다면, 이 전지의 기전력(V)은?

① 10 ② 20
③ 30 ④ 40

해설

[전지의 기전력(V)]

$V = I(R + r)$

$I_1(R_1 + r) = I_2(R_2 + r)$

$5(4 + r) = 3(8 + r)$

$\therefore r = 2$

따라서

$\therefore V = I_1(R_1 + r) = 5(4 + 2) = 30[V]$

여기서 I : 회로에 흐르는 전류
R : 외부저항
r : 내부저항

79 다음 논리식 중 틀린 것은?

① $\overline{A \cdot B} = \overline{A} + \overline{B}$
② $\overline{A + B} = \overline{A} \cdot \overline{B}$
③ $A + A = A$
④ $A + \overline{A} \cdot B = A + \overline{B}$

해설

[논리식]

$$A + \overline{A} \cdot B = A + (\overline{A} \cdot B) = (A + \overline{A}) \cdot (A + B) = 1 \cdot (A + B) = A + B$$

80 스위치를 닫거나 열기만 하는 제어동작은?

① 비례동작
② 미분동작
③ 적분동작
④ 2위치동작

해설

[2위치동작(On – Off동작)]

스위치를 닫거나 열기만 하는 제어동작은 On, Off 동작으로 2위치동작이다.

정답 78 ③ 79 ④ 80 ④

5과목 배관일반

1회독 시간 : 점수 :
2회독 시간 : 점수 :
3회독 시간 : 점수 :

81 증기난방설비 중 증기헤더에 관한 설명으로 틀린 것은?

① 증기를 일단 증기헤더에 모은 다음 각 계통별로 분배한다.
② 헤더의 설치위치에 따라 공급헤더와 리턴헤더로 구분한다.
③ 증기헤더는 압력계, 드레인 포켓, 트랩장치 등을 함께 부착시킨다.
④ 증기헤더의 접속관에 설치하는 밸브류는 바닥 위 5 m 정도의 위치에 설치하는 것이 좋다.

해설

[증기난방설비 – 증기헤더]
증기헤더에 접속관에 설치하는 밸브류는 유지관리를 위해 바닥 위 1.2m ~ 1.5m 정도의 위치에 설치하는 것이 좋다.

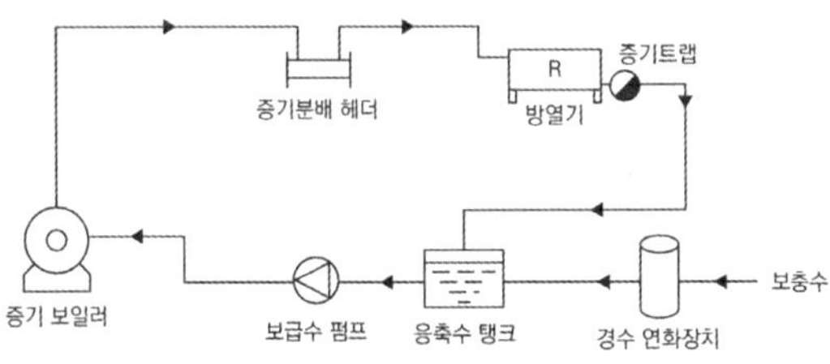

82 밸브 종류 중 디스크의 형상을 원뿔모양으로 하여 고압 소유량의 유체를 누설없이 조절할 목적으로 사용하는 밸브는?

① 앵글밸브
② 슬루스밸브
③ 니들밸브
④ 버터플라이밸브

해설

[밸브]
① 앵글밸브 : 밸브의 입구와 출구가 직각으로 되어 있어 유체의 방향을 90°로 바꿀 때 사용한다.

② 슬루스밸브 : 게이트밸브라고도하며 유량조절 이 필요없는 배관에서 유체 흐름을 차단할 목적으로 사용한다.

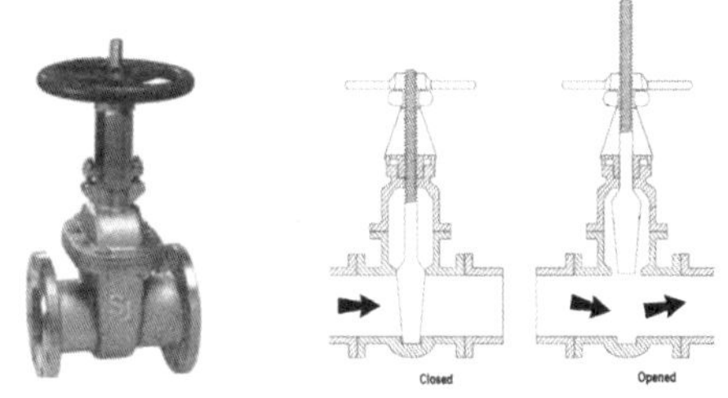

③ 니들밸브 : 유량의 미세조정용으로 사용되며, 밸브의 디스크의 형상이 원뿔모양으로 단면적이 매우 작아 고압, 소유량의 유체를 누설없이 조절할 수 있다.

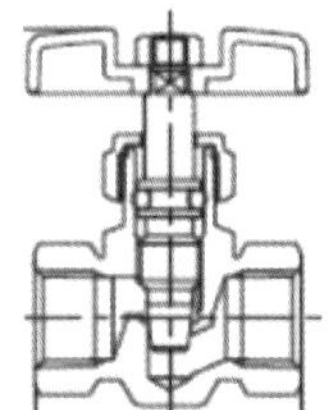

정답 81 ④ 82 ③

④ 버터플라이밸브 : 밸브 안에 있는 원형 디스크를 회전시켜 유체의 흐름을 조절하는 밸브이며, 차단 및 유량조절이 가능하고 구조 및 조작이 간단하다.

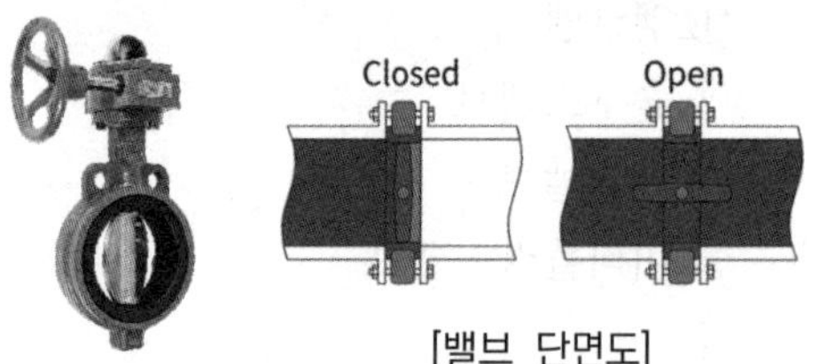

[밸브 단면도]

83 다음 배관지지장치 중 변위가 큰 개소에 사용하기에 가장 적절한 행거(Hanger)는?

① 리지드행거　② 콘스탄트행거
③ 베리어블행거　④ 스프링행거

해설

[콘스탄트행거]
배관의 상하 이동을 어느 정도 허용하는 구조로 만들어 관의 지지력을 일정하게 한 것으로 중추식과 스프링식이 있다. 주로 변위가 큰 개소에 사용된다.

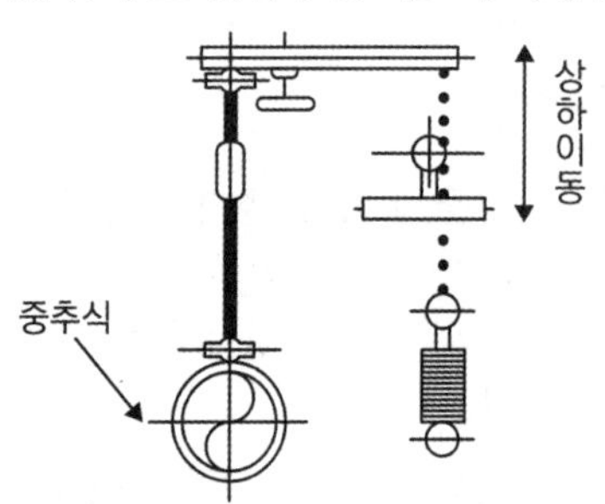

84 냉매 유속이 낮아지게 되면 흡입관에서의 오일 회수가 어려워지므로 오일 회수를 용이하게 하기 위하여 설치하는 것은?

① 이중입상관　② 루프배관
③ 액트랩　④ 리프팅배관

해설

[이중입상관]
전부하로 운전 시 냉매가스와 윤활유는 가는 관과 굵은 관 양쪽으로 통과한다.
부하가 감소 시 냉매가스의 이동속도가 낮아져서 윤활유를 운반하지 못한다. 따라서 하부트랩에 고이게 되므로 냉매가스와 윤활유는 가는 관을 통해 압축기로 이동한다(가는 관은 단면적이 작아 유속이 빠르므로 냉매가스와 윤활유가 함께 이동).

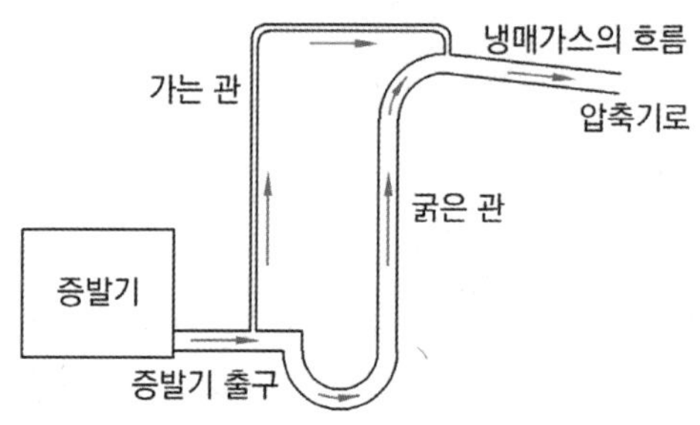

[이중입상관] – 전부하로 운전

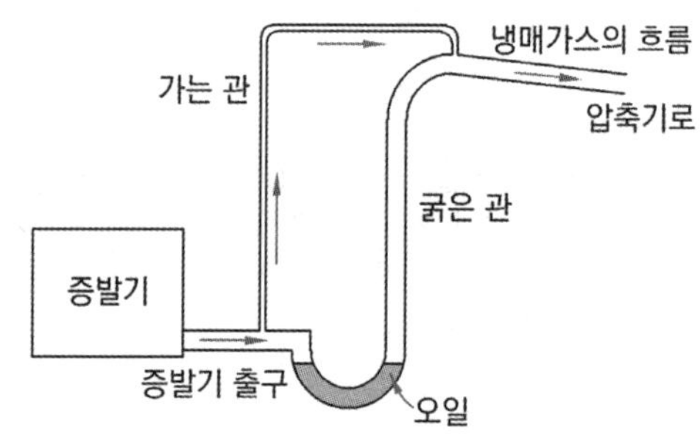

[이중입상관] – 부하가 감소했을 때의 운전

정답 83 ② 84 ①

85 보온재의 구비조건으로 틀린 것은?

① 부피와 비중이 커야 한다.
② 흡수성이 적어야 한다.
③ 안전사용 온도 범위에 적합해야 한다.
④ 열전도율이 낮아야 한다.

해설

[보온재의 구비조건]
1) 열전도율이 작을 것(보온능력이 클 것)
2) 흡습성 및 흡수성이 작을 것
3) 화학작용을 일으키지 않고 불연성일 것
4) 사용 온도에서 장시간 사용하여도 변질이 없을 것
5) 경제적이며 중량이 가볍고 시공이 용이할 것
6) 비중이 작을 것
7) 불연성일 것

86 관의 결합방식 표시방법 중 용접식의 그림기호로 옳은 것은?

해설

[관의 결합방식]

이음종류	연결방법	도시기호
관이음	나사이음	
	플랜지이음	
	용접이음(땜이음)	
	소켓이음(턱걸이이음)	
	유니언이음	
신축이음	루프형	
	슬리브형	
	벨로우즈형	
	스위블형	

2021-01

87 중차량이 통과하는 도로에서의 급수배관 매설깊이 기준으로 옳은 것은?

① 450 mm 이상
② 750 mm 이상
③ 900 mm 이상
④ 1200 mm 이상

해설

[급수관의 매설깊이]
1) 일반 지역 : 600 mm 이상 및 동결심도(땅이 어는 깊이) 이하의 깊이로 매설
2) 차량 하중이 있는 도로의 경우 : 1.2 m 이상의 깊이로 매설
3) 한랭지(냉한 지대) : 해당 지역의 동결심도 + 200 mm(20 cm) 이상의 깊이로 매설

정답 85 ① 86 ② 87 ④

88 공조배관 설계 시 유속을 빠르게 설계하였을 때 나타나는 결과로 옳은 것은?

① 소음이 작아진다.
② 펌프양정이 높아진다.
③ 설비비가 커진다.
④ 운전비가 감소한다.

해설

[공조배관의 설계]
배관의 유속을 빠르게 하면
① 소음이 커진다.
② 펌프 양정이 높아진다.
③ 관경이 작아지므로 설비비(배관설비비)가 작아진다.
④ 운전동력이 커지므로 운전비가 증가한다.

89 온수난방설비의 온수배관 시공법에 관한 설명으로 틀린 것은?

① 공기가 고일 염려가 있는 곳에는 공기 배출을 고려한다.
② 수평배관에서 관의 지름을 바꿀 때에는 편심레듀서를 사용한다.
③ 배관재료는 내열성을 고려한다.
④ 팽창관에는 슬루스밸브를 설치한다.

해설

[온수난방설비의 온수배관 시공법]
④ 팽창관에는 어떤 밸브도 설치해서는 안 된다.

보충 팽창관은 부피가 증가된 온수를 팽창탱크로 도피시키는 배관

90 지중 매설하는 도시가스배관 설치방법에 대한 설명으로 틀린 것은?

① 배관을 시가지의 도로 노면 밑에 매설하는 경우 노면으로부터 배관의 외면까지 1.5 m 이상 간격을 두고 설치해야 한다.
② 배관의 외면으로부터 도로의 경계까지 수평거리 1.5 m 이상, 도로 밑의 다른 시설물과는 0.5 m 이상 간격을 두고 설치해야 한다.
③ 배관을 인도·보도 등 노면 외의 도로 밑에 매설하는 경우에는 지표면으로부터 배관의 외면까지 1.2 m 이상 간격을 두고 설치해야 한다.
④ 배관을 포장되어 있는 차도에 매설하는 경우 그 포장부분의 지반의 밑에 매설하고 배관의 외면과 지반의 최하부와의 거리는 0.5 m 이상 간격을 두고 설치해야 한다.

해설

[지중 매설하는 도시가스배관 설치방법]
배관을 매설하는 경우에는 배관의 외면으로부터 도로의 경계까지 수평거리 1 m 이상, 도로 밑의 다른 시설물과는 0.3 m 이상 간격을 두고 설치해야 한다.

위치	매설깊이 (이상)	출처
공동주택등의 부지 안	0.6 m	일반도시가스사업의 가스공급시설의 시설기준(「도시가스사업법」 시행규칙 별표 6)
폭 4 m 미만 도로	0.6 m	
폭 4 m 이상 8 m 미만 도로	1 m	
폭 8 m 이상 도로	1.2 m	

정답 88 ② 89 ④ 90 ②

위치	매설깊이 (이상)	출처
산이나 들	1 m	가스도매 사업의 가스공급시설의 시설기준 (「도시가스사업법」 시행규칙 별표 5)
그 밖의 지역	1.2 m	
시가지 외의 도로	1.2 m	
시가지의 도로	1.5 m	
포장되어 있는 차도	0.5 m	
인도·보도 등 노면 외의 도로	1.2 m	
철도 부지	1.2 m	

91 직접가열식 중앙급탕법의 급탕 순환 경로의 순서로 옳은 것은?

① 급탕입주관 → 분기관 → 저탕조 → 복귀주관 → 위생기구
② 분기관 → 저탕조 → 급탕입주관 → 위생기구 → 복귀주관
③ 저탕조 → 급탕입주관 → 복귀주관 → 분기관 → 위생기구
④ 저탕조 → 급탕입주관 → 분기관 → 위생기구 → 복귀주관

해설

[직접가열식 중앙급탕법]

1) 보일러에서 가열된 물을 저탕조에 저장하여 저탕조로부터 급탕을 공급하는 방식이다.
   간접가열식에 비해 열효율이 좋다.
2) 급탕 순환 경로의 순서
   저탕조 → 급탕입주관 → 분기관 → 위생기구 → 복귀주관

92 증기압축식 냉동사이클에서 냉매배관의 흡입관은 어느 구간을 의미하는가?

① 압축기 - 응축기 사이
② 응축기 - 팽창밸브 사이
③ 팽창밸브 - 증발기 사이
④ 증발기 - 압축기 사이

해설

[냉매배관의 흡입관]

① 압축기 - 응축기 사이 : 토출관(증기)
② 응축기 - 팽창밸브 사이 : 토출관(액)
③ 팽창밸브 - 증발기 사이 : 흡입관(액 + 증기)
④ 증발기 - 압축기 사이 : 흡입관(증기)

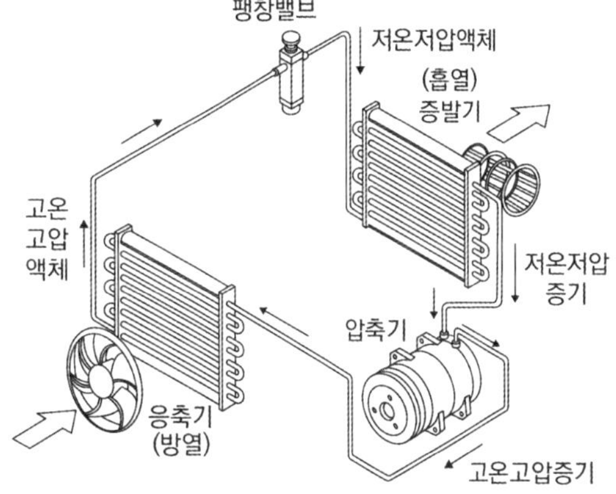

2021-01

93 도시가스의 제조소 및 공급소 밖의 배관 표시기준에 관한 내용으로 틀린 것은?

① 가스배관을 지상에 설치할 경우에는 배관의 표면색상을 황색으로 표시한다.
② 최고사용압력이 중압인 가스배관을 매설할 경우에는 황색으로 표시한다.
③ 배관을 지하에 매설하는 경우에는 그 배관이 매설되어 있음을 명확하게 알 수 있도록 표시한다.
④ 배관의 외부에 사용가스명, 최고사용압력 및 가스의 흐름방향을 표시하여야 한다. 다만 지하에 매설하는 경우에는 흐름방향을 표시하지 아니할 수 있다.

해설

[도시가스의 제조소 및 공급소 밖의 배관 표시기준]
가스배관의 표면색상은 지상배관은 황색으로, 매설배관은 최고사용압력이 저압인 배관은 황색, 중압인 배관은 적색으로 한다.

「도시가스사업법」 시행규칙 별표 5

94 다음 중 수직배관에서 역류방지 목적으로 사용하기에 가장 적절한 밸브는?

① 리프트식 체크밸브
② 스윙식 체크밸브
③ 안전밸브
④ 코크밸브

해설

[체크밸브(역지밸브)]
역류 방지 목적으로 사용하는 밸브
1) 스윙 체크밸브 : 수평, 수직배관 모두에 사용
2) 리프트 체크밸브 : 수평배관에만 사용
3) 스모렌스키체크밸브 : 바이패스밸브가 부착되어 있어 필요 시 바이패스밸브를 개방하면 2차 측 물을 1차 측으로 보낼 수 있음

스윙형 체크밸브	리프트형 체크밸브	스모렌스키 체크밸브

95 주철관이음 중 고무링 하나만으로 이음하여 이음과정이 간편하여 관 부설을 신속하게 할 수 있는 것은?

① 기계식 이음　② 빅토릭이음
③ 타이톤이음　④ 소켓이음

해설

[타이톤이음(Tyton Joint)]
1) 미국 US 파이프회사에서 개발하여 세계특허로 등록되었던 이음방법이다.
2) 원형의 고무링 하나만으로 접합하는 방식이다.
3) 접합과정이 간단하여 신속한 관부설이 가능하다.

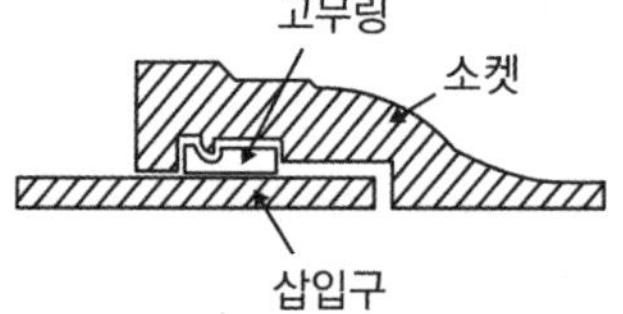

[타이톤접합]

보충 주철관이음방법 : 소켓이음, 기계적 이음, 플랜지이음, 빅토릭이음, 타이톤이음

정답 93 ② 94 ② 95 ③

96 배수설비의 종류에서 요리실, 욕조, 세척, 싱크와 세면기 등에서 배출되는 물을 배수하는 설비의 명칭으로 옳은 것은?

① 오수설비 ② 잡배수설비
③ 빗물배수설비 ④ 특수배수설비

해설

[배수설비의 종류]

1) 오수 : 대소변기, 비데 등에서 나오는 배수
2) 잡배수 : 세면기, 싱크대, 욕조 등에서 나오는 배수
3) 빗물배수(우수배수) : 옥상이나 부지 내에 내리는 빗물의 배수
4) 특수배수 : 공장, 병원, 연구소 등에서의 배수 중 기름, 산, 알칼리, 방사선물질, 그 이외의 유해물질을 포함하고 있는 배수

97 연관의 접합과정에 쓰이는 공구가 아닌 것은?

① 봄볼 ② 턴핀
③ 드레서 ④ 사이징툴

해설

[연관용 공구]

1) 봄볼 : 연관 주관에 구멍을 뚫는 공구
2) 드레서 : 연관 표면의 산화피막을 제거하는 공구(빼빠)
3) 턴핀 : 접합하기 쉽게 연관 끝을 확대하는 공구
4) 벤드밴 : 연관에 끼워 관을 굽히거나 펼 때 사용하는 공구
5) 맬릿 : 나무해머

보충 사이징 툴 : 동관의 끝을 원형(진원)으로 만드는 공구

[사이징툴]

98 다음 중 동관의 이음방법과 가장 거리가 먼 것은?

① 플레어이음 ② 납땜이음
③ 플랜지이음 ④ 소켓이음

해설

[동관이음]

플레어이음, 납땜이음, 용접이음, 플랜지이음

보충 소켓이음(턱걸이이음) : 주철관이음방법으로 관의 소켓부에 얀(Yarn)과 납을 넣어 다져서 접합

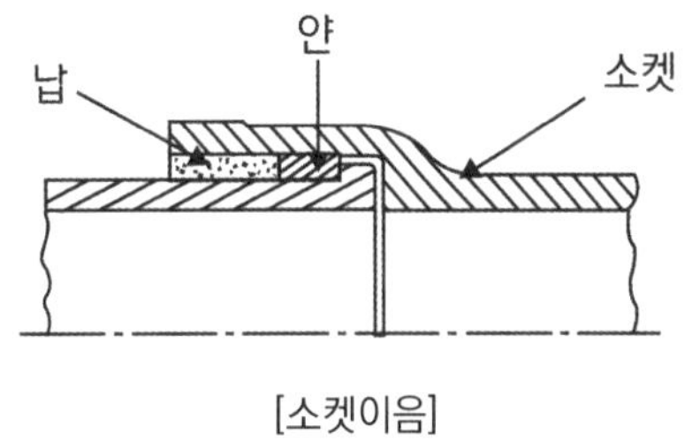

[소켓이음]

99 펌프의 양수량이 60 m^3/min이고 전양정이 20 m일 때, 볼류트펌프로 구동할 경우 필요한 동력(kW)은 얼마인가? (단, 물의 비중량은 9800 N/m^3이고, 펌프의 효율은 60 %로 한다)

① 196.1 ② 200
③ 326.7 ④ 405.8

해설

[동력]

동력 $P[W] = \dfrac{\gamma[N/m^3] \times Q[m^3/s] \times H[m]}{\eta} \times K$

$$P = \frac{\gamma[kN/m^3] \times Q[m^3/s] \times H[m]}{\eta} \times K$$

정답 96 ② 97 ④ 98 ④ 99 ③

$$= \frac{9.8\ kN/m^3 \times \frac{60}{60}\ m^3/s \times 20\ m}{0.6}$$
$= 326.7\ \mathrm{kW}$

100 플래시밸브 또는 급속 개폐식 수전을 사용할 때 급수의 유속이 불규칙적으로 변하여 생기는 현상을 무엇이라고 하는가?

① 수밀작용 ② 파동작용
③ 맥동작용 ④ 수격작용

해설

[수격작용(Water Hammerimg)]

1) 정의 : 펌프 토출 측에서 속도변화에 의해 충격파가 전달되는 현상
2) 방지대책
   ① 급격한 밸브 폐쇄는 피한다.
   ② 밸브는 펌프 토출 측 가까이에 설치하고 밸브 조작을 천천히 한다.
   ③ 가능한 관 내 유속을 느리게 한다.
   ④ 가능한 배관의 관경을 크게 한다.
   ⑤ 기구류 부근에 충격을 흡수할 수 있는 공기실(Air Chamber)을 설치한다.
   ⑥ 조압수조(Surge Tank)를 관선에 설치한다.
   ⑦ 펌프에 플라이휠(Fly Wheel)을 설치한다. (회전체의 관성모멘트를 크게 하는 방법)
   ⑧ 배관에 수격방지기를 설치한다.

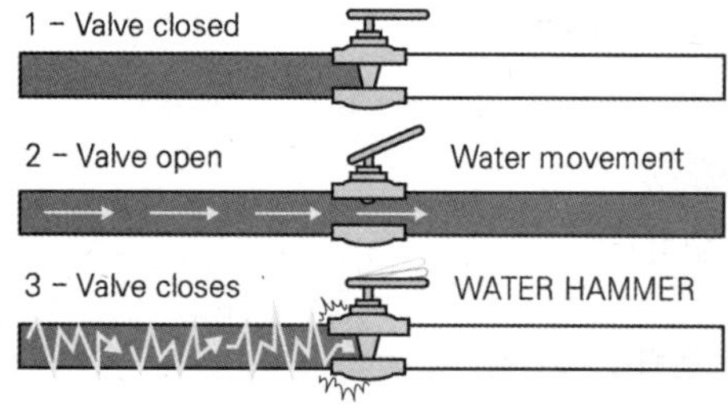

보충 플래시밸브 또는 급속개폐식 수전은 유속을 급격히 변화시키므로 수격작용을 일으킨다.

정답 100 ④

2021 제2회

1과목 기계열역학

1회독 시간 : 점수 :
2회독 시간 : 점수 :
3회독 시간 : 점수 :

01 4 kg의 공기를 온도 15 ℃에서 일정 체적으로 가열하여 엔트로피가 3.35 kJ/K 증가하였다. 이때 온도는 약 몇 K인가? (단, 공기의 정적비열은 0.717 kJ/(kg·K)이다)

① 927 ② 337
③ 533 ④ 483

해설

[정적과정 엔트로피변화량]

※ 이상기체의 엔트로피 함수관계

$$\Delta s = s_2 - s_1 = C_v \ln\frac{T_2}{T_1} + R\ln\frac{v_2}{v_1}$$
$$= C_p \ln\frac{T_2}{T_1} - R\ln\frac{p_2}{p_1}$$
$$= C_p \ln\frac{v_2}{v_1} + C_v \ln\frac{p_2}{p_1}$$

$\Delta S = mC_v \ln\left(\frac{T_2}{T_1}\right)$에서

$3.35 = 4 \times 0.717 \times \ln\left(\frac{T_2}{15+273}\right)$

$\therefore T_2 \fallingdotseq 926.14$

02 카르노사이클로 작동되는 열기관이 200 kJ의 열을 200 ℃에서 공급받아 20 ℃에서 방출한다면 이 기관의 일은 약 얼마인가?

① 38 kJ ② 54 kJ
③ 63 kJ ④ 76 kJ

해설

[카르노사이클의 효율]

$$\eta = \frac{W}{Q_1} = \frac{T_H - T_L}{T_H}$$

$$\frac{W}{200} = \frac{(200+273)-(20+273)}{(200+273)}$$

$\therefore W \fallingdotseq 76\ kJ$

※ 열기관
고열원으로부터 열을 공급받아 기계적인 일로 전환시키는 것이 목적
(열기관의 이상사이클 : 카르노사이클)

$$\eta = \frac{W}{Q_1} = \frac{Q_1 - Q_2}{Q_1} = \frac{T_1 - T_2}{T_1}$$

Q_1 : 고열원으로부터 받은 열량
Q_2 : 저열원으로 방출한 열량
W : 일량
T_1 : 고온
T_2 : 저온

정답 01 ① 02 ④

03 기체상수가 0.462 kJ/(kg・K)인 수증기를 이상기체로 간주할 때 정압비열 kJ/(kg・K)은 약 얼마인가? (단, 이 수증기의 비열비는 1.33이다)

① 1.86　　② 1.54
③ 0.64　　④ 0.44

해설

[정압비열]

$$C_P = \frac{k}{k-1}R$$
$$= \frac{1.33}{1.33-1} \times 0.462 ≒ 1.86\ kJ/(kg \cdot K)$$

보충 정적비열 $C_v = \frac{1}{k-1}R$

04 다음 4가지 경우에서 (　) 안의 물질이 보유한 엔트로피가 증가한 경우는?

> ⓐ 컵에 있는 (물)이 증발하였다.
> ⓑ 목욕탕의 (수증기)가 차가운 타일 벽에서 물로 응결되었다.
> ⓒ 실린더 안에 (공기)가 가역 단열적으로 팽창되었다.
> ⓓ 뜨거운 (커피)가 식어서 주위온도와 같게 되었다.

① ⓐ　　② ⓑ
③ ⓒ　　④ ⓓ

해설

[엔트로피의 변화]

ⓐ 물이 열을 받아 수증기가 됨 - <u>엔트로피 증가</u>
ⓑ 수증기가 열을 빼앗겨 물이 됨 - <u>엔트로피 감소</u>
ⓒ 가역단열과정 = <u>엔트로피 일정</u>
ⓓ 커피가 열을 빼앗김 - <u>엔트로피 감소</u>

<u>어떤 물질이 열을 받으면 엔트로피가 증가</u>하고 빼앗기면 엔트로피가 감소한다. 가역단열과정에서는 $\delta Q = 0$이므로 엔트로피가 일정하다.

05 이상적인 오토사이클의 열효율이 56.5 %이라면 압축비는 약 얼마인가? (단, 작동 유체의 비열비는 1.4로 일정하다)

① 7.5　　② 8.0
③ 9.0　　④ 9.5

해설

[오토사이클 효율]

$$\eta_o = 1 - \left(\frac{1}{\varepsilon}\right)^{k-1}$$

$$0.565 = 1 - \left(\frac{1}{\varepsilon}\right)^{1.4-1}$$

$\therefore\ \varepsilon = 8.012 ≒ 8.01$

ε : 압축비
k : 비열비

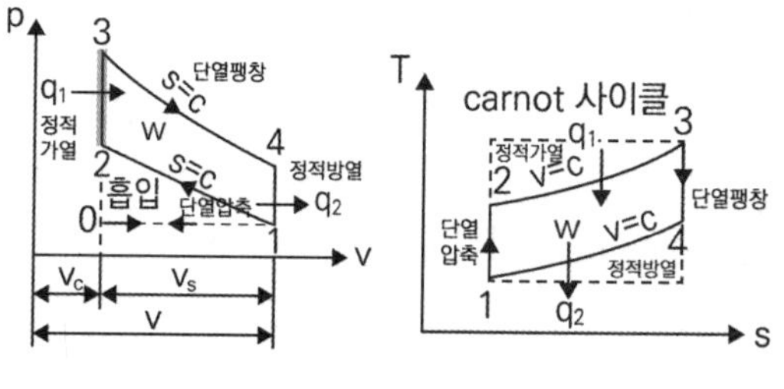

[오토사이클]

정답 03 ① 04 ① 05 ②

06 시스템 내의 임의의 이상기체 1 kg이 채워져 있다. 이 기체의 정압비열은 1.0 kJ/(kg · K)이고, 초기 온도가 50 ℃인 상태에서 323 kJ의 열량을 가하여 팽창시킬 때 변경 후 체적은 변경 전 체적의 약 몇 배가 되는가? (단, 정압과정으로 팽창한다)

① 1.5배　　② 2배
③ 2.5배　　④ 3배

해설

[정압과정]

1) 팽창 후 온도 T_2

$Q = GC_P(T_2 - T_1)$

여기서 $T_1 = 50 + 273 = 323\ K$

따라서

$Q = GC_P(T_2 - T_1)$

$323 = 1 \times 1 \times (T_2 - 323)$

$\therefore T_2 = 646\ K$

2) 정압과정에서 V, T의 관계

정압과정에서 $\dfrac{V_1}{T_1} = \dfrac{V_2}{T_2}$ 이므로

$\dfrac{V_1}{323[K]} = \dfrac{V_2}{646[K]}$

$\therefore V_2 = \dfrac{646}{323} \times V_1 = 2 \times V_1$

07 그림과 같은 Rankine사이클의 열효율은 약 얼마인가? (단, h는 엔탈피, s는 엔트로피를 나타내며, h_1 = 191.8 kJ/kg, h_2 = 193.8 kJ/kg, h_3 = 2799.5 kJ/kg, h_4 = 2007.5 kJ/kg이다)

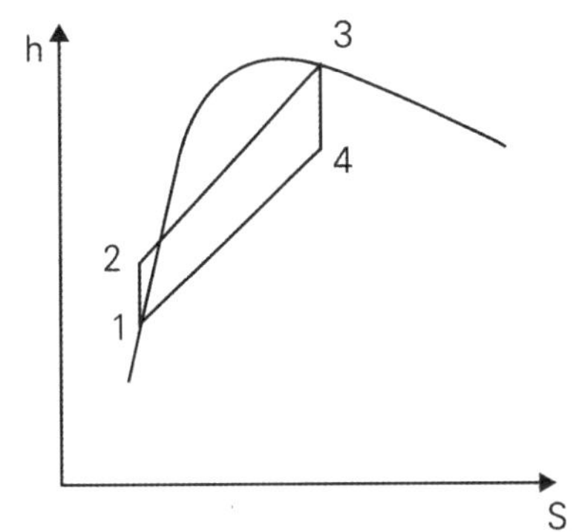

① 30.3 %　　② 36.7 %
③ 42.9 %　　④ 48.1 %

해설

[랭킨사이클의 열효율]

위 그래프에서

1 - 2과정 : 가역단열압축

2 - 3과정 : 정압가열

3 - 4과정 : 단열팽창

4 - 1과정 : 정압하에서 냉각

$$\eta = \frac{(h_3 - h_4) - (h_2 - h_1)}{h_3 - h_2}$$

$$= \frac{(2799.5 - 2007.5) - (193.8 - 191.8)}{2799.5 - 193.8}$$

$$= 0.303 = 30.3\ \%$$

정답 06 ② 07 ①

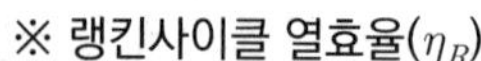

※ 랭킨사이클 열효율(η_R)

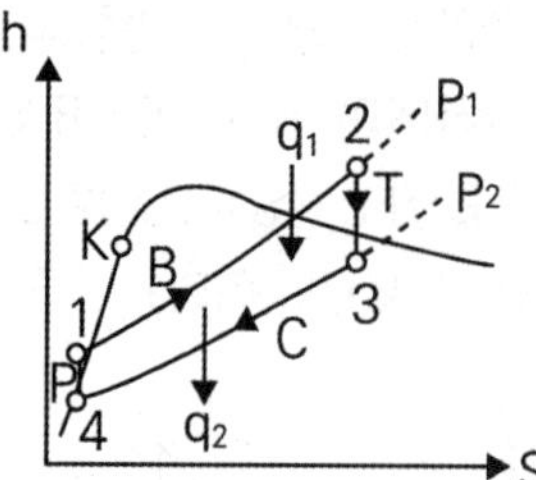

[랭킨사이클선도]

$$\eta_R = \frac{T-P}{B} = \frac{(h_2-h_3)-(h_1-h_4)}{h_2-h_1}$$

만약 펌프일을 무시하면

$\eta_R = \dfrac{h_2-h_3}{h_2-h_1}$에서 $h_1 \fallingdotseq h_4$이므로

$$\eta_R = \frac{(h_2-h_3)}{h_2-h_4}$$

08 복사열을 방사하는 방사율과 면적이 같은 2개의 방열판이 있다. 각각의 온도가 A 방열판은 120 ℃, B 방열판은 80 ℃일 때 두 방열판의 복사 열전달량(Q_A/Q_B)비는?

① 1.08 ② 1.22
③ 1.54 ④ 2.42

해설

[스테판 볼츠만의 법칙]
스테판 볼츠만 법칙에 의하여 복사 열전달량은 절대온도의 4승에 비례하므로

$$\frac{Q_A}{Q_B} = \left(\frac{T_A}{T_B}\right)^4 = \left(\frac{120+273}{80+273}\right)^4 \fallingdotseq 1.54$$

09 질량이 5 kg인 강제 용기 속에 물이 20 L들어 있다. 용기와 물이 24 ℃인 상태에서 이 속에 질량이 5 kg이고 온도가 180 ℃인 어떤 물체를 넣었더니 일정 시간 후 온도가 35 ℃가 되면서 열평형에 도달하였다. 이때 이 물체의 비열은 약 몇 kJ/(kg·K), 강의 비열은 0.46 kJ/(kg·K)이다)

① 0.88 ② 1.12
③ 1.31 ④ 1.86

해설

[열평형식에 따른 물체의 비열]
열평형식을 세우면

$$m_c C_c (t_c - 35) = m_s C_s (35-24) + m_w C_w (35-24)$$

$$5 \times C_c(180-35) = 5 \times 0.46 \times 11 + 20 \times 4.19 \times 11$$

$$\therefore\ C_c = 1.31\ kJ/(kg \cdot K)$$

여기서
m_c : 물체의 질량, C_c : 물체의 비열,
t_c : 물체의 온도
m_s : 용기의 질량, C_s : 용기의 비열
m_w : 물의 질량, C_w : 물의 비열

정답 08 ③ 09 ③

10 어느 왕복동 내연기관에서 실린더 안지름이 6.8 cm, 행정이 8 cm일 때 평균 유효압력은 1200 kPa이다. 이 기관의 1행정당 유효 일은 약 몇 kJ인가?

① 0.09 ② 0.15
③ 0.35 ④ 0.48

해설

[기관의 1행정당 유효 일]

유효 일 $W[kJ] = P[kPa] \times V[m^3]$

1) $V[m^3]$

$$V = \frac{\pi D^2}{4} \times L$$

$$= \frac{\pi(0.068)^2}{4} \times 0.08$$

$$= 0.000291\ m^3$$

2) $W[kJ]$

$$W[kJ] = 1200 \times 0.000291$$

$$= 0.3492 \fallingdotseq 0.35\ kJ$$

11 실린더에 밀폐된 8 kg의 공기가 그림과 같이 압력 P_1 = 800 kPa, 체적 V_1 = 0.27 m^3에서 P_2 = 350 kPa, V_2 = 0.80 m^3으로 직선 변화하였다. 이 과정에서 공기가 한 일은 약 몇 kJ인가?

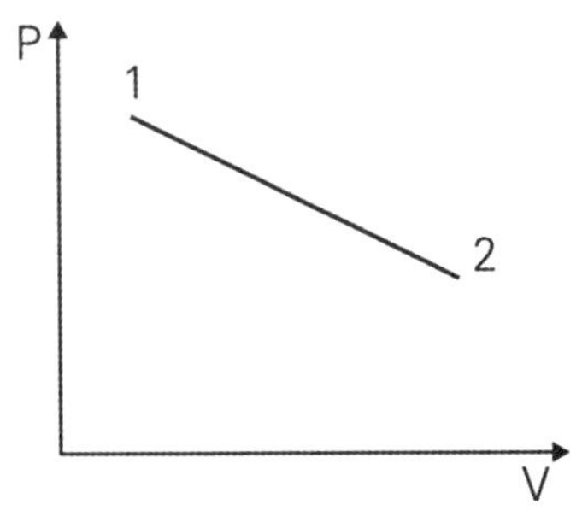

① 305 ② 334
③ 362 ④ 390

해설

[공기가 한 일]

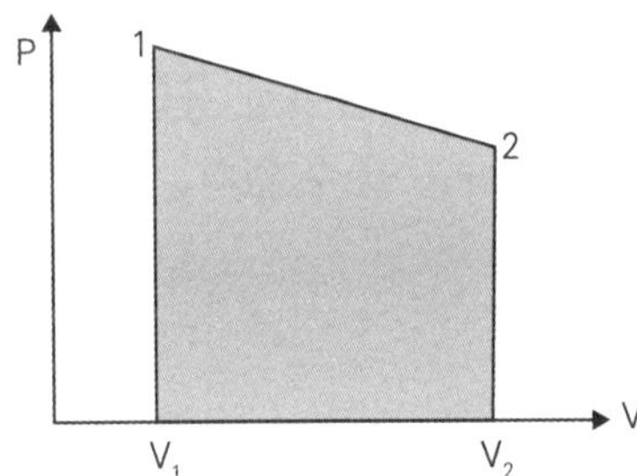

일은 $\int_1^2 PdV$이므로 면적과 같다. 따라서

W = 평균높이 × 밑변

$$= \left(\frac{P_1 + P_2}{2}\right) \times (V_2 - V_1)$$

$$= \left(\frac{800 + 350}{2}\right) \times (0.8 - 0.27)$$

$$= 304.75$$

2021-02

정답 10 ③ 11 ①

12 상태 1에서 경로 A를 따라 상태 2로 변화하고 경로 B를 따라 다시 상태 1로 돌아오는 가역사이클이 있다. 아래의 사이클에 대한 설명으로 틀린 것은?

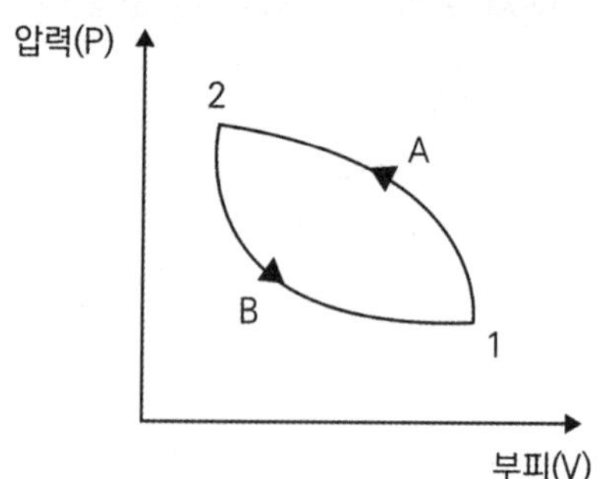

① 사이클과정 동안 시스템의 내부에너지변화량은 0이다.
② 사이클과정 동안 시스템은 외부로부터 순(Net) 일을 받았다.
③ 사이클과정 동안 시스템의 내부에서 외부로 순(Net) 열이 전달되었다.
④ 이 그림으로 사이클과정 동안 총 엔트로피변화량을 알 수 없다.

해설

[엔트로피변화량]

④ 이 그림(P - V선도)으로 사이클과정 동안 총 엔트로피변화량을 알 수 있다.

가역사이클이므로 $\triangle S = \oint \frac{\delta Q}{T} = 0$

13 보일러, 터빈, 응축기, 펌프로 구성되어 있는 증기원동소가 있다. 보일러에서 2500 kW의 열이 발생하고 터빈에서 550 kW의 일을 발생시킨다. 또한 펌프를 구동하는 데 20 kW의 동력이 추가로 소모된다면 응축기에서의 방열량은 약 몇 kW인가?

① 980　② 1930
③ 1970　④ 3070

해설

[응축기 방열량]

1) 열평형식을 세우면 다음과 같다.
펌프의 동력 + 보일러의 열량
= 터빈의 일 + 응축기 방열량이므로

2) 응축기 방열량
= 펌프의 동력 + 보일러의 열량 - 터빈의 일
= 20 + 2500 - 550
= 1970

구성요소	에너지 흐름	설명
보일러 (Boiler)	열(Q)을 시스템에 공급	외부에서 시스템(물)로 열을 공급한다.
터빈 (Turbine)	일(W)을 외부로 방출(발전)	시스템에서 외부로 일을 준다(발전).
펌프 (Pump)	외부에서 일(W)을 받음(압축)	외부에서 전기일을 받아 물을 압축해 보낸다. 시스템 입장에선 일 소비이다.
응축기 (Condenser)	열(Q)을 외부로 방출	시스템(증기)에서 외부(냉각수)로 열을 버린다.

정답 12 ④ 13 ③

14 유리창을 통해 실내에서 실외로 열전달이 일어난다. 이때 열전달이 일어난다. 이때 열전달량은 약 몇 W인가? (단, 대류열전달계수는 50 W/(m^2 · K), 유리창 표면온도는 25 ℃, 외기온도는 10 ℃, 유리창면적은 2 m^{2}이다)

① 150 ② 500
③ 1500 ④ 5000

해설

[열전달량]

$q = k \times A \times \triangle t$
$= 50 \times 2 \times (25 - 10)$
$= 1500$ W

15 냉동기 냉매의 일반적인 구비조건으로서 적합하지 않은 것은?

① 임계 온도가 높고, 응고 온도가 낮을 것
② 증발열이 작고, 증기의 비체적이 클 것
③ 증기 및 액체의 점성(점성계수)이 작을 것
④ 부식성이 없고, 안정성이 있을 것

해설

[냉매의 일반적인 구비조건]

② **냉매는 증발열이 커야 한다.** 증발열이 크면 같은 냉매량으로 더 많은 열을 흡수할 수 있어 냉동기의 효율이 높아진다. 또한 **증기의 비체적이 작아야 한다.** 비체적이 크면 압축기의 크기와 배관이 커져서 효율이 떨어진다.

16 완전히 단열된 실린더 안의 공기가 피스톤을 밀어 외부로 일을 하였다. 이때 외부로 행한 일의 양과 동일한 값(절댓값 기준)을 가지는 것은?

① 공기의 엔탈피변화량
② 공기의 온도변화량
③ 공기의 엔트로피변화량
④ 공기의 내부에너지변화량

해설

[단열과정]

단열과정에서 절대일(팽창일)은 내부에너지변화량과 같고 공업일은 엔탈피변화량과 같다.

$\delta Q = dU + PdV = dU + \delta W$

단열상태이므로 $\delta Q = 0$

$\delta W = -dU$

17 오토사이클로 작동되는 기관에서 실린더의 극간 체적(Clearance Volume)이 행정체적(Stroke Volume)의 15 %라고 하면 이론 열효율은 약 얼마인가? (단, 비열비 k = 1.4이다)

① 39.3 % ② 45.2 %
③ 50.6 % ④ 55.7 %

해설

[오토사이클 효율]

1) 압축비 ε

$$\varepsilon = \frac{\text{실린더의 체적}}{\text{간극체적}} = \frac{\text{간극체적} + \text{행정체적}}{\text{간극체적}}$$

$$= \frac{0.15 + 1}{0.15} = 7.67$$

정답 14 ③ 15 ② 16 ④ 17 ④

2) 오토사이클 효율

$$\eta_o = 1 - \left(\frac{1}{\varepsilon}\right)^{k-1}$$

$$= 1 - \left(\frac{1}{7.67}\right)^{1.4-1} \fallingdotseq 0.557 = 55.7\,\%$$

ε : 압축비

k : 비열비

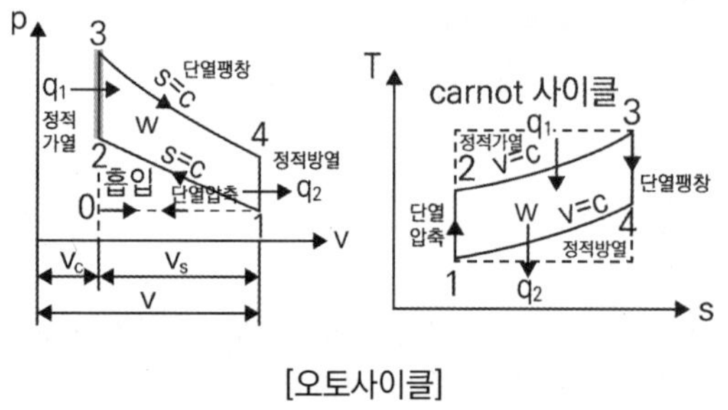

[오토사이클]

구분	제1법칙	제2법칙
핵심 내용	에너지보존법칙 (에너지의 양 계산, 형태 변환 가능)	자연스러운 변화의 방향성(과정 가능성, 엔트로피 개념)
주요 기능	• 에너지의 총량 계산 • 열 ↔ 일 상호변환 계산	• 변화의 방향 규정 • 가역·비가역 여부 판단 • 열기관, 냉동기 효율 한계 제시
에너지 종류 판단 여부	X 1법칙은 '종류'를 판단하지 않고, 주어진 에너지를 열·일·내부에너지 등으로 분류하여 합계 보존을 계산한다.	X 2법칙도 종류 판단 기능은 없고, 과정 방향성 규정에 초점이 있다.

18 열역학 제2법칙과 관계된 설명으로 가장 옳은 것은?

① 과정(상태변화)의 방향성을 제시한다.
② 열역학적 에너지의 양을 결정한다.
③ 열역학적 에너지의 종류를 판단한다.
④ 과정에서 발생한 총 일의 양을 결정한다.

해설

[열역학 제2법칙]

① 열역학 제2법칙의 핵심은 "자연은 비가역적인 방향으로만 변화한다"는 것이다. 즉, 열에너지의 흐름과 에너지 전환과정에서의 방향성을 규정한다. 자연계에서 열은 고온에서 저온으로 자발적으로 흐르고, 그 반대는 외부의 에너지가 없으면 불가능하다.

②, ④ 모두 열역학 제1법칙을 말한다.

19 압력 100 kPa, 온도 20 ℃인 일정량의 이상기체가 있다. 압력을 일정하게 유지하면서 부피가 처음 부피의 2배가 되었을 때 기체의 온도는 약 몇 ℃가 되는가?

① 148 ② 256
③ 313 ④ 586

해설

[정압과정]

정압과정에서

$$\frac{T_1}{T_2} = \frac{V_1}{V_2}$$

$$\frac{(20+273)}{T_2} = \frac{1}{2}$$

$$T_2 = 2(20+273) = 586K = 313℃$$

정답 18 ① 19 ③

20 어떤 열기관이 550 K의 고열원으로부터 20 kJ의 열량을 공급받아 250 K의 저열원에 14 kJ의 열량을 방출할 때 이 사이클의 Clausius 적분값과 가역, 비가역 여부의 설명으로 옳은 것은?

① Clausius 적분값은 -0.0196 kJ/K이고 가역사이클이다.
② Clausius 적분값은 -0.0196 kJ/K이고 비가역사이클이다.
③ Clausius 적분값은 0.0196 kJ/K이고 가역사이클이다.
④ Clausius 적분값은 0.0196 kJ/K이고 비가역사이클이다.

해설

[클라우지우스(Clausius)의 부등식]
공급받은 열량은 (+)부호, 방출된 열량은 (-)부호이므로

$$\oint \frac{\delta Q}{T} = \frac{\delta Q_1}{T_1} + \frac{\delta Q_2}{T_2}$$

$$= \frac{20}{550} - \frac{14}{250} = -0.0196\ kJ/K$$

따라서

$\oint \frac{\delta Q}{T} < 0$이므로 비가역과정이다.

※ 클라우지우스(Clausius)의 부등식

가역사이클인 경우	비가역사이클인 경우
$\oint \frac{\delta Q}{T} = 0$	$\oint \frac{\delta Q}{T} < 0$

$\oint$: 폐곡선 적분(사이클 적분)

2과목 냉동공학

1회독	시간 :	점수 :
2회독	시간 :	점수 :
3회독	시간 :	점수 :

21 냉각탑에 대한 설명으로 틀린 것은?

① 밀폐식은 개방식 냉각탑에 비해 냉각수가 외기에 의해 오염될 염려가 적다.
② 냉각탑의 성능은 입구공기의 습구온도에 영향을 받는다.
③ 쿨링 레인지는 냉각탑의 냉각수 입·출구온도의 차이다.
④ 어프로치는 냉각탑의 냉각수 입구온도에서 냉각탑 입구공기의 습구온도의 차이다.

해설

[쿨링레인지와 쿨링어프로치]
어프로치 = 냉각탑의 냉각수 출구온도
- 입구공기 습구온도

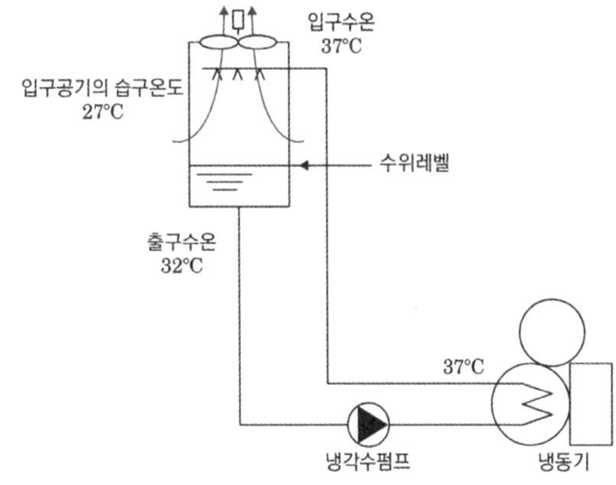

2021-02

정답 20 ② 21 ④

구분	밀폐식 냉각탑	개방식 냉각탑
구조 개념	냉각수가 코일(폐회로) 내부를 순환하고, 코일 외부에 분사된 물과 외기의 증발로 냉각	냉각수가 냉각탑 내부에서 직접 외기와 접촉하여 냉각
열교환 방식	간접 냉각 방식(폐회로 + 외부 살수 + 외기 접촉)	직접 냉각 방식(냉각수와 외기의 직접 접촉)
유체 경로	• 간접 냉각 방식 • 코일 내 유체는 외기와 직접 접촉하지 않음. 외부 살수수만 공기와 접촉 후 증발냉각	• 직접 냉각 방식 • 냉각수가 살수되며 직접 외기와 접촉 → 증발냉각
수질 관리	폐회로라서 냉각수 오염이 적음	직접 외기와 접촉하므로 오염·스케일 발생 가능성이 큼

22 다음 압축과 관련한 설명으로 옳은 것은?

> ㉠ 압축비는 체적효율에 영향을 미친다.
> ㉡ 압축기의 클리어런스(Clearance)를 크게 할수록 체적효율은 크게 된다.
> ㉢ 체적효율이란 압축기가 실제로 흡입하는 냉매와 이론적으로 흡입하는 냉매 체적과의 비이다.
> ㉣ 압축비가 클수록 냉매 단위중량당의 압축일량은 작게 된다.

① ㉠, ㉣　　② ㉠, ㉢
③ ㉡, ㉣　　④ ㉡, ㉢

해설

[압축]
㉡ 압축기의 클리어런스를 크게 할수록 체적효율은 작아진다.
⇨ 클리어런스는 압축 종료 후 남는 체적이므로 손실 증가 요인이다.
㉣ 압축비가 클수록 냉매 단위중량당의 압축일량은 크게 된다.
⇨ 압축비↑ → 토출 후 온도↑ → 압축일량↑

23 몰리에르선도상에서 표준 냉동사이클의 냉매 상태변화에 대한 설명으로 옳은 것은?

① 등엔트로피변화는 압축과정에서 일어난다.
② 등엔트로피변화는 증발과정에서 일어난다.
③ 등엔트로피변화는 팽창과정에서 일어난다.
④ 등엔트로피변화는 응축과정에서 일어난다.

해설

[표준 냉동사이클의 냉매 상태변화]
1) 압축과정 : 등엔트로피변화(단열변화)
2) 증발과정 : 등압변화
3) 팽창과정 : 등엔탈피변화(교축변화)
4) 응축과정 : 등온·등압변화

정답 22 ② 23 ①

24 흡수식 냉동기에서 냉매의 과냉 원인으로 가장 거리가 먼 것은?

① 냉수 및 냉매량 부족
② 냉각수 부족
③ 증발기 전열면적 오염
④ 냉매에 용액이 혼입

해설

[흡수식 냉동기에서 냉매의 과냉 원인]

냉각수가 부족하면 응축이 잘 되지 않는다. 따라서 냉매의 온도는 상승한다.

⇨ 응축기의 냉각수 부족 → 응축 불량 → 응축압력 상승 → 냉매의 온도 상승 (냉매 과열)

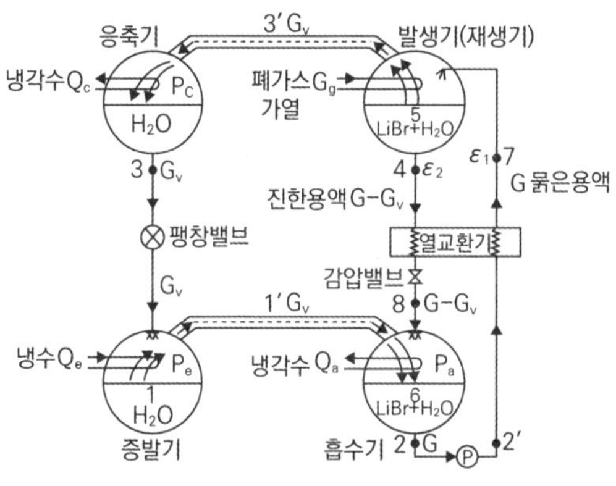

[장치도]

※ 냉수 부족(증발기 측 냉수 유량 부족)

⇨ 증발기에서 냉수 유량이 부족하면 열부하 전달 감소(증발열 교환량 감소) → 증발압력 저하 → 냉매가 과냉될 가능성이 있음

25 흡수식 냉동기에 사용하는 "냉매 - 흡수제"가 아닌 것은?

① 물 - 리튬 브로마이드
② 물 - 염화리튬
③ 물 - 에틸렌글리콜
④ 암모니아 - 물

해설

[냉매와 흡수제]

냉매	흡수제
물(H_2O)	리튬 브로마이드(LiBr)
암모니아(NH_3)	물(H_2O)
물(H_2O)	염화리튬(LiCl)
물(H_2O)	황산(H_2SO_4)

2021-02

26 냉동장치의 냉매량이 부족할 때 일어나는 현상으로 옳은 것은?

① 흡입압력이 낮아진다.
② 토출압력이 높아진다.
③ 냉동능력이 증가한다.
④ 흡입압력이 높아진다.

해설

[냉매량이 부족할 때 일어나는 현상]

1) 흡입압력이 낮아진다.

⇨ 냉매량 부족 → 증발기 냉매 공급 부족 → 주변 열을 덜 빼앗음 → 냉매로 흡수되는 열량이 감소 → 증발압력(= 흡입압력) 저하

정답 24 ② 25 ③ 26 ①

2) 토출압력이 낮아진다.

⇨ 냉매량 부족 → 증발압력 저하 → 흡입 냉매량 감소 → 압축기 토출량 감소 → 응축기로 가는 냉매량 감소 → 응축기 내 압력 저하(토출압력 저하)

3) 냉동능력이 저하된다.

⇨ 냉매량 부족 → 냉동능력 감소($Q = Gq_e$)

보충 냉매가 부족하면 전체 흐름이 줄어들어, 저압도 낮아지고 고압도 낮아진다.

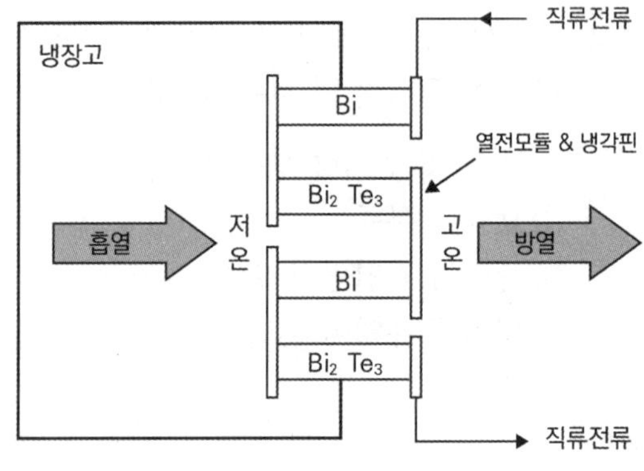

[전자냉동법(열전냉동법)]

27 펠티에(Feltier)효과를 이용하는 냉동방법에 대한 설명으로 틀린 것은?

① 펠티에효과를 냉동에 이용한 것이 전자냉동 또는 열전기식 냉동법이다.

② 펠티에효과를 냉동법으로 실용화에 어려운 점이 많았으나 반도체 기술이 발달하면서 실용화되었다.

③ 펠티에효과가 적용된 냉동방법은 휴대용 냉장고, 가정용 특수냉장고, 물냉각기, 핵 잠수함 내의 냉난방장치 등에 사용된다.

④ 증기 압축식 냉동장치와 마찬가지로 압축기, 응축기, 증발기 등을 이용한 것이다.

해설

[펠티에효과]

펠티에효과를 이용한 열전냉동기는 직류전원을 이용하는 것으로 <u>압축기, 응축기, 증발기가 없다.</u>

28 압축기의 기통수가 6기통이며, 피스톤 직경이 140 mm, 행정이 110 mm, 회전수가 800 rpm인 NH_3 표준 냉동사이클의 냉동능력(kW)은? (단, 압축기의 체적효율은 0.75, 냉동효과는 1126.3 kJ/kg, 비체적은 0.5 m³/kg이다)

① 122.7　　② 148.3
③ 193.4　　④ 228.9

해설

[냉동능력]

1) 피스톤 토출량

$$V_{act} = \frac{\pi}{4}d^2 \cdot L \cdot n \cdot z \cdot \eta_v = \frac{\pi}{4} \times 0.14^2 \times 0.11 \times 800 \times 6 \times 0.75 \div 60 = 0.1016\ \mathrm{m^3/s}$$

2) 냉매순환량

$$G_{act} = \frac{V_{act}}{v} = \frac{0.1016}{0.5} = 0.2032\ \mathrm{kg/s}$$

3) 냉동능력

$$Q_e = G_{act} \cdot q_e = 0.2032 \times 1126.3 = 228.9\ \mathrm{kW}$$

보충 1 kW = 1 kJ/s

정답 27 ④ 28 ④

29 증기압축식 냉동장치에 관한 설명으로 옳은 것은?

① 증발식 응축기에서는 대기의 습구온도가 저하하면 고압압력은 통상의 운전압력보다 높게 된다.
② 압축기의 흡입압력이 낮게 되면 토출압력도 낮게 되어 냉동능력이 증대한다.
③ 언로더 부착 압축기를 사용하면 급격하게 부하가 증가하여도 액백현상을 막을 수 있다.
④ 액배관에 플래시가스가 발생하면 냉매순환량이 감소되어 증발기의 냉동능력이 저하된다.

해설

[증기압축식 냉동장치]

① 증발식 응축기에서는 대기의 습구온도가 저하하면 고압압력은 **운전압력보다 낮게 된다**(습구온도가 낮아지면 열교환이 잘되어 고압압력(응축압력)이 낮아진다).
② 압축기 흡입압력이 낮게 되면 압축비가 증가, 체적효율이 감소한다. 따라서 **냉동능력이 감소한다**(흡입가스 냉매 비체적이 증가하여 냉매순환량이 감소하기 때문).
③ 언로더 부착 압축기를 사용하더라도 급격한 부하 증가로 인한 액백현상을 막을 수 없다.
언로더(Unloader)는 용량제어장치로, 부하가 감소할 때 압축기 용량을 줄이는 기능이다. 액백현상 방지 기능과는 무관하다.

30 증기 압축식 냉동사이클에서 증발온도를 일정하게 유지시키고, 응축온도를 상승시킬 때 나타나는 현상이 아닌 것은?

① 소요동력 증가
② 성적계수 감소
③ 토출가스 온도 상승
④ 플래시가스 발생량 감소

해설

[응축온도를 상승시킬 때 나타나는 현상]

1) 소요동력 증가
2) 성적계수 감소
3) 토출가스 온도 상승
4) 플래시가스 발생량 증가

[응축온도 상승]

1. 성적계수 : 감소
2. 토출온도 : 상승
3. 압축일량 : 상승
4. 냉동효과 : 감소
5. 흡입비체적 : 무관

31 2단압축 1단팽창 냉동장치에서 게이지 압력계로 증발압력 0.19 MPa, 응축압력 1.17 MPa일 때, 중간냉각기의 절대압력(MPa)은?

① 2.166 ② 1.166
③ 0.608 ④ 0.409

해설

[2단압축 1단팽창 냉동장치]

2단압축 1단팽창 냉동장치의 중간냉각기의 절대압력은 시스템의 중간 압력이며,

정답 29 ④ 30 ④ 31 ③

$P_m = \sqrt{P_L \times P_H}$ 이다.

절대압력 = 대기압 + 계기압

대기압 = 0.101325 MPa

$\therefore P_m = \sqrt{(0.19+0.101)\times(1.17+0.101)}$

$= 0.608 \text{ MPa}$

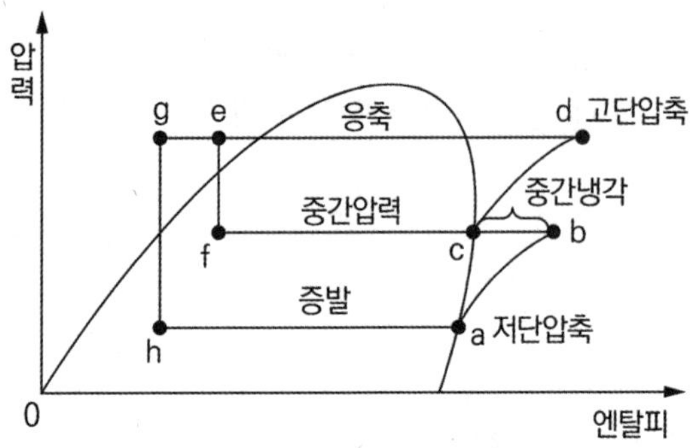

[2단압축 1단팽창 P-h선도]

32 냉동장치의 운전 중 장치 내에 공기가 침입하였을 때 나타나는 현상으로 옳은 것은?

① 토출가스 압력이 낮게 된다.
② 모터의 암페어가 적게 된다.
③ 냉각 능력에는 변화가 없다.
④ 토출가스 온도가 높게 된다.

해설

[냉동장치 내에 공기 침입 시 나타나는 현상]

냉동장치 내에 공기가 침입하면 모든 것이 나빠진다.

① 토출가스 압력이 높아진다.
② 소요동력이 커지므로 모터의 암페어(전류)가 많게 된다.
③ 냉각능력이 감소한다.
④ 토출가스 온도가 높게 된다.

33 2단압축 냉동기에서 냉매의 응축온도가 38 ℃일 때 수냉식 응축기의 냉각수 입·출구의 온도가 각각 30 ℃, 35 ℃이다. 이때 냉매와 냉각수와의 대수평균온도차(℃)는?

① 2　　② 5
③ 8　　④ 10

해설

[대수평균온도차(LMTD)]

$$LMTD = \frac{\Delta t_1 - \Delta t_2}{\ln \frac{\Delta t_1}{\Delta t_2}}$$

$$= \frac{8-3}{\ln \frac{8}{3}} = 5 \text{ ℃}$$

34 냉동장치에서 흡입가스의 압력을 저하시키는 원인으로 가장 거리가 먼 것은?

① 냉매 유량의 부족
② 흡입배관의 마찰손실
③ 냉각부하의 증가
④ 모세관의 막힘

해설

[흡입가스의 압력 저하 원인]

① 냉매 유량의 부족
⇨ 냉매량 부족 → 증발기 내 증발압력 저하 → 흡입가스 압력 저하
② 흡입배관의 마찰손실이 클 때
⇨ 배관 마찰손실 → 압력강하 발생 → 흡입압력 저하
③ 냉각부하의 감소(냉매가 증발하지 못하므로)
⇨ 냉각부하 증가 → 증발기 열부하 증가 → 증발압력 상승 → 흡입압력 상승

정답 32 ④ 33 ② 34 ③

④ 팽창밸브(모세관)가 막혔을 때

⇨ 모세관 막힘 → 냉매 공급량 감소 → 증발압력 저하 → 흡입압력 저하

35 다음 중 열통과율이 가장 작은 응축기 형식은? (단, 동일 조건 기준으로 한다)

① 7통로식 응축기
② 입형 셸 튜브식 응축기
③ 공냉식 응축기
④ 2중관식 응축기

해설

[열통과율]

7통로식 > 횡형 셸 튜브식

2중관식 > 입형 셸 튜브식 > 증발식 > 공냉식

※ 참고

① 7통로식 : 1200 $W/m^2 \cdot K$

② 입형 셸 튜브식 : 900 $W/m^2 \cdot K$

③ 공랭식 : 25 ~ 30 $W/m^2 \cdot K$

④ 2중관식 : 1000 $W/m^2 \cdot K$

※ 공기의 대류열전달계수가 물보다 매우 작아, 동일 조건 기준으로 공랭식 응축기의 열통과율이 가장 작다.

36 고온 35 ℃, 저온 −10 ℃에서 작동되는 역카르노사이클이 적용된 이론 냉동사이클의 성적계수는?

① 2.8　② 3.2

③ 4.2　④ 5.8

해설

[냉동사이클의 성적계수(COP)]

$$COP = \frac{T_L}{T_H - T_L}$$

$$= \frac{(-10+273)}{(35+273)-(-10+273)} = 5.8$$

※ 냉동기

에너지(전기 혹은 고온의 열)를 일의 형태로 받아 저열원으로부터 열을 빼앗는 것이 목적

$$COP = \frac{Q_2}{W} = \frac{Q_2}{Q_1 - Q_2} = \frac{T_2}{T_1 - T_2}$$

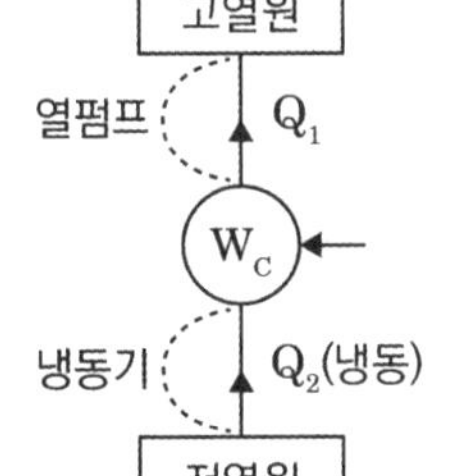

Q_1 : 저열원으로부터 흡수하는 열량

Q_2 : 고열원으로 방출하는 열량

W : 일량

T_1 : 고온

T_2 : 저온

37 제빙에 필요한 시간을 구하는 공식이 아래와 같다. 이 공식에서 a와 b가 의미하는 것은?

$$\tau = (0.53 \sim 0.6)\frac{a^2}{-b}$$

① a : 브라인온도, b : 결빙두께
② a : 결빙두께, b : 브라인유량
③ a : 결빙두께, b : 브라인온도
④ a : 브라인유량, b : 결빙두께

정답 35 ③ 36 ④ 37 ③

해설

[제빙에 필요한 시간을 구하는 공식]

$$\tau = (0.53 \sim 0.6)\frac{a^2}{-b}$$

여기서 0.53 ~ 0.6 : 결빙계수
a : 결빙두께
b : 브라인 온도

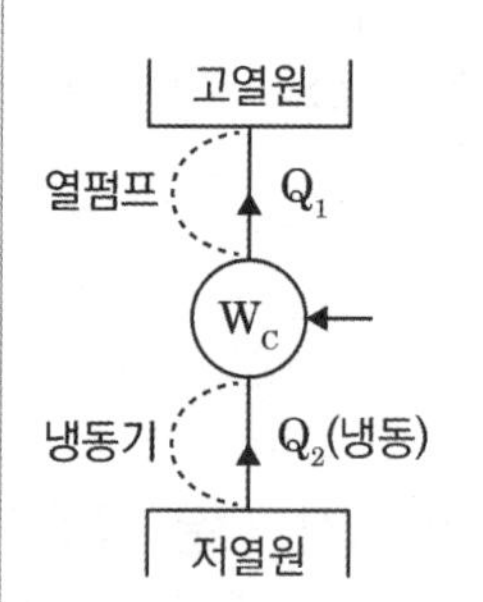

Q_1 : 저열원으로부터 흡수하는 열량
Q_2 : 고열원으로 방출하는 열량
W : 일량
T_1 : 고온
T_2 : 저온

38 브라인 냉각용 증발기가 설치된 소형 냉동기가 있다. 브라인 순환량이 20 kg/min이고, 브라인의 입·출구온도차는 15 K이다. 압축기의 실제 소요동력이 5.6 kW일 때, 이 냉동기의 실제 성적계수는? (단, 브라인의 비열은 3.3 kJ/kg·K이다)

① 1.82 ② 2.18
③ 2.94 ④ 3.31

해설

[냉동사이클의 성적계수(COP)]

$$COP = \frac{Q_2}{W} = \frac{G \cdot C \cdot \Delta t}{W}$$

$$= \frac{\frac{20}{60} \times 3.3 \times 15}{5.6} = 2.94$$

※ 냉동기
에너지(전기 혹은 고온의 열)를 일의 형태로 받아 저열원으로부터 열을 빼앗는 것이 목적

$$COP = \frac{Q_2}{W} = \frac{Q_2}{Q_1 - Q_2} = \frac{T_2}{T_1 - T_2}$$

39 그림에서 사이클 A(1－2－3－4－1)로 운전될 때 증발기의 냉동능력은 5 RT, 압축기의 체적효율은 0.78이었다. 그러나 운전 중 부하가 감소하여 압축기 흡입밸브 개도를 줄여서 운전하였더니 사이클 B(1′－2′－3－4－1－1′)로 되었다. 사이클 B로 운전될 때의 체적효율이 0.7이라면 이때의 냉동능력(RT)은 얼마인가? (단, 1 RT는 3.8 kW이다)

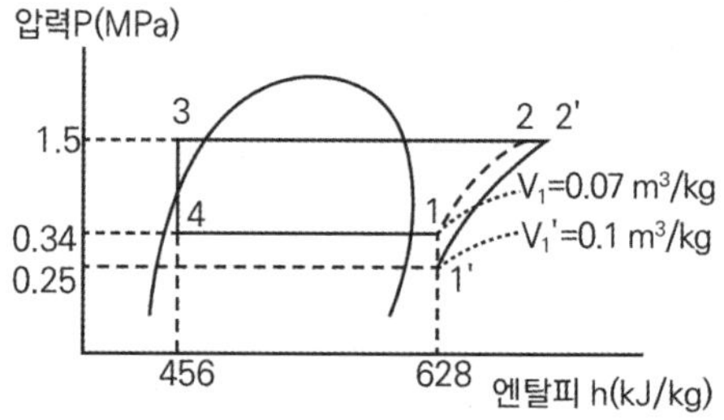

① 1.37 ② 2.63
③ 2.94 ④ 3.14

해설

[냉동능력]

1) 피스톤 토출량
같은 압축기(피스톤)이므로 피스톤 토출량은 같다.

정답 38 ③ 39 ④

$$Q_1 = G_1 \Delta h = \frac{V \cdot \eta_v}{v_1} \Delta h \text{에서}$$

$$V = \frac{Q_1 \cdot v_1}{\eta_v \cdot \Delta h}$$

$$= \frac{(5 \times 3.8) \times 0.07}{0.78 \times (628 - 456)} = 0.0099 \text{ m}^3/\text{s}$$

2) 사이클B로 운전될 때 냉동능력

$$Q_2 = G_2 \Delta h = \frac{V \cdot \eta_v}{v_1'} \Delta h$$

$$= \frac{0.0099 \times 0.7}{0.1} \times (628 - 456) \div 3.8$$

$$= 3.14 \text{ RT}$$

40 직경 10 cm, 길이 5 m의 관에 두께 5 cm의 보온재(열전도율 λ= 0.1163 W/m·K)로 보온을 하였다. 방열층의 내측과 외측의 온도가 각각 -50 ℃, 30 ℃이라면 침입하는 전열량(W)은?

① 133.4 ② 248.8

③ 362.6 ④ 421.7

해설

[원형관의 전열량]

$$q = \frac{\Delta t}{\frac{1}{\alpha_i A_i} + \frac{1}{\lambda 2\pi L} \ln \frac{r_2}{r_1} + \frac{1}{\alpha_o A_o}}$$

여기서, A_i(내표면적) $= 2\pi r_1 L$,

A_O(외표면적) $= 2\pi r_2 L$

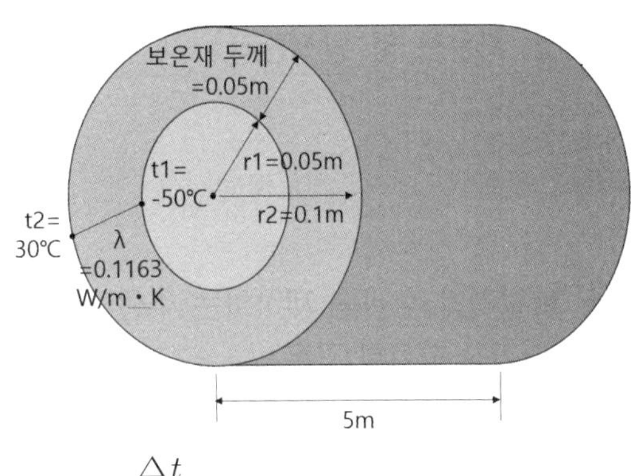

$$q = \frac{\Delta t}{\frac{1}{\lambda 2\pi L} \ln \frac{r_2}{r_1}}$$

$$= \frac{30 - (-50)}{\frac{1}{0.1163 \times 2\pi \times 5} \ln \frac{0.1}{0.05}} = 421.69[W]$$

보충 절대온도차와 섭씨온도차는 같다.

※ 원통의 총괄 열전달

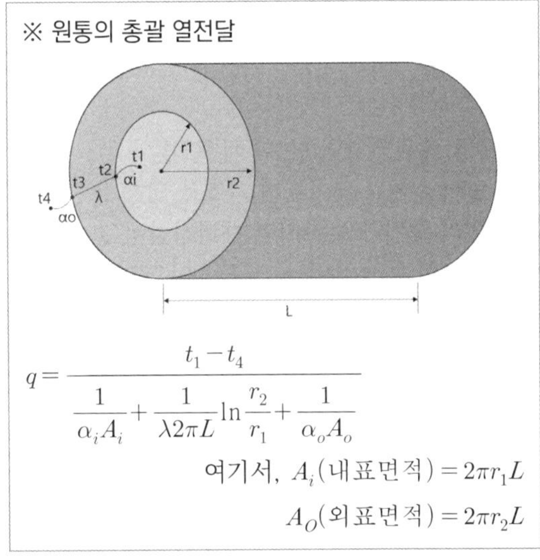

$$q = \frac{t_1 - t_4}{\frac{1}{\alpha_i A_i} + \frac{1}{\lambda 2\pi L} \ln \frac{r_2}{r_1} + \frac{1}{\alpha_o A_o}}$$

여기서, A_i(내표면적) $= 2\pi r_1 L$

A_O(외표면적) $= 2\pi r_2 L$

정답 40 ④

3과목 시운전 및 안전관리

	시간 :	점수 :
1회독	시간 :	점수 :
2회독	시간 :	점수 :
3회독	시간 :	점수 :

41 보일러의 수위를 제어하는 주된 목적으로 가장 적절한 것은?

① 보일러의 급수장치가 동결되지 않도록 하기 위하여
② 보일러의 연료공급이 잘 이루어지도록 하기 위하여
③ 보일러가 과열로 인해 손상되지 않도록 하기 위하여
④ 보일러에서의 출력을 부하에 따라 조절하기 위하여

해설

[보일러의 수위를 제어하는 주된 목적]
1) 보일러 수위가 낮아지면 과열로 인해 손상된다.
2) 보일러 수위가 높아지면 예열시간이 길어져 연료소모량 증가, 보일러 열효율이 저하된다.

42 열매에 따른 방열기의 표준방열량(W/m^2) 기준으로 가장 적절한 것은?

① 온수 : 405.2, 증기 : 822.3
② 온수 : 523.3, 증기 : 822.3
③ 온수 : 405.2, 증기 : 755.8
④ 온수 : 523.3, 증기 : 755.8

해설

[방열기의 표준방열량]

열매	표준 방열량 [W/m^2]	표준상태 조건	
		열매온도℃	실내온도℃
온수	523	60	18.5
증기	756	102	18.5

43 에어와셔 내에 온수를 분무할 때 공기는 습공기선도에서 어떠한 변화과정이 일어나는가?

① 가습·냉각　　② 과냉각
③ 건조·냉각　　④ 감습·과열

해설

[에어와셔 내 온수 분무 시 변화과정]
1) 절대습도가 상승하므로 가습
2) 온수가 증기로 변하는 과정에서 공기는 열을 빼앗기므로 냉각

※ 습공기선도

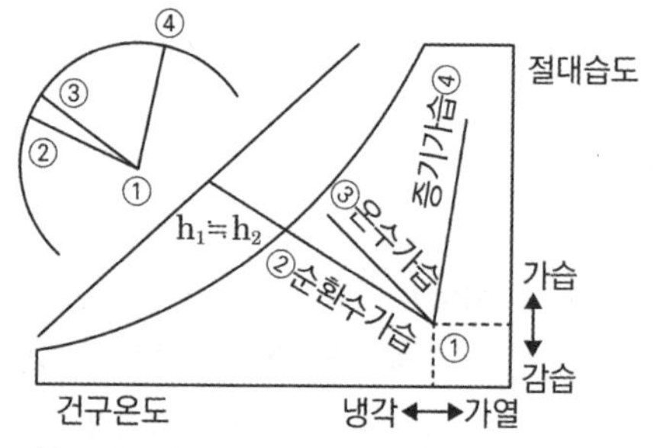

1) 순환수 분무(① → ②) : 가습(단열가습)·냉각
2) 온수 분무(① → ③) : 가습·냉각
3) 증기 분무(① → ④) : 가습·가열

정답 ● 41 ③ 42 ④ 43 ①

44 보일러의 발생증기를 한 곳으로만 취출하면 그 부근에 압력이 저하하여 수면동요현상과 동시에 비수가 발생된다. 이를 방지하기 위한 장치는?

① 급수내관 ② 비수방지관
③ 기수분리기 ④ 인젝터

해설

[비수방지관]

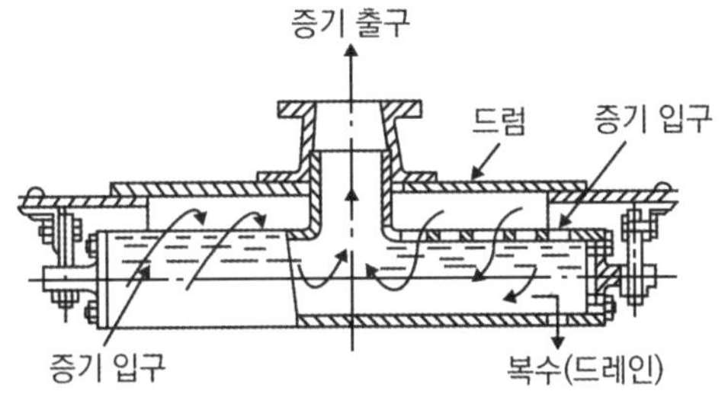

1) 비수(飛水, Priming)현상 개념
보일러에서 발생한 증기를 한곳으로만 취출하면, 그 부분의 압력이 급격히 저하된다. 이로 인해 수면이 요동하며, 물방울이 증기와 함께 배출되는 현상이 발생한다. 이러한 현상을 비수라고 한다.

2) 비수 발생 원인
(1) 급격한 증기 취출로 인한 수면 요동
(2) 보일러 수위 조절 불량
(3) 보일러 수질 불량
(4) 부적절한 증기 배관 설계

3) 비수방지관의 역할
비수방지관(Anti - Priming Pipe)은 보일러 내부에서 증기만 깨끗하게 분리하여 배출할 수 있게 하는 장치이다. 수면 위 여러 방향에 구멍을 뚫은 파이프 형태로 설치해, 여러 지점에서 균등하게 증기를 흡입한다. 이를 통해 한 지점에서만 증기를 빨아들이는 것을 방지하여 수면동요와 비수 발생을 최소화한다.

항목	비수방지관	기수분리기
설치 위치	보일러 내부, 드럼이나 수면 근처	보일러 외부 배관에 설치
역할	수면 동요와 비수(沸水)를 방지 → 보일러 내 압력균형 유지	증기 속 물방울(기수)제거 → 건증기공급 목적
주 용도	한 방향으로만 증기 취출 시 국부 압력 저하 방지	터빈, 히터 등에 물이 들어가지 않도록 보호

45 복사난방방식의 특징에 대한 설명으로 틀린 것은?

① 실내에 방열기를 설치하지 않으므로 바닥이나 벽면을 유용하게 이용할 수 있다.
② 복사열에 의한 난방으로써 쾌감도가 크다.
③ 외기온도가 갑자기 변하여도 열용량이 크므로 방열량의 조정이 용이하다.
④ 실내의 온도 분포가 균일하며, 열이 방의 위쪽으로 빠지지 않으므로 경제적이다.

해설

[복사난방]

복사난방은 바닥(콘크리트, 시멘트)의 축열량(열용량)이 크기 때문에, 온도변화에 반응이 느리다. 외기 온도가 급변해도 즉각적인 온도 조절이 어렵다. 온도를 올리거나 내리는 데 시간이 오래 걸리며, 방열량 조정이 용이하지 않다.

정답 44 ② 45 ③

46 다음 중 난방부하를 경감시키는 요인으로만 짝지어진 것은?

① 지붕을 통한 전도 열량, 태양열의 일사부하
② 조명부하, 틈새바람에 의한 부하
③ 실내기구부하, 재실인원의 발생열량
④ 기기(덕트 등) 부하, 외기부하

해설

[난방부하를 경감시키는 요인]
태양열의 일사부하, 조명부하, 실내기구부하, 재실인원의 발생열량, 송풍기부하

※ 난방부하의 구분

구분	부하 발생 원인	현열	잠열
실내 부하	외벽체, 지붕, 유리창에서의 열손실(방위계수 고려)	○	-
	실내벽체, 실내창문, 실내천장, 실내바닥에서의 열손실(방위계수 적용하지 않음)	○	-
	극간풍에 의한 열손실	○	○
장치(기기) 부하	덕트로부터의 손실 열량	○	-
외기 부하	외기도입에 의한 손실 열량	○	○

47 온수난방의 특징에 대한 설명으로 틀린 것은?

① 증기난방에 비하여 연료소비량이 적다.
② 예열시간은 길지만 잘 식지 않으므로 증기난방에 비하여 배관의 동결 피해가 적다.
③ 보일러 취급이 증기보일러에 비해 안전하고 간단하므로 소규모 주택에 적합하다.
④ 열용량이 크기 때문에 짧은 시간에 예열할 수 있다.

해설

[온수난방]
온수난방은 장치 내 보유수량이 많아 열용량이 크기 때문에 예열시간이 길다.

48 콜드 드래프트현상의 발생 원인으로 가장 거리가 먼 것은?

① 인체 주위의 공기온도가 너무 낮을 때
② 기류의 속도가 낮고 습도가 높을 때
③ 주위 벽면의 온도가 낮을 때
④ 겨울에 창문의 극간풍이 많을 때

해설

[콜드 드래프트의 발생 원인]
1) 인체 주위의 공기온도가 너무 낮을 때
2) 인체 주위의 기류속도가 너무 빠를 때
3) 인체 주위의 공기습도가 너무 낮을 때
4) 주위 벽면의 온도가 낮을 때
5) 겨울철 창문의 극간풍이 많을 때

정답 46 ③ 47 ④ 48 ②

49 다음과 같이 단열된 덕트 내에 공기가 통하고 이것에 열량 Q(kJ/h)와 수분 L(kg/h)을 가하여 열평형이 이루어 졌을 때, 공기에 가해진 열량(Q)은 어떻게 나타내는가? (단, 공기의 유량은 G(kg/h), 가열코일 입·출구의 엔탈피, 절대습도를 각각 h_1, h_2(kJ/kg), x_1, x_2(kg/kg)이며, 수분의 엔탈피는 h_L(kJ/kg)이다)

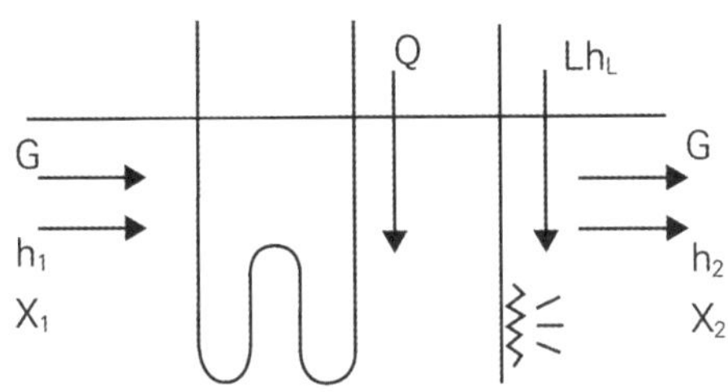

① $G(h_2 - h_1) + Lh_L$
② $G(x_2 - x_1) + Lh_L$
③ $G(h_2 - h_1) - Lh_L$
④ $G(x_2 - x_1) - Lh_L$

해설

[열평형]
이 문제에서 구하는 열량의 의미는 가열코일에 의해 공기에 가해진 열량 Q를 의미하므로 전체 가열량에서 수분에 의한 가열량을 빼면 된다.
$Q = G(h_2 - h_1) - Lh_L$
공기에 가해진 전체열량은 $G(h_2 - h_1)$이다.

50 대기압(760 mmHg)에서 온도 28 ℃, 상대습도 50 %인 습공기 내의 건공기 분압(mmHg)은 얼마인가? (단, 수증기 포화압력은 31.84 mmHg이다)

① 16　② 32
③ 372　④ 744

해설

[상대습도]
상대습도 $\phi = \dfrac{P_w}{P_{ws}}$에서
$P_w = \phi \cdot P_{ws} = 0.5 \times 31.84 = 15.92\ \text{mmHg}$
대기압 $P = P_a + P_w$에서
$P_a = P - P_w = 760 - 15.92 = 744.08\ \text{mmHg}$
여기서, P_w : 수증기 분압
P_{ws} : 수증기 포화압력

51 단일덕트 재열방식의 특징에 관한 설명으로 옳은 것은?

① 부하 패턴이 다른 다수의 실 또는 존의 공조에 적합하다.
② 식당과 같이 잠열부하가 많은 곳의 공조에는 부적합하다.
③ 전수방식으로서 부하변동이 큰 실이나 존에서 에너지 절약형으로 사용된다.
④ 시스템의 유지·보수 면에서는 일반 단일덕트에 비해 우수하다.

해설

[단일덕트 재열방식]
① 부하패턴이 다른 다수의 실 또는 존의 공조에 적합하다.

정답 49 ③　50 ④　51 ①

② 식당과 같이 잠열부하가 많은 곳의 공조에 적합하다.
③ 전공기방식이며 부하변동이 큰 실이나 존에서 사용된다.
④ 시스템의 유지·보수는 일반단일덕트에 비해 나쁘다.

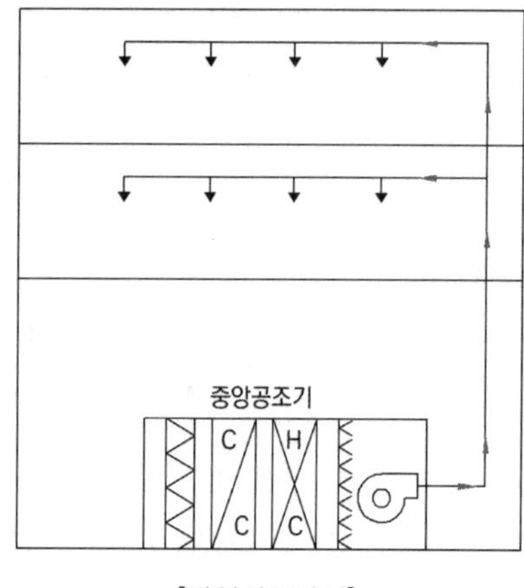

[단일덕트방식]

52 온풍난방에서 중력식 순환방식과 비교한 강제 순환방식의 특징에 관한 설명으로 틀린 것은?

① 기기 설치장소가 비교적 자유롭다.
② 급기덕트가 작아서 은폐가 용이하다.
③ 공급되는 공기는 필터 등에 의하여 깨끗하게 처리될 수 있다.
④ 공기순환이 어렵고 쾌적성 확보가 곤란하다.

해설

[강제 순환방식]
④ 강제 순환방식은 중력식 순환방식(자연순환방식)보다 공기순환이 잘 되므로 쾌적성 확보에 유리하다.

53 건구온도 30 ℃, 절대습도 0.01 kg/kg인 외부공기 30 %와 건구온도 20 ℃, 절대습도 0.02 kg/kg인 실내공기 70 %를 혼합하였을 때 최종 건구온도(T)와 절대습도(x)는 얼마인가?

① T = 23 ℃, x = 0.017 kg/kg
② T = 27 ℃, x = 0.017 kg/kg
③ T = 23 ℃, x = 0.013 kg/kg
④ T = 27 ℃, x = 0.013 kg/kg

해설

[최종 건구온도(T)와 절대습도(x)]
1) 열평형식

$$G_1C_1t_1 + G_2C_2t_2 = G_3C_3t_3$$

$C_1 = C_2 = C_3$이므로

$$t_3 = \frac{G_1t_1 + G_2t_2}{G_3} = \frac{0.3\times30+0.7\times20}{1.0} = 23\ ℃$$

2) 물질평형식

$$G_1x_1 + G_2x_2 = G_3x_3$$

$$x_3 = \frac{G_1x_1 + G_2x_2}{G_3} = \frac{0.3\times0.01+0.7\times0.02}{1.0} = 0.017\ \text{kg/kg}'$$

정답 52 ④ 53 ①

54 가변풍량방식에 대한 설명으로 틀린 것은?

① 부분부하 대응으로 송풍기 동력이 커진다.
② 시운전 시 토출구의 풍량조정이 간단하다.
③ 부하변동에 대해 제어응답이 빠르므로 거주성이 향상된다.
④ 동시 부하율을 고려하여 설비용량을 적게 할 수 있다.

해설

[가변풍량방식]
① 가변풍량방식은 부분 부하 시 송풍량을 줄일 수 있어 부분부하 대응으로 송풍기 동력이 작아진다.

55 다음 그림과 같이 송풍기의 흡입 측에만 덕트가 연결되어 있을 경우 동압(mmAq)은 얼마인가?

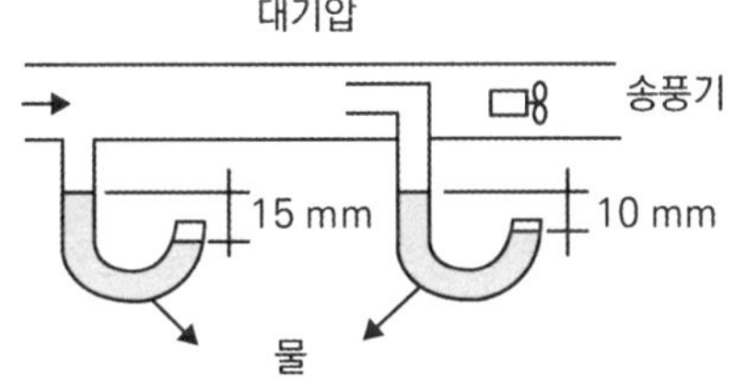

① 5 ② 10
③ 15 ④ 25

해설

[전압, 정압, 동압]

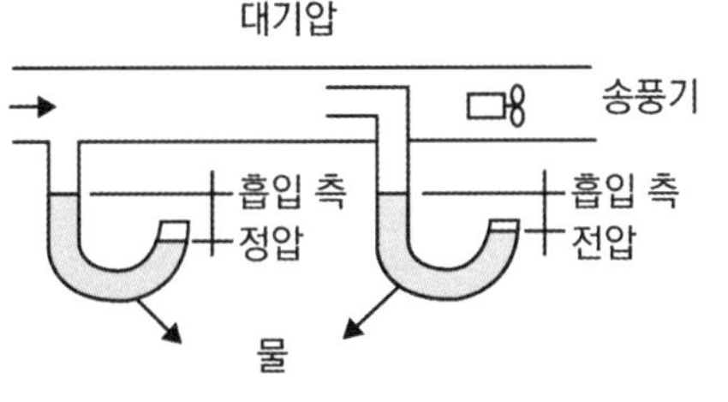

송풍기의 흡입 측에만 덕트가 연결되어 있으므로 송풍기의 토출 측은 대기에 개방된 상태이다.
이 경우

1) 흡입 측 정압 P_S
왼쪽에 있는 압력계는 덕트 벽면에 수직으로 구멍을 뚫어 연결되어 있다. 이는 공기의 흐름 방향과 수직으로 작용하는 압력, 즉 정압을 측정한다. 송풍기 흡입 측이므로 대기압보다 낮은 부압(-)이 걸린다.
∴ 흡입 측 정압(P_S) = -15 mmAq

2) 흡입 측 전압(P_T)
오른쪽에 있는 압력계는 관의 끝이 공기의 흐름을 정면으로 향하고 있다. 이는 공기의 흐름을 정체시켰을 때의 압력으로, 정압과 동압의 합인 전압을 측정한다. 흡입 측이므로 역시 부압(-)이 걸린다.
∴ 흡입 측 전압(P_T) = -10 mmAq

3) 동압 계산
∴ 동압 = 흡입 측 전압 - 흡입 측 정압
= (-10) - (-15) = 5 mmAq

56 건구온도 10 ℃, 절대습도 0.003 kg/kg인 공기 50 m³을 20 ℃까지 가열하는 데 필요한 열량(kJ)은? (단, 공기의 정압비열은 1.01 kJ/kg · K, 공기의 밀도는 1.2 kg/m³이다)

① 425 ② 606
③ 713 ④ 884

해설

[필요열량]

$$q = G \cdot C_p \cdot \Delta t$$
$$= \rho Q \cdot C_p \cdot \Delta t$$
$$= 1.2 \times 50 \times 1.01 \times (20 - 10) = 606\ \text{kJ}$$

정답 54 ① 55 ① 56 ②

57 내부에 송풍기와 냉·온수코일이 내장되어 있으며, 각 실내에 설치되어 기계실로부터 냉·온수를 공급받아 실내공기의 상태를 직접 조절하는 공조기는?

① 패키지형 공조기 ② 인덕션유닛
③ 팬코일유닛 ④ 에어핸드링유닛

해설

[팬코일유닛]
냉·온수코일 및 송풍기가 내장되어 있고 실내공기를 직접 조절하는 것은 팬코일유닛이다.

58 취출구 관련 용어에 대한 설명으로 틀린 것은?

① 장방형 취출구의 긴 변과 짧은 변의 비를 아스펙트비라 한다.
② 취출구에서 취출된 공기를 1차 공기라 하고, 취출공기에 의해 유인되는 실내공기를 2차 공기라 한다.
③ 취출구에서 취출된 공기가 진행해서 취출기류의 중심선상의 풍속이 1.5 m/s로 되는 위치까지의 수평거리를 도달거리라 한다.
④ 수평으로 취출된 공기가 어떤 거리를 진행했을 때 기류의 중심선과 취출구의 중심과의 거리를 강하도라 한다.

해설

[취출구]
③ 취출구에서 취출된 공기가 진행해서 취출기류의 중심선상의 풍속이 0.25 m/s로 되는 위치까지의 수평거리를 도달거리라 한다.

TIP 일반적으로 도달거리는 최대도달거리를 의미함

59 극간풍의 방지방법으로 가장 적절하지 않은 것은?

① 회전문 설치
② 자동문 설치
③ 에어 커튼 설치
④ 충분한 간격의 이중문 설치

해설

[극간풍의 방지방법]
1) 회전문 설치
2) 에어 커튼 설치
3) 충분한 간격의 이중문 설치(중간에는 강제대류 방식을 채택)

보충 자동문 설치는 극간풍 방지방법이 아니다.

60 취출온도를 일정하게 하여 부하에 따라 송풍량을 변화시켜 실온을 제어하는 방식은?

① 가변풍량방식 ② 재열코일방식
③ 정풍량방식 ④ 유인유닛방식

해설

[가변풍량방식(변풍량방식)]
부하가 변동되면 취출온도는 일정하게 유지하면서 송풍량을 변화시켜 실온을 제어하는 방식으로 송풍기의 풍량제어가 가능하므로 부분 부하 시 반송동력비를 절감할 수 있다.

정답 57 ③ 58 ③ 59 ② 60 ①

4과목 전기제어공학

1회독 시간 : 점수 :
2회독 시간 : 점수 :
3회독 시간 : 점수 :

61 100 V용 전구 30 W와 60 W 두 개를 직렬로 연결하고 직류 100 V 전원에 접속하였을 때 두 전구의 상태로 옳은 것은?

① 30 W 전구가 더 밝다.
② 60 W 전구가 더 밝다.
③ 두 전구의 밝기가 모두 같다.
④ 두 전구가 모두 켜지지 않는다.

해설

[두 전구의 상태]

$P = VI = \frac{V^2}{R} \rightarrow R = \frac{V^2}{P}$

1) 30 W 전구의 저항 $R_1 = \frac{100^2}{30} = 333.3\ \Omega$

2) 60 W 전구의 저항 $R_2 = \frac{100^2}{60} = 166.7\ \Omega$

3) 합성저항
$R = R_1 + R_2 = 500\ \Omega$

4) 전류
$I = \frac{V}{R} = \frac{100}{500} = 0.2\ A$
(여기서 직렬연결이므로 전류가 일정하다)

5) 소비전력 비교
$P_1 = I^2 R_1 = 0.2^2 \times 333.3 = 13.3\ \mathrm{W}$
$P_2 = I^2 R_2 = 0.2^2 \times 166.7 = 6.7\ \mathrm{W}$
30W 전구가 더 많은 전력을 소모하고 있으므로 더 밝다($P_1 > P_2$).

보충 직렬연결 시, 두 전구에 같은 전류가 흐르므로 저항이 클수록 더 밝다.
($P = I^2R$이므로 $P \propto R$)
병렬연결 시, 두 전구에 같은 전압이 걸리므로 저항이 작을수록 더 밝다.
($P = \frac{V^2}{R}$이므로 $P \propto \frac{1}{R}$)

62 워드 레오나드 속도제어방식이 속하는 제어방법은?

① 저항제어 ② 계자제어
③ 전압제어 ④ 직병렬제어

해설

[워드레오나드 속도제어법]

워드레오나드 속도제어법은 직류전동기의 속도제어법이며 발전기의 전압을 가감시켜 전동기의 속도를 제어하는 전압제어법이다.
워드레오나드 방식은 전동기에 인가하는 전압을 조절해서 속도를 제어하므로, 전압제어방식이다.

보충 전압제어 : ① 워드레오나드제어, ② 일그너제어, ③ 정토크제어 ④ 광범위 속도제어

63 전동기의 회전방향을 알기 위한 법칙은?

① 렌츠의 법칙
② 암페어의 법칙
③ 플레밍의 왼손법칙
④ 플레밍의 오른손법칙

해설

[플레밍의 왼손법칙]

전동기의 회전방향을 알기 위한 법칙은 플레밍의 왼손법칙이다.

※ 참고
1) 렌츠의 법칙 - 유도기전력의 방향
2) 앙페르의 법칙 - 전류에 의해 생기는 자계의 방향
3) 플레밍의 왼손법칙 - 전동기의 회전방향
4) 플레밍의 오른손법칙 - 발전기의 회전방향

정답 61 ① 62 ③ 63 ③

64 지상 역률 80 %, 1000 kW의 3상 부하가 있다. 이것에 콘덴서를 설치하여 역률을 95 %로 개선하려고 한다. 필요한 콘덴서의 용량(kVar)은 약 얼마인가?

① 421.3　　② 633.3
③ 844.3　　④ 1266.3

해설

[콘덴서의 용량]

1) 초기

피상전력 $P_{a1} = \dfrac{P}{\cos\theta} = \dfrac{1000}{0.8} = 1250\ kVA$

무효전력 $P_{r1} = \sqrt{1250^2 - 1000^2} = 750\ kVar$

2) 개선 후

피상전력 $P_{a1} = \dfrac{P}{\cos\theta} = \dfrac{1000}{0.95} = 1052.6\ kVA$

무효전력 $P_{r2} = \sqrt{1052.6^2 - 1000^2} = 328.6\ \mathrm{kVar}$

역률개선 콘덴서 용량은 무효전력 P_r 감소량과 같으므로

콘덴서용량 $= P_{r1} - P_{r2} = 750 - 328.6 = 421.4\ kVar$

보충 콘덴서 용량 단위 : [kVar], [kVA] 모두 사용

65 3상 유도전동기의 주파수가 60 Hz, 극수가 6극, 전부하 시 회전수가 1160 rpm이라면 슬립은 약 얼마인가?

① 0.03　　② 0.24
③ 0.45　　④ 0.57

해설

[슬립]

1) 동기속도

$N_s = \dfrac{120f}{p} = \dfrac{120 \times 60}{6} = 1200\ rpm$

2) 슬립

[풀이 1]

$S = \dfrac{N_s - N}{N_s} = \dfrac{1200 - 1160}{1200} = 0.03$

[풀이 2]

$N = (1 - S) \times N_s$

$1160 = (1 - S) \times 1200$

$\therefore S = 0.03$

66 저항에 전류가 흐르면 줄열이 발생하는데 저항에 흐르는 전류 I와 전력 P의 관계는?

① $I \propto P$　　② $I \propto P^{0.5}$
③ $I \propto P^{1.5}$　　④ $I \propto P^2$

해설

[줄열(= 전기저항열)]

저항체에 전류를 통할 때 발생하는 열량

(줄열 $H = I^2Rt = Pt$)

$P = I^2R$이므로

$I \propto P^{0.5}$

67 입력신호 중 어느 하나가 “1”일 때 출력이 “0”이 되는 회로는?

① AND회로　　② OR회로
③ NOT회로　　④ NOR회로

정답 64 ① 65 ① 66 ② 67 ④

해설

[NOR회로]

A, B 모두 0일 때만 출력이 1이 되는 회로이며, 2개 전부 또는 어느 1개만 1일 때도 출력이 0이 되는 회로

68 입력신호 x(t)와 출력신호 y(t)의 관계가 $y(t) = K\dfrac{dx(t)}{dt}$로 표현되는 것은 어떤 요소인가?

① 비례요소 ② 미분요소
③ 적분요소 ④ 지연요소

해설

[입력신호와 출력신호의 관계]

① 비례요소 : $y(t) = K \cdot x(t)$

② 미분요소 : $y(t) = K\dfrac{dx(t)}{dt}$

③ 적분요소 : $y(t) = K\int x(t)dt$

④ 지연요소 : $b_1\dfrac{dy(t)}{dt} + b_0 y(t) = a_0 x(t)$

69 다음 조건을 만족시키지 못하는 회로는?

> 어떤 회로에 흐르는 전류가 20 A이고, 위상이 60도이며, 앞선 전류가 흐를 수 있는 조건

① RL병렬 ② RC병렬
③ RLC병렬 ④ RLC직렬

해설

[앞선 전류가 흐를 수 있는 조건]

앞선 전류가 흐를 수 있는 조건은 커패시턴스(C)가 포함된 회로이다.

따라서 RC(직렬, 병렬)회로, RLC(직렬, 병렬)회로는 앞선 전류가 흐를 수 있다.

1) 앞선 전류가 흐르는 회로 : C회로
(커패시턴스가 포함된 회로)
2) 뒤진 전류가 흐르는 회로 : L회로
(인덕턴스가 포함된 회로)

보충 RL 병렬회로 : 전류가 전압보다 위상이 θ만큼 뒤진다.

70 다음 논리기호의 논리식은?

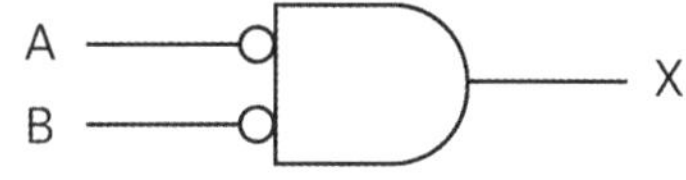

① $X = A + B$ ② $X = \overline{AB}$
③ $X = AB$ ④ $X = \overline{A + B}$

해설

[드모르간의 정리]

$X = \overline{A} \cdot \overline{B} = \overline{A + B}$

71 콘덴서의 전위차와 축적되는 에너지와의 관계식을 그림으로 나타내면 어떤 그림이 되는가?

① 직선 ② 타원
③ 쌍곡선 ④ 포물선

정답 68 ② 69 ① 70 ④ 71 ④

해설

[콘덴서에 축적되는 에너지]

$$W = \frac{1}{2}CV^2$$

이는 전압 V에 대한 이차 함수이다. 즉, V가 증가함에 따라 W가 포물선 모양으로 증가한다.

W : 정전에너지 [J]
C : 정전용량 [F]
V : 전압(전위차) [V]

72 열전대에 대한 설명이 아닌 것은?

① 열전대를 구성하는 소선은 열기전력이 커야 한다.
② 철, 콘스탄탄 등의 금속을 이용한다.
③ 제벡효과를 이용한다.
④ 열팽창계수에 따른 변형 또는 내부응력을 이용한다.

해설

[열전대]

온도를 전압으로 변환시켜 온도를 측정하는 검출기이며, 제백효과를 이용하므로 열전대를 구성하는 소선은 열기전력이 커야 한다.

- 철 - 콘스탄탄 : J형 열전대
- 구리(동) - 콘스탄탄 : T형 열전대

① 열전대는 온도차에 따라 발생하는 열기전력(전압)을 측정하기 때문에, 열기전력이 큰 금속 조합일수록 감도가 좋다,
② 열전대는 서로 다른 두 금속을 연결해서 만들며, 철 - 콘스탄탄, 크로멜 - 알루멜 등이 일반적인 조합이다.
③ 열전대의 작동 원리는 제벡효과이다.
(제벡효과 : 서로 다른 두 금속의 접점에 온도차를 주면 전압이 발생하는 현상)
④ 열팽창계수에 따른 변형이나 내부 응력을 이용하는 것은 열전대가 아니라 바이메탈 온도계의 원리다.

※ 열전대 정리
열전대(Thermocouple)는 열팽창이나 기계적 변형이 아닌, 두 금속 간의 온도차로 발생하는 열기전력(제벡효과)을 이용하여 온도를 측정하는 센서이다.

73 전류계와 전압계는 내부저항이 존재한다. 이 내부저항은 전압 또는 전류를 측정하고자 하는 부하의 저항에 비하여 어떤 특성을 가져야 하는가?

① 내부저항이 전류계는 가능한 커야 하며, 전압계는 가능한 작아야 한다.
② 내부저항이 전류계는 가능한 커야 하며, 전압계도 가능한 커야 한다.
③ 내부저항이 전류계는 가능한 작아야 하며, 전압계는 가능한 커야 한다.
④ 내부저항이 전류계는 가능한 작아야 하며, 전압계도 가능한 작아야 한다.

해설

[전류계 및 전압계]

전류를 측정할 때 전류계의 내부저항 때문에 측정하려는 전류가 바뀌므로 내부저항이 0인 것이 가장 이상적이다.

전압계의 내부저항은 전압계에 연결되는 회로의 저항보다 훨씬 커야 한다. 그렇지 않으면 전압계가 회로의 일부가 되어 측정하고자 하는 전압차가 바뀌기 때문에 오차의 원인이 된다. 따라서 전압계는 내부저항이 가능한 커야 한다.

정답 72 ④ 73 ③

※ 전류계(Ammeter)
1) 회로에 직렬로 연결되어 전류를 측정
2) 자체가 전류 흐름을 방해하면 안 됨
⇨ 내부저항이 작을수록 좋음

※ 전압계(Voltmeter)
1) 회로에 병렬로 연결되어 전압을 측정
2) 측정 회로에 전류를 거의 빼앗지 않아야 함
⇨ 내부저항이 클수록 좋음

74 피드백제어에서 제어요소에 대한 설명 중 옳은 것은?

① 조작부와 검출부로 구성되어 있다.
② 동작신호를 조작량으로 변화시키는 요소이다.
③ 제어를 받는 출력량으로 제어대상에 속하는 요소이다.
④ 제어량을 주궤환 신호로 변화시키는 요소이다.

해설

[제어요소]
① 조절부와 조작부로 구성됨
② 동작신호를 조작량으로 변환시킴
③ 제어대상에 대한 설명
④ 검출부에 대한 설명

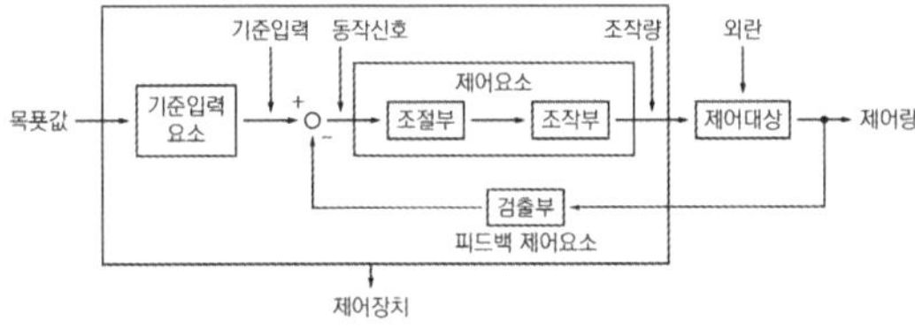

[폐루프제어계의 구성도]

75 제어량에 따른 분류 중 프로세스제어에 속하지 않는 것은?

① 압력 ② 유량
③ 온도 ④ 속도

해설

[프로세스제어]
프로세스제어는 용어의 의미대로 산업분야의 공정에서 환경을 최적화하는 목적의 제어로서 온도, 습도, 압력, 유량, 액면, 비중, 농도 등을 제어한다.

※ 제어량에 의한 분류

구분	내용	제어량
서보기구	기계적 변위를 제어량으로 하는 변화량제어	물체의 방위, 위치, 각도 등
프로세스 제어	플랜트나 생산공정 중의 상태량제어 (화학적 양을 제어)	온도, 압력, 유량, 농도 등
자동조정 제어	제어량이 전기적, 기계적 양을 제어	주파수, 전압, 전류, 힘, 회전속도 등

2021-02

정답 74 ② 75 ④

76 다음 블록선도를 등가 합성 전달함수로 나타낸 것은?

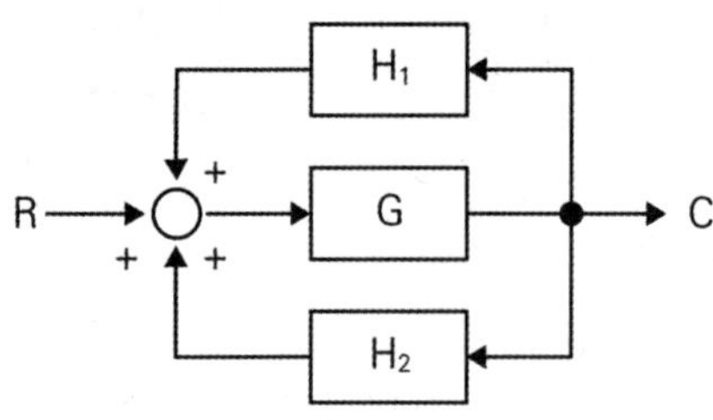

① $\dfrac{G}{1-H_1-H_2}$

② $\dfrac{G}{1-H_1G-H_2G}$

③ $\dfrac{G-1}{1-H_1G-H_2G}$

④ $\dfrac{H_1G+H_2G}{1-G}$

해설

[블록선도]

전달함수 $\dfrac{C}{R}=\dfrac{\text{전향경로 이득}}{1-\text{피드백 이득}}$

$=\dfrac{G}{1-(GH_1+GH_2)}$

$=\dfrac{G}{1-H_1G-H_2G}$

77 다음 논리회로의 출력은?

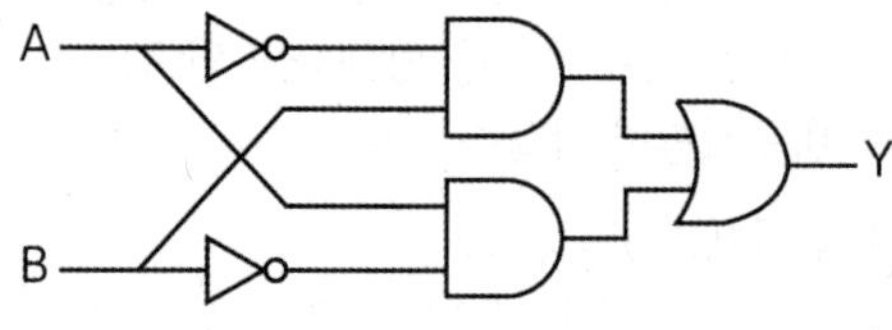

① $Y=A\overline{B}+\overline{A}B$

② $Y=\overline{A}B+\overline{A}\,\overline{B}$

③ $Y=\overline{A}\,\overline{B}+A\overline{B}$

④ $Y=\overline{A}+\overline{B}$

해설

[XOR 게이트]

$Y=\overline{A}\cdot B+A\cdot\overline{B}$

A와 B 두 개의 입력을 받아 입력 값이 서로 같으면 0 출력하고, 입력 값이 서로 다르면 1을 출력한다.

78 $R_1=100\,\Omega$, $R_2=1000\,\Omega$, $R_3=800\,\Omega$일 때 전류계의 지시가 0이 되었다. 이때 저항 R_4는 몇 Ω인가?

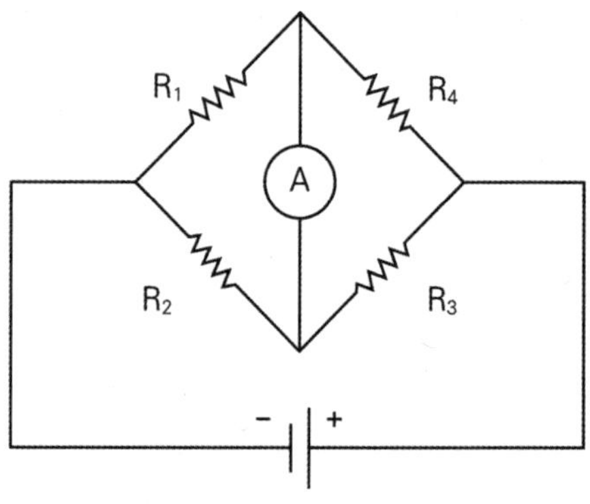

① 80 ② 160

③ 240 ④ 320

정답 76 ② 77 ① 78 ①

해설

[휘스톤 브리지]

전류계의 지시가 0이므로

$R_1R_3 = R_2R_4$에서

$$R_4 = \frac{R_1R_3}{R_2} = \frac{100 \times 800}{1000} = 80\ \Omega$$

79 $x_2 = ax_1 + cx_3 + bx_4$의 신호흐름선도는?

①
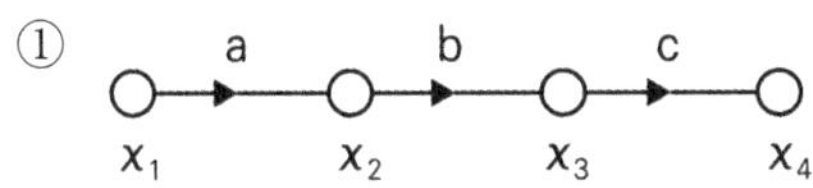

②
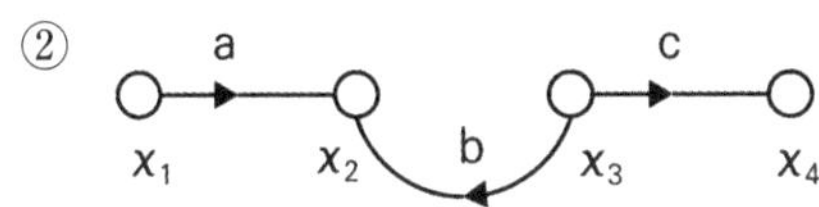

③
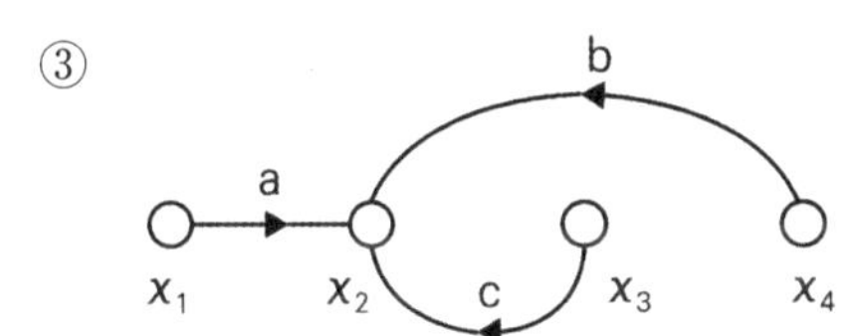

④
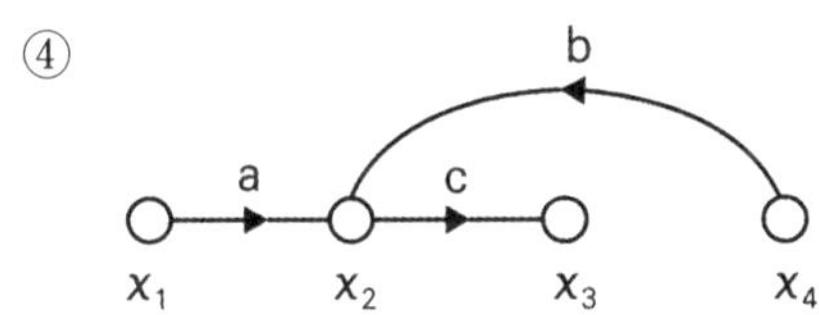

해설

[신호흐름선도]

① $x_2 = ax_1$

② $x_2 = ax_1 + bx_3$

③ $\underline{x_2 = ax_1 + cx_3 + bx_4}$

④ $x_2 = ax_1 + bx_4$

80 R, L, C가 서로 직렬로 연결되어 있는 회로에서 양단의 전압과 전류의 위상이 동상이 되는 조건은?

① $\omega = LC$　② $\omega = L^2C$

③ $\omega = \dfrac{1}{LC}$　④ $\omega = \dfrac{1}{\sqrt{LC}}$

해설

[직렬공진]

R L C 직렬회로의 전압과 전류가 동상이 되는 조건은 $X_L = X_C$이고

$X_L = \omega L,\ X_C = \dfrac{1}{\omega C}$이므로

$$\omega L = \frac{1}{\omega C}$$

$$\omega^2 = \frac{1}{LC}$$

$$\therefore \omega = \frac{1}{\sqrt{LC}}$$

정답 79 ③ 80 ④

5과목 배관일반

1회독 시간 : 점수 :
2회독 시간 : 점수 :
3회독 시간 : 점수 :

81 배수배관의 시공 시 유의사항으로 틀린 것은?

① 배수를 가능한 천천히 옥외 하수관으로 유출할 수 있을 것
② 옥외 하수관에서 하수 가스나 쥐 또는 각종 벌레 등이 건물 안으로 침입하는 것을 방지할 수 있는 방법으로 시공할 것
③ 배수관 및 통기관은 내구성이 풍부하여야 하며 가스나 물이 새지 않도록 기구 상호 간의 접합을 완벽하게 할 것
④ 한랭지에서는 배수관이 동결되지 않도록 피복을 할 것

해설

[배수배관의 시공 시 유의사항]

① 배수는 가능한 원활하고 신속하게 옥외 하수관으로 유출되도록 시공해야 한다. 배수가 천천히 이루어지면 배관 내에 침전물이 쌓이거나 배관이 막힐 위험이 있다.

보충 배수시스템에는 트랩과 배수 환기구(통기관)를 설치해 악취와 해충이 실내로 들어오는 것을 방지한다.

82 배관설비 공사에서 파이프 래크의 폭에 관한 설명으로 틀린 것은?

① 파이프 래크의 실제 폭은 신규라인을 대비하여 계산된 폭보다 20% 정도 크게 한다.
② 파이프 래크상의 배관밀도가 작아지는 부분에 대해서는 파이프 래크의 폭을 좁게 한다.
③ 고온배관에서는 열팽창에 의하여 과대한 구속을 받지 않도록 충분한 간격을 둔다.
④ 인접하는 파이프의 외측과 외측과의 최소 간격을 25 mm로 하여 래크의 폭을 결정한다.

해설

[파이프 래크의 폭]

④ 인접하는 파이프의 외측과 외측의 최소 간격을 75 mm(3 inch)로하여 래크의 폭을 결정한다.

※ 참고
인접하는 파이프와 플랜지의 외측과의 최소 간격을 25 mm(1 inch), 인접하는 플랜지의 외측과 외측의 최소 간격을 25 mm(1 inch)로 하여 파이프 래크의 폭을 결정한다.

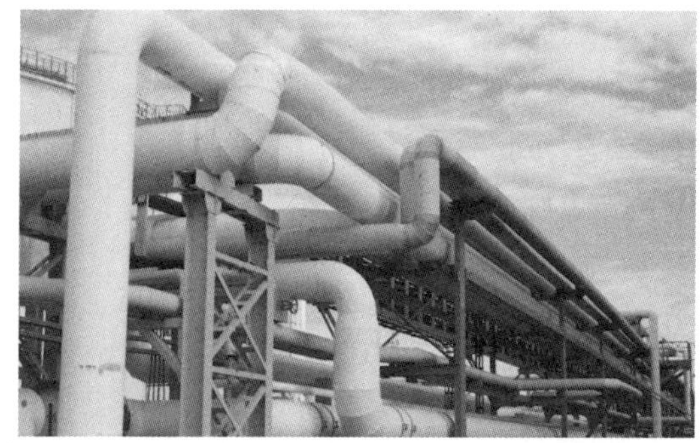

정답 81 ① 82 ④

83 공기조화설비 중 복사난방의 패널형식이 아닌 것은?

① 바닥패널 ② 천장패널
③ 벽패널 ④ 유닛패널

해설

[복사난방 패널형식]
바닥패널, 천장패널, 벽패널

84 동관작업용 사이징 툴(Sizing Tool)공구에 관한 설명으로 옳은 것은?

① 동관의 확관용 공구
② 동관의 끝부분을 원형으로 정형하는 공구
③ 동관의 끝을 나팔형으로 만드는 공구
④ 동관 절단 후 생긴 거스러미를 제거하는 공구

해설

[동관용 공구]
① 확관용 공구(익스팬더) : 동관의 끝을 넓히는 데 사용하는 공구이다.
② 사이징 툴 : 동관은 절단 시 끝부분이 찌그러지거나 변형될 수 있는데 이를 사이징 툴로 원형 상태로 복원한다. 주로 플레어 작업 전이나 피팅 연결 전에 사용한다.
③ 플레어링 툴 : 동관의 끝을 나팔형(플레어)으로 만드는 공구이다.
④ 리머 : 절단 후 생긴 거스러미를 제거하는 공구이다. 사이징 툴은 거스러미 제거 기능이 없다.

85 다음 중 신축이음쇠의 종류로 가장 거리가 먼 것은?

① 벨로즈형 ② 플랜지형
③ 루프형 ④ 슬리브형

해설

[신축이음 종류]
루프형, 슬리브형, 벨로즈형, 스위블이음, 볼조인트이음

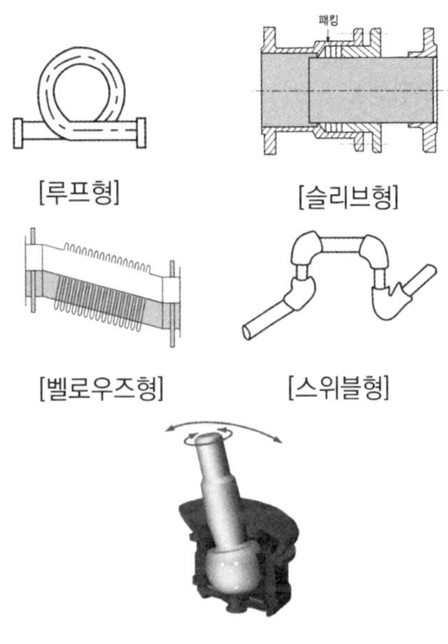

[루프형] [슬리브형]
[벨로우즈형] [스위블형]
[볼조인트형]

86 공조설비에서 증기코일의 동결방지대책으로 틀린 것은?

① 외기와 실내 환기가 혼합되지 않도록 차단한다.
② 외기댐퍼와 송풍기를 인터록 시킨다.
③ 야간의 운전정지 중에도 순환펌프를 운전한다.
④ 증기코일 내에 응축수가 고이지 않도록 한다.

정답 ● 83 ④ 84 ② 85 ② 86 ①

해설

[증기코일의 동결방지대책]

① 외기와 실내 공기를 차단하는 것은 동결방지 대책과 관계가 없다. 오히려 외기를 차단하면 신선한 공기 공급이 제한되며, 결로나 환기 문제를 초래할 수 있다. 동결방지를 위해서는 외기 차단이 아니라, 외기 예열과 증기코일의 적절한 운전 관리가 중요하다.

② 송풍기가 정지되면 외기댐퍼가 닫히도록 인터록 시킨다.

③ 야간의 운전정지 중에도 순환펌프를 운전한다(온수난방).

④ 증기코일 내에 응축수가 고이지 않게하여 응축수의 동결을 방지한다.

87 동일 구경의 관을 직선 연결할 때 사용하는 관이음재료가 아닌 것은?

① 소켓
② 플러그
③ 유니온
④ 플랜지

해설

[관을 직선 연결할 때 이음재료]

플랜지, 유니온, 소켓, 니플

보충 플러그, 캡 : 관의 끝을 막을 때 사용

[캡]

[플러그]

88 강관의 용접접합법으로 가장 적합하지 않은 것은?

① 맞대기용접 ② 슬리브용접
③ 플랜지용접 ④ 플라스턴용접

해설

[강관의 용접접합법]

맞대기용접, 슬리브용접, 플랜지용접 등

보충 플라스턴용접 : 연관접합방법으로 용융점이 낮은 플라스턴 합금에 의한 접합방법

89 하향 공급식 급탕배관법의 구배방법으로 옳은 것은?

① 급탕관은 끝올림, 복귀관은 끝내림 구배를 준다.
② 급탕관은 끝내림, 복귀관은 끝올림 구배를 준다.
③ 급탕관, 복귀관 모두 끝올림 구배를 준다.
④ 급탕관, 복귀관 모두 끝내림 구배를 준다.

해설

[급탕배관법의 구배]

- 하향 공급식 : 급탕관 및 복귀관(환탕관)모두 끝내림으로 한다.
- 상향 고급식 : 급탕관은 끝올림, 복귀관(환탕관)은 끝내림으로 한다.

정답 87 ② 88 ④ 89 ④

90 보온재의 열전도율이 작아지는 조건으로 틀린 것은?

① 재료의 두께가 두꺼울수록
② 재료 내 기공이 작고 기공률이 클수록
③ 재료의 밀도가 클수록
④ 재료의 온도가 낮을수록

해설

[보온재의 열전도율]
일반적으로 재료의 밀도가 크면 열전도율이 커진다.

91 캐비테이션(Cavitation)현상의 발생 조건이 아닌 것은?

① 흡입양정이 지나치게 클 경우
② 흡입관의 저항이 증대될 경우
③ 흡입 유체의 온도가 높은 경우
④ 흡입관의 압력이 양압인 경우

해설

[공동현상(Cavitation)]
④ 흡입관의 압력이 양압이라면 오히려 캐비테이션 발생 가능성이 줄어든다. 캐비테이션은 흡입구 압력이 낮아질 때 발생하므로, 양압 상태는 캐비테이션 방지에 유리하다.

92 간접가열식 급탕법에 관한 설명으로 틀린 것은?

① 대규모 급탕설비에 부적당하다.
② 순환증기는 높이에 관계없이 저압으로 사용 가능하다.
③ 저탕탱크와 가열용 코일이 설치되어 있다.
④ 난방용 증기보일러가 있는 곳에 설치하면 설비비를 절약하고 관리가 편하다.

해설

[간접가열식 급탕법]
간접가열식 급탕법은 가열용 코일이나 열교환기를 통해 급탕수를 데우는 방식이다. 증기나 온수를 직접 급탕수와 접촉시키지 않고, 열교환기를 통해 열을 전달하는 방법이다.
① 간접가열식 급탕법은 대규모 급탕설비에 적합하다. 저탕탱크와 가열코일을 통해 대량의 온수를 일정한 온도로 공급할 수 있다.
② 간접가열방식에서는 저압증기나 온수로도 충분히 열교환을 통해 급탕이 가능하다. 또한 높이에 관계없이 펌프를 사용해 열매체를 순환시킬 수 있어 저압증기 사용이 유리하다.
③ 간접가열식 급탕시스템의 핵심은 저탕탱크와 가열코일(열교환기)이다. 저탕탱크는 가열된 온수를 저장해 공급하고, 가열코일은 증기나 온수를 통해 급탕수를 가열한다.
④ 난방용 증기보일러가 있는 경우 같은 증기를 사용해 급탕을 공급할 수 있어 별도 보일러 없이 경제적이다.

2021-02

정답 90 ③ 91 ④ 92 ①

93 온수배관에서 배관의 길이팽창을 흡수하기 위해 설치하는 것은?

① 팽창관 ② 완충기
③ 신축이음쇠 ④ 흡수기

해설

[신축이음]
배관의 신축(늘어나고 줄어듬)을 흡수하기 위해 신축이음쇠를 설치한다.
루프형, 슬리브형, 벨로즈형, 스위블형, 볼조인트형이 있다.

94 고온수 난방방식에서 넓은 지역에 공급하기 위해 사용되는 2차 측 접속방식에 해당되지 않는 것은?

① 직결방식
② 블리드인방식
③ 열교환방식
④ 오리피스접합방식

해설

[고온수난방의 2차 측 접속방식]
1) 직결방식 : 1차 측 고온수를 2차 측에 직접 연결하는 방식

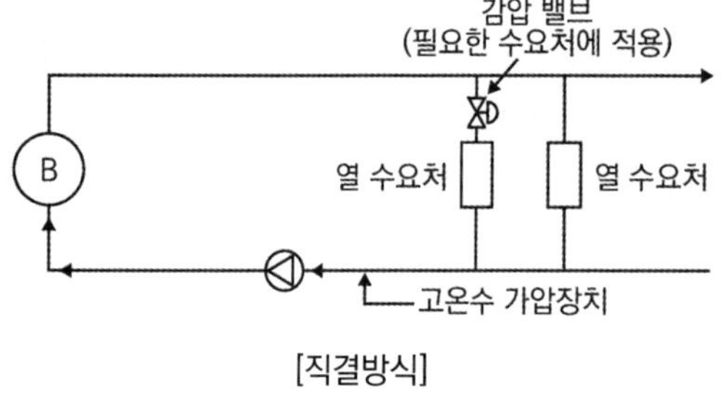

[직결방식]

2) 블리드인방식 : 1차 측과 2차 측이 직결되어 있지만 2차 방법으로 2차 측의 환수를 바이패스시켜 고온수와 혼합시키므로 2차 측의 온수온도를 낮추어 공급하는 방식

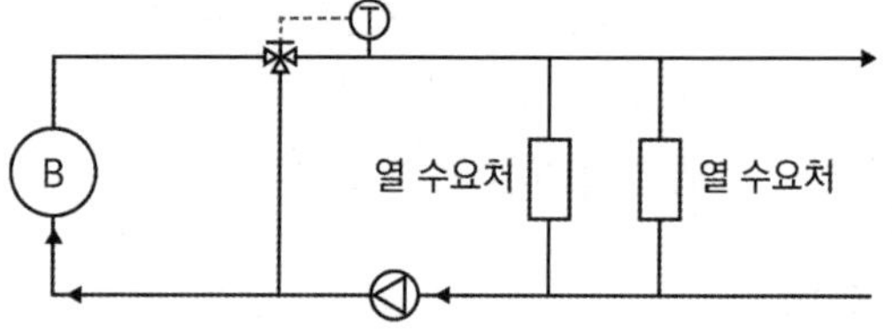

[Bleed in 방식]

3) 열교환기방식 : 열교환기를 이용하여 1차 측의 고온수로 2차 측의 온수 또는 증기를 발생시켜 이용하는 방식

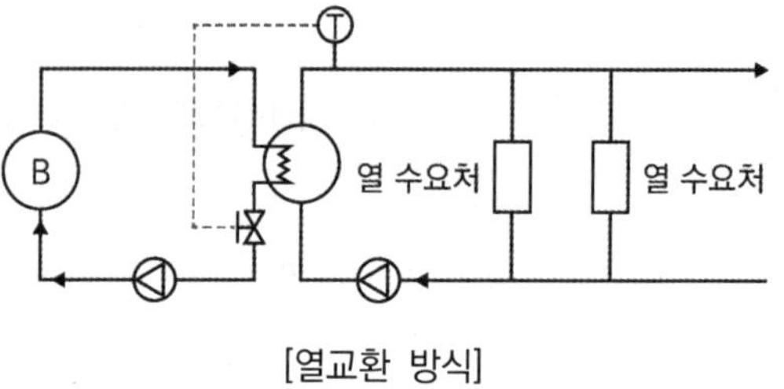

[열교환 방식]

95 다음 중 열을 잘 반사하고 확산하여 방열기 표면 등의 도장용으로 사용하기에 가장 적합한 도료는?

① 광명단 ② 산화철
③ 합성수지 ④ 알루미늄

해설

[방열기 표면 도장용 도료]
은분이라고도 하는 알루미늄 도료는 열을 잘 반사하고 400 ~ 500 ℃의 내열성을 갖고 있다. 방열기 표면 도장용으로 사용된다.

정답 93 ③ 94 ④ 95 ④

96 수배관 사용 시 부식을 방지하기 위한 방법으로 틀린 것은?

① 밀폐사이클의 경우 물을 가득 채우고 공기를 제거한다.
② 개방사이클로 하여 순환수가 공기와 충분히 접하도록 한다.
③ 캐비테이션을 일으키지 않도록 배관한다.
④ 배관에 방식도장을 한다.

해설

[수배관 사용 시 부식을 방지하기 위한 방법]
② 공기와 접하는 것은 산소와 접하는 것이 되므로 부식을 촉진시키므로 공기접촉을 차단시켜야 한다.

97 다음 중 암모니아 냉동장치에 사용되는 배관재료로 가장 적합하지 않은 것은?

① 이음매 없는 동관
② 배관용 탄소강관
③ 저온배관용 강관
④ 배관용 스테인리스강관

해설

[암모니아 냉동장치에 사용되는 배관재료]
암모니아 증기가 수분을 함유하면 동, 아연, 주석을 부식시키므로 동관을 사용할 수 없다.

98 증기난방 배관시공에서 환수관에 수직 상향부가 필요할 때 리프트피팅(Lift Fitting)을 써서 응축수가 위쪽으로 배출되게 하는 방식은?

① 단관 중력 환수식
② 복관 중력 환수식
③ 진공 환수식
④ 압력 환수식

해설

[진공 환수식]
진공 환수식에서 방열기보다 환수관 위치가 높을 때(수직 상향부가 필요할 때) 리프트피팅을 이용하여 응축수를 끌어 올린다.

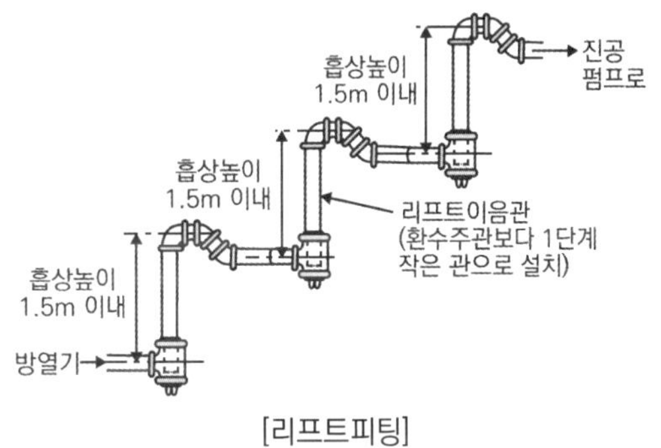

[리프트피팅]

99 다음 보온재 중 안전사용(최고)온도가 가장 높은 것은? (단, 동일조건 기준으로 한다)

① 글라스 울 보온판
② 우모펠트
③ 규산칼슘 보온판
④ 석면 보온판

2021-02

정답 96 ② 97 ① 98 ③ 99 ③

해설

[보온재의 안전사용(최고)온도]

보온재	안전사용(최고)온도
우모 펠트	100 ℃
글라스울	300 ℃
석면	550 ℃
규산칼슘	650 ℃

100 급수관의 유속을 제한(1.5 ~ 2 m/s 이하)하는 이유로 가장 거리가 먼 것은?

① 유속이 빠르면 흐름방향이 변하는 개소의 원심력에 의한 부압(-)이 생겨 캐비테이션이 발생하기 때문에
② 관 지름을 작게 할 수 있어 재료비 및 시공비가 절약되기 때문에
③ 유속이 빠른 경우 배관의 마찰손실 및 관 내면의 침식이 커지기 때문에
④ 워터해머 발생 시 충격압에 의해 소음, 진동이 발생하기 때문에

해설

[급수관의 유속 제한]
배관의 재료비 및 시공비 절약을 위해서 급수관 유속을 제한하는 것은 아니다.

정답 100 ②

2021 제3회

1과목 기계열역학

1회독 시간 : 점수 :
2회독 시간 : 점수 :
3회독 시간 : 점수 :

01 열전도계수 1.4 W/(m·K), 두께 6 mm 유리창의 내부 표면 온도는 27 ℃, 외부 표면 온도는 30 ℃이다. 외기 온도는 36 ℃이고 바깥에서 창문에 전달되는 총 복사열전달이 대류열전달의 50배라면, 외기에 의한 대류열전달계수[W/(m²·K)]는 약 얼마인가?

① 22.9 ② 11.7
③ 2.29 ④ 1.17

해설

[대류열전달과 복사열전달]

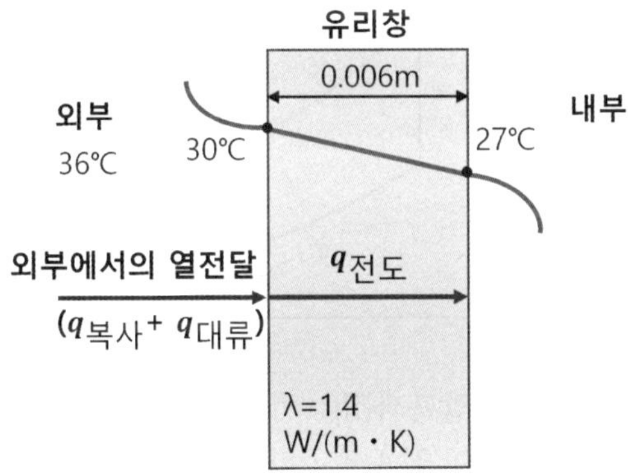

전도열량 = 외부 열전달량
외부에서의 열전달은 대류열량과 복사열량을 합한 것과 같다.

따라서
전도열량 = 대류열량 + 복사열량

$$\frac{\lambda}{l}A(30-27) = kA\Delta t + 50 \cdot kA\Delta t$$

$$\frac{\lambda}{l}A(30-27) = 51 \cdot kA\Delta t$$

$$\frac{\lambda}{l}(30-27) = 51 \cdot k\Delta t$$

$$\frac{1.4}{0.006}\times 3 = 51\times k\times 6$$

$$\therefore k = 2.29$$

보충 외부에서 전달된 열(복사 + 대류)이 유리창을 통해 내부로 그대로 전도된다.

02 500 ℃와 100 ℃ 사이에서 작동하는 이상적인 Carnot 열기관이 있다. 열기관에서 생산되는 일이 200 kW이라면 공급되는 열량은 약 몇 kW인가?

① 255 ② 284
③ 312 ④ 387

해설

[카르노사이클]

$$\eta_c = \frac{W}{Q_H} = \frac{T_H - T_L}{T_H}$$

$$\frac{200}{Q_H} = \frac{(500+273)-(100+273)}{(500+273)}$$

$$\therefore Q_H = 387\,kW$$

※ 열기관
고열원으로부터 열을 공급받아 기계적인 일로 전환시키는 것이 목적
(열기관의 이상사이클 : 카르노사이클)

정답 01 ③ 02 ④

$$\eta = \frac{W}{Q_1} = \frac{Q_1 - Q_2}{Q_1} = \frac{T_1 - T_2}{T_1}$$

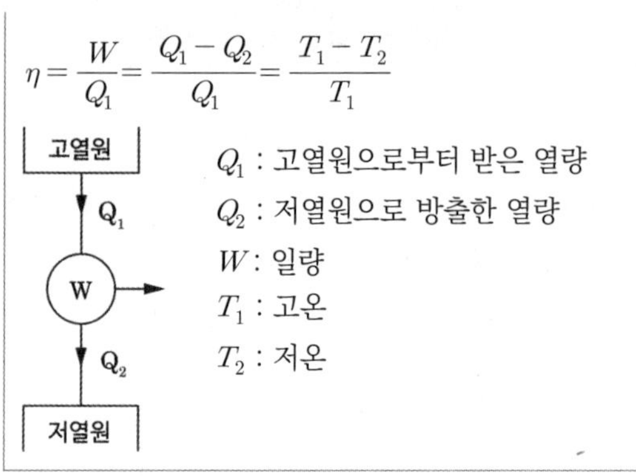

03 외부에서 받은 열량이 모두 내부에너지 변화만을 가져오는 완전가스의 상태변화는?

① 정적변화　② 정압변화
③ 등온변화　④ 단열변화

해설

[정적변화]

$Q = \triangle U + W$에서

정적변화는 절대일이 0이므로($W = \int Pdv = 0$)

$Q = \triangle U$(가열량 = 내부에너지변화량)

※ 참고

- 정압과정 : 가열량(열량) = 엔탈피변화량
- 등온과정 : 가열량(열량) = 절대일(팽창일)

04 절대압력 100 kPa. 온도 100 ℃인 상태에 있는 수소의 비체적(m^3/kg)은? (단, 수소의 분자량은 2이고, 일반기체상수는 8.3145 kJ/(kmol · K)이다)

① 31.0　② 15.5
③ 0.428　④ 0.0321

해설

[이상기체 상태방정식]

이상기체상태방정식 $PV = \frac{G}{M}\overline{R}T = GRT$

여기서, G : 질량 [kg]
M : 분자량 [kg/kmol]
$\overline{R}$: 일반기체상수 [kJ/(kmol · K)]
R : 특정기체상수 [kJ/(kg · K)]

$PV = \frac{G}{M}\overline{R}T$ 에서

비체적 $v = \frac{V}{G}$ 이므로

$$v = \frac{V}{G} = \frac{\overline{R}T}{PM} = \frac{8.3145 \times (100 + 273)}{100 \times 2} = 15.5\ m^3/kg$$

05 다음 그림은 이상적인 오토사이클의 압력(P) – 부피(V)선도이다. 여기서 "ㄱ"의 과정은 어떤 과정인가?

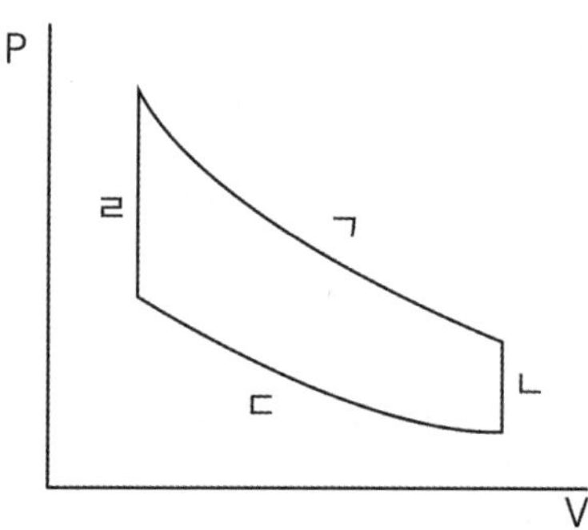

① 단열압축과정　② 단열팽창과정
③ 등온압축과정　④ 등온팽창과정

해설

[오토사이클의 P-V선도]

단열압축(ㄷ) → 정적가열(ㄹ) → 단열팽창(ㄱ) → 정적방열(ㄴ)

정답 03 ① 04 ② 05 ②

※ 오토사이클

2개의 단열과정과 2개의 정적과정으로 이루어진 고속기관의 기본사이클

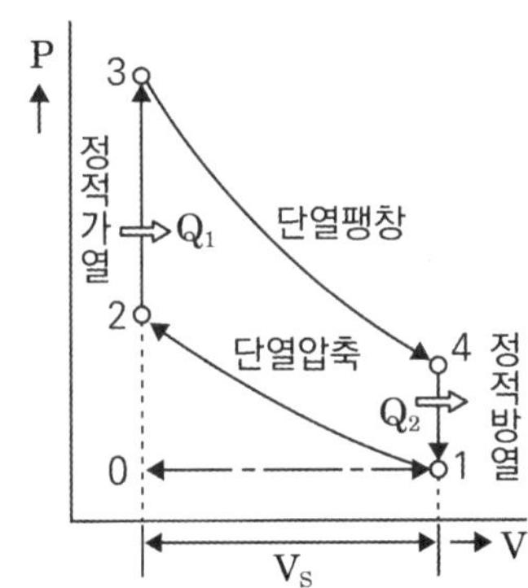

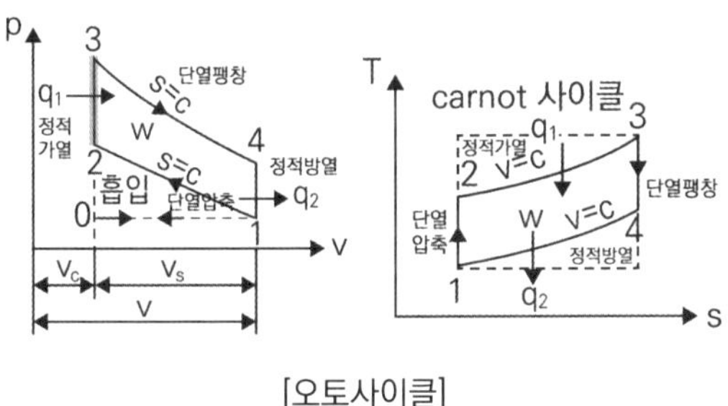

[오토사이클]

06 비열비 1.3, 압력비 3인 이상적인 브레이튼사이클(Brayton Cycle)의 이론 열효율이 X(%)였다. 여기서 열효율 12 %를 추가 향상시키기 위해서는 압력비를 약 얼마로 해야 하는가? (단, 향상된 후 열효율은 (X + 12) %이며, 압력비를 제외한 다른 조건은 동일하다)

① 4.6　　② 6.2

③ 8.4　　④ 10.8

해설

[브레이튼사이클]

1) 이론 열효율 X

$$X = 1 - \left(\frac{1}{\gamma}\right)^{\frac{k-1}{k}} = 1 - \left(\frac{1}{3}\right)^{\frac{1.3-1}{1.3}}$$

$$≒ 0.2239 = 22.39\ \%$$

2) 열효율 12 % 추가 향상 시 열효율X_B

$$X_B = X + 12$$

$$= 22.39 + 12 = 34.39\ \% = 0.3439$$

3) 열효율 12 % 추가 향상 시 압력비 γ_B

$$X_B = 1 - \left(\frac{1}{\gamma_B}\right)^{\frac{k-1}{k}}$$

$$0.3439 = 1 - \left(\frac{1}{\gamma_B}\right)^{\frac{1.3-1}{1.3}}$$

$$\therefore \gamma_B = 6.21$$

γ : 압력비

k : 비열비

07 어느 발명가가 바닷물로부터 매시간 1800 kJ의 열량을 공급받아 0.5 kW 출력의 열기관을 만들었다고 주장한다면, 이 사실은 열역학 제 몇 법칙에 위배되는가?

① 제0법칙　　② 제1법칙

③ 제2법칙　　④ 제3법칙

해설

[열역학 법칙]

$$W = 0.5\ kW$$

$$Q = 1800\ kJ/h \times \frac{1\ h}{3600\ s} = 0.5\ kJ/s$$

즉, $Q = W$이다.

위 열기관은 열손실이 없으므로 효율이 100 %인 열기관이다. 따라서 열역학 제2법칙에 위배된다(열역학 제2법칙 : 열효율이 100 %인 열기관은 없다).

2021-03

정답 06 ② 07 ③

08 그림과 같이 다수의 추를 올려놓은 피스톤이 끼워져 있는 실린더에 들어 있는 가스를 계로 생각한다. 초기 압력이 300 kPa이고, 초기 체적은 0.05 m^{3}이다. 압력을 일정하게 유지하면서 열을 가하여 가스의 체적을 0.2 m^{3}으로 증가시킬 때 계가 한 일(kJ)은?

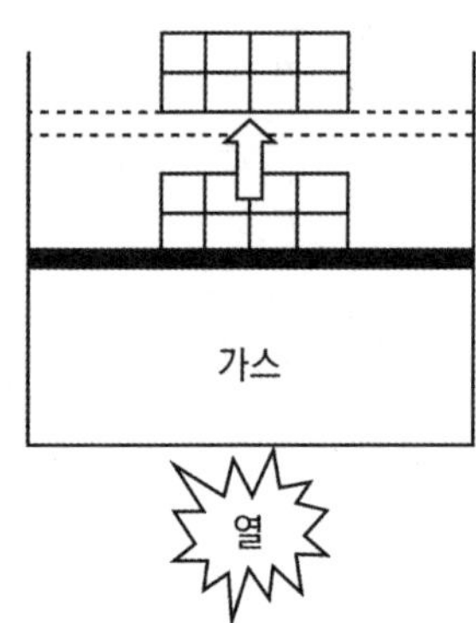

① 30　② 35
③ 40　④ 45

해설

[정압과정에서 절대일(팽창일)]

$$W = \int P dv = P(v_2 - v_1)$$
$$= 300 \times (0.2 - 0.05)$$
$$= 45 \text{ kJ}$$

09 1 kg의 헬륨이 100 kPa하에서 정압가열되어 온도가 27 ℃에서 77 ℃로 변하였을 때 엔트로피의 변화량은 약 몇 kJ/K인가? (단, 헬륨의 엔탈피(h, kJ/kg)는 아래와 같은 관계식을 가진다)

h = 5.238 T, 여기서 T는 온도(K)

① 0.694　② 0.756
③ 0.807　④ 0.968

해설

[정압과정 엔트로피변화량]

※ 이상기체의 엔트로피 함수관계

$$\Delta s = s_2 - s_1 = C_v \ln\frac{T_2}{T_1} + R\ln\frac{v_2}{v_1}$$
$$= C_p \ln\frac{T_2}{T_1} - R\ln\frac{p_2}{p_1}$$
$$= C_p \ln\frac{v_2}{v_1} + C_v \ln\frac{p_2}{p_1}$$

1) 정압비열 C_p

$dh = C_p dT$이므로

$$C_p = \frac{dh}{dT} = \frac{d(5.238\,T)}{dT} = 5.238$$

2) 엔트로피변화량 Δs

$$\Delta s = C_p \ln\left(\frac{T_2}{T_1}\right)$$
$$= 5.238 \ln\left(\frac{77+273}{27+273}\right) = 0.807\ kJ/K$$

정답 08 ④ 09 ③

10 8 ℃의 이상기체를 가역단열압축하여 그 체적을 1/5로 하였을 때 기체의 최종온도(℃)는? (단, 이 기체의 비열비는 1.4이다)

① -125　　② 294
③ 222　　④ 262

해설

[가역단열과정]

단열지수관계 $\dfrac{T_2}{T_1}=\left(\dfrac{v_1}{v_2}\right)^{k-1}=\left(\dfrac{p_2}{p_1}\right)^{\frac{k-1}{k}}$

$\dfrac{T_2}{T_1}=\left(\dfrac{v_1}{v_2}\right)^{k-1}$ 에서

$\dfrac{T_2}{8+273}=(5)^{1.4-1}$

$\therefore\ T_2$ = 535 K = 262 ℃

11 흑체의 온도가 20 ℃에서 80 ℃로 되었다면 방사하는 복사에너지는 약 몇 배가 되는가?

① 1.2　　② 2.1
③ 4.7　　④ 5.5

해설

[스테판 볼츠만 법칙]

복사에너지는 스테판 볼츠만 법칙($Q=\sigma T^4$)에 의하여 열량은 절대온도의 4승에 비례하므로

$\dfrac{Q_2}{Q_1}=\left(\dfrac{T_2}{T_1}\right)^4$ 에서

$\dfrac{Q_2}{Q_1}=\left(\dfrac{80+273}{20+273}\right)^4$

$\therefore\ Q_2 \fallingdotseq 2.1\times Q_1$

12 밀폐시스템이 압력(P_1) 200 kPa, 체적(V_1) 0.1 m^3인 상태에서 압력(P_2) 100 kPa, 체적(V_2) 0.3 m^3인 상태까지 가역팽창되었다. 이 과정이 선형적으로 변화한다면, 이 과정 동안 시스템이 한 일(kJ)은?

① 10　　② 20
③ 30　　④ 45

해설

[시스템이 한 일]

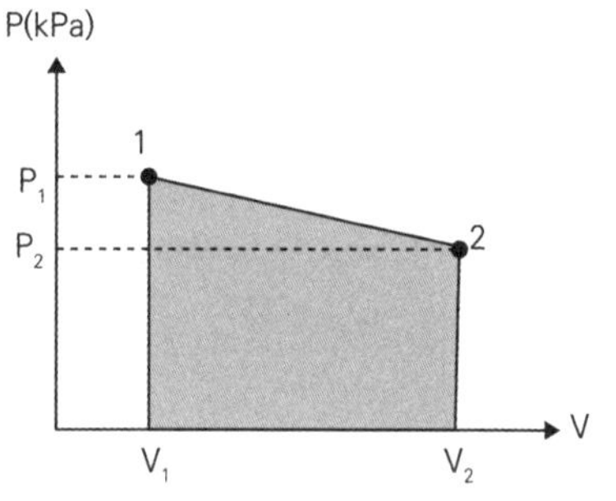

P - V선도에서 V축에 투영한 면적이 공기가 한 일의 양이므로

$$\text{면적 } A=\frac{(P_1+P_2)}{2}\times(V_2-V_1)$$

$$=\frac{(200+100)}{2}\times(0.3-0.1)=30[kJ]$$

보충 $kPa\times m^3=\dfrac{kN}{m^2}\times m^3=kN\cdot m=kJ$

정답 10 ④ 11 ② 12 ③

13 카르노 열펌프와 카르노 냉동기가 있는데 카르노 열펌프의 고열원 온도는 카르노 냉동기의 고열원 온도와 같고, 카르노 열펌프의 저열원 온도는 카르노 냉동기의 저열원 온도와 같다. 이때 카르노 열펌프의 성적계수(COP_{HP})와 카르노 냉동기의 성적계수(COP_R)의 관계로 옳은 것은?

① $COP_{HP} = COP_R + 1$
② $COP_{HP} = COP_R - 1$
③ $COP_{HP} = 1/(COP_R + 1)$
④ $COP_{HP} = 1/(COP_R - 1)$

해설

[히트펌프 성적계수]

$$COP_{HP} = \frac{Q_H}{W} = \frac{Q_L + W}{W} = COP_R + 1$$

($COP_R = \frac{Q_L}{W}$이므로)

따라서 열펌프의 성적계수는 냉동기의 성적계수보다 항상 1만큼 더 크다.

※ 열펌프와 냉동기

1) 열펌프
에너지(전기 혹은 고온의 열)를 일의 형태로 받아 고열원에 열을 공급해주는 것이 목적

$$COP_{HP} = \frac{Q_1}{W} = \frac{Q_1}{Q_1 - Q_2} = \frac{T_1}{T_1 - T_2}$$

2) 냉동기
에너지(전기 혹은 고온의 열)를 일의 형태로 받아 저열원으로부터 열을 빼앗는 것이 목적

$$COP_R = \frac{Q_2}{W} = \frac{Q_2}{Q_1 - Q_2} = \frac{T_2}{T_1 - T_2}$$

3) 열펌프의 성적계수는 냉동기의 성적계수보다 1만큼 더 크다.
$COP_{HP} = 1 + COP_R$

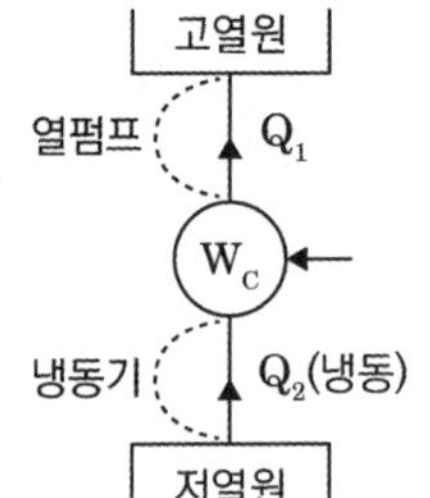

Q_1 : 저열원으로부터 흡수하는 열량
Q_2 : 고열원으로 방출하는 열량
W : 일량
T_1 : 고온
T_2 : 저온

14 보일러 입구의 압력이 9800 kN/m^{2}이고, 응축기의 압력이 4900 N/m^{2}일 때 펌프가 수행한 일(kJ/kg)은? (단, 물의 비체적은 0.001 m^3/kg이다)

① 9.79 ② 15.17
③ 87.25 ④ 180.52

해설

[펌프가 수행한 일]

응축기 압력을 가지고 보일러 입구의 압력만큼 높이는 정적과정의 공업일(W_t)로 보면

$W_t = -v(P_2 - P_1)$에서
$= -0.001(9800 - 4.9)$
$= -9.78$ kN·m/kg

※ 랭킨사이클의 구성

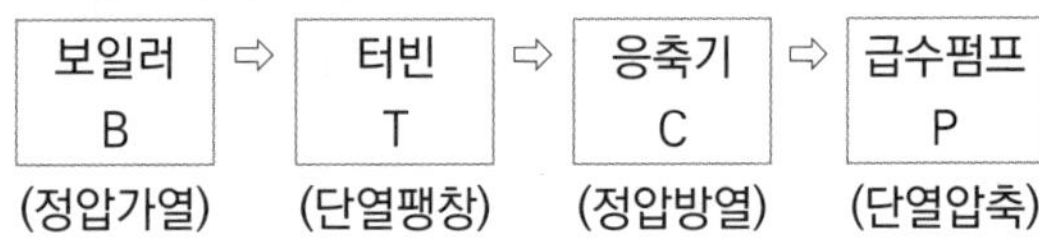

보충 보일러 입구의 압력 = 펌프 출구 압력(P_2)
응축기 출구의 압력 = 펌프 입구 압력(P_1)

정답 13 ① 14 ①

15 열교환기의 1차 측에서 압력 100 kPa, 질량유량 0.1 kg/s인 공기가 50 ℃로 들어가서 30 ℃로 나온다. 2차 측에서는 물이 10 ℃로 들어가서 20 ℃로 나온다. 이때 물의 질량유량(kg/s)은 약 얼마인가? (단, 공기의 정압비열은 1 kJ/(kg · K)이고, 물의 정압비열은 4 kJ/(kg · K)로 하며, 열교환과정에서 에너지 손실은 무시한다)

① 0.005
② 0.01
③ 0.03
④ 0.05

해설

[열평형식에 따른 물의 질량유량]

열평형식을 세우면

$q_1 = q_2$

공기 = 물

$G_1 C_{p1} \Delta t_1 = G_2 C_{p2} \Delta t_2$

$0.1 \times 1 \times (50 - 30) = G_2 \times 4 \times (20 - 10)$

$\therefore G_2 = 0.05$ kg/s

여기서, q_1 : 공기가 전달한 열량

q_2 : 물이 받은 열량

16 다음 중 그림과 같은 냉동사이클로 운전할 때 열역학 제1법칙과 제2법칙을 모두 만족하는 경우는?

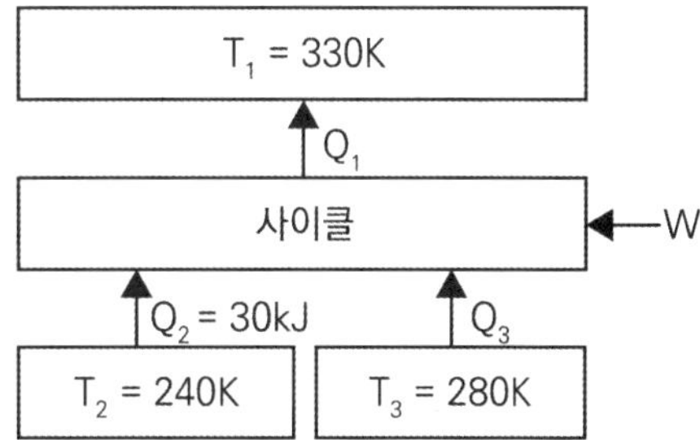

① Q_1 = 100 kJ, Q_3 = 30 kJ, W = 30 kJ
② Q_1 = 80 kJ, Q_3 = 40 kJ, W = 10 kJ
③ Q_1 = 90 kJ, Q_3 = 50 kJ, W = 10 kJ
④ Q_1 = 100 kJ, Q_3 = 30 kJ, W = 40 kJ

해설

[열역학 제1법칙과 제2법칙]

1) 열역학 제1법칙 : 에너지보존의 법칙

$Q_1 = Q_2 + Q_3 + W$

2) 열역학 제2법칙 : 엔트로피 증가의 법칙

$\Delta S = S_2 - S_1 > 0$

따라서

$\Delta S = \frac{Q_1}{T_1} - (\frac{Q_2}{T_2} + \frac{Q_3}{T_3}) > 0$

3) 열역학 제1법칙 및 제2법칙을 만족 여부 확인

① 1법칙 : $Q_1 = Q_2 + Q_3 + W$

$100 \neq 30 + 30 + 30$이므로 불만족

2법칙 : $\Delta S = \frac{100}{300} - (\frac{30}{240} + \frac{30}{280}) > 0$

이므로 만족

② 1법칙 : $80 = 30 + 40 + 10$이므로 만족

2법칙 : $\frac{80}{300} - (\frac{30}{240} + \frac{40}{280}) < 0$ 불만족

③ 1법칙 : $90 = 30 + 50 + 10$이므로 만족

2법칙 : $\frac{90}{300} - (\frac{30}{240} + \frac{50}{280}) < 0$ 불만족

2021-03

정답 15 ④ 16 ④

④ 1법칙 : 100 = 30 + 30 + 40이므로 만족

2법칙 : $\frac{100}{300} - (\frac{30}{240} + \frac{30}{280}) > 0$ 만족

17 상온(25 ℃)의 실내에 있는 수은 기압계에서 수은주의 높이가 730 mm라면, 이때 기압은 약 몇 kPa인가? (단, 25 ℃기준, 수은 밀도는 13534 kg/m³이다)

① 91.4 ② 96.9
③ 99.8 ④ 104.2

해설

[기압]

$P[Pa] = \gamma[N/m^3] \times h[m]$
$= (\rho[kg/m^3] \times g[m/s^2]) \times h[m]$
= 13534 × 9.8 × 0.73
= 96822 Pa
= 96.822 kPa

보충 $\gamma = \rho g$

18 어느 이상기체 2 kg이 압력 200 kPa, 온도 30 ℃의 상태에서 체적 0.8 m³를 차지한다. 이 기체의 기체상수[kJ/(kg · K)]는 약 얼마인가?

① 0.264 ② 0.528
③ 2.34 ④ 3.53

해설

[특정기체상수]

이상기체상태방정식 $PV = GRT$ 여기서, G : 질량 [kg] R : 특정기체상수 [kJ/(kg · K)]

$PV = GRT$에서
200 × 0.8 = 2 × R × (30 + 273)
∴ R = 0.264 kJ/(kg · K)

19 고열원의 온도가 157 ℃이고, 저열원의 온도가 27 ℃인 카르노 냉동기의 성적계수는 약 얼마인가?

① 1.5 ② 1.8
③ 2.3 ④ 3.3

해설

[냉동사이클의 성적계수(COP)]

$$COP = \frac{T_2}{T_1 - T_2}$$
$$= \frac{(27+273)}{(157+273)-(27+273)} = 2.3$$

※ 냉동기

에너지(전기 혹은 고온의 열)를 일의 형태로 받아 저열원으로부터 열을 빼앗는 것이 목적

$$COP = \frac{Q_2}{W} = \frac{Q_2}{Q_1 - Q_2} = \frac{T_2}{T_1 - T_2}$$

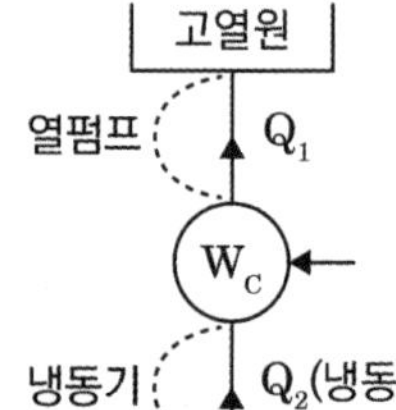

Q_1 : 저열원으로부터 흡수하는 열량
Q_2 : 고열원으로 방출하는 열량
W : 일량
T_1 : 고온
T_2 : 저온

정답 17 ② 18 ① 19 ③

20 질량이 m이고 한 변의 길이가 a인 정육면체 상자 안에 있는 기체의 밀도가 ρ이라면 질량이 2 m이고 한 변의 길이가 2a인 정육면체 상자 안에 있는 기체의 밀도는?

① ρ ② $(1/2)\rho$
③ $(1/4)\rho$ ④ $(1/8)\rho$

해설

[기체의 밀도]

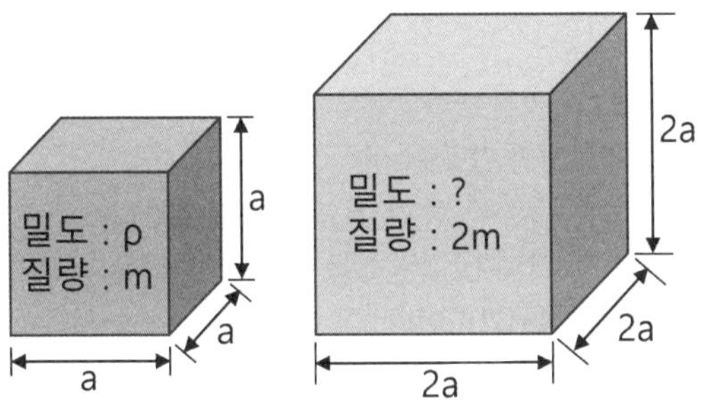

$$\rho[kg/m^3] = \frac{m}{a^3}$$

$$\rho_2 = \frac{2m}{2^3 \times a^3} = \frac{m}{4a^3} = \frac{1}{4}\rho$$

2과목 냉동공학

1회독	시간 :	점수 :
2회독	시간 :	점수 :
3회독	시간 :	점수 :

21 스크류 압축기에 대한 설명으로 틀린 것은?

① 동일 용량의 왕복동 압축기에 비하여 소형경량으로 설치 면적이 작다.
② 장시간 연속운전이 가능하다.
③ 부품수가 적고 수명이 길다.
④ 오일펌프를 설치하지 않는다.

해설

[스크류 압축기]

④ 오일펌프를 별도로 설치해야 한다.

22 단위시간당 전도에 의한 열량에 대한 설명으로 틀린 것은?

① 전도열량은 물체의 두께에 반비례한다.
② 전도열량은 물체의 온도차에 비례한다.
③ 전도열량은 전열면적에 반비례한다.
④ 전도열량은 열전도율에 비례한다.

정답 20 ③ 21 ④ 22 ③

해설

[전도열량]

$$q = \frac{\lambda}{l} A(t_1 - t_2)$$

λ : 열전도율 [W/m·K]
l : 벽체두께 [m]
A : 벽체면적 [m²]
t_1, t_2 : 벽의 표면온도 [℃]

23 응축기에 관한 설명으로 틀린 것은?

① 증발식 응축기의 냉각작용은 물의 증발잠열을 이용하는 방식이다.
② 이중관식 응축기는 설치면적이 작고, 냉각수량도 작기 때문에 과냉각 냉매를 얻을 수 있는 장점이 있다.
③ 입형 셸 튜브 응축기는 설치면적이 작고 전열이 양호하며 냉각관의 청소가 가능하다.
④ 공냉식 응축기는 응축압력이 수냉식보다 일반적으로 낮기 때문에 같은 냉동기일 경우 형상이 작아진다.

해설

[응축기]

공냉식 응축기는 응축압력이 수냉식보다 높다. 그렇기 때문에 같은 냉동기일 경우 형상이 크다.

24 모리엘선도 내 등건조도선의 건조도(x) 0.2는 무엇을 의미하는가?

① 습증기 중의 건포화증기 20 %(중량비율)
② 습증기 중의 액체인 상태 20 %(중량비율)
③ 건증기 중의 건포화증기 20 %(중량비율)
④ 건증기 중의 액체인 상태 20 %(중량비율)

해설

[등건조도선의 건조도(x)]

건조도는 습증기 중의 건포화증기(증기)의 중량비율이므로 건도 0.2는 습증기 중 건포화증기(증기)가 20 %라는 의미이다.

25 냉동장치에서 냉매 1 kg이 팽창밸브를 통과하여 5 ℃의 포화증기로 될 때까지 50 kJ의 열을 흡수하였다. 같은 조건에서 냉동능력이 400 kW라면 증발 냉매량(kg/s)은 얼마인가?

① 5 ② 6
③ 7 ④ 8

해설

[증발 냉매량]

냉동능력 $Q_e = G \times q_e$에서

$$G = \frac{Q_e}{q_e} = \frac{400}{50} = 8[\text{kg/s}]$$

정답 23 ④ 24 ① 25 ④

26 염화칼슘 브라인에 대한 설명으로 옳은 것은?

① 염화칼슘 브라인은 식품에 대해 무해하므로 식품동결에 주로 사용된다.
② 염화칼슘 브라인은 염화나트륨 브라인보다 일반적으로 부식성이 크다.
③ 염화칼슘 브라인은 공기 중에 장시간 방치하여 두어도 금속에 대한 부식성은 없다.
④ 염화칼슘 브라인은 염화나트륨 브라인보다 동일조건에서 동결온도가 낮다.

해설

[염화칼슘 브라인]

① 염화칼슘은 쓴맛이 나고 인체에 유해할 수 있어 식품에 직접 닿는 용도로는 부적합하다. 따라서 제빙, 냉장 등 공업용 저온 냉각에 주로 사용된다.

보충 식품동결에는 주로 염화나트륨 브라인이나, 무독성 프로필렌글리콜 브라인을 사용함

② 염화칼슘 브라인은 부식성이 있지만 염화나트륨 브라인 보다는 부식성이 크지 않다(작다).
③ 염화칼슘 브라인은 공기 중에 장시간 방치하여 두면 금속에 대한 부식성이 있다.
④ 염화칼슘 브라인은 염화나트륨 브라인보다 동결온도가 낮다.
  - 염화칼슘 동결온도 : -55 ℃
  - 염화나트륨 동결온도 : -21.2 ℃

27 냉각탑에 관한 설명으로 옳은 것은?

① 오염된 공기를 깨끗하게 정화하며 동시에 공기를 냉각하는 장치이다.
② 냉매를 통과시켜 공기를 냉각시키는 장치이다.
③ 찬 우물물을 냉각시켜 공기를 냉각하는 장치이다.
④ 냉동기의 냉각수가 흡수한 열을 외기에 방사하고 온도가 내려간 물을 재순환시키는 장치이다.

해설

[냉각탑]

수냉식 응축기에서 온도가 높아진 냉각수를 냉각탑에서 외부공기와 접촉시켜 온도를 내려 다시 응축기로 보내어 재사용하게 된다. 냉각작용은 주로 공기와 접촉한 물의 일부가 증발하면서 나머지 물에서 증발잠열을 얻어가기 때문에 나머지 물의 온도는 낮아진다.

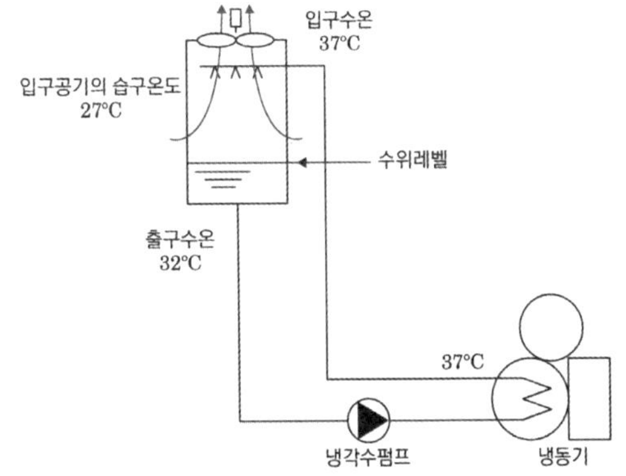

28 증기압축식 냉동기에 설치되는 가용전에 대한 설명으로 틀린 것은?

① 냉동설비의 화재 발생 시 가용합금이 용융되어 냉매를 대기로 유출시켜 냉동기 파손을 방지한다.
② 안전성을 높이기 위해 압축가스의 영향이 미치는 압축기 토출부에 설치한다.
③ 가용전의 구경은 최소 안전밸브 구경의 1/2 이상으로 한다.
④ 암모니아 냉동장치에서는 가용합금이 침식되므로 사용하지 않는다.

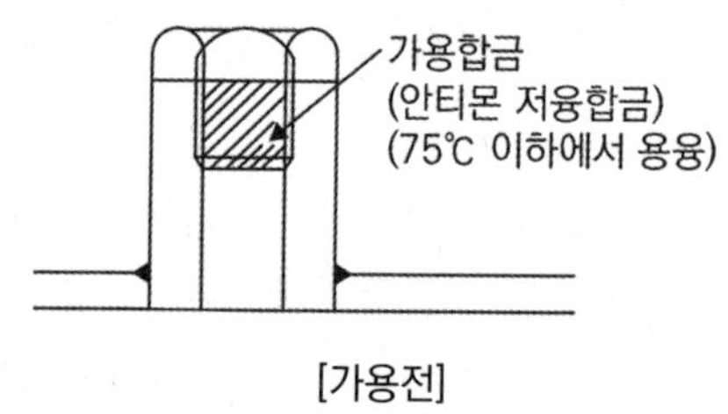

[가용전]

해설

[가용전]

② 가용전은 압축기 토출부가 아니라, 냉동기의 고압 측(응축기, 수액기 등) 또는 압력 용기 등에 설치된다. 압축기 토출부는 고온·고압의 냉매가 지나가는 곳으로, 가용전이 설치되면 불필요한 냉매 방출이 발생할 수 있다.
① 가용전은 화재 또는 이상 고온 발생 시 냉매를 대기로 방출하여 폭발 위험을 방지하는 역할을 한다. 예를 들어, 화재가 발생하면 가용합금이 녹아 내부 압력을 해소하고, 과압으로 인한 냉동기 손상을 방지한다.
③ 가용전의 구경은 안전밸브의 최소 구경의 1/2 이상이 되어야 한다는 규정이 있다. 이는 가용전이 정상적으로 작동하여 냉매를 효과적으로 방출할 수 있도록 하기 위함이다.
④ 암모니아(NH_3)는 가용합금(납, 주석 등)에 부식성이 강하므로, 암모니아 냉동시스템에서는 가용전을 사용하지 않는다.

29 다음 선도와 같이 응축온도만 변화하였을 때 각 사이클의 특성 비교로 틀린 것은? (단, 사이클A : (A－B－C－D－A), 사이클B : (A－B′－C′－D′－A), 사이클C : (A－B″－C″－D″－A)이다)

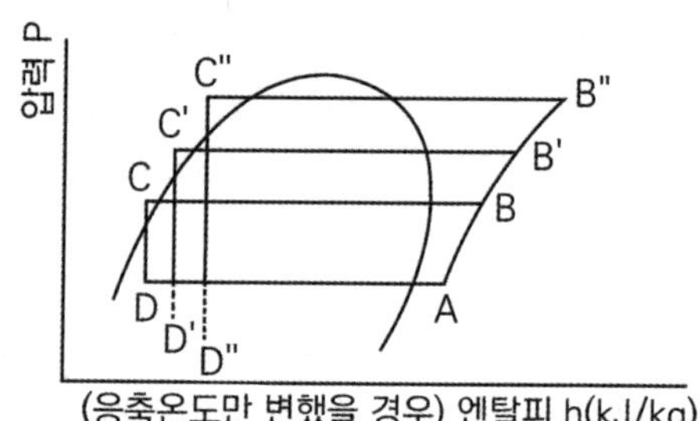

① 압축비
사이클C > 사이클B > 사이클A
② 압축일량
사이클C > 사이클B > 사이클A
③ 냉동효과
사이클C > 사이클B > 사이클A
④ 성적계수
사이클A > 사이클B > 사이클C

정답 28 ② 29 ③

해설

[응축온도만 변화 시]

이 변화는 증발온도가 일정한 상태에서 응축온도가 상승하는 경우이므로 모든 것이 나빠진다.
따라서 냉동효과는 사이클C < 사이클B < 사이클A 이다.

30 흡수식 냉동기에 대한 설명으로 틀린 것은?

① 흡수식 냉동기는 열의 공급과 냉각으로 냉매와 흡수제가 함께 분리되고 섞이는 형태로 사이클을 이룬다.
② 냉매가 암모니아일 경우에는 흡수제로 리튬브로마이드(LiBr)를 사용한다.
③ 리튬브로마이드 수용액 사용 시 재료에 대한 부식성 문제로 용액에 미량의 부식억제제를 첨가한다.
④ 압축식에 비해 열효율이 나쁘며 설치 면적을 많이 차지한다.

해설

[냉매와 흡수제]

냉매	흡수제
물(H_2O)	리튬 브로마이드(LiBr)
물(H_2O)	염화리튬(LiCl)
물(H_2O)	황산(H_2SO_4)
암모니아(NH_3)	물(H_2O)

31 암모니아 냉매의 특성에 대한 설명으로 틀린 것은?

① 암모니아는 오존파괴지수(ODP)와 지구온난화지수(GWP)가 각각 0으로 온실가스 배출에 대한 영향이 적다.
② 암모니아는 독성이 강하여 조금만 누설되어도 눈, 코, 기관지 등을 심하게 자극한다.
③ 암모니아는 물에 잘 용해되지만 윤활유에는 잘 녹지 않는다.
④ 암모니아는 전기절연성이 양호하므로 밀폐식 압축기에 주로 사용된다.

해설

[암모니아 냉매의 특성]

암모니아는 전기절연성(절연도)이 좋지 않아 밀폐식 압축기에는 부적당하다.

32 0.24 MPa 압력에서 작동되는 냉동기의 포화액 및 건포화증기의 엔탈피는 각각 396 kJ/kg, 615 kJ/kg이다. 동일압력에서 건도가 0.75인 지점의 습증기의 엔탈피(kJ/kg)는 얼마인가?

① 398.75 ② 481.28
③ 501.49 ④ 560.25

해설

[습증기 엔탈피]

$$h_x = h' + x(h'' - h')$$
$$= 396 + 0.75 \times (615 - 396) = 560.25$$

정답 30 ② 31 ④ 32 ④

2021-03

33 왕복동식 압축기의 회전수를 n(rpm), 피스톤의 행정을 S(m)라 하면 피스톤의 평균속도 V_m(m/s)를 나타내는 식은?

① $V_m = (\pi \cdot S \cdot n) / 60$
② $V_m = (S \cdot n) / 60$
③ $V_m = (S \cdot n) / 30$
④ $V_m = (S \cdot n) / 120$

해설

[피스톤의 평균속도]

$$속도 = \frac{거리}{시간} = \frac{2S \cdot n}{60} = \frac{S \cdot n}{30}$$

34 착상이 냉동장치에 미치는 영향으로 가장 거리가 먼 것은?

① 냉장실 내 온도가 상승한다.
② 증발온도 및 증발압력이 저하한다.
③ 냉동능력당 전력 소비량이 감소한다.
④ 냉동능력당 소요동력이 증대한다.

해설

[착상이 냉동장치에 미치는 영향]

1) 증발기의 열교환 효율 감소로 냉동능력 저하
→ 냉장실 내 냉각이 제대로 이루어지지 않아 온도 상승
2) 증발기 내부의 냉매 증발이 원활하지 않아 증발온도와 증발압력 저하
3) 냉동효율이 떨어져 압축기가 더 많은 일을 해야 함
→ 전력소비량이 증가
4) 압축기 부하 증가하고 소요동력 증대

35 나관식 냉각코일로 물 1000 kg/h를 20 ℃에서 5 ℃로 냉각시키기 위한 코일의 전열면적(m^2)은? (단, 냉매액과 물과의 대수 평균 온도차는 5 ℃, 물의 비열은 4.2 kJ/kg·℃, 열관류율은 0.23 kW/m^2·℃이다)

① 15.2 ② 30.0
③ 65.3 ④ 81.4

해설

[코일의 전열면적]

$Q = K \cdot A \cdot \Delta t_m = G \cdot C \cdot \Delta t$에서

$$A = \frac{G \cdot C \cdot \Delta t}{K \cdot \Delta t_m} = \frac{1000 \times 4.2 \times (20-5)}{0.23 \times 5 \times 3600} = 15.2\ m^2$$

36 열전달에 관한 설명으로 틀린 것은?

① 전도란 물체 사이의 온도차에 의한 열의 이동현상이다.
② 대류란 유체의 순환에 의한 열의 이동현상이다.
③ 대류 열전달계수의 단위는 열통과율의 단위와 같다.
④ 열전도율의 단위는 W/m^2·K이다.

해설

[열전달]

1) 열전도율 $\lambda = W/m \cdot K$
2) 열전달계수 $\alpha = W/m^2 \cdot K$
3) 열통과율 $K = W/m^2 \cdot K$

정답 33 ③ 34 ③ 35 ① 36 ④

37 흡수냉동기의 용량제어방법으로 가장 거리가 먼 것은?

① 구동열원 입구제어
② 증기토출제어
③ 희석운전제어
④ 버너연소량제어

해설

[흡수식 냉동기 용량제어방법]
1) 재생기에서 소비되는 연료량제어(가열량제어)
2) 용액순환량제어
3) 냉매순환량제어
4) 냉수 및 냉각수 순환량제어

※ 희석운전제어는 흡수식 냉동기 용량제어방법이 아니다.

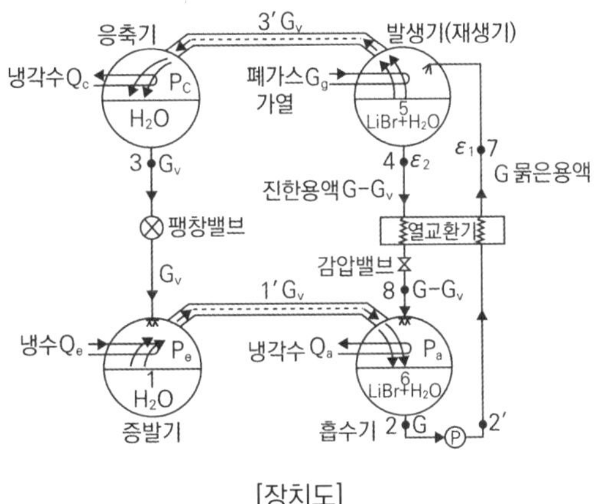

[장치도]

38 제상방식에 대한 설명으로 틀린 것은?

① 살수방식은 저온의 냉장창고용 유닛 쿨러 등에서 많이 사용된다.
② 부동액 살포방식은 공기 중의 수분이 부동액에 흡수되므로 일정한 농도 관리가 필요하다.
③ 핫가스 제상방식은 응축기 출구 측 고온의 액냉매를 이용한다.
④ 전기히터방식은 냉각관 배열의 일부에 핀튜브 형태의 전기히터를 삽입하여 착상부를 가열한다.

해설

[제상방식]
핫가스(Hot Gas) 제상방식은 압축기 출구 측 고온의 냉매가스(Hot Gas)를 증발기에 유입시켜 제상(서리를 제거)한다.

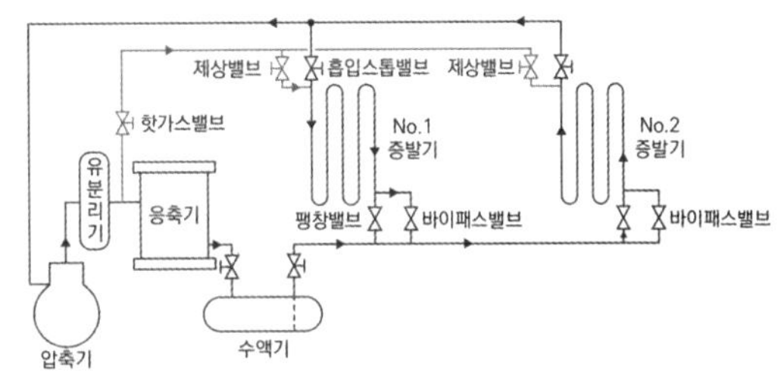

39 불응축가스가 냉동기에 미치는 영향에 대한 설명으로 틀린 것은?

① 토출가스 온도의 상승
② 응축압력의 상승
③ 체적효율의 증대
④ 소요동력의 증대

정답 37 ③ 38 ③ 39 ③

해설

[불응축가스가 냉동장치에 미치는 영향]
1) 토출가스 온도 상승
2) 응축압력 상승
3) 체적효율 감소
4) 소요동력 증대
5) 냉동능력 감소

40 다음 중 P－h선도(압력－엔탈피)에서 나타내지 못하는 것은?

① 엔탈피 ② 습구온도
③ 건조도 ④ 비체적

해설

[P－h선도(압력－엔탈피)]
습구온도는 공기선도에 나타낸다.

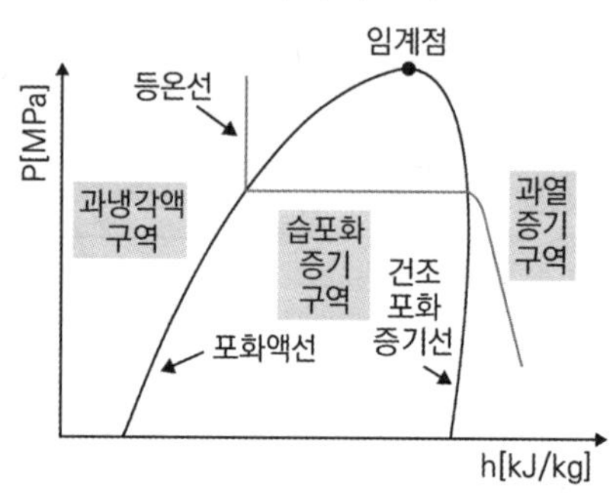

[P－h선도]

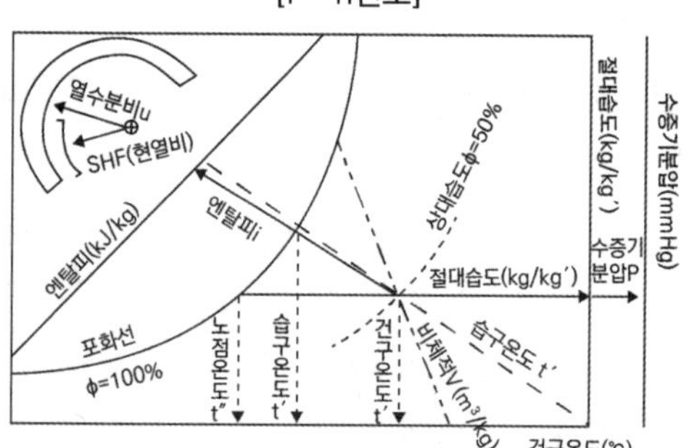

[습공기선도]

3과목 시운전 및 안전관리

1회독 시간 : 점수 :
2회독 시간 : 점수 :
3회독 시간 : 점수 :

41 보일러의 종류 중 수관보일러 분류에 속하지 않는 것은?

① 자연순환식 보일러
② 강제순환식 보일러
③ 연관보일러
④ 관류보일러

해설

[보일러의 분류]
수관보일러 : 자연순환식, 강제순환식, 관류식
연관보일러 : 입형, 노통, 연관, 노통연관식

42 아래의 그림은 공조기에 ①상태의 외기와 ②상태의 실내에서 되돌아온 공기가 들어와 ⑥상태로 실내로 공급되는 과정을 공조기로 습공기선도에 표현한 것이다. 공조기 내 과정을 맞게 서술한 것은?

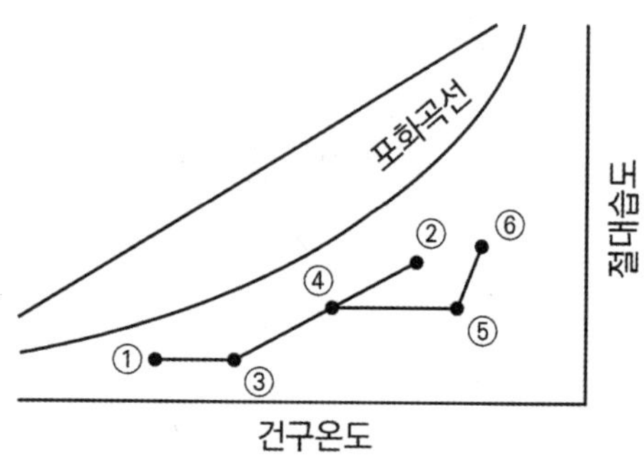

① 예열－혼합－가열－물분무가습
② 예열－혼합－가열－증기가습
③ 예열－증기가습－가열－증기가습
④ 혼합－제습－증기가습－가열

정답 40 ② 41 ③ 42 ②

해설

[공조기 내 과정(겨울철)]

① → ③ : 외기 예열

② → ④, ③ → ④ : 실내공기와 외기 혼합

④ → ⑤ : 가열

⑤ → ⑥ : 증기 가습

※ 습공기선도

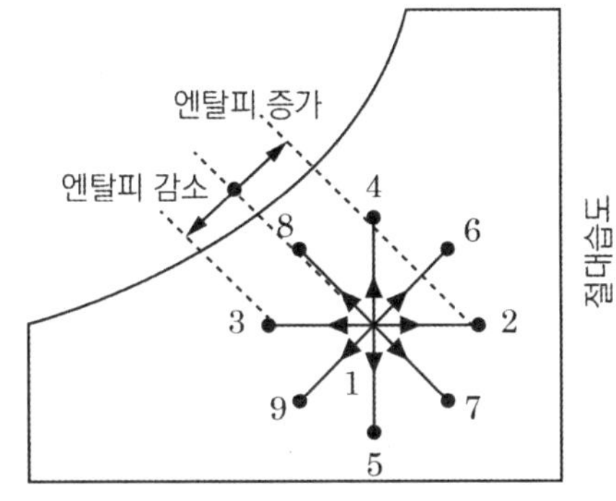

- 1 → 2 : 가열(절대습도 일정, 현열)
- 1 → 3 : 냉각(절대습도 일정, 현열)
- 1 → 4 : 가습(등온)
- 1 → 5 : 감습(등온)
- 1 → 6 : 가열가습
- 1 → 7 : 가열감습
- 1 → 8 : 냉각가습(순환수가습, 단열가습)
- 1 → 9 : 냉각감습

43 이중덕트방식에 설치하는 혼합상자의 구비조건으로 틀린 것은?

① 냉풍·온풍덕트 내의 정압변동에 의해 송풍량이 예민하게 변화할 것

② 혼합비율 변동에 따른 송풍량의 변동이 완만할 것

③ 냉풍·온풍댐퍼의 공기누설이 적을 것

④ 자동제어 신뢰도가 높고 소음발생이 적을 것

해설

[이중덕트방식에 설치하는 혼합상자]

혼합상자는 냉풍·온풍덕트 내의 정압 변동에 의해 송풍량이 예민하게 변화하지 않아야 한다.

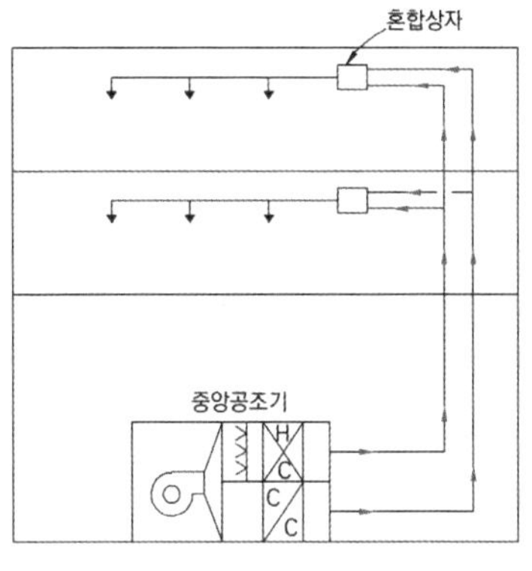

[이중덕트방식]

44 냉방부하 중 유리창을 통한 일사취득열량을 계산하기 위한 필요 사항으로 가장 거리가 먼 것은?

① 창의 열관류율　② 창의 면적

③ 차폐계수　④ 일사의 세기

해설

[유리창을 통한 일사취득열량]

창의 열관류율은 유리창을 통한 관류부하를 계산할 때 필요한 것이다.

1) 일사취득열량

$q_{GR}[W] = I_{GR} \cdot A_G \cdot k_S$

여기서, I_{GR} : 창의 일사취득열량(W/m^2)

A_G : 유리창의 면적(m^2), k_S : 차폐계수

2) 관류부하(관류열량)

$q_{GT}[W] = K \cdot A_G \cdot \Delta t$

여기서, K : 창의 열관류율(W/m^2·K)

A_G : 유리창의 면적(m^2)

Δt : 실내·외 온도차(℃)

정답 43 ① 44 ①

45 다음 열원방식 중에 하절기 피크전력의 평준화를 실현할 수 없는 것은?

① GHP방식 ② EHP방식
③ 지역냉난방방식 ④ 축열방식

해설

[피크전력을 줄이기 위한 냉방시스템방식]
축열방식(빙축열, 수축열), 흡수식 냉동기, 지역냉냉방, 가스냉방(GHP : Gas engine Heat Pump) 등 열원 보존이 가능한 방식이어야 한다.

보충 EHP방식은 하절기에 전기를 사용하므로 피크전력 감소를 실현할 수 없다.

46 일반적으로 난방부하를 계산할 때 실내 손실열량으로 고려해야 하는 것은?

① 인체에서 발생하는 잠열
② 극간풍에 의한 잠열
③ 조명에서 발생하는 현열
④ 기기에서 발생하는 현열

해설

[난방부하의 구분]

구분	부하 발생 원인	현열	잠열
실내 부하	외벽체, 지붕, 유리창에서의 열손실(방위계수 고려)	○	-
	실내벽체, 실내창문, 실내천장, 실내바닥에서의 열손실(방위계수 적용하지 않음)	○	-
실내 부하	극간풍에 의한 열손실	○	○
장치(기기) 부하	덕트로부터의 손실 열량	○	-
외기 부하	외기도입에 의한 손실 열량	○	○

보충 인체 발생 잠열, 조명에서 발생하는 현열은 냉방부하이다.

47 원심 송풍기에 사용되는 풍량제어방법으로 가장 거리가 먼 것은?

① 송풍기의 회전수 변화에 의한 방법
② 흡입구에 설치한 베인에 의한 방법
③ 바이패스에 의한 방법
④ 스크롤댐퍼에 의한 방법

해설

[송풍기 용량제어 특성]
에너지 절감효과가 가장 좋은 방법은 풍량에 따른 축동력 감소가 가장 큰 회전수제어이다.
"바이패스에 의한 방법"이 송풍기 풍량제어방법이 아닌 이유는 송풍기의 실제 풍량을 줄이지 않기 때문이다. 바이패스는 송풍기에서 나오는 풍량을 제어하는 게 아니라, 공급된 풍량 중 어디로 보낼지를 바꾸는 것이기 때문에 풍량제어방식으로 분류하지 않는다.

48 냉수코일의 설계에 대한 설명으로 옳은 것은? (단, q_s : 코일의 냉각부하, K : 코일전열계수, FA : 코일의 정면면적, MTD : 대수평균온도차(℃), M : 젖은 면계수이다)

① 코일 내의 순환수량은 코일 출입구의 수온차가 약 5 ~ 10 ℃가 되도록 선정한다.
② 관 내의 수속은 2 ~ 3 m/s 내외가 되도록 한다.
③ 수량이 적어 관 내의 수속이 늦게 될 때에는 더블서킷(Double Circuit)을 사용한다.
④ 코일의 열수(N) = (q_s × MTD) / (M × K × FA)이다.

정답 45 ② 46 ② 47 ③ 48 ①

해설

[냉수코일의 설계]

② 코일 내의 수속은 1 m/s 내외가 되도록 한다.

③ 수량이 많아 관 내의 수속이 빨라지게 되면 마찰저항이 커지므로 더블서킷(Double Circuit)을 사용한다.

④ 코일의 열수(N)
$= q_s/(K \times FA \times MTD \times M)$이다.

49 온도 10 ℃, 상대습도 50 %의 공기를 25 ℃로 하면 상대습도(%)는 얼마인가? (단, 10 ℃일 경우의 포화증기압은 1.226 kPa, 25 ℃일 경우의 포화증기압은 3.163 kPa이다)

① 9.5　　② 19.4
③ 27.2　　④ 35.5

해설

[상대습도]

1) 온도 10 ℃일 때, 수증기 분압 P_w

상대습도 $\phi_{10} = \dfrac{P_w}{P_s} = \dfrac{P_w}{1.226} = 0.5$에서

$P_w = 1.226 \times 0.5 = 0.613\ kPa$

2) 온도 25 ℃로 할 때 상대습도

$\phi_{25} = \dfrac{P_w}{P_s} = \dfrac{0.613}{3.163} = 0.196 = 19.46\ \%$

50 건구온도 22 ℃, 절대습도 0.0135 kg/kg′인 공기의 엔탈피(kJ/kg)는 얼마인가? (단, 공기밀도 1.2 kg/m³, 건공기 정압비열 1.01 kJ/kg·K, 수증기 정압비열 1.85 kJ/kg·K, 0 ℃ 포화수의 증발잠열 2501 kJ/kg이다)

① 58.4　　② 61.2
③ 56.5　　④ 52.4

해설

[공기의 엔탈피]

$h = h_a + h_w$
$= C_p \cdot t + x(\gamma + C_w \cdot t)$
$= 1.01 \times 22 + 0.0135 \times (2501 + 1.85 \times 22)$
$= 56.53\ \mathrm{kJ/kg}$

51 보일러 능력의 표시법에 대한 설명으로 옳은 것은?

① 과부하출력 : 운전시간 24시간 이후는 정미출력의 10 ~ 20 % 더 많이 출력되는 정도이다.
② 정격출력 : 정미출력의 2배이다.
③ 상용출력 : 배관 손실을 고려하여 정미출력의 1.05 ~ 1.10배 정도이다.
④ 정미출력 : 연속해서 운전할 수 있는 보일러의 최대능력이다.

해설

[보일러 능력의 표시법]

1) 정미출력 : 난방부하 + 급탕부하
2) 상용출력(정미출력의 1.05 ~ 1.1배)
난방부하 + 급탕부하 + 배관손실부하

정답 49 ② 50 ③ 51 ③

3) 정격출력
난방부하 + 급탕부하 + 배관손실부하 + 예열부하
4) 과부하출력
운전초기나 과부하가 발생했을 때 정격출력의 10 ~ 20 % 정도 증가하여 운전할 때의 출력

52 송풍기 회전날개의 크기가 일정할 때, 송풍기의 회전속도를 변화시킬 경우 상사법칙에 대한 설명으로 옳은 것은?

① 송풍기 풍량은 회전속도비에 비례하여 변화한다.
② 송풍기 압력은 회전속도비의 3제곱에 비례하여 변화한다.
③ 송풍기 동력은 회전속도비의 제곱에 비례하여 변화한다.
④ 송풍기 풍량, 압력, 동력은 모두 회전속도비에 제곱에 비례하여 변화한다.

해설

[송풍기의 상사법칙]

유량 $Q_2 = \left(\frac{N_2}{N_1}\right)^1 \times \left(\frac{D_2}{D_1}\right)^3 \times Q_1$

압력(양정) $P_2 = \left(\frac{N_2}{N_1}\right)^2 \times \left(\frac{D_2}{D_1}\right)^2 \times P_1$

축동력 $L_2 = \left(\frac{N_2}{N_1}\right)^3 \times \left(\frac{D_2}{D_1}\right)^5 \times L_1$

53 온수난방 배관방식에서 단관식과 비교한 복관식에 대한 설명으로 틀린 것은?

① 설비비가 많이 든다.
② 온도변화가 많다.
③ 온수 순환이 좋다.
④ 안정성이 높다.

해설

[온수난방 배관방식]
온수난방 배관방식에서 단관식에 비해 복관식은
1) 설비비가 많이 든다.
2) 공급관과 환수관이 분리되므로 온도변화가 적다.
3) 온수의 순환이 좋다.
4) 온수공급의 안정성이 높다.

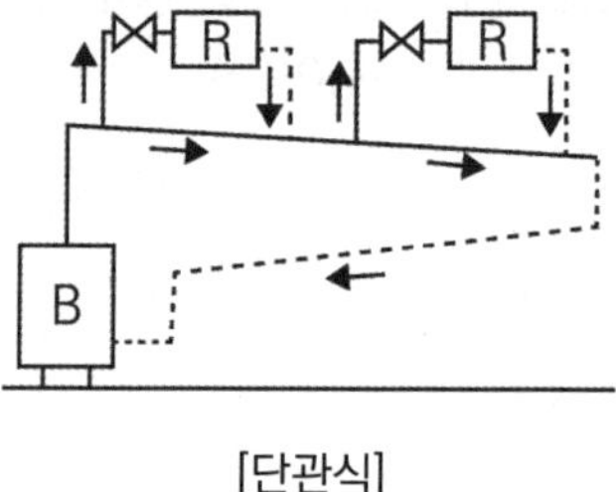

[단관식]

54 건축 구조체의 열통과율에 대한 설명으로 옳은 것은?

① 열통과율은 구조체 표면 열전달 및 구조체 내 열전도율에 대한 열이동의 과정을 총 합한 값을 말한다.
② 표면 열전달 저항이 커지면 열통과율도 커진다.
③ 수평구조체의 경우 상향열류가 하향열류보다 열통과율이 작다.
④ 각종 재료의 열전도율은 대부분 함습률의 증가로 인하여 열전도율이 작아진다.

정답 52 ① 53 ② 54 ①

해설

[건축 구조체의 열통과율]

① 열통과율 $K = \dfrac{1}{\dfrac{1}{\alpha_i} + \dfrac{1}{\lambda} + \dfrac{1}{\alpha_0}}$

② 표면 열전달 저항($1/\alpha$)이 커지면 열통과율(K)은 작아진다.

③ 수평구조체의 경우 상향열류가 하향열류보다 열통과율이 크다.

구분	상향열류 (아래 → 위)	하향열류 (위 → 아래)
온공기 움직임	더운 공기가 위로 올라가려는 방향과 같음 → 대류 활발	더운 공기가 위로 올라가려는 방향과 반대 → 대류 억제
단열 성능	낮음(공기층이 혼합되어 열저항 감소)	높음(공기층이 정체되어 열저항 증가)
결과적으로	열통과율 U값 ↑ (열 손실 ↑)	열통과율 U값 ↓ (열 손실 ↓)

④ 각종재료의 대부분은 함습률의 증가로 인하여 열전도율(λ)이 커진다.
함습률이 증가하면 재료 내부에 수분이 많아져 열전도율은 오히려 커진다. 물은 열전도성이 높기 때문이다.

55 다음 중 출입의 빈도가 잦아 틈새바람에 의한 손실부하가 비교적 큰 경우 난방방식으로 적용하기에 가장 적합한 것은?

① 증기난방　② 온풍난방
③ 복사난방　④ 온수난방

해설

[복사난방의 장점]

1) 실내 상하 온도분포가 균일하다. 복사열을 이용하므로 쾌감도가 좋다.
2) 실내의 공기 온도가 낮아도 되므로 열손실이 적다.
3) 바닥에 방열기 등을 설치하지 않으므로 바닥의 용도가 높다.
4) 적외선 복사난방의 경우 대규모 공장, 벽이 없는 개방공간 등의 난방에 유용하다.

56 덕트 정풍량방식에 대한 설명으로 틀린 것은?

① 각 실의 실온을 개별적으로 제어할 수가 있다.
② 설비비가 다른 방식에 비해서 적게 든다.
③ 기계실에 기기류가 집중 설치되므로 운전, 보수가 용이하고, 진동, 소음의 전달 염려가 적다.
④ 외기의 도입이 용이하며 환기팬 등을 이용하면 외기냉방이 가능하고 전열교환기의 설치도 가능하다.

해설

[덕트 정풍량방식]

정풍량방식은 각실의 온도를 개별적으로 제어할 수 없다.

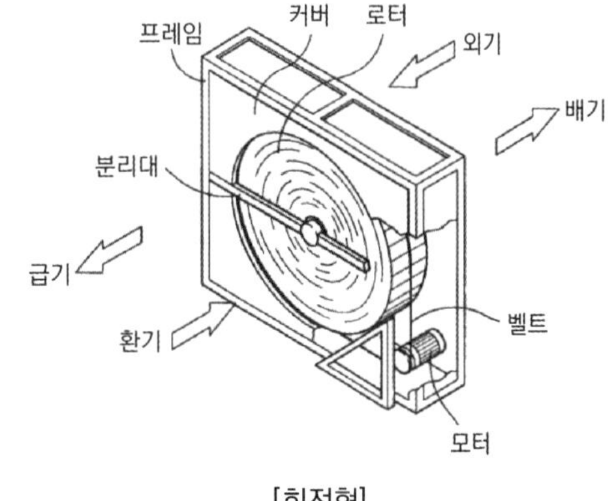

[회전형]

정답 55 ③ 56 ①

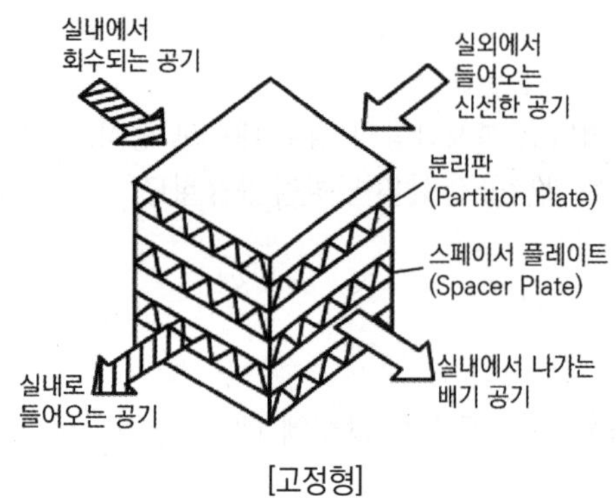

[고정형]

57 난방부하를 산정 할 때 난방부하의 요소에 속하지 않는 것은?

① 벽체의 열통과에 의한 열손실
② 유리창의 대류에 의한 열손실
③ 침입외기에 의한 난방손실
④ 외기부하

해설

[난방부하의 요소]

② 유리창의 대류에 의한 열손실이 아니라 유리창의 열통과에 의한 열손실이 난방부하의 요소이다.

※ 난방부하의 구분

구분	부하 발생 원인	현열	잠열
실내 부하	외벽체, 지붕, 유리창에서의 열손실(방위계수 고려)	○	-
	실내벽체, 실내창문, 실내천장, 실내바닥에서의 열손실(방위계수 적용하지 않음)	○	-
	극간풍에 의한 열손실	○	○
장치(기기) 부하	덕트로부터의 손실 열량	○	-
외기 부하	외기도입에 의한 손실 열량	○	○

보충 좋은 문제가 아니다.
대류에 의한 열손실도 열손실이기 때문에 난방부하로 볼 수 있지만, 이 문제에 한해서는 오답선지를 체크해가도록 한다.

58 실내의 냉방 현열부하가 5.8 kW, 잠열부하가 0.93 kW인 방을 실온 26 ℃로 냉각하는 경우 송풍량(m^3/h)은? (단, 취출온도는 15 ℃이며, 공기의 밀도 1.2 kg/m^3, 정압비열 1.01 kJ/kg · K이다)

① 1566.1 ② 1732.4
③ 1999.8 ④ 2104.2

해설

[송풍량]

냉방현열부하 $q_s = GC_p\Delta t = \rho QC_p\Delta t$에서

$$Q = \frac{q_s}{\rho C_p \Delta t}$$
$$= \frac{5.8 \times 3600}{1.2 \times 1.01 \times (26-15)} = 1566.1\ \mathrm{m^3/h}$$

59 공조설비의 구성은 열원설비, 열운반장치, 공조기, 자동제어장치로 이루어진다. 이에 해당하는 장치로서 직접적인 관계가 없는 것은?

① 펌프 ② 덕트
③ 스프링클러 ④ 냉동기

해설

[공조설비]

펌프, 덕트 : 열운반장치
냉동기 : 열원장치

보충 스프링클러 : 소방설비

정답 57 ② 58 ① 59 ③

60 아래 그림은 냉방 시의 공기조화과정을 나타낸다. 그림과 같은 조건일 경우 취출풍량이 1000 m³/h이라면 소요되는 냉각코일의 용량(kW)은 얼마인가? (단, 공기의 밀도는 1.2 kg/m³이다)

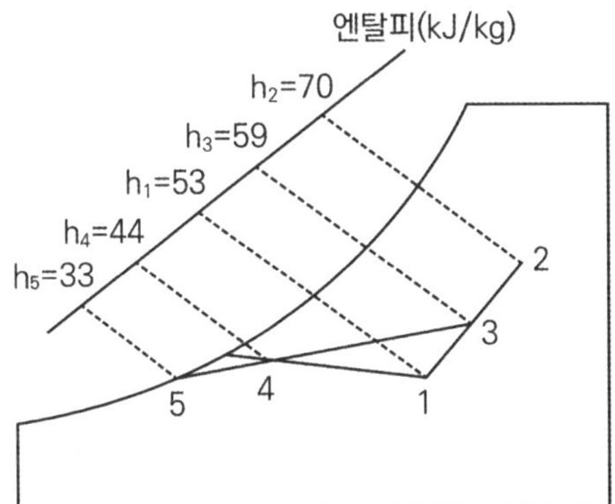

(1) 실내공기의 상태점
(2) 외기의 상태점
(3) 혼합 공기의 상태점
(4) 취출 공기의 상태점
(5) 코일의 장치 노점 온도

① 8 ② 5
③ 3 ④ 1

해설

[냉각코일 용량]

$$q = G(h_3 - h_4) = \rho Q(h_3 - h_4)$$

$$= \frac{1.2 \times 1000}{3600} \times (59 - 44) = 5\,\text{kW}$$

4과목 전기제어공학

1회독 시간 : 점수 :
2회독 시간 : 점수 :
3회독 시간 : 점수 :

61 다음 유접점회로를 논리식으로 변환하면?

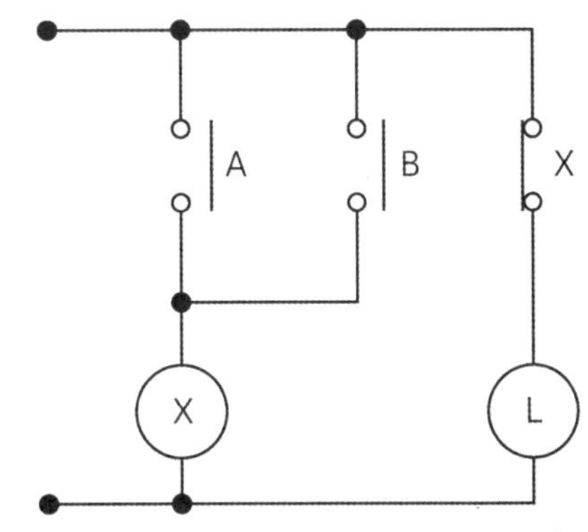

① $L = A \cdot B$ ② $L = A + B$
③ $L = \overline{(A + B)}$ ④ $L = \overline{(A \cdot B)}$

해설

[NOR회로]

회로의 A와 B는 A or B이므로 논리식으로 쓰면 A + B이고 Ⓛ이 On이 되려면 A, B 모두 Off되어야 한다.

따라서 $L = \overline{(A + B)}$이다.

2021-03

정답 60 ② 61 ③

62 그림과 같은 논리회로가 나타내는 식은?

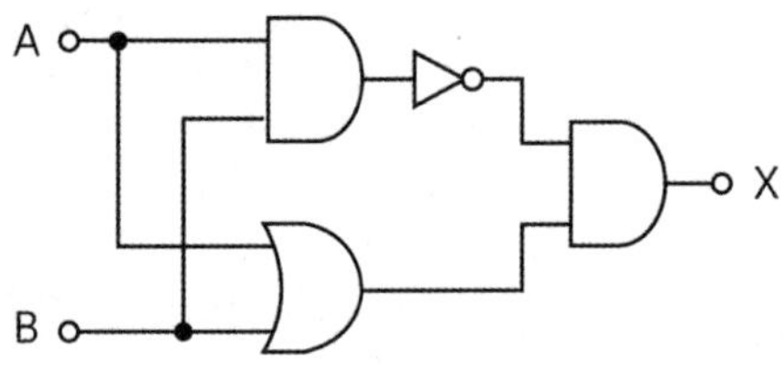

① $X = AB + BA$

② $X = \overline{(A+B)}AB$

③ $X = \overline{AB}(A+B)$

④ $X = AB + (A+B)$

해설

[논리회로]

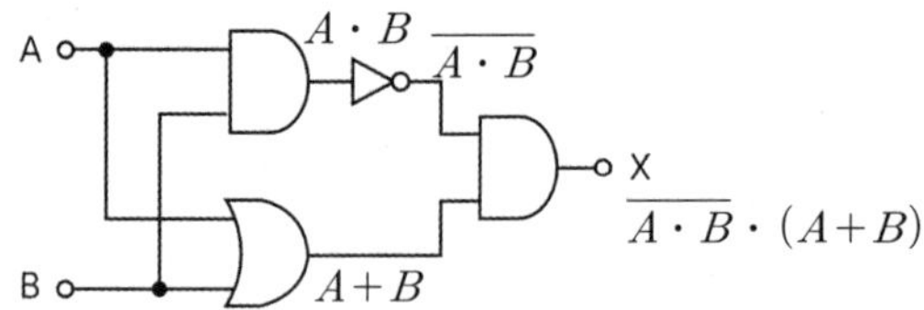

63 다음 블록선도에서 성립이 되지 않는 식은?

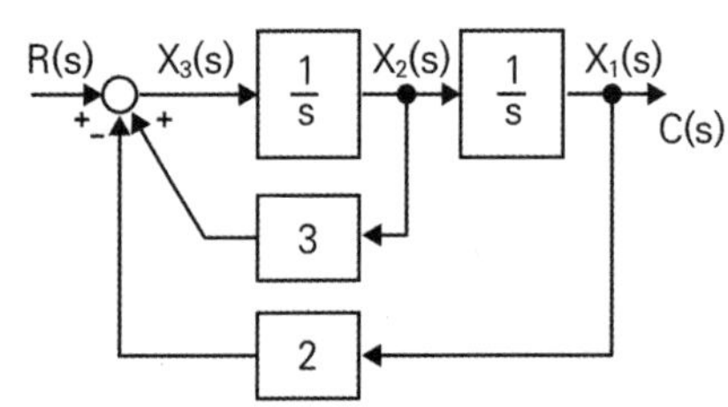

① $x_3(t) = r(t) + 3x_2(t) - 2c(t)$

② $\dfrac{dx_3(t)}{dt} = x_2(t)$

③ $x_2(t) = \int (r(t) + 3x_2(t) - 2x_1(t))dt$

④ $x_1(t) = c(t)$

해설

[블록선도]

전달함수 $\dfrac{C}{R} = \dfrac{\text{전향경로 이득}}{1 - \text{피드백 이득}}$

※ 라플라스 변환에서의 기본 연산자

시간영역 동작	라플라스 표현	의미
미분 $\dfrac{dx(t)}{dt}$	$sX(s)$	s를 곱함
적분 $\int x(t)dt$	$\dfrac{1}{s}X(s)$	s로 나눔

⇨ 블록선도 기호 $\dfrac{1}{s}$은

"입력을 적분하여 출력"하라는 의미이다.

① $x_3(t) = r(t) + x_2(t) \times 3 - x_1(t) \times 2$

$x_1(t) = c(t)$이므로

$x_3(t) = r(t) + 3x_2(t) - 2c(t)$

② $\dfrac{1}{s}$은 적분요소이므로 $\int x_3(t)dt = x_2(t)$

③ $x_3(t) = r(t) + 3x_2(t) - 2x_1(t)$이므로

$x_2(t) = \int x_3(t)dt$

$= \int (r(t) + 3x_2(t) - 2x_1(t))dt$

④ $x_1(t) = c(t)$

64 자극수 6극, 슬롯수 40, 슬롯 내 코일변수 6인 단중 중권 직류기의 정류자 편수는?

① 60 ② 80

③ 100 ④ 120

정답 62 ③ 63 ② 64 ④

해설

[정류자 편수]

$$\text{정류자편수} = \frac{\text{총 도체수}}{2} = \frac{\text{슬롯수} \times \text{슬롯 내 코일 변수}}{2} = \frac{40 \times 6}{2} = 120$$

보충 1개의 코일이 2개의 코일 변을 가지기 때문에 2로 나눈다.

보충 정류자 편수 = 코일의 수

65 일정전압의 직류전원에 저항을 접속하고, 전류를 흘릴 때 이 전류값을 20 % 감소시키기 위한 저항값은 처음 저항의 몇 배가 되는가? (단, 저항을 제외한 기타 조건은 동일하다)

① 0.65 ② 0.85

③ 0.91 ④ 1.25

해설

[전류값을 20 % 감소시키기 위한 저항값]

$R = \frac{V}{I}$ 이므로 $R_1 = \frac{V_1}{I_1}$

$R_2 = \frac{V_1}{0.8 I_1} = 1.25 R_1$

66 절연저항을 측정하는 데 사용되는 계기는?

① 메거(Megger) ② 회로시험기

③ R - L - C미터 ④ 검류계

해설

[메거(Megger)]

'절연저항계'라고도 하며 전기 기기의 절연저항 및 옥내 전선의 절연저항을 측정할 때 사용된다.

67 전압방정식이 $e(t) = Ri(t) + L\frac{di(t)}{dt}$ 로 주어지는 RL 직렬회로가 있다. 직류전압 E를 인가했을 때, 이 회로의 정상상태 전류는?

① E/(RL) ② E

③ E/R ④ (RL)/E

해설

[정상상태 전류]

※ 정상상태란 시간이 충분히 지나서 시스템이 안정된 상태를 말하며, 이때 모든 과도성분은 사라진다. 따라서 유도성분 $\frac{di(t)}{dt} = 0$으로 간주된다.

정상상태이므로 전류가 일정하게 흐른다.
즉, 시간에 따라 변하지 않는다.

따라서 $\frac{di(t)}{dt} = 0$이 된다.

$e(t) = Ri(t) + 0$에서 직류전압 E를 인가했으므로
$E = R \cdot I$가 되고

$I = \frac{E}{R}$가 된다.

정답 65 ④ 66 ① 67 ③

68 조절부의 동작에 따른 분류 중 불연속제어에 해당되는 것은?

① On - Off제어동작
② 비례제어동작
③ 적분제어동작
④ 미분제어동작

해설

[불연속제어와 연속제어]

- 불연속제어 : On - Off제어(2위치제어), 다위치제어, 샘플제어
- 연속제어 : 비례제어, 적분제어, 미분제어, 비례적분제어, 비례미분제어, 비례적분미분제어

69 논리식 $L = \overline{x} \cdot \overline{y} \cdot z + \overline{x} \cdot y \cdot z + x \cdot \overline{y} \cdot z + x \cdot y \cdot z$ 를 간단히 하면?

① x　　② z
③ $x \cdot \overline{y}$　　④ $x \cdot \overline{z}$

해설

[논리식]

$$\begin{aligned} L &= \overline{x}\overline{y}z + \overline{x}yz + x\overline{y}z + xyz \\ &= z(\overline{x}\overline{y} + \overline{x}y + x\overline{y} + xy) \\ &= z(\overline{x}(\overline{y}+y) + x(\overline{y}+y)) \\ &= z(\overline{x}+x) = z \end{aligned}$$

70 v = 141sin{377t - (π/6)}인 파형의 주파수(Hz)는 약 얼마인가?

① 50　　② 60
③ 100　　④ 377

해설

[정현파 교류 주파수]

교류의 순시전압 $v = V_m \sin\omega t$이므로

각속도 $\omega = 377$이다.

$\omega = 2\pi f$에서

$$f = \frac{\omega}{2\pi} = \frac{377}{2\pi} = 60\ \mathrm{Hz}$$

71 불평형 3상 전류 $I_a = 18 + j3$(A), $I_b = -25 - j7$(A), $I_c = -5 + j10$(A)일 때, 정상분 전류 I_1(A)은 약 얼마인가?

① -12 - j6　　② 15.9 - j5.27
③ 6 + j6.3　　④ -4 + j2

해설

[불평형 3상 전류 정상분 전류]

※ 정상분 전류(I_1)

정상분 전류 $I = \frac{1}{3}(I_a + aI_b + a^2I_c)$

⇨ 회전 방향이 정상적, 각도 120° 간격

항목	값
a	$-\frac{1}{2} + j\frac{\sqrt{3}}{2} = 1\angle 120^\circ$
a^2	$-\frac{1}{2} - j\frac{\sqrt{3}}{2} = 1\angle 240^\circ$
$1 + a + a^2$	0

$$I_1 = \frac{1}{3}(I_a + aI_b + a^2 I_c)$$

여기서 $a = 1\angle 120^\circ = -\frac{1}{2} + j\frac{\sqrt{3}}{2}$

$a^2 = 1\angle 240^\circ = -\frac{1}{2} - j\frac{\sqrt{3}}{2}$

정답 68 ① 69 ② 70 ② 71 ②

$$I_1 = \frac{1}{3}\left\{18 + j3 + \left(-\frac{1}{2} + j\frac{\sqrt{3}}{2}\right)(-25 - j7) + \left(-\frac{1}{2} - j\frac{\sqrt{3}}{2}\right)(-5 + j10)\right\}$$

$$= \frac{1}{3}\{18 + j3 + (12.5 + j3.5 - j12.5\sqrt{3} + 3.5\sqrt{3}) + (2.5 - j5 + j2.5\sqrt{3} + 5\sqrt{3})\}$$

$$= 15.9 - j5.27$$

보충 $j^2 = -1$

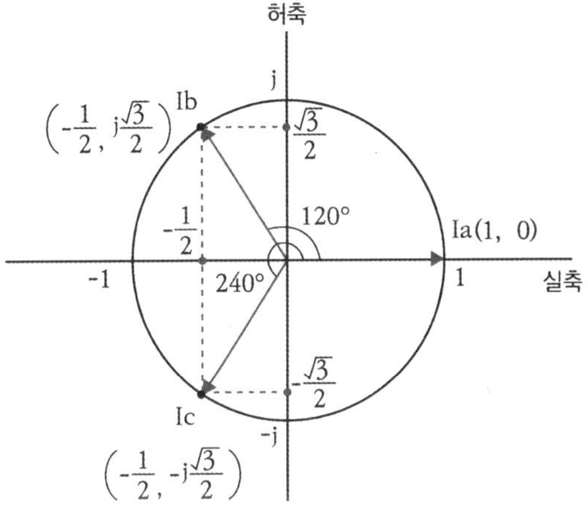

[평형 3상 전류]

72 다음 설명이 나타내는 법칙은?

> 회로 내의 임의의 한 폐회로에서 한 방향으로 전류가 일주하면서 취한 전압 상승의 대수합은 각 회로 소자에서 발생한 전압강하의 대수합과 같다.

① 옴의 법칙
② 가우스법칙
③ 쿨롱의 법칙
④ 키르히호프의 법칙

해설

[키르히호프의 법칙]

1) 제1법칙(KCL)

회로 내 임의의 접속점을 기준으로 들어오는 전류와 나오는 전류의 대수합은 0이다.

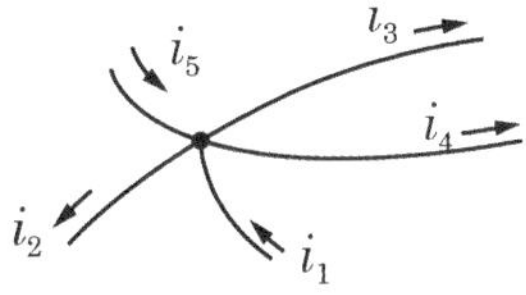

$$i_1 - i_2 - i_3 - i_4 + i_5 = 0$$

2) 제2법칙(KVL)

폐회로 내 전체 전압은 전압강하의 합과 같다.

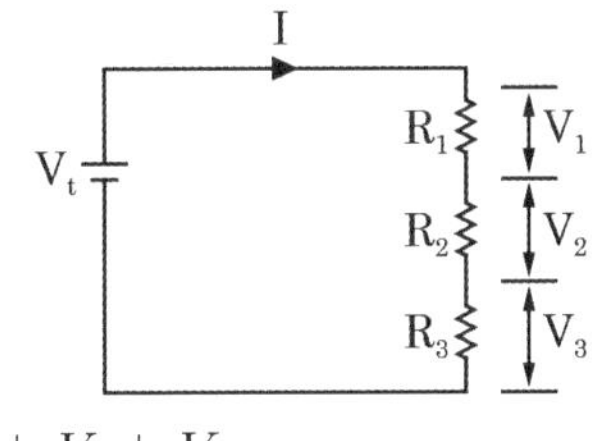

$$V_t = V_1 + V_2 + V_3$$

73 다음과 같은 회로에서 I_2가 0이 되기 위한 C의 값은? (단, L은 합성인덕턴스, M은 상호인덕턴스이다)

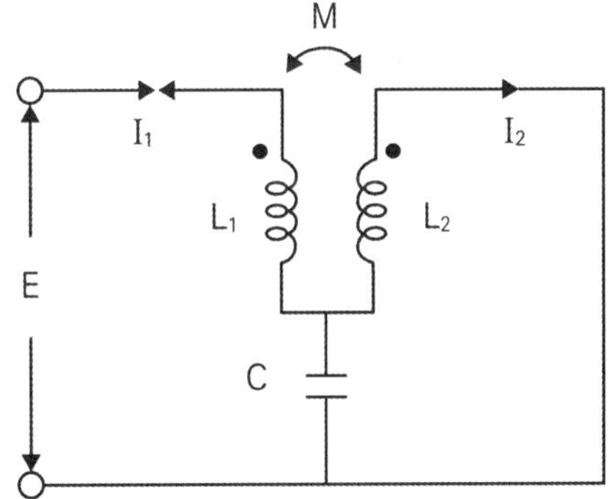

① $1/(\omega L)$　　② $1/(\omega^2 L)$
③ $1/(\omega M)$　　④ $1/(\omega^2 M)$

정답 72 ④　73 ④

해설

[캠벨 브리지회로]

[풀이 1]

캠벨 브리지 회로(Campbell Bridge)에서 상호유도(M)를 활용해 I_2 전류가 0이 되도록 하기 위한 커패시터 C의 값을 묻는 문제이다.

$I_2=0$이 되려면, 공진 조건 또는 전압 상쇄 조건을 만족해야 한다.

회로는 상호인덕턴스(M)를 가지는 결합 인덕터 L_1, L_2와 직렬 커패시터 C가 연결된 형태이다.

이 구조는 전형적인 캠벨 브리지 회로로, 상호유도에 의한 전압이 커패시터 전압에 의해 상쇄되어야 $I_2=0$이 된다.

⇨ 공진조건에서 $\frac{1}{\omega C}=\omega M$

양변을 정리하면 $C=\frac{1}{\omega^2 M}$

[풀이 2]

문제의 회로는 캠벨 브리지회로로서 직렬 접속이 감극성이므로 등가회로도는 다음과 같다.

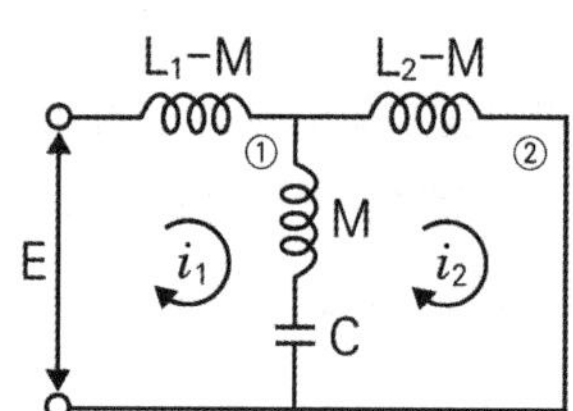

루프②에 키르히호프 제2법칙인 전압평형의 법칙을 적용하면

$$j\omega(L_2-M)I_2+\frac{1}{j\omega C}(I_2-I_1)+j\omega M(I_2-I_1)=0$$

$I_2=0$이므로

$$-\frac{1}{j\omega C}I_1-j\omega MI_1=0$$

$$\frac{1}{\omega C}=\omega M$$

$$\therefore C=\frac{1}{\omega^2 M}$$

74 무인으로 운전되는 엘리베이터의 자동 제어방식은?

① 프로그램제어 ② 추종제어
③ 비율제어 ④ 정치제어

해설

[프로그램제어]

제어 목푯값을 미리 정해진 프로그램에 의해 변화시키는 제어로서 무인열차운전, 엘리베이터, 자판기, 공작기계, 노의 온도제어 등이 있다.

※ 목푯값에 의한 분류

구분		내용
정치제어		목푯값이 일정한 자동제어에 적용
추치제어	추종제어	미지의 임의 시간적 변화를 하는 목푯값에 제어량을 추종시키는 제어(예 미사일)
	프로그램제어	미리 정해진 시간변화에 따라 정해진 순서대로 제어(예 자판기, 엘레베이터)
	비율제어	목푯값이 서로 다른 어떤 양과 일정한 비율관계를 가지는 제어
	시퀀스제어	미리 정해진 순서에 따라 각 단계가 순차적으로 진행(PLC는 시퀀스제어와 함께 사용함)

75 다음의 제어기기에서 압력을 변위로 변환하는 변환요소가 아닌 것은?

① 스프링 ② 벨로우즈
③ 노즐플래퍼 ④ 다이어프램

정답 74 ① 75 ③

해설

[노즐플래퍼]
플래퍼의 변위에 따라 노즐 내에 공기압이 변한다. 즉, 변위를 압력으로 변환하는 요소이다.

보충 스프링, 벨로우즈, 다이어프램 : 압력 → 변위 (압력을 받으면 늘어나거나 줄어드는 등 모양이 변함)

※ 노즐플래퍼(Nozzle-Flapper)

1) 정의
노즐플래퍼는 제어장치에서 미세한 기계적 변위를 유체(공기 또는 기름)의 압력 변화로 변환하는 기구이다. 주로 서보밸브와 같은 정밀 제어시스템에서 증폭기 역할을 한다.

2) 구성
고정된 노즐과 그 앞을 막는 플래퍼(얇은 판)로 구성된다.

3) 작동 원리
① 일정한 압력의 유체가 공급관을 통해 노즐로 공급된다.
② 플래퍼가 노즐에서 멀어지면 노즐과 플래퍼 사이의 간격이 넓어져 유체가 쉽게 빠져나가고, 그 결과 노즐 내부의 배압(Back Pressure)은 낮아진다.
③ 반대로 플래퍼가 노즐에 가까워지면 간격이 좁아져 유체의 흐름이 방해를 받고, 배압은 높아진다.
④ 이 원리를 통해 플래퍼의 매우 작은 움직임(변위)으로도 큰 폭의 압력 변화를 만들어낼 수 있다.

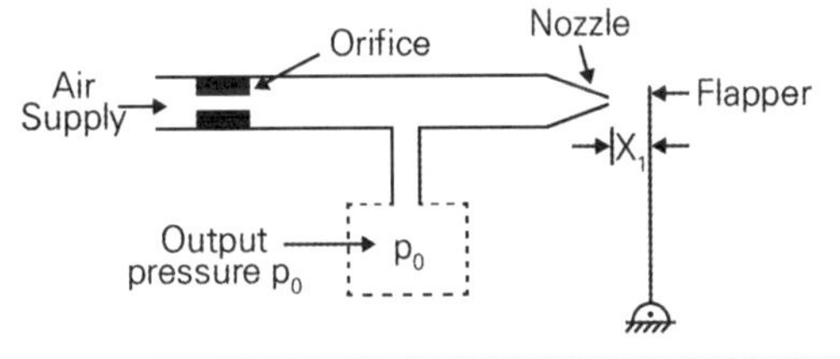

76 제어계에서 전달함수의 정의는?

① 모든 초깃값을 0으로 하였을 때 계의 입력신호의 라플라스 값에 대한 출력신호의 라플라스 값의 비
② 모든 초깃값을 1로 하였을 때 계의 입력신호의 라플라스 값에 대한 출력신호의 라플라스 값의 비
③ 모든 초깃값을 ∞로 하였을 때 계의 입력신호의 라플라스 값에 대한 출력신호의 라플라스 값의 비
④ 모든 초깃값을 입력과 출력의 비로 한다.

해설

[전달함수]

전달함수 $G(s) = \dfrac{C(s)}{R(s)}$ (단, 모든 초기조건은 0)

① 전달함수는 모든 초깃값을 0으로 했을 때 출력신호의 라플라스 변환과 입력신호의 라플라스 변환의 비로 표시된다.

※ ②번 추가해설
모든 초깃값을 0으로 놓는 이유는 자동제어의 모든 변수는 정상상태로 부터의 편차량을 의미하기 때문이다.

77 자동조정제어의 제어량에 해당하는 것은?

① 전압 ② 온도
③ 위치 ④ 압력

2021-03

정답 76 ① 77 ①

해설

[자동조정제어의 제어량]
전압, 전류, 주파수, 회전속도

※ 제어량에 의한 분류

구분	내용	제어량
서보기구	기계적 변위를 제어량으로 하는 변화량제어	물체의 방위, 위치, 각도 등
프로세스 제어	플랜트나 생산공정 중의 상태량제어 (화학적 양을 제어)	온도, 압력, 유량, 농도 등
자동조정 제어	제어량이 전기적, 기계적 양을 제어	주파수, 전압, 전류, 힘, 회전속도 등

78 발전기에 적용되는 법칙으로 유도기전력의 방향을 알기 위해 사용되는 법칙은?

① 옴의 법칙
② 암페어의 주회적분법칙
③ 플레밍의 왼손법칙
④ 플레밍의 오른손법칙

해설

[플레밍의 오른손법칙]
자계내에서 도체가 움직일 때 발생하는 기전력의 방향을 결정하는 법칙으로 발전기에 적용된다.

암 오(오른손) 발(발전기) 탄

79 피드백제어계에서 제어요소에 대한 설명으로 옳은 것은?

① 목푯값에 비례하는 기준 입력신호를 발생하는 요소이다.
② 제어량의 값을 목푯값과 비교하기 위하여 피드백 되는 요소이다.
③ 조작부와 조절부로 구성되고 동작신호를 조작량으로 변환하는 요소이다.
④ 기준입력과 주궤환신호의 차로 제어동작을 일으키는 요소이다.

해설

[제어요소]
동작신호를 조작량으로 변화시켜 주는 요소이며, 조절부와 조작부로 구성되어 있다.

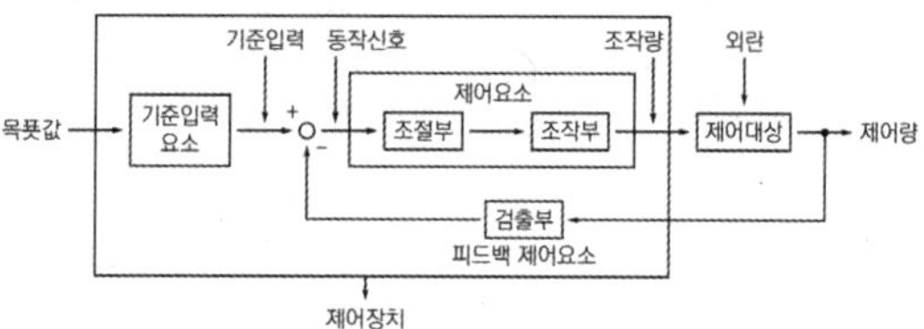

[폐루프제어계의 구성도]

정답 78 ④ 79 ③

80 2차계시스템의 응답형태를 결정하는 것은?

① 히스테리시스
② 정밀도
③ 분해도
④ 제동계수

해설

[2차계시스템의 응답형태]
2차계시스템의 응답형태는 제동계수에 따라 결정된다.
$\delta < 1$: 부족제동(감쇠진동)
$\delta = 1$: 임계제동(진동에서 비진동으로 옮겨가는 임계상태)
$\delta > 1$: 과제동(비진동)
$\delta = 0$: 무제동(무한진동 또는 완전진동)

5과목 배관일반

1회독	시간 :	점수 :
2회독	시간 :	점수 :
3회독	시간 :	점수 :

81 순동이음쇠를 사용할 때에 비하여 동합금 주물이음쇠를 사용할 때 고려할 사항으로 가장 거리가 먼 것은?

① 순동이음쇠 사용에 비해 모세관현상에 의한 용융 확산이 어렵다.
② 순동이음쇠와 비교하여 용접재 부착력은 큰 차이가 없다.
③ 순동이음쇠와 비교하여 냉벽 부분이 발생할 수 있다.
④ 순동이음쇠 사용에 비해 열팽창의 불균일에 의한 부정적 틈새가 발생할 수 있다.

해설

[동합금 주물이음쇠를 사용할 때 고려할 사항]
② 순동이음쇠가 용접재와의 친화력이 좋다. 동합금주물이음쇠는 두꺼워 용접재의 융점 이하 부분이 발생할 수 있다.

82 증기 및 물배관 등에서 찌꺼기를 제거하기 위하여 설치하는 부속품으로 옳은 것은?

① 유니온　② P트랩
③ 부싱　④ 스트레이너

2021-03

정답 80 ④ 81 ② 82 ④

해설

[스트레이너(Strainer, 여과기)]

- 배관에 설치하여 배관 내의 이물질을 걸러내기 위한 장치
- 본체 안에 있는 여과망이 이물질을 걸러낸다.
- 펌프의 흡입 쪽이나 밸브의 입구 쪽에 설치한다.
- 종류는 Y형, U형, V형이 있다.

[Y형 스트레이너]

[U형 스트레이너]

[V형 스트레이너]

83 관경 300 mm, 배관길이 500 m의 중압 가스수송관에서 공급압력과 도착압력이 게이지압력으로 각각 3 kgf/cm^2, 2 kgf/cm^{2}인 경우 가스유량(m^3/h)은 얼마인가? (단, 가스비중 0.64, 유량계수 52.31이다)

① 10238　　② 20583
③ 38317　　④ 40153

해설

[중·고압 가스배관 유량]

[풀이 1]

$$Q = K\sqrt{\frac{(P_1^2 - P_2^2)\times D^5}{S\cdot L}}$$

$$= 52.31\sqrt{\frac{(4^2-3^2)\times 30^5}{0.64\times 500}}$$

$$= 38318\ \mathrm{m^3/h}$$

$P_1 = 3 + 1.0332 = 4.0332 \fallingdotseq 4\ \mathrm{kgf/cm^2}$

$P_2 = 2 + 1.0332 = 3.0332 \fallingdotseq 3\ \mathrm{kgf/cm^2}$

[풀이 2]

$$D^5\ [\mathrm{cm}] = \frac{\mathrm{Q}^2\mathrm{SL}}{\mathrm{K}^2(\mathrm{P}_1^2 - \mathrm{P}_2^2)}$$

$$30^5\ [\mathrm{cm}] = \frac{\mathrm{Q}^2\times 0.64\times 500}{52.31^2(4^2-3^2)}$$

$\therefore Q = 38318.34\ \mathrm{m^3/h}$

1) 저압 배관 가스관경 계산식(폴의 공식)

$$D[\mathrm{cm}] = \sqrt[5]{\frac{\mathrm{Q}^2\mathrm{SL}}{\mathrm{K}^2\mathrm{H}}}$$

$$(D^5 = \frac{Q^2SL}{K^2H})$$

Q : 가스유량 $[m^3/h]$
D : 가스관 내경 [cm]
H : 허용압력손실 [mmAq]
L : 배관길이 [m]
S : 가스의 비중 [공기비중 : 1]
K : 유량계수(POLE상수 = 0.707)

암 오디? = Q_2 슬개골 K_2 가져야겠다

정답 83 ③

2) 중압·고압 배관 가스관경 계산식(콕스의 공식)

$$D[\mathrm{cm}] = \sqrt[5]{\frac{Q^2SL}{K^2(P_1^2-P_2^2)}}$$

$$\left(D^5[\mathrm{cm}] = \frac{Q^2SL}{K^2(P_1^2-P_2^2)}\right)$$

Q : 가스유량 $[m^3/h]$
D : 가스관 내경 [cm]
P_1 : 초압 $[kgf/cm^2\ abs]$
P_2 : 종압 $[kgf/cm^2\ abs]$
L : 배관길이 [m]
S : 가스의 비중 [공기비중 : 1]
K : 유량계수(COX상수 = 52.31)

암 오디? = Q_2 슬개골
K_2 폴대 2개

84 다음 중 배수설비에서 소제구(C.O)의 설치위치로 가장 부적절한 곳은?

① 가옥 배수관과 옥외의 하수관이 접속되는 근처
② 배수 수직관의 최상단부
③ 수평 지관이나 횡주관의 기점부
④ 배수관이 45도 이상의 각도로 구부러지는 곳

해설

[소제구(= 청소구) 설치]
배수가 고이기 쉬운 곳, 청소하기 쉬운 곳 및 긴 경로의 도중에 설치

1) 가옥 배수관과 부지 하수관(택지 하수관)이 접속되는 곳
2) 길이가 긴 배수 수평관의 중간
3) 배수관이 45° 이상의 각도로 방향을 전환하는 곳
4) 배수수평주관과 배수수평지관의 최상류 지점
5) 배수수직관의 가장 낮은 곳(최하단부 또는 그 근처에 설치)
6) 배관경 100 mm 이하 : 15 m 이내마다
배관경 100 mm 초과 : 30 m 이내마다

보충 청소구 : 배수 또는 통기관 내부에 이물질이 쌓이거나 막혔을 때 이를 점검하거나 제거하기 위해 설치하는 개구부

85 다음 중 폴리에틸렌관의 접합법이 아닌 것은?

① 나사접합
② 인서트접합
③ 소켓접합
④ 용착 슬리브접합

해설

[소켓접합]
주철관접합(이음)방법이며 관의 소켓 부에 얀(Yarn)과 납을 넣어 다져서 접합한다.

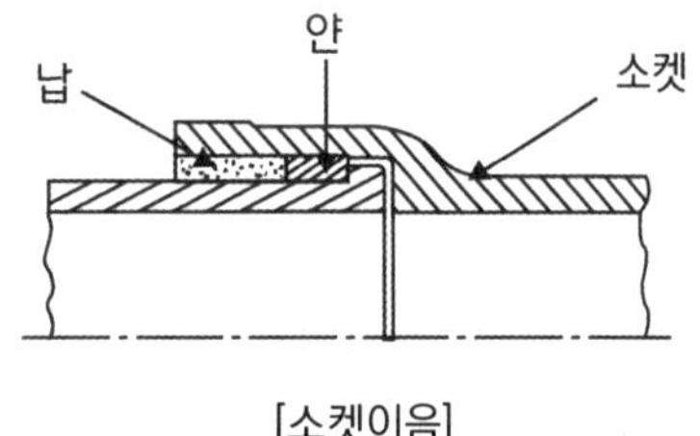

[소켓이음]

암 폴리에틸렌관접합 :
나 테 용 인 플
(나 태희랑 용인가기로 플랜짰어)
나사이음, 테이퍼이음, 용착슬리브이음, 서트이음, 플랜지이음

2021-03

정답 84 ② 85 ③

86 배관의 접합방법 중 용접접합의 특징으로 틀린 것은?

① 중량이 무겁다.
② 유체의 저항 손실이 적다.
③ 접합부 강도가 강하여 누수우려가 적다.
④ 보온피복 시공이 용이하다.

해설

[용접접합의 특징]
1) 접합부의 강도가 크고 중량이 가벼워진다.
2) 이음 효율이 높아 기밀성이 우수하다.
3) 용접 후 잔류응력이 존재하므로 균열과 수축이 발생할 우려가 있다.
4) 재료(부속)가 절약되고 작업공정이 단축된다.
5) 유체의 저항손실이 적다.
6) 보온피복 시공이 용이하다.

87 폴리부틸렌관(PB)이음에 대한 설명으로 틀린 것은?

① 에이콘이음이라고도 한다.
② 나사이음 및 용접이음이 필요 없다.
③ 그랩링, O-링, 스페이스 와셔가 필요하다.
④ 이종관접합 시는 어댑터를 사용하여 인서트이음을 한다.

해설

[폴리부틸렌관(PB)이음]
폴리부틸렌(PB)관을 이종관과 접합시킬 때는 커넥터 및 어댑터를 사용하여 나사이음을 한다.

88 병원, 연구소 등에서 발생하는 배수로 하수도에 직접 방류할 수 없는 유독한 물질을 함유한 배수를 무엇이라 하는가?

① 오수 ② 우수
③ 잡배수 ④ 특수배수

해설

[배수설비의 종류]
1) 오수 : 대소변기, 비데 등에서 나오는 배수
2) 잡배수 : 세면기, 싱크대, 욕조 등에서 나오는 배수
3) 빗물배수(우수배수) : 옥상이나 부지 내에 내리는 빗물의 배수
4) 특수배수 : 공장, 병원, 연구소 등에서의 배수 중 기름, 산, 알칼리, 방사선물질, 그 이외의 유해물질을 포함하고 있는 배수 → 적절한 처리 시설에서 처리하여 하수도에 흘려보낼 것

89 LP가스 공급, 소비 설비의 압력손실 요인으로 틀린 것은?

① 배관의 입하에 의한 압력손실
② 엘보, 티 등에 의한 압력손실
③ 배관의 직관부에서 일어나는 압력손실
④ 가스미터, 콕크, 밸브 등에 의한 압력손실

해설

[LP가스 공급, 소비 설비의 압력손실 요인]
LP가스(프로판 + 부탄)는 공기보다 무겁다.
(프로판 비중 : 1.52, 부탄비중 : 2.01이다)
따라서 배관의 입하시에는 자중으로 내려가기 때문에 LP가스 공급, 소비 설비의 압력손실 요인이 아니다.

정답 86 ① 87 ④ 88 ④ 89 ①

90 밀폐 배관계에서는 압력계획이 필요하다. 압력계획을 하는 이유로 틀린 것은?

① 운전 중 배관계 내에 대기압보다 낮은 개소가 있으면 접속부에서 공기를 흡입할 우려가 있기 때문에
② 운전 중 수온에 알맞은 최소압력 이상으로 유지하지 않으면 순환수 비등이나 플래시현상 발생 우려가 있기 때문에
③ 펌프의 운전으로 배관계 각 부의 압력이 감소하므로 수격작용, 공기정체 등의 문제가 생기기 때문에
④ 수온의 변화에 의한 체적의 팽창·수축으로 배관 각부에 악영향을 미치기 때문에

해설

[밀폐배관계의 압력계획]

③ 펌프 운전으로 발생하는 주요 문제는 압력 상승이나 급격한 압력 변화에 따른 수격작용이다. 펌프 운전 자체로 인해 배관계 전체 압력이 감소하는 것은 일반적인 현상이 아니며, 공기 정체도 압력계획과 직접적인 관련이 없다. <u>수격작용은 압력 상승 및 급격한 유속 변화 때문에 발생하는 것</u>이지, 단순한 압력 감소 때문이 아니다.

91 펌프 운전 시 발생하는 캐비테이션현상에 대한 방지대책으로 틀린 것은?

① 흡입양정을 짧게 한다.
② 펌프의 회전수를 낮춘다.
③ 단흡입펌프를 사용한다.
④ 흡입관의 관경을 굵게, 굽힘을 적게 한다.

해설

[캐비테이션(Cavitation)]

1) 공동현상(空洞現象)이라고도 하며, 액체가 배관의 굴곡부나 곡부를 흐를 때 저압 영역에서 기포(증기)가 발생하는 현상이다.
2) 기포가 펌프의 토출 측 고압 영역에 도달하면 갑자기 파괴되면서 소음과 진동이 발생하고, 부식(침식)이 일어날 수 있다.
3) 방지대책
 (1) 펌프의 흡입 양정을 작게 한다.
 (2) 펌프의 회전수를 낮춘다.
 (3) <u>양흡입 펌프를 사용한다.</u>
 (4) 2대 이상의 펌프를 사용한다.
 (5) 흡입관 구경을 크게 하여 손실수두를 줄인다.

92 급탕설비에 관한 설명으로 옳은 것은?

① 급탕배관의 순환방식은 상향순환식, 하향순환식, 상하향 혼용순환식으로 구분된다.
② 물에 증기를 직접 분사시켜 가열하는 기수혼합식의 사용증기압은 0.01 MPa(0.1 kgf/cm^2) 이하가 적당하다.
③ 가열에 따른 관의 신축을 흡수하기 위하여 팽창탱크를 설치한다.
④ 강제순환식 급탕배관의 구배는 1/200 ~ 1/300 정도로 한다.

해설

[급탕설비]

1) 급탕배관 순환방식 : 상향순환식, 하향순환식
2) 기수혼합식 사용증기압 : 0.1 ~ 0.4 MPa
3) 가열에 따른 급탕(물)의 부피팽창을 흡수하기 위해 팽창탱크를 설치한다.

정답 90 ③ 91 ③ 92 ④

4) 급탕배관 기울기
- 강제순환식 : 1/200
- 중력순환식 : 1/150

93 강관작업에서 아래 그림처럼 15 A 나사용 90° 엘보 2개를 사용하여 길이가 200 mm가 되도록 연결 작업을 하려고 한다. 이때 실제 15 A 강관의 길이(mm)는 얼마인가? (단, 나사가 물리는 최소길이(여유치수)는 11 mm이고 이음쇠의 중심에서 단면까지의 길이는 27 mm이다)

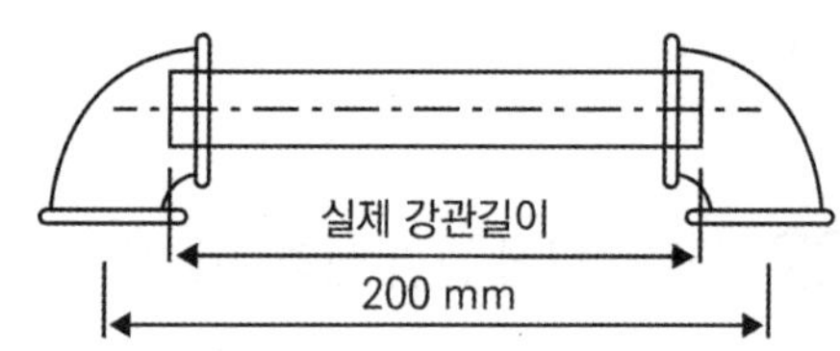

① 142　　② 158
③ 168　　④ 176

해설

[강관의 길이]

$l = L - 2A + 2a$
$= 200 - 2 \times 27 + 2 \times 11$
$= 168\ \text{mm}$

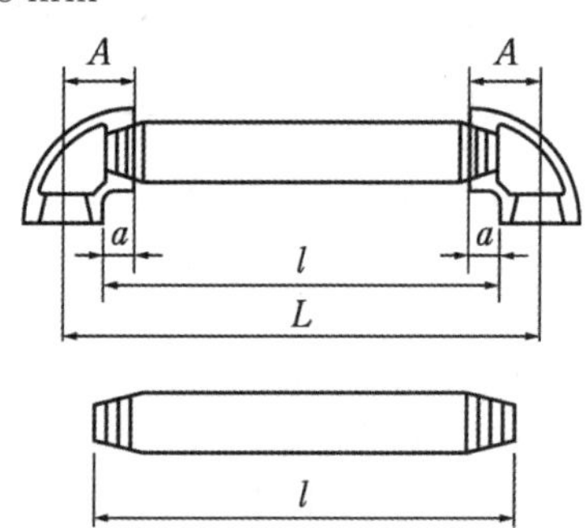

94 온수난방에서 개방식 팽창탱크에 관한 설명으로 틀린 것은?

① 공기빼기 배기관을 설치한다.
② 4 ℃의 물을 100 ℃로 높였을 때 팽창체적비율이 4.3 % 정도이므로 이를 고려하여 팽창탱크를 설치한다.
③ 팽창탱크에는 오버 플로우관을 설치한다.
④ 팽창관에는 반드시 밸브를 설치한다.

해설

[온수난방설비의 온수배관 시공법]

④ 팽창관에는 어떤 밸브도 설치해서는 안 된다.

보충 팽창관은 부피가 증가된 온수를 팽창탱크로 도피시키는 배관

95 관 공작용 공구에 대한 설명으로 틀린 것은?

① 익스팬더 : 동관의 끝부분을 원형으로 정형 시 사용
② 봄볼 : 주관에서 분기관을 따내기 작업 시 구멍을 뚫을 때 사용
③ 열풍용접기 : PVC관의 접합, 수리를 위한 용접 시 사용
④ 리드형 오스타 : 강관에 수동으로 나사를 절삭할 때 사용

해설

[관 공작용 공구]

- 익스팬더 : 동관 관경을 확관하는 공구
- 사이징 툴 : 동관의 끝부분을 원형으로 정형하는 공구

정답 93 ③　94 ④　95 ①

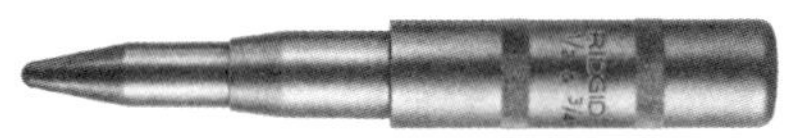
[사이징툴]

96 공기조화설비에서 수 배관 시공 시 주요 기기류의 접속배관에는 수리 시 전 계통의 물을 배수하지 않도록 서비스용 밸브를 설치한다. 이때 밸브를 완전히 열었을 때 저항이 적은 밸브가 요구되는데 가장 적당한 밸브는?

① 나비밸브　② 게이트밸브
③ 니들밸브　④ 글로브밸브

해설

[게이트밸브]
게이트밸브는 완전히 열었을 때 흐름에 방해되는 것이 없기 때문에 저항이 가장 적다.

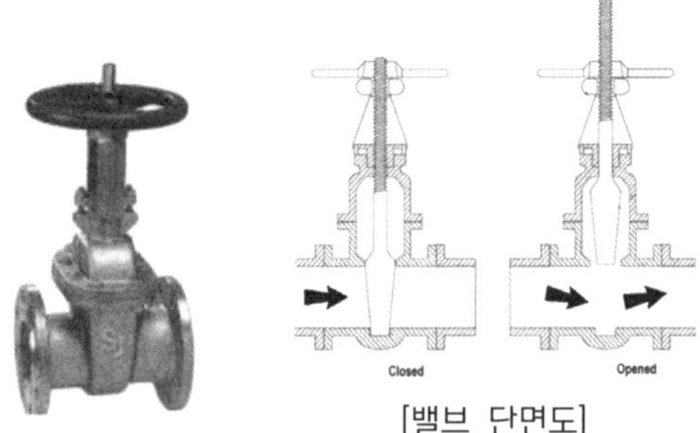

[밸브 단면도]

97 스테인리스강관에 삽입하고 전용 압착공구를 사용하여 원형의 단면을 갖는 이음쇠를 6각의 형태로 압착시켜 접착하는 배관이음쇠는?

① 나사식 이음쇠
② 그립식 관이음쇠
③ 몰코조인트이음쇠
④ MR조인트이음쇠

해설

[몰코조인트이음쇠]
몰코조인트이음쇠는 EZ조인트이음쇠, SR조인트이음쇠가 있으며 압착시켜 접합하는 것은 SR조인트이며 EZ조인트는 끼워 넣어 접합하는 이음쇠이다.

98 중앙식 급탕방식의 특징으로 틀린 것은?

① 일반적으로 다른 설비 기계류와 동일한 장소에 설치할 수 있어 관리가 용이하다.
② 저탕량이 많으므로 피크부하에 대응할 수 있다.
③ 일반적으로 열원장치는 공조설비와 겸용하여 설치되기 때문에 열원단가가 싸다.
④ 배관이 연장되므로 열효율이 높다.

해설

[중앙식 급탕방식]
중앙식 급탕방식은 기계실에서부터 사용처까지 배관이 길게 연장되므로 열효율이 떨어진다.

2021-03

정답 96 ② 97 ③ 98 ④

99 냉매배관용 팽창밸브 종류로 가장 거리가 먼 것은?

① 수동식 팽창밸브
② 정압식 자동팽창밸브
③ 온도식 자동팽창밸브
④ 팩리스 자동팽창밸브

해설

[팽창밸브의 종류]
- 수동식 팽창밸브
- 온도식 자동팽창밸브
- 정압식 자동팽창밸브
- 전자식 팽창밸브
- 모세관

100 다음 중 흡수성이 있으므로 방습재를 병용해야 하며, 아스팔트로 가공한 것은 -60℃까지의 보냉용으로 사용이 가능한 것은?

① 펠트
② 탄화코르크
③ 석면
④ 암면

해설

[펠트(Felt)]
- 양모펠트와 우모펠트가 있다.
- 흡수성이 있다.
- 곡면시공이 용이하다.
- 안전 사용온도는 100℃ 이하이다.
- 아스팔트로 방습 처리한 것은 -60℃까지 사용할 수 있다.

정답 99 ④ 100 ①

2020 제1회

1과목 기계열역학

1회독 시간 : 점수 :
2회독 시간 : 점수 :
3회독 시간 : 점수 :

01 다음 중 가장 큰 에너지는?

① 100 kW 출력의 엔진이 10시간 동안 한 일
② 발열량 10000 kJ/kg의 연료를 100 kg 연소시켜 나오는 열량
③ 대기압하에서 10 ℃의 물 10 m^3를 90 ℃로 가열하는 데 필요한 열량(단, 물의 비열은 4.2 kJ/(kg·K)이다)
④ 시속 100 km로 주행하는 총 질량 2000 kg인 자동차의 운동에너지

해설

[에너지 계산]

① $Q_1 = 100 \times 10 \times 3600 = 3{,}600{,}000\ \text{kJ}$

② $Q_2 = 10{,}000 \times 100 = 1{,}000{,}000\ \text{kJ}$

③ $Q_3 = GC\Delta t = \rho QC\Delta t = 1{,}000 \times 10 \times 4.2 \times (90-10) = 3{,}360{,}000\ \text{kJ}$

④ $Q_4 = \frac{1}{2}\text{mv}^2 = \frac{1}{2} \times 2{,}000 \times (100 \times 10^3 \div 3{,}600)^2 \div 1{,}000 = 771.6\ \text{kJ}$

보충 $G = \rho Q$

02 실린더 내의 공기가 100 kPa, 20 ℃ 상태에서 300 kPa이 될 때까지 가역단열 과정으로 압축된다. 이 과정에서 실린더 내의 계에서 엔트로피의 변화(kJ/(kg·K))는? (단, 공기의 비열비(k)는 1.4이다)

① -1.35 ② 0
③ 1.35 ④ 13.5

해설

[가역단열과정에서 엔트로피의 변화]

가역단열과정은 등엔트로피과정으로 엔트로피변화량은 없다.

$\Delta S = \frac{\Delta Q}{T}$ 인데 가역단열과정이므로

$\Delta Q = 0$

따라서 $\Delta S = \frac{0}{T} = 0$이 된다.

03 용기 안에 있는 유체의 초기 내부에너지는 700 kJ이다. 냉각과정 동안 250 kJ의 열을 잃고, 용기 내에 설치된 회전날개로 유체에 100 kJ의 일을 한다. 최종상태의 유체의 내부에너지(kJ)는 얼마인가?

① 350 ② 450
③ 550 ④ 650

정답 01 ① 02 ② 03 ③

해설

[최종상태의 유체의 내부에너지]

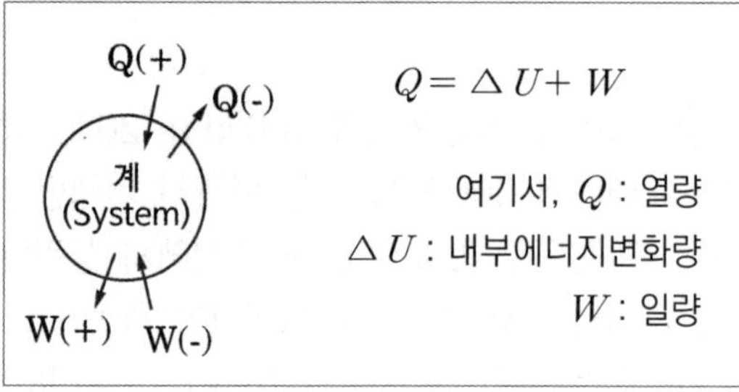

$$Q = \triangle U + W$$
$$Q = (U_2 - U_1) + W$$
$$-250 = (U_2 - 700) - 100$$
$$\therefore U_2 = 700 + 100 - 250 = 550\ kJ$$

보충 외부가 유체에 일을 하였으므로 일량은 음수 (W= -100 kJ)

04 열역학적 관점에서 다음 장치들에 대한 설명으로 옳은 것은?

① 노즐은 유체를 서서히 낮은 압력으로 팽창하여 속도를 감소시키는 기구이다.

② 디퓨저는 저속의 유체를 가속하는 기구이며 그 결과 유체의 압력이 증가한다.

③ 터빈은 작동유체의 압력을 이용하여 열을 생성하는 회전식 기계이다.

④ 압축기의 목적은 외부에서 유입된 동력을 이용하여 유체의 압력을 높이는 것이다.

해설

[열역학적 관점에서의 장치]

④ 압축기는 외부에서 동력을 공급받아 유체의 압력을 증가시키는 기계이다. 압축기에서 유체는 고온, 고압으로 압축되며, 이는 기계적 에너지를 유체에 전달하여 압력이 상승하는 과정이다.

① 노즐은 유체를 낮은 압력으로 팽창시켜 속도가 증가되는 기구이다.

② 디퓨저는 저속의 유체를 감속시키는 기구이다. 유체가 느리게 흐를 때, 그 유체의 압력은 증가하지만 속도는 감소한다.

③ 터빈은 유체의 압력과 열에너지를 기계적인 에너지로 변환하는 회전식 기계이다. 즉, 작동유체의 압력을 이용하여 열을 생성하는 것이 아니라, 유체의 에너지를 회전 운동으로 바꾸어 발전기를 돌리거나 다른 작업을 수행한다.

05 랭킨사이클에서 보일러 입구 엔탈피 192.5 kJ/kg, 터빈 입구 엔탈피 3002.5 kJ/kg, 응축기 입구 엔탈피 2361.8 kJ/kg일 때 열효율(%)은? (단, 펌프의 동력은 무시한다)

① 20.3　　② 22.8
③ 25.7　　④ 29.5

해설

[랭킨사이클 열효율]

$$\eta = \frac{\text{터빈입구} - \text{응축기입구}}{\text{터빈입구(보일러출구)} - \text{보일러입구}} \times 100$$

$$= \frac{3002.5 - 2361.8}{3002.5 - 192.5} \times 100 = 22.85$$

※ 랭킨사이클 열효율(η_R)

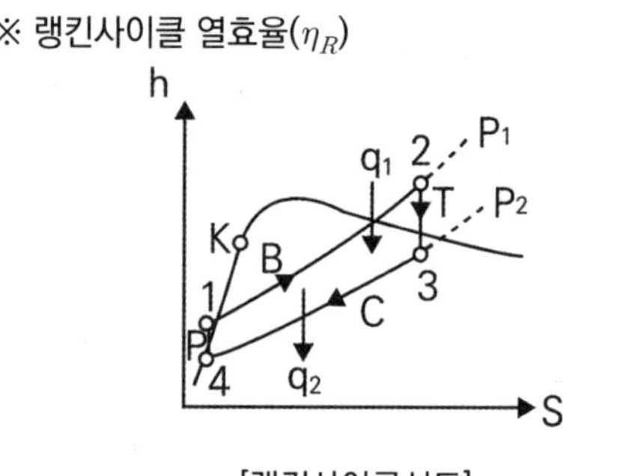

[랭킨사이클선도]

정답 04 ④ 05 ②

$$\eta_R = \frac{T-P}{B} = \frac{(h_2-h_3)-(h_1-h_4)}{h_2-h_1}$$

만약 펌프일을 무시하면

$\eta_R = \dfrac{h_2-h_3}{h_2-h_1}$에서 $h_1 \fallingdotseq h_4$이므로

$$\eta_R = \frac{(h_2-h_3)}{h_2-h_4}$$

06 준 평형 정적과정을 거치는 시스템에 대한 열전달량은? (단, 운동에너지와 위치에너지의 변화는 무시한다)

① 0이다.
② 이루어진 일량과 같다.
③ 엔탈피변화량과 같다.
④ 내부에너지변화량과 같다.

해설

[정적과정에서 열전달량]

$\delta Q = dU + PdV$이고 정적과정이므로 $dV = 0$

따라서

$\delta Q = dU$가 되므로

열전달량 δQ는 내부에너지변화량 dU와 같다.

07 초기 압력 100 kPa, 초기 체적 0.1 m³인 기체를 버너로 가열하여 기체 체적이 정압과정으로 0.5 m³이 되었다면 이 과정 동안 시스템이 외부에 한 일(kJ)은?

① 10 ② 20
③ 30 ④ 40

해설

[정압과정의 팽창일]

$$W = \int_1^2 PdV = P(V_2 - V_1)$$

$$= 100 \times (0.5 - 0.1) = 40\ \text{kJ}$$

08 열역학 제2법칙에 대한 설명으로 틀린 것은?

① 효율이 100 %인 열기관은 얻을 수 없다.
② 제2종의 영구기관은 작동 물질의 종류에 따라 가능하다.
③ 열은 스스로 저온의 물질에서 고온의 물질로 이동하지 않는다.
④ 열기관에서 작동 물질이 일을 하게 하려면 그보다 더 저온인 물질이 필요하다.

해설

[열역학 제2법칙]

② 제2종 영구기관은 열역학 제2법칙을 위반하는 장치이다. 어떤 물질을 사용하더라도 제2종 영구기관은 불가능하다. 이 장치는 저온의 물체에서 고온의 물체로 자연스럽게 열을 전달하고 일을 하는 것을 목표로 하지만, 제2법칙에 따라 열은 항상 고온에서 저온으로 흐르기 때문에, 이는 물리적으로 불가능하다.

※ 참고

- 제1종 영구기관 : 에너지를 공급받지 않고도 영구적으로 일을 하는 기계. 즉, 입력 없이 출력이 있는 시스템(입력 < 출력, 열효율이 100 %보다 큰 기관) → 열역학 1법칙에 위배

정답 06 ④ 07 ④ 08 ②

• 제2종 영구기관 : 에너지는 생성되거나 소멸되지 않음. 즉, 열을 100 % 일로 바꾸는 장치(입력 = 출력, 열효율이 100 %인 기관) → 열역학 2법칙에 위배

09 공기 10 kg이 압력 200 kPa, 체적 5 m³인 상태에서 압력 400 kPa, 온도 300 ℃인 상태로 변한 경우 최종 체적(m³)은 얼마인가? (단, 공기의 기체상수는 0.287 kJ/kg · K이다)

① 10.7 ② 8.3
③ 6.8 ④ 4.1

해설

[이상기체상태방정식]

이상기체상태방정식 $PV=GRT$ 여기서, G : 질량 [kg] R : 특정기체상수 [kJ/(kg · K)]

$P_2V_2 = GRT_2$에서

$$V_2 = \frac{GRT_2}{P_2} = \frac{10 \times 0.287 \times (300+273)}{400} = 4.1\ \text{m}^3$$

10 그림과 같은 공기표준 브레이튼(Brayton)사이클에서 작동유체 1 kg당 터빈 일(kJ/kg)은? (단, T_1 = 300 K, T_2 = 475.1 K, T_3 = 1100 K, T_4 = 694.5 K이고, 공기의 정압비열과 정적비열은 각각 1.0035 kJ/(kg · K), 0.7165 kJ/(kg · K)이다)

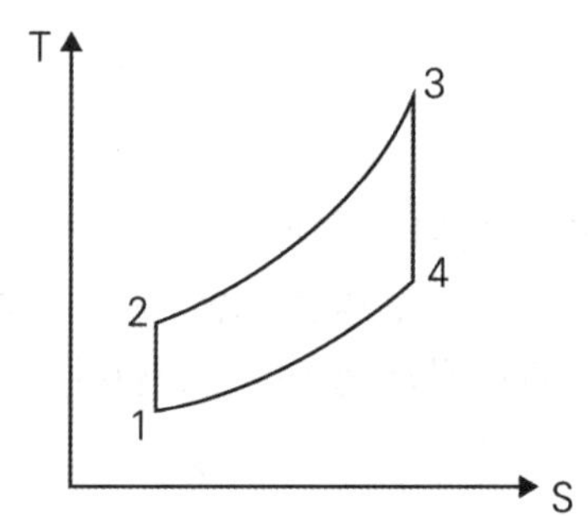

① 290 ② 407
③ 448 ④ 627

해설

[브레이튼사이클에서 터빈 일]

터빈에서의 일량을 구하기 위해

3 → 4과정의 일량을 구하면

$$W_T = h_3 - h_4 = C_p(T_3 - T_4) = 1.0035 \times (1100 - 694.5) = 406.9\ \text{kJ/kg}$$

보충 사이클 전체의 일량이 아니라 터빈에서의 일량을 묻는 문제임을 유의한다.

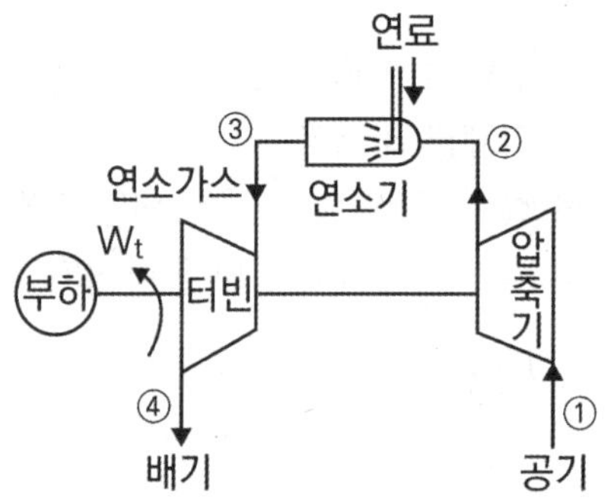

정답 09 ④ 10 ②

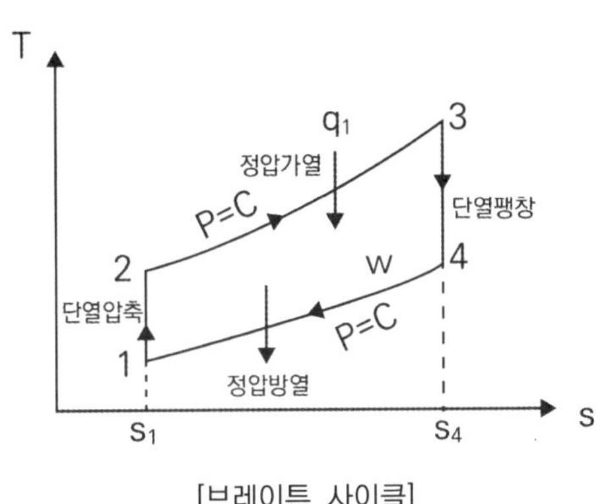

[브레이튼 사이클]

11 보일러에 온도 40℃, 엔탈피 167 kJ/kg인 물이 공급되어 온도 350℃, 엔탈피 3115 kJ/kg인 수증기가 발생한다. 입구와 출구에서의 유속은 각각 5 m/s, 50 m/s이고, 공급되는 물의 양이 2000 kg/h일 때, 보일러에 공급해야 할 열량(kW)은? (단, 위치에너지변화는 무시한다)

① 631 ② 832
③ 1237 ④ 1638

해설

[보일러에 공급해야 할 열량]

> ※ 에너지방정식(정상유동)
>
> $${}_1Q_2 = W_t + \frac{\dot{G}(v_2^2 - v_1^2)}{2} + \dot{G}(h_2 - h_1) + \dot{G}g(Z_2 - Z_1)$$
>
> ${}_1Q_2$: 열량, W_t : 공업일, $\dot{G}$: 질량 유량, g : 중력가속도, v_2, v_1 : 속도, h_2, h_1 : 엔탈피, Z_2, Z_1 : 위치에너지

$$Q = G(h_2 - h_1) + G\frac{1}{2}(v_2^2 - v_1^2)$$

$$= G\left\{(h_2 - h_1) + \frac{1}{2}(v_2^2 - v_1^2)\right\}$$

$$= \frac{2000}{3600} \times \left\{(3115 - 167) + \frac{(50^2 - 5^2)}{2 \times 10^3}\right\}$$

$$= 1638.46 \fallingdotseq 1638\ kW$$

12 피스톤 - 실린더장치에 들어 있는 100 kPa, 27℃의 공기가 600 kPa까지 가역단열과정으로 압축된다. 비열비가 1.4로 일정하다면 이 과정 동안에 공기가 받은 일(kJ/kg)은? (단, 공기의 기체상수는 0.287kJ/(kg·K)이다)

① 263.6 ② 171.8
③ 143.5 ④ 116.9

해설

[공기가 받은 일(단열과정)]

1) 압축 후의 온도 T_2

> 단열지수관계
>
> $$\frac{T_2}{T_1} = \left(\frac{v_1}{v_2}\right)^{k-1} = \left(\frac{p_2}{p_1}\right)^{\frac{k-1}{k}}$$
>
> k : 비열비

$$\frac{T_2}{T_1} = \left(\frac{P_2}{P_1}\right)^{\frac{k-1}{k}}$$

$$\frac{T_2}{300} = \left(\frac{600}{100}\right)^{\frac{1.4-1}{1.4}}$$

$\therefore T_2 = 500.55\ K$

보충 $T_1 = 27 + 273 = 300\ K$

2) 공기가 받은 일

압축과정일지라도 피스톤 - 실린더에서의 일은 밀폐계의 일량, 즉 절대일이다.

${}_1W_2 = C_v(T_1 - T_2)$이고 $C_v = \dfrac{R}{k-1}$이므로

정답 11 ④ 12 ③

$$_1W_2 = \frac{R}{k-1}(T_1 - T_2)$$
$$= \frac{0.287}{1.4-1}(300 - 500.55)$$
$$= -143.89\ kJ/kg$$

보충 계가 외부로 일을 행하면 (+)
계가 외부에서 일을 받으면 (-)

13 공기 3 kg이 300 K에서 650 K까지 온도가 올라갈 때 엔트로피변화량(J/K)은 얼마인가? (단, 이때 압력은 100 kPa에서 550 kPa로 상승하고, 공기의 정압비열은 1.005 kJ/kg·K, 기체상수는 0.287 kJ/kg·K이다)

① 712　　② 863
③ 924　　④ 966

해설

[엔트로피변화량]

※ 이상기체의 엔트로피 함수관계

$$\Delta s = s_2 - s_1 = C_v \ln\frac{T_2}{T_1} + R\ln\frac{v_2}{v_1}$$
$$= C_p \ln\frac{T_2}{T_1} - R\ln\frac{p_2}{p_1}$$
$$= C_p \ln\frac{v_2}{v_1} + C_v \ln\frac{p_2}{p_1}$$

$\Delta S = mC_p \ln\left(\frac{T_2}{T_1}\right) - mR\ln\left(\frac{p_2}{p_1}\right)$에서

$$= 3\times 1.005 \times \ln\left(\frac{650}{300}\right) - 3\times 0.287\times \ln\left(\frac{550}{100}\right)$$
$$\fallingdotseq 0.8633\ kJ/K$$
$$\fallingdotseq 863\ J/K$$

14 300 L 체적의 진공인 탱크가 25 ℃, 6 MPa의 공기를 공급하는 관에 연결된다. 밸브를 열어 탱크 안의 공기 압력이 5 MPa이 될 때까지 공기를 채우고 밸브를 닫았다. 이 과정이 단열이고 운동에너지와 위치에너지의 변화를 무시한다면 탱크 안의 공기의 온도(℃)는 얼마가 되는가? (단, 공기의 비열비는 1.40이다)

① 1.5　　② 25.0
③ 84.4　　④ 144.2

해설

[탱크 안의 공기의 온도]

※ 균일상태 균일유동 에너지방정식(USUF : Uniform State Uniform Flow Process)
제어체적에 대한 에너지보존법칙으로, 특히 비정상유동(즉, 충전 또는 방출 문제)에 사용한다.

$$Q - W + \sum_{in}(\dot{m}(h + \frac{v^2}{2} + gz)) - \sum_{out}(\dot{m}(h + \frac{v^2}{2} + gz)) = \frac{d}{dt}\left[\int_{CV} \rho(u + \frac{v^2}{2} + gz)dV\right]$$

1) 충전 또는 방출 문제에 적합한 형태(위 식을 적분하여 정리)

$$Q - W + m_i(h_i + \frac{v_i^2}{2} + gz_i) - m_e(h_e + \frac{v_e^2}{2} + gz_e) = m_2u_2 - m_1u_1$$

2) 충전 문제에서의 간소화

$$m_ih_i = m_2u_2$$

여기서, 단열 조건 → Q = 0,
외부일 없음 → W = 0
운동 및 위치에너지 무시
질량보존 → $m_i = m_2,\ m_1 = m_e = 0$
($m_1 = 0$[초기상태 진공],
$m_e = 0$[나가는 유량 없음])

정답 13 ② 14 ④

$\cancel{Q} - \cancel{W} + m_i(h_i + \cancel{\frac{v_i^2}{2}} + \cancel{gz_i}) - \cancel{m_e(h_e + \frac{v_e^2}{2} + gz_e)}$

$= m_2u_2 - \cancel{m_1u_1}$

1) 초기 상태(탱크 내부) : 진공, 질량 $m_1 = 0$
   최종 상태 : P_2, T_2, m_2
   들어오는 상태 : h_i, v_i, Z_i, m_i, T_i, P_i
   나가는 상태 : h_e, v_e, Z_e, m_e
2) 균일상태 균일유동(비정상유동) 과정식

$$Q + m_i(h_i + \frac{v_i^2}{2} + gZ_i)$$
$$= m_e(h_e + \frac{v_e^2}{2} + gZ_e) + [m_2(u_2 + \frac{{v_2}^2}{2} + gZ_2)$$
$$- m_1(u_1 + \frac{{v_1}^2}{2} + gZ_1)] + W$$

3) 단열과정($Q = 0$), 외부일 없음($W = 0$), 운동 및 위치에너지 무시($v^2/2 = 0$, $gZ = 0$) 초기 상태 $m_1 = 0$(진공), 나가는 유량 $m_e = 0$
4) 3)조건으로 2)식을 정리하면 $m_ih_i = m_2u_2$이다. 여기서 $m_2 = m_i$이므로 $h_i = u_2$ 이 된다.
5) 또한 $h = C_PT$, $u = C_vT$ 이므로,
   $C_PT_i = C_vT_2$로 변환된다.
6) 탱크 안 공기의 온도(T_2)

$$\therefore\ T_2 = \frac{C_P}{C_v}T_i = kT_i$$
$$= 1.4 \times (25 + 273)$$
$$= 417.2\ K = 144.2\ ℃$$

15 1 kW의 전기히터를 이용하여 101 kPa, 15 ℃의 공기로 차 있는 100 m^{3}의 공간을 난방하려고 한다. 이 공간은 견고하고 밀폐되어 있으며 단열되어 있다. 히터를 10분 동안 작동시킨 경우 이 공간의 최종온도(℃)는? (단, 공기의 정적비열은 0.718 kJ/kg · K이고, 기체상수는 0.287 kJ/kg · K이다)

① 18.1　　② 21.8
③ 25.3　　④ 29.4

해설

[공간의 최종온도]

이상기체상태방정식 $PV = GRT$ 여기서, G : 질량 [kg] R : 특정기체상수 [kJ/(kg · K)]

1) 공기의 질량 [kg]
   PV = GRT에서
   101 × 100 = G × 0.287 × (273 +15)
   ∴ G = 122.19 kg
2) 최초온도와 최종 온도의 온도차 Δt [℃]
   난방열량 q [kW]는
   ① 난방열량 q = G × C_V × Δt
   　= 122.19 × 0.718 × Δt
   ② 가열량 q = 1 kW × 10 min × 60 sec/min
   　= 600 kJ
   따라서
   122.19 × 0.718 × Δt = 600
   ∴ Δt = 6.84 ℃
3) 최종온도 t_2 [℃]

$$\Delta t = t_2 - t_1$$
$$t_2 = \Delta t + t_1$$
$$= 6.84 + 15$$
$$= 21.84\ ℃$$

2020-01

정답 15 ②

16 다음은 시스템(계)과 경계에 대한 설명이다. 옳은 내용을 모두 고른 것은?

가. 검사하기 위하여 선택한 물질의 양이나 공간 내의 영역을 시스템(계)이라 한다.
나. 밀폐계는 일정한 양의 체적으로 구성된다.
다. 고립계의 경계를 통한 에너지 출입은 불가능하다.
라. 경계는 두께가 없으므로 체적을 차지하지 않는다.

① 가, 다　② 나, 라
③ 가, 다, 라　④ 가, 나, 다, 라

해설

[시스템(계)과 경계]
나. 밀폐계는 경계를 통하여 물질의 이동은 없으나 열과 일은 이동이 가능한 계이므로 체적이 변할 수 있다.

17 단열된 가스터빈의 입구 측에서 압력 2 MPa, 온도 1200 K인 가스가 유입되어 출구 측에서 압력 100 kPa, 온도 600 K로 유출된다. 5 MW의 출력을 얻기 위해 가스의 질량유량(kg/s)은 얼마이어야 하는가? (단, 터빈의 효율은 100 %이고, 가스의 정압비열은 1.12 kJ/(kg·K)이다)

① 6.44　② 7.44
③ 8.44　④ 9.44

해설

[가스의 질량유량]
열역학 1법칙 미분형 제2식
$\delta q = dh - vdp = C_p dT + \delta w_t$
단열과정이므로 $\delta q = 0$
따라서
$\delta w_t = -C_p dT$
$\quad = -C_p(T_2 - T_1) = C_P(T_1 - T_2)$
$W_t = mC_P(T_1 - T_2)$
여기서, $W_t = 5 \times 10^3$ kW 이므로

$$m = \frac{W_t}{C_P(T_1 - T_2)} = \frac{5 \times 10^3}{1.12(1200-600)} = 7.44\ kg/s$$

보충 단위 접두어 :
M [메가] $= 10^6$, k [킬로] $= 10^3$

18 펌프를 사용하여 150 kPa, 26 ℃의 물을 가역단열과정으로 650 kPa까지 변화시킨 경우 펌프의 일(kJ/kg)은? (단, 26 ℃의 포화액의 비체적은 0.001 m^3/kg이다)

① 0.4　② 0.5
③ 0.6　④ 0.7

해설

[펌프의 일]
펌프의 일은 개방계의 일이므로 공업일이다.

$$W_p = -\int_1^2 vdP$$
$= -v(P_2 - P_1)$
$= -0.001 \times (650 - 150)$
$= -0.5$ kJ/kg(압축일)

정답 16 ③ 17 ② 18 ②

19 압력 1000 kPa, 온도 300 ℃ 상태의 수증기(엔탈피 3051.15 kJ/kg, 엔트로피 7.1228 kJ/kg · K)가 증기터빈으로 들어가서 100 kPa 상태로 나온다. 터빈의 출력 일이 370 kJ/kg일 때 터빈의 효율(%)은?

[수증기의 포화 상태표]

압력 100 kPa / 온도 99.62 ℃

엔탈피(kJ/kg)		엔트로피(kJ/kg · K)	
포화액체	포화증기	포화액체	포화증기
417.44	2675.46	1.3025	7.3593

① 15.6　　② 33.2
③ 66.8　　④ 79.8

해설

[터빈의 효율]

1) 건도 x

터빈은 단열과정(등엔트로피과정)이므로

$s_2 = s_1$

$s_2 = s_{포화액체} + x(s_{포화증기} - s_{포화액체})$

$7.1228 = 1.3025 + x(7.3593 - 1.3025)$

∴ 터빈 출구의 건도 x ≒ 0.96

2) 터빈 출구의 엔탈피

$h = h_{포화액체} + x(h_{포화증기} - h_{포화액체})$

$= 417.44 + 0.96(2675.46 - 417.44)$

$= 2585.14$ kJ/kg

3) 터빈의 효율

$$\eta = \frac{터빈 실제 출력}{h_{터빈입구} - h_{터빈출구}} \times 100$$

$$= \frac{370}{3051.15 - 2585.14} \times 100 \fallingdotseq 79.4\ \%$$

20 이상적인 냉동사이클에서 응축기 온도가 30 ℃, 증발기 온도가 −10 ℃일 때 성적계수는?

① 4.6　　② 5.2
③ 6.6　　④ 7.5

해설

[냉동사이클의 성적계수(COP)]

$$COP = \frac{T_2}{T_1 - T_2}$$

$$= \frac{-10 + 273}{(30 + 273) - (-10 + 273)} \fallingdotseq 6.6$$

※ 냉동기

에너지(전기 혹은 고온의 열)를 일의 형태로 받아 저열원으로부터 열을 빼앗는 것이 목적

$$COP = \frac{Q_2}{W} = \frac{Q_2}{Q_1 - Q_2} = \frac{T_2}{T_1 - T_2}$$

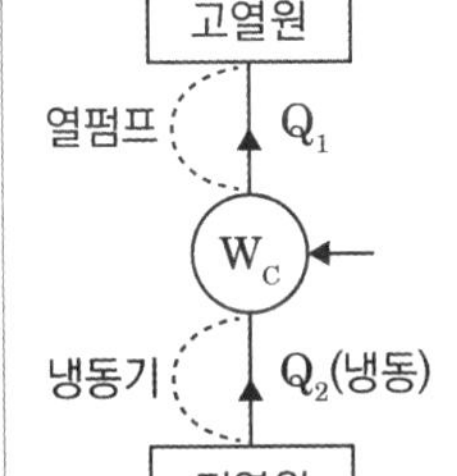

Q_1 : 저열원으로부터 흡수하는 열량

Q_2 : 고열원으로 방출하는 열량

W : 일량

T_1 : 고온

T_2 : 저온

정답 19 ④ 20 ③

2과목 냉동공학

1회독 시간 : 점수 :
2회독 시간 : 점수 :
3회독 시간 : 점수 :

21 스크류 압축기의 운전 중 로터에 오일을 분사시켜주는 목적으로 가장 거리가 먼 것은?

① 높은 압축비를 허용하면서 토출온도 유지
② 압축효율 증대로 전력소비 증가
③ 로터의 마모를 줄여 장기간 성능유지
④ 높은 압축비에서도 체적효율 유지

해설

[스크류 압축기 로터에 오일을 분사 시켜주는 목적]
② 로터와 케이싱에 형성되는 유막에 의한 밀봉으로 압축효율은 증대되고 전력소비는 감소한다.

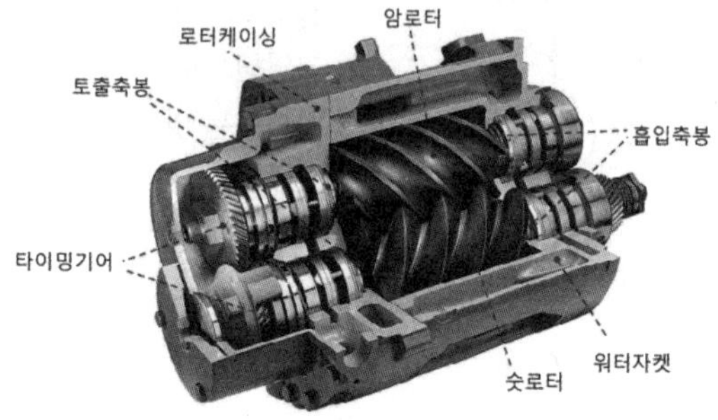

22 그림은 냉동사이클을 압력－엔탈피선도에 나타낸 것이다. 이 그림에 대한 설명으로 옳은 것은?

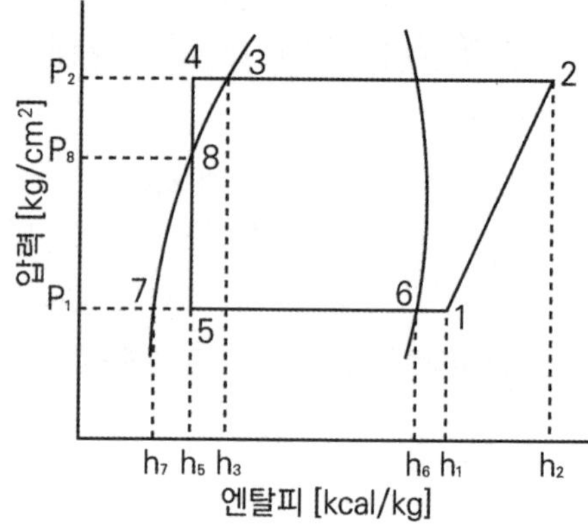

① 팽창밸브 출구의 냉매 건조도는 $[(h_5 - h_7)/(h_6 - h_7)]$로 계산한다.
② 증발기 출구에서의 냉매 과열도는 엔탈피차$(h_1 - h_6)$로 계산한다.
③ 응축기 출구에서의 냉매 과냉각도는 엔탈피차$(h_3 - h_5)$로 계산한다.
④ 냉매순환량은 [냉동능력$/(h_6 - h_5)$]로 계산한다.

해설

[P－h(압력－엔탈피)선도]

① 냉매건조도 $x = \frac{\text{냉매증기}}{\text{전체냉매}} = \frac{h_5 - h_7}{h_6 - h_7}$
② 증발기 출구에서 냉매 과열도는 온도차 $(t_1 - t_6)$로 계산한다.
③ 응축기 출구에서의 냉매 과냉각도는 온도차 $(t_3 - t_4)$로 계산한다.
④ 냉매순환량은 [냉동능력$/(h_1 - h_5)$]로 계산한다.

정답 21 ② 22 ①

23 최근 에너지를 효율적으로 사용하자는 측면에서 빙축열시스템이 보급되고 있다. 빙축열시스템의 분류에 대한 조합으로 적절하지 않은 것은?

① 정적 제빙형 - 관외착빙형
② 정적 제빙형 - 빙박리형
③ 동적 제빙형 - 리키드아이스형
④ 동적 제빙형 - 과냉각아이스형

해설

[빙축열시스템의 분류]

1) 빙축열시스템은 얼음을 만들어 냉방용으로 사용하는 시스템이다.
2) 제빙방식의 분류
   (1) 정적형 : 축열조 내에서 제빙과 해빙이 이루어진다. 관외착빙형, 관내착빙형, 평판형, 캡슐형, 수직(수평)원통형 등이 있다.
   (2) 동적형 : 제빙기에서 제빙된 얼음을 축열조로 이송하여 저장하는 방식이다. 빙박리형, 유동식 빙생성형(과냉각 아이스형, 리키드 아이스형)이 있다.

24 냉동장치의 운전에 관한 설명으로 옳은 것은?

① 압축기에 액백(Liquid Back)현상이 일어나면 토출가스 온도가 내려가고 구동전동기의 전류계 지시 값이 변동한다.
② 수액기 내에 냉매액을 충만시키면 증발기에서 열부하 감소에 대응하기 쉽다.
③ 냉매 충전량이 부족하면 증발압력이 높게 되어 냉동능력이 저하한다.
④ 냉동부하에 비해 과대한 용량의 압축기를 사용하면 저압이 높게 되고, 장치의 성적계수는 상승한다.

해설

[냉동장치의 운전]

① 액체 냉매가 압축기로 들어가면 토출가스 온도 감소 및 전동기 전류 변동 등의 문제가 발생한다.
② 수액기에 냉매를 가득 채우면 증발기까지 충분한 냉매가 공급되지 못하고, 액체 냉매가 흐름을 방해하여 냉동 성능이 저하될 수 있다. 따라서 수액기에 적절한 공간을 남겨야 냉매순환이 원활해진다.
③ 냉매 충전량이 부족하면 증발기에 충분한 냉매가 공급되지 않으므로, 냉매가 빨리 증발하여 증발압력이 낮아진다. 증발압력이 낮아지면 냉동사이클의 압축비가 증가하고, 결국 냉동능력이 저하된다.
④ 과대한 용량의 압축기를 사용하면 증발기에서 냉매가 충분히 증발하기 전에 압축이 이루어져 저압(증발압력)이 낮아지는 경향이 있다. 또한 압축기의 가동 시간이 짧아지고 성적계수가 저하된다.

2020-01

정답 23 ② 24 ①

25 다음의 역카르노사이클에서 등온팽창과정을 나타내는 것은?

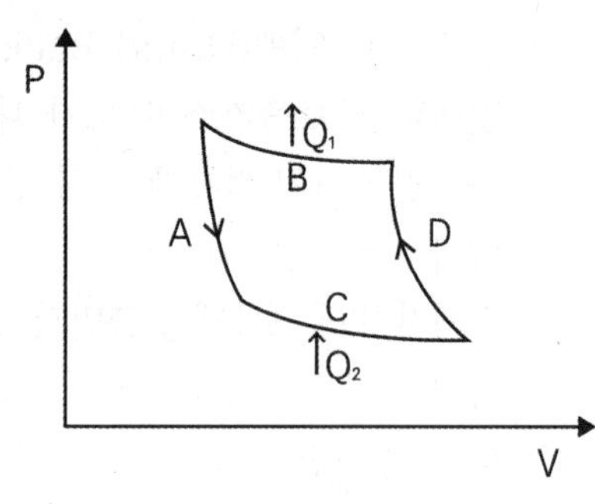

① A　　② B
③ C　　④ D

해설

[역카르노사이클]
A : 단열팽창(팽창과정)
C : 등온팽창(증발과정)
D : 단열압축(압축과정)
B : 등온압축(응축과정)

26 증기압축 냉동사이클에서 압축기의 압축일은 5 HP이고, 응축기의 용량은 12.86 kW이다. 이때 냉동사이클의 냉동능력(RT)은?

① 1.8　　② 2.6
③ 3.1　　④ 3.5

해설

[냉동사이클의 냉동능력]

$Q_e = Q_c - W$

$= \dfrac{12.86 - (5 \times 0.746)}{3.86} = 2.37\ RT$

※ 계산값과 가장 근사한 답을 선지에서 택한다.

보충 1 PS = 0.735 kW
1 HP = 0.746 kW
1 RT = 3.86 kW

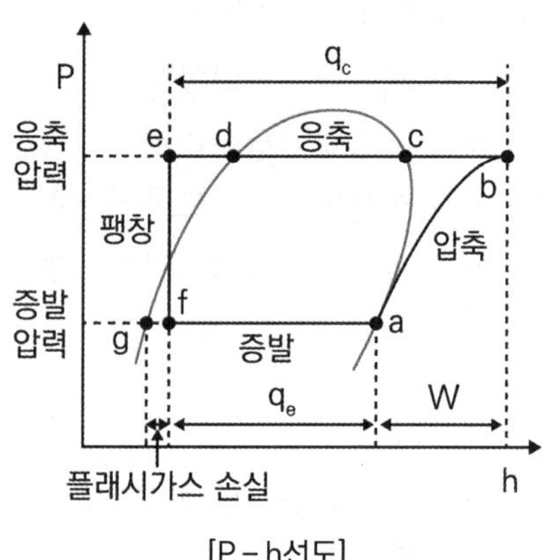

[P－h선도]

27 다음과 같은 카르노사이클에 대한 설명으로 옳은 것은?

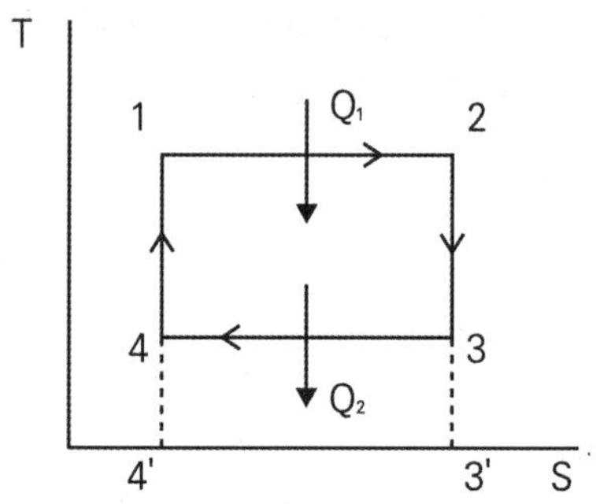

① 면적 1－2－3′－4′는 흡열 Q_1을 나타낸다.
② 면적 4－3－3′－4′는 유효열량을 나타낸다.
③ 면적 1－2－3－4는 방열 Q_2를 나타낸다.
④ Q_1, Q_2는 면적과는 무관하다.

정답 25 ③ 26 ② 27 ①

해설

[카르노사이클(T-s선도)]

② 면적 4-3-3′-4′는 방열 Q_2를 나타낸다.

③ 면적 1-2-3-4는 유효열량을 나타낸다.

④ Q_1 = 면적 1-2-3′-4′이다.

Q_2 = 면적 4-3-3′-4′이다.

28 비열이 3.86 kJ/kg · K인 액 920 kg을 1시간 동안 25 ℃에서 5 ℃로 냉각시키는 데 소요되는 냉각열량은 몇 냉동톤(RT)인가? (단, 1RT는 3.5 kW이다)

① 3.2 ② 5.6

③ 7.8 ④ 8.3

해설

[냉각열량]

$$Q = G \cdot C \cdot \Delta t$$

$$= \frac{920 \times 3.86 \times (25-5)}{3600 \times 3.5} = 5.64\ \text{RT}$$

보충 1 kW = 1 kJ/s

29 1분간에 25 ℃의 물 100 L를 0 ℃의 물로 냉각시키기 위하여 최소 몇 냉동톤의 냉동기가 필요한가?

① 45.2 RT ② 4.52 RT

③ 452 RT ④ 42.5 RT

해설

[냉동기의 냉동톤]

$$Q_e = GC\Delta t = \rho \cdot QC\Delta t$$

$$= \frac{1 \times 100 \times 4.19 \times (25-0)}{3.86 \times 60}$$

$$= 45.23\ \text{RT}$$

보충 물의 비열 = 1 kcal/kg℃ = 4.19 kJ/kgK

1 RT = 3.86 kW

1 kW = 1 kJ/s

30 흡수식 냉동기에 사용하는 흡수제의 구비조건으로 틀린 것은?

① 농도 변화에 의한 증기압의 변화가 클 것

② 용액의 증기압이 낮을 것

③ 점도가 높지 않을 것

④ 부식성이 없을 것

해설

[흡수제의 구비조건]

1) 용액의 증기압이 낮을 것

→ 흡수제는 냉매보다 휘발성이 작아야 하므로 증기압 낮아야 함

2) 농도 변화에 의한 증기압의 변화가 작을 것

→ 흡수제의 농도가 변화함에 따라 증기압이 급격히 변하면, 흡수력이 일정하지 않게 됨. 즉, 냉매 증기를 일정하게 흡수하지 못함

3) 증발하지 않거나, 증발할 경우 증발온도가 냉매의 증발온도와 차이가 있을 것

4) 적은 열량으로 재생이 가능할 것

5) 점도가 높지 않을 것

6) 부식성이 없을 것

2020-01

정답 28 ② 29 ① 30 ①

> ※ 참고
> - 용액 : 용매(물) + 용질(예 LiBr)
> - 용액의 증기압 : 용액 속에 있는 용매(물)의 증기압(용액의 증기압은 순수 용매(물)의 증기압보다 낮아진다 : 라울의 법칙)

[장치도]

31 쉘 앤드 튜브 응축기에서 냉각수 입구 및 출구온도가 각각 16 ℃와 22 ℃, 냉매의 응축온도를 25 ℃라 할 때, 이 응축기의 냉매와 냉각수와의 대수평균온도차(℃)는?

① 3.5　　② 5.5
③ 6.8　　④ 9.2

해설

[대수평균온도차(LMTD)]

$$\Delta t_m = \frac{\Delta t_1 - \Delta t_2}{\ln\frac{\Delta t_1}{\Delta t_2}} = \frac{9-3}{\ln\frac{9}{3}} = 5.46\ ℃$$

32 실제 냉동사이클에서 압축과정 동안 냉매 변환 중 스크류 냉동기는 어떤 압축과정에 가장 가까운가?

① 단열압축　　② 등온압축
③ 등적압축　　④ 과열압축

해설

[스크류 냉동기의 압축과정]

1) 단열압축이란 외부에서 열이 유입되거나 방출되지 않고, 오직 압축에 의해서만 냉매의 온도와 압력이 상승하는 과정이다.
2) 스크류 냉동기의 압축과정은 단열압축과정에 가장 가깝다.

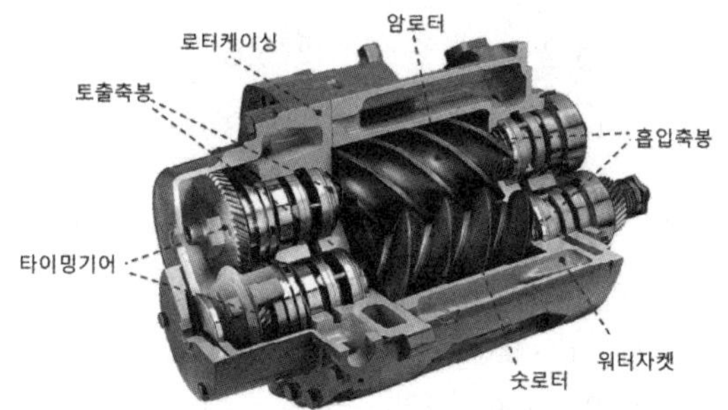

33 암모니아 냉동기의 배관재료로서 적절하지 않은 것은?

① 배관용 탄소강강관
② 동합금관
③ 압력배관용 탄소강강관
④ 스테인리스강관

해설

[암모니아 냉동기의 배관재료]

1) 암모니아는 구리(Cu) 및 구리 합금과 반응하여 부식을 일으킨다.

정답 31 ② 32 ① 33 ②

2) 암모니아 환경에서 구리는 화학적 반응을 통해 부식되며, 배관 내부에 구리 암모니아 화합물이 형성되어 배관이 손상될 수 있다.
3) 따라서 암모니아 냉동기에서는 동합금관을 사용할 수 없다.

34 냉동기유의 구비조건으로 틀린 것은?

① 응고점이 높아 저온에서도 유동성이 있을 것
② 냉매나 수분, 공기 등이 쉽게 용해되지 않을 것
③ 쉽게 산화하거나 열화하지 않을 것
④ 적당한 점도를 가질 것

해설

[냉동기유의 구비조건]

① 응고점이 낮고 저온에서도 유동성이 있을 것

※ 냉동기유의 구비조건

1) 점도가 적당할 것
2) 유성이 양호할 것(유막을 잘 형성할 것)
3) 수분 등의 불순물을 포함하지 않을 것
4) 응고점이 낮고 저온에서도 유동성이 좋을 것
5) 열에 대한 안정성이 좋고 인화점이 높을 것
6) 항유화성이 있을 것(유화되기 어려울 것)
7) 쉽게 산화되거나 열화되지 않을 것
8) 왁스 성분이 적고 저온에서 왁스를 석출하지 않을 것
9) 냉매와 반응하지 않을 것
10) 밀폐형 압축기에 사용 시 전기절연 내력이 클 것
11) 금속이나 패킹류를 부식시키지 않을 것

35 그림과 같은 냉동사이클로 작동하는 압축기가 있다. 이 압축기의 체적효율이 0.65, 압축효율이 0.8, 기계효율이 0.9라고 한다면 실제 성적계수는?

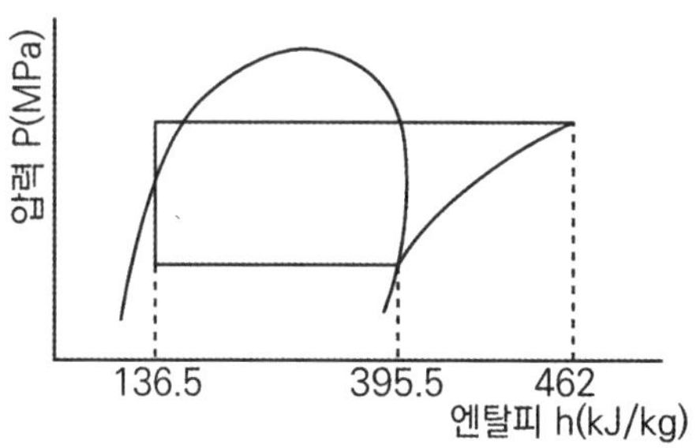

① 3.89 ② 2.81
③ 1.82 ④ 1.42

해설

[실제 성적계수]

$$COP = \frac{q_e}{w} \times \eta_c \times \eta_m$$

$$= \frac{395.5 - 136.5}{462 - 395.5} \times 0.8 \times 0.9$$

$$= 2.8$$

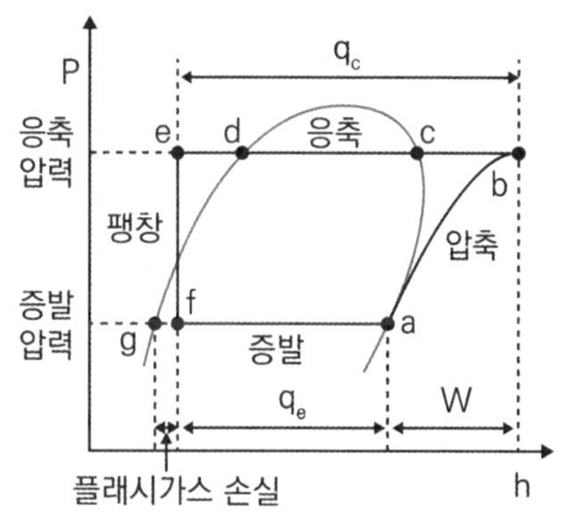

[P-h선도]

정답 34 ① 35 ②

36 증발기의 종류에 대한 설명으로 옳은 것은?

① 대형 냉동기에서는 주로 직접 팽창식 증발기를 사용한다.
② 직접 팽창식 증발기는 2차 냉매를 냉각시켜 물체를 냉동, 냉각시키는 방식이다.
③ 만액식 증발기는 팽창밸브에서 교축팽창 된 냉매를 직접 증발기로 공급하는 방식이다.
④ 간접 팽창식 증발기는 제빙, 양조 등의 산업용 냉동기에 주로 사용된다.

해설

[증발기]
① 대형 냉동기에서는 주로 간접 팽창식 증발기를 사용하고, 직접팽창식은 소형, 가정용에 사용된다.
② 직접 팽창식 증발기는 냉매가 증발관 내부에서 직접 증발하여 열을 흡수하는 방식이다. "2차 냉매를 냉각시켜 냉동, 냉각시키는 방식"은 간접 팽창식 증발기의 원리이다.
③ 만액식(Flooded) 증발기는 증발기 내부에 냉매액이 가득 차 있으며, 냉매가 일정량 유지되는 상태에서 기화하면서 냉각하는 방식이다. 만액식 증발기는 액분리기(Separator) 등을 사용하여 기상 냉매와 액상 냉매를 분리하며, 과도한 냉매 유입을 방지한다.

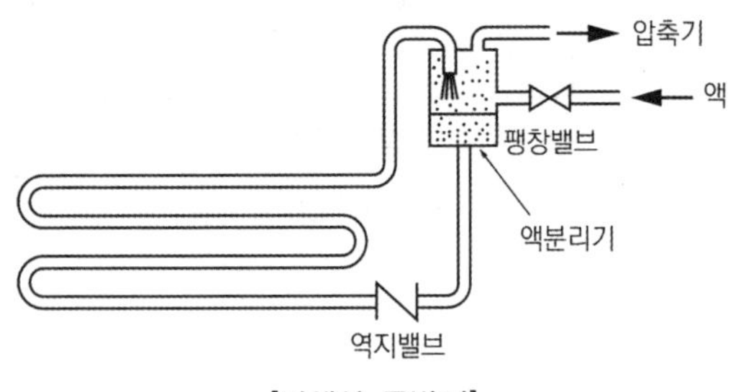

[만액식 증발기]

37 2단압축 1단팽창식과 2단압축 2단팽창식의 비교 설명으로 옳은 것은? (단, 동일운전 조건으로 가정한다)

① 2단팽창식의 경우에는 두 가지의 냉매를 사용한다.
② 2단팽창식의 경우가 성적계수가 약간 높다.
③ 2단팽창식은 중간냉각기를 필요로 하지 않는다.
④ 1단팽창식의 팽창밸브는 1개가 좋다.

해설

[2단압축 1단팽창식과 2단압축 2단팽창식]
② 2단팽창식은 냉매가 2단팽창되면서 압력과 온도변화가 점진적으로 일어나기 때문에, 압축기 부담이 줄어들고 1단팽창식보다 성적계수가 향상된다.
① 2단팽창식에서도 한 가지의 냉매를 사용한다. 냉매의 팽창단계를 2번 거치는 방식이지, 다른 종류의 냉매를 사용하는 것은 아니다.
③ 2단팽창식도 중간냉각기가 필요하다. 2단팽창식에서도 중간냉각기를 사용하여 냉매온도를 조절하며, 압축기의 부담을 줄이는 역할을 한다.
④ 1단팽창식의 경우도 팽창밸브가 2개이다.

※ 참고
1) 2단압축 1단팽창

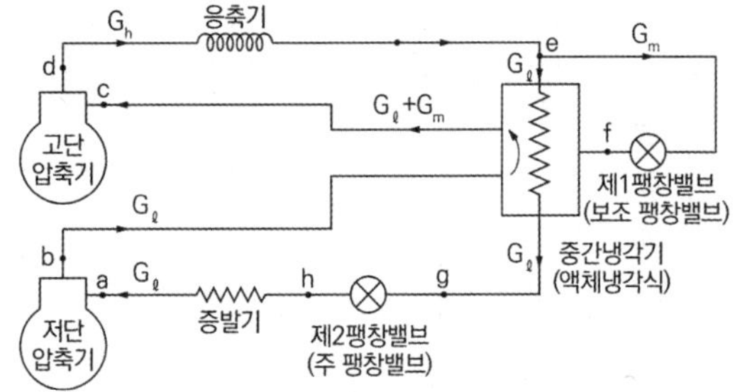

[2단압축 1단팽창 장치도]

정답 36 ④ 37 ②

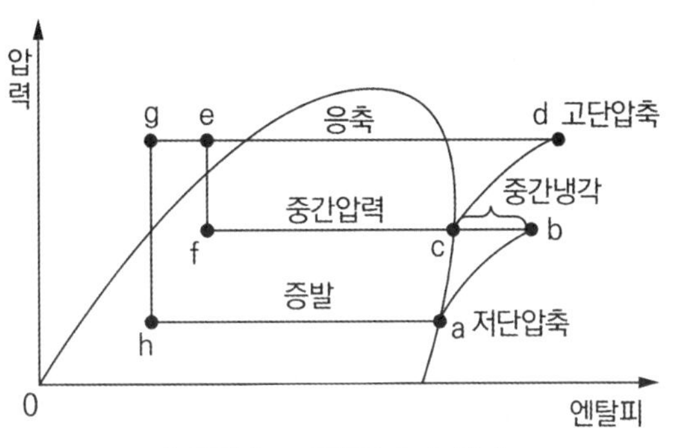

[2단압축 1단팽창 P-h선도]

2) 2단압축 2단팽창

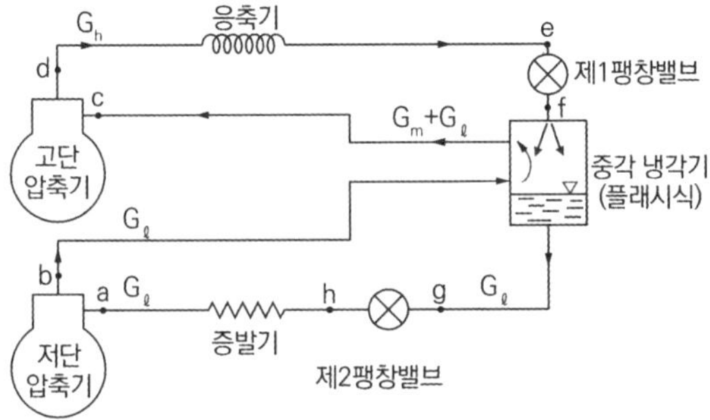

[2단압축 2단팽창 장치도]

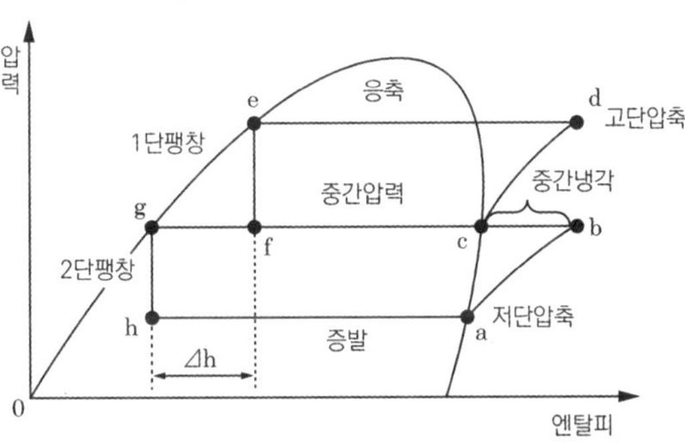

[2단팽창 2단팽창 P－h선도]

38 운전 중인 냉동장치의 저압 측 진공게이지가 50 cmHg을 나타내고 있다. 이때의 진공도는?

① 65.8 % ② 40.8 %
③ 26.5 % ④ 3.4 %

해설

[진공도]
진공도는 대기압에서 얼마나 진공이 되었는지를 나타낸다.

$$진공도 = \frac{진공계압력}{대기압력} = \frac{50}{76} \times 100 = 65.8\ \%$$

39 안전밸브의 시험방법에서 약간의 기포가 발생할 때의 압력을 무엇이라고 하는가?

① 분출 전개압력
② 분출 개시압력
③ 분출 정지압력
④ 분출 종료압력

해설

[분출 개시압력]
안전밸브에서 약간의 기포가 발생한다는 것은 미량이 유출되기 시작한 것이므로 이때의 압력을 분출 개시압력이라 한다.

2020-01

정답 38 ① 39 ②

40 응축압력의 이상 고압에 대한 원인으로 가장 거리가 먼 것은?

① 응축기의 냉각관 오염
② 불응축가스 혼입
③ 응축부하 증대
④ 냉매 부족

해설

[응축압력의 이상 고압에 대한 원인]

④ **냉매가 부족**하면 응축기 내의 냉매순환량이 감소하여 응축부하가 줄어들고, 이는 **응축압력을 낮추는 방향**으로 작용한다.
① 응축기의 냉각관(열교환기 튜브)이 오염되거나 막히면 열교환 효율이 감소하여 냉매가 충분히 응축되지 못한다. 그 결과 응축온도가 상승하면서 응축압력도 증가한다.
② 불응축가스(공기, 질소 등)가 냉동시스템 내부로 혼입되면, 압축기에서 추가적인 압력 상승이 발생한다.
③ 응축부하란 응축기에서 처리해야 하는 열량을 의미한다. 응축부하가 증가하면 응축기에서 열을 충분히 방출하지 못해 냉매가 완전히 응축되지 못하고, 응축압력이 상승한다.

3과목 시운전 및 안전관리

1회독	시간 :	점수 :
2회독	시간 :	점수 :
3회독	시간 :	점수 :

41 단일덕트방식에 대한 설명으로 틀린 것은?

① 중앙기계실에 설치한 공기조화기에서 조화한 공기를 주 덕트를 통해 각 실로 분배한다.
② 단일덕트 일정 풍량방식은 개별제어에 적합하다.
③ 단일덕트방식에서는 큰 덕트 스페이스를 필요로 한다.
④ 단일덕트 일정 풍량방식에서는 재열을 필요로 할 때도 있다.

해설

[단일덕트방식]

단일덕트 일정풍량(정풍량)방식은 덕트가 1개이고, 풍량이 일정하기 때문에 개별제어가 어렵다.

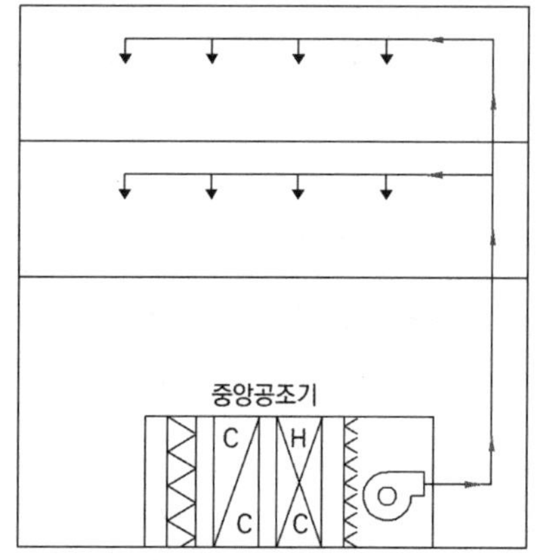

[단일덕트방식]

정답 40 ④ 41 ②

42 내벽 열전달률 4.7 W/m²·K, 외벽 열전달률 5.8 W/m²·K, 열전도율 2.9 W/m·℃, 벽두께 25 cm, 외기온도 -10 ℃, 실내온도 20 ℃일 때 열관류율(W/m²·K)은?

① 1.8 ② 2.1
③ 3.6 ④ 5.2

해설

[열관류율]

$$\frac{1}{K} = \frac{1}{\alpha_i} + \frac{\ell}{\lambda} + \frac{1}{\alpha_0}$$
$$= \frac{1}{4.7} + \frac{0.25}{2.9} + \frac{1}{5.8} = 0.47138$$
$$\therefore K = \frac{1}{0.47138} = 2.12\ \mathrm{W/m^2 \cdot K}$$

43 변풍량유닛의 종류별 특징에 대한 설명으로 틀린 것은?

① 바이패스형 덕트 내의 정압변동이 거의 없고 발생 소음이 작다.
② 유인형은 실내 발생열을 온열원으로 이용 가능하다.
③ 교축형은 압력손실이 작고 동력절감이 가능하다.
④ 바이패스형은 압력손실이 작지만 송풍기 동력 절감이 어렵다.

해설

[변풍량유닛의 종류별 특징]

③ 교축형은 슬롯형이라고도 하며 부하가 감소하면 내부의 콘(Cone)이 이동하면서 통로를 좁혀 풍량을 조절하는 형식이다. 단점은 압력손실이 크고, 정압변화에 대응할 수 있는 정압제어가 필요하며 유닛의 소음도 크다. 장점은 송풍동력의 절감이 가능하다.

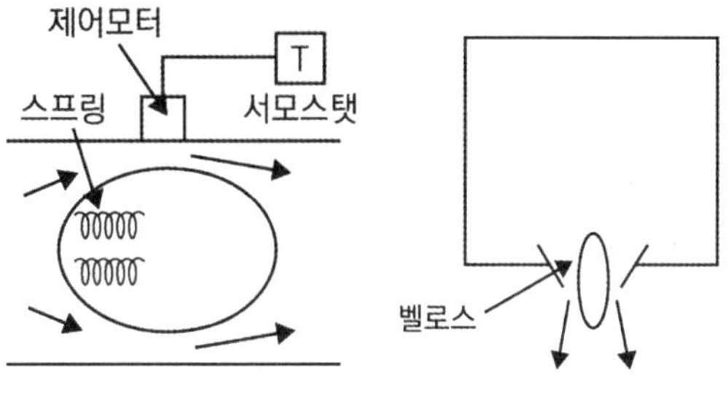

[교축형(스프링 내장형)] [교축형(벨로스형)]

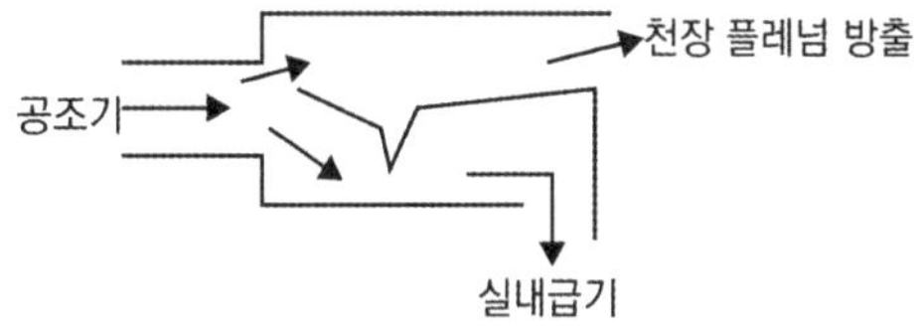

[바이패스형]

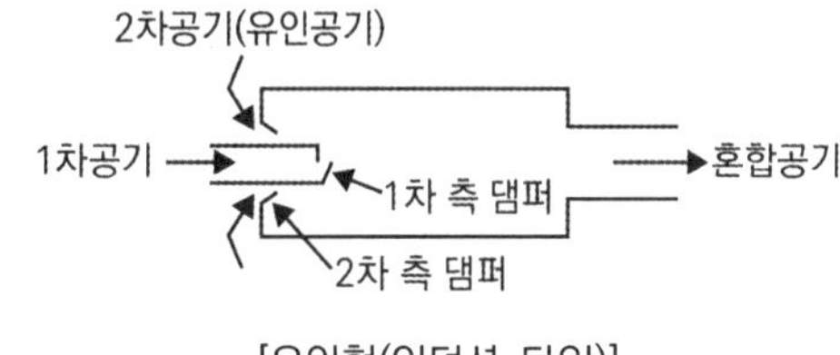

[유인형(인덕션 타입)]

44 냉방부하의 종류에 따라 연관되는 열의 종류로 틀린 것은?

① 인체의 발생열 - 현열, 잠열
② 극간풍에 의한 열량 - 현열, 잠열
③ 조명부하 - 현열, 잠열
④ 외기 도입량 - 현열, 잠열

해설

[냉방부하]

③ 조명부하는 현열로 작용한다. 조명이 켜지면 그에 의해 발생하는 열은 공기의 온도를 상승시킨다. 잠열은 포함하지 않는다.

정답 42 ② 43 ③ 44 ③

① 인체에서 발생하는 열은 대부분 현열로, 인체의 온도를 올리는 열이다. 그러나 인체에서 발생하는 땀은 증발하면서 잠열을 발생시킨다.
② 극간풍은 공기 중의 온도를 변화시킬 수 있다. 이러한 열량은 현열에 해당한다. 또한 바람이 공기 중의 수분을 증발시킬 경우 잠열도 발생할 수 있다.
④ 외기(외부 공기) 도입은 외부 공기의 온도와 습도에 따라 현열과 잠열을 유발할 수 있다. 외부 공기의 온도가 높으면 현열이 증가하고, 습도가 높으면 잠열도 함께 발생할 수 있다.

※ 냉방부하의 구분

구분	부하 발생 원인	현열	잠열
실내부하	벽체로부터의 취득열량	○	-
	유리창으로부터의 취득열량 ① 일사에 의한 열량 ② 열관류에 의한 열량	○	-
	극간풍에 의한 취득열량	○	○
	인체의 발생열량	○	○
	실내 기구의 발생열량*	○	○
장치(기기) 부하	송풍기에 의한 발생열량	○	-
	덕트로부터의 취득열량	○	-
재열부하	재열기의 취득열량	○	-
외기부하	외기도입에 의한 취득열량	○	○

* 단, 실내 기구 중 조명기구(백열등, 형광등), 전동기 및 기계 등에 의한 취득열량 : 현열만 해당

45 습공기의 습도에 대한 설명으로 틀린 것은?

① 절대습도는 건공기 중에 포함된 수증기량을 나타낸다.
② 수증기 분압은 절대습도에 반비례관계가 있다.
③ 상대습도는 습공기의 수증기 분압과 포화공기의 수증기 분압과의 비로 나타낸다.
④ 비교습도는 습공기의 절대습도와 포화공기의 절대습도와의 비로 나타낸다.

해설

[습공기의 습도]
수증기분압은 절대습도에 비례관계이다.

절대습도 $x = 0.622\dfrac{P_w}{P_a} = 0.622 \times \dfrac{P_w}{P-P_w}$

P_w : 수증기분압
P_a : 건공기분압
P : 대기압

46 공기의 온도에 따른 밀도 특성을 이용한 방식으로 실내보다 낮은 온도의 신선공기를 해당구역에 공급함으로써 오염물질을 대류효과에 의해 실내 상부에 설치된 배기구를 통해 배출시켜 환기 목적을 달성하는 방식은?

① 기계식환기법　② 전반환기법
③ 치환환기법　④ 국소환기법

정답 45 ② 46 ③

해설

[환기법]

1) 치환환기
더운 공기는 가볍기 때문에 위로 뜨는 현상을 이용한 방식으로 실내온도보다 저온인 신선한 외기를 실내에 공급하여 실내의 열과 오염공기를 부력에 의해 상부에 설치된 배기구로 배출시키는 방식이다. 실내의 열부하 제거와 환기를 동시에 이룰 수 있다.

2) 전반환기(전체환기, 희석환기)
대규모 주차장과 같이 실내의 모든 곳에 유해물질이 있는 경우 실내 전체를 환기해야 하며 신선외기를 급기하여 실내 전체 공기를 희석시켜 배출하는 방법으로 대부분의 실내는 이 방법으로 환기한다.

3) 국소환기
냄새, 열, 분진 등 환기 대상 물질이 한정된 장소에서 발생하고 그 물질이 주위로 확산되기 전에 외부로 배출하고자 할 때 국소 환기방법을 채택한다(주방후드, 실험실, 공장).

(4) 집중환기
집중환기는 유해 물질이 한 구역에 집중되어 있는 경우 그 구역만을 집중적으로 환기시키는 방법으로 외부에서 유입된(투입된) 공기의 일부는 실내 공기로 혼입된다.

47 아래 그림에 나타낸 장치를 표의 조건으로 냉방운전을 할 때 A실에 필요한 송풍량(m^3/h)은? (단, A실의 냉방부하는 현열부하 8.8 kW, 잠열부하 2.8 kW이고, 공기의 정압비열은 1.01 kJ/kg · K, 밀도는 1.2 kg/m^3이며, 덕트에서의 열손실은 무시한다)

지점	온도(DB), ℃	습도(RH), %
A	26	50
B	17	-
C	16	85

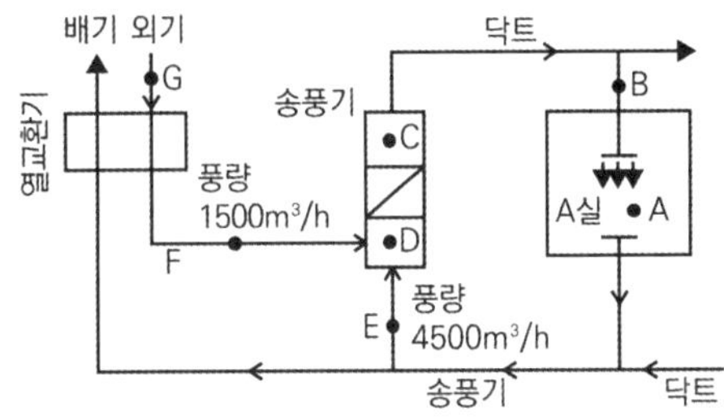

① 924 ② 1847
③ 2904 ④ 3831

해설

[A실에 필요한 송풍량]

$q_s = GC_p\Delta t = \rho QC_p\Delta t$에서

$$q_s = \frac{q_s}{\rho C_p \Delta t}$$

$$= \frac{8.8 \times 3600}{1.2 \times 1.01 \times (26-17)} = 2904\ m^3/h$$

2020-01

정답 47 ③

48 다음 중 증기난방장치의 구성으로 가장 거리가 먼 것은?

① 트랩　② 감압밸브
③ 응축수탱크　④ 팽창탱크

해설

[증기난방장치]

④ 팽창탱크는 온수난방에서 물의 온도변화에 따른 체적팽창을 흡수하므로 장치 내의 압력변화를 흡수하여 장치의 파열을 방지하고, 수축 시에는 장치 내의 압력을 일정하게 유지시킴으로써 공기가 침입하는 것을 방지한다.

49 환기에 따른 공기조화부하의 절감 대책으로 틀린 것은?

① 예냉, 예열 시 외기도입을 차단한다.
② 열 발생원이 집중되어 있는 경우 국소배기를 채용한다.
③ 전열교환기를 채용한다.
④ 실내 정화를 위해 환기횟수를 증가시킨다.

해설

[환기에 따른 공기조화부하의 절감 대책]

④ 실내 공기질을 개선하기 위해 환기횟수를 증가시키는 것은 공기질에는 도움이 될 수 있지만, 환기횟수를 늘리면 외기를 더 많이 도입하게 되어 공기조화부하가 증가한다. 즉, 냉방이나 난방의 부하가 더 커질 수 있기 때문에 공기조화부하 절감에는 오히려 불리하다.

50 온수난방에 대한 설명으로 틀린 것은?

① 저온수난방에서 공급수의 온도는 100 ℃ 이하이다.
② 사람이 상주하는 주택에서는 복사난방을 주로 한다.
③ 고온수난방의 경우 밀폐식 팽창탱크를 사용한다.
④ 2관식 역환수방식에서는 펌프에 가까운 방열기일수록 온수 순환량이 많아진다.

해설

[온수난방]

④ 2관식 역환수방식(Reverse Return System)은 관로 길이가 모든 방열기에 대해 거의 동일해지도록 설계된다. 이 때문에 펌프에서 가까운 방열기와 먼 방열기 간에 압력 손실 차이가 적어 온수 순환량이 균등하게 분배된다. 즉, 2관식 역환수방식에서는 펌프에 가까운 방열기의 온수 순환량이 많아지지 않고, 모든 방열기에서 균일한 온수 순환이 이루어진다.

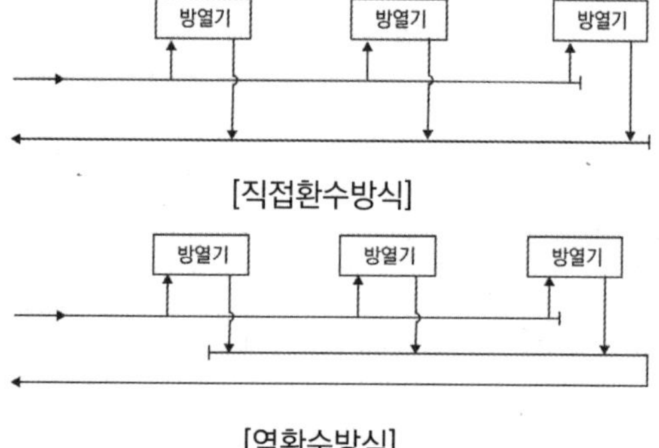

[직접환수방식]

[역환수방식]

정답 48 ④ 49 ④ 50 ④

51 방열기에서 상당방열면적(EDR)은 아래의 식으로 나타낸다. 이 중 Q_o는 무엇을 뜻하는가? (단, 사용단위로 Q는 W, Q_o는 W/m^2이다)

$$EDR(m^2) = \frac{Q}{Q_0}$$

① 증발량
② 응축수량
③ 방열기의 전방열량
④ 방열기의 표준방열량

해설

[상당방열면적(EDR)]

$$EDR = \frac{방열기의\ 전체\ 방열량}{방열기의\ 표준방열량}$$

온수 표준방열량 : 523 W/m^2

증기 표준방열량 : 756 W/m^2

52 공조기 냉수코일 설계 기준으로 틀린 것은?

① 공기류와 수류의 방향은 역류가 되도록 한다.
② 대수평균온도차는 가능한 한 작게 한다.
③ 코일을 통과하는 공기의 전면풍속은 2 ~ 3 m/s로 한다.
④ 코일의 설치는 관이 수평으로 놓이게 한다.

해설

[냉수코일 설계 시 유의사항]

② 대수평균온도차(LMTD)는 가능한 한 크게 해야 열교환 효율이 높아진다. LMTD가 클수록 같은 코일 면적으로 더 많은 열을 교환할 수 있다.

① 냉수코일은 공기와 냉수가 서로 반대 방향(역류)이 되도록 설계하는 것이 좋다. 이렇게 해야 열교환 효율이 높아진다.

③ 공기 전면풍속은 일반적으로 2 ~ 3 m/s로 하는 것이 적절하다. 이 범위를 지켜야 열교환 성능이 좋고, 응축수 발생이나 소음을 최소화할 수 있다.

④ 코일은 관이 수평이 되도록 설치하는 것이 좋다. 그래야 공기와 냉수의 접촉 면적이 균일해지고, 배기 및 배수가 원활해진다.

53 공기세정기의 구성품인 엘리미네이터의 주된 기능은?

① 미립화된 물과 공기와의 접촉 촉진
② 균일한 공기 흐름 유도
③ 공기 내부의 먼지 제거
④ 공기 중의 물방울 제거

해설

[엘리미네이터(Eliminator)]

물방울이 공기에 섞여 나가지 못하도록 공기 중의 물방울을 제거하는 장치이다.

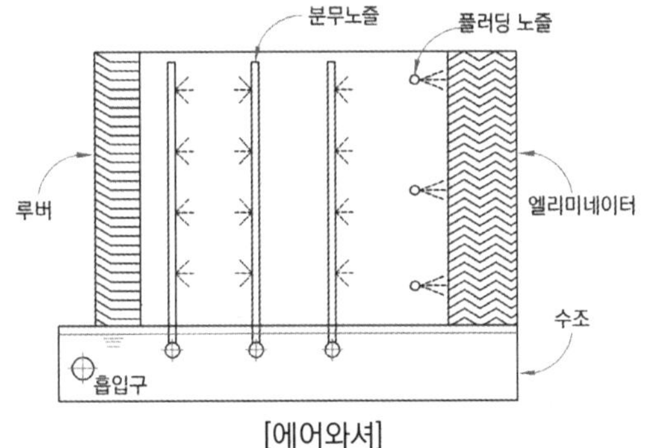

[에어와셔]

정답 51 ④ 52 ② 53 ④

2020-01

54 다음 중 열수분비(u)와 현열비(SHF)와의 관계식으로 옳은 것은? (단, q_S는 현열량, q_L는 잠열량, L은 가습량이다)

① $\mu = SHF \times \frac{q_S}{L}$ ② $\mu = \frac{1}{SHF} \times \frac{q_L}{L}$
③ $\mu = SHF \times \frac{q_L}{L}$ ④ $\mu = \frac{1}{SHF} \times \frac{q_S}{L}$

해설

[열수분비(u)와 현열비(SHF)의 관계식]

현열비 $SHF = \frac{q_S}{q_S + q_L}$에서

$q_s + q_L = \frac{q_S}{SHF}$

열수분비 $u = \frac{\Delta h}{\Delta x} = \frac{q_S + q_L}{L}$

$\therefore u = \frac{1}{L} \cdot \frac{q_s}{SHF} = \frac{1}{SHF} \cdot \frac{q_S}{L}$

Δh : 엔탈피변화량
Δx : 절대습도변화량
q_s : 현열
q_L : 잠열

55 대류 및 복사에 의한 열전달률에 의해 기온과 평균복사온도를 가중평균한 값으로 복사난방 공간의 열환경을 평가하기 위한 지표를 나타내는 것은?

① 작용온도(Operative Temperature)
② 건구온도(Drybulb Teperature)
③ 카타냉각력(Kata Cooling Power)
④ 불쾌지수(Discomfort Index)

해설

[작용온도(OT : Operative Temperature)]
건구 온도, 복사열, 기류의 영향을 조합한 온도로 복사난방 공간의 열환경을 평가하기 위한 지표이다. 대류 및 복사에 의한 열전달률에 의해 기온과 평균복사온도를 가중평균한 값이다(습도가 고려되지 않음).

56 A, B 두 방의 열손실은 각각 4 kW이다. 높이 600 mm인 주철제 5세주 방열기를 사용하여 실내온도를 모두 18.5 ℃로 유지시키고자 한다. A실은 102 ℃의 증기를 사용하며, B실은 평균 80 ℃의 온수를 사용할 때 두 방 전체에 필요한 총 방열기의 절수는? (단, 표준방열량을 적용하며, 방열기 1절(節)의 상당 방열 면적은 0.23 m^2이다)

① 23개 ② 34개
③ 42개 ④ 56개

해설

[필요한 방열기의 절수]

1) 증기난방의 경우 방열기 절수

$$N_{Steam} = \frac{\text{손실열량}[W]}{756\,[W/m^2] \times 1\text{절당 방열면적}[m^2/\text{절}]} = \frac{4000}{756 \times 0.23} = 23.004 \Rightarrow 23\text{개}$$

2) 온수난방의 경우 방열기 절수

$$N_{Water} = \frac{\text{손실열량}[W]}{523\,[W/m^2] \times 1\text{절당 방열면적}[m^2/\text{절}]} = \frac{4000}{523 \times 0.23} = 33.25 \Rightarrow 33\text{개}$$

정답 54 ④ 55 ① 56 ④

3) 총 방열기 절수

$N_T = N_{Steam} + N_{Water} = 23 + 33 = 56$개

보충 온수 표준방열량 : 523 W/m^2
증기 표준방열량 : 756 W/m^2

57 실내를 항상 급기용 송풍기를 이용하여 정압(+)상태로 유지할 수 있어서 오염된 공기의 침입을 방지하고, 연소용 공기가 필요한 보일러실, 반도체 무균실, 소규모 변전실, 창고 등에 적용하기에 적합한 환기법은?

① 제1종 환기 ② 제2종 환기
③ 제3종 환기 ④ 제4종 환기

해설

[환기법]

② 제2종 환기는 강제급기와 자연배기로 이루어지므로 실내를 양압(정압) 상태로 유지하여 오염된 공기의 침입을 막을 수 있다

※ 참고

제1종 환기 : 강제급기, 강제배기
제2종 환기 : 강제급기, 자연배기
제3종 환기 : 자연급기, 강제배기
제4종 환기 : 자연급기, 자연배기

58 전공기방식에 대한 설명으로 틀린 것은?

① 송풍량이 충분하여 실내오염이 적다.
② 환기용 팬을 설치하면 외기냉방이 가능하다.
③ 실내에 노출되는 기기가 없어 마감이 깨끗하다.
④ 천장의 여유 공간이 작을 때 적합하다.

해설

[전공기방식]

전공기방식은 덕트를 이용하여 송풍하기 때문에 덕트규격이 커지므로 천장의 공간을 많이 차지한다. 전공기방식의 장점은 외기냉방이 가능하며 겨울철 가습을 할 수 있고 온수를 보내지 않으므로 실내에서 누수의 위험이 없다는 것이다. 반면 단점은 송풍동력이 수방식에서의 펌프의 동력보다 크다는 것이다.

59 건구온도 30 ℃, 습구온도 27 ℃일 때 불쾌지수(DI)는 얼마인가?

① 57 ② 62
③ 77 ④ 82

해설

[불쾌지수]

불쾌지수(DI) $= 0.72(t + t') + 40.6$

$DI = 0.72 \times (30 + 27) + 40.6 = 81.64$

여기서, t : 건구온도(℃)
t' : 습구온도(℃)

2020-01

정답 57 ② 58 ④ 59 ④

60 송풍기의 법칙에 따라 송풍기 날개 직경이 D_1일 때, 소요동력이 L_1인 송풍기를 직경 D_2로 크게 했을 때 소요동력 L_2를 구하는 공식으로 옳은 것은? (단, 회전속도는 일정하다)

① $L_2 = L_1\left(\frac{D_1}{D_2}\right)^5$　② $L_2 = L_1\left(\frac{D_1}{D_2}\right)^4$

③ $L_2 = L_1\left(\frac{D_2}{D_1}\right)^4$　④ $L_2 = L_1\left(\frac{D_2}{D_1}\right)^5$

해설

[송풍기의 상사법칙]

유량 $Q_2 = \left(\frac{N_2}{N_1}\right)^1 \times \left(\frac{D_2}{D_1}\right)^3 \times Q_1$

압력(양정) $P_2 = \left(\frac{N_2}{N_1}\right)^2 \times \left(\frac{D_2}{D_1}\right)^2 \times P_1$

축동력 $L_2 = \left(\frac{N_2}{N_1}\right)^3 \times \left(\frac{D_2}{D_1}\right)^5 \times L_1$

회전속도가 일정하므로 $N_1 = N_2$

동력 $L_2 = L_1\left(\frac{D_2}{D_1}\right)^5$

4과목 전기제어공학

1회독 시간 : 점수 :
2회독 시간 : 점수 :
3회독 시간 : 점수 :

61 다음 신호흐름도에서 $\frac{C(s)}{R(s)}$는?

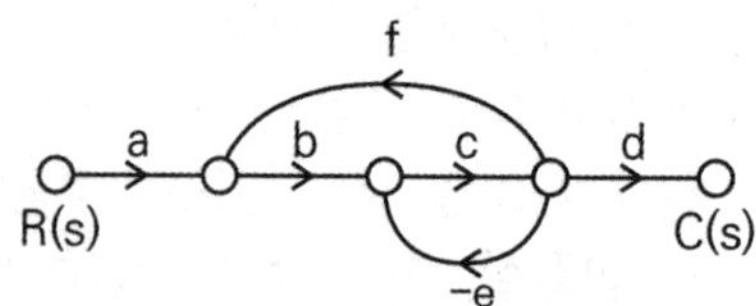

① $\frac{abcd}{1+ce+bcf}$　② $\frac{abcd}{1-ce+bcf}$

③ $\frac{abcd}{1+ce-bcf}$　④ $\frac{abcd}{1-ce-bcf}$

해설

[신호흐름도]

$$\frac{C(s)}{R(s)} = \frac{\text{전향경로의 합}}{1-\text{피드백의 합}} = \frac{abcd}{1-(-ce+bcf)} = \frac{abcd}{1+ce-bcf}$$

62 코일에 흐르고 있는 전류가 5배로 되면 축적되는 에너지는 몇 배가 되는가?

① 10　② 15

③ 20　④ 25

해설

[코일에 축적되는 에너지(자기에너지 W)]

$$W = \frac{1}{2}LI^2 = \frac{1}{2}L \times (5I)^2 = \frac{25}{2}LI^2$$

∴ 25배

정답 60 ④　61 ③　62 ④

63 역률 0.85, 선전류 50 A, 유효전력 28 kW인 평형 3상 △부하의 전압(V)은 약 얼마인가?

① 300 ② 380
③ 476 ④ 660

해설

[3상 △부하의 전압]

3상 교류 유효전력 $P = \sqrt{3}\,VI\cos\theta$

$$V = \frac{P}{\sqrt{3}\,I\cos\theta} = \frac{28\times10^3}{\sqrt{3}\times50\times0.85} = 380.3\ V$$

64 탄성식 압력계에 해당되는 것은?

① 경사관식 ② 압전기식
③ 환상평형식 ④ 벨로스식

해설

[탄성식 압력계]

다이어프램식, 벨로스식, 멤브레인식, 부르돈관식

65 맥동률이 가장 큰 정류회로는?

① 3상 전파 ② 3상 반파
③ 단상 전파 ④ 단상 반파

해설

[맥동률]

$$맥동률 = \frac{출력전압\ 교류분}{출력전압\ 직류분}\times100\ \% = \sqrt{\frac{실효값^2 - 평균값^2}{평균값^2}}\times100\ \%$$

- 3상 전파 : 4 %
- 3상 반파 : 17 %
- 단상 전파 : 48 %
- 단상 반파 : 128 %

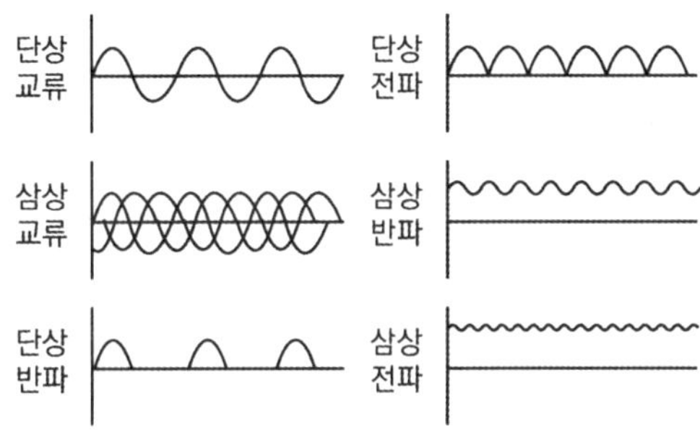

66 다음 블록선도의 전달함수는?

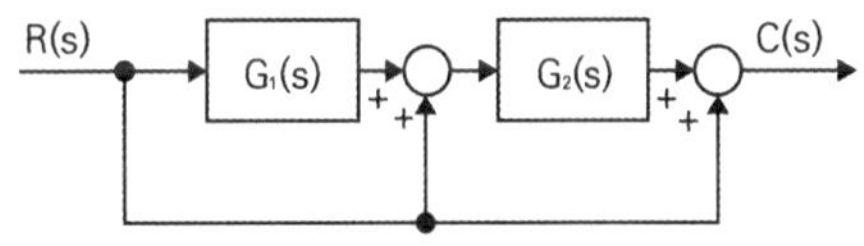

① $G_1(s)G_2(s) + G_2(s) + 1$
② $G_1(s)G_2(s) + 1$
③ $G_1(s)G_2(s) + G_2$
④ $G_1(s)G_2(s) + G_1 + 1$

해설

[블록선도]

$$전달함수\ \frac{C(s)}{R(s)} = \frac{전향경로\ 이득}{1 - 피드백\ 이득}$$

이 문제에서 전향경로는 3개이며 피드백은 없다.

정답 63 ② 64 ④ 65 ④ 66 ①

$$\frac{C}{R} = \frac{G_1(s)G_2(s)+1 \cdot G_2(s)+1}{1-0}$$
$$= G_1(s)G_2(s)+G_2(s)+1$$

67 다음 중 간략화한 논리식이 다른 것은?

① $(A+B)\cdot(A+\overline{B})$
② $A\cdot(A+B)$
③ $A+(\overline{A}\cdot B)$
④ $(A\cdot B)+(A\cdot\overline{B})$

해설

[논리식]

① $(A+B)(A+\overline{B}) = AA+A\overline{B}+BA+B\overline{B}$
$= A+A(\overline{B}+B)+0$
$= A+A\cdot 1 = A$

② $A\cdot(A+B) = AA+AB = A+AB$
$= A(1+B) = A\cdot 1 = A$

③ $A+(\overline{A}\cdot B) = (A+\overline{A})\cdot(A+B)$
$= 1\cdot(A+B) = A+B$

④ $(A\cdot B)+(A\cdot\overline{B}) = A(B+\overline{B})$
$= A\cdot 1 = A$

68 논리식 $L=\overline{x}\cdot\overline{y}+\overline{x}\cdot y$를 간단히 한 식은?

① $L=x$　② $L=\overline{x}$
③ $L=y$　④ $L=\overline{y}$

해설

[논리식]

$L=\overline{x}\cdot\overline{y}+\overline{x}\cdot y=\overline{x}(\overline{y}+y)=\overline{x}(1)=\overline{x}$

69 물체의 위치, 방향 및 자세 등의 기계적 변위를 제어량으로 해석 목푯값의 임의의 변화에 추종하도록 구성된 제어계는?

① 프로그램제어　② 프로세스제어
③ 서보기구　④ 자동 조정

해설

[서보기구(Servo Mechanism)]

1) 서보기구 물체의 변위(위치), 자세(각도), 방향 등을 제어량으로 하여 목표치가 임의적으로 변화하는 것에 추종하도록 하는 제어계(장치)이다.
2) 적용분야 : 공작기계의 궤적제어, 측정기의 위치제어, 미사일 추적장치, 추적용 레이더, 선박의 방향제어 등

※ 제어량에 의한 분류

구분	내용	제어량
서보기구	기계적 변위를 제어량으로 하는 변화량제어	물체의 방위, 위치, 각도 등
프로세스 제어	플랜트나 생산공정 중의 상태량제어 (화학적 양을 제어)	온도, 압력, 유량, 농도 등
자동조정 제어	제어량이 전기적, 기계적 양을 제어	주파수, 전압, 전류, 힘, 회전속도 등

정답 67 ③ 68 ② 69 ③

70 단자전압 V_{ab}는 몇 V인가?

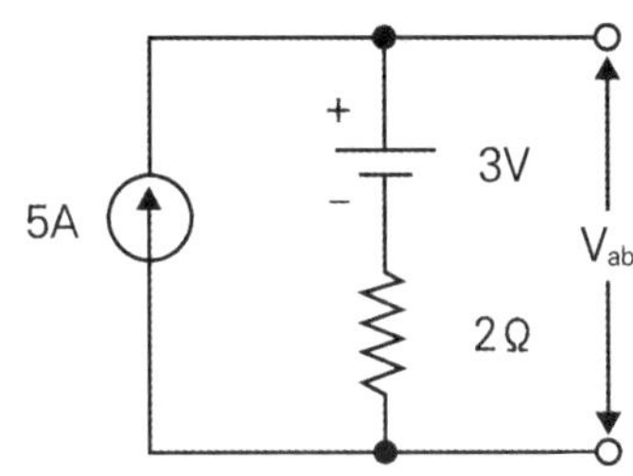

① 3　　② 7
③ 10　　④ 13

해설

[중첩의 정리]

① 5A만 있을 때
$V_1 = IR = 5 \times 2 = 10[\mathrm{V}]$

② 3V만 있을 때
전압이 3V만 있으므로 $V_2 = 3\,V$

③ 단자전압 $V_{ab} = V_1 + V_2 = 10 + 3 = 13\ \mathrm{V}$

71 전자석의 흡인력은 자속밀도 B(Wb/m^2)와 어떤 관계에 있는가?

① B에 비례　　② $B^{1.5}$에 비례
③ B^2에 비례　　④ B^3에 비례

해설

[전자석의 흡인력]

전자석의 흡인력 $F = \dfrac{1}{2}\dfrac{B^2}{\mu_0}S[\mathrm{N}]$

여기서 B : 자속밀도 [Wb/m^2]
μ_0 : 진공의 투자율 [H/m]
S : 전자석의 단면적 [m^2]

72 피드백제어의 특징에 대한 설명으로 틀린 것은?

① 외란에 대한 영향을 줄일 수 있다.
② 목푯값과 출력을 비교한다.
③ 조절부와 조작부로 구성된 제어요소를 가지고 있다.
④ 입력과 출력의 비를 나타내는 전체 이득이 증가한다.

해설

[피드백제어의 특징]

④ 피드백제어는 일반적으로 전체 이득(Gain)을 감소시키는 효과를 가진다. 왜냐하면 피드백 경로에서 오차를 줄이기 위해 보정 신호를 보내므로, 이득이 감소하지만 시스템의 안정성과 정확성은 향상된다.

① 피드백제어는 출력 값을 지속적으로 감시하며, 외부의 방해(외란)가 발생해도 빠르게 보정해 외란의 영향을 줄일 수 있다.

② 피드백제어의 핵심은 목푯값과 출력값을 비교하여 오차를 계산하고, 이를 보정하는 것이다.

③ 피드백제어는 일반적으로 조절부와 조작부로 구성된다. 조절부는 오차 신호를 받아 보정 신호를 생성하고, 조작부는 보정 신호에 따라 시스템을 제어한다.

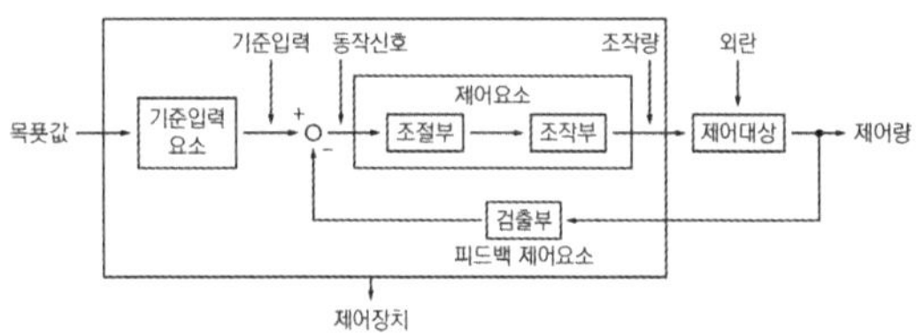

[폐루프제어계의 구성도]

2020-01

정답 70 ④ 71 ③ 72 ④

73 다음 회로와 같이 외전압계법을 통해 측정한 전력(W)은? (단, R_i : 전류계의 내부저항, R_e : 전압계의 내부저항이다)

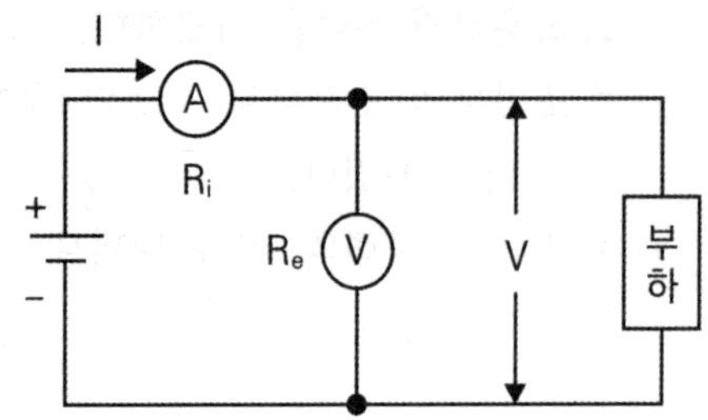

① $P = VI - \frac{V^2}{R_e}$ ② $P = VI - \frac{V^2}{R_i}$
③ $P = VI - 2R_eI$ ④ $P = VI - 2R_iI$

해설

[전력]

$i_2 = I - i_1$

$i_1 = \frac{V}{R_e}$

전력 $P = V \cdot i_2 = V(I - i_1) = VI - \frac{V^2}{R_e}$

74 목푯값 이외의 외부 입력으로 제어량을 변화시키며 인위적으로 제어할 수 없는 요소는?

① 제어동작신호 ② 조작량
③ 외란 ④ 오차

해설

[외란]

외란은 외부에서 제어계에 작용하여 제어계의 동작상태를 교란하는 모든 외부입력이다.

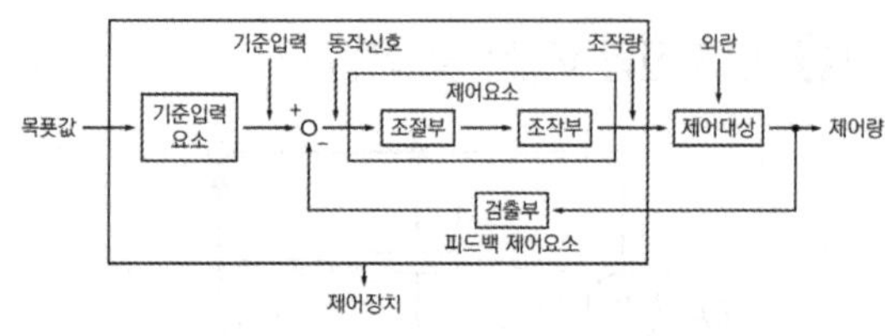

[폐루프제어계의 구성도]

75 2전력계법으로 3상 전력을 측정할 때 전력계의 지시가 W_1 = 200 W, W_2 = 200 W이다. 부하전력(W)은?

① 200 ② 400
③ $200\sqrt{3}$ ④ $400\sqrt{3}$

해설

[부하전력]

3상 전력의 측정방법으로 2개의 단상 전력계를 그림과 같이 접속하면 3상 전력은 2개 전력계 전력값의 대수합이다. 즉, 3상 전력 $P = W_1 + W_2$이다.

따라서 3상 전력 P = 200 + 200 = 400 W

※ 3상 전력 측정

2전력계법
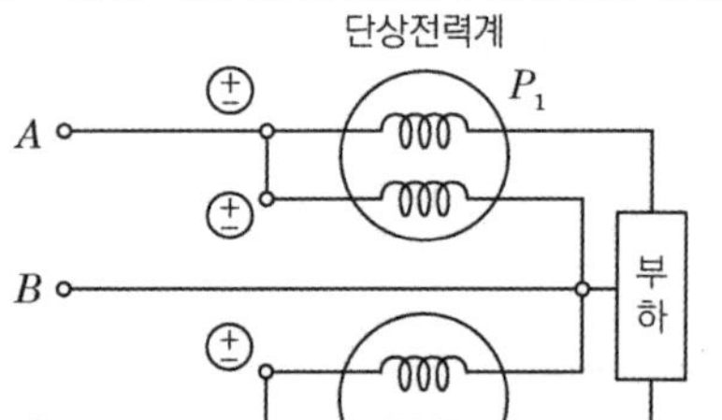
유효(소비)전력(P) $P = P_1 + P_2$ [W]

정답 73 ① 74 ③ 75 ②

3전력계법

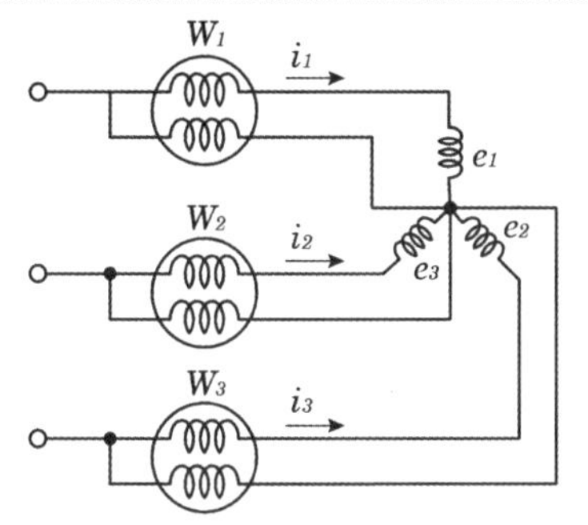

3상부하전력
$W = W_1 + W_2 + W_3$

76 R = 10 Ω, L = 10 mH에 가변콘덴서 C를 직렬로 구성시킨 회로에 교류주파수 1000 Hz를 가하여 직렬공진을 시켰다면 가변콘덴서는 약 몇 μF인가?

① 2.533 ② 12.675
③ 25.35 ④ 126.75

해설

[직렬공진회로에서 가변콘덴서 용량]

공진 주파수 $f = \dfrac{1}{2\pi\sqrt{LC}}$ 에서

$$C = \frac{1}{(2\pi)^2 L f^2}\ [F]$$

$$= \frac{1}{4\pi^2 \times (10\times10^{-3})\times 1000^2}\times 10^6$$

$$= 2.533\ \mu F$$

77 스위치 S의 개폐에 관계없이 전류 I가 항상 30 A라면 R_3와 R_4는 각각 몇 Ω인가?

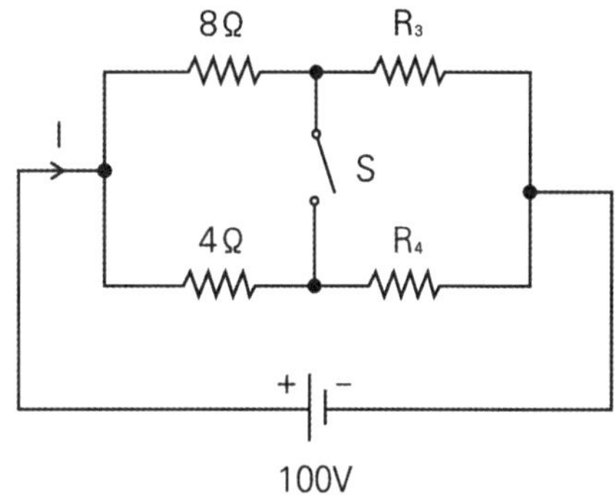

① $R_3 = 1,\ R_4 = 3$ ② $R_3 = 2,\ R_4 = 1$
③ $R_3 = 3,\ R_4 = 2$ ④ $R_3 = 4,\ R_4 = 4$

해설

[휘스톤 브리지]

스위치 S의 개폐에 관계없이 전류가 항상 일정하면 휘스톤 브리지회로이다.

1) 전체저항

$$R = \frac{V}{I} = \frac{100}{30} = 3.33\ \Omega$$

2) 브리지 평형상태

$$8\times R_4 = 4\times R_3 \rightarrow 2R_4 = R_3$$

3) R_3, R_4

$$\frac{1}{\dfrac{1}{8+R_3}+\dfrac{1}{4+R_4}} = \frac{10}{3}$$

$$\frac{1}{\dfrac{1}{8+2R_4}+\dfrac{1}{4+R_4}} = \frac{10}{3}$$

$\therefore R_4 = 1[\Omega]$

$R_3 = 2R_4 = 2\times1 = 2[\Omega]$

2020-01

정답 76 ① 77 ②

78 아래 R-L-C 직렬회로의 합성 임피던스(Ω)는?

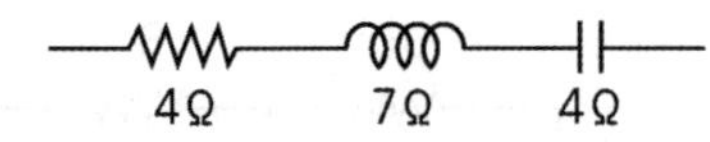

① 1　　② 5
③ 7　　④ 15

해설

[합성 임피던스(Z)]

$$Z = \sqrt{R^2 + (X_L - X_C)^2}$$
$$= \sqrt{4^2 + (7-4)^2} = 5\ \Omega$$

79 변압기의 효율이 가장 좋을 때의 조건은?

① 철손 = $\frac{2}{3}$ × 동손

② 철손 = 2 × 동손

③ 철손 = $\frac{1}{2}$ × 동손

④ 철손 = 동손

해설

[변압기의 효율]

변압기 규약효율 = $\frac{\text{출력}}{\text{출력}+\text{손실}}$에서 무부하손실인 철손($P_i$)과 부하손실인 동손($P_c$)이 같을 때(철손 = 동손일 때) 손실이 최소가 되고 효율은 최대가 된다.

80 입력 신호가 모두 "1"일 때만 출력이 생성되는 논리회로는?

① AND회로　　② OR회로
③ NOR회로　　④ NOT회로

해설

[논리회로]

① AND회로 : 입력신호가 모두 동시에 On(1)되었을 때 출력이 나오는 회로
② OR회로 : 입력신호 중 어느 하나라도 On(1)되었을 때 출력이 나오는 회로
③ NOR회로 : OR회로의 NOT회로이며 입력신호 중 1개만 On되어도 출력이 나타나지 않는 회로
④ NOT회로 : 출력신호가 입력신호와 반대로 나타나는 회로. 입력이 On이면 출력은 Off되고, 입력이 Off이면 출력이 On되는 회로

정답 78 ② 79 ④ 80 ①

5과목 배관일반

1회독 시간 : 점수 :
2회독 시간 : 점수 :
3회독 시간 : 점수 :

81 펌프 흡입 측 수평배관에서 관경을 바꿀 때 편심 레듀서를 사용하는 목적은?

① 유속을 빠르게 하기 위하여
② 펌프 압력을 높이기 위하여
③ 역류 발생을 방지하기 위하여
④ 공기가 고이는 것을 방지하기 위하여

해설

[편심레듀서의 사용 목적]
물배관의 수평배관에서 공기가 고이는 것을 방지하기 위해 관경을 바꿀 때 편심레듀서를 사용한다.
- 물배관 : 공기가 고이지 않게
- 증기배관 : 응축수가 고이지 않게

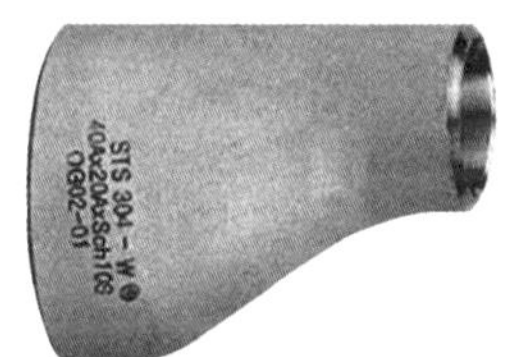

[편심레듀셔]

82 다음 중 배관의 중심이동이나 구부러짐 등의 변위를 흡수하기 위한 이음이 아닌 것은?

① 슬리브형이음 ② 플렉시블이음
③ 루프형이음 ④ 플라스턴이음

해설

[플라스턴이음]
동관이나 납관의 접합방법

보충 플라스턴 : 주석 40 % + 납 60 % 합금

83 온수배관 시공 시 유의사항으로 틀린 것은?

① 일반적으로 팽창관에는 밸브를 설치하지 않는다.
② 배관의 최저부에는 배수밸브를 설치한다.
③ 공기밸브는 순환펌프의 흡입 측에 부착한다.
④ 수평관은 팽창탱크를 향하여 올림구배로 배관한다.

해설

[온수배관 시공 시 유의사항]
③ 공기(빼기)밸브를 펌프 흡입 측에 부착하면 공기가 유입되므로 <u>토출 측에 부착</u>해야 한다.

84 다음 중 밸브몸통 내에 밸브대를 축으로 하여 원판형태의 디스크가 회전함에 따라 개폐하는 밸브는 무엇인가?

① 버터플라이밸브 ② 슬루스밸브
③ 앵글밸브 ④ 볼밸브

해설

[버터플라이밸브(Butterfly valve)]
1) 밸브 안에 있는 원형 디스크를 회전시켜 유체 흐름을 조절하는 밸브
2) 차단 및 유량조절이 가능하고 구조 및 조작이 간단하다.
3) 설치공간이 적어도 되므로 대구경 배관에 많이 사용된다.

[버터플라이밸브]

2020-01

정답 81 ④ 82 ④ 83 ③ 84 ①

85 강관의 나사이음 시 관을 절단한 후 관 단면의 안쪽에 생기는 거스러미를 제거할 때 사용하는 공구는?

① 파이프 바이스
② 파이프 리머
③ 파이프 렌치
④ 파이프 커터

해설

[파이프 리머]
강관끝단 안쪽의 거스러미를 제거하는 공구

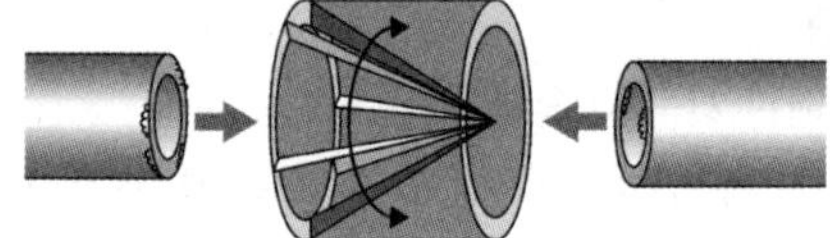

86 옥상탱크에서 오버플로관을 설치하는 가장 적합한 위치는?

① 배수관보다 하위에 설치한다.
② 양수관보다 상위에 설치한다.
③ 급수관과 수평위치에 설치한다.
④ 양수관과 동일 수평위치에 설치한다.

해설

[오버플로관]
옥상탱크에서 물이 넘치는 것을 방지하기 위해 설치하는 관으로서 양수관보다 상위에 설치한다.

87 하트포드(Hart Ford)배관법에 관한 설명으로 틀린 것은?

① 보일러 내의 안전 저수면보다 높은 위치에 환수관을 접속한다.
② 저압증기난방에서 보일러 주변의 배관에 사용한다.
③ 하트포드배관법은 보일러 내의 수면이 안전수위 이하로 유지하기 위해 사용된다.
④ 하트포드배관 접속 시 환수주관에 침적된 찌꺼기의 보일러 유입을 방지할 수 있다.

해설

[하트포드배관법]
하트포드배관법은 보일러 내의 수면이 안전수위 이하로 떨어지는 것을 방지하기 위해 사용한다.

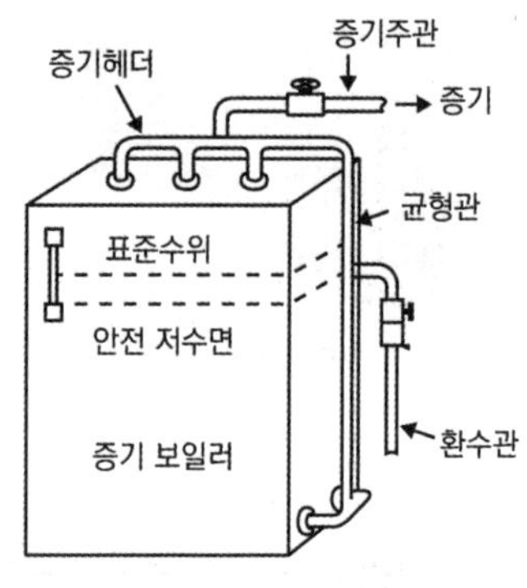

[하트포드 접속법]

88 급수급탕설비에서 탱크류에 대한 누수의 유무를 조사하기 위한 시험방법으로 가장 적절한 것은?

① 수압시험 ② 만수시험
③ 통수시험 ④ 잔류염소의 측정

정답 85 ② 86 ② 87 ③ 88 ②

해설

[만수시험]
물을 기기나 배관에 가득 채운 후 누수 여부를 확인하는 시험

② 중앙식 급탕법은 주로 대형 보일러를 사용하며, 석탄, 중유 등 저렴한 연료를 사용할 수 있어 연료비가 절감된다.
③ 중앙식 급탕법은 기계실에 급탕설비를 집중배치하기 때문에 집중관리가 용이하다.

89 중앙식 급탕법에 대한 설명으로 틀린 것은?

① 탱크 속에 직접 증기를 분사하여 물을 가열하는 기수혼합식의 경우 소음이 많아 증기관에 소음기(Silencer)를 설치한다.
② 열원으로 비교적 가격이 저렴한 석탄, 중유 등을 사용하므로 연료비가 적게 든다.
③ 급탕설비를 다른 설비 기계류와 동일한 장소에 설치하므로 관리가 용이하다.
④ 저탕탱크 속에 가열코일을 설치하고, 여기에 증기보일러를 통해 증기를 공급하여 탱크 안의 물을 직접가열하는 방식을 직접가열식 중앙급탕법이라 한다.

해설

[중앙식 급탕법]
④ 저탕탱크 속에 가열코일을 설치해 증기 또는 온수를 순환시켜 물을 가열하는 방식은 간접가열식이다. 반면, 직접가열식은 증기나 연료를 물에 직접 접촉시켜 가열한다.
① 기수혼합식은 증기를 물속에 직접 분사해 가열하는 방식이다. 이 방식은 소음과 진동이 심하기 때문에 소음기를 설치한다.

90 공기조화설비에서 에어워셔의 플러딩 노즐이 하는 역할은?

① 공기 중에 포함된 수분을 제거한다.
② 입구공기의 난류를 정류로 만든다.
③ 엘리미네이터에 부착된 먼지를 제거한다.
④ 출구에 섞여 나가는 비산수를 제거한다.

해설

[에어워셔의 플러딩 노즐]
플러딩 노즐은 에어와셔의 엘리미네이터에 부착된 먼지 및 이물질을 제거하는 역할을 한다.

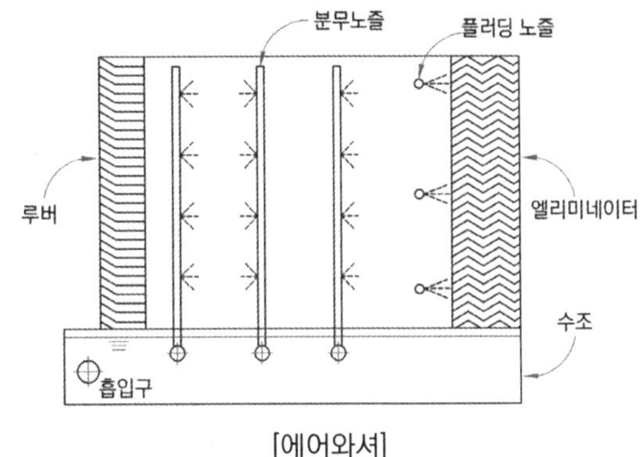

[에어와셔]

정답 89 ④ 90 ③

91 다음 공조용 배관 중 배관 샤프트 내에서 단열시공을 하지 않는 배관은?

① 온수관 ② 냉수관
③ 증기관 ④ 냉각수관

해설

[단열시공을 하지 않는 배관]

④ 냉각수의 온도가 주위 온도보다 높기 때문에 냉각수관은 단열시공을 하지 않는다.

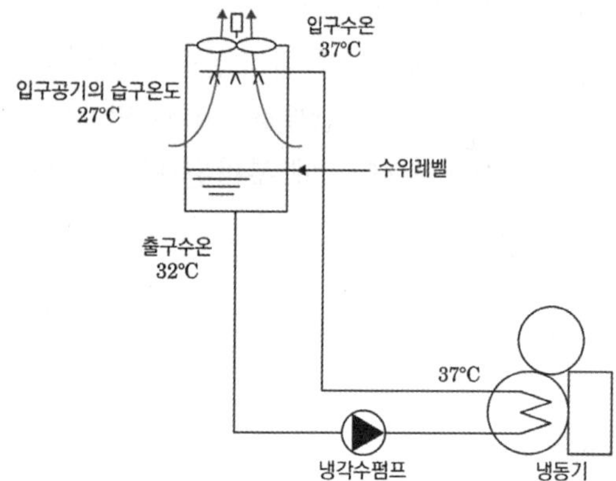

92 급수온도 5 ℃, 급탕온도 60 ℃, 가열전 급탕설비의 전수량은 2 m³, 급수와 급탕의 압력차는 50 kPa일 때, 절대압력 300 kPa의 정수두가 걸리는 위치에 설치하는 밀폐식 팽창탱크의 용량(m³)은? (단, 팽창탱크의 초기 봉입 절대압력은 300 kPa이고, 5 ℃일 때 밀도는 1000 kg/m³, 60 ℃일 때 밀도는 983.1 kg/m³이다)

① 0.83 ② 0.57
③ 0.24 ④ 0.17

해설

[밀폐식 팽창탱크의 용량]

팽창량 $\Delta V = (V_2 - V_1) = \left(\frac{1}{\rho_2} - \frac{1}{\rho_1}\right)m$

$$\Delta V = \left(\frac{1}{983.1} - \frac{1}{1,000}\right) \times 2,000[\text{kg}]$$

$$= 0.0344\ m^3$$

$$V = \frac{\Delta V}{\frac{P_0}{P_1} - \frac{P_0}{P_2}} = \frac{0.0344}{\frac{300}{300} - \frac{300}{300+50}}$$

$$= 0.24\ \text{m}^3$$

※ 밀폐형 팽창탱크 용량(V_0)

물의 팽창량 $\Delta V = (V_2 - V_1) = \left(\frac{1}{\rho_2} - \frac{1}{\rho_1}\right)m$

여기서,

$$P_0 V_0 = P_1(V_0 - V_1) \rightarrow V_1 = V_0 - \frac{P_0}{P_1} V_0$$

$$P_0 V_0 = P_2(V_0 - V_2) \rightarrow V_2 = V_0 - \frac{P_0}{P_2} V_0$$

이므로,

$$\Delta V = V_2 - V_1 = \left(V_0 - \frac{P_0}{P_2} V_0\right) - \left(V_0 - \frac{P_0}{P_1} V_0\right)$$

$$= \left(\frac{P_0}{P_1} - \frac{P_0}{P_2}\right) V_0$$

탱크의 용량 $V_0 = \dfrac{\Delta V}{\left(\frac{P_0}{P_1} - \frac{P_0}{P_2}\right)}$

ΔV : 온수의 팽창량$[m^3]$

V_1, V_2 : 팽창 전, 후의 물의 체적$[m^3]$

ρ_1, ρ_2 : 팽창 전, 후의 물의 밀도$[kg/m^3]$

m : 전체 질량$[kg]$

P_0 : 탱크의 초기 봉입 압력$[kPa\ abs]$

P_1, P_2 : 팽창 전 후의 압력$[kPa\ abs]$

V_0 : 팽창탱크의 용량$[m^3]$

정답 91 ④ 92 ③

93 배관재료에 대한 설명으로 틀린 것은?

① 배관용 탄소강강관은 1 MPa 이상, 10 MPa 이하 증기관에 적합하다.
② 주철관은 용도에 따라 수도용, 배수용, 가스용, 광산용으로 구분한다.
③ 연관은 화학 공업용으로 사용되는 1종관과 일반용으로 쓰이는 2종관, 가스용으로 사용되는 3종관이 있다.
④ 동관은 관 두께에 따라 K형, L형, M형으로 구분한다.

해설

[배관재료]
배관용 탄소강관(SPP : Steel Pipe Piping)
㉠ 사용온도 : 350 ℃ 이하
㉡ 사용압력 : 1 MPa(10 kg/cm^2) 이하
㉢ 용도 : 물, 기름, 증기, 가스 등의 배관
㉣ 종류 : 백관(아연도금관), 흑관

94 다음 중 증기난방용 방열기를 열손실이 가장 많은 창문 쪽의 벽면에 설치할 때 벽면과의 거리로 가장 적절한 것은?

① 5 ~ 6 cm ② 10 ~ 11 cm
③ 19 ~ 20 cm ④ 25 ~ 26 cm

해설

[방열기 설치 조건]
방열기와 벽면과의 적절한 거리 : 5 ~ 6 cm

95 저·중압의 공기 가열기, 열교환기등 다량의 응축수를 처리하는 데 사용되며 작동원리에 따라 다량트랩, 부자형 트랩으로 구분하는 트랩은?

① 바이메탈트랩
② 벨로즈트랩
③ 플로트트랩
④ 벨트랩

해설

[플로트트랩(Float Trap, 다량트랩)]
플로트트랩은 내부에 부자(플로트, Float)가 있어 응축수의 수위에 따라 자동으로 개폐된다.
다량의 응축수 처리에 매우 효과적이므로, 공기 가열기, 열교환기 등에서 발생하는 대량의 응축수를 처리하는 데 주로 사용된다. 응축수가 많을수록 부자가 떠올라 배출구가 열리고, 응축수가 줄면 부자가 내려와 닫히는 원리이다.

트랩 종류	작동 원리	특징 및 용도
바이메탈 트랩	금속의 온도 팽창차이 이용	저부하, 저온 응축수에 적합
벨로즈 트랩	온도변화에 따른 벨로즈 팽창	주로 온도 조절에 민감한 곳에 사용
플로트 트랩	내부 부자가 응축수 수위에 따라 개폐	다량의 응축수 처리, 공기가열기, 열교환기 등
벨트랩	벨 모양의 플로트가 작동	주로 하수구나 배수구의 냄새 차단 용도

2020-01

정답 93 ① 94 ① 95 ③

96 냉동장치에서 압축기의 표시방법으로 틀린 것은?

① : 밀폐형 일반

② : 로터리형

③ : 원심형

④ : 왕복동형

해설

[압축기의 표시방법]

③ : 다기통 왕복동식 압축기

※ 참고

: 원심형 압축기

97 공조배관설비에서 수격작용의 방지방법으로 틀린 것은?

① 관 내의 유속을 낮게 한다.

② 밸브는 펌프 흡입구 가까이 설치하고 제어한다.

③ 펌프에 플라이휠(Fly Wheel)을 설치한다.

④ 서지탱크를 설치한다.

해설

[수격작용(Water Hammerimg)]

1) 정의 : 펌프 토출 측에서 속도변화에 의해 충격파가 전달되는 현상

2) 방지대책

① 급격한 밸브 폐쇄는 피한다.

② 밸브는 펌프 토출 측 가까이에 설치하고 밸브 조작을 천천히 한다.

③ 가능한 관 내 유속을 느리게 한다.

④ 가능한 배관의 관경을 크게 한다.

⑤ 기구류 부근에 충격을 흡수할 수 있는 공기실(Air Chamber)을 설치한다.

⑥ 조압수조(Surge Tank)를 관선에 설치한다.

⑦ 펌프에 플라이휠(Fly Wheel)을 설치한다(회전체의 관성모멘트를 크게 하는 방법).

⑧ 배관에 수격방지기를 설치한다.

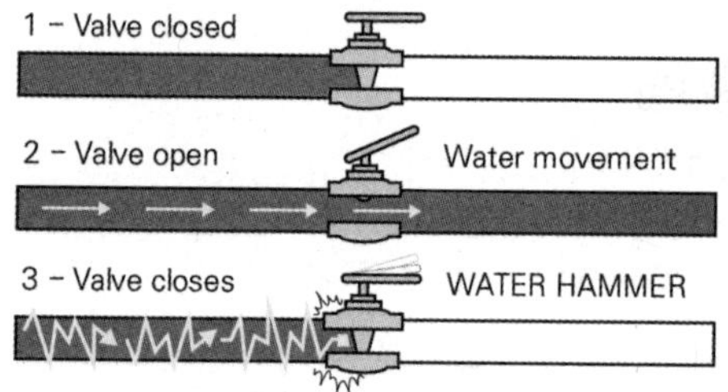

98 압축공기배관설비에 대한 설명으로 틀린 것은?

① 분리기는 윤활유를 공기나 가스에서 분리시켜 제거하는 장치로서 보통 중간냉각기와 후부냉각기 사이에 설치한다.

② 위험성 가스가 체류되어 있는 압축기실은 밀폐시킨다.

③ 맥동을 완화하기 위하여 공기탱크를 장치한다.

④ 가스관, 냉각수관 및 공기탱크 등에 안전밸브를 설치한다.

정답 96 ③ 97 ② 98 ②

해설

[압축공기배관설비]

② 위험성 가스가 체류되어 있는 압축기실은 환기가 가능하도록 개방되어야 한다.

99 프레온 냉동기에서 압축기로부터 응축기에 이르는 배관의 설치 시 유의사항으로 틀린 것은?

① 배관이 합류할 때는 T자형보다 Y자형으로 하는 것이 좋다.

② 압축기로부터 올라온 토출관이 응축기에 연결되는 수평부분은 응축기 쪽으로 하향구배로 배관한다.

③ 2대의 압축기가 아래쪽에 있고 1대의 응축기가 위쪽에 있는 경우 토출가스 헤더는 압축기 위에 배관하여 토출가스관에 연결한다.

④ 압축기와 응축기가 각각 2대이고 압축기가 응축기의 하부에 설치된 경우 압축기의 크랭크 케이스 균압관은 수평으로 배관한다.

해설

[프레온 냉동기 - 압축기의 토출 측 배관]

압축기 2대와 응축기 1대의 경우 압축기 상부에 응축기가 있을 때는 토출가스 헤더를 압축기 기초 하부에 설치하여 토출가스관에 연결한다.

100 수도 직결 시 급수방식에서 건물 내에 급수를 할 경우 수도 본관에서의 최저 필요압력을 구하기 위한 필요 요소가 아닌 것은?

① 수도 본관에서 최고 높이에 해당하는 수전까지의 관 재질에 따른 저항

② 수도 본관에서 최고 높이에 해당하는 수전이나 기구별 소요압력

③ 수도 본관에서 최고 높이에 해당하는 수전까지의 관 내 마찰손실수두

④ 수도 본관에서 최고 높이에 해당하는 수전까지의 상당압력

해설

[수도 본관에서의 최저 필요압력]

수도본관의 최소압력 $P \geq P_1 + P_2 + P_3$

P : 수도 본관의 압력 kPa

P_1 : 수도 본관에서 최상층 급수 기구까지의 높이에 상당하는 압력 kPa

P_2 : 관의 마찰손실수두에 상당하는 압력 kPa

P_3 : 최상층 기구의 최소 소요압력 kPa

2020-01

정답 99 ③ 100 ①

2020 제2회

1과목 기계열역학

1회독	시간 :	점수 :
2회독	시간 :	점수 :
3회독	시간 :	점수 :

01 어떤 습증기의 엔트로피가 6.78 kJ/(kg·K)라고 할 때 이 습증기의 엔탈피는 약 몇 kJ/kg인가? (단, 이 기체의 포화액 및 포화증기의 엔탈피와 엔트로피는 다음과 같다)

	포화액	포화증기
엔탈피(kJ/kg)	384	2666
엔트로피 (kJ/(kg·K))	1.25	7.62

① 2365 ② 2402
③ 2473 ④ 2511

해설

[습증기의 엔탈피]

1) 엔트로피를 이용하여 건도를 구한다.

$s = s_1 + x(s_2 - s_1)$

s : 현재 엔트로피, s_1 : 포화액 엔트로피
s_2 : 포화증기 엔트로피, x : 건도

$6.78 = 1.25 + x(7.62 - 1.25)$

$\therefore x = 0.868$

2) 건도를 이용하여 현재 습증기 엔탈피를 구한다.

$$h = h_1 + x(h_2 - h_1)$$
$$= 384 + 0.868(2666 - 384)$$
$$= 2365\ kJ/kg$$

h : 현재 엔탈피, h_1 : 포화액 엔탈피
h_2 : 포화증기 엔탈피

02 압력(P) – 부피(V)선도에서 이상기체가 그림과 같은 사이클로 작동한다고 할 때 한 사이클 동안 행한 일은 어떻게 나타내는가?

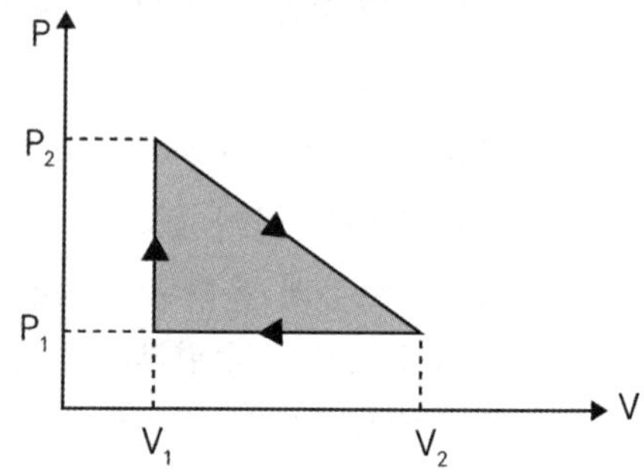

① $\dfrac{(P_2+P_1)(V_2+V_1)}{2}$

② $\dfrac{(P_2-P_1)(V_2+V_1)}{2}$

③ $\dfrac{(P_2+P_1)(V_2-V_1)}{2}$

④ $\dfrac{(P_2-P_1)(V_2-V_1)}{2}$

해설

[한 사이클 동안 행한 일]

일량은 삼각형 면적을 의미하므로

면적 $\dfrac{(P_2-P_1)(V_2-V_1)}{2}$ 으로 산출한다.

정답 01 ① 02 ④

03 다음 중 스테판 볼츠만의 법칙과 관련이 있는 열전달은?

① 대류　② 복사
③ 전도　④ 응축

해설

[스테판 볼츠만 법칙]
복사에너지를 구하는 법칙으로 다음과 같이 표현된다.
$Q = \sigma A T^4$

Q : 총 복사에너지(J/s 또는 W)
σ : 스테판 볼츠만상수
A : 흑체 표면적(m^2)
T : 흑체의 절대 온도(K)

04 이상기체 2 kg이 압력 98 kPa, 온도 25 ℃상태에서 체적이 0.5 m^3였다면 이 이상기체의 기체상수는 약 몇 J/(kg · K)인가?

① 79　② 82
③ 97　④ 102

해설

[이상기체상태방정식]

이상기체상태방정식 $PV = GRT$ 여기서, G : 질량 [kg] R : 특정기체상수 [kJ/(kg · K)]

이상기체의 상태방정식 $PV = GRT$에서

$$R = \frac{PV}{GT} = \frac{(98 \times 10^3) \times 0.5}{2 \times (25 + 273)}$$
$$= 82.2 [J/kg \cdot K]$$

05 냉매가 갖추어야 할 요건으로 틀린 것은?

① 증발온도에서 높은 잠열을 가져야 한다.
② 열전도율이 커야 한다.
③ 표면장력이 커야 한다.
④ 불활성이고 안전하며 비가연성이어야 한다.

해설

[냉매가 갖추어야 할 요건]
③ 표면장력 및 점도가 작아야 한다.
표면장력 및 점도가 크면 배관에서 유동저항이 커진다.

06 어떤 유체의 밀도가 741 kg/m^3이다. 이 유체의 비체적은 약 몇 m^3/kg인가?

① 0.78×10^{-3}
② 1.35×10^{-3}
③ 2.35×10^{-3}
④ 2.98×10^{-3}

해설

[유체의 비체적]
비체적은 밀도의 역수

$$\frac{1}{741} m^3/kg = 0.00135 = 1.35 \times 10^{-3}$$

2020-02

정답 03 ② 04 ② 05 ③ 06 ②

07 이상적인 랭킨사이클에서 터빈 입구온도가 350 ℃이고, 75 kPa과 3 MPa의 압력범위에서 작동한다. 펌프 입구와 출구, 터빈 입구와 출구에서 엔탈피는 각각 384.4 kJ/kg, 387.5 kJ/kg, 3116 kJ/kg, 2403 kJ/kg 이다. 펌프일을 고려한 사이클의 열효율과 펌프일을 무시한 사이클의 열효율 차이는 약 몇 %인가?

① 0.001　　② 0.092
③ 0.11　　④ 0.18

해설

[열효율]

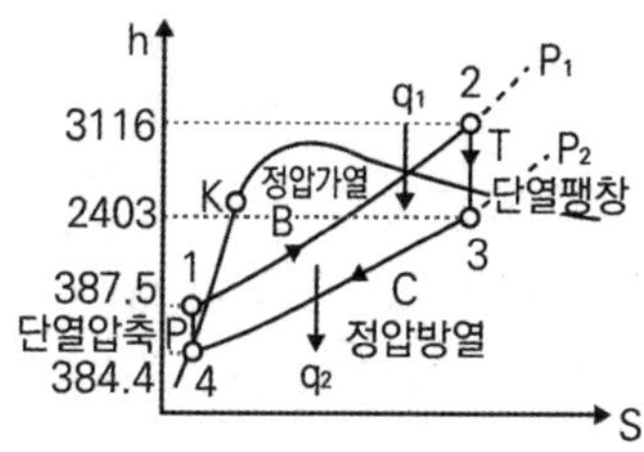

[랭킨사이클]

$$\eta = \frac{출력}{입력} = \frac{터빈일에너지 - 펌프일}{보일러공급열량}$$

1) 펌프일을 고려한 열효율

$$\eta_1 = \frac{T-P}{B} = \frac{(h_2-h_3)-(h_1-h_4)}{h_2-h_1}$$

$$= \frac{(3116-2403)-(387.5-384.4)}{(3116-387.5)}$$

$$= 0.2620 = 26.02\ \%$$

2) 펌프일을 무시한 열효율

$$\eta_2 = \frac{(h_2-h_3)}{(h_2-h_4)} = \frac{(3116-2403)}{(3116-384.4)}$$

$$= 0.2613 = 26.13\ \%$$

3) 열효율 차이

$$\eta_2 - \eta_1 = 26.13 - 26.02 = 0.11\ \%$$

※ 랭킨사이클 열효율(η_R)

$$\eta_R = \frac{T-P}{B} = \frac{(h_2-h_3)-(h_1-h_4)}{h_2-h_1}$$

만약 펌프일을 무시하면

$$\eta_R = \frac{h_2-h_3}{h_2-h_1}$$ 에서 $h_1 \fallingdotseq h_4$이므로

$$\eta_R = \frac{(h_2-h_3)}{h_2-h_4}$$

08 전류 25 A, 전압 13 V를 가하여 축전지를 충전하고 있다. 충전하는 동안 축전지로부터 15 W의 열손실이 있다. 축전지의 내부에너지변화율은 약 몇 W인가?

① 310　　② 340
③ 370　　④ 420

해설

[내부에너지변화율]

$Q = \Delta U + W$

$\Delta U = Q - W = Q - VI$

$= (-15) - (-13 \times 25) = 310\ [W]$

보충 전력 $P = VI$

정답 07 ③ 08 ①

09 고온열원(T_1)과 저온열원(T_2) 사이에서 작동하는 역카르노사이클에 의한 열펌프(Heat Pump)의 성능계수는?

① $\dfrac{T_1 - T_2}{T_1}$ ② $\dfrac{T_2}{T_1 - T_2}$

③ $\dfrac{T_1}{T_1 - T_2}$ ④ $\dfrac{T_1 - T_2}{T_2}$

해설

[열펌프의 성능계수(COP)]

$$COP = \frac{Q(열량)}{W(동력)} = \frac{T_1}{T_1 - T_2}$$

$$열펌프\ 성적계수 = \frac{T_1}{T_1 - T_2}$$

※ 열펌프와 냉동기

1) 열펌프

에너지(전기 혹은 고온의 열)를 일의 형태로 받아 고열원에 열을 공급해주는 것이 목적

$$COP_{HP} = \frac{Q_1}{W} = \frac{Q_1}{Q_1 - Q_2} = \frac{T_1}{T_1 - T_2}$$

2) 냉동기

에너지(전기 혹은 고온의 열)를 일의 형태로 받아 저열원으로부터 열을 빼앗는 것이 목적

$$COP_R = \frac{Q_2}{W} = \frac{Q_2}{Q_1 - Q_2} = \frac{T_2}{T_1 - T_2}$$

3) 열펌프의 성적계수는 냉동기의 성적계수보다 1만큼 더 크다.

$COP_{HP} = 1 + COP_R$

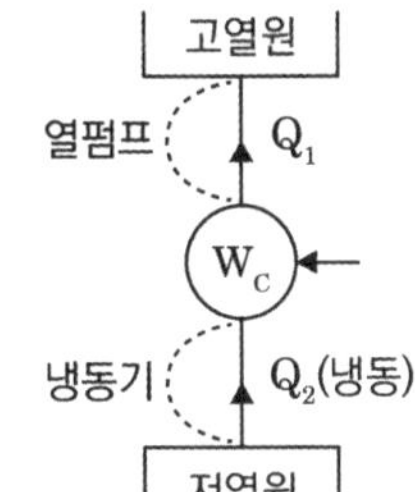

Q_1 : 저열원으로부터 흡수하는 열량
Q_2 : 고열원으로 방출하는 열량
W : 일량
T_1 : 고온
T_2 : 저온

10 압력이 0.2 MPa, 온도가 20 ℃의 공기를 압력이 2 MPa로 될 때까지 가역단열압축했을 때 온도는 약 몇 ℃인가? (단, 공기는 비열비가 1.4인 이상기체로 간주한다)

① 225.7 ② 273.7
③ 292.7 ④ 358.7

해설

[가역단열압축과정]

$$단열지수관계\ \frac{T_2}{T_1} = \left(\frac{v_1}{v_2}\right)^{k-1} = \left(\frac{p_2}{p_1}\right)^{\frac{k-1}{k}}$$

가역단열과정이므로

$$\frac{T_2}{T_1} = \left(\frac{P_2}{P_1}\right)^{\frac{k-1}{k}}\ 에서$$

$$\frac{T_2}{293} = \left(\frac{2}{0.2}\right)^{\frac{1.4-1}{1.4}}$$

$\therefore\ T_2 = 565.7$ K
$= (565.7 - 273)$ ℃
$= 292.7$ ℃

11 어떤 물질에서 기체상수(R)가 0.189 kJ/(kg · K), 임계온도가 305 K, 임계압력이 7380 kPa이다. 이 기체의 압축성 인자(Compressibility Factor, Z)가 다음과 같은 관계식을 나타낸다고 할 때 이 물질의 20 ℃, 1000 kPa 상태에서의 비체적(v)은 약 몇 m^3/kg인가? (단, P는 압력, T는 절대온도, Pr은 환산압력, Tr은 환산온도를 나타낸다)

$$Z = \frac{Pv}{RT} = 1 - 0.8\frac{P_r}{T_r}$$

① 0.0111 ② 0.0303
③ 0.0491 ④ 0.0554

해설

[압축성 인자 Z]

환산압력 $P_r = \frac{P}{P_c} = \frac{1000}{7380}$

P_c : 임계압력

환산온도 $T_r = \frac{T}{T_c} = \frac{273+20}{305} = \frac{293}{305}$

T_c : 임계온도

$Z = \frac{Pv}{RT} = 1 - 0.8\frac{P_r}{T_r}$ 에서

$$\frac{1000 \times v}{0.189 \times 293} = 1 - 0.8 \times \frac{\frac{1000}{7380}}{\frac{293}{305}}$$

$\therefore\ v ≒ 0.0491\ m^3/kg$

보충 환산온도, 환산압력은 임계온도, 임계압력에 대한 상대 값을 지칭한다.

12 단열된 노즐에 유체가 10 m/s의 속도로 들어와서 200 m/s의 속도로 가속되어 나간다. 출구에서의 엔탈피가 2770 kJ/kg일 때 입구에서의 엔탈피는 약 몇 kJ/kg인가?

① 4370 ② 4210
③ 2850 ④ 2790

해설

[단열 유동 – 입구에서의 엔탈피]

※ 에너지방정식(정상유동)

$$_1Q_2 = W_t + \frac{\dot{G}(v_2^2 - v_1^2)}{2} + \dot{G}(h_2 - h_1) + \dot{G}g(Z_2 - Z_1)$$

$_1Q_2$: 열량, W_t : 공업일, $\dot{G}$: 질량 유량
g : 중력가속도, v_2, v_1 : 속도
h_2, h_1 : 엔탈피, Z_2, Z_1 : 위치에너지

정상유동 일반에너지식에서 받은 열량이 없고 행한 일이 없으며 위치에너지를 무시하면 단열유동이다.
따라서

$$h_1 - h_2 = \frac{1}{2}(v_2^2 - v_1^2)$$

$$h_1 = h_2 + \frac{1}{2}(v_2^2 - v_1^2)$$

$$= 2770 + \frac{1}{2}\{(200^2 - 10^2) \times 10^{-3}\}$$

$$= 2790\ kJ/kg$$

$\therefore\ h_1 = 2790$ kJ/kg

정답 11 ③ 12 ④

13 100 ℃의 구리 10 kg을 20 ℃의 물 2 kg이 들어 있는 단열 용기에 넣었다. 물과 구리 사이의 열전달을 통한 평형 온도는 약 몇 ℃인가? (단, 구리 비열은 0.45 kJ/(kg · K), 물 비열은 4.2 kJ/(kg · K)이다)

① 48 ② 54
③ 60 ④ 68

해설

[열 평형]

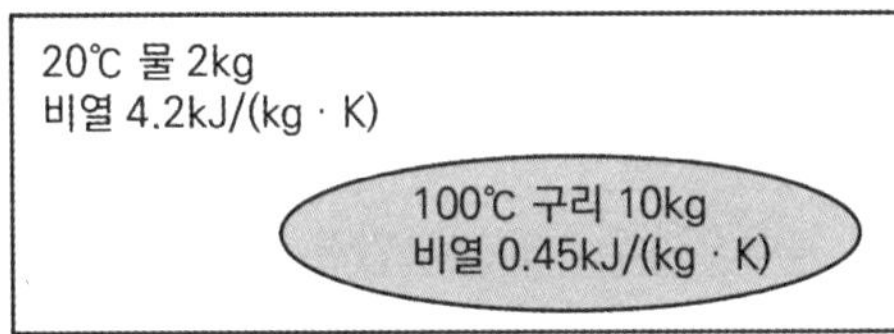

열 평형식을 세우면

$m_c C_c(t_c - t_0) = m_w C_w(t_0 - t_w)$에서

$10 \times 0.45 \times (100 - t_0) = 2 \times 4.2 \times (t_0 - 20)$

$\therefore\ t_0 \fallingdotseq 48℃$

14 이상적인 교축과정(Throttling Process)을 해석하는 데 있어서 다음 설명 중 옳지 않은 것은?

① 엔트로피는 증가한다.
② 엔탈피의 변화가 없다고 본다.
③ 정압과정으로 간주한다.
④ 냉동기의 팽창밸브의 이론적인 해석에 적용될 수 있다.

해설

[이상적인 교축과정]

1) 엔트로피 증가
2) 엔탈피 일정(등엔탈피과정)
3) 압력 강하
4) 팽창밸브의 과정

보충 교축과정은 정압과정이 될 수 없다.

15 이상기체로 작동하는 어떤 기관의 압축비가 17이다. 압축 전의 압력 및 온도는 112 kPa, 25 ℃이고 압축 후의 압력은 4350 kPa이었다. 압축 후의 온도는 약 몇 ℃인가?

① 53.7 ② 180.2
③ 236.4 ④ 407.8

해설

[보일 – 샤를의 법칙]

$\frac{P_1 V_1}{T_1} = \frac{P_2 V_2}{T_2}$에서

$\frac{112 \times (17 \times V_2)}{(25 + 273)} = \frac{4350 \times V_2}{T_2}$

$\therefore\ T_2 = 680.8K$

$= 680.8 - 273℃ = 407.8\ ℃$

보충 압축비 $\varepsilon = \frac{최대체적}{최소체적} = \frac{압축전체적(V_1)}{압축후체적(V_2)}$

정답 13 ① 14 ③ 15 ④

16 다음은 오토(Otto)사이클의 온도－엔트로피(T－S)선도이다. 이 사이클의 열효율을 온도를 이용하여 나타낼 때 옳은 것은? (단, 공기의 비열은 일정한 것으로 본다)

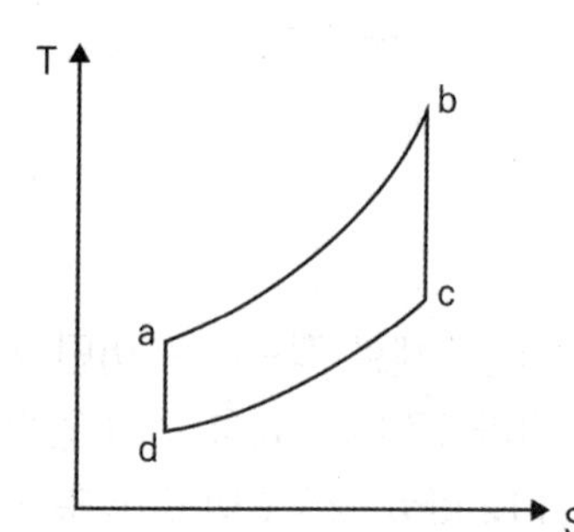

① $1-\dfrac{T_c-T_d}{T_b-T_a}$　② $1-\dfrac{T_b-T_a}{T_c-T_d}$

③ $1-\dfrac{T_a-T_d}{T_b-T_c}$　④ $1-\dfrac{T_b-T_c}{T_a-T_d}$

해설

[오토사이클의 효율]

효율 $\eta=\dfrac{\text{출력}}{\text{입력}}=1-\dfrac{q_2(\text{정적방열량})}{q_1(\text{정적가열량})}$

$=1-\dfrac{T_c-T_d}{T_b-T_a}$

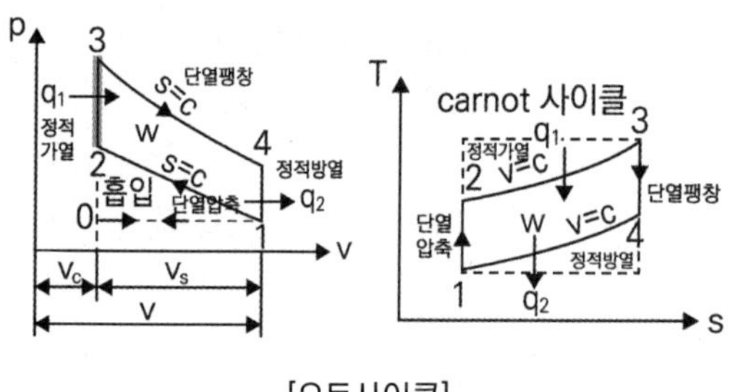

[오토사이클]

17 클라우지우스(Clausius)의 부등식을 옳게 나타낸 것은? (단, T는 절대온도, Q는 시스템으로 공급된 전체 열량을 나타낸다)

① $\oint T\delta Q \le 0$　② $\oint T\delta Q \ge 0$

③ $\oint \dfrac{\delta Q}{T} \le 0$　④ $\oint \dfrac{\delta Q}{T} \ge 0$

해설

[클라우지우스(Clausius)의 부등식]

가역사이클인 경우	비가역사이클인 경우
$\oint \dfrac{\delta Q}{T}=0$	$\oint \dfrac{\delta Q}{T}<0$

따라서 클라우지우스의 적분값은

$$\oint \frac{\delta Q}{T} \le 0$$

$\oint$: 폐곡선 적분(사이클 적분)

18 다음 중 강도성 상태량이 아닌 것은?

① 온도　② 내부에너지

③ 밀도　④ 압력

해설

[종량성 상태량과 강도성 상태량의 구분]

1) 종량성 상태량 : 물질의 양과 비례하여 값이 바뀌는 상태량으로, 예로는 체적, 내부에너지, 엔트로피, 엔탈피 등이 있다.
2) 강도성 상태량 : 물질의 양과 관계없이 일정한 값을 가지는 상태량으로, 예로는 압력, 온도, 밀도, 비체적 등이 있다.

정답 16 ① 17 ③ 18 ②

19 기체가 0.3 MPa로 일정한 압력 하에 8 m^3에서 4 m^3까지 마찰 없이 압축되면서 동시에 500 kJ의 열을 외부로 방출하였다면, 내부에너지의 변화는 약 몇 kJ인가?

① 700　　② 1700
③ 1200　　④ 1400

해설

[내부에너지의 변화량]

${}_1Q_2 = \triangle U + W$에서

정압과정이므로 절대일은

$$W = P(V_2 - V_1)$$
$$= (0.3 \times 10^3)[kPa] \times (4-8)[m^3]$$
$$= -1200\ [kJ]$$

방출열량 ${}_1Q_2$ = −500이므로

$${}_1Q_2 = \triangle U + W$$
$$-500 = \triangle U + (-1200)$$
$$\therefore \triangle U = 700[kJ]$$

보충 압축일(W)은 외부가 계에 한 일로 부호가 (−)가 된다.

20 카르노사이클로 작동하는 열기관이 1000 ℃의 열원과 300 K의 대기 사이에서 작동한다. 이 열기관이 사이클당 100 kJ의 일을 할 경우 사이클당 1000 ℃의 열원으로부터 받은 열량은 약 몇 kJ인가?

① 70.0　　② 76.4
③ 130.8　　④ 142.9

해설

[카르노사이클의 효율]

$$\text{효율}\eta = \frac{W}{Q_1} = \frac{T_1 - T_2}{T_1}$$

$$\frac{W}{Q_1} = \frac{(1000+273)-300}{(1000+273)}$$

$$\frac{W}{Q_1} = 0.764$$

$$\therefore\ Q_1 = \frac{W}{0.764} = \frac{100}{0.764} = 130.89\ kJ$$

※ 열기관

고열원으로부터 열을 공급받아 기계적인 일로 전환시키는 것이 목적

(열기관의 이상사이클 : 카르노사이클)

$$\eta = \frac{W}{Q_1} = \frac{Q_1 - Q_2}{Q_1} = \frac{T_1 - T_2}{T_1}$$

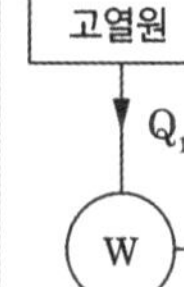

Q_1 : 고열원으로부터 받은 열량
Q_2 : 저열원으로 방출한 열량
W : 일량
T_1 : 고온
T_2 : 저온

정답 19 ① 20 ③

2과목 냉동공학

1회독	시간 :	점수 :
2회독	시간 :	점수 :
3회독	시간 :	점수 :

21 냉동능력이 15 RT인 냉동장치가 있다. 흡입증기 포화온도가 −10 ℃이며, 건조포화증기 흡입압축으로 운전된다. 이때 응축온도가 45 ℃이라면 이 냉동장치의 응축부하(kW)는 얼마인가? (단, 1 RT는 3.8 kW이다)

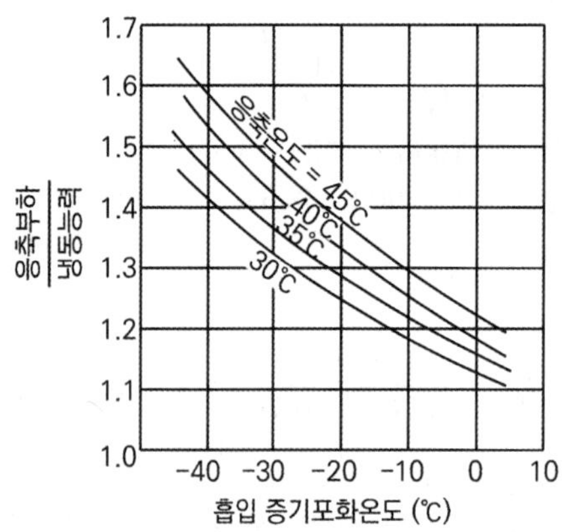

① 74.1 ② 58.7
③ 49.8 ④ 36.2

해설

[응축부하]

표에서 흡입증기 포화온도 −10 ℃, 응축온도 45 ℃일 때(응축부하/냉동능력)은 1.3이므로

$\frac{\text{응축부하}}{\text{냉동능력}} = 1.3$에서

응축부하$= 15 \times 1.3 \times 3.8 = 74.1\ kW$

22 다음 중 터보압축기의 용량(능력)제어방법이 아닌 것은?

① 회전속도에 의한 제어
② 흡입댐퍼에 의한 제어
③ 부스터에 의한 제어
④ 흡입 가이드베인에 의한 제어

해설

[터보냉동기 용량제어법]

- 회전속도제어
- 흡입 가이드베인제어
- 흡입댐퍼제어
- 바이패스제어

보충 터보압축기 : 기계 기체를 고속으로 회전하는 바퀴 속으로 통과하게 하여 그 원심력을 이용하여 기체에 압력을 가하는 기계

23 냉매의 구비조건으로 옳은 것은?

① 표면장력이 작을 것
② 임계온도가 낮을 것
③ 증발잠열이 작을 것
④ 비체적이 클 것

해설

[냉매의 구비조건]

② 임계온도가 높을 것
③ 증발잠열이 클 것
④ 비체적이 작을 것

정답 21 ① 22 ③ 23 ①

24 증기 압축식 열펌프에 관한 설명으로 틀린 것은?

① 하나의 장치로 난방 및 냉방으로 사용할 수 있다.
② 일반적으로 성적계수가 1보다 작다.
③ 난방을 위한 별도의 보일러 설치가 필요 없어 대기오염이 적다.
④ 증발온도가 높고 응축온도가 낮을수록 성적계수가 커진다.

해설

[열펌프의 성적계수(COP)]
열펌프의 성적계수는 냉동기의 성적계수보다 항상 1만큼 크다($COP_{HP} = 1 + COP_R$).
따라서 열펌프의 성적계수는 항상 1보다 크다.

※ 열펌프와 냉동기
1) 열펌프
에너지(전기 혹은 고온의 열)를 일의 형태로 받아 고열원에 열을 공급해주는 것이 목적

$$COP_{HP} = \frac{Q_1}{W} = \frac{Q_1}{Q_1 - Q_2} = \frac{T_1}{T_1 - T_2}$$

2) 냉동기
에너지(전기 혹은 고온의 열)를 일의 형태로 받아 저열원으로부터 열을 빼앗는 것이 목적

$$COP_R = \frac{Q_2}{W} = \frac{Q_2}{Q_1 - Q_2} = \frac{T_2}{T_1 - T_2}$$

3) 열펌프의 성적계수는 냉동기의 성적계수보다 1만큼 더 크다.
$COP_{HP} = 1 + COP_R$

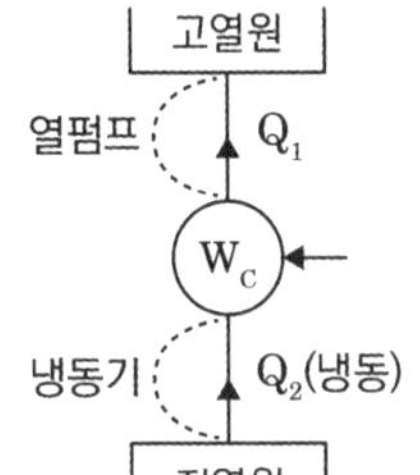

Q_1 : 저열원으로부터 흡수하는 열량
Q_2 : 고열원으로 방출하는 열량
W : 일량
T_1 : 고온
T_2 : 저온

25 프레온 냉동장치의 배관공사 중에 수분이 장치내에 잔류했을 경우 이 수분에 의한 장치에 나타나는 현상으로 틀린 것은?

① 프레온 냉매는 수분의 용해도가 적으므로 냉동장치 내의 온도가 0℃ 이하이면 수분은 빙결한다.
② 수분은 냉동장치 내에서 철재 재료 등을 부식시킨다.
③ 증발기의 전열기능을 저하시키고, 흡입관 내 냉매 흐름을 방해한다.
④ 프레온 냉매와 수분이 서로 화합반응하여 알칼리를 생성시킨다.

해설

[프레온 냉동장치 내 수분이 잔류했을 경우]
④ 프레온 냉매는 일반적으로 매우 안정된 물질이지만, 냉동시스템 내부의 고온 환경에서 수분과 만나면 가수분해 반응을 일으켜 염산(HCl)이나 불산(HF)과 같은 강한 산성 물질을 생성한다. 이렇게 생성된 산은 냉동장치의 금속 부품을 부식시키고, 윤활유를 변질시켜 슬러지를 만들며, 구리 부품을 이온화시켜 압축기의 철 표면에 달라붙게 하는 동도금 현상을 유발하는 등 심각한 문제를 일으킨다.

2020-02

정답 24 ② 25 ④

26 0℃와 100℃ 사이에서 작용하는 카르노사이클기관(㉮)과 400℃와 500℃ 사이에서 작용하는 카르노사이클기관(㉯)이 있다. ㉮기관 열효율은 ㉯기관 열효율의 약 몇 배가 되는가?

① 1.2배　　② 2배
③ 2.5배　　④ 4배

해설

[카르노사이클의 효율]

카르노사이클 효율 $\eta_C = \dfrac{T_H - T_L}{T_H}$

㉮ 사이클

$$\eta_C = \frac{(100+273)-(0+273)}{(100+273)} = 0.2681$$

㉯ 사이클

$$\eta_C = \frac{(500+273)-(400+273)}{(500+273)} = 0.1294$$

$$\therefore \frac{\text{㉮사이클효율}}{\text{㉯사이클효율}} = \frac{0.2681}{0.1294} = 2.07\text{배}$$

> ※ 열기관
> 고열원으로부터 열을 공급받아 기계적인 일로 전환시키는 것이 목적
> (열기관의 이상사이클 : 카르노사이클)
>
> $$\eta = \frac{W}{Q_1} = \frac{Q_1 - Q_2}{Q_1} = \frac{T_1 - T_2}{T_1}$$
>
> 고열원 → Q_1 → W → Q_2 → 저열원
>
> Q_1 : 고열원으로부터 받은 열량
> Q_2 : 저열원으로 방출한 열량
> W : 일량
> T_1 : 고온
> T_2 : 저온

27 팽창밸브 중 과열도를 검출하여 냉매유량을 제어하는 것은?

① 정압식 자동팽창밸브
② 수동팽창밸브
③ 온도식 자동팽창밸브
④ 모세관

해설

[온도식 자동팽창밸브]

③ 온도식 자동팽창밸브는 증발기에서의 과열도를 감지하여 냉매 유량을 자동으로 조절한다. 과열된 상태를 감지하면 냉매 유량을 증가시켜 증발기에서의 온도를 조절한다.

① 정압식 자동팽창밸브는 일정한 압력에서 냉매의 유량을 조절한다. 이 밸브는 압력에 따라 유량을 제어하지만, 과열도를 직접 검출하지는 않는다.

② 수동팽창밸브는 사용자가 직접 냉매 유량을 조절하는 장치이다. 이 밸브는 자동으로 과열도를 조절하지 않으며, 수동으로 설정한 값에 따라 유량이 조정된다.

④ 모세관은 냉매의 유량을 제어하는 장치로, 압력 차이에 따라 냉매가 흐르도록 하는 역할을 한다. 그러나 과열도나 냉매 유량을 자동으로 조절하지 않는다.

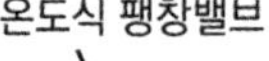

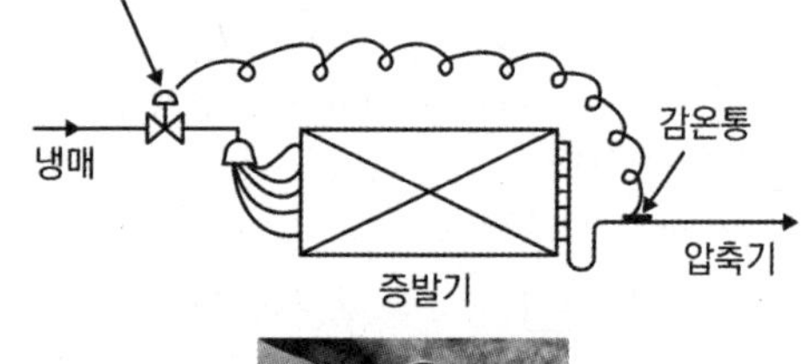

정답 26 ② 27 ③

28 다음 중 가연성이 있어 조건이 나쁘면 인화, 폭발위험이 가장 큰 냉매는?

① R - 717　　② R - 744
③ R - 718　　④ R - 502

해설

[폭발위험이 가장 큰 냉매]
① R - 717(암모니아) : 독성이 강하고, 가연성이다.
② R - 744(이산화탄소, CO_2) : 불연성
③ R - 718(물, H_2O) : 불연성
④ R - 502(공비혼합냉매, R - 22 + R - 115) : 불연성

29 흡수식 냉동사이클선도에 대한 설명으로 틀린 것은?

① 듀링선도는 수용액의 농도, 온도, 압력 관계를 나타낸다.
② 증발잠열 등 흡수식 냉동기 설계상 필요한 열량은 엔탈피 - 농도선도를 통해 구할 수 있다.
③ 듀링선도에서는 각 열교환기 내의 열교환량을 표현할 수 없다.
④ 엔탈피 - 농도선도는 수평축에 비엔탈피, 수직축에 농도를 잡고 포화용액의 등온, 등압선과 발생증기의 등압선을 그은 것이다.

해설

[흡수식 냉동사이클선도]
④ 엔탈피 - 농도선도는 수평축에 농도, 수직축에 엔탈피를 잡고 포화 용액의 등온, 등압선과 발생증기의 등압선을 그은 것이다.

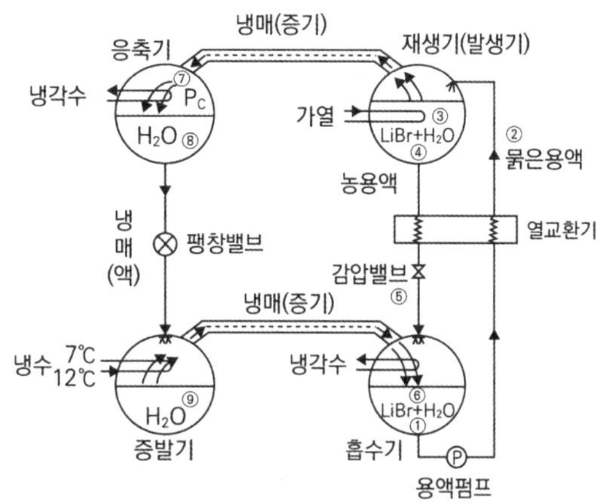

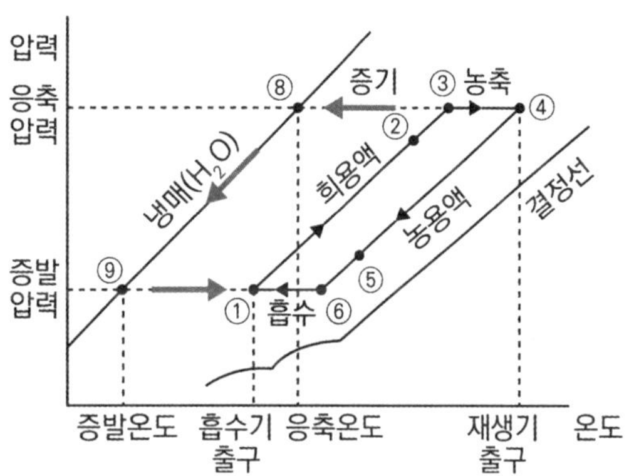

[1중 효용 흡수식 냉동기 듀링선도(H_2O + LiBr)]

2020-02

정답 28 ① 29 ④

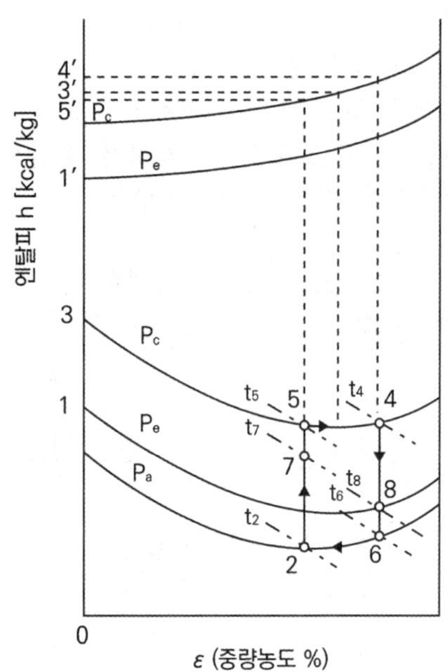

30 저온용 단열재의 조건으로 틀린 것은?

① 내구성이 있을 것
② 흡습성이 클 것
③ 팽창계수가 작을 것
④ 열전도율이 작을 것

해설

[저온용 단열재의 조건]
단열재에 수분이 있으면 단열효과가 떨어진다. 따라서 흡습성이 작아야 한다.

31 다음 안전장치에 대한 설명으로 틀린 것은?

① 가용전은 응축기, 수액기 등의 압력용기에 안전장치로 설치된다.
② 파열판은 얇은 금속판으로 용기의 구멍을 막고 있는 구조이며 안전밸브로 사용된다.
③ 안전밸브는 고압 측의 각 부분에 설치하여 일정 이상 고압이 되면 밸브가 열려 저압부로 보내거나 외부로 방출하도록 한다.
④ 고압차단스위치는 조정설정압력보다 벨로즈에 가해진 압력이 낮아졌을 때 압축기를 정지시키는 안전장치이다.

해설

[안전장치]
④ 고압차단스위치는 <u>시스템의 압력이 설정값을 초과할 경우</u> 압축기를 정지시키는 역할을 한다.
① 가용전은 온도가 일정 수준 이상으로 상승할 경우 용융하여 냉매를 방출하는 안전장치이다. 일반적으로 응축기, 수액기 등의 압력용기에 설치되어 과압 방지를 위한 역할을 한다.
② 파열판은 얇은 금속판으로 구성되어 있으며, 특정 압력을 초과하면 금속판이 파열되어 압력을 방출하는 역할을 한다. 하지만 안전밸브와는 구조와 원리가 다르며, 안전밸브로 직접 사용되지 않는다.
③ 안전밸브는 설정 압력을 초과할 경우 자동으로 열려 압력을 방출하는 장치이다. 일정 압력 이상이 되면 밸브가 열려 저압부로 보내거나 외부로 방출하는 기능을 한다.

정답 30 ② 31 ④

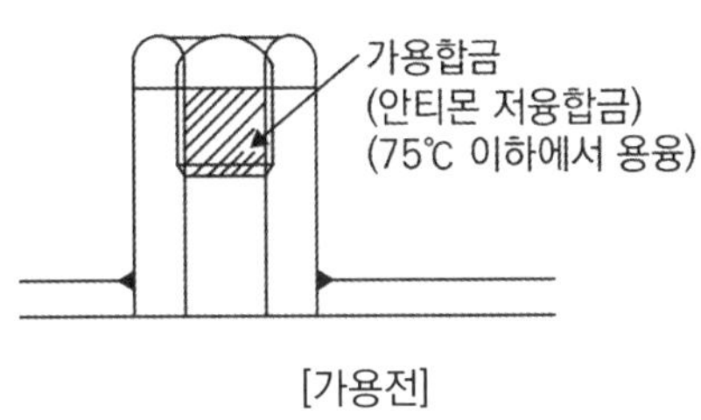

[가용전]

[파열판]

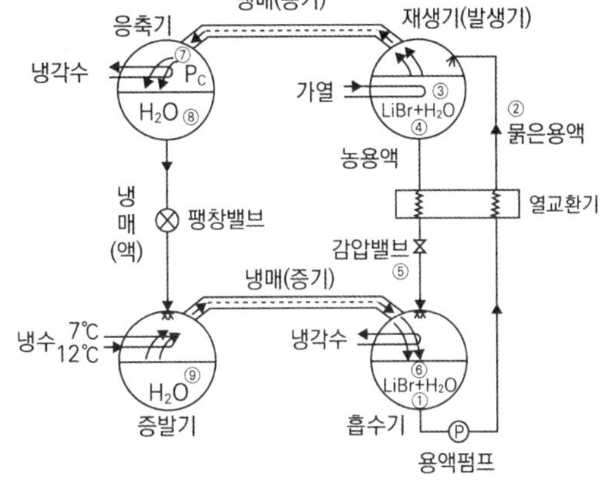

32 흡수식 냉동기의 특징에 대한 설명으로 틀린 것은?

① 부분 부하에 대한 대응성이 좋다.
② 압축식, 터보식 냉동기에 비해 소음과 진동이 적다.
③ 초기 운전 시 정격 성능을 발휘할 때까지의 도달 속도가 느리다.
④ 용량제어 범위가 비교적 작아 큰 용량 장치가 요구되는 장소에 설치 시 보조 기기 설비가 요구된다.

해설

[흡수식 냉동기의 특징]

④ 흡수식 냉동기는 일반적으로 용량제어 범위가 넓으며, 부하 변화에도 유연하게 대응할 수 있다. 또한 보조기기 설비는 주로 흡수식 냉동기의 특성 때문이 아니라 열원(증기, 온수, 연료 등)의 공급방식과 관련이 있다.

33 다음의 p-h선도상에서 냉동능력이 1냉동톤인 소형 냉장고의 실제 소요동력(kW)은? (단, 1냉동톤은 3.8 kW이며, 압축효율은 0.75, 기계효율은 0.9이다)

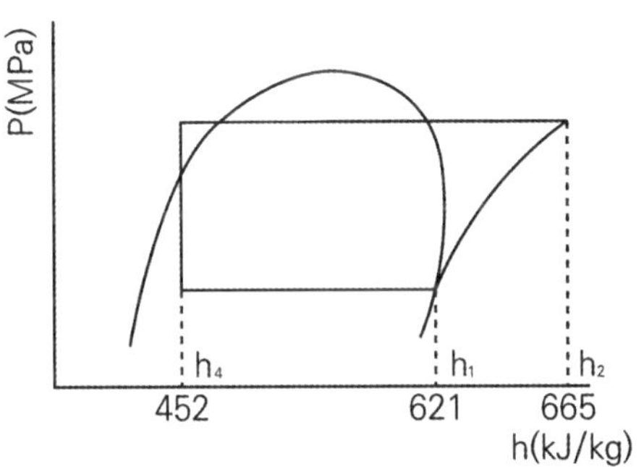

① 1.47　　② 1.81
③ 2.73　　④ 3.27

해설

[실제소요동력]

1) 1냉동톤의 냉매량

$$G = \frac{Q_e}{h_1 - h_4}$$

$$= \frac{1 \times 3.8}{621 - 452} = 0.0225\ \mathrm{kg/s}$$

정답 32 ④　33 ①

2) 실제소요동력

$$L = \frac{G(h_2 - h_1)}{\eta_c \cdot \eta_m}$$

$$= \frac{0.0225 \times (665 - 621)}{0.75 \times 0.9} = 1.47\,\text{kW}$$

34 냉동장치의 윤활 목적으로 틀린 것은?

① 마모방지 ② 부식방지
③ 냉매 누설방지 ④ 동력손실 증대

해설

[윤활 목적]

④ 윤활은 마찰을 감소시켜 마찰에 의한 동력손실을 감소시킨다.

35 2단압축 1단팽창 냉동장치에서 고단 압축기의 냉매순환량을 G_2, 저단 압축기의 냉매순환량을 G_1이라고 할 때 G_2/G_1은 얼마인가?

저단 압축기 흡입공기 엔탈피(h_1)	610.4 kJ/kg
저단 압축기 토출증기 엔탈피(h_2)	652.3 kJ/kg
고단 압축기 흡입증기 엔탈피(h_3)	622.2 kJ/kg
중간 냉각기용 팽창밸브 직전 냉매 엔탈피(h_4)	462.6 kJ/kg
증발기용 팽창밸브 직전 냉매 엔탈피(h_5)	427.1 kJ/kg

① 0.8 ② 1.4
③ 2.5 ④ 3.1

해설

[냉매순환량비]

$$\frac{G_2}{G_1} = \frac{h_2 - h_5}{h_3 - h_4}$$

$$= \frac{652.3 - 427.1}{622.2 - 462.6} = 1.41$$

암 냉매순환량비 공식 = $\frac{G_2}{G_1} = \frac{h_2 - h_5}{h_3 - h_4}$

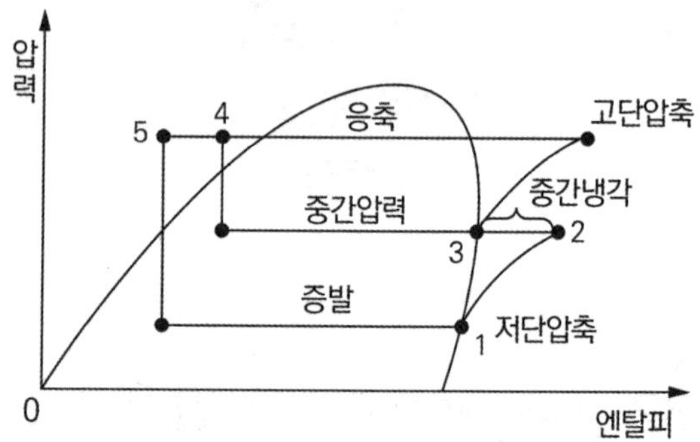

[2단압축 1단팽창 P－h선도]

36 공기열원 수가열 열펌프장치를 가열운전(시운전)할 때 압축기 토출밸브 부근에서 토출가스 온도를 측정하였더니 일반적인 온도보다 지나치게 높게 나타났다. 이러한 현상의 원인으로 가장 거리가 먼 것은?

① 냉매 분해가 일어났다.
② 팽창밸브가 지나치게 교축되었다.
③ 공기 측 열교환기(증발기)에서 눈에 띄게 착상이 일어났다.
④ 가열 측 순환 온수의 유량이 설계 값보다 많다.

정답 34 ④ 35 ② 36 ④

해설

[공기열원 수가열 열펌프장치]

④ 가열 측(응축기)의 온수유량이 많아지면 응축기에서 열이 더욱 효과적으로 방출되므로 응축압력이 낮아지는 경향이 있다. 응축압력이 낮아지면 압축기 부담이 줄어들고, 일반적으로 토출가스 온도는 오히려 낮아지는 방향으로 작용한다.

① 냉매가 고온에서 분해되면 윤활유 열화, 시스템 내 불순물 증가, 열전달 성능 저하 등의 문제가 발생한다. 이로 인해 압축기 부하가 증가하고 토출가스 온도가 상승할 가능성이 크다.

② 팽창밸브가 과도하게 교축되면 냉매 유량이 감소하여 증발기에서 충분한 증발이 이루어지지 않고, 흡입 냉매의 과열도가 증가한다. 결국 압축기로 유입되는 냉매온도가 높아지고 토출가스 온도가 상승할 수 있다.

③ 공기열원 열펌프의 증발기에서 과도한 착상(서리 형성)이 발생하면, 공기와 냉매 간 열교환이 원활하지 않아 증발 온도가 낮아지고, 흡입 냉매의 과열도가 증가한다. 이로 인해 압축기 토출가스 온도가 상승할 가능성이 크다.

보충 공기열원 수가열 열펌프장치 : 외기(공기)의 열을 흡수하여 냉매를 통해 물을 가열(수가열)하는 장치

37 두께 30 cm의 벽돌로 된 벽이 있다. 내면온도 21 ℃, 외면온도가 35 ℃일 때 이 벽을 통해 흐르는 열량(W/m²)은? (단, 벽돌의 열전도율은 0.793 W/m·K이다)

① 32 ② 37
③ 40 ④ 43

해설

[벽을 통해 흐르는 열량]

$q = \frac{\lambda}{\ell} A(t_1 - t_2)$에서

$$\frac{q}{A} = \frac{0.793}{0.3} \times (35 - 21) = 37.0\ \mathrm{W/m^2}$$

38 온도식 팽창밸브는 어떤 요인에 의해 작동되는가?

① 증발온도 ② 과냉각도
③ 과열도 ④ 액화온도

해설

[온도식 자동팽창밸브]

온도식 자동팽창밸브(TEV)는 증발기 출구냉매의 과열도에 의해 작동한다.

39 프레온 냉매를 사용하는 냉동장치에 공기가 침입하면 어떤 현상이 일어나는가?

① 고압 압력이 높아지므로 냉매순환량이 많아지고 냉동능력도 증가한다.
② 냉동톤당 소요동력이 증가한다.
③ 고압 압력은 공기의 분압만큼 낮아진다.
④ 배출가스의 온도가 상승하므로 응축기의 열통과율이 높아지고 냉동능력도 증가한다.

2020-02

정답 37 ② 38 ③ 39 ②

해설

[냉동장치에 공기 침입 시]

냉동장치에 공기가 침입하면 모든 것이 나빠진다.

1) 고압이 높이지고, 냉동능력 감소한다.
2) 냉동톤당 소요동력이 증가한다.
3) 고압 압력은 높아진다(공기는 불응축가스이므로).
4) 배출가스 온도 상승, 응축기 열통과율 낮아지고, 냉동능력 감소한다.

40 냉동부하가 25 RT인 브라인 쿨러가 있다. 열전달계수가 1.53 kW/m^2·K이고, 브라인 입구온도가 −5 ℃, 출구온도가 −10 ℃, 냉매의 증발온도가 −15 ℃일 때 전열면적(m^2)은 얼마인가? (단, 1 RT는 3.8 kW이고, 산술평균 온도차를 이용한다)

① 16.7 ② 12.1
③ 8.3 ④ 6.5

해설

[전열면적]

1) 산술평균온도차

$$\Delta t_m = \frac{-5+(-10)}{2} - (-5) = 7.5℃$$

2) 전열면적

$Q_c = K \cdot A \cdot \Delta t_m$에서

$$A = \frac{Q_c}{K \cdot \Delta t_m} = \frac{25 \times 3.8}{1.53 \times 7.5} = 8.27\ \mathrm{m}^2$$

3과목 시운전 및 안전관리

1회독 시간 : 점수 :
2회독 시간 : 점수 :
3회독 시간 : 점수 :

41 인체의 발열에 관한 설명으로 틀린 것은?

① 증발 : 인체 피부에서의 수분이 증발하여 그 증발열로 체내 열을 방출한다.
② 대류 : 인체 표면과 주위공기와의 사이에 열의 이동으로 인위적으로 조절이 가능하며 주위공기의 온도와 기류에 영향을 받는다.
③ 복사 : 실내온도와 관계없이 유리창과 벽면등의 표면온도와 인체 표면과의 온도차에 따라 실제 느끼지 못하는 사이 방출되는 열이다.
④ 전도 : 겨울철 유리창 근처에서 추위를 느끼는 것은 전도에 의한 열 방출이다.

해설

[인체의 발열]

④ 전도는 직접적인 접촉을 통해 열이 전달되는 현상이다. 하지만 <u>겨울철 유리창 근처에서 추위를 느끼는 주된 이유는 전도보다는 복사 때문이다.</u> 유리창 표면 온도가 낮을 경우 인체의 복사열이 유리창으로 방출되면서 열 손실이 발생하여 추위를 느끼는 것이다. 전도는 피부가 직접 차가운 표면에 접촉해야 발생하는데 유리창에 직접 몸을 대지 않는 한 주된 원인이 아니다.

정답 40 ③ 41 ④

42 냉방 시 실내부하에 속하지 않는 것은?

① 외기의 도입으로 인한 취득열량
② 극간풍에 의한 취득열량
③ 벽체로부터의 취득열량
④ 유리로부터의 취득열량

해설

[냉방 시 실내부하]
① 외기의 도입으로 인한 취득열량은 외기부하이다.

※ 냉방부하의 구분

구분	부하 발생 원인	현열	잠열
실내부하	벽체로부터의 취득열량	○	-
	유리창으로부터의 취득열량 ① 일사에 의한 열량 ② 열관류에 의한 열량	○	-
	극간풍에 의한 취득열량	○	○
	인체의 발생열량	○	○
	실내 기구의 발생열량*	○	○
장치(기기) 부하	송풍기에 의한 발생열량	○	-
	덕트로부터의 취득열량	○	-
재열부하	재열기의 취득열량	○	-
외기부하	외기도입에 의한 취득열량	○	○

* 단, 실내 기구 중 조명기구(백열등, 형광등), 전동기 및 기계 등에 의한 취득열량 → 현열만 해당

43 송풍기의 크기는 송풍기의 번호(No, #)로 나타내는데 원심송풍기의 송풍기 번호를 구하는 식으로 옳은 것은?

① $No(\#) = \dfrac{\text{회전날개의 지름}(mm)}{100(mm)}$

② $No(\#) = \dfrac{\text{회전날개의 지름}(mm)}{150(mm)}$

③ $No(\#) = \dfrac{\text{회전날개의 지름}(mm)}{200(mm)}$

④ $No(\#) = \dfrac{\text{회전날개의 지름}(mm)}{250(mm)}$

해설

[송풍기 번호]

원심 송풍기 번호(No) $= \dfrac{\text{회전날개의 지름(mm)}}{150}$

축류 송풍기 번호(No) $= \dfrac{\text{회전날개의 지름(mm)}}{100}$

2020-02

정답 42 ① 43 ②

44 아래 습공기선도에 나타낸 과정과 일치하는 장치도는?

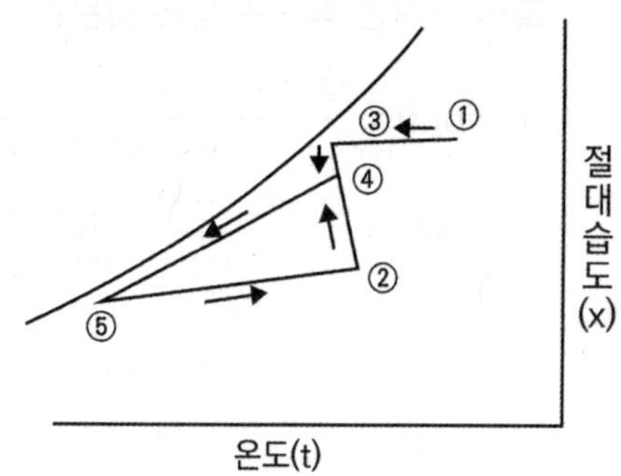

①
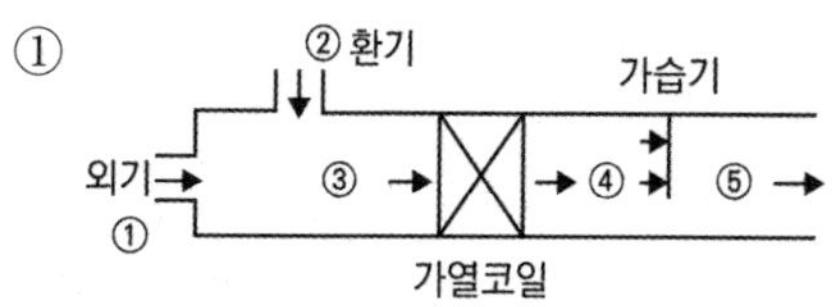

②
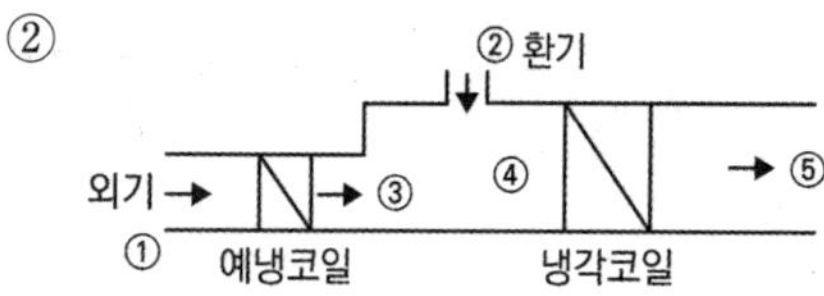

③
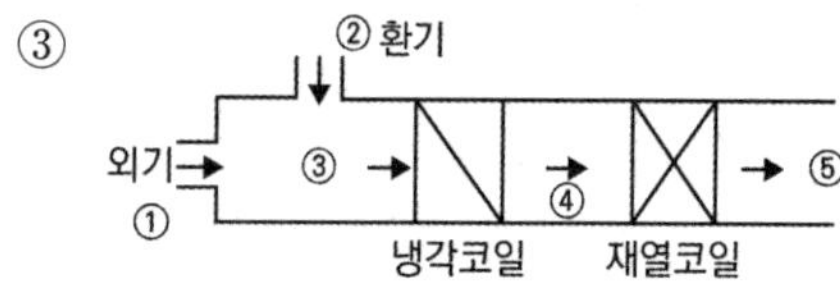

④
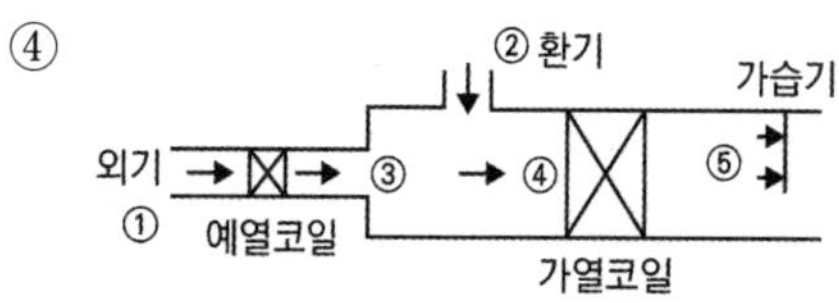

해설

[습공기선도]

① → ③ : 외기의 예냉과정

③ → ④, ② → ④ : 예냉된 외기와 실내공기의 혼합과정

④ → ⑤ : 혼합된 공기의 냉각과정

⑤ → ② : 냉각된 공기의 실내 유입과정

※ 습공기선도

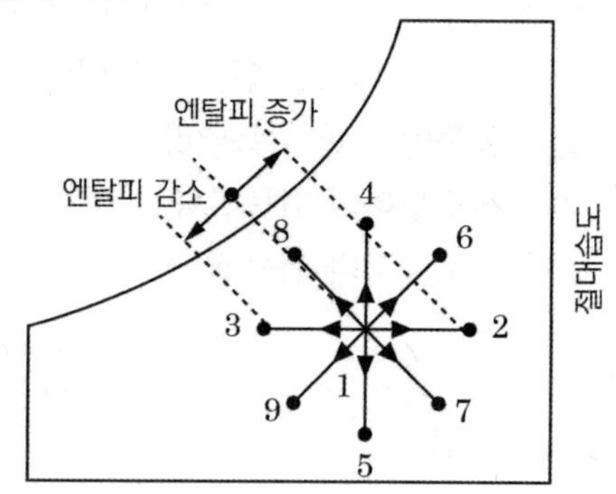

- 1 → 2 : 가열(절대습도 일정, 현열)
- 1 → 3 : 냉각(절대습도 일정, 현열)
- 1 → 4 : 가습(등온)
- 1 → 5 : 감습(등온)
- 1 → 6 : 가열가습
- 1 → 7 : 가열감습
- 1 → 8 : 냉각가습(순환수가습, 단열가습)
- 1 → 9 : 냉각감습

45 인위적으로 실내 또는 일정한 공간의 공기를 사용 목적에 적합하도록 공기조화하는 데 있어서 고려하지 않아도 되는 것은?

① 온도　② 습도
③ 색도　④ 기류

해설

[공기조화 시 고려하지 않아도 되는 것]

공기조화는 온도, 습도, 기류 등을 조절하는 것이 목적이며, 공기의 색을 조절하는 개념은 존재하지 않는다.

정답 44 ② 45 ③

46 크기 1000 × 500 mm의 직관덕트에 35 ℃의 온풍 18000 m^3/h이 흐르고 있다. 이 덕트가 −10 ℃의 실외 부분을 지날 때 길이 20 m당 덕트표면으로부터의 열손실(kW)은? (단, 덕트는 암면 25 mm로 보온되어 있고, 이때 1000 m당 온도차 1 ℃에 대한 온도 강하는 0.9 ℃이다. 공기의 밀도는 1.2 kg/m^3, 정압비열은 1.01 kJ/kg · K이다)

① 3.0 ② 3.8
③ 4.9 ④ 6.0

해설

[열손실]

$$\Delta t = 0.9 \times (35-(-10)) \times \frac{20}{1000} = 0.81\ ℃$$

$$q = \rho Q C_p \Delta t$$
$$= 1.2 \times 18000 \times 1.01 \times 0.81 \div 3600$$
$$= 4.91\ \mathrm{kW}$$

47 동일한 덕트장치에서 송풍기의 날개의 직경이 d_1, 전동기 동력이 L_1인 송풍기를 직경 d_2로 교환했을 때 동력의 변화로 옳은 것은? (단, 회전수는 일정하다)

① $L_2 = \left(\frac{d_2}{d_1}\right)^2 L_1$ ② $L_2 = \left(\frac{d_2}{d_1}\right)^3 L_1$
③ $L_2 = \left(\frac{d_2}{d_1}\right)^4 L_1$ ④ $L_2 = \left(\frac{d_2}{d_1}\right)^5 L_1$

해설

[송풍기의 상사법칙]

유량 $Q_2 = \left(\frac{N_2}{N_1}\right)^1 \times \left(\frac{D_2}{D_1}\right)^3 \times Q_1$

압력(양정) $P_2 = \left(\frac{N_2}{N_1}\right)^2 \times \left(\frac{D_2}{D_1}\right)^2 \times P_1$

축동력 $L_2 = \left(\frac{N_2}{N_1}\right)^3 \times \left(\frac{D_2}{D_1}\right)^5 \times L_1$

회전수가 일정하므로 동력(L)의 변화는

$L_2 = \left(\frac{D_2}{D_1}\right)^5 L_1$이 된다.

48 다음의 취출과 관련한 용어 설명으로 틀린 것은?

① 그릴(Grill)은 취출구의 전면에 설치하는 면격자이다.
② 아스펙트(Aspect)비는 짧은 변을 긴 변으로 나눈 값이다.
③ 셔터(Shutter)는 취출구의 후부에 설치하는 풍량조절용 또는 개폐용의 기구이다.
④ 드래프트(Draft)는 인체에 닿아 불쾌감을 주는 기류이다.

해설

[취출]

② 아스펙트비는 긴 변을 짧은 변으로 나눈 값을 의미한다.
① 그릴은 공기 취출구(또는 흡입구)의 전면에 설치되는 격자형 구조물로, 공기 흐름을 조절하고 먼지나 이물질이 유입되는 것을 방지하는 역할을 한다.

2020-02

정답 46 ③ 47 ④ 48 ②

③ 셔터는 공조시스템에서 공기 흐름을 조절하거나 차단하는 역할을 하며, 일반적으로 취출구(또는 흡입구)의 후부에 설치된다. 풍량 조절과 개폐 기능을 수행하는 장치로 사용된다.
④ 드래프트는 실내에서 불쾌감을 주는 기류를 의미하며, 주로 냉·난방 공기의 불균형, 강한 송풍 등에 의해 발생한다.

해설

[증기트랩]
증기가 배관을 따라 이동하면서 열을 방출하면 일부가 응축수로 변하게 된다. 응축수가 적절히 배출되지 않으면 배관 내부의 열전달 효율이 저하되고, 워터해머현상이 발생할 위험이 높아진다. 증기트랩은 이러한 응축수를 자동으로 배출하여 증기시스템이 원활하게 작동하도록 돕는다.

49 온수난방에 대한 설명으로 틀린 것은?

① 온수의 체적팽창을 고려하여 팽창탱크를 설치한다.
② 보일러가 정지하여도 실내온도의 급격한 강하가 적다.
③ 밀폐식일 경우 배관의 부식이 많아 수명이 짧다.
④ 방열기에 공급되는 온수 온도와 유량 조절이 용이하다.

해설

[온수난방]
밀폐식이 개방식보다 공기 중의 산소와 접촉하지 않으므로 부식이 적어 수명이 길다.

50 증기난방배관에서 증기트랩을 사용하는 이유로 옳은 것은?

① 관 내의 공기를 배출하기 위하여
② 배관의 신축을 흡수하기 위하여
③ 관 내의 압력을 조절하기 위하여
④ 증기관에 발생된 응축수를 제거하기 위하여

51 보일러에서 화염이 없어지면 화염검출기가 이를 감지하여 연료공급을 즉시 정지시키는 형태의 제어는?

① 시퀀스제어 ② 피드백제어
③ 인터록제어 ④ 수면제어

해설

[인터록제어]
기기의 보호와 조작자의 안전을 목적으로 한 제어이며, 하나의 회로가 작동하면 상대회로는 멈추게 하는 제어이다.
→ 설비나 기계가 위험 상태가 되면 즉시 동작을 멈추게 하는 제어(예 화염검출기, 연소실 도어 열림, 과열 감지 등)

52 중앙식 난방법의 하나로서 각 건물마다 보일러 시설 없이 일정 장소에서 여러 건물에 증기 또는 고온수 등을 보내서 난방하는 방식은?

① 복사난방 ② 지역난방
③ 개별난방 ④ 온풍난방

정답 49 ③ 50 ④ 51 ③ 52 ②

해설

[지역난방]

② 지역난방은 중앙식 난방방식의 대표적인 형태로, 하나의 대형 열생산 시설에서 여러 건물로 증기 또는 고온수를 공급하는 방식이다. 각 건물마다 개별 보일러가 필요하지 않으며, 공동 난방방식이다.

① 복사난방은 난방방식 중 하나로, 복사열을 이용하여 공간을 따뜻하게 하는 방식이다. 대표적으로 온돌난방, 패널난방, 적외선 히터 등이 포함된다.

③ 개별난방은 각 건물이나 가정마다 개별적인 난방 시설(보일러, 전기히터 등)을 갖추고 난방을 하는 방식이다.

④ 온풍난방은 따뜻한 공기를 덕트를 통해 보내어 실내를 난방하는 방식이다. 중앙집중식 방식도 존재하지만, 보통 건물 내부의 개별시스템(온풍기, 에어 핸들러 등)을 이용하는 경우가 많다.

53 보일러의 출력에는 상용출력과 정격출력이 있다. 다음 중 이들의 관계가 적당한 것은?

① 상용출력 = 난방부하 + 급탕부하 + 배관부하

② 정격출력 = 난방부하 + 배관 열손실부하

③ 상용출력 = 배관 열손실부하 + 보일러 예열부하

④ 정격출력 = 난방부하 + 급탕부하 + 배관부하 + 예열부하 + 온수부하

해설

[상용출력과 정격출력]

1) 정미출력 = 난방 + 급탕부하
2) 상용출력 = 난방 + 급탕 + 배관손실
3) 정격출력 = 난방 + 급탕 + 배관손실 + 예열부하

54 수관식 보일러의 특징에 관한 설명으로 틀린 것은?

① 관(드럼)의 직경이 적어서 고온·고압용에 적당하다.

② 전열면적이 커서 증기발생시간이 빠르다.

③ 구조가 단순하여 청소나 검사 수리가 용이하다.

④ 보유수량이 적어 부하 변동 시 압력 변화가 크다.

해설

[수관식 보일러]

③ 수관식 보일러는 노통연관식 보일러에 비해 구조가 복잡하며, 여러 개의 수관과 드럼이 연결되어 있어 검사와 유지보수가 어렵다. 특히, 튜브 내부의 청소 및 수리가 까다롭고 유지보수 비용이 높다. 반면, 노통연관식 보일러는 구조가 단순하여 유지보수가 상대적으로 쉽다.

① 수관식 보일러는 물이 가느다란 관(튜브) 속을 흐르면서 가열되는 방식으로, 관의 직경이 작아도 높은 압력과 온도에서 운전이 가능하다. 그래서 주로 고온·고압이 필요한 산업용, 발전용 보일러에 사용된다.

② 수관식 보일러는 물과 불의 접촉 면적(전열면적)이 넓어 열전달이 빠르게 이루어지며, 짧은 시간 안에 증기를 발생시킬 수 있다. 일반적으로 동일 용량의 노통연관식 보일러보다 증기 발생 속도가 빠르다.

정답 53 ① 54 ③

④ 수관식 보일러는 노통연관식 보일러보다 보유수량이 적기 때문에 부하 변동(증기 사용량 변화)에 민감하게 반응한다.

※ 공기조화방식

열분배방식	열매	공기조화방식	
중앙식	전공기 방식	단일덕트 방식	정풍량
			변풍량
		이중덕트 방식	정풍량
			변풍량
		멀티존유닛방식	
		각층유닛방식	
	수·공기 방식	덕트병용 팬코일유닛	
		덕트병용 복사냉난방방식	
		유인유닛방식	
	전수 방식	팬코일유닛방식	
		복사냉난방방식	
개별식	냉매 방식	패키지방식	
		룸쿨러 방식	분리형
			멀티유닛형
			창문설치형

보충 각층유닛방식 : 과거에는 수·공기방식으로 분류했으나, 현재 공조 공간에 공급하는 열매가 공기이기 때문에 전공기방식으로 분류한다.

55 6인용 입원실이 100실인 병원의 입원실 전체 환기를 위한 최소 신선 공기량(m^3/h)은? (단, 외기 중 CO_2 함유량은 0.0003 m^3/m^3이고 실내 CO_2의 허용 농도는 0.1 %, 재실자의 CO_2 발생량은 개인당 0.015 m^3/h이다)

① 6857 ② 8857
③ 10857 ④ 12857

해설

[전체 환기를 위한 최소 신선 공기량]

$M = Q(C_R - C_O)$에서

$$Q = \frac{M}{C_R - C_O} = \frac{0.15 \times (6 \times 100)}{\frac{0.1}{100} - 0.0003}$$

$$= 12857.1\ \mathrm{m^3/h}$$

56 다음 공기조화방식 중 냉매방식인 것은?

① 유인유닛방식 ② 멀티존방식
③ 팬코일유닛방식 ④ 패키지유닛방식

해설

[공기조화방식]

① 유인유닛방식 : 공기 - 수방식
② 멀티존방식 : 전공기방식
③ 팬코일유닛방식 : 전수방식
④ 패키지유닛방식 : 냉매방식

57 전열교환기에 관한 설명으로 틀린 것은?

① 공기조화기기의 용량설계에 영향을 주지 않음
② 열교환기 설치로 설비비와 요구 공간 증가
③ 회전식과 고정식이 있음
④ 배기와 환기의 열교환으로 현열과 잠열을 교환

정답 55 ④ 56 ④ 57 ①

해설

[전열교환기]

① 전열교환기는 배기와 신선 공기 사이에서 열을 교환하여 실내 온도를 유지하고, 냉난방 부하를 줄이는 역할을 한다. 따라서 공기조화기기의 용량 설계에 직접적인 영향을 미친다. 예를 들어, 전열교환기를 사용하면 외기 부하가 줄어들어 냉난방 부하가 감소하고, 그 결과 공조기기의 용량을 줄일 수 있다.

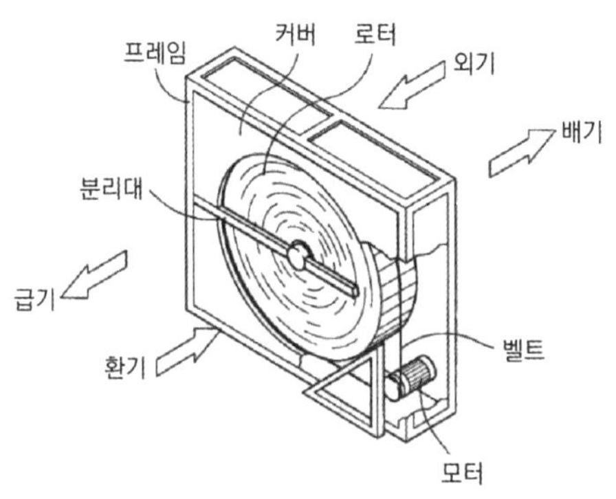

[회전형]

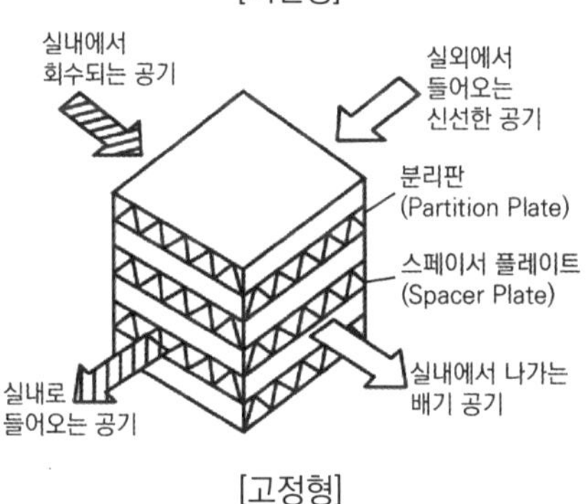

[고정형]

58 복사난방방식의 특징에 대한 설명으로 틀린 것은?

① 외기 온도의 갑작스러운 변화에 대응이 용이함
② 실내 상하 온도분포가 균일하여 난방효과가 이상적임
③ 실내 공기온도가 낮아도 되므로 열손실이 적음
④ 바닥에 난방기기가 필요 없어 바닥면의 이용도가 높음

해설

[복사난방방식]

① 복사난방은 바닥, 벽, 천장 등의 고체 표면을 가열하여 공간을 난방하는 방식이다. 고체 표면이 따뜻해지면서 복사열이 실내에 전달되므로, 열전달 속도가 상대적으로 느리고, 외기 온도가 급격히 변화할 때 신속한 조절이 어렵다. 예를 들어, 온돌난방의 경우 바닥이 데워지는 데 시간이 걸리므로 갑작스러운 온도변화에 대한 대응력이 떨어진다.

59 송풍기의 풍량조절법이 아닌 것은?

① 토출댐퍼에 의한 제어
② 흡입댐퍼에 의한 제어
③ 토출베인에 의한 제어
④ 흡입베인에 의한 제어

해설

[송풍기의 풍량조절법]

③ 토출베인에 의한 제어는 송풍기 풍량조절법이 아니다.

※ 풍량제어방법 중 축동력의 감소
회전수제어(가장 큼) > 가변피치 > 흡입베인 > 흡입댐퍼 > 토출댐퍼(가장 작음)

정답 58 ① 59 ③

TIP 토출베인에 의한 제어 :
실제 존재하지 않는 방식
– 팬 토출부에는 베인(Vane) 사용 안 함

60 유효 온도차(상당외기온도차)에 대한 설명으로 틀린 것은?

① 태양 일사량을 고려한 온도차이다.
② 계절, 시각 및 방위에 따라 변화한다.
③ 실내온도와는 무관하다.
④ 냉방부하 시에 적용된다.

해설

상당외기온도차

1) 상당외기온도차(ETD : Equivalent Temperature Difference)
벽체 또는 지붕은 태양의 일사가 표면에 닿아 표면온도가 상승하는데 이를 상당외기온도라 하며 실내 온도와의 차를 상당외기온도차라고 한다.

> 상당외기온도차 $\triangle t_e[K] = t_e - t_i$
> t_e : 상당외기온도[K]
> t_i : 실내온도[K]

2) 상당외기온도(ET : Equivalent Temperature)
외기온도에 태양의 일사 영향을 고려한 온도

> 상당외기온도 $t_e[K] = t_o + \frac{a}{\alpha_o} I$
> t_o : 일사가 고려되지 않은 외기온도[K]
> a : 표면의 흡수율
> α_o : 표면 열전달률$[W/m^2 \cdot K]$
> I : 일사량$[W/m^2]$
> (일사량 = 직달일사 + 산란일사 + 반사일사)

4과목 전기제어공학

1회독	시간 :	점수 :
2회독	시간 :	점수 :
3회독	시간 :	점수 :

61 그림과 같은 회로에서 전달함수 $G(s) = \frac{I(s)}{V(s)}$를 구하면?

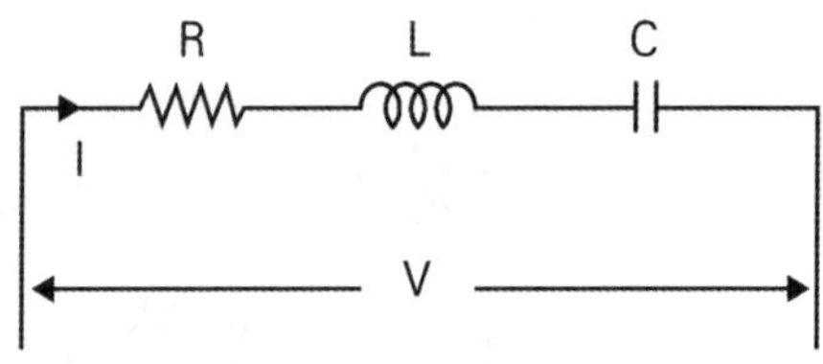

① $R + Ls + Cs$
② $\frac{1}{R + Ls + Cs}$
③ $R + Ls + \frac{1}{Cs}$
④ $\frac{1}{R + Ls + \frac{1}{Cs}}$

해설

[전달함수]

1) 임피던스의 표현

저항	유도성 리액턴스	용량성 리액턴스
$R \to R$	$j\omega L \to sL$	$\frac{1}{j\omega C} \to \frac{1}{sC}$

2) RLC 회로에서 임피던스의 표현

RLC 직렬회로

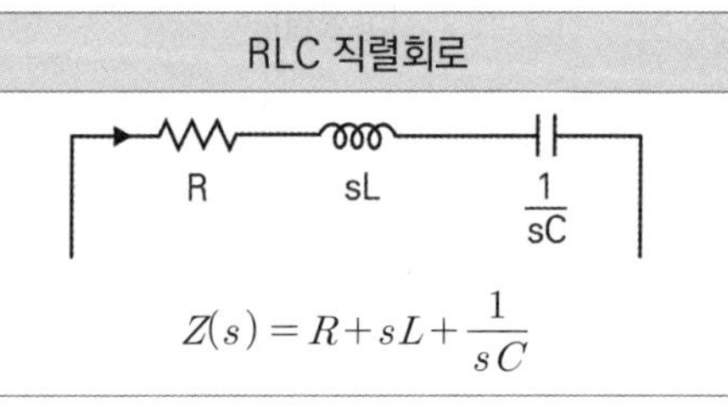

$$Z(s) = R + sL + \frac{1}{sC}$$

정답 60 ③ 61 ④

RLC 병렬회로

$$Z(s) = \frac{1}{\frac{1}{R} + \frac{1}{sL} + sC}$$

$$G(s) = \frac{I(s)}{V(s)} = \frac{1(s)}{Z(s)} = \frac{1}{R + Ls + \frac{1}{Cs}}$$

62 논리식 A + BC와 등가인 논리식은?

① AB + AC　② (A + B)(A + C)
③ (A + B)C　④ (A + C)B

해설

[불대수의 분배법칙]
A + B · C = (A + B) · (A + C)

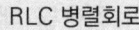

63 입력 A, B, C에 따라 Y를 출력하는 다음의 회로는 무접점 논리회로 중 어떤 회로인가?

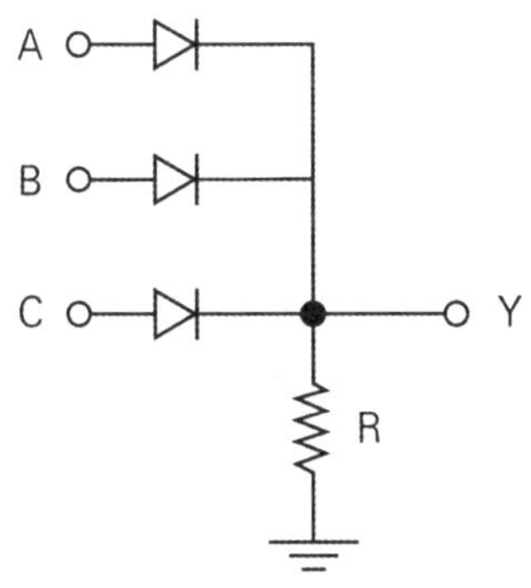

① OR회로　② NOR회로
③ AND회로　④ NAND회로

해설

[논리회로]
A, B, C 중 어느 하나가 On되면 출력 Y가 On되므로 OR회로이다.

64 승강기나 에스컬레이터 등의 옥내 전선의 절연저항을 측정하는 데 가장 적당한 측정기기는?

① 메거
② 휘스톤 브리지
③ 켈빈 더블 브리지
④ 코올라우시 브리지

해설

[메거(Megger)]
메거(Megger)는 절연저항계라고도 하며 전기 기기의 절연저항 및 옥내 전선의 절연저항을 측정할 때 사용된다.

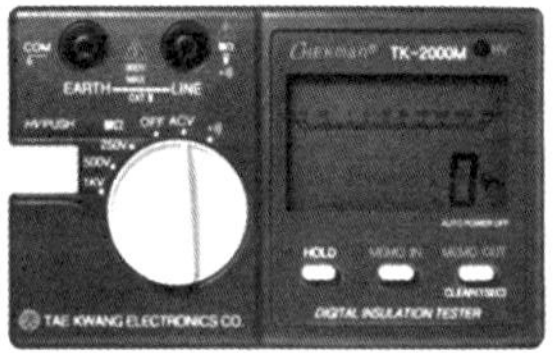

65 $e(t) = 200\sin\omega t(V)$, $i(t) = 4\sin(\omega t - \frac{\pi}{3})(A)$일 때 유효전력(W)은?

① 100　② 200
③ 300　④ 400

정답 62 ② 63 ① 64 ① 65 ②

해설

[유효전력]

$$P = VI\cos\theta = \frac{V_m}{\sqrt{2}} \times \frac{I_m}{\sqrt{2}} \times \cos\theta = \frac{200}{\sqrt{2}} \times \frac{4}{\sqrt{2}} \times \cos\left(\frac{\pi}{3}\right) = 400 \times \cos\frac{\pi}{3} = 200\ \mathrm{W}$$

보충 θ : 전압과 전류의 위상차

66 전력(W)에 관한 설명으로 틀린 것은?

① 단위는 J/s이다.
② 열량을 적분하면 전력이다.
③ 단위시간에 대한 전기에너지이다.
④ 공률(일률)과 같은 단위를 갖는다.

해설

[전력]

② 열량(Q)의 단위는 J(줄)이며, 전력(W)은 단위시간당 소비되는 에너지(J/s)를 의미한다. 따라서 전력(W)은 열량(Q)을 미분한 값(= 순간적인 에너지 소비율)이지, 적분한 값이 아니다.

67 환상 솔레노이드 철심에 200회의 코일을 감고 2A의 전류를 흘릴 때 발생하는 기자력은 몇 AT인가?

① 50　　② 100
③ 200　　④ 400

해설

[기자력]

기자력 = 코일에 흐르는 전류(I) × 코일이 감긴 수(N)
= 2 × 200 = 400 AT

68 제어편차가 검출될 때 편차가 변화하는 속도에 비례하여 조작량을 가감하도록 하는 제어로써 오차가 커지는 것을 미연에 방지하는 제어동작은?

① On - Off제어동작
② 미분제어동작
③ 적분제어동작
④ 비례제어동작

해설

[제어동작]

1) On - Off제어동작 : On - Off제어는 설정값과 비교하여 On 또는 Off 상태만을 결정하는 방식이다. 예를 들어, 온도 조절기에서 설정 온도보다 낮으면 히터가 켜지고, 높으면 꺼지는 방식이다. 하지만 편차의 변화 속도와는 관계가 없으며, 미세한 조정이 어렵다.
2) 미분제어동작 : 오차(편차)의 변화 속도(= 미분값)에 비례하여 조작량을 가감하는 제어방식이다. 즉, 오차가 커지기 전에 이를 예측하여 조정함으로써 급격한 변화를 미연에 방지하는 역할을 한다.
3) 적분제어동작 : 오차의 누적값(적분 값)에 비례하여 조작량을 조절하는 방식이다. 시간이 지남에 따라 누적된 오차를 보상하여 정적인 편차를 제거하는 역할을 한다.
4) 비례제어동작 : 현재의 오차 크기에 비례하여 조작량을 결정하는 방식이다. 단순한 비례동작만으로는 편차의 변화 속도를 예측하여 조절하지 못하며, 오차를 완전히 제거하지 못하는 한계를 가진다.

정답 66 ② 67 ④ 68 ②

69 10 μF의 콘덴서에 200 V의 전압을 인가하였을 때 콘덴서에 축적되는 전하량은 몇 C인가?

① 2×10^{-3} ② 2×10^{-4}
③ 2×10^{-5} ④ 2×10^{-6}

해설

[전하량]

$Q = CV$이므로

$= (10 \times 10^{-6}) \times 200$

$= 2 \times 10^{-3} C$

보충 μ[마이크로] $= 10^{-6}$

70 3상 유도전동기의 출력이 10 kW, 슬립이 4.8 %일 때의 2차 동손은 약 몇 kW인가?

① 0.24 ② 0.36
③ 0.5 ④ 0.8

해설

[2차 동손]

기계적 출력 $P = (1-S) \times P_2$

⇨ $P_2 = \dfrac{P}{1-S}$

2차 동손 $= S \times P_2$

$= S \times \dfrac{P}{1-S}$

여기서, P_2 : 회전자 입력 전력
S : 회전자 회전속도가 동기속도보다 얼마나 느린지 백분율로 표현한 것
2차 동손 : 슬립으로 인해 회전자에서 발생하는 손실

$$2\text{차 동손} = \frac{S}{1-S} \times P = \frac{0.048}{1-0.048} \times 10 = 0.5\,\text{kW}$$

71 유도전동기에 인가되는 전압과 주파수의 비를 일정하게 제어하여 유도전동기의 속도를 정격속도 이하로 제어하는 방식은?

① CVCF제어방식
② VVVF제어방식
③ 교류 궤환제어방식
④ 교류 2단 속도제어방식

해설

[VVVF방식]

VVVF방식은 전압과 주파수를 동시에 변환시켜 유도전동기의 속도를 제어하는 방식이다.

보충 Variable Voltage Variable Frequency (가변 전압 가변 주파수)

72 회전각을 전압으로 변환시키는 데 사용되는 위치 변환기는?

① 속도계 ② 증폭기
③ 변조기 ④ 전위차계

해설

[전위차계]

전위차계는 위치를 전압으로 변환시키는 데 사용되는 변환기이며 회전형 전위차계는 회전각을 전압으로 변환시키는 데 사용된다.

2020-02

정답 69 ① 70 ③ 71 ② 72 ④

73 그림의 신호흐름선도에서 전달함수 $\frac{C(s)}{R(s)}$는?

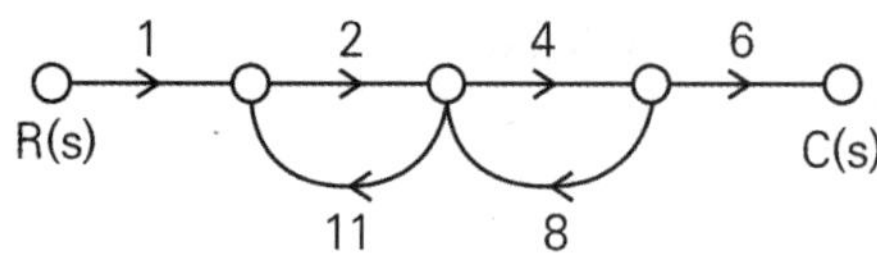

① $-\frac{8}{9}$　② $-\frac{13}{19}$
③ $-\frac{48}{53}$　④ $-\frac{105}{77}$

해설

[전달함수]

$$\frac{C(s)}{R(s)} = \frac{\text{전향경로의 합}}{1-\text{피드백의 합}}$$

$$= \frac{1\times2\times4\times6}{1-(2\times11+4\times8)} = \frac{48}{-53}$$

74 폐루프제어시스템의 구성에서 조절부와 조작부를 합쳐서 무엇이라고 하는가?

① 보상요소　② 제어요소
③ 기준입력요소　④ 귀환요소

해설

[제어요소]

동작신호를 조작량으로 변화시켜 주는 요소이며, 조절부와 조작부로 구성되어 있다.

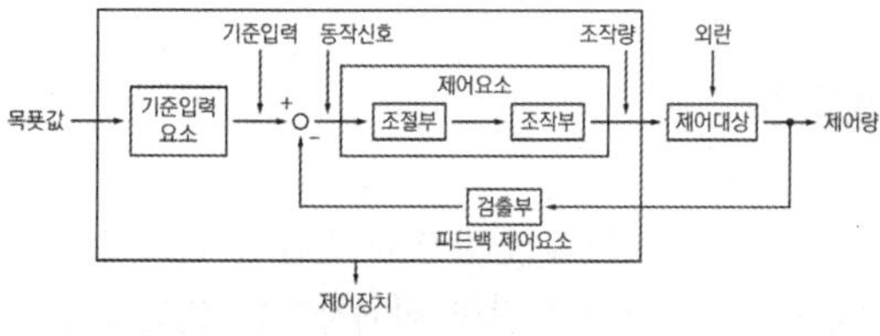

[폐루프제어계의 구성도]

75 그림과 같은 회로에 흐르는 전류 I(A)는?

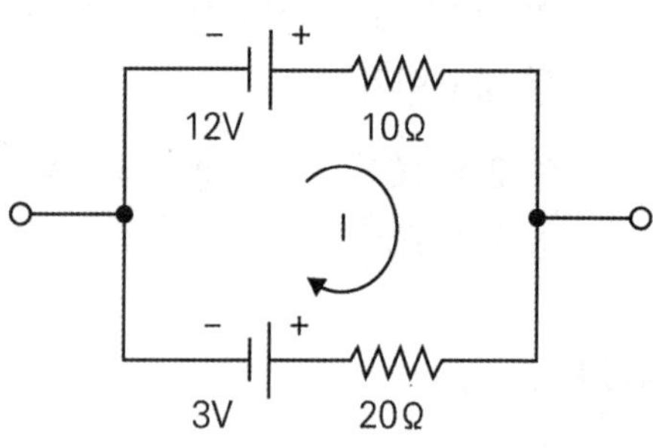

① 0.3　② 0.6
③ 0.9　④ 1.2

해설

[키르히호프 제2법칙]

기전력의 합 = 각 소자에 의한 전압강하의 합

$E_1 - E_2 = IR_1 + IR_2$

$12-3 = I(10+20)$

$I = \frac{12-3}{10+20} = 0.3\text{ A}$

76 그림과 같은 단위 피드백제어시스템의 전달함수 $\frac{C(s)}{R(s)}$는?

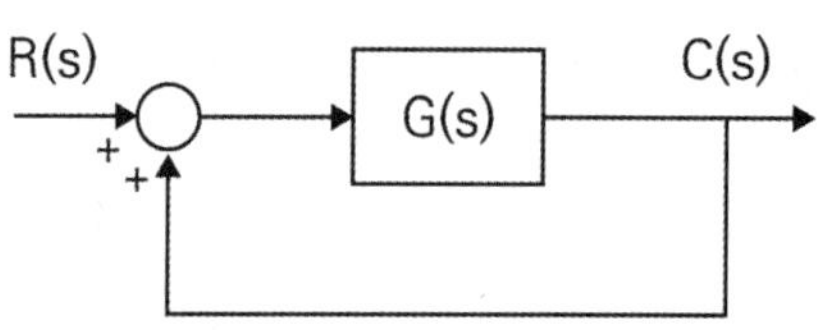

① $\frac{1}{1+G(s)}$　② $\frac{G(s)}{1+G(s)}$
③ $\frac{1}{1-G(s)}$　④ $\frac{G(s)}{1-G(s)}$

정답 73 ③ 74 ② 75 ① 76 ④

해설

[전달함수]

$$\frac{C(s)}{R(s)} = \frac{\text{전향경로의 합}}{1-\text{피드백의 합}} = \frac{G(s)}{1-G(s)\times 1} = \frac{G(s)}{1-G(s)}$$

77 선간전압 200 V의 3상 교류전원에 화물용 승강기를 접속하고 전력과 전류를 측정하였더니 2.77 kW, 10 A이었다. 이 화물용 승강기 모터의 역률은 약 얼마인가?

① 0.6　　② 0.7
③ 0.8　　④ 0.9

해설

[역률]

※ 3상 교류전력
1) 유효전력 $P[W]$
$P = 3V_pI_p\cos\theta = \sqrt{3}\,V_lI_l\cos\theta$ [W]
2) 무효전력 P_r [Var]
$P_r = 3V_pI_p\sin\theta = \sqrt{3}\,V_lI_l\sin\theta$ [Var]
3) 피상전력 P_a [VA]
$P_a = 3V_pI_p = \sqrt{3}\,V_lI_l = \sqrt{P^2+p_r^2}$ [VA]

유효전력 $P = \sqrt{3}\,V_lI_l\cos\theta$에서

$$\text{역률 } \cos\theta = \frac{P}{\sqrt{3}\,V_lI_l} = \frac{2.77\times10^3}{\sqrt{3}\times200\times10} = 0.8$$

78 그림의 논리회로에서 A, B, C, D를 입력, Y를 출력이라 할 때 출력 식은?

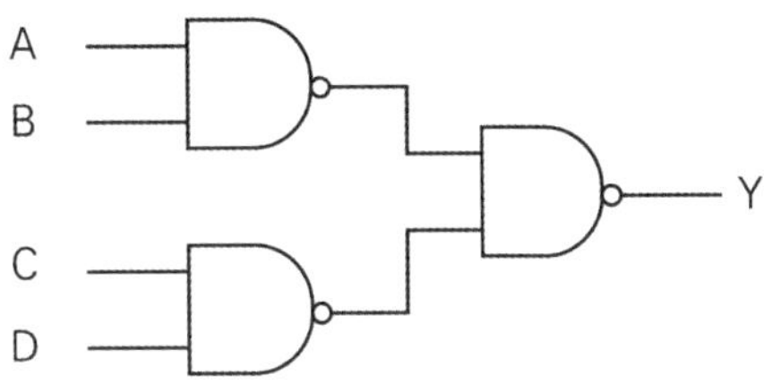

① A + B + C + D　　② (A + B)(C + D)
③ AB + CD　　④ ABCD

해설

[논리회로]

$Y = \overline{\overline{(A\cdot B)}\cdot\overline{(C\cdot D)}}$이므로

드모르간의 정리를 적용하면

$Y = \left(\overline{\overline{A\cdot B}}\right) + \left(\overline{\overline{C\cdot D}}\right) = (A\cdot B) + (C\cdot D)$

79 그림과 같은 RL직렬회로에서 공급전압의 크기가 10 V일 때 $|V_R| = 8$ V이면 V_L의 크기는 몇 V인가?

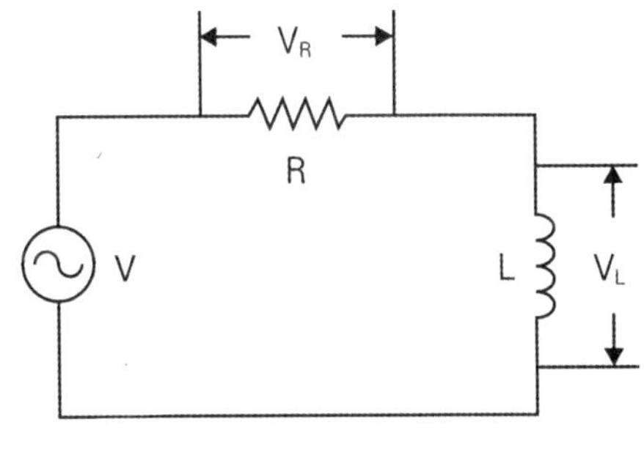

① 2　　② 4
③ 6　　④ 8

정답 77 ③ 78 ③ 79 ③

해설

[R-L 직렬회로]

R-L 직렬회로 공급전압 $V=\sqrt{V_R^2+V_L^2}$ 에서

$V_L=\sqrt{V^2-V_R^2}=\sqrt{10^2-8^2}=6\ V$

보충 RL직렬회로에서는 전압이 위상을 가지므로 '벡터 합'으로 계산해야 함에 유의한다.

80 전기자 철심을 규소 강판으로 성층하는 주된 이유는?

① 정류자면의 손상이 적다.
② 가공하기 쉽다.
③ 철손을 적게 할 수 있다.
④ 기계손을 적게 할 수 있다.

해설

[규소 강판으로 성층하는 주된 이유]

전기자 철심을 규소 강판으로 얇게 적층하는 주된 이유는 철손(= 히스테리시스 손실 + 와전류 손실)을 줄이기 위해서이다.

5과목 배관일반

	시간 :	점수 :
1회독	시간 :	점수 :
2회독	시간 :	점수 :
3회독	시간 :	점수 :

81 팬코일유닛방식의 배관방식 중 공급관이 2개이고 환수관이 1개인 방식은?

① 1관식 ② 2관식
③ 3관식 ④ 4관식

해설

[3관식(Three Pipe)]

1) 공급관이 2개(온수관, 냉수관)이고 환수관이 1개인 배관방식이다.
2) 개별제어가 가능하다.
3) 배관이 복잡하다.
4) 환수관이 1개이므로 냉수와 온수의 혼합 손실이 발생한다.

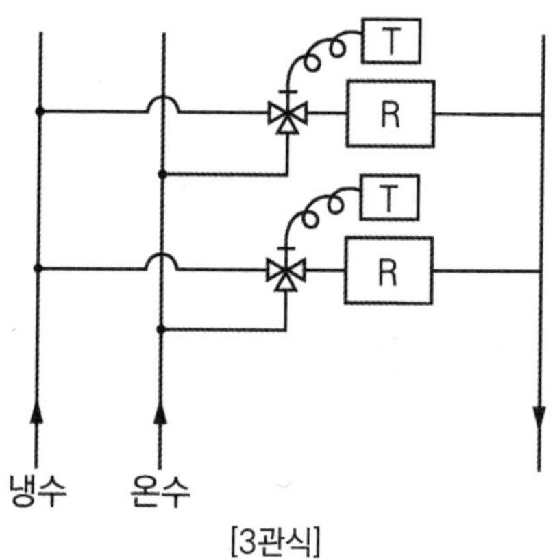

[3관식]

정답 80 ③ 81 ③

82 냉매액관 중에 플래시가스 발생의 방지 대책으로 틀린 것은?

① 온도가 높은 곳을 통과하는 액관은 방열시공을 한다.
② 액관, 드라이어 등의 구경을 충분히 선정하여 통과저항을 적게 한다.
③ 액펌프를 사용하여 압력강하를 보상할 수 있는 충분한 압력을 준다.
④ 열교환기를 사용하여 액관에 들어가는 냉매의 과냉각도를 없앤다.

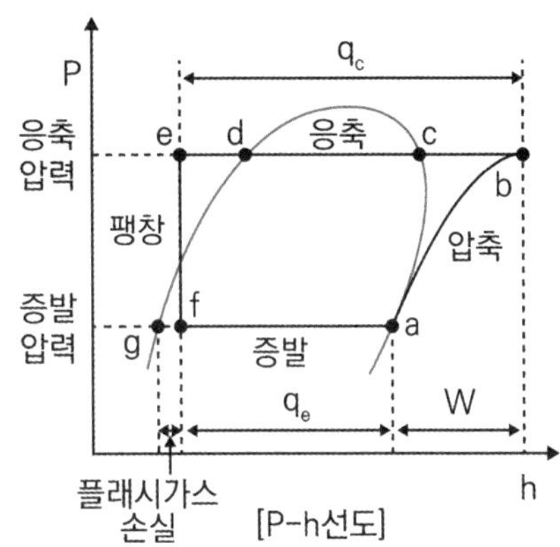

[P-h선도]

해설

[플래시가스(Flash Gas) 발생방지대책]
증발기 이외의 곳에서 증발한 냉매가스를, Flash 하며, 플래시가스가 액관 내에 존재하면 팽창밸브의 능력이 현저히 떨어진다. 따라서 플래시가스를 최대한 방지해야 한다.

④ 과냉각은 냉매가 기화하지 않고 액체 상태를 유지하도록 돕는 중요한 과정이다. 보통 액관에 들어가기 전에 열교환기(서브쿨러)를 사용하여 냉매를 과냉각하면, 플래시가스 발생이 억제된다.
① 액관이 외부 열에 노출되면 냉매온도가 상승하여 기화(플래시가스 발생)될 위험이 커진다. 이를 방지하기 위해 단열재(보온재) 또는 방열 시공을 적용하여 외부 열 유입을 차단하는 것이 필요하다.
② 액관이나 필터 드라이어의 구경이 작으면 유체흐름 저항이 증가하고, 이에 따라 압력강하가 발생할 가능성이 커진다. 압력강하가 심해지면 냉매가 포화 상태에 도달하여 일부가 기화(플래시가스)될 위험이 커지므로, 이를 방지하려면 충분한 구경을 선정해야 한다.
③ 액펌프를 사용하면 압력을 유지할 수 있어, 액관 내에서 플래시가스 발생을 방지할 수 있다.

83 공랭식 응축기배관 시 유의사항으로 틀린 것은?

① 소형 냉동기에 사용하며 핀이 있는 파이프 속에 냉매를 통하여 바람 이송 냉각설계로 되어 있다.
② 냉방기가 응축기 아래 설치되는 경우 배관 높이가 10 m 이상일 때는 5 m마다 오일트랩을 설치해야 한다.
③ 냉방기가 응축기 위에 위치하고, 압축기가 냉방기에 내장되었을 경우에는 오일트랩이 필요 없다.
④ 수랭식에 비해 능력은 낮지만, 냉각수를 사용하지 않아 동결의 염려가 없다.

해설

[공랭식 응축기배관 시 유의사항]
② 압축기가 냉방기에 내장되었을 때 냉방기가 응축기 아래에 설치되는 경우 배관 높이가 10 m 이상일 때는 10 m마다 오일트랩을 설치한다.

2020-02

정답 82 ④ 83 ②

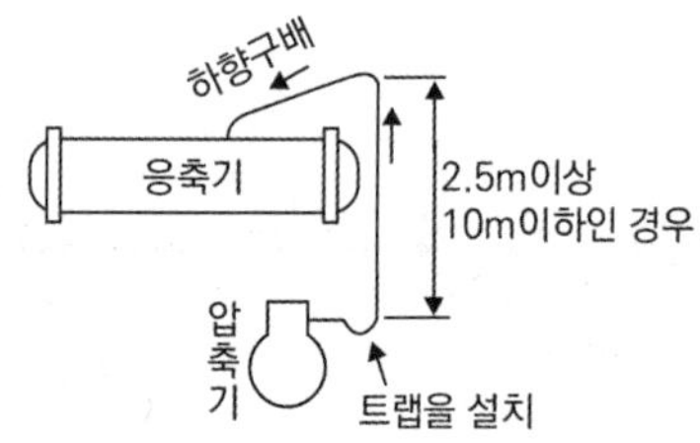

[토출관이 2.5 m 이상 10 m 이하 입상배관]

보충 해당문제에서는 냉방기를 압축기로 해석한다.

84 배수배관 시공 시 청소구의 설치위치로 가장 적절하지 않은 곳은?

① 배수 수평주관과 배수수평 분기관의 분기점
② 길이가 긴 수평 배수관 중간
③ 배수 수직관의 제일 윗부분 또는 근처
④ 배수관이 45° 이상의 각도로 방향을 전환하는 곳

해설

[청소구설치위치]

배수가 고이기 쉬운 곳, 청소하기 쉬운 곳 및 긴 경로의 도중에 설치

1) 가옥 배수관과 부지 하수관(택지 하수관)이 접속되는 곳
2) 길이가 긴 배수 수평관의 중간
3) 배수관이 45° 이상의 각도로 방향을 전환하는 곳
4) 배수수평주관과 배수수평지관의 최상류 지점
5) 배수 수직관의 가장 낮은 곳(최하단부 또는 그 근처에 설치)
6) 배관경 100 mm 이하 : 15 m 이내마다
   배관경 100 mm 초과 : 30 m 이내마다

보충 청소구 : 배수 또는 통기관 내부에 이물질이 쌓이거나 막혔을 때 이를 점검하거나 제거하기 위해 설치하는 개구부

85 급탕배관에 관한 설명으로 틀린 것은?

① 단관식의 경우 급수관경보다 큰 관을 사용해야 한다.
② 하향식 공급방식에서는 급탕관 및 복귀관은 모두 선하향 구배로 한다.
③ 보통 급탕관은 수명이 짧으므로 장래에 수리, 교체가 용이하도록 노출배관하는 것이 좋다.
④ 연관은 열에 강하고 부식도 잘되지 않으므로 급탕배관에 적합하다.

해설

[급탕배관]

연관(납관)은 열에 약하므로 급탕관에 적합하지 않다.

86 냉매배관 시 유의사항으로 틀린 것은?

① 냉동장치 내의 배관은 절대기밀을 유지할 것
② 배관도중에 고저의 변화를 될수록 피할 것
③ 기기 간의 배관은 가능한 한 짧게 할 것
④ 만곡부는 될 수 있는 한 적고 또한 곡률반경은 작게 할 것

정답 84 ③ 85 ④ 86 ④

해설

[냉매배관 시공 시 주의사항]

1) 배관길이는 짧게 하여 배관 마찰손실을 적게 한다.
2) 온도변화에 의한 신축을 고려하여 파손을 방지 한다.
3) 냉매배관에서 급격한 곡률이 많거나 반경이 너무 작으면 냉매의 흐름이 방해받고, 압력 강하가 증가할 수 있다. 또한 배관 내에서 유속 변화가 급격해지면, 배관 내 마찰 손실이 커지고, 유체 흐름이 불규칙해져 효율이 저하될 수 있다.따라서 곡률반경은 충분히 크게 설계하는 것이 원칙이다. 곡률반경이 너무 작으면 용접 및 가공 작업이 어려워질 수도 있다.

87 염화비닐관의 설명으로 틀린 것은?

① 열팽창률이 크다.
② 관 내 마찰손실이 적다.
③ 산, 알칼리 등에 대해 내식성이 적다.
④ 고온 또는 저온의 장소에 부적당하다.

해설

[경질염화비닐관(PVC : Poly Vinyl Chloride)]

③ PVC관은 산, 알칼리, 화학약품 등에 강한 내식성을 가지는 대표적인 플라스틱배관이다.부식(녹)이 발생하지 않으며, 화학 공정이나 실험실 배관으로도 많이 사용된다.

① 염화비닐(PVC) 소재는 금속에 비해 열팽창률이 크다. 즉, 온도변화에 따라 쉽게 팽창하거나 수축할 수 있으며, 이를 보완하기 위해 신축이음이 필요할 수 있다.

② PVC관은 내부 표면이 매끄러워 유체 흐름 시 마찰 손실이 적다. 특히, 금속배관(철관)과 비교하면 부식이 없어 유체 흐름 저항이 작아 마찰 손실이 적은 것이 장점이다.

④ PVC는 고온(약 60 ~ 70 ℃ 이상)에서 변형되거나 연화될 수 있어 고온 환경에서는 적합하지 않다. 또한 저온(-10 ℃ 이하)에서는 PVC가 딱딱해지면서 충격에 약해질 수 있어 사용이 제한된다.

88 급수펌프에서 발생하는 캐비테이션현상의 방지법으로 틀린 것은?

① 펌프설치위치를 낮춘다.
② 입형펌프를 사용한다.
③ 흡입손실수두를 줄인다.
④ 회전수를 올려 흡입속도를 증가시킨다.

해설

[캐비테이션현상의 방지법]

④ 회전수를 줄이고 흡입속도를 낮춘다.

89 가스배관의 설치 시 유의사항으로 틀린 것은?

① 특별한 경우를 제외한 배관의 최고사용압력은 중압 이하일 것
② 배관은 하천(하천을 횡단하는 경우는 제외) 또는 하수구 등 암거 내에 설치할 것
③ 지반이 약한 곳에 설치되는 배관은 지반침하에 의해 배관이 손상되지 않도록 필요한 조치 후 배관을 설치할 것
④ 본관 및 공급관은 건축물의 내부 또는 기초 밑에 설치하지 아니할 것

정답 87 ③ 88 ④ 89 ②

해설

[가스관의 설치 시 유의사항]

② 가스배관은 하천, 하수구, 암거(지하 배수로) 내부에 설치하는 것이 원칙적으로 금지된다. 왜냐하면 가스 누출 시 배관 내부에 가스가 고여 폭발 위험이 있을 수 있고, 유지보수 및 점검이 어려워 안전 관리가 어렵기 때문이다.

① 일반적으로 가스배관의 최고 사용압력은 중압 이하(0.1 MPa 이하)로 제한된다.

③ 지반이 약한 지역(매립지, 연약 지반 등)에 가스배관을 설치할 경우 지반 침하로 인한 배관 파손을 방지하기 위한 보강 조치를 해야 한다. 예를 들어 배관 지지 구조물(파일, 지지대) 설치, 보호관 사용, 유연한 연결부 사용 등의 조치가 필요하다.

④ 가스배관은 건축물 내부 및 기초 밑을 통과하지 않는 것이 원칙이다. 가스 누출 시 건물 내부에서 폭발 위험이 커질 수 있으므로, 외부에 배관을 설치하는 것이 안전하다.

보충 암거 : 지하에 매설되어 물이 통과하도록 만든 관로나 터널형 구조물

90 밀폐식 온수난방배관에 대한 설명으로 틀린 것은?

① 팽창탱크를 사용한다.
② 배관의 부식이 비교적 적어 수명이 길다.
③ 배관경이 적어지고 방열기도 적게 할 수 있다.
④ 배관 내의 온수 온도는 70 ℃ 이하이다.

해설

[밀폐식 온수난방]

밀폐식 온수난방의 경우 배관 내의 압력을 높여 100 ℃ 이상의 온수온도도 가능하다.

91 동관이음 중 경납땜이음에 사용되는 것으로 가장 거리가 먼 것은?

① 황동납　　② 은납
③ 양은납　　④ 규소납

해설

[동관이음]

1) 연납땜
 (1) 솔더링(Soldering) 이라고도 하며 450 ℃ 이하에서 용융되는 용접재를 사용하는 방법
 (2) 사용압력 및 사용온도(120 ℃)가 낮고 관경이 작은 관에 사용
 (3) 용접재
  • 일반 상수도용 : 주석(Sn) 50 %가 함유된 용접재
  • 난방 및 공조 배관 : 온도가 최고 240 ℃까지 올라가는 전자부품 연결 또는 배관에는 주석(Sn) 96 %와 안티몬(Sb) 5 %로 구성된 용접재가 사용됨

2) 경납땜
 (1) 브레이징(Brazing) 이라고도 하며 450 ℃ 이상에서 용융되는 용접재를 사용하는 방법(용접재는 보통 700 ~ 800 ℃에서 용융된다)
 (2) 사용 압력이 높고 관경이 큰 관용접에 사용
 (3) 용접재
  • 황동납, 은납, 양은납, 망간납, 금납 등이 있음

정답 90 ④ 91 ④

92 온수난방배관에서 리버스 리턴(Reverse Return)방식을 채택하는 주된 이유는?

① 온수의 유량 분배를 균일하게 하기 위하여
② 배관의 길이를 짧게하기 위하여
③ 배관의 신축을 흡수하기 위하여
④ 온수가 식지 않도록 하기 위하여

해설

[리버스 리턴방식 = 역환수방식]
리버스 리턴방식은 각 난방 기구(라디에이터, 팬코일유닛 등)에 공급되는 온수의 유량을 균일하게 분배하기 위한 배관방식이다. 일반적인 병렬배관인 직행 리턴방식과 달리, 공급관과 환수관의 길이를 균등하게 설계하여 유량 불균형 문제를 해결한다. 즉, 먼 곳에 있는 난방 기구에도 동일한 유량이 공급될 수 있도록 설계되는 방식이다.

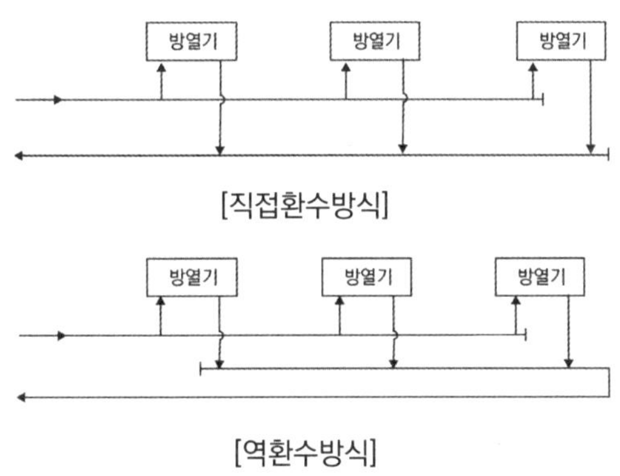

[직접환수방식]

[역환수방식]

93 하향급수배관방식에서 수평주관의 설치 위치로 가장 적절한 것은?

① 지하층의 천장 또는 1층의 바닥
② 중간층의 바닥 또는 천장
③ 최상층의 바닥 또는 천장
④ 최상층의 천장 또는 옥상

해설

[하향급수배관방식]
위에서 아래로 급수하는 방식이므로 급수 수평 주관이 최상층의 천장 또는 옥상에 설치되어야 한다.

94 냉매배관에서 압축기 흡입관의 시공 시 유의사항으로 틀린 것은?

① 압축기가 증발기보다 밑에 있는 경우 흡입관은 작은 트랩을 통과한 후 증발기 상부보다 높은 위치까지 올려 압축기로 가게 한다.
② 흡입관의 수직상승 입상부가 매우 길 때는 냉동기유의 회수를 쉽게 하기 위하여 약 20 m마다 중간에 트랩을 설치한다.
③ 각각의 증발기에서 흡입 주관으로 들어가는 관은 주관 상부로부터 들어가도록 접속한다.
④ 2대 이상의 증발기가 있어도 부하의 변동이 그다지 크지 않은 경우는 1개의 입상관으로 충분하다.

해설

[압축기 흡입관의 시공 시 유의사항]
② 흡입관의 수직상승 입상부가 매우 길 때는 냉동기유의 회수를 쉽게 하기 위하여 약 10 m마다 중간에 u-trap을 설치한다.

2020-02

정답 92 ① 93 ④ 94 ②

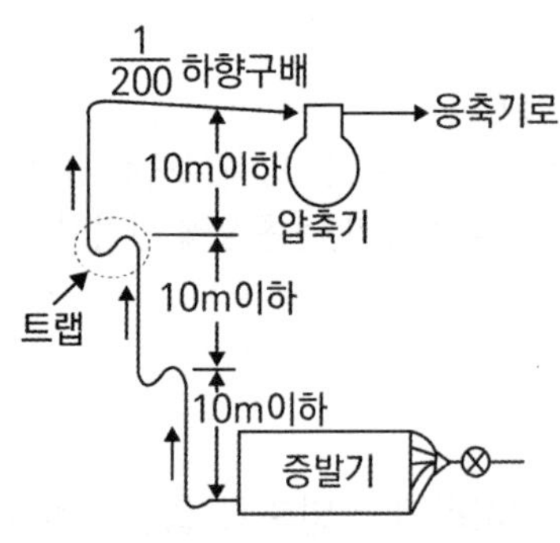

[흡입관의 수직상승 입상부가 매우 길 때]

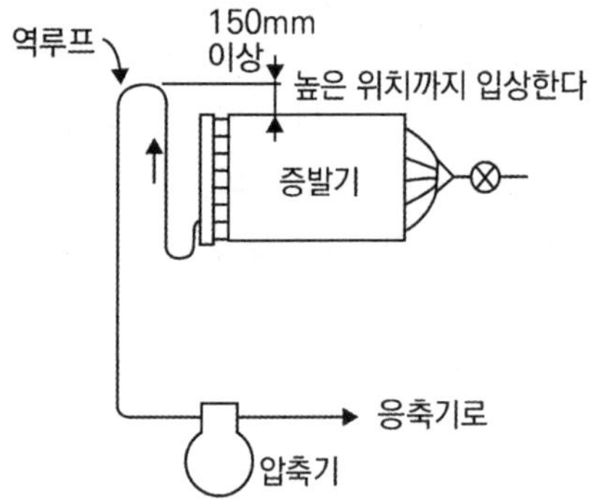

[압축기가 증발기보다 밑에 있는 경우]

95 난방배관 시공을 위해 벽, 바닥 등에 관통배관 시공을 할 때, 슬리브(Sleeve)를 사용하는 이유로 가장 거리가 먼 것은?

① 열팽창에 따른 배관 신축에 적응하기 위해
② 관 교체 시 편리하게 하기 위해
③ 고장 시 수리를 편리하게 하기 위해
④ 유체의 압력을 증가시키기 위해

해설

[슬리브 설치목적]
1) 배관의 교체 및 수리를 편리하게 하기 위해
2) 열팽창에 의한 관의 신축을 자유롭게 하기 위해

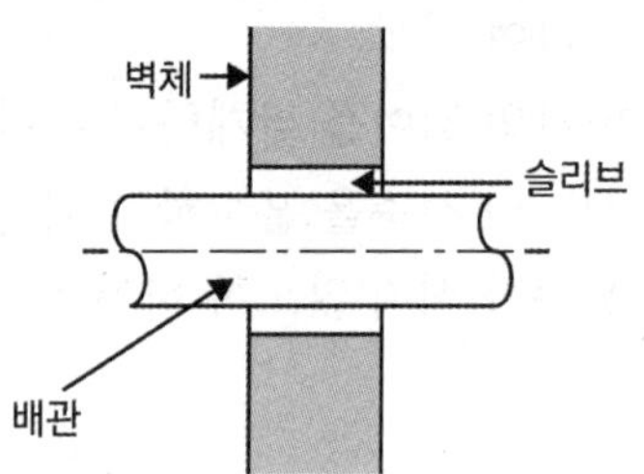

96 급수방식 중 압력탱크방식에 대한 설명으로 틀린 것은?

① 국부적으로 고압을 필요로 하는 데 적합하다.
② 탱크의 설치위치에 제한을 받지 않는다.
③ 항상 일정한 수압으로 급수할 수 있다.
④ 높은 곳에 탱크를 설치할 필요가 없으므로 건축물의 구조를 강화할 필요가 없다.

해설

[압력탱크방식]
③ 압력탱크방식은 펌프와 함께 사용되지만, 펌프의 작동 상태나 사용량 변화에 따라 수압이 변할 수 있다.
① 압력탱크방식은 국부적으로 고압이 필요한 곳에 적합하다. 일정 압력을 유지하는 탱크를 활용하여 필요한 곳에 안정적인 수압을 제공할 수 있다.
② 고가수조방식(고위 탱크방식)은 탱크를 높은 위치에 설치해야 하지만, 압력탱크방식은 압력을 이용하므로 위치 제한이 거의 없다.

정답 95 ④ 96 ③

④ 높은 곳에 탱크를 설치할 필요가 없으므로 건축물의 구조를 강화할 필요가 없다. 고가수조방식과 달리, 압력탱크방식은 높은 곳에 탱크를 설치할 필요가 없다. 따라서 건물의 구조를 보강할 필요 없이, 원하는 위치에 설치 가능하다.

97 냉동설비배관에서 액분리기와 압축기 사이에 냉매배관을 할 때 구배로 옳은 것은?

① 1/100 정도의 압축기 측 상향 구배로 한다.
② 1/100 정도의 압축기 측 하향 구배로 한다.
③ 1/200 정도의 압축기 측 상향 구배로 한다.
④ 1/200 정도의 압축기 측 하향 구배로 한다.

해설

[액분리기와 압축기 사이에 냉매배관]
액분리기와 압축기 사이의 배관은 증발기와 압축기 사이의 저압배관에 해당한다.
증발기와 압축기 사이 배관의 구배는
- 프레온 냉매 : 1/200 압축기쪽으로 하향구배
- 암모니아 냉매 : 1/100 압축기쪽으로 하향구배

보충 해당 문제에서 냉매는 프레온 냉매로 가정하고 풀이한다.

98 길이 30 m의 강관의 온도변화가 120 ℃일 때 강관에 대한 열팽창량은? (단, 강관의 열팽창계수는 11.9×10^{-6} mm/mm · ℃이다)

① 42.8 mm ② 42.8 cm
③ 42.8 m ④ 4.28 mm

해설

[열팽창량]
열팽창량 $\Delta \ell = L \times \alpha (t_2 - t_1)$

$$\Delta \ell = (30 \times 10^3) \times 11.9 \times 10^{-6} \times 120 = 42.84 \text{ mm}$$

99 증기나 응축수가 트랩이나 감압밸브 등의 기기에 들어가기 전 고형물을 제거하여 고장을 방지하기 위해 설치하는 장치는?

① 스트레이너 ② 레듀서
③ 신축이음 ④ 유니온

해설

[스트레이너(Strainer, 여과기)]
스트레이너는 배관 내부의 이물질(고형물, 녹, 스케일 등)을 걸러내는 필터 역할을 하는 장치이다. 특히 트랩, 감압밸브 등 정밀한 기기 앞에 설치하여, 내부 부품이 손상되지 않도록 보호하는 역할을 한다. 종류로는 Y형 스트레이너 또는 U형, V형(콘타입) 스트레이너 등이 있다.

보충 스트레이너 종류 : Y형, T형, U형, V형(콘타입), 바스켓형 등

[Y형 스트레이너]

[U형 스트레이너]

2020-02

정답 97 ④ 98 ① 99 ①

[V형 스트레이너]

100 부하변동에 따라 밸브의 개도를 조절함으로써 만액식 증발기의 액면을 일정하게 유지하는 역할을 하는 것은?

① 에어벤트
② 온도식 자동팽창밸브
③ 감압밸브
④ 플로트밸브

해설

[플로트밸브(Float Valve)]

④ 플로트밸브는 액체의 액면 높이에 따라 자동으로 개폐되어 액체의 유량을 조절하는 밸브이다. 만액식 증발기는 일정한 액면을 유지해야 하므로, 부하 변동에 따라 플로트밸브가 개폐되면서 액면을 조절한다.

① 에어벤트는 배관시스템에서 공기를 배출하여 유체 흐름을 원활하게 만드는 장치이다. 특히, 증기시스템이나 냉각수배관에서 공기가 갇혀 유체 흐름을 방해하는 것을 방지하는 역할을 한다.

② 온도식 자동팽창밸브는 냉동사이클에서 냉매의 유량을 제어하여 증발기의 냉매 공급을 조절하는 역할을 한다. 증발기의 냉매 과열도에 따라 밸브 개도가 조절되며, 주로 건식 증발기에서 사용된다.

③ 감압밸브는 고압의 유체를 저압으로 조정하는 밸브이다. 주로 증기, 공기, 가스배관 등에서 압력을 일정하게 유지하는 역할을 한다.

정답 100 ④

2020 제3회

1과목 기계열역학

1회독 시간 : 점수 :
2회독 시간 : 점수 :
3회독 시간 : 점수 :

01 이상적인 디젤기관의 압축비가 16일 때 압축 전의 공기 온도가 90 ℃라면 압축 후의 공기 온도(℃)는 얼마인가? (단, 공기의 비열비는 1.4이다)

① 1101.9 ② 718.7
③ 808.2 ④ 827.4

해설

[디젤기관 단열압축]

단열압축(1 → 2과정)으로 가정하면

$$\frac{T_2}{T_1} = \left(\frac{v_1}{v_2}\right)^{k-1} \rightarrow \frac{T_2}{T_1} = \varepsilon^{k-1}$$

따라서

$T_2 = T_1 \times \varepsilon^{k-1}$

$= (90 + 273) \times 16^{1.4-1}$

$= 1100.4\ K$

$= 1100.4 - 273 = 827.4\ ℃$

ε : 압축비$\left(= \frac{v_1}{v_2}\right)$

T_1 : 압축 전 공기 온도

T_2 : 압축 후의 공기 온도

k : 공기의 비열비

02 풍선에 공기 2 kg이 들어 있다. 일정 압력 500 kPa하에서 가열 팽창하여 체적이 1.2배가 되었다. 공기의 초기온도가 20 ℃일 때 최종 온도(℃)는 얼마인가?

① 32.4 ② 53.7
③ 78.6 ④ 92.3

해설

[공기의 최종온도(보일 샤를의 법칙)]

샤를의 법칙 $\frac{V_1}{T_1} = \frac{V_2}{T_2}$ 에서

$$\frac{T_2}{T_1} = \frac{V_2}{V_1}$$

$$\frac{T_2}{20 + 273} = \frac{1.2}{1}$$

$\therefore\ T_2 = 351.6\ K$

$= 351.6 - 273\ ℃$

$= 78.6\ ℃$

03 자동차엔진을 수리한 후 실린더 블록과 헤드 사이에 수리 전과 비교하여 더 두꺼운 개스킷을 넣었다면 압축비와 열효율은 어떻게 되겠는가?

① 압축비는 감소하고, 열효율도 감소한다.
② 압축비는 감소하고, 열효율도 증가한다.
③ 압축비는 증가하고, 열효율도 감소한다.
④ 압축비는 증가하고, 열효율도 증가한다.

정답 01 ④ 02 ③ 03 ①

해설

[압축비와 열효율]

실린더 블록을 넓히는 볼링 작업을 의미하는 것으로 실린더의 부피가 커져 압축비가 감소하고 이에 따라 열효율도 감소한다.

항목	내용
개스킷 두께 증가 시	실린더 헤드가 블록에서 멀어짐
압축 상사점 (TDC)	피스톤이 올라갈 수 있는 최고점(TDC)위치는 동일하지만, 헤드가 위로 올라가므로 피스톤과 헤드 사이의 간극체적(최소체적, Vc)이 커짐
결론(최소 체적 변화)	압축비 = (Vs + Vc) / Vc에서 분모가 커져 압축비는 감소함

보충 개스킷(Gasket) : 실린더 헤드와 블록 사이의 패킹 역할을 하는 부품

04 밀폐계에서 기체의 압력이 100 kPa으로 일정하게 유지되면서 체적이 1 m^{3}에서 2 m^{3}으로 증가되었을 때 옳은 설명은?

① 밀폐계의 에너지변화는 없다.

② 외부로 행한 일은 100 kJ이다.

③ 기체가 이상기체라면 온도가 일정하다.

④ 기체가 받은 열은 100 kJ이다.

해설

[정압과정에서 절대일]

$W = P(v_2 - v_1) = 100 \times (2-1) = 100\ kJ$

① 체적의 변화가 있으므로 온도의 변화가 있고 내부에너지의 변화도 있다.

② $W = \int_1^2 PdV = P(V_2 - V_1)$

$= 100 \times (2-1) = 100[\text{kJ}]$

③ 정압변화이므로 $\frac{V_1}{T_1} = \frac{V_2}{T_2}$에서

$T_2 = T_1 \frac{V_2}{V_1} = T_1 \frac{2}{1} = 2T_1$

④ $\delta Q = dU + \delta W$에서

외부로 행한 일 $\delta W = 100$ kJ이므로 기체가 받은 열은 $(dU + 100)$ kJ이 된다.

05 엔트로피(s) 변화 등과 같은 직접 측정할 수 없는 양들을 압력(P), 비체적(v), 온도(T)와 같은 측정 가능한 상태량으로 나타내는 Maxwell 관계식과 관련하여 다음 중 틀린 것은?

① $\left(\frac{\partial T}{\partial P}\right)_S = \left(\frac{\partial v}{\partial s}\right)_P$

② $\left(\frac{\partial T}{\partial v}\right)_S = -\left(\frac{\partial P}{\partial s}\right)_v$

③ $\left(\frac{\partial v}{\partial T}\right)_P = -\left(\frac{\partial s}{\partial P}\right)_T$

④ $\left(\frac{\partial P}{\partial v}\right)_T = \left(\frac{\partial s}{\partial T}\right)_v$

해설

[맥스웰(Maxwell) 관계식]

※ 단순 압축성 물질에 대한 Maxwell 관계식

1) 엔탈피(H)의 관계

$dh = Tds + vdP$로부터 $\left(\frac{\partial T}{\partial P}\right)_S = \left(\frac{\partial v}{\partial s}\right)_P$

2) 내부에너지(U)의 관계

$du = Tds - Pdv$로부터 $\left(\frac{\partial T}{\partial v}\right)_S = -\left(\frac{\partial P}{\partial s}\right)_v$

정답 04 ② 05 ④

3) 기브스 자유에너지(G)의 관계

$dg = -sdT + vdP$로부터 $\left(\frac{\partial v}{\partial T}\right)_P = -\left(\frac{\partial s}{\partial P}\right)_T$

암 보통파마 술파티

4) 헬름홀츠 자유에너지(F)의 관계

$da = -sdT - Pdv$로부터 $\left(\frac{\partial s}{\partial v}\right)_T = \left(\frac{\partial P}{\partial T}\right)_v$

암 사보텐 페트병

④는 $\left(\frac{\partial s}{\partial v}\right)_T = \left(\frac{\partial P}{\partial T}\right)_v$ 이어야 한다.

1) 맥스웰 관계식(Maxwell's Relations)
단순 압축성 계에서 상태량 P, v, T, s 사이의 편도함수의 관계를 나타내는 식을 Maxwell 관계식이라고 한다. 이 관계식은 열역학적 상태량의 완전미분 성질을 이용하여 네 개의 Gibbs 식으로부터 얻어진다.
2) 엔트로피(S)
직접 측정 불가능한 대표적 상태량이다.
열용량, 온도, 압력, 체적 등을 통해 간접적으로 계산한다.
3) 맥스웰 관계식의 핵심 목적
직접 측정 불가능한 변수(특히 엔트로피 관련 도함수)를 압력, 체적, 온도, 열용량 등 측정 가능한 변수로 치환하여 문제를 풀 수 있게 하는 것이다. 앞에 주어진 Maxwell 관계식은 단순 압축성 계에만 적용된다는 데 유의하여야 한다.

06 어떤 가스의 비내부에너지 u(kJ/kg), 온도 t(℃), 압력 P(kPa), 비체적 v(m³/kg) 사이에는 아래의 관계식이 성립한다면, 이 가스의 정압비열(kJ/kg·℃)은 얼마인가?

u = 0.28t + 532
Pv = 0.560(t + 380)

① 0.84 ② 0.68
③ 0.50 ④ 0.28

해설

[가스의 정압비열]

1) 엔탈피

h = u + Pv에서

h = (0.28t + 532) + 0.560(t + 380)

2) 정압비열

$$C_P = \frac{dh}{dT} = \frac{d(0.28t + 532 + 0.56(t+380))}{dT}$$
$$= 0.28 + 0.56 = 0.84[kJ/kg \cdot ℃]$$

07 최고온도 1300 K와 최저온도 300 K 사이에서 작동하는 공기표준 Brayton사이클의 열효율(%)은? (단, 압력비는 9, 공기의 비열비는 1.4이다)

① 30.4 ② 36.5
③ 42.1 ④ 46.6

해설

[브레이튼(Brayton)사이클 열효율]

$$\eta = 1 - \left(\frac{1}{압력비}\right)^{\frac{k-1}{k}} = 1 - \left(\frac{1}{9}\right)^{\frac{1.4-1}{1.4}}$$
$$= 0.466 = 46.6\%$$

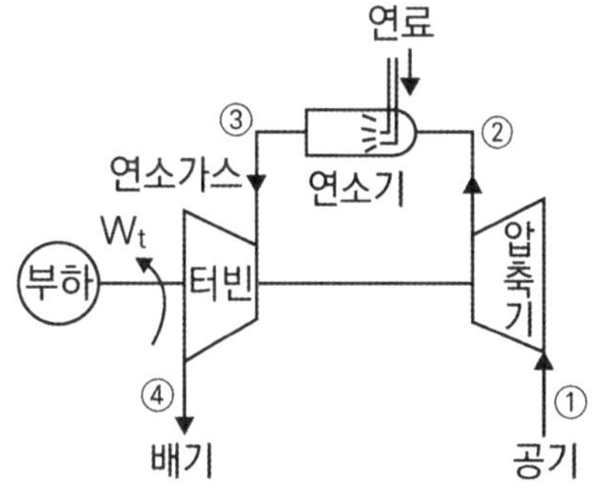

정답 06 ① 07 ④

08 그림과 같이 A, B 두 종류의 기체가 한 용기 안에서 박막으로 분리되어 있다. A의 체적은 0.1 m^3, 질량은 2 kg이고, B의 체적은 0.4 m^3, 밀도는 1 kg/m^3이다. 박막이 파열되고 난 후에 평형에 도달하였을 때 기체의 혼합물의 밀도(kg/m^3)는 얼마인가?

A	B

① 4.8　　② 6.0
③ 7.2　　④ 8.4

해설

[기체의 혼합물의 밀도]

1) A의 밀도

$$\rho_A = \frac{2kg}{0.1m^3} = 20\ \text{kg/m}^3$$

2) 혼합물의 밀도

B의 밀도(ρ_B)는 1 kg/m³이므로

$$\rho = \frac{\rho_A \times V_A + \rho_B \times V_B}{V_A + V_B}$$

$$= \frac{20 \times 0.1 + 1 \times 0.4}{0.1 + 0.4} = 4.8\ kg/m^3$$

09 냉매로서 갖추어야 될 요구 조건으로 적합하지 않은 것은?

① 불활성이고 안정하며 비가연성 이어야 한다.
② 비체적이 커야 한다.
③ 증발 온도에서 높은 잠열을 가져야 한다.
④ 열전도율이 커야 한다.

해설

[냉매로서 갖추어야 될 조건]

냉매의 교축작용 후 증기 비체적이 작아야 효율이 커진다.

10 내부에너지가 30 kJ인 물체에 열을 가하여 내부에너지가 50 kJ이 되는 동안에 외부에 대하여 10 kJ의 일을 하였다. 이 물체에 가해진 열량(kJ)은?

① 10　　② 20
③ 30　　④ 60

해설

[물체에 가해진 열량]

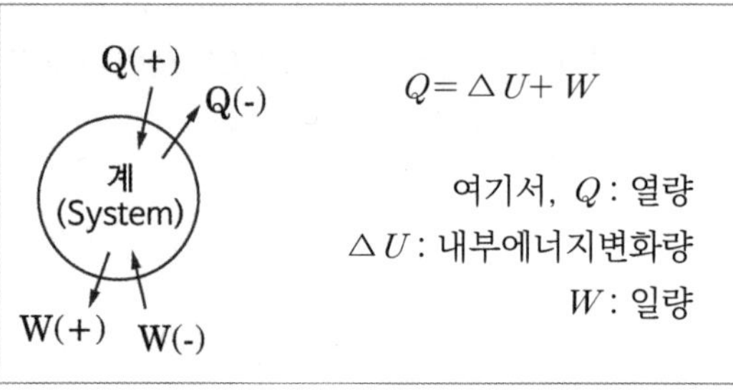

$Q = \Delta U + W$

$= (50 - 30) + 10 = 30$ kJ

정답 08 ① 09 ② 10 ③

11 비가역 단열변화에 있어서 엔트로피변화량은 어떻게 되는가?

① 증가한다.
② 감소한다.
③ 변화량은 없다.
④ 증가할 수도 감소할 수도 있다.

해설

[비가역단열변화에서 엔트로피변화량]
비가역과정은 항상 엔트로피가 증가한다. 단열이므로 열출입은 없지만 비가역성(마찰, 점성 등)으로 인해 엔트로피 생성(생산)량이 생겨 총 엔트로피가 증가한다.

보충 가역 단열 변화 : 등엔트로피

12 고온 열원의 온도가 700 ℃이고, 저온 열원의 온도가 50 ℃인 카르노 열기관의 열효율(%)은?

① 33.4　　② 50.1
③ 66.8　　④ 78.9

해설

[카르노사이클의 열효율]

$$\eta = \frac{T_1 - T_2}{T_1}$$

$$= \frac{(700+273)-(50+273)}{(700+273)}$$

= 0.6680
= 66.80 %

※ 열기관
고열원으로부터 열을 공급받아 기계적인 일로 전환시키는 것이 목적
(열기관의 이상사이클 : 카르노사이클)

$$\eta = \frac{W}{Q_1} = \frac{Q_1 - Q_2}{Q_1} = \frac{T_1 - T_2}{T_1}$$

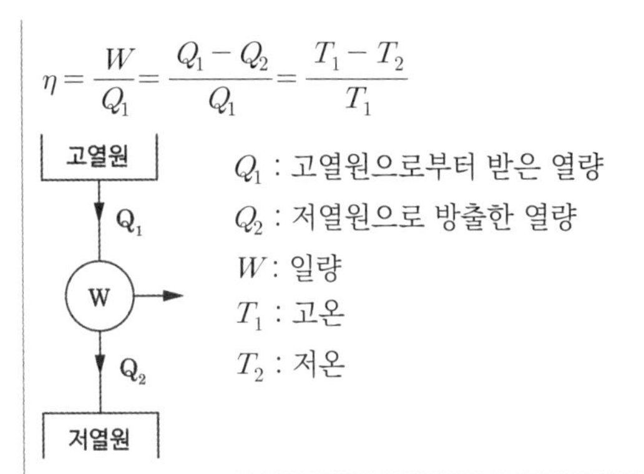

Q_1 : 고열원으로부터 받은 열량
Q_2 : 저열원으로 방출한 열량
W : 일량
T_1 : 고온
T_2 : 저온

13 원형 실린더를 마찰 없는 피스톤이 덮고 있다. 피스톤에 비선형 스프링이 연결되고 실린더 내의 기체가 팽창하면서 스프링이 압축된다. 스프링의 압축 길이가 X(m)일 때 피스톤에는 $kX^{1.5}$ N의 힘이 걸린다. 스프링의 압축 길이가 0 m에서 0.1 m로 변하는 동안에 피스톤이 하는 일이 W_a이고, 0.1 m에서 0.2 m로 변하는 동안에 하는 일이 W_b라면 W_a/W_b는 얼마인가?

① 0.083　　② 0.158
③ 0.214　　④ 0.333

해설

[스프링의 일 계산]
스프링의 압축력이 비선형적으로 $F=kX^{1.5}$로 주어져 있으므로, 피스톤이 하는 일은 힘에 대해 거리로 적분해서 구해야 한다.

1) W_a
0 → 0.1로 변하는 동안 피스톤이 하는 일 W_a는

$$W_a = \int_0^{0.1} kX^{1.5}dX = \left[\frac{k}{1+1.5}X^{1.5+1}\right]_0^{0.1}$$

$$= k\left[\frac{X^{2.5}}{2.5}\right]_0^{0.1} = k\left(\frac{0.1^{2.5}}{2.5} - 0\right) = 0.00126\,k$$

2020-03

2) W_b

0.1→0.2로 변하는 동안 피스톤이 하는 일 W_b는

$$W_b = \int_{0.1}^{0.2} kX^{1.5}dX = k\left[\frac{X^{1.5+1}}{1+1.5}\right]_{0.1}^{0.2}$$

$$= k\left[\frac{X^{2.5}}{2.5}\right]_{0.1}^{0.2} = k\left(\frac{0.2^{2.5}}{2.5} - \frac{0.1^{2.5}}{2.5}\right)$$

$$= 0.00589\,k$$

3) 비율 $\frac{W_a}{W_b}$

$$\therefore \frac{W_a}{W_b} = \frac{0.00126\,k}{0.00589\,k} \fallingdotseq 0.214$$

14 어떤 이상기체 1 kg이 압력 100 kPa, 온도 30 ℃의 상태에서 체적 0.8 m³을 점유한다면 기체상수(kJ/kg · K)는 얼마인가?

① 0.251 ② 0.264
③ 0.275 ④ 0.293

해설

[기체상수]
기체상수의 단위에서 특정 기체상태방정식임을 알 수 있다.
$PV = mRT$에서
$100 \times 0.8 = 1 \times R \times (273+30)$
$\therefore R = 0.264\ kJ/kgK$

15 처음 압력이 500 kPa이고, 체적이 2 m³인 기체가 "PV = 일정"인 과정으로 압력이 100 kPa까지 팽창할 때 밀폐계가 하는 일(kJ)을 나타내는 계산식으로 옳은 것은?

① 1000ln 2/5 ② 1000ln 5/2
③ 1000ln 5 ④ 1000ln 1/5

해설

[밀폐계가 하는 일]
'PV = 일정'하므로 등온과정이며,
$P_1V_1 = P_2V_2$이다.
팽창할 때 밀폐계가 하는 일 = 절대일이므로

$${}_1W_2 = RT\ln\left(\frac{P_1}{P_2}\right) = P_1V_1\ln\left(\frac{P_1}{P_2}\right)$$

$$= 500 \times 2 \times \ln\frac{500}{100}$$

$$= 1000\ln 5$$

보충 절대일 ${}_1w_2 = \int_1^2 pdv$

16 다음 중 경로함수(Path Function)는?

① 엔탈피 ② 엔트로피
③ 내부에너지 ④ 일

해설

[상태함수와 경로함수]

1) 경로함수(Path Function)란 과정(경로)에 따라 값이 달라지는 함수를 의미한다. 즉, 초기 상태와 최종 상태뿐만 아니라, 그 경로(과정)에 따라 크기가 달라지는 물리량이다.
 대표적인 경로함수 : 일(Work), 열(Heat)
 ※ 편미분(∂ 또는 δ)으로만 가능
2) 상태함수(State Function)란 현재 상태(초기·최종 상태)만으로 값이 결정되며, 경로에 영향을 받지 않는 함수이다. 즉, 어떤 경로를 거쳐 변화하든 상관없이, 특정 상태에서의 값이 항상 일정한 물리량이다.
 대표적인 상태함수 : 엔탈피(H), 엔트로피(S), 내부에너지(U), 압력(P), 온도(T), 부피(V)
 ※ 완전미분(= 전미분 d) 편미분(∂ 또는 δ) 모두 가능

정답 14 ② 15 ③ 16 ④

17 이상적인 가역과정에서 열량 △Q가 전달될 때, 온도 T가 일정하면 엔트로피변화 △S를 구하는 계산식으로 옳은 것은?

① △S = 1 - △Q/T
② △S = 1 - T/△Q
③ △S = △Q/T
④ △S = T/△Q

해설

[엔트로피의 변화량]

1) 엔트로피(S)
열량의 효용가치를 나타내는 열적상태량

2) 엔트로피의 변화량($\triangle S$)

$$\triangle S = \frac{\triangle Q}{T}$$

18 성능계수가 3.2인 냉동기가 시간당 20 MJ의 열을 흡수한다면 이 냉동기의 소비동력(kW)은?

① 2.25 ② 1.74
③ 2.85 ④ 1.45

해설

[냉동기의 성능계수(COP)]

$$COP = \frac{20\ MJ/h}{W} = 3.2$$

$$\therefore\ W = 6.25\ MJ/h$$

$$= 6.25 \times \frac{1000\ kJ/MJ}{3600\ s/h} ≒ 1.736$$

※ 냉동기
에너지(전기 혹은 고온의 열)를 일의 형태로 받아 저열원으로부터 열을 빼앗는 것이 목적

$$COP = \frac{Q_2}{W} = \frac{Q_2}{Q_1 - Q_2} = \frac{T_2}{T_1 - T_2}$$

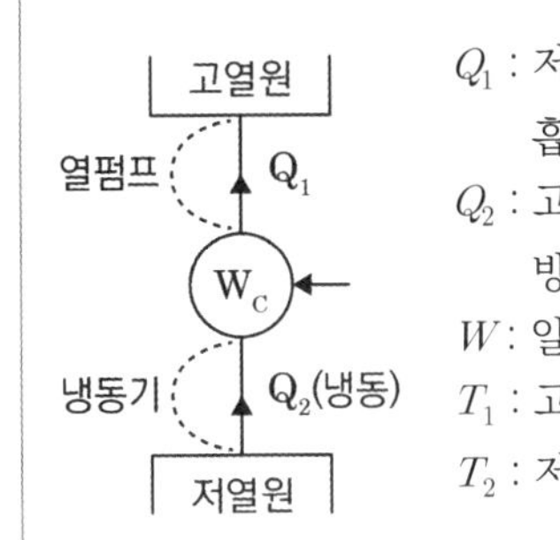

Q_1 : 저열원으로부터 흡수하는 열량
Q_2 : 고열원으로 방출하는 열량
W : 일량
T_1 : 고온
T_2 : 저온

19 랭킨사이클에서 25 ℃, 0.01 MPa 압력의 물 1 kg을 5 MPa 압력의 보일러로 공급한다. 이때 펌프가 가역단열과정으로 작용한다고 가정할 경우 펌프가 한 일(kJ)은? (단, 물의 비체적은 0.001 m³/kg이다)

① 2.58 ② 4.99
③ 20.12 ④ 40.24

해설

[펌프가 한 일]

물의 체적 변화가 없으므로 펌프가 한 일을 정적과정의 공업일(W_t)로 보면

$$W_t = -\int_1^2 Vdp = -V(P_2 - P_1)$$

$$= -0.001(5000 - 10) = -4.99\,kJ$$

※ 단위를 맞추기 위해 5 MPa을 5000 kPa로, 0.01 MPa을 10 kPa로 변환

보충 (-)부호는 압축을 의미함
그러나 문제의 보기들이 모두 양수이므로,
이는 일에 필요한 에너지의 크기(절댓값)를
묻는 문제로 해석하는 것이 타당하다.

2020-03

정답 17 ③ 18 ② 19 ②

20 랭킨사이클의 각 점에서의 엔탈피가 아래와 같을 때 사이클의 이론 열효율(%)은?

> 보일러 입구 : 58.6 kJ/kg
> 보일러 출구 : 810.3 kJ/kg
> 응축기 입구 : 614.2 kJ/kg
> 응축기 출구 : 57.4 kJ/kg

① 32　② 30
③ 28　④ 26

해설

[랭킨사이클의 열효율]

$$\eta_R = \frac{T-P}{B} = \frac{(h_2-h_3)-(h_1-h_4)}{h_2-h_1}$$

$$= \frac{(810.3-614.2)-(58.6-57.4)}{810.3-58.6}$$

$$= 0.2592 = 25.92\ \%$$

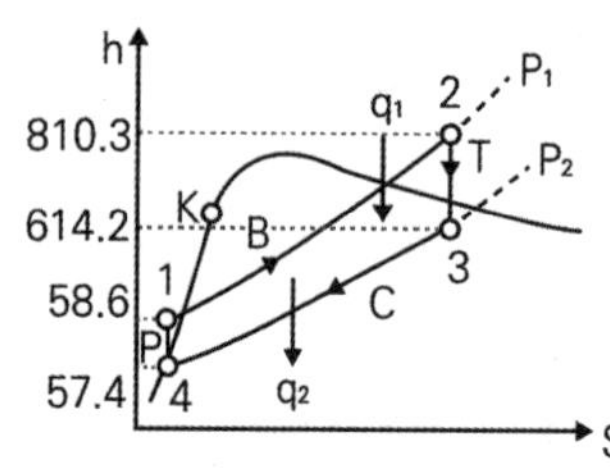

> ※ 랭킨사이클 열효율(η_R)
>
> $$\eta_R = \frac{T-P}{B} = \frac{(h_2-h_3)-(h_1-h_4)}{h_2-h_1}$$
>
> 만약 펌프일을 무시하면
>
> $\eta_R = \dfrac{h_2-h_3}{h_2-h_1}$에서 $h_1 \fallingdotseq h_4$이므로
>
> $$\eta_R = \frac{(h_2-h_3)}{h_2-h_4}$$

2과목 냉동공학

1회독 시간 : 점수 :
2회독 시간 : 점수 :
3회독 시간 : 점수 :

21 열의 종류에 대한 설명으로 옳은 것은?

① 고체에서 기체가 될 때에 필요한 열을 증발열이라 한다.
② 온도의 변화를 일으켜 온도계에 나타나는 열을 잠열이라 한다.
③ 기체에서 액체로 될 때 제거해야 하는 열은 응축열 또는 감열이라 한다.
④ 고체에서 액체로 될 때 필요한 열은 융해열이며 이를 잠열이라 한다.

해설

[열의 종류]

① 고체에서 기체로 곧바로 증발할 때 필요한 열은 승화열이라 한다.
② 온도의 변화를 일으켜 온도계에 나타나는 열은 현열(또는 감열)이라 한다.
③ 기체에서 액체로 될 때 제거해야 하는 열은 응축열이며 잠열이라 한다.

22 응축압력 및 증발압력이 일정할 때 압축기의 흡입증기 과열도가 크게 된 경우 나타나는 현상으로 옳은 것은?

① 냉매순환량이 증대한다.
② 증발기의 냉동능력은 증대한다.
③ 압축기의 토출가스 온도가 상승한다.
④ 압축기의 체적효율은 변하지 않는다.

정답 20 ④ 21 ④ 22 ③

해설

[흡입증기 과열도가 크게 된 경우 나타나는 현상]

③ 흡입증기의 과열도가 커지면 토출가스의 온도가 상승한다.

23 중간냉각이 완전한 2단압축 1단팽창사이클로 운전되는 R134a 냉동기가 있다. 냉동능력은 10 kW이며, 사이클의 중간압, 저압부의 압력은 각각 350 kPa, 120 kPa이다. 전체 냉매순환량을 $\dot{m}$, 증발기에서 증발하는 냉매의 양을 $\dot{m}_e$라 할 때, 중간냉각시키기 위해 바이패스되는 냉매의 양 $\dot{m}-\dot{m}_e$(kg/h)은 얼마인가? (단, 제1압축기의 입구 과열도는 0이며, 각 엔탈피는 아래 표를 참고한다)

압력 (kPa)	포화액체 엔탈피 (kJ/kg)	포화증기 엔탈피 (kJ/kg)
120	160.42	379.11
350	195.12	395.04

지점별 엔탈피(kJ/kg)	
h_2	227.23
h_4	401.08
h_7	482.41
h_8	234.29

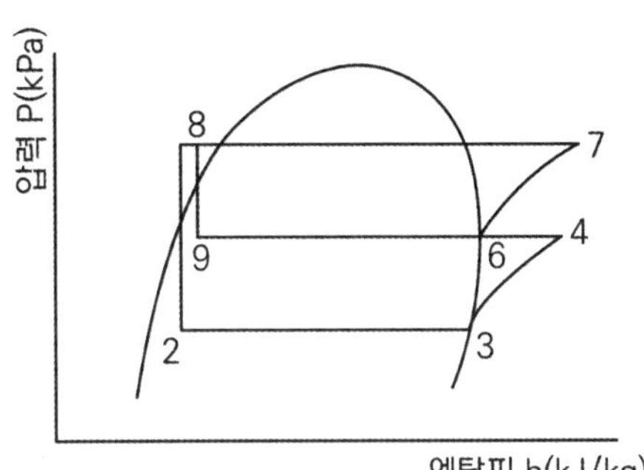

① 5.8 ② 11.1
③ 15.7 ④ 19.3

해설

[중간 냉각기의 바이패스 냉매순환량]

1) 저단 측 냉매순환량($\dot{m}_e$)

$$\dot{m}_e = \frac{Q_e}{h_3 - h_2}$$

$$\dot{m}_e = \frac{10 \times 3600}{379.11 - 227.23} = 237.03\ kg/h$$

2) 고단 측(전체) 냉매순환량($\dot{m}$)

$$\dot{m} = \dot{m}_e \times \frac{h_4 - h_2}{h_6 - h_8}$$

$$= 237.03 \times \frac{401.08 - 227.23}{395.04 - 234.29}$$

$$= 256.35\ kg/h$$

3) 중간 냉각기의 바이패스 냉매순환량($\dot{m}_m$)

$$\dot{m}_m = \dot{m} - \dot{m}_e$$

$$= 256.35 - 237.03 = 19.32\ kg/h$$

24 진공압력이 60 mmHg일 경우 절대압력(kPa)은? (단, 대기압은 101.3 kPa이고 수은의 비중은 13.6이다)

① 53.8 ② 93.2
③ 106.6 ④ 196.4

정답 23 ④ 24 ②

해설

[절대압력]

절대압력 = 대기압력 - 진공압력

$$= 101.3 - \left(60 \times \frac{101.325}{760}\right)$$

$$= 93.3\,\text{kPa}$$

25 다음 중 대기 중의 오존층을 가장 많이 파괴시키는 물질은?

① 질소 ② 수소
③ 염소 ④ 산소

해설

[오존층을 가장 많이 파괴시키는 물질]

오존층 파괴와 관련된 물질은 염화불화탄소라 불리는 프레온가스(CFCs)이다. 프레온가스가 성층권으로 이동 시 "자외선"에 의해 프레온가스로부터 염소(Cl)가 분해되고, 분해된 염소가 오존과 반응하여 오존층을 파괴시킨다.

26 물(H_2O) – 리튬브로마이드(LiBr) 흡수식 냉동기에 대한 설명으로 틀린 것은?

① 특수 처리한 순수한 물의 냉매로 사용한다.

② 4 ~ 15 ℃ 정도의 냉수를 얻는 기기로 일반적으로 냉수온도는 출구온도 7 ℃정도를 얻도록 설계한다.

③ LiBr 수용액은 성질이 소금물과 유사하여, 농도가 진하고 온도가 낮을수록 냉매증기를 잘 흡수한다.

④ LiBr의 농도가 진할수록 점도가 높아져 열전도율이 높아진다.

해설

[흡수식 냉동기]

④ LiBr 수용액은 농도가 진할수록 점도가 높아져 열전도율이 낮아진다.

→ 점도가 증가하면 분자 간 결합력이 강해져 유동성이 저하되므로, 유체 내에서 대류효과가 약화되고 열전달이 어려워진다.

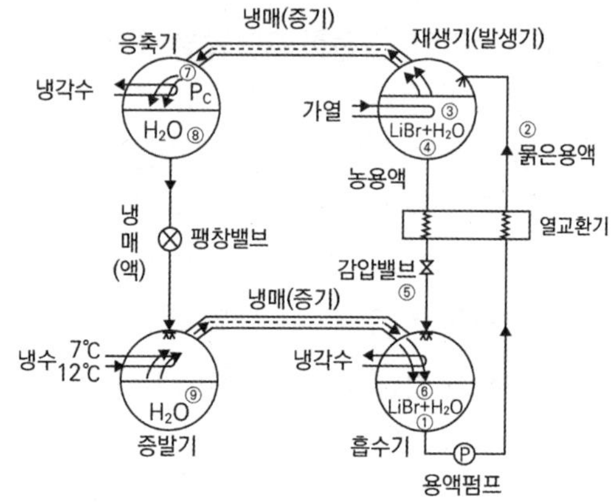

27 흡수식 냉동기에서 냉동시스템을 구성하는 기기들 중 냉각수가 필요한 기기의 구성으로 옳은 것은?

① 재생기와 증발기
② 흡수기와 응축기
③ 재생기와 응축기
④ 증발기와 흡수기

정답 25 ③ 26 ④ 27 ②

해설

[흡수식 냉동기]

냉각수가 필요한 기기는 흡수기와 응축기이다.

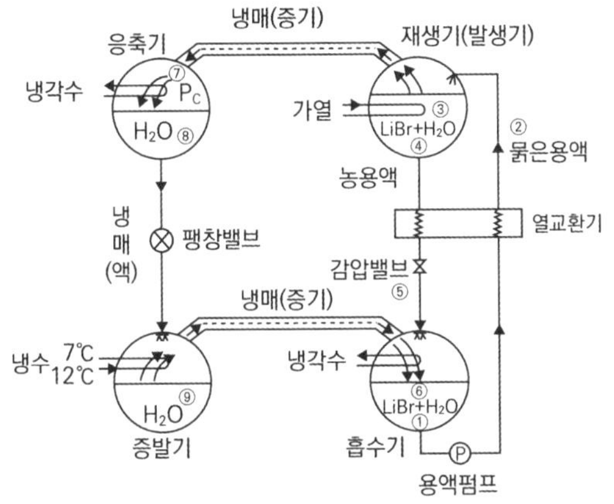

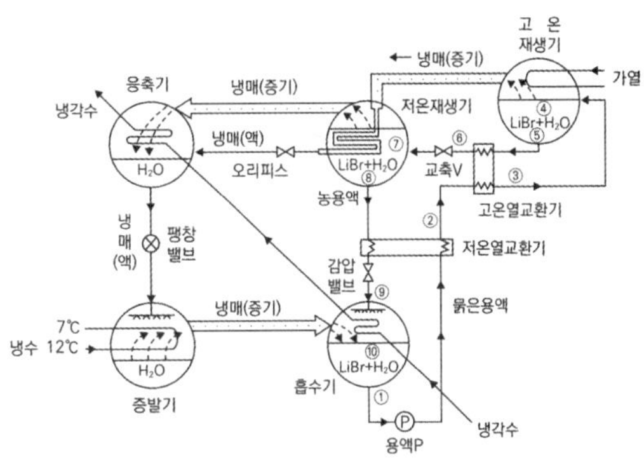

[2중 효용 흡수식 냉동기(H_2O + LiBr)]

28 2중 효용 흡수식 냉동기에 대한 설명으로 틀린 것은?

① 단증 효용 흡수식 냉동기에 비해 증기소비량이 적다.
② 2개의 재생기를 갖고 있다.
③ 2개의 증발기를 갖고 있다.
④ 증기 대신 가스연소를 사용하기도 한다.

해설

[2중 효용 흡수식 냉동기]

③ 2중 효용 흡수식 냉동기는 재생기가 2개이고, 열교환기가 2개이며, 증발기와 응축기는 각각 1개이다.

29 다음 그림과 같이 수냉식과 공냉식 응축기의 작용을 혼합한 형태의 응축기는?

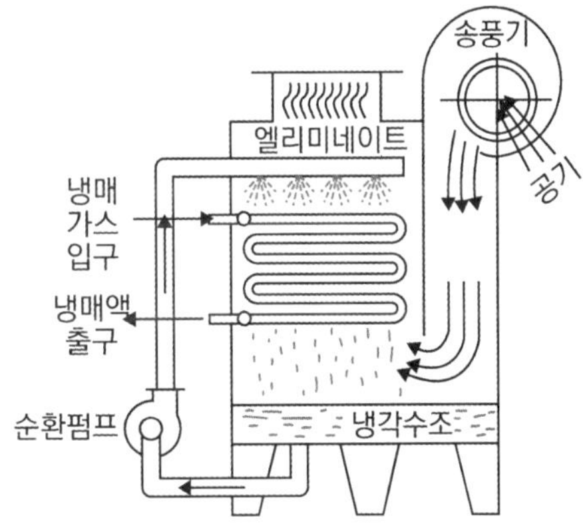

① 증발식 응축기　② 셸코일 응축기
③ 공냉식 응축기　④ 7통로식 응축기

해설

[증발식 응축기(Evaporative Condenser) 특징]

1) 물의 증발작용을 이용하여 냉각하므로 냉각수량이 가장 적게 든다.
2) 전열효과는 공냉식보다 양호하지만 수냉식 보다는 떨어진다.
3) 외기의 습구온도가 낮을수록 냉각효과가 크다.

정답 28 ③ 29 ①

2020-03

4) 겨울철에는 공냉식으로 사용할 수 있어 연간 운전성이 좋다.
5) 송풍기, 수조, 순환펌프를 내장하는 형태 이므로 크기가 크다.
6) 암모니아, 프레온 냉동장치에 사용된다.
7) 냉매배관이 길어 압력손실(압력강하)이 크다.

30 다음 중 흡수식 냉동기의 구성 요소가 아닌 것은?

① 증발기 ② 응축기
③ 재생기 ④ 압축기

해설

[흡수식 냉동기의 구성 요소]
흡수식 냉동기는 증발기, 흡수기, 재생기, 응축기로 구성되므로 압축기는 구성요소가 아니다.

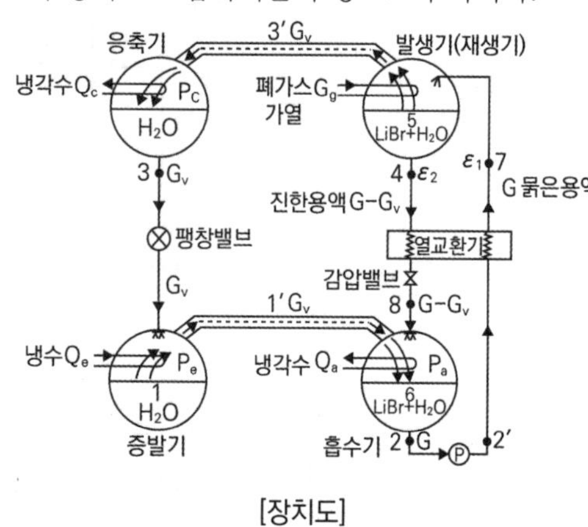

[장치도]

31 축열장치의 종류로 가장 거리가 먼 것은?

① 수축열방식 ② 잠열축열방식
③ 빙축열방식 ④ 공기축열방식

해설

[축열장치의 종류]

축열방식	종류
잠열 축열방식	빙축열방식
현열 축열방식	수축열방식
	구조체 축열방식
	토양 축열방식

32 어떤 냉동사이클에서 냉동효과를 γ (kJ/kg), 흡입건조 포화증기의 비체적을 v(m^3/kg)로 표시하면 NH_3와 R-22에 대한 값은 다음과 같다. 사용 압축기의 피스톤 압출량은 NH_3와 R-22의 경우 동일하며, 체적효율도 75 %로 동일하다. 이 경우 NH_3와 R-22압축기의 냉동능력을 각각 R_N, R_F(RT)로 표시한다면 R_N/R_F는?

	NH_3	R-22
γ(kJ/kg)	1126.37	168.90
v(m^3/kg)	0.509	0.077

① 0.6 ② 0.7
③ 1.0 ④ 1.5

해설

[압축기의 냉동능력]

$$R_N = G_N\gamma_N = \left(\frac{V}{v_N}\cdot\eta_v\right)\gamma_N$$

$$R_F = G_F\gamma_F = \left(\frac{V}{v_F}\cdot\eta_v\right)\gamma_F$$

$$\frac{R_N}{R_F} = \frac{\left(\frac{V}{v_N}\cdot\eta_v\right)\gamma_N}{\left(\frac{V}{v_F}\cdot\eta_v\right)\gamma_F} = \frac{\gamma_N\times v_F}{\gamma_F\times v_N}$$

$$= \frac{1126.37\times0.077}{168.90\times0.509} = 1.009$$

정답 30 ④ 31 ④ 32 ③

33 두께가 0.1 cm인 관으로 구성된 응축기에서 냉각수 입구온도 15 ℃, 출구온도 21 ℃, 응축온도를 24 ℃라고 할 때, 이 응축기의 냉매와 냉각수의 대수평균온도차(℃)는?

① 9.5 ② 6.5
③ 5.5 ④ 3.5

해설

[대수평균온도차(LMTD)]

$$LMTD = \frac{\Delta t_1 - \Delta t_2}{\ln\frac{\Delta t_1}{\Delta t_2}}$$

$$= \frac{(24-15)-(24-21)}{\ln\frac{(24-15)}{(24-21)}} = 5.46 \text{ ℃}$$

34 냉각수 입구온도 25 ℃, 냉각수량 900 kg/min인 응축기의 냉각 면적이 80 m^2, 그 열통과율이 1.6 kW/m^2·K이고, 응축온도와 냉각 수온의 평균 온도차가 6.5 ℃이면 냉각수 출구온도(℃)는? (단, 냉각수의 비열은 4.2 kJ/kg·K이다)

① 28.4 ② 32.6
③ 29.6 ④ 38.2

해설

[냉각수 출구온도]

$$Q = GC(t_2 - t_1) = KA\Delta t_m$$

$$t_2 - t_1 = \frac{KA\Delta t_m}{GC}$$

$$t_2 = t_1 + \frac{KA\Delta t_m}{GC}$$

$$= 25 + \frac{1.6\times 80\times 6.5}{(900\times\frac{1}{60})\times 4.2} = 38.2 \text{ ℃}$$

35 응축기에 관한 설명으로 틀린 것은?

① 응축기의 역할은 저온, 저압의 냉매증기를 냉각하여 액화시키는 것이다.
② 응축기의 용량은 응축기에서 방출하는 열량에 의해 결정된다.
③ 응축기의 열부하는 냉동기의 냉동능력과 압축기 소요일의 열당량을 합한 값과 같다.
④ 응축기내에서의 냉매상태는 과열영역, 포화영역, 액체영역 등으로 구분할 수 있다.

해설

[응축기]

① 응축기의 역할은 고온, 고압의 냉매 증기를 냉각하여 액화시키는 것이다.

2020-03

정답 33 ③ 34 ④ 35 ①

36 이원 냉동사이클에 대한 설명으로 옳은 것은?

① -100℃ 정도의 저온을 얻고자 할 때 사용되며, 보통 저온 측에는 임계점이 높은 냉매를, 고온 측에는 임계점이 낮은 냉매를 사용한다.
② 저온부 냉동사이클의 응축기 발열량을 고온부 냉동사이클의 증발기가 흡열하도록 되어 있다.
③ 일반적으로 저온 측에 사용하는 냉매로는 R-12, R-22, 프로판이 적절하다.
④ 일반적으로 고온 측에 사용하는 냉매로는 R-13, R-14가 적절하다.

해설

[이원 냉동사이클]

① -70℃ 이하의 초저온을 얻고자 할 때 사용되며, 보통 저온 측에는 임계점이 낮은 냉매를 고온 측에는 임계점이 높은 냉매를 사용한다.
③ 일반적으로 고온 측에는 R-12, R-22 등 비등점이 높고 응축 압력이 낮은 냉매를 사용한다.
④ 일반적으로 저온 측에는 R-13, R-14, 에틸렌, 메탄, 에탄 등 비등점이 낮은 냉매를 사용한다.

※ 2원 냉동장치

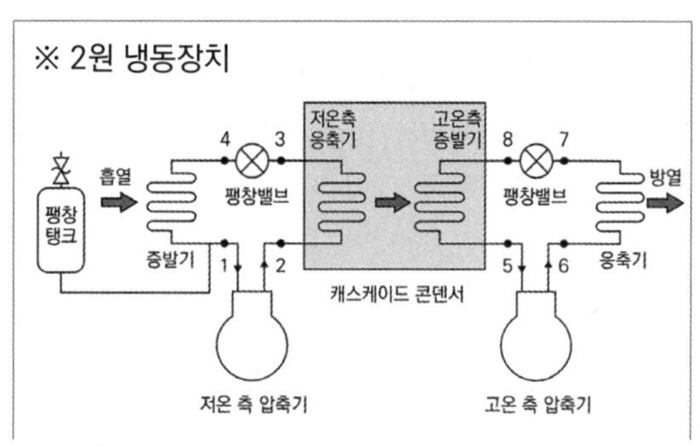

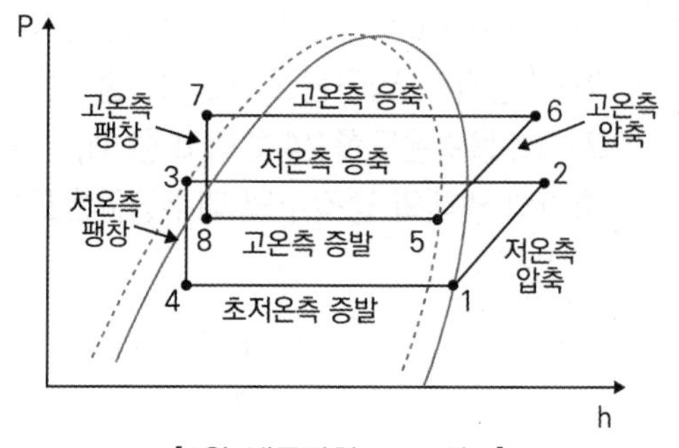

[2원 냉동장치 P-h선도]

1) 저온 측 냉동기에 사용되는 냉매
임계점 및 비등점이 낮은 냉매(R-13, R-14, R-503, 에틸렌, 메탄, 에탄 등)
2) 고온 측 냉동기에 사용되는 냉매
임계점 및 비등점이 높은 냉매(R-12, R-22 등)

37 실린더 지름 200 mm, 행정 200 mm, 400 rpm, 기통수 3기통인 냉동기의 냉동능력이 5.72 RT이다. 이때 냉동효과(kJ/kg)는? (단, 체적효율은 0.75, 압축기의 흡입 시의 비체적은 0.5 m³/kg이고, 1RT는 3.8 kW이다)

① 115.3　② 110.8
③ 89.4　④ 68.8

해설

[피스톤 토출량을 통한 냉동효과]

1) 피스톤 토출량

$$V = \frac{\pi}{4}D^2 \cdot L \cdot n \cdot Z$$
$$= \frac{\pi}{4} \times 0.2^2 \times 0.2 \times 400 \times 3 \times \frac{1}{60}$$
$$= 0.12566\ m^3/s$$

정답 36 ② 37 ①

2) 실제 냉매순환량

$$G = \frac{V}{v} \times \eta_v$$

$$= \frac{0.12566}{0.5} \times 0.75 = 0.18849\ kg/s$$

3) 냉동효과

$$q_e = \frac{Q}{G} = \frac{5.72 \times 3.8}{0.18849} = 115.3\ kJ/kg$$

38 증기압축식 냉동장치 내에 순환하는 냉매의 부족으로 인해 나타나는 현상이 아닌 것은?

① 증발압력 감소 ② 토출온도 증가
③ 과냉도 감소 ④ 과열도 증가

해설

[냉매 부족으로 인해 나타나는 현상]

③ 순환 냉매량이 부족하기 때문에 응축기에서 냉매가 더 과냉각된다(과냉도 증가).

39 두께가 200 mm인 두꺼운 평판의 한 면(T_0)은 600 K, 다른 면(T_1)은 300 K로 유지될 때 단위면적당 평판을 통한 열전달량(W/m²)은? (단, 열전도율은 온도에 따라 $\lambda(T) = \lambda_0(1 + \beta t_m)$로 주어지며, λ_0는 0.029 W/m · K, β는 3.6×10^{-3} K^{-1}이고, t_m은 양면 간의 평균온도이다)

① 114 ② 105
③ 97 ④ 83

해설

[단위면적당 평판을 통한 열전달량]

1) 평균온도

$$t_m = \frac{600 + 300}{2} = 450\ \text{K}$$

2) 열전도율

$$\lambda(T) = \lambda_0(1 + \beta t_m)$$

$$= 0.029 \times (1 + 3.6 \times 10^{-10} \times 450)$$

$$= 0.07598\ W/m \cdot K$$

3) 단위면적당 열전달량

$$Q = \frac{\lambda}{\ell} A(T_0 - T_1)$$

$$\frac{Q}{A} = \frac{0.07598}{0.2} \times (600 - 300)$$

$$= 113.97\ \text{W/m}^2$$

40 냉동장치에서 증발온도를 일정하게 하고 응축온도를 높일 때 나타나는 현상으로 옳은 것은?

① 성적계수 증가
② 압축일량 감소
③ 토출가스온도 감소
④ 체적효율 감소

해설

[응축온도를 높일 때 나타나는 현상]

① 성적계수 감소
② 압축일량 증가
③ 토출가스온도 상승

정답 38 ③ 39 ① 40 ④

3과목 시운전 및 안전관리

1회독 시간 : 점수 :
2회독 시간 : 점수 :
3회독 시간 : 점수 :

41 겨울철 창면을 따라 발생하는 콜드 드래프트(Cold Draft)의 원인으로 틀린 것은?

① 인체 주위의 기류속도가 클 때
② 주위공기의 습도가 높을 때
③ 주위 벽면의 온도가 낮을 때
④ 창문의 틈새를 통한 극간풍이 많을 때

해설

[콜드 드래프트의 발생 원인]
1) 인체 주위의 공기 온도가 너무 낮을 때
2) 인체 주위의 공기 습도가 너무 낮을 때
3) 인체 주위의 기류속도가 너무 클 때
4) 주위 벽면의 온도가 낮을 때
5) 겨울철 창문의 틈새를 통한 극간풍이 많을 때

42 냉각탑에 관한 설명으로 틀린 것은?

① 어프로치는 냉각탑 출구수온과 입구공기 건구온도차
② 레인지는 냉각수의 입구와 출구의 온도차
③ 어프로치를 적게 할수록 설비비 증가
④ 어프로치는 일반 공조에서 5℃ 정도로 설정

해설

[냉각탑]
쿨링어프로치는 냉각수가 최저 온도에 얼마나 접근하는가의 정도로 냉각탑 출구수온과 입구 공기 습구온도와의 차이다.

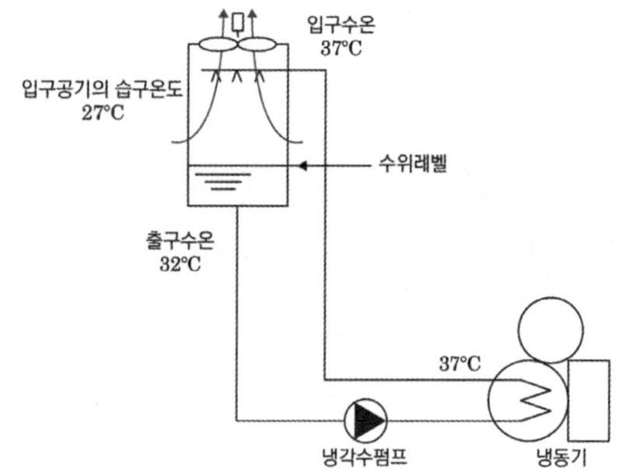

43 공기조화기에 관한 설명으로 옳은 것은?

① 유닛히터는 가열코일과 팬, 케이싱으로 구성된다.
② 유인유닛은 팬만을 내장하고 있다.
③ 공기 세정기를 사용하는 경우에는 엘리미네이터를 사용하지 않아도 좋다.
④ 팬코일유닛은 팬과 코일, 냉동기로 구성된다.

해설

[공기조화기]
② 유인유닛은 1차 공기 노즐과 냉수코일 또는 온수코일을 내장하고 있다.
③ 공기세정기에는 물방울이 기류에 섞여 나가지 못하도록 엘리미네이터를 내장한다.
④ 팬코일유닛은 팬과 냉·온수코일로 구성된다.

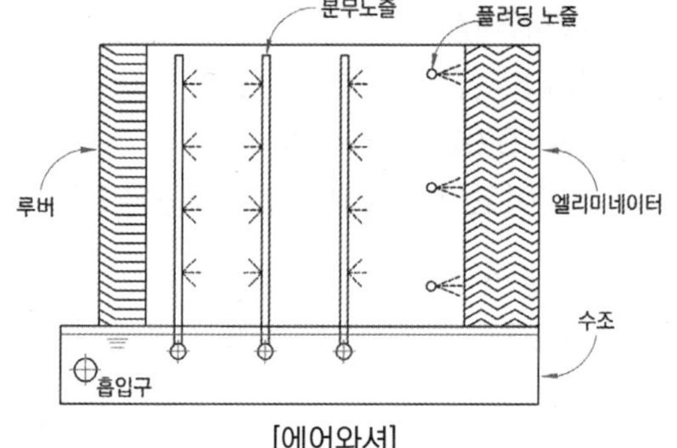

[에어와셔]

정답 41 ② 42 ① 43 ①

44 증기난방방식에는 환수주관을 보일러 수면보다 높은 위치에 배관하는 환수배관방식은?

① 습식 환수방식 ② 강제 환수방식
③ 건식 환수방식 ④ 중력 환수방식

해설

[환수배관방식]

- 건식 환수방식 : 환수주관이 보일러 수면보다 높은 경우
- 습식 환수방식 : 환수주관이 보일러 수면보다 낮은 경우
- 강제 환수방식 : 응축수 펌프를 이용하여 강제적으로 환수하는 방식
- 중력 환수방식 : 응축수를 중력에 의해 자연 환수하는 방식

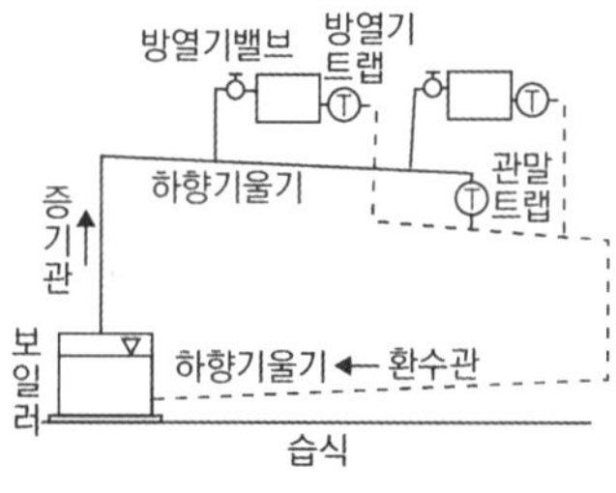

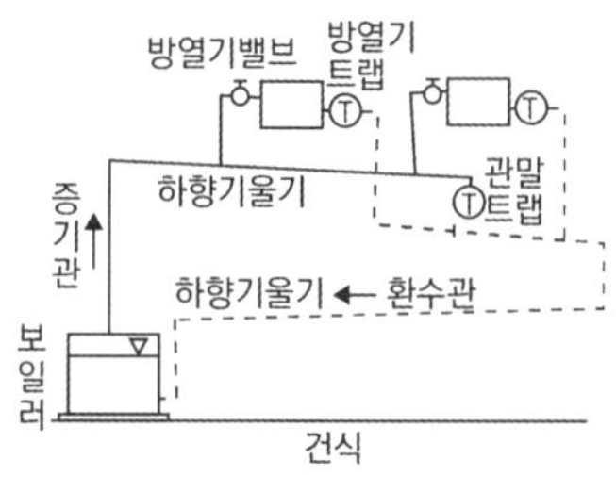

[중력환수식 배관]

45 덕트 내의 풍속이 8 m/s이고 정압이 200 Pa일 때, 전압(Pa)은 얼마인가? (단, 공기밀도는 1.2 kg/m³이다)

① 197.3 Pa ② 218.4 Pa
③ 238.4 Pa ④ 255.3 Pa

해설

[전압(Pa)]

전압 = 정압 + 동압

$$P_T = P_S + \frac{1}{2}\rho v^2$$
$$= 200 + \frac{1}{2} \times 1.2 \times 8^2$$
$$= 238.4 \text{ Pa}$$

46 덕트의 굴곡부 등에서 덕트 내에 흐르는 기류를 안정시키기 위한 목적으로 사용하는 기구는?

① 스플릿댐퍼 ② 가이드베인
③ 릴리프댐퍼 ④ 버터플라이댐퍼

해설

[가이드베인]

가이드베인은 덕트의 굴곡부에서 소용돌이가 생기지 않고 기류가 안정되도록 굴곡부 내부에 설치한다.

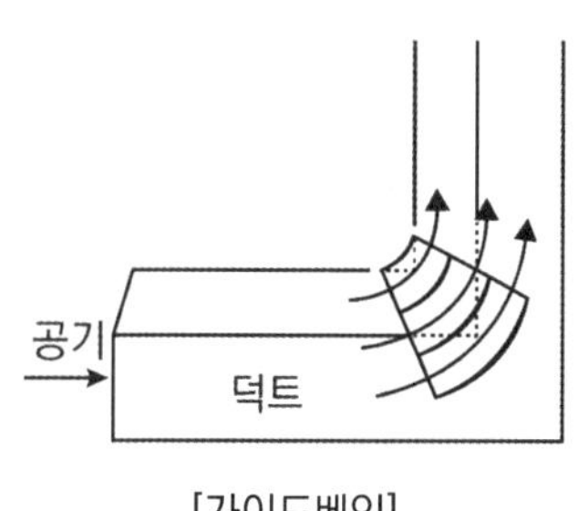

[가이드베인]

정답 44 ③ 45 ③ 46 ②

47 공조기의 풍량이 45000 kg/h, 코일통과 풍속을 2.4 m/s로 할 때 냉수코일의 전면적(m^2)은? (단, 공기의 밀도는 1.2 kg/m^3이다)

① 3.2 ② 4.3
③ 5.2 ④ 10.4

해설

[냉수코일의 전면적]
풍량 $Q = A \cdot V$에서

전면적 $A = \dfrac{Q}{V} = \dfrac{\left(\dfrac{G}{\rho}\right)}{V} = \dfrac{G}{\rho \cdot V}$

$= \dfrac{\dfrac{45000}{3600}\ kg/s}{1.2\ kg/m^3 \times 2.4\ m/s} = 4.34\ m^2$

보충 $G = \rho Q$

48 장방형 덕트(장변 a, 단변 b)를 원형 덕트로 바꿀 때 사용하는 계산식은 아래와 같다. 이 식으로 환산된 장방형 덕트와 원형 덕트의 관계는?

$$D_e = 1.3\left[\frac{(a \times b)^5}{(a+b)^2}\right]^{1/8}$$

① 두 덕트의 풍량과 단위길이당 마찰손실이 같다.
② 두 덕트의 풍량과 풍속이 같다.
③ 두 덕트의 풍속과 단위길이당 마찰손실이 같다.
④ 두 덕트의 풍량과 풍속 및 단위길이당 마찰 손실이 모두 같다.

해설

[환산된 장방형 덕트와 원형 덕트의 관계]
장방형 덕트의 원형 덕트 환산식은 두 덕트의 풍량과 덕트 단위길이당 마찰손실이 같은 경우의 식이다.

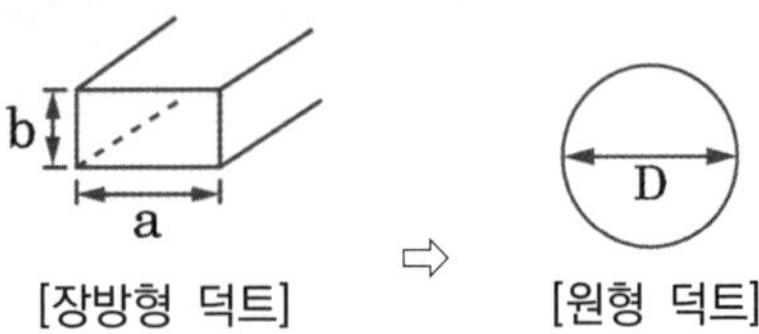

49 9 m × 6 m × 3 m의 강의실에 10명의 학생이 있다. 1인당 CO_2 토출량이 15 [L/h]이면, 실내 CO_2 양을 0.1 %로 유지시키는 데 필요한 환기량(m^3/h)은? (단, 외기 CO_2양은 0.04 %로 한다)

① 80 ② 120
③ 180 ④ 250

해설

[환기량]

환기량 $= \dfrac{CO_2\ 발생량}{실내외\ 농도차} = \dfrac{M}{C_r - C_0}$

$= \dfrac{(15 \times 10) \times 10^{-3}}{0.001 - 0.0004} = 250\ m^3/h$

50 난방용 보일러의 요구조건이 아닌 것은?

① 일상취급 및 보수관리가 용이할 것
② 건물로의 반출입이 용이할 것
③ 높이 및 설치면적이 적을 것
④ 전열효율이 낮을 것

정답 47 ② 48 ① 49 ④ 50 ④

해설

[난방용 보일러의 요구조건]

④ 전열효율이 높을 것

보충 반출입 :
반입(들여오는 것)과 반출(내보내는 것)

51 온수난방에 대한 설명으로 틀린 것은?

① 증기난방에 비하여 연료소비량이 적다.
② 난방부하에 따라 온도 조절을 용이하게 할 수 있다.
③ 축열 용량이 크므로 운전을 정지해도 금방 식지 않는다.
④ 예열시간이 짧아 예열부하가 작다.

해설

[온수난방]

④ 온수난방은 예열 시간이 비교적 길다. 물을 가열하고, 난방배관을 통해 순환하는 데 시간이 필요하므로 초기 예열 시간이 길고, 예열부하가 크다.
① 온수난방은 증기난방보다 열 손실이 적고, 낮은 온도에서 난방이 가능하므로 연료 소비량이 적다.
② 온수난방은 온수의 공급 온도를 조절하여 실내 온도를 조절할 수 있어, 증기난방보다 온도 조절이 용이하다.
③ 온수난방은 물이 열을 저장하는 능력이 커서, 운전을 정지해도 오랫동안 따뜻한 상태를 유지할 수 있다. 증기난방은 증기가 빠르게 응축되면서 온도가 급격히 떨어지지만, 온수난방은 축열성이 크므로 천천히 식는다.

52 온풍난방에 관한 설명으로 틀린 것은?

① 송풍 동력이 크며, 설계가 나쁘면 실내로 소음이 전달되기 쉽다.
② 실온과 함께 실내습도, 실내기류를 제어할 수 있다.
③ 실내 층고가 높을 경우에는 상하의 온도차가 크다.
④ 예열부하가 크므로 예열시간이 길다.

해설

[온풍난방]

④ 온풍난방은 예열부하가 작기 때문에 예열시간이 짧다.

53 일사를 받는 외벽으로부터의 침입열량(q)을 구하는 식으로 옳은 것은? (단, K는 열관류율, A는 면적, △t는 상당외기 온도차이다)

① $q = K \times A \times \Delta t$
② $q = 0.86 \times A / \Delta t$
③ $q = 0.24 \times A \times \Delta t / K$
④ $q = 0.29 \times K / (A \times \Delta t)$

해설

[침입열량(q)]

$$q = K \cdot A \cdot \Delta t$$

Δt : 상당외기온도차

2020-03

정답 51 ④ 52 ④ 53 ①

54 건구온도(t_1) 5℃, 상대습도 80 %인 습공기를 공기 가열기를 사용하여 건구온도(t_2) 43 ℃가 되는 가열공기 950 m^3/h을 얻으려고 한다. 이때 가열에 필요한 열량(kW)은?

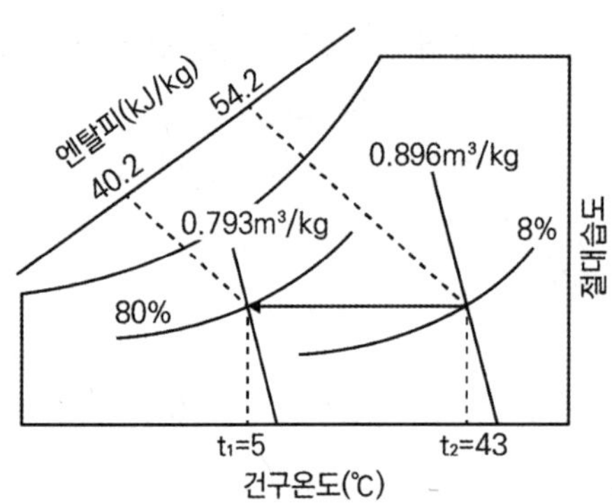

① 2.14　② 4.65
③ 8.97　④ 11.02

해설

[가열량]

$$q = G(h_2 - h_1)$$
$$= \rho Q(h_2 - h_1) = \frac{1}{v}Q(h_2 - h_1)$$
$$= \frac{1}{0.793} \times \frac{950}{3600} \times (54.2 - 40.2)$$
$$= 4.66\ \mathrm{kW}$$

보충 $\rho = \frac{1}{v}$

55 공기조화설비 중 수분이 공기에 포함되어 실내로 급기되는 것을 방지하기 위해 설치하는 것은?

① 에어와셔　② 에어필터
③ 엘리미네이터　④ 벤틸레이터

해설

[엘리미네이터]

엘리미네이터는 수분이 공기에 섞여 실내로 급기되는 것을 방지하기 위해 공기세정기에 설치한다.

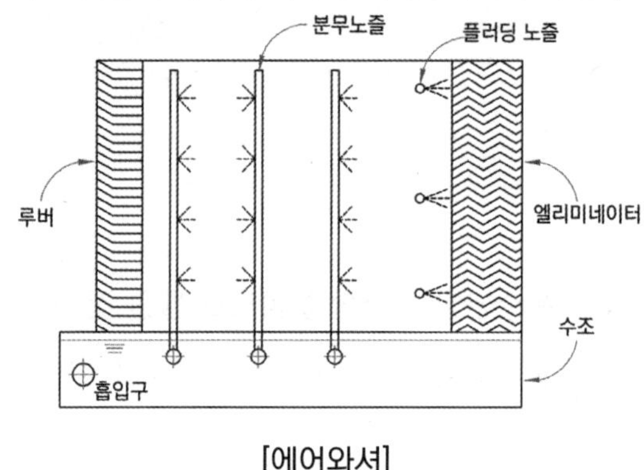

[에어와셔]

56 팬코일유닛방식에 대한 설명으로 틀린 것은?

① 일반적으로 사무실, 호텔, 병원 및 점포등에 사용한다.
② 배관방식에 따라 2관식, 4관식으로 분류한다.
③ 중앙기계실에서 냉수 또는 온수를 공급하여 각 실에 설치한 팬코일유닛에 의해 공조하는 방식이다.
④ 팬코일유닛방식에서 열부하 분담은 내부 존 팬코일유닛방식과 외부 존 터미널방식이 있다.

해설

[팬코일유닛방식]

④ 덕트병용 팬코일유닛방식에서 팬코일유닛은 외부존 부하를 감당하고, 덕트를 통한 공기방식으로는 내부존 부하를 감당한다.

정답 54 ② 55 ③ 56 ④

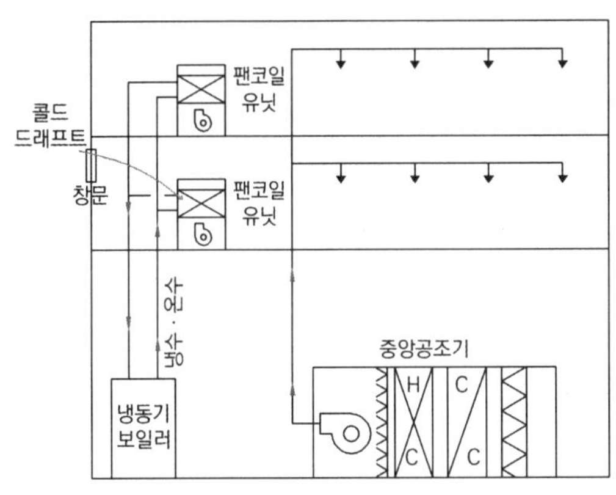

[덕트병용 팬코일유닛방식]

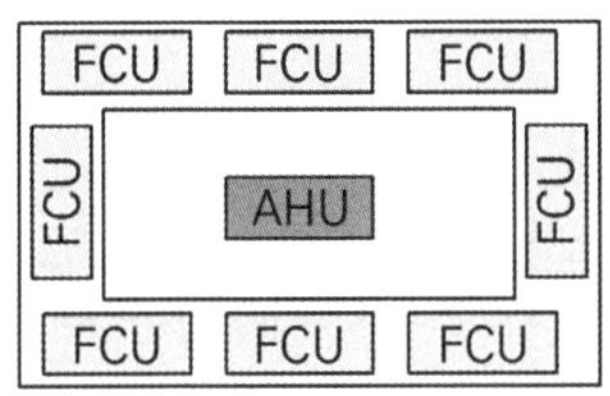

[덕트병용 팬코일유닛방식 - 평면도]

57 다음 중 직접 난방방식이 아닌 것은?

① 온풍난방 ② 고온수난방
③ 저압증기난방 ④ 복사난방

해설

[온풍난방]
온풍난방은 온풍기에서 가열된 공기를 실내에 공급하여 난방한다. 증기나 온수 등의 열매체가 실내에 들어오지 않기 때문에 간접난방방식으로 분류한다.

구분		설명	종류
중앙난방	직접난방	실내에 방열기 등을 설치하여 온수 또는 증기를 통해 실내공기를 직접 난방하는 방식	온수난방, 증기난방, 복사난방
	간접난방	중앙기계실의 공조기에서 가열된 공기를 덕트를 통해 실내로 보내어 난방하는 방식	온풍난방, 공기조화에 의한 난방
개별난방		열원기기를 각각의 부하발생장소(실내)에 설치하여 난방하는 방식으로 주택 등 소규모 건물의 난방에 적합함	난로, 온풍기

58 공조기에서 냉·온풍을 혼합댐퍼에 의해 일정한 비율로 혼합한 후 각 존 또는 각 실로 보내는 공조방식은?

① 단일덕트 재열방식
② 멀티존유닛방식
③ 단일덕트방식
④ 유인유닛방식

해설

[멀티존유닛방식(Multi Zone Unit)]
② 멀티존유닛방식은 공조기 내부에서 냉풍과 온풍을 혼합댐퍼를 이용하여 특정 비율로 조절한 후 각 존으로 공급하는 방식이다. 각 존별로 요구하는 온도에 맞게 냉기와 온기의 혼합 비율을 조절할 수 있다.
① 단일덕트 재열방식은 단일덕트로 공급된 공기의 온도를 개별 존에서 재열코일을 이용하여 조절하는 방식이다. 냉·온풍을 혼합하여 공급하는 방식이 아니라, 냉각된 공기를 필요에 따라 가열하는 방식이다.

2020-03

정답 57 ① 58 ②

③ 단일덕트방식은 모든 공간(존)에 단일덕트를 통해 동일한 온도의 공기를 공급하는 방식이다. 냉·온풍이 혼합댐퍼를 통해 조절되는 것이 아니라, 단순히 공조기에서 공급된 일정 온도의 공기가 전달된다.

④ 유인유닛방식은 중앙에서 공급된 1차 공기가 유인유닛을 통해 실내 공기와 혼합되는 방식이다.

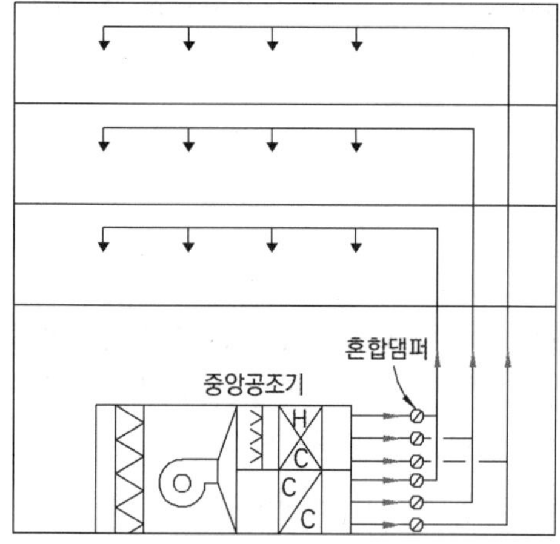

[멀티존유닛방식]

59 다음 원심송풍기의 풍량제어방법 중 동일한 송풍량 기준 소요동력이 가장 적은 것은?

① 흡입구베인제어
② 스크롤댐퍼제어
③ 토출 측 댐퍼제어
④ 회전수제어

해설

[풍량제어방법]

회전수제어 > 가변피치 > 흡입베인 > 흡입댐퍼 > 토출댐퍼

60 동일한 송풍기에서 회전수를 2배로 했을 경우 풍량, 정압, 소요동력의 변화에 대한 설명으로 옳은 것은?

① 풍량 1배, 정압 2배, 소요동력 2배
② 풍량 1배, 정압 2배, 소요동력 4배
③ 풍량 2배, 정압 4배, 소요동력 4배
④ 풍량 2배, 정압 4배, 소요동력 8배

해설

[송풍기의 상사법칙]

유량 $Q_2 = \left(\frac{N_2}{N_1}\right)^1 \times \left(\frac{D_2}{D_1}\right)^3 \times Q_1$

압력(양정) $P_2 = \left(\frac{N_2}{N_1}\right)^2 \times \left(\frac{D_2}{D_1}\right)^2 \times P_1$

축동력 $L_2 = \left(\frac{N_2}{N_1}\right)^3 \times \left(\frac{D_2}{D_1}\right)^5 \times L_1$

동일한 송풍기이므로 $D_1 = D_2$

풍량 $Q_2 = \left(\frac{2 \times N_1}{N_1}\right)^1 \times Q_1 = 2 \times Q_1$

∴ 풍량 2배

정압 $P_2 = \left(\frac{2 \times N_1}{N_1}\right)^2 \times P_1 = 4 \times P_1$

∴ 정압 4배

소요동력 $L_2 = \left(\frac{2 \times N_1}{N_1}\right)^3 \times L_1 = 8 \times L_1$

∴ 소요동력 8배

정답 59 ④ 60 ④

4과목 전기제어공학

1회독 시간 : 점수 :
2회독 시간 : 점수 :
3회독 시간 : 점수 :

61 아래 접점회로의 논리식으로 옳은 것은?

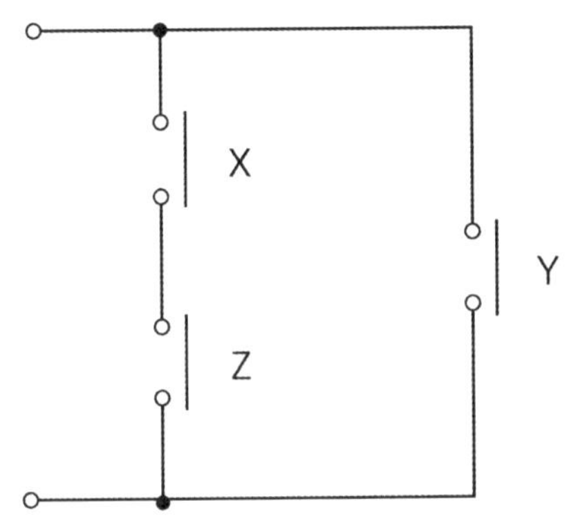

① X · Y · Z ② (X + Y) · Z
③ (X · Z) + Y ④ X + Y + Z

해설

[접점회로의 논리식]
X와 Z는 AND회로 : X · Z
(X · Z)와 Y는 OR회로 : (X · Z) + Y

62 두 대 이상의 변압기를 병렬운전하고자 할 때 이상적인 조건으로 틀린 것은?

① 각 변압기의 극성이 같을 것
② 각 변압기의 손실비가 같을 것
③ 정격용량에 비례하여 전류를 분담할 것
④ 변압기 상호 간 순환전류가 흐르지 않을 것

해설

[단상 변압기 병렬운전 조건]
변압기를 병렬운전하려면 각 변압기의 특성이 유사해야 하며, 불필요한 순환전류를 방지하고 부하를 적절히 분배할 수 있어야 한다.

② 변압기 병렬운전의 조건 중 "손실비"가 같은 것은 필수 조건이 아니다. 중요한 것은 임피던스 비율(퍼센트 임피던스)과 전압비가 동일해야 한다는 점이다. 손실(철손, 동손)이 약간 차이가 나더라도 병렬운전 자체는 가능하다.
① 극성이 다르면 변압기 간 위상차가 발생하여 심한 순환전류가 흐를 수 있다. 병렬운전 시 반드시 극성이 같아야 한다.
③ 병렬운전 시 변압기의 정격 용량에 비례하여 부하전류가 적절히 분배되어야 한다. 이를 위해서는 퍼센트 임피던스가 동일해야 한다. 만약 임피던스가 다르면 정격 용량과 상관없이 전류가 불균형하게 흐를 수 있다.
④ 변압기 간 위상차, 임피던스 차이 등이 존재하면 순환전류가 발생하여 손실이 증가하고 효율이 저하될 수 있다. 병렬운전 시 순환전류를 방지해야 정상적인 운전이 가능하다.

63 다음의 신호흐름선도에서 전달함수 C(s)/R(s)는?

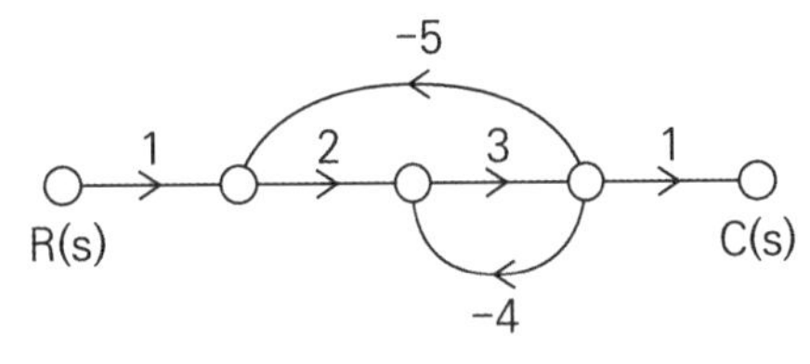

① $-\frac{6}{41}$ ② $\frac{6}{41}$
③ $-\frac{6}{43}$ ④ $\frac{6}{43}$

정답 61 ③ 62 ② 63 ④

해설

[신호흐름선도에서 전달함수]

$$\frac{C(s)}{R(s)} = \frac{\text{전향경로의 합}}{1-\text{피드백의 합}} = \frac{1\times2\times3\times1}{1-(-3\times4)-(-2\times3\times5)} = \frac{6}{1+12+30} = \frac{6}{43}$$

64 입력에 대한 출력의 오차가 발생하는 제어시스템에서 오차가 변환하는 속도에 비례하여 조작량을 가변하는 제어방식은?

① 미분제어　② 정치제어
③ On - Off제어　④ 시퀀스제어

해설

[미분제어]

미분제어(D제어)는 오차(편차)의 **변화 속도(미분 값)에 비례**하여 조작량을 조절하는 방식이다. 즉, 오차가 커지기 전에 이를 예측하여 조정함으로써 급격한 변화를 방지하는 역할이다. PID제어에서 D(미분)제어는 급격한 변화에 대한 반응성을 향상시키는 역할을 한다.

65 시퀀스제어에 관한 설명으로 틀린 것은?

① 조합논리회로가 사용된다.
② 시간지연요소가 사용된다.
③ 제어용 계전기가 사용된다.
④ 폐회로제어계로 사용된다.

해설

[시퀀스제어]

④ 폐회로제어계로 사용되는 제어는 피드백제어이며, 시퀀스제어는 개회로제어계이다.

66 피드백제어에 관한 설명으로 틀린 것은?

① 정확성이 증가한다.
② 대역폭이 증가한다.
③ 입력과 출력의 비를 나타내는 전체 이득이 증가한다.
④ 개루프제어에 비해 구조가 비교적 복잡하고 설치비가 많이 든다.

해설

[피드백제어의 특징]

③ 피드백제어를 적용하면 시스템의 전체 이득(Gain)이 감소하는 경향이 있다. 피드백 경로에서 오차를 보정하면서 일부 신호가 감쇄되므로, 전체적인 이득이 낮아진다.
① 피드백제어는 출력과 목표 값(설정 값)의 차이를 감지하여 보정하는 방식이므로, 시스템의 정확성을 향상시킨다.
② 피드백제어를 적용하면 시스템의 응답 속도와 안정성이 증가하여 제어 가능한 주파수 범위(대역폭)가 넓어진다.
④ 피드백제어는 출력 값을 감지하고 보정하는 과정이 필요하기 때문에, 개루프제어보다 구조가 복잡하고 설치비용이 더 많이 든다.

※ 시스템의 전체 이득(Gain)

목표 온도 25 ℃인 방에서 실제 온도가 22 ℃일 때

1) 이득이 크면 : "3 ℃ 차이네! 빠르게 가열해야지!" → 강하게 히터 작동
2) 이득이 작으면 : "조금 차이 나네 ~ 살짝 가열하자." → 천천히 히터 작동

정답 64 ① 65 ④ 66 ③

67 어떤 코일에 흐르는 전류가 0.01초 사이에 20 A에서 10 A로 변할 때 20 V의 기전력이 발생한다고 하면 자기 인덕턴스(mH)는?

① 10 ② 20
③ 30 ④ 50

해설

[자기인덕턴스]

유도기전력 $e = -L\dfrac{dI}{dt}$에서

자기인덕턴스 $L = -e\dfrac{dt}{dI}$

$= -20 \times \dfrac{0.01}{10-20} \times 10^3$

$= 20\,\mathrm{mH}$

68 절연의 종류를 최고 허용온도가 낮은 것부터 높은 순서로 나열한 것은?

① A종 < Y종 < E종 < B종
② Y종 < A종 < E종 < B종
③ E종 < Y종 < B종 < A종
④ B종 < A종 < E종 < Y종

해설

[전기기기 절연 등급]

절연 등급	허용최고온도℃
Y	90
A	105
E	120
B	130
F	155
H	180
C	180 초과

암 날(낮은) 왜 아이비는 피할까
(Y<A<E<B<F<H<C)

69 다음 중 전류계에 대한 설명으로 틀린 것은?

① 전류계의 내부저항이 전압계의 내부저항보다 작다.
② 전류계를 회로에 병렬접속하면 계기가 손상될 수 있다.
③ 직류용 계기에는 (+), (-)의 단자가 구별되어 있다.
④ 전류계의 측정 범위를 확장하기 위해 직렬로 접속한 저항을 분류기라고 한다.

해설

[전류계]

④ 전류계의 측정 범위를 확장하기 위해 병렬로 접속한 저항을 분류기라 한다.

※ 분류기(Shunt, 分流器)

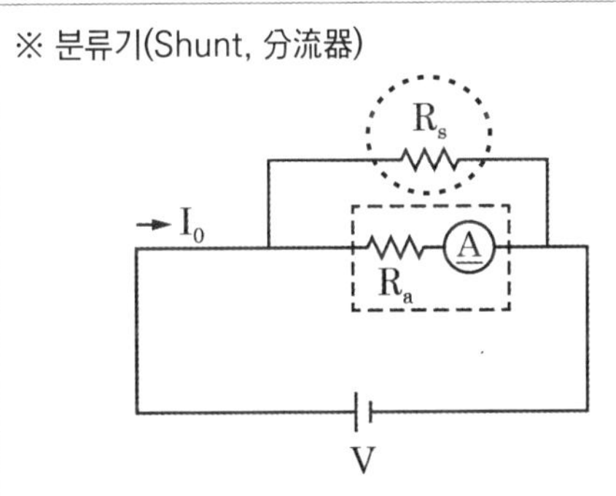

$R_s = \dfrac{R_a}{m-1}[\Omega]$

$m(\text{배율}) = \dfrac{I_0(\text{측정해야 할 값})}{I(\text{전류계 지시값})} = 1 + \dfrac{R_a}{R_s}$

여기서, R_s : 분류기 저항

R_a : 전류계 내부 저항

2020-03

정답 67 ② 68 ② 69 ④

70 100 V에서 500 W를 소비하는 저항이 있다. 이 저항에 100 V의 전원을 200 V로 바꾸어 접속하면 소비되는 전력(W)은?

① 250　② 500
③ 1000　④ 2000

해설

[소비전력]
저항값은 같으므로

$P = VI = V\frac{V}{R} = \frac{V^2}{R}$ 에서 저항을 구하면

$R = \frac{V_1^2}{P_1} = \frac{V_2^2}{P_2}$ 에서

$P_2 = P_1\frac{V_2^2}{V_1^2} = P_1\left(\frac{V_2}{V_1}\right)^2$

$= 500 \times \left(\frac{200}{100}\right)^2 = 2{,}000\ \mathrm{W}$

71 코일에 단상 200 V의 전압을 가하면 10A의 전류가 흐르고 1.6 kW의 전력을 소비된다. 이 코일과 병렬로 콘덴서를 접속하여 회로의 합성역률을 100 %로 하기 위한 용량 리액턴스(Ω)는 약 얼마인가?

① 11.1　② 22.2
③ 33.3　④ 44.4

해설

[용량 리액턴스(Ω)]
합성역률 100 %로 하려면 무효전력에 해당하는 크기의 용량성 리액턴스를 병렬로 접속해야 한다.

피상전력 P_a[kVA]
$P_a = I^2Z = VI$
무효전력 P_r[kVar]
$P_r = I^2X$
$= VIsin\theta$
역률$cos\theta$
유효전력 P[kW]
$P = I^2R = VIcos\theta$

1) 피상전력(P_a)
$P_a = VI = 200 \times 10 = 2000\ VA$

2) 무효전력(P_r)
$P_r = \sqrt{P_a^2 - P^2}$
$P_r = \sqrt{2000^2 - 1600^2} = 1200\ \mathrm{Var}$

3) 용량성 리액턴스(X_c)
$P_r = \frac{V^2}{X_c}$

따라서, $X_c = \frac{V^2}{P_r} = \frac{200^2}{1200} = 33.3\ \Omega$

72 기계적제어의 요소로서 변위를 공기압으로 변환하는 요소는?

① 벨로즈　② 트랜지스터
③ 다이어프램　④ 노즐플래퍼

해설

[노즐플래퍼(Nozzle Flapper)]
노즐과 조합하여 압력조정에 사용하며 <u>변위를 공기압</u>으로 변환하는 장치

정답 70 ④ 71 ③ 72 ④

73 다음 회로에서 E = 100 V, R = 4 Ω, X_L = 5 Ω, X_C = 2 Ω일 때 이 회로에 흐르는 전류(A)는?

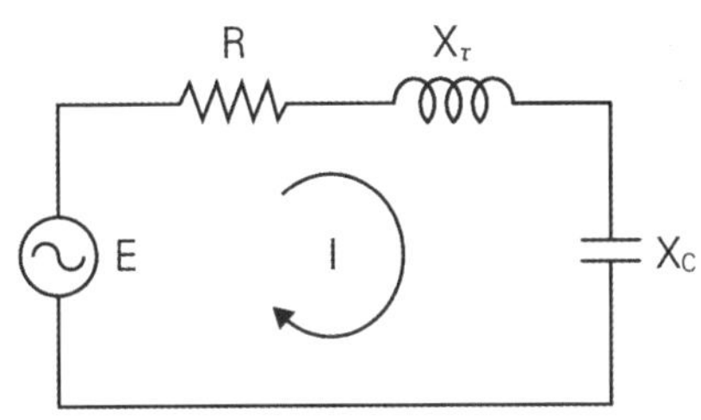

① 10 ② 15
③ 20 ④ 25

해설

[전류(A)]

임피던스(저항) $Z=\sqrt{R^2+(X_L-X_C)^2}$

$Z=\sqrt{4^2+(5-2)^2}=5\ \Omega$

전류 $I=\frac{V}{Z}=\frac{100}{5}=20\ \text{A}$

74 다음 블록선도의 전달함수 C(s)/R(s)는?

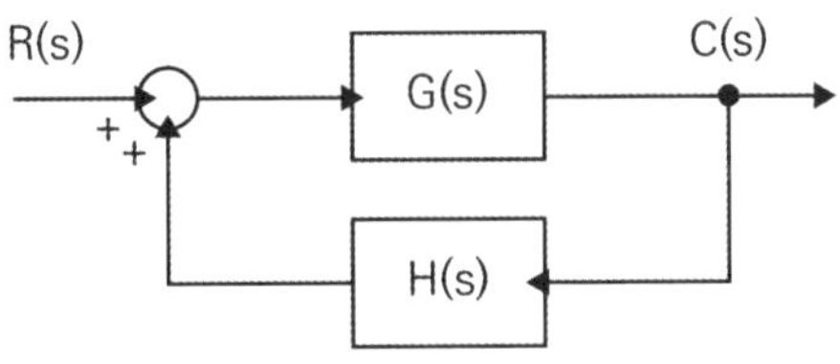

① G(s)/1 - G(s)H(s)
② G(s)/1 + G(s)H(s)
③ H(s)/1 - G(s)H(s)
④ H(s)/1 + G(s)H(s)

해설

[블록선도]

전달함수 $\frac{C(s)}{R(s)}=\frac{\text{전향경로이득}}{1-\text{피드백이득}}$

$=\frac{G(s)}{1-G(s)H(s)}$

75 전압을 V, 전류를 I, 저항을 R, 그리고 도체의 비저항 ρ라 할 때 옴의 법칙을 나타낸 식은?

① V = R/I ② V = I/R
③ V = IR ④ V = IRρ

해설

[옴의 법칙]

옴의 법칙 : 전류는 전압에 비례하고 저항에 반비례한다.

전류 $I=\frac{V}{R}$

전압 $V=IR$

저항 $R=\frac{V}{I}$

76 전동기를 전원에 접속한 상태에서 중력부하를 하강시킬 때 속도가 빨라지는 경우 전동기의 유기기전력이 전원전압보다 높아져서 발전기로 동작하고 발생전력을 전원으로 되돌려 줌과 동시에 속도를 감속하는 제동법은?

① 회생제동 ② 역전제동
③ 발전제동 ④ 유도제동

2020-03

정답 73 ③ 74 ① 75 ③ 76 ①

해설

[제동법]

① 회생제동은 전동기의 유기기전력이 전원 전압보다 높아질 때, 전동기가 발전기로 동작하면서 발생한 전력을 전원으로 되돌려주는 제동방식이다. 주로 전동기가 높은 속도로 구동될 때, 속도를 감속하기 위해 사용된다. 특히 전동차, 엘리베이터, 크레인, 산업용 기계에서 중력 부하를 감속할 때 많이 사용된다.

② 역전제동은 전동기의 회전 방향과 반대 방향의 전압을 인가하여 강제로 멈추는 제동방식이다. 급제동이 필요할 때 사용되며, 회생제동처럼 전력을 전원으로 되돌려주지는 않는다.

③ 발전제동은 전동기의 발전작용을 이용하여 전력을 저항에서 소모하는 방식이다. 즉, 전동기가 발전기로 동작하지만, 발생한 전력을 전원으로 되돌리지 않고 저항에서 소모하여 제동력을 얻는다.

④ 유도제동은 유도전동기의 회전자에서 유도된 와전류를 이용하여 제동하는 방식이다. 비접촉 방식으로 마모가 적고 유지보수가 용이하지만, 전력을 전원으로 되돌려주지는 않는다. 주로 전동차, 크레인 등의 속도 조절용 브레이크로 사용된다.

77 전기기의 전로의 누전 여부를 알아보기 위해 사용되는 계측기는?

① 메거　　② 전압계
③ 전류계　　④ 검전기

해설

[메거(절연저항계)]

메거(절연저항계)로 전기기기 및 전로의 절연저항을 측정하여 그 측정회로에 흐르는 누설전류값을 알 수 있다.

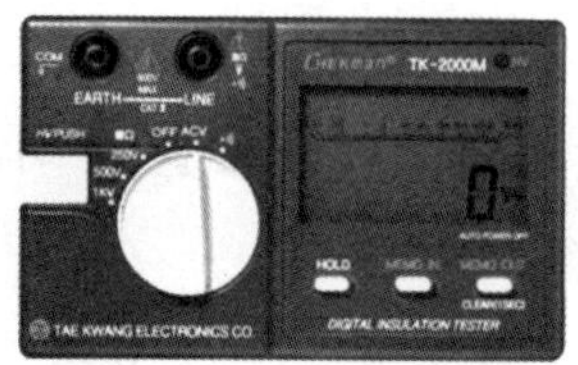

78 평형 3상 전원에서 각 상간 전압의 위상차(rad)는?

① $\pi/2$　　② $\pi/3$
③ $\pi/6$　　④ $(2\pi)/3$

해설

[평형 3상 전원-위상차]

평형 3상 전원 : 기전력의 크기가 같고 120도 $(\frac{2\pi}{3})$의 위상차를 갖는다.

79 영구자석의 재료로 요구되는 사항은?

① 잔류자기 및 보자력이 큰 것
② 잔류자기가 크고 보자력이 작은 것
③ 잔류자기는 작고 보자력이 큰 것
④ 잔류자기 및 보자력이 작은 것

해설

[영구자석의 재료]

영구자석은 잔류자기 및 보자력이 큰 물질로 만들며 강한 자화상태를 오래 보존하는 자석으로 외부로부터 전기에너지를 공급받지 않아도 자성을 안정되게 유지한다.

영구자석(Permanent Magnet)은 외부 자기장이 없어도 스스로 강한 자성을 오래 유지해야 하는 물체이다.

정답 77 ① 78 ④ 79 ①

1) 잔류자기가 커야 하는 이유
 외부 자기장이 사라져도 강한 자성을 계속 내기 위해
2) 보자력이 커야 하는 이유
 외부 충격이나 외부 자기장에 의해 쉽게 자성을 잃지 않도록 하기 위해

용어	정의	의미
잔류자기	외부 자기장을 제거한 뒤에도 자석에 남아 있는 자기의 세기	자석이 얼마나 강한 자성을 유지하는가
보자력	남은 자성을 0으로 만들기 위해 필요한 반대 방향 자기장의 세기	자석이 얼마나 쉽게 자성을 잃지 않는가

80 다음 회로도를 보고 진리표를 채우고자 한다. 빈칸에 알맞은 값은?

A	B	X_1	X_2	X_3
1	1	1	0	(ⓐ)
1	0	0	1	(ⓑ)
0	1	0	0	(ⓒ)
0	0	0	0	(ⓓ)

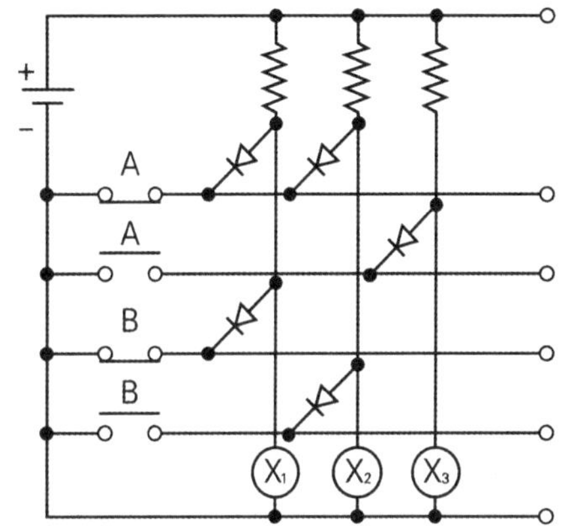

① ⓐ 1, ⓑ 1, ⓒ 0, ⓓ 0
② ⓐ 0, ⓑ 0, ⓒ 1, ⓓ 1
③ ⓐ 0, ⓑ 1, ⓒ 0, ⓓ 1
④ ⓐ 1, ⓑ 0, ⓒ 1, ⓓ 0

해설

[진리표]
다이오드에 전류가 통과하면 그 회로에 연결된 ⓧ에는 전류가 흐르지 않는다.
$A = 1$, $B = 1$이면 $X_1 = 1$, $X_2 = 0$, $X_3 = 0$
$A = 1$, $B = 0$이면 $X_1 = 0$, $X_2 = 1$, $X_3 = 0$
$A = 0$, $B = 1$이면 $X_1 = 0$, $X_2 = 0$, $X_3 = 1$
$A = 0$, $B = 0$이면, $X_1 = 0$, $X_2 = 0$, $X_3 = 1$

2020-03

정답 80 ②

5과목 배관일반

1회독 시간 : 점수 :
2회독 시간 : 점수 :
3회독 시간 : 점수 :

81 급수배관의 수격현상 방지방법으로 가장 거리가 먼 것은?

① 펌프에 플라이휠을 설치한다.
② 관경을 작게 하고 유속을 매우 빠르게 한다.
③ 에어챔버를 설치한다.
④ 완폐형 체크벨브를 설치한다.

해설

[수격작용(Water Hammerimg)]

1) 정의 : 펌프 토출 측에서 속도변화에 의해 충격파가 전달되는 현상
2) 방지대책
   ① 급격한 밸브 폐쇄는 피한다.
   ② 밸브는 펌프 토출 측 가까이에 설치하고 밸브 조작을 천천히 한다.
   ③ 가능한 관 내 유속을 느리게 한다.
   ④ 가능한 배관의 관경을 크게 한다.
   ⑤ 기구류 부근에 충격을 흡수할 수 있는 공기실(Air Chamber)을 설치한다.
   ⑥ 조압수조(Surge Tank)를 관선에 설치한다.
   ⑦ 펌프에 플라이휠(Fly Wheel)을 설치한다(회전체의 관성모멘트를 크게 하는 방법).
   ⑧ 배관에 수격방지기를 설치한다.

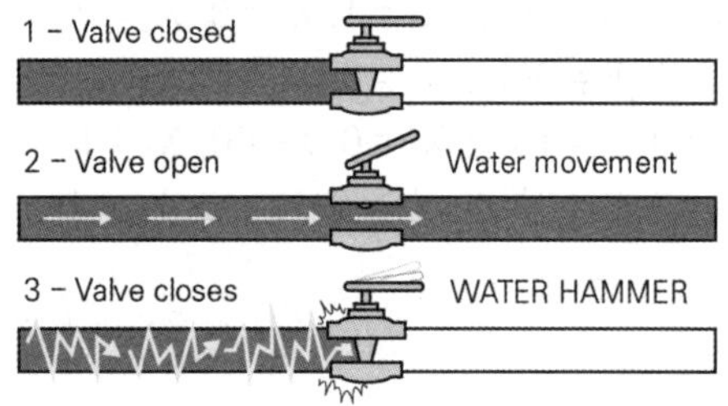

82 경질염화비닐관의 TS식 이음에서 작용하는 3가지 접착효과로 가장 거리가 먼 것은?

① 유동삽입 ② 일출접착
③ 소성삽입 ④ 변형삽입

해설

[TS식 이음]

TS식 이음은 경질염화비닐관(PVC)에 접착제를 발라 끼워 맞추는 방식이며, PVC는 금속처럼 소성변형(Plastic Deformation)을 일으키지 않는다.
따라서 '소성삽입'은 실제 TS식 접착 메커니즘에 포함되지 않는 용어이다.

① 유동삽입 : 접착제가 흐르며 관과 소켓 사이를 채우는 작용
② 일출접착 : 접착제가 끝단에서 밀려나오는 현상에서 기인한 접착력
③ 소성삽입 : 금속처럼 소성변형을 이용한 접착 – PVC에는 부적합
④ 변형삽입 : 삽입 시 발생하는 탄성 변형으로 밀착을 돕는 효과

보충 TS 조인트 접착효과 : 유동삽입, 변형삽입, 일출 접착

정답 81 ② 82 ③

83 펌프 주위 배관시공에 관한 사항으로 틀린 것은?

① 풋밸브 등 모든 관의 이음은 수밀, 기밀을 유지할 수 있도록 한다.
② 흡입관의 길이는 가능한 한 짧게 배관하여 저항이 적도록 한다.
③ 흡입관의 수평배관은 펌프를 향하여 하향 구배로 한다.
④ 양정이 높을 경우 펌프 토출구와 게이트밸브 사이에 체크밸브를 설치한다.

해설

[펌프 주위 배관시공]
펌프 흡입관은 펌프를 향해 상향구배로 하여야 배관에 공기가 체류하지 않는다.

보충 수밀 : 물(水)이 새지 않도록 밀폐된 상태

84 무기질 단열재에 관한 설명으로 틀린 것은?

① 암면은 단열성이 우수하고 아스팔트 가공된 보냉용의 경우 흡수성이 양호하다.
② 유리섬유는 가볍고 유연하여 작업성이 매우 좋으며 칼이나 가위 등으로 쉽게 절단된다.
③ 탄산마그네슘 보온재는 열전도율이 낮으며 300 ~ 320 ℃에서 열분해한다.
④ 규조토 보온재는 비교적 단열효과가 낮으므로 어느 정도 두껍게 시공하는 것이 좋다.

해설

[무기질 단열재]
① 아스팔트 가공된 보냉용의 경우 흡수성이 작다.

85 다음 중 기수혼합식(증기분류식) 급탕설비에서 소음을 방지하는 기구는?

① 가열코일 ② 사일렌서
③ 순환펌프 ④ 서머스탯

해설

[기수혼합식 급탕설비에서 소음방지기구]
기수혼합식 급탕설비는 0.1 ~ 0.4 MPa의 증기를 물(급탕)속에 직접 넣어 혼합하므로 열이 모두 사용되기 때문에 열효율은 100 %이지만 소음이 심하여 S형, Y형의 사일렌서를 부착한다.

86 증기난방법에 관한 설명으로 틀린 것은

① 저압식은 증기의 사용압력이 0.1 MPa 미만인 경우이며, 주로 10 ~ 35 kPa인 증기를 사용한다.
② 단관 중력 환수식의 경우 증기와 응축수가 역류하지 않도록 선단 하향 구배로 한다.
③ 환수주관을 보일러 수면보다 높은 위치에 배관한 것은 습식환수관식이다.
④ 증기의 순환이 가장 빠르며 방열기, 보일러 등의 설치위치에 제한을 받지 않고 대규모 난방용으로 주로 채택되는 방식은 진공 환수식이다.

해설

[증기난방법]
환수주관이 보일러 수면보다 높은 위치에 있으면 건식환수관, 보일러 수면보다 낮은 위치에 있으면 습식환수관이다.

정답 83 ③ 84 ① 85 ② 86 ③

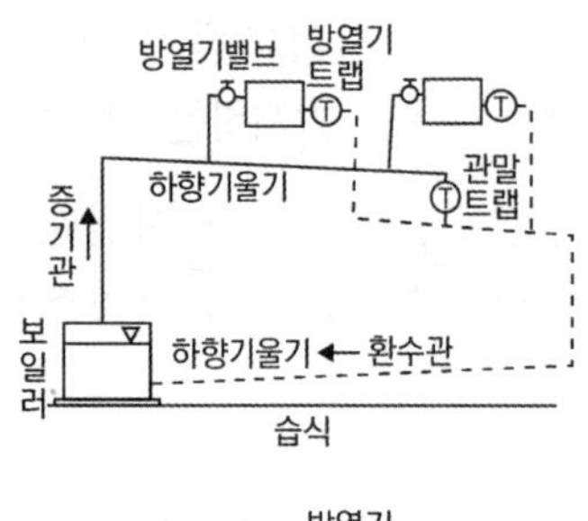

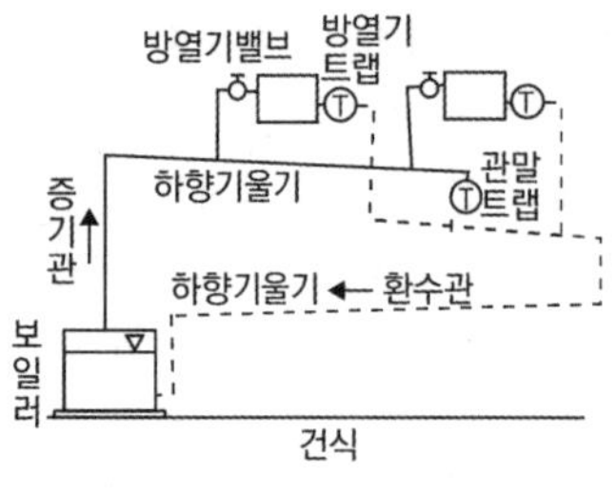

[중력환수식 배관]

87 같은 지름의 관을 직선으로 연결할 때 사용하는 배관이음쇠가 아닌 것은?

① 소켓　② 유니언
③ 벤드　④ 플랜지

해설

[관을 직선으로 연결할 때 사용하는 배관이음쇠]

- 같은 지름의 관을 직선으로 연결하는 관이음쇠는 소켓, 유니언, 플랜지, 니플이다.
- 관의 방향을 바꿀 때 사용하는 이음쇠는 벤드, 엘보이다.

88 기체수송설비에서 압축공기배관의 부속장치가 아닌 것은?

① 후부냉각기　② 공기여과기
③ 안전밸브　④ 공기빼기밸브

해설

[압축공기배관 부속장치]

압축공기배관 부속장치는
후부냉각기(After Cooler), 리시버탱크, 공기여과기, 안전밸브 등이다.

보충 공기빼기밸브 : 수송배관계통에서 물 배관에 주로 사용되는 부속장치로, 압축공기배관에서는 일반적인 부속장치로 보지 않는다.

89 가스수요의 시간적 변화에 따라 일정한 가스량을 안전하게 공급하고 저장을 할 수 있는 가스홀더의 종류가 아닌 것은?

① 무수(無水)식　② 유수(有水)식
③ 주수(柱水)식　④ 구(球)형

해설

[가스홀더의 종류]

1) 가스홀더(Gas Holder)는 제조·정제된 가스를 저장하고, 압력을 균일하게 유지하며, 급격한 수요 변화에 대응하여 공급량을 조절하는 장치
2) 가스홀더의 역할
   (1) 가스를 저장하여 압력 변동을 방지
   (2) 수요 변동에 따라 가스 공급량을 조절
   (3) 제조량과 소비량의 균형을 유지하여 안정적인 공급 가능
3) 가스홀더의 종류
   (1) 저압식 : 유수식(有水式), 무수식(無水式)
   (2) 중, 고압식 : 구형(球形), 원통형(圓筒形)

정답 87 ③ 88 ④ 89 ③

90 제조소 및 공급소 밖의 도시가스배관을 시가지 외의 도로 노면 밑에 매설하는 경우에는 노면으로부터 배관의 외면까지 최소 몇 m 이상을 유지해야 하는가?

① 1.0 ② 1.2
③ 1.5 ④ 2.0

해설

[지중 매설하는 도시가스배관 설치방법]

<u>도시가스배관을 시가지 외의 도로 노면 밑에 매설하는 경우</u>에는 노면으로부터 배관의 외면까지 <u>1.2 m 이상</u>

위치	매설깊이 (이상)	출처
공동주택등의 부지 안	0.6 m	일반도시가스사업의 가스공급시설의 시설기준(도시가스사업법 시행규칙 별표 6)
폭 4m 미만 도로	0.6 m	
폭 4m 이상 8m 미만 도로	1 m	
폭 8m 이상 도로	1.2 m	
산이나 들	1 m	가스도매 사업의 가스공급시설의 시설기준(도시가스사업법 시행규칙 별표 5)
그 밖의 지역	1.2 m	
시가지 외의 도로	1.2 m	
시가지의 도로	1.5 m	
포장되어 있는 차도	0.5 m	
인도·보도 등 노면 외의 도로	1.2 m	
철도 부지	1.2 m	

91 다음 도시기호의 이음은?

① 나사식 이음 ② 용접식 이음
③ 소켓식 이음 ④ 플랜지식 이음

해설

[관의 결합방식]

이음종류	연결방법	도시기호
관이음	나사이음	
	플랜지이음	
	용접이음 (땜이음)	
	소켓이음 (턱걸이이음)	
	유니언이음	
신축이음	루프형	
	슬리브형	
	벨로우즈형	
	스위블형	

92 패킹재의 선정 시 고려사항으로 관 내 유체의 화학적 성질이 아닌 것은?

① 점도 ② 부식성
③ 휘발성 ④ 용해능력

정답 90 ② 91 ③ 92 ①

해설

[패킹재의 선정 시 고려사항]

패킹재 선정 시 고려할 관 내 유체의 화학적 성질 : 부식성, 휘발성, 용해능력 인화성, 폭발성 등이다.

보충 ① 유체의 물리적 성질 : 압력, 온도, 밀도, 점도
② 기계적 조건 : 교체의 난이, 진동 유무, 내압과 외압

93 도시가스배관 시 배관이 움직이지 않도록 관 지름 13 mm 이상 33 mm 미만의 경우 몇 m마다 고정장치를 설치해야 하는가?

① 1 m ② 2 m
③ 3 m ④ 4 m

해설

[도시가스배관 고정장치]

배관 호칭 지름	고정 간격
13 mm 미만	1 m
13 mm 이상 33 mm 미만	2 m
33 mm 이상	3 m

94 급수관의 평균 유속이 2 m/s이고 유량이 100 L/s로 흐르고 있다. 관 내 마찰손실을 무시할 때 안지름(mm)은 얼마인가?

① 173 ② 227
③ 247 ④ 252

해설

[지름 계산]

유량 $Q = A \cdot V = \frac{\pi}{4}d^2 \cdot V$에서

$$d = \sqrt{\frac{4Q}{\pi V}} = \sqrt{\frac{4 \times 100 \times 10^{-3}}{\pi \times 2}}$$
$$= 0.252 \text{ m} = 252 \text{ mm}$$

95 밸브의 역할로 가장 먼 것은?

① 유체의 밀도 조절
② 유체의 방향 전환
③ 유체의 유량 조절
④ 유체의 흐름 단속

해설

[밸브의 역할]

① 유체의 밀도 조절은 밸브의 역할이 아니다. 밸브의 역할은 유체의 흐름 단속(끊고 이어줌), 유체의 유량조절, 유체의 흐름 방향 전환 등이다.

96 온수배관 시공 시 유의사항으로 틀린 것은?

① 배관재료는 내열성을 고려한다.
② 온수배관에는 공기가 고이지 않도록 구배를 준다.
③ 온수보일러의 릴리프 관에는 게이트 밸브를 설치한다.
④ 배관의 신축을 고려한다.

정답 93 ② 94 ④ 95 ① 96 ③

해설

[온수배관 시공 시 유의사항]

③ 온수보일러의 릴리프 관에는 원칙적으로 게이트밸브를 설치하면 안 된다. 게이트밸브를 설치하면 과압이 발생해도 릴리프밸브가 정상적으로 작동하지 않아 폭발 사고로 이어질 위험이 있다.

97 배관용 패킹재료 선정 시 고려해야 할 사항으로 거리가 먼 것은?

① 유체의 압력 ② 재료의 부식성

③ 진동의 유무 ④ 시트면의 형상

해설

[패킹재료 선정 시 고려사항]

1) 유체의 압력, 온도, 밀도

2) 유체에 대한 재료의 침식, 부식성

3) 기계적으로 진동의 유무

98 냉동배관 시 플렉시블 조인트의 설치에 관한 설명으로 틀린 것은?

① 가급적 압축기 가까이에 설치한다.

② 압축기의 진동방향에 대하여 직각으로 설치한다.

③ 압축기가 가동할 때 무리한 힘이 가해지지 않도록 설치한다.

④ 기계·구조물 등에 접촉되도록 견고하게 설치한다.

해설

[플렉시블 조인트의 설치]

④ 플렉시블 조인트는 진동을 흡수해야 하므로, 기계나 구조물에 직접 접촉되도록 견고하게 고정하면 진동흡수효과가 감소한다. 오히려 기계나 구조물과의 접촉을 피하고, 유연한 상태로 배관을 고정하여 진동을 최대한 흡수할 수 있도록 해야 한다. 따라서 기계·구조물에 단단히 고정하는 것은 바람직하지 않다.

99 온수난방배관에서 역귀환방식을 채택하는 주된 목적으로 가장 적합한 것은?

① 배관의 신축을 흡수하기 위하여

② 온수가 식지 않게 하기 위하여

③ 온수의 유량분배를 균일하게 하기 위하여

④ 배관길이를 짧게 하기 위하여

해설

[역환수방식(Reverse Return)]

- 각 유닛마다 온수 공급관에서부터 환수관까지의 총길이를 동일하게 하므로 배관저항이 같게 되어 각 유닛에 유량공급도 균일하다.
- 배관의 길이가 길어지고 공간도 많이 차지하며 설비비가 많이 든다.

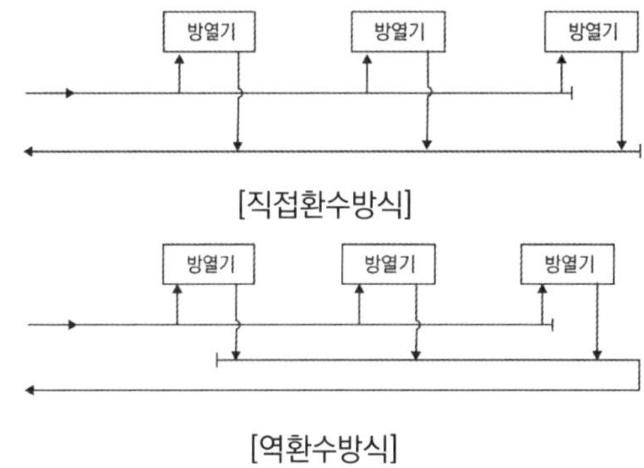

[직접환수방식]

[역환수방식]

정답 97 ④ 98 ④ 99 ③

100 급탕배관 시공에 관한 설명으로 틀린 것은?

① 배관의 굽힘 부분에는 벨로즈이음을 한다.
② 하향식 급탕주관의 최상부에는 공기빼기장치를 설치한다.
③ 팽창관의 관경은 겨울철 동결을 고려하여 25 A 이상으로 한다.
④ 단관식 급탕배관 방식에는 상향배관, 하향배관방식이 있다.

해설

[급탕배관 시공]

① 벨로즈이음은 직선배관의 신축흡수를 위해 설치하는 것이며, 배관의 굽힘 부분에는 엘보를 사용해야 한다.

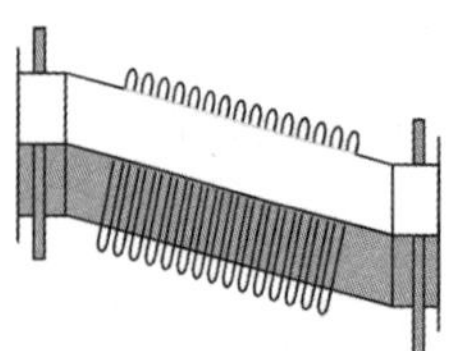

[벨로즈이음(Bellows Expansion Joint)]

[엘보(Elbow)]

정답 100 ①

2019 제1회

1과목 기계열역학

1회독 시간 : 점수 :
2회독 시간 : 점수 :
3회독 시간 : 점수 :

01 다음 중 강도성 상태량이 아닌 것은?

① 온도 ② 압력
③ 체적 ④ 밀도

해설

[강도성 상태량(Intensive Property)]

1) 종량성 상태량 : 물질의 양과 비례하여 값이 바뀌는 상태량으로, 예로는 체적, 내부에너지, 엔트로피, 엔탈피 등이 있다.
2) 강도성 상태량 : 물질의 양과 관계없이 일정한 값을 가지는 상태량으로, 예로는 압력, 온도, 밀도, 비체적 등이 있다.

02 다음 중 기체상수(Gas Constant, R kJ/(kg · K))값이 가장 큰 기체는?

① 산소(O_2)
② 수소(H_2)
③ 일산화탄소(CO)
④ 이산화탄소(CO_2)

해설

[기체상수]

각 기체상수는 물리적 고유의 값이다.

$$\text{기체상수 } R[kJ/kg \cdot K] = \frac{\overline{R}[kJ/kmol \cdot K]}{M[kg/kmol]}$$

① 산소(O_2) : 0.2598
② 수소(H_2) : 4.1242
③ 일산화탄소(CO) : 0.2968
④ 이산화탄소(CO_2) : 0.1889

03 실린더에 밀폐된 8 kg의 공기가 그림과 같이 P_1 = 800 kPa, 체적 V_1 = 0.27 m^3에서 P_2 = 350 kPa, 체적 V_2 = 0.80 m^3으로 직선 변화하였다. 이 과정에서 공기가 한 일은 약 몇 kJ인가?

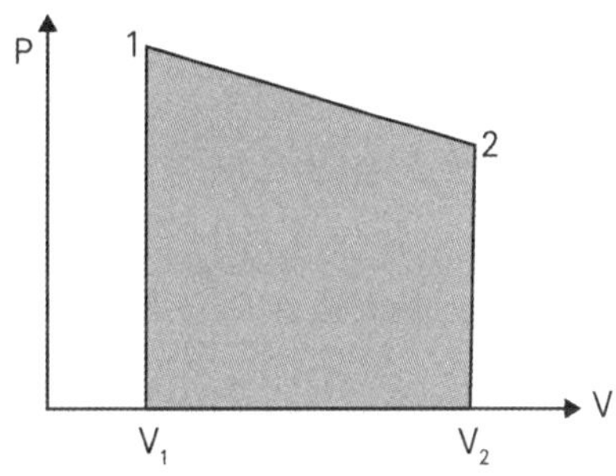

① 305 ② 334
③ 362 ④ 390

해설

[공기가 한 일]

한 일은 선도의 면적과 같다.

$$W = (V_2 - V_1) \times (P_2 + \frac{P_1 - P_2}{2})$$
$$= (0.8 - 0.27) \times (350 + \frac{800 - 350}{2})$$
$$= 304.75 \text{ kJ}$$

정답 01 ③ 02 ② 03 ①

04 이상기체에 대한 다음 관계식 중 잘못된 것은? (단, C_v는 정적비열, C_p는 정압비열, u는 내부에너지, T는 온도, V는 부피, h는 엔탈피, R은 기체상수, k는 비열비이다)

① $C_V = \left(\frac{\delta u}{\delta T}\right)_V$ ② $C_p = \left(\frac{\delta h}{\delta T}\right)_V$

③ $C_p - C_V = R$ ④ $C_p = \frac{kR}{k-1}$

해설

[이상기체]

$\delta h = C_p \times \delta T$이고 $\delta h = C_V \times \delta T$이므로

$C_p = \left(\frac{\delta h}{\delta T}\right)_p$ 이고 $C_V = \left(\frac{\delta h}{\delta T}\right)_V$ 이다.

정적과정에서 $\delta h = \delta u$이므로

$\left(\frac{\delta h}{\delta T}\right)_V = \left(\frac{\delta u}{\delta T}\right)_V$ 이다.

① $du = C_u dT$에서 $C_v = \left(\frac{du}{dT}\right)_v$

② $dh = C_p dT$에서 $C_p = \left(\frac{dh}{dT}\right)_p$

③ $C_p - C_v = R$

④ $C_p = \frac{k}{k-1}R$, $C_v = \frac{1}{k-1}R$

05 이상기체 1 kg이 초기에 압력 2 kPa, 부피 0.1 m^3를 차지하고 있다. 가역등온과정에 따라 부피가 0.3 m^3로 변화했을 때 기체가 한 일은 약 몇 J인가?

① 9540 ② 2200
③ 954 ④ 220

해설

[기체가 한 일]

등온과정에서 팽창일(절대일)은

$W = mRT\ln\left(\frac{v_2}{v_1}\right)$이나 온도가 미지수이므로

특정기체 상태방정식에 대입하면 $PV = mRT$로

$$mRT\ln\left(\frac{v_2}{v_1}\right) = P_1 V_1 \ln\left(\frac{v_2}{v_1}\right)$$

$$= 2000 \times 0.1 \times \ln\left(\frac{0.3}{0.1}\right) \fallingdotseq 220\ J$$

06 시간당 380000 kg의 물을 공급하여 수증기를 생산하는 보일러가 있다. 이 보일러에 공급하는 물의 엔탈피는 830 kJ/kg이고, 생산되는 수증기의 엔탈피는 3230 kJ/kg이라고 할 때, 발열량이 32000 kJ/kg인 석탄을 시간당 34000 kg씩 보일러에 공급한다면 이 보일러의 효율은 약 몇 %인가?

① 66.9 % ② 71.5 %
③ 77.3 % ④ 83.8 %

해설

[보일러의 효율 η]

$$\eta = \frac{380000\ kg/hr \times (3230 - 830)\ kJ/kg}{34000\ kg/hr \times 32000\ kJ/kg} \times 100\ \%$$

= 83.82 %

정답 04 ② 05 ④ 06 ④

07 600 kPa, 300 K 상태의 이상기체 1 kmol이 엔탈피가 등온과정을 거쳐 압력이 200 kPa로 변했다. 이 과정 동안의 엔트로피변화량은 약 몇 kJ/K인가? (단, 일반기체상수($\overline{R}$)은 8.31451 kJ/(kmol · K)이다)

① 0.782 ② 6.31
③ 9.13 ④ 18.6

해설

[등온과정 엔트로피변화량]

※ 이상기체의 엔트로피 함수관계

$$\Delta s = s_2 - s_1 = C_v \ln\frac{T_2}{T_1} + R\ln\frac{v_2}{v_1}$$
$$= C_p \ln\frac{T_2}{T_1} - R\ln\frac{p_2}{p_1}$$
$$= C_p \ln\frac{v_2}{v_1} + C_v \ln\frac{p_2}{p_1}$$

$$\Delta S = C_p \ln\left(\frac{T_2}{T_1}\right) - R\ln\left(\frac{p_2}{p_1}\right)$$
$$= -R\ln\left(\frac{p_2}{p_1}\right)$$
$$= -8.31451 \times \ln\left(\frac{200}{600}\right)$$
$$= 9.134\ kJ/K$$

08 계의 엔트로피변화에 대한 열역학적 관계식 중 옳은 것은? (단, T는 온도, S는 엔트로피, U는 내부에너지, V는 체적, P는 압력, H는 엔탈피를 나타낸다)

① TdS = dU - PdV
② TdS = dH - PdV
③ TdS = dU - VdP
④ TdS = dH - VdP

해설

[엔트로피변화]

※ 열역학 제1법칙의 미분형 제1식

$$\delta Q[kJ] = dU + pdV \text{(SI 단위)}$$
$$\delta q[kJ/kg] = du + pdv$$

※ 열역학 제1법칙의 미분형 제2식

$$\delta Q[kJ] = dH - Vdp \text{(SI 단위)}$$
$$\delta q[kJ/kg] = dh - vdp$$

1) 가역적 과정에서
δQ = TdS(열역학 제2법칙)
즉, 엔트로피변화량은 시스템에 들어오는 열량과 같다.

여기서, δQ : 시스템에 들어오는 열량
T : 시스템의 절대온도
dS : 시스템의 엔트로피변화

2) 열역학 제1법칙의 미분형 제2식
$\delta Q = dH - VdP$
에서 $\delta Q = TdS$이므로
$\delta Q[kJ] = TdS = dH - VdP$

09 그림과 같은 단열된 용기 안에 25 ℃의 물이 0.8 m³ 들어 있다. 이 용기 안에 100 ℃, 50 kg의 쇳덩어리를 넣은 후 열적 평형이 이루어 졌을 때 최종 온도는 약 몇 ℃인가? (단, 물의 비열은 4.18 kJ/(kg · K), 철의 비열은 0.45 kJ/(kg · K)이다)

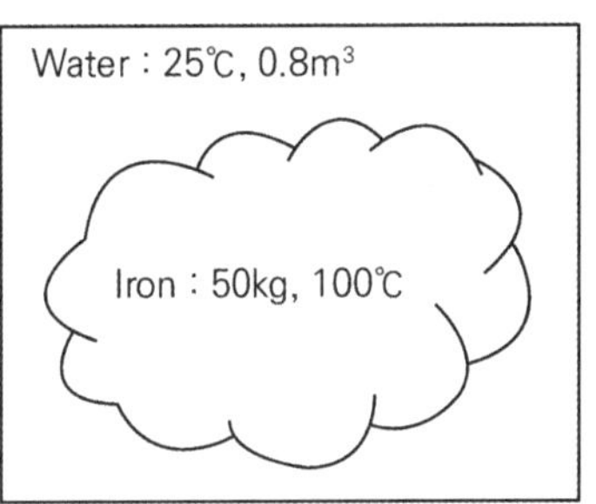

① 25.5 ② 27.4
③ 29.2 ④ 31.4

정답 07 ③ 08 ④ 09 ①

해설

[열적 평형이 이루어졌을 때 최종 온도]
열평형(제0)법칙을 이용한다.

1) 물이 얻은 열량

$Q_w = 800 \times 4.18 \times (t-25)$

2) 쇳덩어리가 잃은 열량

$Q_S = 50 \times 0.45 \times (100-t)$

3) 물이 얻은 열량 = 쇳덩어리가 잃은 열량

$Q_w = Q_S$

$800 \times 4.18 \times (t-25) = 50 \times 0.45 \times (100-t)$

$\therefore t = 25.5℃$

10 이상적인 오토사이클에서 열효율을 55%로 하려면 압축비를 약 얼마로 하면 되겠는가? (단, 기체의 비열비는 1.4이다)

① 5.9 ② 6.8
③ 7.4 ④ 8.5

해설

[오토사이클 효율]

$$\eta_o = 1 - \left(\frac{1}{\varepsilon}\right)^{k-1}$$

$$0.55 = 1 - \left(\frac{1}{\varepsilon}\right)^{1.4-1}$$

$\therefore \varepsilon = 7.361 ≒ 7.36$

ε : 압축비
k : 비열비

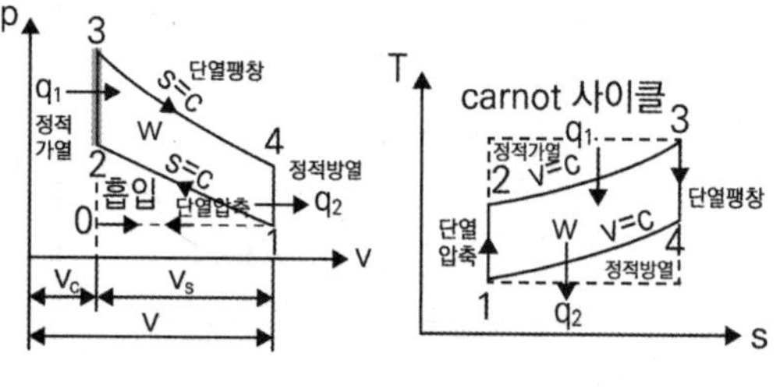

[오토사이클]

11 터빈, 압축기, 노즐과 같은 정상 유동장치의 해석에 유용한 몰리에(Mollier)선도를 옳게 설명한 것은?

① 가로축에 엔트로피, 세로축에 엔탈피를 나타내는 선도이다.
② 가로축에 엔탈피, 세로축에 온도를 나타내는 선도이다.
③ 가로축에 엔트로피, 세로축에 밀도를 나타내는 선도이다.
④ 가로축에 비체적, 세로축에 압력를 나타내는 선도이다.

해설

[h-s선도(엔탈피-엔트로피선도)]

1) 가장 대표적인 몰리에르선도
2) 열역학적 상태를 시각화하여 터빈, 압축기, 노즐 해석에 매우 유용함
3) • 가로축 : 엔트로피 s
 • 세로축 : 엔탈피 h

12 압력 2 MPa, 300 ℃의 공기 0.3 kg이 폴리트로픽과정으로 팽창하여, 압력이 0.5 MPa로 변화하였다. 이때 공기가 한 일은 약 몇 kJ인가? (단, 공기는 기체상수가 0.287 kJ/(kg·K)인 이상기체이고, 폴리트로픽 지수는 1.3이다)

① 416 ② 157
③ 573 ④ 45

정답 10 ③ 11 ① 12 ④

해설

[폴리트로픽 변화]

폴리트로픽 팽창일로 절대일

$_1w_2 = \dfrac{R}{n-1}(T_1 - T_2)$

$_1W_2 = G\dfrac{R}{n-1}(T_1 - T_2)$에서

T_2를 먼저 구하면

폴리트로픽 지수관계

$$\frac{T_2}{T_1} = \left(\frac{v_1}{v_2}\right)^{n-1} = \left(\frac{p_2}{p_1}\right)^{\frac{n-1}{n}}$$

$$T_2 = T_1 \times \left(\frac{P_2}{P_1}\right)^{\frac{n-1}{n}} = 573 \times \left(\frac{0.5}{2}\right)^{\frac{1.3-1}{1.3}}$$

= 416.1191

따라서

$$\therefore {}_1W_2 = G\frac{R}{n-1}(573 - T_2)$$

$$= 0.3 \times \frac{0.287}{1.3-1} \times (573 - 416.1191)$$

= 45.02

13 어떤 기체 동력장치가 이상적인 브레이턴사이클로 다음과 같이 작동할 때 이 사이클의 열효율은 약 몇 %인가? (단, 온도(T) - 엔트로피(s)선도에서 T_1 = 30 ℃, T_2 = 200 ℃, T_3 = 1060 ℃, T_4 = 160 ℃이다)

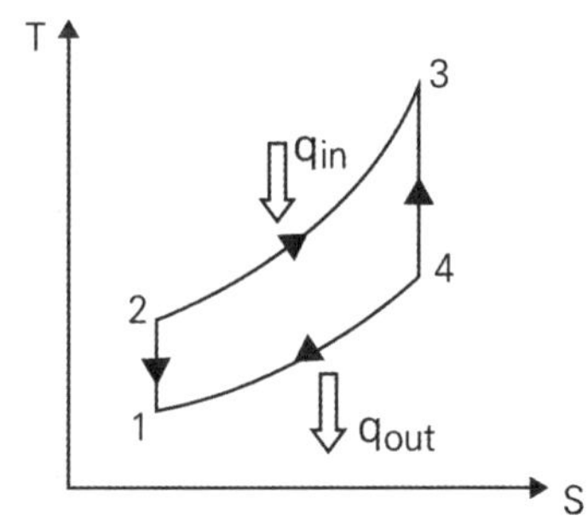

① 81 % ② 85 %
③ 89 % ④ 92 %

해설

[열효율]

$$\eta_B = \frac{w}{q_1} = 1 - \frac{q_2}{q_1} = 1 - \frac{C_p(T_4 - T_1)}{C_p(T_3 - T_2)}$$

$$= 1 - \frac{(T_4 - T_1)}{(T_3 - T_2)}$$

$$= \left(1 - \frac{130}{860}\right) \times 100\ \% = 84.88\ \%$$

14 체적이 일정하고 단열된 용기 내에 80 ℃, 320 kPa의 헬륨 2 kg이 들어 있다. 용기 내에 있는 회전날개가 20 W의 동력으로 30분 동안 회전한다고 할 때 용기 내의 최종 온도는 약 몇 ℃인가? (단, 헬륨의 정적비열은 3.12 kJ/(kg·K)이다)

① 81.9 ℃ ② 83.3 ℃
③ 84.9 ℃ ④ 85.8 ℃

해설

[정적과정의 내부에너지변화량]

정적과정이므로 $\delta q = du + pdv = du$

$\delta Q = \Delta U$

$\Delta U = mC_v(T_2 - T_1)$

$20\ J/s \times 1800\ s = 2 \times 3.12 \times 10^3 \times (T_2 - 353)$

$\therefore\ T_2 = 358.77\ K$

$= 358.77\ K - 273 = 85.77$ ℃

정답 13 ② 14 ④

15 유리창을 통해 실내에서 실외로 열전달이 일어난다. 이때 열전달량은 약 몇 W인가? (단, 대류열전달계수는 50 W/(m^2·K), 유리창 표면온도는 25 ℃, 외기온도는 10 ℃, 유리창면적은 2 m^{2}이다)

① 150　② 500
③ 1500　④ 5000

해설

[열전달량]

$$Q = kA\triangle t$$
$$= 50 \times 2 \times (25-10)$$
$$= 1500$$

16 열역학 제2법칙에 관해서는 여러 가지 표현으로 나타낼 수 있는데 다음 중 열역학 제2법칙과 관계되는 설명으로 볼 수 없는 것은?

① 열을 일로 변환하는 것은 불가능하다.
② 열효율이 100 %인 열기관을 만들 수 없다.
③ 열은 저온 물체로부터 고온 물체로 자연적으로 전달되지 않는다.
④ 입력되는 일 없이 작동하는 냉동기를 만들 수 없다.

해설

[열역학 제2법칙]

열을 일로 변환하는 것은 가능하다. 예를 들어, 증기기관이나 내연기관처럼 열기관이 열을 이용해 일을 생성한다. 하지만 모든 열을 100 % 일로 변환하는 것은 불가능하며, 항상 일부는 폐열로 방출된다.

17 그림과 같은 Rankine사이클로 작동하는 터빈에서 발생하는 일은 약 몇 kJ/kg인가? (단, h는 엔탈피, s는 엔트로피를 나타내며, h_1 = 191.8 kJ/kg, h_2 = 193.8 kJ/kg, h_3 = 2799.5 kJ/kg, h_4 = 2007.5 kJ/kg이다)

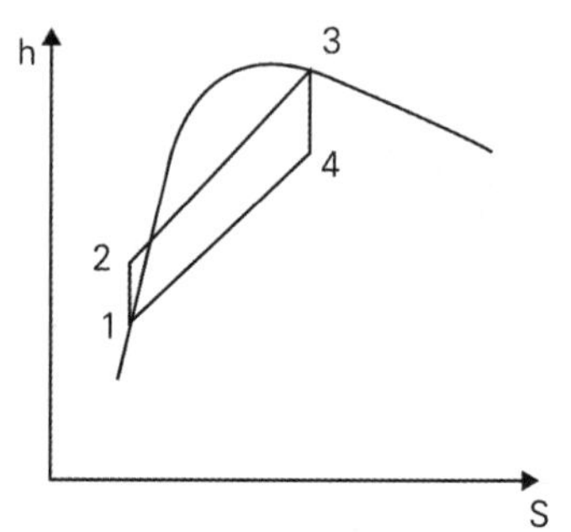

① 2.0 kJ/kg　② 792.0 kJ/kg
③ 2605.7 kJ/kg　④ 1815.7 kJ/kg

해설

[랭킨사이클에서 출력]

3 → 4

$$W_T = h_3 - h_4 = 2799.5 - 2007.5 = 792$$

※ 구성

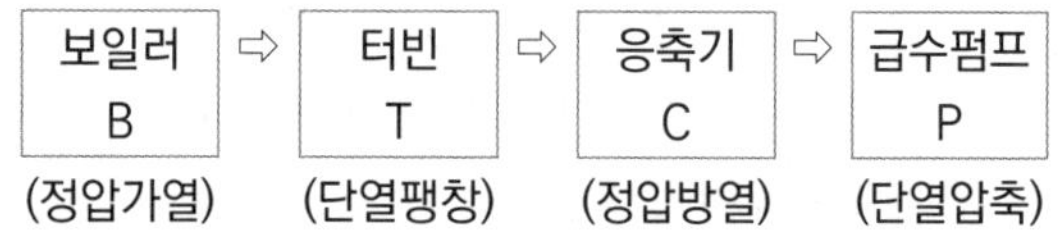

(정압가열)　(단열팽창)　(정압방열)　(단열압축)

※ 랭킨사이클 열효율(η_R)

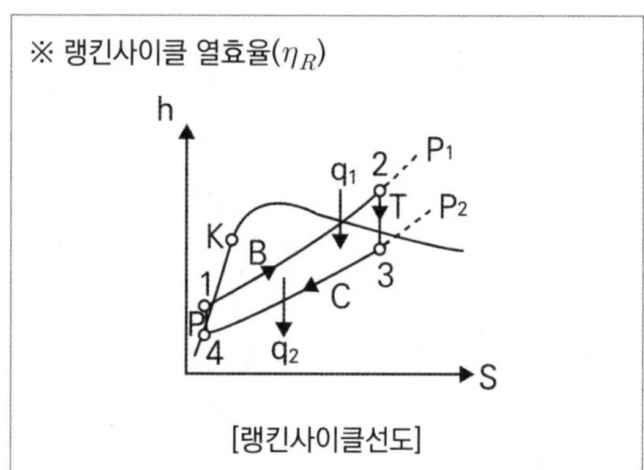

[랭킨사이클선도]

정답 15 ③ 16 ① 17 ②

$$\eta_R = \frac{T-P}{B} = \frac{(h_2-h_3)-(h_1-h_4)}{h_2-h_1}$$

만약 펌프일을 무시하면

$$\eta_R = \frac{h_2-h_3}{h_2-h_1}$$ 에서 $h_1 \fallingdotseq h_4$이므로

$$\eta_R = \frac{(h_2-h_3)}{h_2-h_4}$$

18 어느 내연기관에서 피스톤의 흡기과정으로 실린더 속에 0.2 kg의 기체가 들어왔다. 이것을 압축할 때 15 kJ의 일이 필요하였고, 10 kJ의 열을 방출하였다고 한다면, 이 기체 1 kg당 내부에너지의 증가량은?

① 10 kJ/kg ② 25 kJ/kg
③ 35 kJ/kg ④ 50 kJ/kg

해설

[내부에너지의 증가량]

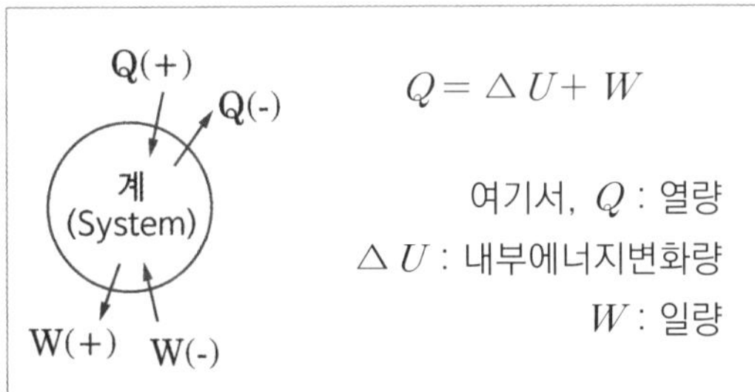

Q = ΔU + W이므로

ΔU = Q - W

= -10 - (-15) = 5 kJ

$$\Delta u = \frac{5\ kJ}{0.2\ kg} = 25\ kJ/kg$$

19 공기 1 kg이 압력 50 kPa, 부피 3 m^3인 상태에서 압력 900 kPa, 부피 0.5 m^3인 상태로 변화할 때 내부에너지가 160 kJ 증가하였다. 이때 엔탈피는 약 몇 kJ이 증가하였는가?

① 30 ② 185
③ 235 ④ 460

해설

[엔탈피]

$$\Delta H = \Delta U + \Delta PV$$
$$= \Delta U + (P_2V_2 - P_1V_1)$$
$$= 160 + (900 \times 0.5 - 50 \times 3) = 460\ kJ$$

20 밀폐계가 가역정압 변화를 할 때 계가 받은 열량은?

① 계의 엔탈피변화량과 같다.
② 계의 내부에너지변화량과 같다.
③ 계의 엔트로피변화량과 같다.
④ 계가 주위에 대해 한 일과 같다.

해설

[정압변화(Isobaric Change)]

1) $p,\ v,\ T$ 관계

우선 $p = C$ 즉, $dp = 0$

또한 $\frac{v}{T} = C$ 즉, $\frac{v_1}{T_1} = \frac{v_2}{T_2}$

2) 절대일($_1w_2$)

$$_1w_2 = \int_1^2 pdv = p(v_2 - v_1)$$
$$= R(T_2 - T_1)$$

정답 18 ② 19 ④ 20 ①

3) 공업일(w_t)

$$w_t = -\int_1^2 vdp = 0 \ (\because dp = 0\text{이므로})$$

4) 내부에너지변화(Δu) : $du = C_v dT$에서

$\therefore \ \Delta u = u_2 - u_1 = C_v(T_2 - T_1)$

5) 엔탈피변화(Δh) : $dh = C_p dT$에서

$\therefore \ \Delta h = h_2 - h_1 = C_p(T_2 - T_1)$

$= kC_v(T_2 - T_1) = k\Delta u$

6) 열량(${}_1q_2$)

$\delta q = dh - vdp$에서 $p = C$ ($dp = 0$이므로)

$\therefore$ $\delta q = dh$ 즉, ${}_1q_2 = \Delta h = h_2 - h_1$

가열량은 엔탈피변화와 같다.

2과목 냉동공학

1회독	시간 :	점수 :
2회독	시간 :	점수 :
3회독	시간 :	점수 :

21 단위에 대한 설명으로 틀린 것은?

① 토리첼리의 실험결과 수은주의 높이가 68 cm일 때, 실험장소에서의 대기압은 1.2 atm이다.

② 비체적이 0.5 m^3/kg인 암모니아 증기 1 m^3의 질량은 2.0 kg이다.

③ 압력 760 mmHg는 1.01 bar이다.

④ 작업대 위에 놓여진 밑면적이 2.4 m^2인 가공물의 무게가 24 kgf라면 작업대의 가해지는 압력은 98 Pa이다.

해설

[단위]

토리첼리의 실험

① 수은주가 68 cm일 때 대기압

$$\text{대기압} = \frac{68cmHg}{76cmHg} \times 1atm = 0.89 \text{ atm}$$

② 질량 $m = \frac{\text{체적}}{\text{비체적}} = \frac{1}{0.5} = 2 \text{ kg}$

③ 압력 760 mmHg는 표준대기압(1atm)이며

760 mmHg = 1.01325 bar

= 1.0332 kgf/cm^2

④ 압력 $P = \frac{\text{무게}}{\text{면적}} = \frac{24 \times 9.8}{2.4} = 98 \text{ N/m}^2$

단위 : 1 kgf = 9.8 N

정답 21 ①

22 대기압에서 암모니아액 1kg을 증발시킨 열량은 0℃ 얼음 몇 kg을 융해시킨 것과 유사한가?

① 2.1 ② 3.1
③ 4.1 ④ 5.1

해설

[암모니아액 1 kg을 증발시킨 열량]
1) 대기압(포화온도 33.3 ℃)에서 암모니아의 증발 잠열 : 326.78 kcal/kg
2) 얼음의 융해 잠열 : 79.68 kcal/kg
3) 다음과 같은 관계식으로,

$Q_{암모니아} = Q_{얼음}$

$1\ kg \times 326.78\ kcal/kg$

$= x\ kg \times 79.68\ kcal/kg$

$x = \dfrac{326.78\ kcal}{79.68\ kcal/kg} = 4.1\ \mathrm{kg}$

23 제빙능력은 원료수 온도 및 브라인 온도 등 조건에 따라 다르다. 다음 중 제빙에 필요한 냉동능력을 구하는 데 필요한 항목으로 가장 거리가 먼 것은?

① 온도 t_w ℃인 제빙용 원수를 0 ℃까지 냉각하는 데 필요한 열량
② 물의 동결 잠열에 대한 열량(79.68 kcal/kg)
③ 제빙장치 내의 발생열과 제빙용 원수의 수질상태
④ 브라인 온도 t_1 ℃ 부근까지 얼음을 냉각하는 데 필요한 열량

해설

[제빙과정]
③ 제빙장치에서 발생하는 열은 얼음을 만드는 데 직접 필요한 냉동능력이라기보다, 제빙장치의 냉동기를 선택할 때 고려해야 하는 열량이다. 그리고 원료수의 수질 상태는 제빙에 필요한 냉동능력을 계산하는 것과 크게 관련이 없다.

24 염화나트륨 브라인을 사용한 식품냉장용 냉동장치에서 브라인의 순환량이 220 L/min이며, 냉각관 입구의 브라인 온도가 −5 ℃, 출구의 브라인온도가 −9 ℃라면 이 브라인 쿨러의 냉동능력(kcal/h)은? (단, 브라인의 비열은 0.75 kcal/kg · ℃, 비중은 1.15이다)

① 759 ② 45540
③ 60720 ④ 148005

해설

[브라인 쿨러의 냉동능력]

$q = G \cdot C \cdot \Delta t$

$q = (220 \times 1.15 \times 60) \times 0.75 \times [(-5) - (-9)]$

$= 45540\ \mathrm{kcal/h}$

여기서 비중은 물의 무게와 비교한 값으로, 비중 1.15는 물보다 1.15배 무겁다는 뜻이다. 또한 물 1 L는 1kg과 같다.

정답 22 ③ 23 ③ 24 ②

25 암모니아와 프레온 냉매의 비교 설명으로 틀린 것은? (단, 동일 조건을 기준으로 한다)

① 암모니아가 R-13보다 비등점이 높다.
② R-22는 암모니아보다 냉동효과(kcal/kg)가 크고 안전하다.
③ R-13은 R-22에 비하여 저온용으로 적합하다.
④ 암모니아는 R-22에 비하여 유분리가 용이하다.

해설

[암모니아와 프레온 냉매]

① R-13 냉매는 2원냉동기 저온 측 냉매로 사용되는 냉매로서 비등점이 암모니아보다 매우 낮다.
R-13 비등점 : -81.5 ℃
암모니아 비등점 : -33.35 ℃

② R-22는 암모니아보다 냉동효과가 작다. 암모니아는 냉매 중 냉동효과가 가장 큰 냉매이다.

> ※ 증발온도 -15 ℃ 응축온도 30 ℃일 때
> • 암모니아 냉동효과 : 269.0 kcal/kg
> • R-22 냉동효과 : 40.2 kcal/kg

③ R-13은 비등점이 낮아 R-22에 비해 저온용으로 적합하다.
R-13 비등점 : -81.5 ℃
R-22 비등점 : -40.8 ℃

④ 암모니아는 윤활유에 용해되지 않아 윤활유에 잘 용해되는 프레온 냉매보다 유분리가 용이하다.

26 25 ℃ 원수 1 ton을 1일 동안에 -9 ℃의 얼음으로 만드는 데 필요한 냉동능력(RT)은? (단, 열손실은 없으며, 동결잠열 80 kcal/kg, 원수 비열 1 kcal/kg·℃, 얼음의 비열 0.5 kcal/kg·℃이며, 1 RT는 3320 kcal/h로 한다)

① 1.37 ② 1.88
③ 2.38 ④ 2.88

해설

[얼음으로 만드는 데 필요한 냉동능력(RT)]

1) 25 ℃ 물 → 0 ℃ 물(현열)

$$q_1 = G \cdot C \cdot \Delta t = \frac{1000 \times 1 \times (25-0)}{24} = 1041.67\ \text{kcal/h}$$

2) 0 ℃ 물 → 0 ℃ 얼음(잠열)

$$q_2 = G \cdot \gamma = \frac{1000 \times 80}{24} = 3333.33\ \text{kcal/h}$$

3) 0 ℃ 얼음 → -9 ℃ 얼음(현열)

$$q_3 = G \cdot C \cdot \Delta t = \frac{1000 \times 0.5 \times (0-(-9))}{24} = 187.5\ \text{kcal/h}$$

4) 냉동능력

$$\text{냉동능력 [RT]} = \frac{(q_1+q_2+q_3)}{3320} = \frac{1041.67+3333.33+187.5}{3320} = 1.37\ \text{RT}$$

보충 원수(原水) : 처리되기 전 원래 상태의 물

정답 25 ② 26 ①

27 전열면적이 20 m²인 수냉식 응축기의 용량이 200 kW이다. 냉각수의 유량은 5 kg/s이고, 응축기 입구에서 냉각수 온도는 20 ℃이다. 열관류율이 800 W/m²·K일 때, 응축기 내부 냉매의 온도(℃)는 얼마인가? (단, 온도차는 산술평균온도차를 이용하고, 물의 비열은 4.18 kJ/kg·K이며, 응축기 내부 냉매의 온도는 일정하다고 가정한다)

① 36.5 ② 37.3
③ 38.1 ④ 38.9

해설

[응축기 내부 냉매의 온도(℃)]

1) 응축기 출구 냉각수온도 t_{w2}

$q = G.C.(t_{w2} - t_{w1})$에서 응축기 출구 냉각수 온도 t_{w2}를 먼저 구한다.

$$t_{w2} = t_{w1} + \frac{q}{G \cdot C}$$

$$= 20 + \frac{200}{5 \times 4.18} = 29.57 \ ℃$$

2) 응축기 내부 냉매의 온도 t_R

산술평균온도차 $\Delta t_m = t_R - \frac{t_{w1} + t_{w2}}{2}$

$q = K \cdot A \cdot \Delta t_m$에서

$$\Delta t_m = \frac{q}{K \cdot A}$$

$$t_R - \frac{t_{w1} + t_{w2}}{2} = \frac{q}{K \cdot A}$$

$$t_R = \frac{t_{w1} + t_{w2}}{2} + \frac{q}{K \cdot A}$$

$$= \frac{20 + 29.57}{2} + \frac{200}{(800 \times 10^{-3} \times 20)}$$

$$= 37.28 \ ℃$$

28 다음 중 증발기 출구와 압축기 흡입관 사이에 설치하는 저압측 부속장치는?

① 액분리기 ② 수액기
③ 건조기 ④ 유분리기

해설

[액분리기]

증발기 출구와 압축기 흡입관 사이에는 액분리기를 설치하여 냉매의 액체가 압축기로 유입되는 것을 방지한다.

29 다음 중 불응축가스를 제거하는 가스퍼저(Gas Purger)의 설치위치로 가장 적당한 것은?

① 수액기 상부 ② 압축기 흡입부
③ 유분리기 상부 ④ 액분리기 상부

해설

[가스퍼저(Gas Purger)의 설치위치]

불응축가스는 응축기와 수액기 상부에 모이므로, 가스퍼저는 그곳에 설치하는 것이 적절하다.

30 냉동장치에서 흡입압력 조정밸브는 어떤 경우를 방지하기 위해 설치하는가?

① 흡입압력이 설정 압력 이상으로 상승하는 경우
② 흡입압력이 일정한 경우
③ 고압 측 압력이 높은 경우
④ 수액기의 액면이 높은 경우

정답 27 ② 28 ① 29 ① 30 ①

해설

[흡입압력 조정밸브]

1) 기능과 역할

(1) 압축기의 흡입압력이 일정수준 압력 이상으로 올라가지 않도록 조절한다.

(2) 압축기가 높은 흡입압력으로 기동할 때 압력을 조절하여 과부하를 방지한다.

(3) 흡입압력의 과도한 변동을 방지하여 압축기의운전을 안정시킨다.

(4) 높은 흡입압력으로 장시간 운전되는 경우에 과부하를 방지한다.

(5) 증발기로부터의 냉매액백(Liquid Back)을 방지한다.

2) 설치위치 및 종류

(1) 증발기와 압축기 사이의 흡입관에서 압축기 입구배관에 설치한다.

(2) 직동식과 파일럿 작동식(대형장치용)이 있다.

31 다음 응축기 중 동일 조건하에 열관류율이 가장 낮은 응축기는 무엇인가?

① 쉘튜브식 응축기
② 증발식 응축기
③ 공랭식 응축기
④ 2중관식 응축기

해설

[열관류율이 가장 낮은 응축기]

응축기 중 열관류율이 가장 낮은 것은 공냉식 응축기이다.

※ 응축기 열관류율

- 쉘튜브식 : 600 ~ 900 kcal/m^{2}h℃
- 이중관식 : 900 kcal/m^{2}h℃
- 증발식 : 200 ~ 280 kcal/m^{2}h℃
- 공랭식 : 20 ~ 25 kcal/m^{2}h℃

32 압축기 토출압력 상승 원인이 아닌 것은?

① 응축온도가 낮을 때
② 냉각수 온도가 높을 때
③ 냉각수 양이 부족할 때
④ 공기가 장치 내에 혼입되었을 때

해설

[압축기 토출압력 상승원인]

1) 응축온도가 높을 때
2) 응축기의 냉각수 수온이 높을 때
3) 응축기의 냉각수량이 부족할 때
4) 공기(불응축가스)가 장치 내에 혼입되었을 때
5) 응축기 냉각관이 물때로 더럽혀져 있을 때
6) 수액기 및 응축기 내에 냉매가 과충전 되었을 때

33 다음의 냉매 중 지구온난화지수(GWP)가 가장 낮은 것은?

① R1234yf ② R23
③ R12 ④ R744

해설

[지구온난화지수(GWP)가 가장 낮은 것]

[IPCC AR4 기준]

냉매		온난화지수 GWP	오존층파괴지수 ODP
대체 냉매	R717(NH_3)	0	0
	R744(CO_2)	1	0
	R600a	3	0
	R1234yf	4	0
프레온	R11	3800	1.0
	R12	8100	1.0
	R22	1810	1.055

정답 31 ③ 32 ① 33 ④

※ 절대 수치만 따지면 R-1234yf가 더 낮다. 하지만, 시험이나 산업에서는 기준 냉매인 R-744 (CO_2)를 가장 낮은 GWP 냉매로 본다.

[IPCC AR 기준 GWP]

보고서	R-1234yf의 GWP	비고
AR4 (2007)	4	초창기 추정치, 실험자료 부족
AR5 (2013)	< 1(약 0.3 ~ 0.9)	현재 널리 채택되는 수치
AR6 (2021)	1 이하로 유지	큰 변화 없음

34 축열시스템방식에 대한 설명으로 틀린 것은?

① 수축열방식 : 열용량이 큰 물을 축열 재료로 이용하는 방식
② 빙축열방식 : 냉열을 얼음에 저장하여 작은 체적에 효율적으로 냉열을 저장하는 방식
③ 잠열축열방식 : 물질의 융해 및 응고 시상변화에 따른 잠열을 이용하는 방식
④ 토양축열방식 : 심해의 해수온도 및 해양의 축열성을 이용하는 방식

해설

[축열시스템방식]

④ 토양축열방식은 지하의 토양이나 지하수층을 활용하여 열을 저장하는 방식이다. 심해의 해수온도 및 해양의 축열성을 이용하는 방식은 해양축열방식에 대한 설명이다.

35 냉동장치의 냉동부하가 3냉동톤이며, 압축기의 소요동력이 20 kW일 때 응축기에 사용되는 냉각수량(L/h)은? (단, 냉각수 입구온도는 15 ℃이고, 출구온도는 25 ℃이다)

① 2716 ② 2547
③ 1530 ④ 600

해설

[응축기에 사용되는 냉각수량(L/h)]

$q_c = G \cdot C \cdot \Delta t$

$q_e + W = G \cdot C \cdot \Delta t$

$3 \times 3.86\,kW + 20\,kW$

$= G\,[kg/h] \times \frac{1\,h}{3600\,s} \times 4.18\,kJ/kg \cdot ℃ \times (25-15)\,℃$

$\therefore G = 2719.81\,kg/h = 2720\,L/h$

보충 물 1 kg = 1 L

TIP 물의 비열을 4.19 $kJ/kg \cdot ℃$로 계산하면 2713.32 L/h

36 냉동기에서 동일한 냉동효과를 구현하기 위해 압축기가 작동하고 있다. 이 압축기의 클리어런스(극간)가 커질 때 나타나는 현상으로 틀린 것은?

① 윤활유가 열화된다.
② 체적효율이 저하한다.
③ 냉동능력이 감소한다.
④ 압축기의 소요동력이 감소한다.

해설

[압축기의 클리어런스가 커질 때 나타나는 현상]

클리어런스(극간)이 커지면

1) 극간에 남은 고온 가스 때문에 토출가스 온도가 올라가고, 윤활유가 열화된다.

정답 34 ④ 35 ① 36 ④

2) 남아 있는 냉매가스로 인해 체적효율이 낮아진다.
3) 체적효율이 떨어지면서 냉동능력이 감소한다.
4) 냉동능력이 줄어들어, 같은 냉동효과를 내기 위해 압축기의 소요 동력이 증가한다.

6) 브라인펌프 등을 정지하고 유분리기 자동반유밸브를 닫는다.
7) 냉각수 공급을 차단한다.
8) 겨울철 동파의 위험이 있을 때는 배관 내의 물을 배출시킨다.

37 냉동장치의 운전 시 유의사항으로 틀린 것은?

① 펌프다운 시 저압 측 압력은 대기압 정도로 한다.
② 압축기 가동 전에 냉각수 펌프를 기동시킨다.
③ 장시간 정지시키는 경우에는 재가동을 위하여 배관 및 기기에 압력을 걸어둔 상태로 둔다.
④ 장시간 정지 후 시동 시에는 누설 여부를 점검한 후에 기동시킨다.

해설

[냉동장치의 운전 시 유의사항]

③ 장시간 냉동장치를 정지할 경우 내부에 압력을 유지한 채 방치하면 냉매 누출, 수분 및 불순물 침투 위험이 커질 수 있다. 따라서 압력을 완전히 제거하고 보호 조치를 취한 후 보관해야 한다. 특히, 압축기 내부에 남아 있는 냉매나 오일이 장시간 방치되면 부식이나 고장의 원인이 될 수 있다.

※ 냉동장치를 장시간 정지 시의 조치
1) 수액기 출구밸브를 닫는다(저압 쪽 냉매를 전부 수액기로 회수한다).
2) 팽창밸브를 닫는다.
3) 저압이 0.1 kg/cm^2 정도일 때 흡입밸브를 닫 는다(대기압보다 약간 높은 정도로).
4) 압축기를 정지시킨다(전원 스위치 차단).
5) 압축기 회전이 완전히 정지하면 토출밸브를 닫는다.

38 냉동기, 열기관, 발전소, 화학플랜트 등에서의 뜨거운 배수를 주위의 공기와 직접 열교환시켜 냉각시키는 방식의 냉각탑은?

① 밀폐식 냉각탑 ② 증발식 냉각탑
③ 원심식 냉각탑 ④ 개방식 냉각탑

해설

[냉각탑]

1) 밀폐형 냉각탑 : 냉각수가 공기와 접촉하지 않고 관 외부로 살포되는 물에 의해 냉각되는 냉각탑
2) 개방형 냉각탑 : 냉각수가 공기와 직접 접촉에 의해 냉각되는 냉각탑

39 제상방식에 대한 설명으로 틀린 것은?

① 살수방식은 저온의 냉장창고용 유닛 쿨러 등에서 많이 사용된다.
② 부동액 살포방식은 공기중의 수분이 부동액에 흡수되므로 일정한 농도 관리가 필요하다.
③ 핫가스 제상방식은 응축기 출구의 고온의 액냉매를 이용한다.
④ 전기히터방식은 냉각관 배열의 일부에 핀튜브 형태의 전기히터를 삽입하여 착상부를 가열한다.

정답 37 ③ 38 ④ 39 ③

해설

[제상방식]
핫가스 제상방식(Hot Gas Defrost) 은 응축기 출구의 액냉매가 아닌, 압축기에서 토출된 고온·고압의 가스를 이용하여 제상하는 방식이다. 즉, 압축기에서 나온 뜨거운 고압 가스를 직접 증발기 내부로 보내어 서리를 녹이는 원리이다. 응축기 출구의 냉매는 이미 액체 상태로 응축된 것이므로, 제상에 적절하지 않다.

40 다음과 같은 냉동사이클 중 성적계수가 가장 큰 사이클은 어느 것인가?

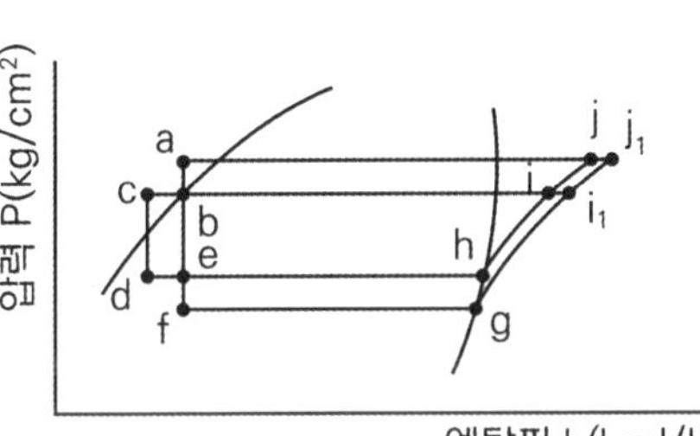

① b - e - h - i - b
② c - d - h - i - c
③ b - f - g - i1 - b
④ a - e - h - j - a

해설

[냉동사이클의 성적계수(COP)]

$$bfgib = \frac{h_g - h_f}{hi1 - hg} < cdhic = \frac{h_h - h_d}{h_i - h_h}$$

$$aehja = \frac{h_h - h_e}{h_j - h_h} < behib = \frac{h_h - h_e}{h_i - h_h} <$$

$$< cdhic = \frac{h_h - h_d}{h_i - h_h}$$

3과목 시운전 및 안전관리

1회독 시간 : 점수 :
2회독 시간 : 점수 :
3회독 시간 : 점수 :

41 다음 중 난방설비의 난방부하를 계산하는 방법 중 현열만을 고려하는 경우는?

① 환기 부하
② 외기 부하
③ 전도에 의한 열 손실
④ 침입 외기에 의한 난방 손실

해설

[난방설비의 난방부하]
1) 현열부하 : 전도에 의한 열손실
2) 현열 + 잠열부하 : 환기부하, 외기부하, 침입외기에 의한 난방손실

※ 난방부하의 구분

구분	부하 발생 원인	현열	잠열
실내 부하	외벽체, 지붕, 유리창에서의 열손실(방위계수 고려)	○	-
	실내벽체, 실내창문, 실내천장, 실내바닥에서의 열손실(방위계수 적용하지 않음)	○	-
	극간풍에 의한 열손실	○	○
장치(기기) 부하	덕트로부터의 손실 열량	○	-
외기 부하	외기도입에 의한 손실 열량	○	○

정답 40 ② 41 ③

42 증기난방에 대한 설명으로 틀린 것은?

① 건식 환수시스템에서 환수관에는 증기가 유입되지 않도록 증기관과 환수관 사이에 증기트랩을 설치한다.
② 중력식 환수시스템에서 환수관은 선하향구배를 취해야 한다.
③ 증기난방은 극장 같이 천장고가 높은 실내에 적합하다.
④ 진공식 환수시스템에서 관경을 가늘게 할 수 있고 리프트피팅을 사용하여 환수관 도중에서 입상시킬 수 있다.

해설

[증기난방]
증기난방은 상하 온도차가 크고 더운 공기가 상부로 뜨기 때문에 극장 같이 천장고가 높은 실내에는 적합하지 않다. 천장고가 높은 공간에서는 하부까지 균일한 온도를 유지할 수 있어 복사난방이 적합하다.

※ 진공 환수식
진공 환수식에서 방열기보다 환수관 위치가 높을 때(수직 상향부가 필요할 때) 리프트피팅을 이용하여 응축수를 끌어 올린다.

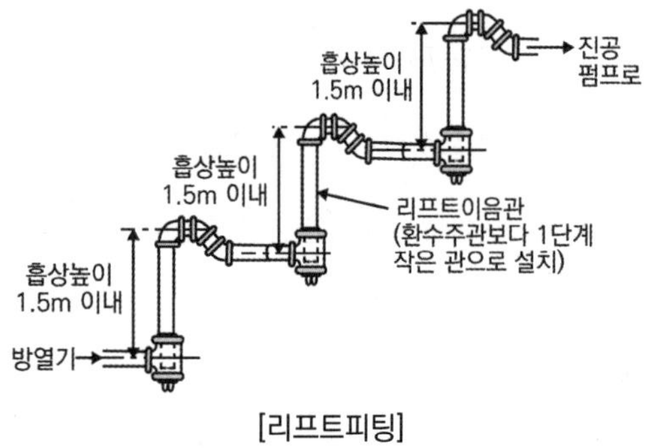

[리프트피팅]

43 다음 중 냉방부하의 종류에 해당되지 않는 것은?

① 일사에 의해 실내로 들어오는 열
② 벽이나 지붕을 통해 실내로 들어오는 열
③ 조명이나 인체와 같이 실내에서 발생하는 열
④ 침입 외기를 가습하기 위한 열

해설

[냉방부하의 종류]
침입 외기를 가습하기 위한 열은 난방(가습)부하이다.

※ 냉방부하의 구분

구분	부하 발생 원인	현열	잠열
실내부하	벽체로부터의 취득열량	○	-
	유리창으로부터의 취득열량 ① 일사에 의한 열량 ② 열관류에 의한 열량	○	-
	극간풍에 의한 취득열량	○	○
	인체의 발생열량	○	○
	실내 기구의 발생열량*	○	○
장치(기기)부하	송풍기에 의한 발생열량	○	-
	덕트로부터의 취득열량	○	-
재열부하	재열기의 취득열량	○	-
외기부하	외기도입에 의한 취득열량	○	○

* 단, 실내 기구 중 조명기구(백열등, 형광등), 전동기 및 기계 등에 의한 취득열량 → 현열만 해당

정답 42 ③ 43 ④

44 정방실에 35 kW의 모터에 의해 구동되는 정방기가 12대 있을 때 전력에 의한 취득열량(kW)은? (단, 전동기와 이것에 의해 구동되는 기계가 같은 방에 있으며, 전동기의 가동율은 0.74이고, 전동기 효율은 0.87, 전동기 부하율은 0.92이다)

① 483　　② 420
③ 357　　④ 329

해설

[전력에 의한 취득열량(kW)]

취득열량 = 발생열량

$$= \frac{\text{모터용량} \times \text{부하율} \times \text{가동율}}{\text{전동기 효율}}$$

$$= \frac{(35 \times 12) \times 0.92 \times 0.74}{0.87}$$

$= 328.66\ \text{kW}$

보충 정방기(整放機) : 전력을 소비하여 열을 발생시키는 기계적 부하장치 (전동기 부하 열 발생장치)

※ 전동기 및 기계의 발생열량

$q_e = P \times f_e \times f_0 \times f_k\ [\text{kW}]$

P : 전동기 정격출력 [kW]

f_e : 전동기 부하율, f_0 : 전동기 가동율

f_k : 전동기와 기계의 사용상태계수

η : 전동기 효율

1) 전동기(모터)와 기계 모두 실내에 있을 때

$$f_k = \frac{1}{\eta}$$

2) 기계는 실내, 전동기는 실외에 있을 때

$$f_k = 1$$

3) 전동기는 실내, 기계는 실외에 있을 때

$$f_k = \frac{1-\eta}{\eta} = \frac{1}{\eta} - 1$$

45 다음 중 축류 취출구의 종류가 아닌 것은?

① 펑커루버형 취출구
② 그릴형 취출구
③ 라인형 취출구
④ 팬형 취출구

해설

[취출구]

기류방향에 따른 구분	종류
축류형 취출구	① 노즐형 ② 펑커루버형 ③ 베인격자형(고정베인형, 유니버셜형, 그릴형, 레지스터형) ④ 라인형(캄 라인형, 브리즈 라인형, 슬롯라인형, T - 라인형, T - 바형) ⑤ 다공판형
복류형(방사형) 취출구	① 아네모스탯형 ② 팬형

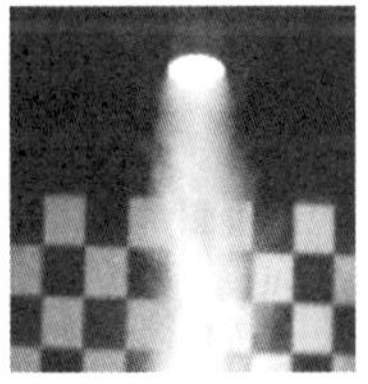
[축류형]

[복류형]

[라이트 - 트로퍼(Light-Troffer)형]

※ 베인격자형
㉠ 그릴형 : 셔터(댐퍼)가 없어 풍량 조절 불가
㉡ 레지스터 : 셔터(댐퍼)가 있어 풍량 조절 가능

2019-01

정답 44 ④ 45 ④

46 증기설비에 사용하는 증기트랩 중 기계식 트랩의 종류로 바르게 조합한 것은?

① 버킷트랩, 플로트트랩
② 버킷트랩, 벨로즈트랩
③ 바이메탈트랩, 열동식 트랩
④ 플로트트랩, 열동식 트랩

해설

[증기트랩]

구분	응축수 회수 원리	종류
기계식	응축수의 부력을 이용(증기와 응축수의 비중 차이)	플로트트랩, 버킷트랩
열동식 (온도 조절식)	증기와 응축수의 온도 차이	바이메탈식 트랩, 벨로스 트랩
열역학	증기와 응축수의 열역학적 특성 차이	디스크트랩, 오리피스트랩

47 다음 중 공기조화설비의 계획 시 조닝을 하는 목적으로 가장 거리가 먼 것은?

① 효과적인 실내 환경의 유지
② 설비비의 경감
③ 운전 가동면에서의 에너지절약
④ 부하 특성에 대한 대처

해설

[조닝]

1) 조닝(Zoning) 분류
내부존, 외부존, 방위별, 층별, 용도별, 기능별, 관리별, 부하특성별 조닝이 있다.

2) 조닝(Zoning) 목적
(1) 효과적인 실내환경유지, 에너지절약
(2) 부하특성에 대한 효과적인 대처, 관리의 편리성

보충 조닝(Zoning) : 공간을 구역(Zone)으로 나누는 것

48 공기조화방식 중 전공기방식이 아닌 것은?

① 변풍량 단일덕트방식
② 이중덕트방식
③ 정풍량 단일덕트방식
④ 팬코일유닛방식(덕트병용)

해설

[전공기방식]

단일덕트방식(정풍량, 변풍량), 2중 덕트방식, 각층유닛방식, 덕트병용 패키지방식 등

보충 팬코일유닛방식(덕트병용) : 수·공기방식

※ 공기조화방식

열분배방식	열매	공기조화방식	
중앙식	전공기 방식	단일덕트 방식	정풍량
			변풍량
		이중덕트 방식	정풍량
			변풍량
		멀티존유닛방식	
		각층유닛방식	
	수·공기 방식	덕트병용 팬코일유닛	
		덕트병용 복사냉난방방식	
		유인유닛방식	
	전수 방식	팬코일유닛방식	
		복사냉난방방식	
개별식	냉매 방식	패키지방식	
		룸쿨러 방식	분리형
			멀티유닛형
			창문설치형

보충 각층유닛방식 : 과거에는 수·공기방식으로 분류했으나, 현재 공조 공간에 공급하는 열매가 공기이기 때문에 전공기방식으로 분류한다.

정답 46 ① 47 ② 48 ④

49 덕트의 소음 방지대책에 해당되지 않는 것은?

① 덕트의 도중에 흡음재를 부착한다.
② 송풍기 출구 부근에 플래넘 챔버를 장치한다.
③ 댐퍼 입·출구에 흡음재를 부착한다.
④ 덕트를 여러 개로 분기시킨다.

해설

[덕트의 소음 방지대책]

④ 덕트가 여러 개로 분기되면 공기의 흐름이 복잡해지고, 난류가 증가하여 소음이 더 심해질 수 있다.

50 건물의 콘크리트 벽체의 실내 측에 단열재를 부착하여 실내 측 표면에 결로가 생기지 않도록 하려 한다. 외기온도가 0 ℃, 실내온도가 20 ℃, 실내공기의 노점온도가 12 ℃, 콘크리트 두께가 100 mm일 때, 결로를 막기 위한 단열재의 최소 두께(mm)는? (단, 콘크리트와 단열재의 접촉부분의 열저항은 무시한다)

열전도도	콘크리트	1.63 W/m·K
	단열재	0.17 W/m·K
대류 열전달계수	외기	23.3 W/m^2·K
	실내공기	9.3 W/m^2·K

① 11.7 ② 10.7
③ 9.7 ④ 8.7

해설

[결로를 막기 위한 단열재의 최소 두께]

$q_1 = \alpha_i \cdot A \cdot \Delta t$

$= 9.3 \times 1 \times (20-12) = 74.4\ W$

$q_1 = q_2 = q_3 = q_4 = q$이고

$q = K \cdot A \cdot \Delta t$에서

$$K = \frac{q}{A \cdot \Delta t} = \frac{74.4}{1 \times (20-0)} = 3.72$$

$$\frac{1}{K} = \frac{1}{\alpha_i} + \frac{\ell_1}{\lambda_1} + \frac{\ell_2}{\lambda_2} + \frac{1}{\alpha_0}\text{에서}$$

$$\frac{\ell_1}{\lambda_1} = \frac{1}{K} - \frac{1}{\alpha_i} - \frac{\ell_2}{\lambda_2} - \frac{1}{\alpha_0}$$

$$\ell_1 = \left(\frac{1}{K} - \frac{1}{\alpha_i} - \frac{\ell_2}{\lambda_2} - \frac{1}{\alpha_0}\right)\lambda_1$$

$$= \left(\frac{1}{3.72} - \frac{1}{9.3} - \frac{100 \times 10^{-3}}{1.63} - \frac{1}{23.3}\right) \times 0.17$$

$$= 0.00969\ \mathrm{m} = 9.69\ \mathrm{mm}$$

51 이중덕트방식에 설치하는 혼합상자의 구비조건으로 틀린 것은?

① 냉풍·온풍덕트 내에 정압변동에 의해 송풍량이 예민하게 변화할 것
② 혼합비율 변동에 따른 송풍량의 변동이 완만할 것
③ 냉풍·온풍댐퍼의 공기누설이 적을 것
④ 자동제어 신뢰도가 높고 소음발생이 적을 것

해설

[이중덕트방식에 설치하는 혼합상자]

혼합상자는 냉풍·온풍덕트 내의 정압 변동에 의해 송풍량이 예민하게 변화하지 않아야 한다. 만약 정압 변동에 따라 송풍량이 크게 변하면, 실내 온도 조절이 어렵고 불균형이 발생할 수 있다.

정답 49 ④ 50 ③ 51 ①

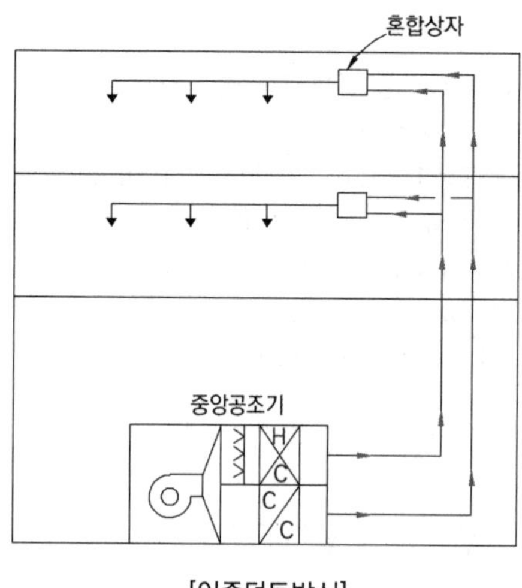

[이중덕트방식]

52 저온공조방식에 관한 내용으로 가장 거리가 먼 것은?

① 배관지름의 감소
② 팬 동력 감소로 인한 운전비 절감
③ 낮은 습도의 공기 공급으로 인한 쾌적성 향상
④ 저온공기 공급으로 인한 급기 풍량 증가

해설

[저온공조방식]
④ 저온공기 공급으로 인한 급기 풍량 감소

※ 저온공조방식
공조기의 냉수온도를 낮추어 저온공기를 공급하여 급기풍량을 줄임으로써 덕트 크기 및 층고를 줄일 수 있는 시스템으로 냉수온도가 낮으므로 필요유량이 감소하여 펌프동력이 감소하고 배관지름이 감소한다. 또한 팬과 덕트 크기 및 동력을 감소시킬 수 있다.

53 외기의 건구온도 32 ℃와 환기의 건구온도 24 ℃인 공기를 1 : 3(외기 : 환기)의 비율로 혼합하였다. 이 혼합공기의 온도는?

① 26 ℃ ② 28 ℃
③ 29 ℃ ④ 30 ℃

해설

[혼합공기의 온도]
열평형식 $G_3 C_P t_3 = G_1 C_p t_1 + G_2 C_P t_2$

$$t_3 = \frac{G_1 t_1 + G_2 t_2}{G_3} = \frac{32 \times 1 + 24 \times 3}{1+3} = 26 \text{ ℃}$$

54 취출구에서 수평으로 취출된 공기가 일정 거리만큼 진행된 뒤 기류 중심선과 취출구 중심과의 수직거리를 무엇이라고 하는가?

① 강하도 ② 도달거리
③ 취출온도차 ④ 셔터

해설

[도달거리 및 상승, 강하거리]
① 강하도(Drop) : 수평으로 방출된 공기가 중력의 영향을 받아 일정 거리를 진행한 후, 기류 중심선이 원래 취출구 중심선에서 얼마나 아래로 처지는지를 나타내는 값이다. 이는 주로 천장형 디퓨저에서 공기가 방출될 때 중력의 영향을 받는 경우에 나타난다.
② 도달거리(Throw) : 공기가 취출구에서 방출된 후 특정 속도(일반적으로 0.25 ~ 0.5 m/s)로 감소하는 지점까지의 거리를 의미한다.
최소도달거리 → 기류 중심 속도가 0.5 m/s가 되는 곳까지
최대도달거리 → 기류 중심 속도가 0.25 m/s가 되는 곳까지

정답 52 ④ 53 ① 54 ①

③ 취출온도차 : 공조시스템에서 취출되는 공기와 실내 공기 사이의 온도 차이를 의미한다.
④ 셔터(Shutter) : 공조시스템에서 공기의 흐름을 조절하는 장치를 의미한다. 일반적으로 댐퍼와 유사한 개념으로, 공기의 유입 또는 차단을 조절하는 기능을 한다.

55 공조기 내에 엘리미네이터를 설치하는 이유로 가장 적절한 것은?

① 풍량을 줄여 풍속을 낮추기 위해서
② 공조기 내의 기류의 분포를 고르게 하기 위해
③ 결로수가 비산되는 것을 방지하기 위해
④ 먼지 및 이물질을 효율적으로 제거하기 위해

해설

[엘리미네이터(Eliminator)]
엘리미네이터는 결로수가 비산되어 유출되는 것을 방지하기 위해 설치한다.

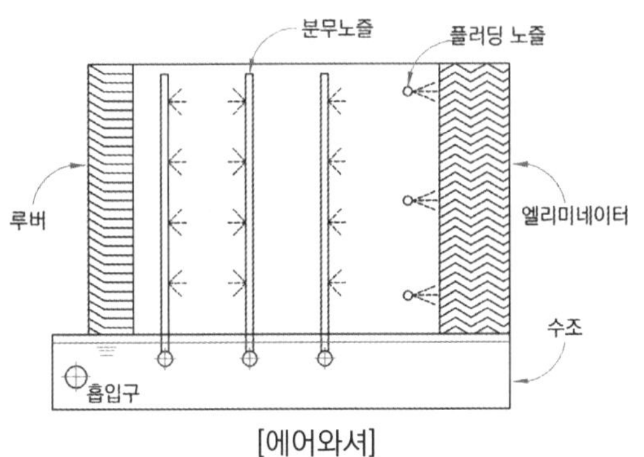

[에어와셔]

56 공기조화방식에서 변풍량 단일덕트방식의 특징에 대한 설명으로 틀린 것은?

① 송풍기의 풍량제어가 가능하므로 부분 부하 시 반송에너지 소비량을 경감시킬 수 있다.
② 동시사용률을 고려하여 기기용량을 결정할 수 있으므로 설비용량이 커질 수 있다.
③ 변풍량유닛을 실 별 또는 존 별로 배치함으로써 개별제어 및 존 제어가 가능하다.
④ 부하변동에 따라 실내온도를 유지하수 있으므로 열원설비용 에너지낭비가 적다.

해설

[변풍량방식(VAV : Variable Air Volume)]
부하가 변동되면 온도는 일정하게 유지하면서 송풍량을 변화시켜 대응하는 방식이다.

※ 장점
1) 송풍기의 풍량을 조절할 수 있어 부분 부하 시 전력 소비를 줄일 수 있다.
2) 실별, 존별로 설치된 변풍량유닛을 제어함으로써 실별, 존별로 개별 제어가 가능하다.
3) 부하에 따라 송풍량을 조절해 실내 온도를 유지할 수 있어 열원설비의 크기를 줄일 수 있으며, 에너지를 절약할 수 있다.

※ 단점
1) 부하가 줄어들면 송풍량이 감소하여 환기가 부족할 수 있다.
2) 자동제어시스템이 복잡하고, 추가 장비가 필요해 설치비용이 많이 든다.

2019-01

정답 55 ③ 56 ②

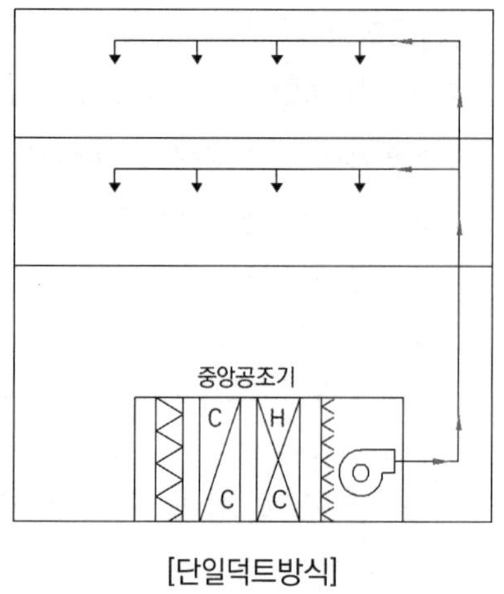

[단일덕트방식]

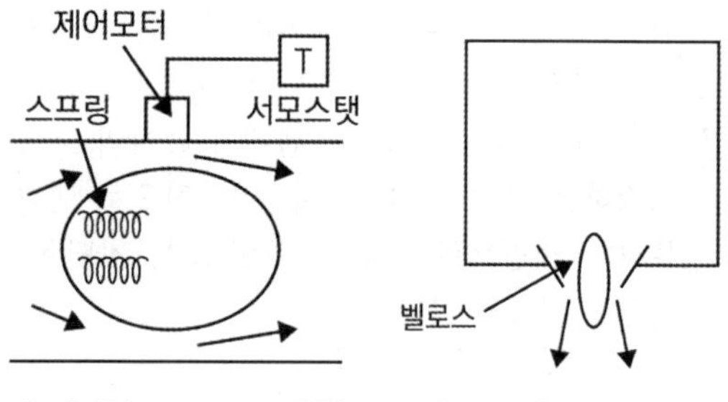

[교축형(스프링 내장형)] [교축형(벨로스형)]

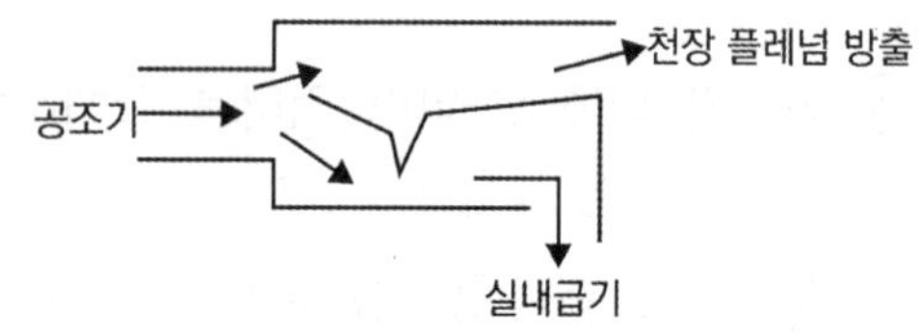

[바이패스형]

57 송풍덕트 내의 정압제어가 필요 없고, 발생 소음이 적은 변풍량유닛은?

① 유인형 ② 슬롯형
③ 바이패스형 ④ 노즐형

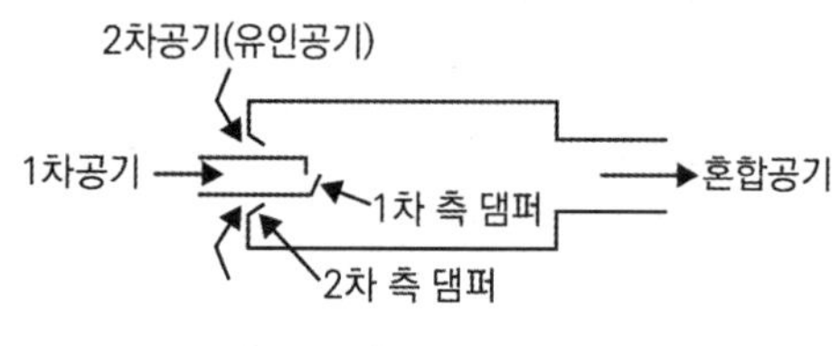

[유인형(인덕션 타입)]

해설

[변풍량유닛(VAV UNIT)]

1) 유인형 : 1차 공기의 분출로 실내 공기를 유인해 취출하는 방식이다.
   (1) 장점 : 덕트 치수를 작게 할 수 있고, 난방 시 실내 발생열을 활용할 수 있다.
   (2) 단점 : 고압 송풍기가 필요하고, 적용 범위가 제한된다.
2) 슬롯형 : 부하가 감소하면 내부 콘이 이동해 풍량을 조절하는 방식이다.
   (1) 장점 : 송풍동력을 절감할 수 있다.
   (2) 단점 : 정압제어가 필요하고, 소음이 크다.
3) 바이패스형 : 여분의 공기를 천장 속 환기덕트로 되돌리는 방식이다.
   (1) 장점 : 정압제어가 필요 없고, 소음이 적다.
   (2) 단점 : 송풍량이 그대로여서 동력을 절감할 수 없다.

58 다음 중 보온, 보냉, 방로의 목적으로 덕트 전체를 단열해야 하는 것은?

① 급기덕트 ② 배기덕트
③ 외기덕트 ④ 배연덕트

해설

[덕트의 보온]

1) 보온, 보냉, 방로의 목적으로 덕트 전체를 단열해야 하는 덕트는 급기덕트이다.
2) 배연덕트는 소방법상 화재의 위험이 있으므로 단열해야 한다.

보충 방로(防露) : 물체의 표면에 생기는 결로를 방지

정답 57 ③ 58 ①

59 부하계산 시 고려되는 지중온도에 대한 설명으로 틀린 것은?

① 지중온도는 지하실 또는 지중배관 등의 열손실을 구하기 위하여 주로 이용된다.
② 지중온도는 외기온도 및 일사의 영향에 의해 1일 또는 연간을 통하여 주기적으로 변한다.
③ 지중온도는 지표면의 상태변화, 지중의 수분에 따라 변화하나, 토질의 종류에 따라서는 큰 차이가 없다.
④ 연간변화에 있어 불역층 이하의 지중온도는 1 m 증가함에 따라 0.03 ~ 0.05 ℃씩 상승한다.

해설

[지중온도]

③ 지중온도는 토질, 지표면 상태변화, 지중 수분 등에 영향을 받으며, 이러한 영향은 주로 얕은 층에서 나타난다. 또한 지면에 가까울수록 기상의 영향을 더 많이 받아 온도변화가 심해진다.

※ 심도가 깊어져 불역층에 이르면 거의 일정한 내부온도가 유지됨

보충 지온 불역층(불변층) : 심도에 다른 지중온도분포 중 연중 온도변화가 거의 나타나지 않는 지하의 지층

60 보일러의 부속장치인 과열기가 하는 역할은?

① 연료연소에 쓰이는 공기를 예열시킨다.
② 포화액을 습증기로 만든다.
③ 습증기를 건포화증기로 만든다.
④ 포화증기를 과열증기로 만든다.

해설

[과열기]

보일러에서 나온 포화증기를 과열증기로 만드는 역할을 하는 보일러 부속장치이다.

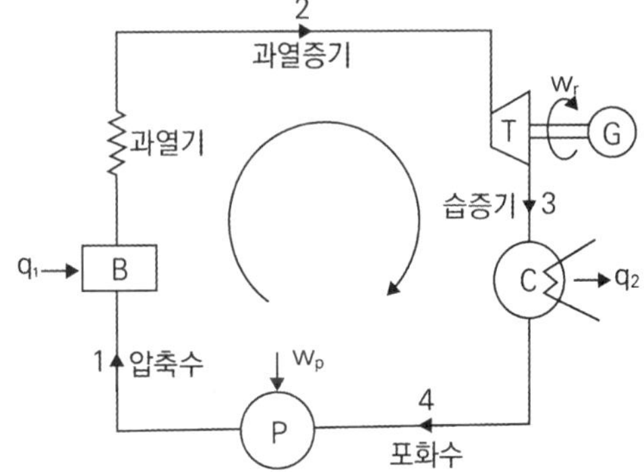

여기서
B : 보일러(Boiler)
T : 터빈(Turbine)
G : 발전기(Generator)
C : 복수기(Condenser)
P : 급수펌프(Feed Pump)

정답 59 ③ 60 ④

4과목 전기제어공학

1회독 시간 : 점수 :
2회독 시간 : 점수 :
3회독 시간 : 점수 :

61 세라믹 콘덴서 소자의 표면에 103 K라고 적혀 있을 때 이 콘덴서의 용량은 몇 μF인가?

① 0.01 ② 0.1
③ 103 ④ 10^3

해설

[세라믹 콘덴서 용량]

표시	용량값
101	10×10^1 pF = 100 pF
102	10×10^2 pF = 1000 pF = 0.001 μF
103	10×10^3 pF = 10000 pF = 0.01 μF
104	10×10^4 pF = 100000 pF = 0.1 μF
223	22×10^3 pF = 22000 pF = 0.022 μF
333	33×10^3 pF = 33000 pF = 0.033 μF
473	47×10^3 pF = 47000 pF = 0.047 μF
474	47×10^4 pF = 470000 pF = 0.47 μF

※ 100 pF 이하의 콘덴서는 용량을 그대로 표시한다(예 45 : 45 pF).

[세라믹 콘덴서]

62 온도를 전압으로 변환시키는 것은?

① 광전관 ② 열전대
③ 포토다이오드 ④ 광전다이오드

해설

[열전대]

1) 광전관(Photoelectric Tube) : 광전효과를 이용하여 빛의 세기를 전류의 세기로 변환하는 전자관
2) 열전대(열전쌍) : 온도를 전압으로 변환시키는 온도검출기
3) 포토다이오드(광다이오드, 광전다이오드) : 빛의 세기를 전류의 세기로 변환시키는 빛 검출기

63 병렬운전 시 균압모선을 설치해야 되는 직류발전기로만 구성된 것은?

① 직권발전기, 분권발전기
② 분권발전기, 복권발전기
③ 직권발전기, 복권발전기
④ 분권발전기, 동기발전기

해설

[직류발전기]

직권발전기와 복권발전기는 병렬운전 시 안정성을 유지하기 위해 직권 계자에 균압모선(균압선)을 연결하여 전류 불평형을 방지하고 평형을 맞춘다.

정답 61 ① 62 ② 63 ③

64 공기 중 자계의 세기가 100 A/m의 점에 놓아 둔 자극에 작용하는 힘은 8 × 10^{-3} N이다. 이 자극의 세기는 몇 Wb인가?

① 8 × 10　　② 8 × 10^5
③ 8 × 10^{-1}　　④ 8 × 10^{-5}

해설

[자극의 세기]

$F = mH$ [N]

여기서 F : 자극에 작용하는 힘[N]
m : 자극의 세기[Wb]
H : 자계의 세기[A/m]

자극의 세기 $m = \frac{F}{H} = \frac{8\times10^3}{100}$
$= 8\times10^{-5}\ Wb$

※ 분류기(Shunt, 分流器)

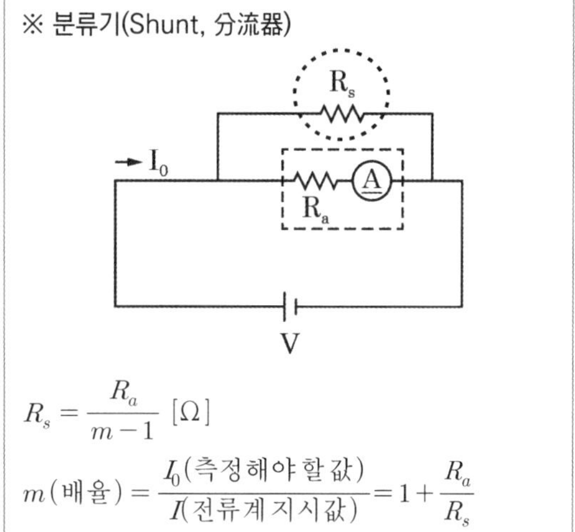

$R_s = \frac{R_a}{m-1}$ [Ω]

$m(\text{배율}) = \frac{I_0(\text{측정해야 할 값})}{I(\text{전류계 지시값})} = 1 + \frac{R_a}{R_s}$

여기서, R_s : 분류기 저항
R_a : 전류계 내부 저항

65 최대눈금 100 mA, 내부저항 1.5 Ω인 전류계에 0.3 Ω의 분류기를 접속하여 전류를 측정할 때 전류계의 지시가 50 mA라면 실제 전류는 몇 mA인가?

① 200　　② 300
③ 400　　④ 600

해설

[분류기]

전류계가 감당할 수 있는 범위를 넘는 전류를 측정할 때, 일부 전류만 전류계로 흐르도록 하기 위해 병렬로 연결하는 저항을 말한다. 이를 통해 전류계의 측정 범위를 넓힐 수 있다.

$I_0 = \left(1 + \frac{R_a}{R_s}\right) I$

$= \left(1 + \frac{1.5}{0.3}\right) \times 50 = 300\ A$

66 목푯값을 직접 사용하기 곤란할 때, 주되먹임 요소와 비교하여 사용하는 것은?

① 제어요소　　② 비교장치
③ 되먹임요소　　④ 기준입력요소

해설

[기준입력요소]

목푯값을 검출부에서 피드백되는 신호와 같은 단위로 환산하는 기능을 하며 "설정부" 또는 "변환부"라고도 한다.

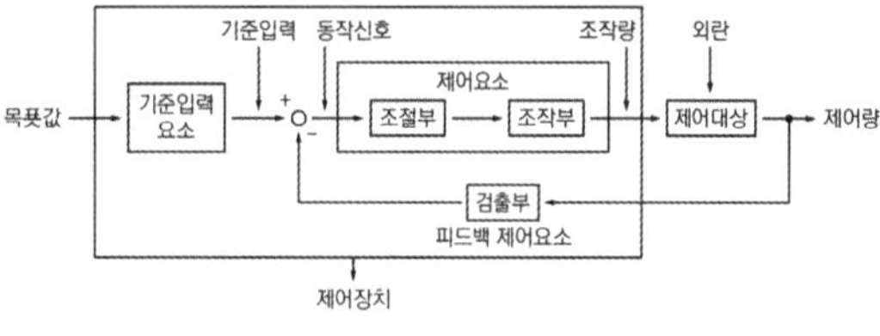

[폐루프제어계의 구성도]

정답 64 ④　65 ②　66 ④

67 비례적분제어동작의 특징으로 옳은 것은?

① 간헐현상이 있다.
② 잔류편차가 많이 생긴다.
③ 응답의 안정성이 낮은 편이다.
④ 응답의 진동시간이 매우 길다.

해설

[비례적분동작]
비례동작과 적분동작을 조합시킨 동작으로,
1) 잔류편차를 제거하여 정상특성을 개선한 동작이다.
2) 적분시간을 짧게 하면 잔류편차를 짧은 시간 내에 없앨 수 있지만 사이클링(간헐현상)이 발생한다.
3) 적분시간이 길면 잔류편차를 없애는 데 긴 시간이 걸린다.

68 신호흐름선도와 등가인 블록선도를 그리려고 한다. 이때 G(s)로 알맞은 것은?

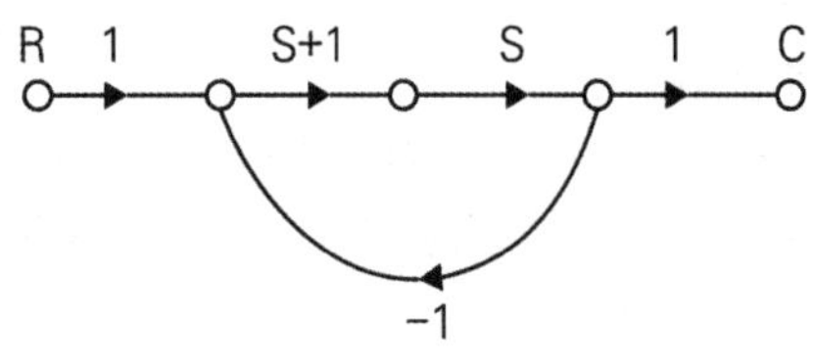

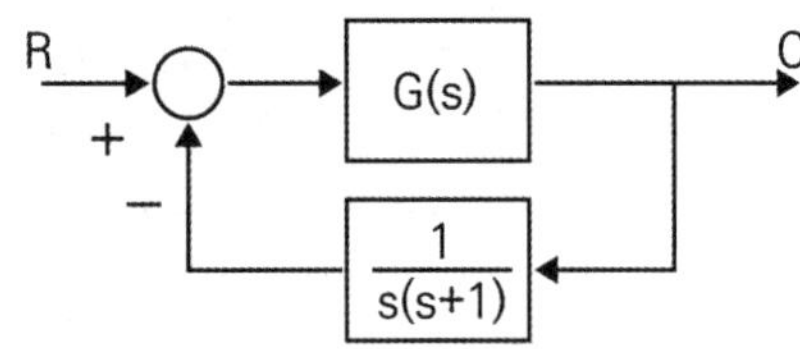

① s　　② 1 / (s + 1)
③ 1　　④ s(s + 1)

해설

[블록선도]
신호흐름선도와 블록선도의 전달함수가 같으면 등가관계이다.

전달함수 $\frac{C}{R}=\frac{\text{전향경로 이득}}{1-\text{피드백 이득}}$

1) 신호흐름도의 전달함수

$$\frac{C}{R}=\frac{1\times(s+1)\times s}{1-[(s+1)\times s\times(-1)]}=\frac{s(s+1)}{1+s(s+1)}=\frac{1}{\frac{1}{s(s+1)}+1}=\frac{1}{1+\frac{1}{s(s+1)}}$$

2) 블록선도의 전달함수

$$\frac{C}{R}=\frac{G(s)}{1-\left(-G(s)\times\frac{1}{s(s+1)}\right)}=\frac{G(s)}{1+\frac{G(s)}{s(s+1)}}$$

3) 신호흐름선도와 블록선도의 전달함수관계

$$\frac{1}{1+\frac{1}{s(s+1)}}=\frac{G(s)}{1+\frac{G(s)}{s(s+1)}}$$ 이므로

$\therefore G(s)=1$

정답 67 ① 68 ③

69 다음은 직류전동기의 토크특성을 나타내는 그래프이다. (A), (B), (C), (D)에 알맞은 것은?

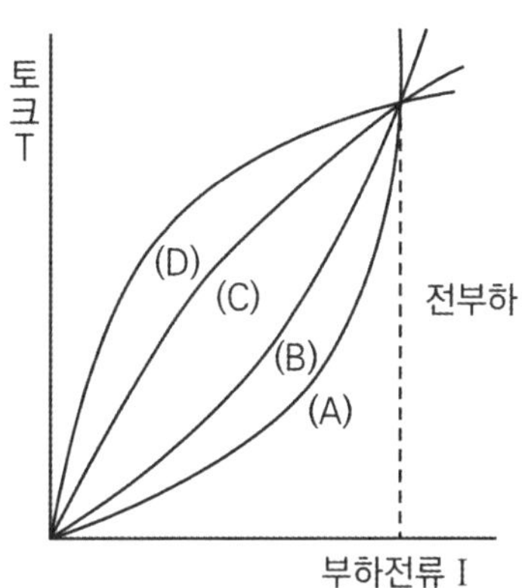

① (A) : 직권전동기
(B) : 가동복권전동기
(C) : 분권전동기
(D) : 차동복권전동기

② (A) : 분권전동기
(B) : 직권전동기
(C) : 가동복권전동기
(D) : 차동복권전동기

③ (A) : 직권전동기
(B) : 분권전동기
(C) : 가동복권전동기
(D) : 차동복권전동기

④ (A) : 분권전동기
(B) : 가동복권전동기
(C) : 직권전동기
(D) : 차동복권전동기

해설

[직류전동기 토크 특성]

직권 > 가동복권 > 분권 > 차동복권

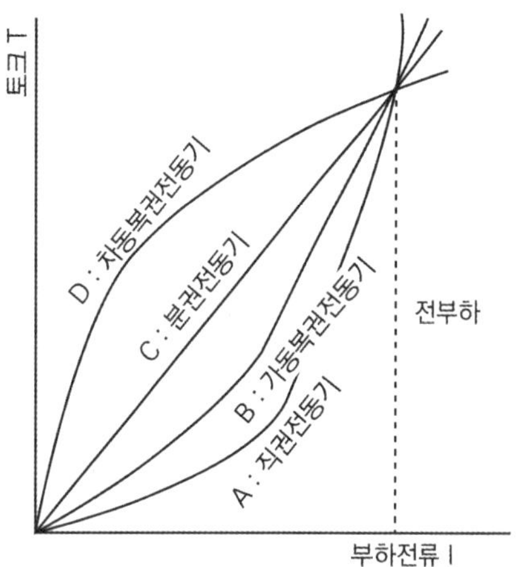

70 서보기구의 특징에 관한 설명으로 틀린 것은?

① 원격제어의 경우가 많다.
② 제어량이 기계적 변위이다.
③ 추치제어에 해당하는 제어장치가 많다.
④ 신호는 아날로그에 비해 디지털인 경우가 많다.

해설

[서보기구]

1) 서보기구 물체의 변위(위치), 자세(각도), 방향 등을 제어량으로 하여 목표치가 임의적으로 변화하는 것에 추종하도록 하는 제어계(장치)이다.
2) 적용분야 : 공작기계의 궤적제어, 측정기의 위치제어, 미사일 추적장치, 추적용 레이더, 선박의 방향제어 등

정답 69 ① 70 ④

71 SCR에 관한 설명으로 틀린 것은?

① PNPN 소자이다.
② 스위칭 소자이다.
③ 양방향성 사이리스터이다.
④ 직류나 교류의 전력제어용으로 사용된다.

해설

[SCR(사이리스터, 실리콘제어 정류소자)]

1) 정류기능을 갖는 단방향성 3단자 소자이며 애노드, 캐소드, 게이트 3개의 단자를 가진다.
2) SCR은 게이트 단자를 이용하여 전류의 흐름을 제어할 수 있는 것이 특징이다.
3) SCR동작방식
   (1) 애노드 - 캐소드 방향으로 **순방향 전압**이 걸려 있어도, 게이트 신호가 없으면 전류가 흐르지 않는다.
   (2) 게이트에 트리거 신호를 인가하면 전류가 흐르기 시작하며, 이후에는 게이트 신호 없이도 계속 도통 상태를 유지한다.
   (3) 전류가 일정 수준 이하로 떨어지거나 역전압이 걸릴 경우 소자가 차단된다.

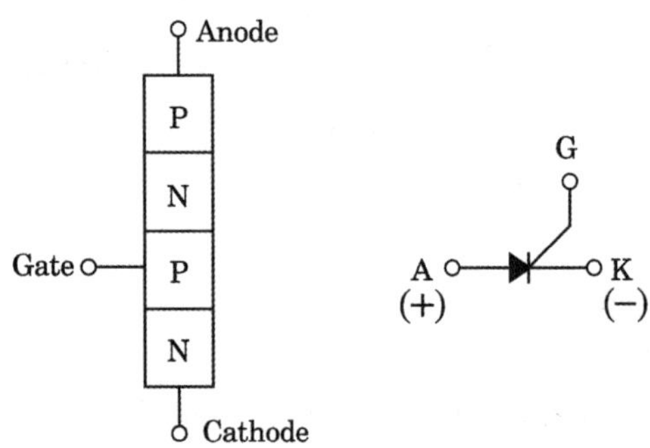

72 피드백제어계에서 목표치를 기준입력신호로 바꾸는 역할을 하는 요소는?

① 비교부 ② 조절부
③ 조작부 ④ 설정부

해설

[설정부(변환부, 기준입력요소)]

목푯값을 검출부에서 피드백되는 신호와 같은 단위로 환산하는 기능, 즉 목표치를 기준 입력신호로 바꾸는 역할을 한다.

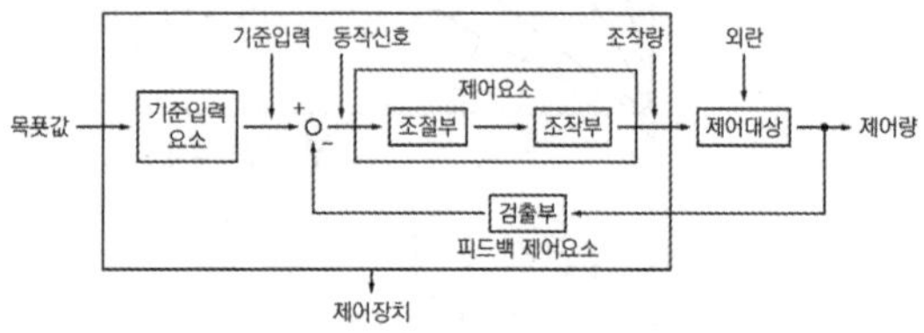

[폐루프제어계의 구성도]

73 정현파 교류의 실효값(V)과 최댓값(V_m)의 관계식으로 옳은 것은?

① $V=\sqrt{2}\,V_m$ ② $V=\frac{1}{\sqrt{2}}V_m$
③ $V=\sqrt{3}\,V_m$ ④ $V=\frac{1}{\sqrt{3}}V_m$

해설

[정현파 교류의 실효값]

교류를 가장 보편적으로 표현한 값이며, 직류가 하는 것과 동등한 일을 하는 교류값이라고 할 수 있다.

- 실효값은 $45°\ (\frac{\pi}{4})$에서의 값이다.
- 실효전압 $V=\frac{1}{\sqrt{2}}V_m=0.707\,V_m$ [V]
- 실효전류 $I=\frac{1}{\sqrt{2}}I_m=0.707I_m$ [A]

정답 71 ③ 72 ④ 73 ②

74 적분시간이 2초, 비례감도가 5 mA/mV인 PI조절계의 전달함수는?

① $\frac{1+2s}{5s}$　② $\frac{1+5s}{2s}$
③ $\frac{1+2s}{0.4s}$　④ $\frac{1+0.4s}{2s}$

해설

[PI조절계의 전달함수]
PI동작 입력신호$x(t)$와 출력신호$y(t)$의 관계식

$$y(t) = K_p[x(t) + \frac{1}{T_1}\int x(t)dt]$$

라플라스 변환하면

$$Y(s) = K_P\left[X(s) + \frac{1}{T_1}\cdot\frac{1}{s}X(s)\right]$$

$$= K_P\left(1+\frac{1}{T_1 s}\right)X(s)$$

전달함수 $G(s) = \frac{Y(s)}{X(s)} = K_P\left(1+\frac{1}{T_I s}\right)$

$$\therefore G(s) = 5\left(1+\frac{1}{2s}\right) = 5\left(\frac{2s+1}{2s}\right)$$

$$= \frac{5+10s}{2s} = \frac{1+2s}{0.4s}$$

75 PLC(Programmable Logic Controller)의 출력부에 설치하는 것이 아닌 것은?

① 전자개폐기　② 열동계전기
③ 시그널램프　④ 솔레노이드밸브

해설

[PLC의 출력부에 설치하는 것]
1) PLC(Programable Logic Controller) 논리연산, 수치연산, 데이터처리기능, 프로그램 제어기능을 조합한 제어이다.
2) PLC는 중앙처리장치(CPU), 외부 기기와의 신호를 연결시켜주는 입-출력부, 각 부에 전원을 공급하는 전원부, PLC 내의 메모리에 프로그램을 기록하는 주변장치로 구성된다.
   (1) 입력부 : 외부기기로부터의 신호를 CPU의 연산부로 전달해주는 역할을 한다. 입력의 종류로는 DC24V, AC110V 등이 있다.
   (2) 출력부 : 내부연산의 결과를 외부에 접속된 전자개폐기, 솔레노이드, 시그널램프 등에 전달하는 역할을 한다.

보충 열동계전기[Thermal Relay]는 열에 의해 작동하는 계전기로서 모터 등의 설비에 과부하 보호용으로 사용된다.

76 4000 Ω의 저항기 양단에 100 V의 전압을 인가할 경우 흐르는 전류의 크기(mA)는?

① 4　② 15
③ 25　④ 40

해설

[옴의 법칙]
옴의 법칙 $I = \frac{V}{R}$

$$I = \frac{100}{4000} = 0.025\ \text{A} = 25\ \text{mA}$$

77 다음 설명에 알맞은 전기 관련 법칙은?

도선에서 두 점 사이 전류의 크기는 그 두 점 사이의 전위차에 비례하고, 전기저항에 반비례한다.

① 옴의 법칙　② 렌츠의 법칙
③ 플레밍의 법칙　④ 전압분배의 법칙

정답 74 ③　75 ②　76 ③　77 ①

해설

[옴의 법칙]

옴의 법칙 $I=\dfrac{V}{R}$

도선에서 두 점 사이 전류의 크기는 두 점 사이의 전위차(V)에 비례하고, 전기저항(R)에 반비례한다.

78 그림과 같은 RLC 병렬공진회로에 관한 설명으로 틀린 것은?

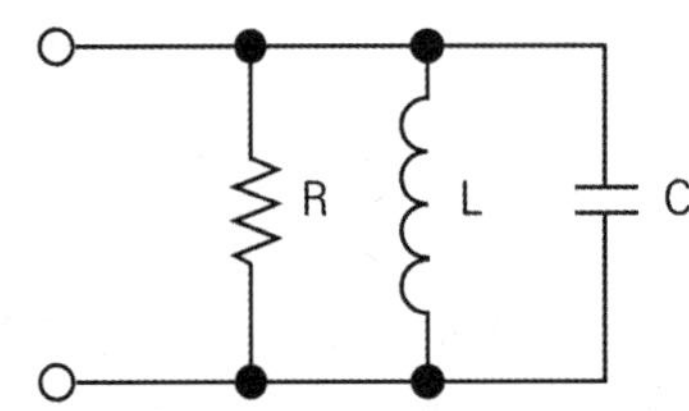

① 공진조건은 ωC = 1 / ωL이다.
② 공진시 공진전류는 최소가 된다.
③ R이 작을수록 선택도 Q가 높다.
④ 공진 시 입력 어드미턴스는 매우 작아진다.

해설

[RLC 병렬회로]

③ 선택도 Q : 회로에서 특정 주파수의 신호만 통과시키고, 나머지 주파수를 억제하는 능력

$Q=R\sqrt{\dfrac{C}{L}}$

∴ R이 작을수록 선택도가 낮다.

구분	직렬공진	병렬공진
조건	$X_L=X_C$, $\omega L=\dfrac{1}{\omega C}$	$\dfrac{1}{X_L}=\dfrac{1}{X_C}$, $\omega C=\dfrac{1}{\omega L}$
공진의 의미	• 허수부가 0이다. • 전압과 전류가 동상이다. • 역률이 1이다. • 임피던스가 최소이다. • 흐르는 전류가 최대이다.	• 허수부가 0이다. • 전압과 전류가 동상이다. • 역률이 1이다. • 어드미턴스가 최소이다(= 임피던스 최대). • 흐르는 전류가 최소이다.
전류	$I=\dfrac{V}{Z}$	$I=YV$
공진 주파수	$f_0=\dfrac{1}{2\pi\sqrt{LC}}$	$f_0=\dfrac{1}{2\pi\sqrt{LC}}$
선택도	전압 확대비 $Q=\dfrac{X}{R}=\dfrac{\omega L}{R}$ $=\dfrac{1}{\omega CR}$ $=\dfrac{1}{R}\sqrt{\dfrac{L}{C}}$	전류 확대비 $Q=\dfrac{R}{X}=\dfrac{R}{\omega L}$ $=\omega CR$ $=R\sqrt{\dfrac{C}{L}}$

79 정상 편차를 개선하고 응답속도를 빠르게 하며 오버슈트를 감소시키는 동작은?

① K
② K(1 + sT)
③ $K(1+\dfrac{1}{sT})$
④ $K(1+sT+\dfrac{1}{sT})$

해설

[비례미분적분동작(PID)]

① 비례제어
② 비례미분제어
③ 비례적분제어
④ 비례미분적분제어

※ 비례미분적분제어 : 정상편차(잔류편차)를 개선하고 응답속도를 빠르게하며 오버슈트를 감소시키는 동작이다.

정답 78 ③ 79 ④

80 특성방정식이 $s^3 + 2s^2 + Ks + 5 = 0$인 제어계가 안정하기 위한 K값은?

① $K > 0$　　② $K < 0$

③ $K > \frac{5}{2}$　　④ $K < \frac{5}{2}$

해설

[특성방정식]

1) 안정조건

(1) 특성방정식의 계수가 전부 0이 아니고 같은 부호를 가질 것

(2) 루쓰의 수열의 첫 번째 열이 전부 0이 아니고 같은 부호를 가질 것

(3) 허위츠의 행렬의 모든 주요 소행렬식이 양수일 것

2) 루쓰의 수열로 풀면

특성방정식 $s^3 + 2s^2 + Ks + 5 = 0$

$\alpha_0 = 1 \quad a_1 = 2 \quad a_2 = K \quad a_3 = 5$

루쓰의 표 작성

s^3	a_0	a_2
s^2	a_1	a_3
s^1	$\frac{a_1a_2 - a_0a_3}{a_1}$	0
s^0	a_3	

s^3	1	K
s^2	2	5
s^1	$\frac{2K-5}{2}$	0
s^0	5	

제1열의 부호변화가 없으려면 $\frac{2K-5}{2} > 0$

$\frac{2K-5}{2} > 0 \quad \rightarrow \quad 2K-5 > 0$

$\therefore K > \frac{5}{2}$이면 안정하다

3) 허위츠(훌비쯔)의 행렬식으로 풀면

특정방정식 $s^3 + 2s^2 + Ks + 5 = 0$

$\alpha_0 = 1 \quad a_1 = 2 \quad a_2 = K \quad a_3 = 5$

$D_1 = a_1 = 2$

$$D_2 = \begin{vmatrix} a_1 & a_3 \\ a_0 & a_2 \end{vmatrix} = \begin{vmatrix} 2 & 5 \\ 1 & K \end{vmatrix}$$

$$= -(5 \times 1) + (2 \times K)$$

$$= -5 + 2K$$

제어계가 안정하려면 행렬식 $D_1 > 0$, $D_2 > 0$이어야 하므로 $-5 + 2K > 0$이어야 한다.

$\therefore K > \frac{5}{2}$

정답 80 ③

5과목 배관일반

1회독 시간 : 점수 :
2회독 시간 : 점수 :
3회독 시간 : 점수 :

81 냉매배관재료 중 암모니아를 냉매로 사용하는 냉동설비에 가장 적합한 것은?

① 동, 동합금
② 아연, 주석
③ 철, 강
④ 크롬, 니켈 합금

해설

[암모니아를 냉매로 사용하는 냉동설비]
암모니아 냉매는 아연, 주석, 동, 동합금과 반응하여 부식을 일으키므로 배관재료는 강·철을 사용한다.

82 배수관의 관경 선정방법에 관한 설명으로 틀린 것은?

① 기구배수관의 관경은 배수트랩의 구경 이상으로 하고 최소 30 mm 정도로 한다.
② 수직, 수평관 모두 배수가 흐르는 방향으로 관경이 축소되어서는 안 된다.
③ 배수수직관은 어느 층에서나 최하부의 가장 큰 배수부하를 담당하는 부분과 동일한 큰 배수부하를 담당하는 부분과 동일한 관경으로 한다.
④ 땅속에 매설되는 배수관 최소 구경은 30 mm 정도로 한다.

해설

[지중매설 배수관 관경]
④ 땅속에 매설되는 배수관의 최소 구경은 50 mm 이상으로 한다.

※ 배수관경 결정의 기본법칙
1) 기구 배수 관경
기구배수관의 관경은 배수트랩의 구경 이상으로 하고 최소 30 mm로 한다.
2) 관경 축소 금지
수직, 수평관 모두 배수가 흐르는 방향으로 관경이 축소되어서는 안 된다.
3) 배수수직관의 관경
배수수직관은 어느 층에서나 최하부의 가장 큰 배수부하를 담당하는 부분과 동일한 큰 배수부하를 담당하는 부분과 동일한 관경으로 한다.
4) 지중 매설배관의 관경
지중 또는 지하층의 바닥 밑에 매설되는 배수관의 관경은 50 mm 이상으로 한다.

83 급탕설비의 설계 및 시공에 관한 설명으로 틀린 것은?

① 중앙식 급탕방식은 개별식 급탕방식보다 시공비가 많이 든다.
② 온수의 순환이 잘되고 공기가 고이는 것을 방지하기 위해 배관에 구배를 둔다.
③ 게이트밸브는 공기고임을 만들기 때문에 글로브밸브를 사용한다.
④ 순환방식은 순환펌프에 의한 강제순환식과 온수의 비중량 차이에 의한 중력식이 있다.

정답 81 ③ 82 ④ 83 ③

해설

[급탕설비의 설계 및 시공]
게이트밸브는 공기 고임현상을 유발하지 않지만, 구조상 일부만 개방될 경우 유체가 소용돌이쳐 진동이 발생할 수 있다. 따라서 온수유량 조절용으로는 글로브밸브가 사용된다.

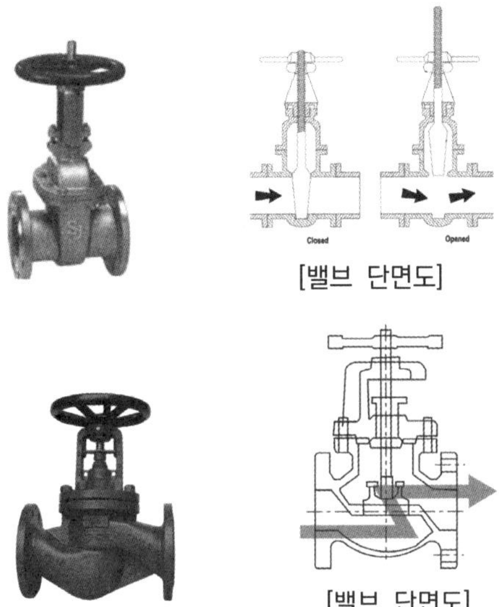

[밸브 단면도]

[밸브 단면도]

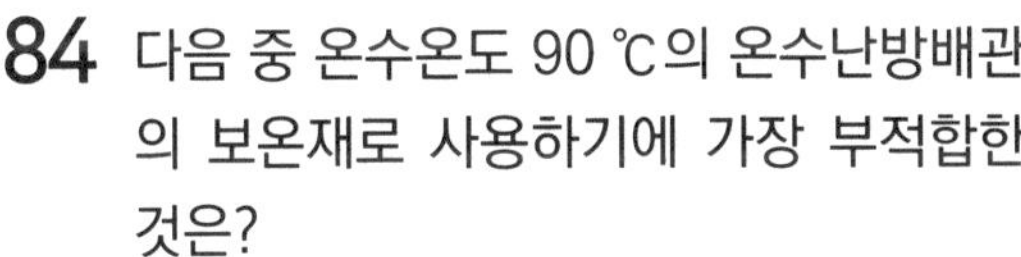

84 다음 중 온수온도 90 ℃의 온수난방배관의 보온재로 사용하기에 가장 부적합한 것은?

① 규산칼슘 ② 펄라이트
③ 암면 ④ 폴리스틸렌

해설

[온수난방배관의 보온재]

보온재	안전사용온도	특징
규산칼슘	650 ℃ 이하	기계적 강도가 크고, 내열성·내수성이 크다
펄라이트	650 ℃ 이하	흡습성과 열전도율이 적고, 내열도가 높다
암면	400 ~ 600 ℃	석면보다 거칠고 부서지기 쉽다
폴리스틸렌	70 ℃ 이하	경량이고 흡수성이 적다

2019-01

85 증기난방배관 시공법에 대한 설명으로 틀린 것은?

① 증기주관에서 지관을 분기하는 경우 관의 팽창을 고려하여 스위블이음법으로 한다.
② 진공 환수식 배관의 증기주관은 1/100 ~ 1/200 선상향 구배로 한다.
③ 주형방열기는 일반적으로 벽에서 50 ~ 60 mm 정도 떨어지게 설치한다.
④ 보일러 주변의 배관방법에서는 증기관과 환수관 사이에 밸런스관을 달고, 하트포드(Hartford) 접속법을 사용한다.

해설

[증기난방배관 시공법]
증기난방배관의 증기 주관은 중력식, 강제식, 진공 환수식 모두 1/100 ~ 1/200의 선하향 구배로 한다.

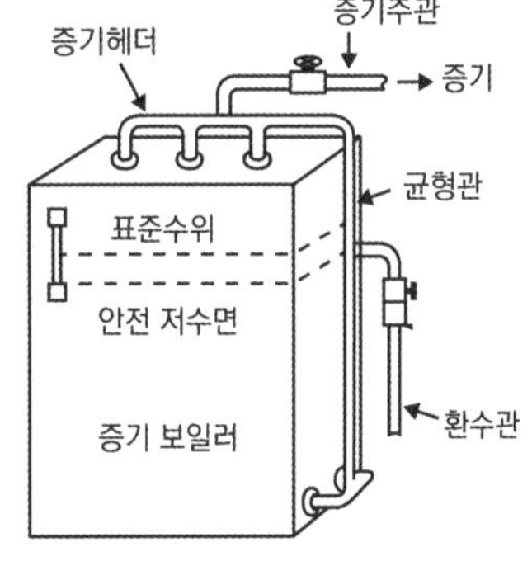

[하트포드 접속법]

정답 84 ④ 85 ②

86 간접가열식 급탕법에 관한 설명으로 틀린 것은?

① 대규모 급탕설비에 부적당하다.
② 순환증기는 높이에 관계없이 저압으로 사용 가능하다.
③ 저탕탱크와 가열용 코일이 설치되어 있다.
④ 난방용 증기보일러가 있는 곳에 설치하면 설비비를 절약하고 관리가 편하다.

해설

[간접가열식 급탕법]
간접가열식 급탕법은 가열용 코일이나 열교환기를 통해 급탕수를 데우는 방식이다. 증기나 온수를 직접 급탕수와 접촉시키지 않고, 열교환기를 통해 열을 전달하는 방법이다.

① 간접가열식 급탕법은 대규모 급탕설비에 적합하며, 저탕탱크와 가열코일을 통해 대량의 온수를 일정한 온도로 공급할 수 있다.
② 간접가열방식에서는 저압증기나 온수로도 충분히 열교환을 통해 급탕이 가능하다. 또한 높이에 관계없이 펌프를 사용해 열매체를 순환시킬 수 있어 저압증기 사용이 유리하다.
③ 간접가열식 급탕시스템의 핵심은 저탕탱크와 가열코일(열교환기)이다. 저탕탱크는 가열된 온수를 저장해 공급하고, 가열코일은 증기나 온수를 통해 급탕수를 가열한다.
④ 난방용 증기보일러가 있는 경우 같은 증기를 사용해 급탕을 공급할 수 있어 별도 보일러 없이 경제적이다.

87 급탕배관의 단락현상(Short Circuit)을 방지할 수 있는 배관방식은?

① 리버스 리턴배관방식
② 다이렉트 리턴배관방식
③ 단관식 배관방식
④ 상향식 배관방식

해설

[리버스 리턴배관방식]
1) 단락현상이란, 배관 길이 차이로 인해 뜨거운 물이 일부 구역에서만 집중적으로 순환하고, 먼 곳까지 제대로 공급되지 않는 현상을 말한다.
2) 리버스 리턴(역환수)배관방식은 모든 급탕 공급처까지의 배관 길이를 동일하게 맞추는 방식이다. 이렇게 하면 가까운 곳만 먼저 뜨거운 물이 돌아가는 단락현상(Short Circuit)을 방지할 수 있다.

보충 다이렉트 리턴배관방식
= 직접환수배관방식

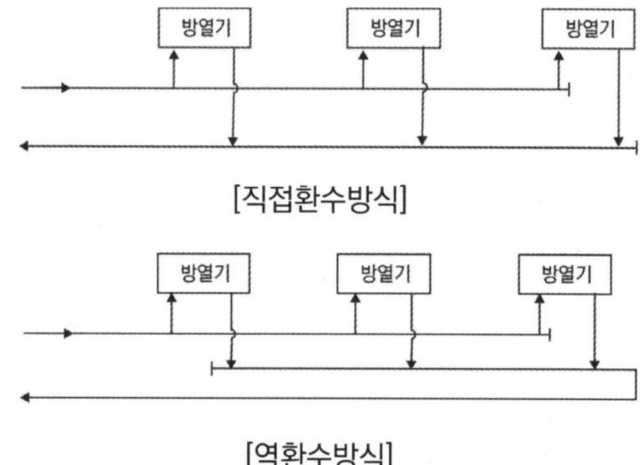

[직접환수방식]

[역환수방식]

정답 86 ① 87 ①

88 도시가스배관 설비기준에서 배관을 시가지의 도로 노면 밑에 매설하는 경우에는 노면으로부터 배관의 외면까지 얼마 이상을 유지해야 하는가? (단, 방호구조물 안에 설치하는 경우는 제외한다)

① 0.8 m ② 1 m
③ 1.5 m ④ 2 m

해설

[도시가스배관의 매설]

위치	매설깊이 (이상)	출처
공동주택등의 부지 안	0.6 m	일반도시가스 사업의 가스공급시설의 시설기준(도시가스 사업법 시행규칙 별표 6)
폭 4 m 미만 도로	0.6 m	
폭 4 m 이상 8 m 미만 도로	1 m	
폭 8 m 이상 도로	1.2 m	
산이나 들	1 m	가스도매 사업의 가스공급시설의 시설기준(도시가스사업법 시행규칙 별표 5)
그 밖의 지역	1.2 m	
시가지 외의 도로	1.2 m	
시가지의 도로	1.5 m	
포장되어 있는 차도	0.5 m	
인도·보도 등 노면 외의 도로	1.2 m	
철도 부지	1.2 m	

89 관의 두께별 분류에서 가장 두꺼워 고압배관으로 사용할 수 있는 동관의 종류는?

① K형 동관 ② S형 동관
③ L형 동관 ④ N형 동관

해설

[동관의 분류]
K type - 두께가 가장 두껍다.
L type - 두께가 두껍다.
M type - 두께가 보통이다.
N type - 두께가 얇다.

90 동관이음방법에 해당하지 않는 것은?

① 타이톤이음 ② 납땜이음
③ 압축이음 ④ 플랜지이음

해설

[동관이음방법]

- 타이톤이음 : 주철관이음
- 납땜이음 : 동관 및 연관이음
- 압축이음 : 플레어이음이며 동관이음이다
- 플랜지이음 : 강관, 주철관, 동관이음

91 밴더에 의한 관 굽힘 시 주름이 생겼다. 주된 원인은?

① 재료에 결함이 있다.
② 굽힘형의 홈이 관지름 보다 작다.
③ 클램프 또는 관에 기름이 묻어 있다.
④ 압력형이 조정이 세고 저항이 크다.

해설

[냉간 기계 밴딩 시 관에 주름 발생 원인]
1) 관이 미끄러진다.
2) 받침쇠가 너무 들어가 있다.
3) 굽힘형의 홈이 관지름보다 작다.
4) 외경에 비해 두께가 작다.
5) 굽힘형이 주축에서 빗나가 있다.

정답 88 ③ 89 ① 90 ① 91 ②

92 공조배관 설계 시 유속을 빠르게 했을 경우의 현상으로 틀린 것은?

① 관경이 작아진다.
② 운전비가 감소한다.
③ 소음이 발생된다.
④ 마찰손실이 증대한다.

해설

[공조배관 설계 시 유속을 빠르게 했을 경우의 현상]
공조배관의 유속을 빠르게하면
① 유속증가로 배관경이 작아진다.
② 유속이 증가하므로 펌프의 동력비가 증가한다.
③ 유속의 증가로 소음이 발생한다.
④ 유속의 증가로 마찰손실이 증대된다.
마찰 손실 $H_\ell = f\dfrac{L}{d} \cdot \dfrac{v^2}{2g}$

93 증기난방설비의 특징에 대한 설명으로 틀린 것은?

① 증발열을 이용하므로 열의 운반능력이 크다.
② 예열시간이 온수난방에 비해 짧고 증기순환이 빠르다.
③ 방열면적을 온수난방보다 적게 할 수 있다.
④ 실내 상하온도차가 작다.

해설

[증기난방설비의 특징]
1) 증기의 증발잠열을 이용하므로 열의 운반능력이 크다.
2) 장치 내 보유수량이 적어 열용량이 작으므로 예열시간이 짧고 증기순환이 빠르다.
3) 증기난방 표준방열량이 756 W/m^{2}로 온수난방 표준 방열량 523 W/m^{2}보다 크므로 방열면적을 온수난방보다 적게 할 수 있다.
4) 열매체(증기)의 온도가 높아 실내의 상하온도차가 크다.
5) 증기는 자체압력으로 이동하므로 순환동력(펌프)이 없어도 된다.
6) 방열량(증기의 온도, 유량)제어가 어려워 실내온도 조절이 어렵다.
7) 방열기 표면온도가 높아 화상의 위험이 있다.
8) 스팀햄머가 발생할 수 있다.
9) 환수관 내부에서 부식 발생이 쉽다.

94 냉매배관 시공 시 주의사항으로 틀린 것은?

① 배관 길이는 되도록 짧게 한다.
② 온도변화에 의한 신축을 고려한다.
③ 곡률 반지름은 가능한 작게 한다.
④ 수평배관은 냉매흐름 방향으로 하향구배 한다.

해설

[냉매배관 시공 시 주의사항]
1) 배관길이는 짧게하여 배관 마찰손실을 적게한다.
2) 온도변화에 의한 신축을 고려하여 파손을 방지한다.
3) 곡률 반지름을 가능한 크게 하여 마찰손실을 작게 한다.

정답 92 ② 93 ④ 94 ③

4) 수평배관은 냉매흐름 방향으로 하향구배로 하여 윤활유 및 냉매액이 역류하지 않게한다.
5) 흡입관의 입상관이 긴 경우에는 윤활유 회수를 위해 10 m마다 U-trap을 설치한다.
6) 토출관의 입상관이 10 m 이상일 때 정지 중 윤활유와 액화된 냉매의 역류를 방지하기 위해 10 m마다 U - trap을 설치한다.
7) 증발기가 응축기(수액기)보다 8 m 이상 높은 위치에 설치될 때는 플래시가스가 발생하므로 액 - 가스 열교환기를 설치하여 냉매액의 과냉각도를 크게한다.

95 다음 중 "접속해 있을 때"를 나타내는 관의 도시기호는?

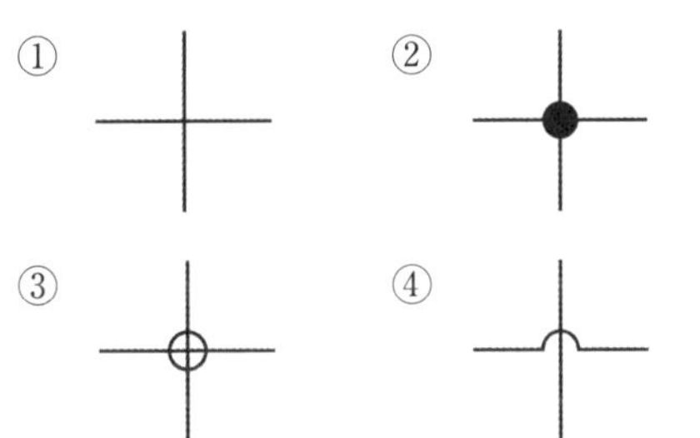

해설

[관의 도시기호]

• 관이 접속해 있을 때의 표시

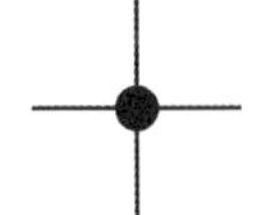

• 관이 접속해 있지 않을 때 표시

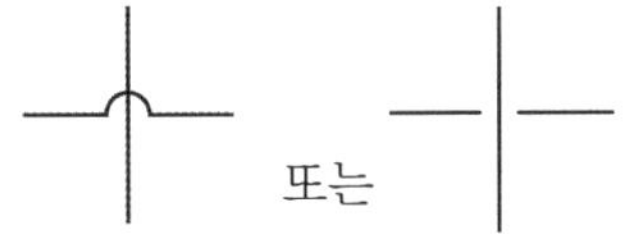

96 고가수조식 급수방식의 장점이 아닌 것은?

① 급수압력이 일정하다.
② 단수 시에도 일정량의 급수가 가능하다.
③ 급수 공급계통에서 물의 오염 가능성이 없다.
④ 대규모 급수에 적합하다.

해설

[고가수조 급수방식]

수도 본관으로부터 건물의 옥상 등에 설치된 고가수조에 물을 받아 저장하고 고가수조에서 하향으로 급수하는 방식

※ 장점
• 급수압력이 일정하다
• 단수 시에도 일정량의 급수가 가능하다
• 대규모 급수에 적합하다
• 취급이 쉽고 고장이 적다

※ 단점
• 저장된 물을 장시간 사용하지 않으면 변질될 수 있다
• 중량물이 건물의 높은 곳에 설치되므로 건축물의 구조적, 미관적인 문제를 고려해야 한다

97 증발량 5000 kg/h인 보일러의 증기 엔탈피가 2680 kJ/kg이고, 급수 엔탈피가 62 kJ/kg일 때, 보일러의 상당 증발량(kg/h)은?

① 278　② 4800
③ 5797　④ 3125000

정답 95 ② 96 ③ 97 ③

해설

[보일러의 상당 증발량]

$$상당증발량 = \frac{보일러\ 증발열량}{대기압,\ 100℃\ 물의\ 증발잠열} = \frac{5000 \times (2680 - 62)}{2257} = 5799.7\ \text{kg/h}$$

※ 계산값과 가장 근사치의 답을 선지에서 고른다.

보충 물의 증발잠열 : 2257 kJ/kg

> ※ 보일러의 상당증발량
> 보일러가 생산한 증기를 섭씨 100℃의 물 1kg을 100℃의 포화증기로 증발시키는 데 필요한 에너지를 기준으로 환산한 증발량
> → 서로 다른 조건의 보일러 성능 비교를 공정하게 하기 위함

98 냉동장치의 배관 설치에 관한 내용으로 틀린 것은?

① 토출가스의 합류 부분배관은 T이음으로 한다.
② 압축기와 응축기의 수평배관은 하향 구배로 한다.
③ 토출가스배관에는 역류방지밸브를 설치한다.
④ 토출관의 입상이 10 m 이상일 경우 10 m마다 중간트랩을 설치한다.

해설

[냉동장치의 배관 설치]

① 토출가스 합류부분 배관은 Y이음으로 한다.
② 압축기와 응축기의 수평배관은 토출된 냉매가스 중 응축된 냉매가 압축기로 역류하지 않도록 응축기 쪽으로 하향구배로 한다.
③ 토출가스배관에는 토출된 고압가스가 압축기로 역류하지 않도록 역류방지밸브를 설치한다.
④ 토출관의 입상이 10 m 이상일 경우 정지중 윤활유와 액화된 냉매의 역류를 방지하기 위해 10 m마다 중간트랩을 설치한다.

99 증기 및 물배관 등에서 찌꺼기를 제거하기 위하여 설치하는 부속품은?

① 유니온　　② P트랩
③ 부싱　　④ 스트레이너

해설

[스트레이너(Strainer, 여과기)]

1) 배관에 설치하여 배관 내의 이물질을 걸러내기 위한 장치
2) 본체 안에 있는 여과망이 이물질을 걸러낸다.
3) 펌프의 흡입 쪽이나 밸브의 입구 쪽에 설치한다.
4) 종류는 Y형, U형, V형이 있다.

[Y형 스트레이너]

[U형 스트레이너]

[V형 스트레이너]

정답 98 ① 99 ④

100 가스배관재료 중 내약품성 및 전기 절연성이 우수하며 사용온도가 80 ℃ 이하인 관은?

① 주철관 ② 강관
③ 동관 ④ 폴리에틸렌관

해설

[폴리에틸렌관(PE : Poly Ethylene)]

1) 내식성, 내산성, 내알카리성 능 내약품성이 우수 하다.
2) 전기 절연성이 우수하다.
3) 가볍고 유연성이 좋다.
4) 내한성(-60 ℃)이 강하여 한랭지배관으로 우수하다.
5) 불에 약하고 인장강도가 작다.
6) 약 90 ℃에서 연화(軟化)한다.

정답 100 ④

2019 제2회

1과목 기계열역학

	시간 :	점수 :
1회독	시간 :	점수 :
2회독	시간 :	점수 :
3회독	시간 :	점수 :

01 어떤 시스템에서 공기가 초기에 290 K에서 330 K로 변화하였고, 이때 압력은 200 kPa에서 600 kPa로 변화하였다. 이때 단위질량당 엔트로피변화는 약 몇 kJ/(kg·K)인가? (단, 공기는 정압비열이 1.006 kJ/(kg·K)이고, 기체상수가 0.287 kJ/(kg·K)인 이상기체로 간주한다)

① 0.445　② -0.445
③ 0.185　④ -0.185

해설

[정압과정 엔트로피변화량]

$$\Delta S = C_p \ln\left(\frac{T_2}{T_1}\right) - R\ln\left(\frac{p_2}{p_1}\right)$$
$$= 1.006\times\ln\left(\frac{330}{290}\right) - 0.287\times\ln\left(\frac{600}{200}\right)$$
$$= -0.185$$

02 체적이 500 cm인 풍선에 압력 0.1 MPa, 온도 288 K의 공기가 가득 채워져 있다. 압력이 일정한 상태에서 풍선 속 공기 온도가 300 K로 상승했을 때 공기에 가해진 열량은 약 얼마인가? (단, 공기는 정압비열이 1.005 kJ/(kg·K), 기체상수가 0.287 kJ/(kg·K)인 이상기체로 간주한다)

① 7.3 [J]　② 7.3 kJ
③ 14.6 [J]　④ 14.6 kJ

해설

[공기에 가해진 열량]

> 이상기체상태방정식 $PV = GRT$
> 여기서, G : 질량 [kg]
> R : 특정기체상수 [kJ/(kg·K)]

$$q = GC_p(T_2 - T_1)$$
$$= G\times1.005\times(300-288)$$
$$= 0.000605\times1.005\times(300-288) = 7.29\ J$$

여기서,
G는 특정기체상태방정식을 이용하여
$PV = GRT$에서
$$100\times500\times10^{-6} = G\times0.287\times288$$
$$\therefore\ G = 0.000605\ kg$$

정답 01 ④ 02 ①

03 어떤 사이클이 다음 온도(T) - 엔트로피(s)선도와 같을 때 작동 유체에 주어진 열량은 약 몇 kJ/kg인가?

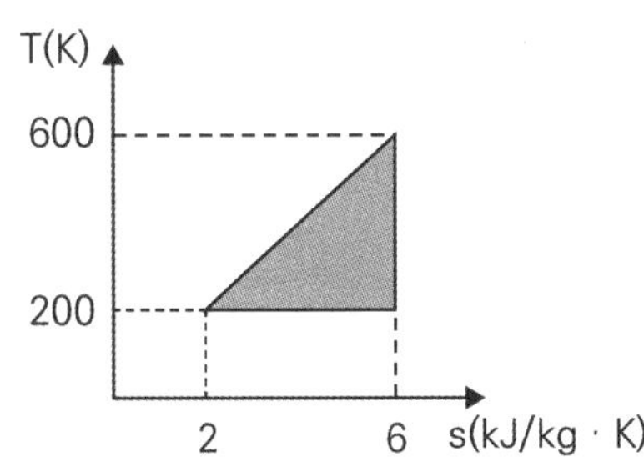

① 4 ② 400
③ 800 ④ 1600

해설

[작동 유체에 주어진 열량]

온도 - 엔트로피선도에서 열량은 면적과 같다.

$$q = \frac{(600-200)\times(6-2)}{2}$$
$$= 800\ kJ/kg$$

04 효율이 40 %인 열기관에서 유효하게 발생되는 동력이 110 kW라면 주위로 방출되는 총 열량은 약 몇 kW인가?

① 375 ② 165
③ 135 ④ 85

해설

[주위로 방출되는 총 열량]

$$\text{열기관의 효율 } \eta = \frac{\text{한 일의 양 } W}{\text{공급열량 } Q_H}$$

$$\eta = \frac{\text{한 일의 양 } W}{\text{방출열량 } Q_L + \text{한 일의 양 } W}$$

$$0.4 = \frac{110}{\text{방출열량 } Q_L + 110}$$

$$\therefore \text{방출열량 } Q_L = \frac{110}{0.4} - 110 = 165\ kW$$

05 500 W의 전열기로 4 kg의 물을 20 ℃에서 90 ℃까지 가열하는 데 몇 분이 소요되는가? (단, 전열기에서 열은 전부 온도 상승에 사용되고 물의 비열은 4180 J/(kg · K)이다)

① 16 ② 27
③ 39 ④ 45

해설

[전열기]

$$P\times t = G\times C\times \Delta t$$
$$500\ J/s\times t[s] = 4\times 4180\times(90-20)$$
$$t = 2340\ s$$

초를 분으로 환산하면

$$\therefore 2340\ s\times\frac{1\ min}{60\ s} = 39.01\ min$$

06 카르노사이클로 작동되는 열기관이 고온체에서 100 kJ의 열을 받고 있다. 이 기관의 열효율이 30 %라면 방출되는 열량은 약 몇 kJ인가?

① 30 ② 50
③ 60 ④ 70

정답 03 ③ 04 ② 05 ③ 06 ④

해설

[카르노사이클]

$$\text{효율 } \eta = \frac{\text{입열량}(Q_1) - \text{출열량}(Q_2)}{\text{입열량}(Q_1)}$$

$$0.3 = \frac{100 - Q_2}{100}$$

$\therefore$ 방출되는 열량 $Q_2 = 70\,kJ$

> ※ 열기관
>
> 고열원으로부터 열을 공급받아 기계적인 일로 전환시키는 것이 목적
>
> (열기관의 이상사이클 : 카르노사이클)
>
> $$\eta = \frac{W}{Q_1} = \frac{Q_1 - Q_2}{Q_1} = \frac{T_1 - T_2}{T_1}$$
>
> 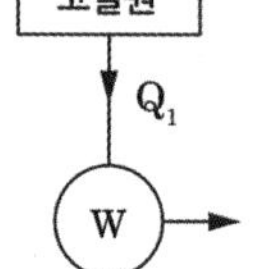
> 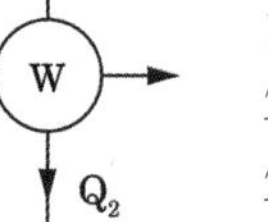
>
>
> Q_1 : 고열원으로부터 받은 열량
> Q_2 : 저열원으로 방출한 열량
> W : 일량
> T_1 : 고온
> T_2 : 저온

> ※ 냉동기
>
> 에너지(전기 혹은 고온의 열)를 일의 형태로 받아 저열원으로부터 열을 빼앗는 것이 목적
>
> $$COP = \frac{Q_2}{W} = \frac{Q_2}{Q_1 - Q_2} = \frac{T_2}{T_1 - T_2}$$
>
> 고열원 / 열펌프 Q_1 / W_C / 냉동기 Q_2(냉동) / 저열원
>
> Q_1 : 저열원으로부터 흡수하는 열량
> Q_2 : 고열원으로 방출하는 열량
> W : 일량
> T_1 : 고온
> T_2 : 저온

07

100 ℃와 50 ℃ 사이에서 작동하는 냉동기로 가능한 최대 성능계수(COP)는 약 얼마인가?

① 7.46 ② 2.54
③ 4.25 ④ 6.46

해설

[냉동기의 성능계수(COP)]

$$COP = \frac{\text{저온}}{\text{고온} - \text{저온}}$$

$$= \frac{(50+273)}{(100+273)-(50+273)}$$

$$= 6.46$$

08

압력이 0.2 MPa이고, 초기 온도가 120 ℃ 인 1 kg의 공기를 압축비 18로 가역 단열압축하는 경우 최종온도는 약 몇 ℃ 인가? (단, 공기는 비열비가 1.4인 이상 기체이다)

① 676 ℃ ② 776 ℃
③ 876 ℃ ④ 976 ℃

해설

[가역단열압축하는 경우 최종온도]

> 단열지수관계 $\dfrac{T_2}{T_1} = \left(\dfrac{v_1}{v_2}\right)^{k-1} = \left(\dfrac{p_2}{p_1}\right)^{\frac{k-1}{k}}$

압축비는 압축 전후 체적의 비이므로

$$\frac{T_2}{T_1} = \left(\frac{v_1}{v_2}\right)^{k-1}$$

$$\frac{(x+273)}{(120+273)} = (18)^{1.4-1}$$

$\therefore x = 975.82$

보충 압축비 = $\dfrac{v_1}{v_2}$

정답 07 ④ 08 ④

09 수증기가 정상과정으로 40 m/s의 속도로 노즐에 유입되어 275 m/s로 빠져나간다. 유입되는 수증기의 엔탈피는 3300 kJ/kg, 노즐로부터 발생되는 열손실은 5.9 kJ/kg일 때 노즐 출구에서의 수증기 엔탈피는 약 몇 kJ/kg인가?

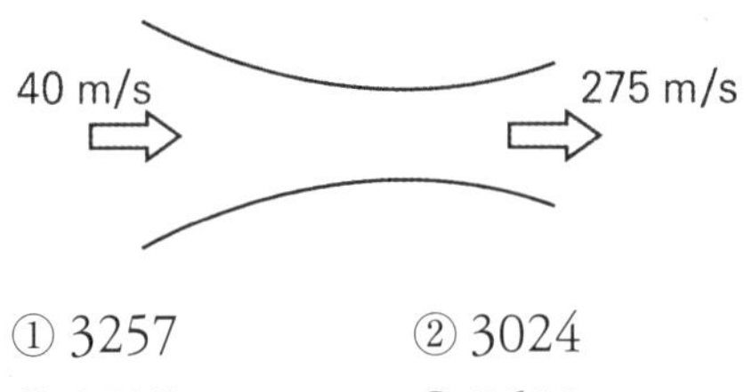

① 3257 ② 3024
③ 2795 ④ 2612

해설

[노즐 출구에서의 수증기 엔탈피]
열손실을 고려한 에너지방정식을 이용한다.

$$h_1 + \frac{v_1^2}{2} + gz_1 = h_2 + \frac{v_2^2}{2} + h_2 + gz_2 + h_L$$

여기서, h_1 : 입구 엔탈피, h_2 : 출구 엔탈피
v_1 : 입구 속도, v_2 : 출구 속도
z_1 : 입구 위치수두, z_2 : 출구 위치수두
g : 중력가속도, h_L : 손실 엔탈피

문제에서 입구와 출구의 높이에 대한 언급이 없다면, 위치에너지의 변화는 없다고 가정하는 것이 일반적인 풀이이므로 $gz_1 = gz_2 = 0$이다.
따라서

$$h_1 + \frac{v_1^2}{2} = h_2 + \frac{v_2^2}{2} + h_L$$

$$3300 \times 10^3\ J/kg + \frac{40^2}{2}$$

$$= h_2 + \frac{275^2}{2} + 5900\ J/kg$$

$$\therefore\ h_2 = 3257087\ J/kg = 3257.09\ kJ/kg$$

10 용기에 부착된 압력계에 읽힌 계기압력이 150 kPa이고 국소대기압이 100 kPa일 때 용기 안의 절대압력은?

① 250 kPa ② 150 kPa
③ 100 kPa ④ 50 kPa

해설

[절대압력]
절대압 = 대기압 + 계기압
= 150 + 100 = 250 kPa

11 R-12를 작동 유체로 사용하는 이상적인 증기압축 냉동사이클이 있다. 여기서 증발기 출구 엔탈피는 229 kJ/kg, 팽창밸브 출구 엔탈피는 81 kJ/kg, 응축기 입구 엔탈피는 255 kJ/kg일 때 이 냉동기의 성적계수는 약 얼마인가?

① 4.1 ② 4.9
③ 5.7 ④ 6.8

해설

[냉동사이클의 성적계수(COP)]

$$COP = \frac{냉동능력\ Q}{압축일\ W} = \frac{229-81}{255-229} ≒ 5.7$$

※ 냉동기
에너지(전기 혹은 고온의 열)를 일의 형태로 받아 저열원으로부터 열을 빼앗는 것이 목적

$$COP = \frac{Q_2}{W} = \frac{Q_2}{Q_1 - Q_2} = \frac{T_2}{T_1 - T_2}$$

정답 09 ① 10 ① 11 ③

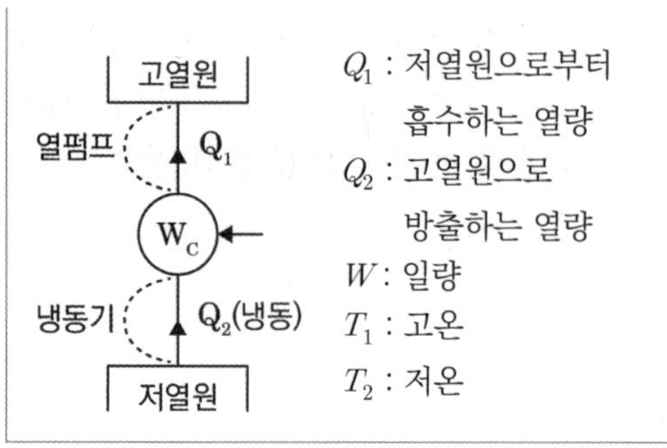

12 어떤 시스템에서 유체는 외부로부터 19 kJ의 일을 받으면서 167 kJ의 열을 흡수하였다. 이때 내부에너지의 변화는 어떻게 되는가?

① 148 kJ 상승한다.
② 186 kJ 상승한다.
③ 148 kJ 감소한다.
④ 186 kJ 감소한다.

해설

[내부에너지의 변화]

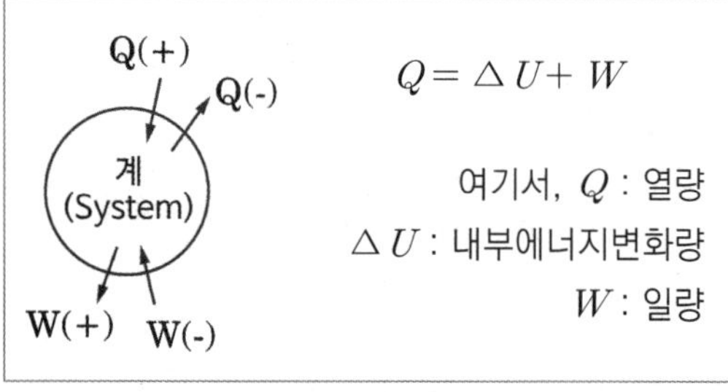

$\delta Q = dU + \delta W$

$dU = \delta Q - \delta W$

$= 167 - (-19)$

$= 186$ kJ 상승한다.

13 그림과 같이 실린더 내의 공기가 상태 1에서 상태 2로 변화할 때 공기가 한 일은? (단, P는 압력, V는 부피를 나타낸다)

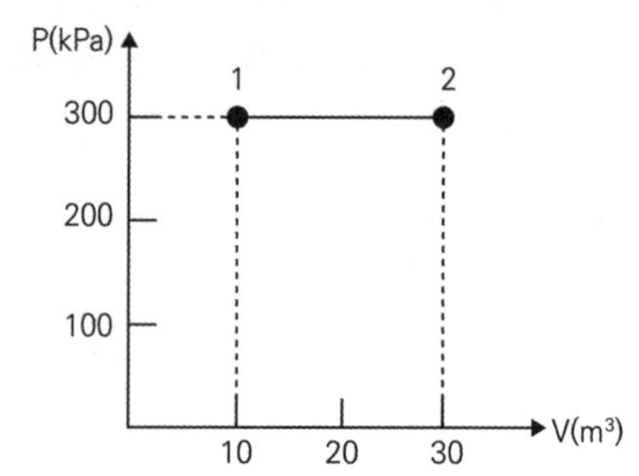

① 30 kJ ② 60 kJ
③ 3000 kJ ④ 6000 kJ

해설

[공기가 한 일]

절대일(팽창일)로

$W = P(v_2 - v_1)$에서

$= 300(30 - 10) = 6000\ kJ$

14 보일러에 물(온도 20 ℃, 엔탈피 84 kJ/kg)이 유입되어 600 kPa의 포화증기(온도 159 ℃, 엔탈피 2757 kJ/kg) 상태로 유출된다. 물의 질량유량이 300 kg/h이라면 보일러에 공급된 열량은 약 몇 kW인가?

① 121 ② 140
③ 223 ④ 345

정답 12 ② 13 ④ 14 ③

해설

[보일러에 공급된 열량]

$$Q[kW] = G(h_{유출} - h_{유입})$$
$$= 300\ kg/h \times \frac{1\ h}{3600\ s} \times (2757-84)\ kJ/kg$$
$$= 223\ kJ/s$$

15 압력이 100 kPa이며 온도가 25 ℃인 방의 크기가 240 m^{3}이다. 이 방에 들어 있는 공기의 질량은 약 몇 kg인가? (단, 공기는 이상기체로 가정하며, 공기의 기체상수는 0.287 kJ/(kg · K)이다)

① 0.00357　② 0.28
③ 3.57　④ 280

해설

[공기의 질량]

$PV = GRT$에서

$$G = \frac{PV}{RT} = \frac{100 \times 240}{0.287 \times (25+273)} = 280.6\ \mathrm{kg}$$

16 클라우지우스(Clausius) 부등식을 옳게 표한한 것은? (단, T는 절대온도, Q는 시스템으로 공급된 전체 열량을 표시한다)

① $\oint \frac{\delta Q}{T} \geq 0$　② $\oint \frac{\delta Q}{T} \leq 0$
③ $\oint T\delta Q \geq 0$　④ $\oint T\delta Q \leq 0$

해설

[클라우지우스(Clausius)의 부등식]

가역사이클인 경우	비가역사이클인 경우
$\oint \frac{\delta Q}{T} = 0$	$\oint \frac{\delta Q}{T} < 0$

따라서 클라우지우스의 적분값은

$$\oint \frac{\delta Q}{T} \leq 0$$

$\oint$: 폐곡선 적분(사이클 적분)

17 van der Waals 상태방정식은 다음과 같이 나타낸다. 이 식에서 $\frac{a}{V^2}$, b는 각각 무엇을 의미하는 것인가? (단, P는 압력, v는 비체적, R은 기체상수, T는 온도를 나타낸다)

$$(P + \frac{a}{V^2}) \times (V - b) = RT$$

① 분자 간의 작용 인력, 분자 내부에너지
② 분자 간의 작용 인력, 기체 분자들이 차지하는 체적
③ 분자 간의 질량, 분자 내부에너지
④ 분자 자체의 질량, 기체 분자들이 차지하는 체적

해설

[van der Waals 상태방정식]

$\frac{a}{V^2}$는 분자 간 인력, b는 분자의 체적을 나타내는 것으로 van der Waals 상태방정식은 실제 분자 간의 인력과 체적을 상태방정식에 반영하여 실제와 가깝게 계산된다.

정답 15 ④　16 ②　17 ②

18 가역과정으로 실린더 안의 공기를 50 kPa, 10 ℃ 상태에서 300 kPa까지 압력(P)과 체적(V)의 관계가 다음과 같은 과정으로 압축할 때 단위질량당 방출되는 열량은 약 몇 kJ/kg인가? (단, 기체상수는 0.287 kJ/(kg·K)이고, 정적비열은 0.7 kJ/(kg·K)이다)

$PV^{1.3}$ = 일정

① 17.2 ② 37.2
③ 57.2 ④ 77.2

해설

[폴리트로픽과정]

1) 최종온도 T_2

폴리트로픽 지수관계 $\frac{T_2}{T_1}=\left(\frac{v_1}{v_2}\right)^{n-1}=\left(\frac{p_2}{p_1}\right)^{\frac{n-1}{n}}$

$$T_2 = T_1 \times \left(\frac{P_2}{P_1}\right)^{\frac{n-1}{n}}$$

$$= (10+273) \times \left(\frac{300}{50}\right)^{\frac{1.3-1}{1.3}} = 427.92\ K$$

2) 방출되는 열량 Q

폴리트로픽과정 $Q = C_V\frac{n-k}{n-1}(T_2 - T_1)$

$R = C_P - C_V$이므로

$$C_P = C_V + R$$
$$= 0.7 + 0.287 = 0.987$$
$$\therefore k = \frac{C_P}{C_V} = \frac{0.987}{0.7} = 1.41$$
$$Q = C_V\frac{n-k}{n-1}(T_2 - T_1)$$
$$= 0.7 \times \frac{1.3-1.41}{1.3-1}(427.92 - 283)$$
$$= -37.196$$

(폴리트로픽 지수 n = 1.3)

※ (-)부호의 의미 : 시스템에서 방출되는 열량이라는 뜻

19 등엔트로피 효율이 80 %인 소형 공기터빈의 출력이 270 kJ/kg이다. 입구온도는 600 K이며, 출구 압력은 100 kPa이다. 공기의 정압비열은 1.004 kJ/(kg·K), 비열비는 1.4일 때, 입구 압력(kPa)은 약 몇 kPa인가? (단, 공기는 이상기체로 간주한다)

① 1984 ② 1842
③ 1773 ④ 1621

해설

[비열비는 1.4 일 때, 입구 압력(kPa)]

1) 출구온도 T_2

등엔트로피 공업일 $W_t = C_p(T_1 - T_2)$에서

$$W_t = C_p(T_1 - T_2) \times \text{효율}$$
$$270 = 1.004(600 - T_2) \times 0.8$$
$$\therefore T_2 = 263.84\ K$$

2) 입구 압력 P_1

$$\frac{T_2}{T_1} = \left(\frac{P_2}{P_1}\right)^{\frac{k-1}{k}} \text{에서}$$
$$\frac{263.84}{600} = \left(\frac{100}{P_1}\right)^{\frac{1.4-1}{1.4}}$$
$$\therefore P_1 \fallingdotseq 1773\ \text{kPa}$$

20 화씨온도가 86 °F일 때 섭씨온도는 몇 ℃인가?

① 30 ② 45
③ 60 ④ 75

해설

[온도 변환]

℉ = 1.8 ℃ + 32에서

86 = 1.8 ℃ + 32

∴ ℃ = 30

정답 18 ② 19 ③ 20 ①

2과목 냉동공학

1회독 시간 : 점수 :
2회독 시간 : 점수 :
3회독 시간 : 점수 :

21 냉각탑의 성능이 좋아지기 위한 조건으로 적절한 것은?

① 쿨링레인지가 작을수록, 쿨링어프로치가 작을수록
② 쿨링레인지가 작을수록, 쿨링어프로치가 클수록
③ 쿨링레인지가 클수록, 쿨링어프로치가 작을수록
④ 쿨링레인지가 클수록, 쿨링어프로치가 클수록

해설

[쿨링레인지와 쿨링어프로치]
1) 쿨링레인지(Cooling Range)
(1) 냉각탑 입구수온 - 출구수온
(2) 쿨링레인지가 클수록 냉각능력이 커진다.
2) 쿨링어프로치(Cooling Approach)
(1) 냉각탑 출구수온 - 입구공기의 습구온도
(2) 쿨링어프로치가 작을수록 냉각탑 출구수온이 낮아지기 때문에 냉각능력이 커진다.

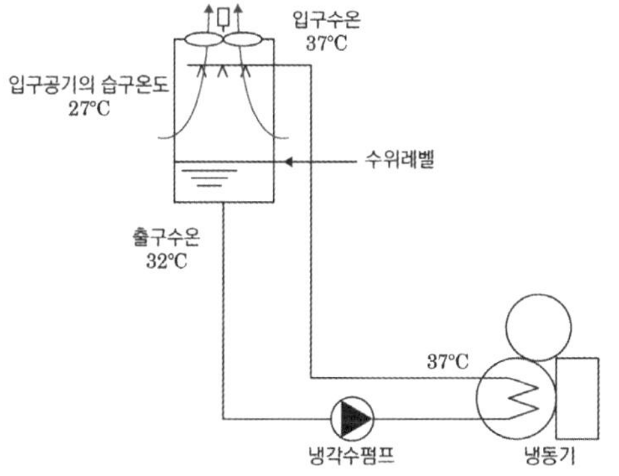

22 다음 중 절연내력이 크고 절연물질을 침식시키지 않기 때문에 밀폐형 압축기에 사용하기에 적합한 냉매는?

① 프레온계 냉매 ② H_2O
③ 공기 ④ NH_3

해설

[밀폐형 압축기에 적합한 냉매]
1) 프레온계 냉매
(1) 무색, 무취, 무독성이다.
(2) 윤활유에 잘 용해된다.
(3) 전기 절연성(절연내력)이 크므로 밀폐식 압축기에 사용할 수 있다.
(4) 배관재료는 동관을 사용한다.
2) 암모니아(NH_3)냉매
(1) 독성, 가연성, 폭발성이 있다.
(2) 윤활유에 용해되지 않는다.
(3) 전기절연성(절연내력)이 작으므로 밀폐식 압축기에는 사용할 수 없다.
(4) 배관재료는 강관을 사용한다.

2019-02

정답 21 ③ 22 ①

23 어떤 냉동기의 증발기 내 압력이 245 kPa이며, 이 압력에서의 포화온도, 포화액 엔탈피 및 건포화증기 엔탈피, 정압비열은 조건과 같다. 증발기 입구 측 냉매의 엔탈피가 455kJ/kg이고, 증발기 출구 측 냉매온도가 −10℃의 과열증기일 경우 증발기에서 냉매가 취득한 열량(kJ/kg)은?

- 포화온도 : -20 ℃
- 포화액 엔탈피 : 396 kJ/kg
- 건포화증기 엔탈피 : 615.6 kJ/kg
- 정압비열 : 0.67 kJ/kg·K

① 167.3　② 152.3
③ 148.3　④ 112.3

해설

[과열증기일 경우 증발기에서 냉매가 취득한 열량]

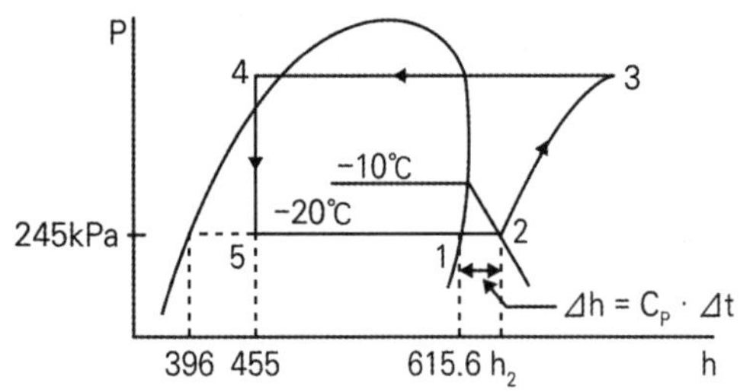

1) 증발기 출구 측 냉매의 엔탈피 h_2

$h_2 - h_1 = C_P(t_2 - t_1)$에서

$h_2 = h_1 + C_P(t_2 - t_1)$

$= 615.6 + 0.67 \times (-10 - (-20))$

$= 622.3\ \mathrm{kJ/kg}$

2) 냉매가 취득한 열량(q_e)

$q_e = (h_2 - h_5)$

$= 622.3 - 455 = 167.3\ \mathrm{kJ/kg}$

24 냉동능력이 1 RT인 냉동장치가 1 kW의 압축동력을 필요로 할 때, 응축기에서의 방열량(kW)은?

① 2　② 3.3
③ 4.8　④ 6

해설

[응축기에서의 방열량(kW)]

응축열량 = 냉동능력 + 압축동력

$q_c = 3.86 + 1 = 4.86\ \mathrm{kW}$

보충 1 RT = 3.86 kW

25 냉동사이클에서 응축온도 상승에 따른 시스템의 영향으로 가장 거리가 먼 것은? (단, 증발온도는 일정하다)

① COP 감소
② 압축비 증가
③ 압축기 토출가스 온도 상승
④ 압축기 흡입가스 압력 상승

해설

[응축온도 상승에 따른 시스템의 영향]

1) 압축기 토출가스 온도 상승
2) 압축일량 증가
3) 압축비(α) 증가
4) 압축기 체적효율 저하
5) 냉매순환량 감소
6) 냉동능력(효과) 감소
7) 성적계수 감소

보충 압축기 흡입가스 압력은 일정하다.

정답 23 ① 24 ③ 25 ④

26 어떤 냉장고의 방열벽 면적이 500 m^2, 열통과율이 0.311 $W/m^2 \cdot ℃$일 때, 이 벽을 통하여 냉장고 내로 침입하는 열량(kW)은? (단, 이때의 외기온도는 32 ℃이며, 냉장고 내부온도는 −15 ℃이다)

① 12.6　② 10.4
③ 9.1　④ 7.3

해설

[냉장고 내로 침입하는 열량]

$q = K \cdot A \cdot \Delta t$

$$= \frac{0.311 \times 500 \times (32 - (-15))}{1000} = 7.308 \text{ kW}$$

27 2차유체로 사용되는 브라인의 구비 조건으로 틀린 것은?

① 비등점이 높고 응고점이 낮을 것
② 점도가 낮을 것
③ 부식성이 없을 것
④ 열전달률이 작을 것

해설

[브라인의 구비 조건]

1) 비등점이 높고 응고점이 낮아 항상 액체 상태를 유지할 것
2) 비열과 열전달량이 크고 열전달 특성이 좋을 것
3) 점성(점도)이 작을 것
4) 부식성이 없을 것
5) 독성이 없을 것
6) 화학적으로 안정되고 다른 가스와 반응하여 변하지 않을 것
7) 가격이 싸고, 구입이 쉬우며, 취급이 용이할 것

28 냉매배관 내에 플래시가스(Flash Gas)가 발생했을 때 나타나는 현상으로 틀린 것은?

① 팽창밸브의 능력 부족현상 발생
② 냉매부족과 같은 현상 발생
③ 액관 중의 기포 발생
④ 팽창밸브에서의 냉매순환량 증가

해설

[플래시가스가 발생했을 때 나타나는 현상]

④ 기체가 액체와 섞여 흐르면서 전체적인 냉매의 흐름을 방해하므로, 팽창밸브를 통과하는 냉매순환량은 오히려 감소한다. 냉매순환량이 감소하면 증발기에서 충분한 냉동효과를 낼 수 없게 되어 결국 냉동 능력이 저하된다.

※ 플래시가스(Flash Gas) 발생방지 대책
플래시가스는 증발기 외부에서 냉매가 기체로 변한 것을 말하며, 액관에 있으면 팽창밸브 성능이 떨어진다. 이를 막기 위한 방법은 다음과 같다.
1) 배관과 밸브 크기를 충분히 키워 압력 손실을 줄인다.
2) 필터와 여과기를 자주 점검하고 청소해 막힘을 방지한다.
3) 액 - 가스 열교환기를 사용해 액냉매를 더 차갑게 유지한다.
4) 액관이 뜨거워지지 않도록 단열 처리를 한다.

29 단면이 1 m^2인 단열재를 통하여 0.3 kW의 열이 흐르고 있다. 이 단열재의 두께는 2.5 cm이고 열전도계수가 0.2 $W/m \cdot ℃$일 때 양면 사이의 온도차(℃)는?

① 54.5　② 42.5
③ 37.5　④ 32.5

2019-02

정답 26 ④ 27 ④ 28 ④ 29 ③

해설

[열전도]

열전도 열량 $q = \frac{\lambda}{\ell} \cdot A \cdot \Delta t$

$$q = \frac{\lambda}{\ell} \cdot A \cdot \Delta t$$

$$0.3 \times 10^3 = \frac{0.2}{0.025} \cdot 1 \cdot \Delta t$$

$$\therefore \Delta t = 37.5℃$$

30 여러 대의 증발기를 사용할 경우 증발관 내의 압력이 가장 높은 증발기의 출구에 설치하여 압력을 일정 값 이하로 억제하는 장치를 무엇이라고 하는가?

① 전자밸브
② 압력개폐기
③ 증발압력 조정밸브
④ 온도조절밸브

해설

[증발압력 조정밸브(EPR)]

1) 기능과 역할
 증발기 내의 증발압력이 소정의 압력 이하로 떨어지는 것을 방지한다.
2) 설치위치
 (1) 증발기가 1대인 경우 : 증발기 출구와 압축기 흡입관에 설치한다.
 (2) 증발기가 여러 대인 경우 : 증발온도가 높은 곳에 설치한다(증발온도가 가장 낮은 곳에는 체크밸브를 설치한다).

31 다음 그림은 2단압축 암모니아사이클을 나타낸 것이다. 냉동능력이 2RT인 경우 저단압축기의 냉매순환량(kg/h)은? (단, 1RT는 3.8kW이다)

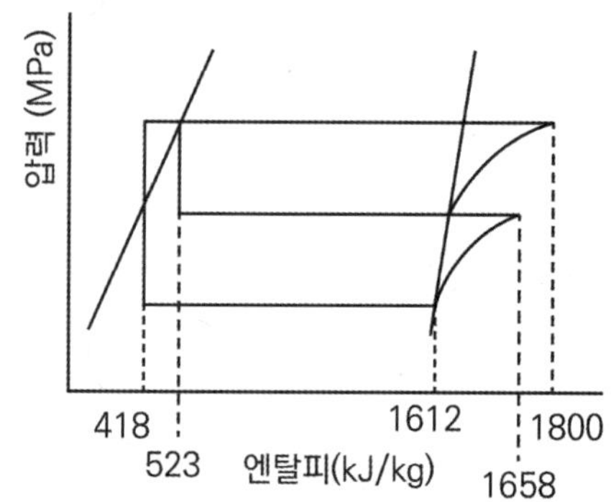

① 10.1 ② 22.9
③ 32.5 ④ 43.2

해설

[저단압축기의 냉매순환량(kg/h)]

냉동능력에서 $Q_e = G \cdot q_e$에서

$$G = \frac{Q_e}{q_e} = \frac{2 \times 3.8 \times 3600}{1612 - 418} = 22.91 \text{ kg/h}$$

※ 단위 : $\frac{\text{kW}}{\text{kJ/kg}} = \frac{kJ/s}{kJ/kg}$

$$= \text{kg/s} \times \frac{3600\,\text{s}}{1\,\text{h}} = \text{kg/h}$$

정답 30 ③ 31 ②

32 다음 팽창밸브 중 인버터 구동 가변 용량형 공기조화장치나 증발온도가 낮은 냉동장치에서 팽창밸브의 냉매유량 조절 특성 향상과 유량제어 범위 확대 등을 목적으로 사용하는 것은?

① 전자식 팽창밸브
② 모세관
③ 플로트 팽창밸브
④ 정압식 팽창밸브

해설

[전자식 팽창밸브(Electronic Expansion Valve)]
1) 인버터 구동 가변 용량형 공기조화장치나 증발온도가 낮은 냉동장치에서는 냉매 유량 조절 특성이 중요하므로, 전자식 팽창밸브(EEV)가 적합하다.
2) 전자식 팽창밸브(EEV) 특징
  (1) 냉매 유량을 정밀하게 조절 가능
  (2) 유량제어 범위가 넓음
  (3) 센서(온도, 압력)와 연동하여 자동으로 개도를 조절함

33 식품의 평균 초온이 0 ℃일 때 이것을 동결하여 온도중심점을 −15 ℃까지 내리는 데 걸리는 시간을 나타내는 것은?

① 유효동결시간 ② 유효냉각시간
③ 공칭동결시간 ④ 시간상수

해설

[공칭동결시간(Nominal Freezing Time)]
평균 초온이 0 ℃인 식품을 동결하여 온도 중심점을 -15 ℃까지 내리는 데 소요되는 시간

34 냉동장치를 운전할 때 다음 중 가장 먼저 실시하여야 하는 것은?

① 응축기 냉각수펌프를 기동한다.
② 증발기 팬을 기동한다.
③ 압축기를 기동한다.
④ 압축기의 유압을 조정한다.

해설

[냉동기 운전 개시 순서]
1) 냉각수펌프를 가동하여 응축기에 냉각수를 순환시킨다.
2) 냉각탑을 가동한다.
3) 증발기의 송풍기를 가동한다.
4) 압축기를 가동하고 흡입 측 밸브를 서서히 연다(토출밸브는 열려있는 상태).
5) 고, 저압력 및 유압 등을 확인한다.

35 다음 중 냉매를 사용하지 않는 냉동장치는?

① 열전 냉동장치
② 흡수식 냉동장치
③ 교축팽창식 냉동장치
④ 증기압축식 냉동장치

해설

[전자냉동법(열전냉동법)]
열전냉동장치는 냉매를 사용하지 않고 펠티에효과를 이용한다.

※ 펠티에효과(Peltier Effect)
서로 다른 종류의 금속이나 반도체를 연결하여 직류 전류를 흘려보내면, 한쪽 접점에서는 열을 흡수하여 온도가 낮아지고 다른 쪽 접점에서는 열을 방출하여 온도가 높아지는 현상

정답 32 ① 33 ③ 34 ① 35 ①

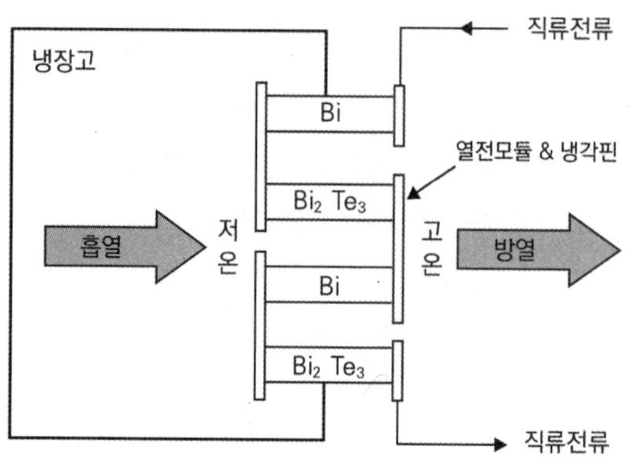

[전자냉동법(열전냉동법)]

※ 냉동기

에너지(전기 혹은 고온의 열)를 일의 형태로 받아 저열원으로부터 열을 빼앗는 것이 목적

$$COP = \frac{Q_2}{W} = \frac{Q_2}{Q_1 - Q_2} = \frac{T_2}{T_1 - T_2}$$

고열원

열펌프 Q_1

W_C

냉동기 Q_2(냉동)

저열원

Q_1 : 저열원으로부터 흡수하는 열량

Q_2 : 고열원으로 방출하는 열량

W : 일량

T_1 : 고온

T_2 : 저온

36 축 동력 10 kW, 냉매순환량 33 kg/min인 냉동기에서 증발기 입구 엔탈피가 406 kJ/kg, 증발기 출구 엔탈피가 615 kJ/kg, 응축기 입구 엔탈피가 632 kJ/kg이다. ㉠ 실제 성능계수와 ㉡ 이론 성능계수는 각각 얼마인가?

① ㉠ 8.5, ㉡ 12.3
② ㉠ 8.5, ㉡ 9.5
③ ㉠ 11.5, ㉡ 9.5
④ ㉠ 11.5, ㉡ 12.3

해설

[실제 성능계수와 이론 성능계수]

㉠ 실제 성능계수

$$COP_{실제} = \frac{Q_e}{W} = \frac{\frac{33}{60} \times (615 - 406)}{10}$$

$$= 11.49 \fallingdotseq 11.5$$

㉡ 이론 성능계수

$$COP_{이론} = \frac{q_e}{w} = \frac{615 - 406}{632 - 615} = 12.29 \fallingdotseq 12.3$$

37 암모니아용 압축기의 실린더에 있는 워터재킷의 주된 설치목적은?

① 밸브 및 스프링의 수명을 연장하기 위해서
② 압축효율의 상승을 도모하기 위해서
③ 암모니아는 토출온도가 낮기 때문에 이를 방지하기 위해서
④ 암모니아의 응고를 방지하기 위해서

해설

[워터재킷(Water Jacket)]

1) 암모니아 냉매는 비열비가 크고 토출가스 온도가 높으므로 압축기의 실린더 헤드 커버를 워터 재킷으로 만들어 냉각수를 통과시킴으로써 토출 가스를 냉각시킨다.
2) 토출가스를 냉각시킴으로 압축효율을 상승시킬 수 있게 된다.

정답 36 ④ 37 ②

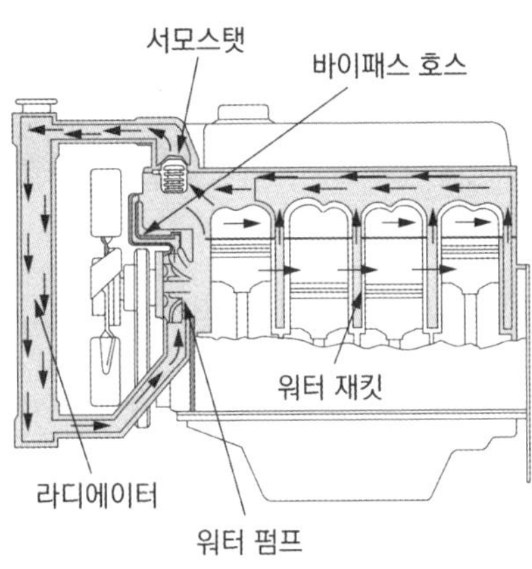

38 스크류 압축기의 특징에 대한 설명으로 틀린 것은?

① 소형 경량으로 설치면적이 작다.
② 밸브와 피스톤이 없어 장시간의 연속운전이 불가능하다.
③ 암수 회전자의 회전에 의해 체적을 줄여 가면서 압축한다.
④ 왕복동식과 달리 흡입밸브와 토출밸브를 사용하지 않는다.

해설

[스크류(Screw) 압축기]

② 밸브와 피스톤이 없어 장시간의 연속운전이 가능하다.

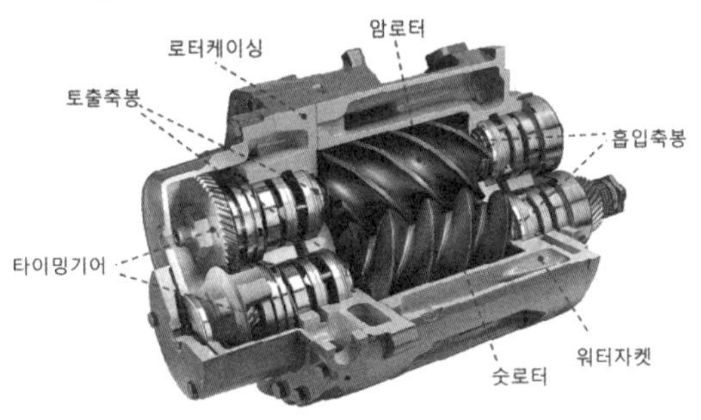

39 고온부의 절대온도를 T_1, 저온부의 절대온도를 T_2, 고온부로 방출하는 열량을 Q_1, 저온부로부터 흡수하는 열량을 Q_2라고 할 때, 이 냉동기의 이론 성적계수(COP)를 구하는 식은?

① $\dfrac{Q_1}{Q_1 - Q_2}$
② $\dfrac{Q_2}{Q_1 - Q_2}$
③ $\dfrac{T_1}{T_1 - T_2}$
④ $\dfrac{T_1 - T_2}{T_1}$

해설

[냉동기의 이론 성적계수(COP)]

$$COP = \frac{Q_2}{W} = \frac{Q_2}{Q_1 - Q_2} = \frac{T_2}{T_1 - T_2}$$

※ 냉동기

에너지(전기 혹은 고온의 열)를 일의 형태로 받아 저열원으로부터 열을 빼앗는 것이 목적

$$COP = \frac{Q_2}{W} = \frac{Q_2}{Q_1 - Q_2} = \frac{T_2}{T_1 - T_2}$$

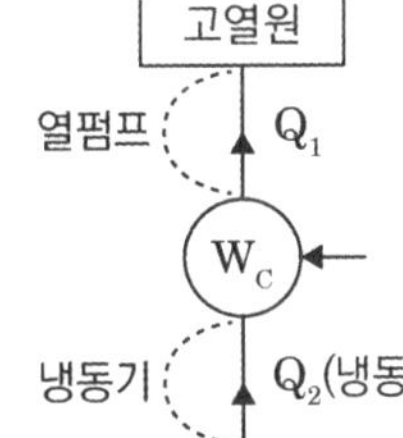

Q_1 : 저열원으로부터 흡수하는 열량
Q_2 : 고열원으로 방출하는 열량
W : 일량
T_1 : 고온
T_2 : 저온

40 2단압축 냉동장치 내 중간 냉각기 설치에 대한 설명으로 옳은 것은?

① 냉동효과를 증대시킬 수 있다.
② 증발기에 공급되는 냉매액을 과열시킨다.
③ 저압 압축기 흡입가스 중의 액을 분리시킨다.
④ 압축비가 증가되어 압축효율이 저하된다.

해설

[2단압축 냉동사이클]
-30℃ 이하의 낮은 온도를 얻기 위해서는 압축기를 2대 사용하여 냉매증기를 2번 압축함으로써 체적효율의 감소를 방지하고, 압축기의 과열과 소비동력의 증가를 방지하여 성적계수를 향상시킨다.

※ 중간냉각기를 설치할 경우
1) 증발기에 공급되는 냉매액을 과냉각시켜서 냉동효과를 증대시킬 수 있다.
2) 고압 압축기의 흡입가스 중의 액을 분리시킨다.
3) 압축비를 증가시킬 수 있어 압축효율이 증대된다.

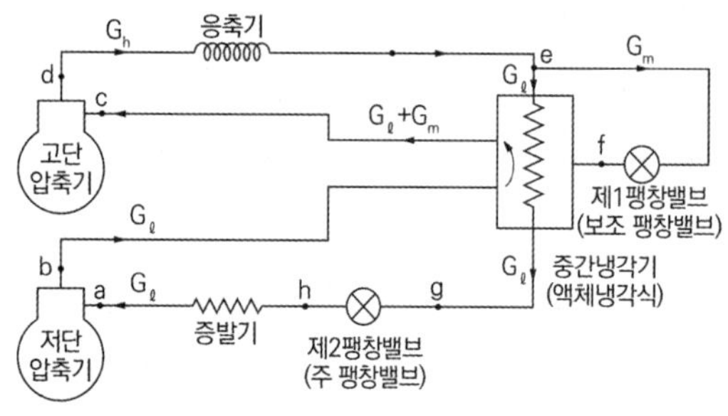

[2단압축 1단팽창 장치도]

3과목 시운전 및 안전관리

1회독 시간 : 점수 :
2회독 시간 : 점수 :
3회독 시간 : 점수 :

41 난방부하 계산 시 일반적으로 무시할 수 있는 부하의 종류가 아닌 것은?

① 틈새바람 부하
② 조명기구 발열 부하
③ 재실자 발생 부하
④ 일사 부하

해설

[난방부하]
틈새바람은 기온이 낮고, 절대습도가 낮은 외기가 실내에 들어오는 것이므로 난방부하 계산시 반영한다.

※ 난방부하의 구분

구분	부하 발생 원인	현열	잠열
실내 부하	외벽체, 지붕, 유리창에서의 열손실(방위계수 고려)	○	-
	실내벽체, 실내창문, 실내천장, 실내바닥에서의 열손실(방위계수 적용하지 않음)	○	-
	극간풍에 의한 열손실	○	○
장치(기기) 부하	덕트로부터의 손실 열량	○	-
외기 부하	외기도입에 의한 손실 열량	○	○

정답 40 ① 41 ①

42 습공기의 상태변화를 나타내는 방법 중 하나인 열수분비의 정의로 옳은 것은?

① 절대습도 변화량에 대한 잠열량 변화량의 비율
② 절대습도 변화량에 대한 전열량 변화량의 비율
③ 상대습도 변화량에 대한 현열량 변화량의 비율
④ 상대습도 변화량에 대한 잠열량 변화량의 비율

해설

[열수분비(Moisture Ratio, u)]
습공기에서 수분의 변화량에 대한 전열량의 변화량의 비율이며 수분비라고도 한다. 공기선도에서 가습으로 인한 상태변화를 나타내는 데 이용된다.

$$U = \frac{\text{전열량의 변화량 [kJ]}}{\text{수분의 변화량 [kg]}} = \frac{\text{엔탈피의 변화량}}{\text{절대습도의 변화량}} = \frac{\Delta h}{\Delta x} = \frac{h_2 - h_1}{x_2 - x_1} = \frac{q_S + q_L}{L} = \frac{q_S + L \cdot h_L}{L} = \frac{q_S}{L} + h_L \text{ [kJ/kg]}$$

여기서 L : 수분의 변화량 [kg]
h_L : 수분의 엔탈피 [kJ/kg]
x : 습공기의 절대습도 [kg/kg′]

43 온수관의 온도가 80 ℃, 환수관의 온도가 60 ℃인 자연순환식 온수난방장치에서의 자연순환수두(mmAq)는? (단, 보일러에서 방열기까지의 높이는 5 m, 60 ℃에서의 온수 밀도는 983.24 kg/m^3, 80 ℃에서의 온수 밀도는 971.84 kg/m^{3}이다)

① 55　② 56
③ 57　④ 58

해설

[자연순환수두(mmAq)]
자연순환수두 $H = (\rho_2 - \rho_1) \cdot h$
$= (983.24 - 971.84) \times 5$
$= 57\ mmAq$

※ 자연순환수두 $H[mmAq]$
$P[Pa] = (\gamma_2 - \gamma_1)[N/m^3] \times h[m]$
$P[Pa] \times \frac{10332\ mmAq}{101325\ Pa}$
$= (\gamma_2 - \gamma_1)\ [N/m^3] \times h\ [m] \times \frac{10332\ mmAq}{101325\ Pa}$
$H[mmAq] = (\gamma_2 - \gamma_1) \times h \times \frac{1}{9.8}$
$= (\rho_2 g - \rho_1 g) \times h \times \frac{1}{9.8}$
$= (\rho_2 - \rho_1) \times h$
$\therefore H[mmAq] = (\rho_2 - \rho_1) \times h$

44 온수난방배관방식에서 단관식과 비교한 복관식에 대한 설명으로 틀린 것은?

① 설비비가 많이 든다.
② 온도변화가 많다.
③ 온수 순환이 좋다.
④ 안정성이 높다.

정답 42 ② 43 ③ 44 ②

해설

[온수난방배관방식]
② 공급관과 환수관이 분리되므로 온도변화가 적다.

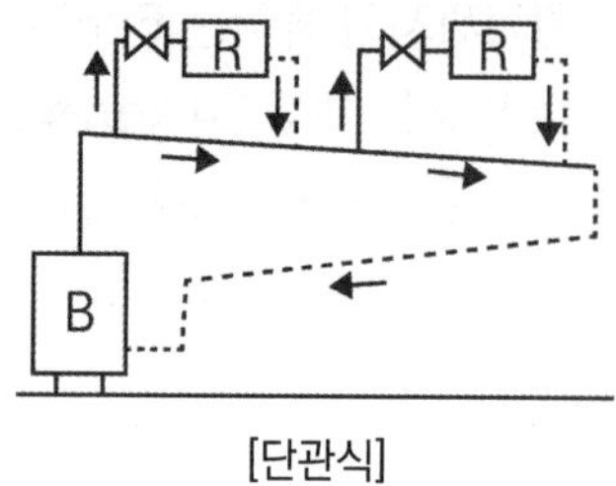

[단관식]

45 극간풍이 비교적 많고 재실 인원이 적은 실의 중앙 공조방식으로 가장 경제적인 방식은?

① 변풍량 이중덕트방식
② 팬코일유닛방식
③ 정풍량 이중덕트방식
④ 정풍량 단일덕트방식

해설

[중앙 공조방식으로 가장 경제적인 방식]
극간풍이 많고 재실 인원이 적은 실의 경우는 환기의 필요성이 적으므로 전공기방식 보다는 전수방식인 복사냉난방방식 또는 팬코일유닛방식이 경제적이다.

46 덕트 설계 시 주의사항으로 틀린 것은?

① 장방형 덕트 단면의 종횡비는 가능한 한 6 : 1 이상으로 해야 한다.
② 덕트의 풍속은 15 m/s 이하, 정압은 50 mmAq 이하의 저속덕트를 이용하여 소음을 줄인다.
③ 덕트의 분기점에는 댐퍼를 설치하여 압력 평형을 유지시킨다.
④ 재료는 아연도금강판, 알루미늄판 등을 이용하여 마찰저항 손실을 줄인다.

해설

[덕트 설계 시 주의사항]
장방형 덕트 단면의 종횡비(아스팩트비)는 가능한 4 : 1 이하로 제한한다(최대 8 : 1 이하).

> ※ 압력 평형
> 덕트의 분기 지점에서 각 분기 방향으로 공기가 균등하게 분배되기 위해서는 분기된 덕트들 간의 정압이 같아야 한다. 따라서 공기 흐름이 한쪽으로 쏠리는 것을 방지하고, 시스템 전체에 걸쳐 일정한 풍량 분배를 유지하기 위해 분기점에 댐퍼를 설치하여, 각 분기덕트의 풍량 또는 압력을 조절한다.

47 공장에 12 kW의 전동기로 구동되는 기계장치 25대를 설치하려고 한다. 전동기는 실내에 설치하고 기계장치는 실외에 설치한다면 실내로 취득되는 열량(kW)은? (단, 전동기의 부하율은 0.78, 가동율은 0.9, 전동기 효율은 0.87이다)

① 242.1 ② 210.6
③ 44.8 ④ 31.5

정답 45 ② 46 ① 47 ④

해설

[전동기 취득열량(전동기 – 실내, 기계구동 – 실외)]

$$q_e = P \times f_e \times f_0 \times \left(\frac{1}{\eta} - 1\right)$$
$$= (12 \times 25) \times 0.78 \times 0.9 \times \left(\frac{1}{0.87} - 1\right)$$
$$= 31.46\ \text{kW}$$

※ 전동기 및 기계의 발생열량
$q_e = P \times f_e \times f_0 \times f_k$ [kW]

P : 전동기 정격출력 [kW]
f_e : 전동기 부하율
f_0 : 전동기 가동율
f_k : 전동기와 기계의 사용상태계수
η : 전동기 효율

1) 전동기(모터)와 기계 모두 실내에 있을 때
$f_k = \frac{1}{\eta}$
2) 기계는 실내, 전동기는 실외에 있을 때
$f_k = 1$
3) 전동기는 실내, 기계는 실외에 있을 때
$f_k = \frac{1-\eta}{\eta} = \frac{1}{\eta} - 1$

48 공기세정기에서 순환수 분무에 대한 설명으로 틀린 것은? (단, 출구 수온은 입구 공기의 습구온도와 같다)

① 단열변화 ② 증발냉각
③ 습구온도 일정 ④ 상대습도 일정

해설

[순환수 분무 가습]
1) 순환수 분무는 등엔탈피선을 따라 변화하는 과정이다.
2) 순환수 분무 시 상대습도는 상승(증가)한다.

※ 습공기선도

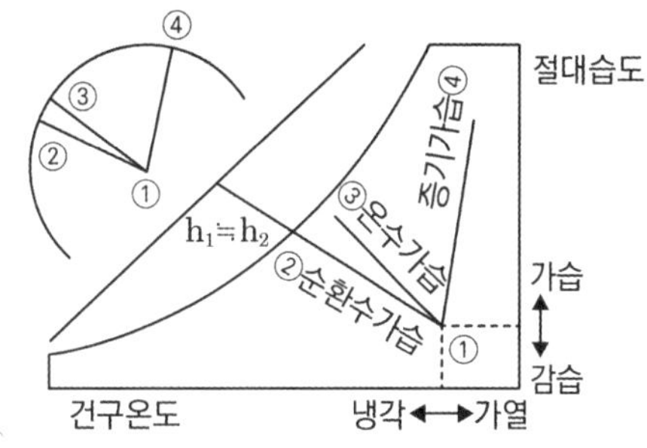

1) 순환수 분무(① → ②) : 가습(단열가습)·냉각
2) 온수 분무(① → ③) : 가습·냉각
3) 증기 분무(① → ④) : 가습·가열

49 전압기준 국부저항계수 ζ_T 와 정압기준 국부저항계수 ζ_S 와의 관계를 바르게 나타낸 것은? (단, 덕트 상류 풍속은 v_1, 하류 풍속은 v_2이다)

① $\zeta_T = \zeta_S - 1 + (\frac{V_2}{V_1})^2$

② $\zeta_T = \zeta_S + 1 - (\frac{V_2}{V_1})^2$

③ $\zeta_T = \zeta_S - 1 - (\frac{V_2}{V_1})^2$

④ $\zeta_T = \zeta_S + 1 + (\frac{V_2}{V_1})^2$

해설

[국부저항계수 ζ_T 와 국부저항계수 ζ_S 와의 관계]

$$\Delta P_T = \Delta P_S + \Delta P_V$$
$$\zeta_T \frac{v_1^2}{2g}\gamma = \zeta_s \frac{v_1^2}{2g}\gamma + \left(\frac{v_1^2}{2g}\gamma - \frac{v_2^2}{2g}\gamma\right)$$
$$\zeta_T = \zeta_S + 1 - \left(\frac{v_2}{v_1}\right)^2$$

정답 48 ④ 49 ②

50 공기세정기에 대한 설명으로 틀린 것은?

① 세정기 단면의 종횡비를 크게 하면 성능이 떨어진다.
② 공기세정기의 수·공기비는 성능에 영향을 미친다.
③ 세정기 출구에는 분무된 물방울의 비산을 방지하기 위해 루버를 설치한다.
④ 스프레이 헤더의 수를 뱅크(Bank)라 하고 1본을 1뱅크, 2본을 2뱅크라 한다.

해설

[에어와셔(Air Washer)]
세정기 출구에는 분무된 물방울의 비산을 방지 하기 위해 엘리미네이터를 설치한다.

※ 구성
1) 루버(Louver) : 공기 입구로서 공기 흐름을 균일하게 해준다.
2) 플러딩 노즐(Flooding Nozzle) : 엘리미네이터에 부착된 먼지 등을 세정한다.
3) 엘리미네이터(Eliminator) : 물방울이 공기에 섞여 나가지 못하도록 제거한다.

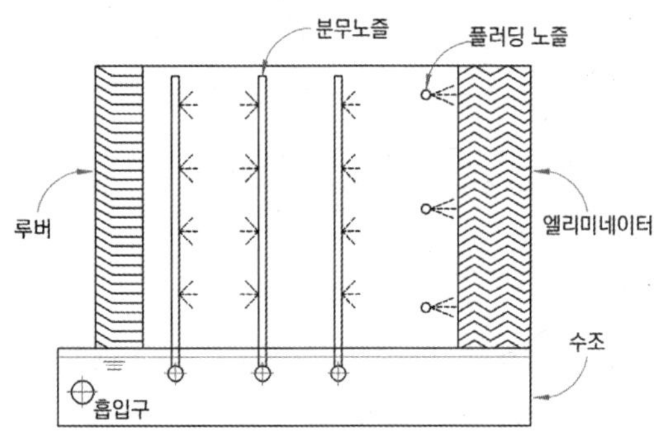

51 실내의 CO_2, 농도기준이 1000 ppm이고, 1인당 CO_2 발생량이 18 L/h인 경우 실내 1인당 필요한 환기량(m^3/h)은? (단, 외기 CO_2농도는 300 ppm이다)

① 22.7 ② 23.7
③ 25.7 ④ 26.7

해설

[실내 1인당 필요한 환기량]

환기량 $Q = \dfrac{M}{C_r - C_0} = \dfrac{18\times 10^{-3}}{(1000-300)\times 10^{-6}}$

$= 25.7\ m^3/h$

보충 ppm : Parts per Million

(100만분의 1 = $\dfrac{1}{10^6}$)

52 타원형 덕트(Flat Oval Duct)와 같은 저항을 갖는 상당직경 D_e를 바르게 나타낸 것은? (단, A는 타원형 덕트 단면적, P는 타원형 덕트 둘레길이이다)

① $D_e = \dfrac{1.55P^{0.25}}{A^{0.625}}$

② $D_e = \dfrac{1.55A^{0.25}}{P^{0.625}}$

③ $D_e = \dfrac{1.55P^{0.625}}{A^{0.25}}$

④ $D_e = \dfrac{1.55A^{0.625}}{P^{0.25}}$

정답 50 ③ 51 ③ 52 ④

해설

[장방형 (4각)덕트의 원형 덕트 환산]

$$D_3 = 1.3\left[\frac{(a \cdot b)^5}{(a+b)^2}\right]^{\frac{1}{8}}$$

$$= 1.3\left[\frac{A^5}{(P/2)^2}\right]^{\frac{1}{8}} = 1.3\left[\frac{4 \times A^5}{P^2}\right]^{\frac{1}{8}}$$

$$= 1.3 \times 4^{\frac{1}{8}}\frac{A^{5\times\frac{1}{8}}}{P^{2\times\frac{1}{8}}} = 1.55 \times \frac{A^{0.625}}{P^{0.25}}$$

53 압력 1 MPa, 건도 0.89인 습증기 100 kg을 일정 압력의 조건에서 엔탈피가 3052 kJ/kg인 300℃의 과열증기로 되는 데 필요한 열량(kJ)은? (단, 1MPa에서 포화액의 엔탈피는 759 kJ/kg, 증발잠열은 2018 kJ/kg이다)

① 44208 ② 49698

③ 229311 ④ 103432

해설

[과열증기로 되는 데 필요한 열량]

습증기 엔탈피 $h_1 = h_1' + x(h_1'' - h_1')$

$h_1 = 759 + 0.89 \times 2018 = 2555.02[\text{kJ/kg}]$

필요한 열량 $q = G \times (h_2 - h_1)$

$= 100 \times (3052 - 2555.02)$

$= 49698 \text{ kJ}$

54 EDR(Equivalent Direct Radiation)에 관한 설명으로 틀린 것은?

① 증기의 표준방열량은 650 kcal/m^2·h이다.

② 온수의 표준방열량은 450 kcal/m^2·h이다.

③ 상당 방열면적을 의미한다.

④ 방열기의 표준방열량을 전방열량으로 나눈 값이다.

해설

[EDR(Equivalent Direct Radiation)]

1) 방열기의 용량

상당 방열면적(Equivalent Direct Radiation)으로 방열기 용량을 나타낸다.

$$EDR = \frac{q}{q_0}$$

EDR : 상당방열면적 [m^2]

q : 방열기의 총 방열량 [W], [kcal/h]

q_0 : 방열기의 표준 방열량 [W/m^2], [kcal/m^{2}h]

2) 방열기 표준방열량(q_0)

열매	표준상태		표준방열량 (q_0)
	열매온도 (℃)	실내온도 (℃)	
온수	80	18.5	523 W/m^2
			450 kcal/m^2·h
증기	102	18.5	756 W/m^2
			650 kcal/m^2·h

2019-02

정답 53 ② 54 ④

55 증기난방방식에 대한 설명으로 틀린 것은?

① 환수방식에 따라 중력환수식과 진공환수식, 기계 환수식으로 구분한다.
② 배관방법에 따라 단관식과 복관식이 있다.
③ 예열시간이 길지만 열량 조절이 용이하다.
④ 운전 시 증기 해머로 인한 소음을 일으키기 쉽다.

해설

[증기난방방식]

1) 증기난방은 온수난방보다 장치 내 보유수량이 적어 열용량이 작으므로 예열시간이 짧아 신속하게 난방할 수 있다
2) 증기난방은 방열량(증기의 온도, 유량)제어가 어려워 실내온도 조절이 어렵다.

56 어떤 냉각기의 1열(列) 코일의 바이패스 팩터가 0.65라면 4열(列)의 바이패스 팩터는 약 얼마가 되는가?

① 0.18 ② 1.82
③ 2.83 ④ 4.84

해설

[4열(列)의 바이패스 팩터]

$$\text{여러 열의 } BF = \text{1열 코일의 } BF^{\text{열의 수}}$$

여러 열로 구성된 코일의 전체 바이패스 팩터(BF : Bypass Factor)는 한 열(1열) 코일의 바이패스 팩터를 열의 수만큼 거듭제곱하여 계산한다.

- 1열의 바이패스 팩터 = 0.65
- 2열의 바이패스 팩터 = 0.65^2
- 4열의 바이패스 팩터 = 0.65^4 = 0.18

57 다음 냉방부하 요소 중 잠열을 고려하지 않아도 되는 것은?

① 인체에서의 발생열
② 커피포트에서의 발생열
③ 유리를 통과하는 복사열
④ 틈새바람에 의한 취득열

해설

[냉방부하 요소]

1) 인체의 발생열, 커피포트의 발생열, 틈새바람의 취득열은 온도와 수분이 있으므로 현열부하와 잠열부하가 있다
2) 유리를 통과하는 복사열은 수분이 들어오지 않으므로 현열부하만 있다

※ 냉방부하의 구분

구분	부하 발생 원인	현열	잠열
실내부하	벽체로부터의 취득열량	○	-
	유리창으로부터의 취득열량 ① 일사에 의한 열량 ② 열관류에 의한 열량	○	-
	극간풍에 의한 취득열량	○	○
	인체의 발생열량	○	○
	실내 기구의 발생열량*	○	○
장치(기기) 부하	송풍기에 의한 발생열량	○	-
	덕트로부터의 취득열량	○	-
재열부하	재열기의 취득열량	○	-
외기부하	외기도입에 의한 취득열량	○	○

* 단, 실내 기구 중 조명기구(백열등, 형광등), 전동기 및 기계 등에 의한 취득열량 → 현열만 해당

정답 55 ③ 56 ① 57 ③

58 냉수코일설계 기준에 대한 설명으로 틀린 것은?

① 코일은 관이 수평으로 놓이게 설치한다.
② 관 내 유속은 1m/s 정도로 한다.
③ 공기 냉각용 코일의 열 수는 일반적으로 4 ~ 8열이 주로 사용된다.
④ 냉수 입·출구온도차는 10 ℃ 이상으로 한다.

해설

[코일 선정의 일반사항]

1) 냉수코일의 정면풍속은 2.0 ~ 3.0 m/s(온수코일 2.0 ~ 3.5 m/s) 정도이다. 냉수코일에서 2.5 m/s를 초과하면 코일에 붙은 결로수가 비산한다.
2) 코일 내의 물의 유속은 1.0 m/s 전후로 한다.
3) 유속이 커지면 마찰저항이 증가하므로 더블서킷으로 한다.
4) 대향류로 열교환하는 것이 평균 온도차가 커서 전열효과가 좋다.
5) 코일 입출구 수온차는 5 ℃ 전후로 한다. 지역난방이나 초고층건물 등 배관길이가 긴 경우에는 펌프동력을 절감하기 위해 8 ~ 10 ℃로 하는 경우가 많다.
6) 냉온수 겸용 코일인 경우 냉수코일을 기준으로 선정한다(냉수유량이 많기 때문임).
7) 공기 냉각용으로는 4 ~ 8열이 많이 사용된다.

59 다음 용어에 대한 설명으로 틀린 것은?

① 자유면적 : 취출구 혹은 흡입구 구멍 면적의 합계
② 도달거리 : 기류의 중심속도가 0.25 m/s에 이르렀을 때, 취출구에서의 수평거리
③ 유인비 : 전공기량에 대한 취출공기량(1차 공기)의 비
④ 강하도 : 수평으로 취출된 기류가 일정 거리만큼 진행한 뒤 기류중심선과 취출구 중심과의 수직거리

해설

[취출구의 유인작용]

유인비는 1차 공기(취출공기)에 대한 전공기(1차 공기 + 2차 공기)의 비율을 의미한다.

$$유인비 = \frac{전공기량}{취출공기량(1차\ 공기량)}$$

유인비가 클수록 1차 공기가 2차 공기를 더 많이 유인하여 공기 흐름을 증폭시키는 효과가 있다.

※ 전면적과 자유면적
- 전면적(Face Area) : 취출구의 개구부에 접하는 바깥둘레를 기준으로 한 전체 면적($x \times y$)
- 자유면적(Free Area) : 바람이 실제 통과할 수 있는 면적

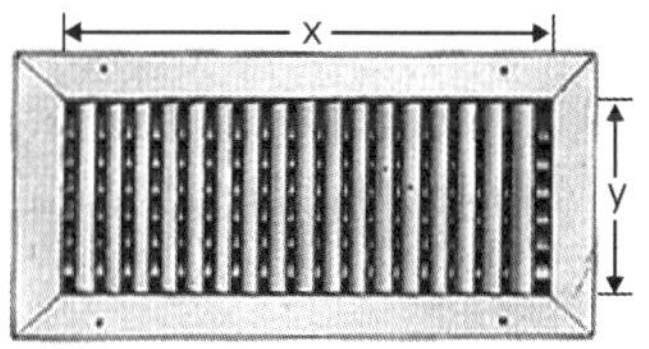

TIP 일반적으로 도달거리는 최대도달거리를 의미함

2019-02

정답 58 ④ 59 ③

60 덕트의 마찰저항을 증가시키는 요인 중 값이 커지면 마찰저항이 감소되는 것은?

① 덕트 재료의 마찰저항계수
② 덕트 길이
③ 덕트 직경
④ 풍속

해설

[덕트의 마찰저항]

마찰저항 $\Delta P_f(Pa) = \lambda \frac{L}{d} \frac{v^2}{2} \rho$

λ : 덕트 마찰저항계수
L : 덕트의 길이 [m]
d : 덕트의 직경 [m]
v : 풍속 [m/s]
ρ : 공기의 밀도 [kg/m^3]

따라서
덕트의 마찰저항은 덕트 직경과 반비례한다.
$\left(\Delta P \propto \frac{1}{d}\right)$

4과목 전기제어공학

1회독	시간 :	점수 :
2회독	시간 :	점수 :
3회독	시간 :	점수 :

61 정격주파수 60 Hz의 농형 유도전동기를 50 Hz의 정격전압에서 사용할 때, 감소하는 것은?

① 토크　② 온도
③ 역률　④ 여자전류

해설

[유도전동기]
유도전동기에서 인가전압이 일정할 때 주파수가 감소하면 일어나는 현상
1) 온도가 상승한다.
2) 역률이 저하한다.
3) 동기속도가 감소한다.
4) 토크가 증가한다.
5) 여자전류 및 자속이 증가한다.

62 그림과 같은 피드백회로의 종합 전달함수는?

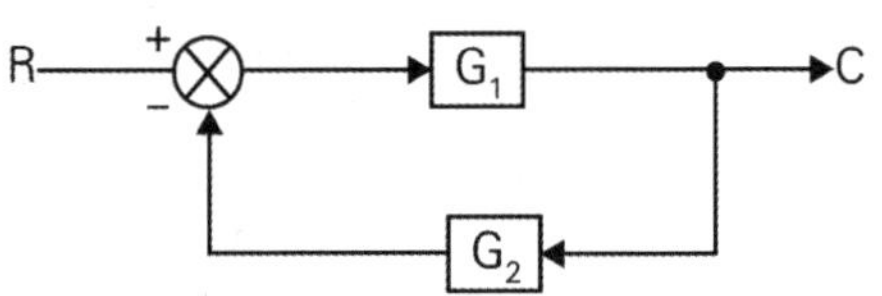

① $\frac{1}{G_1} + \frac{1}{G_2}$　② $\frac{G_1}{1 - G_1 G_2}$
③ $\frac{G_1}{1 + G_1 G_2}$　④ $\frac{G_1 G_2}{1 - G_1 G_2}$

정답 60 ③ 61 ③ 62 ③

해설

[피드백회로의 종합 전달함수]

$$\text{전달함수 } \frac{C}{R} = \frac{\text{전향경로의 합}}{1-\text{피드백의 합}} = \frac{G_1}{1+G_1G_2}$$

63 도체가 대전된 경우 도체의 성질과 전하 분포에 관한 설명으로 틀린 것은?

① 도체 내부의 전계는 ∞이다.
② 전하는 도체 표면에만 존재한다.
③ 도체는 등전위이고 표면은 등전위면이다.
④ 도체 표면상의 전계는 면에 대하여 수직이다.

해설

[전기력선]

1) 전기력선은 전계의 방향과 크기를 가상적인 선으로 나타낸 것이다.
2) 전기력선은 양전하의 표면에서 나와 음전하의 표면에서 끝난다.
3) 전기력선은 등전위면에 직교하고 서로 교차하거나 소멸되지 않는다.
4) 전기력선은 도체 표면에 수직으로 출입하고 도체 내부에는 존재하지 않는다.
5) 전기력선은 전위가 높은 곳에서 낮은 곳으로 이동한다.
6) 전기력선의 밀도는 전계의 세기가 커지면 커진다.
7) 전기력선의 방향은 전계의 방향과 같다.
8) 단위전하에서 $1/\varepsilon_0$ 개의 전기력선이 출입한다.
(ε_0 : 진공의 유전율 $8.854\times10^{-12}\,\mathrm{F/m}$)

64 어떤 교류전압의 실횻값이 100 V일 때 최댓값은 약 몇 V가 되는가?

① 100 ② 141
③ 173 ④ 200

해설

[최댓값]

실효전압 $V=\frac{1}{\sqrt{2}}V_m$에서

최대전압 $V_m=\sqrt{2}\,V$

$=\sqrt{2}\times100=141.4\,\mathrm{V}$

65 PLC(Programmable Logic Controller)에서, CPU부의 구성과 거리가 먼 것은?

① 연산부
② 전원부
③ 데이터 메모리부
④ 프로그램 메모리부

해설

[PLC(Programable Logic Controller)]

1) PLC의 CPU부는 PLC의 두뇌 역할을 하며, 제어 논리를 수행하고 데이터를 처리하는 핵심 구성 요소이다.
2) CPU부의 주요 구성 요소
 (1) 연산부 → 논리 연산, 제어 연산 등을 수행하는 핵심 장치
 (2) 데이터 메모리부 → 운전 중 발생하는 데이터(입출력 상태, 타이머/카운터 값 등)를 저장하는 영역
 (3) 프로그램 메모리부 → 사용자가 작성한 제어 프로그램을 저장하는 영역

정답 63 ① 64 ② 65 ②

66 제어대상의 상태를 자동적으로 제어하며, 목푯값이 제어 공정과 기타의 제한 조건에 순응하면서 가능한 가장 짧은 시간에 요구되는 최종상태까지 가도록 설계하는 제어는?

① 디지털제어　　② 적응제어
③ 최적제어　　④ 정치제어

해설

[최적제어(Optimum Control)]
제어대상의 상태를 자동적으로 최적 상태로 유지하려고 하는 제어로 제어상태 또는 제어 결과를 주어진 기준에 따라 평가하고, 그 평가 결과를 가장 좋게 유지하면서 제어 목적을 달성하는 제어방식이다

67 90 Ω의 저항 3개가 △결선으로 되어 있을 때, 상당(단상) 해석을 위한 등가 Y결선에 대한 각 상의 저항 크기는 몇 Ω인가?

① 10　　② 30
③ 90　　④ 120

해설

[△결선→Y결선]
△결선을 Y결선으로 변환하면 저항값이 1/3로 줄어든다.

$$R_Y = \frac{1}{3}R_\triangle = \frac{1}{3}\times 90 = 30\ \Omega$$

68 다음과 같은 회로에 전압계 3대와 저항 10 Ω을 설치하여 V_1 = 80 V, V_2 = 20 V, V_3 = 100 V의 실효치 전압을 계측하였다. 이때 순저항 부하에서 소모하는 유효전력은 몇 W인가?

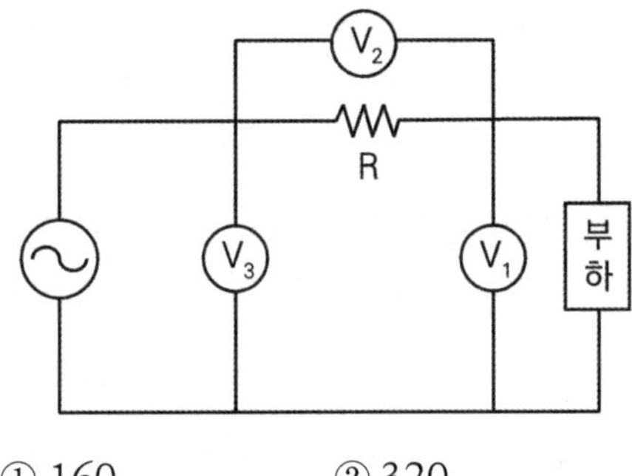

① 160　　② 320
③ 460　　④ 640

해설

[유효전력]
※ 단상전력의 간접측정

3전압계법	3전류계법
전압계 3개와 저항 1개를 연결하여 측정	전류계 3개와 저항 1개를 연결하여 측정
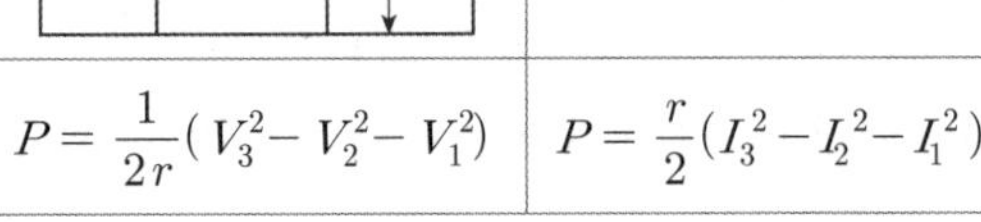	
$P = \frac{1}{2r}(V_3^2 - V_2^2 - V_1^2)$	$P = \frac{r}{2}(I_3^2 - I_2^2 - I_1^2)$

유효전력 $P = \frac{1}{2R}\times(V_3^2 - V_2^2 - V_1^2)$

$$= \frac{1}{2\times 10}\times(100^2 - 20^2 - 80^2)$$

$$= 160\ \text{W}$$

정답 66 ③ 67 ② 68 ①

69 $G(j\omega) = e^{-j\omega 0.4}$일 때 $\omega = 2.5$에서의 위상각은 약 몇 도인가?

① -28.6 ② -42.9
③ -57.3 ④ -71.5

해설

[위상각]

$G(jw) = e^{-jwL} = \cos\omega L - j\sin\omega L$

위상각 $\theta = \angle G(j\omega)$

$= \tan^{-1}\left(\frac{-\sin\omega L}{\cos\omega L}\right)$이므로

$G(j\omega) = e^{-jw0.4} = \cos\omega 0.4 - j\sin\omega 0.4$

위상각 $\theta = \angle G(j\omega) = \tan^{-1}\left(\frac{-\sin\omega 0.4}{\cos\omega 0.4}\right)$

$= \tan^{-1}\left[\frac{-\sin(2.5\times 0.4)}{\cos(2.5\times 0.4)}\right]$

$= \tan^{-1}[-\tan(2.5\times 0.4)]$

$= -(2.5\times 0.4) = -1\ \mathrm{rad}$

$= \frac{-1}{\pi}\times 180^\circ = -57.3^\circ$

70 여러 가지 전해액을 이용한 전기분해에서 동일량의 전기로 석출되는 물질의 양은 각각의 화학당량에 비례한다고 하는 법칙은?

① 줄의 법칙
② 렌츠의 법칙
③ 쿨롱의 법칙
④ 패러데이의 법칙

해설

[패러데이 법칙]

전기분해에 의해 석출 또는 용해하는 원소 또는 원자단의 양은 흐르는 전기량에 비례하고, 같은 전기량으로 석출 또는 용해하는 원소 또는 원자단의 질량은 그 물질의 화학당량에 비례한다. 1 g 화학당량의 원소 또는 원자단이 석출되는 데에 필요한 전기량은 원소 또는 원자단의 종류와 관계없이 항상 일정(패러데이상수 F = 96485 C/mol)하다는 법칙

71 과도 응답의 소멸되는 정도를 나타내는 감쇠비(Decay Ratio)로 옳은 것은?

① 제2오버슈트 / 최대오버슈트
② 제4오버슈트 / 최대오버슈트
③ 최대오버슈트 / 제2오버슈트
④ 최대오버슈트 / 제4오버슈트

해설

[감쇠비(Decay Ratio)]

$\text{감쇠비} = \frac{\text{제2 오버슈트}}{\text{최대 오버슈트}}$

72 유도전동기에서 슬립이 ‘0’이란 의미와 같은 것은?

① 유도제동기의 역할을 한다.
② 유도전동기가 정지상태이다.
③ 유도전동기가 전부하 운전상태이다.
④ 유도전동기가 동기속도로 회전한다.

정답 69 ③ 70 ④ 71 ① 72 ④

해설

[유도전동기에서의 슬립]

슬립이 "0"이란 의미는 $n = \frac{120f}{P}$ rpm인 회전속도(동기속도)로 회전한다는 의미이다.

73 제어장치가 제어대상에 가하는 제어신호로 제어장치의 출력인 동시에 제어대상의 입력인 신호는?

① 조작량 ② 제어량
③ 목푯값 ④ 동작신호

해설

[조작량]

제어요소에서 제어대상에 인가되는 양으로 제어장치의 출력인 동시에 제어대상의 입력신호

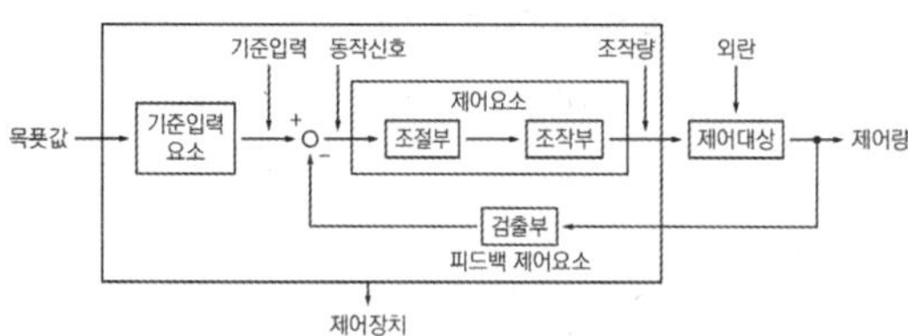

[폐루프제어계의 구성도]

74 200 V, 1 kW 전열기에서 전열선의 길이를 1/2로 할 경우 소비전력은 몇 kW인가?

① 1 ② 2
③ 3 ④ 4

해설

[소비전력]

전열기의 전열선은 저항이며, 길이를 $\frac{1}{2}$로 한다는 것은 저항을 $\frac{1}{2}$로 한다는 것이다.

즉, $R_2 = \frac{1}{2}R_1$

전력 $P = VI = V\frac{V}{R} = \frac{V^2}{R}$에서

$$P_1 = \frac{V^2}{R_1} = 1\,\text{kW}$$

$$P_2 = \frac{V^2}{\frac{1}{2}R_1} = \frac{2V^2}{R_1} = 2\,\text{kW}$$

75 제어계의 분류에서 엘리베이터에 적용되는 제어방법은?

① 정치제어 ② 추종제어
③ 비율제어 ④ 프로그램제어

해설

[목푯값에 의한 분류]

1) 정치제어 : 목푯값이 시간이 변하여도 변하지 않고 일정한 제어, 자동조정, 프로세스제어가 여기에 속한다.
2) 추치제어 : 목푯값이 시간에 따라서 변하는 제어
   (1) 추종제어 : 목푯값이 임의로 변화되는 경우의 제어(예 대공포의 포신제어, 미사일 추적장치, 추적레이더)
   (2) 프로그램제어 : 제어 목푯값을 미리 정해진 프로그램에 의해 변화시키는 제어(예 열처리 노의 온도제어, 무인열차 운전, 엘리베이터, 자판기, 공작기계 제어)
   (3) 비율제어 : 목푯값이 다른 량과 일정한 비율 관계로 변화되는 제어(예 보일러 자동 연소장치)
   (4) 시퀀스제어 : 미리 정해진 순서에 따라 각 단계가 순차적으로 진행(PLC는 시퀀스제어와 함께 사용함)

정답 73 ① 74 ② 75 ④

76 다음 설명은 어떤 자성체를 표현한 것인가?

N극을 가까이 하면 N극으로, S극을 가까이 하면 S극으로 자화되는 물질로 구리, 금, 은 등이 있다.

① 강자성체 ② 상자성체
③ 반자성체 ④ 초강자성체

해설

[반자성체]

외부 자기장 안에서 자기화하는 방식에 따라 물질을 상자성체와 반자성체로 구분한다. 상자성체는 외부 자기장과 나란한 방향(같은 방향)으로 자기화하는 물질(자석을 끌어 당기므로 자석에 붙는 물질), 반자성체란 외부 자기장과 반대 방향으로 자기화하는 물질(자석을 밀어내므로 자석에 붙지 않는 물질), 이들 물질은 외부 자기장을 제거하면 초기화되어 자기를 잃고 비자성 물질로 돌아간다

- 상자성 물질 : 나트륨, 알루미늄, 백금, 주석, 공기
- 반자성 물질 : 구리, 비스무스, 납, 수은, 금, 은, 흑연

강자성체는 외부에서 자기장을 걸어주면 자기장 방향으로 자기화 되고, 외부 자기장을 제거하여도 초기화 되지 않고 유지되어 영구자석이라 불리는 자성체, 즉 자석이 된다.

- 강자성 물질 : 철, 코발트, 니켈

77 단위 피드백제어계통에서 입력과 출력이 같다면 전향전달함수 G(s)의 값은?

① 0 ② 0.707
③ 1 ④ ∞

해설

[피드백제어]

단위 피드백이라 함은 피드백 = 1

입력과 출력이 같으므로 $\frac{C}{R}=1$

$$\frac{C}{R}=\frac{G(s)}{1+G(s)}=\frac{1}{\frac{1}{G(s)}+1}=1$$

$\therefore \frac{1}{G(s)}=0$이 되려면 $G(s)=\infty$

78 제어계의 과도응답특성을 해석하기 위해 사용하는 단위계단 입력은?

① $\delta(t)$ ② u(t)
③ -3tu(t) ④ $\sin(120\pi t)$

해설

[단위계단 입력]

단위계단 함수 : 단위계단 함수는 $t<0$ 구간에서 0, $t\geq 0$인 구간에서 크기가 1인 계단 형태의 함수를 의미한다.

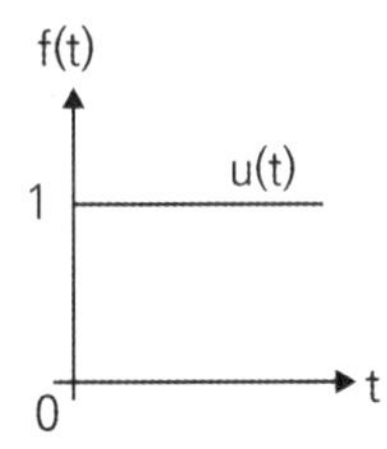

$$f(t)=u(t)=\begin{cases}0\ (t<0)\\1\ (t\geq 0)\end{cases}$$

79 추종제어에 속하지 않는 제어량은?

① 위치 ② 방위
③ 자세 ④ 유량

정답 76 ③ 77 ④ 78 ② 79 ④

해설

[추종제어]
목푯값이 임의로 변화되는 경우의 제어로서 물체의 범위(위치), 방향, 자세(각도) 등을 제어량으로 하는 제어이다. 미사일 추적장치, 추적용 레이더, 선박의 방향제어 등이 있다

※ 프로세스제어
화학공업, 반도체 산업 등과 같이 주로 프로세스 산업분야에서 행해지는 제어로서 환경조건을 최적화하는 목적으로 행해지는 제어이며 온도, 습도, 압력, 유량, 액면, 비중, 농도 등과 같은 변화량을 제어한다. 주로 외란 억제를 주 목적으로 한다.

80 PI동작의 전달함수는? (단, K_P는 비례감도이고, T_I는 적분시간이다)

① K_P
② $K_P s T_I$
③ $K_P(1 + sT_I)$
④ $K_P(1+\frac{1}{sT_I})$

해설

[PI동작(비례적분동작)]

출력 $y(t) = K_P(x(t) + \frac{1}{T_I}\int x(t)dt$

라플라스 변환하면

$$Y(s) = K_P\left(X(s) + \frac{1}{T_I}\frac{1}{s}X(s)\right)$$

$$= K_P\left(1+\frac{1}{T_I s}\right)X(s)$$

전달함수 $G(s) = \frac{Y(s)}{X(s)} = K_P\left(1+\frac{1}{T_I s}\right)$

5과목 배관일반

1회독	시간 :	점수 :
2회독	시간 :	점수 :
3회독	시간 :	점수 :

81 냉동장치의 배관공사가 완료된 후 방열공사의 시공 및 냉매를 충전하기 전에 전 계통에 걸쳐 실시하며, 진공 시험으로 최종적인 기밀 유무를 확인하기 전에 하는 시험은?

① 내압시험 ② 기밀시험
③ 누설시험 ④ 수압시험

해설

[누설시험(滑池試驗)]
냉매배관공사가 완료된 후, 방열공사(용기보온, 배관보온)의 시공 전, 냉매를 충전하기 전에 냉매배관 전 계통에 걸쳐 누설시험을 실시한다. 이 시험은 진공시험을 하기 전에 누설 개소를 발견하여 기밀을 완전하게 하기 위한 목적의 시험이다. 누설시험은 탄산가스, 질소를 사용하거나 시험용 공기 압축기를 사용하여 가압한다. 프레온 냉동장치에서는 공기로 가압하지 않고 탄산가스, 질소를 사용하는 것이 좋다.

※ 내압시험(耐壓試驗)
내압시험은 압축기, 압력용기, 밸브등 냉동장치의 배관을 제외한 구성기기의 내압강도를 확인하기 위하여 공장에서 실시하는 시험이다. 시험 압력은 최소 누설시험 압력의 15/8배 이상의 압력으로 실시한다. 내압시험은 액압(液壓)을 사용하는 것을 원칙으로 한다. 가스압을 사용하면 파괴되었을 때 큰 사고를 초래하기 때문이다.

정답 80 ④ 81 ③

※ 기밀시험(氣密試驗)
기밀시험은 주요 구성기기에 대하여 미리 기밀성능을 확인하기 위한 것이며 제작공장에서 실시한다. 기밀시험은 내압시험을 통과한 압축기, 압력용기, 밸브 등 냉동장치의 배관을 제외한 구성기기에 대하여 개별적으로 실시하는 것이지만 부품은 모두 조립된 상태에서 실시한다. 이때 누설의 확인이 쉽도록 가스압으로 시험한다.

※ 진공시험(眞空試驗)
진공건조 시험이라고도 하며 누설시험에서 냉매계통이 완전하게 기밀이 확보된 것이 확인된 후 계통내를 진공건조 시킴으로써 공기 기타 불응축가스를 배출하고 동시에 계통 내의 수분을 완전히 배제하기 위한 시험이다. 이 시험은 냉매 충전 전에 프레온 냉동장치에 있어서는 필수적인 시험(작업)이다.

82 가스미터를 구조상 직접식(실측식)과 간접식(추정식)으로 분류된다. 다음 중 직접식 가스미터는?

① 습식 ② 터빈식
③ 벤튜리식 ④ 오리피스식

해설

[가스미터의 분류]
- 직접식(실측식) : 습식드럼형, 회전자형, 로터리 피스톤형, 왕복 피스톤형, 다이어프램형
- 간접식(추정식) : 차압식(오리피스형, 노즐식, 벤츄리식), 터빈식, 면적식(플로트형, 피스톤형), 스프링작동가변면적식

보충 직접식(실측식) : 가스의 체적을 직접 계측하는 방식
간접식(추정식) : 가스의 유속, 압력, 온도 등을 통해 간접적으로 체적을 계산하는 방식

83 전기가 정전되어도 계속하여 급수를 할 수 있으며 급수오염 가능성이 적은 급수 방식은?

① 압력탱크방식 ② 수도직결방식
③ 부스터방식 ④ 고가탱크방식

해설

[급수방식 – 수도직결방식]
- 시 상수도 본관의 압력으로 건물에 급수하는 방식이다.
- 건물의 층수가 적고 소규모 건물에 이용한다.
- 정전 시에도 급수가 가능하다
- 물을 저장하기 때문에 생기는 오염을 방지할 수 있다.

84 배관작업용 공구의 설명으로 틀린 것은?

① 파이프 리머(Pipe Reamer) : 관을 파이프커터 등으로 절단한 후 관 단면의 안쪽에 생긴 거스러미(Burr)를 제거
② 플레어링 툴(Flaring Tools) : 동관을 압축이음 하기 위하여 관 끝을 나팔모양으로 가공
③ 파이프 바이스(Pipe Vice) : 관을 절단하거나 나사이음을 할 때 관이 움직이지 않도록 고정
④ 사이징 툴(Sizing Tools) : 동일지름의 관을 이음쇠 없이 납땜이음을 할 때 한쪽 관 끝을 소켓모양으로 가공

2019-02

정답 82 ① 83 ② 84 ④

해설

[사이징 툴(Sizing Tools)]
동관의 끝부분을 정확하게 원형으로 정형화하기 위한 공구

85 LP가스 공급, 소비 설비의 압력손실 요인으로 틀린 것은?

① 배관의 입하에 의한 압력손실
② 엘보, 티 등에 의한 압력손실
③ 배관의 직관부에서 일어나는 압력손실
④ 가스미터, 콕크, 밸브 등에 의한 압력손실

해설

[LP가스 공급, 소비 설비의 압력손실 요인]
LP가스(프로판 + 부탄)는 공기보다 무겁다.
프로판 비중 : 1.52, 부탄비중 : 2.01이다.
따라서 배관의 입하 시에는 자중으로 내려가기 때문에 LP가스 공급, 소비 설비의 압력손실 요인이 아니다.

86 통기관의 설치목적으로 가장 거리가 먼 것은?

① 배수의 흐름을 원활하게 하여 배수관의 부식을 방지한다.
② 봉수가 사이펀작용으로 파괴되는 것을 방지한다.
③ 배수계통 내에 신선한 공기를 유입하기 위해 환기시킨다.
④ 배수계통 내의 배수 및 공기의 흐름을 원활하게 한다.

해설

[통기관의 설치목적]
1) 트랩의 봉수를 보호한다.
2) 배수관 내의 흐름을 원활하게 한다.
3) 배관 내에 신선공기를 유입하여 청결을 유지 한다.
※ 배관의 부식을 방지하는 역할은 없다.

87 배관의 끝을 막을 때 사용하는 이음쇠는?

① 유니언　② 니플
③ 플러그　④ 소켓

해설

[배관의 끝을 막을 때 사용하는 이음쇠]
배관의 끝을 막을 때 사용하는 이음쇠는 플러그 및 캡이 있다.

[캡]　[플러그]

88 아래 저압가스배관의 직경(D)을 구하는 식에서 S가 의미하는 것은? (단, L은 관의 길이를 의미한다)

$$D^5 = \frac{Q^2 \cdot S \cdot L}{K^2 \cdot H}$$

① 관의 내경
② 공급 압력 차
③ 가스 유량
④ 가스 비중

정답 85 ① 86 ① 87 ③ 88 ④

해설

[저압배관 관경 계산식(폴의 공식)]

$$D^5 = \frac{Q^2 SL}{K^2 H}\ [\text{cm}]$$

D : 가스관 내경 [cm]
Q : 가스유량 [m^3/h]
H : 허용압력손실 [mmAq](= 30 이내)
L : 배관길이 [m]
S : 가스의 비중 [공기비중 = 1]
K : 유량계수(POLE상수 = 0.707)

89 다음 장치 중 일반적으로 보온, 보냉이 필요한 것은?

① 공조기용의 냉각수배관
② 방열기 주변 배관
③ 환기용 덕트
④ 급탕배관

해설

[급탕배관]
급탕의 온도가 60 ℃이므로 급탕배관이 주위로부터 열을 빼앗겨 급탕의 온도가 떨어지는 것을 방지하기 위해 급탕배관을 보온해야 한다.

90 순동이음쇠를 사용할 때에 비하여 동합금 주물이음쇠를 사용할 때 고려할 사항으로 가장 거리가 먼 것은?

① 순동이음쇠 사용에 비해 모세관현상에 의한 용융 확산이 어렵다.
② 순동이음쇠와 비교하여 용접재 부착력은 큰 차이가 없다.
③ 순동이음쇠와 비교하여 냉벽 부분이 발생할 수 있다.
④ 순동이음쇠 사용에 비해 열팽창의 불균일에 의한 부정적 틈새가 발생할 수 있다.

해설

[동합금 주물이음쇠를 사용할 때 고려할 사항]
② 동합금 주물이음쇠는 순동이음쇠와 비교할 때 용접재와의 부착력에 차이가 많다. 순동이음쇠를 사용하는 것이 좋으나 특별한 형태의 이음쇠는 순동으로 제작이 불가능하여 동합금주물이음쇠를 사용한다. 순동이음쇠가 용접재와의 친화력이 좋다.

91 보온 시공 시 외피의 마무리재로서 옥외 노출부에 사용되는 재료로 사용하기에 가장 적당한 것은?

① 면포 ② 비닐 테이프
③ 방수 마포 ④ 아연 철판

해설

[옥외 노출부의 보온 시공 시 외피의 마무리재]
옥외 노출부의 보온 시공 시 외피의 마무리재는 햇빛에 의한 경화, 빗물의 침투, 기타 외력에 의한 손상을 방지해야 하므로 아연 철판이 적합하다.

2019–02

정답 89 ④ 90 ② 91 ④

92 급수방식 중 급수량의 변화에 따라 펌프의 회전수를 제어하여 급수압을 일정하게 유지할 수 있는 회전수 제어시스템을 이용한 방식은?

① 고가수조방식 ② 수도직결방식
③ 압력수조방식 ④ 펌프직송방식

해설

[펌프직송방식(부스터펌프방식)]
1) 저수조를 설치하고 급수펌프(부스터펌프)로 급수하는 방식
2) 펌프의 대수와 회전수 제어로 필요한 급수 압력과 급수량을 조절한다.
3) 여러 층에 공급할 경우에는 압력조절밸브(감압밸브)를 설치하여 수압을 조절한다.

93 보일러 등 압력용기와 그 밖에 고압 유체를 취급하는 배관에 설치하여 관 또는 용기 내의 압력이 규정 한도에 달하면 내부에너지를 자동적으로 외부에 방출하여 항상 안전한 수준으로 압력을 유지하는 밸브는?

① 감압밸브 ② 온도 조절밸브
③ 안전밸브 ④ 전자밸브

해설

[안전밸브(Safety Valve)]
1) 안전밸브는 기기나 배관의 압력이 일정한 압력을 넘었을 경우에 자동적으로 작동하며, 안전밸브의 종류는 대별하여 스프링식과 레버식이 있다.
2) 보일러의 경우는 보일러 내부 압력이 최고 사용 압력에 도달하면 자동적으로 작동하여 증기를 배출하여 압력상승을 방지하는 밸브이다.

94 밀폐배관계에서는 압력계획이 필요하다. 압력계획을 하는 이유로 틀린 것은?

① 운전 중 배관계 내에 대기압보다 낮은 개소가 있으면 접속부에서 공기를 흡입할 우려가 있기 때문에
② 운전 중 수온에 알맞은 최소압력 이상으로 유지하지 않으면 순환수 비등이나 플래시현상 발생 우려가 있기 때문에
③ 펌프의 운전으로 배관계 각 부의 압력이 감소하므로 수격작용, 공기정체 등의 문제가 생기기 때문에
④ 수온의 변화에 의한 체적의 팽창・수축으로 배관 각부에 악영향을 미치기 때문에

해설

[밀폐배관계의 압력계획]
③ 펌프 운전으로 발생하는 주요 문제는 압력 상승이나 급격한 압력 변화에 따른 수격작용이다. 펌프 운전 자체로 인해 배관계 전체 압력이 감소하는 것은 일반적인 현상이 아니며, 공기 정체도 압력계획과 직접적인 관련이 없다. <u>수격작용은 압력 상승 및 급격한 유속 변화 때문에 발생하는</u> 것이지 단순한 압력 감소 때문이 아니다.

95 다음 중 난방 또는 급탕설비의 보온재료로 가장 부적합한 것은?

① 유리 섬유
② 발포폴리스티렌폼
③ 암면
④ 규산칼슘

정답 92 ④ 93 ③ 94 ③ 95 ②

해설

[난방 또는 급탕설비의 보온재료]

보온재	안전 사용온도
유리섬유	300 ℃
암면	400 ~ 600 ℃
규산칼슘	650 ℃
발포폴리스틸렌	70 ℃
발포폴리에틸렌	70 ~ 120 ℃
고무발포 보온재	105 ℃

※ 난방용 온수 온도가 60 ~ 80 ℃이므로 발포폴리스틸렌폼 보온재는 사용이 부적합하다.

96 배수의 성질에 따른 구분에서 수세식 변기의 대·소변에서 나오는 배수는?

① 오수 ② 잡배수
③ 특수배수 ④ 우수배수

해설

[배수설비의 종류]

1) 오수 : 대소변기, 비데 등에서 나오는 배수
2) 잡배수 : 세면기, 싱크대, 욕조 등에서 나오는 배수
3) 빗물배수(우수배수) : 옥상이나 부지 내에 내리는 빗물의 배수
4) 특수배수 : 공장, 병원, 연구소 등에서의 배수 중 기름, 산, 알칼리, 방사선물질, 그 이외의 유해물질을 포함하고 있는 배수 → 적절한 처리시설에서 처리하여 하수도에 흘려보낼 것

97 리버스 리턴배관방식에 대한 설명으로 틀린 것은?

① 각 기기 간의 배관회로 길이가 거의 같다.
② 저항의 밸런싱을 취하기 쉽다.
③ 개방회로시스템(Open Loop System)에서 권장된다.
④ 환수관이 2중이므로 배관 설치 공간이 커지고 재료비가 많이 든다.

해설

[리버스리턴방식(역환수방식)]

1) 각 유닛마다 온수 공급관에서부터 환수관까지의 총길이를 동일하게 하므로 배관저항이 같게 되어 각 유닛에 유량공급도 균일하다.
2) 배관의 길이가 길어지고 공간도 많이 차지하며 설비비가 많이 든다.
3) 개방회로·밀폐회로 모두에 사용된다.

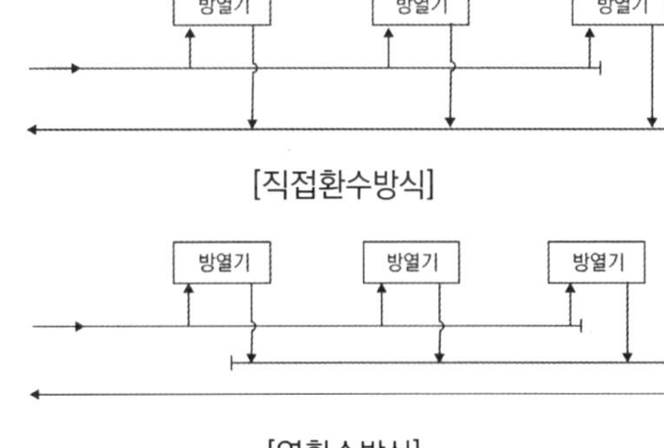

[직접환수방식]

[역환수방식]

정답 96 ① 97 ③

98 패러렐슬라이드밸브(Parallel Slide Valve)에 대한 설명으로 틀린 것은?

① 평행한 두 개의 밸브 몸체 사이에 스프링이 삽입되어 있다.
② 밸브 몸체와 디스크 사이에 시트가 있어 밸브 측면의 마찰이 적다.
③ 쐐기 모양의 밸브로서 쐐기의 각도는 보통 6° ~ 8°이다.
④ 밸브 시트는 일반적으로 경질금속을 사용한다.

해설

[패러렐슬라이드밸브]
게이트밸브는 2개의 평행한 디스크(밸브 디스크)로 구성되며, 유체의 압력에 의해 출구 측 밸브 시트면에 밀착(면압작용)하는 구조이다.
③ 디스크가 쐐기 모양인 웨지게이트밸브(Wedge Gate Value)에 대한 설명이다.

2매의 칸막이 사이에 스프링 또는 수평봉을 넣어, 2매의 칸막이를 스프링에 의해 밸브 시트를 눌러 붙이도록 한 구조의 게이트밸브

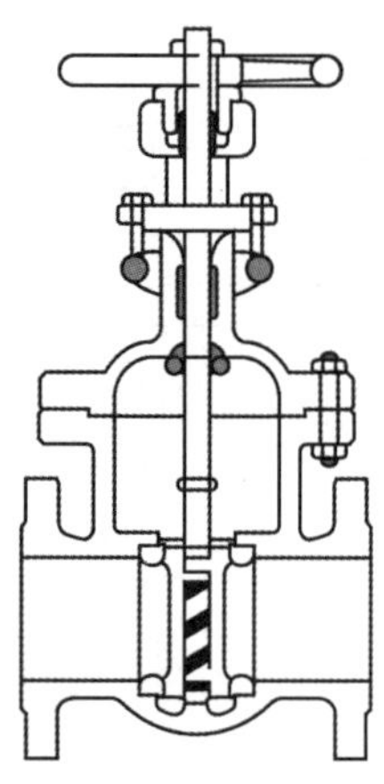
[패러렐슬라이드밸브]

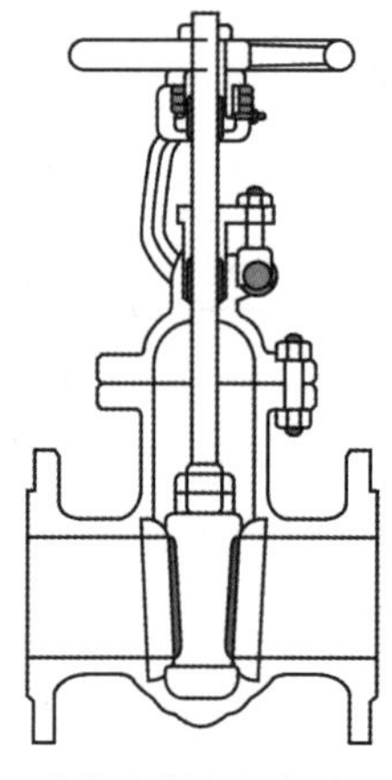
[웨지게이트밸브]

99 5세주형 700 mm의 주철제 방열기를 설치하여 증기온도가 110 ℃, 실내 공기온도가 20℃이며 난방부하가 29 kW일 때 방열기의 소요 쪽수는? (단, 방열계수는 8 W/m^2·℃, 1쪽당 방열면적은 0.28 m^{2}이다)

① 144쪽
② 154쪽
③ 164쪽
④ 174쪽

해설

[방열기의 소요 쪽수]

$$q = K \cdot A \cdot \Delta t_m = K \cdot (a \cdot n) \cdot \Delta t_m$$

방열기 쪽수 $n = \dfrac{q}{K \cdot a \cdot \Delta t_m}$

$$= \frac{29 \times 1000}{8 \times 0.28 \times (110 - 20)}$$

$$= 143.8 ≒ 144쪽$$

여기서 a : 1쪽당 방열면적
n : 방열기쪽수

정답 98 ③ 99 ①

100 다음 중 열팽창에 의한 관의 신축으로 배관의 이동을 구속 또는 제한하는 장치가 아닌 것은?

① 앵커(Anchor)
② 스토퍼(Stopper)
③ 가이드(Guide)
④ 인서트(Insert)

해설

[리스트레인트(Restraint)]
열팽창에 의한 배관의 이동을 구속 또는 제한하기 위해 사용하는 관 지지장치로 앵커, 스토퍼, 가이드가 있다.

④ 인서트(Insert)는 배관 내부에 삽입되는 부품으로 신축제어와 직접적인 관련이 없다.
① 앵커(Anchor) : 배관이 이동 또는 회전하지 못하도록 완전히 고정하는 곳에 사용
② 스토퍼(Stopper) 배관의 일정방향의 이동을 제한하고 다른 방향은 자유롭게 하는 곳에 사용
③ 가이드(Guide) 배관의 축방향 이동은 허용하고 회전이나 직각방향의 이동을 제한하는 곳에 사용

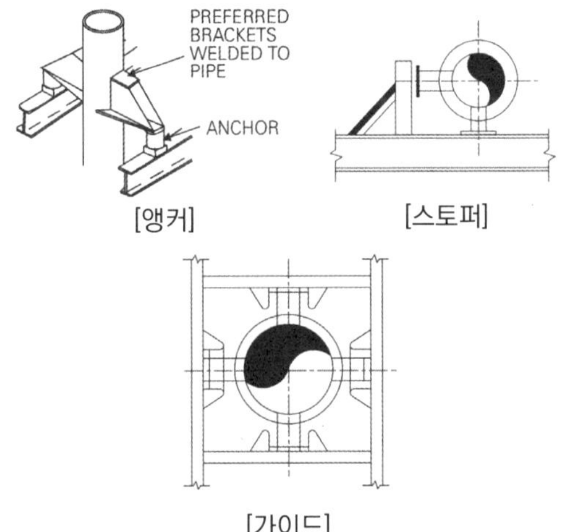

[앵커] [스토퍼]
[가이드]

※ 인서트 : 일반적으로 껴넣는 것을 말함. 콘크리트 타설에 앞서 부착용 부품을 매입해 두는 부품 등

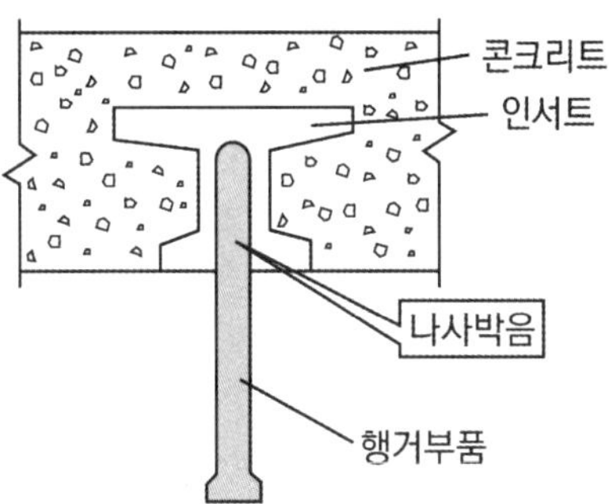

정답 100 ④

2019 제3회

1과목 기계열역학

1회독 시간 : 점수 :
2회독 시간 : 점수 :
3회독 시간 : 점수 :

01 질량 4 kg의 액체를 15 ℃에서 100 ℃까지 가열하기 위해 714 kJ의 열을 공급하였다면 액체의 비열(kJ/kg·K)은 얼마인가?

① 1.1 ② 2.1
③ 3.1 ④ 4.1

해설

[비열]

$q = GC(T_2 - T_1)$에서

$714 = 4 \times C \times (100 - 15)$

$\therefore C = 2.1$ kJ/kg·K

보충 섭씨온도의 온도차와 켈빈온도의 온도차는 서로 같다.

02 800 kPa, 350 ℃의 수증기를 200 kPa로 교축한다. 이 과정에 대하여 운동에너지의 변화를 무시할 수 있다고 할 때 이 수증기의 Joule-Thomson계수(K/kPa)는 얼마인가? (단, 교축 후의 온도는 344 ℃이다)

① 0.005 ② 0.01
③ 0.02 ④ 0.03

해설

[Joule-Thomson계수(K/kPa)]

줄-톰슨계수 $\mu = \left(\frac{\partial T}{\partial P}\right)_h$ 이고

h(엔탈피) = 일정하므로

$$\mu = \frac{(350+273)-(344+273)}{800-200} = 0.01$$

03 이상적인 카르노사이클 열기관에서 사이클당 585.35 J의 일을 얻기 위하여 필요로 하는 열량이 1 kJ이다. 저열원의 온도가 15 ℃라면 고열원의 온도(℃)는 얼마인가?

① 422 ② 595
③ 695 ④ 722

해설

[카르노사이클에서 고열원의 온도]

효율 $\eta = \frac{W}{Q_H} = \frac{T_H - T_L}{T_H}$

$$\frac{585.35\ J}{1000\ J} = \frac{(t+273)-(15+273)}{(t+273)}$$

$\therefore t \fallingdotseq 422$℃

※ 열기관
고열원으로부터 열을 공급받아 기계적인 일로 전환시키는 것이 목적
(열기관의 이상사이클 : 카르노사이클)

$$\eta = \frac{W}{Q_1} = \frac{Q_1 - Q_2}{Q_1} = \frac{T_1 - T_2}{T_1}$$

정답 01 ② 02 ② 03 ①

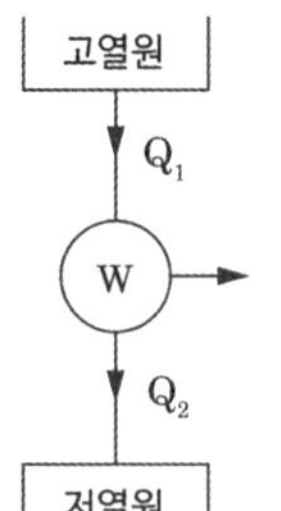

Q_1 : 고열원으로부터 받은 열량
Q_2 : 저열원으로 방출한 열량
W : 일량
T_1 : 고온
T_2 : 저온

04 배기량(Displacement Volume)이 1200 cc, 극간체적(Clearance Volume)이 200 cc인 가솔린기관의 압축비는 얼마인가?

① 5 ② 6
③ 7 ④ 8

해설

[압축비]

$$\text{압축비 } \varepsilon = \frac{\text{실린더총체적}}{\text{극간체적}} = \frac{\text{극간체적} + \text{행정체적}}{\text{극간체적}} = \frac{200 + 1200}{200} = 7$$

05 열역학적 상태량은 일반적으로 강도성 상태량과 종량성 상태량으로 분류할 수 있다. 강도성 상태량에 속하지 않는 것은?

① 압력 ② 온도
③ 밀도 ④ 체적

해설

[강도성 상태량]

1) 종량성 상태량 : 물질의 질량에 따라 그 크기가 결정되는 상태량으로 어떤 계를 n등분하면 그 크기도 n등분만큼 줄어드는 것을 말한다. 체적, 내부에너지, 엔트로피, 엔탈피 등이 있다.
2) 강도성 상태량 : 물질의 질량에 관계없이 그 크기가 결정되는 상태량으로 n등분해도 그 크기가 일정한 것을 말한다. 예로는 압력, 온도, 밀도, 비체적 등이 있다.

06 국소대기압력이 0.099 MPa일 때 용기 내 기체의 게이지압력이 1 MPa이었다. 기체의 절대압력(MPa)은 얼마인가?

① 0.901 ② 1.099
③ 1.135 ④ 1.275

해설

[절대압력]

절대압력 = 국소대기압 + 게이지압
= 0.099 + 1
= 1.099

07 표준대기압 상태에서 물 1 kg이 100 ℃로부터 전부 증기로 변하는 데 필요한 열량이 0.652 kJ이다. 이 증발과정에서의 엔트로피 증가량(J/K)은 얼마인가?

① 1.75 ② 2.75
③ 3.75 ④ 4.00

정답 04 ③ 05 ④ 06 ② 07 ①

해설

[엔트로피 증가량]

엔트로피 증가량 $\Delta S = \dfrac{\Delta Q}{K}$ 이므로

$\therefore\ \Delta S = \dfrac{652}{100+273} \fallingdotseq 1.75$

08 다음 냉동사이클에서 열역학 제1법칙과 제2법칙을 모두 만족하는 Q_1, Q_2, W는?

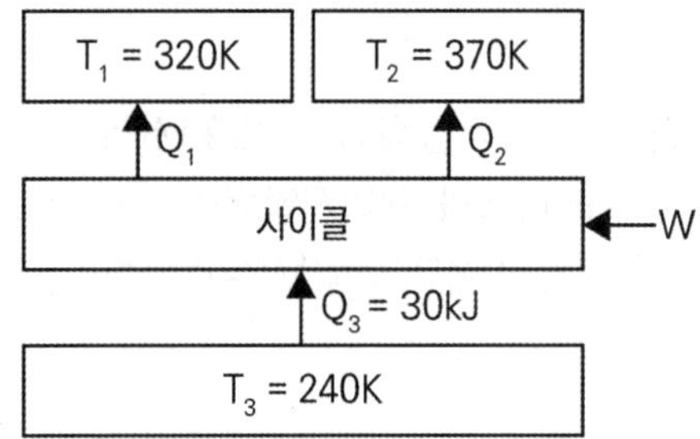

① Q_1 = 20 kJ, Q_2 = 20 kJ, W = 20 kJ
② Q_1 = 20 kJ, Q_2 = 30 kJ, W = 20 kJ
③ Q_1 = 20 kJ, Q_2 = 20 kJ, W = 10 kJ
④ Q_1 = 20 kJ, Q_2 = 15 kJ, W = 5 kJ

해설

[열역학 제1법칙과 제2법칙]

1) 열역학 제1법칙 : 에너지보존의 법칙

$Q_1 + Q_2 = Q_3 + W$

2) 열역학 제2법칙 : 엔트로피 증가의 법칙

$\Delta S = S_2 - S_1 > 0$

따라서 $\Delta S = \left(\dfrac{Q_1}{T_1} + \dfrac{Q_2}{T_2}\right) - \left(\dfrac{Q_3}{T_3}\right) > 0$

3) 열역학 제1법칙 및 제2법칙을 만족 여부 확인

① 1법칙 : $Q_1 + Q_2 = Q_3 + W$

$20 + 20 \neq 30 + 20$이므로 불만족

2법칙 : $\Delta S = \left(\dfrac{20}{320} + \dfrac{20}{370}\right) - \left(\dfrac{30}{240}\right) < 0$

이므로 불만족

② 1법칙 : $20 + 30 = 30 + 20$이므로 만족

2법칙 : $\Delta S = \left(\dfrac{20}{320} + \dfrac{30}{370}\right) - \left(\dfrac{30}{240}\right) > 0$

이므로 만족

③ 1법칙 : $20 + 20 = 30 + 10$이므로 만족

2법칙 : $\Delta S = \left(\dfrac{20}{320} + \dfrac{20}{370}\right) - \left(\dfrac{30}{240}\right) < 0$

이므로 불만족

④ 1법칙 : $20 + 15 = 30 + 5$이므로 만족

2법칙 : $\Delta S = \left(\dfrac{20}{320} + \dfrac{15}{370}\right) - \left(\dfrac{30}{240}\right) < 0$

이므로 불만족

09 체적이 1 m^3인 용기에 물이 5 kg 들어 있으며 그 압력을 측정해보니 500 kPa이었다. 이 용기에 있는 물 중에 증기량(kg)은 얼마인가? (단, 500 kPa에서 포화액체와 포화증기의 비체적은 각각 0.001093 m^3/kg, 0.37489 m^3/kg이다)

① 0.005　② 0.94
③ 1.87　④ 2.66

해설

[물 중에 증기량(kg)]

1) 용기에 있는 물의 체적[m^3]

물 5 kg = 5 L = 0.005 m^3

정답 08 ② 09 ④

2) 용기에 있는 증기의 체적[m^3]

증기 체적 = 용기 체적 - 용기 내 물의 체적

$= 1\ m^3 - 0.005\ m^3$

$= 0.995\ m^3$

3) 용기에 있는 증기량[kg]

$$증기량\ [kg] = \frac{증기\ 체적\ [m^3]}{포화증기의\ 비체적\ [m^3/kg]}$$

$$= \frac{0.995\ m^3}{0.37489\ m^3/kg} = 2.654\ kg$$

10 압축비가 18인 오토사이클의 효율(%)은? (단, 기체의 비열비는 1.41이다)

① 65.7　　② 69.4

③ 71.3　　④ 74.6

해설

[오토사이클 효율]

$$\eta_o = 1 - \left(\frac{1}{\varepsilon}\right)^{k-1} = 1 - \left(\frac{1}{18}\right)^{1.41-1}$$

$$= 0.694 = 69.4\ \%$$

ε : 압축비

k : 비열비

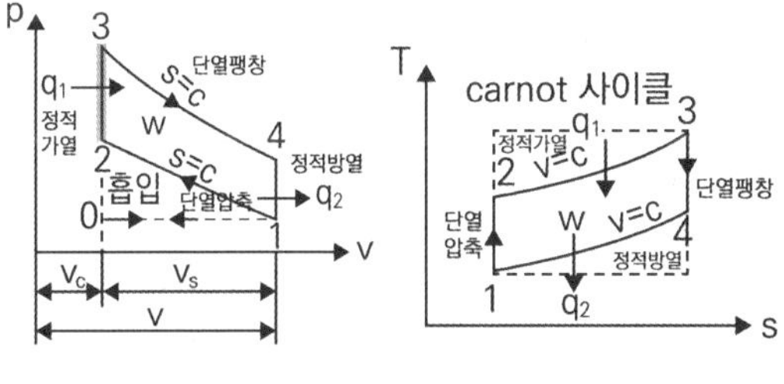

[오토사이클]

11 5 kg의 산소가 정압하에서 체적이 0.2 m³에서 0.6 m³로 증가했다. 이때의 엔트로피의 변화량(kJ/K)은 얼마인가? (단, 산소는 이상기체이며, 정압비열은 0.92 kJ/kg · K이다)

① 1.857　　② 2.746

③ 5.054　　④ 6.507

해설

[정압하에서 엔트로피의 변화량]

※ 이상기체의 엔트로피 함수관계

$$\Delta s = s_2 - s_1 = C_v \ln\frac{T_2}{T_1} + R\ln\frac{v_2}{v_1}$$

$$= C_p \ln\frac{T_2}{T_1} - R\ln\frac{p_2}{p_1}$$

$$= C_p \ln\frac{v_2}{v_1} + C_v \ln\frac{p_2}{p_1}$$

$\Delta S = mC_p \ln\left(\frac{v_2}{v_1}\right)$에서

$$\Delta S = 5 \times 0.92 \times \ln\left(\frac{0.6}{0.2}\right) \fallingdotseq 5.054$$

12 최고온도(T_H)와 최저온도(T_L)가 모두 동일한 이상적인 가역사이클 중 효율이 다른 하나는? (단, 사이클 작동에 사용되는 가스(기체)는 모두 동일하다)

① 카르노사이클

② 브레이튼사이클

③ 스털링사이클

④ 에릭슨사이클

정답 10 ② 11 ③ 12 ②

해설

[브레이튼사이클]

1) 가스터빈엔진에서 사용하는 사이클이다. 압축과정에서 엔트로피변화가 없지만 카르노사이클보다 열효율이 낮다.
2) 비교적 간단한 구조로 저렴한 제작비용, 높은 출력 밀도, 연료 종류에 국한되지 않는다.
3) 카르노, 스털링, 에릭슨사이클은 이론적으로 동일한 효율을 가진다(즉, T_L, T_H만 같으면 효율이 같다). 브레이튼사이클은 가역적이라 하더라도 효율이 T_L, T_H만으로 결정되지 않고 압력비나 비열비 등에 따라 달라지므로 카르노보다 낮다.

13 냉동기 팽창밸브장치에서 교축과정을 일반적으로 어떤 과정이라고 하는가?

① 정압과정
② 등엔탈피과정
③ 등엔트로피과정
④ 등온과정

해설

[교축과정]

팽창밸브를 통과하면서 냉매가 압력과 온도가 급격히 감소하는 과정으로 상의 변화가 있으나 엔탈피변화는 없다.

14 그림과 같이 다수의 추를 올려놓은 피스톤이 끼워져 있는 실린더에 들어 있는 가스를 계로 생각한다. 초기 압력이 300 kPa이고, 초기 체적은 0.05 m³이다. 피스톤을 고정하여 체적을 일정하게 유지하면서 압력이 200 kPa로 떨어질 때까지 계에서 열을 제거한다. 이때 계가 외부에 한 일(kJ)은 얼마인가?

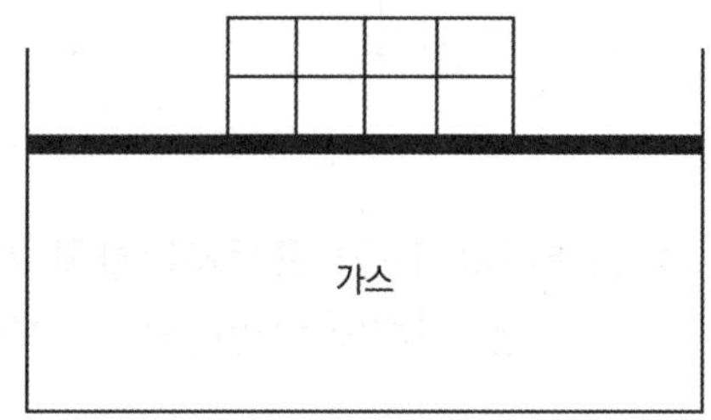

① 0 ② 5
③ 10 ④ 15

해설

[밀폐계의 일($_1W_2$)]

$_1W_2 = \int_1^2 Pdv$에서

체적이 일정하므로 $dv = 0$

따라서 $_1W_2 = 0$

15 공기 표준 브레이튼(Brayton)사이클기관에서 최고 압력이 500 kPa, 최저압력은 100 kPa이다. 비열비(k)가 1.4일 때 이 사이클의 열효율(%)은?

① 3.9 ② 18.9
③ 36.9 ④ 26.9

정답 13 ② 14 ① 15 ③

해설

[브레이튼(Brayton)사이클]

$$\eta_B = 1 - \left(\frac{P_1}{P_2}\right)^{\frac{k-1}{k}} = 1 - \left(\frac{100}{500}\right)^{\frac{1.4-1}{1.4}} = 0.369$$

그러므로 36.9 %

16 증기가 디퓨저를 통하여 0.1 MPa, 150 ℃, 200 m/s의 속도로 유입되어 출구에서 50 m/s의 속도로 빠져나간다. 이때 외부로 방열된 열량이 500 J/kg일 때 출구 엔탈피(kJ/kg)는 얼마인가? (단, 입구의 0.1 MPa, 150 ℃ 상태에서 엔탈피는 2776.4 kJ/kg이다)

① 2751.3 ② 2778.2
③ 2794.7 ④ 2812.4

해설

[정상유동 에너지방정식]

$${}_1Q_2 = W_t + \frac{\dot{G}(w_2^2 - w_1^2)}{2} + \dot{G}(h_2 - h_1) + \dot{G}g(Z_2 - Z_1)$$

${}_1Q_2$: 열량, W_t : 공업일, $\dot{G}$: 질량 유량,
g : 중력가속도, w_2, w_1 : 속도,
h_2, h_1 : 엔탈피, Z_2, Z_1 : 위치에너지
(열역학에서는 속도를 V 대신 w로 표기함)

$$q = \frac{(w_2^2 - w_1^2)}{2} + (h_2 - h_1)$$

$$-500 = \frac{(50^2 - 200^2)}{2} + \{h_2 - (2776.4 \times 10^3)\}$$

$$\therefore h_2 = 2794650\ J/kg = 2794.65\ kJ/kg$$

17 두께 10 mm, 열전도율 15 W/m·℃인 금속판 두 면의 온도가 각각 70 ℃와 50 ℃일 때 전열면 1 m²당 1분 동안에 전달되는 열량(kJ)은 얼마인가?

① 1800 ② 14000
③ 92000 ④ 162000

해설

[열전달량]

$$Q[W] = \frac{K[W/m \cdot ℃] \times A[m^2] \times \Delta T[℃]}{\ell[m]}$$

$$= \frac{15\ W/m \cdot ℃ \times 1\ m^2 \times (70-50)\ ℃}{0.01\ m}$$

$$= \frac{15\ W/m \cdot ℃ \times 1\ m^2 \times (70-50)\ ℃}{0.01\ m}$$

$$= 30000\ W = 30\ kW$$

$$= 30\ kJ/s \times \frac{60\ s}{1\ \min} = 1800\ kJ/\min$$

보충 1 kW = 1 kJ/s

18 공기 3 kg이 300 K에서 650 K까지 온도가 올라갈 때 엔트로피변화량(J/K)은 얼마인가? (단, 이때 압력은 100 kPa에서 550 kPa로 상승하고 공기의 정압비열은 1.005 kJ/kg·K, 기체상수는 0.287 kJ/kg·K이다)

① 712 ② 863
③ 924 ④ 966

정답 16 ③ 17 ① 18 ②

해설

[엔트로피변화량(J/K)]

※ 이상기체의 엔트로피 함수관계

$$\Delta s = s_2 - s_1 = C_v \ln\frac{T_2}{T_1} + R\ln\frac{v_2}{v_1}$$
$$= C_p \ln\frac{T_2}{T_1} - R\ln\frac{p_2}{p_1}$$
$$= C_p \ln\frac{v_2}{v_1} + C_v \ln\frac{p_2}{p_1}$$

$\Delta S = mC_p \ln\left(\frac{T_2}{T_1}\right) - mR\ln\left(\frac{p_2}{p_1}\right)$에서

$$= 3\times 1.005\times \ln\left(\frac{650}{300}\right) - 3\times 0.287\times \ln\left(\frac{550}{100}\right)$$
$$\fallingdotseq 0.863\ kJ/K = 863\ J/K$$

19 냉동효과가 70 kW인 냉동기의 방열기 온도가 20 ℃, 흡열기 온도가 −10 ℃이다. 이 냉동기를 운전하는 데 필요한 압축기의 이론 동력(kW)은 얼마인가?

① 6.02 ② 6.98
③ 7.98 ④ 8.99

해설

[압축기의 이론 동력]

$COP = \frac{냉동효과}{압축기동력} = \frac{저온}{고온-저온}$에서

$$\frac{70}{압축기동력} = \frac{(-10+273)}{(20+273)-(-10+273)}$$

∴ 압축기 동력 ≒ 7.98

20 체적이 0.5 m^3인 탱크에 분자량이 24 kg/kmol인 이상기체 10 kg이 들어 있다. 이 기체의 온도가 25 ℃일 때 압력(kPa)은 얼마인가? (단, 일반기체상수는 8.3143 kJ/kmol·K이다)

① 126 ② 845
③ 2066 ④ 49578

해설

[이상기체 상태방정식]

이상기체상태방정식

$$PV = \frac{G}{M}\overline{R}T$$

여기서, G : 질량 [kg]
M : 분자량 [kg/kmol]
$\overline{R}$: 일반기체상수 [kJ/(kmol·K)]

$PV = \frac{G}{M}\overline{R}T$ 에서

$$P\times 0.5 = \frac{10}{24}\times 8.3143\times(273+25)$$

$\therefore P \fallingdotseq 2065\ kPa$

정답 19 ③ 20 ③

2과목 냉동공학

1회독 시간 : 점수 :
2회독 시간 : 점수 :
3회독 시간 : 점수 :

21 다음 중 일반적으로 냉방시스템에서 물을 냉매로 사용하는 냉동방식은?

① 터보식 ② 흡수식
③ 전자식 ④ 증기압축식

해설

[냉동방식]
물을 냉매로 사용하는 냉동방식은 흡수식 냉동법, 증기분사냉동법이 있다.

22 전열면적 40 m^2, 냉각수량 300L/min, 열통과율 3140 kJ/m^2·h·℃인 수냉식 응축기를 사용하며, 응축부하가 439614 kJ/h일 때 냉각수 입구온도가 23℃이라면 응축온도(℃)는 얼마인가? (단, 냉각수의 비열은 4.186 kJ/kg·K이다)

① 29.42℃ ② 25.92℃
③ 20.35℃ ④ 18.28℃

해설

[응축온도(℃)]
1) 냉각수 출구온도(t_{w2})

$q_c = G \cdot C \cdot (t_{w2} - t_{w1})$에서

$$t_{w2} = t_{w1} + \frac{q_c}{G \cdot C}$$

$$= 23 + \frac{439614}{300 \times 60 \times 4.186}$$

$$= 28.83\ ℃$$

2) 평균온도차(Δt_m)

$q_c = K \cdot A \cdot \Delta t_m$에서

$$\Delta t_m = \frac{q_c}{K \cdot A} = \frac{439614}{3140 \times 40} = 3.5\ ℃$$

3) 응축온도(t_c)

$\Delta t_m = t_c - \frac{t_{w1} + t_{w2}}{2}$에서

$$t_c = \Delta t_m + \frac{t_{w1} + t_{w2}}{2}$$

$$= 3.5 + \frac{23 + 28.83}{2}$$

$$= 29.415 ≒ 29.42\ ℃$$

23 스테판 볼츠만(Stefan – Boltzmann)의 법칙과 관계있는 열이동현상은?

① 열전도 ② 열대류
③ 열복사 ④ 열통과

해설

[스테판 볼츠만 법칙]
흑체가 단위면적당 단위시간에 방출하는 에너지의 양은 흑체표면의 절대온도의 4승에 비례한다는 법칙으로 열복사의 법칙이라 부른다.

$q = \sigma T^4$

q : 복사열량 [W/m^2]
σ : 스테판 볼츠만상수
(5.67×10^{-10} W/m^2K^4)
T : 흑체표면의 온도 [K]

24 냉동장치에서 일원 냉동사이클과 이원 냉동사이클을 구분 짓는 가장 큰 차이점은?

① 증발기의 대수
② 압축기의 대수
③ 사용 냉매 개수
④ 중간냉각기의 유무

정답 21 ② 22 ① 23 ③ 24 ③

해설

[이원 냉동사이클]

-100 ℃ 정도의 매우 낮은 온도를 만들기 위해 **저온용과 고온용 두 개의 냉동사이클을 조합한 시스템**이다. 고온 냉동사이클의 증발기가 저온 냉동사이클의 응축기를 냉각시키는 역할을 하며 각 사이클에서 사용하는 냉매도 다르다.

1) 고온 측 냉매 : R-12, R-22
2) 저온 측 냉매 : R-13, R-14, R-503

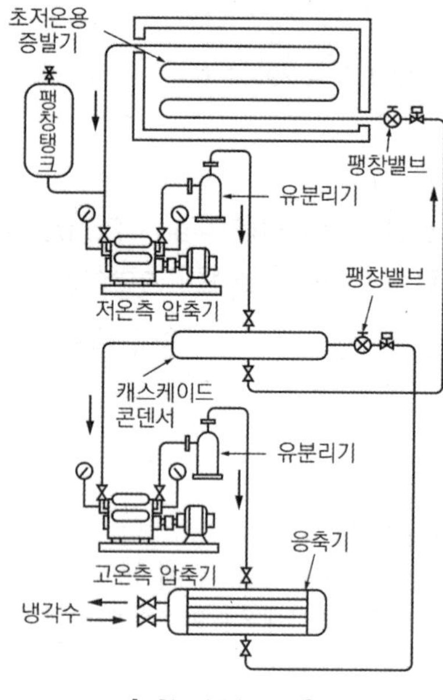

[2원 냉동장치도]

25 물속에 지름 10 cm, 길이 1 m인 배관이 있다. 이때 표면온도가 114 ℃로 가열되고 있고, 주위 온도가 30 ℃라면 열전달률(kW)은? (단, 대류 열전달계수 1.6 kW/m²·K)이며, 복사열전달은 없는 것으로 가정한다)

① 36.7 ② 42.2
③ 45.3 ④ 96.3

해설

[열전달률(kW)]

$$q = \alpha \cdot A \cdot \Delta t = \alpha \cdot (\pi DL) \cdot \Delta t$$
$$= 1.6 \times (\pi \times 0.1 \times 1) \times (114 - 30)$$
$$= 42.2\ \text{kW}$$

26 다음 그림과 같은 2단압축 1단팽창식 냉동장치에서 고단 측의 냉매순환량(kg/h)은? (단, 저단 측 냉매순환량은 1000 kg/h이며, 각 지점에서의 엔탈피는 아래 표와 같다)

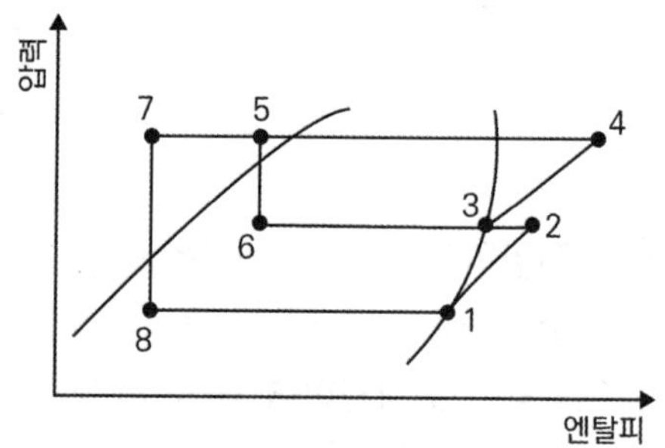

지점	엔탈피(kJ/kg)	지점	엔탈피(kJ/kg)
1	1641.2	4	1838.0
2	1796.1	5	535.9
3	1674.7	7	420.8

① 1058.2 ② 1207.7
③ 1488.5 ④ 1594.6

정답 25 ② 26 ②

해설

[2단압축사이클 냉매공식]

$$\frac{G_H}{G_L} = \frac{h_2 - h_7}{h_3 - h_5} \text{에서}$$

$$G_H = G_L \times \frac{h_2 - h_7}{h_3 - h_5}$$

$$= 1000 \times \frac{1796.1 - 420.8}{1674.7 - 535.9}$$

$$= 1207.67 \text{ kg/h}$$

27 불응축가스가 냉동장치에 미치는 영향으로 틀린 것은?

① 체적효율 상승
② 응축압력 상승
③ 냉동능력 감소
④ 소요동력 증대

해설

[불응축가스가 냉동장치에 미치는 영향]

1) 체적효율 감소
2) 응축압력 상승
3) 냉동능력 감소
4) 소요동력 증대
5) 토출가스온도 상승

28 다음 중 동일한 조건에서 열전도도가 가장 낮은 것은?

① 물 ② 얼음
③ 공기 ④ 콘크리트

해설

[열전도도]

물질	열전도도 [W/(m·K)]
공기	0.025
물	0.6
콘크리트	1.3
얼음	1.6
구리	397

보충 일반적인 열전도도 크기 : 고체 > 액체 > 기체

29 냉동기에서 유압이 낮아지는 원인으로 옳은 것은?

① 유온이 낮은 경우
② 오일이 과충전된 경우
③ 오일에 냉매가 혼입된 경우
④ 유압조정밸브의 개도가 적은 경우

해설

[유압이 낮아지는 원인]

① 유온이 너무 높은 경우
유온이 높아지면 점도가 낮아지고 이로 인해 펌프의 압력 형성 능력이 떨어지며, 누유량 증가와 흡입 불량까지 겹치면 전체 유압이 낮아지게 된다.
② 오일이 부족한 경우
③ 오일에 냉매가 혼입된 경우
④ 유압 조정밸브의 개도가 큰 경우
⑤ 오일 여과기가 막혀 있는 경우
⑥ 저압이 너무 낮은 경우
⑦ 압축기의 축봉이 마모되어 있는 경우

정답 27 ① 28 ③ 29 ③

30 2단압축 냉동장치에 관한 설명으로 틀린 것은?

① 동일한 증발온도를 얻을 때 단단압축 냉동장치 대비 압축비를 감소시킬 수 있다.
② 일반적으로 두 개의 냉매를 사용하여 -30℃ 이하의 증발온도를 얻기 위해 사용된다.
③ 중간 냉각기는 증발기에 공급하는 액을 과냉각시키고 냉동효과를 증대시킨다.
④ 중간 냉각기는 냉매증기와 냉매액을 분리시켜 고단 측 압축기 액백현상을 방지한다.

해설

[2단압축 냉동장치]
② 일반적으로 1개의 냉매를 사용하여 -30℃ 이하의 증발온도를 얻기 위해 사용된다.

31 다음 그림은 단효용 흡수식 냉동기에서 일어나는 과정을 나타낸 것이다. 각 과정에 대한 설명으로 틀린 것은?

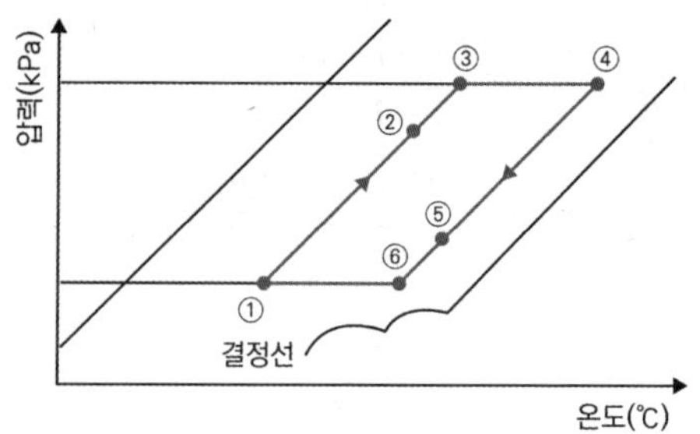

① ①→②과정 : 재생기에서 돌아오는 고온 농용액과 열교환에 의한 희용액의 온도증가
② ②→③과정 : 재생기 내에서 비등점에 이르기까지의 가열
③ ③→④과정 : 재생기 내에서 가열에 의한 냉매 응축
④ ④→⑤과정 : 흡수기에서의 저온 희용액과 열교환에 의한 농용액의 온도감소

해설

[단효용 흡수식 냉동기]
③ ③→④과정 : 재생기(발생기)에서는 냉매가 응축되는 것이 아니라 냉매가 증발하여 발생하는 과정이다.

정답 30 ② 31 ③

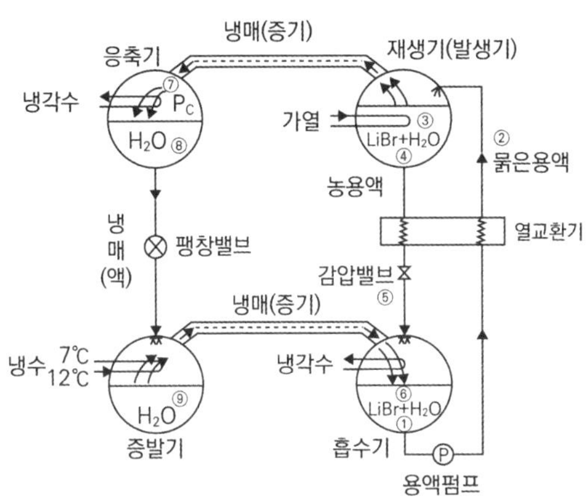

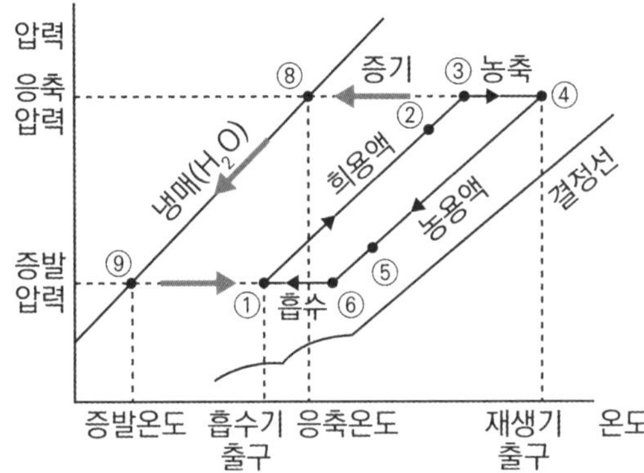

[1중 효용 흡수식 냉동기 듀링선도(H_2O + LiBr)]

32 냉동기유의 역할로 가장 거리가 먼 것은?

① 윤활작용 ② 냉각작용
③ 탄화작용 ④ 밀봉작용

해설

[냉동기유(윤활유)의 역할(목적)]
1) 윤활작용 : 마찰부 유막형성하여 마모 줄임
2) 냉각작용 : 마찰부 열제거 및 냉각
3) 밀봉작용 : 피스톤, 축봉장치에서 냉매누설방지
4) 패킹보호 : 패킹재료를 보호하여 손상방지
5) 기계효율 증대 및 기계수명 연장

33 냉동능력이 5 kW인 제빙장치에서 0 ℃의 물 20 kg을 모두 0 ℃얼음으로 만드는 데 걸리는 시간(min)은 얼마인가? (단, 0 ℃ 얼음의 융해열 334 kJ/kg이다)

① 22.2 ② 18.7
③ 13.4 ④ 11.2

해설

[제빙시간]
제빙 냉각열량 $q = 20 \times 334 = 6680\ kJ$

$$제빙시간 = \frac{제빙냉각열량}{냉동능력}$$

$$= \frac{6680\ kJ}{5\ kJ/s \times \dfrac{60\ s}{1\ \text{min}}} = 22.26\ \text{min}$$

34 냉장고의 방열벽의 열통과율이 0.000117 kW/m²·K일 때 방열벽의 두께(cm)는? (단, 각 값은 아래 표와 같으며 방열재 이외의 열전도 저항은 무시하는 것으로 한다)

외기와 외벽면과의 열전달률	0.023 kW/m²·K
고내 공기와 내벽면과의 열전달률	0.0116 kW/m²·K
방열벽의 열전도율	0.000046 kW/m·K

① 35.6 ② 37.1
③ 38.7 ④ 41.8

정답 32 ③ 33 ① 34 ③

해설

[방열벽의 두께]

$$\frac{1}{K}=\frac{1}{\alpha_0}+\frac{\ell}{\lambda}+\frac{1}{\alpha_i}$$

$$\frac{\ell}{\lambda}=\frac{1}{K}-\frac{1}{\alpha_0}-\frac{1}{\alpha_i}$$

$$\ell=\left(\frac{1}{K}-\frac{1}{\alpha_0}-\frac{1}{\alpha_i}\right)\lambda$$

$$=\left(\frac{1}{0.000117}-\frac{1}{0.023}-\frac{1}{0.0116}\right)\times 0.000046$$

$$=0.387\text{ m}=38.7\text{ cm}$$

35 다음 카르노사이클의 P－V선도를 T－S 선도로 바르게 나타낸 것은?

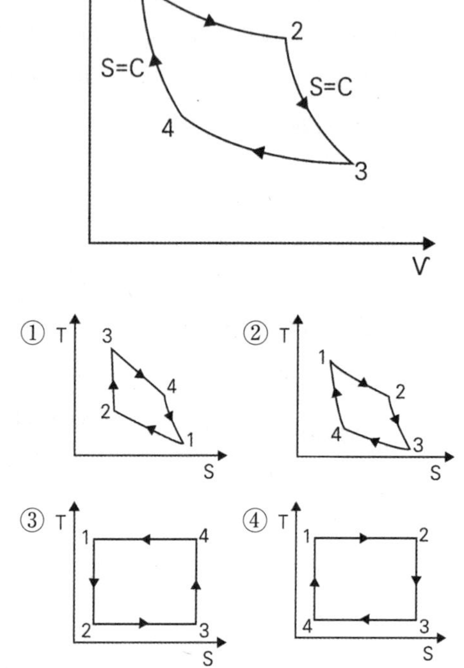

해설

[카르노사이클의 T－S선도]

1 → 2 : 등온팽창(T = C)

2 → 3 : 단열팽창(S = C)

3 → 4 : 등온압축(T = C)

4 → 1 : 단열압축(S = C)

36 다음 중 흡수식 냉동기의 냉매 흐름 순서로 옳은 것은?

① 발생기 → 흡수기 → 응축기 → 증발기

② 발생기 → 흡수기 → 증발기 → 응축기

③ 흡수기 → 발생기 → 응축기 → 증발기

④ 응축기 → 흡수기 → 발생기 → 증발기

해설

[냉매의 흐름 순서]

흡수기 → 발생기(재생기) → 응축기 → 증발기

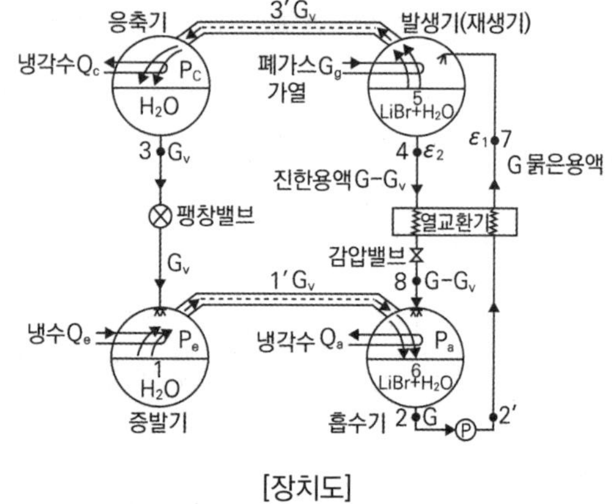

[장치도]

정답 35 ④ 36 ③

37 다음 중 이중 효용 흡수식 냉동기는 단효용 흡수식 냉동기와 비교하여 어떤 장치가 복수기로 설치되는가?

① 흡수기　② 증발기
③ 응축기　④ 재생기

해설

[이중 효용 흡수식 냉동기]

이중 효용 흡수식 냉동기는 **단효용보다 재생기(발생기)가 1개 더 있으며**, 저온 재생기에서는 냉매증기가 중간농도의 용액을 가열하고 자신은 응축된다.

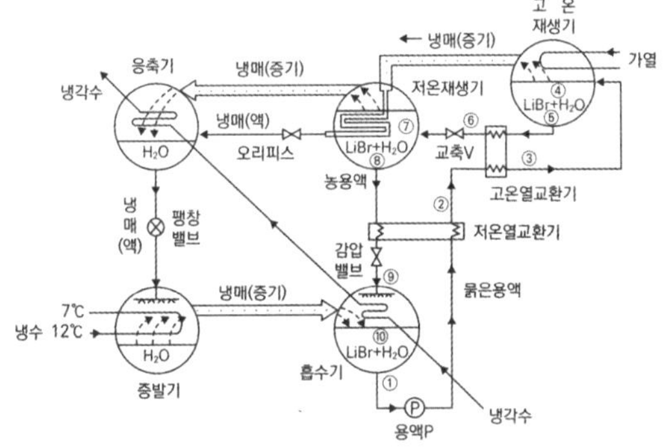

[2중 효용 흡수식 냉동기(H_2O + LiBr)]

38 다음 중 스크류 압축기의 구성요소가 아닌 것은?

① 스러스트 베어링
② 숫 로터
③ 암 로터
④ 크랭크축

해설

[스크류 압축기의 구성요소]

크랭크축은 왕복식 압축기의 구성부품이다.

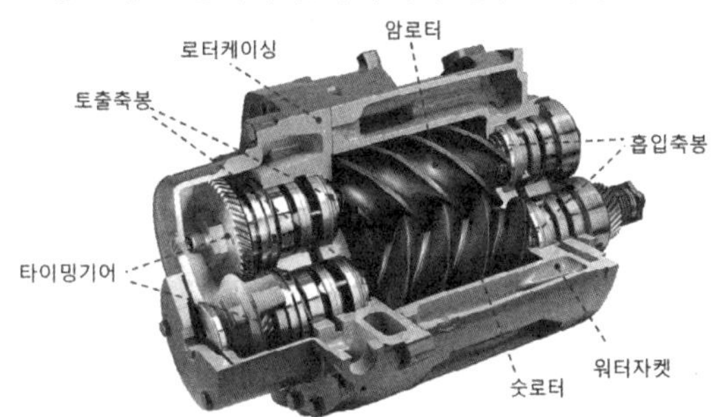

보충 스러스트 베어링 : 로터 샤프트(주축)의 끝단, 일반적으로 수 로터 쪽 또는 출구 측(고압 측)에 설치된다. 이는 로터가 압축과정 중 받는 축 방향 힘(스러스트력)을 지지하기 위해 설치된다.

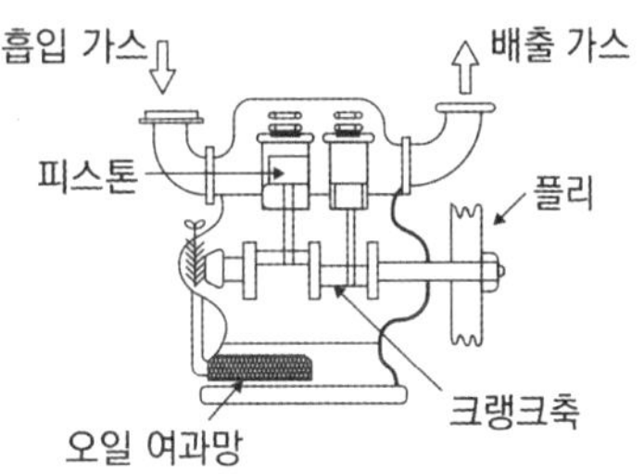

[왕복동식 압축기 단면도]

39 1대의 압축기로 -20℃, -10℃, 0℃, 5℃의 온도가 다른 저장실로 구성된 냉동장치에서 증발압력 조정밸브(EPR)를 설치하지 않는 저장실은?

① -20℃의 저장실
② -10℃의 저장실
③ 0℃의 저장실
④ 5℃의 저장실

정답 37 ④　38 ④　39 ①

해설

[증발압력 조정밸브(EPR)]

1) 증발압력 조정밸브(EPR)는 저장실의 증발온도가 너무 낮아지는 것을 방지하기 위해 설치하는 밸브이다.
2) EPR밸브를 설치하는 이유
   (1) 하나의 압축기로 여러 개의 저장실을 운영할 때 저장실마다 요구하는 온도가 다르기 때문이다.
   (2) 저온 저장실은 낮은 증발압력을 유지해야 하지만 비교적 높은 온도를 요구하는 저장실에서는 증발압력이 너무 낮아지는 것을 방지해야 하기 때문이다.
3) 따라서 EPR밸브는 상대적으로 높은 온도의 저장실(예 -10℃, 0℃, 5℃)에 설치하고, 가장 낮은 온도의 저장실(-20℃)에는 설치하지 않는다.

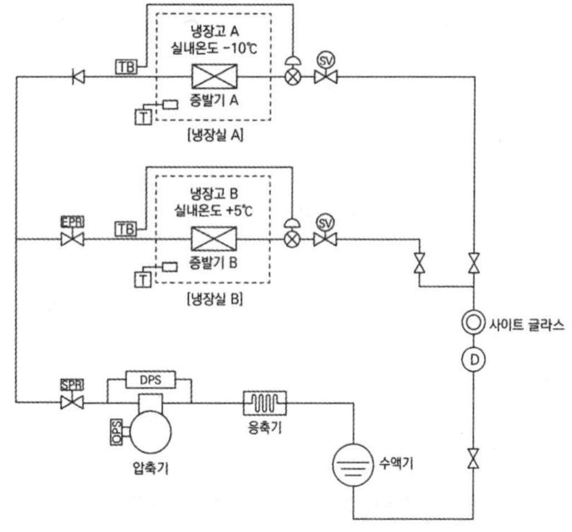

40 증발기의 착상이 냉동장치에 미치는 영향에 대한 설명으로 틀린 것은?

① 냉동능력 저하에 따른 냉장(동)실 내 온도 상승
② 증발온도 및 증발압력의 상승
③ 냉동능력당 소요동력의 증대
④ 액압축 가능성의 증대

해설

[증발기의 착상이 냉동장치에 미치는 영향]

① 냉동능력 저하에 따른 냉장(동)실 온도상승
② 냉매가 증발하지 못하므로 증발압력 저하
③ 냉동능력당 소요동력의 증대
④ 액압축 가능성의 증대

정답 40 ②

3과목 시운전 및 안전관리

1회독 시간 : 점수 :
2회독 시간 : 점수 :
3회독 시간 : 점수 :

41 다음 송풍기의 풍량제어방법 중 송풍량과 축동력의 관계를 고려하여 에너지절감효과가 가장 좋은 제어방법은? (단, 모두 동일한 조건으로 운전된다)

① 회전수제어 ② 흡입베인제어
③ 취출댐퍼제어 ④ 흡입댐퍼제어

해설

[송풍기 용량제어 특성]
에너지절감효과가 가장 좋은 방법은 풍량에 따른 축동력감소가 가장 큰 회전수제어이다.

TIP 풍량제어방법 중 축동력의 감소 :
회전수제어(가장 큼) > 가변피치 >
흡입베인 > 흡입댐퍼 > 토출댐퍼(가장 작음)

42 난방부하가 10 kW인 온수난방설비에서 방열기의 출·입구온도차가 12 ℃이고, 실내·외 온도차가 18 ℃일 때 온수순환량(kg/s)은 얼마인가? (단, 물의 비열은 4.2 kJ/kg·℃이다)

① 1.3 ② 0.8
③ 0.5 ④ 0.2

해설

[온수순환량(kg/s)]

$$q = G \cdot C \cdot \Delta t$$

$$G = \frac{q}{C \cdot \Delta t} = \frac{10}{4.2 \times 12} = 0.198 \fallingdotseq 0.2\ \mathrm{kg/s}$$

$$\text{단위 : } \frac{\mathrm{kW}}{\frac{\mathrm{kJ}}{\mathrm{kg \cdot ℃}} \times ℃} = \frac{\mathrm{kJ/s}}{\frac{\mathrm{kJ}}{\mathrm{kg}}} = \mathrm{kg/s}$$

보충 난방부하 공식에서 온도차 Δt는
방열기의 출·입구온도차

43 다음 중 고속덕트와 저속덕트를 구분하는 기준이 되는 풍속은?

① 15 m/s ② 20 m/s
③ 25 m/s ④ 30 m/s

해설

[고속덕트와 저속덕트 풍속 기준]
• 저속덕트 : 풍속 15 m/s 이하
• 고속덕트 : 풍속 15 m/s 초과

44 덕트의 부속품에 관한 설명으로 틀린 것은?

① 댐퍼는 통과풍량의 조정 또는 개폐에 사용되는 기구이다.
② 분기덕트 내의 풍량제어용으로 주로 익형 댐퍼를 사용한다.
③ 방화구획관통부에는 방화댐퍼 또는 방연댐퍼를 설치한다.
④ 가이드베인은 곡부의 기류를 세분해서 와류의 크기를 적게 하는 것이 목적이다.

정답 41 ① 42 ④ 43 ① 44 ②

해설

[스플릿댐퍼]

익형 댐퍼는 주로 대형 덕트나 외부 공기 조절용으로 사용된다. 분기점에서 풍량을 조절하기 위한 댐퍼는 스플릿댐퍼이다.

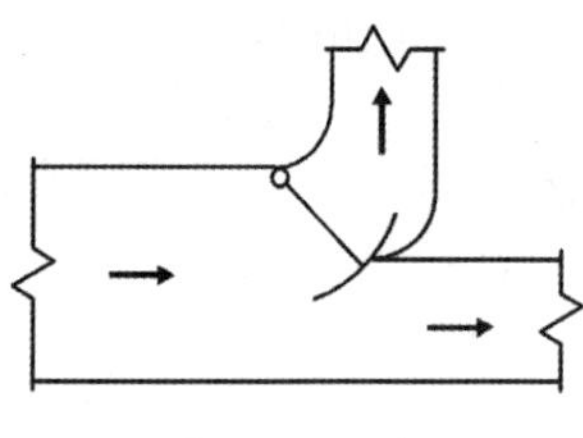

[스플릿댐퍼]

45 어떤 단열된 공조기의 장치도가 다음 그림과 같을 때 수분비(U)를 구하는 식으로 옳은 것은? (단, h_1, h_2 : 입구 및 출구 엔탈피(kJ/kg), x_1, x_2 : 입구 및 출구 절대습도(kg/kg), q_s : 가열량(W), L : 가습량(kg/h), h_L : 가습수분(L)의 엔탈피(kJ/kg), G : 유량(kg/h)이다.

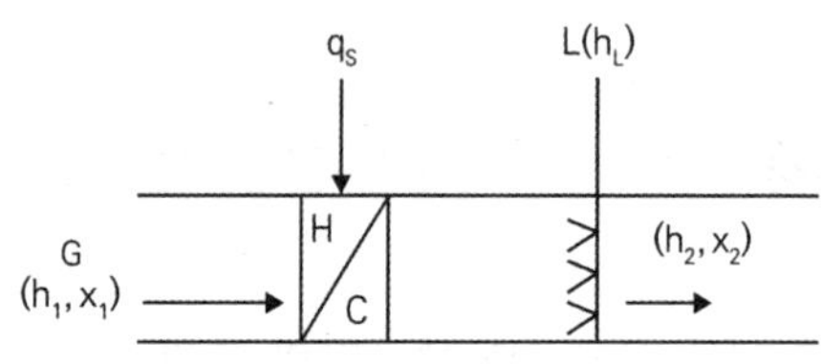

[가열·가습과정 장치도]

① $U=\frac{q_S}{G}-h_L$　② $U=\frac{q_S}{L}-h_L$

③ $U=\frac{q_S}{L}+h_L$　④ $U=\frac{q_S}{G}+h_L$

해설

[열수분비(Moisture Ratio, u)]

$$U=\frac{\text{전열량의 변화량[kJ]}}{\text{수분의 변화량[kg]}}=\frac{\text{엔탈피의 변화량}}{\text{절대습도의 변화량}}=\frac{\Delta h}{\Delta x}=\frac{h_2-h_1}{x_2-x_1}=\frac{q_S+q_L}{L}=\frac{q_S+L\cdot h_L}{L}=\frac{q_S}{L}+h_L\,[\text{kJ/kg}]$$

① 습공기에서 수분의 변화량에 대한 전열량의 변화량의 비율을 의미하며, '수분비'라고도 한다.

② 공기선도에서 가습으로 인한 상태 변화를 나타내는 데 활용된다.

여기서 L : 수분의 변화량(가습량) [kg]

h_L : 수분의 엔탈피 [kJ/kg]

x : 습공기의 절대습도 [kg/kg′]

46 난방설비에 관한 설명으로 옳은 것은?

① 증기난방은 실내 상·하 온도차가 적은 특징이 있다.

② 복사난방의 설비비는 온수나 증기난방에 비해 저렴하다.

③ 방열기의 트랩은 증기의 유량을 조절하는 역할을 한다.

④ 온풍난방은 신속한 난방효과를 얻을 수 있는 특징이 있다.

정답 45 ③ 46 ④

해설

[난방설비]

④ 온풍난방은 송풍기로 공기를 순환시키므로 신속한 난방효과를 얻을 수 있다.

① 증기난방은 실내 상·하 온도차가 크다.

② 복사난방의 설비비는 온수나 증기난방에 비해 비싸다.

③ 방열기트랩은 방열기에서 응축수와 증기를 분리시켜 응축수만 배출시키는 일종의 자동밸브이다.

47 공조부하 중 재열부하에 관한 설명으로 틀린 것은?

① 냉방부하에 속한다.

② 냉각코일의 용량산출 시 포함시킨다.

③ 부하 계산 시 현열, 잠열부하를 고려한다.

④ 냉각된 공기를 가열하는 데 소요되는 열량이다.

해설

[재열부하]

① 재열부하만큼 더 냉각시켜야 하므로 냉방부하에 속한다.

② 재열부하만큼 냉각코일 용량이 커진다.

③ 재열부하는 현열부하만 있다.

④ 재열부하는 냉각된 공기를 가열하는 열량이다.

※ 냉방부하의 구분

구분	부하 발생 원인	현열	잠열
실내부하	벽체로부터의 취득열량	○	-
	유리창으로부터의 취득열량 ① 일사에 의한 열량 ② 열관류에 의한 열량	○	-
	극간풍에 의한 취득열량	○	○
	인체의 발생열량	○	○
	실내 기구의 발생열량*	○	○
장치(기기)부하	송풍기에 의한 발생열량	○	-
	덕트로부터의 취득열량	○	-
재열부하	재열기의 취득열량	○	-
외기부하	외기도입에 의한 취득열량	○	○

* 단, 실내 기구 중 조명기구(백열등, 형광등), 전동기 및 기계 등에 의한 취득열량 → 현열만 해당

48 덕트설계 시 주의사항으로 틀린 것은?

① 덕트의 분기지점에 댐퍼를 설치하여 압력 평형을 유지시킨다.

② 압력손실이 적은 덕트를 이용하고 확대 시와 축소 시에는 일정 각도 이내가 되도록 한다.

③ 종횡비(Aspect Ratio)는 가능한 크게 하여 덕트 내 저항을 최소화한다.

④ 덕트굴곡부의 곡률반경은 가능한 크게 하며 곡률이 매우 작을 경우 가이드베인을 설치한다.

해설

[덕트설계 시 주의사항]

③ 종횡비는 가능한 작게 하여 덕트 내 저항을 최소화한다.

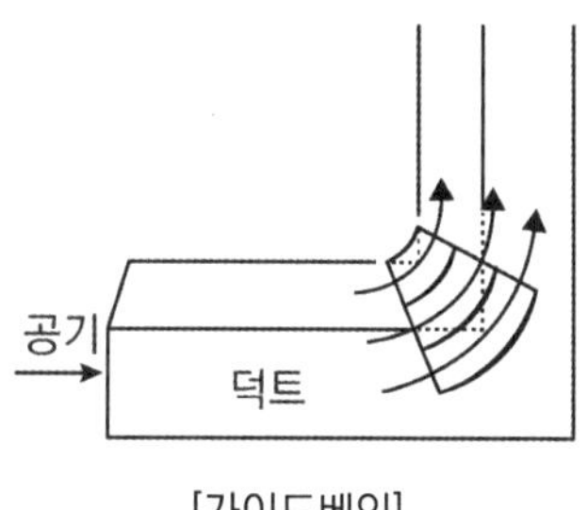

[가이드베인]

정답 47 ③ 48 ③

49 아래의 특징에 해당하는 보일러는 무엇인가?

> 공조용으로 사용하기보다는 편리하게 고압의 증기를 발생하는 경우에 사용하며 드럼이 없어 수관으로 되어 있다. 보유 수량이 적어 가열시간이 짧고 부하변동에 대한 추종성이 좋다.

① 주철제보일러 ② 연관보일러
③ 수관보일러 ④ 관류보일러

해설

[관류보일러]
드럼이 없고 수관으로만 되어 있어서 보유수량이 적고 가열시간이 짧으며 부하변동에 추종성이 좋은 보일러는 관류보일러이다.

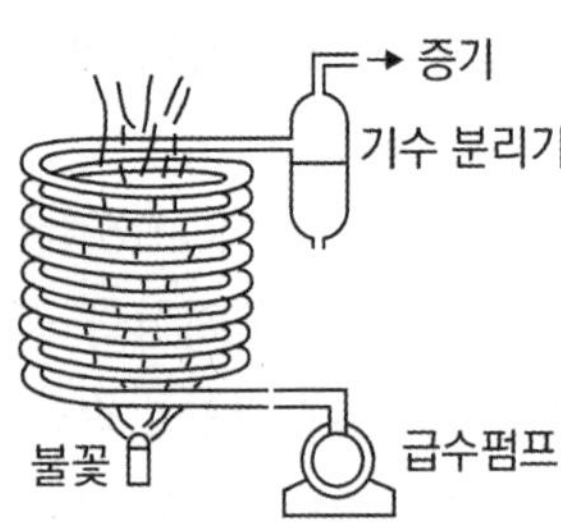

[관류식 보일러]

50 보일러의 능력을 나타내는 표시방법 중 가장 적은 값을 나타내는 출력은?

① 정격출력 ② 과부하출력
③ 정미출력 ④ 상용출력

해설

[보일러의 능력]
- 정미출력 : 난방부하 + 급탕부하
- 상용출력 : 난방부하 + 급탕부하 + 배관손실부하
- 정격출력 : 난방부하 + 급탕부하 + 배관손실부하 + 예열부하
- 과부하출력 : 정격출력에 10 ~ 20 % 증가

51 외기온도 5 ℃에서 실내온도 20 ℃로 유지되고 있는 방이 있다. 내벽 열전달계수 5.8 $W/m^2 \cdot K$, 외벽 열전달계수 17.5 $W/m^2 \cdot K$, 열전도율이 2.4 $W/m \cdot K$이고 벽 두께가 10 cm일 때 이 벽체의 열저항($m^2 \cdot K/W$)은 얼마인가?

① 0.27 ② 0.55
③ 1.37 ④ 2.35

해설

[벽체의 열저항]

$$열저항\ R = \frac{1}{K} = \frac{1}{\alpha_i} + \frac{\ell}{\lambda} + \frac{1}{\alpha_0}$$
$$= \frac{1}{5.8} + \frac{0.1}{2.4} + \frac{1}{17.5}$$
$$= 0.27\ m^2 \cdot K/W$$

52 다음 가습방법 중 물분무식이 아닌 것은?

① 원심식 ② 초음파식
③ 노즐분무식 ④ 적외선식

해설

[가습방법]
- 수분무식 : 원심식, 초음파식, 노즐분무식
- 증기발생식 : 적외선식, 전열식, 전극식

정답 49 ④ 50 ③ 51 ① 52 ④

53 다음 공기선도 상에서 난방풍량이 25000 m³/h인 경우 가열코일의 열량(kW)은? (단, 1은 외기, 2는 실내 상태점을 나타내며, 공기의 밀도는 1.2 kg/m³이다)

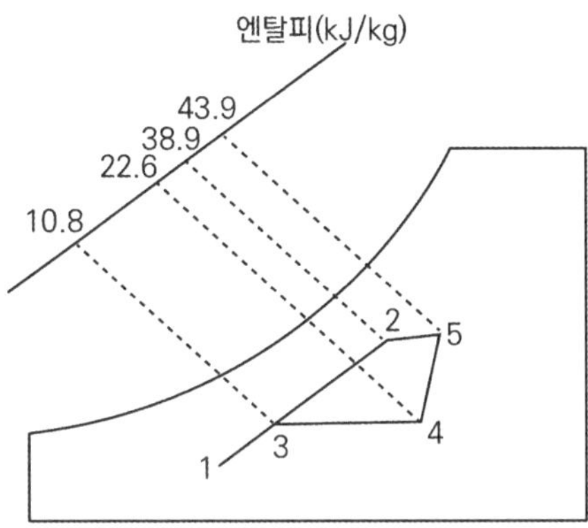

① 98.3 ② 87.1
③ 73.2 ④ 61.4

해설

[가열코일의 열량(kW)]

$$q = G \cdot \Delta h = \rho Q \cdot \Delta h = \rho Q \cdot (h_4 - h_3)$$

$$= \frac{1.2 \times 25000 \times (22.6 - 10.8)}{3600}$$

$$= 98.3\ \mathrm{kW}$$

보충 1 kJ/s = 1 kW

TIP 가열코일 통과 전 : 3지점
가열코일 통과 후 : 4지점

54 실내난방을 온풍기로 하고 있다. 이때 실내 현열량 6.5 kW, 송풍 공기온도 30 ℃, 외기온도 −10 ℃, 실내온도 20 ℃일 때, 온풍기의 풍량(m³/h)은 얼마인가? (단, 공기비열은 1.005 kJ/kg·K, 밀도는 1.2 kg/m³이다)

① 1940.2 ② 1882.1
③ 1324.1 ④ 890.1

해설

[온풍기의 풍량]

$$q_s = G \cdot C_p \cdot \Delta t = \rho Q \cdot C_p \cdot \Delta t$$

$$Q = \frac{q_s}{\rho C_p \Delta t}$$

$$= \frac{6.5 \times 3600}{1.2 \times 1.005 \times (30 - 20)}$$

$$= 1940.298 \fallingdotseq 1940.3\ \mathrm{m^3/h}$$

※ 계산값과 가장 근사한 답을 선지에서 택한다.

보충 송풍량 계산 시 온도차 Δt는 '송풍공기온도와 실내온도의 차'로 계산한다.

55 공기조화방식 중 중앙식의 수·공기방식에 해당하는 것은?

① 유인유닛방식
② 패키지유닛방식
③ 단일덕트 정풍량방식
④ 이중덕트 정풍량방식

해설

[수·공기방식]
1) 덕트병용 팬코일유닛방식
2) 덕트병용 복사 냉·난방방식
3) 유인유닛방식

정답 53 ① 54 ① 55 ①

※ 공기조화방식

열분배방식	열매	공기조화방식	
중앙식	전공기 방식	단일덕트 방식	정풍량
			변풍량
		이중덕트 방식	정풍량
			변풍량
		멀티존유닛방식	
		각층유닛방식	
	수·공기 방식	덕트병용 팬코일유닛	
		덕트병용 복사냉난방방식	
		유인유닛방식	
	전수 방식	팬코일유닛방식	
		복사냉난방방식	
개별식	냉매 방식	패키지방식	
		룸쿨러 방식	분리형
			멀티유닛형
			창문설치형

보충 각층유닛방식 : 과거에는 수·공기방식으로 분류했으나, 현재 공조 공간에 공급하는 열매가 공기이기 때문에 전공기방식으로 분류한다.

56 유인유닛방식에 관한 설명으로 틀린 것은?

① 각 실 제어를 쉽게 할 수 있다.
② 덕트 스페이스를 작게 할 수 있다.
③ 유닛에는 가동부분이 없어 수명이 길다.
④ 송풍량이 비교적 커 외기냉방효과가 크다.

해설

[유인유닛방식(IDU : Induction Unit System)]
조화된 1차 공기를 노즐을 통해 고속으로 분출하면 주변의 실내공기가 유인되어 혼합 분출된다. 실내공기는 유인되면서 냉·온수코일을 통과하게 된다.

1) 장점
(1) 각 유닛마다 제어가 가능하다.
(2) 고속덕트를 사용하므로 덕트공간이 작아도 된다.
(3) 유인유닛에는 동력이 필요 없다.
(4) 중앙공조기는 1차 공기만 처리하므로 작아도 된다.
(5) 실내 부하변동에 따른 적응성이 좋다.

2) 단점
(1) 각 유닛까지 수배관을 하므로 누수의 위험이 있다.
(2) <u>송풍량이 적어 외기냉방에 효과가 적다.</u>
(3) 소음이 팬코일유닛보다 크다.

$$\text{유인비 } k = \frac{\text{합계공기량}(1+2\text{차})}{1\text{차공기량}}$$

(보통 k = 3 ~ 4, 2중 유인 시 k = 6 ~ 7

57 가로 20 m, 세로 7 m, 높이 4.3 m인 방이 있다. 아래 표를 이용하여 용적 기준으로 한 전체 필요 환기량(m^3/h)은?

실용적(m^3)	환기횟수 n(회/h)
500 미만	0.7
500 ~ 1000	0.6
1000 ~ 1500	0.55
1500 ~ 2000	0.5
2000 ~ 2500	0.42

① 421 ② 361
③ 331 ④ 253

정답 56 ④ 57 ②

해설

[전체 필요 환기량]

- 실용적 : $20 \times 7 \times 4.3 = 602\ m^3$
- 환기횟수 : 0.6회/h
- 필요환기량 : $602 \times 0.6 = 361.2\ m^3/h$

58 공조기용 코일은 관 내 유속에 따라 배열방식을 구분하는데 그 배열방식에 해당하지 않는 것은?

① 풀서킷 ② 더블서킷
③ 하프서킷 ④ 탑다운서킷

해설

[배열 방식]

1) 풀서킷코일(Full Circuit Coil)

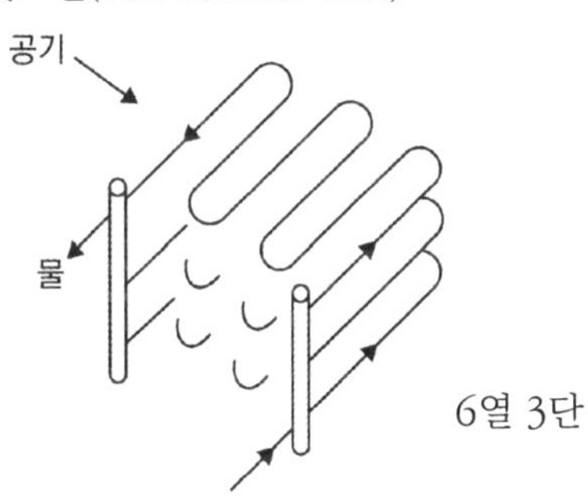

2) 더블서킷코일(Double Circuit Coil)

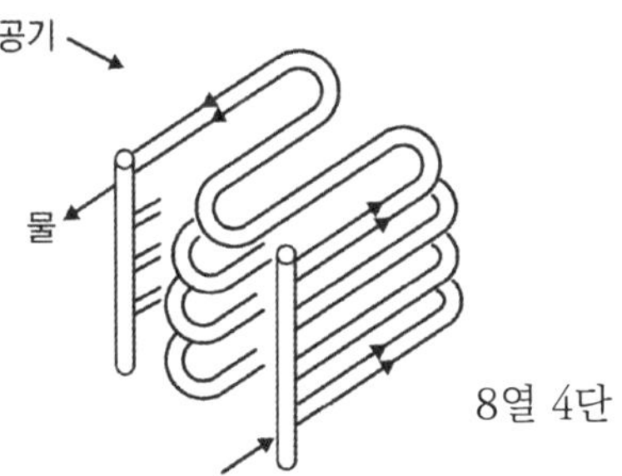

3) 하프서킷코일(Half Circuit Coil)

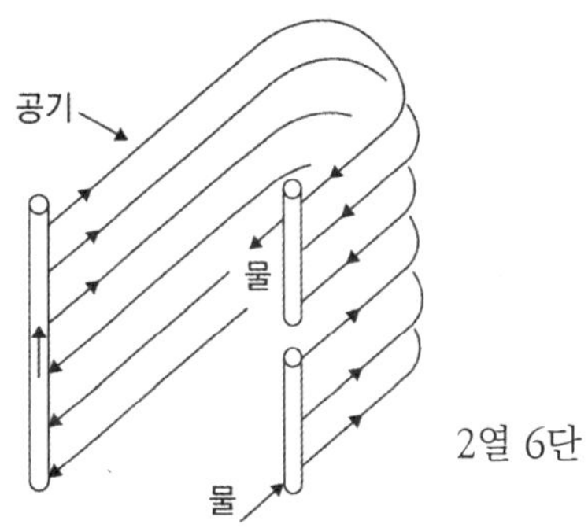

59 보일러에서 급수내관을 설치하는 목적으로 가장 적합한 것은?

① 보일러수 역류방지
② 슬러지 생성방지
③ 부동팽창 방지
④ 과열 방지

해설

[급수내관]

1) 보일러 급수가 저온 상태에서 한곳에 집중적으로 공급되면 해당 부위가 국부적으로 냉각되어 열 불균형에 따른 '부동팽창'이 발생하고, 보일러수의 순환이 방해되는 등 악영향을 미칠 수 있다.
2) 이를 방지하기 위해 작은 구멍이 여러 개 있는 급수내관을 사용하여 급수를 고르게 분산시킨다.

보충 급수내관 : 보일러 내부에 설치된 급수용 관

보충 부동팽창 : 국부 냉각에 따른 열팽창 불균형

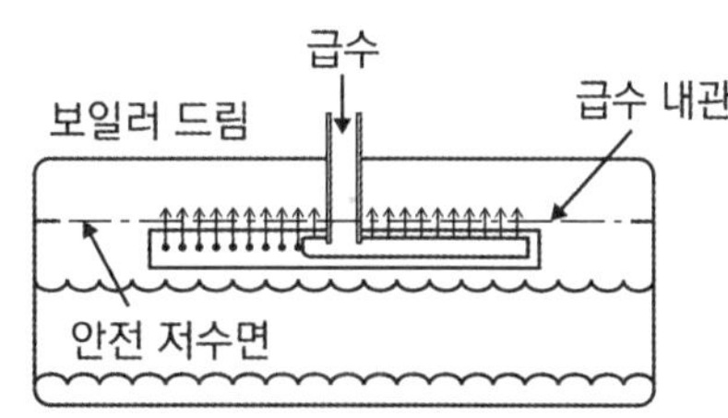

정답 58 ④ 59 ③

60 다음 중 온수난방과 관계없는 장치는 무엇인가?

① 트랩　② 공기빼기밸브
③ 순환펌프　④ 팽창탱크

해설

[증기트랩]
증기배관이나 증기 사용기기에서 응축된 응축수와 증기를 분리시키는 일종의 자동밸브이다.

4과목 전기제어공학

1회독	시간 :	점수 :
2회독	시간 :	점수 :
3회독	시간 :	점수 :

61 60 Hz, 4극, 슬립 6 %인 유도전동기를 어느 공장에서 운전하고자 할 때 예상되는 회전수는 약 몇 rpm인가?

① 240　② 720
③ 1690　④ 1800

해설

[회전수]

$$N = \frac{120f}{P}(1-S) = \frac{120\times 60}{4}\times(1-0.06) = 1692\,\text{rpm}$$

62 변압기의 1차 및 2차의 전압, 권선수, 전류를 각각 E_1, N_1, I_1 및 E_2, N_2, I_2라고 할 때 성립하는 식으로 옳은 것은?

① $\frac{E_2}{E_1}=\frac{N_1}{N_2}=\frac{I_2}{I_1}$　② $\frac{E_1}{E_2}=\frac{N_2}{N_1}=\frac{I_1}{I_2}$
③ $\frac{E_2}{E_1}=\frac{N_2}{N_1}=\frac{I_1}{I_2}$　④ $\frac{E_1}{E_2}=\frac{N_1}{N_2}=\frac{I_1}{I_2}$

해설

[변압기 권수비(= 권선비, α)]

$$\alpha = \frac{N_1}{N_2}=\frac{E_1}{E_2}=\frac{I_2}{I_1}=\sqrt{\frac{Z_1}{Z_2}}$$

※ 권수비는 전압비에 비례, 전류비에 반비례

여기서 N_1, N_2 : 1차, 2차 권수
E_1, E_2 : 1차, 2차 유도기전력[V]
I_1, I_2 : 1차, 2차 전류[A]
Z_1, Z_2 : 1차, 2차 임피던스[Ω]

정답 60 ① 61 ③ 62 ③

63 다음 신호흐름선도와 등가인 블록선도는?

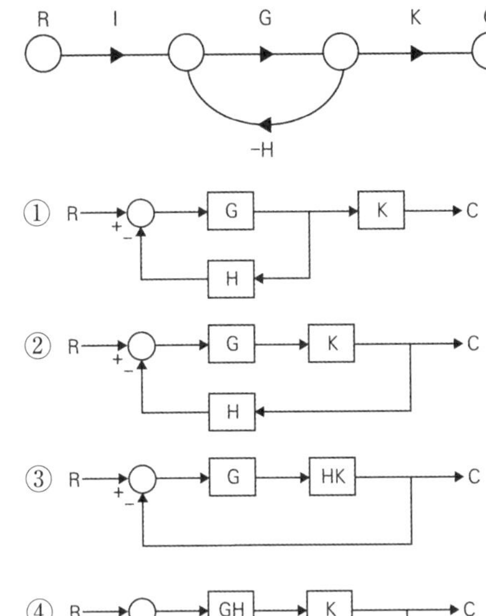

해설

[블록선도]

신호흐름선도와 블록선도의 전달함수가 같으면 등가관계이다.

- 전달함수 $\dfrac{C}{R} = \dfrac{\text{전향경로이득}}{1-\text{피드백이득}}$

1) 신호흐름선도 전달함수 $G(s)$

$$G(s) = \frac{\text{전향경로이득}}{1-\text{피드백이득}} = \frac{GK}{1+GH}$$

2) 블록선도

① $G(s) = \dfrac{GK}{1+GH}$

② $G(s) = \dfrac{GK}{1+GKH}$

③ $G(s) = \dfrac{GHK}{1+GHK}$

④ $G(s) = \dfrac{GHK}{1+GHK}$

64 교류에서 역률에 관한 설명으로 틀린 것은?

① 역률은 $\sqrt{1-(\text{무효율})^2}$ 로 계산할 수 있다.

② 역률을 이용하여 교류전력의 효율을 알 수 있다.

③ 역률이 클수록 유효전력보다 무효전력이 커진다.

④ 교류회로의 전압과 전류의 위상차에 코사인(cos)을 취한 값이다.

해설

[역률]

역률 $\cos\theta = \dfrac{\text{유효전력}}{\text{피상전력}}$

무효율 $\sin\theta = \dfrac{\text{무효전력}}{\text{피상전력}}$

삼각함수 법칙

$\sin\theta^2 + \cos\theta^2 = 1$에서

$\cos\theta = \sqrt{1-\sin\theta^2}$ 이므로

① 역률 $= \sqrt{1-(\text{무효율})^2}$

② 역률을 이용하여 교류전력의 효율을 알 수 있다 (유효전력 = 피상전력 × 역률).

③ 역률이 클수록 무효전력보다 유효전력이 커진다.

65 어떤 전지에 5A의 전류가 10분간 흘렀다면 이 전지에서 나온 전기량은 몇 C인가?

① 1000 ② 2000

③ 3000 ④ 4000

해설

[전기량(전하량) Q]

$Q = I \times t$

$= 5 \times 10 \times 60\text{초}$

$= 3000\ \text{C}$

정답 63 ① 64 ③ 65 ③

66 다음 블록선도의 전달함수는?

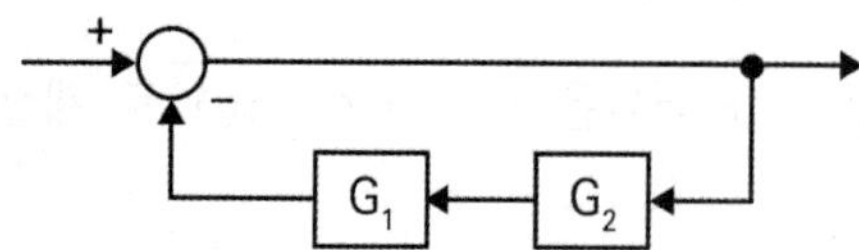

① $\dfrac{1}{G_2(G_1+1)}$

② $\dfrac{1}{G_1(G_2+1)}$

③ $\dfrac{1}{G_1G_2(1+G_1G_2)}$

④ $\dfrac{1}{1+G_1G_2}$

해설

[블록선도]

전달함수 $\dfrac{C}{R}=\dfrac{\text{전향경로 이득}}{1-\text{피드백 이득}}$

$=\dfrac{1}{1-(-G_1G_2)}$

$=\dfrac{1}{1+G_1G_2}$

67 사이클링(Cycling)을 일으키는 제어는?

① I제어 ② PI제어
③ PID제어 ④ On - Off제어

해설

[On - Off제어]

On - Off제어는 조작량이 0 % 또는 100 %만을 오가는 방식이어서 변화 폭이 크다. 이 제어방식은 제어량이 목푯값을 기준으로 반복적으로 위아래로 변하는(사이클링현상) 특성이 있다.

68 그림과 같은 △결선회로를 등가 Y결선으로 변환할 때 R_c의 저항값(Ω)은?

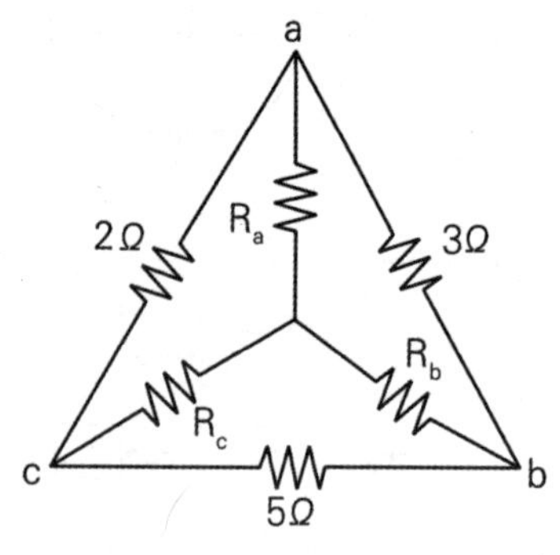

① 1 ② 3
③ 5 ④ 7

해설

[△결선회로를 등가 Y결선으로 변환]

$$R_c=\frac{R_{bc}R_{ca}}{R_{ab}+R_{bc}+R_{ca}}=\frac{5\times 2}{3+5+2}=1\ \Omega$$

69 그림과 같은 회로에서 부하전류 I_L은 몇 A인가?

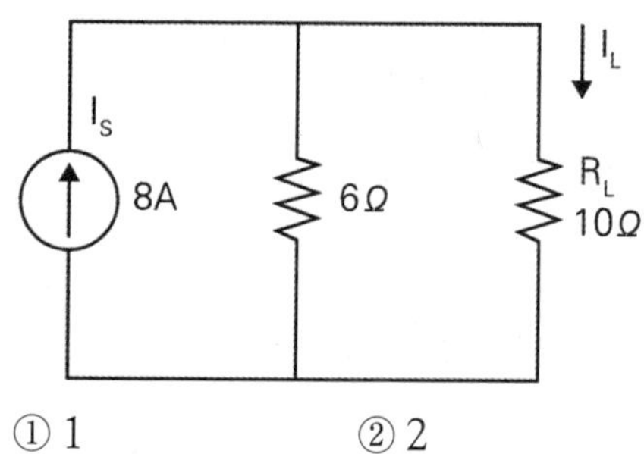

① 1 ② 2
③ 3 ④ 4

해설

[부하전류]

$$I_L=\frac{6}{6+10}\times 8=3\text{ A}$$

정답 66 ④ 67 ④ 68 ① 69 ③

70 온도를 임피던스로 변환시키는 요소는?

① 측온 저항체 ② 광전지
③ 광전 다이오드 ④ 전자석

해설

[측온저항체]
도체나 반도체에서 온도가 변하면 저항도 변하는 성질을 이용하여 온도를 측정한다(온도 → 임피던스(저항)).

71 전류의 측정 범위를 확대하기 위하여 사용되는 것은?

① 배율기 ② 분류기
③ 전위차계 ④ 계기용변압기

해설

[분류기(Shunt, 分流器)]
전류계가 감당할 수 있는 범위를 넘는 전류를 측정할 때 일부 전류만 전류계로 흐르게 하기 위해 병렬로 연결하는 저항을 말한다. 이를 통해 전류계의 측정 범위를 넓힐 수 있다.

보충 배율기 : 전압계의 측정 범위를 벗어난 큰 전압을 측정하기 위해 사용된다.

※ 분류기(Shunt, 分流器)

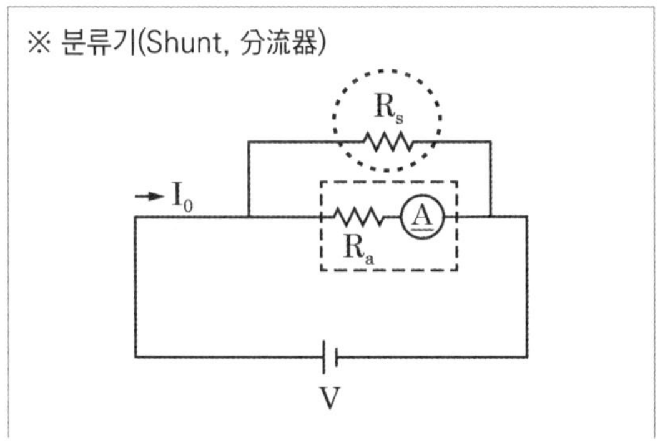

$$R_s = \frac{R_a}{m-1}\,[\Omega]$$

$$m(\text{배율}) = \frac{I_0(\text{측정해야 할 값})}{I(\text{전류계 지시값})} = 1 + \frac{R_a}{R_s}$$

여기서, R_s : 분류기 저항
R_a : 전류계 내부 저항

72 근궤적의 성질로 틀린 것은?

① 근궤적은 실수축을 기준으로 대칭이다.
② 근궤적은 개루프전달함수의 극점으로부터 출발한다.
③ 근궤적의 가지 수는 특성방정식의 극점수와 영점 수 중 큰 수와 같다.
④ 점근선은 허수축에서 교차한다.

해설

[근궤적의 성질]
④ 점근선은 실수축에서만 교차한다.

※ 근궤적법
특성방적식의 근을 이용하여 이동경로(궤적)을 알아보는 것이 목적임

73 특성방정식의 근이 복소평면의 좌반면에 있으면 이 계는?

① 불안정하다.
② 조건부 안정이다.
③ 반안정이다.
④ 안정이다.

정답 70 ① 71 ② 72 ④ 73 ④

해설

[특성방정식의 근]

제어계의 특성방정식에서 근(극점)의 위치에 따라 안정성을 판단할 수 있다.

1) 좌반면(왼쪽)에 있으면 안정
2) 우반면(오른쪽)에 있으면 불안정
3) 허수축 위에 있으면 임계안정(진동하면서 안정과 불안정의 경계에 있음)

74 100 mH의 인덕턴스를 갖는 코일에 10 A의 전류를 흘릴 때 축적되는 에너지(J)는?

① 0.5　② 1
③ 5　④ 10

해설

[자기인덕턴스에 축적되는 전자에너지(자기에너지)]

$$W = \frac{1}{2}LI^2$$
$$= \frac{1}{2} \times 100 \times 10^{-3} \times 10^2$$
$$= 5\ \text{J}$$

75 제어시스템의 구성에서 제어요소는 무엇으로 구성되는가?

① 검출부
② 검출부와 조절부
③ 검출부와 조작부
④ 조작부와 조절부

해설

[제어시스템의 구성에서 제어요소]

제어요소는 조절부와 조작부로 구성된다.

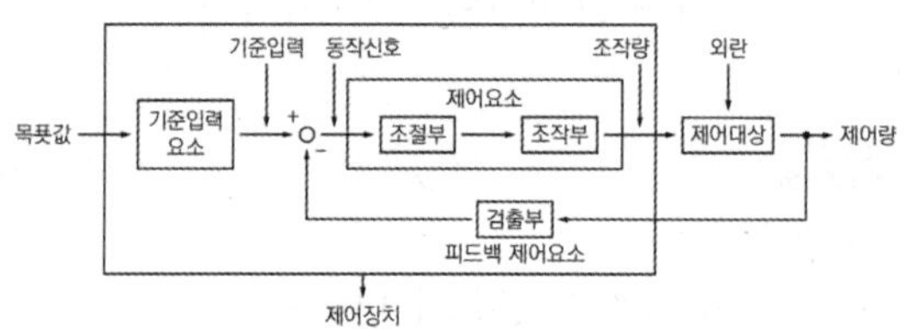

[폐루프제어계의 구성도]

76 제어동작에 대한 설명으로 틀린 것은?

① 비례동작 : 편차의 제곱에 비례한 조작신호를 출력한다.
② 적분동작 : 편차의 적분 값에 비례한 조작신호를 출력한다.
③ 미분동작 : 조작신호가 편차의 변화 속도에 비례하는 동작을 한다.
④ 2위치동작 : On - Off동작이라고도 하며, 편차의 정부(+, -)에 따라 조작부를 전폐 전개하는 것이다.

해설

[제어동작]

비례동작 : 편차에 비례한 조작신호를 출력한다.

77 일정 전압의 직류전원 V에 저항 R을 접속하니 정격전류 I가 흘렀다. 정격전류 I의 130 %를 흘리기 위해 필요한 저항은 약 얼마인가?

① 0.6 R　② 0.77 R
③ 1.3 R　④ 3 R

정답 74 ③ 75 ④ 76 ① 77 ②

해설

[정격전류 I의 130 %를 흘리기 위해 필요한 저항]

$$1.3I = \frac{V}{R_1}$$

$$R_1 = \frac{V}{1.3I} = \frac{1}{1.3}\frac{V}{I} = 0.77\,\mathrm{R}$$

78 제어계에서 미분요소에 해당하는 것은?

① 한 지점을 가진 지렛대에 의하여 변위를 변환한다.

② 전기로에 열을 가하여도 처음에는 열이 올라가지 않는다.

③ 직렬 RC회로에 전압을 가하여 C에 충전전압을 가한다.

④ 계단 전압에서 임펄스 전압을 얻는다.

해설

[제어계에서 미분요소]

① 비례요소 ② 적분요소

③ 적분요소 ④ 미분요소

79 피드백(Feedback)제어시스템의 피드백 효과로 틀린 것은?

① 정상상태 오차 개선

② 정확도 개선

③ 시스템 복잡화

④ 외부 조건의 변화에 대한 영향 증가

해설

[피드백제어의 특징]

1) 입력과 출력을 비교하는 장치가 필요하다.

2) 제어의 정확성이 향상된다

3) 감대폭(대역폭)이 증가한다.

4) 제어계의 특성 변화에 대한 입력대 출력비의 감도가 감소한다.

5) 제어계 외부조건의 변화에 대한 영향을 줄일 수 있다.

6) 발진이 발생하거나 시스템이 불안정해질 가능성이 있다.

7) 시스템이 복잡하고 크기가 크며 값이 비싸다.

2019-03

80 그림에서 3개의 입력단자 모두 1을 입력하면 출력단자 A와 B의 출력은?

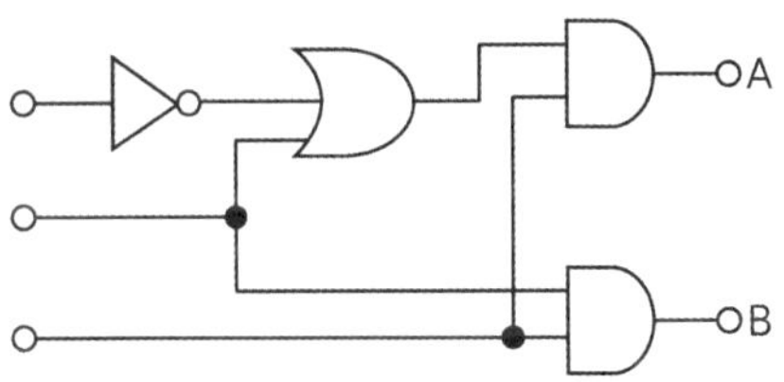

① A = 0, B = 0

② A = 0, B = 1

③ A = 1, B = 0

④ A = 1, B = 1

해설

[A와 B의 출력]

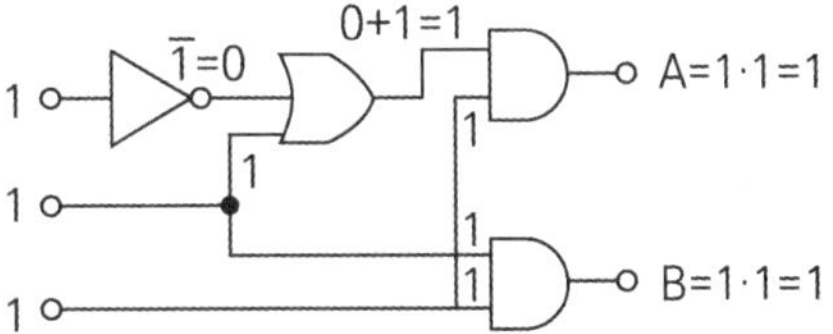

정답 78 ④ 79 ④ 80 ④

5과목 배관일반

1회독 시간 : 점수 :
2회독 시간 : 점수 :
3회독 시간 : 점수 :

81 지역난방의 특징에 관한 설명으로 틀린 것은?

① 대기 오염물질이 증가한다.
② 도시의 방재수준 향상이 가능하다.
③ 사용자에게는 화재에 대한 우려가 적다.
④ 대규모 열원기기를 이용한 에너지의 효율적 이용이 가능하다.

해설

[지역난방의 특징]
지역난방은 대형 열생산 시설(열병합발전소, 보일러 등)에서 중앙집중식으로 열을 공급하므로, 개별난방에 비해 열효율이 좋아 대기오염물질이 감소한다.

82 배수 통기배관의 시공 시 유의사항으로 옳은 것은?

① 배수 입관의 최하단에는 트랩을 설치한다.
② 배수트랩은 반드시 이중으로 한다.
③ 통기관은 기구의 오버플로우선 이하에서 통기 입관에 연결한다.
④ 냉장고의 배수는 간접배수로 한다.

해설

[배수 통기배관의 시공 시 유의사항]
① 배수 입관의 최하단에는 트랩을 설치하면 안 된다.
② 배수트랩을 이중으로 설치하면 배수장애가 발생하므로 이중으로 설치하지 않는다.
③ 통기관은 기구의 오버플로우선 이상에서 통기 입관에 연결한다.

83 냉매배관 시 흡입관 시공에 대한 설명으로 틀린 것은?

① 압축기 가까이에 트랩을 설치하면 액이나 오일이 고여 액백 발생의 우려가 있으므로 피해야 한다.
② 흡입관의 입상이 매우 길 경우에는 중간에 트랩을 설치한다.
③ 각각의 증발기에서 흡입주관으로 들어가는 관은 주관의 하부에 접속한다.
④ 2대 이상의 증발기가 다른 위치에 있고 압축기가 그보다 밑에 있는 경우 증발기 출구의 관은 트랩을 만든 후 증발기 상부 이상으로 올리고 나서 압축기로 향하게 한다.

해설

[냉매배관 시 흡입관 시공]
냉매배관 시 각각의 증발기에서 흡입주관으로 들어가는 관은 주관의 상부에 접속한다.

84 지름 20 mm 이하의 동관을 이음할 때 기계의 점검 보수, 기타 관을 분해하기 쉽게 하기 위해 이용하는 동관이음방법은?

① 슬리브이음 ② 플레어이음
③ 사이징이음 ④ 플랜지이음

해설

[플레어이음(Flare, 나팔관식 이음)]
1) 관의 끝을 나팔모양으로 벌리고 플레어너트를 끼워 상대나사(볼트)에 연결하는 이음
2) 20 mm 이하의 관 및 보수점검 및 분해가 필요한 곳에 사용된다(20 mm가 넘는 관에서는 플랜지이음을 하는 것이 좋다).

정답 81 ① 82 ④ 83 ③ 84 ②

종류	최소 관경
습윤(습식) 통기관	별도의 최소 관경 기준은 없다.

85 배수 및 통기배관에 대한 설명으로 틀린 것은?

① 루프 통기식은 여러 개의 기구군에 1개의 통기지관을 빼내어 통기주관에 연결하는 방식이다.
② 도피 통기관의 관경은 배수관의 1/4 이상이 되어야 하며 최소 40mm 이하가 되어서는 안 된다.
③ 루프 통기식 배관에 의해 통기할 수 있는 기구의 수는 8개 이내이다.
④ 한랭지의 배수관은 동결되지 않도록 피복을 한다.

해설

[도피통기관]
도피통기관은 루프통기관을 보조하여 통기 능력을 높이는 역할을 한다. 배수 횡지관 최하류에서 통기 수직관과 연결하며, 관경은 배수 수평지관의 1/2 이상, 최소 32 mm 이상이어야 한다.

종류	최소 관경
각개통기관	배수관 지름의 1/2 이상, 32 A 이상
회로통기관	배수관 지름의 1/2 이상, 40 A 이상
도피통기관	배수관 지름의 1/2 이상, 32 A 이상
신정통기관	배수관 지름의 1/2 이상, 32 A 이상
결합통기관	배수관 지름의 1/2 이상, 50 A 이상

86 배관용접 작업 중 다음과 같은 결함을 무엇이라고 하는가?

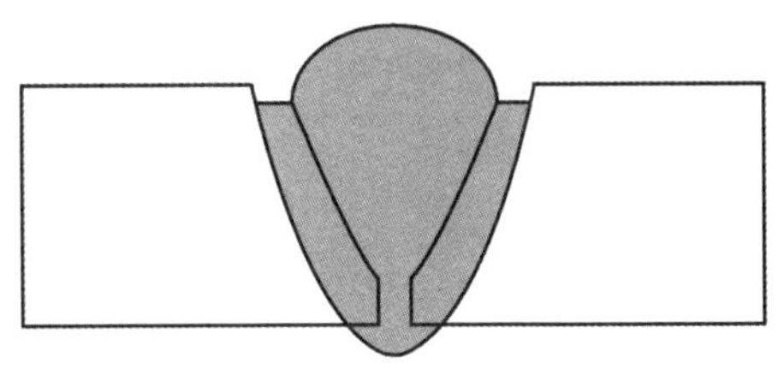

① 용입불량　　② 언더컷
③ 오버랩　　④ 피트

해설

[용접결합]
1) 언더컷 : 용접 끝단에 생기는 작은 홈
2) 오버랩 : 용융된 금속이 모재와 잘못 녹아 어울리지 못하고 모재면에 덮여 있는 현상

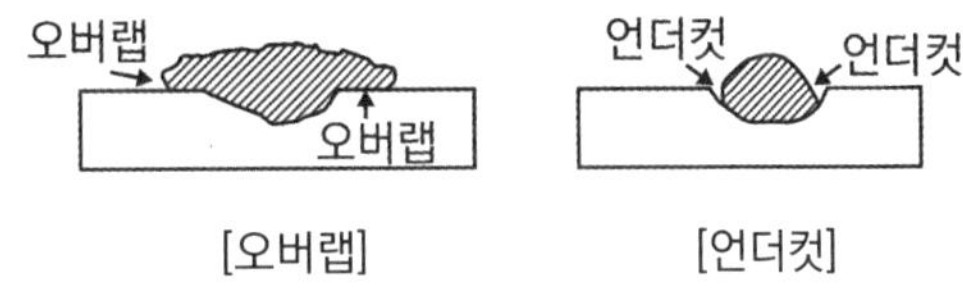

[오버랩]　　[언더컷]

87 다이헤드형 동력나사절삭기에서 할 수 없는 작업은?

① 리밍　　② 나사절삭
③ 절단　　④ 밴딩

정답 85 ② 86 ② 87 ④

해설

[다이헤드형 동력나사절삭기]
가장 많이 사용하는 동력나사절삭기로 관의 절단, 거스러미 제거(리밍), 나사절삭을 연속적으로 할 수 있다. 관을 다이헤드에 밀어 넣어 나사를 절삭 가공한다. 하지만 동력나사절삭기로는 밴딩을 할 수 없다.

88 부력에 의해 밸브를 개폐하여 간헐적으로 응축수를 배출하는 구조를 가진 증기 트랩은?

① 버킷트랩 ② 열동식 트랩
③ 벨트랩 ④ 충격식 트랩

해설

[버킷트랩(Bucket Trap)]
버킷트랩은 부력의 원리를 이용해 응축수를 배출하는 장치로, 상향식과 하향식이 있다. 상향식은 공기 배출이 곤란하나 하향식은 공기 배출이 가능하다. 중·고압 환수관에 적합하며, 관 내 압력차를 이용해 응축수를 높은 곳까지 이동시킬 수도 있다.

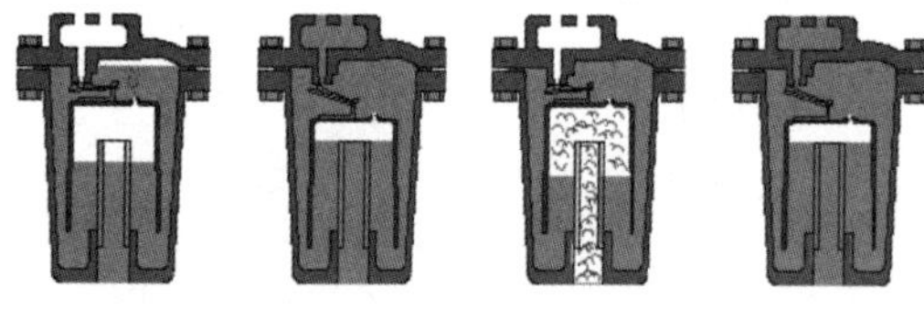

[버킷트랩]

89 방열량이 3 kW인 방열기에 공급하여야 하는 온수량(L/s)은 얼마인가? (단, 방열기 입구온도 80 ℃, 출구온도 70 ℃, 온수 평균온도에서 물의 비열은 4.2 kJ/kg · K 물의 밀도는 977.5 kg/m^{3}이다)

① 0.002 ② 0.025
③ 0.073 ④ 0.098

해설

[방열기에 공급하여야 하는 온수량]

$$q = m \cdot C \cdot \Delta t = \rho Q \cdot C \cdot \Delta t$$

$$Q = \frac{q}{\rho \cdot C \cdot \Delta t} = \frac{3}{977.5 \times 4.2 \times (80-70)} = 0.000073\ \text{m}^3/\text{s}\,(= 0.073\ \ell/\text{s})$$

90 주철관의 이음방법 중 고무링(고무개스킷포함)을 사용하지 않는 방법은?

① 기계식 이음 ② 타이톤이음
③ 소켓이음 ④ 빅토릭이음

해설

[소켓이음(Socket Joint)]
주철관의 이음방식 중 대부분은 고무링(고무 개스킷 포함)을 사용하여 누수를 방지하지만, 소켓이음은 고무링을 사용하지 않고 시멘트나 납을 활용하는 방식이다.

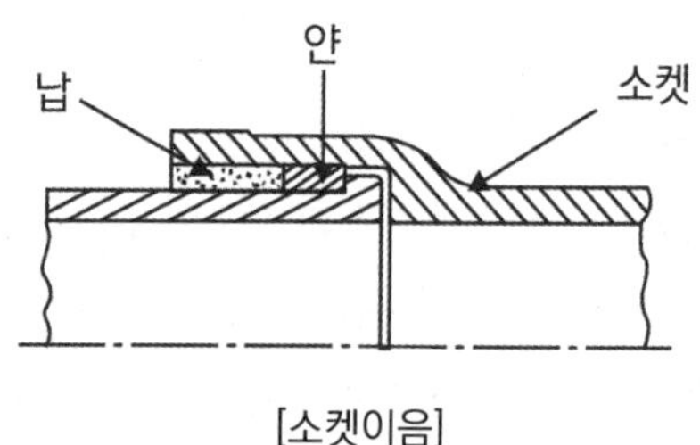

[소켓이음]

정답 88 ① 89 ③ 90 ③

91 온수난방배관에서 에어포켓(Air Pocket)이 발생될 우려가 있는 곳에 설치하는 공기빼기밸브(◇)의 설치위치로 가장 적절한 것은?

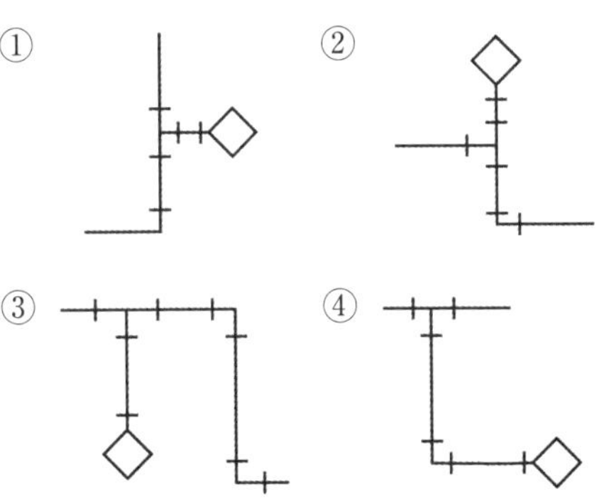

해설

[공기빼기밸브(◇)의 설치위치]
공기빼기밸브는 배관의 최상부에 상향으로 설치해야 한다.

92 배관계통 중 펌프에서의 공동현상(Cavitation)을 방지하기 위한 대책으로 틀린 것은?

① 펌프의 설치위치를 낮춘다.
② 회전수를 줄인다.
③ 양 흡입을 단 흡입으로 바꾼다.
④ 굴곡부를 적게 하여 흡입관의 마찰손실수두를 작게 한다.

해설

[캐비테이션(Cavitation)]
1) 공동현상(空洞現象)이라고도 하며, 액체가 배관의 굴곡부나 곡부를 흐를 때 저압영역에서 기포(증기)가 발생하는 현상이다.
2) 기포가 펌프의 토출 측 고압영역에 도달하면 갑자기 파괴되면서 소음과 진동이 발생하고 부식(침식)이 일어날 수 있다.
3) 방지대책
 (1) 펌프의 흡입 양정을 작게 한다.
 (2) 펌프의 회전수를 낮춘다.
 (3) 양흡입 펌프를 사용한다.
 (4) 2대 이상의 펌프를 사용한다.
 (5) 흡입관 구경을 크게 하여 손실수두를 줄인다.

93 저장탱크 내부에 가열코일을 설치하고 코일 속에 증기를 공급하여 물을 가열하는 급탕법은?

① 간접가열식　② 기수혼합식
③ 직접가열식　④ 가스순간탕비식

해설

[급탕법]
간접가열식 급탕법은 가열용 코일이나 열교환기를 통해 급탕수를 데우는 방식이다. 증기나 온수를 직접 급탕수와 접촉시키지 않고 열교환기를 통해 열을 전달하는 방법이다.

94 냉동장치의 액분리기에서 분리된 액이 압축기로 흡입되지 않도록 하기 위한 액 회수방법으로 틀린 것은?

① 고압액관으로 보내는 방법
② 응축기로 재순환시키는 방법
③ 고압수액기로 보내는 방법
④ 열교환기를 이용하여 증발시키는 방법

정답 ● 91 ② 92 ③ 93 ① 94 ②

2019-03

해설

[액회수방법]
액분리기에서 분리된 액은 액회수장치에 의해 고압수액기, 고압액관으로 보내지거나 열교환기를 이용하여 증발시킨다.

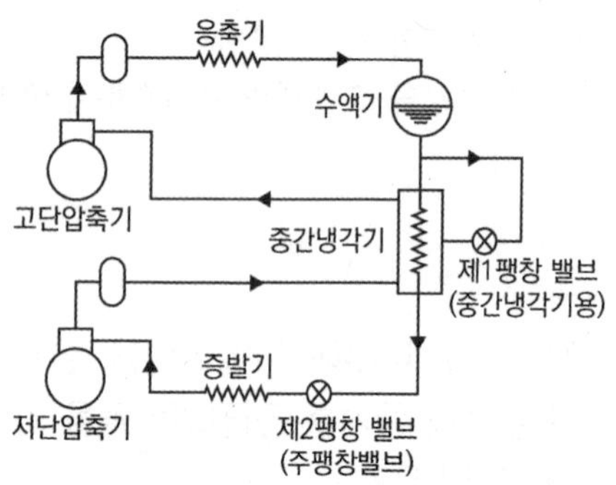

95 저압증기의 분기점을 2개 이상의 엘보로 연결하여 한 쪽이 팽창하면 비틀림이 일어나 팽창을 흡수하는 특징의 이음방법은?

① 슬리브형 ② 벨로즈형
③ 스위블형 ④ 루프형

해설

[스위블조인트(Swivel Joint)]
1) 2개 이상의 나사엘보를 사용하여 나사회전을 이용하여 배관의 신축을 흡수한다.
2) 방열기 및 팬코일유닛과 같은 단말기의 연결부에 사용된다.
3) 신축량이 큰 경우에는 나사가 헐거워져 누설될 수 있다.
4) 설비비가 저렴하다.

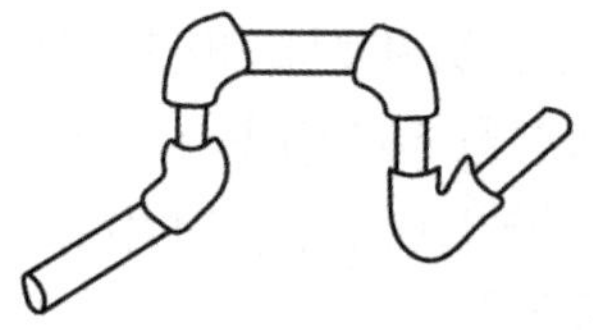

[스위블형]

96 유체 흐름의 방향을 바꾸어 주는 관이음쇠는?

① 리턴밴드 ② 리듀서
③ 니플 ④ 유니온

해설

[관이음쇠]
① 리턴밴드(U밴드) : 유체 흐름의 방향을 바꾸는 이음
② 리듀서 : 직경이 다른 관을 연결할 때 사용
③ 니플 : 직경이 같은 관을 연결할 때 사용
④ 유니온 : 관의 직선 연결 시 자주 분해수리 또는 교체가 필요한 부분에 사용

정답 95 ③ 96 ①

97 고가(옥상) 탱크급수방식의 특징에 대한 설명으로 틀린 것은?

① 저수시간이 길어지면 수질이 나빠지기 쉽다.
② 대규모의 급수 수요에 쉽게 대응할 수 있다.
③ 단수 시에도 일정량의 급수를 계속할 수 있다.
④ 급수 공급 압력의 변화가 심하다.

해설

[고가(옥상) 탱크급수방식]
④ 항상 일정한 수압으로 급수가 가능하다.

> ※ 고가수조방식
> 수도 본관으로부터 건물의 옥상 등에 설치된 고가수조(물탱크)에 물을 받아 저장하고 탱크에서 하향으로 급수하는 방식

98 가스배관에 관한 설명으로 틀린 것은?

① 특별한 경우를 제외한 옥내배관은 매설배관을 원칙으로 한다.
② 부득이하게 콘크리트 주요 구조부를 통과할 경우에는 슬리브를 사용한다.
③ 가스배관에는 적당한 구배를 두어야 한다.
④ 열에 의한 신축, 진동 등의 영향을 고려하여 적절한 간격으로 지지하여야 한다.

해설

[가스배관]
가스배관은 특별한 경우를 제외하고 옥내배관은 노출배관을 원칙으로 한다.

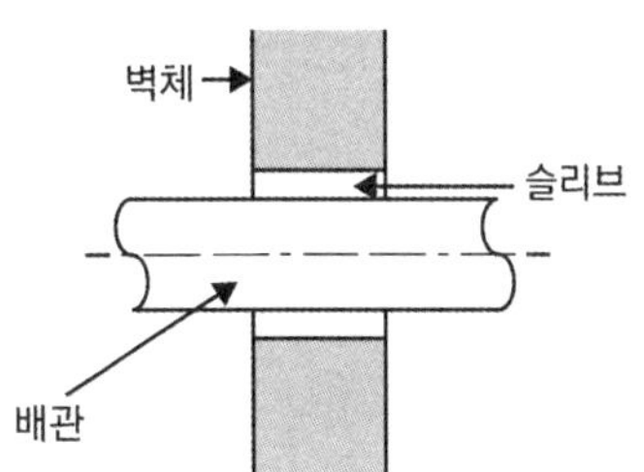

99 급수관의 수리 시 물을 배제하기 위한 관의 최소 구배 기준은?

① 1/120 이상
② 1/150 이상
③ 1/200 이상
④ 1/250 이상

해설

[급수관의 수리 시 관의 최소 기울기]
급수관의 수리 시 물을 빼기 위한 관의 최소 구배는 1/250 이상으로 한다.

급수관에 잔류하는 물을 자연 배수하기 위해서는 일정한 기울기가 필요하며 1/250 이상의 구배를 줄 경우 배수에 지장이 없도록 유도된다.

정답 97 ④ 98 ① 99 ④

100 공장에서 제조 정제된 가스를 저장했다가 공급하기 위한 압력탱크로서 가스압력을 균일하게 하며, 급격한 수요 변화에도 제조량과 소비량을 조절하기 위한 장치는?

① 정압기
② 압축기
③ 오리피스
④ 가스홀더

해설

[가스홀더(Gas Holder)]

1) 가스홀더는 제조·정제된 가스를 저장하고 압력을 균일하게 유지하며 급격한 수요 변화에 대응하여 공급량을 조절하는 장치
2) 가스홀더의 역할
   (1) 가스를 저장하여 압력변동을 방지
   (2) 수요 변동에 따라 가스 공급량을 조절
   (3) 제조량과 소비량의 균형을 유지하여 안정적인 공급 가능
3) 저압식 : 유수식(有水式), 무수식(無水式)
   중, 고압식 : 구형(球形), 원통형(圓筒形)

정답 100 ④

MOAG

모아 공조냉동기계기사 필기(핵심이론+과년도 7개년) [개정판]

발행일 2025년 9월 30일 개정판 1쇄
지은이 이지원
발행인 황모아
발행처 (주)모아교육그룹
주 소 서울특별시 영등포구 영신로 32길 29 세화빌딩 2층
전 화 02-2068-2393(출판, 주문)
등 록 제2015-000006호 (2015.1.16.)
이메일 moagbooks@naver.com
ISBN 979-11-6804-449-4 (13530)

이 책의 가격은 뒤표지에 있습니다.

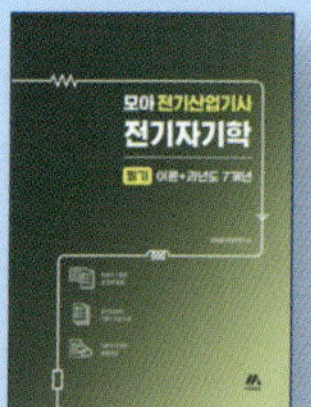

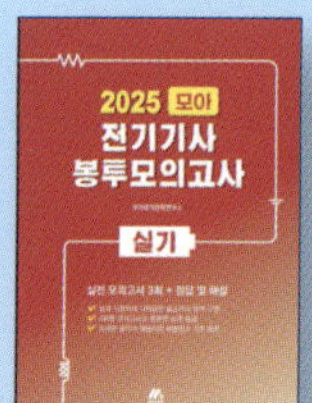

모아 전기기사 시리즈

모아 전기산업기사 시리즈

2025 모아
전기기사 봉투모의고사

모아 전기안전기술사 시리즈

모아 전기응용기술사

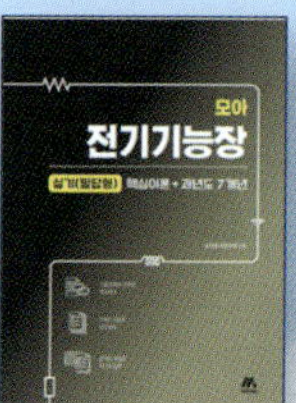

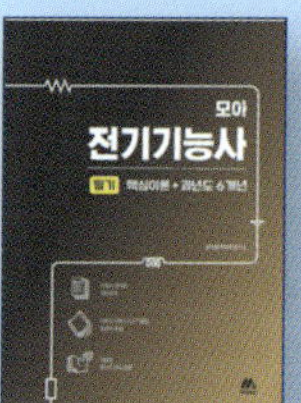

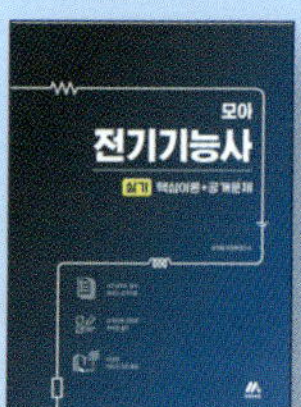

아우름 전기기능장 시리즈

모아 전기기능사 시리즈

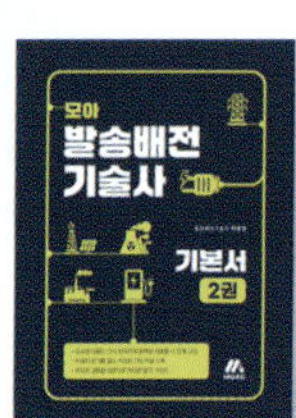

모아 발송배전기술사(기본서/심화서)

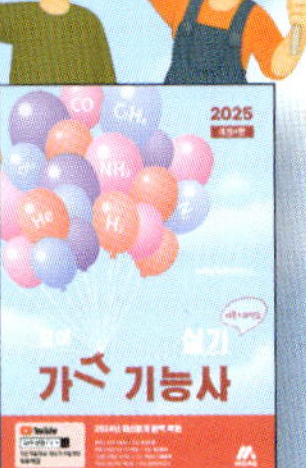

모아 위험물기능장·산업기사·기능사 시리즈

모아 가스기능사 시리즈

모아 가스산업기사 시리즈

모아 가스 KGS CODE 뽀개기

모아 공조냉동기계기능사·산업기사 시리즈

모아 공조냉동기계기사 시리즈

에너지관리기사·산업기사·기능사 시리즈

모아 건축설비기사·산업기사 시리즈

모아 화공안전기술사

모아 산업안전기사 시리즈

모아북스

"수험생의 불필요한 시간을 아끼는 것"

모아북스가 가장 중요하게 생각하는 가치입니다.

모아북스는 매년 달라지는 법령과 변화하는 출제 경향, 새롭게 제정되는 규정까지 수험생보다 먼저 학습하고, 핵심만을 빠르게 정리합니다. 합격을 위한 가장 빠르고 정확한 수험서를 만들기 위해 한 페이지 한 페이지에 진심을 담아 제작합니다.

모아 출판 프로세스

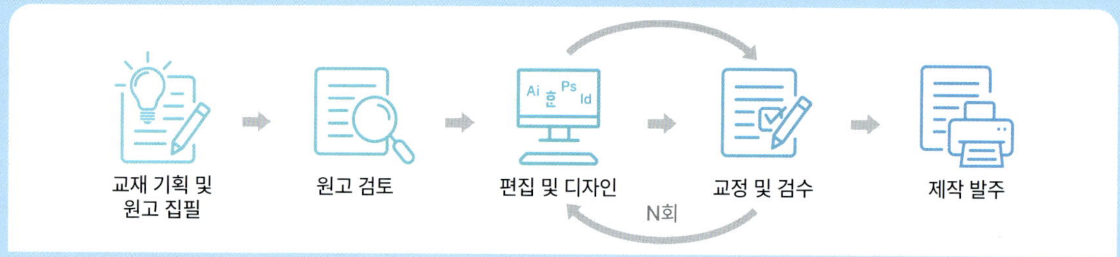

모아북스 블로그 소개

수험서를 구매하기 전 책을 훑어보러 서점까지 가기 힘드신가요? 모아북스 블로그에서는 수험생의 소중한 시간을 아껴드리기 위해 책의 구체적인 구성과 강점, 효과적인 학습법까지 직접 보는 것처럼 상세하게 소개해드립니다. 궁금한 교재가 있다면 모아북스 블로그에 '책 제목'을 검색해보세요!

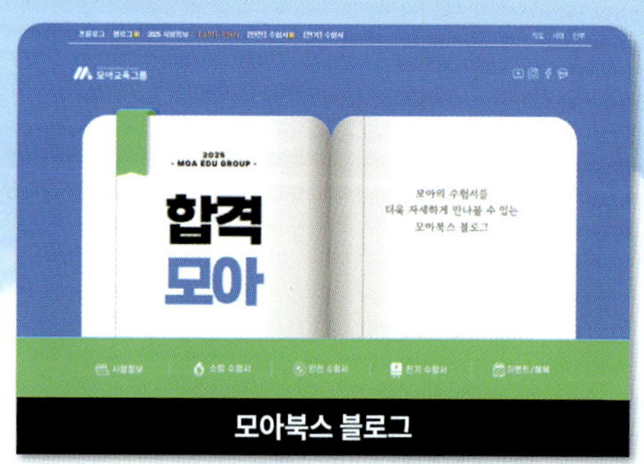

모아북스 블로그

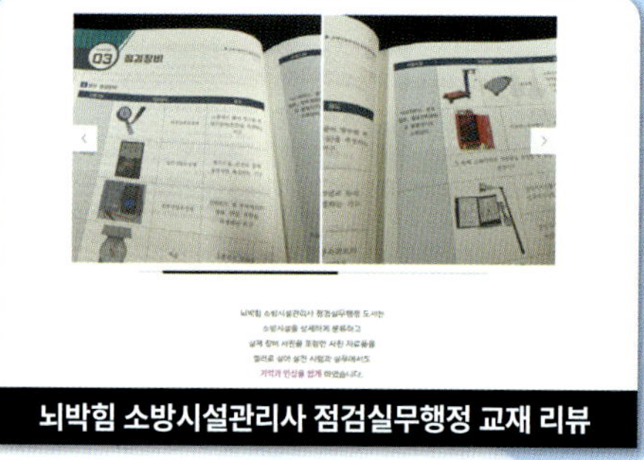
뇌박힘 소방시설관리사 점검실무행정 교재 리뷰

모아북스 블로그

고객의 소리

더 나은 교재 제작을 위해 여러분의 소중한 의견을 기다립니다. QR을 통해 남겨주신 피드백 중 우수 글에 선정되신 독자분께는 감사의 마음을 담아 소정의 선물을 드립니다.

고객의 소리